Lehr- und Handbücher der Statistik

Herausgegeben von
Universitätsprofessor Dr. Rainer Schlittgen

Bisher erschienene Werke:

Böhning, Allgemeine Epidemiologie
Caspary · Wichmann, Lineare Modelle
Chatterjee · Price (Übers. Lorenzen), Praxis der Regressionsanalyse, 2. Auflage
Degen · Lorscheid, Statistik-Aufgabensammlung, 3. Auflage
Hartung, Modellkatalog Varianzanalyse
Harvey (Übers. Untiedt), Ökonometrische Analyse von Zeitreihen, 2. Auflage
Harvey (Übers. Untiedt), Zeitreihenmodelle, 2. Auflage
Heiler · Michels, Deskriptive und Explorative Datenanalyse
Kockelkorn, Lineare statistische Methoden
Miller (Übers. Schlittgen), Grundlagen der Angewandten Statistik
Naeve, Stochastik für Informatik
Oerthel · Tuschl, Statistische Datenanalyse mit dem Programmpaket SAS
Pflaumer · Heine · Hartung, Statistik für Wirtschafts- und Sozialwissenschaften: Deskriptive Statistik
Pflaumer · Heine · Hartung, Statistik für Wirtschafts- und Sozialwissenschaften: Induktive Statistik
Pokropp, Lineare Regression und Varianzanalyse
Rasch · Herrendörfer u. a., Verfahrensbibliothek, Band I und Band 2
Rinne, Wirtschafts- und Bevölkerungsstatistik, 2. Auflage
Rinne, Statistische Analyse multivariater Daten – Einführung
Rüger, Induktive Statistik, 3. Auflage
Rüger, Test- und Schätztheorie, Band I: Grundlagen
Schlittgen, Statistik, 8. Auflage
Schlittgen, Statistische Inferenz
Schlittgen · Streitberg, Zeitreihenanalyse, 8. Auflage
Schürger, Wahrscheinlichkeitstheorie
Tutz, Die Analyse kategorialer Daten

Fachgebiet Biometrie

Herausgegeben von Dr. Rolf Lorenz

Bisher erschienen:
Bock, Bestimmung des Stichprobenumfangs
Brunner · Langer, Nichtparametrische Analyse longitudinaler Daten

Lineare statistische Methoden

Von
Universitätsprofessor
Dr. Ulrich Kockelkorn

R. Oldenbourg Verlag München Wien

Die Deutsche Bibliothek - CIP-Einheitsaufnahme

Kockelkorn, Ulrich:
Lineare statistische Methoden / von Ulrich Kockelkorn. – München ;
Wien : Oldenbourg, 2000
(Lehr- und Handbücher der Statistik)
ISBN 3-486-23208-8

Rosenheimer Straße 145, D-81671 München
Telefon: (089) 45051-0, Internet: http://www.oldenbourg.de

Gedruckt auf säure- und chlorfreiem Papier
Gesamtherstellung: Druckhaus „Thomas Müntzer“ GmbH, Bad Langensalza

ISBN 3-486-23208-8

Inhaltsverzeichnis

Vorwort

Dieses Buch entstand aus Manuskripten zu Vorlesungen über **lineare Modelle** an der Technischen Universität Berlin. Die Studenten kamen meist aus den Wirtschaftswissenschaften, aber auch der Mathematik, Informatik, Umwelttechnik bis hin zur Psychologie. Die Vorlesung durfte nur minimale mathematische und statistische Vorkenntnisse voraussetzen, sollte anwendungsnah aber theoretisch fundiert sein. Die einen sollten nicht überfordert, die anderen nicht gelangweilt sein.
Die Herausforderung war groß aber reizvoll, denn kaum eine statistische Theorie ist so gut geeignet, die Fülle und Tiefe statistischer Ideen und Methoden zu zeigen, wie gerade die des Linearen Modells. Seine wichtigsten Aufgaben und Anwendungsbereiche sind unter anderem:

- die kompakte Darstellung von Daten,
- die Definition von Zusammenhängen zwischen Merkmalen,
- die Definition von Einflüssen und Effekten,
- die Schätzung dieser Größen sowie
- die Bewertung der gefundenen Schätzungen.

Abhängigkeiten werden in der denkbar einfachsten Form dargestellt, nämlich linear. Lineare Abhängigkeiten wiederum lassen sich geometrisch interpretieren. Die geometrische Anschauung bot nun den rettenden Strohhalm, auf dem ich zwischen der Skylla der Aufzählung von Verfahren und der Charybdis der Aneinanderreihung von Beweisen versucht habe, mit meinem Häuflein Studenten zu steuern. Am Ende des Semesters zählt man die Überlebenden der (Vorlesungs)-Reise und beschließt, es beim nächsten Mal besser zu machen.
Im Zentrum sowohl der geometrischen Darstellung wie der inhaltlichen Interpretation steht der Begriff der orthogonalen Projektion. Hat man sich erst einmal mit ihm vertraut gemacht, kann man unübersichtliche oder angsteinflößende Matrizenprodukte vermeiden. Auch auf Kroneckerprodukte konnte so verzichtet werden.
Die Geometrie des Linearen Modells kann unabhängig vom wahrscheinlichkeitstheoretischen Rahmen entwickelt werden. Erst wenn wir nach der Verläßlichkeit

der gewonnenen Prognosen und der Güte der Schätzer fragen, wenn Hypothesen über die Größe von Effekten getestet werden sollen, muß das geometrische Modell zu einem statistischen Modell erweitert werden.
So lassen sich nun Konzept und Grenzen dieses Buches umreißen: Aus einem geometrischen Verständnis heraus soll das lineare Modell vorlesungsnah, ohne Scheu vor Redundanz, mit mathematischem und statistischem Minimalaufwand entwickelt werden. Jedoch wird alles was über das klassische lineare Modell hinausgeht, wie zum Beispiel Versuchsplanung, generalisierte lineare Modelle, nichtlineare Regression, nichtlineare, robuste oder verteilungsfreie Schätzer nicht behandelt oder nur mit einer Nebenbemerkung bedacht.
Das Buch ist in vier Teile gegliedert. Im ersten Teil wird das mathematische und statistische Handwerkzeug bereitgestellt. Die drei anderen Teile widmen sich dem linearen Modell mit der folgenden Struktur:

$$Y = X\text{-Komponente} + \text{Rest} = \sum \beta_j X_j + \text{Rest}.$$

Dabei stehen Y und die X_j für noch näher zu definierende ein- oder mehrdimensionale Variablen. Die X-Komponente soll möglichst nah bei Y liegen und der Rest möglichst wenig mit der X-Komponente zu tun haben. Dabei sind Begriffe wie nah oder möglichst wenig mit geeigneten Metriken zu präzisieren. Je nach dem mit welchen Wahrscheinlichkeitsmodell die geometrische Struktur des Modells ausgestattet wird, welche Metriken verwendet werden, ob die Variablen metrisch oder nominal skaliert sind, ist es üblich, die Modell nach Korrelations-, Regresssions- oder Varianzanalysemodellen zu differenzieren.
Sind Y und die X_j gleichwertige zufällige Variable und verwenden wir eine über Varianzen und Kovarianzen definierte Metrik, stoßen wir auf die im zweiten Teil des Buches behandelten Korrelationsmodelle.
Im dritten Teil des Buches betrachten wir das klassische Regressionsmodell: Hier sind die X_j deterministische, im Regelfall quantitative und damit potentiell kontinuierlich variierbare Einflußgrößen. Die von ihnen abhängige zufällige Variable Y entsteht aus der additiven Überlagerung der systematischen X-Komponente und einer unkontrollierbaren externen Störung, die sich im Restterm niederschlägt. Von Y und den X_j liegen Beobachtungen als geordnete Zahlentupel vor, die als Vektoren des $\mathbb{R}^n$ aufgefaßt werden. Damit können wir die euklidische Metrik und ihre Varianten verwenden.
Sind die X_j dagegen qualitative Variablen, die nur namentlich aber nicht durch Maße bestimmte Niveaus annehmen können, sprechen wir von einen Varianzanalysemodell. Mischformen mit qualitativen und quantitativen Einflußgrößen werden in der Kovarianzanalyse behandelt. Modelle der Varianz- und der Kovarianzanalyse werden kurz als ANOVA-Modelle (Analysis of Variance) zusammengefaßt. Durch eine geeignete Kodierung der Niveaus der qualitativen Regressoren lassen sich ANOVA-Modelle — als Ausprägungen des linearen Modells darstellen. Für die Mathematik und Statistik des Regressionsmodell ist es irrelavant, wie die Regressoren X_j skaliert sind. Daher sind viele Eigenschaften des Regressionsmodells und der ANOVA Modelle gemeinsam in Teil 3 entwickelt worden.

Wenn wir trotzdem im letzten Teil des Buches die ANOVA-Modelle von denen der Regression trennen, so liegt es an den unterschiedlichen Fragestellungen der ANOVA-Modelle. Diese kreisen vor allem um das Problem: Was ist eigentlich der Effekt eines Einflußfaktors, was sind Wechselwirkungen und wie kann man sie definieren und messen? Was geschieht, wenn diese Effekte selbst zufällige Variablen sind?
Alle Kapitel fangen eher behutsam an und umreißen Problemstellung und Lösungsideen. Gegen Schluß der Kapitel und der vier Teile des Buches wird der Text mathematisch anspruchsvoller und mündet schließlich in den ersten beiden Teilen in Anhängen, die auch an Hand von Aufgaben den Stoff über das Notwendige hinaus vertiefen. Für eine erste Lektüre kann man daher getrost sich jeweils auf die ersten Abschnitte der jeweils ersten Kapitel beschränken und sich dann in späteren Zyklen weiter vorarbeiten.

Auf einige formale Eigenheiten soll noch hingewiesen werden:
Sätze, Definitionen, Beispiele und Aufgaben sind optisch hervorgehoben und **mit einem einzigen Laufindex fortlaufend durchnumeriert.** So folgt also auf die Definition 1 der Satz 2 mit dem Beispiel 3 und der Aufgabe 4. Diese macht es wesentlich leichter, zu einem gegebenen Laufindex den dazugehörigen Text zu finden.
Die im Buch verwendeten Symbole wie zum Beispiel $\mathbf{P}_{\mathrm{M}}(\mathbf{y})$, $\mathbb{P}_{\mathrm{M}}(\mathbf{y})$ oder $\mathrm{P}\{Y\}$ werden am Schluß des Buches noch einmal in einer Symbolsammlung zusammengestellt.

Abschließend möchte ich allen danken, die zur Entstehung dieses Buches beigetragen haben. Uwe Hoos hat als Student begonnen, mein in MS-WORD geschriebenes Manuskript mit viel Engagement und Sachverstand in LaTeXzu übersetzen. Nach seinem Diplom mußte ich mich alleine durchschlagen und griff zu dem Textsystem Scientific Workplace, daß unter einer Windows-Oberfläche LaTeX erzeugt. Mitunter ist es mir nicht gelungen, dem System bei Fußnoten, Tabellen oder Grafiken die gewünschte Formatierung oder gar Plazierung abzuringen. Ich bitte hierfür um Nachsicht.
Ich danke Herrn Martin Barghoorn, der mir bei den Grafiken half, Frau Claudia Funck-Hüsges, Herrn Ralf Herbrich sowie Herrn Jürgen Schweiger, die Korrektur gelesen und mir wertvolle Ratschläge gegeben haben. Vor allem aber danke ich meiner Frau und meinen Kollegen Günter Bamberg, Herbert Büning, Rainer Schlittgen und Gerhard Tutz, die mich zu diesem Buch angespornt und mit nachsichtiger Geduld auf sein Erscheinen gewartet haben.

Teil I

Das Handwerkszeug

Kapitel 1

Das mathematische Handwerkszeug

> Niemand trete ein, der nicht Geometrie beherrscht!

So soll die Inschrift über dem Eingang zur Platonischen Akademie in Athen gelautet haben. Nun ist diese Akadamie seit bald anderthalb Jahrtausenden geschlossen, aber die Idee, die hinter dieser Anforderung stand, hat noch nichts von ihrer Bedeutung verloren.
Worum ging's dem alten Platon? Das, was wir wahrnehmen, ist ungenau, verzerrt, unsicher, vielleicht sogar unwirklich. Genau, klar, sicher und wirklich dagegen sind die *Ideen*, deren Abbild unsere *Realität* bildet.
Geometrie ist für Platon die mathematisch faßbar gewordene Idee des Raumes. Hinter den unmittelbaren Empfindungen und Beobachtungen des täglichen Lebens wie zum Beispiel

- Nähe und Ferne, Neigung und Ablehnung,
- das Einfache, das Vielfache und das Vielfältige,
- das Sich-Überlagern und das Zerlegtwerden
- das Berühren und Schneiden,
- das niemals Berühren und das schroffeste Aufeinandertreffen,

stehen geometrische Ideen wie Abstand, Winkel, Punkt, Raum, Dimension, Parallelität und Orthogonalität.
Mit einer Akzentverschiebung stehen wir auch heute noch an diesem Punkt. Bloß sprechen wir nicht mehr von Ideen, sondern von *Modellen.* Diese sind Abbilder unserer Realität und nicht mehr die Realität selbst. Die Frage, was *wirklich* ist, wird ausgespart.

Geometrische Modelle sind einerseits mathematische Objekte, auf welche die Fülle mathematischer Erkenntnisse und Methoden angewendet werden können, andererseits behalten sie die ursprüngliche Anschaulichkeit und Faßbarkeit unserer täglichen Erfahrung bei.
Die Anwendung geometrischer Begriffe läßt mathematische Strukturen transparent und faßbar werden. Manche formulieren die Theorie der linearen Modelle ausschließlich in der Sprache der linearen Algebra, sie verliert dann aber ihre Anschaulichkeit, wird langweilig, trocken und mühsam.
In diesem Kapitel sollen die wichtigsten geometrischen Konzepte vorgestellt werden. Der Schlüssel dazu ist der Begriff des ***Vektors***. Wir werden uns zuerst an einem einfachen, konstruierten Beispiel mit diesem Begriff vertraut machen und dann die geometrischen Strukturen allgemein behandeln. Diese lassen sich auch knapp und übersichtlich in Matrizenform beschreiben. Abschnitt 1.2 enthält daher die für uns wichtigsten Begriffe der Matrizenrechnung.
Im Abschnitt 1.3 tauchen zum ersten Mal grundlegende Begriffe der deskriptiven Statistik auf: Mittelwert, Varianz, Kovarianz, Korrelationskoeffizient und die Ausgleichsgeraden. Sie werden dort erst einmal zur Beschreibung von Punktwolken eingeführt.
Im Anhang, dem Abschnitt 1.4, werden Begriffe aus der Theorie der linearen Vektorräume und der Matrizenrechnung vertieft. Leser, die vor allem an der praktischen Anwendung und weniger der theoretischen Untermauerung interessiert sind, können diesen Abschnitt überspringen.

1.1 Geometrische Strukturen

1.1.1 Beschreibung von Datensätzen durch Vektoren

Beispiel 1 *Wir betrachten die Buchhaltung eines fiktiven Handwerkbetriebes. Die Monteure haben für jeden Kunden ihre Arbeitszettel mit den jeweils gefahrenen Strecken (K), der benötigten Zeit (S), den verbrauchten Ersatzteilen (E) und der Schwierigkeitsstufe A, B oder C der Arbeit in der Buchhaltung abgegeben. Aus diesen Angaben werden nun die Rechnungen erstellt. Der Gesamtpreis setzt sich aus diesen variablen Kosten und einer festen Pauschale (P) zusammen. Die Kostengrößen sind:*

Pauschale:		*20 DM*
Kosten pro km:		*0,50 DM*
Kosten pro Stunde:		*40 DM*
Schwierigkeitszuschlag	*Stufe A:*	*20 DM*
	Stufe B:	*30 DM*
	Stufe C:	*40 DM.*

Daraus ergibt sich der Rechnungsbetrag R = Pauschale P + 0,5 · (Strecke in km) + 40 · (Zeit in Stunden) + Schwierigkeits-Zuschlag + Ersatzteilkosten:

$$R = P + 0,5 \cdot K + 40 \cdot S + Z + E.$$

Die in der Buchhaltung für 10 Kunden angefallenen Daten sind in Tabelle 1.1 angeführt. In der Buchhaltung werden nun nacheinander für die einzelnen Kunden die Rechnungen erstellt und so der Datensatz ***zeilenweise*** *bearbeitet. Betrachten wir nun aber die Gesamtheit aller Kunden auf einmal und lesen den Datenzettel* ***spaltenweise****. Jede Spalte fassen wir als einen* **Vektor** *mit 10 Komponenten auf. Dabei sollen die Vektoren die Namen der jeweiligen Kostengrößen tragen. Zur Unterscheidung des Vektors — nämlich einer Spalte mit 10 Zahlen — von dem zugehörigen Merkmal schreiben wir die Vektoren mit kleinen fetten Buchstaben, also* $\mathbf{k}$, $\mathbf{s}$, $\mathbf{z}$ *und* $\mathbf{e}$. *Mit diesen Vektoren wollen wir nun rechnen. Die Fahrtkosten sind* $\mathbf{f} = 0,5 \cdot \mathbf{k}$. *Dabei stellt* $\mathbf{f}$ *wieder einen Vektor dar, dessen 10 Komponenten sich durch elementweises Multiplizieren der Komponenten von* $\mathbf{k}$ *mit dem Kostenkoeffizienten 0,5 ergeben:*

Kunden-Nummer	km K	Std. S	Zuschlag Z	Ersatzteilkosten E
1	24	3,0	A	42,26
2	11	0,5	B	46,47
3	20	1,5	C	64,17
4	19	2,5	C	28,27
5	24	2,5	A	42,70
6	36	2,0	A	52,40
7	34	1,0	B	5,30
8	2	2,5	A	13,62
9	37	2,5	C	2,81
10	17	3,0	B	21,03

Tabelle 1.1: Kundendaten

$$\mathbf{k} = \begin{pmatrix} 24 \\ 11 \\ 20 \\ 19 \\ 24 \\ 36 \\ 34 \\ 2 \\ 37 \\ 17 \end{pmatrix} \qquad \mathbf{f} = 0,5 \cdot \mathbf{k} = 0,5 \cdot \begin{pmatrix} 24 \\ 11 \\ 20 \\ 19 \\ 24 \\ 36 \\ 34 \\ 2 \\ 37 \\ 17 \end{pmatrix} = \begin{pmatrix} 12,0 \\ 5,5 \\ 10,0 \\ 9,5 \\ 12,0 \\ 18,0 \\ 17,0 \\ 1,0 \\ 18,5 \\ 8,5 \end{pmatrix}$$

Fahrtkosten und Stundenlohn ergeben zusammen die proportionalen Kosten $\mathbf{v} := 0,5 \cdot \mathbf{k} + 40 \cdot \mathbf{s}$. *Wir wollen dieses* $\mathbf{v}$ *schrittweise berechnen:*

$$\mathbf{v} = 0.5 \cdot \begin{pmatrix} 24 \\ 11 \\ 20 \\ 19 \\ 24 \\ 36 \\ 34 \\ 2 \\ 37 \\ 17 \end{pmatrix} + 40 \cdot \begin{pmatrix} 3,0 \\ 0,5 \\ 1,5 \\ 2,5 \\ 2,5 \\ 2,0 \\ 1,0 \\ 2,5 \\ 2,5 \\ 3,0 \end{pmatrix} = \begin{pmatrix} 12,0 \\ 5,5 \\ 10,0 \\ 9,5 \\ 12,0 \\ 18,0 \\ 17,0 \\ 1,0 \\ 18,5 \\ 8,5 \end{pmatrix} + \begin{pmatrix} 120 \\ 20 \\ 60 \\ 100 \\ 100 \\ 80 \\ 40 \\ 100 \\ 100 \\ 120 \end{pmatrix} = \begin{pmatrix} 132,0 \\ 25,5 \\ 70,0 \\ 109,5 \\ 112,0 \\ 98,0 \\ 57,0 \\ 101,0 \\ 118,5 \\ 128,5 \end{pmatrix}$$

Bei der Multiplikation eines Vektors mit einer Zahl und der Addition von Vektoren ist unbedingt zu beachten:

- Die Rechenoperationen werden komponentenweise ausgeführt.
- Die Reihenfolge der Komponenten innerhalb eines Vektors darf nicht verändert werden.

Linearkombinationen

Der Vektor $\mathbf{v} = 0,5 \cdot \mathbf{k} + 40 \cdot \mathbf{s}$ ist eine Linearkombination der Vektoren $\mathbf{k}$ und $\mathbf{s}$ mit den Kombinationskoeffizienten 0,5 und 40.

Definition 2 *Allgemein nennt man einen Vektor* $\mathbf{y}$ ***Linearkombination*** *der Vektoren* $\mathbf{x}_1, \ldots, \mathbf{x}_n$*, wenn* $\mathbf{y}$ *die folgende Gestalt hat:*

$$\mathbf{y} = \sum_{j=1}^{n} \beta_j \mathbf{x}_j .$$

Die reellen Zahlen β_j *heißen die Koeffizienten der Linearkombination und* $\mathbf{x}_j$ *die erzeugenden Vektoren. Dabei müssen alle* $\mathbf{x}_j$ *dieselbe Anzahl von Komponenten haben.*

Der Einservektor 1 und der Nullvektor 0

Um die Pauschale als Vektor zu schreiben, führen wir den Einservektor $\mathbf{1}$ ein.

Definition 3 *Der* ***Einservektor*** $\mathbf{1}$ *ist ein Vektor, dessen sämtliche Komponenten 1 sind. Analog ist der* ***Nullvektor*** $\mathbf{0}$ *ein Vektor, dessen sämtliche Komponenten Null sind.*

$$\begin{pmatrix}20\\20\\20\\20\\20\\20\\20\\20\\20\\20\end{pmatrix} =: 20 \cdot \begin{pmatrix}1\\1\\1\\1\\1\\1\\1\\1\\1\\1\end{pmatrix} =: 20 \cdot \mathbf{1} \qquad \begin{pmatrix}0\\0\\0\\0\\0\\0\\0\\0\\0\\0\end{pmatrix} =: \mathbf{0}$$

Indikator-Vektoren

Bislang waren die Komponenten unserer Vektoren reelle Zahlen. Dies trifft aber nicht mehr für den Zuschlagsvektor $\mathbf{z}$ zu. Seine Komponenten sind Buchstaben. Durch folgenden Trick schreiben wir $\mathbf{z}$ um: Wir ersetzen das **qualitative** Merkmal *Schwierigkeitstufe* mit drei Ausprägungen A, B, C durch drei **binäre**[1]

Kundennummer	Zuschlag	**a***	**b***	**c***
1	A	1	0	0
2	B	0	1	0
3	C	0	0	1
4	C	0	0	1
5	A	1	0	0
6	A	1	0	0
7	B	0	1	0
8	A	1	0	0
9	C	0	0	1
10	B	0	1	0

Tabelle 1.2: Binär-Kodierung von Z

Merkmale mit den Ausprägungen 0 und 1: Das Merkmal Z wird **binär kodiert**.

$\mathbf{1}^A$ ist der Indikatorvektor der Kunden mit dem Schwierigkeits-Zuschlag A und analog $\mathbf{1}^B$ und $\mathbf{1}^C$ für die anderen:

$$\mathbf{1}^A\,(\text{Kunde}) = \begin{cases} 1 & \text{Kunde hat Zuschlag A,} \\ 0 & \text{sonst.} \end{cases}$$

(Auf die Frage: "Wer hat die Stufe A?", heben alle betroffenen Kunden die Hand. Das Bild der erhobenen Zeigefinger[2] ist der *Indikatorvektor* $\mathbf{1}^A$.) Damit lassen sich die Zuschlagskosten vektoriell als Linearkombination schreiben:

$$\mathbf{z} = 20 \cdot \mathbf{1}^A + 30 \cdot \mathbf{1}^B + 40 \cdot \mathbf{1}^C.$$

Fassen wir noch die Ersatzteilkosten zu einem Vektor $\mathbf{e}$ und den Rechnungsbetrag zu einem Vektor $\mathbf{r}$ zusammen, so lassen sich die Gesamtkosten $\mathbf{r}$ als Vektorgleichung schreiben:

$$20 \cdot \mathbf{1} + 0{,}5 \cdot \mathbf{k} + 40 \cdot \mathbf{s} + 20 \cdot \mathbf{1}^A + 30 \cdot \mathbf{1}^B + 40 \cdot \mathbf{1}^C + \mathbf{e} = \mathbf{r}.$$

$$20 \begin{pmatrix} 1\\1\\1\\1\\1\\1\\1\\1\\1\\1 \end{pmatrix} + 0{,}5 \begin{pmatrix} 24\\11\\20\\19\\24\\36\\34\\2\\37\\17 \end{pmatrix} + 40 \begin{pmatrix} 3{,}0\\0{,}5\\1{,}5\\2{,}5\\2{,}5\\2{,}0\\1{,}0\\2{,}5\\2{,}5\\3{,}0 \end{pmatrix} + 20 \begin{pmatrix} 1\\0\\0\\0\\1\\1\\0\\1\\0\\0 \end{pmatrix} + 30 \begin{pmatrix} 0\\1\\0\\0\\0\\0\\1\\0\\0\\1 \end{pmatrix} + 40 \begin{pmatrix} 0\\0\\1\\1\\0\\0\\0\\0\\1\\0 \end{pmatrix} + \begin{pmatrix} 42{,}26\\46{,}47\\64{,}17\\28{,}27\\42{,}70\\52{,}40\\5{,}30\\13{,}62\\2{,}81\\21{,}03 \end{pmatrix} = \begin{pmatrix} 214{,}26\\121.97\\194{,}17\\197{,}77\\194{,}70\\190{,}40\\112{,}30\\154{,}62\\181{,}31\\199{,}53 \end{pmatrix}.$$

[1] Ein Merkmal mit nur zwei Ausprägungen heißt binäres Merkmal.

[2] Lateinisch: *Index* = Zeigefinger

Aufgabenumkehr

Wir wollen nun die Aufgabe umkehren. Dazu nehmen wir an, daß sich alle zehn Kunden untereinander kennen, ebenso sollen sie die von ihnen jeweils selbst gemessene Arbeitszeit, die gefahrenen Kilometer und die jeweilige Schwierigkeitsstufe kennen. Auf ihren Rechnungen soll aber nur der nicht aufgeschlüsselte Endbetrag stehen. Die Kunden versuchen nun durch Vergleich ihrer Rechnungen untereinander den Stundenlohn, den Pauschalbetrag, die Zuschläge, die km-Kosten und die Kosten der Ersatzteile zu rekonstruieren.

Abgesehen von dem zugegebenermaßen etwas konstruierten Beispiel ist das geschilderte Grundproblem alltäglich: Mit jedem Experiment stellen wir der Natur einen Arbeitsauftrag, bei dem wir die Modalitäten der Arbeit kennen und zum Teil auch bewußt verändern können.

Das Ergebnis des Experimentes ist die von der Natur ausgestellte Gesamtrechnung. Diese versuchen wir nun nach den einzelnen Kostenanteilen, sprich Effekten und Einflüssen aufzuschlüsseln. Genau dieses wird eine der zentralen Aufgaben dieses Buches sein.

Betrachten wir dazu noch einmal die Vektorgleichung[3] für $\mathbf{r}$:

$$\mathbf{r} = \beta_0\mathbf{1} + \beta_1\mathbf{k} + \beta_2\mathbf{s} + \beta_3\mathbf{1}^A + \beta_4\mathbf{1}^B + \beta_5\mathbf{1}^C + \mathbf{e}.$$

Bislang waren die Vektoren $\mathbf{1}$, $\mathbf{k}$, $\mathbf{s}$, $\mathbf{1}^A$, $\mathbf{1}^B$, $\mathbf{1}^C$ und $\mathbf{e}$ und die Koeffizienten β_0 bis β_5 gegeben. Daraus wurde dann die Summe $\mathbf{r}$ berechnet. In der Aufgabenumkehr sind nun die Vektoren $\mathbf{1}$, $\mathbf{k}$, $\mathbf{s}$, $\mathbf{1}^A$, $\mathbf{1}^B$, $\mathbf{1}^C$ und die Summe $\mathbf{r}$ gegeben. Gesucht werden die Koeffizienten β_0, β_1, β_2, β_3, β_4 und β_5 sowie der Vektor $\mathbf{e}$. Bereits hier fällt auf, daß der Vektor $\mathbf{e}$ eine Sonderrolle spielt: Die übrigen Kostenvektoren waren bis auf einen multiplikativen Faktor bekannt. Von einem solchen Faktor kann hier keine Rede sein; $\mathbf{e}$ ist vollständig unbekannt.

Die Aufgabe ist in der vorliegenden Form noch zu schwer; wir werden statt dessen eine Reihe vereinfachter Aufgabenvarianten behandeln und uns so an die Lösung heranpirschen. Die Varianten sind:

$$\begin{array}{lllllllllllllll}
\mathbf{r}_1 & = & & & & & & & \beta_3\mathbf{1}^A & + & \beta_4\mathbf{1}^B & + & \beta_5\mathbf{1}^C & & \\
\mathbf{r}_2 & = & \beta_0\mathbf{1} & & & & & + & \beta_3\mathbf{1}^A & + & \beta_4\mathbf{1}^B & + & \beta_5\mathbf{1}^C & & \\
\mathbf{r}_3 & = & & & \beta_1\mathbf{k} & + & \beta_2\mathbf{s} & & & & & & & & \\
\mathbf{r}_4 & = & & & \beta_1\mathbf{k} & + & \beta_2\mathbf{s} & + & \beta_3\mathbf{1}^A & + & \beta_4\mathbf{1}^B & + & \beta_5\mathbf{1}^C & & \\
\mathbf{r}_5 & = & \beta_0\mathbf{1} & + & \beta_1\mathbf{k} & + & \beta_2\mathbf{s} & + & \beta_3\mathbf{1}^A & + & \beta_4\mathbf{1}^B & + & \beta_5\mathbf{1}^C & & \\
\mathbf{r}_6 & = & \beta_0\mathbf{1} & + & \beta_1\mathbf{k} & + & \beta_2\mathbf{s} & + & \beta_3\mathbf{1}^A & + & \beta_4\mathbf{1}^B & + & \beta_5\mathbf{1}^C & + & \mathbf{e}.
\end{array}$$

Variante 1

Die Rechnung enthält nur den Schwierigkeitszuschlag.

[3] Wir schreiben $\beta_0\mathbf{1}$ statt $\beta_0 \cdot \mathbf{1}$ und werden auch im weiteren auf den Malpunkt zwischen Vektor und Skalar verzichten. Der Malpunkt wird nur noch gesetzt, wenn dies übersichtlicher ist.

Gegeben: $\mathbf{1}^A$, $\mathbf{1}^B$, $\mathbf{1}^C$, $\mathbf{r}_1$.
Gesucht: β_3, β_4, β_5.
Modell: $\mathbf{r}_1 = \beta_3\mathbf{1}^A + \beta_4\mathbf{1}^B + \beta_5\mathbf{1}^C$.

$$\begin{pmatrix}20\\30\\40\\40\\20\\20\\30\\20\\40\\30\end{pmatrix} = \beta_3\begin{pmatrix}1\\0\\0\\0\\1\\1\\0\\1\\0\\0\end{pmatrix} + \beta_4\begin{pmatrix}0\\1\\0\\0\\0\\0\\1\\0\\0\\1\end{pmatrix} + \beta_5\begin{pmatrix}0\\0\\1\\1\\0\\0\\0\\0\\1\\0\end{pmatrix} = \begin{pmatrix}\beta_3\\\beta_4\\\beta_5\\\beta_5\\\beta_3\\\beta_3\\\beta_4\\\beta_3\\\beta_5\\\beta_4\end{pmatrix}$$

Offensichtlich ist die Lösung $\beta_3 = 20$, $\beta_4 = 30$ und $\beta_5 = 40$. Sie ist eindeutig und läßt sich ohne Schwierigkeiten korrekt aus den ersten drei Zeilen der Datenmatrix ablesen.

Variante 2

Die Rechnung erhält zusätzlich noch die Pauschale.
Gegeben: $\mathbf{1}$, $\mathbf{1}^A$, $\mathbf{1}^B$, $\mathbf{1}^C$, $\mathbf{r}_2$.
Gesucht: β_0, β_3, β_4, β_5.
Modell: $\mathbf{r}_2 = \beta_0\mathbf{1}+\beta_3\mathbf{1}^A + \beta_4\mathbf{1}^B + \beta_5\mathbf{1}^C$.

$$\begin{pmatrix}40\\50\\60\\60\\40\\40\\50\\40\\60\\50\end{pmatrix} = \beta_0\begin{pmatrix}1\\1\\1\\1\\1\\1\\1\\1\\1\\1\end{pmatrix} + \beta_3\begin{pmatrix}1\\0\\0\\0\\1\\1\\0\\1\\0\\0\end{pmatrix} + \beta_4\begin{pmatrix}0\\1\\0\\0\\0\\0\\1\\0\\0\\1\end{pmatrix} + \beta_5\begin{pmatrix}0\\0\\1\\1\\0\\0\\0\\0\\1\\0\end{pmatrix} = \begin{pmatrix}\beta_0+\beta_3\\\beta_0+\beta_4\\\beta_0+\beta_5\\\beta_0+\beta_5\\\beta_0+\beta_3\\\beta_0+\beta_3\\\beta_0+\beta_4\\\beta_0+\beta_3\\\beta_0+\beta_5\\\beta_0+\beta_4\end{pmatrix}.$$

Hier fällt sofort auf: Auch wenn die Rechnung aus Zuschlägen und der Pauschale in der angegebenen Weise berechnet wurde, lassen diese sich aus der Endabrechnung nicht mehr eindeutig rekonstruieren. Erhöhen wir zum Beispiel alle Zuschläge um einen Betrag M und ziehen gleichzeitig den Betrag M von der Pauschale ab, so ändert sich der Endbetrag nicht. Man sagt: β_0, β_3, β_4, β_5 sind **nicht identifizierbar**. Formal liegt die Ursache in der gegenseitigen Abhängigkeit der Vektoren $\mathbf{1}$, $\mathbf{1}^A$, $\mathbf{1}^B$ und $\mathbf{1}^C$. Denn es gilt: $\mathbf{1} = \mathbf{1}^A + \mathbf{1}^B + \mathbf{1}^C$. Abhilfe schafft die **Reparametrisierung** oder die **Beschränkung auf identifizierbare Parameter:**

Parameterwechsel, Reparametrisierung: Wir beheben die dem Modell innewohnende Unbestimmtheit, eliminieren überflüssige Vektoren und Parameter und beschreiben die Daten neu. Damit erhalten wir ein vereinfachtes Modell mit eindeutigen Parametern.

Wir verzichten zum Beispiel auf die überflüssige Pauschale und erhöhen statt dessen die Zuschläge. Die Kostengrößen sind nun:

Sockelbetrag:		$\beta_0 - \beta_0 = 0$
Schwierigkeitszuschlag:	Stufe A:	$\beta_0 + \beta_3 = \delta_3$
	Stufe B:	$\beta_0 + \beta_4 = \delta_4$
	Stufe C:	$\beta_0 + \beta_5 = \delta_5$

Wir eliminieren im Modell den Vektor $\mathbf{1}$ und ersetzen ihn durch $\mathbf{1}^A + \mathbf{1}^B + \mathbf{1}^C$:

$$\begin{aligned}
\mathbf{r}_2 &= \beta_0 \mathbf{1} + \beta_3 \mathbf{1}^A + \beta_4 \mathbf{1}^B + \beta_5 \mathbf{1}^C \\
&= \beta_0(\mathbf{1}^A + \mathbf{1}^B + \mathbf{1}^C) + \beta_3 \mathbf{1}^A + \beta_4 \mathbf{1}^B + \beta_5 \mathbf{1}^C \\
&= (\beta_0 + \beta_3)\mathbf{1}^A + (\beta_0 + \beta_4)\mathbf{1}^B + (\beta_0 + \beta_5)\mathbf{1}^C \\
&= \delta_3 \mathbf{1}^A + \delta_4 \mathbf{1}^B + \delta_5 \mathbf{1}^C.
\end{aligned}$$

Die neuen Parameter δ_3, δ_4, δ_5 sind nun wie bei Variante 1 identifizierbar.

Beschränkung auf identifizierbare Parameter: Jetzt belassen wir das Modell unverändert, beschränken uns aber auf solche abgeleiteten Parameter, die trotz der generellen Unbestimmtheit eindeutig bestimmbar sind.
Auch wenn zum Beispiel weder Pauschale noch Zuschlag identifizierbar sind, ist die Summe aus beiden eindeutig. Ebenso sind die Differenz zweier Zuschläge oder gewisse Mittelwerte aus den Zuschlägen identifizierbar. So sind zum Beispiel die folgenden Parameter eindeutig bestimmt:

$$\beta_0 + \beta_3 = 40 \qquad \beta_0 + \beta_4 = 50 \qquad \beta_0 + \beta_5 = 60$$

also auch

$$\beta_4 - \beta_3 = 10 \qquad \text{oder} \qquad \frac{\beta_3 + \beta_4}{2} - \beta_5 = -15.$$

Variante 3

Die Rechnung enthält nur Fahrtkosten und Stundenlohn.

Gegeben: $\mathbf{k}$, $\mathbf{s}$, $\mathbf{r}_3$.
Gesucht: β_1, β_2.
Modell: $\mathbf{r}_3 = \beta_1 \mathbf{k} + \beta_2 \mathbf{s}$.

Was wissen wir von $\mathbf{r}_3$? Der Vektor $\mathbf{r}_3$ ist eine Linearkombination der beiden Vektoren $\mathbf{k}$ und $\mathbf{s}$:

$$\begin{pmatrix} 132,00 \\ 25,50 \\ 70,00 \\ 109,50 \\ 112,00 \\ 98,00 \\ 57,00 \\ 101,00 \\ 118,50 \\ 128,50 \end{pmatrix} = \beta_1 \begin{pmatrix} 24 \\ 11 \\ 20 \\ 19 \\ 24 \\ 36 \\ 34 \\ 2 \\ 37 \\ 17 \end{pmatrix} + \beta_2 \begin{pmatrix} 3,0 \\ 0,5 \\ 1,5 \\ 2,5 \\ 2,5 \\ 2,0 \\ 1,0 \\ 2,5 \\ 2,5 \\ 3,0 \end{pmatrix}.$$

Wie wir später noch zeigen werden, lassen sich die Vielfachen $\beta_1\mathbf{k}$ des Vektors $\mathbf{k}$ als Punkte einer Geraden $\mathcal{L}\{\mathbf{k}\}$ auffassen.[4] Der Vektor $\mathbf{s}$ ist kein Vielfaches von $\mathbf{k}$. Er ist von $\mathbf{k}$ **linear unabhängig**. Nehmen wir die Vielfachen $\beta_2\mathbf{s}$ von s zur Gerade $\mathcal{L}\{\mathbf{k}\}$ hinzu, haben wir die Struktur um eine Dimension erweitert: $\mathbf{s}$ und $\mathbf{k}$ erzeugen eine Ebene $\mathcal{L}\{\mathbf{s},\mathbf{k}\} = \{\beta_1\mathbf{k}+\beta_2\mathbf{s}|\beta_1,\beta_2$ beliebige reelle Zahlen$\}$. Jeder Vektor $\mathbf{v}$ dieser Ebene $\mathcal{L}\{\mathbf{s},\mathbf{k}\}$ hat die Gestalt $\mathbf{v} = \beta_1\mathbf{s}+\beta_2\mathbf{k}$. Dabei sind wegen der linearen Unabhängigkeit von $\mathbf{k}$ und $\mathbf{s}$ die Koeffizienten β_1 und β_2 eindeutig durch $\mathbf{v}$ bestimmt. Damit wissen wir, daß unsere Variante 3 eine eindeutige Lösung besitzt.

Variante 4

Zu den Zeit- und Fahrtkosten treten die Zuschläge hinzu.

Gegeben: $\mathbf{k}$, $\mathbf{s}$, $\mathbf{1}^A$, $\mathbf{1}^B$, $\mathbf{1}^C$, $\mathbf{r}_4$.

Gesucht: β_1, β_1, β_3, β_4, β_5.

Modell: $\mathbf{r}_4 = \beta_1\mathbf{k}+\beta_2\mathbf{s}+\beta_3\mathbf{1}^A+\beta_4\mathbf{1}^B+\beta_5\mathbf{1}^C$.

Die geometrische Struktur wird reicher. Die Ebene $\mathcal{L}\{\mathbf{s},\mathbf{k}\}$ ist ein Teil des übergeordneten Raumes $\mathcal{L}\{\mathbf{k},\mathbf{s},\mathbf{1}^A,\mathbf{1}^B,\mathbf{1}^C\}$. Dieser läßt sich zwar nur noch symbolisch veranschaulichen, trotzdem läßt sich auch hier zeigen, daß die Vektoren $\mathbf{k}$, $\mathbf{s}$, $\mathbf{1}^A$, $\mathbf{1}^B$ und $\mathbf{1}^C$ linear unabhängig sind. Damit ist die Darstellung von $\mathbf{r}_4$ als Punkt des fünfdimensionalen Raumes eindeutig. Variante 4 hat wiederum eine eindeutige Lösung. Numerisch läßt sich diese zum Beispiel durch Lösung eines linearen Gleichungssystems finden.

Variante 5

Diese Variante unterscheidet sich von Variante 5 durch die Pauschale.

Gegeben: $\mathbf{1}$, $\mathbf{k}$, $\mathbf{s}$, $\mathbf{1}^A$, $\mathbf{1}^B$, $\mathbf{1}^C$, $\mathbf{r}_5$.

Gesucht: β_0, β_1, β_1, β_3, β_4, β_5.

Modell: $\mathbf{r}_5 = \beta_0\mathbf{1}+\beta_1\mathbf{k}+\beta_2\mathbf{s}+\beta_3\mathbf{1}^A+\beta_4\mathbf{1}^B+\beta_5\mathbf{1}^C$.

Hier tritt dasselbe Problem auf wie bei Variante 2. Der Parameter β_0 ist überflüssig. Die Hinzunahme des Vektors $\mathbf{1}$ hat keine neue Dimension eröffnet. Durch Reparametrisieren oder durch Beschränkung auf schätzbare Parameter führen wir es auf Variante 4 zurück.

Variante 6

Die letzte Variante ist unser ursprüngliches Problem mit allen Faktoren.

Gegeben: $\mathbf{1}$, $\mathbf{k}$, $\mathbf{s}$, $\mathbf{1}^A$, $\mathbf{1}^B$, $\mathbf{1}^C$, $\mathbf{r}_6$.

Gesucht: β_0, β_1, β_1, β_3, β_4, β_5.

Modell: $\mathbf{r}_6 = \beta_0\mathbf{1}+\beta_1\mathbf{k}+\beta_2\mathbf{s}+\beta_3\mathbf{1}^A+\beta_4\mathbf{1}^B+\beta_5\mathbf{1}^C+\mathbf{e}$.

Durch die Aufnahme des Vektors $\mathbf{e}$ entsteht ein prinzipiell neues Problem. Solange wir nichts über $\mathbf{e}$ wissen, sind die Koeffizienten β_0, β_1, β_2, β_3, β_4, β_5 nicht mehr rekonstruierbar. Denkbar wäre ja zum Beispiel auch $\mathbf{e} = \mathbf{r}_6$, dann wären alle anderen Koeffizienten Null. Wenn wir jetzt nicht von vornherein aufgeben

[4] $\mathcal{L}$, ein kalligraphisches "L", steht für "Linear".

wollen, müssen wir versuchen, die Parameter und den *Restvektor* **e** plausibel zu schätzen. Dabei lassen wir uns von folgender Idee leiten:

$$\mathbf{r}_6 = \beta_0\mathbf{1} + \beta_1\mathbf{k} + \beta_2\mathbf{s} + \beta_3\mathbf{1}^A + \beta_4\mathbf{1}^B + \beta_5\mathbf{1}^C + \mathbf{e} = \mathbf{r} + \mathbf{e}$$

läßt sich in zwei Anteile zerlegen: Eine *reguläre* Komponente $\mathbf{r} := \beta_0\mathbf{1} + \beta_1\mathbf{k} + \beta_2\mathbf{s} + \beta_3\mathbf{1}^A + \beta_4\mathbf{1}^B + \beta_5\mathbf{1}^C$ und eine *irreguläre* Komponente[5], nämlich **e**. Der irreguläre Vektor **e** katapultiert **r** aus dem Raum $\mathcal{L}\{\mathbf{1}, \mathbf{k}, \mathbf{s}, \mathbf{1}^A, \mathbf{1}^B, \mathbf{1}^C\} =: \mathcal{L}$ heraus. Könnten wir **r** durch ein $\widehat{\mathbf{r}}$ schätzen, dann hätten wir, wie in Variante 5, auch Schätzer der β_i und gleichzeitig in der Differenz $\mathbf{r} - \widehat{\mathbf{r}}$ einen Schätzer für **e**. Wir werden für $\widehat{\mathbf{r}}$ nicht den *ersten besten* , sondern den *nächsten besten* Vektor aus $\mathcal{L}$ nehmen. Denjenigen nämlich, der minimalen Abstand zu **r** hat. Dabei nehmen wir den gewöhnlichen geometrischen Abstand. Übersetzen wir dieses Kriterium in Anforderungen an die einzelnen Koeffizienten, so heißt dies:

> Schätze die Koeffizienten $\beta_0, \beta_1, \beta_2, \beta_3, \beta_4$ und β_5 so, daß die Summe der quadrierten Abweichungen zwischen den beobachteten r_i und den geschätzten $\widehat{r}_i$ minimal wird.

Dies ist die von Carl Friedrich Gauß in die wissenschaftliche Welt eingeführte **Methode der kleinsten Quadratsummen**. Konkret bedeutet dies für unser Beispiel: Minimiere

$$\begin{array}{ll} & (214,3 - (\beta_0 + 24\beta_1 + 3,0\beta_2 + \beta_3))^2 \\ + & (122,0 - (\beta_0 + 11\beta_1 + 0,5\beta_2 + \beta_4))^2 \\ + & (194,2 - (\beta_0 + 20\beta_1 + 1,5\beta_2 + 1\beta_5))^2 \\ \vdots & \vdots \\ + & (199,5 - (\beta_0 + 17\beta_1 + 3,0\beta_2 + \beta_4))^2 . \end{array}$$

Zur numerischen Lösung dieser Aufgabe nehmen wir den Rechner zu Hilfe. Wir lesen dazu die Vektoren **r**, **k**, **s**, $\mathbf{1}^A$, $\mathbf{1}^B$, $\mathbf{1}^C$ ein und lassen ihn die Minimierungsaufgabe durchführen. Um Mehrdeutigkeitsprobleme zu vermeiden, verzichten wir auf den überflüssigen Parameter β_0. Das vom Rechner ausgeworfene Resultat zeigt Tabelle 1.3 zusammen mit den uns bekannten wahren Werten. Das Ergebnis ist nicht umwerfend. Der Parameter β_1 wird um 50% zu klein, β_2 um 40% zu groß geschätzt. Noch ärger sind die Fehler bei den Zuschlägen β_3, β_4 und β_5. Sie sind weder in der Größenordnung noch in der Reihenfolge richtig getroffen. Der Grund für dieses schlechte Abschneiden liegt — wie könnte es anders sein — bei der irregulären Komponente **e**. Tabelle 1.4 zeigt die geschätzte irreguläre Komponente $\hat{\mathbf{e}}$ und im Vergleich dazu die wahren Ersatzteilkosten e_i. Betrachten wir dieses Ergebnis noch etwas genauer: Sämtliche Ersatzteilkosten sind positive Zahlen, deren Durchschnittswert $\overline{e}$ bei 31,90 DM liegt. Mit unserem Schätzmodell haben wir versucht, die unbekannten Posten der Rechnung

[5] Mit *Komponenten* bezeichnen wir hier also die beiden *Vektoren* **r** und **e** , deren Summe den Vektor $\mathbf{r}_6$ ergibt, und nicht die einzelnen *Zahlen*, die wir hier zu Vektoren zusammengefaßt haben.

Parameter	β	wahrer Wert	Schätzwert
Kosten pro Kilometer	β_1	0,50	0,25
Stundenlohn	β_2	30,–	28,01
Schwierigkeitszuschlag Stufe A	β_3	20,–	113,10
Schwierigkeitszuschlag Stufe B	β_4	30,–	97,46
Schwierigkeitszuschlag Stufe C	β_5	40,–	124,10
Sockelbetrag		20,–	0,00

Tabelle 1.3: Ergebnis der Minimierungs-Aufgabe

geschätzte irreguläre Komponente $\hat{e}_i$	Wahre Komponente Ersatzteile e_i
11,174	42,26
7,808	46,47
23,097	64,17
−1,070	28,27
5,581	42,70
12,316	52,40
−21,595	5,30
−29,071	13,62
−22,027	2,81
13,786	21,03

Tabelle 1.4: Schätzung der irregulären Komponente

zu rekonstruieren. Dabei haben wir aber die einzelnen Komponenten nicht als gleichrangig behandelt, sondern eine — nämlich die Ersatzteilkosten $\mathbf{e}$ — als irreguläre Komponente modelliert. Die Summe der quadrierten Schätzwerte $\sum \hat{e}_i{}^2$ sollte dabei minimiert werden. Dies hat unter anderem zur Folge, daß die Durchschnittskosten $\overline{e}$ von den einzelnen e_i abgezogen und den Zuschlägen zugerechnet werden. Ziehen wir also diese 31,90 DM von den e_i ab, erhalten wir doch eine überraschende Übereinstimmung mit den $\hat{e}_i$. Addieren wir die 31,90 DM zu den Zuschlägen und berücksichtigen wir, daß auch die Pauschale von 20 DM zu den Zuschlägen addiert werden muß, so sind selbst diese Komponenten nicht so übel getroffen.

In diesem Beispiel können wir sagen, wie gut unsere Schätzungen sind, da wir die wahren Werte kennen. In der Praxis ist dies meist ausgeschlossen. Um Aussagen über die Zuverlässigkeit unserer Schätzungen zu erhalten, müssen wir über die Struktur der Daten mehr wissen. Zum Beispiel, ob die Komponenten von $\mathbf{e}$ Realisierungen zufälliger Variablen sind und welche Wahrscheinlichkeitsverteilung diese Variablen besitzen. (In unserem Beispiel ist $\mathbf{e}$ von uns willkürlich, aber nicht zufällig gesetzt worden.)

Rückblickend auf das Beispiel sehen wir:

Wir können mit Vektoren Datensätze beschreiben. Die Menge aller möglichen

additiven Überlagerungen von Vektoren lassen sich durch Geraden, Ebenen und Räume deuten. Fragen der Eindeutigkeit der Parameter führen zu den Begriffen der linearen Unabhängigkeit und der Dimension. Die Suche nach optimalen Schätzern führt zum Abstandsbegriff und die abschließende Frage nach der Genauigkeit der erhaltenen Schätzer zur Wahrscheinlichkeitstheorie.
Damit ist das Programm der nächsten beiden Abschnitte umrissen.

1.1.2 Geraden, Ebenen, Räume

In diesem Abschnitt werden wir Linearkombinationen von Vektoren betrachten. Die von ihnen erzeugten Strukturen werden wir mit uns vertrauten geometrischen Begriffen belegen und von "Punkten", "Geraden" und "Ebenen" sprechen. Eine Gerade kann z. B. in einer Ebene liegen, sie schneiden, senkrecht oder parallel dazu sein.
Diese uns vertrauten Eigenschaften geometrischer Objekte des dreidimensionalen euklidischen Raumes lassen sich auf gleichnamige abstrakte Objekte des n-dimensionalen Raumes übertragen. Sie gewinnen so — vielleicht erst nach einiger Übung — eine neue Anschaulichkeit.
Wir werden von "abstrakten Vektoren" und "Vektorräumen" reden. Dabei genügt es vollkommen, sich unter einem Vektorraum den gewöhnlichen dreidimensionalen Vektorraum vorzustellen.

Definition 4 *Eine Menge* $\mathbf{V} = \{\mathbf{a}, \mathbf{b}, \mathbf{c}, \ldots, \mathbf{x}, \mathbf{y}, \mathbf{z}, \ldots\}$ *heißt* ***linearer Vektorraum*** *über den reellen Zahlen, falls für alle Elemente von* $\mathbf{V}$*, die wir als Vektoren bezeichnen, eine Addition und eine skalare Multiplikation erklärt sind, so daß für alle reellen Zahlen* α *und* β *sowie alle Vektoren* $\mathbf{a}$ *und* $\mathbf{b}$ *aus* $\mathbf{V}$ *die folgenden Eigenschaften erfüllt sind:*

Existenz einer kommutativen und assoziativen Addition:

$$\begin{aligned} \mathbf{a}+\mathbf{b} &\in \mathbf{V} \\ \mathbf{a}+\mathbf{b} &= \mathbf{b}+\mathbf{a} \\ (\mathbf{a}+\mathbf{b})+\mathbf{c} &= \mathbf{a}+(\mathbf{b}+\mathbf{c}) \end{aligned}$$

Existenz einer assoziativen und distributiven Multiplikation:

$$\begin{aligned} \alpha\mathbf{a} &= \mathbf{a}\alpha \in \mathbf{V} \\ \alpha(\mathbf{a}+\mathbf{b}) &= \alpha\mathbf{a}+\alpha\mathbf{b} \\ (\alpha+\beta)\mathbf{a} &= \alpha\mathbf{a}+\beta\mathbf{a} \\ (\alpha\beta)\mathbf{a} &= \alpha(\beta\mathbf{a}) \\ 1\mathbf{a} &= \mathbf{a} \end{aligned}$$

Existenz einer Inversen bei der Addition: *Zu je zwei Vektoren* $\mathbf{a} \in \mathbf{V}$ *und* $\mathbf{b} \in \mathbf{V}$ *gibt es stets genau einen Vektor* $\mathbf{c}$*, so daß* $\mathbf{a}+\mathbf{c}=\mathbf{b}$ *gilt.*

Bemerkung: Jeder Vektorraum enthält den eindeutigen Nullvektor $\mathbf{0}$. Für $\mathbf{0}$ und jedes $\mathbf{a} \in \mathbf{V}$ gilt $\mathbf{a} + \mathbf{0} = \mathbf{a}$. Weiter gibt es zu jedem $\mathbf{a} \in \mathbf{V}$ einen eindeutig bestimmten Vektor $-\mathbf{a}$ mit der Eigenschaft $\mathbf{a} + (-\mathbf{a}) = \mathbf{0}$. Statt $\mathbf{a} + (-\mathbf{b})$ schreiben wir auch kurz $\mathbf{a} - \mathbf{b}$.
Wenn wir im folgenden schlicht von *Vektorräumen* sprechen, meinen wir stets lineare Vektorräume über den reellen Zahlen.

Beispiel 5 (Vektorräume)
Der euklidische n-dimensionale Raum $\mathbb{R}^n$.
Die Punkte einer Geraden durch den Ursprung.
Die Punkte einer Ebene durch den Ursprung.
Die Menge der stetigen Funktionen.
Die Menge der zufälligen Variablen.

Beispiel 6 (Vektoren im $\mathbb{R}^2$) *Jedes $\mathbf{x} \in \mathbb{R}^2$ ist ein geordnetes Zahlenpaar: $\mathbf{x} = \binom{x_1}{x_2}$, $x_1, x_2 \in \mathbb{R}^1$. Die beiden Komponenten x_1 und x_2 von $\mathbf{x}$ legen als Koordinaten einen Punkt der Ebene fest (vgl. Abbildung 1.1).*

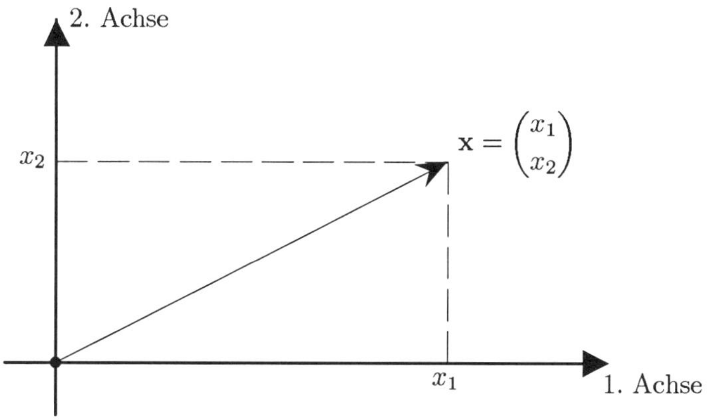

Abbildung 1.1: Komponenten von $\mathbf{x}$

Unter dem Vektor $\mathbf{x}$ können wir uns sowohl diesen Punkt als auch den gerichteten Pfeil (Ortsvektor) vom Nullpunkt bis zum Punkt $\mathbf{x}$ vorstellen. Schließlich können wir noch die feste Bindung des Vektorpfeils an den Nullpunkt aufgeben und $\mathbf{x}$ durch jeden zum Ortsvektor parallelen Pfeil gleicher Länge repräsentieren. Wir werden alle drei Vorstellungen verwenden und je nach Zusammenhang von *Punkten* oder *Vektoren* reden. Es ist einerseits anschaulicher, von den Punkten einer Ebene zu sprechen, andererseits werden wir etwa bei der Addition aber lieber Pfeile als Punkte aneinandersetzen.
Diese formal-geometrische Vorstellung von Vektoren als Punkte oder Pfeile in einem Raum wird sich als tragfähig und außerordentlich fruchtbar erweisen. Wir werden sie von nun an konsequent in diesem Buch durchhalten, gleichgültig, ob

die Vektoren inhaltlich Merkmale, Variablen, Einflußfaktoren, zufällige Größen, Matrizen oder Funktionen sind.
Im folgenden sind alle auftretenden Vektoren $\mathbf{a}, \mathbf{b}, \ldots, \mathbf{z}$ Elemente eines gemeinsamen Vektorraums $\mathbf{V}$, der oft nicht mehr explizit genannt wird.

Gerade

Definition 7 *Die Menge der Vielfachen des Vektors* $\mathbf{a}$ *heißt "die von* $\mathbf{a}$ *erzeugte Gerade" (Abbildung 1.2):*

$$\mathcal{L}\{\mathbf{a}\} := \{\alpha\mathbf{a} | \alpha \in \mathbb{R}^1\}.$$

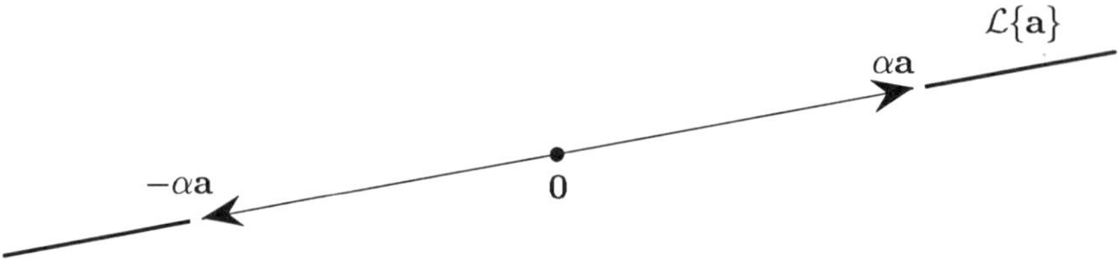

Abbildung 1.2: Die Gerade $\mathcal{L}\{\mathbf{a}\}$

Je größer der Koeffizient α ist, um so weiter liegt der Punkt $\alpha\mathbf{a}$ in Richtung von $\mathbf{a}$ vom Ursprung $\mathbf{0}$ weg. Ist α negativ, liegt $\alpha\mathbf{a}$ in entgegengesetzter Richtung zu $\mathbf{a}$.

Addition

Im $\mathbb{R}^2$ erhält man den Summenvektor $\mathbf{a} + \mathbf{b}$, in dem man das Vektorparallelogramm bildet. Man setzt den Vektor $\mathbf{a}$ an die Spitze des Vektors $\mathbf{b}$. Die Ecke des so entstehenden Parallelogramms ist der Vektor $\mathbf{a} + \mathbf{b}$ (Abbildung 1.3).

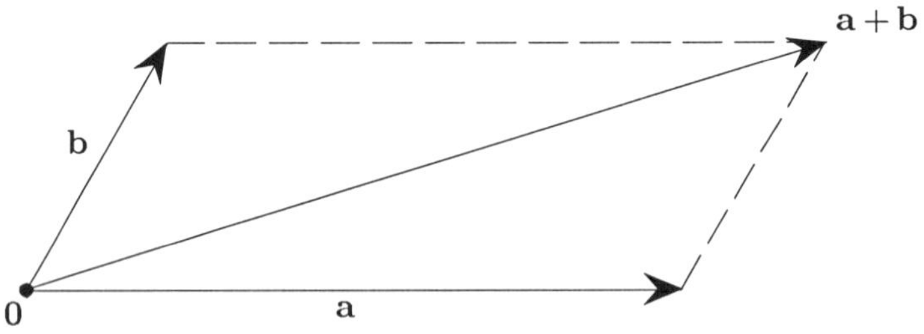

Abbildung 1.3: Vektor-Addition

Diese Vorstellung der Vektoraddition können wir unverändert auf allgemeine Vektorräume übertragen.

Subtraktion

Verbinden wir die beiden Punkte von $\mathbf{a}$ nach $\mathbf{b}$, so erhalten wir den Vektor $\mathbf{b}-\mathbf{a}$. Denn aufgrund der Additionsregel gilt $\mathbf{b} = \mathbf{a} + (\mathbf{b} - \mathbf{a})$ (Abbildung 1.4).

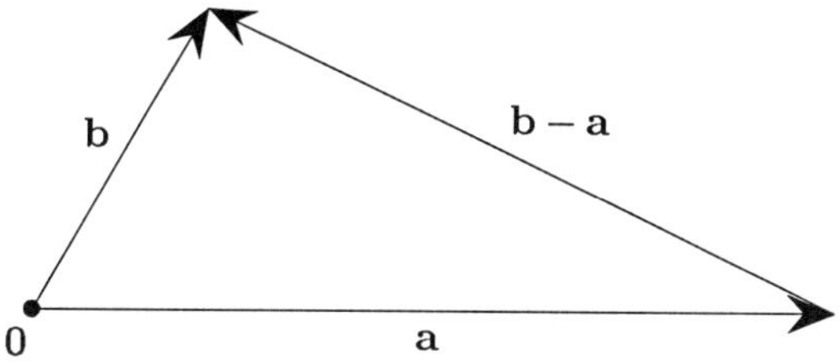

Abbildung 1.4: Vektor-Subtraktion

Dreieck

Die Menge der Punkte $\{\alpha\mathbf{a} + (1-\alpha)\,\mathbf{b}\,|0 \leq \alpha \leq 1\}$ bildet die Verbindungsstrecke zwischen den Punkten $\mathbf{a}$ und $\mathbf{b}$. Das Dreieck mit den Ecken $\mathbf{0}$, $\mathbf{a}$ und $\mathbf{b}$ wird von den Punkten $\{\alpha\mathbf{a} + \beta\mathbf{b}\,|0 \leq \alpha \leq 1; 0 \leq \beta \leq 1; \alpha + \beta \leq 1\}$ gebildet (Abbildung 1.5).

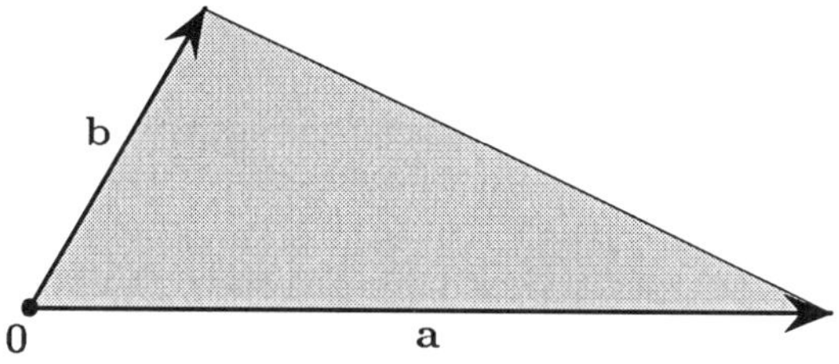

Abbildung 1.5: Dreieck

Parallelogramm

Die Menge der Punkte $\{\alpha\mathbf{a} + \beta\mathbf{b}|0 \leq \alpha \leq 1;\; 0 \leq \beta \leq 1\}$ bildet das Parallelogramm mit den Ecken $\mathbf{0}$, $\mathbf{a}$, $\mathbf{b}$ und $\mathbf{a} + \mathbf{b}$ (Abbildung 1.6).

Ebene

Die Menge der Punkte $\{\alpha\mathbf{a} + \beta\mathbf{b}|\alpha \in \mathbb{R}^1;\; \beta \in \mathbb{R}^1\}$ bildet die von $\mathbf{a}$ und $\mathbf{b}$ erzeugte Ebene $\mathcal{L}\{\mathbf{a},\mathbf{b}\}$ (Abbildung 1.7).[6]

[6] Wir zeichnen hier und im folgenden ein Parallelogramm als Symbol für die Ebene, in diesem Fall die Ebene $\mathcal{L}\{\mathbf{a},\mathbf{b}\}$.

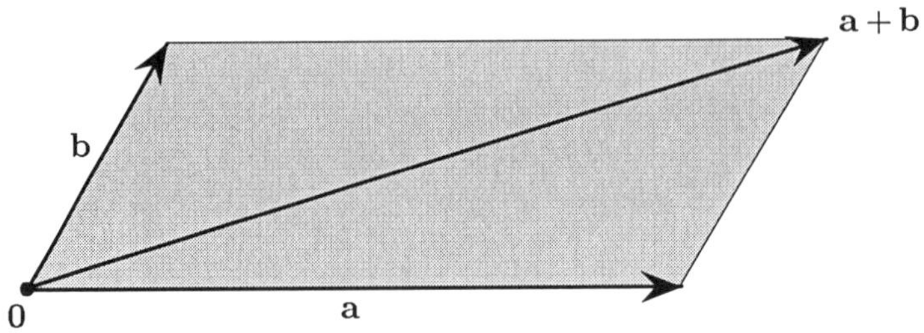

Abbildung 1.6: Parallelogramm

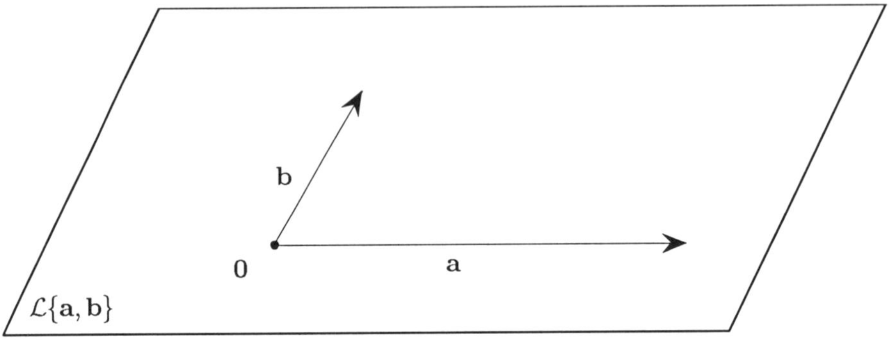

Abbildung 1.7: Ebene

Wichtige, durch Linearkombinationen der Punkte $\mathbf{0}, \mathbf{a}_1, \ldots, \mathbf{a}_n$ erzeugte, geometrische Strukturen sind:

$\{\sum_{j=1}^{n} \beta_j \mathbf{a}_j \mid 0 \leq \beta_j;\ \sum \beta_j = 1\}$ die konvexe Hülle der Punkte,

$\{\sum_{j=1}^{n} \beta_j \mathbf{a}_j \mid 0 \leq \beta_j \leq 1\}$ das n-dimensionale Parallelogramm ,

$\{\sum_{j=1}^{n} \beta_j \mathbf{a}_j \mid \beta_j \in \mathbb{R}^1\}$ der Unterraum.

Dabei heißt eine Menge **K** konvex, wenn mit je zwei beliebigen Punkten aus **K** auch die Verbindungsstrecke der beiden Punkte in **K** liegt. Die konvexe Hülle einer Menge **H** ist die kleinste konvexe Menge, die **H** enthält. Für den von $\mathbf{a}_1, \ldots, \mathbf{a}_n$ erzeugten Unterraum verwenden wir das bereits eingeführte Symbol $\mathcal{L}\{\mathbf{a}_1, \ldots, \mathbf{a}_n\}$.

Definition 8 (Unterraum) *Ist* **W** *eine endliche oder unendliche Menge von*

Vektoren, so ist

$$\mathcal{L}\{\mathbf{W}\} = \left\{ \sum_{j=1}^{n} \beta_j \mathbf{w}_j \quad \middle| \quad \beta_j \in \mathbb{R}^1;\ n \in \mathbb{N};\ \mathbf{w}_j \in \mathbf{W} \right\}$$

der von $\mathbf{W}$ *erzeugte Unterraum. Sind* $\mathbf{A}, \mathbf{B}, \ldots, \mathbf{C}$ *Mengen von Vektoren, so ist*

$$\mathcal{L}\{\mathbf{A}, \mathbf{B}, \ldots, \mathbf{C}\} = \mathcal{L}\{\mathbf{A} \cup \mathbf{B} \cup \cdots \cup \mathbf{C}\}$$

der von $\mathbf{A}, \mathbf{B}, \ldots, \mathbf{C}$ *erzeugte Unterraum.*

Bemerkung: $\mathcal{L}\{\mathbf{W}\}$ ist damit selber ein Vektorraum, der ganz im Vektorraum $\mathbf{V}$ enthalten ist. Ist $\mathbf{A}$ bereits ein linearer Raum, so ist $\mathbf{A} = \mathcal{L}\{\mathbf{A}\}$.

Unter- und Oberräume

Die Gerade $\mathcal{L}\{\mathbf{a}\}$ ist ganz in der Ebene $\mathcal{L}\{\mathbf{a}, \mathbf{b}\}$ und diese ganz im Unterraum $\mathcal{L}\{\mathbf{a}, \mathbf{b}, \mathbf{c}\}$ enthalten.
Gilt für zwei Unterräume $\mathbf{A}$ und $\mathbf{B}$ von $\mathbf{V}$, daß $\mathbf{A}$ gänzlich in $\mathbf{B}$ enthalten ist, $\mathbf{A} \subseteq \mathbf{B}$, so heißt $\mathbf{A}$ **Unterraum** von $\mathbf{B}$ und $\mathbf{B}$ **Oberraum** von $\mathbf{A}$. Soll ausgeschlossen werden, daß $\mathbf{A}$ und $\mathbf{B}$ identisch sind, spricht man von **echten** Teilräumen.

Schnitt zweier Räume

Zwei Unterräume $\mathbf{A}$ und $\mathbf{B}$ haben mindestens den Nullpunkt $\mathbf{0}$ gemeinsam. So wie sich im $\mathbb{R}^3$ zwei Ebenen, die mindestens einen Punkt gemeinsam haben, in einer Geraden schneiden (Abbildung 1.8), gilt allgemein:

Satz 9 *Der Schnitt* $\mathbf{A} \cap \mathbf{B}$ *zweier Unterräume* $\mathbf{A}$ *und* $\mathbf{B}$ *ist wieder ein Unterraum.*

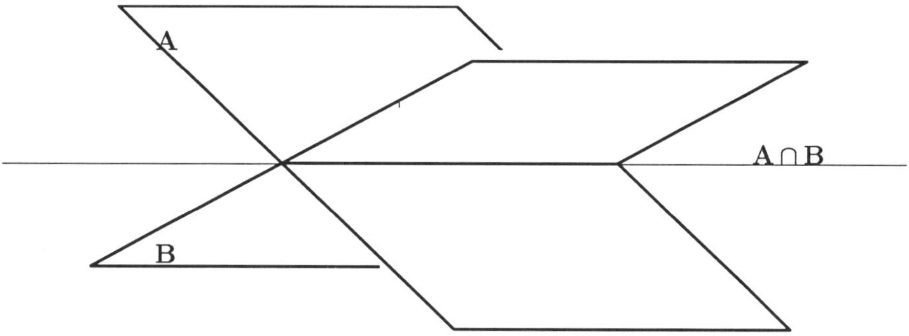

Abbildung 1.8: Schnitt zweier Ebenen im Raum

Parallele Ebenen

Mehrdimensionale Ebenen sind parallel verschobene Unterräume. Ebenen, die die Null enthalten, sind Unterräume (Abbildung 1.9).

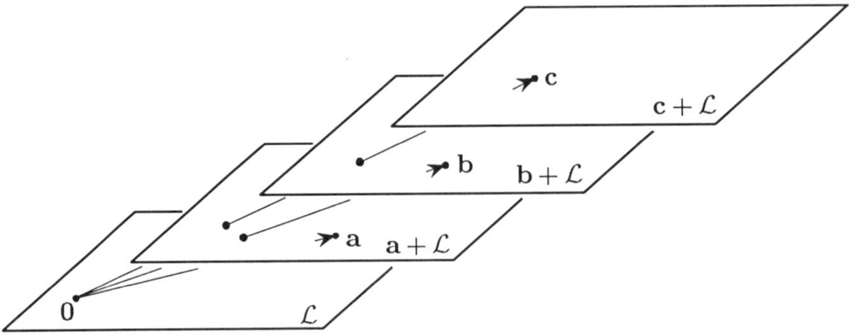

Abbildung 1.9: Parallele Ebenen

$\mathcal{L}\{\mathbf{x}\}$	$\{\beta\mathbf{x} \mid \beta \in \mathbb{R}^1\}$ Die Gerade durch den Ursprung und den Punkt $\mathbf{x}$.
$\mathbf{a} + \mathcal{L}\{\mathbf{x}\}$	$\{\mathbf{a} + \beta\mathbf{x} \mid \beta \in \mathbb{R}^1\}$ Die Gerade durch den Punkt $\mathbf{a}$ parallel zu $\mathcal{L}\{\mathbf{x}\}$.
$\mathcal{L}\{\mathbf{x},\mathbf{y}\}$	$\{\beta_1\mathbf{x} + \beta_2\mathbf{y} \mid \beta_i \in \mathbb{R}^1; i = 1,2\}$ Die Ebene durch den Ursprung und die Punkte $\mathbf{x}$ und $\mathbf{y}$.
$\mathbf{a} + \mathcal{L}\{\mathbf{x},\mathbf{y}\}$	$\{\mathbf{a} + \beta_1\mathbf{x} + \beta_2\mathbf{y} \mid \beta_i \in \mathbb{R}^1; i = 1,2\}$ Die Ebene durch $\mathbf{a}$ parallel zu $\mathcal{L}\{\mathbf{x},\mathbf{y}\}$.
$\mathcal{L}\{\mathbf{x}_1,\ldots,\mathbf{x}_k\}$	Ein Unterraum.
$\mathbf{a} + \mathcal{L}\{\mathbf{x}_1,\ldots,\mathbf{x}_k\}$	Eine (Hyper)- Ebene durch $\mathbf{a}$ parallel zu $\mathcal{L}\{\mathbf{x}_1,\ldots,\mathbf{x}_k\}$.

1.1.3 Dimensionen und Basen

Zwei Vektoren $\mathbf{x}$ und $\mathbf{y}$ im $\mathbb{R}^2$ spannen nur dann keine zweidimensionale Ebene $\mathcal{L}\{\mathbf{x},\mathbf{y}\}$ auf, wenn sie beide auf derselben Gerade liegen. In diesem Fall heißen $\mathbf{x}$ und $\mathbf{y}$ **linear unabhängig** (Abbildung 1.10).

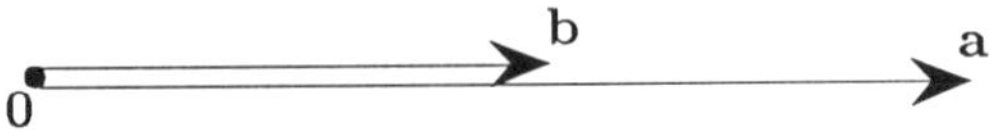

Abbildung 1.10: Lineare Abhängigkeit

Zwei Vektoren $\mathbf{x}$ und $\mathbf{y}$ sind **linear abhängig**, wenn der eine Vektor ein Vielfaches des anderen Vektors ist: $\mathbf{x} = \beta\mathbf{y}$. Die Vektoren $\mathbf{x}$ und $\mathbf{y}$ heißen genau dann linear unabhängig, wenn aus $\beta_1\mathbf{x} + \beta_2\mathbf{y} = \mathbf{0}$ folgt, daß $\beta_1 = \beta_2 = 0$ ist.

Definition 10 *Die Vektoren* $\mathbf{x}_1, \mathbf{x}_2, \ldots, \mathbf{x}_m$ *heißen* ***linear unabhängig****, wenn keiner von ihnen sich als Linearkombination der anderen schreiben läßt. Dies gilt genau dann, wenn gilt:*

$$\sum_{j=1}^{m} \beta_j \mathbf{x}_j = \mathbf{0} \quad \Leftrightarrow \quad \beta_1 = \beta_2 = \cdots = \beta_m = 0.$$

Definition 11 *Sind die Vektoren* $\mathbf{w}_1, \ldots, \mathbf{w}_m$ *linear unabhängig und ist* $\mathbf{W} = \mathcal{L}\{\mathbf{w}_1, \ldots, \mathbf{w}_m\}$ *der von den Vektoren* $\mathbf{w}_1, \ldots, \mathbf{w}_m$ *erzeugte lineare Raum, so heißt:*

- $m = \dim \mathbf{W}$ *die Dimension von* $\mathbf{W}$,
- $\{\mathbf{w}_1, \cdots, \mathbf{w}_m\}$ *eine Basis von* $\mathbf{W}$,
- $\mathbf{W}$ *selbst ein m-dimsionaler Raum.*

Der Nullpunkt $\mathbf{0}$ *wird als ein 0-dimensionaler Raum definiert.*

$\mathbf{W}$ ist eindeutig durch die Basis festgelegt, die Basis aber nicht durch $\mathbf{W}$. Es gibt beliebig viele Basen, die denselben Raum $\mathbf{W}$ erzeugen. Für alle Basen gilt, daß sie aus genau gleichvielen, nämlich $m = \dim \mathbf{W}$ linear unabhängigen Vektoren bestehen. Die Dimension ist eine Invariante des Raumes.
In diesem Sinn ist eine euklidische Gerade ein eindimensionaler, eine euklidische Ebene ein zweidimensionaler Raum. Die Dimension des uns vertrauten euklidischen Raums $\mathbb{R}^3$ ist 3.

Satz 12 (Basissatz) *Ist* $\mathbf{W}$ *ein m-dimensionaler Vektorraum und* $k \geq 1$ *eine natürliche Zahl, so gilt:*

- *Je* $m + k$ *Vektoren aus* $\mathbf{W}$ *sind linear abhängig.*
- *Je* $m - k$ *linear unabhängige Vektoren* $\mathbf{y}_1, \ldots, \mathbf{y}_{m-k}$ *aus* $\mathbf{W}$ *lassen sich durch Hinzunahme von k weiteren, von allen anderen linear unabhängigen Vektoren* $\mathbf{z}_1, \ldots, \mathbf{z}_k$ *zu einer Basis von* $\mathbf{W}$ *ergänzen.*

Satz 13 (Dimensionssatz) *Es seien* $\mathbf{A}$ *und* $\mathbf{B}$ *zwei Unterräume. Ist* $\mathbf{A} \subseteq \mathbf{B}$*, so gilt:*

$$\dim \mathbf{A} \leq \dim \mathbf{B}$$
$$\dim \mathbf{A} = \dim \mathbf{B} \Leftrightarrow \mathbf{A} = \mathbf{B}.$$

Sind $\mathbf{A}$ *und* $\mathbf{B}$ *beliebig, so gilt:*

$$\dim \mathcal{L}\{\mathbf{A}, \mathbf{B}\} = \dim \mathbf{A} + \dim \mathbf{B} - \dim \mathbf{A} \cap \mathbf{B}.$$

Zum Beweis der zweiten Aussage erweitert man eine Basis von $\mathbf{A} \cap \mathbf{B}$ einmal zu einer Basis von $\mathbf{A}$ und dann zu einer Basis von $\mathbf{B}$.

Beispiel 14 *Eine (eindimensionale) Gerade* $\mathbf{A}$ *und eine (zweidimensionale) Ebene* $\mathbf{B}$ *spannen im* $\mathbb{R}^3$ *einen dreidimensionalen Raum auf, wenn die Gerade nicht in der Ebene liegt* ($\dim \mathbf{A} \cap \mathbf{B} = 0$).
Zwei Ebenen $\mathbf{B}$ *und* $\mathbf{C}$*, die sich in einer Geraden* $\mathbf{B} \cap \mathbf{C}$ *schneiden, spannen keinen vierdimensionalen Raum auf, sondern nur den* $\mathbb{R}^3$: $\dim \mathcal{L}\{\mathbf{B}, \mathbf{C}\} = 2 + 2 - 1 = 3$.

Linear unabhängige Räume

Definition 15 *Schneiden die Räume* $\mathbf{A}$ *und* $\mathbf{B}$ *sich nur im Nullpunkt* ($\mathbf{A} \cap \mathbf{B} = \mathbf{0}$)*, so heißen die Räume* $\mathbf{A}$ *und* $\mathbf{B}$ ***linear unabhängig*** *(Abbildung 1.11).*

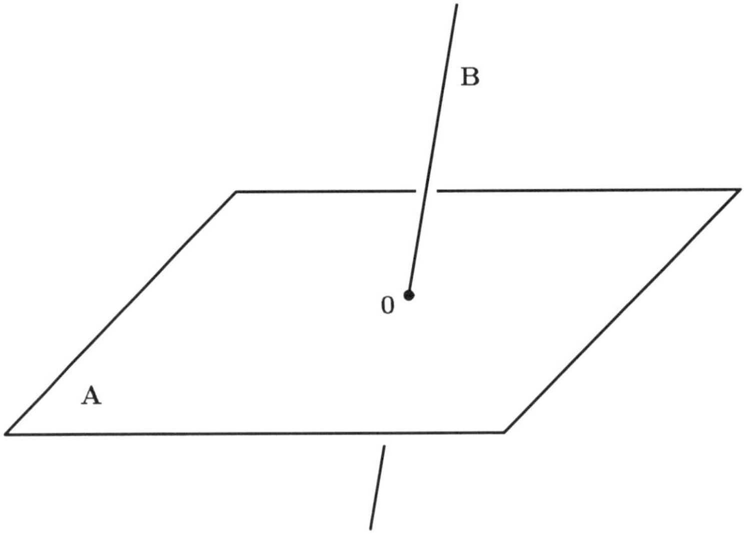

Abbildung 1.11: Linear unabhängige Räume

Sind $\mathbf{A}$ und $\mathbf{B}$ linear unabhängig, so läßt sich außer dem Nullvektor kein Vektor aus $\mathbf{A}$ als Linearkombination der Vektoren aus $\mathbf{B}$ darstellen und umgekehrt, denn der einzige Vektor, der in $\mathbf{A}$ und $\mathbf{B}$ liegt, ist der Nullvektor.

Satz 16 *Sind die Räume* $\mathbf{A}$ *und* $\mathbf{B}$ *linear unabhängig, so besitzt jeder Vektor* $\mathbf{c} \in \mathcal{L}\{\mathbf{A}, \mathbf{B}\}$ *die eindeutige Darstellung*

$$\mathbf{c} = \mathbf{a} + \mathbf{b} \qquad \mathbf{a} \in \mathbf{A}, \mathbf{b} \in \mathbf{B}.$$

Beweis:
Existenz: Ist $\mathbf{c} \in \mathcal{L}\{\mathbf{A}, \mathbf{B}\}$ beliebig, so ist $\mathbf{c} = \sum \alpha_i \mathbf{a}_i + \sum \beta_j \mathbf{b}_j$. Dabei ist $\mathbf{a} := \sum \alpha_i \mathbf{a}_i$ bzw. $\mathbf{b} := \sum \beta_j \mathbf{b}_j$ eine endliche Linearkombination von Vektoren aus $\mathbf{A}$ bzw. aus $\mathbf{B}$.
Eindeutigkeit: Hätte $\mathbf{c}$ auch noch die Darstellung $\mathbf{c} = \mathbf{a}' + \mathbf{b}'$, dann wäre $\mathbf{a}' + \mathbf{b}' = \mathbf{a} + \mathbf{b}$ und damit $\mathbf{a} - \mathbf{a}' = \mathbf{b}' - \mathbf{b}$. Der Vektor $\mathbf{a} - \mathbf{a}'$ wäre einerseits

ein Element aus $\mathbf{A}$ und andererseits als $\mathbf{b}' - \mathbf{b}$ ein Element aus $\mathbf{B}$. Der einzige Vektor, der sowohl in $\mathbf{A}$ wie in $\mathbf{B}$ liegt, ist aber $\mathbf{0}$. Also ist $\mathbf{a}-\mathbf{a}' = \mathbf{0}$, also $\mathbf{a} = \mathbf{a}'$ und analog $\mathbf{b} = \mathbf{b}'$.
□

Satz 16 legt folgende Schreibweise nahe:

Definition 17 *Sind* $\mathbf{A}$ *und* $\mathbf{B}$ *linear unabhängig, so schreiben wir für*

$$\mathcal{L}\{\mathbf{A}, \mathbf{B}\} =: \mathbf{A} + \mathbf{B}.$$

Damit läßt sich der Dimensionssatz für linear unabhängige Räume einfach schreiben als

$$\dim(\mathbf{A} + \mathbf{B}) = \dim \mathbf{A} + \dim \mathbf{B}.$$

Koordinatensysteme

Sind die Vektoren $\mathbf{a}_1, \mathbf{a}_2, \ldots, \mathbf{a}_m$ linear unabhängig, so spannen sie den m-dimensionalen Vektorraum $\mathbf{A} = \mathcal{L}\{\mathbf{a}_1, \mathbf{a}_2, \ldots, \mathbf{a}_m\}$ auf. Jeder Vektor $\mathbf{a} \in \mathbf{A}$ hat die Gestalt:

$$\mathbf{a} = \sum_{j=1}^{m} \alpha_j \mathbf{a}_j.$$

Dabei sind — wie aus Satz 16 folgt — die Koeffizienten α_j eindeutig durch $\mathbf{a}$ bestimmt. Wir können damit die $\mathbf{a}_1, \mathbf{a}_2, \ldots, \mathbf{a}_m$ als Achsen eines Koordinatensystems auffassen, der Koeffizient α_j ist dabei die Koordinate von $\mathbf{a}$ auf der Achse $\mathbf{a}_j$ (Abbildung 1.12).

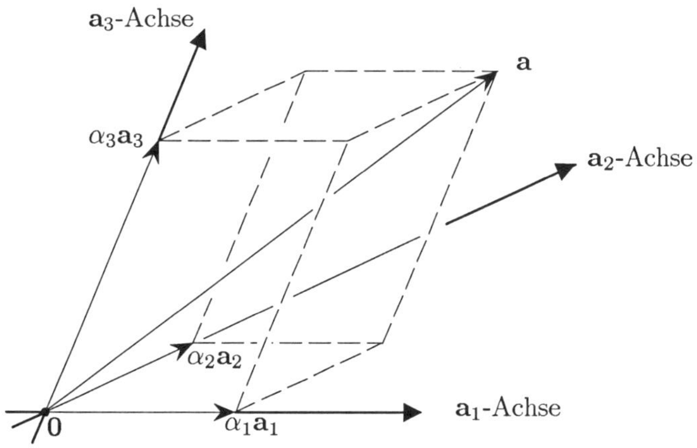

Abbildung 1.12: Dreidimensionaler Vektorraum

Bemerkung: Die Vektoren $\mathbf{k}$, $\mathbf{s}$, $\mathbf{1}^A$, $\mathbf{1}^B$, $\mathbf{1}^C$ in unserem Eingangsbeispiel sind linear unabhängig. Daher sind die Koeffizienten von $\mathbf{r_5}$ eindeutig bestimmt. Die Vektoren $\mathbf{1}$, $\mathbf{1}^A$, $\mathbf{1}^B$, $\mathbf{1}^C$ sind linear abhängig, daher lassen sich die Koeffizienten nicht mehr rekonstruieren.

1.1.4 Winkel und Abstand

Beispiel 18 *Bei drei Versuchstieren seien vor (v_i) und nach (w_i) einer Behandlung das Gewicht in kg gemessen worden. Die Daten sind in Tabelle 1.5 dargestellt. Wie stark unterscheiden sich beide Gewichtsreihen?*
Üblicherweise bildet man für jedes Tier $i = 1, 2, 3$ die Differenzen $v_i - w_i$ (vorher - nachher) und addiert die quadrierten Differenzen (siehe Tabelle 1.5).

v_i	w_i	$v_i - w_i$	$(v_i - w_i)^2$
4,22	3,05	1,17	1,37
4,49	3,24	1,25	1,56
2,92	4,17	−1,25	1,56
			4,49

Tabelle 1.5: Beispiel-Zahlenreihen

Wie stark unterscheiden sich die beiden Zahlenreihen? $\sum(v_i - w_i)^2 = 4,49$ ist ein wenig anschauliches Maß für die Verschiedenheit der beiden Datenreihen. Abstrahieren wir von der inhaltlichen Bedeutung der Zahlen und betrachten $\mathbf{v}$ *und* $\mathbf{w}$ *als zwei Vektoren des $\mathbb{R}^3$, so läßt sich $\sum(v_i - w_i)^2$ unmittelbar geometrisch interpretieren. Da sich die Summe der quadrierten Differenzen als eine der wichtigsten Kenngrößen zur Beurteilung des globalen Unterschieds zwischen Zahlenreihen erweisen wird, lohnt sich der Exkurs über die geometrische Bedeutung dieser Größe.*

Die euklidische Norm im $\mathbb{R}^m$

Wir betrachten in diesem Kapitel den $\mathbb{R}^m$ als den Oberraum $\mathbf{V}$. Ist $\mathbf{v} \in \mathbb{R}^m$, dann heißt

$$\|\mathbf{v}\| = \sqrt{\sum_{i=1}^{m}(v_i)^2}$$

die **euklidische Norm** oder Länge von $\mathbf{v}$. $\|\mathbf{v}\|$ heißt auch der euklidische Abstand des Punktes $\mathbf{v}$ vom Nullpunkt. Dieser so definierte Abstand stimmt im $\mathbb{R}^2$ und im $\mathbb{R}^3$ gerade mit unserem gewöhnlichen Abstandsbegriff überein. In Satz 20 werden wir zeigen, daß $\|\mathbf{v}\|$ alle Eigenschaften erfüllt, die man von einem Abstandsbegriff erwartet. Wir dürfen daher unsere im dreidimensionalen euklidischen Raum gewonnene Vorstellung von einem Abstand auf dieses abstrakte Symbol $\|\mathbf{v}\|$ übertragen.

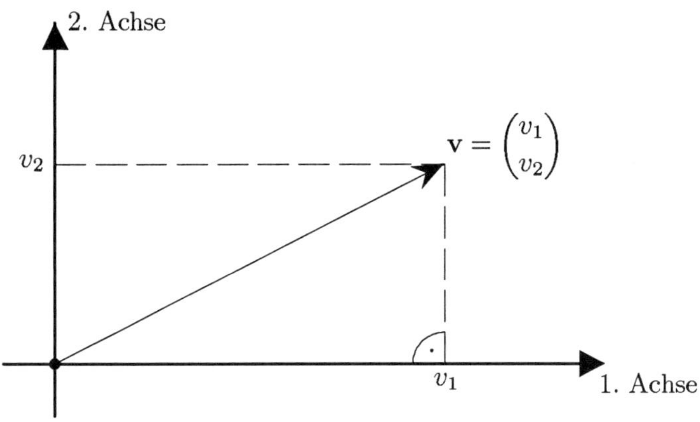

Abbildung 1.13: Länge im zweidimensionalen Raum

Beispiel 19 *Im* $\mathbb{R}^2$ *sei* $\mathbf{v} = \binom{v_1}{v_2}$ *(Abbildung 1.13). Nach dem Satz des Pythagoras ist* $\|\mathbf{v}\| = \sqrt{v_1^2 + v_2^2}$ *gerade die Länge der Hypothenuse des rechtwinkligen Dreiecks. Im* $\mathbb{R}^3$ *gilt (Abbildung 1.14):*

$$\|\mathbf{v}\| = \sqrt{v_1^2 + v_2^2 + v_3^2}.$$

Hier entstehen zwei rechtwinklige Dreiecke. Eines liegt in der v_1*-*v_2*-Ebene, das*

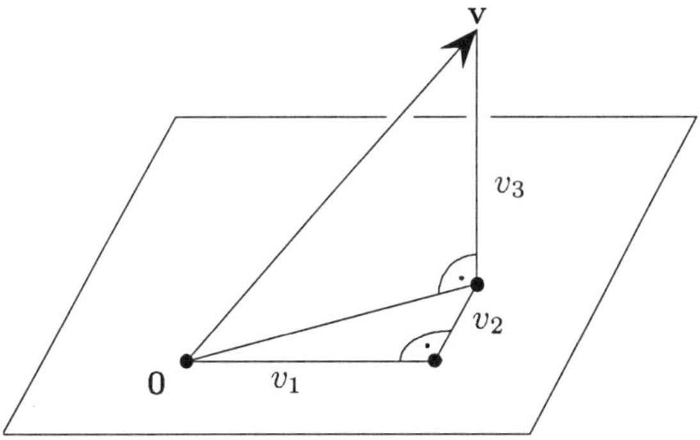

Abbildung 1.14: Länge im dreidimensionalen Raum

zweite steht senkrecht dazu. Auch hier ist $\|\mathbf{v}\|$ *die Länge des Vektors* $\mathbf{v}$.

Abstand zweier Punkte

$\mathbf{v} - \mathbf{w}$ ist bis auf Parallelverschiebung der Vektor, der von $\mathbf{w}$ nach $\mathbf{v}$ führt und so die Punkte $\mathbf{v}$ und $\mathbf{w}$ verbindet. Daher ist der Abstand der beiden Punkte die Länge des Vektors $\mathbf{v} - \mathbf{w}$ (Abbildung 1.15):

$$||\mathbf{v} - \mathbf{w}|| = \sqrt{\sum_{i=1}^{m} (v_i - w_i)^2}.$$

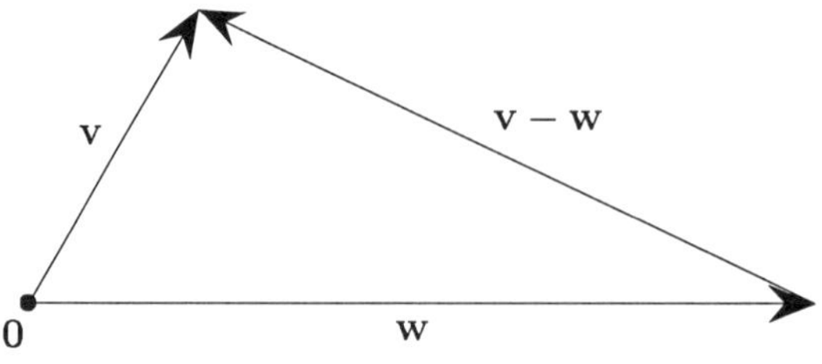

Abbildung 1.15: Abstand zweier Punkte

Eigenschaften der euklidischen Norm

Satz 20 *Für jede reelle Zahl β und alle Vektoren $\mathbf{v}$ und $\mathbf{w} \in \mathbb{R}^m$ gilt:*

$$||\beta\mathbf{v}|| = |\beta| \cdot ||\mathbf{v}|| \tag{1.1}$$

$$||\mathbf{v}|| = 0 \iff \mathbf{v} = \mathbf{0} \tag{1.2}$$

$$||\mathbf{v} + \mathbf{w}|| \leq ||\mathbf{v}|| + ||\mathbf{w}|| \quad \textit{(Dreiecksungleichung)} \tag{1.3}$$

Der Name "Dreiecksungleichung" leuchtet sofort ein, wenn man das Dreieck mit den Eckpunkten $\mathbf{0}$, $\mathbf{v}$ und $\mathbf{v} + \mathbf{w}$ und den Seitenlängen $||\mathbf{v}||$, $||\mathbf{w}||$ und $||\mathbf{v} + \mathbf{w}||$ betrachtet.
Dann sagt die Dreiecksungleichung, daß im Dreieck keine Seite länger ist als die Summe der Längen der beiden anderen Seiten (Abbildung 1.16).

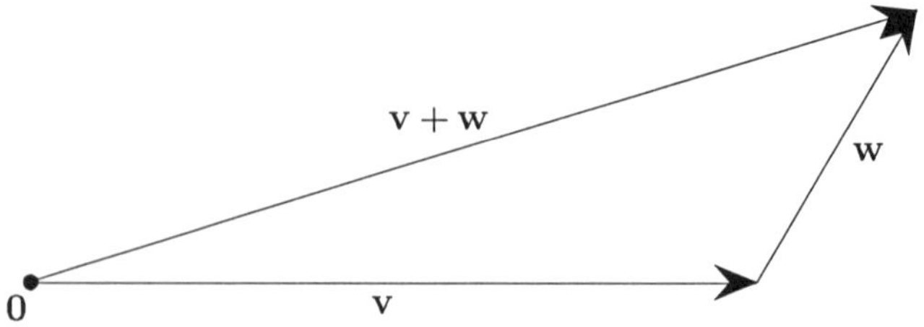

Abbildung 1.16: Dreiecksungleichung

Bemerkung: Allgemein versteht man unter einer **Norm** auf einem linearen Vektorraum $\mathbf{V}$ jede Abbildung $\|\bullet\|$ von $\mathbf{V}$ in die reellen Zahlen, wobei $\|\bullet\|$ genau die Eigenschaften (1.1) bis (1.3) besitzt. Die euklidische Norm ist also nur eine der vielen denkbaren Noremen auf dem $\mathbb{R}^m$. Wir werden die Dreiecksungleichung im Anhang in Satz 115 beweisen.

Das euklidische Skalarprodukt

Definition 21 *Das* ***euklidische Skalarprodukt*** *zwischen zwei Vektoren* $\mathbf{v}$ *und* $\mathbf{w}$ *des* $\mathbb{R}^m$ *ist definiert durch:*

$$\langle \mathbf{v}, \mathbf{w} \rangle := \sum_{i=1}^{m} v_i w_i.$$

Das Skalarprodukt hat folgende Eigenschaften:

$$\begin{array}{llcll} \text{Symmetrie:} & \langle \mathbf{v}, \mathbf{w} \rangle & = & \langle \mathbf{w}, \mathbf{v} \rangle & \\ \text{Linearität:} & \langle \mathbf{v}, \alpha\mathbf{w} + \beta\mathbf{z} \rangle & = & \alpha \langle \mathbf{v}, \mathbf{w} \rangle + \beta \langle \mathbf{v}, \mathbf{z} \rangle & \\ \text{Positivität:} & \langle \mathbf{v}, \mathbf{v} \rangle & \geq & 0 & \\ & \langle \mathbf{v}, \mathbf{v} \rangle & = & 0 & \Leftrightarrow \mathbf{v} = \mathbf{0}. \end{array}$$

Die übliche Schreibweise für das euklidische Skalarprodukt ist $\mathbf{v}'\mathbf{w}$. Dabei ist $\mathbf{v}'$ der transponierte Vektor (vgl. Abschnitt 1.2 ab Seite 54). Wir werden aber später zahlreiche andere Definitionen eines Skalarproduktes kennenlernen, die alle die drei Eigenschaften **Symmetrie**, **Linearität** und **Positivität** erfüllen.[7] Alle Aussagen dieses Buches, die Skalarprodukte und Normen verwenden, werden nur unter Benutzung dieser drei Eigenschaften bewiesen. Diese Aussagen gelten daher für alle möglichen Realisierungen des Skalarproduktes. Um uns diese Optionen frei zu halten, werden wir — soweit dies möglich und sinnvoll ist — mit dem allgemeinen Symbol $\langle \mathbf{v}, \mathbf{w} \rangle$ und nicht mit $\mathbf{v}'\mathbf{w}$ arbeiten.
In endlich-dimensionalen Räumen ist ein Vektor $\mathbf{x}$ eindeutig festgelegt, wenn nur seine Skalarprodukte mit den Vektoren einer Basis bekannt sind. Man kann diese Skalarprodukte dann wie Koordinaten zur Bestimmung von $\mathbf{x}$ verwenden. Dies ist der Inhalt des nächsten Satzes:

Satz 22 (Vollständigkeitssatz) *Sei* $\mathbf{W} := \mathcal{L}\{\mathbf{w}_1, \ldots, \mathbf{w}_m\}$ *ein Vektorraum und seien* $\mathbf{a}$ *und* $\mathbf{b}$ *zwei beliebige Vektoren aus* $\mathbf{W}$. *Dann gilt:*

$$\langle \mathbf{a}, \mathbf{w}_j \rangle = \langle \mathbf{b}, \mathbf{w}_j \rangle \quad \forall\, j = 1 \ldots m \Longleftrightarrow \mathbf{a} = \mathbf{b}.$$

Beweis:
Aus $\langle \mathbf{a}, \mathbf{w}_j \rangle = \langle \mathbf{b}, \mathbf{w}_j \rangle \quad \forall j$ folgt $\langle \mathbf{a} - \mathbf{b}, \mathbf{w}_j \rangle = 0 \quad \forall j$. Da die $\mathbf{w}_j$ den Raum $\mathbf{W}$ erzeugen, läßt sich jedes $\mathbf{w} \in \mathbf{W}$ als $\mathbf{w} = \sum \beta_j \mathbf{w}_j$ darstellen. Daher gilt $\langle \mathbf{a} - \mathbf{b}, \mathbf{w} \rangle = 0$ für alle $\mathbf{w}$ und somit auch für $\mathbf{w} = \mathbf{a} - \mathbf{b}$ selbst. Damit muß $\langle \mathbf{a} - \mathbf{b}, \mathbf{a} - \mathbf{b} \rangle = 0$ gelten und damit $\mathbf{a} = \mathbf{b}$.
□

[7] Vgl. Abschnitt 1.4.5 (Seite 104)

Winkel

Im $\mathbb{R}^2$ und $\mathbb{R}^3$ gilt:

$$\cos\alpha = \frac{\langle \mathbf{v}, \mathbf{w} \rangle}{\|\mathbf{v}\|\,\|\mathbf{w}\|}. \tag{1.4}$$

Dabei ist α der zwischen den Vektoren $\mathbf{v}$ und $\mathbf{w}$ eingeschlossene Winkel. Im

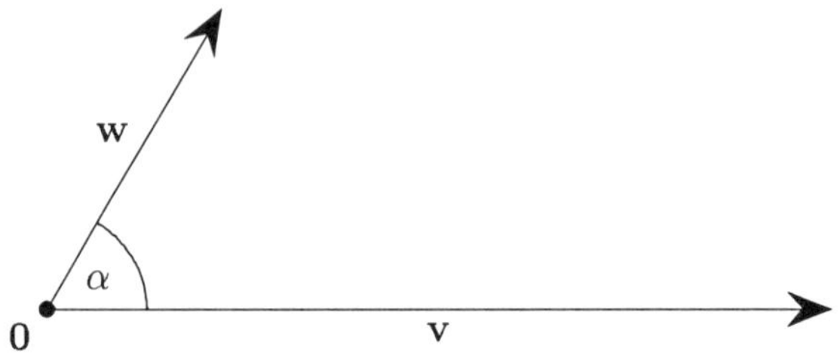

Abbildung 1.17: Winkel zwischen Vektoren $\mathbf{v}$ und $\mathbf{w}$

$\mathbb{R}^2$ und $\mathbb{R}^3$ sind die linke und die rechte Seite von (1.4) unabhängig voneinander wohldefiniert. Die Gleichheit beider Seiten ist bewiesen. Im $\mathbb{R}^m$ ist vorerst nur die rechte Seite definiert. Nun gilt für alle Vektoren $\mathbf{v}$ und $\mathbf{w}$ des $\mathbb{R}^m$ die folgende Schwarzsche Ungleichung[8]:

$$-1 \leq \frac{\langle \mathbf{v}, \mathbf{w} \rangle}{\|\mathbf{v}\|\,\|\mathbf{w}\|} \leq +1. \tag{1.5}$$

Damit läßt sich der Quotient in (1.5) als **Kosinus** eines **Winkels** α auffassen[9]. Definieren wir die linke Seite von (1.4) durch die rechte, so haben wir über das Skalarprodukt in natürlicher Weise den Winkelbegriff in den $\mathbb{R}^m$ übertragen. Die Sinnhaftigkeit dieser Festlegung wird auf Seite 52 weiter fundiert.
Der wichtigste Winkel für uns ist der rechte Winkel. Sein Kosinus ist Null. Mit dem Skalarprodukt können wir nun definieren, was im $\mathbb{R}^m$ **rechtwinklig** oder **orthogonal** bedeuten soll.

Orthogonalität

Definition 23
$\mathbf{v}$ *und* $\mathbf{w}$ *heißen* ***orthogonal*** $\iff \langle \mathbf{v}, \mathbf{w} \rangle = 0$
$\mathbf{v}$ *und* $\mathbf{w}$ *heißen* ***orthonormal*** $\iff \langle \mathbf{v}, \mathbf{w} \rangle = 0$ *und* $\|\mathbf{v}\| = \|\mathbf{w}\| = 1$

Für die Aussage "**v** und **w** sind orthogonal" schreiben wir auch

$$\text{"}\mathbf{v} \perp \mathbf{w}\text{"}.$$

[8] Der Beweis dieser Ungleichung wird später als Nebenergebnis mit abfallen (vgl. Bemerkung: Seite 52).
[9] Zur Erinnerung: Stets gilt $-1 \leq \cos\alpha \leq 1$.

Da $\|\mathbf{a}+\mathbf{b}\|^2 = \langle \mathbf{a}+\mathbf{b}, \mathbf{a}+\mathbf{b}\rangle = \|\mathbf{a}\|^2 + 2\langle \mathbf{a}, \mathbf{b}\rangle + \|\mathbf{b}\|^2$ ist, erhalten wir für orthogonale Vektoren wegen $\langle \mathbf{a}, \mathbf{b}\rangle = 0$ den ***Satz des Pythagoras***:

Satz 24 (Satz des Pythagoras) *Die Summe der Quadrate der Längen der Katheten in einem rechtwinkligen Dreieck ist gleich dem Quadrat über der Hypothenuse (Abbildung 1.18):*

$$\mathbf{a} \perp \mathbf{b} \Longleftrightarrow \|\mathbf{a}+\mathbf{b}\|^2 = \|\mathbf{a}\|^2 + \|\mathbf{b}\|^2.$$

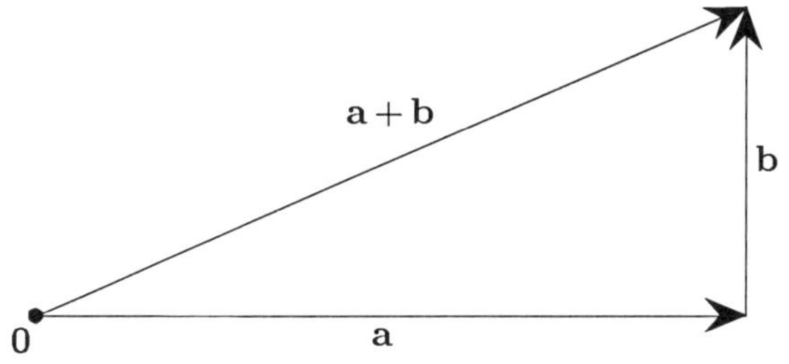

Abbildung 1.18: Zum Satz des Pythagoras

Orthogonale Räume

Definition 25 *Ein Vektorraum* $\mathbf{A}$ *heißt* ***orthogonal*** *zu einem Vektorraum* $\mathbf{B}$ *(geschrieben* $\mathbf{A} \perp \mathbf{B}$*) genau dann, wenn* $\mathbf{a} \perp \mathbf{b}$ *für alle* $\mathbf{a} \in \mathbf{A}$ *und alle* $\mathbf{b} \in \mathbf{B}$ *ist.*

Orthogonale Räume sind linear unabhängige Räume, sie haben nur den Nullpunkt gemeinsam.

Definition 26 *Das orthogonale Komplement* $\mathbf{A}^\perp$ *von* $\mathbf{A}$ *ist die Menge aller Vektoren des Oberraums* $\mathbf{V}$*, die orthogonal zu* $\mathbf{A}$ *stehen.*

$$\mathbf{A}^\perp := \{\mathbf{v} \in \mathbf{V} \mid \mathbf{v} \perp \mathbf{A}\}.$$

Sind $\mathbf{A} \subseteq \mathbf{V}$ *und* $\mathbf{B} \subseteq \mathbf{V}$ *zwei orthogonale Räume, so schreiben wir für den von* $\mathbf{A}$ *und* $\mathbf{B}$ *erzeugten gemeinsamen Oberraum* $\mathcal{L}\{\mathbf{A}, \mathbf{B}\} \subseteq \mathbf{V}$ *zur Verdeutlichung:*

$$\mathbf{A} \oplus \mathbf{B} := \{\mathbf{a}+\mathbf{b} \mid \mathbf{a} \in \mathbf{A}, \mathbf{b} \in \mathbf{B}\}.$$

Dann ist

$$\mathbf{A} \perp \mathbf{B} \quad \Leftrightarrow \mathbf{A} \oplus \mathbf{B} = \mathbf{A} + \mathbf{B} = \mathcal{L}\{\mathbf{A}, \mathbf{B}\}.$$

Sind $\mathbf{A}_1, \mathbf{A}_2, \cdots, \mathbf{A}_n$ *paarweise orthogonale Räume, so schreiben wir:*

$$\bigoplus_{i=1}^{n} \mathbf{A}_i := \mathbf{A}_1 \oplus \mathbf{A}_2 \oplus \cdots \oplus \mathbf{A}_n.$$

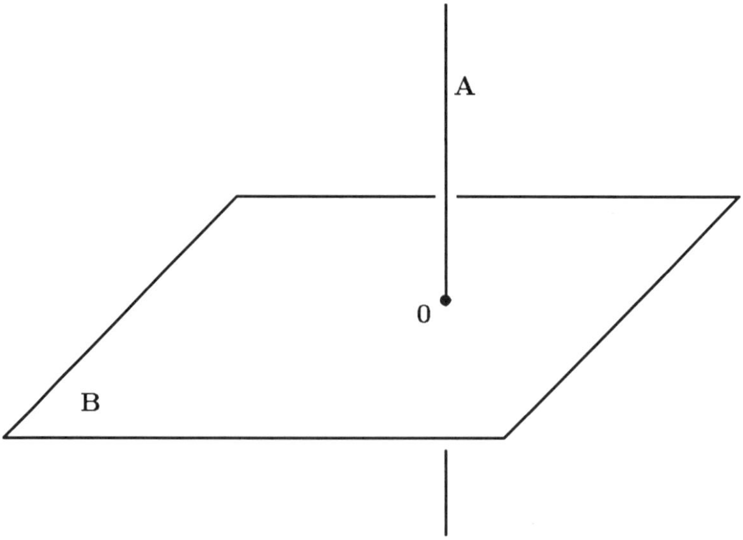

Abbildung 1.19: Orthogonale Räume

Orthogonale Ergänzung

Satz 27 *Ist* $\mathbf{A} \subset \mathbf{C}$ *ein Unterraum des endlichdimensionalen Raums* $\mathbf{C}$*, so existiert — wie man mit Hilfe des Basissatzes 12 zeigen kann — ein eindeutig bestimmter, zu* $\mathbf{A}$ *orthogonaler Unterraum* $\mathbf{B} \subset \mathbf{C}$*, der mit* $\mathbf{A}$ *zusammen* $\mathbf{C}$ *erzeugt:*

$$\mathbf{C} = \mathbf{A} \oplus \mathbf{B}.$$

$\mathbf{B}$ *heißt die* ***orthogonale Ergänzung*** *von* $\mathbf{A}$ *in* $\mathbf{C}$*. Schreibweisen für die orthogonale Ergänzung sind*

$$\begin{aligned} \mathbf{B} &= \mathbf{C} \ominus \mathbf{A} \\ \mathbf{A} &= \mathbf{C} \ominus \mathbf{B}. \end{aligned}$$

Bemerkung: Ist $\mathbf{C}$ der gesamte Oberraum ($\mathbf{C} = \mathbf{V}$), so ist $\mathbf{C} \ominus \mathbf{A} = \mathbf{A}^{\perp}$. Das Symbol $\mathbf{C} \ominus \mathbf{A}$ ist hingegen sinnlos, falls $\mathbf{A} \not\subseteq \mathbf{C}$ ist.

1.1.5 Projektionen

Der für das lineare Modell wichtigste Begriff ist der Begriff der **Projektion**. Er ist unmittelbar anschaulich und überall dort anwendbar, wo Vektoren linear approximiert oder in orthogonale Komponenten zerlegt werden sollen.

Definition 28 *Es sei* $\mathbf{A}$ *ein beliebiger aber fester Unterraum von* $\mathbf{V}$ *und* $\mathbf{A}^{\perp}$ *sein orthogonales Komplement.* $\mathbf{y} \in \mathbf{V}$ *sei ein beliebiger Vektor. Da* $\mathbf{V} =$

$\mathbf{A} \oplus \mathbf{A}^\perp$ *ist, besitzt* $\mathbf{y}$ *eine eindeutige Darstellung*

$$\mathbf{y} = \mathbf{a} + \mathbf{b} \qquad \mathbf{a} \in \mathbf{A}, \quad \mathbf{b} \in \mathbf{A}^\perp.$$

Dann heißt $\mathbf{P_A y} := \mathbf{a}$ *die* ***Projektion*** *von* $\mathbf{y}$ *auf* $\mathbf{A}$
und $\mathbf{P_{A^\perp} y} := \mathbf{b}$ *die* ***Projektion*** *von* $\mathbf{y}$ *auf* $\mathbf{A}^\perp$.

Damit läßt sich $\mathbf{y}$ zerlegen in

$$\mathbf{y} = \mathbf{P_A y} + \mathbf{P_{A^\perp} y}.$$

Aus Gründen der Eindeutigkeit und besseren Lesbarkeit schreiben wir $\mathbf{P_A y}$ mitunter auch als $\mathbf{P_A}(\mathbf{y})$. Die Zusammenhänge sind noch einmal in Abbildung 1.20 veranschaulicht. Mit dem Begriff "Projektion" bezeichnen wir sowohl

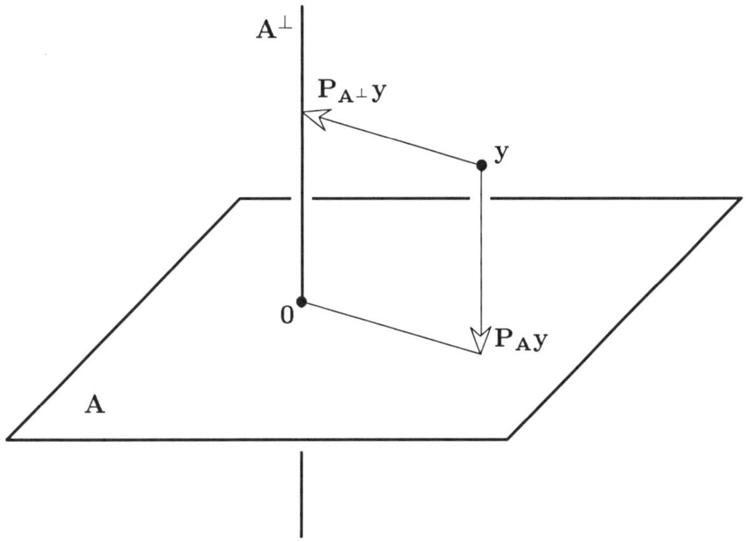

Abbildung 1.20: Projektionen

den Punkt $\mathbf{P_A}(\mathbf{y})$ als auch die Abbildung

$$\mathbf{P_A} : \mathbf{V} \to \mathbf{A}$$

von $\mathbf{V}$ nach $\mathbf{A}$, die den Punkt $\mathbf{y}$ auf sein Bild $\mathbf{P_A}(\mathbf{y})$ projiziert:

$$\mathbf{y} \to \mathbf{P_A}(\mathbf{y}).$$

Mitunter sprechen wir dann auch von dem **Projektor** $\mathbf{P_A}$. Dabei darf man sich die Projektion so bildhaft wie einen Pfeilschuß durch $\mathbf{y}$ senkrecht auf die Zielscheibe $\mathbf{A}$ vorstellen.
Wenn wir mit Abbildungen arbeiten, ist $\mathbf{I}$ die **identische Abbildung**, d. h. $\mathbf{Iy} = \mathbf{y}$, und $\mathbf{0}$ die **Nullabbildung** mit $\mathbf{0y} = \mathbf{0}$ für alle $\mathbf{y} \in \mathbf{V}$. Auch die Abbildungen $\mathbf{I}$ und $\mathbf{0}$ selbst sind Projektionen, die erste *projiziert* in den Oberraum $\mathbf{V}$, die zweite in den kleinsten Unterraum $\{\mathbf{0}\}$.

Sind $\mathbf{P}$ und $\mathbf{Q}$ zwei Abbildungen von $\mathbf{V}$ in $\mathbf{V}$, so ist $(\mathbf{PQ})(\mathbf{y}) = \mathbf{P}(\mathbf{Q}(\mathbf{y}))$. Wir sagen: "Die Abbildungen $\mathbf{P}$ und $\mathbf{Q}$ sind orthogonal oder $\mathbf{P} \perp \mathbf{Q}$ ", falls $\mathbf{PQ} = \mathbf{0}$ ist.

Eigenschaften der Projektion

Satz 29 *Für alle Vektoren $\mathbf{x} \in \mathbf{V}$, $\mathbf{y} \in \mathbf{V}$ und $\mathbf{a}, \mathbf{b} \in \mathbf{A} \subseteq \mathbf{V}$ sowie alle reellen Zahlen α und β gilt:*

Linearität:
$$\mathbf{P_A}(\alpha\mathbf{x} + \beta\mathbf{y}) = \alpha\mathbf{P_A}\mathbf{x} + \beta\mathbf{P_A}\mathbf{y}$$

Idempotenz:
$$\mathbf{P_A}\mathbf{y} = \mathbf{y} \quad \Leftrightarrow \mathbf{y} \in \mathbf{A}$$
$$\mathbf{P_A}\mathbf{P_A} = \mathbf{P_A}$$

Orthogonalität:
$$\mathbf{P_{A^\perp}}\mathbf{y} = \mathbf{y} - \mathbf{P_A}\mathbf{y}$$
$$\mathbf{P_{A^\perp}} = \mathbf{I} - \mathbf{P_A}$$
$$0 = \mathbf{P_A}\mathbf{P_{A^\perp}}$$
$$0 = \langle \mathbf{P_A}\mathbf{y}, \mathbf{x} - \mathbf{P_A}\mathbf{x} \rangle$$

Symmetrie:
$$\langle \mathbf{P_A}\mathbf{y}, \mathbf{x} \rangle = \langle \mathbf{y}, \mathbf{P_A}\mathbf{x} \rangle = \langle \mathbf{P_A}\mathbf{y}, \mathbf{P_A}\mathbf{x} \rangle$$

Positivität:
$$\langle \mathbf{P_A}\mathbf{y}, \mathbf{y} \rangle = \langle \mathbf{y}, \mathbf{P_A}\mathbf{y} \rangle = \|\mathbf{P_A}\mathbf{y}\|^2$$

Pythagoras:
$$\|\mathbf{y}\|^2 = \|\mathbf{P_A}\mathbf{y}\|^2 + \|\mathbf{y} - \mathbf{P_A}\mathbf{y}\|^2$$

Minimalität[10]*:*
$$\|\mathbf{y}\|^2 \geq \|\mathbf{P_A}\mathbf{y}\|^2$$
$$\|\mathbf{y} - \mathbf{a}\|^2 \geq \|\mathbf{y} - \mathbf{P_A}\mathbf{y}\|^2.$$

Beweisskizze:

Linearität:	Zerlege $\mathbf{x}$ in $\mathbf{a} + \mathbf{b}$ und $\mathbf{y}$ in $\mathbf{a}' + \mathbf{b}'$ mit $\mathbf{b}, \mathbf{b}' \in \mathbf{A}^\perp$
Idempotenz:	Folgt aus der eindeutigen Zerlegung $\mathbf{y} = \mathbf{a} + \mathbf{b}$.
Orthogonalität:	Folgt aus der Definition und $\mathbf{A} \perp \mathbf{A}^\perp$.
Symmetrie:	Aus $\langle \mathbf{P_A}\mathbf{y}, \mathbf{x} - \mathbf{P_A}\mathbf{x} \rangle = 0$ folgt $\langle \mathbf{P_A}\mathbf{y}, \mathbf{x} \rangle = \langle \mathbf{P_A}\mathbf{y}, \mathbf{P_A}\mathbf{x} \rangle$. Vertauschung von $\mathbf{x}$ und $\mathbf{y}$ liefert $\langle \mathbf{P_A}\mathbf{x}, \mathbf{y} \rangle = \langle \mathbf{P_A}\mathbf{x}, \mathbf{P_A}\mathbf{y} \rangle$.
Positivität:	Folgt aus der Symmetrie für $\mathbf{y} = \mathbf{x}$.
Pythagoras:	Folgt aus $\mathbf{P_A}\mathbf{y} \perp (\mathbf{y} - \mathbf{P_A}\mathbf{y})$.
Minimalität:	Folgt aus Pythagoras und $\mathbf{y} - \mathbf{a} = \underbrace{\mathbf{P_A}\mathbf{y} - \mathbf{a}}_{\in \mathbf{A}} + \underbrace{\mathbf{y} - \mathbf{P_A}\mathbf{y}}_{\in \mathbf{A}^\perp}$.

□

Veranschaulichung

Die wichtigste Eigenschaft ist die Minimalität. Sie bedeutet inhaltlich:

$\mathbf{a} \in \mathbf{A}$ hat genau dann minimalen Abstand zu $\mathbf{y}$, falls $\mathbf{a} = \mathbf{P_A}\mathbf{y}$ ist.

---

[10] Erste Ungleichung: Gleichheit genau dann, wenn $\mathbf{y} \in \mathbf{A}$; zweite Ungleichung: Gleichheit genau dann, wenn $\mathbf{a} = \mathbf{P_A}\mathbf{y}$

Diese Eigenschaft läßt sich leicht anhand Abbildung 1.21 veranschaulichen: $\mathbf{y}, \mathbf{P_A y}$ und $\mathbf{a}$ bilden die Ecken eines rechtwinkligen Dreiecks, das senkrecht

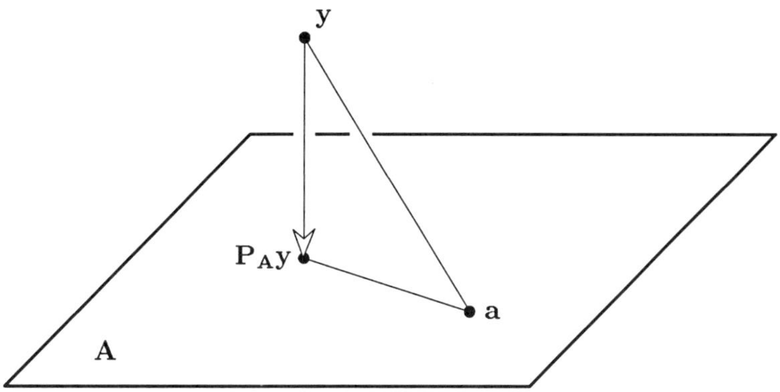

Abbildung 1.21: Veranschaulichung der Minimalität

auf der Ebene $\mathbf{A}$ steht. Die eine Kathete liegt in $\mathbf{A}$, die zweite steht senkrecht zu $\mathbf{A}$. Die Hypotenuse ist länger als jede einzelne Kathete.

Schreibweisen: Sind $\mathbf{A}$ und $\mathbf{B}$ zwei Mengen von Vektoren und sind $\mathcal{L}\{\mathbf{B}\} \subseteq \mathcal{L}\{\mathbf{A}\}$ die von den Vektoren aus $\mathbf{A}$ bzw. $\mathbf{B}$ erzeugte Räume, so schreiben wir kurz

$\mathbf{P_A y}$	anstelle von	$\mathbf{P}_{\mathcal{L}\{\mathbf{A}\}}\mathbf{y}$,
$\mathbf{P_{A \ominus B} y}$	anstelle von	$\mathbf{P}_{\mathcal{L}\{\mathbf{A}\} \ominus \mathcal{L}\{\mathbf{B}\}}\mathbf{y}$

sofern dies ohne Mißverständnisse möglich ist.[11] Speziell für einen Vektor $\mathbf{x}$ schreiben wir

$$\mathbf{P_x y} \qquad \text{anstelle von} \qquad \mathbf{P}_{\mathcal{L}\{\mathbf{x}\}}\mathbf{y}.$$

Ist die Nennung des Bildraums $\mathbf{A}$ überflüssig, da der Bildraum bekannt ist, oder gilt eine Aussage für jedes $\mathbf{A}$, so verzichten wir auf den Index $\mathbf{A}$ und schreiben

$$\mathbf{P} \qquad \text{anstelle von} \qquad \mathbf{P_A}.$$

Weiter schreiben wir mitunter

$$\mathbf{y_A} := \mathbf{P_A y}$$

für die $\mathbf{A}$-Komponente und

$$\mathbf{y_{\bullet A}} := \mathbf{y} - \mathbf{P_A y}$$

für die $\mathbf{A}^{\perp}$-Komponente von $\mathbf{y}$.

[11] Eine Ausnahme dieser Schreibregel ist die auf Seite 53 erklärte Projektion $\mathbf{P_{a+A} y}$ auf eine Hyperebene durch $\mathbf{a}$.

Anwendungen der Projektion

Optimale Approximation: In den Anwendungen kommt es oft darauf an, einen Vektor $\mathbf{y}$ optimal durch Linearkombinationen fest vorgegebener anderer Vektoren $\mathbf{a}_1, \ldots, \mathbf{a}_k$ zu approximieren. Wird als Gütekriterium der durch die Norm definierte Abstand gewählt, so ist $\mathbf{P}_{\mathcal{L}\{\mathbf{a}_1,\ldots,\mathbf{a}_k\}}\mathbf{y}$ die gesuchte optimale Approximation.

Orthogonale Zerlegung: Im Vordergrund steht hier der Wunsch, $\mathbf{y}$ in zwei möglichst gut voneinander getrennte Komponenten zu zerlegen:

$$\mathbf{y} = \text{A-Komponente} + \text{Restkomponente}.$$

Dabei soll die A-Komponente eine Linearkombination vorgegebener Vektoren $\mathbf{a}_1, \ldots, \mathbf{a}_k$ sein und die Restkomponente frei von den $\mathbf{a}_i$ sein. Fordern wir als Gütekriterium der Trennung, daß die Restkomponente orthogonal zu allen $\mathbf{a}_i$ steht, so ist die A-Komponente gerade $\mathbf{P}_\mathbf{A}\mathbf{y}$ und die Restkomponente $\mathbf{y} - \mathbf{P}_\mathbf{A}\mathbf{y}$. Diese Restkomponente nennen wir auch das **Residuum**. Es gilt:

$$\mathbf{y} = \mathbf{P}_\mathbf{A}\mathbf{y} + (\mathbf{y} - \mathbf{P}_\mathbf{A}\mathbf{y})\,. \tag{1.6}$$

Mit der oben eingeführten Schreibweise erhält (1.6) die einprägsame Form

$$\mathbf{y} = \mathbf{y}_\mathbf{A} + \mathbf{y}_{\bullet\mathbf{A}}.$$

Weitere Eigenschaften

Satz 30 *Symmetrie und Idempotenz sind definierende Eigenschaften der Projektion. Gilt für eine lineare Abbildung* $\mathbf{P}$ *von* $\mathbf{V}$ *in den Raum* $\mathbf{V}$

$$\mathbf{PP} = \mathbf{P},$$
$$\langle \mathbf{Py}, \mathbf{x} \rangle = \langle \mathbf{y}, \mathbf{Px} \rangle \quad \forall\, \mathbf{y}, \mathbf{x}\,,$$

so ist $\mathbf{P}$ *die orthogonale Projektion auf den Bildraum von* $\mathbf{P}$.

Beweis:
Aus beiden Gleichungen folgt:

$$\langle \mathbf{Px}, \mathbf{y} - \mathbf{Py} \rangle = \langle \mathbf{x}, \mathbf{P}(\mathbf{y} - \mathbf{Py}) \rangle = \langle \mathbf{x}, \mathbf{Py} - \mathbf{PPy} \rangle = \langle \mathbf{x}, \mathbf{Py} - \mathbf{Py} \rangle = 0 \quad \forall\, \mathbf{y}, \mathbf{x}.$$

Damit ist $\mathbf{y} = \mathbf{Py} + (\mathbf{y} - \mathbf{Py})$ eine orthogonale Zerlegung. Dabei liegt die erste Komponente im Bildraum von $\mathbf{P}$, die zweite Komponente steht orthogonal zum Bildraum.
□

Satz 31 *Sind* $\mathbf{A}$ *und* $\mathbf{B}$ *zwei Unterräume eines gemeinsamen Oberraums* $\mathbf{V}$ *und ist* $\mathbf{y} \in \mathbf{V}$, *so gilt:*

$\mathbf{A}$ *und* $\mathbf{B}$ *sind genau dann orthogonal, wenn eine der drei folgenden äquivalenten Bedingungen erfüllt ist:*

$$\mathbf{P_A P_B} = \mathbf{P_B P_A} = \mathbf{0}, \tag{1.7}$$

$$\mathbf{P_{A\oplus B}} = \mathbf{P_A} + \mathbf{P_B}, \tag{1.8}$$

$$\|\mathbf{P_{A\oplus B} y}\|^2 = \|\mathbf{P_A y}\|^2 + \|\mathbf{P_B y}\|^2. \tag{1.9}$$

Ist $\mathbf{A} \subset \mathbf{B}$, *so ist*

$$\mathbf{P_A P_B} = \mathbf{P_B P_A} = \mathbf{P_A}, \tag{1.10}$$

$$\mathbf{P_{B\ominus A}} = \mathbf{P_B} - \mathbf{P_A}, \tag{1.11}$$

$$\|\mathbf{P_{B\ominus A} y}\|^2 = \|\mathbf{P_B y} - \mathbf{P_A y}\|^2 = \|\mathbf{P_B y}\|^2 - \|\mathbf{P_A y}\|^2. \tag{1.12}$$

Speziell gilt:

$$\|\mathbf{y} - \mathbf{P_A y}\|^2 = \|\mathbf{y}\|^2 - \|\mathbf{P_A y}\|^2.$$

Beweis:
(1.7): Folgt aus der Orthogonalität.
(1.8): "⇒"-Richtung: Wegen (1.7) ist $\mathbf{P_A P_B} = \mathbf{P_B P_A} = \mathbf{0}$. Daher ist:

$$(\mathbf{P_A} + \mathbf{P_B})(\mathbf{P_A} + \mathbf{P_B}) = \mathbf{P_A P_A} + \mathbf{P_B P_A} + \mathbf{P_A P_B} + \mathbf{P_B P_B} = \mathbf{P_A} + \mathbf{P_B}.$$

Definieren wir zur Abkürzung $\mathbf{P} := \mathbf{P_A} + \mathbf{P_B}$, so haben wir gerade $\mathbf{PP} = \mathbf{P}$ gezeigt. Weiter zeigt man $\langle \mathbf{Px}, \mathbf{y} \rangle = \langle \mathbf{x}, \mathbf{Py} \rangle \quad \forall \mathbf{x}, \mathbf{y}$. Schließlich ist $\mathbf{A} \oplus \mathbf{B}$ der Bildraum der linearen Abbildung $\mathbf{P}$. Also ist nach Satz 30 $\mathbf{P} = \mathbf{P_{A\oplus B}}$.
(1.8): "⇐"-Richtung: Ist $\mathbf{P_A} + \mathbf{P_B} = \mathbf{P_{A\oplus B}}$, so folgt:

$$\mathbf{P_A} = \mathbf{P_{A\oplus B} P_A} = (\mathbf{P_A} + \mathbf{P_B})\mathbf{P_A} = \mathbf{P_A} + \mathbf{P_B P_A} \Rightarrow \mathbf{P_B P_A} = 0.$$

(1.9): "⇒"-Richtung: Folgt mit (1.8) aus Pythogoras, da $\mathbf{P_A y} \perp \mathbf{P_B y}$.
(1.9): "⇐"-Richtung: Wählen wir in (1.9) für $\mathbf{y} = \mathbf{P_A x}$ so folgt:

$$\begin{array}{rlcl} & \|\mathbf{P_A P_A x}\|^2 + \|\mathbf{P_B P_A x}\|^2 & = & \|\mathbf{P_{A\oplus B} P_A x}\|^2 \\ \Rightarrow & \|\mathbf{P_A x}\|^2 + \|\mathbf{P_B P_A x}\|^2 & = & \|\mathbf{P_A x}\|^2 \\ \Rightarrow & \|\mathbf{P_B P_A x}\|^2 & = & 0. \end{array}$$

(1.10): Ist $\mathbf{A} \subseteq \mathbf{B}$, so ist $\mathbf{a} = \mathbf{P_B a}$ für jedes $\mathbf{a} \in \mathbf{A}$. Also folgt mit Pythagoras:

$$\begin{array}{rcl} \mathbf{y} - \mathbf{a} & = & \underbrace{\mathbf{y} - \mathbf{P_B y}}_{\perp \mathbf{B}} + \underbrace{\mathbf{P_B}(\mathbf{y} - \mathbf{a})}_{\in \mathbf{B}} \\ \|\mathbf{y} - \mathbf{a}\|^2 & = & \|\mathbf{y} - \mathbf{P_B y}\|^2 + \|\mathbf{P_B}(\mathbf{y} - \mathbf{a})\|^2. \end{array}$$

Daher wird $\|\mathbf{y} - \mathbf{a}\|^2$ genau dann minimal, wenn $\|\mathbf{P_B}(\mathbf{y} - \mathbf{a})\|^2 = \|\mathbf{P_B y} - \mathbf{P_B a}\|^2$ minimal wird. Also ist $\mathbf{a} = \mathbf{P_A y} = \mathbf{P_A P_B y}$. Siehe Abbildung 1.24.
(1.11) und (1.12): Beide folgen durch Umbenennung aus (1.8) und (1.9).
□

Bemerkungen:

1. Wie wir im Anhang auf Seite 109 zeigen werden, folgt aus $\mathbf{P_B P_A} = \mathbf{P_A P_B}$ nicht $\mathbf{A} \subset \mathbf{B}$, sondern nur, daß **A** und **B** **lotrecht** sind.

2. Eine Warnung: Ist **A** nicht enthalten in **B**, so ist $\mathbf{B} \ominus \mathbf{A}$ überhaupt nicht erklärt. In der Regel sind dann weder $\mathbf{P_B} - \mathbf{P_A}$ noch $\mathbf{P_B P_A}$ Projektionen.

Veranschaulichung von (1.7) **und** (1.8)

Es seien **A** und **B** die beiden sich senkrecht schneidenden Geraden aus Abbildung 1.22 und $\mathbf{A} \oplus \mathbf{B} = \mathbb{R}^2$ die Bildebene. Man sieht, wie die Abfolge der

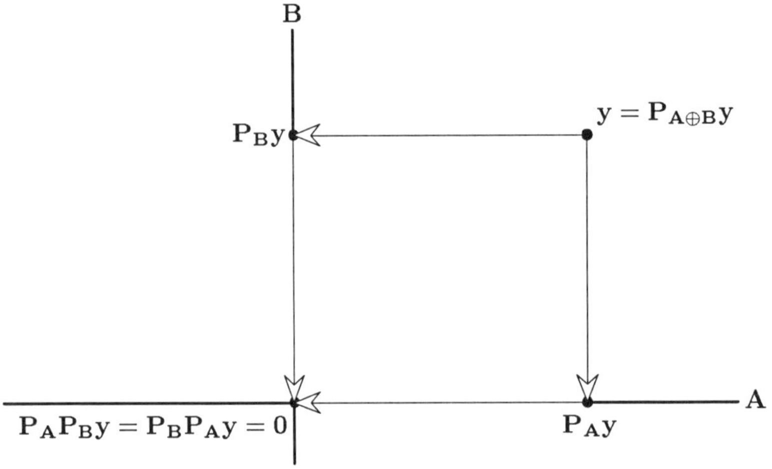

Abbildung 1.22: Orthogonale Geraden **A** und **B**

Abbildungen

$$\begin{aligned} \mathbf{y} &\rightarrow \mathbf{P_A y} \rightarrow \mathbf{P_B P_A y} \\ \mathbf{y} &\rightarrow \mathbf{P_B y} \rightarrow \mathbf{P_A P_B y} \end{aligned}$$

jedesmal in **0** endet. Umgekehrt ergibt die Summe von $\mathbf{P_A y}$ und $\mathbf{P_B y}$ gerade $\mathbf{y} = \mathbf{P_{A \oplus B} y}$.

Bemerkung: Sind A und B nicht orthogonal, so ist $\mathbf{P_A} + \mathbf{P_B}$ in der Regel **keine** Projektion mehr, die Aussagen (1.7) bis (1.9) sind dann falsch, wie Abbildung 1.23 zeigt: Die Sequenz

$$\mathbf{y} \rightarrow \mathbf{P_A y} \rightarrow \mathbf{P_B P_A y}$$

aus Abbildung 1.23 landet auf der Geraden **B**, die Sequenz

$$\mathbf{y} \rightarrow \mathbf{P_B y} \rightarrow \mathbf{P_A P_B y}$$

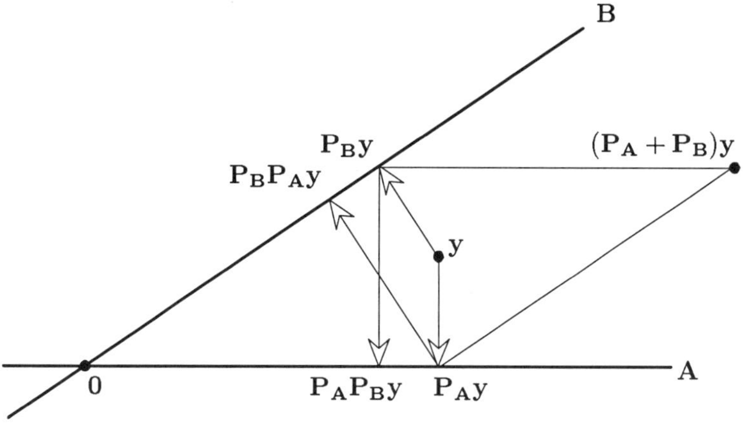

Abbildung 1.23: Nicht orthogonale Geraden **A** und **B**

auf **A**. Für die Summe der beiden Vektoren gilt:

$$\mathbf{P_A y} + \mathbf{P_B y} \neq \mathbf{P}_{\mathcal{L}\{\mathbf{A},\mathbf{B}\}}\mathbf{y}.$$

Veranschaulichung von (1.10)

In Abbildung 1.24 ist $\mathbf{V} = \mathbb{R}^3$, **B** ist die horizontale Ebene, **A** eine Gerade in **B**. Die Sequenz $\mathbf{y} \to \mathbf{P_B y} \to \mathbf{P_A P_B y}$ bildet **y** zuerst in der **B**-Ebene und dann

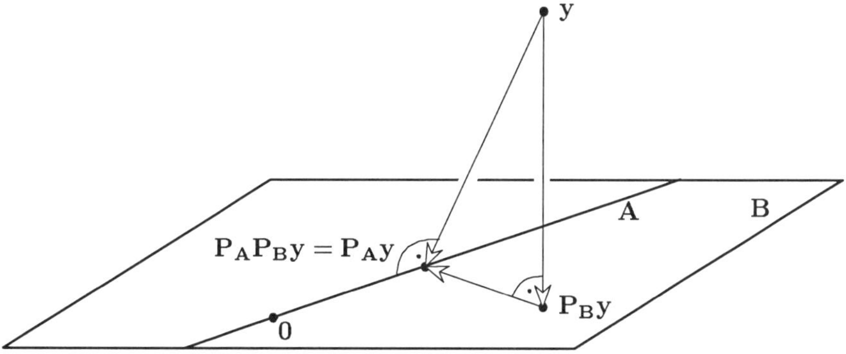

Abbildung 1.24: Projektion in zwei Schritten in den Unterraum A.

den Bildpunkt $\mathbf{P_B y}$ auf die Gerade ab. Das Ergebnis ist dasselbe, als wenn $\mathbf{y} \to \mathbf{P_A y}$ sofort auf die Gerade projiziert wird.

Verallgemeinerung

Durch Induktion nach n lassen sich die Aussagen (1.8) und (1.9) sofort verallgemeinern:

Satz 32 *Sind die Räume* $\mathbf{A}_1, \mathbf{A}_2, \ldots, \mathbf{A}_n$ *paarweise orthogonal, dann ist:*

$$\begin{aligned}
\bigoplus_i \mathbf{A}_i &= \mathbf{A}_1 \oplus \mathbf{A}_2 \oplus \cdots \oplus \mathbf{A}_n, \\
\mathbf{P}_{\bigoplus_i \mathbf{A}_i} &= \sum_i \mathbf{P}_{\mathbf{A}_i}, \\
\| \mathbf{P}_{\bigoplus_i \mathbf{A}_i} \mathbf{y}\|^2 &= \sum_i \|\mathbf{P}_{\mathbf{A}_i}\mathbf{y}\|^2.
\end{aligned}$$

Projektion eines Vektors y auf einen Vektor x

Satz 33 *Die Projektion eines Vektors* $\mathbf{y}$ *auf einen Vektor* x *(vgl. Abbildung 1.25) ist gegeben durch*

$$\mathbf{P}_{\mathbf{x}}\mathbf{y} = \frac{\langle \mathbf{x}, \mathbf{y} \rangle}{\|\mathbf{x}\|^2}\mathbf{x}. \tag{1.13}$$

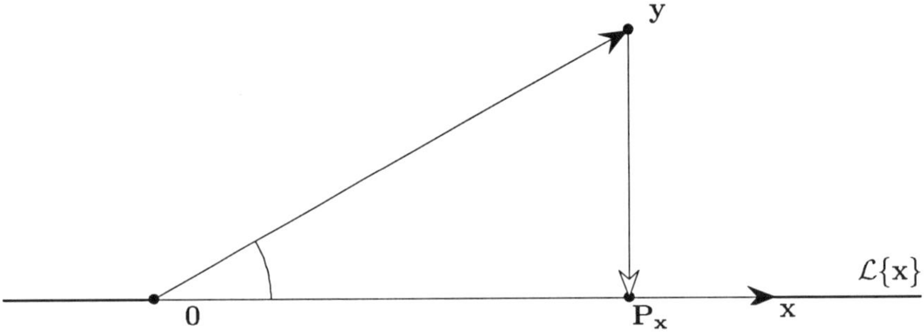

Abbildung 1.25: Projektion eines Vektors $\mathbf{y}$ auf einen Vektor $\mathbf{x}$

Beweis:
Es ist $\mathbf{P}_{\mathbf{x}}\mathbf{y} = \beta\mathbf{x}$ mit noch unbekanntem Skalar β. Wir schreiben
$\mathbf{y} = \mathbf{P}_{\mathbf{x}}\mathbf{y} + \mathbf{y}_{\bullet x} = \beta\mathbf{x} + \mathbf{y}_{\bullet x}$. Multiplikation mit $\mathbf{x}$ liefert wegen $\mathbf{x} \perp \mathbf{y}_{\bullet \mathbf{x}}$:

$$\langle \mathbf{x}, \mathbf{y} \rangle = \beta \langle \mathbf{x}, \mathbf{x} \rangle + \underbrace{\langle \mathbf{x}, \mathbf{y}_{\bullet x} \rangle}_{0} = \beta\|\mathbf{x}\|^2 \qquad \Rightarrow \qquad \beta = \frac{\langle \mathbf{x}, \mathbf{y} \rangle}{\|\mathbf{x}\|^2}.$$

□

Bemerkung: Aus (1.13) folgt einerseits durch Normbildung:

$$\|\mathbf{P}_{\mathbf{x}}\mathbf{y}\| = \frac{|\langle \mathbf{x}, \mathbf{y} \rangle|}{\|\mathbf{x}\|^2}\|\mathbf{x}\| = \frac{|\langle \mathbf{x}, \mathbf{y} \rangle|}{\|\mathbf{x}\|}. \tag{1.14}$$

Andererseits gilt wegen der Minimalitätseigenschaft der Projektion:

$$1 \geq \frac{\|\mathbf{P}_{\mathbf{x}}\mathbf{y}\|}{\|\mathbf{y}\|}. \tag{1.15}$$

Verbinden wir die Aussagen (1.14) und (1.15) miteinander, so erhalten wir:

$$1 \geq \frac{\|\mathbf{P_x y}\|}{\|\mathbf{y}\|} = \frac{|\langle \mathbf{x}, \mathbf{y} \rangle|}{\|\mathbf{x}\| \, \|\mathbf{y}\|}.$$

Damit haben wir einerseits die **Schwarzsche Ungleichung** (1.5) von Seite 42 bewiesen, andererseits sieht man an der Skizze, daß $\frac{\|\mathbf{P_x y}\|}{\|\mathbf{y}\|}$ (bis auf das Vorzeichen) gerade der Kosinus des Winkels zwischen $\mathbf{x}$ und $\mathbf{y}$ ist.[12]

Projektion auf orthogonale Achsen

Satz 34 *Sind die Vektoren* $\mathbf{x}_1, \mathbf{x}_2, \ldots, \mathbf{x}_m$ *orthogonal, so ist:*

$$\mathbf{P}_{\mathcal{L}\{\mathbf{x}_1, \mathbf{x}_2, \ldots, \mathbf{x}_m\}} \mathbf{y} = \sum_{j=1}^{m} \mathbf{P}_{\mathbf{x}_j} \mathbf{y} = \sum_{j=1}^{m} \frac{\langle \mathbf{x}_j, \mathbf{y} \rangle}{\|\mathbf{x}_j\|^2} \mathbf{x}_j = \sum_{j=1}^{m} \beta_j \mathbf{x}_j.$$

Die Koordinate β_j von $\mathbf{y}$ auf der $\mathbf{x}_j$-Achse erhält man also durch Projektion von $\mathbf{y}$ auf die $\mathbf{x}_j$-Achse. Der Beweis folgt sofort aus den Sätzen 32 und 33.

Projektion auf eine Ebene

Satz 35 *Ist* $\mathbf{A}$ *ein Unterraum und* $\mathbf{b} + \mathbf{A}$ *eine Ebene, so ist die Projektion* $\mathbf{P_{b+A}}(\mathbf{y})$ *der Punkt* $\mathbf{b} + \mathbf{a}$ *aus* $\mathbf{b} + \mathbf{A}$ *mit minimalem Abstand zu* $\mathbf{y}$*:*

$$\mathbf{P_{b+A}}(\mathbf{y}) = \mathbf{b} + \mathbf{P_A}(\mathbf{y} - \mathbf{b}) = \mathbf{b}_{\bullet\mathbf{A}} + \mathbf{P_A}(\mathbf{y}).$$

Beweis:
Für alle $\mathbf{a} \in \mathbf{A}$ gilt:

$$\begin{aligned} \|\mathbf{y} - (\mathbf{b} + \mathbf{a})\|^2 &= \|(\mathbf{y} - \mathbf{b}) - \mathbf{a}\|^2 \geq \|(\mathbf{y} - \mathbf{b}) - \mathbf{P_A}(\mathbf{y} - \mathbf{b})\|^2 \\ &= \|\mathbf{y} - (\mathbf{b} + \mathbf{P_A}(\mathbf{y} - \mathbf{b}))\|^2. \end{aligned}$$

□

Die beiden Projektionsformeln sind sehr anschaulich (Abbildung 1.26):

$\mathbf{P_{b+A}}(\mathbf{y}) = \mathbf{b} + \mathbf{P_A}(\mathbf{y} - \mathbf{b})$**:** Wir schieben die Ebene $\mathbf{b} + \mathbf{A}$ in den Ursprung zurück und erhalten den Unterraum $\mathbf{A}$. Dann projizieren wir den verschobenen Punkt $\mathbf{y} - \mathbf{b}$ in den Unterraum $\mathbf{A}$, erhalten $\mathbf{P_A}(\mathbf{y} - \mathbf{b})$ und schieben den Bildpunkt zurück: $\mathbf{b} + \mathbf{P_A}(\mathbf{y} - \mathbf{b})$.

$\mathbf{P_{b+A}}(\mathbf{y}) = \mathbf{b}_{\bullet\mathbf{A}} + \mathbf{P_A}(\mathbf{y})$**:** Wir projizieren $\mathbf{y}$ nach $\mathbf{A}$ und addieren den senkrechten Abstand $\mathbf{b}_{\bullet\mathbf{A}} = \mathbf{b} - \mathbf{P_A}(\mathbf{b})$ des Punktes $\mathbf{b}$ von $\mathbf{A}$.

---

[12] Ersetzen wir $\mathbf{x}$ durch $-\mathbf{x}$, wechselt der Kosinus das Vorzeichen, während $\mathbf{P_x y} = \mathbf{P}_{\mathcal{L}\{\mathbf{x}\}} \mathbf{y} = \mathbf{P}_{\mathcal{L}\{-\mathbf{x}\}} \mathbf{y}$ sich nicht ändert.

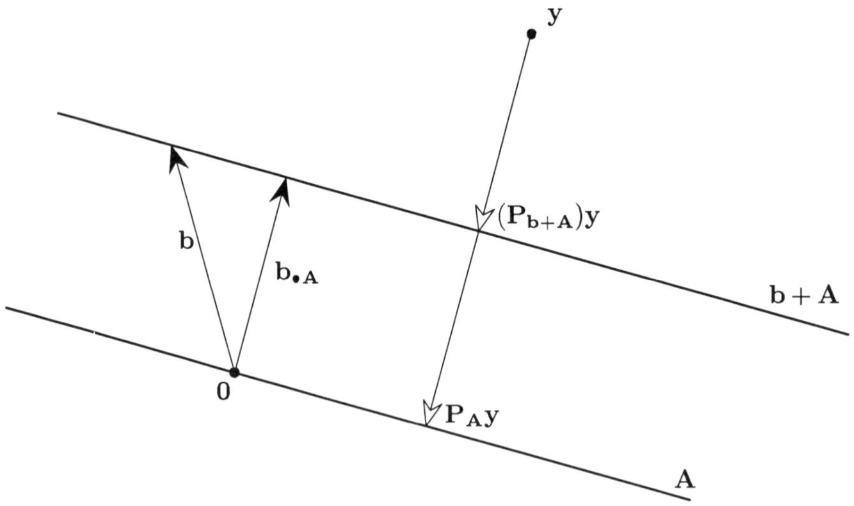

Abbildung 1.26: Projektionen auf Geraden

1.2 Matrizenrechnung und lineare Gleichungssysteme

1.2.1 Grundbegriffe

Wir benötigen Matrizen zur kompakten Beschreibung von Daten und Modellen, zur formalen Beschreibung von Projektionen und zum Lösen linearer Gleichungssysteme. Letztere brauchen wir zur expliziten Bestimmung der Regressionskoeffizienten. Wir stellen in diesem Abschnitt die für uns wichtigsten Begriffe und Regeln der Matrizenrechnung knapp zusammen.

Das Thema Matrizenrechnung wird im Anhang ab Seite 91 weiter vertieft. Darüber hinaus sei noch auf die Bücher von Graybill (1969), Harville (1997) und Lütkepohl (1996) hingewiesen.

Beispiel 36 *Die Vektoren des Beispiels "Buchhaltung" aus Abschnitt 1.1.1 werden nebeneinander geschrieben und zu einer Matrix* **A** *mit 10* ***Zeilen*** *und 6*

Spalten *zusammengefaßt:*

$$\mathbf{A} := \left(\mathbf{1};\quad \mathbf{k};\quad \mathbf{s};\quad \mathbf{1}^A;\quad \mathbf{1}^B;\quad \mathbf{1}^C \right) := \begin{pmatrix} 1 & 24 & 3.0 & 1 & 0 & 0 \\ 1 & 11 & 0.5 & 0 & 1 & 0 \\ 1 & 20 & 1.5 & 0 & 0 & 0 \\ 1 & 19 & 2.5 & 0 & 0 & 1 \\ 1 & 24 & 2.5 & 1 & 0 & 0 \\ 1 & 36 & 2.0 & 1 & 0 & 0 \\ 1 & 34 & 1.0 & 0 & 1 & 0 \\ 1 & 2 & 2.5 & 1 & 0 & 0 \\ 1 & 37 & 2.5 & 0 & 0 & 1 \\ 1 & 17 & 3.0 & 0 & 1 & 0 \end{pmatrix}$$

Typen von Matrizen: Eine Matrix ist ein rechteckiges Zahlenschema. **A** ist eine Matrix vom **Typ** $m \times n$, falls **A** m Zeilen und n Spalten hat. Man sagt kurz: "**A** ist eine $m \times n$-Matrix". Die oben angegebene Matrix ist vom Typ 10×6. Eine Matrix vom Typ $m \times m$ heißt **quadratisch**. Ein Matrix vom Typ $1 \times n$ ist ein **Zeilenvektor** oder eine **Zeilenmatrix**, eine Matrix vom Typ $m \times 1$ ist ein **Spaltenvektor**.

Spezielle Matrizen: Die **Nullmatrix** $\mathbf{0}_{mn}$ ist eine $m \times n$-Matrix, deren sämtliche Elemente identisch Null sind.
Eine quadratische Matrix **A** heißt **Diagonalmatrix**, geschrieben
$\mathbf{A} := \mathrm{Diag}(\mathbf{a}) := \mathrm{Diag}(a_1; \ldots; a_n)$, falls alle Elemente außerhalb der **Diagonale** identisch Null sind. Dabei ist **a** der Vektor $(a_1; \ldots; a_n)$, die a_i sind die **Diagonalelemente** von **A**.
Die **Einheitsmatrix** $\mathbf{I}_n$ ist die $n \times n$-Diagonalmatrix $\mathrm{Diag}(\mathbf{1})$. Eine quadratische Matrix heißt **obere Dreiecksmatrix**, falls alle Elemente unterhalb der Diagonale identisch Null sind. Sie heißt **untere Dreiecksmatrix**, falls alle Elemente oberhalb der Diagonale identisch Null sind.

Schreibweisen: Wir legen Matrizen durch Angabe ihrer Elemente, ihrer Spalten oder ihrer Zeilen fest:

$\mathbf{A}_{[i,j]} := \mathbf{A}_{ij} := a_{ij}$	Das Element in der i-ten Zeile und j-ten Spalte.
$\mathbf{A}_{[,j]} := \mathbf{a}_j$	Die j-te Spalte, der j-te Spaltenvektor.
$\mathbf{A}_{[i,]}$	Die i-te Zeile, der i-te Zeilenvektor.
$\mathbf{A} := (a_{ij})$	Hier ist **A** durch Angabe ihrer Elemente,
$\mathbf{A} := \left(\mathbf{A}_{[,1]}; \cdots; \mathbf{A}_{[,n]}\right)$	hier ist **A** durch Angabe ihrer Spalten,
$\mathbf{A} := \begin{pmatrix} \mathbf{A}_{[1,]} \\ \vdots \\ \mathbf{A}_{[m,]} \end{pmatrix}$	hier ist **A** durch Angabe ihrer Zeilen gegeben.

Elementare Rechenoperationen

Matrizen des gleichen Typs werden elementweise **addiert** und elementweise mit einer reellen Zahl **multipliziert**:

$$(\mathbf{A}+\mathbf{B})_{[i,j]} := \mathbf{A}_{[i,j]} + \mathbf{B}_{[i,j]} \quad \text{sowie} \quad (\beta\mathbf{A})_{[i,j]} := \beta\mathbf{A}_{[i,j]}.$$

Beim **Transponieren** werden Zeilen und Spalten vertauscht:

$$(\mathbf{A}')_{[i,j]} = \mathbf{A}_{[j,i]}.$$

Dabei gilt $(\mathbf{A}+\mathbf{B})' = \mathbf{A}' + \mathbf{B}'$. Eine $n \times p$-Matrix $\mathbf{A}$ wird folgendermaßen mit einer $p \times m$-Matrix $\mathbf{A}$ *multipliziert*:

$$(\mathbf{A}\cdot\mathbf{B})_{[i,j]} := \mathbf{A}_{[i,]}\cdot\mathbf{B}_{[,j]} := \sum_{k=1}^{p}\left(\mathbf{A}_{[i,k]}\cdot\mathbf{B}_{[k,j]}\right).$$

$\mathbf{A}\cdot\mathbf{B}$ ist eine $n \times m$-Matrix. Der *Malpunkt* zwischen den Faktoren $\mathbf{A}$ und $\mathbf{B}$ wird in der Regel weggelassen und nur gesetzt, wenn es die Lesbarkeit einer Formel erhöht. Die Elemente $(\mathbf{AB})_{[i,j]}$ von $\mathbf{AB}$ sind also die Skalarprodukte der Zeilenvektoren $\mathbf{A}_{[i,]}$von $\mathbf{A}$ und der Spaltenvektoren $\mathbf{B}_{[,j]}$von $\mathbf{B}$. Speziell ist $\mathbf{B}'\mathbf{B}$ die Matrix der Skalarprodukte der Spalten von $\mathbf{B}$ und $\mathbf{AA}'$ die Matrix der Skalarprodukte der Zeilen von $\mathbf{A}$. Die Produktbildung ist assoziativ:

$$(\mathbf{AB})\mathbf{C} = \mathbf{A}(\mathbf{BC}) = \mathbf{ABC}.$$

Die Produktbildung ist aber nicht kommutativ, in der Regel ist $\mathbf{AB} \neq \mathbf{BA}$. Die Faktoren eines Produktes $\mathbf{AB}$ müssen *verkettet* sein, das heißt: Die Spaltenzahl des vorangehenden Faktors ist die Zeilenzahl des nachfolgenden Faktors. Speziell ist das Matrizenprodukt $\mathbf{a}'\mathbf{b}$ einer $1 \times n$-Zeilenmatrix $\mathbf{A} = \mathbf{a}'$ und einer $n \times 1$-Spaltenmatrix $\mathbf{B} = \mathbf{b}$ eine 1×1-Matrix, das heißt eine Zahl, während das Produkt $\mathbf{ab}'$ einer $n \times 1$-Spaltenmatrix $\mathbf{A} = \mathbf{a}$ mit einer $1 \times m$-Zeilenmatrix $\mathbf{B} = \mathbf{b}'$ eine $n \times m$-Matrix darstellt. Wenn wir im weiteren Matrizenprodukte bilden, setzen wir stillschweigend voraus, daß die einzelnen Faktoren verkettet sind.

Beim Transponieren eines Produktes kehrt sich die Reihenfolge der Faktoren um:

$$(\mathbf{AB})' = \mathbf{B}'\mathbf{A}'.$$

Um ein einzelnes Element, eine einzelne Zeile oder Spalte aus einer Matrix herauszugreifen, ist es mitunter hilfreich, die Matrix mit geeigneten Einheitsvektoren zu multiplizieren. Dazu sei 1_m^i der i-te m-dimensionale Einheitsvektor, d.h. nur die i-te Komponente von 1_m^i ist gleich 1, alle anderen Komponenten sind Null. Zum Beispiel für $m = 3$:[13]

$$1_3^1 = \begin{pmatrix} 1 \\ 0 \\ 0 \end{pmatrix}; \quad 1_3^2 = \begin{pmatrix} 0 \\ 1 \\ 0 \end{pmatrix}; \quad 1_3^3 = \begin{pmatrix} 0 \\ 0 \\ 1 \end{pmatrix}.$$

[13] Es läge nahe, für die Einheitsvektoren 1_m^i den Buchstaben $\mathbf{e}$ zu verwenden. Leider werden wir diesen Buchstaben später noch in anderer Bedeutung brauchen.

Dann folgt für eine $m \times n$-Matrix $\mathbf{A}$:

$$\begin{aligned} \mathbf{A}_{[i,]} &= \left(1_m^i\right)' \mathbf{A} \\ \mathbf{A}_{[,j]} &= \mathbf{A} 1_n^i \\ \mathbf{A}_{[i,j]} &= \left(1_m^i\right)' \mathbf{A} 1_n^i. \end{aligned}$$

Ist die Dimension des Einheitsvektors aus dem Kontext klar, lassen wir den unteren Dimensions-Index fort. Sind 1^i und 1^j Einheitsvektoren der jeweils passenden Dimension, dann folgt aus der Assoziativität der Multiplikation:

$$\begin{aligned} (\mathbf{AB})_{[,j]} &= (\mathbf{AB})\, 1^j = \mathbf{A}\mathbf{B}_{[,j]} \\ (\mathbf{AB})_{[i,]} &= \left(1^i\right)' (\mathbf{AB}) = \mathbf{A}_{[i,]}\mathbf{B} \\ (\mathbf{ABC})_{[i,j]} &= \left(1^i\right)' (\mathbf{ABC})\, 1^j = \mathbf{A}_{[i,]}\mathbf{B}\mathbf{C}_{[,j]}. \end{aligned}$$

Die Spalten der Matrix $\mathbf{AB}$ sind also Linearkombinationen der Spalten der Matrix $\mathbf{A}$, die Zeilen der Matrix $\mathbf{AB}$ sind Linearkombinationen der Zeilen von $\mathbf{B}$. Speziell gilt also für die Multiplikation mit einer Diagonalmatrix:

$$\begin{aligned} \left(\mathbf{A}\, \mathrm{Diag}\left(\beta_1; \cdots; \beta_p\right)\right)_{[,j]} &= \beta_j \mathbf{A}_{[,j]} \\ \left(\mathrm{Diag}\left(\alpha_1; \cdots; \alpha_n\right) \mathbf{A}\right)_{[i,]} &= \alpha_i \mathbf{A}_{[i,]} \\ \left(\mathrm{Diag}\left(\alpha_1; \cdots; \alpha_n\right) \mathbf{A}\, \mathrm{Diag}\left(\beta_1; \cdots; \beta_p\right)\right)_{[i,j]} &= \alpha_i \beta_j \mathbf{A}_{[i,j]}. \end{aligned}$$

Schreibweise: Wir müssen sorgsam zwischen den Matrizenklammern $(\mathbf{a}; \mathbf{b})$ und den Skalarprodukt-Klammern $\langle \mathbf{a}, \mathbf{b} \rangle$ unterscheiden. Ersteres definiert eine Matrix mit den Spalten $\mathbf{a}$ und $\mathbf{b}$, letzteres eine reelle Zahl. Wir werden in der Regel ein **Semikolon** zwischen $\mathbf{a}$ und $\mathbf{b}$ setzen, falls es auf die **Reihenfolge** von $\mathbf{a}$ und $\mathbf{b}$ ankommt — zum Beispiel bei der Definition einer Matrix $(\mathbf{a}; \mathbf{b})$ — und sonst ein **Komma**, wenn die Reihenfolge irrelevant ist, zum Beispiel bei einem Skalarprodukt $\langle \mathbf{a}, \mathbf{b} \rangle$ oder einer Menge $\{\mathbf{a}, \mathbf{b}\}$. In diesem Kapitel werden wir jedoch, um Mißverständnisse zu vermeiden, möglichst mit dem Symbol $\mathbf{a}'\mathbf{b}$ anstelle von $\langle \mathbf{a}, \mathbf{b} \rangle$ arbeiten.

Strukturierte Matrizen

Untergliedert man eine Matrix $\mathbf{A}$ durch (gedachte) $p-1$ horizontale und $q-1$ vertikale Linien, so wird $\mathbf{A}$ in $p \cdot q$ **Untermatrizen** zerlegt. Umgekehrt kann man Matrizen mit passenden Typen wieder zu **Obermatrizen** zusammenfassen. Man spricht in diesen Fällen von **strukturierten Matrizen**. Zur Verdeutlichung der Struktur werden mitunter die Trennlinien durchgezeichnet oder Semikola gesetzt.
Beispiele für Schreibweisen:

$$\begin{pmatrix} \mathbf{B}_{11} & \mathbf{B}_{12} \\ \mathbf{B}_{21} & \mathbf{B}_{22} \end{pmatrix} = \left(\begin{array}{c:c} \mathbf{B}_{11} & \mathbf{B}_{12} \\ \hdashline \mathbf{B}_{21} & \mathbf{B}_{22} \end{array}\right) \qquad (\mathbf{D}; \mathbf{E}) = (\mathbf{D} \vdots \mathbf{E})$$

Bei der Multiplikation strukturierter Matrizen läßt sich die Struktur berücksichtigen, falls die Spaltenuntergliederung der vorangehenden Matrix der Zeilenuntergliederung der folgenden Matrix entspricht. Dann gilt die folgende einfache Regel:

> Führe die Matrizenmultiplikation mit den Buchstaben formal so aus, als würden die Buchstaben für Zahlen und nicht für Untermatrizen stehen. Das Ergebnis ist wieder eine korrekte Matrix, falls alle im einzelnen ausgeführten Matrizenoperationen erlaubt waren und das Ergebnis wieder eine korrekt dimensionierte Matrix ist.

Beispiele für Matrizenmultiplikationen:

$$(\mathbf{A};\mathbf{B};\mathbf{C})\begin{pmatrix}\mathbf{D}\\ \mathbf{E}\\ \mathbf{F}\end{pmatrix} = \mathbf{AD}+\mathbf{BE}+\mathbf{CF}$$

$$\begin{pmatrix}\mathbf{D}\\ \mathbf{E}\\ \mathbf{F}\end{pmatrix}(\mathbf{A};\mathbf{B};\mathbf{C}) = \begin{pmatrix}\mathbf{DA} & \mathbf{DB} & \mathbf{DC}\\ \mathbf{EA} & \mathbf{EB} & \mathbf{EC}\\ \mathbf{FA} & \mathbf{FB} & \mathbf{FC}\end{pmatrix}.$$

Spaltenraum und Rang

Definition 37 *Der* ***Spaltenraum*** $\mathcal{L}\{\mathbf{A}\}$ *einer Matrix* $\mathbf{A} = (\mathbf{a}_1;\ldots;\mathbf{a}_m)$ *ist der lineare Raum, der von den Spalten der Matrix* $\mathbf{A}$ *erzeugt wird:*

$$\mathcal{L}\{\mathbf{A}\} = \mathcal{L}\{\mathbf{a}_1, \mathbf{a}_2, \ldots, \mathbf{a}_m\}.$$

Ist $\mathbf{A}$ eine $n \times m$ und $\mathbf{B}$ eine $n \times p$ Matrix, dann ist $\mathcal{L}\{\mathbf{AB}\} \subseteq \mathcal{L}\{\mathbf{A}\}$, da die Spalten von $\mathbf{AB}$ Linearkombination der Spalten von $\mathbf{A}$ sind. Ein Vektor $\mathbf{x} \in \mathbb{R}^n$ liegt genau dann in $\mathcal{L}\{\mathbf{A}\}$, wenn es einen Vektor $\boldsymbol{\beta} \in \mathbb{R}^m$ gibt mit $\mathbf{x} = \mathbf{A}\boldsymbol{\beta}$. Dann gilt:

$$\begin{aligned}\mathcal{L}\{\mathbf{AB}\} &\subseteq \mathcal{L}\{\mathbf{A}\},\\ \mathbf{x} &\in \mathcal{L}\{\mathbf{A}\} \Longleftrightarrow \mathbf{x} = \mathbf{A}\boldsymbol{\beta}.\end{aligned}$$

Definition 38 *Der* ***Rang*** $\operatorname{Rg}\mathbf{A}$ *einer Matrix* $\mathbf{A}$ *ist die Dimension des Spaltenraums:*

$$\operatorname{Rg}\mathbf{A} := \dim \mathcal{L}\{\mathbf{A}\}.$$

Eine quadratische $n\times n$*-Matrix* $\mathbf{A}$ *heißt* ***regulär****, wenn ihr Rang* n *ist, anderenfalls heißt* $\mathbf{A}$ ***singulär****.*

Satz 39 (Rangsatz)

$$\operatorname{Rg}\mathbf{A} = \operatorname{Rg}\mathbf{A}' = \operatorname{Rg}(\mathbf{AA}') = \operatorname{Rg}(\mathbf{A}'\mathbf{A}), \tag{1.16}$$

$$\operatorname{Rg}(\mathbf{AB}) \leq \min\{\operatorname{Rg}\mathbf{A}, \operatorname{Rg}\mathbf{B}\}. \tag{1.17}$$

Der Rang einer Matrix $\mathbf{A}$ ist gleich der Anzahl der linear unabhängigen Spalten. Diese ist gleich der Anzahl der linear unabhängigen Zeilen. Der Beweis des Rangsatzes ist als Aufgabe 89 in den Anhang dieses Kapitels verschoben worden.

Spur einer Matrix

Definition 40 *Die* ***Spur*** *einer quadratischen $(n \times n)$-Matrix $\mathbf{A}$ ist die Summe der Diagonalelemente:*

$$\operatorname{Spur} \mathbf{A} = \sum_{i=1}^{n} \mathbf{A}_{[i,i]}.$$

Ist $\mathbf{C}$ eine $n \times p$-Matrix und $\mathbf{D}$ eine $p \times n$-Matrix, so gilt für die quadratischen Matrizen $\mathbf{CD}$ und $\mathbf{DC}$:

$$\operatorname{Spur} \mathbf{CD} = \operatorname{Spur} \mathbf{DC} = \sum_{i=1}^{n} \sum_{j=1}^{p} \mathbf{C}_{[i,j]} \mathbf{D}_{[j,i]}.$$

Speziell ist $\operatorname{Spur} \mathbf{C}'\mathbf{C} = \sum ||\mathbf{C}_{[,j]}||^2$ die Summe der quadrierten Normen der Spaltenvektoren. Speziell gilt für jeden Vektor $\mathbf{c}$:

$$\operatorname{Spur} \mathbf{c}'\mathbf{c} = \operatorname{Spur} \mathbf{cc}' = ||\mathbf{c}||^2.$$

Determinante einer Matrix

Jeder quadratischen Matrix $\mathbf{A}$ ist eine Kennzahl, ihre **Determinante**, zugeordnet. Diese wird $|\mathbf{A}|$ oder $\det \mathbf{A}$ geschrieben. Geometrisch läßt sich der Betrag der Determinante von $\mathbf{A}$ veranschaulichen als das Volumen des Spats, (des mehrdimensionalen Parallelogramms), dessen linke untere Ecke von den Spaltenvektoren von $\mathbf{A}$ gebildet wird.
Die formale Definition von $|\mathbf{A}|$ ist rekursiv und wenig anschaulich. Wir führen sie hier nur der Vollständigkeit halber an, werden sie aber in diesem Buch kaum brauchen, da hier Determinanten nur eine höchst untergeordnete Rolle spielen.

Definition 41 *Es sei $\mathbf{A}^{[i,j]}$ die Matrix, die aus $\mathbf{A}$ entsteht, wenn in $\mathbf{A}$ die i-te Zeile und die j-te Spalte gestrichen werden. Dann ist die Determinate $|\mathbf{A}|$ einer $n \times n$ Matrix $\mathbf{A}$ definiert durch:*

Für $n = 1$ $\quad |\mathbf{A}| = \mathbf{A}$

Für $n \geq 2$ $\quad |\mathbf{A}| = \begin{cases} \sum_{i=1}^{n} \mathbf{A}_{[i,j]} |\mathbf{A}^{[i,j]}| (-1)^{i+j} & j \text{ beliebig, aber fest.} \\ \sum_{j=1}^{n} \mathbf{A}_{[i,j]} |\mathbf{A}^{[i,j]}| (-1)^{i+j} & i \text{ beliebig, aber fest.} \end{cases}$

Elementare Eigenschaften der Determinate $|\mathbf{A}|$ einer $n \times n$ Matrix $\mathbf{A}$ sind:

Satz 42 (Determinatensatz) *Sind* $\mathbf{A}$ *und* $\mathbf{B}$ $n \times n$ *Matrizen, ist* $\mathbf{C}$ *eine* $m \times p$- *und* $\mathbf{D}$ *eine* $p \times m$-*Matrix, dann gilt:*

$$|\mathbf{A}| = 0 \quad \Longleftrightarrow \quad \operatorname{Rg}\mathbf{A} < n \tag{1.18}$$

$$|\mathbf{A}| = |\mathbf{A}'| \tag{1.19}$$

$$|\alpha\mathbf{A}| = \alpha^n |\mathbf{A}| \tag{1.20}$$

$$|\operatorname{Diag}(\alpha_1; \cdots ; \alpha_n)| = \alpha_1 \cdot \alpha_2 \cdot \cdots \cdot \alpha_n \tag{1.21}$$

$$|\mathbf{AB}| = |\mathbf{A}|\,|\mathbf{B}| \tag{1.22}$$

$$|\mathbf{I}_m + \mathbf{CD}| = |\mathbf{I}_p + \mathbf{DC}|. \tag{1.23}$$

Weitere Eigenschaften von Determinanten finden sich im Anhang.

Orthogonale Matrizen

Definition 43 *Eine quadratische Matrix* $\mathbf{A}$ *heißt* ***orthogonal****, falls* $\mathbf{A}'\mathbf{A} = \mathbf{I}$ *ist.*

$\mathbf{A}$ ist genau dann *orthogonal*, wenn die Spalten von $\mathbf{A}$ *orthonormal* sind, d. h.

$$\left(\mathbf{A}_{[,j]}\right)' \mathbf{A}_{[,j]} = 1 \quad \text{und} \quad \left(\mathbf{A}_{[,i]}\right)' \mathbf{A}_{[,j]} = 0, \quad \text{falls} \quad i \neq j.$$

Ist $\mathbf{A}$ eine orthogonale $n \times n$-Matrix, so heißt die Abbildung $\mathbf{x} \to \mathbf{y} = \mathbf{Ax}$ des $\mathbb{R}^n$ auf sich eine **orthogonale Transformation.** Sie beschreibt eine **Drehung** des Koordinatensystems: Ist nämlich $\mathbf{y}_1 = \mathbf{Ax}_1$ und $\mathbf{y}_2 = \mathbf{Ax}_2$, so ist $\mathbf{y}_1'\mathbf{y}_2 = \mathbf{x}_1'\mathbf{A}'\mathbf{Ax}_2 = \mathbf{x}_1'\mathbf{Ix}_2 = \mathbf{x}_1'\mathbf{x}_2$ und speziell $||\mathbf{y}_i||^2 = ||\mathbf{x}_i||^2$. Bei jeder orthogonalen Transformation ändern sich also weder Winkel noch Abstände zwischen je zwei Vektoren.

Symmetrische Matrizen

Definition 44 *Eine quadratische Matrix* $\mathbf{A}$ *heißt* ***symmetrisch****, falls* $\mathbf{A} = \mathbf{A}'$ *ist.*

Jede Diagonalmatrix ist symmetrisch. Für jede Matrix $\mathbf{A}$ sind $\mathbf{AA}'$ und $\mathbf{A}'\mathbf{A}$ symmetrische Matrizen.

Projektions- und idempotente Matrizen

Sei $\mathbf{A}$ ein k-dimensionaler Unterraum und $\mathbf{a}_1, \mathbf{a}_2, \ldots, \mathbf{a}_k$ eine orthonormale Basis für $\mathbf{A} = \mathcal{L}\{\mathbf{a}_1, \mathbf{a}_2, \ldots, \mathbf{a}_k\}$. Für jeden Punkt $\mathbf{y}$ des Oberraums erhält man die Projektion von $\mathbf{y}$ in den Raum $\mathbf{A}$ durch Multiplikation von $\mathbf{y}$ mit der sogenannten ***Projektionsmatrix*** $\mathbf{P}_\mathbf{A}$, also $\mathbf{P}_\mathbf{A}\mathbf{y} = (\mathbf{P}_\mathbf{A}) \cdot \mathbf{y}$. Zwischen der Projektion $\mathbf{P}_\mathbf{A}\mathbf{y}$ als Abbildung und dem Matrizenprodukt brauchen wir hier als nicht zu unterscheiden.

Satz 45 *Für die* ***Projektionsmatrix*** $\mathbf{P_A}$ *gilt:*

1. $\mathbf{P_A} = \sum_{i=1}^{k} \mathbf{a}_i \mathbf{a}_i'$.

2. $\mathbf{P_A}$ *ist invariant gegenüber der Wahl der Basis von* $\mathbf{A}$.

3. $\operatorname{Rg} \mathbf{P_A} = k = \dim \mathbf{A}$.

4. $\operatorname{Spur} \mathbf{P_A} = k$.

5. $\mathbf{P_A}$ *ist symmetrisch und* $\mathbf{P_A} \cdot \mathbf{P_A} = \mathbf{P_A}$.

Beweis:
1. Für jeden Punkt $\mathbf{y}$ gilt nach Satz 34:

$$\mathbf{P_A y} = \sum (\mathbf{a}_i' \mathbf{y}) \mathbf{a}_i = \sum \mathbf{a}_i (\mathbf{a}_i' \mathbf{y}) = (\sum \mathbf{a}_i \mathbf{a}_i') \cdot \mathbf{y}.$$

2. Die Projektion $\mathbf{P_A y}$ hängt nur vom Raum $\mathcal{L}\{\mathbf{A}\}$ ab.
3. Der Spaltenraum von $\mathbf{P_A}$ ist gerade $\mathcal{L}\{\mathbf{A}\}$.
4. $\operatorname{Spur} \mathbf{P_A} = \operatorname{Spur}(\sum \mathbf{a}_i \mathbf{a}_i') = \operatorname{Spur}(\sum \mathbf{a}_i' \mathbf{a}_i) = \operatorname{Spur}(\sum 1) = k$.
5. Ist Eigenschaft der Projektion.

□

Definition 46 *Eine symmetrische Matrix* $\mathbf{P}$ *mit der Eigenschaft* $\mathbf{PP} = \mathbf{P}$ *heißt* ***idempotente*** *Matrix.*

Jede idempotente Matrix ist nach Satz 30 die Projektionsmatrix in ihren eigenen Spaltenraum.

(Semi-)definite Matrizen

Definition 47 *Eine symmetrische Matrix* $\mathbf{A}$ *heißt* ***positiv semidefinit*** *oder* ***nicht-negativ definit****, falls für jeden Vektor* $\mathbf{x}$ *gilt:*

$$\mathbf{x}' \mathbf{A} \mathbf{x} \geq 0.$$

$\mathbf{A}$ *heißt* ***positiv definit****, falls für jeden von Null verschiedenen Vektor* $\mathbf{x}$ *gilt:*

$$\mathbf{x}' \mathbf{A} \mathbf{x} > 0.$$

Beispiel 48 *Es seien*

$$\mathbf{A} = \begin{pmatrix} 4 & -6 \\ -6 & 9 \end{pmatrix} \quad \textit{und} \quad \mathbf{B} = \begin{pmatrix} 5 & -6 \\ -6 & 9 \end{pmatrix} = \mathbf{A} + \begin{pmatrix} 1 & 0 \\ 0 & 0 \end{pmatrix}$$

sowie

$$\mathbf{x} = \begin{pmatrix} x_1 \\ x_2 \end{pmatrix} \neq \mathbf{0}.$$

Dann ist

$$\begin{aligned}
\mathbf{x}'\mathbf{A}\mathbf{x} &= (x_1; x_2) \cdot \begin{pmatrix} 4 & -6 \\ -6 & 9 \end{pmatrix} \cdot \begin{pmatrix} x_1 \\ x_2 \end{pmatrix} \\
&= 4x_1^2 - 12x_1x_2 + 9x_2^2 \\
&= (2x_1 - 3x_2)^2 \geq 0.
\end{aligned}$$

$\mathbf{A}$ *ist positiv-semidefinit, denn* $\mathbf{x}'\mathbf{A}\mathbf{x} \geq 0$ *für alle* $\mathbf{x}$; *aber für* $\mathbf{x}' = (3; 2)$ *ist* $\mathbf{x}'\mathbf{A}\mathbf{x} = 0$. *Dagegen ist* $\mathbf{B}$ *positiv-definit, denn*

$$\mathbf{x}'\mathbf{B}\mathbf{x} = \mathbf{x}'\mathbf{A}\mathbf{x} + \mathbf{x}_1^2 = (2x_1 - 3x_2)^2 + x_1^2 > 0.$$

Schreibweise: Eine übliche, aber oft mißverständliche Abkürzung für positiv (semi-)definite Matrizen ist:

$\mathbf{A} > 0$		$\iff$	$\mathbf{A}$	ist positiv	definit.
$\mathbf{A} \geq 0$		$\iff$	$\mathbf{A}$	ist positiv	semidefinit.
$\mathbf{A} > \mathbf{B}$	$\iff \mathbf{A} - \mathbf{B} > 0$	$\iff$	$\mathbf{A} - \mathbf{B}$	ist positiv	definit.
$\mathbf{A} \geq \mathbf{B}$	$\iff \mathbf{A} - \mathbf{B} \geq 0$	$\iff$	$\mathbf{A} - \mathbf{B}$	ist positiv	semidefinit.

$\mathbf{A} \geq \mathbf{B}$ gilt also genau dann, falls $\mathbf{x}'\mathbf{A}\mathbf{x} \geq \mathbf{x}'\mathbf{B}\mathbf{x}$ für alle $\mathbf{x}$ gilt.
Aus einer positiv semidefiniten Matrix $\mathbf{A}$ läßt sich die "Wurzel" ziehen: Ist $\mathbf{A} \geq \mathbf{0}$, so existiert eine symmetrische Matrix $\mathbf{B}$ mit $\mathbf{A} = \mathbf{B}\mathbf{B}$. Wir schreiben für $\mathbf{B}$ auch $\mathbf{A}^{1/2}$. Im Anhang gehen wir auf Seite 1.4.3 noch genauer darauf ein. Die Eigenschaften semidefiniter Matrizen werden im Anhang weiter behandelt. Sie spielen eine zentrale Rolle bei der Hauptkomponenten-Analyse und der Eigenwertzerlegung. Siehe zum Beispiel Fahrmeir et al. (1994).

Invertierbare Matrizen

Inverse Matrizen spielen eine zentrale Rolle bei der Umkehrung ein-eindeutiger linearer Abbildungen und der Lösung eindeutig lösbarer Gleichungssysteme. Zur Lösung allgemeiner Gleichungssysteme und zur expliziten Bestimmung von Projektoren müssen wir später den Begriff der Inversen noch verallgemeinern.

Satz 49 *Ist* $\mathbf{A}$ *eine reguläre* $n \times n$*-Matrix, so existiert eine eindeutig bestimmte* ***Inverse*** $\mathbf{A}^{-1}$ *von* $\mathbf{A}$ *mit:*

$$\mathbf{A}^{-1}\mathbf{A} = \mathbf{I} = \mathbf{A}\mathbf{A}^{-1}.$$

Sind $\mathbf{A}$ *und* $\mathbf{B}$ *invertierbare Matrizen, so gilt:*

$$(\mathbf{A}\mathbf{B})^{-1} = \mathbf{B}^{-1}\mathbf{A}^{-1}.$$

$\mathbf{A}$ *ist genau dann* ***invertierbar****, falls* $|\mathbf{A}| \neq 0$ *ist.*

Beispiel 50 (Inverse einer 2×2-Matrix) *Sei* $\mathbf{A} = \left(\begin{smallmatrix} a & b \\ c & d \end{smallmatrix}\right)$. $\mathbf{A}$ *ist genau dann invertierbar, wenn die Spalten von* $\mathbf{A}$ *linear unabhängig sind. Dies ist genau dann der Fall, falls* $ad - bc \neq 0$ *ist. In diesem Fall verifiziert man:*

$$\mathbf{A}^{-1} = \frac{1}{ad - bc} \begin{pmatrix} d & -b \\ -c & a \end{pmatrix}.$$

Beispiel 51 *Ist* $\mathbf{A}$ *eine orthogonale Matrix, so ist* $\mathbf{A}^{-1} = \mathbf{A}'$.

Weitere Eigenschaften finden sich im Anhang.

1.2.2 Verallgemeinerte Inverse einer Matrix

Ist $\mathbf{A}$ nicht quadratisch oder nicht von vollem Rang, so existiert keine Inverse zu $\mathbf{A}$. In beiden Fällen kann man aber ***verallgemeinerte Inverse*** definieren, die wenigstens einige Eigenschaften der gewöhnlichen Inversen bewahren.

Definition 52 *Ist* $\mathbf{A}$ *eine* $n \times m$ *Matrix, so heißt eine* $m \times n$ *Matrix* $\mathbf{A}^-$ *eine* ***verallgemeinerte Inverse*** *der Matrix* $\mathbf{A}$*, falls gilt:*

$$\mathbf{A}\mathbf{A}^-\mathbf{A} = \mathbf{A}.$$

Zu jeder Matrix $\mathbf{A}$ existiert mindestens eine verallgemeinerte Inverse. Ist $\mathbf{A}$ invertierbar, so ist $\mathbf{A}^- = \mathbf{A}^{-1}$ eindeutig bestimmt. Im allgemeinen existieren beliebig viele verallgemeinerte Matrizen $\mathbf{A}^-$ von $\mathbf{A}$.

Beispiel 53 *Sei*

$$\mathbf{A} := \begin{pmatrix} 1 & 1 & 1 \\ 1 & -2 & 1 \\ 1 & -2 & 1 \end{pmatrix},$$

dann ist die durch Probieren gefundene Matrix

$$\mathbf{A}^- := \frac{1}{6} \cdot \begin{pmatrix} 2 & 1 & 0 \\ 2 & -2 & 0 \\ 2 & 1 & 0 \end{pmatrix}$$

eine verallgemeinerte Inverse von $\mathbf{A}$*. Zum Beweis verifizieren wir:*

$$\mathbf{A}\mathbf{A}^- = \begin{pmatrix} 1 & 0 & 0 \\ 0 & 1 & 0 \\ 0 & 1 & 0 \end{pmatrix} \quad \mathbf{A}^-\mathbf{A} = \frac{1}{2} \begin{pmatrix} 1 & 0 & 1 \\ 0 & 2 & 0 \\ 1 & 0 & 1 \end{pmatrix} \quad \mathbf{A}\mathbf{A}^-\mathbf{A} = \begin{pmatrix} 1 & 1 & 1 \\ 1 & -2 & 1 \\ 1 & -2 & 1 \end{pmatrix}.$$

Im Anhang im Abschnitt 1.4.1 gehen wir eingehender auf verallgemeinerte Inverse ein.

Die Moore-Penrose-Inverse

Satz 54 *Zu jeder Matrix* $\mathbf{A}$ *existiert genau eine verallgemeinerte Inverse* $\mathbf{A}^+$ *mit den Eigenschaften:*

$$\begin{aligned} \mathbf{A}\mathbf{A}^+\mathbf{A} &= \mathbf{A} \\ \mathbf{A}^+\mathbf{A}\mathbf{A}^+ &= \mathbf{A}^+ \\ (\mathbf{A}\mathbf{A}^+)' &= \mathbf{A}\mathbf{A}^+ \\ (\mathbf{A}^+\mathbf{A})' &= \mathbf{A}^+\mathbf{A}. \end{aligned}$$

Diese Matrix heitß die Moore-Penrose-Inverse von $\mathbf{A}$.

Beispiel 55 *Wir kehren noch einmal zu den Matrizen* $\mathbf{A}$ *und* $\mathbf{A}^-$ *des eben betrachteten Beispiels 53 zurück.* $\mathbf{A}^-$ *erfüllt nicht die dritte Bedingung, denn* $\mathbf{A}\mathbf{A}^-$ *ist nicht symmetrisch.* $\mathbf{A}^-$ *ist daher* **nicht** *die Moore-Penrose-Inverse. Wie man an den vier Eigenschaften leicht verifiziert, ist* $\mathbf{A}^+$ *gegeben durch:*

$$\mathbf{A}^+ = \frac{1}{12} \cdot \begin{pmatrix} 4 & 1 & 1 \\ 4 & -2 & -2 \\ 4 & 1 & 1 \end{pmatrix}.$$

Dabei ist

$$\mathbf{A}\mathbf{A}^+ = \frac{1}{2} \cdot \begin{pmatrix} 2 & 0 & 0 \\ 0 & 1 & 1 \\ 0 & 1 & 1 \end{pmatrix} \qquad \mathbf{A}^+\mathbf{A} = \frac{1}{2} \cdot \begin{pmatrix} 1 & 0 & 1 \\ 0 & 2 & 0 \\ 1 & 0 & 1 \end{pmatrix}.$$

Auf die numerische Berechnung von $\mathbf{A}^+$ und deren weiterere Eigenschaften gehen wir im Anhang ein. Hier genügen uns die Existenz und die folgenden grundlegenden Eigenschaften der Moore-Penrose-Inverse $\mathbf{A}^+$:

- **Gestalt:** Ist $\mathbf{A}$ eine $m \times n$-Matrix, so ist $\mathbf{A}^+$ eine $n \times m$-Matrix.

  Ist $\mathbf{A}$ symmetrisch, so ist auch $\mathbf{A}^+$ symmetrisch. Existiert $\mathbf{A}^{-1}$, so ist $\mathbf{A}^+ = \mathbf{A}^{-1}$. Ist $\mathbf{A}$ eine Projektionsmatrix, so ist $\mathbf{A}^+ = \mathbf{A}$.

- **Rang:**

$$\operatorname{Rg}\mathbf{A} = \operatorname{Rg}\mathbf{A}\mathbf{A}^+ = \operatorname{Rg}\mathbf{A}^+\mathbf{A}.$$

- **Vertauschbarkeit von Transponierung und Invertierung:**

$$\begin{aligned} (\mathbf{A}')^+ &= (\mathbf{A}^+)' \\ (\mathbf{A}\mathbf{A}')^+ &= \mathbf{A}'^+\mathbf{A}^+ \\ (\mathbf{A}'\mathbf{A})^+ &= \mathbf{A}^+\mathbf{A}'^+. \end{aligned}$$

- **Idempotenz:**

$$(\mathbf{AA}^+)(\mathbf{AA}^+) = \mathbf{AA}^+$$
$$(\mathbf{A}^+\mathbf{A})(\mathbf{A}^+\mathbf{A}) = \mathbf{A}^+\mathbf{A}.$$

- **Orthogonalität:**

$$\begin{aligned} \mathbf{A}(\mathbf{I} - \mathbf{A}^+\mathbf{A}) &= \mathbf{0} \\ (\mathbf{I} - \mathbf{A}^+\mathbf{A})\mathbf{A}^+ &= \mathbf{0} \\ \mathbf{A}^+(\mathbf{I} - \mathbf{AA}^+) &= \mathbf{0} \\ (\mathbf{I} - \mathbf{AA}^+)\mathbf{A} &= \mathbf{0}. \end{aligned}$$

- **Invarianz:** Für jede Matrix $\mathbf{A}$ gilt:

$$\mathbf{A}(\mathbf{A}'\mathbf{A})^-\mathbf{A}' = \mathbf{A}(\mathbf{A}'\mathbf{A})^+\mathbf{A}' = \mathbf{AA}^+. \tag{1.24}$$

Bemerkung: Ein Analogon zur Regel $(\mathbf{AB})^{-1} = \mathbf{B}^{-1}\mathbf{A}^{-1}$ für invertierbare Matrizen existiert, von Ausnahmen[14] abgesehen, für die Moore-Penrose-Inverse *nicht.*

Beispiel 56 *Als Beispiel für das Rechnen mit Moore-Penrose-Inversen beweisen wir die Invarianz* (1.24) *über eine auch sonst nützliche Umformungskette von* $\mathbf{A}$ *und* $\mathbf{A}'$*:*

$$\mathbf{A} = \mathbf{AA}^+\mathbf{A} = (\mathbf{AA}^+)\mathbf{A} = (\mathbf{AA}^+)'\mathbf{A} = \mathbf{A}^{+'}\mathbf{A}'\mathbf{A}. \tag{1.25}$$

Durch Transponierung in (1.25) *folgt*

$$\mathbf{A}' = \mathbf{A}'\mathbf{AA}^+. \tag{1.26}$$

Für $(\mathbf{A}'\mathbf{A})^-$ *gilt definitionsgemäß*

$$(\mathbf{A}'\mathbf{A})(\mathbf{A}'\mathbf{A})^-(\mathbf{A}'\mathbf{A}) = (\mathbf{A}'\mathbf{A}).$$

Multiplizieren wir diese Gleichung von links mit $\mathbf{A}^{+'}$ *und von rechts mit* $\mathbf{A}^+$*, so erhalten wir wegen* (1.25) *und* (1.26)

$$\begin{aligned} \underbrace{\mathbf{A}^{+'}(\mathbf{A}'\mathbf{A})}_{\mathbf{A}} \cdot (\mathbf{A}'\mathbf{A})^- \cdot \underbrace{(\mathbf{A}'\mathbf{A})\mathbf{A}^+}_{\mathbf{A}'} &= \underbrace{\mathbf{A}^{+'}(\mathbf{A}'\mathbf{A})}_{\mathbf{A}}\mathbf{A}^+, \\ \mathbf{A} \cdot (\mathbf{A}'\mathbf{A})^- \cdot \mathbf{A}' &= \mathbf{AA}^+. \end{aligned} \tag{1.27}$$

Die rechte Seite von (1.27) *ist invariant gegenüber der Wahl von* $(\mathbf{A}'\mathbf{A})^-$*, daher auch die linke Seite.*

[14] siehe Seite 96

Für den Spezialfall, daß die Spalten von $\mathbf{A}$ linear unabhängig sind, läßt sich $\mathbf{A}^+$ nach dem folgenden Satz bestimmen:

Satz 57 *Ist* $\mathbf{A}$ *eine* $n \times m$*-Matrix vom Rang* m*, so ist*

$$\mathbf{A}^+ = (\mathbf{A}'\mathbf{A})^{-1}\mathbf{A}'.$$

Beweis:

$$\mathbf{A}^+ = \mathbf{A}^+(\mathbf{A}\mathbf{A}^+) = \mathbf{A}^+(\mathbf{A}\mathbf{A}^+)' = \mathbf{A}^+(\mathbf{A}^{+\prime}\mathbf{A}') = (\mathbf{A}^+\mathbf{A}^{+\prime})\mathbf{A}' = (\mathbf{A}'\mathbf{A})^+\mathbf{A}'$$

$\mathbf{A}'\mathbf{A}$ ist eine quadratische $m \times m$-Matrix; $\operatorname{Rg} \mathbf{A}'\mathbf{A} = \operatorname{Rg} \mathbf{A} = m$. Daher existiert $(\mathbf{A}'\mathbf{A})^{-1}$ und ist gleich $(\mathbf{A}'\mathbf{A})^+$.
□

1.2.3 Lineare Gleichungssysteme

Mit Hilfe von Vektoren und Matrizen lassen sich lineare Gleichungssysteme übersichtlich schreiben und ihre Lösung geschlossen angeben. Lineare Gleichungssysteme haben die Gestalt

$$\mathbf{A}\mathbf{x} = \mathbf{b}.$$

Je nach dem, ob $\mathbf{b}$ von Null verschieden ist oder nicht, unterscheidet man inhomogenen von homogenen Systemen. Wir befassen uns zuerst mit homogenen Gleichungssystemen und beginnen mit einem Beispiel:

Homogene Gleichungssysteme

Beispiel 58 *Die folgenden drei Gleichungen bilden ein homogenes Gleichungssystem mit drei Unbekannten* x_1, x_2 *und* x_3*:*

$$\begin{aligned} x_1 + x_2 + x_3 &= 0 \\ x_1 - 2x_2 + x_3 &= 0 \\ x_1 - 2x_2 + x_3 &= 0. \end{aligned}$$

De facto ist hier die dritte Gleichung überflüssig. Solche Redundanzen sind bei linearen Gleichungssystemen möglich. Sie sind meist nur nicht so offensichtlich wie hier. Man verifiziert leicht, daß die Lösung des Systems gegeben ist durch

$$x_1 = \alpha, \qquad x_2 = 0, \qquad x_3 = -\alpha; \qquad \textit{dabei ist } \alpha \textit{ beliebig.}$$

Die drei Gleichungen lassen sich auch zu einer Vektorgleichung zusammenfassen:

$$\begin{pmatrix} 1 \\ 1 \\ 1 \end{pmatrix} x_1 + \begin{pmatrix} 1 \\ -2 \\ -2 \end{pmatrix} x_2 + \begin{pmatrix} 1 \\ 1 \\ 1 \end{pmatrix} x_3 = \begin{pmatrix} 0 \\ 0 \\ 0 \end{pmatrix}.$$

Diese Gleichungen werden nun zu einer Matrizengleichung zusammengefaßt:

$$\begin{pmatrix} 1 & 1 & 1 \\ 1 & -2 & 1 \\ 1 & -2 & 1 \end{pmatrix} \begin{pmatrix} x_1 \\ x_2 \\ x_3 \end{pmatrix} = \begin{pmatrix} 0 \\ 0 \\ 0 \end{pmatrix}.$$

Genauso fassen wir die Lösung zu einem Lösungsvektor $\mathbf{x}$ *zusammen:*

$$\mathbf{x} = \alpha \begin{pmatrix} 1 \\ 0 \\ -1 \end{pmatrix}.$$

Allgemein hat ein homogenes Gleichungssystem mit n Gleichungen und m Unbekannten die folgende Gestalt:

$$\begin{array}{ll} 1.\ \text{Gleichung} & \sum_{j=1}^{m} a_{1j}x_j = 0 \\ 2.\ \text{Gleichung} & \sum_{j=1}^{m} a_{2j}x_j = 0 \\ \vdots & \vdots \\ i.\ \text{Gleichung} & \sum_{j=1}^{m} a_{ij}x_j = 0 \\ \vdots & \vdots \\ n.\ \text{Gleichung} & \sum_{j=1}^{m} a_{nj}x_j = 0 \end{array}$$

Das gleiche System sieht in Vektorschreibweise bzw. in Matrizenschreibweise so aus:

$$\begin{aligned} \sum_{j=1}^{m} \mathbf{a}_j x_j &= \mathbf{0}, \\ \mathbf{A}\mathbf{x} &= \mathbf{0}. \end{aligned}$$

Dabei ist $\mathbf{A} = (a_{ij}) = (\mathbf{a}_1; \mathbf{a}_2; \ldots; \mathbf{a}_m)$ die $n \times m$-Koeffizientenmatrix und $\mathbf{x} = (x_1; x_2; \ldots; x_m)'$ der m-dimensionale Vektor der Unbekannten.

Lösung des homogenen Gleichungssystems

Satz 59 *Die Menge der Lösungen des homogenen Gleichungssystems bildet den* ***Lösungsraum****, einen linearen Vektorraum der Dimension* $m - \operatorname{Rg} \mathbf{A}$. *Dabei ist* m *die Anzahl der Unbekannten des Gleichungssystems.*

Beweis:

$\mathbf{x}$ ist genau dann Lösung des homogenen Gleichungssystems, wenn $\mathbf{Ax} = \mathbf{0}$ gilt. Nun ist aber:

$$\begin{aligned}\mathbf{Ax} = \mathbf{0} &\iff \mathbf{x} \text{ steht orthogonal zu den Zeilen von } \mathbf{A} \\ &\iff \mathbf{x} \perp \mathcal{L}\{\mathbf{A}'\} \\ &\iff \mathbf{x} \in \mathcal{L}\{\mathbf{A}'\}^{\perp}.\end{aligned}$$

Weiter ist

$$\dim \mathcal{L}\{\mathbf{A}'\}^{\perp} = \dim \mathbb{R}^m - \dim \mathcal{L}\{\mathbf{A}'\} = m - \operatorname{Rg} \mathbf{A}' = m - \operatorname{Rg} \mathbf{A}.$$

□

Satz 60 $\mathbf{x}$ *ist genau dann Lösung des homogenen Gleichungssystems, wenn* $\mathbf{x}$ *sich darstellen läßt als*

$$\mathbf{x} = (\mathbf{I} - \mathbf{A}^{-}\mathbf{A})\mathbf{h}. \tag{1.28}$$

Dabei ist $\mathbf{h} \in \mathbb{R}^m$ *ein beliebiger Vektor,* $\mathbf{A}^{-}$ *eine beliebige verallgemeinerte Inverse von* $\mathbf{A}$ *und* $\mathbf{I}$ *die Einheitsmatrix.*

Beweis:
Hat $\mathbf{x}$ die Gestalt $\mathbf{x} = (\mathbf{I} - \mathbf{A}^{-}\mathbf{A})\mathbf{h}$, so folgt:

$$\mathbf{Ax} = \mathbf{A}(\mathbf{I} - \mathbf{A}^{-}\mathbf{A})\mathbf{h} = (\mathbf{A} - \underbrace{\mathbf{AA}^{-}\mathbf{A}}_{\mathbf{A}})\mathbf{h} = (\mathbf{A} - \mathbf{A})\,\mathbf{h} = \mathbf{0}.$$

Umgekehrt läßt sich jede Lösung $\mathbf{x}_0$ in der Form (1.28) darstellen. Denn gilt $\mathbf{Ax}_0 = \mathbf{0}$, so ist $\mathbf{x}_0 = (\mathbf{I} - \mathbf{A}^{-}\mathbf{A})\mathbf{x}^{\circ}$. Daher kann $\mathbf{x}_0$ selbst als $\mathbf{h}$ verwendet werden.

□

Beispiel 61 *Zur Matrix* $\mathbf{A}$ *wurde auf Seite 63 bereits ein* $\mathbf{A}^{-}$ *und* $\mathbf{A}^{-}\mathbf{A}$ *berechnet. Dann ist.*

$$\mathbf{I} - \mathbf{A}^{-}\mathbf{A} = \begin{pmatrix} 1 & 0 & 0 \\ 0 & 1 & 0 \\ 0 & 0 & 1 \end{pmatrix} - \frac{1}{2}\begin{pmatrix} 1 & 0 & 1 \\ 0 & 2 & 0 \\ 1 & 0 & 1 \end{pmatrix} = \frac{1}{2}\begin{pmatrix} 1 & 0 & -1 \\ 0 & 0 & 0 \\ -1 & 0 & 1 \end{pmatrix},$$

also

$$\mathbf{x} = (\mathbf{I} - \mathbf{A}^{-}\mathbf{A})\mathbf{h} = \frac{1}{2}\begin{pmatrix} h_1 - h_3 \\ 0 \\ h_3 - h_1 \end{pmatrix} = \frac{h_1 - h_3}{2}\begin{pmatrix} 1 \\ 0 \\ -1 \end{pmatrix} =: \alpha \begin{pmatrix} 1 \\ 0 \\ -1 \end{pmatrix}.$$

Inhomogene Gleichungssysteme

Wir fügen unserem Beispiel eines homogenen Gleichungssystems $\mathbf{Ax} = \mathbf{0}$ noch eine "rechte Seite" — eine **Inhomogenität** — hinzu und erhalten:

$$\begin{aligned} x_1 + \ x_2 + x_3 &= b_1 \\ x_1 - 2x_2 + x_3 &= b_2 \\ x_1 - 2x_2 + x_3 &= b_3. \end{aligned}$$

Das obige System ist unlösbar, falls $b_2 \neq b_3$ ist! Das allgemeine inhomogene Gleichungssystem hat in Vektor- oder Matrizenschreibweise die Gestalt:

$$\sum_{j=1}^{m} \mathbf{a}_j x_j = \mathbf{Ax} = \mathbf{b}.$$

$\mathbf{Ax} = \mathbf{b}$ ist genau dann lösbar, falls $\mathbf{b} \in \mathcal{L}\{\mathbf{A}\}$ ist. Dies ist genau dann der Fall, falls $\mathrm{Rg}(\mathbf{A}; \mathbf{b}) = \mathrm{Rg}(\mathbf{A})$ ist. In vielen Fällen ist aber die folgende Charakterisierung der Lösbarkeit nützlicher:

Satz 62 *Das System* $\mathbf{Ax} = \mathbf{b}$ *ist genau dann lösbar, falls* $\mathbf{x} := \mathbf{A}^{-}\mathbf{b}$ *eine spezielle Lösung ist, das heißt, wenn* $\mathbf{AA}^{-}\mathbf{b} = \mathbf{b}$ *ist. Ist das System lösbar, so ist ein Vektor* $\mathbf{x}$ *genau dann Lösung, wenn* $\mathbf{x}$ *die Gestalt hat:*

$$\mathbf{x} = \mathbf{x}_* + (\mathbf{I} - \mathbf{A}^{-}\mathbf{A})\mathbf{h}. \tag{1.29}$$

Dabei ist $\mathbf{x}_*$ *eine beliebige Lösung des inhomogenen Systems* $\mathbf{Ax} = \mathbf{b}$.

Beweis:
Es existiere eine Lösung $\mathbf{b} = \mathbf{Ax}_*$. Multiplikation mit $\mathbf{AA}^{-}$ liefert $\mathbf{AA}^{-}\mathbf{b} = \mathbf{AA}^{-}\mathbf{Ax}_* = \mathbf{Ax}_* = \mathbf{b}$. Also ist $\mathbf{A}^{-}\mathbf{b}$ eine Lösung. Ist $\mathbf{x}_*$ Lösung des inhomogenen Systems, so ist $\mathbf{x} - \mathbf{x}_*$ Lösung des homogenen Systems. Dann folgt (1.29) aus (1.28).
□

1.2.4 Normalgleichungen

Die wichtigsten Gleichungssysteme, mit denen wir es zu tun haben, sind die Normalgleichungen zur expliziten Bestimmung von Projektionen in endlichdimensionale, normierte Vektorräume. Diese Vektorräume sind nicht notwendig Teilräume des $\mathbb{R}^n$. Damit wir eine möglichst allgemeingültige Formulierung erhalten, nützt es, wenn wir Linearkombinationen von Vektoren symbolisch als Matrizenprodukte schreiben können.
Damit stoßen wir auf folgende Schwierigkeit, wenn wir uns noch nicht festlegen wollen, ob wir mit zufällige Variablen X_j oder deren Realisationen x_{ij} arbeiten, für beide Fälle aber möglichst analoge, im Idealfall identische Formeln verwenden wollen. Fassen wir nämlich alle X_j zu einem m-dimensionalen Vektor $\mathbb{X}$

und die Realisationen x_{ij} von X_j zu einem n-dimensionalen Vektor $\mathbf{x}_j$ und die $\mathbf{x}_j$ wiederum zu einer $n \times m$ Matrix $\mathbf{X}$ zusammen, so erhalten wir:

$$\mathbb{X} = \begin{pmatrix} X_1 \\ \vdots \\ X_m \end{pmatrix}; \qquad \mathbf{x}_j = \begin{pmatrix} x_{1j} \\ \vdots \\ x_{nj} \end{pmatrix}; \qquad \mathbf{X} = (\mathbf{x}_1; \mathbf{x}_2; \cdots \mathbf{x}_m).$$

Einer Linearkombination der Variablen X_j :

$$\mathbb{X}'\boldsymbol{\beta} = \sum_{j=}^{m} X_j \beta_j,$$

entspricht die Linearkombination ihrer Realisationen $\mathbf{x}_j$:

$$\mathbf{X}\boldsymbol{\beta} = \sum_{j=}^{m} \mathbf{x}_j \beta_j.$$

Im Vergleich der beiden Formeln stört, daß einmal das Symbol $\mathbb{X}'$ transponiert erscheint, das Symbol $\mathbf{X}$ dagegen nicht. Die Verwirrung wird noch größer, wenn wir später auch für $\mathbb{X}$ nur noch $\mathbf{X}$ schreiben werden und dann zwischen $\mathbf{X}'\boldsymbol{\beta}$ und $\mathbf{X}\boldsymbol{\beta}$ unterscheiden müßten. Zur Bestimmung des Vektors $\boldsymbol{\beta}$ erhielten wir verschiedene Formeln, je nachdem, ob wir es mit zufälligen Variablen oder deren Realisationen zu tun haben, obwohl beiden Fällen dieselbe Struktur besitzen. Erschwerend ist zusätzlich, daß auch die Skalarprodukte in beiden Fällen verschieden sind.
Um diese rein formalen Unbequemlichkeiten zu vermeiden, wollen wir hier eine Schreibweise für Linearkombinationen einführen, bei der es keine Rolle spielt, ob die Vektoren als Zeilen- oder Spaltenvektor geschrieben sind.

Verallgemeinerte Vektoren

Werden die Vektoren $\mathbf{x}_1, \ldots, \mathbf{x}_n$ in einer festen Reihenfolge aufgeführt, dann bezeichnen wir die geordnete Menge dieser Vektoren als *verallgemeinerten* Vektor:

$$\mathbf{X} := \{\mathbf{x}_1; \ldots; \mathbf{x}_n\}.$$

Dabei signalisieren die geschweiften Klammern, daß es sich nicht notwendig um eine Matrix handelt, die trennenden Semikolons, daß die Reihenfolge nicht beliebig ist:

$\{\mathbf{x}_1, \ldots, \mathbf{x}_n\}$	$\Leftrightarrow$	Reihenfolge beliebig, Menge,
$(\mathbf{x}_1; \ldots; \mathbf{x}_n)$	$\Leftrightarrow$	Reihenfolge fest, z. B. Matrix,
$\{\mathbf{x}_1; \ldots; \mathbf{x}_n\}$	$\Leftrightarrow$	Reihenfolge fest, verallgemeinerter Vektor.

Ist $\mathbf{X} := \{\mathbf{x}_1; \ldots; \mathbf{x}_n\}$ ein verallgemeinerter Vektor, $\mathbf{P_M}$ eine Projektion, $\mathbf{a} := (a_1; \ldots; a_n)' \in \mathbb{R}^n$ ein Spaltenvektor sowie $\mathbf{A} := (\mathbf{a}_1; \mathbf{a}_2; \cdots; \mathbf{a}_m)$ eine $n \times m$

Matrix, dann definieren wir:

$$\begin{aligned}\mathbf{P_M X} &:= \{\mathbf{P_M x}_1; \ldots; \mathbf{P_M x}_n\} \\ \mathbf{X} * \mathbf{a} &:= \sum_{i=1}^{n} \mathbf{x}_i a_i \\ \mathbf{X} * \mathbf{A} &:= \{\mathbf{X a}_1; \ldots; \mathbf{X a}_m\}.\end{aligned}$$

Sind die $\mathbf{x}_i \in \mathbb{R}^p$, so ist $\mathbf{X} * \mathbf{A} = \mathbf{XA}$ ein gewöhnliches Matrizenprodukt. Für zwei verallgemeinerte Vektoren $\mathbf{X} := \{\mathbf{x}_1; \ldots; \mathbf{x}_n\}$ und $\mathbf{Y} := \{\mathbf{y}_1; \ldots; \mathbf{y}_m\}$ definieren wir die $n \times m$ Matrix $\langle \mathbf{X}; \mathbf{Y} \rangle$ der Skalarprodukte durch:

$$\langle \mathbf{X}; \mathbf{Y} \rangle_{[i,j]} = \langle \mathbf{x}_i, \mathbf{y}_j \rangle.$$

Ist $m = 1$, so ist $\langle \mathbf{X}; \mathbf{y} \rangle \in \mathbb{R}^n$ ein Spaltenvektor. Ist $n = 1$, so ist $\langle \mathbf{x}; \mathbf{Y} \rangle$ ein m-dimensionaler Zeilenvektor. Sind weiter $\mathbf{b} := (b_1; \ldots; b_m)' \in \mathbb{R}^m$ ein Spaltenvektor und $\mathbf{B}$ eine $m \times q$ Matrix, dann gilt:

Satz 63 *Die Matrix $\langle \mathbf{X}; \mathbf{Y} \rangle$ der Skalarprodukte besitzt folgende Eigenschaften:*

$$\begin{aligned}\langle \mathbf{X} * \mathbf{a}, \mathbf{Y} * \mathbf{b} \rangle &= \mathbf{a}' \langle \mathbf{X}; \mathbf{Y} \rangle \mathbf{b}, &(1.30)\\ \langle \mathbf{X} * \mathbf{A}; \mathbf{Y} * \mathbf{B} \rangle &= \mathbf{A}' \langle \mathbf{X}; \mathbf{Y} \rangle \mathbf{B}, &(1.31)\\ \|\mathbf{X} * \mathbf{a}\|^2 &= \mathbf{a}' \langle \mathbf{X}; \mathbf{X} \rangle \mathbf{a}, &(1.32)\\ \langle \mathbf{P_M X}; \mathbf{Y} \rangle &= \langle \mathbf{X}; \mathbf{P_M Y} \rangle. &(1.33)\end{aligned}$$

Beweis:
(1.30) folgt wegen

$$\langle \mathbf{X} * \mathbf{a}, \mathbf{Y} * \mathbf{b} \rangle = \left\langle \sum_{i=1}^{n} \mathbf{x}_i a_i, \sum_{j=1}^{n} \mathbf{y}_j b_j \right\rangle = \sum_{i=1}^{n} \sum_{i=1}^{n} a_i b_j \langle \mathbf{x}_i, \mathbf{y}_j \rangle = \mathbf{a}' \langle \mathbf{X}; \mathbf{Y} \rangle \mathbf{b}.$$

(1.31) folgt aus $\langle \mathbf{X} * \mathbf{A}; \mathbf{Y} * \mathbf{B} \rangle_{[i,j]} = \left\langle \mathbf{X} * \mathbf{A}_{[i,]}; \mathbf{Y} * \mathbf{B}_{[,j]} \right\rangle = \left(\mathbf{A}_{[i,]}\right)' \langle \mathbf{X}; \mathbf{Y} \rangle \mathbf{B}_{[,j]}$.
Schließlich folgt (1.33), da es für jedes Element der Matrix gilt.
□

Wegen (1.32) ist $\mathbf{a}' \langle \mathbf{X}; \mathbf{X} \rangle \mathbf{a} = \|\mathbf{X} * \mathbf{a}\|^2 \geq 0$ und genau dann Null, wenn $\mathbf{X} * \mathbf{a} = \sum_{i=1}^{n} \mathbf{x}_i a_i = \mathbf{0}$ ist. Daher ist die Matrix $\langle \mathbf{X}; \mathbf{X} \rangle$ genau dann positiv-definit, wenn die $\mathbf{x}_i$ linear unabhängig sind. Diese Aussage läßt sich noch verschärfen. Aus dem Isomorphiesatz 120 im Anhang folgt:

Satz 64 *Die Matrix $\langle \mathbf{X}; \mathbf{X} \rangle$ ist positiv-semidefinit. Dabei ist*

$$\mathrm{Rg}\langle \mathbf{X}; \mathbf{X} \rangle = \dim \mathcal{L}\{\mathbf{x}_1, \ldots, \mathbf{x}_m\}. \tag{1.34}$$

Damit können wir nun den zentralen Satz aufstellen:

Satz 65 (Normalgleichungssatz)
Ist $\mathbf{X} = \{\mathbf{x}_1; \ldots; \mathbf{x}_m\}$ *und* $\mathcal{L}\{\mathbf{X}\} = \mathcal{L}\{\mathbf{x}_1, \ldots, \mathbf{x}_m\}$ *ein* m*-dimensionaler Unterraum eines linearen normierten Vektorraums* $\mathbf{V}$ *und* $\mathbf{y}$ *beliebig aus* $\mathbf{V}$*, so ist die Projektion* $\mathbf{P_X\,y}$ *eindeutig bestimmt durch:*

$$\mathbf{P_X\,y} = \mathbf{X} * \boldsymbol{\beta} = \mathbf{X} * \langle \mathbf{X}; \mathbf{X}\rangle^- \langle \mathbf{X}; \mathbf{y}\rangle. \tag{1.35}$$

Dabei ist

$$\boldsymbol{\beta} = \langle \mathbf{X}; \mathbf{X}\rangle^- \langle \mathbf{X}; \mathbf{y}\rangle + \left(\mathbf{I} - \langle \mathbf{X}; \mathbf{X}\rangle^- \langle \mathbf{X}; \mathbf{X}\rangle\right)\mathbf{h}. \tag{1.36}$$

$\mathbf{I}$ *ist die* $m \times m$ *Einheitsmatrix und* $\mathbf{h} \in \mathbb{R}^m$ *beliebig.* $\mathbf{X} * \boldsymbol{\beta}$ *ist stets eindeutig,* $\boldsymbol{\beta}$ *ist genau dann eindeutig, wenn die* $\mathbf{x}_i$ *linear unabhängig sind, also wenn* $\mathrm{Rg}\langle \mathbf{X}; \mathbf{X}\rangle = m$*. Dabei ergibt sich* $\boldsymbol{\beta}$ *als Lösung des Systems der Normalgleichungen:*

$$\langle \mathbf{X}; \mathbf{X}\rangle \boldsymbol{\beta} = \langle \mathbf{X}; \mathbf{y}\rangle. \tag{1.37}$$

Weiter ist:

$$\|\mathbf{X} * \boldsymbol{\beta}\|^2 = \langle \mathbf{y}; \mathbf{X}\rangle \langle \mathbf{X}; \mathbf{X}\rangle^- \langle \mathbf{X}; \mathbf{y}\rangle. \tag{1.38}$$

Beweis:
$\mathbf{P_X y}$ hat die Gestalt $\mathbf{X} * \boldsymbol{\beta}$ mit geeignetem $\boldsymbol{\beta}$. Dann ist:

$$\mathbf{y} = \mathbf{P_X y} + \mathbf{y_{\bullet X}} = \mathbf{X} * \boldsymbol{\beta} + \mathbf{y_{\bullet X}}.$$

Dabei ist $\mathbf{y_{\bullet X}} \perp \mathcal{L}\{\mathbf{x}_1, \ldots, \mathbf{x}_m\}$. Daraus folgt durch Bildung der Skalarprodukte mit $\mathbf{X}$ wegen $\langle \mathbf{X}; \mathbf{y_{\bullet X}}\rangle = \mathbf{0}$:

$$\langle \mathbf{X}; \mathbf{y}\rangle = \langle \mathbf{X}; \mathbf{X} * \boldsymbol{\beta}\rangle + \langle \mathbf{X}; \mathbf{y_{\bullet X}}\rangle = \langle \mathbf{X}; \mathbf{X}\rangle \boldsymbol{\beta}.$$

Dies ist aber bereits das System (1.37) der Normalgleichungen. Ihre Lösung ergibt (1.36).
$\mathbf{X} * \boldsymbol{\beta}$ ist eindeutig, wenn wir gezeigt haben, daß

$$\mathbf{X} * \left[\mathbf{I} - \langle \mathbf{X}; \mathbf{X}\rangle^- \langle \mathbf{X}; \mathbf{X}\rangle\right] =: \mathbf{X} * \mathbf{A} = \mathbf{0} \tag{1.39}$$

ist. Zum Beweis (1.39) betrachten wir das Skalarprodukt:

$$\langle \mathbf{X} * \mathbf{A}; \mathbf{X} * \mathbf{A}\rangle = \mathbf{A}' \langle \mathbf{X}; \mathbf{X}\rangle \mathbf{A} = \mathbf{A}' \langle \mathbf{X}; \mathbf{X}\rangle \left[\mathbf{I} - \langle \mathbf{X}; \mathbf{X}\rangle^- \langle \mathbf{X}; \mathbf{X}\rangle\right] = \mathbf{0}.$$

Daher ist $\mathbf{X} * \mathbf{A} = \mathbf{0}$. Also ist

$$\mathbf{X} * \boldsymbol{\beta} = \mathbf{X} * \langle \mathbf{X}; \mathbf{X}\rangle^- \langle \mathbf{X}; \mathbf{y}\rangle + \mathbf{X} * \mathbf{A}\mathbf{h} = \mathbf{X} * \langle \mathbf{X}; \mathbf{X}\rangle^- \langle \mathbf{X}; \mathbf{y}\rangle$$

eindeutig. Ist umgekehrt $\boldsymbol{\beta}^0$ eine beliebige Lösung der Normalgleichung, so folgt:

$$\begin{aligned}\langle \mathbf{X}; \mathbf{P_X y} - \mathbf{X} * \boldsymbol{\beta}^0\rangle &= \langle \mathbf{X}; \mathbf{P_X y}\rangle - \langle \mathbf{X}; \mathbf{X} * \boldsymbol{\beta}^0\rangle \\ &= \langle \mathbf{P_X X}; \mathbf{y}\rangle - \langle \mathbf{X}; \mathbf{X}\rangle \boldsymbol{\beta}^0 = \langle \mathbf{X}; \mathbf{y}\rangle - \langle \mathbf{X}; \mathbf{X}\rangle \boldsymbol{\beta}^0 = 0.\end{aligned}$$

Also ist $\mathbf{P_X y} - \mathbf{X} * \boldsymbol{\beta}^0$ orthogonal zu $\mathcal{L}\{\mathbf{X}\}$. Da $\mathbf{P_X y} - \mathbf{X} * \boldsymbol{\beta}^0$ aber selbst in $\mathcal{L}\{\mathbf{X}\}$ liegt, ist $\mathbf{P_X y} - \mathbf{X} * \boldsymbol{\beta}^0 = \mathbf{0}$ und also $\mathbf{P_X y} = \mathbf{X} * \boldsymbol{\beta}^0$. Schließlich ist wegen der Normalgleichungen

$$\|\mathbf{X} * \boldsymbol{\beta}\|^2 = \boldsymbol{\beta}'\langle\mathbf{X};\mathbf{X}\rangle\boldsymbol{\beta} = \boldsymbol{\beta}'\langle\mathbf{X};\mathbf{X}\rangle\langle\mathbf{X};\mathbf{X}\rangle^-\langle\mathbf{X};\mathbf{X}\rangle\boldsymbol{\beta} = \langle\mathbf{y};\mathbf{X}\rangle\langle\mathbf{X};\mathbf{X}\rangle^-\langle\mathbf{X};\mathbf{y}\rangle.$$

□

Bemerkung: Wir haben in diesem Beweis die Existenz von $\mathbf{P_X}$ vorausgesetzt und dann nur noch seine Gestalt bestimmt. Wir können aber darauf verzichten und hier getrennt den Existenzbeweis führen. Definieren wir nämlich $\boldsymbol{\beta}$ als Lösung der Normalgleichung (1.37) durch (1.36), so ist $\mathbf{X} * \boldsymbol{\beta}$ wegen (1.39) eindeutig bestimmt. In der Zerlegung

$$\mathbf{y} = \mathbf{X} * \boldsymbol{\beta} + (\mathbf{y} - \mathbf{X} * \boldsymbol{\beta})$$

liegt der erste Summand in $\mathcal{L}\{\mathbf{X}\}$, der zweite steht wegen der Normalgleichung orthogonal zu $\mathcal{L}\{\mathbf{X}\}$, denn $\langle\mathbf{X};\mathbf{y} - \mathbf{X} * \boldsymbol{\beta}\rangle = \langle\mathbf{X};\mathbf{y}\rangle - \langle\mathbf{X};\mathbf{X}\rangle\boldsymbol{\beta} = 0$. Also ist $\mathbf{X} * \boldsymbol{\beta} = \mathbf{P_X y}$.

Den Normalgleichungssatz können wir nun benutzen, um als Spezialfall die Projektion in den Spaltenraum einer Matrix $\mathbf{X}$ zu bestimmen. Diese hängt ab von der Darstellung von $\mathcal{L}\{\mathbf{X}\}$. Je günstiger ein Erzeugenden-System oder eine Basis gewählt wurden, um so einfacher ist die Gestalt von $\mathbf{P_X}$. Dabei erhalten wir $\mathbf{P_X y}$ durch Multiplikation von $\mathbf{y}$ mit der Projektionsmatrix $\mathbf{P_X}$.

Satz 66 *Ist $\mathbf{X}$ die Matrix $(\mathbf{x}_1, \ldots, \mathbf{x}_k)$, so läßt sich die Projektionsmatrix $\mathbf{P_X}$ je nach Eigenschaften der $\mathbf{x}_i$ folgendermaßen darstellen:*

$$\mathbf{P_X} = \begin{cases} \mathbf{XX}' = \sum_{j=1}^k \mathbf{x}_j\mathbf{x}_j' & \textit{falls } \mathbf{x}_1, \ldots, \mathbf{x}_k \textit{ orthonormal sind} \\ \mathbf{X}(\mathbf{X}'\mathbf{X})^{-1}\mathbf{X}' & \textit{falls } \mathbf{x}_1, \ldots, \mathbf{x}_k \textit{ linear unabhängig sind,} \\ \mathbf{XX}^+ & \textit{immer,} \\ \mathbf{X}(\mathbf{X}'\mathbf{X})^-\mathbf{X}' & \textit{immer.} \end{cases}$$

Für die Projektion in den Zeilenraum von $\mathbf{X}$ gilt analog:

$$\mathbf{P_{X'}} = \mathbf{X}^+\mathbf{X}. \tag{1.40}$$

Beweis.
Setzen wir $\mathbf{X} = \{\mathbf{x}_1; \ldots; \mathbf{x}_n\}$ und verwenden das euklidische Skalarprodukt $\langle\mathbf{x};\mathbf{y}\rangle = \mathbf{x}'\mathbf{y}$, dann ist $\langle\mathbf{X};\mathbf{X}\rangle = \mathbf{X}'\mathbf{X}$ sowie $\langle\mathbf{X};\mathbf{y}\rangle = \mathbf{X}'\mathbf{y}$. Dann folgt aus (1.35)

$$\mathbf{P_X y} = \mathbf{X} * \langle\mathbf{X};\mathbf{X}\rangle^-\langle\mathbf{X};\mathbf{y}\rangle = \mathbf{X}(\mathbf{X}'\mathbf{X})^-\mathbf{X}'\mathbf{y}.$$

Die restlichen Behauptungen folgen aus Spezialisierungen von $\mathbf{X}(\mathbf{X}'\mathbf{X})^-\mathbf{X}'$.

Bemerkungen:

1. Die erste Gleichung in der Darstellung von $\mathbf{P_X}$ ist die numerisch günstigste Darstellung. Sie setzt aber voraus, daß ein Orthonormalsystem bekannt ist. Die zweite Gleichung ist die gängigste Gestalt. Sie setzt voraus, daß für $\mathcal{L}\{\mathbf{X}\}$ eine Basis bekannt ist. Die dritte Gleichung ist eine universelle und mathematisch elegante Lösung. Wir werden zur Ableitung theoretischer Aussagen stets mit ihr arbeiten. Die vierte Gleichung setzt gar nichts voraus. Hier muß keine Moore-Penrose-Inverse bestimmt werden, sondern nur eine geeignete verallgemeinerte Inverse der symmetrischen Matrix $\mathbf{X}'\mathbf{X}$ gefunden werden. Diese Form wird z.B. im Softwaresystem *SAS* verwendet.

2. Ersetzt man in (1.28) $\mathbf{A}^-$ durch $\mathbf{A}^+$, so gilt wegen (1.40) für die Lösungen homogener Gleichungen

$$\mathbf{Ax} = \mathbf{0} \Longleftrightarrow \mathbf{x} = (\mathbf{I} - \mathbf{P}_{\mathbf{A}'})\mathbf{h}.$$

1.3 Beschreibung von Punktwolken

Es sei X ein eindimensionales Merkmal, das an n Individuen gemessen wird. Beachten wir die Reihenfolge der Messungen, so können wir die n Meßwerte als einen Vektor $\mathbf{x} = (x_1; \ldots; x_n)'$ im $\mathbb{R}^n$ auffassen. Ignorieren wir die Anordnung, finden wir eine Menge $\{x_1, \ldots, x_n\}$ von n Punkten im $\mathbb{R}^1$. Das Bild — oder der Plot — dieser n Punkte ist ein Punkthaufen auf der x-Achse, eine eindimensionale Punktwolke.

Je nachdem, wie wir die Daten betrachten, erhalten wir entweder einen Vektor im $\mathbb{R}^n$ oder eine Punktwolke im $\mathbb{R}^1$.

Erheben wir ein zweidimensionales Merkmal $\mathbf{Z} = (X; Y)$ an n Individuen, so erhalten wir entweder zwei Vektoren $\mathbf{x}$ und $\mathbf{y}$ im $\mathbb{R}^n$, oder n Punkte $\mathbf{z}_i := (x_i; y_i)'$ im $\mathbb{R}^2$, die eine Punktwolke in der Ebene bilden.

Eine ähnliche Dualität tritt bei einem m-dimensionalen Merkmal $\mathbf{Z}$ auf. Wir können die Meßwerte von n Individuen entweder geordnet als Datenmatrix präsentieren oder unter Ignorierung der Anordnung der Individuen als n Punkte im $\mathbb{R}^m$ auffassen.

Wir wollen in diesem Abschnitt Lage und Gestalt von solchen Punktwolken beschreiben und dazu geeignete Kenngrößen entwickeln, die wir dann vor allem an Punktwolken im $\mathbb{R}^1$ und $\mathbb{R}^2$ erläutern.

In Abschnitt 1.4.7 im Anhang vertiefen wir diesen Ansatz und untersuchen, wie sich Punktwolken im $\mathbb{R}^m$ näherungsweise in der Ebene oder im $\mathbb{R}^3$ darstellen lassen, ohne viel von ihrer Struktur zu verlieren. Ziel all dieser Ansätze ist die kompakte Darstellung von Daten und ihre Konzentration auf das Wesentliche.

1.3.1 Punktwolken im $\mathbb{R}^m$ und das Konzentrationsellipsoid

$\mathbf{z}_1, \ldots, \mathbf{z}_n$ seien n fest vorgegebene Punkte des $\mathbb{R}^m$. Betrachten wir die Gesamtheit dieser n Punkte, so sprechen wir anschaulich von einer **Punktwolke** im $\mathbb{R}^m$.

Definition 67 *Der* ***Schwerpunkt*** $\overline{\mathbf{z}}$ *einer Punktwolke* $\{\mathbf{z}_1, \ldots, \mathbf{z}_n\}$ *ist definiert durch*

$$\overline{\mathbf{z}} = \frac{1}{n} \sum_{i=1}^{n} \mathbf{z}_i.$$

Für $\overline{\mathbf{z}}$ gilt:

$$\sum_{i=1}^{n} (\mathbf{z}_i - \overline{\mathbf{z}}) = \mathbf{0}.$$

Verschiebt man den Ursprung des Koordinatensystems in den Schwerpunkt der $\overline{\mathbf{z}}$ der Punktwolke, erhält man die Punktwolke der **zentrierten Punkte** $\mathbf{z}_i - \overline{\mathbf{z}}$. Nun können wir die Dimension einer Punktwolke definieren.

Definition 68 *Die Dimension der Punktwolke* $\{\mathbf{z}_1, \ldots, \mathbf{z}_n\}$ *ist die Dimension des von den zentrierten Punkten erzeugten Unterraums und damit gleich dem Rang der Matrix*

$$\mathbf{Z} = (\mathbf{z}_1 - \overline{\mathbf{z}}; \mathbf{z}_2 - \overline{\mathbf{z}}; \cdots; \mathbf{z}_n - \overline{\mathbf{z}}), \tag{1.41}$$

deren Spalten aus den zentrierten Vektoren gebildet werden.

$$\dim\{\mathbf{z}_1, \ldots, \mathbf{z}_n\} := \dim \mathcal{L}\{\mathbf{z}_1 - \overline{\mathbf{z}}, \mathbf{z}_2 - \overline{\mathbf{z}}, \cdots, \mathbf{z}_n - \overline{\mathbf{z}}\} = \operatorname{Rg} \mathbf{Z}.$$

Zum Beispiel liegen die Punkte in der Abildung 1.27 zwar im $\mathbb{R}^2$, die Dimension des von ihnen erzeugten Raums ist aber nur 1, denn die Punkte liegen alle auf einer Geraden.

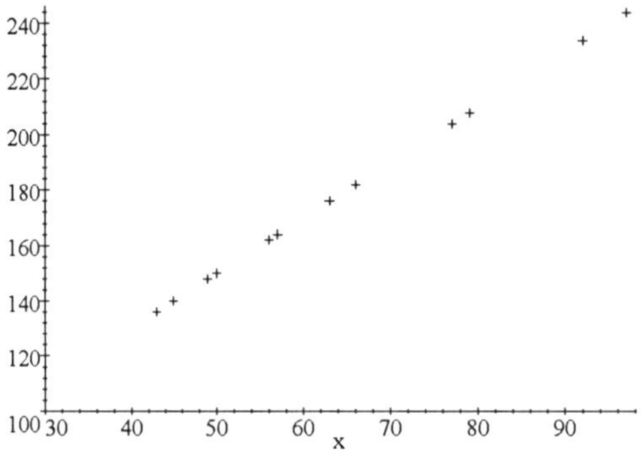

Abbildung 1.27: Beispiel einer eindimensionalen Punktwolke

Die Gesamt-***Streuung*** der Punktwolke ist definiert durch

$$\frac{1}{n}\sum_{i=1}^{n} \|\mathbf{z}_i - \overline{\mathbf{z}}\|^2.$$

Satz 69 (Satz von Huygens) *Für jeden Vektor* $\mathbf{a}$ *gilt:*

$$\sum_{i=1}^{n} \|\mathbf{z}_i - \mathbf{a}\|^2 = \sum_{i=1}^{n} \|\mathbf{z}_i - \overline{\mathbf{z}}\|^2 + n \cdot \|\overline{\mathbf{z}} - \mathbf{a}\|^2.$$

Beweis:
Zum Beweis schreibt man $\mathbf{z}_i - \mathbf{a} = \mathbf{z}_i - \overline{\mathbf{z}} + \overline{\mathbf{z}} - \mathbf{a}$, schreibt $\|\mathbf{z}_i - \mathbf{a}\|^2 = \langle \mathbf{z}_i - \mathbf{a}, \mathbf{z}_i - \mathbf{a}\rangle$, multipliziert das Skalarprodukt aus und benutzt $\sum(\mathbf{z}_i - \overline{\mathbf{z}}) = \mathbf{0}$.
□

Die Huygenssche Formel sagt aus, daß die Summe der quadrierten Abweichungen von n Punkten von einem Bezugspunkt genau dann minimal wird, wenn der Bezugspunkt der Schwerpunkt dieser n Punkte ist.

Durch die beiden Zahlen, Schwerpunkt und Streuung kann die räumliche Gestalt der Punktwolke im $\mathbb{R}^m$ kaum erfaßt werden.
Wichtige Eigenschaften der Punktwolke lassen sich an der Kovarianzmatrix **C** erkennen, die wir nun einführen wollen. Außerdem spielt **C** eine zentrale Rolle bei der Analyse mehrdimensionaler zufälliger Variablen.
Wir werden uns daher im nächsten Kapitel ausgiebiger mit der Kovarianzmatrix **C** beschäftigen. Jetzt werden wir nur einige elementare Eigenschaften anführen und versuchen, einen geometrisch anschaulichen Begriff von **C** zu bekommen.

Definition 70 *Ist* **Z** *wie in* (1.41) *definiert, dann heißt die Matrix*

$$\mathbf{C} := \frac{1}{n}\sum_{i=1}^{n}(\mathbf{z}_i - \overline{\mathbf{z}})(\mathbf{z}_i - \overline{\mathbf{z}})' = \frac{1}{n}\mathbf{Z}\mathbf{Z}'$$

die ***empirische Kovarianzmatrix*** *der Punkte* $\mathbf{z}_1, \ldots, \mathbf{z}_n$. *Existiert ihre Inverse* $\mathbf{C}^{-1}$, *so heißt* $\mathbf{C}^{-1}$ *ihre* ***empirische Konzentrationsmatrix*** .

Zeichnet man willkürlich mehr als zwei Punkte in der Ebene ein, so werden sie in der Regel nicht alle auf einer Geraden liegen. Genauso werden in der Regel mehr als m zufällig gewählte Punkte im $\mathbb{R}^m$ nicht auf einer $(m-1)$-dimensionalen Hyperebene liegen. Ob sie das dennoch tun, kann man an der Kovarianzmatrix erkennen.

Satz 71 *Die Kovarianzmatrix* **C** *ist eine symmetrische, nicht negativ-definite Matrix. Ihr Rang ist die Dimension der Punktwolke der* $\mathbf{z}_i$. *Die zentrierten Vektoren* $\mathbf{z}_i - \overline{\mathbf{z}}$, $i = 1, \cdots, m$, *sind also genau dann linear unabhängig, wenn* Rg $\mathbf{C} = m$ *ist. Genau dann ist* **C** *positiv-definit und daher invertierbar.*

Beweis:
Die Behauptung folgt aus :

$$\begin{aligned} \mathbf{a}'\mathbf{C}\mathbf{a} &= \frac{1}{n}\mathbf{a}'\mathbf{Z}\mathbf{Z}'\mathbf{a} = \frac{1}{n}\left\|\mathbf{Z}'\mathbf{a}\right\|^2 \geq 0 \\ \operatorname{Rg}\mathbf{C} &= \operatorname{Rg}\mathbf{Z}\mathbf{Z}' = \operatorname{Rg}\mathbf{Z}. \end{aligned}$$

□

Jede m-dimensionale Punktwolke läßt sich approximativ durch ein Ellipsoid oder in weiterem Sinne eine Schar von Ellipsoiden umschreiben.[15] Besonders einfach zu konstruierende Ellipsoide, die zu dem einen fest vorgegebenen Anteil der Punkte der Punktwolke enthalten, lassen sich mit Hilfe der Kovarianzmatrix konstruieren.

Definition 72 *Die* E_r *zur Punktwolke* $\{\mathbf{z}_1, \ldots, \mathbf{z}_n\}$ *zum Radius* r, *ist definiert als*

$$E_r := \{\mathbf{z} \in \mathbb{R}^m \mid (\mathbf{z} - \overline{\mathbf{z}})'\mathbf{C}^{-1}(\mathbf{z} - \overline{\mathbf{z}}) \leq r^2\}. \tag{1.42}$$

Dabei ist **C** *die Kovarianzmatrix der Punktwolke.*

[15] Wir werden vereinfachend auch von (m-dimensionalen) Ellipsen sprechen.

Mit variierendem r^2 erhält man in (1.42) die **Schar der Konzentrationsellipsen** zur Punktwolke der $\mathbf{z}_i$.
Diese Ellipsen haben denselben Mittelpunkt $\overline{\mathbf{z}}$ und gleiche Richtungen der Hauptachsen; die Proportionenen der Achsenlängen untereinander sind konstant. Die Längen der Hauptachsen sind proportional zu r.
Für Konzentrationsellipsen gilt eine Verallgemeinerung der Ungleichung von Tschebyschev, mit der wir uns im nächsten Kapitel noch einmal befassen werden.

Satz 73 *Ist E_r die Konzentrationsellipse zur Punktwolke der $\mathbf{z}_i$ zum Radius r, so ist der Anteil der $\mathbf{z}_i$ außerhalb von E_r höchstens $\frac{m}{r^2}$. Der Anteil der Punkte innerhalb der Ellipse E_r ist mindestens $1 - \frac{m}{r^2}$.*

Beweis:
Sei $u_i := (\mathbf{z}_i - \overline{\mathbf{z}})'\mathbf{C}^{-1}(\mathbf{z}_i - \overline{\mathbf{z}})$. Dann ist:

$$\begin{aligned}
\overline{u} &= \frac{1}{n}\sum_{i=1}^{n}(\mathbf{z}_i - \overline{\mathbf{z}})'\mathbf{C}^{-1}(\mathbf{z}_i - \overline{\mathbf{z}}) \\
&= \frac{1}{n}\sum_{i=1}^{n}\operatorname{Spur}\left[(\mathbf{z}_i - \overline{\mathbf{z}})'\mathbf{C}^{-1}(\mathbf{z}_i - \overline{\mathbf{z}})\right] \\
&= \operatorname{Spur}\left[\mathbf{C}^{-1}\frac{1}{n}\sum_{i=1}^{n}(\mathbf{z}_i - \overline{\mathbf{z}})(\mathbf{z}_i - \overline{\mathbf{z}})'\right] \\
&= \operatorname{Spur}\mathbf{C}^{-1}\mathbf{C} = \operatorname{Spur}\mathbf{I}_m = m.
\end{aligned}$$

Dabei haben wir $\operatorname{Spur}\mathbf{AB} = \operatorname{Spur}\mathbf{BA}$ und $\operatorname{Spur}\sum = \sum\operatorname{Spur}$ ausgenutzt. Definieren wir ein v_i durch:

$$v_i := \begin{cases} 0 & \text{falls } u_i \leq r^2 \\ r^2 & \text{falls } u_i > r^2 \end{cases}. \text{ Dann gilt: } \quad v_i = \begin{cases} 0 & \text{falls } \mathbf{z}_i \in E_r \\ r^2 & \text{falls } \mathbf{z}_i \notin E_r \end{cases}.$$

Dann ist:

$$\overline{v} = \frac{1}{n}r^2(\text{Anzahl der } \mathbf{z}_i \notin E_r).$$

Nach Konstruktion ist $v_i \leq u_i$ und daher $\overline{v} \leq \overline{u}$.
□

Arbeit mit Konzentrationsellipsen: Gibt man sich ein α mit $0 < \alpha < 1$ vor und wählt $\frac{r^2}{m} = \alpha$, so liegt der Anteil $1 - \alpha$ aller Punkte der Punktwolke innerhalb von E_r.
Kennt man $\mathbf{C}$, so kennt man die Konzentrationsellipsen, die man als erste Approximation der Punktwolke ansehen kann. Eigenschaften der Konzentrationsellipse lassen nun auf Eigenschaften der Punktwolke schließen.
Bei zweidimensionalen Punktwolken kann und sollte man auch den umgekehrten Weg gehen. Man plottet die Punktwolke und umschreibt sie mit einer nach

Augenmaß *freihändig* gezeichneten Ellipse, die die Hauptmasse der Punktwolke umfängt. Diese läßt sich meist als gute Näherung einer Konzentrationsellipse ansehen.
Aus der Geometrie dieser *freihändigen Konzentrationsellipse* kann man dann auf die Gestalt von $\mathbf{C}$ und der aus $\mathbf{C}$ abgeleiteten Parameter schließen. Die Interpretation dieser Parameter im Angesicht der gezeichneten Punktwolke und Ellipse bewahrt oft vor gravierenden Fehlschlüssen.

1.3.2 Richtung einer Punktwolke im $\mathbb{R}^2$

Fall $m = 1$: Nun erhalten wir eine Punktwolke auf der reellen Achse. Es sei $\mathbf{z}_i = x_i$. Der Schwerpunkt ist das arithmetische Mittel

$$\overline{x} = \frac{1}{n}\sum_{i=1}^{n} x_i.$$

Die 1×1-Kovarianzmatrix ist eine reelle Zahl, die mit der Gesamtstreuung, der Varianz der x_i, zusammenfällt.

$$\operatorname{var}\mathbf{x} = \frac{1}{n}\sum_{i=1}^{n}(x_i - \overline{x})^2 =: s^2(\mathbf{x}).$$

Die Huygens-Formel ist gerade der Verschiebungssatz der Varianz.

$$\sum_{i=1}^{n}(x_i - a)^2 = \sum_{i=1}^{n}(x_i - \overline{x})^2 + n\left(\overline{x} - a\right)^2.$$

Die Standardabweichung ist die Wurzel aus der Varianz:

$$s(\mathbf{x}) = \sqrt{\operatorname{var}\ \mathbf{x}}.$$

Fall $m = 2$: Nun erhalten wir eine Punktwolke in der Ebene.
Sei $\mathbf{z}_i = (x_i; y_i)'$ und $\{\mathbf{z}_1, \ldots, \mathbf{z}_n\}$ eine Punktwolke im $\mathbb{R}^2$ mit dem Schwerpunkt $\overline{\mathbf{z}} = (\overline{x}; \overline{y})'$. Weiterhin sei $\mathbf{x} = (x_1; \ldots; x_n)'$ und $\mathbf{y} = (y_1; \ldots; y_n)'$.
Aus Definition 70 ergibt sich die empirische Kovarianz-Matrix $\mathbf{C}$ zu

$$\mathbf{C} := \begin{pmatrix} \operatorname{var}\mathbf{x} & \operatorname{cov}(\mathbf{x}, \mathbf{y}) \\ \operatorname{cov}(\mathbf{x}, \mathbf{y}) & \operatorname{var}\mathbf{y} \end{pmatrix}.$$

Dabei ist

$$\operatorname{cov}(\mathbf{x}, \mathbf{y}) := \frac{1}{n}\sum_{j=1}^{n}(x_j - \overline{x})(y_j - \overline{y})$$

die empirische Kovarianz der n Wertpaare $(x_i; y_i)$ bzw. der beiden Vektoren $\mathbf{x}$ und $\mathbf{y}$. Sind die x_i und y_i beobachteten Ausprägungen zweier Merkmale X und Y, spricht man auch von der ***empirischen Kovarianz*** der Merkmale X und Y.

Beispiel 74 *Gegeben seien zwei Merkmale X und Y. Dabei ist X eine Länge (in cm) und Y ein Gewicht (in kg). n = 10 Meßwerte liegen vor (Tabelle 1.6, Abbildung 1.28).*

x	y	xy	$x-\overline{x}$	$y-\overline{y}$	$(x-\overline{x})^2$	$(y-\overline{y})^2$	$(x-\overline{x})(y-\overline{y})$
1,0	6,2	6,2	−5,0	−0,80	25,0	0,640	4,00
2,0	2,6	5,2	−4,0	−4,40	16,0	19,360	17,60
2,0	7,6	15,2	−4,0	0,60	16,0	0,360	−2,40
4,0	9,5	38,0	−2,0	2,50	4,0	6,250	−5,00
5,0	2,5	12,5	−1,0	−4,50	1,0	20,250	4,50
6,0	4,7	28,2	0,0	−2,30	0,0	5,290	0,00
9,0	8,9	80,1	3,0	1,90	9,0	3,610	5,70
9,0	9,7	87,3	3,0	2,70	9,0	7,290	8,10
9,0	11,4	102,6	3,0	4,40	9,0	19,360	13,20
13,0	6,9	89,7	7,0	−0,10	49,0	0,010	−0,70
60,0	70,0	465,0	0	0	138,0	82,420	45,00

Tabelle 1.6: Daten und Rechentabelle

$$
\begin{array}{llll}
n = 10 & \operatorname{cov}(\mathbf{x},\mathbf{y}) = 4,50 & & \\
\overline{x} = 6 & \operatorname{var}\mathbf{x} = 13,80 & & \sqrt{\operatorname{var}\mathbf{x}} = 3,71 \\
\overline{y} = 7 & \operatorname{var}\mathbf{y} = 8,242 & & \sqrt{\operatorname{var}\mathbf{y}} = 2,87
\end{array}
$$

Zeichnen wir in dem Plot der Punktwolke ein Achsenkreuz durch diesen Schwerpunkt (6;7), so zerlegen wir die Punktwolke in vier Quadranten (vgl. Abb. 1.28).

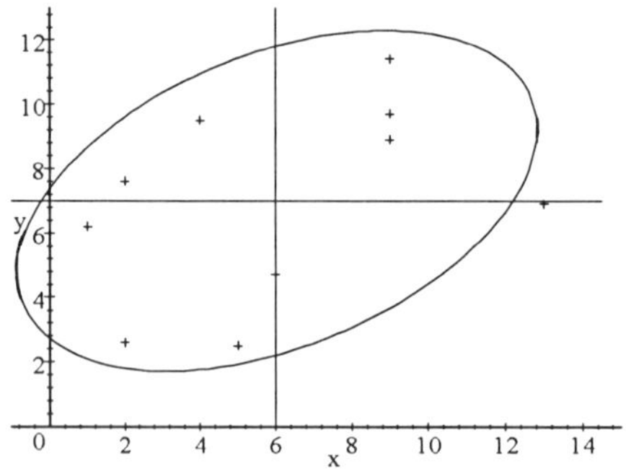

Abbildung 1.28: Plot von Y gegen X mit einer Konzentrationsellipse

In den diagonal aneinanderstoßenden Quadranten stimmt das Vorzeichen der gemischten zentrierten Produkte $(x_i - \overline{x})(y_i - \overline{y})$ überein.

Das Vorzeichen von

$$\sum_{i=1}^{n}(x_i - \overline{x})(y_i - \overline{y}) = n \cdot \operatorname{cov}(\mathbf{x}, \mathbf{y})$$

sagt aus, in welchen beiden Quadranten sich die Punktwolke hauptsächlich befindet, und damit, ob die Konzentrationsellipse steigt oder fällt.
Ist $\operatorname{cov}(\mathbf{x}, \mathbf{y}) = 0$, so heißen die Vektoren $\mathbf{x}$ und $\mathbf{y}$ **unkorreliert**. Anschaulich bedeutet dies, daß die Punktwolke keinen nach oben oder unten gerichteten Trend hat.

Berechnung der Kovarianz: Die folgenden Umformungen können mitunter sehr nützlich sein.
Sie ergeben sich, wenn man die Klammern ausmultipliziert und beim Aufsummieren $\sum(x_i - \overline{x}) = \sum(y_i - \overline{y}) = 0$ beachtet:

$$\begin{aligned} n \operatorname{cov}(\mathbf{x}, \mathbf{y}) &= \sum_{i=1}^{n}(x_i - \overline{x})(y_i - \overline{y}) \\ &= \sum_{i=1}^{n}(x_i - \overline{x})\, y_i \\ &= \sum_{i=1}^{n} x_i (y_i - \overline{y}) \\ &= \sum_{i=1}^{n} x_i y_i - n\overline{x}\overline{y}. \end{aligned}$$

In unserem Beispiel ist $n \cdot \operatorname{cov}(\mathbf{x}, \mathbf{y}) = 45$ und $\sum x_i y_i = 465$, $n\overline{x}\,\overline{y} = 420$ (vgl. Tabelle 1.6). Also ist $n \cdot \operatorname{cov}(\mathbf{x}, \mathbf{y}) = \sum x_i y_i - n\overline{x}\,\overline{y} = 45$.

1.3.3 Straffheit einer Punktwolke im $\mathbb{R}^2$

Angenommen, in Beispiel 74 wäre das Merkmal X in Millimeter und Y in Gramm gemessen worden. Damit wäre jeder x-Wert 10 mal und jeder y-Wert 1000 mal größer als zuvor. Die Kovarianz der neuen Werte wäre nun 45 000 statt 4,5.
Die Kovarianz $\operatorname{cov}(\mathbf{x}, \mathbf{y})$ ist abhängig von den Maßeinheiten, in denen die Merkmale gemessen werden. Daher ist der numerische Wert der Kovarianz für sich allein schwer interpretierbar.
Um zu dimensionslosen, skalen-invarianten Parametern zu kommen, standardisiert man die Merkmale:

$$\begin{aligned} x_i^* &= \frac{x_i - \overline{x}}{\sqrt{\operatorname{var} \mathbf{x}}} \\ y_i^* &= \frac{y_i - \overline{y}}{\sqrt{\operatorname{var} \mathbf{y}}}. \end{aligned}$$

Definition 75 *Der* ***empirische Korrelationskoeffizient*** $r(\mathbf{x}, \mathbf{y})$ *ist die Kovarianz* $\operatorname{cov}(\mathbf{x}^*, \mathbf{y}^*)$ *der standardisierten Vektoren:*

$$r(\mathbf{x}, \mathbf{y}) = \operatorname{cov}(\mathbf{x}^*, \mathbf{y}^*)$$

Rechenformeln:

$$r(\mathbf{x}, \mathbf{y}) = \frac{\operatorname{cov}(\mathbf{x}, \mathbf{y})}{\sqrt{\operatorname{var}\mathbf{x}}\sqrt{\operatorname{var}\mathbf{y}}} \tag{1.43}$$

$$= \frac{\sum_{i=1}^{n}(x_i - \overline{x})(y_i - \overline{y})}{\sqrt{\sum_{i=1}^{n}(x_i - \overline{x})^2 \sum_{i=1}^{n}(y_i - \overline{y})^2}} \tag{1.44}$$

Beispiel 76 *Die Korrelation* $r(\mathbf{x}, \mathbf{y})$ *in Beispiel 74 ist nach Formel* (1.44) *und Tabelle* (1.6) :

$$r(\mathbf{x}, \mathbf{y}) = \frac{45}{\sqrt{138 \cdot 82{,}42}} = 0{,}42.$$

$r(\mathbf{x}, \mathbf{y})$ mißt die *Straffheit* der Konzentrationsellipse E_r. Wir greifen eine Konzentrationsellipse heraus und schachteln diese durch horizontale und vertikale Tangenten durch ein Rechteck ein (Abbildung 1.29).

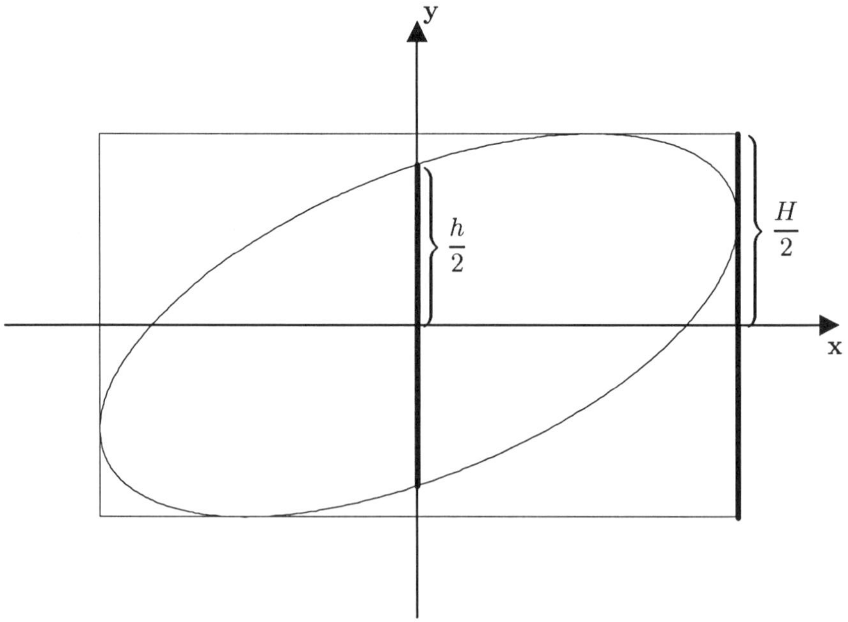

Abbildung 1.29: "Eingeschachtelte" Konzentrationsellipse

Ist H die Höhe des Rechtecks und h der maximale vertikale Innendurchmesser der Ellipse, so ist, wie im Abschnitt 1.4.4 bewiesen wird:

$$r^2(\mathbf{x},\mathbf{y}) = 1 - \frac{h^2}{H^2}. \tag{1.45}$$

In Abbildung 1.29 sind h und H durch dicke schwarze Balken markiert, wir lesen das Verhältnis $h : H \approx 0,9$ ab. Damit ist $r \approx \sqrt{1 - 0,9^2} = 0,43$.
Der entsprechende Wert ist — selbst bei einer freihändig gezeichneten *Konzentrationskartoffel* — ein brauchbarer Schätzwert für $r(\mathbf{x},\mathbf{y})$.
An der Formel (1.45) erkennen wir, daß

$$-1 \leq r(\mathbf{x},\mathbf{y}) \leq +1$$

gelten muß und die Punktwolke im Fall $|r(\mathbf{x},\mathbf{y})| = 1$ auf einer Geraden liegen muß. Je straffer die Punktwolke, um so schlanker die Ellipse, desto kleiner wird das Verhältnis $h : H$ und desto näher liegt r^2 an 1.
Hat die Punktwolke keine "Richtung", so werden die Konzentrationsellipsen zu Kreisen. Das Verhältnis $\frac{h}{H}$ geht gegen 1 und die Korrelation gegen 0.
Je schlechter sich die Punktwolken durch die Konzentrationsellipsen beschreiben lassen, um so ungeeigneter ist der Korrelationskoeffizient, um eine Aussage über die Gestalt der Punktwolke zu machen.
Der Korrelationskoeffizient ist das wichtigste Maß zur Messung des linearen Zusammenhangs zwischen Vektoren bzw. zwischen Variablen.
Wir werden Kovarianz und Korrelation im nächsten Abschnitt noch für zufällige Variable definieren und uns dann in Kapitel II ausführlich mit dem Korrelationskoeffizienten befassen.

1.3.4 Drei Ausgleichsgeraden

Wir versuchen nun, die Punktwolke durch eine Gerade zu beschreiben, die möglichst gut die Gestalt der Punktwolke wiedergibt. Diese Ausgleichsgerade kann man oft nach Gefühl und Augenmaß zeichnen.
Doch Augenmaß allein reicht mitunter nicht aus. Man sucht eine besonders "*gute*" Ausgleichsgerade. Je nachdem, was "*gut*" bedeuten soll, lassen sich mindestens drei verschiedene Lösungen anbieten.
Dazu stellen wir uns vor, daß jeder Punkt $\mathbf{z}_i$ auf einen Punkt $\widehat{\mathbf{z}}_i$ auf der Ausgleichsgerade abgebildet wird. $\|\mathbf{z}_i - \hat{\mathbf{z}}_i\|$ ist dann der individuelle Fehler bei der Abbildung von $\mathbf{z}_i$. Ein Maß für die globale Güte der Abbildung ist

$$\sum_{i=1}^{n} \|\mathbf{z}_i - \widehat{\mathbf{z}}_i\|^2 .$$

Gesucht wird dann diejenige Gerade als optimale Ausgleichsgerade, die dieses Kriterium minimiert. Nun stellen sich zwei Aufgaben:

1. Wie soll die Abbildung $\mathbf{z}_i \to \widehat{\mathbf{z}}_i$ definiert werden?

2. Wie soll dann die optimale Gerade explizit berechnet werden?

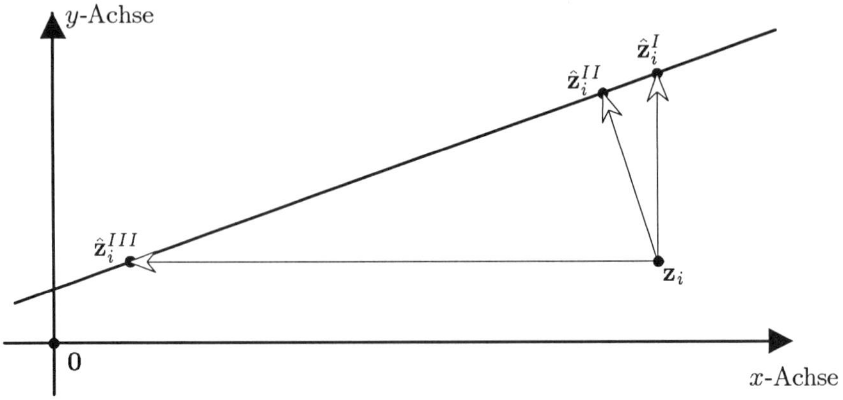

Abbildung 1.30: Unterschiedliche minimale Abstände eines Punktes zur Ausgleichsgeraden

In Abbildung 1.30 ist eine — wie auch immer gefundene — Ausgleichsgerade eingezeichnet. Dann könnte $\widehat{\mathbf{z}}_i$ der vertikal über $\mathbf{z}_i$ auf der Ausgleichsgeraden gelegene Punkt $\widehat{\mathbf{z}}_i^I$ sein, es könnte der horizontal nächste $\widehat{\mathbf{z}}_i^{III}$ oder gar der schlechthin nächste $\widehat{\mathbf{z}}_i^{II}$ sein. Für jede der drei Optionen ergibt sich eine andere Ausgleichsgerade.

Die Hauptachse der Punktwolke

Zeichnen wir durch die Punktwolke eine Konzentrationsellipse, so bietet sich die Verlängerung der Hauptachse als Ausgleichsgerade an. (Die Achsen-Richtungen aller Konzentrationsellipsen E_r stimmen überein. Nur die Länge hängt von r ab.) Wir bezeichnen sie als ***Hauptachse*** g_0 der Punktwolke.

Wie wir im Anhang im Zusammenhang mit der optimalen Repräsentation m-dimensionaler Punktwolken in q-dimensionalen Unterräumen zeigen, minimiert die Hauptachse g_0 die Summe der quadrierten orthogonalen Abstände:

$$\sum_{i=1}^{n} \|\mathbf{z}_i - \mathbf{P}_{g_0}\mathbf{z}_i\|^2 = \min_g \sum_{i=1}^{n} \|\mathbf{z}_i - \mathbf{P}_g\mathbf{z}_i\|^2.$$

Wählen wir also $\widehat{\mathbf{z}}_i = \widehat{\mathbf{z}}_i^{II} = \mathbf{P}_g\mathbf{z}_i$, so ist g_0 die Hauptachse der Punktwolke und damit die gesuchte Ausgleichsgerade. Die Gleichung der Ausgleichsgeraden g_0 ist $y = \widehat{\alpha}_0 + \widehat{\alpha}_1 x$. Nach Abschnitt 1.4.4 ist:

$$\widehat{\alpha}_1 = \frac{\sqrt{4r^2 + \Delta^2} - \Delta}{2r}$$
$$\widehat{\alpha}_0 = \overline{y} - \widehat{\alpha}_1\overline{x}.$$

Dabei ist:

$$\Delta := \frac{\operatorname{var}\mathbf{x} - \operatorname{var}\mathbf{y}}{\sqrt{\operatorname{var}\mathbf{x} \cdot \operatorname{var}\mathbf{y}}} = \frac{s(\mathbf{x})}{s(\mathbf{y})} - \frac{s(\mathbf{y})}{s(\mathbf{x})}$$

und r der Korrelationskoeffizient.

Da bei $\widehat{\alpha}_1$ der Zähler stets nicht negativ ist, steigt bei einer Punktwolke mit positiver Korrelation die Hauptachse. Andernfalls fällt sie. Ist $\operatorname{var}\mathbf{x} = \operatorname{var}\mathbf{y}$, so ist $\Delta = 0$ und $\widehat{\alpha}_1 = \operatorname{sign} r$. Bei gleichen Varianzen steigt also die Hauptachse bei positiver Korrelation mit dem Winkel von $45°$, bzw. fällt bei negativer Korrelation mit dem Winkel von $45°$.

Die Hauptachse ist eine sinnvolle Ausgleichsgerade, wenn eine einfache, möglichst strukturerhaltende Abbildung der Punkte $\mathbf{z}_i$ auf einer Geraden gesucht wird. Dabei sind die x_i- und y_i-Werte prinzipiell *gleichwertig.* Soll dagegen y *möglichst gut* als lineare Funktion von x, oder x *möglichst gut* als lineare Funktion von y dargestellt werden, erhält man die in den folgenden beiden Abschnitten bestimmten Ausgleichsgeraden.

Die lineare Ausgleichsgerade von y nach x

Der Konstruktion dieser Ausgleichsgerade liegt die Vorstellung zugrunde, daß zwischen x und y eine lineare Beziehung

$$y = \beta_0 + \beta_1 x$$

besteht, bei der aber nur ein gestörter y-Wert

$$y_i = \beta_0 + \beta_1 x_i + \varepsilon_i.$$

beobachtet werden kann. Die Ausgleichsgerade versucht, aus den Beobachtungspaaren (x_i, y_i) den wahren Zusammenhang mit

$$y = \widehat{\beta}_0 + \widehat{\beta}_1 x \tag{1.46}$$

zu rekonstruieren. Die folgenden vier Bilder sollen diesen Zusammenhang verdeutlichen: Auf Bild 1 liegen fünf, durch kleine Kreise markierte, ungestörte Wertepaare auf einer Geraden. Im nächsten Bild werden die Werte in y Richtung von der Geraden nach oben oder unten verschoben. Was wir allein beobachten können, zeigt Bild drei, nämlich die verschobenen, durch Kreuzchen markierten Punkte. Durch diese beobachtete Punktwolke wird nun die in Bild 4 gezeigte Ausgleichsgerade gelegt:

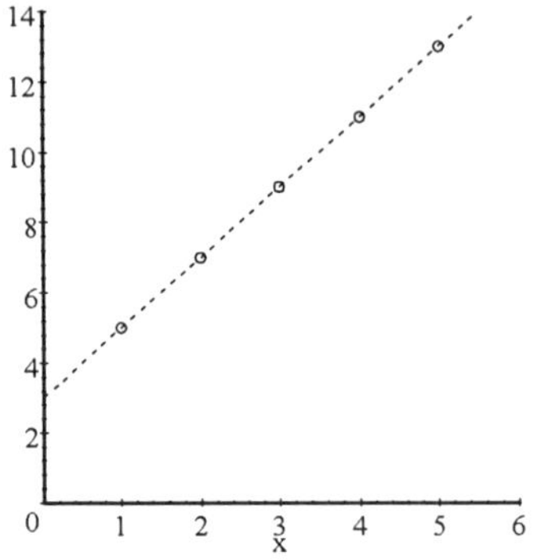

Die wahren Punkte auf der Gerade

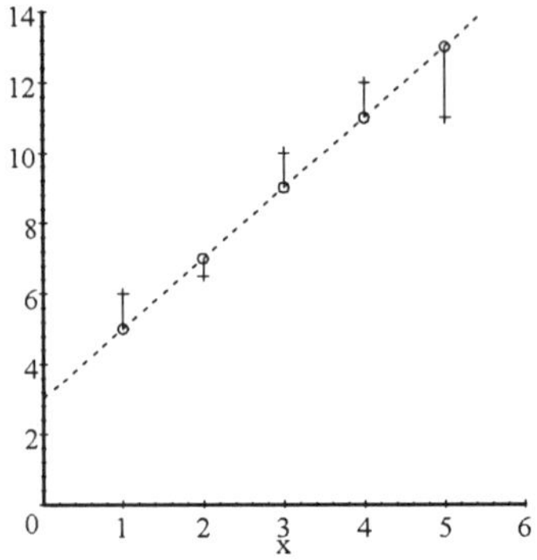

Die Punkte werden verschoben

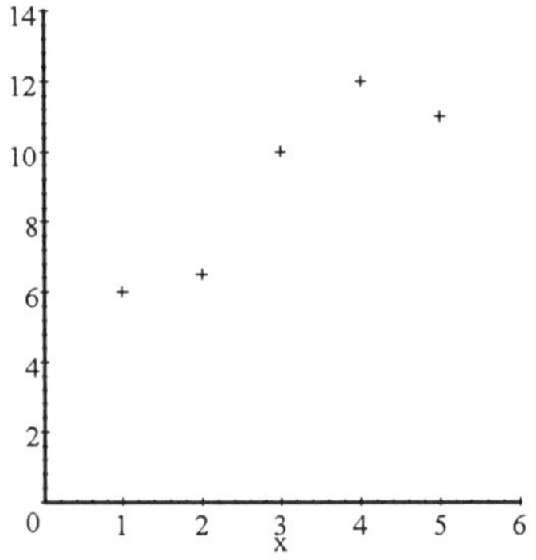

Die beobachteten Punkte

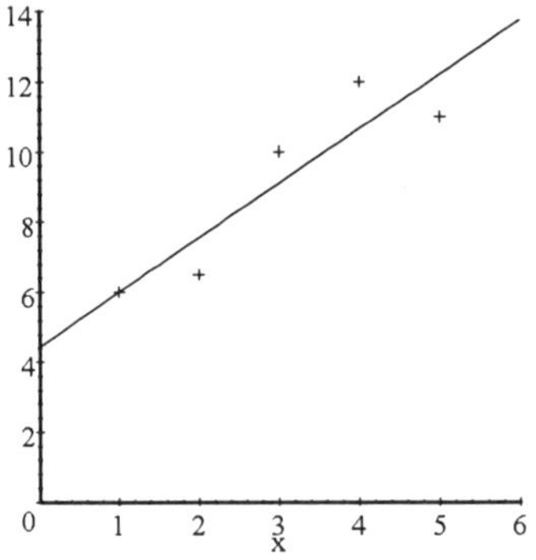

Die Ausgleichsgerade

Nach diesem Modell über die Entstehung der Punkte ist es naheliegend, daß wir die Abweichungen in y- Richtung minimieren werden.

Der zu $\mathbf{z}_i = (x_i; y_i)'$ gehörige Punkt $\widehat{\mathbf{z}}_i = \widehat{\mathbf{z}}_i^I$ liege nun in y- Richtung auf der Vertikalen durch $\mathbf{z}_i$. Dann ist $\widehat{\mathbf{z}}_i = (x_i; \widehat{y}_i)'$. Gesucht wird nur noch $\widehat{y}_i = \widehat{\beta}_0 + \widehat{\beta}_1 x_i$, denn x_i ist bekannt. (Abbildung 1.31)

Das **Optimalitäts-Kriterium** heißt: Suche Koeffizienten $\widehat{\beta}_0$ und $\widehat{\beta}_1$ so, daß

$$\sum_{i=1}^{n}(y_i - \widehat{y}_i)^2 = \sum_{i=1}^{n}(y_i - (\widehat{\beta}_0 + \widehat{\beta}_1 x_i))^2 \tag{1.47}$$

minimal wird. Üblicherweise bestimmt man die Ausgleichsgerade durch Differentiation[16]: Nach Nullsetzen der ersten Ableitungen von (1.47) nach $\widehat{\beta}_0$ und $\widehat{\beta}_1$ erhält man ein lineares Gleichungs-System, das System der **Normalgleichun-**

[16] Wir werden im vierten Kapitel diese Aufgabe in einem wesentlich weiteren Rahmen neu stellen und dann mit dem Projektionskalkül allgemein in wenigen Zeilen lösen.

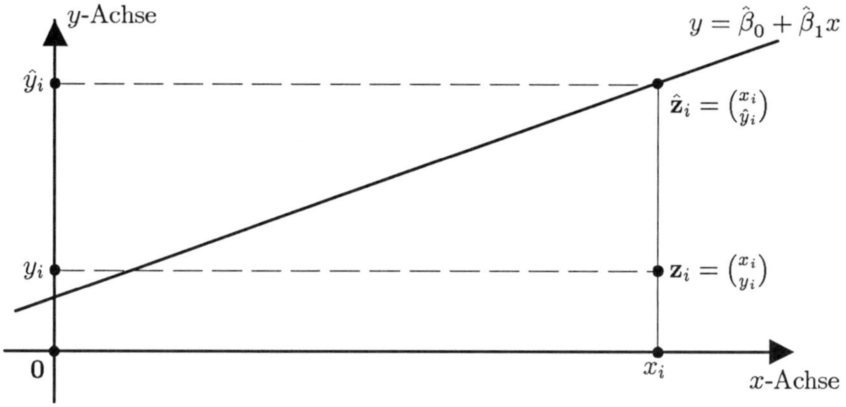

Abbildung 1.31: Lineare Regression von y nach x

gen:

$$
\begin{aligned}
\sum_{i=1}^{n} \left[y_i - (\widehat{\beta}_0 + \widehat{\beta}_1 x_i) \right] &= 0 \\
\sum_{i=1}^{n} \left[y_i - (\widehat{\beta}_0 + \widehat{\beta}_1 x_i) \right] \widehat{\beta}_1 &= 0.
\end{aligned}
$$

Die Lösungen dieses Systems sind:

$$
\widehat{\beta}_0 = \overline{y} - \overline{x}\widehat{\beta}_1, \tag{1.48}
$$

$$
\widehat{\beta}_1 = \frac{\operatorname{cov}(\mathbf{x}, \mathbf{y})}{\operatorname{var} \mathbf{x}} = r(\mathbf{x}, \mathbf{y}) \frac{s(\mathbf{y})}{s(\mathbf{x})}. \tag{1.49}
$$

Die Ausgleichsgerade von x nach y

Wir minimieren nun den horizontalen Abstand des Punktes $\mathbf{z}_i$ von der Ausgleichsgeraden (Abbildung 1.32). Jetzt ist $\widehat{\mathbf{z}}_i = \mathbf{z}_i^{III}$.
Zur Bestimmung der Gleichung der Ausgleichsgeraden und ihrer Koeffizienten übernehmen wir die Ergebnisse des vorigen Abschnitts und vertauschen in (1.46) , (1.48) und (1.49) gleichzeitig x und y. Die Gleichung der Ausgleichsgeraden ist daher:

$$
\begin{aligned}
x &= \widehat{\gamma}_0 + \widehat{\gamma}_1 y \quad \text{mit} \\
\widehat{\gamma}_0 &= \overline{x} - \overline{y}\widehat{\gamma}_1 \quad \text{und} \quad \widehat{\gamma}_1 = r(\mathbf{y}, \mathbf{x}) \frac{s(\mathbf{x})}{s(\mathbf{y})}.
\end{aligned}
$$

Schreiben wir y als Funktion von x, so erhalten wir:

$$
y = -\frac{\widehat{\gamma}_0}{\widehat{\gamma}_1} + \frac{1}{\widehat{\gamma}_1} x =: \hat{\delta}_0 + \hat{\delta}_1 x.
$$

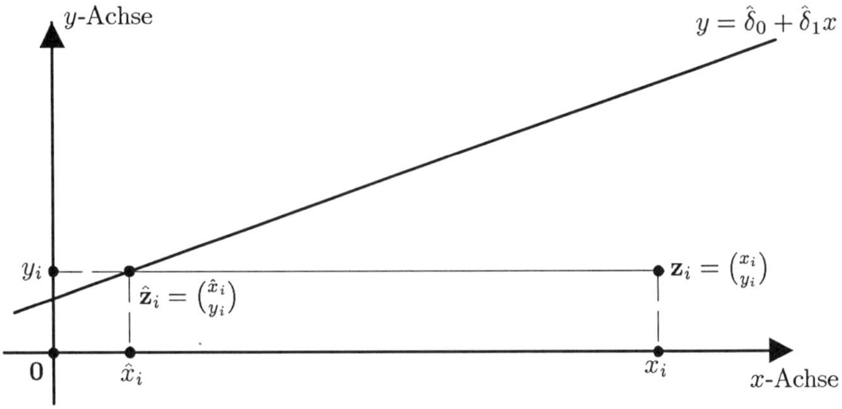

Abbildung 1.32: Minimierung der horizontalen Abstände

Damit ist die Gleichung der Ausgleichsgeraden von x nach y gegeben durch:

$$\begin{aligned} y &= \hat{\delta}_0 + \hat{\delta}_1 x \\ \hat{\delta}_1 &= \frac{1}{r(\mathbf{x},\mathbf{y})} \frac{s(\mathbf{y})}{s(\mathbf{x})} = \frac{\operatorname{var} \mathbf{y}}{\operatorname{cov}(\mathbf{x},\mathbf{y})} \\ \hat{\delta}_0 &= \overline{y} - \hat{\delta}_1 \overline{x}. \end{aligned}$$

Vergleich der drei Ausgleichsgeraden

Alle drei Ausgleichsgeraden gehen durch den Schwerpunkt $(\overline{\mathbf{x}}; \overline{\mathbf{y}})$ der Punktwolke. Ist $0 < r(\mathbf{x},\mathbf{y}) < 1$, so ist

$$0 < \widehat{\beta}_1 < \widehat{\alpha}_1 < \hat{\delta}_1.$$

Ist $-1 < r(\mathbf{x},\mathbf{y}) < 0$, so ist

$$0 > \widehat{\beta}_1 > \widehat{\alpha}_1 > \hat{\delta}_1.$$

Die Beziehung zwischen $\widehat{\beta}_1$ und $\widehat{\delta}_1$ folgt aus $\widehat{\beta}_1 = r^2 \widehat{\delta}_1$ und $r^2 \leq 1$. Die Lage der Hauptachse zwischen den beiden anderen Ausgleichsgeraden erkennt man am besten an der Konzentrationsellipse.

Sei E_r eine beliebige feste Konzentrationsellipse zur vorgegebenen Punktwolke. Wir zeichnen die beiden horizontalen und vertikalen Tangenten an E_r. Dabei legen wir den Nullpunkt des Koordinatensystems gleich in den Schwerpunkt der Punktwolke (Abbildung 1.33).

Sei $\mathbf{z}_1$ der höchste Punkt und $\mathbf{z}_2$ der am weitesten rechts gelegene Punkt der Ellipse. Dann gilt nach Abschnitt 1.4.4 auf Seite 102:

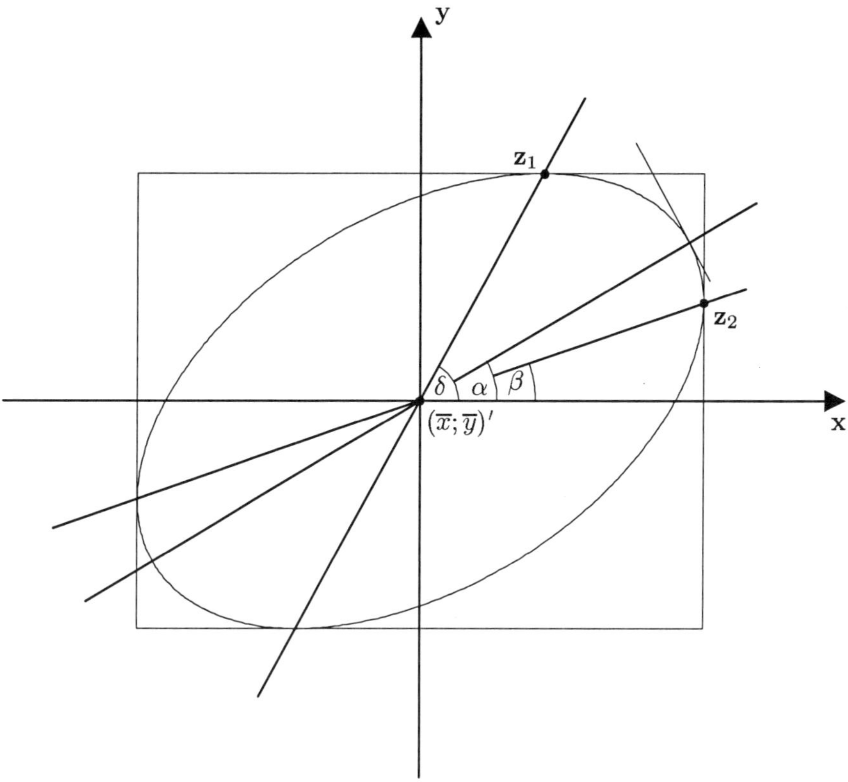

Abbildung 1.33: Konzentrationsellipse mit den drei Ausgleichsgeraden

Satz 77 *Die Gerade durch den Schwerpunkt und den Punkt $\mathbf{z}_1$ ist die Ausgleichsgerade von x nach y; die Gerade durch den Schwerpunkt und $\mathbf{z}_2$ ist die Ausgleichsgerade von y nach x.*
Die Hauptachse liegt definitionsgemäß auf der Hauptachse der Ellipse und somit zwischen beiden anderen Geraden.

Bemerkung: Abgesehen vom Fall $\operatorname{var}\mathbf{x} = \operatorname{var}\mathbf{y}$ geht die Hauptachse nicht durch die Ecken des Tangentenvierecks!

Beispiel 78 *Wir kehren noch einmal zum Beispiel zurück. Es war $\overline{x} = 6$; $\overline{y} = 7$; $\operatorname{var}\mathbf{x} = 13,80$; $\operatorname{var}\mathbf{y} = 8,242$; $\operatorname{cov}(\mathbf{x},\mathbf{y}) = 4,5$; $r(\mathbf{x},\mathbf{y}) = 0,42$.*
a) Die Gleichung der Hauptachse der Punktwolke ist $y = \widehat{\alpha}_0 + \widehat{\alpha}_1 x$ mit

$$\begin{aligned}
\widehat{\alpha}_1 &= \frac{\sqrt{4r^2+\Delta^2}-\Delta}{2r} = 0,56 \\
\widehat{\alpha}_0 &= \overline{y} - \widehat{\alpha}_1\overline{x} = 3,64 \\
\Delta &= \frac{\operatorname{var}\mathbf{x} - \operatorname{var}\mathbf{y}}{\sqrt{\operatorname{var}\mathbf{x}\cdot \operatorname{var}\mathbf{y}}} = 0,52.
\end{aligned}$$

b) Die Gleichung der Ausgleichsgeraden von y nach x ist $y = \widehat{\beta}_0 + \widehat{\beta}_1 x$ mit

$$\begin{aligned} \widehat{\beta}_1 &= \frac{\operatorname{cov}(\mathbf{x},\mathbf{y})}{\operatorname{var}\mathbf{x}} = \frac{4,5}{13,80} = 0,33 \\ \widehat{\beta}_0 &= \overline{y} - \widehat{\beta}_1 \overline{x} = 5.04 \end{aligned}$$

c) Die Gleichung der Ausgleichsgeraden von x nach y ist $y = \widehat{\delta}_0 + \widehat{\delta}_1 x$ mit

$$\begin{aligned} \widehat{\delta}_1 &= \frac{\operatorname{var}\mathbf{y}}{\operatorname{cov}(\mathbf{x},\mathbf{y})} = \frac{8,242}{4,5} = 1,83 \\ \widehat{\delta}_0 &= \overline{y} - \widehat{\delta}_1 \overline{x} = -3,99. \end{aligned}$$

Abbildung 1.33 zeigt eine Konzentrationsellipse und diese drei Ausgleichsgeraden.

1.4 Anhang: Ergänzungen und Aufgaben

1.4.1 Matrizen

Einfache Zerlegungssätze

Jede Matrix $\mathbf{A}$ kann durch Vertauschung von Spalten, Ersetzung von Spalten durch Linearkombination der Spalten und analoge Operationen für die Zeilen auf Diagonalgestalt gebracht werden. Diese Operationen lassen sich durch Links- und Rechts-Multiplikationen von $\mathbf{A}$ mit invertierbaren Matrizen beschreiben. Faßt man diese Multiplikationsmatrizen zusammen, erhält man den Satz:

Satz 79 *Jede $m \times n$-Matrix $\mathbf{A}$ vom Rang r läßt sich darstellen als $\mathbf{A} = \mathbf{B} \cdot \mathbf{D} \cdot \mathbf{C}$. Dabei ist $\mathbf{B}$ vom Typ $m \times m$, $\mathbf{D}$ vom Typ $m \times n$ und $\mathbf{C}$ vom Typ $n \times n$. $\mathbf{B}$ und $\mathbf{C}$ sind invertierbar. $\mathbf{D}$ hat die folgende Blockstruktur:*

$$\mathbf{D} = \begin{pmatrix} \mathbf{I}_r & \mathbf{0}_{r,\, n-r} \\ \mathbf{0}_{m-r,\, r} & \mathbf{0}_{m-r,\, n-r} \end{pmatrix}.$$

Schreibt man die Matrix $\mathbf{D}$ als $\mathbf{D}_1\mathbf{D}_2$ mit $\mathbf{D}_1 = (\mathbf{I}_r; \mathbf{0}_{r\ m-r})'$ sowie $\mathbf{D}_2 = (\mathbf{I}_r; \mathbf{0}_{r\ n-r})$ und setzt $\mathbf{E} := \mathbf{B}\mathbf{D}_1$ und $\mathbf{F} := \mathbf{D}_2\mathbf{C}$, so erhält man den folgenden Satz:

Satz 80 *Jede $m \times n$-Matrix $\mathbf{A}$ vom Rang r läßt sich darstellen als $\mathbf{A} = \mathbf{E} \cdot \mathbf{F}$, dabei ist $\mathbf{E}$ vom Typ $m \times r$, $\mathbf{F}$ vom Typ $r \times n$ und $\operatorname{Rg} \mathbf{E} = \operatorname{Rg} \mathbf{F} = r$. Wir sagen dann: "$\mathbf{E}$ und $\mathbf{F}$ sind **über den Rang verkettet.**"*

Aufgabe 81 *Zeige:*
Die Matrix $\mathbf{A}$ läßt sich genau dann als Produkt $\mathbf{A} = \mathbf{B}\mathbf{C}$ darstellen, falls $\mathcal{L}\{\mathbf{A}\}$ Teilraum von $\mathcal{L}\{\mathbf{B}\}$ ist:

$$\mathbf{A} = \mathbf{B}\mathbf{C} \Leftrightarrow \mathcal{L}\{\mathbf{A}\} \subseteq \mathcal{L}\{\mathbf{B}\}.$$

Lineare Abbildungen und Ränge

Aufgabe 82 *Zeige: Sind $\mathbf{A}$ und $\mathbf{B}$ invertierbare Matrizen, so ist*

$$\operatorname{Rg} \mathbf{ACB} = \operatorname{Rg} \mathbf{C}.$$

Aufgabe 83 *Zeige: Ist $\mathbf{A}$ eine $m \times r$-Matrix und $\mathbf{B}$ eine $r \times n$-Matrix mit $\operatorname{Rg} \mathbf{B} = r$, dann ist $\operatorname{Rg}(\mathbf{AB}) = \operatorname{Rg} \mathbf{A}$ und $\mathcal{L}\{\mathbf{AB}\} = \mathcal{L}\{\mathbf{A}\}$.*
Hinweis: $\mathbf{BB}'$ ist invertierbar.

Aufgabe 84 *Zeige: Sind $\mathbf{A}$ und $\mathbf{B}$ Projektionsmatrizen und ist $\mathcal{L}\{\mathbf{A}\} \subseteq \mathcal{L}\{\mathbf{B}\}$, so ist*

$$\operatorname{Rg}(\mathbf{B} - \mathbf{A}) = \operatorname{Rg} \mathbf{B} - \operatorname{Rg} \mathbf{A}.$$

Aufgabe 85 *Zeige:*

$$\operatorname{Rg}\mathbf{A} = \operatorname{Spur}\mathbf{A}\mathbf{A}^{+}.$$

Aufgabe 86 *Zeige: Für strukturierte Matrizen gilt:*

$$\operatorname{Rg}(\mathbf{E};\mathbf{F}) = \operatorname{Rg}\mathbf{E} + \operatorname{Rg}\mathbf{F} - \dim\left(\mathcal{L}\{\mathbf{E}\} \cap \mathcal{L}\{\mathbf{F}\}\right) \tag{1.50}$$

$$\operatorname{Rg}(\mathbf{E};\mathbf{F}) = \operatorname{Rg}\mathbf{E} + \operatorname{Rg}(\mathbf{I} - \mathbf{E}\mathbf{E}^{+})\mathbf{F}. \tag{1.51}$$

Hinweis zu (1.50)*: Lies Ränge als Dimensionen. Hinweis zu* (1.51) *: Zerlege* $\mathcal{L}\{\mathbf{F}\}$ *in eine* $\mathcal{L}\{\mathbf{E}\}$*-Komponente und eine dazu orthogonale Komponente.*

Aufgabe 87 *Zeige: Sei* $\mathbf{X}$ *eine* $n \times m$*-Matrix. Sei* $\mathbf{x}_j = \mathbf{X}_{[,j]}$ *die j-te Spalte und* $\mathbf{z}_i' = \mathbf{X}_{[i,]}$ *die i-te Zeile von* $\mathbf{X}$*. Dann ist*

$$\sum_{i=1}^{n} \mathbf{z}_i'(\mathbf{X}'\mathbf{X})^{-}\mathbf{z}_i = \sum_{j=1}^{m} \mathbf{x}_j'(\mathbf{X}\mathbf{X}')^{-}\mathbf{x}_j = \operatorname{Rg}\mathbf{X}.$$

Lineare Abbildungen: Eine Abbildung $\mathbf{A} : \mathbf{U} \to \mathbf{V}$ eines endlich dimensionalen Vektorraums $\mathbf{U}$ in einen Vektorraums $\mathbf{V}$ heißt **$\mathbf{A}$ linear**, wenn $\forall\, \lambda_i \in \mathbb{R}$ und $\forall\, \mathbf{u}_i \in \mathbf{U}$ gilt:

$$\mathbf{A}\left(\sum_{i=1}^{n} \lambda_i \mathbf{u}_i\right) = \sum_{i=1}^{n} \lambda_i \mathbf{A}(\mathbf{u}_i).$$

Der **Wertebereich** $\mathbf{A}(\mathbf{U})$ und **Nullraum** $\mathcal{N}(\mathbf{A})$ der Abbildung $\mathbf{A}$ sind definiert durch

$$\begin{aligned} \mathbf{A}(\mathbf{U}) &= \mathcal{L}\{\mathbf{A}(\mathbf{u}_i) \quad \text{mit } \mathbf{u}_i \in \mathbf{U}\} \subseteq \mathbf{V} \\ \mathcal{N}(\mathbf{A}) &= \mathcal{L}\{\mathbf{u}_i \quad \text{mit } \mathbf{A}\mathbf{u}_i = \mathbf{0}\} \subseteq \mathbf{U}. \end{aligned}$$

$\mathbf{A}(\mathbf{U})$ und $\mathcal{N}(\mathbf{A})$ sind endlichdimensionale Vektorräume. Dann gilt:

Satz 88

$$\dim \mathbf{A}(\mathbf{U}) = \dim \mathbf{U} - \dim \mathcal{N}(\mathbf{A}). \tag{1.52}$$

Beweis:
Zerlege $\mathbf{U}$ in $\mathbf{U} = \mathcal{N}(\mathbf{A}) \oplus (\mathbf{U} \ominus \mathcal{N}(\mathbf{A}))$. Es sei $\{\mathbf{u}_i;\ i = 1, \cdots, k\}$ eine Basis für $\mathbf{U} \ominus \mathcal{N}(\mathbf{A})$. Dabei ist $\dim \mathbf{U} = \dim \mathcal{N}(\mathbf{A}) + k$. Dann hat jedes $\mathbf{u} \in \mathbf{U}$ die eindeutige Darstellung $\mathbf{u} = \mathbf{n} + \sum_{i=1}^{k} \lambda_i \mathbf{u}_i$ mit $\mathbf{n} \in \mathcal{N}(\mathbf{A})$. Daher ist $\mathbf{A}(\mathbf{u}) = \sum_{i=1}^{k} \lambda_i \mathbf{A}(\mathbf{u}_i)$. Die $\mathbf{A}(\mathbf{u}_i)$ sind linear unabhängig, denn:

$$\begin{aligned} \sum_{i=1}^{k} \lambda_i \mathbf{A}(\mathbf{u}_i) = \mathbf{0} \quad &\Leftrightarrow \quad \mathbf{A}\left(\sum_{i=1}^{k} \lambda_i \mathbf{u}_i\right) = 0 \quad \Leftrightarrow \quad \sum_{i=1}^{k} \lambda_i \mathbf{u}_i \in \mathcal{N}(\mathbf{A}) \\ &\Leftrightarrow \quad \sum_{i=1}^{k} \lambda_i \mathbf{u}_i = \mathbf{0} \Leftrightarrow \lambda_i = 0 \forall i, \quad \text{denn} \sum_{i=1}^{k} \lambda_i \mathbf{u}_i \perp \mathcal{N}(\mathbf{A}) \end{aligned}$$

Also sind die $\mathbf{A}(\mathbf{u}_i)$ eine Basis für $\mathbf{A}(\mathbf{U})$ und $\dim \mathbf{A}(\mathbf{U}) = k$.
□

Aufgabe 89 *Beweise den Rangsatz 39.*
Hinweis: Zeige zuerst unter Verwendung von (1.52) : $\dim \mathcal{L}\{\mathbf{A}\} = \dim \mathcal{L}\{\mathbf{A}'\}$. *Beweise damit* $\operatorname{Rg} \mathbf{A} = \operatorname{Rg} \mathbf{A}'$ *und die zweite Formel* (1.17). *Beweise dann die erste Formel* (1.16) *mit den Eigenschaften der Moore-Penrose-Inversen.*

Aufgabe 90 *Zeige:*

$$\operatorname{Rg}(\mathbf{AB}) = \operatorname{Rg} \mathbf{B} - \dim \left(\mathcal{L}\{\mathbf{B}\} \cap \mathcal{L}\{\mathbf{A}'\}^{\perp} \right). \tag{1.53}$$

Folgere daraus:

$$\operatorname{Rg}(\mathbf{AB}) = \operatorname{Rg} \mathbf{B} \Leftrightarrow \mathcal{L}\{\mathbf{B}\} \cap \mathcal{L}\{\mathbf{A}'\}^{\perp} = \mathbf{0} \tag{1.54}$$

$$\operatorname{Rg}(\mathbf{AB}) = \operatorname{Rg} \mathbf{A} \Leftrightarrow \mathcal{L}\{\mathbf{A}'\} \cap \mathcal{L}\{\mathbf{B}\}^{\perp} = \mathbf{0}. \tag{1.55}$$

Speziell folgt:

$$\begin{array}{lllllll} \mathcal{L}\{\mathbf{B}\} & \subseteq & \mathcal{L}\{\mathbf{A}'\} & \Rightarrow & \operatorname{Rg}(\mathbf{AB}) & = & \operatorname{Rg} \mathbf{B} \\ \mathcal{L}\{\mathbf{A}'\} & \subseteq & \mathcal{L}\{\mathbf{B}\} & \Rightarrow & \operatorname{Rg}(\mathbf{AB}) & = & \operatorname{Rg} \mathbf{A}. \end{array}$$

Hinweis: Fasse $\mathbf{A}$ *als lineare Abbildung von* $\mathcal{L}\{\mathbf{B}\}$ *in den* $\mathbb{R}^n$ *auf und wende* (1.52) *an.*

Inverse Marizen

Aufgabe 91 *Zeige: Sind* $\mathbf{A}$ *und* $\mathbf{B}$ *zwei quadratische Matrizen mit* $\mathbf{AB} = \mathbf{I}$, *so ist* $\mathbf{A} = \mathbf{B}^{-1}$. *Gib ein Beispiel an für nicht quadratische — daher erst recht nicht invertierbare — Matrizen* $\mathbf{A}$ *und* $\mathbf{B}$ *mit* $\mathbf{AB} = \mathbf{I}$.

Aufgabe 92 *Zeige: Ist* $\mathbf{A}$ *eine orthogonale Matrix, dann sind auch* $\mathbf{A}'$ *und* $\mathbf{A}^{-1}$ *orthogonal.*

Satz 93 (Inverse partitionierter Matrizen) *Sei* $\mathbf{M}$ *eine partitionierte invertierbare Matrix:*

$$\mathbf{M} := \begin{pmatrix} \mathbf{A} & \mathbf{B} \\ \mathbf{C} & \mathbf{D} \end{pmatrix}.$$

Dabei sind $\mathbf{A}$ *und* $\mathbf{D}$ *quadratische Matrizen.* $\mathbf{M}^{-1}$ *wird analog zu* $\mathbf{M}$ *partitioniert. Dann gilt:*
1. Existiert $\mathbf{A}^{-1}$, *dann existiert* $\mathbf{E} := (\mathbf{D} - \mathbf{CA}^{-1}\mathbf{B})^{-1}$, *und es ist*

$$\mathbf{M}^{-1} = \begin{pmatrix} \mathbf{A}^{-1} + \mathbf{A}^{-1}\mathbf{BECA}^{-1} & -\mathbf{A}^{-1}\mathbf{BE} \\ -\mathbf{ECA}^{-1} & \mathbf{E} \end{pmatrix}. \tag{1.56}$$

2. Existiert $\mathbf{D}^{-1}$, *so existiert auch* $\mathbf{F} := (\mathbf{A} - \mathbf{BD}^{-1}\mathbf{C})^{-1}$ *und es ist*

$$\mathbf{M}^{-1} = \begin{pmatrix} \mathbf{F} & -\mathbf{FBD}^{-1} \\ -\mathbf{D}^{-1}\mathbf{CF} & \mathbf{D}^{-1} + \mathbf{D}^{-1}\mathbf{CFBD}^{-1} \end{pmatrix}. \tag{1.57}$$

Beweis:
Es existiere $\mathbf{A}^{-1}$ Nachweis der Existenz von $\mathbf{E}$: Sei $\mathbf{N} := \begin{pmatrix} \mathbf{A}^{-1} & \mathbf{0} \\ -\mathbf{C}\mathbf{A}^{-1} & \mathbf{I} \end{pmatrix}$, dann ist $\mathbf{NM} = \begin{pmatrix} \mathbf{I} & \mathbf{A}^{-1}\mathbf{B} \\ \mathbf{0} & \mathbf{D}-\mathbf{C}\mathbf{A}^{-1}\mathbf{B} \end{pmatrix}$. Da $\mathbf{N}$ und $\mathbf{M}$ invertierbar sind, ist auch $\mathbf{NM}$ invertierbar. Daher sind die Zeilen der quadratischen Matrix $\mathbf{D} - \mathbf{C}\mathbf{A}^{-1}\mathbf{B}$ linear unabhängig, und $\left[\mathbf{D} - \mathbf{C}\mathbf{A}^{-1}\mathbf{B}\right]^{-1} = \mathbf{E}$ existiert. Der Nachweis, daß $\mathbf{M}^{-1}\mathbf{M} = \mathbf{M}\mathbf{M}^{-1} = \mathbf{I}$ ist, folgt dann durch elementares Ausmultiplizieren. Der Fall 2. läuft analog.
□

Aufgabe 94 (Inverse spezieller strukturierter Matrizen) *Zeige: Ist* $\mathbf{C}$ *eine invertierbare* $n \times n$*-Matrix,* $\mathbf{A}$ *eine* $n \times m$*- und* $\mathbf{B}$ *eine* $m \times n$*-Matrix, so gilt:*

$$(\mathbf{C} + \mathbf{AB})^{-1} = \mathbf{C}^{-1} - \mathbf{C}^{-1}\mathbf{A}(\mathbf{I}_m + \mathbf{B}\mathbf{C}^{-1}\mathbf{A})^{-1}\mathbf{B}\mathbf{C}^{-1}. \tag{1.58}$$

Ersetzt man $\mathbf{C}$ *durch die Einheitsmatrix oder zusätzlich auch* $\mathbf{A}$ *und* $\mathbf{B}$ *durch die Vektoren* $\mathbf{a}$ *und* $\mathbf{b}$*, erhält man:*

$$(\mathbf{I}_n + \mathbf{AB})^{-1} = \mathbf{I}_n - \mathbf{A}(\mathbf{I}_m + \mathbf{BA})^{-1}\mathbf{B} \tag{1.59}$$

$$(\mathbf{I}_n + \mathbf{a}\mathbf{b}')^{-1} = \mathbf{I}_n - \frac{\mathbf{a}\mathbf{b}'}{1 + \mathbf{b}'\mathbf{a}}. \tag{1.60}$$

Dabei existiert die linke Seite jeder Gleichung genau dann, wenn die rechte Seite der Gleichung existiert.
Zum Beweis verifiziere 1.59 und führe die beiden anderen Fälle darauf zurück. Beachte, daß $\mathbf{b}'\mathbf{a}$ *eine Zahl und* $\mathbf{a}\mathbf{b}'$ *eine Matrix ist!*

Verallgemeinerte Inverse

Aufgabe 95 (Struktur der Verallgemeinerten Inversen) *Zeige:*
Ist die Matrix $\mathbf{A}$ *in der Zerlegung von Satz 79 gegeben* ($\mathbf{A} = \mathbf{BDC}$)*, so ist* $\mathbf{A}^-$ *genau dann eine verallgemeinerte Inverse, wenn* $\mathbf{A}^-$ *die folgende Gestalt hat:*

$$\mathbf{A}^- = \mathbf{C}^{-1}\begin{pmatrix} \mathbf{I}_r & \mathbf{U}_{r,m-r} \\ \mathbf{V}_{n-r,r} & \mathbf{W}_{n-r,m-r} \end{pmatrix}\mathbf{B}^{-1}.$$

Dabei sind $\mathbf{U}$*,* $\mathbf{V}$ *und* $\mathbf{W}$ *beliebige Matrizen mit den als Index angegebenen Typen.*
Zum Beweis verifiziert man einfach, daß $\mathbf{A}\mathbf{A}^-\mathbf{A} = \mathbf{A}$ *gilt. Um zu zeigen, daß sich jedes* $\mathbf{A}^-$ *in der angegebenen Form schreiben läßt, setze man* $\mathbf{A}^- = \mathbf{C}^{-1}\mathbf{C}\mathbf{A}^-\mathbf{B}\mathbf{B}^{-1} =: \mathbf{C}^{-1}\mathbf{X}\mathbf{B}^{-1}$ *und bestimme* $\mathbf{X}$ *aus der Relation* $\mathbf{A}\mathbf{A}^-\mathbf{A} = \mathbf{A}$.

Aufgabe 96 *Zeige: Sind* $\mathbf{A}$ *und* $\mathbf{B}$ *invertierbare Matrizen, so ist* $(\mathbf{ACB})^- = \mathbf{B}^{-1}\mathbf{C}^-\mathbf{A}^{-1}$ *eine verallgemeinerte Inverse von* $\mathbf{ACB}$.

Aufgabe 97 *Zeige: Sei* $\mathbf{E}$ *eine partitionierte Matrix und* $\mathbf{E} = \left(\begin{smallmatrix}\mathbf{A} & \mathbf{B}\\ \mathbf{C} & \mathbf{D}\end{smallmatrix}\right)$ *und* $\operatorname{Rg}\mathbf{E} = \operatorname{Rg}\mathbf{A}$. *Dabei sind* $\mathbf{B}$, $\mathbf{C}$ *und* $\mathbf{D}$ *beliebige Matrizen von passendem Typus. Ist* $\mathbf{A}$ *invertierbar, so ist eine verallgemeinerte Inverse von* $\mathbf{E}$ *gegeben durch*

$$\mathbf{E}^{-} = \begin{pmatrix}\mathbf{A}^{-1} & 0\\ 0 & 0\end{pmatrix}.$$

Hinweis: Zeige durch Ausmultiplizieren $\mathbf{E}\mathbf{E}^{-}\mathbf{E} = \left(\begin{smallmatrix}\mathbf{A} & \mathbf{B}\\ \mathbf{C} & \mathbf{C}\mathbf{A}^{-1}\mathbf{B}\end{smallmatrix}\right)$. *Zeige, daß aus* $\operatorname{Rg}\mathbf{E} = \operatorname{Rg}\mathbf{A}$ *die Gleichung* $\mathbf{D} = \mathbf{C}\mathbf{A}^{-1}\mathbf{B}$ *folgt.*

Aufgabe 98 *Zeige: Sei* $\mathbf{A}$ *eine symmetrische* $n{\times}n$*-Matrix vom Rang* $n-1$. $\mathbf{A}$ *sei wie folgt partitioniert:*

$$\mathbf{A} = \begin{pmatrix}\mathbf{B} & \mathbf{c}\\ \mathbf{c}' & d\end{pmatrix}.$$

Dabei ist $\mathbf{B}$ *eine* $(n-1){\times}(n-1)$*-Matrix,* $\mathbf{c}$ *ein* $(n-1)$*-Vektor und* d *ein Skalar.* $\mathbf{x}$ *sei ein Vektor mit* $\mathbf{A}\mathbf{x} = \mathbf{0}$. *Die letzte Komponente* x_n *von* $\mathbf{x}$ *sei ungleich Null. Dann existiert* $\mathbf{B}^{-1}$ *und eine verallgemeinerte Inverse von* $\mathbf{A}$ *ist*

$$\mathbf{A}^{-} = \begin{pmatrix}\mathbf{B}^{-1} & 0\\ 0 & 0\end{pmatrix}.$$

Hinweis: Setze $\mathbf{X} := (\mathbf{y}; 1)'$ *mit einem* $(n-1)$*-Vektor* $\mathbf{y}$. *Zeige, daß dann aus* $\mathbf{A}\mathbf{x} = \mathbf{0}$ *die Gleichungen* $\mathbf{c} = -\mathbf{B}\mathbf{y}$ *und* $d = \mathbf{y}'\mathbf{A}\mathbf{y}$ *folgen. Zeige:*

$$\begin{pmatrix}\mathbf{I} & 0\\ -\mathbf{y} & 0\end{pmatrix}\begin{pmatrix}\mathbf{B} & 0\\ 0 & 0\end{pmatrix}\begin{pmatrix}\mathbf{I} & -\mathbf{y}\\ 0 & 0\end{pmatrix} = \mathbf{A}$$

und schließe daraus $\operatorname{Rg}\mathbf{A} \leq \operatorname{Rg}\mathbf{B}$ *und die Invertierbarkeit von* $\mathbf{B}$.

Aufgabe 99 *Zeige: Ist* $\mathbf{A}$ *eine symmetrische* $n \times n$*-Matrix vom Rang* $n-1$ *und* $\mathbf{x}$ *ein Vektor mit* $\mathbf{A}\mathbf{x} = \mathbf{0}$, $\mathbf{y}$ *ein weiterer Vektor mit* $\mathbf{y}'\mathbf{x} \neq 0$, *dann ist*

$$\mathbf{A}^{-} = \left(\mathbf{A} + \frac{\mathbf{y}\mathbf{y}'}{\mathbf{y}'\mathbf{x}}\right)^{-1}$$

eine verallgemeinerte Inverse von $\mathbf{A}$. *Für diese Inverse gilt* $\mathbf{A}^{-}\mathbf{y} = \mathbf{x}$. *Beachte auch hier, daß* $\mathbf{y}'\mathbf{x}$ *eine Zahl und* $\mathbf{y}\mathbf{y}'$ *eine Matrix ist.*
Hinweise: Invertierbarkeit von $\mathbf{B} := \mathbf{A} + \frac{\mathbf{y}\mathbf{y}'}{\mathbf{y}'\mathbf{x}}$: *Zeige aus* $\mathbf{B}\mathbf{z} = \mathbf{0} \Rightarrow \mathbf{z} = \mathbf{0}$. *Dann drücke in* $\mathbf{A}\mathbf{B}^{-1}\mathbf{A}$ *ein* $\mathbf{A}$ *durch* $\mathbf{B}$ *aus.*

Die Moore-Penrose-Inverse

Aufgabe 100 *Zeige: Sind die Matrizen* $\mathbf{E}$ *und* $\mathbf{F}$ *im Produkt* $\mathbf{E}\mathbf{F}$ *über den Rang verkettet, — vgl. Satz 80, — so ist*

$$(\mathbf{E}\mathbf{F})^{+} = \mathbf{F}'(\mathbf{F}\mathbf{F}')^{-1}(\mathbf{E}'\mathbf{E})^{-1}\mathbf{E}'.$$

Aufgabe 101 *Zeige: Sind die Zeilen von* $\mathbf{B}$ *linear unabhängig, so ist* $(\mathbf{AB})(\mathbf{AB})^+ = \mathbf{AA}^+$.
Hinweis: Zeige $\mathcal{L}\{\mathbf{AB}\} = \mathcal{L}\{\mathbf{A}\}$.

Aufgabe 102 *Zeige:*

1. $(\mathbf{ABC})^+ = \mathbf{C}'\mathbf{B}^+\mathbf{A}'$, *falls* $\mathbf{A}$ *und* $\mathbf{C}$ *orthogonale Matrizen sind,*
2. $(\mathbf{AB})^+ = \mathbf{B}^+\mathbf{A}^+$, *falls* $\mathbf{A}$ *und* $\mathbf{B}$ *über den Rang verkettet sind, d. h. die Zeilen von* $\mathbf{A}$ *und die Spalten von* $\mathbf{B}$ *linear unabhängig sind.*

Aufgabe 103 *Zeige: Ist* $\mathbf{A}$ *eine Matrix mit orthonormalen Spalten, so ist* $\mathbf{A}^+ = \mathbf{A}'$. *Ist* $\mathbf{A} = \mathbf{ab}'$, *so ist* $\mathbf{A}^+ = \frac{1}{\|\mathbf{b}\|^2\|\mathbf{a}\|^2}\mathbf{ba}'$. *Speziell gilt für eine Matrix* $\mathbf{A} = (\mathbf{a}; \cdots; \mathbf{a}) = \mathbf{a1}'_k$ *mit* k *identischen Spalten* $\mathbf{A}^+ = \frac{1}{k\|\mathbf{a}\|^2}\mathbf{1}_k\mathbf{a}'$. *Für* $k = 1$ *folgt: Ist* $\mathbf{A} = (\mathbf{a})$ *eine Spaltenmatrix, so ist* $\mathbf{A}^+ = \frac{\mathbf{a}'}{\|\mathbf{a}\|^2}$.

Beispiel 104 *Ein Beipiel für* $(\mathbf{AB})^+ \neq \mathbf{B}^+\mathbf{A}^+$. *Dazu sei*

$$\mathbf{A} = \begin{pmatrix} 1 & 1 \\ 0 & 1 \end{pmatrix} \quad \textit{und} \quad \mathbf{B} = \begin{pmatrix} 1 \\ 1 \end{pmatrix},$$

dann ist

$$\begin{array}{lcll} \mathbf{A}^+ = \mathbf{A}^{-1} = \begin{pmatrix} 1 & -1 \\ 0 & 1 \end{pmatrix}, \ \mathbf{B}^+ = \frac{1}{2}(1;1) & \Rightarrow & \mathbf{B}^+\mathbf{A}^+ & = \frac{1}{2}(1;0) \\ \mathbf{AB} = \begin{pmatrix} 2 \\ 1 \end{pmatrix} & \Rightarrow & (\mathbf{AB})^+ & = \frac{1}{5}(2;1) \end{array}$$

1.4.2 Spektralzerlegung von Matrizen

Eigenwerte und Eigenvektoren quadratischer Matrizen

Definition 105 *Sei* $\mathbf{A}$ *eine nicht notwendig symmetrische* $n \times n$*-Matrix. Ein Vektor* $\mathbf{x} \neq \mathbf{0}$ *heißt* ***Eigenvektor*** *von* $\mathbf{A}$ *zum* ***Eigenwert*** λ, *falls gilt:*

$$\mathbf{Ax} = \lambda\mathbf{x}.$$

Damit $\mathbf{x}$ Eigenvektor zum Eigenwert λ sein kann, muß das Gleichungssystem $\mathbf{Ax} = \lambda\mathbf{x}$ oder $(\mathbf{A} - \lambda\mathbf{I})\mathbf{x} = \mathbf{0}$ eine nicht triviale Lösung haben. Dazu muß aber die Determinante $|\mathbf{A} - \lambda\mathbf{I}|$ Null sein. Als Funktion von λ ist $|\mathbf{A} - \lambda\mathbf{I}| =: \Phi_{\mathbf{A}}(\lambda)$ ein Polynom n-ten Grades. Dieses heißt das **charakteristische Polynom** von $\mathbf{A}$. Die Eigenwerte sind die Nullstellen des charakteristischen Polynoms. λ_i ist k-facher Eigenwert, falls λ_i eine k-fache Nullstelle von $\Phi_{\mathbf{A}}(\lambda)$ ist. k heißt die **Vielfachheit** des Eigenwertes. Sind alle Eigenwerte voneinander verschieden, spricht man von **einfachen Eigenwerten**. Weiter ist

$$|\mathbf{A}| = \prod_{i=1}^{n} \lambda_i \quad \text{und} \quad \operatorname{Spur} \mathbf{A} = \sum_{i=1}^{n} \lambda_i.$$

$\mathbf{A}$ und $\mathbf{A}'$ haben dieselben Eigenwerte. Existieren $\mathbf{AB}$ und $\mathbf{BA}$, so haben sie ebenfalls dieselben Eigenwerte. Ist $\mathbf{B}$ eine reguläre Matrix, so haben $\mathbf{A}$ und $\mathbf{BAB}^{-1}$ dieselben Eigenwerte. Speziell haben $\mathbf{A}$ und $\mathbf{UAU}'$ dieselben Eigenwerte, falls $\mathbf{U}$ orthogonale Matrix ist.

Eigenwerte und Eigenvektoren symmetrischer Matrizen

Definition 106 *Sei* $\mathbf{A}$ *ein symmetrische* $n \times n$*-Matrix. Alle Eigenvektoren zum gleichem Eigenwert* λ *spannen den* ***Eigenraum*** $\mathbf{E}_\lambda$ *auf. Die Dimension des Eigenraums* $\mathbf{E}_\lambda$ *ist die Vielfachheit des Eigenwerts* λ.

Eigenräume zu verschiedenen Eigenwerten sind orthogonal. Speziell sind die Eigenvektoren zu verschiedenen Eigenwerten orthogonal.
Die Eigenvektoren zu einfachen Eigenwerten sind bis auf einen skalaren Faktor eindeutig.

Beispiel 107 *Ist die* $n \times n$*-Matrix* $\mathbf{P_A}$ *die Projektionsmatrix in einen* k*-dimensionalen Unterraum* $\mathbf{A}$, *so hat* $\mathbf{P_A}$ *den* k*-fachen Eigenwert 1 zum Eigenraum* $\mathbf{A}$ *und den* $(n-k)$*-fachen Eigenwert 0 zum Eigenraum* $\mathbf{A}^\perp$.

Eigenwertzerlegung symmetrischer Matrizen

Es lassen sich stets n orthonormale Eigenvektoren $\mathbf{u}_1$ bis $\mathbf{u}_n$ von $\mathbf{A}$ finden. Diese seien so durchnumeriert, daß die entsprechenden Eigenwerte der Größe nach geordnet sind: $\lambda_1 \geq \lambda_2 \geq \cdots \geq \lambda_n$.[17]
Für jeden Eigenvektor $\mathbf{u}_i$ gilt $\mathbf{A}\mathbf{u}_i = \lambda_i \mathbf{u}_i$. Faßt man diese n Vektorgleichungen in einer Matrix zusammen, erhält man $\mathbf{AU} = \mathbf{U}\Lambda$. Dabei ist $\Lambda :=$ Diag$(\lambda_1; \lambda_2; \ldots; \lambda_n)$ und $\mathbf{U} := (\mathbf{u}_1; \mathbf{u}_2; \ldots; \mathbf{u}_n)$. $\mathbf{U}$ ist eine Orthogonalmatrix: $\mathbf{UU}' = \mathbf{U}'\mathbf{U} = \mathbf{I}$. Daher liefert Multiplikation mit $\mathbf{U}'$ die Zerlegung:

$$\mathbf{A} = \mathbf{U}\Lambda\mathbf{U}' = \sum_{i=1}^{n} \lambda_i \mathbf{u}_i \mathbf{u}_i'. \tag{1.61}$$

Diese Darstellung heißt auch **Eigenwert-** oder **Spektralzerlegung** von $\mathbf{A}$.

Aufgabe 108 *Zeige: Ist* $\mathbf{A}$ *eine symmetrische Matrix, so hat* $\mathbf{A}$ *die Gestalt:*

$$\mathbf{A} = \sum_{j=1}^{r} \lambda_j \mathbf{P}_{\mathcal{A}_j}.$$

Dabei sind $\lambda_1, \lambda_2, \cdots, \lambda_r$ *die* r *voneinander verschiedenen Eigenwerte und* $\mathcal{A}_j$ *die dazugehörigen Eigenräume.*

Aufgabe 109 (Inverse einer Matrix in Spektralzerlegung) *Zeige: Es seien* $\mathbf{V}_1, \cdots, \mathbf{V}_K$ *orthogonale Unterräume, die den* $\mathbb{R}^n$ *aufspannen:*

$$\mathbb{R}^n = \bigoplus_{i=1}^{K} \mathbf{V}_i.$$

[17] Ein k-facher Eigenwert tritt in dieser Anordnung k-fach auf.

Weiter seien $\mathbf{I} = \mathbf{I}_n$ *die Einheitsmatrix,* $\mathbf{P}_{\mathbf{V}_i}$ *die Projektionsmatrizen nach* $\mathbf{V}_i$*,* α_i *beliebige reelle Zahlen und* $\mathbf{A}$ *die Matrix:*

$$\mathbf{A} = \sum_{i=1}^{K} \alpha_i \mathbf{P}_{\mathbf{V}_i}.$$

Dann ist die Determinante von $\mathbf{A}$ *gegeben durch:*

$$|\mathbf{A}| = \prod_{i=1}^{K} \alpha_i^{\dim \mathbf{V}_i}.$$

Die Inverse $\mathbf{A}^{-1}$ *existiert genau dann, wenn alle* $\alpha_i \neq 0$ *sind. Dann ist:*

$$\mathbf{A}^{-1} = \sum_{i=1}^{K} \alpha_i^{-1} \mathbf{P}_{\mathbf{V}_i}.$$

Lösungshinweis: Betrachte die Eigenwertzerlegung von $\mathbf{A}$.

Singulärwertzerlegung einer Matrix A

Die Spektralzerlegung symmetrischer Matrizen läßt sich folgendermaßen auf alle Matrizen verallgemeinern:
Sei $\mathbf{A} = (\mathbf{a}_1; \mathbf{a}_2; \ldots; \mathbf{a}_m)$ eine $n \times m$-Matrix vom Rang r. Dann existieren Matrizen $\mathbf{U}$, Θ und $\mathbf{V}$ mit

$$\mathbf{A} = \mathbf{U}\Theta\mathbf{V}' = \sum_{k=1}^{r} \theta_k \mathbf{u}_k \mathbf{v}_k'. \tag{1.62}$$

Dabei ist $\Theta = \mathrm{Diag}(\theta_1; \theta_2; \ldots; \theta_r)$. Die θ_k sind der Größe nach geordnet: $\theta_1 \geq \theta_2 \geq \cdots \geq \theta_k \geq \theta_r > 0$. Sie heißen die Singulärwerte von $\mathbf{A}$. Weiter ist

$\mathbf{U}$	eine	$n \times r$	-Matrix mit orthonormalen Spalten $\mathbf{u}_k$:	$\mathbf{U}'\mathbf{U} = \mathbf{I}$,
$\mathbf{V}$	eine	$m \times r$	-Matrix mit orthonormalen Spalten $\mathbf{v}_k$:	$\mathbf{V}'\mathbf{V} = \mathbf{I}$.

Ist $\mathbf{A}$ symmetrisch, so stimmen Eigenwertzerlegung und Singulärwertzerlegung überein. Weiter ist

$$\mathbf{A}\mathbf{A}' = \mathbf{U}\Theta^2\mathbf{U}'$$
$$\mathbf{A}'\mathbf{A} = \mathbf{V}\Theta^2\mathbf{V}'.$$

Die $\mathbf{u}_k$ sind Eigenvektoren von $\mathbf{A}\mathbf{A}'$ zu den Eigenwerten $\lambda_k = \theta_k^2$. Die $\mathbf{v}_k$ sind Eigenvektoren von $\mathbf{A}'\mathbf{A}$ ebenfalls zu den Eigenwerten $\lambda_k = \theta_k^2$.
Die Moore-Penrose-Inverse $\mathbf{A}^+$ ist dann gegeben durch

$$\mathbf{A}^+ = \mathbf{V}\Theta^{-1}\mathbf{U}' = \sum_{k=1}^{r} \theta_k^{-1} \mathbf{v}_k \mathbf{u}_k'. \tag{1.63a}$$

1.4.3 Symmetrische Matrizen

Funktionen symmetrischer Matrizen

Die symmetrische Matrix $\mathbf{A}$ sei in ihrer Eigenwertzerlegung (1.61) gegeben. Sei r eine natürliche Zahl. Dann gilt:

$$\underbrace{\mathbf{A}\cdot\mathbf{A}\cdot\mathbf{A}\cdots\mathbf{A}}_{r\text{ mal}} =: \mathbf{A}^r = \mathbf{U}\Lambda^r\mathbf{U}' = \sum \lambda_i^r \mathbf{u}_i\mathbf{u}_i'. \tag{1.64}$$

Dabei ist $\Lambda^r = \mathrm{Diag}(\lambda_1^r; \lambda_2^r; \ldots; \lambda_n^r)$. Die Darstellung (1.64) läßt sich leicht auf rationale Exponenten und dann auf beliebige reelle Funktionen $f(\cdot)$ verallgemeinern. Wir definieren

$$f(\mathbf{A}) := \sum f(\lambda_i)\mathbf{u}_i\mathbf{u}_i'.$$

Daraus folgt: $\mathbf{A}$ und $f(\mathbf{A})$ haben dieselben Eigenvektoren, aber unterschiedliche Eigenwerte, nämlich λ_i und $f(\lambda_i)$.
Speziell gilt:

$$\mathbf{A}^{-1} = \sum \lambda_i^{-1}\mathbf{u}_i\mathbf{u}_i', \text{ falls alle } \lambda_i \neq 0 \text{ sind,}$$
$$\mathbf{A}^{\frac{1}{2}} = \sum \lambda_i^{\frac{1}{2}}\mathbf{u}_i\mathbf{u}_i', \text{ falls alle } \lambda_i \geq 0 \text{ sind.}$$

$\mathbf{A}^{\frac{1}{2}}$ ist eine symmetrische Wurzel von $\mathbf{A} = \mathbf{A}^{\frac{1}{2}}\mathbf{A}^{\frac{1}{2}}$. Setzen wir $\mathbf{B} := \Lambda^{\frac{1}{2}}\mathbf{U}'$, so ist $\mathbf{B}$ eine unsymmetrische Wurzel von $\mathbf{A}$. Für $\mathbf{B}$ gilt $\mathbf{B}'\mathbf{B} = \mathbf{A}$.

Quadratische Formen

Definition 110 *Bei einer symmetrischen Matrix* $\mathbf{A}$ *ist*

$$\mathbf{x}'\mathbf{A}\mathbf{x} = \sum_{i=1}^{n}\sum_{j=1}^{n} x_i x_j a_{ij}.$$

$\mathbf{x}'\mathbf{A}\mathbf{x}$ *ist ein Polynom zweiten Grades in den Variablen* x_1 *bis* x_n. *Dieses Polynom heißt auch* ***quadratische Form***.

Ersetzen wir $\mathbf{A}$ durch ihre Eigenwertzerlegung $\mathbf{U}\Lambda\mathbf{U}'$ und setzen $\mathbf{U}'\mathbf{x} = \mathbf{y}$, so folgt

$$\mathbf{x}'\mathbf{A}\mathbf{x} = \mathbf{x}'\mathbf{U}\Lambda\mathbf{U}'\mathbf{x} = \mathbf{y}'\Lambda\mathbf{y} = \sum_{i=1}^{n} \lambda_i y_i^2. \tag{1.65}$$

Daraus folgt: $\mathbf{A}$ ist genau dann

positiv definit,	falls alle Eigenwerte positiv sind,
positiv semidefinit,	falls alle Eigenwerte nicht negativ sind,
negativ definit,	falls alle Eigenwerte negativ sind, und
indefinit,	falls einige Eigenwerte positiv und andere negativ sind.

Maximierung quadratischer Formen

Satz 111 *Es sei* $\mathbf{A}$ *eine positiv semidefinite Matrix. Dann ist:*

$$\lambda_1 \geq \frac{\mathbf{x}'\mathbf{A}\mathbf{x}}{\mathbf{x}'\mathbf{x}} \geq \lambda_n.$$

Dabei sind λ_i *die der Größe nach geordneten Eigenwerte der Matrix* $\mathbf{A}$. *Das Maximum wird genau dann angenommen, wenn* $\mathbf{x}$ *Eigenvektor zu* λ_1 *ist.*

Beweis:
Setze $\mathbf{x} := \mathbf{U}'\mathbf{y}$. Dann ist:

$$\frac{\mathbf{x}'\mathbf{A}\mathbf{x}}{\mathbf{x}'\mathbf{x}} = \frac{\mathbf{y}'\Lambda\mathbf{y}}{\mathbf{y}'\mathbf{y}} = \frac{\sum \lambda_i y_i^2}{\sum y_i^2}.$$

□

Satz 112 *Es seien* $\mathbf{A} \geq \mathbf{0}$ *und* $\mathbf{B} = \mathbf{C}'\mathbf{C} > \mathbf{0}$ *symmetrische Matrizen. Dann gilt:*

$$\delta_1 \geq \frac{\mathbf{x}'\mathbf{A}\mathbf{x}}{\mathbf{x}'\mathbf{B}\mathbf{x}} \geq \delta_2.$$

Dabei sind die δ_i *die der Größe nach geordneten Eigenwerte der Matrix* $\mathbf{C}^{-1\prime}\mathbf{A}\mathbf{C}^{-1}$. *Das Maximum wird angenommen für* $\mathbf{x}_1 = \mathbf{C}^{-1}\mathbf{z}_1$. *Dabei ist* $\mathbf{z}_1$ *Eigenvektor zu* δ_1. *Weiter ist* $\mathbf{x}_1$ *auch darstellbar als Lösung der verallgemeinerten Eigenwertgleichung:* $\mathbf{A}\mathbf{x} = \delta\mathbf{B}\mathbf{x}$ *bzw.* $\mathbf{B}^{-1}\mathbf{A}\mathbf{x} = \delta\mathbf{x}$.
Für den Spezialfall: $\mathbf{A} = \mathbf{a}\mathbf{a}'$ *erhalten wir:*

$$0 \leq \frac{(\mathbf{a}'\mathbf{x})^2}{\mathbf{x}'\mathbf{B}\mathbf{x}} \leq \mathbf{a}'\mathbf{B}^{-1}\mathbf{a}.$$

Dabei wird das Maximum bei $\mathbf{x} = \mathbf{B}^{-1}\mathbf{a}$ *angenommen.*

Beweis:
Setze $\mathbf{z} = \mathbf{C}\mathbf{x}$ und wende Satz 111 an. Dann gilt:

$$\mathbf{C}^{-1\prime}\mathbf{A}\mathbf{C}^{-1}\mathbf{z}_1 = \delta_1\mathbf{z}_1 \Rightarrow \mathbf{A}\mathbf{x}_1 = \mathbf{A}\mathbf{C}^{-1}\mathbf{z}_1 = \delta_1\mathbf{C}'\mathbf{z}_1 = \delta_1\mathbf{C}'\mathbf{C}\mathbf{x}_1 = \delta_1\mathbf{B}\mathbf{x}_1.$$

Im Spezialfall $\mathbf{A} = \mathbf{a}\mathbf{a}'$ ist $\mathbf{C}^{-1\prime}\mathbf{A}\mathbf{C}^{-1} = \mathbf{C}^{-1\prime}\mathbf{a}\mathbf{a}'\mathbf{C}^{-1} = \mathbf{b}\mathbf{b}'$ mit $\mathbf{b} := \mathbf{C}^{-1\prime}\mathbf{a}$.
Die Matrix $\mathbf{b}\mathbf{b}'$ hat den Eigenvektor $\mathbf{b}$ zum Eigenwert $||\mathbf{b}||^2$.
□

Zusammenfassung quadratischer Formen

Im Zusammenhang mit den Dichten n-dimensionaler Normalverteilungen, so vor allem auch bei der Bayesianischen Regression, werden wir häufig auf die folgenden Umformungen zurückgreifen:

Satz 113 (Quadratische Ergänzung) *Es sei* $\mathbf{F}$ *eine symmetrische invertierbare Matrix und* $\mathbf{U}$ *sowie* $\mathbf{V}$ *beliebige Matrizen mit passenden Typen, dann lassen sich die in* $\mathbf{U}$ *quadratische und die beiden in* $\mathbf{U}$ *linearen Formen zu einer in* $\mathbf{U}$ *quadratischen Form zusammenfassen:*

$$\mathbf{U'FU} + \mathbf{U'V} + \mathbf{V'U} = \left(\mathbf{U} + \mathbf{F}^{-1}\mathbf{V}\right)' \mathbf{F} \left(\mathbf{U} + \mathbf{F}^{-1}\mathbf{V}\right) - \mathbf{V'F}^{-1}\mathbf{V}.$$

Zum Beweis multipliziere man die rechte Seite einfach aus.

Satz 114 (Summe zweier quadratischer Formen) *Sind* $\mathbf{A} \geq \mathbf{0}$ *und* $\mathbf{B} \geq \mathbf{0}$ *positiv semidefinite symmetrische Matrizen,* $\mathbf{X}, \mathbf{Z}$, $\mathbf{a}, \mathbf{b}$ *und* $\boldsymbol{\beta}$ *beliebige Matrizen bzw. Vektoren passender Dimension und*

$$\mathbf{D}(\boldsymbol{\beta}) := (\mathbf{a} - \mathbf{X}\boldsymbol{\beta})' \mathbf{A} (\mathbf{a} - \mathbf{X}\boldsymbol{\beta}) + (\mathbf{b} - \mathbf{Z}\boldsymbol{\beta})' \mathbf{B} (\mathbf{b} - \mathbf{Z}\boldsymbol{\beta}),$$

so läßt sich $\mathbf{D}(\boldsymbol{\beta})$ *in eine nur von* $\boldsymbol{\beta}$ *abhängende quadratische Form und einen von* $\boldsymbol{\beta}$ *freien Rest* $\mathbf{D}(\mathbf{c})$ *zerlegen:*

$$\mathbf{D}(\boldsymbol{\beta}) = (\boldsymbol{\beta} - \mathbf{c})' \mathbf{C} (\boldsymbol{\beta} - \mathbf{c}) + \mathbf{D}(\mathbf{c}). \tag{1.66}$$

Dabei ist

$$\mathbf{C} := \mathbf{X'AX} + \mathbf{Z'BZ} \tag{1.67}$$

und $\mathbf{c}$ *Lösung der Gleichung*

$$\mathbf{Cc} = \mathbf{X'Aa} + \mathbf{Z'Bb}. \tag{1.68}$$

Ist $\mathbf{Z} = \mathbf{I}$ *die Einheitsmatrix und sind* $\mathbf{A} > \mathbf{0}$ *und* $\mathbf{B} > \mathbf{0}$ *invertierbar, so ist* $\mathbf{C} > \mathbf{0}$ *und* $\mathbf{D}(\mathbf{c})$ *vereinfacht sich zu:*

$$\begin{aligned}\mathbf{D}(\mathbf{c}) &= (\mathbf{a} - \mathbf{Xb})'(\mathbf{A} - \mathbf{AXC}^{-1}\mathbf{X'A})(\mathbf{a} - \mathbf{Xb}) \\ &= (\mathbf{a} - \mathbf{Xb})'(\mathbf{A}^{-1} + \mathbf{XB}^{-1}\mathbf{X}')^{-1}(\mathbf{a} - \mathbf{Xb}).\end{aligned}$$

Beweis:
1. Lösbarkeit der Gleichung (1.68) :
Für jede positiv semidefinite Matrix $\mathbf{A}$ folgt aus der Eigenwertzerlegung die Aussage $\mathbf{y'Ay} = 0 \Leftrightarrow \mathbf{y'A} = \mathbf{0}$. Wenden wir dies auf die Matrix $\mathbf{C} := \mathbf{X'AX} + \mathbf{Z'BZ}$ an, erhalten wir:

$$\begin{array}{llll}\mathbf{Cy} = 0 & \Leftrightarrow & \mathbf{y'Cy} = 0 & \Leftrightarrow \quad \mathbf{y'X'AXy} + \mathbf{y'Z'BZy} = 0 \\ & \Leftrightarrow & \mathbf{y'X'AXy} = 0 & \text{und} \quad \mathbf{y'Z'BZy} = 0 \\ & \Leftrightarrow & \mathbf{y'X'A} = 0 & \text{und} \quad \mathbf{y'Z'B} = 0.\end{array}$$

Also ist

$$\mathcal{L}(\mathbf{C})^{\perp} = (\mathcal{L}(\mathbf{X'A}) + \mathcal{L}(\mathbf{Z'B}))^{\perp}.$$

Daher ist $\mathcal{L}(\mathbf{C}) = \mathcal{L}(\mathbf{X'A}) + \mathcal{L}(\mathbf{Z'B})$ und die Gleichung (1.68) ist lösbar.

2. Multiplizieren wir $\mathbf{D}(\boldsymbol{\beta})$ aus, sortieren nach $\boldsymbol{\beta}$ und berücksichtigen (1.67) und (1.68), so erhalten wir

$$\begin{aligned}
\mathbf{D}(\boldsymbol{\beta}) &= \mathbf{a}'\mathbf{A}\mathbf{a} - 2\mathbf{a}'\mathbf{A}\mathbf{X}\boldsymbol{\beta} + \boldsymbol{\beta}'\mathbf{X}'\mathbf{A}\mathbf{X}\boldsymbol{\beta} + \boldsymbol{\beta}'\mathbf{Z}'\mathbf{B}\mathbf{Z}\boldsymbol{\beta} - 2\mathbf{b}'\mathbf{B}\mathbf{Z}\boldsymbol{\beta} + \mathbf{b}'\mathbf{B}\mathbf{b} \\
&= \mathbf{a}'\mathbf{A}\mathbf{a} - 2\boldsymbol{\beta}'(\mathbf{X}'\mathbf{A}\mathbf{a} + \mathbf{Z}'\mathbf{B}\mathbf{b}) + \boldsymbol{\beta}'\mathbf{C}\boldsymbol{\beta} + \mathbf{b}'\mathbf{B}\mathbf{b} \\
&= \mathbf{a}'\mathbf{A}\mathbf{a} - 2\boldsymbol{\beta}'\mathbf{C}\mathbf{c} + \boldsymbol{\beta}'\mathbf{C}\boldsymbol{\beta} + \mathbf{b}'\mathbf{B}\mathbf{b} \\
&= \mathbf{a}'\mathbf{A}\mathbf{a} + (\boldsymbol{\beta} - \mathbf{c})'\mathbf{C}(\boldsymbol{\beta} - \mathbf{c}) - \mathbf{c}'\mathbf{C}\mathbf{c} + \mathbf{b}'\mathbf{B}\mathbf{b}. \qquad (1.69)
\end{aligned}$$

Ersetzt man in (1.69) $\boldsymbol{\beta} = \mathbf{c}$, erhält man:

$$\mathbf{D}(\mathbf{c}) = \mathbf{a}'\mathbf{A}\mathbf{a} - \mathbf{c}'\mathbf{C}\mathbf{c} + \mathbf{b}'\mathbf{B}\mathbf{b}. \qquad (1.70)$$

Im Fall $\mathbf{Z} = \mathbf{I}$ und invertierbarem $\mathbf{A}$ und $\mathbf{B}$ ist

$$\mathbf{C} = \mathbf{X}'\mathbf{A}\mathbf{X} + \mathbf{B}. \qquad (1.71)$$

Damit ist $\mathbf{C} > \mathbf{0}$ und invertierbar. Weiter setzen wir zur Abkürzung

$$\mathbf{u} := \mathbf{a} - \mathbf{X}\mathbf{b} \quad \text{also} \quad \mathbf{a} := \mathbf{u} + \mathbf{X}\mathbf{b}.$$

Dann ist

$$\begin{aligned}
\mathbf{C}\mathbf{c} &= \mathbf{X}'\mathbf{A}\mathbf{a} + \mathbf{B}\mathbf{b} = \mathbf{X}'\mathbf{A}(\mathbf{u} + \mathbf{X}\mathbf{b}) + \mathbf{B}\mathbf{b} = \mathbf{X}'\mathbf{A}\mathbf{u} + \mathbf{C}\mathbf{b} \qquad (1.72) \\
\mathbf{a}'\mathbf{A}\mathbf{a} &= (\mathbf{u} + \mathbf{X}\mathbf{b})'\mathbf{A}(\mathbf{u} + \mathbf{X}\mathbf{b}) \\
&= \mathbf{u}'\mathbf{A}\mathbf{u} + 2\mathbf{u}'\mathbf{A}\mathbf{X}\mathbf{b} + \mathbf{b}'\mathbf{X}'\mathbf{A}\mathbf{X}\mathbf{b}. \qquad (1.73)
\end{aligned}$$

Damit erhalten wir wegen (1.72):

$$\begin{aligned}
\mathbf{c}'\mathbf{C}\mathbf{c} &= \mathbf{c}'\mathbf{C}\mathbf{C}^{-1}\mathbf{C}\mathbf{c} = (\mathbf{X}'\mathbf{A}\mathbf{u} + \mathbf{C}\mathbf{b})'\mathbf{C}^{-1}(\mathbf{X}'\mathbf{A}\mathbf{u} + \mathbf{C}\mathbf{b}) \\
&= \mathbf{u}'\mathbf{A}\mathbf{X}\mathbf{C}^{-1}\mathbf{X}'\mathbf{A}\mathbf{u} + 2\mathbf{u}'\mathbf{A}\mathbf{X}\mathbf{b} + \mathbf{b}'\mathbf{C}\mathbf{b}. \qquad (1.74)
\end{aligned}$$

Daraus folgt mit (1.70), (1.71), (1.73) und (1.74):

$$\begin{aligned}
\mathbf{D}(\mathbf{c}) &= \mathbf{a}'\mathbf{A}\mathbf{a} + \mathbf{b}'\mathbf{B}\mathbf{b} - \mathbf{c}'\mathbf{C}\mathbf{c} \\
&= \mathbf{u}'\mathbf{A}\mathbf{u} - \mathbf{u}'\mathbf{A}\mathbf{X}\mathbf{C}^{-1}\mathbf{X}'\mathbf{A}\mathbf{u} = \mathbf{u}'\left(\mathbf{A} - \mathbf{A}\mathbf{X}\mathbf{C}^{-1}\mathbf{X}'\mathbf{A}\right)\mathbf{u}.
\end{aligned}$$

Aus Formel (1.58), Seite 94, folgt

$$\begin{aligned}
\left[\mathbf{A} - (\mathbf{A}\mathbf{X})\left(\mathbf{C}^{-1}\mathbf{X}'\mathbf{A}\right)\right]^{-1} &= \mathbf{A}^{-1} + \mathbf{X}(\mathbf{I} - \mathbf{C}^{-1}\mathbf{X}'\mathbf{A}\mathbf{X})^{-1}\mathbf{C}^{-1}\mathbf{X}' \\
&= \mathbf{A}^{-1} + \mathbf{X}(\mathbf{C} - \mathbf{X}'\mathbf{A}\mathbf{X})^{-1}\mathbf{X}' = \mathbf{A}^{-1} + \mathbf{X}\mathbf{B}^{-1}\mathbf{X}'.
\end{aligned}$$

□

1.4.4 Ellipsoide im $\mathbb{R}^n$

Bei einer symmetrischen, positiv definiten $n \times n$-Matrix $\mathbf{A}$ stellt die Menge der Punkte $\{\mathbf{z} \,|\, \mathbf{z}'\mathbf{A}^{-1}\mathbf{z} \leq q^2\}$ ein n-dimensionales Ellipsoid dar. Dabei liegt der Mittelpunkt im Nullpunkt, die Hauptachsen liegen in der Richtung der Eigenvektoren $\mathbf{U}_i$ von $\mathbf{A}$, die Länge der i-ten Halbachse ist $q\sqrt{\lambda_i}$. Dabei ist λ_i der zu $\mathbf{U}_i$ gehörende Eigenwert von $\mathbf{A}$. Läßt man q variieren, entsteht eine Schar von Ellipsoiden mit gleicher Richtung der Hauptachsen und konstantem Verhältnis der Achsenlängen.

Das Volumen dieser Ellipsoide ist $k_n q^n |\mathbf{A}|^{\frac{1}{2}} = k_n q^n \prod_{i=1}^n \lambda_i^{\frac{1}{2}}$. Dabei ist k_n die nur von n abhängende Konstante:

$$k_n := \frac{\pi^{\frac{n}{2}}}{\Gamma\left(1+\frac{n}{2}\right)} = \begin{cases} \frac{\pi^m}{m!} & \text{falls } n = 2m \\ \frac{\pi^m 2^n m!}{n!} & \text{falls } n = 2m+1. \end{cases}$$

Ellipsen im $\mathbb{R}^2$: Ist $\mathbf{A} = \left(\begin{smallmatrix} a & b \\ b & c \end{smallmatrix}\right)$ eine symmetrische 2×2-Matrix, so ist $\mathbf{A}$ positiv definit, falls $a > 0$ und $ac - b^2 > 0$ ist. (Daher muß auch $c > 0$ sein.) In diesem Fall ist

$$\mathbf{A}^{-1} = \frac{1}{ac - b^2} \left(\begin{smallmatrix} c & -b \\ -b & a \end{smallmatrix}\right).$$

Die der Größe nach geordneten Eigenwerte von $\mathbf{A}$ sind

$$\lambda_1 = \frac{1}{2}\left(a + c + \sqrt{(a-c)^2 + 4b^2}\right)$$
$$\lambda_2 = \frac{1}{2}\left(a + c - \sqrt{(a-c)^2 + 4b^2}\right).$$

Man verifiziert leicht, daß

$$\lambda_1 + \lambda_2 = \operatorname{Spur} \mathbf{A} = a + c \qquad \text{und} \qquad \lambda_1 \cdot \lambda_2 = |\mathbf{A}| = a \cdot c - b^2$$

ist. Die nicht normierten Eigenvektoren von $\mathbf{A}$ sind

$$\mathbf{u}_1 = \begin{pmatrix} b \\ \lambda_1 - a \end{pmatrix} \qquad \text{und} \qquad \mathbf{u}_2 = \begin{pmatrix} b \\ \lambda_2 - a \end{pmatrix}. \tag{1.75}$$

Der erste Eigenvektor liegt auf der Hauptachse, der zweite Eigenvektor auf der Nebenachse der Ellipse. Sind L und l die Längen der großen und der kleinen Halbachsen, so ist

$$L = q\sqrt{\lambda_1} \text{ sowie } l = q\sqrt{\lambda_2}.$$

Der Anstieg der großen Halbachse ist dann wegen (1.75) :

$$\frac{\lambda_1 - a}{b} = \frac{c - a + \sqrt{(a-c)^2 + 4b^2}}{2b} =: \frac{\sqrt{4r^2 + \Delta^2} - \Delta}{2r}.$$

Dabei haben wir in Anlehnung an die Statistik die folgenden Abkürzungen verwendet:

$$r = \frac{b}{\sqrt{ac}} \qquad \Delta = \frac{a-c}{\sqrt{ac}}.$$

Schreiben wir in der Ellipsengleichung $\mathbf{z}'\mathbf{A}^{-1}\mathbf{z} = q^2$ die Koordinaten des Punktes $\mathbf{z}$ als $\mathbf{z} = (x; y)'$, so erhalten wir:

$$x^2 c - 2xyb + y^2 a = (ac - b^2)q^2. \tag{1.76}$$

Die Koordinaten des höchsten Punktes $\mathbf{z}_1 = (x_1; y_1)$ erhält man aus der Ellipsengleichung (1.76) durch implizite Ableitung von y nach x und Nullsetzen der Ableitung. Dies liefert:

$$x_1 c - y_1 b = 0.$$

Die Gerade durch $\mathbf{z}_1$ hat also den Anstieg:

$$\frac{y_1}{x_1} = \frac{c}{b}.$$

Die Ellipsengleichung (1.76) liefert dann die absolute Größe der Koordinaten. Es ist

$$y_1^2 = cq^2.$$

Analog erhält man aus der Ellipsengleichung (1.76) durch implizite Ableitung von x nach y den Anstieg der Geraden durch den am weitesten rechts gelegenen Punkt $\mathbf{z}_2$ der Ellipse. Für $\mathbf{z}_2$ gilt:

$$\begin{aligned} -x_2 b + y_2 a &= 0 \\ \frac{y_2}{x_2} &= \frac{b}{a}. \end{aligned}$$

Die y-Koordinate des Schnittpunktes $\mathbf{z}_0$ der Ellipse mit der y-Achse ist y_0. Aus der Ellipsengleichung (1.76) folgt

$$y_0^2 = \frac{(ac - b^2)q^2}{a}.$$

Daher ist:

$$\left(\frac{y_0}{y_1}\right)^2 = \frac{ac - b^2}{ac} = 1 - r^2.$$

Damit ist auch die Formel (1.45) von Seite 83 bewiesen.

1.4.5 Normierte lineare Vektorräume

Skalarprodukte und Metriken

Ein Skalarprodukt $\langle \mathbf{a}, \mathbf{b} \rangle$ auf einem Vektorraum ist eine Abbildung, die je zwei Vektoren $\mathbf{a}$ und $\mathbf{b}$ eine reelle Zahl $\langle \mathbf{a}, \mathbf{b} \rangle$ zuordnet. Für diese Abbildung muß gelten:

Symmetrie:	$\langle \mathbf{a}, \mathbf{b} \rangle$	$=$	$\langle \mathbf{b}, \mathbf{a} \rangle$
Linearität:	$\langle \alpha\mathbf{a} + \beta\mathbf{b}, \mathbf{c} \rangle$	$=$	$\alpha \langle \mathbf{a}, \mathbf{c} \rangle + \beta \langle \mathbf{b}, \mathbf{c} \rangle$
Positivität:	$\langle \mathbf{a}, \mathbf{a} \rangle$	$\geq$	0
	$\langle \mathbf{a}, \mathbf{a} \rangle$	$=$	$0 \Leftrightarrow \mathbf{a} = \mathbf{0}.$

Mit dem Skalarprodukt $\langle \mathbf{a}, \mathbf{b} \rangle$ wird eine Norm $\|\mathbf{a}\|$ definiert durch:

$$\|\mathbf{a}\|^2 := \langle \mathbf{a}, \mathbf{a} \rangle .$$

Lineare Vektorräume mit einer Norm heißen **normierte** lineare Vektorräume. Bei jeder Norm ist durch

$$d(\mathbf{a}, \mathbf{b}) := \|\mathbf{a} - \mathbf{b}\| \tag{1.77}$$

eine Distanz $d(\mathbf{a}, \mathbf{b})$ zwischen den Vektoren **a** und **b** definiert. Wir nennen eine Distanz $d(\mathbf{a}, \mathbf{b})$ eine **Metrik** auf dem Raum **V**, wenn für alle **a** , **b** und **c** aus **V** gilt:

$$d(\mathbf{a}, \mathbf{b}) = d(\mathbf{b}, \mathbf{a}) \tag{1.78}$$

$$d(\mathbf{a}, \mathbf{a}) = 0 \tag{1.79}$$

$$d(\mathbf{a}, \mathbf{b}) > 0 \text{ für } \mathbf{a} \neq \mathbf{b} \tag{1.80}$$

$$d(\mathbf{a}, \mathbf{b}) + d(\mathbf{b}, \mathbf{c}) \geq d(\mathbf{a}, \mathbf{c}) \tag{1.81}$$

Die letzte Ungleichung heißt die Dreiecksungleichung. Jede Norm erfüllt trivialerweise die ersten drei Eigenschaften (1.78) bis (1.80) . Wir zeigen im folgenden Satz, daß auch die Dreiecksungleichung erfüllt ist. Damit gilt:
Durch die Wahl eines Skalarproduktes auf einem linearen Raum **V** wird dort eine Norm und mit dieser Norm eine Metrik definiert.

Satz 115 *Die durch* (1.77) *definierte Distanz erfüllt die Dreiecksungleichung.*

Beweis:
Aus $-1 \leq \frac{\langle \mathbf{x}, \mathbf{y} \rangle}{\|\mathbf{x}\| \|\mathbf{y}\|} \leq 1$ folgt

$$\begin{aligned} (\|\mathbf{x}\| + \|\mathbf{y}\|)^2 &= \|\mathbf{x}\|^2 + \|\mathbf{y}\|^2 + 2\|\mathbf{x}\|\|\mathbf{y}\| \\ &\geq \|\mathbf{x}\|^2 + \|\mathbf{y}\|^2 + 2\langle \mathbf{x}, \mathbf{y} \rangle \\ &= \|\mathbf{x} + \mathbf{y}\|^2. \end{aligned}$$

Setzen wir $\mathbf{x} = \mathbf{b} - \mathbf{a}$; $\mathbf{y} = \mathbf{c} - \mathbf{b}$, so erhalten wir (1.81) .
□

Definition 116 *Ist* **G** *eine feste, positiv definite symmetrische* $n \times n$*-Matrix, so wird durch*

$$\langle \mathbf{a}, \mathbf{b} \rangle_{\mathbf{G}} := \mathbf{a}'\mathbf{G}\mathbf{b} = \sum_{i=1}^{n} \sum_{j=1}^{n} a_i g_{ij} b_j .$$

ein Skalarprodukt definiert. Die durch dieses Skalarprodukt definierte Metrik heißt die ***verallgemeinerte euklidisches Metrik.*** *Unter Bezug auf die erzeugende Matrix G sprechen wir auch kurz von der* ***G-Metrik.*** *Im Spezialfall ist* **G** *die Einheitsmatrix, dann erhalten wir die gewöhnliche* ***euklidische Metrik*** *im* $\mathbb{R}^n$.

Beispiel 117 (Skalarprodukte für Matrizen) *Sind* **A** *und* **B** *zwei symmetrische Matrizen, so wird ein Skalarprodukt definiert durch* $\langle \mathbf{a}, \mathbf{b} \rangle := \operatorname{Spur} \mathbf{AB}$.

Beispiel 118 (Skalarprodukte für zufällige Variablen) *Der Raum der zufälligen Variablen mit existierender Varianz ist ein unendlich dimensionaler Vektorraum. Identifizieren wir zwei zufällige Variable* X *und* $X^\star$*, die mit Wahrscheinlichkeit Eins übereinstimmen, so können wir das folgende Skalarprodukt erklären:*

$$\langle X, Y \rangle := \mathrm{E}(XY).$$

Für zentrierte Variable mit dem Erwartungswert Null gilt dann:
$\langle X, Y \rangle = \operatorname{Cov}(X, Y)$ *und* $\|X\|^2 = \operatorname{Var} X$.

Beispiel 119 (Skalarprodukte für stetige Funktionen) *Die Menge* $\mathbf{C}^0 := \mathbf{C}^0[\alpha, \beta]$ *der über dem Intervall* $[\alpha, \beta]$ *stetigen Funktionen bildet mit der Addition* $(f+g)(x) := f(x) + g(x)$ *und der skalaren Multiplikation* $(\lambda f)(x) := \lambda f(x)$ *einen unendlichdimensionalen Vektorraum. Auf* $\mathbf{C}^0$ *läßt sich durch*

$$\langle a, b \rangle = \int_\alpha^\beta a(x) b(x) \, \mathrm{d}x$$

ein Skalarprodukt definieren. Die Menge $\mathbf{C}^1 := \mathbf{C}^1[\alpha, \beta]$*, der über* $[\alpha, \beta]$ *differenzierbaren Funktionen bildet einen Unterraum von* $\mathbf{C}^0$.
Nun sei $f \in \mathbf{C}^0$ *eine stetige, aber nicht differenzierbare Funktion, z. B. die in Abbildung 1.34 gezeichnete Funktion. Zu* f *gibt es keine differenzierbare*

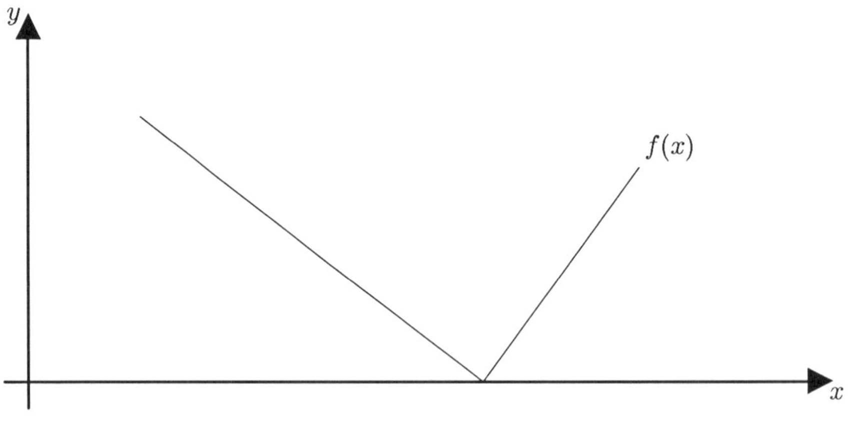

Abbildung 1.34: Stetige, aber nicht differenzierbare Funktion f

Funktion $g \in \mathbf{C}^1$ *mit minimalem Abstand von* f. *Zu jeder differenzierbaren Funktion* $g \in \mathbf{C}^1$ *gibt es nämlich eine andere Funktion* $h \in \mathbf{C}^1$*, die noch näher an* f *liegt.* f *liegt auf dem Rand von* $\mathbf{C}^1$*:* $\inf\{\|f - g\| \,|g \in \mathbf{C}^1\} = 0$. *Die Projektion von* f *auf* $\mathbf{C}^1$ *existiert nicht!*

Der Isomorphiesatz

Wir haben die räumliche Vorstellung von Vektoren, von Winkeln und Abständen, von euklidischen zwei- und dreidimensionalen Räumen zuerst auf den euklidischen n-dimensionalen Raum und dann auf beliebige endlich dimensionale lineare Vektorräume mit einem Skalarprodukt übertragen. Wir rechtfertigten dies, da der Ausdruck

$$\|\mathbf{a}\| = \sqrt{\langle \mathbf{a}, \mathbf{a} \rangle} \tag{1.82}$$

alle Eigenschaften eines Abstandes und

$$\frac{\langle \mathbf{a}, \mathbf{b} \rangle}{\|\mathbf{a}\| \, \|\mathbf{b}\|} \tag{1.83}$$

alle Eigenschaften eines Winkels besitzt. Wir können nun eine zweite — vielleicht noch überzeugendere — Begründung geben, wobei wir auf die Bezeichnungen des Abschnittes 1.2.4 zurückgreifen:

Satz 120 (Isomorphiesatz) *Es seien* $\mathbf{x}_1, \ldots, \mathbf{x}_n$ *Vektoren eines linearen Vektorraumes* $\mathbf{V}$ *mit einem Skalarprodukt; dabei braucht* $\mathbf{V}$ *nicht endlich dimensional zu sein. Sei* $\mathbf{X} := \{\mathbf{x}_1; \ldots; \mathbf{x}_n\}$ *und* $\mathcal{L}\{\mathbf{X}\}$ *der von ihnen erzeugte endlich-dimensionale Unteraum. Die Eigenwertzerlegung der Matrix* $\langle \mathbf{X}; \mathbf{X} \rangle$ *sei:*

$$\langle \mathbf{X}; \mathbf{X} \rangle = \mathbf{V}\Theta^2\mathbf{V}' =: \mathbf{Z}'\mathbf{Z}.$$

Dann ist die Abbildung

$$\mathbf{X} * \alpha \in \mathcal{L}\{\mathbf{X}\} \longleftrightarrow \mathbf{Z}\alpha \in \mathcal{L}\{\mathbf{Z}\} \subseteq \mathbb{R}^n$$

eine Abbildung der Räume $\mathcal{L}\{\mathbf{X}\}$ *und* $\mathcal{L}\{\mathbf{Z}\}$ *aufeinander. Die Abbildung erhält alle Skalarprodukte und damit Winkel und Abstände. Vektoren aus* $\mathcal{L}\{\mathbf{X}\}$ *sind genau dann linear unabhängig, wenn es ihre Bilder in* $\mathcal{L}\{\mathbf{Z}\}$ *sind. Schließlich ist*

$$\dim \mathcal{L}\{\mathbf{X}\} = \dim \mathcal{L}\{\mathbf{Z}\} = \operatorname{Rg}\langle \mathbf{X}; \mathbf{X} \rangle.$$

Kurz: Die gesamte geometrische Struktur von $\mathcal{L}\{\mathbf{X}\}$ *ist identisch mit der geometrischen Struktur von* $\mathcal{L}\{\mathbf{Z}\}$.

Beweis :
Für zwei verallgemeinerte Vektoren $\mathbf{X} * \mathbf{a}$ und $\mathbf{X} * \mathbf{b}$ aus $\mathcal{L}\{\mathbf{X}\}$ gilt:

$$\langle \mathbf{X} * \mathbf{a}; \mathbf{X} * \mathbf{b} \rangle = \mathbf{a}'\langle \mathbf{X}; \mathbf{X} \rangle \mathbf{b} = \mathbf{a}'\mathbf{Z}'\mathbf{Z}\mathbf{b} = (\mathbf{Z}\mathbf{a})'\,\mathbf{Z}\mathbf{b}.$$

Bei der Abbildung bleiben alle Skalarprodukte und damit alle Normen invariant. Speziell ist $\|\mathbf{X} * \mathbf{a}\|^2 = \|\mathbf{Z}\mathbf{a}\|^2$. Daher ist $\mathbf{X} * \mathbf{a}$ genau dann Null, wenn $\mathbf{Z}\mathbf{a}$ Null ist. Daher haben beide Räume dieselbe Dimension:

$$\dim \mathcal{L}\{\mathbf{X}\} = \dim \mathcal{L}\{\mathbf{Z}\} = \operatorname{Rg} \mathbf{Z} = \operatorname{Rg} \mathbf{Z}\mathbf{Z}' = \operatorname{Rg}\langle \mathbf{X}; \mathbf{X} \rangle.$$

□

Aus dem Isomorphiesatz ziehen wir die Folgerung:

Satz 121 *Alle Aussagen, die im euklidischen Vektorraum $\mathbb{R}^n$ mit dem euklidischen Skalarprodukt $\langle \mathbf{a}, \mathbf{b} \rangle = \sum_{i=1}^n a_i b_i$, der euklidischen Norm $\|\mathbf{a}\| = \sqrt{\sum_{i=1}^n a_i^2}$ und der dazu gehörigen Projektion gemacht wurden, gelten auch in endlich dimensionalen linearen Vektorräumen mit dem jeweiligen Skalarprodukt.*

Vereinbarung: Sofern nicht ausdrücklich etwas anderes gesagt wird, beziehen sich die folgenden Aussagen auf endlich dimensionale lineare Vektorräume mit einem Skalarprodukt.

Das Gram-Schmidt-Orthogonalisierungs-Verfahren

Dieses Verfahren konstruiert aus der Basis eines Vektorraumes

$$\mathbf{V}_n = \mathcal{L}\{\mathbf{a}_1, \mathbf{a}_2, \mathbf{a}_3, \ldots, \mathbf{a}_n\}$$

iterativ eine orthogonale Basis $\mathbf{a}_1, \mathbf{a}_{2\cdot 1}, \mathbf{a}_{3\cdot 12}, \ldots, \mathbf{a}_{n\cdot 123\ldots n-1}$. Dabei wird sukzessiv eine bereits konstruierte Menge orthogonaler Vektoren um einen weiteren orthogonalen Vektor erweitert. Dabei ist

$$\mathbf{a}_{i\cdot 123\ldots i-1} = \mathbf{a}_i - \mathbf{P}_{\mathcal{L}\{\mathbf{a}_1, \mathbf{a}_2, \ldots, \mathbf{a}_{i-1}\}} \mathbf{a}_i.$$

Die Restkomponente $\mathbf{a}_{i\cdot 123\ldots i-1}$ ist nach Konstruktion orthogonal zu allen Vorgängern $\mathbf{a}_1, \ldots, \mathbf{a}_{i-1}$ und damit auch zu allen $\mathbf{a}_{2\cdot 1}, \mathbf{a}_{3\cdot 12}, \ldots, \mathbf{a}_{i\cdot 123\ldots i-1}$. Weiter ist für jedes i

$$\mathcal{L}\{\mathbf{a}_1 \ldots \mathbf{a}_i\} = \mathcal{L}\{\mathbf{a}_1, \mathbf{a}_{2\cdot 1}, \mathbf{a}_{3\cdot 12}, \ldots, \mathbf{a}_{i\cdot 123\ldots i-1}\}.$$

Diese sukzessive Orthogonalisierung ist in jeder Metrik durchführbar. In der euklidischen Metrik erhält man mit der Abkürzung $\mathbf{b}_j := \mathbf{a}_{j\cdot 123\ldots j-1}$

$$\mathbf{b}_1 := \mathbf{a}_1$$

$$\mathbf{b}_{i+1} := \mathbf{a}_{i+1} - \sum_{j=1}^{i} \left(\frac{\mathbf{a}'_{i+1} \mathbf{b}_j}{\|\mathbf{b}_j\|^2} \right) \mathbf{b}_j \qquad i = 2 \ldots n-1.$$

Bei der numerischen Realisierung werden Modifikationen des Verfahrens verwendet, die theoretisch gleichwertig, numerisch aber günstiger sind.

Hyperebenen

Definition 122 *Ist* $\mathbf{a}$ *ein Vektor eines n-dimensionalen Raumes* $\mathbf{V}$, *so ist* $\mathbf{H} = \{\mathbf{x} \in \mathbf{V} \mid \langle \mathbf{x}, \mathbf{a} \rangle = 0\} = \mathcal{L}\{\mathbf{a}\}^{\perp}$ *ein $n-1$ dimensionaler Raum. Dieser Unterraum* $\mathbf{H}$ *heißt* ***Hyperebene.***

Die Hyperebene zerlegt den Raum in drei Teile, die zwei offenen Halbräume $\mathbf{H}^+ = \{\mathbf{x} \mid \langle \mathbf{x}, \mathbf{a} \rangle > 0\}$ und $\mathbf{H}^- = \{\mathbf{x} \mid \langle \mathbf{x}, \mathbf{a} \rangle < 0\}$ und die Trennebene $\mathbf{H}$ selbst (Abbildung 1.35). $\mathbf{a}$ heißt der ***Richtungsvektor*** oder ***Normalenvektor*** von $\mathbf{H}$.

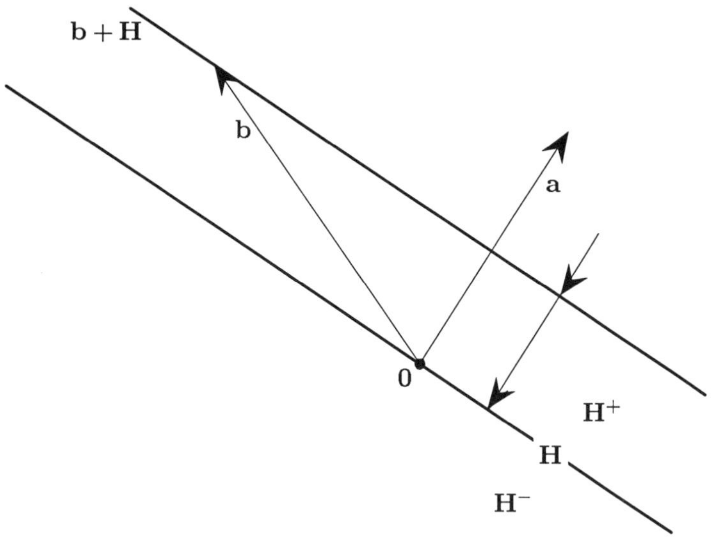

Abbildung 1.35: Hyperebene im $\mathbb{R}^2$

Ist $\mathbf{y}$ ein beliebiger Punkt, so hat $\mathbf{y}$ den Abstand $\|\mathbf{P_a y}\| = \frac{|\langle \mathbf{y},\mathbf{a}\rangle|}{\|\mathbf{a}\|}$ von $\mathbf{H}$. Dieser Abstand ist die Länge der Projektion von $\mathbf{y}$ auf $\mathbf{a}$.
Ist $\mathbf{b}+\mathbf{H}$ die durch den Punkt $\mathbf{b}$ parallel verschobene Ebene, so ist $\|\mathbf{P_a}(\mathbf{y}-\mathbf{b})\| = \frac{|\langle \mathbf{y}-\mathbf{b},\mathbf{a}\rangle|}{\|\mathbf{a}\|}$ der Abstand des Punktes $\mathbf{y}$ von der Ebene $\mathbf{b}+\mathbf{H}$. Siehe auch Abbildung 1.35.

Lotrechte und orthogonale Räume

Sind $\mathbf{A}$ und $\mathbf{B}$ zwei Unterräume von $\mathbf{V}$ sowie $\mathbf{D} = \mathbf{A} \cap \mathbf{B}$ der Schnitt von $\mathbf{A}$ und $\mathbf{B}$, so ist:

$$\begin{aligned} \mathbf{A} &= \mathbf{D} \oplus (\mathbf{A} \ominus \mathbf{D}) \\ \mathbf{B} &= \mathbf{D} \oplus (\mathbf{B} \ominus \mathbf{D}) \\ \mathbf{P_A P_B} &= \mathbf{P_D} + \mathbf{P_{A\ominus D} P_{B\ominus D}}. \end{aligned}$$

Gilt nun

$$\mathbf{A} \ominus \mathbf{D} \quad \perp \quad \mathbf{B} \ominus \mathbf{D},$$

so sagen wir: *Die Räume* $\mathbf{A}$ *und* $\mathbf{B}$ *stehen im Lot zueinander.* (Abbildung 1.36)

Aufgabe 123 *Zeige die Äquivalenz der folgenden Aussagen:*

1. $\mathbf{A}$ *und* $\mathbf{B}$ *stehen im Lot.*

2. $\mathbf{P_A P_B} = \mathbf{P_D}$.

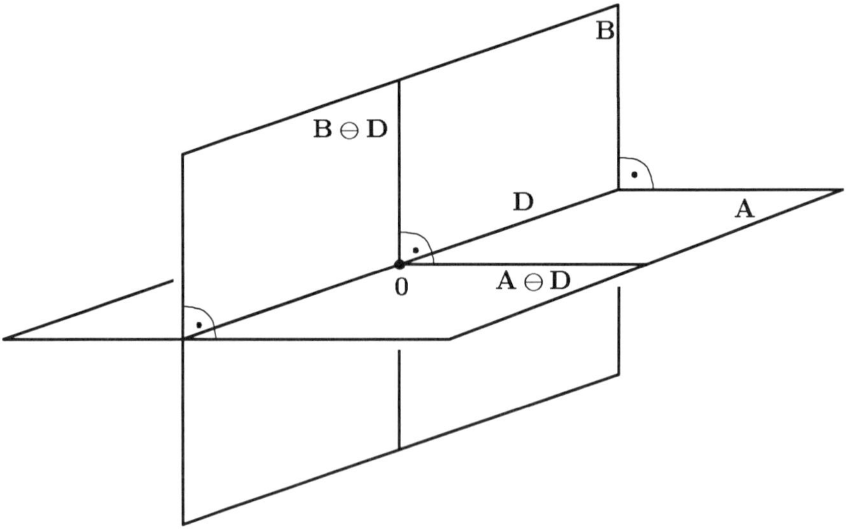

Abbildung 1.36: Lotrechte Räume

3. $\mathbf{P_A P_B}$ *ist eine Projektion.*

4. $\mathbf{P_A P_B} = \mathbf{P_B P_A}$.

5. $\mathbf{A}^{\perp}$ *und* $\mathbf{B}^{\perp}$ *stehen im Lot zueinander.*

Aufgabe 124 *Zeige: Sind* $\mathbf{A}$ *und* $\mathbf{B}$ *orthogonal, so sind* $\mathbf{A}^{\perp}$ *und* $\mathbf{B}^{\perp}$ *nicht notwendigerweise orthogonal. Es gilt jedoch:* $\mathbf{A}^{\perp}$ *und* $\mathbf{B}^{\perp}$ *"stehen im Lot".*

Aufgabe 125 *Zeige:* $\mathcal{L}\{\mathbf{A},\mathbf{B}\}^{\perp} = \mathcal{L}\{\mathbf{A}\}^{\perp} \cap \mathcal{L}\{\mathbf{B}\}^{\perp}$.

1.4.6 Projektionen

Aufgabe 126 *Zeige ohne Rückgriff auf die Normalgleichungen, daß für eine Matrix* $\mathbf{X}$ *sich die Projektion* $\mathbf{P_X}$ *darstellen läßt als* $\mathbf{P_X} = \mathbf{XX}^+$. *Benutze die Eigenschaften der Moore-Penrose-Inverse, um zu zeigen:*

$$\mathbf{y} = \underbrace{\mathbf{XX}^+\mathbf{y}}_{\in\mathcal{L}\{\mathbf{X}\}} + \underbrace{(\mathbf{I} - \mathbf{XX}^+)\mathbf{y}}_{\perp\mathcal{L}\{\mathbf{X}\}}. \tag{1.84}$$

Aufgabe 127 *Es seien* $\mathbf{M}_i$, $i = 1, \ldots, n$ *Unterräume von* $\mathbf{V}$ *und* $\mathbf{P}_i$ *der Projektor auf* $\mathbf{M}_i$. *Zeige, daß*

$$\sum_{i=1}^{n} \mathbf{P}_i =: \mathbf{P_T}$$

genau dann ein Projektor ist, falls die Projektoren $\mathbf{P}_i$ *paarweise orthogonal sind, d.h.* $\mathbf{P}_i\mathbf{P}_j = \mathbf{0}$ *für* $i \neq j$. *In diesem Fall ist* $\mathbf{T} = \mathbf{M}_1 \oplus \mathbf{M}_2 \oplus \cdots \oplus \mathbf{M}_n$.

Hinweis für die Rückrichtung: Ist $\mathbf{P_T}$ *Projektor, so ist*

$$\|\mathbf{x}\|^2 \geq \|\mathbf{P_T x}\|^2 = \langle \mathbf{x}, \mathbf{P_T x} \rangle = \sum \|\mathbf{P}_i \mathbf{x}\|^2 \geq \|\mathbf{P}_k \mathbf{x}\|^2 + \|\mathbf{P}_l \mathbf{x}\|^2.$$

Setze $\mathbf{x} = \mathbf{P}_k \mathbf{y}$ *und schließe daraus* $\mathbf{P}_k \mathbf{P}_l \mathbf{x} = 0$.

Aufgabe 128 *Zeige: Sind die Vektoren* $\mathbf{a}_1, \ldots, \mathbf{a}_k$ *orthonormal und* $\mathbf{B}$ *ein beliebiger Unterraum, so ist*

$$\sum_{j=1}^{k} \|\mathbf{P_B a}_j\|^2 \leq \dim \mathbf{B}.$$

Lösungshinweis: Nimm eine Orthonormalbasis für $\mathbf{B}$, *bestimme damit* $\mathbf{P_B a}_j$ *und vertausche in der Endsumme die Rollen von* $\mathbf{A}$ *und* $\mathbf{B}$.

Folgen von Projektionen

Es seien $\mathbf{A}$ und $\mathbf{B}$ zwei Vektorräume. Ein Vektor $\mathbf{y}$ wird fortwährend zwischen den Räumen $\mathbf{A}$ und $\mathbf{B}$ hin und her projiziert (Abbildung 1.37):

$$\begin{aligned} \mathbf{y}_1 &= \mathbf{P_A y}, \quad \mathbf{y}_2 = \mathbf{P_B y}_1, \quad \mathbf{y}_3 = \mathbf{P_A y}_2, \\ \ldots, \mathbf{y}_{2n} &= \mathbf{P_B y}_{2n-1}, \quad \mathbf{y}_{2n+1} = \mathbf{P_A y}_{2n} \ldots \end{aligned}$$

Dann gilt:

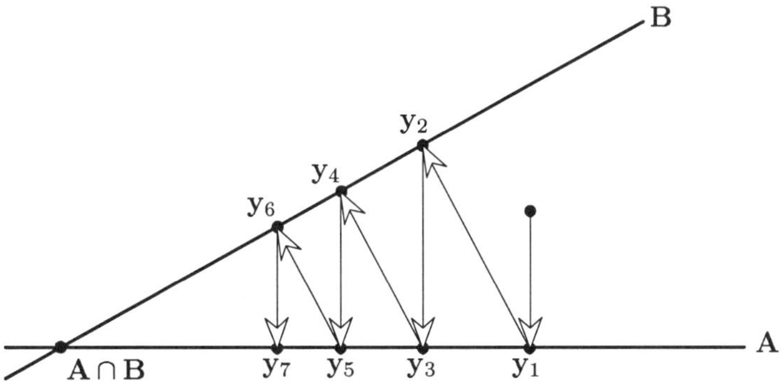

Abbildung 1.37: Folgen von Projektionen

$$\lim_{n\to\infty} \mathbf{y}_n = \mathbf{P_{A\cap B} y}.$$

Der Beweis zu dieser Aussage fällt im Kapitel über kanonische Korrelationen als Nebenergebnis ab (Vgl. Satz 240.)

Schräge Parallelprojektion

Definition 129 *Der Vektorraum* $\mathbf{V}$ *sei von den beiden linear unabhängigen Unterräumen* $\mathbf{A}$ *und* $\mathbf{B}$ *erzeugt.* $\mathbf{V} = \mathbf{A} + \mathbf{B}$ *mit* $\mathbf{A} \cap \mathbf{B} = \mathbf{0}$. *Jedes* $\mathbf{v} \in \mathbf{V}$ *hat die eindeutige Darstellung:*

$$\mathbf{v} = \mathbf{a} + \mathbf{b} \textit{ mit } \mathbf{a} \in \mathbf{A},\, \mathbf{b} \in \mathbf{B}.$$

Dann heißt $\mathbf{a}$ *die* ***schräge Parallelprojektion*** *von* $\mathbf{v}$ *auf* $\mathbf{A}$ *parallel zu* $\mathbf{B}$, *und* $\mathbf{b}$ *heißt schräge Parallelprojektion von* $\mathbf{v}$ *auf* $\mathbf{B}$ *parallel zu* $\mathbf{A}$. *Als Symbol schreiben wir* $\mathbf{a} := \mathbf{P}_{\mathbf{A}\|\mathbf{B}}\mathbf{v} =$ *und* $\mathbf{b} := \mathbf{P}_{\mathbf{B}\|\mathbf{A}}\mathbf{v}$. *(Siehe Abbildung 1.38 .)*

Ist $\mathbf{B} = \mathbf{A}^{\perp}$, so ist die schräge Parallelprojektion parallel zu $\mathbf{A}^{\perp}$ die Orthogonalprojektion auf $\mathbf{A}$: $\mathbf{P}_{\mathbf{A}\|\mathbf{A}^{\perp}} = \mathbf{P}_{\mathbf{A}}$.

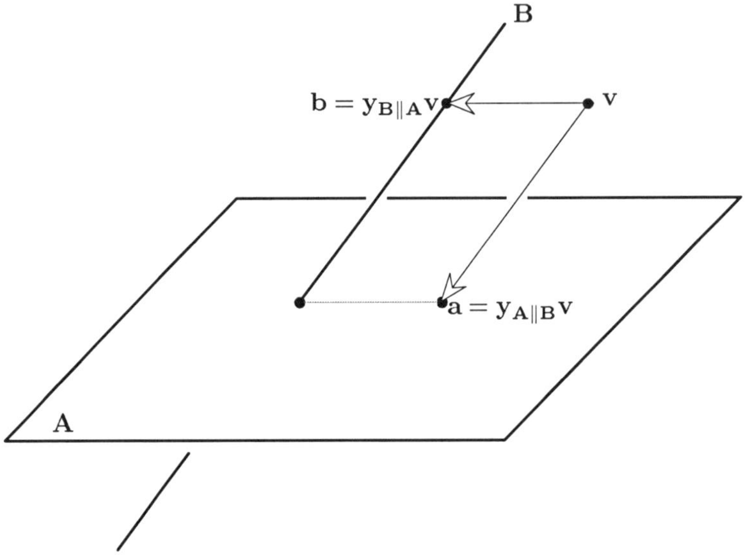

Abbildung 1.38: Schräge Parallelprojektion

Satz 130 *Der* $\mathbb{R}^n$ *werde von den beiden linear unabhängigen Räumen* $\mathcal{L}\{\mathbf{A}_1\}$ *und* $\mathcal{L}\{\mathbf{A}_2\}$ *aufgespannt:*

$$\mathbb{R}^n = \mathcal{L}\{\mathbf{A}_1\} + \mathcal{L}\{\mathbf{A}_2\}.$$

$$\mathbf{A} \quad \textit{sei die Matrix} \quad (\mathbf{A}_1; \mathbf{A}_2) \qquad \textit{und} \qquad \mathbf{A}^{-} = \left(\begin{smallmatrix}\mathbf{B}_1\\ \mathbf{B}_2\end{smallmatrix}\right)$$

eine beliebige verallgemeinerte Inverse von $\mathbf{A}$. *Dann ist:*

$$\mathbf{P}_{\mathbf{A}_1\|\mathbf{A}_2} = \mathbf{A}_1\mathbf{B}_1 \qquad \textit{und} \qquad \mathbf{P}_{\mathbf{A}_2\|\mathbf{A}_1} = \mathbf{A}_2\mathbf{B}_2.$$

Beweis:
Aus $\mathbf{AA}^{-}\mathbf{A} = \mathbf{A}$ folgt:

$$\Big((\sum \mathbf{A}_i\mathbf{B}_i)\mathbf{A}_1; (\sum \mathbf{A}_i\mathbf{B}_i)\mathbf{A}_2\Big) = (\mathbf{A}_1; \mathbf{A}_2) \quad \Rightarrow \quad (\sum \mathbf{A}_i\mathbf{B}_i)\mathbf{A}_j = \mathbf{A}_j.$$

Aus der linearen Unabhängigkeit der Räume folgt $\mathbf{A}_1\mathbf{B}_1\mathbf{A}_1 = \mathbf{A}_1$ und $\mathbf{A}_1\mathbf{B}_1\mathbf{A}_2 = \mathbf{0}$.
□

Projektionen in der verallgemeinerten euklidischen Metrik

Aufgabe 131 *Bei Verwendung des verallgemeinerten euklidischen Skalarproduktes* $\langle \mathbf{a}, \mathbf{b}\rangle_G = \mathbf{a}'\mathbf{G}\mathbf{b}$ *ist eine Matrix* $\mathbb{P}$ *genau dann die Projektion auf den Spaltenraum* $\mathcal{L}\{\mathbf{A}\}$ *der Matrix* $\mathbf{A}$*, falls gilt:*

$$\begin{aligned} \mathbb{P}\mathbf{y} &\in \mathcal{L}\{\mathbf{A}\} && \forall\, \mathbf{y}, \\ \mathbb{P}\mathbf{y} &= \mathbf{y} && \forall\, \mathbf{y} \in \mathcal{L}\{\mathbf{A}\}, \\ \mathbb{P}\mathbb{P} &= \mathbb{P} && \textit{und} \\ \mathbf{G}\mathbb{P} &= \mathbb{P}'\mathbf{G}. \end{aligned}$$

Aufgabe 132 *Zeige: Bei Verwendung des verallgemeinerten euklidischen Skalarproduktes* $\langle \mathbf{a}, \mathbf{b}\rangle_G = \mathbf{a}'\mathbf{G}\mathbf{b}$ *ist die Projektion auf* $\mathcal{L}\{\mathbf{A}\}$ *gegeben durch:*

$$\mathbb{P}\mathbf{y} = \mathbf{A}(\mathbf{A}'\mathbf{G}\mathbf{A})^{-}\mathbf{A}'\mathbf{G}\mathbf{y}.$$

Hinweis: Es gibt zwei Lösungswege:

1. *Verwende Aufgabe 131 und zeige dazu* $\mathbf{A}(\mathbf{A}'\mathbf{G}\mathbf{A})^{-}\mathbf{A}'\mathbf{G}\mathbf{A} = \mathbf{A}$. *Setze dazu* $\mathbf{B} := \mathbf{A}(\mathbf{A}'\mathbf{G}\mathbf{A})^{-}\mathbf{A}'\mathbf{G}\mathbf{A} - \mathbf{A}$ *und zeige* $\mathbf{B}'\mathbf{G}\mathbf{B} = \mathbf{0}$.
2. *Verwende die Normalgleichungen.*

Zusammenhang zwischen Parallelprojektion und Projektion in der verallgemeinerten Metrik

Mit dem Begriff der schrägen Parallelprojektion können wir die Projektion in der verallgemeinerten euklidischen Metrik

$$\langle \mathbf{a}, \mathbf{b}\rangle_G = \mathbf{a}'\mathbf{G}\mathbf{a}$$

neu interpretieren. Es sei $\perp_{\mathbf{G}}$ der Orthogonalitätsbegriff der verallgemeinerten euklidischen Metrik und $\mathbb{P}$ die in der $\mathbf{G}$-Metrik orthogonale Projektion auf $\mathcal{L}\{\mathbf{A}\}$. Dann ist $\mathbb{P}$ in der gewöhnlichen euklidischen Metrik die schräge Parallelprojektion auf $\mathcal{L}\{\mathbf{A}\}$ parallel zu $\mathcal{L}\{\mathbf{A}\}^{\perp_{\mathbf{G}}}$. Dabei ist $\mathcal{L}\{\mathbf{A}\}^{\perp_{\mathbf{G}}}$ das orthogonale Komplement von $\mathbf{A}$ in der $\mathbf{G}$-Metrik.
Die Verwendung der $\mathbf{G}$-Metrik bedeutet also nichts weiter als eine Veränderung unserer Winkelmesser. Entweder wir behalten unseren alten euklidischen

Winkelmesser aus der Geometriestunde bei und projizieren schräg auf $\mathbf{A}$, oder wir verändern die Winkelmessung und erklären neu, was "senkrecht" heißen soll. Das frühere Lot $\mathcal{L}\{\mathbf{A}\}^{\perp}$ wird in $\mathcal{L}\{\mathbf{A}\}^{\perp_{\mathbf{G}}}$ verdreht. Dann wird im Sinne des neuen Lotes "orthogonal" auf $\mathbf{A}$ projiziert.
Formal lassen sich diese Aussagen folgendermaßen beweisen:
Die Räume $\mathbf{A}$ und $\mathbf{A}^{\perp_{\mathbf{G}}}$ sind linear unabhängig und spannen den $\mathbb{R}^n$ auf. Sie sind $\mathbf{G}$-orthogonal und daher erst recht linear unabhängig. Weiter ist

$$\mathbf{v} = \underbrace{\mathbb{P}\mathbf{v}}_{\in \mathbf{A}} + \underbrace{\mathbf{v} - \mathbb{P}\mathbf{v}}_{\in \mathbf{A}^{\perp_{\mathbf{G}}}}.$$

Daher ist $\mathbb{P}\mathbf{v}$ die schräge Parallelprojektion von $\mathbf{v}$ auf $\mathbf{A}$ parallel zu $\mathbf{A}^{\perp_{\mathbf{G}}}$.

Aufgabe 133 *Zeige*

$$\mathcal{L}\{\mathbf{A}\}^{\perp_{\mathbf{G}}} = \mathbf{G}^{-1}\mathcal{L}\{\mathbf{A}\}^{\perp}.$$

Hinweis:

$$\begin{array}{llcll} \mathbf{v} \in \mathbf{A}^{\perp_{\mathbf{G}}} & \Leftrightarrow \mathbf{v}'\mathbf{G}\mathbf{a} & = & 0 & \forall\, \mathbf{a} \in \mathbf{A} \\ & \Leftrightarrow (\mathbf{G}\mathbf{v})'\mathbf{a} & = & 0 & \forall\, \mathbf{a} \in \mathbf{A} \\ & \Leftrightarrow \mathbf{G}\mathbf{v} & \in & \mathcal{L}\{\mathbf{A}\}^{\perp} & \textit{in der euklidischen Metrik} \\ & \Leftrightarrow \mathbf{v} & \in & \mathbf{G}^{-1}\mathcal{L}\{\mathbf{A}\}^{\perp}. & \end{array}$$

1.4.7 Optimale Abbildung einer Punktwolke

Es seien $\mathbf{a}_1, \ldots, \mathbf{a}_m$ fest vorgegebene Punkte des $\mathbb{R}^n$ und $\mathbf{A} := (\mathbf{a}_1; \ldots; \mathbf{a}_m)$. Wir suchen ein möglichst getreues Bild dieser Punktwolke in einem q-dimensionalen Unterraum $\mathbf{U}$ oder einer q-dimensionalen Ebene $\mathbf{E}$. Beschränken wir uns zunächst auf Unterräume.

Optimale Abbildung einer Punktwolke in einen Unterraum

Sei $\mathbf{U}$ ein fester Unterraum des $\mathbb{R}^n$. Die Punkte $\mathbf{a}_i$ werden nun in einen q-dimensionalen Unterraum $\mathbf{U}$ projiziert (Abbildung 1.39). Die Gesamtheit der Bildpunkte $\mathbf{P_U a}_i$ ist ein q-dimensionales Abbild der n-dimensionalen Punktwolke der $\mathbf{a}_i$, so wie ein Photo ein zweidimensionales Bild eines dreidimensionalen Objektes ist. Nehmen wir an, das Urbild geht verloren, das Bild hingegen wird bewahrt. Wie gut hat das Bild die verlorene Realität beschrieben?
Für einen Punkt $\mathbf{a}_i$ gilt wegen der Orthogonalität der Projektion (Vgl. Abbildung 1.40.):

$$\underbrace{\|\mathbf{a}_i\|^2}_{\text{Urbild}} = \underbrace{\|\mathbf{P_U a}_i\|^2}_{\text{bewahrt}} + \underbrace{\|\mathbf{a}_i - \mathbf{P_U a}_i\|^2}_{\text{verloren}}. \tag{1.85}$$

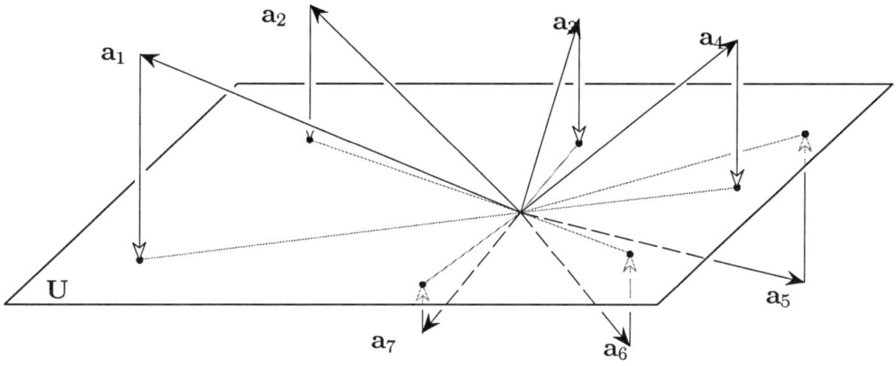

Abbildung 1.39: Projektion der Punkte in einen Unterraum

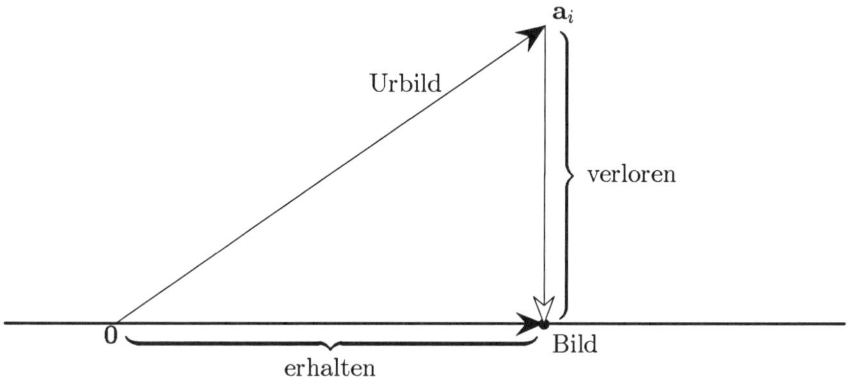

Abbildung 1.40: Verlust des Urbildes

Für alle Punkte gilt:

$$\underbrace{\sum_{i=1}^{m} \|\mathbf{a}_i\|^2}_{\text{Urbild}} = \underbrace{\sum_{i=1}^{m} \|\mathbf{P}_\mathbf{U}\mathbf{a}_i\|^2}_{\text{bewahrt}} + \underbrace{\sum_{i=1}^{m} \|\mathbf{a}_i - \mathbf{P}_\mathbf{U}\mathbf{a}_i\|^2}_{\text{verloren}}.$$

Das Abbildungsverhältnis

$$\tau := \frac{\sum_{i=1}^{m} \|\mathbf{P}_\mathbf{U}\mathbf{a}_i\|^2}{\sum_{i=1}^{m} \|\mathbf{a}_i\|^2}$$

ist ein Maß für die Güte der Representation der Gesamtheit aller Punkte. Dabei liegt τ zwischen Null und Eins. Gesucht wird nun der q-dimensionale Unterraum $\mathbf{U}$, für den τ maximal wird. Dieser ist eindeutig bestimmt: $\mathbf{U}$ wird aufgespannt von den ersten q Eigenvektoren der Matrix $\mathbf{AA}'$. Genauer gilt:

Satz 134 (Optimalität der Hauptkomponenten) *Sei $\mathbf{u}_i$ der i-te Eigenvektor von $\mathbf{AA}'$ zum Eigenwert λ_i, wobei diese der Größe nach geordnet sind. Weiter sei $\mathbf{U} = \mathcal{L}\{\mathbf{u}_1, \mathbf{u}_2, \ldots, \mathbf{u}_q\}$. Dann gilt für jeden q-dimensionalen Unterraum $\mathbf{H}$ des $\mathbb{R}^n$:*

$$\sum_{j=1}^{m} \|\mathbf{P_H a}_j\|^2 \leq \sum_{j=1}^{m} \|\mathbf{P_U a}_j\|^2 = \sum_{k=1}^{q} \lambda_k, \tag{1.86}$$

$$\sum_{j=1}^{m} \|\mathbf{a}_j - \mathbf{P_H a}_j\|^2 \geq \sum_{j=1}^{m} \|\mathbf{a}_j - \mathbf{P_U a}_j\|^2 = \sum_{k=q+1}^{m} \lambda_k, \tag{1.87}$$

$$\sum_{j=1}^{m} \|\mathbf{a}_j\|^2 = \sum_{k=1}^{m} \lambda_k. \tag{1.88}$$

Das Abbildungsverhältnis τ ist

$$\tau = \frac{\sum_{k=1}^{q} \lambda_k}{\sum_{k=1}^{m} \lambda_k}. \tag{1.89}$$

Beweis:
1. Schritt:

$$\begin{aligned}
\sum_{j=1}^{m} \|\mathbf{P_H a}_j\|^2 &= \sum_{j=1}^{m} \mathbf{a}_j' \mathbf{P_H a}_j = \operatorname{Spur} \sum_{j=1}^{m} \mathbf{a}_j' \mathbf{P_H a}_j \\
&= \operatorname{Spur} \mathbf{P_H} \sum_{j=1}^{m} \mathbf{a}_j \mathbf{a}_j' = \operatorname{Spur} \mathbf{P_H A A}' \\
&= \operatorname{Spur} \mathbf{P_H U \Lambda U}' = \operatorname{Spur} \sum_{k=1}^{q} \lambda_k \mathbf{P_H u}_k \mathbf{u}_k' \\
&= \operatorname{Spur} \sum_{k=1}^{q} \lambda_k \mathbf{u}_k' \mathbf{P_H u}_k = \sum_{k=1}^{q} \lambda_k \|\mathbf{P_H u}_k\|^2.
\end{aligned} \tag{1.90}$$

2. Schritt: Da $\mathbf{H}$ ein q-dimensionaler Raum ist und die $\mathbf{u}_k$ orthonormal sind, gilt nach Aufgabe 128:

$$\sum_{k=1}^{q} \|\mathbf{P_H u}_k\|^2 \leq q.$$

3. Schritt: Die Suche nach einem optimalen Unterraum $\mathbf{H}$ führt auf die Aufgabe: Maximiere

$$\sum_{k=1}^{q} \lambda_k \|\mathbf{P_H u}_k\|^2$$

unter den Nebenbedingungen $\|\mathbf{P_H u}_k\| \leq 1$ und $\sum_{k=1}^{q} \|\mathbf{P_H u}_k\| \leq q$.

Da die λ_k der Größe nach geordnet sind, wird das Maximum genau dann angenommen, falls für die ersten q Terme $\|\mathbf{P_H u}_k\|^2 = 1$ ist. Dies ist aber genau dann der Fall, wenn $\mathbf{H} = \mathcal{L}\{\mathbf{u}_1, \ldots, \mathbf{u}_q\} = \mathbf{U}$ ist. Mit (1.90) ist damit (1.86) bewiesen. (1.88) folgt aus (1.86) für $q = m$ und $\mathbf{U} = \mathcal{L}\{\mathbf{U}_1, \ldots, \mathbf{U}_m\}$. (1.87) folgt aus (1.88) und (1.86) wegen (1.85).
□

Optimale Abbildung auf eine Ebene

Die Abbildung 1.41 zeigt eine langgestreckte Punktwolke, die in einiger Entfernung vom Ursprung liegt. Suchen wir eine Gerade, die diese Punktwolke optimal repräsentiert, und zwingen gleichzeitig diese Gerade durch den Nullpunkt, so finden wir die eingezeichnete Gerade $\mathbf{U}_{opt}$. Diese Gerade kann aber die lineare Struktur der Punktwolke nicht wiederspiegeln. Wenn wir die Bindung an den Ursprung aufgeben und alle Geraden zulassen, finden wir die optimale Gerade $\mathbf{E}_{opt}$.

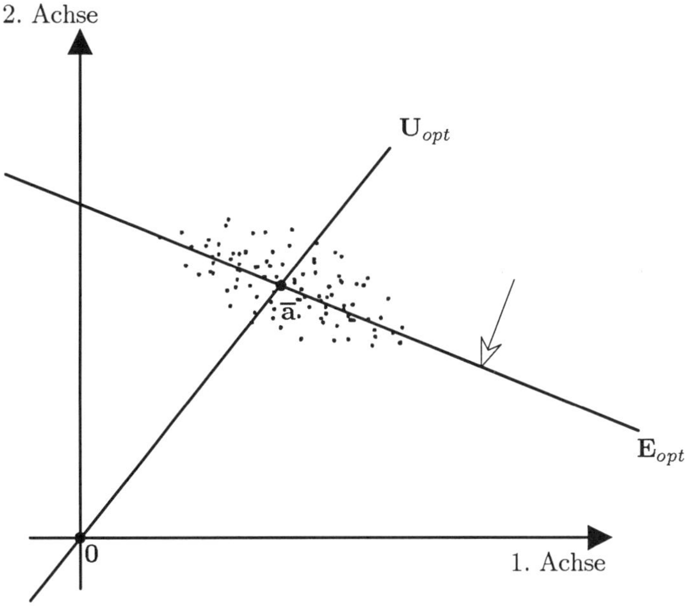

Abbildung 1.41: Optimale Ebene und optimaler Unterraum

Verallgemeinern wir auf n-dimensionale Punktwolken, so haben wir im ersten Fall einen Unterraum, im zweiten Fall eine Ebene gesucht. Genaueres sagt der folgende Satz.

Satz 135 *Es sei* $\overline{\mathbf{a}}$ *der Schwerpunkt der Punktwolke* $\{\mathbf{a}_1, \cdots, \mathbf{a}_m\} \subset \mathbb{R}^n$ *und* $\mathbf{B} = (\mathbf{a}_1 - \overline{\mathbf{a}}, \cdots, \mathbf{a}_m - \overline{\mathbf{a}})$ *die Matrix der zentrierten Vektoren. Ist* $\mathbf{U}$ *der Un-*

terraum, der von den ersten q Eigenvektoren der Matrix $\mathbf{BB}'$ *erzeugt wird, und*

$$\mathbf{E}_{opt} := \overline{\mathbf{a}} + \mathbf{U}$$

die zu $\mathbf{U}$ *parallele Ebene durch* $\overline{\mathbf{a}}$*, dann hat die Punktwolke von jeder anderen* q*-dimensionalen Ebene* $\mathbf{E}$ *einen größeren Gesamtabstand:*

$$\sum_{i=1}^{m} \left\|\mathbf{a}_i - \mathbf{P}_{\mathbf{E}_{opt}}\mathbf{a}_i\right\|^2 \leq \sum_{i=1}^{m} \|\mathbf{a}_i - \mathbf{P}_{\mathbf{E}}\mathbf{a}_i\|^2 .$$

Beweis: Ist $\mathbf{E} := \mathbf{v} + \mathbf{V}$ eine beliebige q-dimensionale Ebene, so ist

$$\begin{aligned}
\sum_{i=1}^{m} \|\mathbf{a}_i - \mathbf{P}_{\mathbf{v}+\mathbf{V}}\mathbf{a}_i\|^2 &= \sum_{i=1}^{m} \|\mathbf{a}_i - (\mathbf{v} + \mathbf{P}_{\mathbf{V}}(\mathbf{a}_i - \mathbf{v}))\|^2 \\
&= \sum_{i=1}^{m} \|(\mathbf{a}_i - \mathbf{v}) - \mathbf{P}_{\mathbf{V}}(\mathbf{a}_i - \mathbf{v})\|^2 \\
&= m\,\|(\overline{\mathbf{a}} - \mathbf{v}) - \mathbf{P}_{\mathbf{V}}(\overline{\mathbf{a}} - \mathbf{v})\|^2 + \sum_{i=1}^{m} \|(\mathbf{a}_i - \overline{\mathbf{a}}) - \mathbf{P}_{\mathbf{V}}(\mathbf{a}_i - \overline{\mathbf{a}})\|^2 .
\end{aligned}$$

Dabei folgt die letzte Gleichung aus dem Satz 69 von Huygens. Der erste Summand der letzten Gleichung verschwindet für $\mathbf{v} = \overline{\mathbf{a}}$, der zweite Summand wird minimal für $\mathbf{V} = \mathbf{U}$.

□

1.4.8 Lösungen der Aufgaben

Lösung von Aufgabe 81:

Die Spalten von $\mathbf{BC}$ sind Linearkombinationen der Spalten von $\mathbf{B}$. $\Rightarrow \mathcal{L}\{\mathbf{BC}\} \subseteq \mathcal{L}\{\mathbf{B}\}$. Ist umgekehrt $\mathcal{L}\{\mathbf{A}\} \subseteq \mathcal{L}\{\mathbf{B}\}$, so ist $\mathbf{A}_{[,j]} \in \mathcal{L}\{\mathbf{B}\}$, für jede Spalte $\mathbf{A}_{[,j]}$ von $\mathbf{A}$. $\Rightarrow \mathbf{A}_{[,j]} = \mathbf{Bc}_j$. $\Rightarrow$

$$\mathbf{A} = \left(\mathbf{A}_{[,1]}; \cdots ; \mathbf{A}_{[,n]}\right) = (\mathbf{Bc}_1; \cdots ; \mathbf{Bc}_n) = \mathbf{B}\,(\mathbf{c}_1; \cdots ; \mathbf{c}_n) = \mathbf{BC}.$$

Lösung von Aufgabe 82

Aus dem Rangsatz, Formel (1.17) folgt: $\operatorname{Rg}\mathbf{C} = \operatorname{Rg}\mathbf{A}^{-1}\mathbf{ACBB}^{-1} \leq \operatorname{Rg}\mathbf{ACB} \leq \operatorname{Rg}\mathbf{C}$.

Lösung von Aufgabe 83

$\mathbf{BB}'$ ist eine $r \times r$-Matrix mit $\operatorname{Rg}\mathbf{BB}' = \operatorname{Rg}\mathbf{B} = r \Rightarrow \mathbf{BB}'$ ist invertierbar. $\Rightarrow \operatorname{Rg}\mathbf{A} = \operatorname{Rg}\mathbf{A}(\mathbf{BB}')(\mathbf{BB}')^{-1} \leq \operatorname{Rg}\mathbf{AB} \leq \operatorname{Rg}\mathbf{A}$. $\Rightarrow$ $\operatorname{Rg}\mathbf{AB} = \operatorname{Rg}\mathbf{A}$. $\Rightarrow$ $\dim\mathcal{L}\{\mathbf{AB}\} = \mathcal{L}\{\mathbf{A}\}$. Da $\mathcal{L}\{\mathbf{AB}\} \subseteq \mathcal{L}\{\mathbf{A}\}$ folgt $\mathcal{L}\{\mathbf{AB}\} = \dim\mathcal{L}\{\mathbf{A}\}$.

Lösung von Aufgabe 84

Da $\mathbf{A}$ und $\mathbf{B}$ Projektionsmatrizen sind, ist $\mathbf{A} = \mathbf{P_A}$ und $\mathbf{B} = \mathbf{P_B}$. Wegen $\mathcal{L}\{\mathbf{A}\} \subseteq \mathcal{L}\{\mathbf{B}\}$ ist $\mathbf{B} - \mathbf{A} = \mathbf{P_B} - \mathbf{P_A} = \mathbf{P_{B\ominus A}}$ und $\operatorname{Rg}(\mathbf{B} - \mathbf{A}) = \operatorname{Rg}\mathbf{P_{B\ominus A}} =$
$= \dim(\mathcal{L}\{\mathbf{B}\}\ominus\mathcal{L}\{\mathbf{A}\}) = \dim\mathcal{L}\{\mathbf{B}\} - \dim\mathcal{L}\{\mathbf{A}\} = \operatorname{Rg}\mathbf{B} - \operatorname{Rg}\mathbf{A}$.

Lösung von Aufgabe 85

Nach Satz 45 gilt: $\operatorname{Rg}\mathbf{A} = \operatorname{Rg}\mathbf{AA}^+ = \operatorname{Rg}\mathbf{P_A} = \operatorname{Spur}\mathbf{P_A} = \operatorname{Spur}\mathbf{AA}^+$.

Lösung von Aufgabe 86

(1.50) ist der Dimensionssatz für Vektorräume und (1.51) folgt aus:

$$\begin{aligned}
\mathcal{L}\{\mathbf{E};\mathbf{F}\} &= \mathcal{L}\{\mathbf{E};\mathbf{F} - \mathbf{P_E F}\} = \mathcal{L}\{\mathbf{E}\} \oplus \mathcal{L}\{\mathbf{F} - \mathbf{P_E F}\} \quad \Rightarrow \\
\operatorname{Rg}(\mathbf{E};\mathbf{F}) &= \dim\mathcal{L}\{\mathbf{E}\} + \dim\mathcal{L}\{\mathbf{F} - \mathbf{P_E F}\} = \operatorname{Rg}\mathbf{E} + \operatorname{Rg}\left((\mathbf{I} - \mathbf{EE}^+)\mathbf{F}\right).
\end{aligned}$$

Lösung von Aufgabe 87

$\mathbf{z}_i'(\mathbf{X}'\mathbf{X})^-\mathbf{z}_i = (\mathbf{X}(\mathbf{X}'\mathbf{X})^-\mathbf{X}')_{[i,i]}$. Also ist
$\sum_{i=1}^n \mathbf{z}_i'(\mathbf{X}'\mathbf{X})^-\mathbf{z}_i = \operatorname{Spur}\,\mathbf{X}(\mathbf{X}'\mathbf{X})^-\mathbf{X}' = \operatorname{Spur}\mathbf{P_X} = \operatorname{Rg}\mathbf{X}$.
Analog ist $\sum_{j=1}^m \mathbf{x}_j'(\mathbf{X}'\mathbf{X})^-\mathbf{x}_j = \operatorname{Spur}\mathbf{P_{X'}}$.

Lösung von Aufgabe 89

Es sei $\mathbf{A}$ eine $n \times m$ Matrix. Definiere durch $\mathbf{x} \in \mathbb{R}^m \to \mathbf{Ax} \in \mathbb{R}^n$ eine lineare Abbildung $\mathbf{A} : \mathbb{R}^m \to \mathbb{R}^n$. Dann folgt aus (1.52) : $m = \dim \mathcal{L}\{\mathbf{A}\} + \dim \mathcal{N}(\mathbf{A})$. Andererseits ist $\mathcal{N}(\mathbf{A}) = \{\mathbf{x} \text{ mit } \mathbf{Ax} = \mathbf{0}\} = \mathcal{L}\{\mathbf{A}'\}^{\perp} \Rightarrow \dim \mathcal{N}(\mathbf{A}) = \dim \mathcal{L}\{\mathbf{A}'\}^{\perp} = m - \dim \mathcal{L}\{\mathbf{A}'\} \Rightarrow \dim \mathcal{L}\{\mathbf{A}\} = \dim \mathcal{L}\{\mathbf{A}'\} \Rightarrow \operatorname{Rg} \mathbf{A} = \operatorname{Rg} \mathbf{A}'$.

(1.17) folgt nun: $\mathcal{L}\{\mathbf{AB}\} \subseteq \mathcal{L}\{\mathbf{A}\} \Rightarrow \dim \mathcal{L}\{\mathbf{AB}\} \leq \dim \mathcal{L}\{\mathbf{A}\} \Rightarrow \operatorname{Rg} \mathbf{AB} \leq \operatorname{Rg} \mathbf{A}$. Durch Transponierung folgt $\operatorname{Rg} \mathbf{AB} = \operatorname{Rg} \mathbf{B}'\mathbf{A}' \leq \operatorname{Rg} \mathbf{B}' = \operatorname{Rg} \mathbf{B}$.

(1.16) folgt aus:

$$\begin{aligned} \operatorname{Rg} \mathbf{A} &= \operatorname{Rg}\left[\mathbf{AA}^+\mathbf{A}\right] = \operatorname{Rg}\left[\mathbf{A}\left(\mathbf{A}^+\mathbf{A}\right)'\right] = \operatorname{Rg}\left[\mathbf{AA}'\mathbf{A}^{+\prime}\right] \\ &\leq \operatorname{Rg}\left[\mathbf{AA}'\right] \leq \operatorname{Rg} \mathbf{A} \Rightarrow \operatorname{Rg}\left[\mathbf{AA}'\right] = \operatorname{Rg} \mathbf{A}. \end{aligned}$$

Lösung von Aufgabe 90

Beweis von (1.53) : Definiere die Abildung $\mathcal{A}: \mathcal{L}\{\mathbf{B}\} \mapsto \mathbb{R}^n$ durch $\mathcal{A}(\mathbf{By}) = \mathbf{AB}(\mathbf{y})$. Dann ist nach (1.52) :

$$\begin{aligned} \operatorname{Rg} \mathbf{AB} = \dim \mathcal{A}(\mathcal{L}\{\mathbf{B}\}) &= \dim \mathcal{L}\{\mathbf{B}\} - \dim \mathcal{N}(\mathcal{A}) \\ &= \dim \mathcal{L}\{\mathbf{B}\} - \dim \mathcal{L}\{\mathbf{By} \text{ mit } \mathbf{ABy} = \mathbf{0}\} \\ &= \dim \mathcal{L}\{\mathbf{B}\} - \dim\left(\mathcal{L}\{\mathbf{B}\} \cap \mathcal{L}\{\mathbf{A}'\}^{\perp}\right). \end{aligned}$$

(1.54) folgt für $\dim\left(\mathcal{L}\{\mathbf{B}\} \cap \mathcal{L}\{\mathbf{A}'\}^{\perp}\right) = 0 \Leftrightarrow \mathcal{L}\{\mathbf{B}\} \cap \mathcal{L}\{\mathbf{A}'\}^{\perp} = \mathbf{0}$. Und (1.55) folgt durch Transponierung. Die letzten beiden Aussagen folgen, denn aus $(\mathcal{L}\{\mathbf{B}\} \subseteq \mathcal{L}\{\mathbf{A}'\})$ folgt $\mathcal{L}\{\mathbf{B}\} \cap \mathcal{L}\{\mathbf{A}'\}^{\perp} = \mathbf{0}$ und analog.

Lösung von Aufgabe 91

Es seien $\mathbf{A}$ und $\mathbf{B}$ Matrizen vom Typ $n \times n$. Dann ist $n = \operatorname{Rg} \mathbf{I} = \operatorname{Rg} \mathbf{AB} \leq \min \operatorname{Rg}(\mathbf{A}, \mathbf{B}) \Rightarrow \operatorname{Rg} \mathbf{A} = \operatorname{Rg} \mathbf{B} = n. \Rightarrow \mathbf{A}^{-1}$ und $\mathbf{B}^{-1}$existieren.

Gegenbeispiel: $\mathbf{A} = \begin{pmatrix} 1 & 0 & 0 \\ 0 & 1 & 0 \end{pmatrix}$ und $\mathbf{B} = \begin{pmatrix} 1 & 0 \\ 0 & 1 \\ 0 & 0 \end{pmatrix} \Rightarrow \mathbf{AB} = \begin{pmatrix} 1 & 0 \\ 0 & 1 \end{pmatrix}$.

Lösung von Aufgabe 92

$\mathbf{A}$ ist orthogonale Matrix $\Leftrightarrow \mathbf{A}' = \mathbf{A}^{-1}$. $\Leftrightarrow (\mathbf{A}')' = \left(\mathbf{A}^{-1}\right)' = (\mathbf{A}')^{-1} \Leftrightarrow \mathbf{A}'$ ist orthogonale Matrix

Lösung von Aufgabe 94

Beweis von (1.59) : Es existiere $(\mathbf{I}_m + \mathbf{BA})^{-1}$. Dann ist:

$$
\begin{aligned}
(\mathbf{I}_n + \mathbf{AB})\left(\mathbf{I}_n - \mathbf{A}(\mathbf{I}_m + \mathbf{BA})^{-1}\mathbf{B}\right) \\
&= \mathbf{I}_n + \mathbf{AB} - \mathbf{A}(\mathbf{I}_m + \mathbf{BA}) \\
&= \mathbf{I}_n + \mathbf{A}\left[\mathbf{I}_m + \mathbf{BA} - \mathbf{I}_m - \mathbf{BA}\right](\mathbf{I}_m + \mathbf{BA})^{-1}\mathbf{B} \\
&= \mathbf{I}_n + \mathbf{A}\left[\mathbf{I}_m - (\mathbf{I}_m + \mathbf{BA})^{-1} - \mathbf{BA}(\mathbf{I}_m + \mathbf{BA})^{-1}\right]\mathbf{B} \\
&= \mathbf{I}_n .
\end{aligned}
$$

Da $(\mathbf{I}_n + \mathbf{AB})$ und $\left(\mathbf{I}_n - \mathbf{A}(\mathbf{I}_m + \mathbf{BA})^{-1}\mathbf{B}\right)$ quadratische Matrizen sind, ist also $\mathbf{I}_n - \mathbf{A}(\mathbf{I}_m + \mathbf{BA})^{-1}\mathbf{B} = (\mathbf{I}_n + \mathbf{AB})^{-1}$, vgl. Aufgabe 91. Durch Vertauschen von $\mathbf{A}$ und $\mathbf{B}$ folgt die Existenz von $(\mathbf{I}_m + \mathbf{BA})^{-1}$ aus der von $(\mathbf{I}_n + \mathbf{AB})^{-1}$. Zum Beweis von (1.58) schreibe $\mathbf{C} + \mathbf{AB} = \mathbf{C}\left(\mathbf{I} + \mathbf{C}^{-1}\mathbf{AB}\right) =: \mathbf{C}\left(\mathbf{I} + \widetilde{\mathbf{A}}\mathbf{B}\right)$ und wende (1.59) an.

Lösung von Aufgabe 95

Sei $\mathbf{A} = \mathbf{BDC}$ mit invertierbarem $\mathbf{B}$ und $\mathbf{C}$. Dabei ist $\mathbf{D} = \begin{pmatrix} \mathbf{I} & 0 \\ 0 & 0 \end{pmatrix}$. Setze $\mathbf{M} := \begin{pmatrix} \mathbf{I} & \mathbf{U} \\ \mathbf{V} & \mathbf{W} \end{pmatrix}$. Es folgt: $\mathbf{DMD} = \mathbf{D}$ und

$$\mathbf{AC}^{-1}\mathbf{MB}^{-1}\mathbf{A} = \mathbf{BDMDC} = \mathbf{BDC} = \mathbf{A}.$$

Also ist $\mathbf{C}^{-1}\mathbf{MB}^{-1}$. Sei nun ein beliebiges $\mathbf{A}^{-}$ gegeben. Dann ist

$$\mathbf{A}^{-} = \mathbf{C}^{-1}\mathbf{CA}^{-}\mathbf{BB}^{-1} =: \mathbf{C}^{-1}\mathbf{XB}^{-1}.$$

Dann folgt:

$$\mathbf{AA}^{-}\mathbf{A} = \mathbf{BDCC}^{-1}\mathbf{XB}^{-1}\mathbf{BDC} = \mathbf{BDXDC} = \mathbf{A} = \mathbf{BDC}.$$

Da $\mathbf{B}^{-1}$ und $\mathbf{C}^{-1}$ existieren, folgt aus $\mathbf{BDXDC} = \mathbf{BDC}$ die Gleichung:

$$
\begin{aligned}
\mathbf{D} &= \mathbf{DXD}. \qquad \Leftrightarrow \\
\begin{pmatrix} \mathbf{I} & 0 \\ 0 & 0 \end{pmatrix} &= \begin{pmatrix} \mathbf{I} & 0 \\ 0 & 0 \end{pmatrix}\begin{pmatrix} \mathbf{X}_{rr} & \mathbf{U}_{r,\, n-r} \\ \mathbf{V}_{m-r,\, r} & \mathbf{W}_{m-r,\, n-r} \end{pmatrix}\begin{pmatrix} \mathbf{I} & 0 \\ 0 & 0 \end{pmatrix}. \qquad \Leftrightarrow \\
\mathbf{X}_{rr} &= \mathbf{I}_{rr}.
\end{aligned}
$$

Lösung von Aufgabe 96

$\mathbf{B}^{-1}\mathbf{C}^{-}\mathbf{A}^{-1}$ erfüllt das Kriterium für eine verallgemeinerte Inverse, denn es ist: $(\mathbf{ACB})\left(\mathbf{B}^{-1}\mathbf{C}^{-}\mathbf{A}^{-1}\right)(\mathbf{ACB}) = \mathbf{ACC}^{-}\mathbf{CB} = \mathbf{ACB}$.

Lösung von Aufgabe 97

Es ist $\mathbf{E}\begin{pmatrix}\mathbf{A}^{-1} & 0\\ 0 & 0\end{pmatrix}\mathbf{E} = \begin{pmatrix}\mathbf{A} & \mathbf{B}\\ \mathbf{C} & \mathbf{D}\end{pmatrix}\begin{pmatrix}\mathbf{A}^{-1} & 0\\ 0 & 0\end{pmatrix}\begin{pmatrix}\mathbf{A} & \mathbf{B}\\ \mathbf{C} & \mathbf{D}\end{pmatrix} = \begin{pmatrix}\mathbf{A} & \mathbf{B}\\ \mathbf{C} & \mathbf{C}\mathbf{A}^{-1}\mathbf{B}\end{pmatrix}$.

Mit der Abkürzung $\mathbf{U} := \begin{pmatrix}\mathbf{A}^{-1} & 0\\ -\mathbf{C}\mathbf{A}^{-1} & \mathbf{I}\end{pmatrix}$ ist

$$\mathbf{U}\mathbf{E} = \begin{pmatrix}\mathbf{A}^{-1} & 0\\ -\mathbf{C}\mathbf{A}^{-1} & \mathbf{I}\end{pmatrix}\begin{pmatrix}\mathbf{A} & \mathbf{B}\\ \mathbf{C} & \mathbf{D}\end{pmatrix} = \begin{pmatrix}\mathbf{I} & \mathbf{A}^{-1}\mathbf{B}\\ 0 & -\mathbf{C}\mathbf{A}^{-1}\mathbf{B}+\mathbf{D}\end{pmatrix} =: \mathbf{V}.$$

$\mathbf{U}$ hat vollen Rang $\Rightarrow \mathbf{U}^{-1}$ existiert. $\Rightarrow$ Rg$\mathbf{E}$ = Rg $\mathbf{U}\mathbf{E}$ =Rg$\mathbf{V}$. Wäre nun $-\mathbf{C}\mathbf{A}^{-1}\mathbf{B}+\mathbf{D} \neq \mathbf{0}$, so wäre Rg$\mathbf{V}$ >dim $\mathbf{I}$ =Rg$\mathbf{A}$. Dies ist wegen Rg $\mathbf{V}$ = Rg $\mathbf{E}$ = Rg $\mathbf{A}$ ausgeschlossen. Also ist $-\mathbf{C}\mathbf{A}^{-1}\mathbf{B}+\mathbf{D} = \mathbf{0}$ und $\mathbf{D} = \mathbf{C}\mathbf{A}^{-1}\mathbf{B}$.

Lösung von Aufgabe 98

Ohne Beschränkung der Allgemeinheit können wir $\mathbf{x} := (\mathbf{y}; 1)'$ mit einem $(n-1)$-Vektor $\mathbf{y}$ wählen.

$$\begin{aligned}
0 &= \mathbf{A}\mathbf{x} = \begin{pmatrix}\mathbf{B} & \mathbf{c}\\ \mathbf{c}' & d\end{pmatrix}\begin{pmatrix}\mathbf{y}\\ 1\end{pmatrix} = \begin{pmatrix}\mathbf{B}\mathbf{y}+\mathbf{c}\\ \mathbf{c}'\mathbf{y}+d\end{pmatrix} = \begin{pmatrix}0\\ 0\end{pmatrix}\\
&\Rightarrow \begin{pmatrix}\mathbf{c}\\ d\end{pmatrix} = \begin{pmatrix}-\mathbf{B}\mathbf{y}\\ \mathbf{y}'\mathbf{B}\mathbf{y}\end{pmatrix}.\\
&\Rightarrow \begin{pmatrix}\mathbf{I} & 0\\ -\mathbf{y}' & 0\end{pmatrix}\begin{pmatrix}\mathbf{B} & 0\\ 0 & 0\end{pmatrix}\begin{pmatrix}\mathbf{I} & -\mathbf{y}\\ 0 & 0\end{pmatrix} = \begin{pmatrix}\mathbf{B} & -\mathbf{B}\mathbf{y}\\ -\mathbf{y}'\mathbf{B} & \mathbf{y}'\mathbf{B}\mathbf{y}\end{pmatrix} = \begin{pmatrix}\mathbf{B} & \mathbf{c}\\ \mathbf{c}' & d\end{pmatrix} = \mathbf{A}.\\
&\Rightarrow n-1 = \text{Rg}\,\mathbf{A} = \text{Rg}\begin{pmatrix}\mathbf{B} & \mathbf{c}\\ \mathbf{c}' & d\end{pmatrix} \leq \text{Rg}\begin{pmatrix}\mathbf{B} & 0\\ 0 & 0\end{pmatrix} = \text{Rg}\,\mathbf{B} \leq n-1.\\
&\Rightarrow n-1 = \text{Rg}\,\mathbf{B} \Rightarrow \mathbf{B}^{-1}\text{existiert.}
\end{aligned}$$

Der Rest folgt aus Aufgabe 97.

Lösung von Aufgabe 99

1. Invertierbarkeit von $\mathbf{B} := \mathbf{A} + \frac{\mathbf{y}\mathbf{y}'}{\mathbf{y}'\mathbf{x}}$. Wir zeigen, daß $\mathbf{B}$ maximalen Rang hat: Es sei $\mathbf{B}\mathbf{z} = \mathbf{0} \Rightarrow \mathbf{x}'\mathbf{B}\mathbf{z} = 0 \Rightarrow \mathbf{x}'\left(\mathbf{A} + \frac{\mathbf{y}\mathbf{y}'}{\mathbf{y}'\mathbf{x}}\right)\mathbf{z} = \frac{(\mathbf{x}'\mathbf{y})(\mathbf{y}'\mathbf{z})}{\mathbf{y}'\mathbf{x}} = 0 \Rightarrow \mathbf{y}'\mathbf{z} = 0$, denn $\mathbf{x}'\mathbf{y} \neq 0$. Daraus und aus $\mathbf{0} = \mathbf{B}\mathbf{z} = \left(\mathbf{A} + \frac{\mathbf{y}\mathbf{y}'}{\mathbf{y}'\mathbf{x}}\right)\mathbf{z}$ folgt $\mathbf{A}\mathbf{z} = \mathbf{0}$. Also $\mathbf{z} \in \mathcal{N}(\mathbf{A})$. Wegen Rg $\mathbf{A} = n-1$ ist dim$\mathcal{N}(\mathbf{A}) = 1$ und $\mathcal{N}(\mathbf{A}) = \mathcal{L}(\mathbf{x})$. Also ist $\mathbf{z} = \lambda\mathbf{x} \Rightarrow \mathbf{y}'\mathbf{z} = \lambda\mathbf{y}'\mathbf{x} = 0 \Rightarrow \lambda = 0 \Rightarrow \mathbf{z} = \mathbf{0}$. $\Rightarrow$ $\mathbf{B}$ invertierbar.

2. $\mathbf{B}^{-1}$ ist eine verallgemeinerte Inverse:
$\mathbf{B}\mathbf{x} = \left(\mathbf{A} + \frac{\mathbf{y}\mathbf{y}'}{\mathbf{y}'\mathbf{x}}\right)\mathbf{x} = \mathbf{A}\mathbf{x} + \mathbf{y}\frac{\mathbf{y}'\mathbf{x}}{\mathbf{y}'\mathbf{x}} = \mathbf{y} \quad \Rightarrow \quad \mathbf{x} = \mathbf{B}^{-1}\mathbf{y} \quad \Rightarrow \mathbf{A}\mathbf{x} = \mathbf{A}\mathbf{B}^{-1}\mathbf{y} = \mathbf{0}$. Es folgt:

$$\begin{aligned}
\mathbf{A}\mathbf{B}^{-1}\mathbf{A} &= \mathbf{A}\mathbf{B}^{-1}\left(\mathbf{A} + \frac{\mathbf{y}\mathbf{y}'}{\mathbf{y}'\mathbf{x}} - \frac{\mathbf{y}\mathbf{y}'}{\mathbf{y}'\mathbf{x}}\right) = \mathbf{A}\mathbf{B}^{-1}\left(\mathbf{B} - \frac{\mathbf{y}\mathbf{y}'}{\mathbf{y}'\mathbf{x}}\right)\\
&= \mathbf{A} - \mathbf{A}\mathbf{B}^{-1}\frac{\mathbf{y}\mathbf{y}'}{\mathbf{y}'\mathbf{x}} = \mathbf{A} - \left(\mathbf{A}\mathbf{B}^{-1}\mathbf{y}\right)\frac{\mathbf{y}'}{\mathbf{y}'\mathbf{x}} = \mathbf{A}.
\end{aligned}$$

Lösung von Aufgabe 100

Da Rg $\mathbf{E}$ die Anzahl der Spalten von $\mathbf{E}$ und Rg $\mathbf{F}$ die Anzahl der Zeilen von $\mathbf{F}$ ist, existieren $(\mathbf{E}'\mathbf{E})^{-1}$ sowie $(\mathbf{F}\mathbf{F}')^{-1}$. Weiter ist:

$$\begin{aligned}
\mathbf{A}\mathbf{A}^+ &= (\mathbf{E}\mathbf{F})\,\mathbf{F}'(\mathbf{F}\mathbf{F}')^{-1}(\mathbf{E}'\mathbf{E})^{-1}\mathbf{E}' = \mathbf{E}(\mathbf{E}'\mathbf{E})^{-1}\mathbf{E}' && \Rightarrow \text{Symm.}\\
\mathbf{A}^+\mathbf{A} &= \mathbf{F}'(\mathbf{F}\mathbf{F}')^{-1}(\mathbf{E}'\mathbf{E})^{-1}\mathbf{E}'\,(\mathbf{E}\mathbf{F}) = \mathbf{F}'(\mathbf{F}\mathbf{F}')^{-1}\mathbf{F} && \Rightarrow \text{Symm.}\\
(\mathbf{A}\mathbf{A}^+)\,\mathbf{A} &= \mathbf{E}(\mathbf{E}'\mathbf{E})^{-1}\mathbf{E}'\mathbf{E}\mathbf{F} = \mathbf{E}\mathbf{F} = \mathbf{A}.\\
(\mathbf{A}^+\mathbf{A})\,\mathbf{A}^+ &= \mathbf{F}'(\mathbf{F}\mathbf{F}')^{-1}\mathbf{F}\mathbf{F}'(\mathbf{F}\mathbf{F}')^{-1}(\mathbf{E}'\mathbf{E})^{-1}\mathbf{E}' = \mathbf{F}'(\mathbf{F}\mathbf{F}')^{-1}(\mathbf{E}'\mathbf{E})^{-1}\mathbf{E}'\\
&= \mathbf{A}^+.
\end{aligned}$$

Lösung von Aufgabe 101

Sind die Zeilen von $\mathbf{B}$ linear unabhängig, so existiert $(\mathbf{B}\mathbf{B}')^{-1}$. $\Rightarrow$ Rg$\mathbf{A}$ $\geq$Rg$\mathbf{AB}$ $\geq$Rg$\mathbf{ABB}'(\mathbf{B}\mathbf{B}')^{-1}$ =Rg$\mathbf{A}$.

Lösung von Aufgabe 102

1. Nachweis der vier Eigenschaften von $(\mathbf{ABC})^+$

$$\begin{aligned}
(\mathbf{ABC})(\mathbf{ABC})^+ &= \mathbf{ABCC}'\mathbf{B}^+\mathbf{A}' = \mathbf{A}\left(\mathbf{B}\mathbf{B}^+\right)\mathbf{A}' && \Rightarrow \text{Symm.}\\
(\mathbf{ABC})^+(\mathbf{ABC}) &= \mathbf{C}'\mathbf{B}^+\mathbf{A}'\mathbf{ABC} = \mathbf{C}'\left(\mathbf{B}^+\mathbf{B}\right)\mathbf{C} && \Rightarrow \text{Symm.}\\
(\mathbf{ABC})(\mathbf{ABC})^+(\mathbf{ABC}) &= \mathbf{ABB}^+\mathbf{A}'\mathbf{ABC} = \mathbf{A}\left(\mathbf{B}\mathbf{B}^+\mathbf{B}\right)\mathbf{C} = \mathbf{ABC}.\\
(\mathbf{ABC})^+(\mathbf{ABC})(\mathbf{ABC})^+ &= \mathbf{C}'\mathbf{B}^+\mathbf{BCC}'\mathbf{B}^+\mathbf{A}' = \mathbf{C}'\left(\mathbf{B}^+\mathbf{B}\mathbf{B}^+\right)\mathbf{A}'\\
&= (\mathbf{ABC})^+.
\end{aligned}$$

2. Ist Inhalt von Aufgabe 100.

Lösung von Aufgabe 103

$\mathbf{A}'\mathbf{A}$ und $\mathbf{A}\mathbf{A}'$ sind symmetrisch. Ist $\mathbf{A}$ eine $n \times m$ Matrix, so ist $\mathbf{A}'\mathbf{A} = \mathbf{I}_m$. $\Rightarrow$ $\mathbf{A}\mathbf{A}'\mathbf{A} = \mathbf{A}\mathbf{I}_m = \mathbf{A}$ sowie $\mathbf{A}'\mathbf{A}\mathbf{A}' = \mathbf{I}_m\mathbf{A}' = \mathbf{A}'$. Für $\mathbf{A} = \mathbf{a}\mathbf{b}'$ und $\mathbf{B} := \frac{\mathbf{b}\mathbf{a}'}{\|\mathbf{b}\|^2\|\mathbf{a}\|^2}$ gilt:

$$\begin{aligned}
\mathbf{AB} &= \mathbf{a}\mathbf{b}'\frac{\mathbf{b}\mathbf{a}'}{\|\mathbf{b}\|^2\|\mathbf{a}\|^2} = \mathbf{a}\frac{(\mathbf{b}'\mathbf{b})}{\|\mathbf{b}\|^2\|\mathbf{a}\|^2}\mathbf{a}' = \frac{\mathbf{a}\mathbf{a}'}{\|\mathbf{a}\|^2} && \text{ist symmetrisch.}\\
\mathbf{BA} &= \frac{\mathbf{b}\mathbf{a}'}{\|\mathbf{b}\|^2\|\mathbf{a}\|^2}\mathbf{a}\mathbf{b}' = \frac{\mathbf{b}\mathbf{b}'}{\|\mathbf{b}\|^2} && \text{ist symmetrisch.}\\
(\mathbf{AB})\,\mathbf{A} &= \frac{\mathbf{a}\mathbf{a}'}{\|\mathbf{a}\|^2}\mathbf{a}\mathbf{b}' = \frac{\mathbf{a}\,(\mathbf{a}'\mathbf{a})\,\mathbf{b}'}{\|\mathbf{a}\|^2} = \mathbf{a}\mathbf{b}' = \mathbf{A}.\\
(\mathbf{BA})\,\mathbf{B} &= \frac{\mathbf{b}\mathbf{b}'}{\|\mathbf{b}\|^2}\frac{\mathbf{b}\mathbf{a}'}{\|\mathbf{b}\|^2\|\mathbf{a}\|^2} = \frac{\mathbf{b}\,(\mathbf{b}'\mathbf{b})\,\mathbf{a}'}{\|\mathbf{b}\|^2\|\mathbf{b}\|^2\|\mathbf{a}\|^2} = \frac{\mathbf{b}\mathbf{a}'}{\|\mathbf{b}\|^2\|\mathbf{a}\|^2} = \mathbf{B}.
\end{aligned}$$

Lösung von Aufgabe 108

Der Eigenwert λ_j trete v_j mal auf. Weiter seien $\mathbf{u}_{j_k}$ $k = 1, \cdots v_i$ zu λ_i gehörende orthonormale Eigenvektoren, die den Eigenraum $\mathcal{A}_j := \mathcal{L}\{\mathbf{u}_{j_k};\ k = 1, \cdots v_i\}$ aufspannen. Dann ist:

$$\mathbf{A} = \sum_{i=1}^{n} \lambda_i \mathbf{u}_i \mathbf{u}_i' = \sum_{j=1}^{r} \lambda_j \sum_{k=1}^{v_j} \mathbf{u}_{j_k} \mathbf{u}_{j_k}' = \sum_{j=1}^{r} \lambda_j \mathbf{P}_{\mathcal{A}_j}.$$

Lösung von Aufgabe 109

Die Aussagen folgen unmittelbar aus der Eigenwertzerlegung von $\mathbf{A}$. Vergleiche Aufgabe 108. Dabei ist $\mathbf{V}_i$ der Eigenraum von $\mathbf{A}$ und $\dim \mathbf{V}_i$ die Vielfachheit. Sei $\mathbf{u}_{i_1}, \cdots, \mathbf{u}_{i_{\dim \mathbf{V}_i}}$ eine Basis von $\mathbf{V}_i$. Dann ist $\mathbf{P}_{\mathbf{V}_i} = \sum_{j=1}^{\dim \mathbf{V}_i} \mathbf{u}_{i_j} \mathbf{u}_{i_j}'$. Dann liegt

$$\mathbf{A} = \sum_{i=1}^{K} \alpha_i \mathbf{P}_{\mathbf{V}_i} = \sum_{i=1}^{K} \sum_{j=1}^{\dim \mathbf{V}_i} \alpha_i \mathbf{u}_{i_j} \mathbf{u}_{i_j}'$$

bereits in der Eigenwertzerlegung vor. Daher ist $|\mathbf{A}| = \prod_{i=1}^{K} \alpha_i^{\dim \mathbf{V}_i}$. Sind alle $\alpha_i \neq 0$, so ist

$$\mathbf{A}^{-1} = \sum_{i=1}^{K} \sum_{j=1}^{\dim \mathbf{V}_i} \alpha_i^{-1} \mathbf{u}_{i_j} \mathbf{u}_{i_j}' = \sum_{i=1}^{K} \alpha_i^{-1} \mathbf{P}_{\mathbf{V}_i}.$$

Lösung von Aufgabe 123

1⇔2: $\mathbf{A}$ und $\mathbf{B}$ stehen im Lot ⇔ $(\mathbf{A} \ominus \mathbf{D}) \perp (\mathbf{B} \ominus \mathbf{D})$ ⇔ $\mathbf{P}_{\mathbf{A}\ominus\mathbf{D}} \mathbf{P}_{\mathbf{B}\ominus\mathbf{D}} = \mathbf{0}$ ⇔ $(\mathbf{P}_\mathbf{A} - \mathbf{P}_\mathbf{D})(\mathbf{P}_\mathbf{B} - \mathbf{P}_\mathbf{D}) = \mathbf{0}$ ⇔ $\mathbf{P}_\mathbf{A}\mathbf{P}_\mathbf{B} - \mathbf{P}_\mathbf{D}\mathbf{P}_\mathbf{B} - \mathbf{P}_\mathbf{A}\mathbf{P}_\mathbf{D} + \mathbf{P}_\mathbf{D} = \mathbf{P}_\mathbf{A}\mathbf{P}_\mathbf{B} - \mathbf{P}_\mathbf{D} = \mathbf{0}$.

2⇒3: 3. ist Abschwächung von 2

3⇒4: Ist $\mathbf{P}_\mathbf{A}\mathbf{P}_\mathbf{B}$ Projektion, so ist $\mathbf{P}_\mathbf{A}\mathbf{P}_\mathbf{B}$ symmetrisch: $\mathbf{P}_\mathbf{A}\mathbf{P}_\mathbf{B} = (\mathbf{P}_\mathbf{A}\mathbf{P}_\mathbf{B})' = (\mathbf{P}_\mathbf{B})'(\mathbf{P}_\mathbf{A})' = \mathbf{P}_\mathbf{B}\mathbf{P}_\mathbf{A}$.

4⇒2: Wir zeigen Symmetrie und Idempotenz:

$$\begin{aligned} \mathbf{P}_\mathbf{A}\mathbf{P}_\mathbf{B}(\mathbf{P}_\mathbf{A}\mathbf{P}_\mathbf{B}) &= \mathbf{P}_\mathbf{A}(\mathbf{P}_\mathbf{B}\mathbf{P}_\mathbf{A})\mathbf{P}_\mathbf{B} = \mathbf{P}_\mathbf{A}(\mathbf{P}_\mathbf{A}\mathbf{P}_\mathbf{B})\mathbf{P}_\mathbf{B} = \mathbf{P}_\mathbf{A}\mathbf{P}_\mathbf{B}. \\ (\mathbf{P}_\mathbf{A}\mathbf{P}_\mathbf{B})' &= (\mathbf{P}_\mathbf{B})'(\mathbf{P}_\mathbf{A})' = \mathbf{P}_\mathbf{B}\mathbf{P}_\mathbf{A} = \mathbf{P}_\mathbf{A}\mathbf{P}_\mathbf{B}. \end{aligned}$$

Also ist $\mathbf{P}_\mathbf{A}\mathbf{P}_\mathbf{B}$ eine Projektion. Dabei bleibt $\mathbf{D}$ invariant: $\mathbf{D} \subseteq \mathbf{A}$ und $\mathbf{D} \subseteq \mathbf{B}$ ⇒ $\mathbf{P}_\mathbf{A}\mathbf{P}_\mathbf{B}\mathbf{D} = \mathbf{P}_\mathbf{A}\mathbf{D} = \mathbf{D}$. Für alle $\mathbf{x}$ gilt $\mathbf{P}_\mathbf{A}\mathbf{P}_\mathbf{B}\mathbf{x} \in \mathbf{A}$ und $\mathbf{P}_\mathbf{A}\mathbf{P}_\mathbf{B}\mathbf{x} = \mathbf{P}_\mathbf{B}\mathbf{P}_\mathbf{A}\mathbf{x} \in \mathbf{B}$. Also projiziert $\mathbf{P}_\mathbf{A}\mathbf{P}_\mathbf{B}$ nach $\mathbf{A} \cap \mathbf{B} = \mathbf{D}$.

4⇔ 2: $\mathbf{P}_{\mathbf{A}^\perp} = \mathbf{I} - \mathbf{P}_\mathbf{A}$. Daher ist $\mathbf{P}_{\mathbf{A}^\perp}\mathbf{P}_{\mathbf{B}^\perp} = (\mathbf{I} - \mathbf{P}_\mathbf{A})(\mathbf{I} - \mathbf{P}_\mathbf{B}) = \mathbf{I} - \mathbf{P}_\mathbf{A} - \mathbf{P}_\mathbf{B} + \mathbf{P}_\mathbf{A}\mathbf{P}_\mathbf{B}$. Daher ist $\mathbf{P}_{\mathbf{A}^\perp}\mathbf{P}_{\mathbf{B}^\perp} = \mathbf{P}_{\mathbf{B}^\perp}\mathbf{P}_{\mathbf{A}^\perp}$ ⇔ $\mathbf{P}_\mathbf{A}\mathbf{P}_\mathbf{B} = \mathbf{P}_\mathbf{B}\mathbf{P}_\mathbf{A}$.

Lösung von Aufgabe 124

Sind $\mathbf{A}$ und $\mathbf{B}$ orthogonal, so sind sie erst recht im Lot. Daher sind nach Aufgabe 123 Teil 5, auch $\mathbf{A}^{\perp}$ und $\mathbf{B}^{\perp}$ im Lot. Als Beispiel für die erste Aussage betrachten wir die Zerlegung des Oberraums in drei orthogonale Räume $\mathbf{A} \oplus \mathbf{B} \oplus \mathbf{C}$. Dann ist $\mathbf{A}^{\perp} = \mathbf{B} \oplus \mathbf{C}$ und $\mathbf{B}^{\perp} = \mathbf{A} \oplus \mathbf{C}$. Also sind $\mathbf{A}^{\perp}$ und $\mathbf{B}^{\perp}$ nicht orthogonal, da sie beide die gemeinsame Komponente $\mathbf{C}$ besitzen.

Lösung von Aufgabe 125

$\forall \mathbf{x}; \alpha; \beta$ gilt: $\mathbf{x} \in \mathcal{L}\{\mathbf{A}, \mathbf{B}\}^{\perp} \Leftrightarrow \mathbf{x}' (\mathbf{A}\alpha + \mathbf{B}\beta) = 0 \Leftrightarrow \mathbf{x}'\mathbf{A}\alpha + \mathbf{x}'\mathbf{B}\beta = 0 \Leftrightarrow$ $\mathbf{x}'\mathbf{A}\alpha = \mathbf{0}$ und $\mathbf{x}'\mathbf{B}\beta = 0 \Leftrightarrow \mathbf{x} \in \mathcal{L}\{\mathbf{A}\}^{\perp}$ und $\mathbf{x} \in \mathcal{L}\{\mathbf{B}\}^{\perp}$.

Lösung von Aufgabe 126

$\mathbf{XX}^+\mathbf{y} = \mathbf{P_X y}$ wenn (1.84) gezeigt ist. Nun ist $\mathbf{XX}^+\mathbf{y} = \mathbf{X}(\mathbf{X}^+\mathbf{y}) \in \mathcal{L}\{\mathbf{X}\}$ und ür alle $\mathbf{x} = \mathbf{X}\beta \in \mathcal{L}\{\mathbf{X}\}$ gilt $\left[(\mathbf{I} - \mathbf{XX}^+)\mathbf{y}\right]'\mathbf{x} = \mathbf{y}'(\mathbf{I} - \mathbf{XX}^+)\mathbf{x} = \mathbf{y}'(\mathbf{I} - \mathbf{XX}^+)\mathbf{X}\beta = \mathbf{0}$. Also $(\mathbf{I} - \mathbf{XX}^+)\mathbf{y} \perp \mathcal{L}\{\mathbf{X}\}$.

Lösung von Aufgabe 127

$\sum_{i=1}^n \mathbf{P}_i$ ist symmetrisch. Gilt $\mathbf{P}_i\mathbf{P}_j = 0 \ \forall i, j$, so ist $\sum_{i=1}^n \mathbf{P}_i$ auch idempotent: $(\sum_{i=1}^n \mathbf{P}_i)(\sum_{i=1}^n \mathbf{P}_i) = \sum_{i=1}^n \sum_{j=1}^n \mathbf{P}_i\mathbf{P}_j = \sum_{i=1}^n \mathbf{P}_i\mathbf{P}_i = \sum_{i=1}^n \mathbf{P}_i$. Daher ist $\sum_{i=1}^n \mathbf{P}_i$ Projektor. Der Bildraum ist dann $\mathbf{M}_1 \oplus \mathbf{M}_2 \oplus \cdots \oplus \mathbf{M}_n$.
Sei nun $\mathbf{P_T}$ Projektor, so ist für alle $\mathbf{x}$ und zwei beliebige aber fest gewählte k und l :

$$\|\mathbf{x}\|^2 \geq \|\mathbf{P_T x}\|^2 = \langle \mathbf{x}, \mathbf{P_T x} \rangle = \sum_i \langle \mathbf{x}, \mathbf{P}_i \mathbf{x} \rangle = \sum_i \|\mathbf{P}_i \mathbf{x}\|^2 \geq \|\mathbf{P}_k \mathbf{x}\|^2 + \|\mathbf{P}_l \mathbf{x}\|^2.$$

Also $\|\mathbf{x}\|^2 \geq \|\mathbf{P}_k\mathbf{x}\|^2 + \|\mathbf{P}_l\mathbf{x}\|^2$. Wählen wir nun $\mathbf{x} = \mathbf{P}_k\mathbf{y}$, so folgt:

$$\|\mathbf{P}_k\mathbf{y}\|^2 \geq \|\mathbf{P}_k\mathbf{P}_k\mathbf{y}\|^2 + \|\mathbf{P}_l\mathbf{P}_k\mathbf{y}\|^2 = \|\mathbf{P}_k\mathbf{y}\|^2 + \|\mathbf{P}_l\mathbf{P}_k\mathbf{y}\|^2 \Rightarrow \mathbf{P}_l\mathbf{P}_k\mathbf{y} = \mathbf{0}.$$

Lösung von Aufgabe 128

Sei $\mathbf{A} = \mathcal{L}\{\mathbf{a}_1, \cdots, \mathbf{a}_k\}$ und $\{\mathbf{b}_1, \cdots, \mathbf{b}_m\}$ eine Orthonormalbasis für $\mathbf{B}$. Dann ist $\mathbf{P_B a}_j = \sum_{i=1}^m \langle \mathbf{b}_i, \mathbf{a}_j \rangle \mathbf{b}_i \Rightarrow \|\mathbf{P_B a}_j\|^2 = \sum_{i=1}^m \langle \mathbf{b}_i, \mathbf{a}_j \rangle^2 \quad \Rightarrow$

$$\begin{aligned} \sum_{j=1}^k \|\mathbf{P_B a}_j\|^2 &= \sum_{j=1}^k \sum_{i=1}^m \langle \mathbf{b}_i, \mathbf{a}_j \rangle^2 = \sum_{i=1}^m \sum_{j=1}^k \langle \mathbf{b}_i, \mathbf{a}_j \rangle^2 \\ &= \sum_{i=1}^m \|\mathbf{P_A b}_j\|^2 \leq \sum_{i=1}^m 1 = m. \end{aligned}$$

Lösung von Aufgabe 131

$\mathbb{P}$ ist genau dann symmetrisch, falls $\forall \mathbf{x}$ und $\mathbf{y}$ gilt: $\langle \mathbf{x}, \mathbb{P}\mathbf{y} \rangle = \langle \mathbb{P}\mathbf{x}, \mathbf{y} \rangle \Leftrightarrow \mathbf{x}'\mathbf{G}\mathbb{P}\mathbf{y} = (\mathbb{P}\mathbf{x})'\,\mathbf{G}\mathbf{y} = \mathbf{x}'\mathbb{P}'\mathbf{G}\mathbf{y} \Leftrightarrow \mathbf{G}\mathbb{P}{=}\mathbb{P}'\mathbf{G}$. Die restlichen Aussagen sichern die Idempotenz von $\mathbb{P}$ und den Bildraum.

Lösung von Aufgabe 132

1. Mit Aufgabe 131: Die Matrix $\mathbb{P} := \mathbf{A}(\mathbf{A}'\mathbf{G}\mathbf{A})^{-}\mathbf{A}'\mathbf{G}\mathbf{y}$ erfüllt gemäß alle Eigenschaften einer Projektion, wenn noch $\mathbb{P}\mathbf{y} = \mathbf{y}\,\forall \quad \mathbf{y} \in \mathcal{L}\{\mathbf{A}\}$ gezeigt wird. Dies gilt genau dann, wenn $\mathbb{P}\mathbf{A} = \mathbf{A}$ gezeigt wird. Dazu setzen wir $\mathbf{C} := \mathbf{A}'\mathbf{G}\mathbf{A}$ und $\mathbf{B} := \mathbb{P}\mathbf{A} - \mathbf{A} = \mathbf{A}(\mathbf{A}'\mathbf{G}\mathbf{A})^{-}\mathbf{A}'\mathbf{G}\mathbf{A} - \mathbf{A} = \mathbf{A}\mathbf{C}^{-}\mathbf{C} - \mathbf{A} = \mathbf{A}\left(\mathbf{C}^{-}\mathbf{C} - \mathbf{I}\right)$. Dann ist:

$$\mathbf{B}'\mathbf{G}\mathbf{B} = \left(\mathbf{C}^{-}\mathbf{C} - \mathbf{I}\right)'\mathbf{A}'\mathbf{G}\mathbf{A}\left(\mathbf{C}^{-}\mathbf{C} - \mathbf{I}\right) = \left(\mathbf{C}^{-}\mathbf{C} - \mathbf{I}\right)'\mathbf{C}\left(\mathbf{C}^{-}\mathbf{C} - \mathbf{I}\right) = 0.$$

Aus $\mathbf{B}'\mathbf{G}\mathbf{B} = \mathbf{0}$ und $\mathbf{G} > \mathbf{0}$ folgt $\mathbf{B} = \mathbf{0}$. $\Rightarrow$ $\mathbb{P}\mathbf{A} - \mathbf{A} = \mathbf{0} \Rightarrow \mathbb{P}\mathbf{A} = \mathbf{A}$.

2. Mit den Normalgleichungen: Diese lauten: $\langle \mathbf{A}; \mathbf{y} \rangle = \left\langle \mathbf{A}; \mathbf{A}\widehat{\beta} \right\rangle$ $\Leftrightarrow \mathbf{A}'\mathbf{G}\mathbf{y} = \mathbf{A}'\mathbf{G}\mathbf{A}\widehat{\beta}$. Eine Lösung ist $\widehat{\beta} = (\mathbf{A}'\mathbf{G}\mathbf{A})^{-}\,\mathbf{A}'\mathbf{G}\mathbf{y}$ und damit $\mathbb{P}\mathbf{y} = \mathbf{A}\widehat{\beta} = \mathbf{A}\,(\mathbf{A}'\mathbf{G}\mathbf{A})^{-}\,\mathbf{A}'\mathbf{G}\mathbf{y}$.

Kapitel 2

Das statistische Handwerkszeug

2.1 Zufällige Variable

2.1.1 Der Wahrscheinlichkeitsbegriff

Der Begriff *Wahrscheinlichkeit* steht für ein Denkmodell, mit dem sich *zufällige Ereignisse* erfolgreich beschreiben lassen. Das Faszinierende an diesem Modell ist die offensichtliche Paradoxie, daß mathematische Gesetze für *regellose* Erscheinungen aufgestellt werden. Dabei schwelt seit langem unter Theoretikern und Praktikern ein Streit darüber, was *Wahrscheinlichkeit* eigentlich inhaltlich ist, und ob *Wahrscheinlichkeit an sich* überhaupt existiert.
Die *objektivistische Schule* betrachtet Wahrscheinlichkeit als eine quasi-physikalische Größe, die unabhängig vom Betrachter existiert, und die sich bei wiederholbaren Experimenten durch die relative Häufigkeit beliebig genau approximieren läßt.
Der *subjektivistischen Schule* erscheint diese Betrachtung suspekt, wenn sie nicht gar als Aberglaube verurteilt wird. Für die *Subjektivisten* oder *Bayesianer*, wie sie aus historischen Gründen auch heißen, ist Wahrscheinlichkeit nichts anderes als eine Gradzahl, die angibt, wie stark das jeweilige Individuum an das Eintreten eines bestimmten Ereignisses glaubt.
Die Stärke dieses Dafürhaltens wird am Verhalten des Individuums gemessen. Damit wird die subjektive Wahrscheinlichkeitstheorie an eine Theorie des rationalen Verhaltens bei Unsicherheit geknüpft.
Fassen wir einmal die uns umgebenden mehr oder weniger zufälligen Phänomene der Realität mit dem Begriff "*die Welt*" zusammen, so können wir überspitzt sagen:

> Der Objektivist modelliert *die Welt*, der Subjektivist modelliert sein *Wissen über die Welt.*

Es ist nicht nötig, den Konflikt zwischen den Wahrscheinlichkeits-Schulen zu lösen. Was alle Schulen trennt, ist die Interpretation der Wahrscheinlichkeit und die Leitideen des statistischen Schließens; was alle Schulen verbindet, sind die für alle gültigen mathematischen Gesetze, nach denen mit Wahrscheinlichkeiten gerechnet wird. Dabei greifen alle auf den gleichen mathematischen Wahrscheinlichkeits-Begriff zurück, der aus den drei Kolmogorov-Axiomen entwickelt wird.

2.1.2 Wahrscheinlichkeitsverteilungen

In den folgenden Abschnitten werden nur diejenigen Begriffe der mathematischen Wahrscheinlichkeits-Theorie aufgezählt und kurz erläutert, die für unsere Zwecke benötigt werden. Dabei bezeichnen in der Regel großgeschriebene Buchstaben vom Ende des Alphabets ($\cdots$, X, $\mathbf{Y}$, $\mathbf{Z}$) zufällige ein- oder mehrdimensionale Variable, kleingeschriebene Buchstaben ($\cdots$, x, $\mathbf{y}$, $\mathbf{z}$) deren Ausprägungen; Buchstaben vom Anfang des Alphabets (a, $\mathbf{b}$, $\mathbf{C}$,) bezeichnen nichtstochastische reelle Zahlen, Vektoren oder Matrizen. Mager geschriebene Buchstaben bezeichnen Skalare, fett geschriebene dagegen mehrdimensionale Größen. Wenn wir im folgenden mit Matrizenprodukten wie zum Beispiel $\mathbf{AB}$ oder $\mathbf{Cx}$ arbeiten, setzen wir stets stillschweigend voraus, daß die Matrizen verkettet sind.

Ist einem zufälligen Ereignis U eine Wahrscheinlichkeit[1] $\mathrm{P}\{U\}$ zugeordnet, so ist $\mathrm{P}\{U\}$ eine reelle Zahl zwischen Null und Eins:

$$0 \leq \mathrm{P}\{U\} \leq 1.$$

Ein sicheres Ereignis erhält die Wahrscheinlichkeit Eins, ein unmögliches Ereignis die Wahrscheinlichkeit Null.
Die Umkehrung gilt nicht. Die Wahrscheinlichkeits-Theorie erhält dann praktische Relevanz, wenn man ein Ereignis U mit $\mathrm{P}\{U\} = 1$ als "*so gut wie sicher*", ein Ereignis U mit $\mathrm{P}\{U\} = 0$ als "*so gut wie unmöglich*" ansieht. Was dies aber im Einzelnen und für jeden Einzelnen bedeutet, muß jeder für sich ausmachen.
Eine zufällige Variable Y ordnet zufälligen Ereignissen Zahlen zu. Diese heißen **Realisationen** oder **Ausprägungen**.
Für jede reelle Zahl y ist die Wahrscheinlichkeit $\mathrm{P}\{Y \leq y\}$ definiert. Diese Wahrscheinlichkeit hängt von y ab und heißt **Verteilungsfunktion** von Y:

$$F_Y(y) = \mathrm{P}\{Y \leq y\}.$$

Der Index Y an $F_Y(y)$ kann weggelassen werden, falls keine Irrtümer möglich sind. Hat Y die Verteilung F, so schreiben wir auch abkürzend:

$$Y \sim F_Y(y) \text{ oder knapp } Y \sim F.$$

[1] Um die Symbole für Projektionen $\mathbf{P}(\mathbf{y})$ und Wahrscheinlichkeiten $\mathrm{P}\{y\}$ besser zu unterscheiden, werden bei Wahrscheinlichkeiten eine andere Schriftversion verwendet und die Argumente in geschweiften Klammern geschrieben.

τ_α heißt **α-Quantil von** Y, falls $F_Y(\tau_\alpha) = \alpha$ ist.
Y heißt **stetige zufällige Variable**, falls $F_Y(y)$ sich als Integral[2] darstellen läßt:

$$F_Y(y) = \int_{-\infty}^{y} f_Y(t)\, dt.$$

$f_Y(y)$ heißt **Dichte** von y. Der Begriff wird analog auf $n-$ dimensionale zufällige Variable[3] $\mathbf{Y} = \{Y_1; \ldots; Y_n\}$ verallgemeinert. Dabei heißt **Y stetig**, falls $F_\mathbf{Y}$ eine n-dimensionale Dichte hat:

$$F_\mathbf{Y}(y_1; \ldots; y_n) = \int_{-\infty}^{y_n} \cdots \int_{-\infty}^{y_1} f_\mathbf{Y}(t_1; \ldots; t_n)\, dt_1 \cdots dt_n.$$

Ist $g(\mathbf{y})$ eine stetige oder stückweise stetige Funktion, so ist $\mathbf{X} = g(\mathbf{Y})$ wieder eine zufällige Variable.[4] **X** braucht aber keine stetige zufällige Variable zu sein, selbst wenn **Y** eine ist. Zum Beispiel liegen die Realisationen der zweidimensionalen zufällige Variablen $\mathbf{X} = (Y; Y)$ auf der eindimensionalen Diagonalen des $\mathbb{R}^2$. **X** kann daher keine (zweidimensionale) Dichte besitzen.

2.1.3 Unabhängigkeit und Bedingtheit

Die zufälligen Variablen $Y_1, \ldots, Y_n$ heißen **(total) unabhängig**, falls für alle reellen Zahlen $y_1; \ldots; y_n$ gilt:

$$\mathrm{P}\{Y_1 \leq y_1; \ldots; Y_n \leq y_n\} = \mathrm{P}\{Y_1 \leq y_1\} \cdot \ldots \cdot \mathrm{P}\{Y_n \leq y_n\}.$$

Satz 136 *Sind g und h stückweise stetige Funktionen, und sind* **X** *und* **Y** *unabhängig, so sind auch* $g(\mathbf{X})$ *und* $h(\mathbf{Y})$ *unabhängig. Ist* $\mathbf{Y} = (Y_1; \ldots; Y_n)'$ *ein stetiger zufälliger Vektor, so sind die* Y_i *genau dann unabhängig, falls für alle* $y_1; \ldots; y_n$ *gilt:*

$$f_\mathbf{Y}(y_1; \cdots; y_n) = f_{Y_1}(y_1) \cdot \ldots \cdot f_{Y_n}(y_n).$$

Formal wird hier die Unabhängigkeit zufälliger Variabler vom Wahrscheinlichkeitsbegriff abgeleitet.
Inhaltlich interpretieren wir Unabhängigkeit folgendermaßen: Wir betrachten zwei zufällige Variable X und Y genau dann als unabhängig, wenn aufgrund einer Information über eine eingetretene Realisation von X sich die Wahrscheinlichkeitsaussagen über die Verteilung von Y nicht ändern — und umgekehrt. Kurz gesagt also :

---

[2] Hier müßte der verwendete Integralbegriff erklärt werden. Um die Wahrscheinlichkeitstheorie mathematisch sauber einzuführen, ist $\int f dt$ das Lebesgue-Integral zu lesen. Für unsere Zwecke genügt es jedoch vollkommen, die Integrale wie in der Schulmathematik als Riemannsche Integrale zu interpretieren.

[3] Da wir hier noch nicht festlegen müssen, ob wir **Y** als Zeilen- oder Spaltenvektor auffassen, verwenden wir die bei der Behandlung der Normalgleichungen in Abschnitt 1.2.4 eingeführte Schreibweise für verallgemeinerte Vektoren.

[4] $g(\mathbf{Y})$ ist genau dann wieder eine zufällige Variable, falls $g(\mathbf{y})$ eine Lebesgue-meßbare Funktion ist. Diese Funktionenklasse enthält unter anderem auch alle stückweise stetigen Funktionen. Im gesamten Kapitel 2 kann die Bedingung "g ist eine *stückweise stetige* Funktion" ersetzt werden durch die Bedingung "g ist eine *Lebesgue-meßbare* Funktion."

X enthält keine Information über die Verteilung von Y und Y keine Information über die Verteilung von X.

Das Modell der n-fachen unabhängigen Wiederholung eines Versuchs mit zufälligem Ausgang bei gleicher Versuchsanordnung kann man beschreiben durch das Modell von n unabhängigen zufälligen Variablen $Y_1, \ldots, Y_n$, wobei die Y_i alle dieselbe Wahrscheinlichkeitsverteilung besitzen. Wir sagen dafür auch kurz: $Y_1, \ldots, Y_n$ sind **i. i. d.**[5].

Definition 137 *Ist $(X;Y)$ ein zufälliger Vektor, so heißt*

$$\mathrm{P}\{X \leq x; Y \leq \infty\} = \mathrm{P}\{X \leq x\}$$

*die **Randverteilung** von X. Diese Verteilung ist gerade die Verteilung von X.*

Untersucht man bei der mehrdimensionalen Variablen $(X;Y)$ nur die Ausprägungen von X, bei denen gleichzeitig Y den Wert y_0 annimmt, so kommt man zur **bedingten Wahrscheinlichkeitsverteilung** von X unter der Bedingung $Y = y_0$, geschrieben:

$$\mathrm{P}\{X \leq x | Y = y_0\}.$$

Ist $(X;Y)$ eine stetige zufällige Variable und $f_Y(y_0) \neq 0$, so ist $f_{X|Y=y_0}(x)$ die **bedingte Dichte** von X, bei gegebenem $Y = y_0$:

$$f_{X|Y=y_0}(x) := \frac{f_{X;Y}(x;y_0)}{f_Y(y_0)}.$$

Mitunter schreiben wir kurz für die bedingte Dichte von X bei gegebenem y:

$$f(x\,|y).$$

Hängt die Verteilung von X von einem Parameter θ ab, so schreiben wir für die parametrisierte Dichte bzw. Verteilung:

$$f(x\,\|\theta) \quad \text{bzw.} \quad \mathrm{P}\{X \leq x\,\|\theta\}.$$

2.1.4 Erwartungswert

Definition 138 *Ist Y eine eindimensionale zufällige Variable mit der Dichte $f_Y(y)$ und $g(y)$ eine stetige Funktion, so ist der Erwartungswert $\mathrm{E}\,g(Y)$ definiert durch:*[6]

$$\mathrm{E}\,g(Y) = \int_{-\infty}^{+\infty} g(y)\, f_Y(y)\, dy.$$

[5] **I**ndependent **I**dentically **D**istributed (unabhängig identisch verteilt)
[6] Dabei muß das Integral $\int_{-\infty}^{+\infty} |g(y)|\, f_Y(y)\, dy$ existieren.

Mitunter schreiben wir auch $\mathrm{E}(g(Y))$, *falls dies im Kontext klarer ist. Das übliche Symbol für den Erwartungswert*[7] *von* Y *ist*

$$\mu := \mu_Y := \mathrm{E}\,Y = \int_{-\infty}^{+\infty} y f_Y(y)\, dy.$$

Bei einer diskreten zufälligen Variablen Y *mit den Ausprägungen* y_i *ist der Erwartungswert analog durch Summation erklärt:*[8]

$$\mu := \mu_Y := \mathrm{E}\,Y = \sum_{i=1}^{\infty} y_i \,\mathrm{P}\{Y = y_i\}.$$

Ist $\mathbf{Y}$ eine $n \bullet m$–dimensionale zufällige Variable, die als $n \times m$ Matrix geschrieben ist, so ist der Erwartungswert von $\mathbf{Y}$ die $n \times m$ Matrix der Erwartungswerte der Elemente: $(\mathrm{E}\,\mathbf{Y})_{[i;j]} = \mathrm{E}\,\mathbf{Y}_{[i;j]} = \mathrm{E}\,Y_{ij}$.

Beispiel 139

$$\mathbf{Y} = \begin{pmatrix} Y_{11} & Y_{12} & Y_{13} \\ Y_{21} & Y_{22} & Y_{23} \\ Y_{31} & Y_{32} & Y_{33} \end{pmatrix} \quad \textit{mit} \quad \mathrm{E}\,\mathbf{Y} = \begin{pmatrix} \mathrm{E}\,Y_{11} & \mathrm{E}\,Y_{12} & \mathrm{E}\,Y_{13} \\ \mathrm{E}\,Y_{21} & \mathrm{E}\,Y_{22} & \mathrm{E}\,Y_{23} \\ \mathrm{E}\,Y_{31} & \mathrm{E}\,Y_{32} & \mathrm{E}\,Y_{33} \end{pmatrix}.$$

Satz 140 *Es seien* $\mathbf{X}$ *und* $\mathbf{Y}$ *zufällige Spaltenvektoren,* $\mathbf{X} = (X_1; \ldots; X_n)'$ *und* $\mathbf{Y} = (Y_1; \ldots; Y_m)'$. *Weiter sei* $\mathbf{A}$ *eine deterministische* $(k \times n)$*-Matrix,* $\mathbf{B}$ *eine deterministische* $(k \times m)$*-Matrix und* $\mathbf{a}$ *ein deterministischer Vektor. Dann gilt:.*

$$\mathrm{E}(\mathbf{AX} + \mathbf{BY} + \mathbf{a}) = \mathbf{A}(\mathrm{E}\,\mathbf{X}) + \mathbf{B}(\mathrm{E}\,\mathbf{Y}) + \mathbf{a}.$$

Bemerkung: Man sagt daher, der Erwartungswert E ist ein **linearer Operator**. Ist $g(\mathbf{x})$ keine lineare Funktion von $\mathbf{x}$, so ist im allgemeinen $\mathrm{E}\,g(\mathbf{X}) \neq g(\mathrm{E}(\mathbf{X}))$!

Bedingter Erwartungswert

Definition 141 *Ist* $(X; Y)$ *eine stetige Variable, so ist*

$$\mathrm{E}(X|Y = y_0) := \mathrm{E}(X|y_0) := \int x f_{X|Y=y_0}(x)\, dx$$

*der **bedingte Erwartungswert** von* X *unter der Bedingung* $Y = y_0$.

---

[7] Nicht für jede zufällige Variable läßt sich ein Erwartungswert definieren. Nimmt $|Y|$ beliebig große Werte mit nicht zu geringer Wahrscheinlichkeit an, so braucht das uneigentliche Integral $\int_{-\infty}^{+\infty} |y| \, f(y) \, dy$ nicht zu existieren. Zum Beispiel besitzt die Cauchy-Verteilung keinen Erwartungswert.

[8] Falls $\sum_{i=1}^{\infty} |y_i| \,\mathrm{P}\{Y = y_i\} < \infty$ ist.

Faßt man y_0 als Realisation der zufälligen Variablen Y auf, so ist $\mathrm{E}(X|y_0)$ Realisation der zufälligen Variablen $\mathrm{E}(X|Y)$. Für $\mathrm{E}(X|Y)$ und alle stückweise stetigen Funktionen $g(Y)$ und $h(X;Y)$ gilt:

$$\mathrm{E}(Xg(Y)|y_0) = g(y_0)\,\mathrm{E}(X|y_0). \tag{2.1}$$

$$\mathrm{E}(h(X;Y)|y_0) = \mathrm{E}\,h(X;y_0), \text{ falls } X,Y \text{ unabhängig sind.} \tag{2.2}$$

$$\mathrm{E}(\mathrm{E}(X|Y)) = \mathrm{E}\,X. \tag{2.3}$$

Dabei wird der Erwartungswert über die gemeinsame Verteilung von X und Y genommen. Wir werden im nächsten Kapitel, im Abschnitt "Lineare Prognosen" noch einmal auf bedingte Erwartungswerte zurückkommen.

2.1.5 Varianz, Kovarianz und Korrelation

Die wichtigsten Parameter, mit denen man die Streuung der Realisationen einer zufälligen Variablen X und die Abhängigkeit zwischen zwei zufälligen Variablen X und Y beschreiben kann, sind **Varianz** und **Kovarianz** bzw. der **Korrelationskoeffizient**.
Die Begriffe sind analog zur deskriptiven Statistik definiert, wobei der Begriff der relativen Häufigkeit durch den der Wahrscheinlichkeit ersetzt wird. Dabei übertragen sich auch alle Eigenschaften der empirischen Parameter.

Definition 142 *Sind X und Y zwei eindimensionale zufällige Variable, so heißt*

$$\sigma^2 := \sigma_X^2 := \mathrm{Var}(X) := (X - \mathrm{E}\,X)^2$$

*die **Varianz** von X und*

$$\sigma_{XY} := \mathrm{Cov}(X,Y) := \mathrm{E}\left[(X - \mathrm{E}\,X)(Y - \mathrm{E}\,Y)\right]$$

*die **Kovarianz** von X und Y. Diese Parameter sind nur definiert, falls alle auftretenden Erwartungswerte existieren. Ist $X \geq 0$, so mißt der **Variationskoeffizient***

$$\gamma := \frac{\sigma}{\mathrm{E}\,X}$$

die relative Streuung von X.

Für die Kovarianz gilt:

$$\begin{aligned}\mathrm{Cov}(X,Y) &= \mathrm{E}(XY) - \mathrm{E}(X)\,\mathrm{E}(Y)\\ \mathrm{Cov}(a+bX, c+dY) &= bd\,\mathrm{Cov}(X,Y).\end{aligned}$$

Daher ist $\mathrm{Cov}(X,Y)$ genau dann gleich $\mathrm{E}(XY)$, wenn mindestens eine der beiden Variablen zentriert ist. Existiert $\mathrm{Var}\,X$, so existiert auch $\mathrm{Var}\,\mathrm{E}(X|Y)$. Definiert man die *bedingte Varianz von X* durch

$$\mathrm{Var}(X|Y) := \mathrm{E}\left([X - \mathrm{E}(X|Y)]^2\,|Y\right),$$

dann gilt:

$$\begin{aligned} \operatorname{Var}(X \mid Y) &= \operatorname{E}(X^2 \mid Y) - \operatorname{E}(X \mid Y)^2 \\ \operatorname{Var} X &= \operatorname{E} \operatorname{Var}(X \mid Y) + \operatorname{Var} \operatorname{E}(X \mid Y). \end{aligned}$$

Die Varianz von X ist also der Erwartungswert der bedingten Varianz plus der Varianz des bedingten Erwartungswertes. Durch Normierung erhält man aus der Kovarianz den **Korrelationskoeffizienten**. Dieser ist ein Maß für den linearen Zusammenhang zwischen X und Y. Wir werden uns im nächsten Kapitel noch ausgiebig mit dem Korrelationskoeffizienten befassen und werden uns daher jetzt kurz fassen.

Definition 143 *Sind weder X noch Y Konstante, so ist der **Korrelationskoeffizient** von X und Y definiert durch*

$$\rho(X,Y) = \frac{\operatorname{Cov}(X,Y)}{\sqrt{\operatorname{Var} X \cdot \operatorname{Var} Y}} = \frac{\sigma_{XY}}{\sigma_X \sigma_Y}.$$

*Dabei ist $-1 \leq \rho(X,Y) \leq +1$. Ist $\rho(X,Y) = 0$, so heißen die Variablen X und Y **unkorreliert**.*

Aus der Unkorreliertheit zweier Variablen darf man nur schließen, daß zwischen ihnen keine lineare Beziehung besteht; über nicht-lineare Beziehungen wird nichts ausgesagt. Unkorreliertheit ist eine schwächere Aussage als Unabhängigkeit. Sind zwei Variablen unabhängig, so sind sie auch unkorreliert. Die Umkehrung ist im allgemeinen falsch:

Beispiel 144 *Es sei X eine symmetrische zufällige Variable mit $\operatorname{E} X = \operatorname{E}(X^3) = 0$. Die zufällige Variable Y wird definiert durch $Y := X^2$. Dann besteht zwischen Y und X ein quadratischer Zusammenhang. Trotzdem sind X und Y unkorreliert:*

$$\operatorname{Cov}(Y,X) = \operatorname{E}(YX) - \operatorname{E} Y \operatorname{E} X = \operatorname{E}(X^2 X) = \operatorname{E}(X^3) = 0.$$

Erwartungswerte, Varianzen und Kovarianzen sind die wichtigsten Spezialfälle des Begriffe der zentralen und der gewöhnlichen Momente:

Definition 145 *Existiert bei einer zufälligen Variablen X der Erwartungswert $\operatorname{E}|X|^k$, dann sind das k-te **Moment** m_k und das k-te **zentrale Moment** μ_k definiert als*

$$\begin{aligned} m_k &:= \operatorname{E} X^k \\ \mu_k &:= \operatorname{E}(X - \operatorname{E} X)^k. \end{aligned}$$

Speziell ist also der Erwarungswert das erste Moment und die Varianz das zweite zentrale Moment. Für eine zweidimensionale zufällige Variable $(X;Y)$ heißt

$$\operatorname{E} XY \text{ das 1. \textbf{gemischte} Moment}$$

und die Kovarianz das 1. gemischte zentrale Moment, sofern diese Parameter exisitieren. Analog lassen sich höhere gemischte Momente definieren.

Das gemischte Moment als Skalarprodukt

Wir werden im weiteren sofern nichts anderes gesagt ist, stets voraussetzen, daß bei den betrachteten zufälligen Variablen X , Y ,$\cdots$ stets die ersten und zweiten Momente existieren. Wir können nun den Erwartungswertes $\mathrm{E}\,XY$ des Produktes XY formal als Skalarprodukt schreiben:

$$\begin{aligned}\langle X,Y\rangle &:= \mathrm{E}\,XY\\ \langle X,X\rangle &:= \|X\|^2 = \mathrm{E}\,X^2.\end{aligned}$$

$\langle X,Y\rangle$ hat alle Eigenschaften eines Skalarproduktes, bis auf eine: Für ein Skalarprodukt muß gelten $\langle X,X\rangle = 0 \Leftrightarrow X = 0$. Hierbei gilt aber nur:

$$\langle X,X\rangle = 0 \Longleftrightarrow X \text{ ist mit Wahrscheinlichkeit 1 gleich Null.}$$

Mit dieser Einschränkung werden wir $\langle X,Y\rangle$ als Skalarprodukt verwenden. Bei diesem Skalarprodukt können die Faktoren auch deterministische Größen seien. Ist a eine Konstante, so ist:

$$\langle X,a\rangle = a\,\mathrm{E}\,X \quad \text{sowie} \quad \langle X,1\rangle = \mathrm{E}\,X.$$

Ist X eine zentrierte Variable (das heißt: $\mathrm{E}\,X = 0$), so ist:

$$\|X\|^2 = \mathrm{Var}\,X \quad \text{sowie} \quad \langle X,Y\rangle = \mathrm{Cov}(X,Y).$$

Setzen wir nun voraus, daß die zufälligen Variablen X und Y sowie die Vektoren $\mathbf{x}$ und $\mathbf{y}$ zentriert sind, so ist:

$$\rho(X,Y) = \frac{\langle X,Y\rangle}{\|X\|\,\|Y\|}.$$

Ist $\mathbf{X} := \{X_1;\cdots;X_n\}$ eine n-dimensionale und $\mathbf{Y} := \{Y_1;\cdots;Y_m\}$ eine m-dimensionale zufällige Variable, dann können wir mit der im Abschnitt 1.2.4, "Die Normalgleichungen", eingeführten Schreibweise auch $\langle\mathbf{X},\mathbf{Y}\rangle$ für die Matrix der gemischten zweiten Momente schreiben. Dabei ist:

$$\langle\mathbf{X},\mathbf{Y}\rangle_{[i,j]} = \mathrm{E}\,X_iY_j. \tag{2.4}$$

2.1.6 Kovarianzmatrix und Konzentrations-Ellipsoid

Definition 146 *Es sei* $\mathbf{X}$ *eine* n*-dimensionale und* $\mathbf{Y}$ *eine* m*-dimensionale zufällige Variable. Dann ist die* ***Kovarianzmatrix*** $\mathrm{Cov}(\mathbf{X};\mathbf{Y})$ *von* $\mathbf{X}$ *und* $\mathbf{Y}$ *definiert als Matrix der Kovarianzen der Komponenten von* $\mathbf{X}$ *und* $\mathbf{Y}$*:*

$$\mathrm{Cov}(\mathbf{X};\mathbf{Y})_{[i,j]} := \mathrm{Cov}(X_i;Y_j) \qquad i = 1,\ldots,n, \quad j = 1,\ldots,m.$$

Mit der Schreibweise von (2.4) *gilt:*

$$\mathrm{Cov}(\mathbf{X};\mathbf{Y}) = \langle\mathbf{X}-\mathrm{E}\,\mathbf{X},\mathbf{Y}-\mathrm{E}\,\mathbf{Y}\rangle. \tag{2.5}$$

Zur Abkürzung schreiben wir im Fall $\mathbf{X} = \mathbf{Y}$:

$$\operatorname{Cov}\mathbf{X} := \operatorname{Cov}(\mathbf{X};\mathbf{X}).$$

Existiert die Inverse $(\operatorname{Cov}\mathbf{X})^{-1}$ *der Kovarianzmatrix, so heißt*

$$\mathbf{K} := (\operatorname{Cov}\mathbf{X})^{-1}$$

die Konzentrationsmatrix.

Eigenschaften der Kovarianzmatrix :

Satz 147 *Ist* $\mathbf{X}$ *eine* n*-dimensionale und* $\mathbf{Y}$ *eine* m*-dimensionale zufällige Variable und werden beide als Spaltenvektoren geschrieben, dann gilt:*

$$\begin{aligned}
\operatorname{Cov}(\mathbf{X};\mathbf{Y}) &= \operatorname{Cov}(\mathbf{Y};\mathbf{X})' && (2.6)\\
\operatorname{Cov}(\mathbf{X};\mathbf{Y}) &= \mathrm{E}\left(\mathbf{X}\mathbf{Y}'\right) - \mathrm{E}\,\mathbf{X}\ \mathrm{E}\,\mathbf{Y}' && (2.7)\\
\operatorname{Cov}(\mathbf{A}\mathbf{X}+\mathbf{a};\mathbf{B}\mathbf{Y}+\mathbf{b}) &= \mathbf{A}\operatorname{Cov}(\mathbf{X};\mathbf{Y})\ \mathbf{B}' && (2.8)\\
\operatorname{Cov}(\mathbf{A}\mathbf{X}) &= \mathbf{A}\operatorname{Cov}(\mathbf{X})\ \mathbf{A}' && (2.9)\\
\mathbf{a}'\operatorname{Cov}(\mathbf{X})\ \mathbf{a} &= \operatorname{Var}\mathbf{a}'\mathbf{X} && (2.10)\\
\mathrm{E}(\mathbf{Y}'\mathbf{A}\mathbf{X}) &= (\mathrm{E}\,\mathbf{Y})'\mathbf{A}\,\mathrm{E}\,\mathbf{X} + \operatorname{Spur}(\mathbf{A}\operatorname{Cov}(\mathbf{X};\mathbf{Y})) && (2.11)\\
n &= \mathrm{E}\left[(\mathbf{X}-\mathrm{E}\,\mathbf{X})'(\operatorname{Cov}\mathbf{X})^{-1}(\mathbf{X}-\mathrm{E}\,\mathbf{X})\right]. && (2.12)
\end{aligned}$$

$\operatorname{Cov}\mathbf{X}$ *ist eine symmetrische, nicht-negativ definite Matrix.* $\operatorname{Cov}\mathbf{X}$ *ist genau dann positiv definit und damit invertierbar, wenn die zentrierten Variablen mit Wahrscheinlichkeit Eins linear unabhängig sind.*

Weitergehende Aussagen über $\operatorname{Cov}(\mathbf{X})$ finden sich im Anhang im Satz 177. Wollen wir uns nicht festlegen, ob $\mathbf{X}$ und $\mathbf{Y}$ Zeilen- oder Spaltenvektoren sind, bietet sich die Schreibweise für verallgemeinerte Vektoren von Seite 69 an. Dabei war $\mathbf{X} := \{X_1; \cdots; X_n\}$, $\mathbf{X} * \mathbf{a} := \sum X_i a_i$ und $\mathbf{X} * \mathbf{A} := \left\{\mathbf{X} * \mathbf{A}_{[,1]}; \cdots; \mathbf{X} * \mathbf{A}_{[,m]}\right\}$ definiert. Mit dieser Schreibweise ist

$$\langle \mathbf{X} * \mathbf{A}; \mathbf{Y} * \mathbf{B}\rangle = \mathbf{A}'\langle \mathbf{X};\mathbf{Y}\rangle\,\mathbf{B}. \tag{2.13}$$

Sind $\mathbf{X}$ und $\mathbf{Y}$ zentriert, dann gilt:

$$\langle \mathbf{X};\mathbf{Y}\rangle = \operatorname{Cov}(\mathbf{X};\mathbf{Y}). \tag{2.14}$$

Beweis:
Aus den Eigenschaften der Matrix $\langle \mathbf{X};\mathbf{Y}\rangle$ folgen sofort die Gleichungen (2.6) bis (2.10). (2.11) folgt aus:

$$\begin{aligned}
\mathrm{E}[\mathbf{Y}'\mathbf{A}\mathbf{X}] &= \operatorname{Spur}\mathrm{E}[\mathbf{Y}'\mathbf{A}\mathbf{X}] = \mathrm{E}\operatorname{Spur}[\mathbf{Y}'\mathbf{A}\mathbf{X}] = \mathrm{E}\operatorname{Spur}\left[\mathbf{A}\mathbf{X}\mathbf{Y}'\right]\\
&= \operatorname{Spur}\left[\mathbf{A}\,\mathrm{E}\,\mathbf{X}\mathbf{Y}'\right] = \operatorname{Spur}[\mathbf{A}(\operatorname{Cov}(\mathbf{X};\mathbf{Y}) + \mathrm{E}\,\mathbf{X}\ \mathrm{E}\,\mathbf{Y}')]\\
&= \operatorname{Spur}[\mathbf{A}\operatorname{Cov}(\mathbf{X};\mathbf{Y})] + \operatorname{Spur}[\mathbf{A}\,\mathrm{E}\,\mathbf{X}\ \mathrm{E}\,\mathbf{Y}']\\
&= \operatorname{Spur}[\mathbf{A}\operatorname{Cov}(\mathbf{X};\mathbf{Y})] + \mathrm{E}\,\mathbf{Y}'\mathbf{A}\,\mathrm{E}\,\mathbf{X}.
\end{aligned}$$

(2.12) folgt für den Fall $\mathbf{A} = \mathrm{Cov}(\mathbf{X})^{-1}$ wegen $\mathrm{E}(\mathbf{X} - \mathrm{E}\,\mathbf{X}) = 0$ aus (2.11). Wegen (2.10) ist $\mathrm{Cov}(\mathbf{X}) \geq 0$. Dabei ist $\mathbf{a}'\,\mathrm{Cov}(\mathbf{X})\,\mathbf{a} = \mathrm{Var}\,\mathbf{a}'\mathbf{X} = 0$. Dies gilt genau dann, wenn $\mathrm{P}\{\mathbf{a}'\mathbf{X} = \mathbf{0}\} = 1$ ist.
□

Schreibweise: Ist $\mathbf{Y}$ eine n-dimensionale zufällige Variable mit dem Erwartungswert $\mathrm{E}\,\mathbf{Y} = \boldsymbol{\mu}$ und der Kovarianzmatrix $\mathrm{Cov}\,\mathbf{Y} = \mathbf{C}$, so fassen wir dies zusammen mit dem Kürzel:

$$\mathbf{Y} \sim_n (\boldsymbol{\mu}; \mathbf{C}).$$

Standardisieren wir jede einzelne Komponente Y_i von $\mathbf{Y}$ erhalten wir den **standardisierten** Vektor:

$$\mathbf{Y}^* = (\mathbf{Y} - \boldsymbol{\mu}) * (\mathrm{Diag}(\sigma_1; \cdots; \sigma_n))^{-1}.$$

Die **Korrelationsmatrix** von $\mathbf{Y}$ ist die Kovarianzmatrix von $\mathbf{Y}^*$:

$$\mathrm{Corr}\,\mathbf{Y} = \mathrm{Cov}\,\mathbf{Y}^* = (\mathrm{Diag}(\sigma_1; \cdots; \sigma_n))^{-1}\,(\mathrm{Cov}\,\mathbf{Y})\,(\mathrm{Diag}(\sigma_1; \cdots; \sigma_n))^{-1}.$$

Ist $\mathbf{C} := \mathrm{Cov}\,\mathbf{Y}$ invertierbar, läßt sich $\mathbf{C}$, wie wir im Abschnitt 1.4.3 des Anhangs von Kapitel 1 gezeigt haben, darstellen als $\mathbf{C} = \mathbf{C}^{\frac{1}{2}}\mathbf{C}^{\frac{1}{2}}$. Dabei ist $\mathbf{C}^{\frac{1}{2}}$ eine invertierbare, symmetrische Matrix, die **symmetrische** Wurzel aus $\mathbf{C}$. Multiplizieren wir $(\mathbf{Y} - \boldsymbol{\mu})$ mit $\mathbf{C}^{-\frac{1}{2}}$ erhalten wir den **orthogonalisierten** Vektor:

$$\mathbf{Y}^o := (\mathbf{Y} - \boldsymbol{\mu}) * \mathbf{C}^{-\frac{1}{2}} \sim_n (\mathbf{0}; \mathbf{I}).$$

Satz 148 *Faßt man einen n-dimensionalen zufälligen Vektor $\mathbf{Y} \sim_n (\boldsymbol{\mu}; \sigma^2\mathbf{I})$ als Spaltenvektor des $\mathbb{R}^n$ auf und ist $\mathbf{P_M}$ die Projektion in einen d-dimensionalen Raum $\mathbf{M}$, so ist:*

$$\mathrm{E}\,\|\mathbf{P_M}\mathbf{Y}\|^2 = \|\mathbf{P_M}\boldsymbol{\mu}\|^2 + \sigma^2 d.$$

Beweis:
Folgt mit (2.11) aus $\|\mathbf{P_M}\mathbf{Y}\|^2 = \mathbf{Y}'\mathbf{P_M}\mathbf{Y}$ und $\mathrm{Spur}\,\mathbf{P_M} = d$.
□

Konzentrations-Ellipsoide und die Ungleichung von Tschebyschev

Faßt man eine n-dimensionalen zufällige Variable $\mathbf{Y}$ als Spaltenvektor des $\mathbb{R}^n$ auf und kennt man $\mathrm{E}\,\mathbf{Y} =: \boldsymbol{\mu}$ und $\mathrm{Cov}\,\mathbf{Y} =: \mathbf{C} > \mathbf{0}$, so kann man sich bereits ein annäherndes Bild der Verteilung von $\mathbf{Y}$ machen. Dazu verhilft uns die Schar der Konzentrations-Ellipsen oder -Ellipsoide E_r, die analog zu Definition 72 (Seite 77) definiert sind:

$$E_r := \{\mathbf{y} \in \mathbb{R}^n | (\mathbf{y} - \boldsymbol{\mu})'\mathbf{C}^{-1}(\mathbf{y} - \boldsymbol{\mu}) \leq r^2\}.$$

Satz 149 *Für* $\mathbf{Y}$ *gilt die Ungleichung von Tschebyschev:*

$$\mathrm{P}\{\mathbf{Y} \in E_r\} \geq 1 - \frac{n}{r^2}.$$

Mit der oben eingeführten Orthogonalisierung läßt sich auch kurz schreiben:

$$\mathrm{P}\{\|\mathbf{Y}^o\| \leq r\} \geq 1 - \frac{n}{r^2}.$$

Für $n = 1$ *lautet die Tschebyschevsche Ungleichung:*

$$\mathrm{P}\left\{\frac{|Y - \mu|}{\sigma} \leq r\right\} \geq 1 - \frac{1}{r^2}.$$

Der Beweis der Ungleichung entspricht dem von Satz 73 (Seite 78), wenn man relative Häufigkeiten durch Wahrscheinlichkeiten und Mittelwerte durch Erwartungswerte ersetzt.

2.1.7 Grenzwertsätze

Die folgenden drei Grenzwertsätze sind das praktische, theoretische und philosophische Rückgrat der Statistik; sie verknüpfen Beobachtung und Modell und bilden die Rechtfertigung aller statistischen Verfahren. Wir werden diese Sätze nur in ihren einfachsten Versionen zitieren, allgemeinere Fassungen finden sich in allen Standardwerken der Wahrscheinlichkeitstheorie.

Wir gehen von folgenden Voraussetzungen aus: Es sei $Y_1, Y_2, \ldots, Y_n, \ldots$ eine Folge unabhängiger, identisch verteilter zufälliger Variablen. Dabei besitze jedes Y_i dieselbe Verteilung $F(y)$, den Erwartungswert μ und die Varianz σ^2. Weiter sei $\widehat{F}_n(y)$ die empirische Verteilungsfunktion und $\overline{Y}^{(n)}$ das arithmetische Mittel von Y_1 bis Y_n.[9] Dann gelten:

Der Satz von Glivenko-Cantelli oder der Hauptsatz der Statistik: Mit Wahrscheinlichkeit 1 gilt: $\widehat{F}_n(y)$ konvergiert gleichmäßig gegen $F(y)$:

$$\mathrm{P}\left\{\lim_{n\to\infty}\left(\sup_{-\infty<y<\infty}|\widehat{F}_n(y) - F(y)|\right) = 0\right\} = 1.$$

Das Starke Gesetz der Großen Zahlen: Mit Wahrscheinlichkeit 1 gilt: Das arithmetische Mittel konvergiert gegen den Erwartungswert:

$$\mathrm{P}\left\{\lim_{n\to\infty}\overline{Y}^{(n)} = \mu\right\} = 1.$$

[9] $\widehat{F}_n(y) = \frac{1}{n}$(Anzahl beobachteter $y_1, \ldots, y_n$ mit $y_i \leq y$) und $\overline{Y}^{(n)} = \frac{1}{n}\sum_{i=1}^{n} Y_i$.

Der zentrale Grenzwertsatz: Die Verteilungsfunktion der standardisierten Summe konvergiert gegen die Verteilungsfunktion $\Phi(y)$ der Standardnormalverteilung :

$$\lim_{n\to\infty} \mathrm{P}\left\{\frac{\overline{Y}^{(n)} - \mu}{\sigma} \cdot \sqrt{n} \leq y\right\} = \Phi(y) = \frac{1}{\sqrt{2\pi}} \cdot \int_{-\infty}^{y} \exp\left(-\frac{t^2}{2}\right) \mathrm{d}t.$$

2.2 Die Normalverteilung und ihre Verwandten

2.2.1 Die Normalverteilungsfamilie

Eindimensionale Normalverteilung

Die Familie der Normalverteilung gehört zu den theoretisch und praktisch wichtigsten Wahrscheinlichkeitsverteilungen. Die durch sie beschriebenen Verteilungsmodelle eignen sich gut, um eine Fülle realer Situationen mit hinreichender Genauigkeit zu beschreiben. Dabei darf aber der historisch entstandene Name[10] nicht dahingehend interpretiert werden, als ob die Normalverteilung die *normale* Verteilung sei, oder ob es in der *Wirklichkeit* überhaupt eine normalverteilte zufällige Variable gibt. Diese Frage ist abwegig, da Wahrscheinlichkeit, zufällige Variable, Normalverteilung etc. nur Denkmodelle sind.

Definition 150 *Eine zufällige Variable Y heißt* ***normalverteilt****, geschrieben $Y \sim \mathrm{N}(\mu; \sigma^2)$, falls Y die Dichte*

$$f(y) = \frac{1}{\sigma\sqrt{2\pi}} \cdot \exp\left(-\frac{(y-\mu)^2}{2\sigma^2}\right)$$

hat. Dann ist $\mu := \mathrm{E}\,Y$ und $\sigma^2 := \mathrm{Var}\,Y$. Ist $\mu = 0$ und $\sigma = 1$, so heißt $Y \sim \mathrm{N}(0; 1)$ ***standard-normalverteilt****.*

n-dimensionale Normalverteilung

Die eindimensionale Normalverteilung läßt sich leicht auf n Dimensionen verallgemeinern. Dabei fassen wir in diesem Kapitel jede n-dimensionale zufällige Variable $\mathbf{X}$ als Spaltenvektor des $\mathbb{R}^n$ auf.

Definition 151 *Sei $\mathbf{X} = (X_1; \ldots; X_n)'$ eine n-dimensionale zufällige Variable. Die Komponenten $X_1, \ldots, X_n$ seien unabhängig voneinander nach $\mathrm{N}(0; 1)$ verteilt. Weiter sei $\mathbf{A}$ eine nichtstochastische $m \times n$-Matrix $\mathbf{A} \neq \mathbf{0}$ und $\mathbf{a}$ ein nichtstochastischer m-dimensionaler Vektor. Dann heißt ein zufälliger Vektor $\mathbf{Y}$* ***m-dimensional normalverteilt****, falls $\mathbf{Y}$ verteilt ist wie $\mathbf{AX} + \mathbf{a}$.*

Die Verteilung von $\mathbf{Y}$ ist durch die Angabe von $\mathrm{E}\,\mathbf{Y} = \boldsymbol{\mu}$ und $\mathrm{Cov}\,\mathbf{Y} = \mathbf{C}$ bereits eindeutig festgelegt. Wir schreiben dafür kurz $\mathbf{Y} \sim \mathrm{N}_m(\boldsymbol{\mu}; \mathbf{C})$. Sind keine Mißverständnisse über den Index möglich, so lassen wir m weg und schreiben $\mathbf{Y} \sim \mathrm{N}(\boldsymbol{\mu}; \mathbf{C})$.

Eigenschaften der Normalverteilung: Im folgenden seien $\mathbf{A}$ bzw. $\mathbf{B}$ deterministische Matrizen und $\mathbf{a}$ bzw. $\mathbf{b}$ deterministische Vektoren mit jeweils passenden Dimensionen. Dann gilt:

---

[10] Um einen Prioritätsstreit zwischen Markov und Gauß zu vermeiden, verwandte K. Pearson die Bezeichnung *normal curve*. Er warnte bereits damals davor zu glauben, daß alle anderen Verteilungen *abnormal* seien. Vgl. K. Pearson (1920)

Satz 152 (Abgeschlossenheit gegen lineare Abbildungen) *Ist* $\mathbf{Y}$ *normalverteilt, so ist* $\mathbf{Z} = \mathbf{BY} + \mathbf{b}$ *ebenfalls normalverteilt.*

Satz 153 (Unabhängigkeitssatz) *Sei* $\mathbf{Y} \sim \mathrm{N}_m(\boldsymbol{\mu}; \mathbf{C})$, *dann sind die zufälligen Vektoren* $\mathbf{U} = \mathbf{AY} + \mathbf{a}$ *und* $\mathbf{V} = \mathbf{BY} + \mathbf{b}$ *genau dann unabhängig, wenn sie unkorreliert sind, d. h. wenn* $\mathrm{Cov}(\mathbf{U}; \mathbf{V}) = 0$ *ist.*

Bemerkung: Der Beweis des Unabhängigkeitssatzes ist als Aufgabe 178 in den Anhang auf Seite 177 verschoben worden. Der Satz wird falsch, wenn man nur die Unkorreliertheit der einzeln normalverteilten Variablen $\mathbf{U}$ und $\mathbf{V}$ voraussetzt, nicht aber die Existenz einer übergeordneten gemeinsamen Normalverteilung $\mathbf{Y}$. Vergleiche hierzu das Beispiel 173 im Anhang auf Seite 173.

Dichte der Normalverteilung: Im Gegensatz zur eindimensionalen Normalverteilung besitzt die n-dimensionale Normalverteilung nicht in jedem Fall eine Wahrscheinlichkeitsdichte.

Satz 154 *Sei* $\mathbf{Y} \sim \mathrm{N}_n(\boldsymbol{\mu}; \mathbf{C})$, *so besitzt* $\mathbf{Y}$ *genau dann eine Dichte* $f(\mathbf{y})$, *falls* $\mathbf{C}$ *positiv definit ist* ($\mathbf{C} > \mathbf{0}$). *In diesem Fall ist:*

$$f(\mathbf{y}) = |\mathbf{C}|^{-\frac{1}{2}}(2\pi)^{-\frac{n}{2}} \exp\left(-\frac{1}{2}(\mathbf{y} - \boldsymbol{\mu})'\mathbf{C}^{-1}(\mathbf{y} - \boldsymbol{\mu})\right).$$

Der Rand der **Konzentrations-Ellipse** E_r von $\mathbf{Y}$**:**

$$(\mathbf{y} - \boldsymbol{\mu})'\mathbf{C}^{-1}(\mathbf{y} - \boldsymbol{\mu}) = r^2$$

besteht aus den Punkten gleicher Dichte. Die Konzentrations-Ellipsen bilden die Schar der Höhenlinien des Graphen der Dichtefunktion.

Partitionierte Normalverteilung: Ein n-dimensionale Normalverteilung *vererbt* ihren Eigenschaft auf ihre Komponenten: Randverteilungen und bedingte Verteilungen sind wiederum Normalverteilungen. Genaueres sagt der folgende Satz.

Satz 155 *Sei* $\mathbf{Y} \sim \mathrm{N}_n(\boldsymbol{\mu}; \mathbf{C})$ *mit* $\mathbf{C} > \mathbf{0}$. $\mathbf{Y}$ *sei unterteilt in einen* r*-dimensionalen Vektor* $\mathbf{U}$ *und einen* s*-dimensionalen Vektor* $\mathbf{V}$, $n = r + s$. *Dann sind Randverteilungen und bedingte Verteilungen wieder Normalverteilungen. Im Einzelnen sei*

$$\mathbf{Y} = \begin{pmatrix} \mathbf{U} \\ \mathbf{V} \end{pmatrix} \qquad \boldsymbol{\mu} = \begin{pmatrix} \boldsymbol{\mu}_{\mathrm{U}} \\ \boldsymbol{\mu}_{\mathrm{V}} \end{pmatrix} \qquad \mathbf{C} =: \begin{pmatrix} \mathbf{C}_{\mathrm{UU}} & \mathbf{C}_{\mathrm{UV}} \\ \mathbf{C}_{\mathrm{VU}} & \mathbf{C}_{\mathrm{VV}} \end{pmatrix},$$

dann sind $\mathbf{U}$ *und* $\mathbf{V}$ *selbst normalverteilt mit:*

$$\mathbf{U} \sim \mathrm{N}_r(\boldsymbol{\mu}_{\mathrm{U}}, \mathbf{C}_{\mathrm{UU}}),$$
$$\mathbf{V} \sim \mathrm{N}_s(\boldsymbol{\mu}_{\mathrm{V}}, \mathbf{C}_{\mathrm{VV}}).$$

Die bedingte Verteilung von $\mathbf{U}$ *bei gegebenem* $\mathbf{V} = \mathbf{v}$ *ist die* r*-dimensionale Normalverteilung:*

$$\mathbf{U}|_{\mathbf{V}=\mathbf{v}} \sim \mathrm{N}_r\left(\mathrm{E}(\mathbf{U}|\mathbf{v}); \mathrm{Cov}(\mathbf{U}|\mathbf{v})\right).$$

Dabei ist:

$$\begin{aligned} \mathrm{E}(\mathbf{U}|\mathbf{v}) &= \boldsymbol{\mu}_{\mathrm{U}} + \mathbf{C}_{\mathrm{UV}}\mathbf{C}_{\mathrm{VV}}^{-1}(\mathbf{v} - \boldsymbol{\mu}_{\mathrm{V}}), \\ \mathrm{Cov}(\mathbf{U}|\mathbf{v}) &= \mathbf{C}_{\mathrm{UU}} - \mathbf{C}_{\mathrm{UV}}\mathbf{C}_{\mathrm{VV}}^{-1}\mathbf{C}_{\mathrm{VU}}, \\ \mathrm{Cov}(\mathbf{U}) &\geq \mathrm{Cov}(\mathbf{U}|\mathbf{v}). \end{aligned}$$

Beweis:
Die Aussagen über die Randverteilungen von $\mathbf{U}$ und $\mathbf{V}$ folgen aus Satz 152, der Abgeschlossenheit gegen lineare Abbildungen. Die Gestalt der bedingten Verteilung beweisen wir für den Fall $\boldsymbol{\mu}_{\mathrm{U}} = \boldsymbol{\mu}_{\mathrm{V}} = \mathbf{0}$. Die allgemeine Aussage folgt dann durch Verschiebung der Variablen. Zur Abkürzung schreiben wir

$$\mathbf{C} =: \begin{pmatrix} \mathbf{A} & \mathbf{B} \\ \mathbf{B}' & \mathbf{D} \end{pmatrix} \text{ und } \mathbf{C}^{-1} =: \begin{pmatrix} \mathbf{F} & \mathbf{G} \\ \mathbf{G}' & \mathbf{E} \end{pmatrix}.$$

Wegen $\mathbf{C} > \mathbf{0}$ sind die Variablen $Y_1, \ldots, Y_n$ linear unabhängig. Daher ist erst recht jede Teilmenge unabhängig, also existieren $\mathbf{A}^{-1}$ und $\mathbf{D}^{-1}$. Dann folgt mit Hilfe des Satzes 113 über die quadratische Ergänzung bei Matrizen:

$$\begin{aligned} (\mathbf{u}'; \mathbf{v}')\mathbf{C}^{-1}\begin{pmatrix} \mathbf{u} \\ \mathbf{v} \end{pmatrix} &= (\mathbf{u}'; \mathbf{v}')\begin{pmatrix} \mathbf{F} & \mathbf{G} \\ \mathbf{G}' & \mathbf{E} \end{pmatrix}\begin{pmatrix} \mathbf{u} \\ \mathbf{v} \end{pmatrix} \\ &= \mathbf{u}'\mathbf{F}\mathbf{u} + \mathbf{u}'\mathbf{G}\mathbf{v} + \mathbf{v}'\mathbf{G}\mathbf{u} + \mathbf{v}'\mathbf{E}\mathbf{v} \\ &= \underbrace{\left(\mathbf{u} + \mathbf{F}^{-1}\mathbf{G}\mathbf{v}\right)'\mathbf{F}\left(\mathbf{u} + \mathbf{F}^{-1}\mathbf{G}\mathbf{v}\right)}_{\mathbf{Q}_1(\mathbf{u},\mathbf{v})} + \underbrace{\mathbf{v}'\left(\mathbf{E} - \mathbf{G}'\mathbf{F}^{-1}\mathbf{G}\right)\mathbf{v}}_{\mathbf{Q}_2(\mathbf{v})} \\ &= \mathbf{Q}_1(\mathbf{u}, \mathbf{v}) + \mathbf{Q}_2(\mathbf{v}). \end{aligned}$$

Aus dem Satz 93 über die Inverse partitionierter Matrizen folgt dann:

$$\begin{aligned} \mathbf{F} &= \mathbf{A} - \mathbf{B}\mathbf{D}^{-1}\mathbf{B}' &&= \mathbf{C}_{\mathrm{UU}} - \mathbf{C}_{\mathrm{UV}}\mathbf{C}_{\mathrm{VV}}^{-1}\mathbf{C}_{\mathrm{VU}} \\ \mathbf{F}^{-1}\mathbf{G} &= -\mathbf{B}\mathbf{D}^{-1} &&= \mathbf{C}_{\mathrm{UV}}\mathbf{C}_{\mathrm{VV}}^{-1} \\ \mathbf{E} - \mathbf{G}'\mathbf{F}^{-1}\mathbf{G} &= \mathbf{D}^{-1} &&= \mathbf{C}_{\mathrm{VV}}^{-1}. \end{aligned}$$

Dabei folgt die Gleichung $\mathbf{E} - \mathbf{G}'\mathbf{F}^{-1}\mathbf{G} = \mathbf{D}^{-1}$, wenn man Satz 93 auf $\mathbf{C}^{-1}$ anwendet. Also ist:

$$\begin{aligned} \mathbf{Q}_1(\mathbf{u}, \mathbf{v}) &= (\mathbf{u} - \mathbf{C}_{\mathrm{UV}}\mathbf{C}_{\mathrm{VV}}^{-1}\mathbf{v})' \cdot (\mathbf{C}_{\mathrm{UU}} - \mathbf{C}_{\mathrm{UV}}\mathbf{C}_{\mathrm{VV}}^{-1}\mathbf{C}_{\mathrm{VU}})^{-1} \cdot (\mathbf{u} - \mathbf{C}_{\mathrm{UV}}\mathbf{C}_{\mathrm{VV}}^{-1}\mathbf{v}) \\ \mathbf{Q}_2(\mathbf{v}) &= \mathbf{v}'\mathbf{C}_{\mathrm{VV}}^{-1}\mathbf{v}. \end{aligned}$$

Die gemeinsame Dichte $f_{\mathrm{UV}}(\mathbf{u}; \mathbf{v})$ läßt sich demnach als ein Produkt

$$f_{\mathrm{UV}}(\mathbf{u}; \mathbf{v}) = \left(\frac{1}{\sqrt{2\pi}}\right)^n |\mathbf{C}|^{-1/2} \cdot \exp\left(-\frac{1}{2}\mathbf{Q}_1(\mathbf{u}, \mathbf{v})\right) \exp\left(-\frac{1}{2}\mathbf{Q}_2(\mathbf{v})\right)$$

schreiben. Nach Integration über $\mathbf{u}$ fällt der Faktor $\exp\left(-\frac{1}{2}\mathbf{Q}_1(\mathbf{u},\mathbf{v})\right)$ weg. Der verbleibende Faktor $\exp\left(-\frac{1}{2}\mathbf{Q}_2(\mathbf{v})\right)$ ist bis auf die Integrationskonstante die Dichte $f_{\mathbf{V}}(\mathbf{v})$ der Randverteilung von $\mathbf{v}$. Dann ist der erste Faktor $\exp\left(-\frac{1}{2}\mathbf{Q}_1(\mathbf{u},\mathbf{v})\right)$ bis auf die Integrationskonstante die bedingte Dichte von $\mathbf{U}$ gegeben $\mathbf{V}=\mathbf{v}$. Diese bedingte Dichte ist demnach eine Normalverteilung mit dem Erwartungswert $\mathbf{C}_{\mathrm{UV}}\mathbf{C}_{\mathrm{VV}}^{-1}\mathbf{v}$ und der Kovarianzmatrix $(\mathbf{C}_{\mathrm{UU}} - \mathbf{C}_{\mathrm{UV}}\mathbf{C}_{\mathrm{VV}}^{-1}\mathbf{C}_{\mathrm{VU}})$. Schließlich ist

$$\operatorname{Cov}\mathbf{U} - \operatorname{Cov}(\mathbf{U}|\mathbf{V}=\mathbf{v}) = \mathbf{C}_{\mathrm{UV}}\mathbf{C}_{\mathrm{VV}}^{-1}\mathbf{C}_{\mathrm{VU}} \geq \mathbf{0}.$$

□

Bemerkung:

1. Bei einer n-dimensionalen Normalverteilung sind auch die Randverteilungen normalverteilt. Die Umkehrung jedoch ist im allgemeinen nicht richtig. Im Anhang auf Seite 173 zeigen wir dies am Beispiel 173 einer nicht normalverteilten zweidimensionalen Zufallsvariablen mit normalverteilten Rändern.

2. Während der bedingte Erwartungswert $\mathrm{E}(\mathbf{U}|\mathbf{V}=\mathbf{v})$ linear von $\mathbf{v}$ abhängt, sind alle Varianzen, Kovarianzen und Korrelationen der bedingten Verteilung von $\mathbf{U}$ bei gegebenem $\mathbf{v}$ unabhängig vom speziellen Wert $\mathbf{v}$, den $\mathbf{V}$ annimmt.

Die zweidimensionale Normalverteilung

Die n-dimensionale Normalverteilung ist — im Gegensatz zu vielen anderen Verteilungsfamilien — durch ihre zweidimensionalen Randverteilungen bereits eindeutig festgelegt. Aus dem Grund ist es sinnvoll, sich zweidimensionale Normalverteilungen näher anzusehen, vor allem, da sie sich leicht graphisch darstellen lassen.
Sind $U \sim \mathrm{N}(0;1)$ und $V \sim \mathrm{N}(0;1)$ voneinander unabhängig, so ist die zweidimensionale Variable:

$$\mathbf{Y} := \begin{pmatrix} U \\ V \end{pmatrix} \sim \mathrm{N}_2(\mathbf{0};\mathbf{I})$$

standardnormalverteilt. Aufgrund der Unabhängigkeit von U und V ist die Dichte von $\mathbf{Y}$ das Produkt der Randdichten. Damit erhalten wir die Dichte der zweidimensionalen Standarnormalverteilung als:

$$f_{\mathbf{Y}}(u;v) = \frac{1}{2\pi}\exp\left(-\frac{u^2+v^2}{2}\right).$$

Die Abbildung 2.1 zeigt die zweidimensionale Dichte. Der Graph der Dichte ist rotationssymmetrisch. Schneidet man das *Dichtegebirge* mit horizontalen

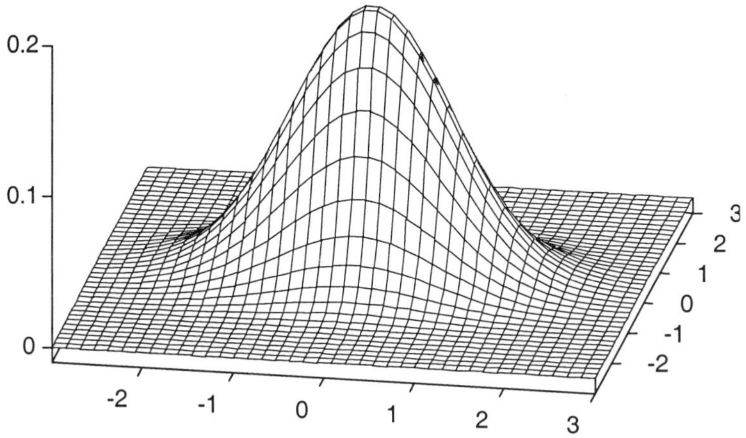

Abbildung 2.1: Die Dichte der $N_2(\mathbf{0}; \mathbf{I})$

Ebenen in der Höhe h, entsteht das System der Höhenlinien: $f_{\mathbf{Y}}(u; v) = h$. Dies sind konzentrische Kreise:

$$u^2 + v^2 = k^2 := -2 \ln (h 2\pi)$$

mit dem Radius k. Spezialisieren wir Satz 154 auf den Fall $n = 2$ erhalten wir:

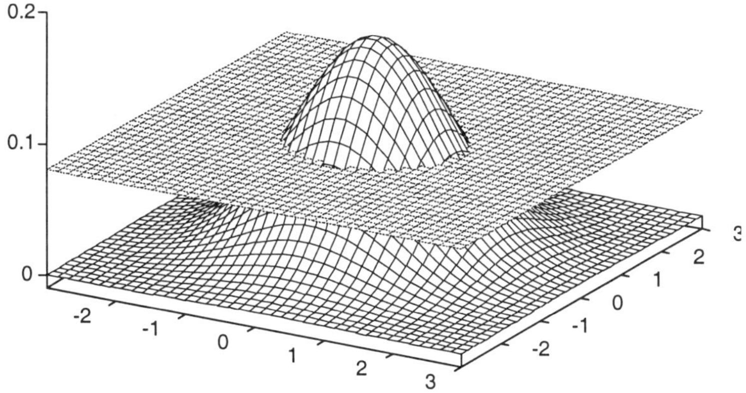

Abbildung 2.2: Schnitt mit einer Höhenebene.

Satz 156 (Dichte der zweidimensionalen Normalverteilung) *Ist*

$$\mathbf{Y} := \begin{pmatrix} U \\ V \end{pmatrix} \sim \mathrm{N}_2 (\boldsymbol{\mu}; \mathbf{C}) \quad \mathit{mit} \ \mathbf{C} > \mathbf{0},$$

dann hat **Y** *die Dichte:*

$$\begin{aligned} f_{\mathbf{Y}}(u;v) &= \frac{1}{2\pi\sqrt{|\mathbf{C}|}} \exp\left(-\frac{1}{2}(\mathbf{y}-\boldsymbol{\mu})' \mathbf{C}^{-1}(\mathbf{y}-\boldsymbol{\mu})\right) \\ &= \frac{1}{2\pi\sigma_U\sigma_V\sqrt{1-\rho^2}} \exp\left(-\frac{u^{*2}-2\rho u^* v^* + v^{*2}}{2(1-\rho^2)}\right). \end{aligned} \tag{2.15}$$

Dabei sind u^* *und* v^* *die standardisierten Variablen und* ρ *ist der Korrelationskoeffizient:*

$$u^* := \frac{u-\mu_U}{\sigma_U}; \qquad v^* := \frac{v-\mu_V}{\sigma_V}; \qquad \rho := \frac{\sigma_{UV}}{\sigma_U\sigma_V}.$$

Beweis:
Zum Beweis schreiben wir:

$$\mathbf{C} = \begin{pmatrix} \sigma_U^2 & \sigma_{UV} \\ \sigma_{UV} & \sigma_V^2 \end{pmatrix} = \begin{pmatrix} \sigma_U & 0 \\ 0 & \sigma_V \end{pmatrix} \begin{pmatrix} 1 & \rho \\ \rho & 1 \end{pmatrix} \begin{pmatrix} \sigma_U & 0 \\ 0 & \sigma_V \end{pmatrix}.$$

Dann ist die Determinante $|\mathbf{C}| = \sigma_U^2\sigma_V^2(1-\rho^2)$ und:

$$\mathbf{C}^{-1} = \frac{1}{1-\rho^2} \begin{pmatrix} \sigma_U & 0 \\ 0 & \sigma_U \end{pmatrix}^{-1} \begin{pmatrix} 1 & -\rho \\ -\rho & 1 \end{pmatrix} \begin{pmatrix} \sigma_U & 0 \\ 0 & \sigma_V \end{pmatrix}^{-1}.$$

Berücksichtigt man noch:

$$\begin{pmatrix} u^* \\ v^* \end{pmatrix} = \begin{pmatrix} \sigma_U & 0 \\ 0 & \sigma_U \end{pmatrix}^{-1} (\mathbf{y}-\boldsymbol{\mu})$$

für die standardisierten Variablen, so erhält man (2.15).
□

Die Dichte der $N_2(\boldsymbol{\mu}; \mathbf{C})$ läßt sich leicht veranschaulichen: In der $(u^*; v^*)$ −Ebene sind die Höhenlinien $f_{\mathbf{Y}}(u;v) = h$ die Ellipsen:

$$(u^*, v^*) \begin{pmatrix} 1 & -\rho \\ -\rho & 1 \end{pmatrix} \begin{pmatrix} u^* \\ v^* \end{pmatrix} = u^{*2} - 2\rho u^* v^* + v^{*2} = k^2.$$

Dabei ist $k^2 := -2(1-\rho^2)\ln(h 2\pi\sigma_U\sigma_V\sqrt{1-\rho^2})$. Die Gestalt der Ellipsen wird bestimmt durch die Eigenwertzerlegung der definierenden Matrix $\begin{pmatrix} 1 & \rho \\ \rho & 1 \end{pmatrix}$. Diese hat die Eigenwerte $\lambda_1 = 1+\rho$ und $\lambda_2 = 1-\rho$, sie gehören zu den Eigenvektoren $(1;1)$ und $(1;-1)$. Das Längenverhältnis von Haupt- und Nebenachse der Ellipsen ist unabhängig von h und zwar gleich:

$$\sqrt{\frac{1+|\rho|}{1-|\rho|}}.$$

Je größer $|\rho|$, um so schmaler werden die Ellipsen. In der folgenden Abbildung sind drei typischen Fälle vereint:

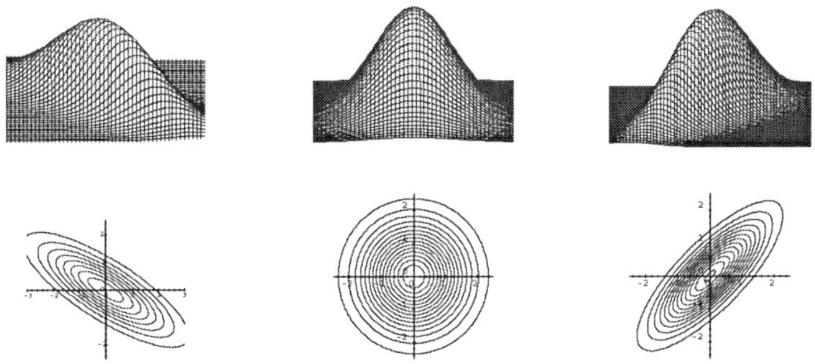

$\rho = -0,8;$ $\sigma_U = 1,5;$ $\sigma_V = 1$ | $\rho = 0;$ $\sigma_U = 1;$ $\sigma_V = 1$ | $\rho = 0,8;$ $\sigma_U = 1;$ $\sigma_V = 1$

Für Variablen U und V mit gleichen Varianzen $\sigma_U = \sigma_V$ liegen die Hauptachsen auf den Diagonalen der $(u^*; v^*)$ – Ebene (Bild rechts). Sind die Variablen unkorreliert, so liegen die Hauptachsen parallel zu den Koordinatenachsen (Bild in der Mitte). In allen anderen Fällen sind die Ellipsenachsen mehr oder weniger stark aus den Vorzugsrichtungen, der Diagonalen, herausgedreht (Bild links).

Die Regressionsgeraden erster Art

Halten wir in der Dichte $f_{U;V}(u;v)$ den Wert $V = v_0$ fest und lassen u laufen, erhalten wir, bis auf die Normierung, die Dichte der bedingten Normalverteilungen:[11]

$$\begin{aligned} f_{U|V}(u|v_0) &\simeq f_{U;V}(u;v_0) \simeq \exp\left(-\frac{u^{*2} - 2\rho u^* v_0^* + v_0^{*2}}{2(1-\rho^2)}\right) \\ &\simeq \exp\left(-\frac{(u^* - \rho v_0^*)^2}{2(1-\rho^2)}\right). \end{aligned}$$

Für die standardisierten Variablen U^* und V^* gilt also:

$$\mathrm{E}(U^* | V^* = v^*) = \rho v^*.$$

Heben wir die Standardisierung auf, folgt:

$$\mathrm{E}(U | V = v) = \mu_U + \frac{\sigma_U}{\sigma_V}\rho(v - \mu_V).$$

[11] Wir verwenden $\simeq$ als Proportionalzeichen.

Für die Normalverteilung hängt demnach der bedingte Erwartungswert von U unter der Bedingung $V = v$ linear von v ab. Vertauschen wir U und V so erhalten wir analog:

$$\mathrm{E}\left(V \,|U = u\right) = \mu_V + \frac{\sigma_V}{\sigma_U}\rho\left(u - \mu_U\right).$$

Bei anderen Wahrscheinlichkeitsverteilungen sind $\mathrm{E}\left(U \,|V = v\right)$ bzw.

$\mathrm{E}\left(V \,|U = u\right)$, die sogenannten Regressionskurve erster Art, eine nichtlineare Funktion von v, bzw. von u. Wir werden uns im nächsten Kapitel im Abschnitt 4.2 noch einmal mit ihnen beschäftigen.

Bei der zweidimensionalen Normalverteilung lassen sich die beiden Regressionsgeraden erster Art geometrisch leicht bestimmen. Dazu schneiden wir das Dichtegebirge mit einer vertikalen Ebene parallel zur u–Achse durch den Punkt $V = v_0$. Die Schnittkurve ist $f_{\mathbf{Y}}\left(u; v_0\right)$. Siehe die beiden folgenden Abbildungen:

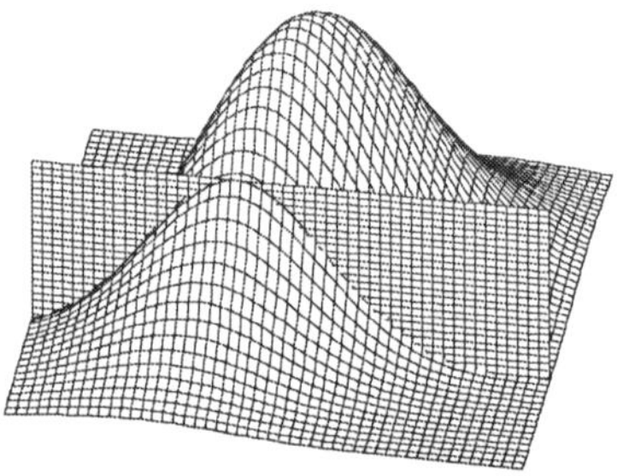

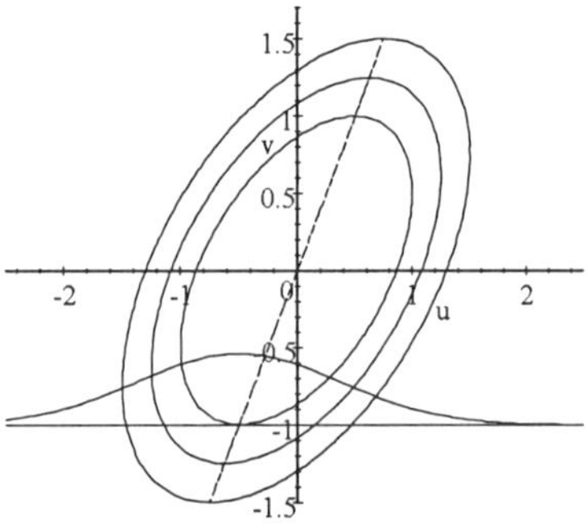

Betrachten wir das Gebirge im Grundriß. Die Schnittebene markiert sich als eine Gerade, parallel zur u-Achse im Abstand v_0, die von einem Teil der Höhenlinien geschnitten und von einer *einzigen* im Punkt $(u_{v_0}; v_0)$ *berührt* wird. Der *Berührpunkt* $(u_{v_0}; v_0)$ ist der höchste Punkt der Schnittkurve, die in der Zeichnung noch einmal ins Bild geklappt wurde. Die Schnittkurve ist bis auf die Normierung die bedingte Dichte $f_{U|V}\left(u \,|v_0\right)$. Daher ist u_{v_0} der bedingte Erwartungswert $\mathrm{E}\left(U \,|V = v_0\right)$. Damit haben wir ein einfaches Rezept gefunden, um die beiden Regressionsgeraden erster Art zu konstruieren, wenn die Normalverteilungsdichte durch ihre Höhenlinien gegeben ist.

Wie bei den Ausgleichsgeraden[12] schachteln wir eine einzige Ellipse durch ein achsenparalleles Tangentenviereck ein.

[12] Die Übereinstimmung hat tiefere Gründe, die wir im Abschnitt 4.2, "Die beste Prognose", kennenlernen werden .

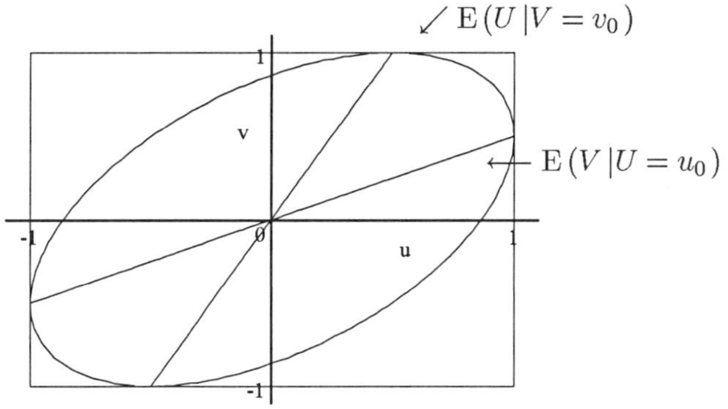

Ist U auf der Abszisse abgetragen, so geht die Regressionsgerade erster Art $\mathrm{E}(U \,|V = v_0)$ durch die oberen und unteren Berührpunkte, während die Regressionsgerade erster Art $\mathrm{E}(V \,|U = u_0)$ durch die rechten und linken Berührpunkte geht.

2.2.2 χ^2-Verteilung und der Satz von Cochran

Aus der n-dimensionalen Normalverteilung lassen sich eine Reihe wichtiger Verteilungsfamilien ableiten, die wir im weiteren stets benutzen werden. Dabei lassen sich die Beziehungen zwischen den Verteilungen besonders einprägsam schreiben, wenn für die zufällige Variable und ihre Wahrscheinlichkeitsverteilung dasselbe Symbol verwendet wird. So würde man bei einer zufälligen Variablen X mit der Verteilung F beim Erwartungswert anstelle von $\mathrm{E}(X)$ nun $\mathrm{E}(F)$ schreiben. Das Additionstheorem für unabhängige normalverteilte zufällige Variable erhält in dieser Kurzschreibweise die einfache Form:

$$\mathrm{N}(\mu_1; \sigma_1^2) + \mathrm{N}(\mu_2; \sigma_2^2) = \mathrm{N}(\mu_1 + \mu_2; \sigma_1^2 + \sigma_2^2).$$

Diese Schreibweise sollte aber nur angewendet werden, wenn Mißverständnisse ausgeschlossen sind.

Die χ^2-Verteilung

Definition 157 *Ist* $\mathbf{Y} \sim \mathrm{N}_n(\boldsymbol{\mu}; \mathbf{I})$, *so besitzt* $\|\mathbf{Y}\|^2$ *eine nicht-zentrale* χ^2-*Verteilung mit* n ***Freiheitsgraden*** *und dem* ***Nicht-Zentralitätsparameter*** δ*:*

$$\|\mathbf{Y}\|^2 = \sum_{i=1}^{n} Y_i^2 \sim \chi^2(n; \delta), \qquad \delta = \|\boldsymbol{\mu}\|^2.$$

Ist $\boldsymbol{\mu} = \mathbf{0}$, *so geht die* $\chi^2(n;\delta)$ *in die zentrale* χ^2-*Verteilung*

$$\chi^2(n; 0) \equiv \chi^2(n)$$

über. Die Dichte der $\chi^2(n)$ ist für $y > 0$ erklärt durch:

$$f(y \parallel n) = \frac{1}{2^{\frac{n}{2}}\Gamma(\frac{n}{2})} \cdot y^{\frac{n}{2}-1} \exp\left(-\frac{y}{2}\right).$$

Die Dichte der zentralen $\chi^2\,(n)$-Verteilung zeigt Abbildung 2.3. Die $\chi^2(n)$-

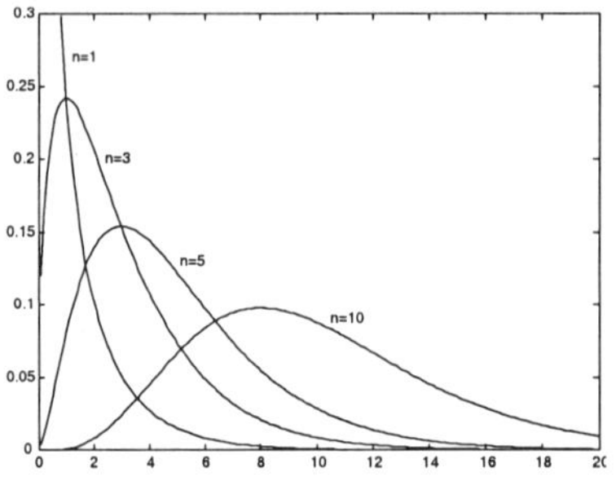

Abbildung 2.3: Dichte der χ^2-Verteilung für $n \in \{1; 3; 5; 10\}$

Verteilung ist tabelliert. Ihr α-Quantil bezeichnen wir mit $\chi^2(n)_\alpha$, d. h. $\mathrm{P}\{Y \leq \chi^2(n)_\alpha\} = \alpha$. Die Dichte der $\chi^2(n; \delta)$ ist für $y > 0$ erklärt durch :

$$f(y \parallel n; \delta) = \sum_{k=0}^{\infty} f(y \parallel 2k + n) \frac{\left(\frac{\delta}{2}\right)^k}{k!} \exp\left(-\frac{\delta}{2}\right).$$

Dabei ist $f(y \parallel 2k + n)$ die Dichte der zentralen $\chi^2(2k + n)$. (Vgl. Johnson und Kotz (1970), Seite 132). Die $\chi^2(n; \delta)$ hat also die Gestalt der Randverteilung einer zentral χ^2-verteilten Variable Y, bei der die Freiheitsgrade durch eine mit dem Parameter $\frac{\delta}{2}$ Poissonverteilten Variable[13] Z gesteuert werden:

$$f(y \parallel n; \delta) = \sum_{k=0}^{\infty} f(y \parallel 2k + n)\,\mathrm{P}(Z = k).$$

Eigenschaften der χ^2-Verteilung

1. Ist $U \sim \chi^2(n; \delta)$, so ist:

$$\mathrm{E}\,U = n + \delta,$$
$$\mathrm{Var}\,U = 2(n + 2\delta).$$

[13]Die diskrete zufällige Variable Z besitzt eine Poisson-Verteilung mit dem Parameter λ, falls für jede nichtnegative ganze Zahl k gilt:

$$\mathrm{P}\{Z = k\} = \frac{\lambda^k}{k!} \exp(-\lambda);\; k = 0, 1, 2, 3, \cdots$$

2. (Additionstheorem) Die Summe von zwei unabhängigen χ^2-verteilten Variablen ist wieder χ^2-verteilt: Ist $V \sim \chi^2(m;\gamma)$ eine weitere, von $U \sim \chi^2(n;\delta)$ unabhängige zufällige Variable, so ist:[14]

$$U + V \sim \chi^2(n+m; \delta+\gamma).$$

3. Für große n läßt sich die $\chi^2(n;\delta)$ durch eine Normalverteilung approximieren.

4. Für große n verschiebt sich die Dichte der $\chi^2(n;\delta)$ nach rechts und wird dabei immer flacher. Während die Standardabweichung nur mit $\sqrt{n}$ wächst, wächst der Erwartungswert mit n. Der Variationskoeffizient konvergiert gegen Null.

5. Die Verteilungsfunktion der $\chi^2(n;\delta)$ mit $\delta > 0$ ist gegenüber der $\chi^2(n)$ nach rechts verschoben: Die $\chi^2(n;\delta)$ nimmt mit größerer Wahrscheinlichkeit größere Werte an als die $\chi^2(n)$. Genauer gesagt: Ist $U \sim \chi^2(n;\delta)$ mit $\delta > 0$ und $W \sim \chi^2(n)$, so ist:

$$\mathrm{P}\{U > x\} > \mathrm{P}\{W > x\}.$$

   U ist **stochastisch größer** als W. (Siehe auch Abschnitt 2.4.3 auf Seite 177)

Weiter wollen wir die folgende Schreibweise vereinbaren:

Schreibweise: Ist a eine Konstante und $\frac{Y}{a} \sim \chi^2(n;\delta)$, so schreiben wir:

$$Y \sim a\chi^2(n;\delta).$$

Der Satz von Cochran

Von zentraler Bedeutung für die Theorie der linearen Modelle ist der **Satz von Cochran.**

Satz 158 (Satz von Cochran)

1. *Ist* $\mathbf{Y} \sim \mathrm{N}_n(\boldsymbol{\mu};\mathbf{I})$ *und* $\mathbf{L}$ *ein l-dimensionaler Unterraum des* $\mathbb{R}^n$, *so ist:*

$$\|\mathbf{P_L Y}\|^2 \sim \chi^2(l;\lambda)$$

   mit:

$$l = \dim \mathbf{L} \qquad \textit{und} \qquad \lambda = \|\mathbf{P_L}\boldsymbol{\mu}\|^2.$$

[14] Im Sinne der auf Seite 147 vereinbarten Schreibweise gilt also $\mathrm{E}\,\chi^2(n;\delta) = n + \delta$ und $\mathrm{Var}\,\chi^2(n;\delta) = 2(n + 2\delta)$ sowie $\chi^2(n;\delta) + \chi^2(m;\gamma) = \chi^2(n + m; \delta + \gamma)$ bei unabhängigen Summanden.

2. *Sind* $\mathbf{L}$ *und* $\mathbf{M}$ *zwei orthogonale Unterräume, so sind* $\mathbf{P_L Y}$ *und* $\mathbf{P_M Y}$ *stochastisch unabhängig. Folglich sind auch* $\|\mathbf{P_L Y}\|^2$ *und* $\|\mathbf{P_M Y}\|^2$ *stochastisch unabhängig. Weiter ist:*

$$\|\mathbf{P_L Y} + \mathbf{P_M Y}\|^2 \sim \chi^2(l + m; \lambda + \delta).$$

mit:

$$l + m = \dim \mathbf{L} + \dim \mathbf{M},$$
$$\lambda + \delta = \|\mathbf{P_L}\boldsymbol{\mu}\|^2 + \|\mathbf{P_M}\boldsymbol{\mu}\|^2.$$

Bemerkung: Der Satz von Cochran läßt sich noch wesentlich erweitern. Zum Beispiel gilt der Satz auch für $\mathrm{N}_m(\boldsymbol{\mu}; \mathbf{C})$ verteilte Variable, wenn man statt der euklidischen Metrik die Mahalanobis-Metrik nimmt. Wir werden diese Metrik und die allgemeinere Version des Satzes im Anhang (Abschnitt 2.4.4, Seite 179) behandeln.
Dafür verzichten wir hier auf einen vorgezogenen Beweis. Statt dessen versuchen wir hier, die Zusammenhänge zwischen der mehrdimensionalen Normalverteilung, der χ^2-Verteilung und dem Satz von Cochran zu veranschaulichen.

Dazu stellen wir uns einmal vor, unter einem ebenen Verandaboden hätten Ameisen einen Bau gebildet und ihr Schlupfloch in der Kreuzfuge zweier Platten gefunden. Durch einen Stoß gegen den Boden werden die Ameisen in Panik versetzt und rennen ziellos aus ihrem Schlupfloch heraus. Nach einer Weile kommen Sie dazu und fotografieren das Ganze von oben. Ihr Foto könnte etwa so aussehen wie Abbildung 2.4. Zur Beschreibung der Position der Ameisen

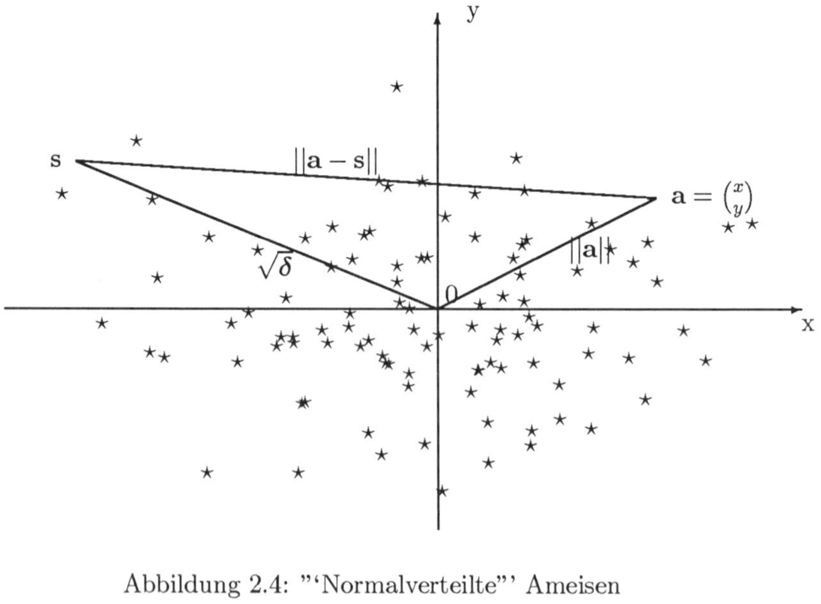

Abbildung 2.4: "'Normalverteilte"' Ameisen

stellen wir uns ein Koordinatensystem, in die Fugen der Platten gelegt, vor und beschreiben den Ort jeder Ameise durch die ihre x- und y-Koordinaten: $\mathbf{a} := \binom{x}{y}$.
Nun wollen wir — ohne auf den Protest der Zoologen zu achten — annehmen, daß

1. für jede Ameise A die x- und y-Koordinaten Realisationen von zwei unabhängigen $\mathrm{N}(0;1)$ verteilten zufälligen Variablen sind, und

2. jede Ameise sich unabhängig von den anderen Ameisen ihren Weg sucht.

Dann können wir das Gesamtbild mit den n Ameisen $\mathbf{a}_1, \ldots, \mathbf{a}_n$ als Realisationen von n unabhängigen, identisch verteilten Variablen $\mathbf{A}_i \sim \mathrm{N}_2(\mathbf{0};\mathbf{I})$ ansehen. Die quadrierte Entfernung jeder Ameise vom Schlupfloch ist einerseits $\|\mathbf{a}\|^2 = x^2 + y^2$. Andererseits ist $\|\mathbf{a}\|^2$ die Realisation der $\chi^2(2)$ verteilten zufälligen Variablen $\|\mathbf{A}\|^2 = X^2 + Y^2$. Die empirische Häufigkeitsverteilung der beobachteten $\|\mathbf{a}\|^2$ gibt eine Vorstellung der $\chi^2(2)$-Verteilung.
Nun interessieren Sie sich für die quadrierte Entfernung $\|\mathbf{a} - \mathbf{s}\|^2$ jeder Ameise von Ihrer Fußspitze $\mathbf{s}$, die mit auf das Bild gekommen ist. $\|\mathbf{A} - \mathbf{s}\|^2$ ist nun nicht-zentral χ^2 verteilt. Der quadrierte Abstand $\|\mathbf{s}\|^2$ Ihrer Fußspitze vom Schlupfloch ist der Nicht-Zentralitätsparameter δ.

Zur Illustration des Satzes von Cochran brauchen wir eine weitere Dimension. Also betrachten wir einen Bienenschwarm, der in luftiger Höhe seine Königin umschwirrt, die an der äußersten Spitze eines dünnen Zweiges genau über der Veranda sitzt. Beschreiben wir den Ort jeder Biene durch ihre drei Koordinaten $\mathbf{b} = (x; y; z)'$, so sollen — analog zu den Ameisen — auch die Koordinaten der Bienen normalverteilt sein:

$$\mathbf{B} \sim \mathrm{N}_3(\boldsymbol{\mu}; \mathbf{I}).$$

Dabei ist $\boldsymbol{\mu}$ der Mittelpunkt des Schwarmes, der Sitzplatz der Königin. Wieder ist die quadrierte Entfernung $\|\mathbf{B} - \boldsymbol{\mu}\|^2$ χ^2-verteilt mit drei Freiheitsgraden und $\|\mathbf{B}\|^2 \sim \chi^2(3; \|\boldsymbol{\mu}\|^2)$. Der Freiheitsgrad 3 der Verteilung ist die Dimension des Raumes, in dem sich die Bienen bewegen. Nun brennt die Sonne senkrecht vom Himmel, und Sie betrachten den Schatten der Bienen auf der weißen Veranda. Die Schattenpunkte umschwärmen den Schatten der Königin. Die Schatten sind die Projektion von $\mathbf{B}$ auf die Veranda $\mathbf{P}_{\text{Veranda}}\mathbf{B} =: \mathbf{PB}$. Die Projektion $\mathbf{PB}$ ist wieder normalverteilt mit dem Mittelpunkt $\mathbf{P}\boldsymbol{\mu}$, dem Schatten der Königin. Die quadrierte Entfernung $\|\mathbf{PB} - \mathbf{P}\boldsymbol{\mu}\|^2$ ist daher $\chi^2(2)$ verteilt. Die 2 Freiheitsgrade stehen für die Dimension des Raumes, in dem sich die Schatten (d. h. die Bildpunkte) bewegen können, nämlich des zweidimensionalen Verandabodens. Abbildung 2.5 auf der nächsten Seite versucht, einen Eindruck dieses Zusammenhangs zu vermitteln.

Der Satz von Cochran läßt sich leicht auf k orthogonale Projektionen verallgemeinern:

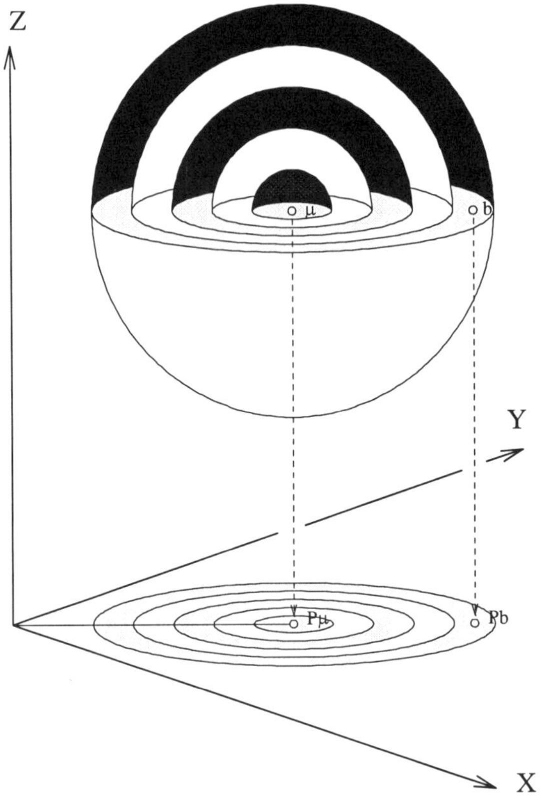

Abbildung 2.5: Projektion der $\mathrm{N}_3(\boldsymbol{\mu}; \mathbf{I})$ in die Ebene

Satz 159 (Projektionssatz) *Es sei* $\mathbf{Y} \sim \mathrm{N}_m(\boldsymbol{\mu}; \sigma^2\mathbf{I})$ *und* $\mathbf{M}_1, \mathbf{M}_2, \ldots, \mathbf{M}_k$ *seien* k *orthogonale Unterräume, die den* $\mathbb{R}^m$ *aufspannen.*

Weiter sei $\dim \mathbf{M}_i =: m_i$, $\|\mathbf{P}_{\mathbf{M}_i}\boldsymbol{\mu}\|^2 =: \sigma^2\delta_i$ *und* $\|\boldsymbol{\mu}\|^2 =: \sigma^2\delta$. *Dann ist:*

$$\|\mathbf{P}_{\mathbf{M}_i}\mathbf{Y}\|^2 \sim \sigma^2\chi^2(m_i; \delta_i).$$

Weiter gelten folgende Zerlegungen in orthogonale Räume und Projektionen bzw. stochastisch unabhängige Variable:

Orthogonale Räume	$\mathbb{R}^m$	$= \bigoplus_{i=1}^{k} \mathbf{M}_i$
Orthogonale Projektionen	$\mathbf{I}$	$= \sum_{i=1}^{k} \mathbf{P}_{\mathbf{M}_i}$
Unabhängige normalverteilte Variable	$\mathbf{Y}$	$= \sum_{i=1}^{k} \mathbf{P}_{\mathbf{M}_i}\mathbf{Y}$
Unabhängige $\sigma^2\chi^2$-verteilte Variable	$\Vert\mathbf{Y}\Vert^2$	$= \sum_{i=1}^{k} \Vert\mathbf{P}_{\mathbf{M}_i}\mathbf{Y}\Vert^2$
Nicht-Zentralitätsparameter	δ	$= \sum_{i=1}^{k} \delta_i$
Freiheitsgrade	m	$= \sum_{i=1}^{k} m_i\,.$

Beweis:
Ist $\mathbf{Y} \sim \mathrm{N}_m(\boldsymbol{\mu}; \sigma^2\mathbf{I})$, so ist $\frac{\mathbf{Y}}{\sigma} \sim \mathrm{N}_m(\frac{\boldsymbol{\mu}}{\sigma}; \mathbf{I})$ verteilt. Daher ist:

$$\begin{aligned}
\Vert \mathbf{P}_\mathbf{M}\left(\frac{\mathbf{Y}}{\sigma}\right) \Vert^2 &= \frac{1}{\sigma^2}\Vert\mathbf{P}_\mathbf{M}\mathbf{Y}\Vert^2 \sim \chi^2(\dim\mathbf{M};\delta) \\
\delta &= \Vert \mathbf{P}_\mathbf{M}\frac{\boldsymbol{\mu}}{\sigma} \Vert^2 = \frac{1}{\sigma^2}\Vert\mathbf{P}_\mathbf{M}\boldsymbol{\mu}\Vert^2 \\
\sigma^2\delta &= \Vert\boldsymbol{\mu}\Vert^2 = \sum_{i=1}^{k}\Vert\mathbf{P}_{\mathbf{M}_i}\boldsymbol{\mu}\Vert^2 = \sigma^2\left(\sum_{i=1}^{k}\delta_i\right).
\end{aligned}$$

Der Rest folgt aus dem Satz von Cochran, der Orthogonalität der Zerlegung, dem Additionstheorem der χ^2-Verteilung und der Additivität der Projektionen.
□

2.2.3 F-Verteilung

Definition 160 *Es seien $X \sim \chi^2(m;\delta)$ und $Y \sim \chi^2(n)$ zwei unabhängige zufällige Variable. Dann heißt die Verteilung von*

$$\frac{nX}{mY} \sim \mathrm{F}(m;n;\delta)$$

nicht-zentrale F-Verteilung mit den Freiheitsgraden m und n und dem Nicht-Zentralitätsparameter δ. Ist $\delta = 0$, so sprechen wir von der zentralen F-Verteilung $\mathrm{F}(m;n)$. *Die Verteilung ist tabelliert.* [15]

[15] Bezeichnen wir im Sinne unserer auf Seite 147 vereinbarten Schreibweise zufällige Variable mit denselben Symbolen wie die dazugehörigen Wahrscheinlichkeitsverteilungen, so können wir einprägsam schreiben:

$$\frac{\frac{1}{m}\chi^2(m;\delta)}{\frac{1}{n}\chi^2(n)} = \mathrm{F}\,(m;n;\delta)\,.$$

Wohlgemerkt, auf der linken Seite stehen in Zähler und Nenner stochastisch unabhängige zufällige Variable. Mit dieser, durchaus mit Vorsicht zu handhabenden Schreibweise gilt: $\mathrm{F}(m;n) = \frac{1}{\mathrm{F}\,(n;m)}$.

Die Dichte der zentralen $\mathrm{F}(m;n)$-Verteilung ist für $y > 0$:

$$f(y \,\|\, m;n) = c_{mn} \cdot y^{\frac{m}{2}-1} \cdot \left(1 + \frac{m}{n} \cdot y\right)^{-\frac{1}{2}(m+n)}.$$

Dabei ist c_{mn} eine Integrationskonstante, nämlich:

$$c_{mn} = \left(\frac{m}{n}\right)^{\frac{m}{2}} \cdot \frac{\Gamma\left(\frac{m+n}{2}\right)}{\Gamma\left(\frac{m}{2}\right) \cdot \Gamma\left(\frac{n}{2}\right)}.$$

Der Erwartungswert der $\mathrm{F}(m;n)$ existiert nur für $n \geq 3$, die Varianz existiert nur für $n \geq 5$: Ist $Y \sim \mathrm{F}(m;n)$, so gilt:

$$\mathrm{E}\,Y = \frac{n}{n-2}, \qquad \text{für } n \geq 3$$

$$\mathrm{Var}\,Y = \frac{2n^2(m+n-2)}{m(n-2)^2(n-4)}, \qquad \text{für } n \geq 5.$$

Für große n konvergiert die $\mathrm{F}(m;n)$ gegen die $\chi^2(m)$.

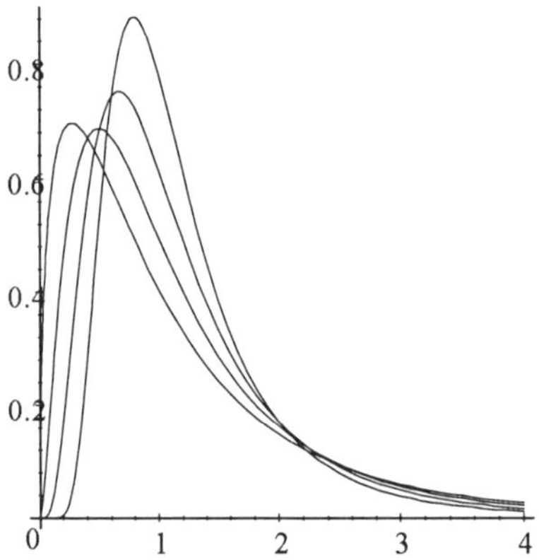

$F\,(m,n)$ –Verteilung
$m = 10$ und $n \in \{3, 5, 10, 40\}$

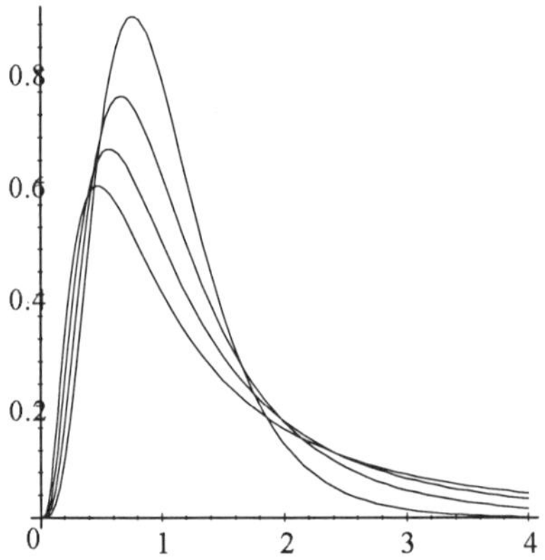

$F\,(m,n)$-Verteilung
$m \in \{3, 5, 10, 40\}$ und $n = 10$

Auf dem linken Bild ist $m = 10$ fest. Mit wachsendem n wird die Dichte *spitzer*, die Varianz nimmt ab, der Schwerpunkt verschiebt sich nach rechts zur Eins. Auf dem rechten Bild ist $n = 10$ fest. Auch hier nimmt mit wachsendem m die Varianz ab, der Schwerpunkt bleibt aber bei $\frac{n}{n-2} = \frac{10}{8} = 1{,}25$ stehen.
Für die Quantile der F-Verteilung gilt:

$$\mathrm{F}(m;n)_\alpha = \frac{1}{\mathrm{F}(n;m)_{1-\alpha}}.$$

Dies folgt aus der Definition der Quantile und $\alpha = \mathrm{P}\{\frac{nX}{mY} \leq \mathrm{F}(m;n)_\alpha\} = \mathrm{P}\{\frac{mY}{nX} \geq \frac{1}{\mathrm{F}(m;n)_\alpha}\}$. Aus diesem Grund genügt es, die $\mathrm{F}(m;n)$-Verteilung nur für $m \leq n$ zu tabellieren. Die Dichte der nicht-zentralen F-Verteilung $F(m;n;\delta)$ ist für $y > 0$:

$$f(y \,\|\, m;n;\delta) = \sum_{k=0}^{\infty} f\left(\frac{m}{2k+m}y \,\|\, (2k+m;n)\right) \frac{m}{2k+m} \frac{\left(\frac{\delta}{2}\right)^k}{k!} \exp\left(-\frac{\delta}{2}\right).$$

Dabei ist $f(y \,\|\, m;n)$ die Dichte der zentralen $F(m;n)$-Verteilung. (Siehe auch Johnson und Kotz (1970), Seite 191)

2.2.4 t-Verteilung

Definition 161 *Sind X und Y unabhängig voneinander sowie* $X \sim \mathrm{N}(0;1)$ *und* $Y \sim \chi^2(n)$, *so heißt die Verteilung von*

$$t := \frac{X}{\sqrt{\frac{Y}{n}}} \sim t(n)$$

t-verteilt mit n Freiheitsgraden[16]*.*

Die Dichte der $t(n)$ ist

$$f(t \,\|\, n) = c_n \cdot \left(1 + \frac{t^2}{n}\right)^{-\frac{1}{2}(n+1)}.$$

mit einer Integrationskonstanten

$$c_n = \frac{\Gamma(\frac{n+1}{2})}{\Gamma(\frac{n}{2})\sqrt{\pi n}}.$$

Der Erwartungswert der $t(n)$ existiert nur für $n \geq 2$, die Varianz existiert nur für $n \geq 3$:

$$\mathrm{E}(t) = 0 \qquad \text{für } n \geq 2$$
$$\mathrm{Var}(t) = \frac{n}{n-2} \qquad \text{für } n \geq 3.$$

Die Dichte der $t(n)$ ist eine Glockenkurve, ähnlich wie bei der Normalverteilung. (Siehe Abbildung 2.6). Nur ist bei der $t(n)$-Verteilung weniger Masse im Zentrum und mehr Masse an den Rändern verteilt. Dieser Effekt verschwindet bei wachsendem n: Für $n \to \infty$ konvergiert die $t(n)$-Verteilung gegen die Standard-Normalverteilung. Umgekehrt sind die Abweichungen von der Normalverteilung um so gravierender, je kleiner n ist.

[16] In der oben eingeführten Schreibweise gilt dann bei unabhängigem Zähler und Nenner: $\frac{\mathrm{N}(0;1)}{\sqrt{\frac{1}{n}\chi^2(n)}} = t(n)$.

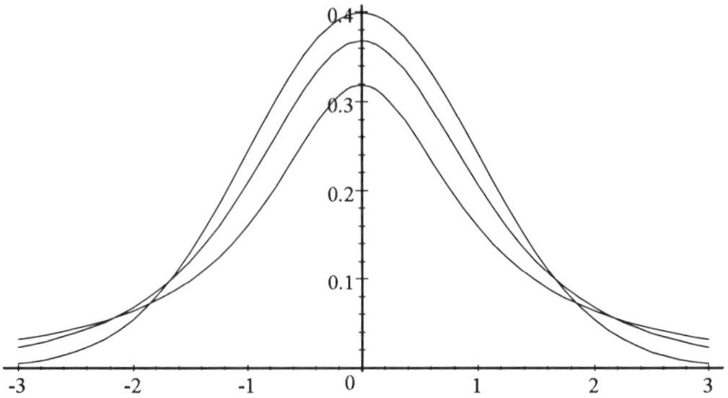

Abbildung 2.6: Dichte der $t\,(n) - Verteilung$ mit $n = 1; 3; \infty$

Zwischen der $t(n)$ und der $\mathrm{F}(1; n)$-Verteilung besteht ein einfacher Zusammenhang, der sich leicht symbolisch schreiben läßt, wenn wir zufällige Variable mit denselben Buchstaben wie ihre Verteilung bezeichnen:

$$\mathrm{F}(1; n) = \frac{\chi^2(1)}{\frac{1}{n}\chi^2(n)} = \frac{(\mathrm{N}(0;1))^2}{\frac{1}{n}\chi^2(n)} = (t(n))^2.$$

Ist $t(n)_\alpha$ das α-Quantil der $t(n)$-Verteilung, so ist:

$$\mathrm{F}(1; n)_{1-\alpha} = (t(n)_{1-\frac{\alpha}{2}})^2. \tag{2.16}$$

Zum Beweis von (2.16) seien die gesuchten Quantile mit $t := t(n)_{1-\frac{\alpha}{2}}$ und $f := \mathrm{F}(1; n)_{1-\alpha}$ abgekürzt. Dann gilt:

$$1 - \alpha = \mathrm{P}\{|t(n)| \leq t\} = \mathrm{P}\{(t(n))^2 \leq t^2\} = \mathrm{P}\{\mathrm{F}(1; n) \leq f\}.$$

Cauchy-Verteilung

Die $t(1)$-Verteilung mit einem Freiheitsgrad ist die sogenannte Cauchy-Verteilung mit der Dichte:

$$f_1(t) = \frac{1}{\pi(1 + t^2)}.$$

Die Cauchy-Verteilung besitzt keinen Erwartungswert. Für Cauchy-verteilte zufällige Variable gilt weder das Gesetz der Großen Zahlen noch der Zentrale Grenzwertsatz.

2.2.5 Das Student-Prinzip

Satz 162 *Es sei* $\mathbf{Y} \sim \mathrm{N}_n(\boldsymbol{\mu}; \sigma^2\mathbf{C})$ *mit unbekanntem* σ *und bekannter Matrix* $\mathbf{C} > \mathbf{0}$. *Weiter sei* $\widehat{\sigma}^2$ *eine von* $\mathbf{Y}$ *unabhängige, erwartungstreue, aus einer*

χ^2-Verteilung gewonnene Schätzung[17] *von σ^2 mit m Freiheitsgraden, genauer gesagt:*

$$\widehat{\sigma}^2 \sim \frac{\sigma^2}{m}\chi^2(m).$$

Die Kovarianzmatrix von $\mathbf{Y}$ wird dann durch

$$\widehat{\operatorname{Cov}}\,\mathbf{Y} := \widehat{\sigma}^2\mathbf{C}$$

erwartungstreu geschätzt. Dann gilt:

$$n\widehat{\sigma}^2\mathrm{F}(n;m) \quad \sim \quad (\mathbf{Y}-\boldsymbol{\mu})'\mathbf{C}^{-1}(\mathbf{Y}-\boldsymbol{\mu}) \quad \sim \quad \sigma^2\chi^2(n).$$

Weiter gilt für $n = 1$:

$$\frac{Y-\mu}{\sqrt{\operatorname{Var}Y}} \sim \mathrm{N}(0;1),$$

$$\frac{Y-\mu}{\sqrt{\widehat{\operatorname{Var}}\,Y}} \sim t(m).$$

Beweis:
Die Variable $\mathbf{X} := \mathbf{C}^{-\frac{1}{2}}(\mathbf{Y}-\boldsymbol{\mu})$ ist $\mathrm{N}_n(\mathbf{0};\sigma^2\mathbf{I})$ verteilt. Daher ist

$$\|\mathbf{X}\|^2 = (\mathbf{Y}-\boldsymbol{\mu})'\mathbf{C}^{-1}(\mathbf{Y}-\boldsymbol{\mu}) \sim \sigma^2\chi^2(n).$$

Dann ist nach Voraussetzung der Quotient

$$\frac{\frac{1}{n}\|\mathbf{X}\|^2}{\widehat{\sigma}^2} = \frac{\frac{1}{n}\|\mathbf{X}\|^2/\sigma^2}{\widehat{\sigma}^2/\sigma^2} \sim \frac{\frac{1}{n}\chi^2(n)}{\frac{1}{m}\chi^2(m)} \sim \mathrm{F}(n;m)$$

als Quotient zweier unabhängiger normierter χ^2-verteilter Variablen F-verteilt. Ist $n = 1$, kann man auf die Quadrierung verzichten und erhält direkt die t-Verteilung.
□

Bemerkung: Interessant ist die Herkunft des Namens *Student*: Der englische Biologe und Statistiker Gosset, der bei der Guinness-Brauerei angestellt war, beschäftigte sich neben dem Auszählen von Hefezellen auch mit den dabei entstehenden statistischen Problemen und entdeckte als erster den obigen Zusammenhang. Guinness verbot ihm jedoch die Veröffentlichung seiner Ergebnisse. Gosset war sich aber der Bedeutung seiner Entdeckung bewußt und veröffentlichte seine Arbeit unter dem Pseudonym Student. Seither nennt man die Standardisierung einer zufälligen Variablen mit einer unabhängigen, aus einer χ^2-Verteilung gewonnenen Varianzschätzung **Studentisieren**. Wir werden dieses Verfahren im weiteren noch häufig anwenden.

[17] Der Begriff der statistischen Schätzfunktion und der erwartungstreuen Schätzung wird später im Abschnitt 2.3.5 noch ausführlicher erläutert.

2.2.6 Sum-of-Squares-Schreibweise

Der Satz von Cochran, die χ^2- und die F-Verteilung werden in der Anwendung des linearen Modells eine zentrale Rolle spielen. Dabei werden wir stets mit den quadrierten Normen der Projektionen von $\mathbf{Y}$ in geeignete Unterräume arbeiten. Verwenden wir nun im Schriftbild die Symbole für Normen und Projektionen, wird einerseits die jeweilige Struktur besonders deutlich, andererseits könnte das Schriftbild etwas überladen sein. In der Praxis haben sich zahlreiche Varianten einer anderen Schreibweise etabliert. Eine davon wollen wir hier einführen, da sie sich gut für einen formalen Kalkül eignet.

Definition 163 *Ist* $\mathbf{Y}$ *eine n-dimensionale zufällige Variable, und sind* $\mathbf{A} \subset \mathbf{B} \subseteq \mathbb{R}^n$ *zwei beliebige Unterräume des* $\mathbb{R}^n$*, dann sind die* ***Sum of Squares*** SS *definiert durch:*

$$\begin{aligned}\mathrm{SS}(\mathbf{A}) &:= \|\mathbf{P_A Y}\|^2,\\ \mathrm{SS}(\mathbf{B}|\mathbf{A}) &:= \mathrm{SS}(\mathbf{B}) - \mathrm{SS}(\mathbf{A}) = \mathrm{SS}(\mathbf{B} \ominus \mathbf{A}).\end{aligned}$$

Dividieren wir die Sum of Squares durch die Dimension des Raums erhalten wir die MS :

$$\begin{aligned}\mathrm{MS}(\mathbf{A}) &:= \frac{\mathrm{SS}(\mathbf{A})}{\dim \mathbf{A}},\\ \mathrm{MS}(\mathbf{B}|\mathbf{A}) &:= \frac{\mathrm{SS}(\mathbf{B}|\mathbf{A})}{\dim \mathbf{B} - \dim \mathbf{A}}.\end{aligned}$$

$\mathrm{SS}(\mathbf{B}|\mathbf{A})$ ist nicht erklärt, falls $\mathbf{A} \not\subset \mathbf{B}$. Ist $\mathbf{A} = \mathcal{L}\{\mathbf{a}_1, \cdots, \mathbf{a}_k\}$, so schreiben wir mitunter auch $\mathrm{SS}(\mathbf{a}_1, \cdots, \mathbf{a}_k)$ statt $\mathrm{SS}(\mathbf{A})$ und entsprechend in den anderen Symbolen. So ist zum Beispiel

$$\begin{aligned}\mathrm{SS}(\mathbb{R}^n) &= \sum Y_i^2,\\ \mathrm{MS}(\mathbb{R}^n) &= \frac{1}{n}\sum Y_i^2,\\ \mathrm{MS}(\mathbb{R}^n|\mathbf{1}) &= \frac{1}{n-1}\sum (Y_i - \overline{Y})^2.\end{aligned}$$

Mit dieser Bezeichnung folgt aus dem Satz 159 auf Seite 152 von Cochran und der Definition der F-Verteilung der folgende Satz:

Satz 164 (Satz über die Verteilung der Sum of Squares) *Es sei* $\mathbf{Y}$ *verteilt nach* $\mathrm{N}_n(\boldsymbol{\mu}; \sigma^2\mathbf{I})$ *und die Räume* $\mathbf{A} \subset \mathbf{B} \subseteq \mathbf{C} \subset \mathbf{D} \subset \mathbb{R}^n$ *ineinander enthalten. Dann gilt:*

1. $\mathrm{SS}(\mathbf{A}) \sim \sigma^2\chi^2\left(\dim \mathbf{A}; \frac{1}{\sigma^2}\|\mathbf{P_A}\boldsymbol{\mu}\|^2\right)$.

2. $\mathrm{E}(\mathrm{SS}(\mathbf{A})) = \sigma^2 \dim \mathbf{A} + \|\mathbf{P_A}\boldsymbol{\mu}\|^2$.

3. $\mathrm{E}(\mathrm{MS}(\mathbf{A})) = \sigma^2 + \frac{\|\mathbf{P_A}\boldsymbol{\mu}\|^2}{\dim \mathbf{A}}$.

4. $\mathrm{SS}(\mathbf{B}|\mathbf{A}) \sim \sigma^2\chi^2\left(\dim\mathbf{B} - \dim\mathbf{A}; \frac{1}{\sigma^2}(\|\mathbf{P_B}\boldsymbol{\mu}\|^2 - \|\mathbf{P_A}\boldsymbol{\mu}\|^2)\right)$.

5. $\mathrm{SS}(\mathbf{D}|\mathbf{C})$ *und* $\mathrm{SS}(\mathbf{B}|\mathbf{A})$ *sind voneinander stochastisch unabhängig. Dabei ist* $\mathbf{B} = \mathbf{C}$ *zulässig.*

6. *Bei Addition und Subtraktion verhält sich* $\mathrm{SS}(\mathbf{B}|\mathbf{A})$ *formal wie* $\mathbf{B} - \mathbf{A}$ *beim symbolischen Rechnen mit Buchstaben:*

$$\begin{aligned}\mathrm{SS}(\mathbf{C}|\mathbf{B}) + \mathrm{SS}(\mathbf{B}|\mathbf{A}) &= \mathrm{SS}(\mathbf{C}|\mathbf{A}),\\ \mathrm{SS}(\mathbf{C}|\mathbf{A}) - \mathrm{SS}(\mathbf{C}|\mathbf{B}) &= \mathrm{SS}(\mathbf{B}|\mathbf{A}),\\ \mathrm{SS}(\mathbf{C}|\mathbf{A}) - \mathrm{SS}(\mathbf{B}|\mathbf{A}) &= \mathrm{SS}(\mathbf{C}|\mathbf{B}).\end{aligned}$$

7. $\mathrm{SS}(\mathbf{D}|\mathbf{C})$ *ist genau dann zentral* $\sigma^2\chi^2$*-verteilt, falls:*

$$\mathbf{P_D}\boldsymbol{\mu} = \mathbf{P_C}\boldsymbol{\mu} \quad \Leftrightarrow \quad \mathbf{P}_{\mathbf{D}\ominus\mathbf{C}}\boldsymbol{\mu} = \mathbf{0} \quad \Leftrightarrow \quad \boldsymbol{\mu} \perp \mathbf{D} \ominus \mathbf{C}.$$

8. *Ist* $\mathrm{SS}(\mathbf{D}|\mathbf{C})$ *zentral* $\sigma^2\chi^2$*-verteilt, so ist:*

$$\frac{\mathrm{MS}(\mathbf{B}|\mathbf{A})}{\mathrm{MS}(\mathbf{D}|\mathbf{C})} \sim \mathrm{F}\left(\dim\mathbf{B} - \dim\mathbf{A}; \dim\mathbf{D} - \dim\mathbf{C}; \frac{1}{\sigma^2}\|\mathbf{P}_{\mathbf{B}\ominus\mathbf{A}}\boldsymbol{\mu}\|^2\right).$$

Bemerkung: Die zweite Aussage setzt nur $\mathbf{Y} \sim_n (\boldsymbol{\mu}; \sigma^2\mathbf{I})$ voraus. Die achte Aussage ist ein Spezialfall des Student-Prinzips für $\mathbf{C} = \mathbf{I}$.

2.3 Grundprinzipien der Statistik

2.3.1 Der statistische Schluß

Das Modell

Während die Wahrscheinlichkeitstheorie sich nur innerhalb der durch die Kolmogoroff-Axiome definierten mathematischen Modellwelt bewegt, hat es die induktive Statistik immer mit einem realen Sachverhalt zu tun, über den Aussagen zu treffen sind.
Dabei ist die induktive Statistik durch drei Aufgaben gekennzeichnet:

- Übersetzung der Realität in ein Modell
- Auswertung der Daten innerhalb des Modells
- Rückübersetzung der Modellergebnisse in die Realität.

Der real existierende Sachverhalt wird durch ein statistisches Modell beschrieben. Dabei können zum Beispiel Häufigkeiten mit Wahrscheinlichkeiten und Merkmale mit zufälligen Variablen übersetzt werden. Das Modell umfaßt Definitionen der Grundgesamtheiten und ihrer Elemente, Art und Anzahl der Merkmale und der zufälligen Variablen sowie ihre gegenseitigen Abhängigkeiten.
Das gewählte Modell soll ein getreues Abbild des Vorwissens über den Sachverhalt sein. Es darf weder relevante Tatsachen ignorieren, noch dürfen sich aus dem Modell Folgerungen ergeben, die den vorgefundenen Tatsachen widersprechen.
Alle im Modell gewonnenen Aussagen gelten aber nur innerhalb des Modells und müssen nun aus dem stochastischen Modell heraus zurück in die Realität übertragen werden. Wird die gleiche Beobachtung in zwei verschiedene Modelle eingebettet, so können je nach Modell auch unterschiedliche Schlüsse gezogen werden.

Wahre oder brauchbare Modelle?

Die Frage, ob ein Modell wahr ist, ist unzulässig. Dies ist eine philosophische Frage und in der Regel nicht zu beantworten.
Dagegen ist die Frage zulässig, ob ein Modell brauchbar und ob es plausibel ist. Das Modell ist auf jeden Fall dann unplausibel, wenn Modellvoraussetzungen offensichtlich nicht erfüllt sind. Es ist nicht brauchbar, wenn man mit dem verfügbaren mathematischen Apparat und den gegebenen Beobachtungen in der vorhandenen Zeit keine verwendbaren Resultate erzielen kann.
Was brauchbar und was plausibel ist, entscheidet die Praxis. Generell gilt: Das Modell soll so gut wie möglich die Realität abbilden, dabei aber so einfach sein, daß man seine Voraussetzungen und Folgerungen durchschauen kann. Einem Modell mit weniger unbekannten Parametern ist meist der Vorzug vor Modellen mit mehr unbekannten Parametern zu geben. Weiter muß — gemäß der Forderung Karl Poppers — ein akzeptables Modell die Möglichkeit seiner potentiellen

Falsifizierung einschließen. Nichtfalsifizierbare Modelle verweigern sich der empirischen Überprüfung und haben so nur einen spekulativen Charakter.
Das historisch älteste, schriftlich überlieferte Prinzip der Beschränkung auf das Notwendige stammt von dem englischen Scholastiker William of Occam (1280–1349). Es wird in der englischsprachigen Literatur als *Occams razor* zitiert und ist Leitbild bei der Konstruktion von Modellen:

> "Entia non sunt multiplicanda praeter necessitatem."[18]
>
> William of Occam

Die *wahre* Verteilung

Während es kein *wahres* Modell gibt, gibt es innerhalb des Modells sehr wohl die *wahre* Verteilung und den *wahren* Parameter.
Das Modell legt in der Regel die Wahrscheinlichkeitsverteilungen aller beteiligten zufälligen Variablen nicht vollständig fest. Es wird nur der Verteilungstyp festgelegt, während einige Eigenschaften der Verteilung noch unbestimmt sind und in gewissen Bereichen variieren können. Faßt man den Begriff "Verteilungsparameter" weit genug, so läßt sich ein Modell formal als Festlegung einer Familie von Wahrscheinlichkeitsverteilungen $\{F_\theta | \theta \in \Theta\}$ auffassen. Dabei ist Θ eine geeignete Parametermenge.
Nun wird vorausgesetzt, daß innerhalb des Modells alle Parameter und alle Verteilungen eindeutig festgelegte Werte haben. Diese Festlegung definiert dann die *wahren* Größen. Anders gesagt: Unter den zugelassenen Verteilungen des Modells $\{F_\theta | \theta \in \Theta\}$ gibt es eine ausgezeichnete Verteilung F_{θ_0}, die *wahren* Verteilung mit dem *wahren* Parameter θ_0.
Wenn das Modell zum Beispiel festlegt, daß das Abfüllgewicht Y einer Verpackungsmaschine normalverteilt ist — $Y \sim \mathrm{N}(\mu; \sigma^2)$ —, könnte der wahre Parameter $\theta_0 = (\mu_0; \sigma_0^2)$ zum Beispiel $\mu_0 = 100$; $\sigma_0^2 = 16$ sein.
Der Begriff *wahr* ist niemals absolut, sondern stets nur relativ zum jeweils betrachteten Modell zu sehen.

Der statistische Schluß

Die Information aus dem statistischen Experiment (der Beobachtung, Befragung, dem Versuch) wird benutzt, um innerhalb des gewählten Modells die offenen Fragen zu beantworten und die nicht fixierten Parameter und Variablen festzulegen.
Das heißt, es wird versucht, den *wahren* Parameter zu schätzen und Aussagen über die *wahren* Sachverhalte und die Wahrscheinlichkeitsverteilungen der im Modell enthaltenen Variablen zu machen.
Dabei muß sich die Verläßlichkeit der Aussagen mit Wahrscheinlichkeitsmaßen bewerten lassen.
Grundaufgaben der **schließenden** oder **induktiven** Statistik sind unter anderem:

---

[18] *"Ohne Notwendigkeit sind die Begriffe nicht zu vervielfältigen."*

- Prognosen über die zukünftigen Realisationen zufälliger Variablen
- Tests von Hypothesen
- Schätzungen unbekannter Parameter oder unbekannter Verteilungen.

Bei der Parameterschätzung unterscheiden wir noch, ob als Schätzung

- eine Zahl (bzw. bei einem mehrdimensionalen Parameter ein Zahlenvektor) oder
- ein Intervall bzw. ein Zahlenbereich

angegeben wird. Im ersten Fall sprechen wir von einem **Punktschätzer**, im zweiten Fall von einem **Intervallschätzer.**

2.3.2 Die Prognose

Eine Prognose ist eine Aussage über ein Ereignis, bei dem noch nicht feststeht, ob es eingetreten ist, eintreten wird oder eintreten könnte. Prognosen in diesem Sinn sind Aussagen wie:

- *Die oberste Karte in diesem gut gemischten, verdeckt vor uns liegenden Stapel Spielkarten ist ein Pik-As.*
- *Bei der nächsten Wahl wird die Partei XYZ gewinnen.*
- *Wenn Du so weitergemacht hättest, wärst Du keine 50 Jahre alt geworden.*

Prognosen können verifizierbar oder nicht verifizierbar sein: Die ersten beiden Prognosen unseres Beispiels sind verifizierbar, — die zweite etwas später als die erste — die dritte ist nicht verifizierbar.
Prognosen sollten präzise und sicher sein; in der Regel sind sie das eine nur auf Kosten des anderen. Die Prognose:

- *Die oberste Karte ist eine Pik- oder Kreuz-Karte.*

ist zwar sicherer, aber weniger präzise als die erste Prognose.
Wenn Sie vor Aufdeckung der obersten Karte auf die Karte wetten wollen, interessiert es Sie, wie verläßlich Ihre Prognose ist. Wenn eine Wahrsagerin nach tiefem Blick in Ihre Augen und einem zweiten Blick in ihre Kristallkugel prognostiziert "Die oberste Karte ist Pik-As" und ein Statistiker, der sich vom korrekten Mischen der Karten überzeugt hat, sagt " Die oberste Karte ist mit hoher Wahrscheinlichkeit kein Pik-As" (beide haben auf Treu und Glauben nicht geschummelt), so scheint die Prognose des Statistikers verläßlicher als die der Wahrsagerin zu sein. Nun wird die Karte aufgedeckt: Es liegt wirklich Pik-As oben. Die Prognose der Wahrsagerin war richtig. War sie darum auch besser?
Der Ausgang einer Prognose ist keine nachträgliche Rechtfertigung für das Vertrauen, das wir vorher in die Prognose setzen. Nicht das einzelne *zufällige* Ergebnis ist relevant, sondern das *Verfahren*, das zu dieser Prognose geführt hat. Zwar heißt es:

> An ihren Früchten sollt Ihr sie erkennen.

Doch müssen wir als Statistiker diesen Satz nicht auf einen einzelnen Apfel, sondern auf die gesamte Ernte beziehen. Kurz:

> Das Verfahren und nicht das *zufällige* Einzelergebnis ist die Grundlage für das Vertrauen in eine Prognose.

Modellieren wir das unbekannte Ereignis als Realisation einer eindimensionalen zufälligen Variablen Y, so heißt jedes Intervall $[a, b]$ ein $(1-\alpha)$-**Prognose-Intervall**, falls gilt:

$$\mathrm{P}\{a \leq Y \leq b\} \geq 1-\alpha.$$

$a \leq Y \leq b$ ist eine Prognose. Ein $(1-\alpha)$-Prognoseintervall erlaubt es, Wahrscheinlichkeitsaussagen über mögliche oder zukünftige Realisationen der zufälligen Variablen Y zu machen. Ist z. B. $Y \sim \mathrm{N}(\mu; \sigma^2)$, so ist $|Y-\mu| \leq 1,96 \cdot \sigma$ oder:

$$\mu - 1,96 \cdot \sigma \leq Y \leq \mu + 1,96 \cdot \sigma$$

ein (0,95)-Prognoseintervall. Mit 95% Wahrscheinlichkeit wird eine Realisation von Y in diesem Intervall liegen und zwar für jeden Wert von μ und σ.
Je kleiner α, um so größer wird das Prognoseintervall. Damit wird die Prognose gleichzeitig sicherer und unpräziser. Sind μ und σ bekannt, so ist die Prognose verifizierbar. Sind μ und σ unbekannt, so ist sie auch bei beobachtetem $Y = y$ nicht verifizierbar. Die Verläßlichkeit der Prognose ist davon unberührt. Sie beruht allein auf dem starken Gesetz der großen Zahlen. Dies sichert, daß bei einer wachsenden Zahl von unabhängigen Wiederholungen des Versuchs mit der Prognose über Y der Anteil der richtigen Prognosen mit Wahrscheinlichkeit Eins gegen $1-\alpha$ konvergiert.

2.3.3 Der statistische Test

Beim **Signifikanztest** überprüfen wir eine Hypothese H_0 aufgrund einer (mehrdimensionalen) Beobachtung $\mathbf{y}$, die als Realisierung einer zufälligen Variablen $\mathbf{Y}$ modelliert wird. Zum Testen stellen wir uns auf den Standpunkt, H_0 gelte, und machen — bevor $\mathbf{y}$ realisiert wurde — eine verifizierbare Prognose über den künftigen Wert von $\mathbf{Y}$, die mit Wahrscheinlichkeit $1-\alpha$ eintreten wird.

$$\mathrm{P}\{\mathbf{Y} \in AB \,\|\, H_0\} \geq 1-\alpha.$$

Dabei heißt α das **Signifikanzniveau**, AB der **Annahmebereich** und das (mengentheoretische) Komplement von AB die **kritische Region** KR.
Nun wird $\mathbf{y}$ beobachtet. Liegt $\mathbf{y} \notin AB$, dann entsprach das Ergebnis nicht der Prognose. Die Ursache hierfür war entweder, daß ein unter H_0 seltenes Ereignis wider Erwarten eingetreten ist, oder daß H_0 falsch ist. Unter diesen Umständen entscheiden wir uns gegen H_0; H_0 wird verworfen. Trotzdem kann H_0 richtig

gewesen sein. In diesem Fall hätten wir den **Fehler 1. Art** begangen. Das Signifikanzniveau α ist gerade die Wahrscheinlichkeit für den Fehler 1. Art.

Liegt dagegen $\mathbf{y} \in AB$, so ist die Prognose richtig. Die Beobachtung spricht nicht gegen die Hypothese H_0; H_0 wird beibehalten. Dabei ist aber nicht gesagt, daß H_0 richtig ist, nicht einmal, daß H_0 durch die Beobachtung bekräftigt worden wäre. Es kann im Gegenteil sein, daß ein anderer Sachverhalt richtig ist. Die falsche Entscheidung, H_0 zu akzeptieren, obwohl H_0 falsch ist, heißt **Fehler 2. Art**.

Aufgabe der Testtheorie ist es, Tests zu konstruieren, die bei vorgegebenem Signifikanzniveau die Wahrscheinlichkeit des Fehlers 2. Art nach Möglichkeit minimieren. Es werden auch **randomisierte Tests** betrachtet, bei denen nicht strikt angenommen oder abgelehnt, sondern dies jeweils nur mit einer gewissen Wahrscheinlichkeit getan wird.

Bei Parameterhypothesen hängt die Verteilung von $\mathbf{Y}$ von einem Parameter $\boldsymbol{\theta} \in \Theta$ ab. Die Parametermenge zerfällt in zwei disjunkte Mengen Θ_0 und Θ_1. Der gesuchte Parameter $\boldsymbol{\theta}$ gehört unter der Nullhypothese H_0 zu Θ_0 und unter der Alternativhypothese H_1 zu Θ_1.

Ein Test, der im Vergleich mit anderen Tests in einer Klasse für alle Werte $\boldsymbol{\theta} \in \Theta_1$ die Wahrscheinlichkeit für den Fehler 2. Art minimiert, heißt **gleichmäßig bester Test** dieser Klasse. Solche optimalen Tests existieren nicht immer. Sie existieren jedoch bei einseitigen Fragestellungen, wenn die Dichten $f(\mathbf{y}; \boldsymbol{\theta})$ der zufälligen Variablen $\mathbf{Y}$ monotone Dichtequotienten[19] haben. Diese Situation werden wir im linearen Modell glücklicherweise vorfinden.

Wichtig für die korrekte Anwendung der Testtheorie ist, die Hypothesen *vor* und nicht *nach* der Beobachtung zu formulieren. Liegt erst einmal das Pik-As offen auf dem Tisch, ist die Aussage "*Genau das hätte ich prognostizieren wollen*" witzlos. Jeder ärgert sich mit Recht, wenn nach Verlassen der Kasse im Supermarkt die Begleitung mault: "*Das hätte ich Dir schon vorher sagen können, daß Du Dich immer in der langsamsten Schlange anstellst*". In der Testtheorie führt solches Verhalten, — nämlich die Festlegung der Hypothese und des Signifikanzniveaus nach der Beobachtung, — zu mathematisch-statistisch nachweisbaren, groben Unterschätzungen der Fehlerwahrscheinlichkeiten.

Der P-Wert

In den meisten Fällen läßt sich die Prüfgröße eines Tests interpretieren als ein Diskrepanzmaß $\delta := \delta(\mathbf{y})$. Dieses mißt, wie stark die Beobachtung $\mathbf{y}$ unserer Erwartung H_0 widerspricht. Man kann nun die Idee des Diskrepanzmaß weiter verfolgen ohne unmittelbar auf eine finale Testentscheidung hinzusteuern. Liegen die Daten oder Beobachtungswerte vor, fragt man nach der Wahrscheinlichkeit, unter H_0 eine Diskrepanz δ zu erhalten, die so extrem oder noch extremer

[19] Zu monotonen Dichtequotienten siehe Anhang. Bei einseitigen Tests sind Θ_0 und Θ_1 in einseitig unbeschränkten Intervallen enthalten, z.B. $\Theta_0 \subset (-\infty; a]$ und $\Theta_1 \subset (a; \infty)$ oder $\Theta_0 \subset [a; \infty)$ und $\Theta_1 \subset (-\infty; a)$.

ist, als die real beobachtete, nämlich:

$$\mathrm{P}\left(\delta\left(\mathbf{Y}\right) \geq \delta\left(\mathbf{y}\right) \| H_0\right).$$

Diese Wahrscheinlichkeit heißt der **P-Wert** oder das **beobachtete**[20] **Signifikanzniveau.** Je kleiner der P-Wert ist, um so kritischer ist die Diskrepanz zwischen Beobachtung und Nullhypothese. Je größer der P-Wert ist, um so weniger spricht die Beobachtung gegen die Nullhypothese.
Das Arbeiten mit P-Werten hat zwei Vorteile und einen entscheidenden Nachteil:

- Der P-Wert beurteilt die Nullhypothese im Licht der Beobachtung, aber präjudiziert keine Entscheidung. Er liefert so eine scheinbar größere Objektivität als der vom festgewählten subjektiven Signifikanzniveau α abhängende Test.

- Statistische Softwarepakete werten meist generell die P-Werte für t- oder F-Tests aus. Daher ist es für eine abschließende individuelle Testentscheidung nicht notwendig, a-priori ein festes Signifikanzniveau α vorzugeben. Arbeitet man zum Beispiel mit einem $\alpha = 5\%$ so wird eine Hypothese abgelehnt, wenn der betreffende ausgedruckte P-Wert kleiner oder gleich 5%. ist.

- Das Arbeiten mit P-Werten verführt zum Selbstbetrug und kann die Grundpfeiler der Testidee zerstören: Wählt man nämlich das Signifikanzniveau α a-posteriori mit Blick auf den erzielten P-Wert, so sind alle Aussagen über die Wahrscheinlichkeiten der Fehler erster und zweiter Art unhaltbar geworden, denn nun ist α von der Beobachtung abhängig und so selbst eine zufällige Größe geworden.

2.3.4 Konfidenzbereiche

Diesmal gilt es nicht, eine Frage über einen Parameter $\boldsymbol{\theta}$ mit "Ja" oder "Nein" zu beantworten, sondern es soll der Wert von $\boldsymbol{\theta}$ abgeschätzt werden. Wir gehen aus von der Prognose:

$$\mathrm{P}\{\mathbf{Y} \in \mathbf{K}_{\boldsymbol{\theta}}\} \geq 1 - \alpha.$$

Dabei hängt der Prognosebereich $\mathbf{K}_{\boldsymbol{\theta}}$ vom unbekannten Parameter $\boldsymbol{\theta}$ ab. Die Prognose ist daher nicht verifizierbar. Trotzdem ist sie mit einer Mindestwahrscheinlichkeit von $1 - \alpha$ richtig. Wir machen nun die Prognose:

$$\mathbf{Y} \in \mathbf{K}_{\boldsymbol{\theta}}$$

und erklären, nachdem $\mathbf{y}$ beobachtet wurde, den prognostizierten Sachverhalt für eingetreten:

$$\mathbf{y} \in \mathbf{K}_{\boldsymbol{\theta}}.$$

[20] In der englischen Literatur heißt der P-Value auch "observed significance level" oder auch nur "significance level". Zur Unterscheidung heißt das Signifikanzniveau α dann "size α".

Diese Behauptung mag im Einzelfall falsch sein, auf Grund des Gesetzes der Großen Zahlen wird die Behauptung aber meistens richtig sein, genauer gesagt, in rund $(1-\alpha)\,100\%$ aller Fälle. Wenn diese Aussage aber für wahr gelten soll, so muß auch die logische Schlußfolgerung als wahr gelten: $\boldsymbol{\theta}$ gehört zu der Menge $\mathbf{K_y}$ aller Parameter, für die $\mathbf{y}$ in $\mathbf{K}_{\boldsymbol{\theta}}$ liegt:

$$\boldsymbol{\theta} \in \mathbf{K_y} = \{\vartheta \mid \mathbf{y} \in \mathbf{K}_{\boldsymbol{\theta}}\}.$$

Der so gewonnene Bereich $\mathbf{K_y}$ heißt **Konfidenzbereich** zum Niveau $1-\alpha$. Wird stets nach dieser Strategie verfahren, nämlich bei Beobachtung von $\mathbf{y} \in \mathbf{K}_{\boldsymbol{\theta}}$, den Parameter θ durch "$\boldsymbol{\theta} \in \mathbf{K_y}$" abzuschätzen, so sind im Schnitt $(1-\alpha)\,100\%$ aller Schätzungen wahr.
Die Aussage über $\boldsymbol{\theta}$ ist entweder wahr oder falsch. Das Verfahren jedoch, was zu dieser Aussage führte, liefert mit Wahrscheinlichkeit $1-\alpha$ eine richtige Aussage. Je nachdem, ob $\mathbf{y}$ oder $\boldsymbol{\theta}$ bekannt ist, führt diese Strategie zu Annahmebereichen von Tests über $\boldsymbol{\theta}$, Prognosebereichen für $\mathbf{Y}$ oder Konfidenzbereichen für $\boldsymbol{\theta}$. Die für uns wichtigsten Spezialfälle sind in dem folgenden Satz zusamengefaßt:

Satz 165 *Ist $\mathbf{Y} \sim \mathrm{N}_n(\boldsymbol{\mu}; \sigma^2\mathbf{C})$, und ist $\widehat{\sigma}^2$ eine $\frac{\sigma^2}{m}\chi^2(m)$-verteilte, von $\mathbf{Y}$ unabhängige Schätzung für σ^2, so ist nach dem Student-Prinzip:*

$$\mathrm{P}\left\{\mathbf{Y}-\boldsymbol{\mu})'\mathbf{C}^{-1}(\mathbf{Y}-\boldsymbol{\mu}) \leq n\widehat{\sigma}^2\mathrm{F}(m;n)_{1-\alpha}\right\} = 1-\alpha.$$

Bei bekanntem $\boldsymbol{\mu}$ ist demnach:

$$(\mathbf{Y}-\boldsymbol{\mu})'\mathbf{C}^{-1}(\mathbf{Y}-\boldsymbol{\mu}) \leq n\widehat{\sigma}^2\mathrm{F}(m;n)_{1-\alpha}$$

ein Prognose-Ellipsoid für $\mathbf{Y}$ und bei bekanntem $\mathbf{y}$ ein Konfidenz-Ellipsoid für $\boldsymbol{\mu}$. Bei bekanntem σ^2 ziehen wir die analogen Schlüsse aus:

$$(\mathbf{Y}-\boldsymbol{\mu})'\mathbf{C}^{-1}(\mathbf{Y}-\boldsymbol{\mu}) \leq \sigma^2\chi^2(n)_{1-\alpha}.$$

2.3.5 Punktschätzer

Einen Punktschätzer könnte man als einen Bereichsschätzer ansehen, bei dem der Bereich auf einen Punkt zusammengeschrumpft ist. Er hat maximale Präzision, aber von einer Zuverlässigkeit wie bei Bereichsschätzern kann nicht mehr die Rede sein. Daher sind Gütekriterien für Punktschätzer neu zu konzipieren. Gesucht wird ein (mehrdimensionaler) Parameter $\boldsymbol{\theta} \in \Theta$. Dabei ist Θ, der Parameterraum, die Menge aller zulässigen Parameter. Durch die Wahl von Θ wird das Vorwissen über θ quantifiziert. Zur Verfügung steht eine (mehrdimensionale) zufällige Variable $\mathbf{Y}$, deren Verteilung von $\boldsymbol{\theta}$ abhängt.

$$\widehat{\theta}(\mathbf{Y})$$

ist die **Schätzfunktion**, die jedem beobachtetem $\mathbf{y}$ einen **Schätzwert:**

$$\widehat{\theta}(\mathbf{y}) \in \Theta$$

zuordnet. $\widehat{\theta}(\mathbf{Y})$ ist damit selbst eine zufällige Variable. Zur Vereinfachung des Schriftbildes lassen wir das Argument $(\mathbf{Y})$ bzw. $(\mathbf{y})$ bei Schätzwert und Schätzfunktion fort und schreiben, da unser griechisches Alphabet nicht ausreicht, in beiden Fällen nur $\widehat{\boldsymbol{\theta}}$, sofern keine Mißverständnisse zu befürchten sind. Die Güte der Schätzfunktion wird allein beurteilt nach den Eigenschaften der Wahrscheinlichkeitsverteilung von $\widehat{\boldsymbol{\theta}}$. Der systematische Schätzfehler oder **Bias** ist die Abweichung:

$$\text{Bias} := \boldsymbol{\theta} - \mathrm{E}\,\widehat{\boldsymbol{\theta}}\,.$$

$\widehat{\boldsymbol{\theta}}$ heißt **erwartungstreu, unverfälscht** oder Englisch **unbiased**, falls der Bias Null ist, d.h. :

$$\mathrm{E}\,\widehat{\boldsymbol{\theta}} = \boldsymbol{\theta}\,.$$

ist. Konvergiert der Bias mit wachsendem Stichprobenumfang gegen Null, so heißt die Schätzfunktion asymptotisch unverfälscht. Ist $\widehat{\boldsymbol{\theta}}$ erwartungstreu, so ist $\widehat{\boldsymbol{\theta}}$ um so effizienter, je kleiner die Varianz von $\widehat{\boldsymbol{\theta}}$ ist.
Ein Schätzer $\widehat{\boldsymbol{\theta}}$ heißt **effizient** oder auch **wirksam** in einer Klasse von Schätzfunktionen, wenn er unter allen erwartungstreuen Schätzern dieser Klasse minimale Varianz besitzt. Dabei kann — unter gewissen Regularitätsvoraussetzungen — die Varianz von $\widehat{\boldsymbol{\theta}}$ eine nur von der Verteilung von $\mathbf{Y}$ abhängende untere Schranke nicht unterschreiten.
Zwei wesentliche Beurteilungskriterien für jede Schätzung $\widehat{\boldsymbol{\theta}}$ eines ein- oder mehrdimensionalen Parameters $\boldsymbol{\theta}$ sind die **Matrix mqA der mittleren quadratischen Abweichungen**[21]:

$$\begin{aligned} \mathbf{mqA}\left(\widehat{\theta}\right) &= \mathrm{E}\left(\theta - \widehat{\theta}\right)\left(\theta - \widehat{\theta}\right)' \\ &= \mathrm{Cov}\,\widehat{\boldsymbol{\theta}} + \left(\boldsymbol{\theta} - \mathrm{E}\,\widehat{\boldsymbol{\theta}}\right)\left(\boldsymbol{\theta} - \mathrm{E}\,\widehat{\boldsymbol{\theta}}\right)' \end{aligned} \tag{2.17}$$

und deren eindimensionaler Spur:

$$\begin{aligned} mqA\left(\widehat{\theta}\right) &= \mathrm{E}\left\|\theta - \widehat{\theta}\right\|^2 \\ &= \sum_i \mathrm{Var}\,\widehat{\theta}_i + \left\|\theta - \mathrm{E}\,\widehat{\theta}\right\|^2 \\ &= \sum_i \mathrm{Var}\,\widehat{\theta}_i + \|Bias\|^2 . \end{aligned} \tag{2.18}$$

Für wichtige Familien von Wahrscheinlichkeitsverteilungen lassen sich nach den obigen Kriterien gute oder gar optimale Schätzer konstruieren. Diesen Schätzern begegnet man heute wieder mit Mißtrauen, da sie zu genau auf spezielle Verteilungsmodelle zugeschnitten sind.

[21] In der Praxis wird **mqA** meist als **MSE,** nämlich Mean-Square-Error bezeichnet. Um Verwechslungen mit dem Mean Square Error eines Modells $MSE(\mathbf{M}) = \frac{SSE(\mathbf{M})}{n-d}$ aus Definition 163 zu vermeiden, verwenden wir hier die *deutsche* Version der Bezeichnung. Auch unterscheiden wir die Matrizenversion und die skalare Version der mqA im Schriftbild nur durch die fette - bzw. magere Schreibweise.

In der Praxis paßt das gewählte Modell oft nicht so gut; man hat dann zwar optimale Schätzer, aber im ungeeigneten Modell — und trifft als Konsequenz unbrauchbare bis falsche Entscheidungen.
Daher verwendet man häufiger Schätzer, die zwar weniger effizient sind, dafür aber nicht so engherzig mit den Modellvoraussetzungen umgehen. Die Theorie dieser sogenannten **robusten Schätzer** ist mathematisch anspruchsvoll und ihre Berechnung meist numerisch aufwendig. Ihre detaillierte Behandlung geht über den Rahmen des Buches hinaus.
Konstruktionsprinzipien von Schätzfunktionen differieren je nach Vorkenntnis über das Modell und die Variablen. Wir skizzieren hier nur die drei wichtigsten Verfahren. Der Einfachheit halber gehen wir davon aus, daß $\mathbf{Y} = (Y_1; \ldots; Y_n)$ aus n unabhängigen zufälligen eindimensionalen Variablen besteht.

Schätzfunktionen auf Basis der empirischen Verteilungsfunktion

Eine Eigenschaft ist genau dann statistisch faßbar, wenn sie sich als Eigenschaft einer Wahrscheinlichkeitsverteilung beschreiben läßt. Ein Parameter θ ist genau dann ein Verteilungsparameter der Verteilung von $\mathbf{Y}$, wenn θ sich als *Funktion*[22] der Verteilungsfunktion $F(\mathbf{y})$ von $\mathbf{Y}$ darstellen läßt: $\theta = \theta(F)$. Zum Beispiel ist:

$$\mu = \mathrm{E}Y = \int y \,\mathrm{d}F(y).$$

Wir setzen nun voraus, daß alle Y_i dieselbe Verteilungsfunktion $F(y)$ besitzen. Dann konvergiert die empirische, beobachtete Verteilungsfunktion $\widehat{F}^{(n)}(y)$ mit Wahrscheinlichkeit 1 gleichmäßig gegen $F(y)$. Ersetzt man im Ausdruck $\theta(F)$, der θ in Abhängigkeit von $F(y)$ darstellt, $F(y)$ durch $\widehat{F}^{(n)}(y)$, so erhält man in der Regel einen konsistenten Schätzer von θ, nämlich $\widehat{\theta} = \theta\left(\widehat{F}^{(n)}\right)$. Zum Beispiel:

$$\widehat{\mu} = \int y \,\mathrm{d}\widehat{F}^{(n)}(y) = \frac{1}{n}\sum_{i=1}^{n} y_i = \overline{y}.$$

Schätzer dieser Art werden vor allem im Bereich der **Momenten-Schätzer**, der **robusten** Schätzer und der **Resampling-Verfahren** verwendet.

Die Methode der kleinsten Quadrate

Ist bekannt, wie der Erwartungswert $\boldsymbol{\mu} = \mathrm{E}\mathbf{Y}$ vom Parameter abhängt ($\boldsymbol{\mu} = \boldsymbol{\mu}(\boldsymbol{\theta})$), so kann man $\boldsymbol{\mu}$ nach der Methode der kleinsten Quadrate schätzen.
Bei dieser Schätzung macht man sich die Minimalitätseigenschaften des Erwartungswertes zunutze. Ist $\mathbf{Y} \in \mathbb{R}^n$, so gilt:

$$\min_{\mathbf{a}\in\mathbb{R}^n} \mathrm{E}\,\|\mathbf{Y}-\mathbf{a}\|^2 = \mathrm{E}\,\|\mathbf{Y}-\boldsymbol{\mu}\|^2.$$

[22] Mathematisch korrekt müßten wir von einem **Funktional** sprechen: Das Funktional bildet die Menge der Verteilungsfunktionen in den $\mathbb{R}^m$ ab.

Liegt nun von $\mathbf{Y}$ die Beobachtung $\mathbf{y}$ vor, so sucht man als Schätzwert $\widehat{\boldsymbol{\mu}} = \boldsymbol{\mu}(\widehat{\boldsymbol{\theta}})$ den Wert von $\boldsymbol{\theta}$, der den Abstand $\left\|\mathbf{y} - \boldsymbol{\mu}(\widehat{\boldsymbol{\theta}})\right\|^2$ minimiert:

$$\min_{\boldsymbol{\theta} \in \Theta} \|\mathbf{y} - \boldsymbol{\mu}(\boldsymbol{\theta})\| = \left\|\mathbf{y} - \boldsymbol{\mu}(\widehat{\boldsymbol{\theta}})\right\|.$$

Mit diesem Schätzprinzip wird die Methode der kleinsten Quadrate aus der deskriptiven in die induktive Statistik übernommen.

Die Maximum-Likelihood-Schätzer

Hier muß die Abhängigkeit der Verteilungsfunktion, genauer gesagt die der **Likelihood** vom Parameter bekannt sein. Der von R.A. Fisher in die Statistik eingeführte Begriff der Likelihood gehört zu den wichtigsten Begriffen der Statistik. Er soll daher etwas ausführlicher vorgestellt werden.

Definition 166 *Gegeben sei ein Wahrscheinlichkeitsmodell, das von einem Parameter $\boldsymbol{\theta}$ abhängt. A sei eine Beobachtung, die innerhalb des Modells die Wahrscheinlichkeit*[23] $\mathrm{P}\{A \parallel \boldsymbol{\theta}\} > 0$ *besitzt. Dann heißt*[24]

$$\mathrm{L}(\boldsymbol{\theta} \,|A) := c(A)\,\mathrm{P}\{A \parallel \boldsymbol{\theta}\} \cong \mathrm{P}\{A \parallel \boldsymbol{\theta}\}$$

*die **Likelihood** von $\boldsymbol{\theta}$ bei gegebener Beobachtung A. Dabei ist $c(A)$ eine beliebige, nicht von $\boldsymbol{\theta}$ abhängende Konstante. Die Likelihood ist also eine nur bis auf den multiplikativen Faktor $c(A)$ eindeutig bestimmte Funktion des Parameters $\boldsymbol{\theta}$. Zwei Likelihood-Funktionen von $\boldsymbol{\theta}$ bei gegebenem A heißen gleich, wenn sie bis auf einen multiplikativen, nicht von θ abhängenden Faktor übereinstimmen.*

Ist Y eine stetige zufällige Variable mit der Dichte $f(y \parallel \boldsymbol{\theta})$, so können wir die Realisation von Y nur mit einer endlichen Meßgenauigkeit beobachten. Liegt Y in einer kleinen Umgebung von a, so ist:

$$\mathrm{P}\{a - \varepsilon \leq Y \leq a + \varepsilon \parallel \boldsymbol{\theta}\} \approx f(a \parallel \boldsymbol{\theta}) 2\varepsilon.$$

Da die Likelihood nur bis auf einen multiplikativen Faktor bestimmt ist, können wir nun die Likelihood von $\boldsymbol{\theta}$ bei beobachtetem $Y = a$ für stetige und diskrete zufällige Variable gemeinsam definieren:

Definition 167 *Die Likelihood von $\boldsymbol{\theta}$ bei beobachtetem $Y = a$ ist:*

$$\mathrm{L}(\boldsymbol{\theta} \,|Y = a) \cong \begin{cases} f(a \parallel \boldsymbol{\theta}) & Y \text{ ist stetig} \\ \mathrm{P}\{Y = a \parallel \boldsymbol{\theta}\} & Y \text{ ist diskret.} \end{cases}$$

Beispiel 168 *Abbildung 2.7 auf der nächsten Seite zeigt den Zusammenhang zwischen Likelihood und Wahrscheinlichkeitsverteilung am Beispiel der Binomialverteilung. Über der y-θ-Ebene ist die Wahrscheinlichkeit* $\mathrm{P}\{Y = k \parallel \theta\}$

[23] Wir schreiben $\mathrm{P}\{A \parallel \boldsymbol{\theta}\}$ mit Doppelstrich anstelle von $\mathrm{P}\{A\,; \boldsymbol{\theta}\}$ oder $\mathrm{P}\{A \mid \boldsymbol{\theta}\}$, um deutlich zu machen, daß $\boldsymbol{\theta}$ ein Parameter ist und um Verwechslungen mit gemeinsamen oder bedingten Wahrscheinlichkeiten zu vermeiden.

[24] Das Zeichen $\cong$ steht für "ist proportional zu".

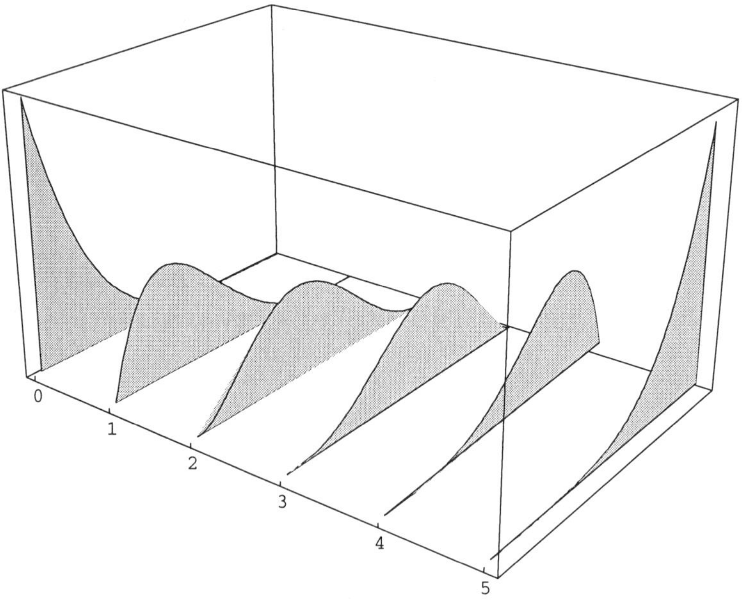

Abbildung 2.7: Wahrscheinlichkeitsverteilung und Likelihood bei der Binomialverteilung mit $n = 5$

aufgetragen. Ein Schnitt parallel zur y-Achse durch θ_0 liefert die sechs diskreten Werte der Binomialverteilung $B_5(\theta_0)$, nämlich

$$\mathrm{P}\{Y = k \,\|\, \theta_0\} = \binom{5}{k} \theta_0^k \, (1 - \theta_0)^{5-k} . \qquad k = 0, \cdots, 5.$$

Schneiden wir den Graphen bei festem $Y = k_0$ in θ-Richtung, erhalten wir die Likelihoodfunktion $\mathrm{L}(\theta \,| Y = k_0)$; z.B. für $Y = 3$ die Funktion.

$$\mathrm{L}(\theta \,| Y = 3) = \binom{5}{3} \theta^3 \, (1 - \theta)^2 \qquad \theta \in [0; 1] .$$

(Die Konstante ist hier $c = 1$ gesetzt.) Läuft k_0 von 0, 1, 2 bis 5, erhalten wir sechs stetige Likelihoodfunktionen.

Sind $\boldsymbol{\theta}_1$ und $\boldsymbol{\theta}_2$ zwei konkurrierende Parameter des Modells, so ist $\boldsymbol{\theta}_1$ um so *plausibler* als $\boldsymbol{\theta}_2$, je größer der **Likelihood-Quotient:**

$$\frac{\mathrm{L}(\boldsymbol{\theta}_1 \,| A)}{\mathrm{L}(\boldsymbol{\theta}_2 \,| A)}$$

ist. Während die Likelihood noch mehrdeutig ist, ist der Likelihood-Quotient eindeutig. Er ist ein relatives Maß für die Plausibilität des Parameters $\boldsymbol{\theta}$ bei gegebener Beobachtung A.

Der **Maximum-Likelihood-Schätzer** (ML-Schätzer) $\widehat{\boldsymbol{\theta}}$ von $\boldsymbol{\theta}$ bei beobachtetem Ereignis A ist derjenige Wert von $\boldsymbol{\theta}$, bei dem die Likelihood im Parameterraum maximal wird:

$$\mathrm{L}(\widehat{\boldsymbol{\theta}} \,|A) \geq \mathrm{L}(\boldsymbol{\theta} \,|A) \quad \forall\, \boldsymbol{\theta} \in \Theta.$$

Der ML-Schätzer kann in theoretisch wichtigen Standardmodellen analytisch bestimmt werden, muß aber in den meisten praktisch relevanten Fällen numerisch approximiert werden.
Der ML-Schätzer erfüllt in der Regel zumindest approximativ alle statistischen Gütekriterien. Die Bedeutung der Likelihood-Funktion geht aber über die Bestimmung des ML-Schätzers weit hinaus.
Bayesianer und die Statistiker der *Likelihood-Brotherhood* sehen die folgende Aussage als ein Grundprinzip der schließenden Statistik an:
Die Likelihood-Funktion enthält die gesamte im Ereignis A enthaltene Information über den Parameter $\boldsymbol{\theta}$.
Dieses **Likelihood-Prinzip** ist sehr umstritten. Es gibt gewichtige Sätze der mathematischen Statistik, die für dieses Prinzip sprechen. Es ist aber — wie alle anderen konkurrierenden Prinzipien der schließenden Statistik — nicht frei von Widersprüchen. Wir werden dieses Prinzip nicht benutzen, es mag aber einige Methoden und Begriffe der schließenden Statistik besser motivieren, zum Beispiel den Suffizienz-Begriff:

Definition 169 *Eine Schätzfunktion $T\,(\mathbf{Y})$ für den Parameter $\boldsymbol{\theta}$ heißt suffizient, wenn die Likelihood von $\boldsymbol{\theta}$ nur von $T\,(\mathbf{Y})$ abhängt:*

$$\mathrm{L}(\boldsymbol{\theta} \,|\mathbf{Y} = \mathbf{y}) \cong g\,[T\,(\mathbf{y}) \,\|\, \boldsymbol{\theta}]\,.$$

Die gesamte Information des Beobachtungswertes $\mathbf{y}$ aus der Stichprobe $\mathbf{Y}$ ist im Wert $T\,(\mathbf{y})$ der suffizienten Schätzfunktion enthalten. Weitere Aussagen über die Likelihood-Funktion finden sich im Anhang.

2.4 Anhang: Ergänzungen und Aufgaben

2.4.1 Spezielle stetige Verteilungen

Die Gleichverteilung

Definition 170 *Die n-dimensionale zufällige Variable* $\mathbf{X}$ *heißt in einem Bereich* $\mathbf{B}$ ***stetig gleichverteilt****, falls die Dichte von* $\mathbf{X}$ *außerhalb von* $\mathbf{B}$ *identisch Null und in* $\mathbf{B}$ *konstant gleich* $\frac{1}{Volumen(\mathbf{B})}$ *ist.*

Gleichverteilung in Kugel und Ellipse: Kennen wir von einer zufälligen n-dimensionalen Variablen $\mathbf{Y}$, den Erwartungswert $\boldsymbol{\mu}$ und die Kovarianzmatrix $\mathbf{C}$, dann können wir die Schar der Konzentrationellipsen E_r zeichnen. Wir werden im nächsten Satz und der Aufgabe 172 zeigen, daß jede in einer Konzentrationsellipse E_r von $\mathbf{Y}$ gleichverteilte zufällige Variable $\mathbf{X}$ den gleichen Erwartungswert und bis auf eine Konstante die gleiche Kovarianzmatrix wie $\mathbf{Y}$ besitzt. Speziell haben $\mathbf{X}$ und $\mathbf{Y}$ für $r = \sqrt{n+2}$ dieselbe Kovarianzmatrix.

Satz 171 *Ist* $\mathbf{X}$ *in der n-dimensionalen Kugel* $\mathbf{K}_n(\boldsymbol{\mu}; r)$ *mit dem Mittelpunkt* $\boldsymbol{\mu} \in \mathbb{R}^n$ *und dem Radius r gleichverteilt, so ist*

$$\begin{aligned} \mathrm{E}\,\mathbf{X} &= \boldsymbol{\mu}, \\ \mathrm{E}\,\|\mathbf{X}-\boldsymbol{\mu}\|^2 &= \frac{n}{n+2} r^2, \\ \mathrm{Cov}\,\mathbf{X} &= \frac{r^2}{n+2}\mathbf{I}. \end{aligned}$$

Die Komponenten X_i von $\mathbf{X}$ *sind demnach unkorreliert, aber nicht unabhängig voneinander. Ist* $Y := \|\mathbf{X}-\boldsymbol{\mu}\|^2$ *so hat Y die Dichte*

$$f_{\mathbf{Y}}(y) = \frac{n}{2r^n} y^{\frac{n}{2}-1}.$$

Speziell gilt also : Ist $\mathbf{X} = (X_1, X_2)'$ in der Kreisscheibe $x_1^2 + x_2^2 \leq 1$ gleichverteilt, so besitzen X_1 und X_2 die gleiche Verteilung, aber weder X_1 noch X_2 sind gleichverteilt. $\mathrm{E}\,X_1 = \mathrm{E}\,X_2 = 0$; $\mathrm{Var}\;X_1 = \mathrm{Var}\;X_2 = \frac{1}{4}$.

Beweis:

$\mathrm{E}\,\mathbf{X} = \boldsymbol{\mu}$, denn $\boldsymbol{\mu}$ ist der Schwerpunkt der Kugel. Weiter ist:

$$\begin{aligned} F_Y(y) &= \mathrm{P}\{\|\mathbf{X}-\boldsymbol{\mu}\|^2 \leq y\} = \frac{Volumen\ der\ \mathbf{K}_n(\boldsymbol{\mu}; \sqrt{y})}{Volumen\ der\ \mathbf{K}_n(\boldsymbol{\mu}; r)} = \frac{\sqrt{y}^n}{r^n} \Rightarrow \\ f_Y(y) &= \frac{n}{2r^n} y^{\frac{n}{2}-1} \Rightarrow \\ \mathrm{E}\,\|\mathbf{X}-\boldsymbol{\mu}\|^2 &= \int_0^{r^2} y f_Y(y)\,dy = \frac{n}{2r^n}\int_0^{r^2} y^{\frac{n}{2}}\,dy = \frac{n}{2r^n}\frac{1}{\frac{n}{2}+1} r^{2(\frac{n}{2}+1)}. \end{aligned}$$

Sei $\mathbf{C} = \mathrm{Cov}\;\mathbf{X}$, die Kovarianzmatrix von $\mathbf{X}$. Für jede orthogonale Matrix $\mathbf{A}$ ist nach dem Transformationssatz für Dichten $\mathbf{Z} := \mathbf{A}(\mathbf{X}-\boldsymbol{\mu})$ wieder in der Kugel gleichverteilt. Oder anschaulich: $\mathbf{A}$ dreht die homogene Kugel in sich. Also ist für alle $\mathbf{A}$:

$$\mathbf{C} = \operatorname{Cov}\mathbf{X} = \operatorname{Cov}\mathbf{Z} = \mathbf{ACA}'$$

Wählen wir für $\mathbf{A}'$ eine Matrix, die aus den orthonormalen Eigenvektoren von $\mathbf{C}$ gebildet wird, so ist $\mathbf{C} = \mathbf{ACA}'$ die Diagonalmatrix der Eigenwerte von $\mathbf{A}$. Da die Reihenfolge der Eigenwerte beliebig sein kann, müssen sie alle übereinstimmen. Also ist $\mathbf{C} = \sigma^2\mathbf{I}$. Die Größe von σ^2 erhalten wir aus:

$$n\sigma^2 = \sum_{i=1}^{n} \mathrm{E}(X_i - \mu_i)^2 = \mathrm{E}\,\|\mathbf{X} - \boldsymbol{\mu}\|^2 = \frac{nr^2}{n+2} \Rightarrow \sigma^2 = \frac{r^2}{n+2}.$$

□

Aufgabe 172 *Ist* $\mathbf{X}$ *in der Ellipse* $\{(\mathbf{x}-\boldsymbol{\mu})'\mathbf{C}^{-1}(\mathbf{x}-\boldsymbol{\mu}) \leq r^2\}$ *gleichverteilt, so ist* $\mathrm{E}\,\mathbf{X} = \boldsymbol{\mu}$ *und* $\operatorname{Cov}\mathbf{X} = \frac{r^2}{n+2}\mathbf{C}$. *Die Komponenten* X_i *von* $\mathbf{X}$ *sind demnach korreliert .*

Die Normalverteilung

Beispiel 173 *In diesem Beispiel sind* X *und* Y *unkorreliert und standardnormalverteilt. Dennoch ist die zweidimensionale Variable* $\mathbf{Z} = (X;Y)'$ ***nicht*** *zweidimensional normalverteilt. Im einzelnen sei* $X \sim \mathrm{N}(0;1)$ *und* U *eine von* X *unabhängige zweipunkt-verteilte zufällige Variable:*

$$\mathrm{P}\{U = +1\} = \mathrm{P}\{U = -1\} = \frac{1}{2}.$$

Dann wird Y *durch* $Y := X \cdot U$ *definiert.* Y *ist wie* X *verteilt, denn:*

$$\begin{aligned}
\mathrm{P}\{Y \leq y\} &= \mathrm{P}\{Y \leq y|U = 1\} \cdot \mathrm{P}\{U = 1\} + \mathrm{P}\{Y \leq y|U = -1\} \cdot \mathrm{P}\{U = -1\} \\
&= \mathrm{P}\{X \leq y\} \cdot \frac{1}{2} + \mathrm{P}\{X \geq -y\} \cdot \frac{1}{2} \\
&= \mathrm{P}\{X \leq y\}.
\end{aligned}$$

Also ist $Y \sim \mathrm{N}(0;1)$. *Weiter ist* $\operatorname{Cov}(Y;X) = \mathrm{E}\,XY = \mathrm{E}(X^2U) = \mathrm{E}\,X^2\,\mathrm{E}\,U = 0$. *Also sind* X *und* Y *unkorreliert.* $\mathbf{Z} = (X;Y)'$ *ist aber nicht normalverteilt; die Realisationen von* $\mathbf{Z}$ *liegen in der* X*-*Y*-Ebene nur auf den beiden Winkelhalbierenden (Abbildung 2.8 auf der nächsten Seite). Daher besitzt* $\mathbf{Z}$ *nicht einmal eine Dichte.*

Die χ^2–Verteilung

Aufgabe 174 *Zeige: Es seien* $X_1, \ldots, X_n$ *unabhängig voneinander* $\mathrm{N}(\mu;\sigma^2)$ *verteilt. Dann sind das arithmetische Mittel* $\overline{X}$ *und die Summe der quadrierten*

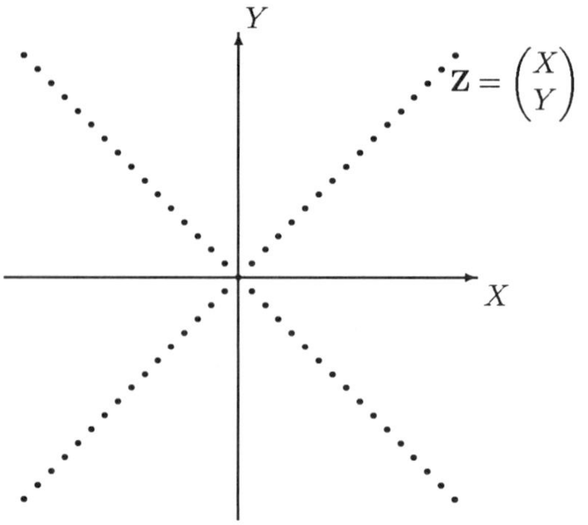

Abbildung 2.8: Zusammenhang zwischen $\mathbf{Z}$, X und Y

Abweichungen $\mathrm{SSE} := \sum(X_i - \overline{X})^2 = \left\|\mathbf{X} - \overline{X}\mathbf{1}\right\|^2$ *von einander unabhängig. Weiter besitzt* SSE *eine zentrale* $\sigma^2\chi^2(n-1)$*-Verteilung. Definieren wir die empirische Varianz* S^2 *durch:*

$$S^2 := \frac{1}{n-1}\,\mathrm{SSE} = \frac{1}{n-1}\sum(X_i - \overline{X})^2,$$

so ist:

$$\begin{aligned}\mathrm{E}\,S^2 &= \frac{\sigma^2}{n-1}(n-1) = \sigma^2,\\ \mathrm{Var}\,S^2 &= \frac{\sigma^4}{(n-1)^2}\cdot 2(n-1) = \frac{2\sigma^4}{n-1}.\end{aligned}$$

S^2 *ist ein von* $\overline{X}$ *unabhängiger erwartungstreuer konsistenter* $\frac{\sigma^2}{n-1}\chi^2(n-1)$ *verteilter Schätzer für* σ^2.

Lösungshinweis: Ist $\mathbf{X} := (X_1; \ldots; X_n)'$, *so ist* $\mathbf{P_1X} = \overline{X}\cdot\mathbf{1}$. *Wende den Satz von Cochran auf die folgende Zerlegung an:*

$$\mathbf{X} = \mathbf{P_1X} + (\mathbf{X} - \mathbf{P_1X}) = \overline{X}\mathbf{1} + (\mathbf{X} - \overline{X}\mathbf{1}).$$

Der folgende Satz ist wichtig bei der Beurteilung des asymptotischen Verhaltens des Bestimmtheitsmaßes.

Satz 175 *Es seien* $\mathbf{M}_1 \subseteq \mathbf{M}_2 \subseteq \mathbb{R}^n$ *zwei Räume,* $\mathbf{Y} \sim \mathrm{N}_n\left(\boldsymbol{\mu}; \sigma^2\mathbf{I}\right)$ *und:*

$$Z_n := \frac{\left\|\mathbf{P}_{\mathbf{M}_1}\mathbf{Y}\right\|^2}{\left\|\mathbf{P}_{\mathbf{M}_2}\mathbf{Y}\right\|^2} - \frac{\mathrm{E}\left\|\mathbf{P}_{\mathbf{M}_1}\mathbf{Y}\right\|^2}{\mathrm{E}\left\|\mathbf{P}_{\mathbf{M}_2}\mathbf{Y}\right\|^2}.$$

Divergiert $\|\mathbf{P}_{\mathbf{M}_2}\boldsymbol{\mu}\|^2$ mit wachsendem n gegen Unendlich, dann konvergiert Z_n nach Wahrscheinlichkeit gegen Null:

Beweis:
Abkürzend schreiben wir $X_i := \|\mathbf{P}_{\mathbf{M}_i}\mathbf{Y}\|^2$ und $\nu_i := \mathrm{E}\, X_i$ sowie $\tau_i^2 := \mathrm{Var}\ X_i$. Aus der χ^2 Verteilung von X_i folgt:

$$\begin{aligned}
\nu_i &= \mathrm{E}\, X_i = \sigma^2 \left(\dim \mathbf{M}_i + \frac{1}{\sigma^2} \|\mathbf{P}_{\mathbf{M}_i}\boldsymbol{\mu}\|^2\right), \\
\tau_i^2 &= \mathrm{Var}\, X_i = \sigma^4 2 \left(\dim \mathbf{M}_i + \frac{2}{\sigma^2} \|\mathbf{P}_{\mathbf{M}_i}\boldsymbol{\mu}\|^2\right) \leq 4\sigma^4 \nu_i.
\end{aligned}$$

Aus $\mathbf{M}_1 \subseteq \mathbf{M}_2$ folgt $\nu_1 \leq \nu_2$ und $\tau_1 \leq \tau_2$. Schließlich ist

$$Z_n = \frac{X_1}{X_2} - \frac{\nu_1}{\nu_2} = \frac{\frac{X_1}{\nu_2} - \frac{X_2}{\nu_2}\frac{\nu_1}{\nu_2}}{\frac{X_2}{\nu_2}}. \tag{2.19}$$

Für den Zähler in (2.19) gilt: $\mathrm{E}\left(\frac{X_1}{\nu_2} - \frac{X_2}{\nu_2}\frac{\nu_1}{\nu_2}\right) = 0$ und:

$$\mathrm{Var}\left(\frac{X_1}{\nu_2} - \frac{X_2}{\nu_2}\frac{\nu_1}{\nu_2}\right) \leq \left(\frac{1}{\nu_2}\right)^2 \left(\tau_1 + \tau_2 \frac{\nu_1}{\nu_2}\right)^2 \leq \left(\frac{\tau_2}{\nu_2}\right)^2 4 \leq \frac{16\sigma^4}{\nu_2}.$$

Für den Nenner gilt: $\mathrm{E}\,\frac{X_2}{\nu_2} = 1$ und:

$$\mathrm{Var}\,\frac{X_2}{\nu_2} = \frac{\tau_2^2}{(\nu_2)^2} \leq \frac{\tau_2^2}{\nu_2}.$$

Für $\nu_2 \to \infty$ konvergiert daher in (2.19) — nach den Regeln der Konvergenz in Wahrscheinlichkeit — der Zähler gegen 0 und der Nenner gegen 1 und daher auch der ganze Quotient gegen 0.
□

2.4.2 Ausgeartete Verteilungen

Es sei X eine zufällige eindimensionale Variable. X nimmt nur Werte auf der reellen x-Achse an. Nun betrachten wir die x-Achse als Teil einer zweidimensionalen x-y-Ebene und definieren $\mathbf{Z}$ neu als zweidimensionale zufällige Variable $\mathbf{Z} := (X; Y)'$, wobei die y-Komponente von $\mathbf{Z}$ identisch Null gesetzt wird.
Inhaltlich hat sich nichts geändert. Die Realisationen von X und von $\mathbf{Z}$ liegen auf der x-Achse, $\mathbf{Z}$ und X nehmen dieselben Punkte dieser Achse mit derselben Wahrscheinlichkeit an. Das einzige, was sich geändert hat, ist die Beschreibung: $\mathbf{Z}$ ist eine zweidimensionale Variable, deren Realisationen aber nur in einem eindimensionalen Raum liegen. Man sagt, $\mathbf{Z}$ ist eine **ausgeartete** zweidimensionale Variable.
Im Grunde ist bei $\mathbf{Z}$ nur die Beschreibung ungeeignet gewählt. Die x-Koordinate ist eine nicht entartete zufällige Variable und die y-Koordinate ist überflüssig.

Diese und ähnliche Situationen findet man bei linearen Modellen häufiger, auch wenn sie auf den ersten Blick nicht so leicht zu erkennen sind. Dabei gibt es ein ganz einfaches Kriterium, wie man sie erkennt und welche Koordinatensysteme zu ihrer Beschreibung geeignet sind.

Definition 176 *Der n-dimensionale zufällige Vektor* $\mathbf{Z}$ *heißt* ***ausgeartet****, falls* $\operatorname{Cov}\mathbf{Z}$ *singulär ist.*

Satz 177 *Ist* $\mathbf{Z}$ *ausgeartet,* $\operatorname{E}\mathbf{Z} = \boldsymbol{\mu}$; $\operatorname{Cov}\mathbf{Z} = \mathbf{C}$ *und* $\operatorname{Rg}\mathbf{C} = r < n$, *so liegt* $\mathbf{Z} - \boldsymbol{\mu}$ *mit Wahrscheinlichkeit 1 im r-dimensionalen Spaltenraum* $\mathcal{L}\{\mathbf{C}\}$. *Sind* $\mathbf{a}_1, \mathbf{a}_2, \ldots, \mathbf{a}_r$ *orthonormale Basisvektoren von* $\mathcal{L}\{\mathbf{C}\}$ *und ist* $\mathbf{A} := (\mathbf{a}_1; \ldots; \mathbf{a}_r)$ *und*

$$\mathbf{X} := \mathbf{A}'(\mathbf{Z} - \boldsymbol{\mu}),$$

dann gilt mit Wahrscheinlichkeit 1:

$$\mathbf{Z} - \boldsymbol{\mu} = \mathbf{A}\mathbf{X}.$$

$\mathbf{X}$ *ist der r-dimensionale Vektor der Koordinaten von* $(\mathbf{Z} - \boldsymbol{\mu})$ *auf den durch die Basisvektoren gebildeten Achsen. Der Koordinatenvektor* $\mathbf{X}$ *ist eine adäquate, nicht ausgeartete Beschreibung des ausgearteten Vektors* $\mathbf{Z}$. *Für* $\mathbf{X}$ *gilt:*

$$\operatorname{Cov}\mathbf{X} = \mathbf{A}'\mathbf{C}\mathbf{A} > 0,$$
$$\|\mathbf{X}\|^2 = \|\mathbf{Z} - \boldsymbol{\mu}\|^2.$$

Ist $\boldsymbol{\mu} \in \mathcal{L}\{\mathbf{C}\}$, *so gelten alle Aussagen auch für den nichtzentrierten Vektor* $\mathbf{Z}$:

$$\mathbf{Z} = \mathbf{A}\mathbf{X}, \qquad \operatorname{Cov}\mathbf{X} = \mathbf{A}'\mathbf{C}\mathbf{A},$$
$$\mathbf{X} = \mathbf{A}'\mathbf{Z}, \qquad \|\mathbf{X}\|^2 = \|\mathbf{Z}\|^2.$$

Eine besonders einfache Gestalt nimmt $\operatorname{Cov}\mathbf{X}$ *an, wenn* $\mathbf{a}_1, \ldots, \mathbf{a}_r$ *orthonormale Eigenvektoren von* $\mathbf{C}$ *zu positiven Eigenwerten* $\lambda_1, \ldots, \lambda_r$ *sind. In diesem Fall sind die* X_i *unkorreliert und es ist* $\operatorname{Cov}\mathbf{X} = \operatorname{diag}(\lambda_1; \ldots; \lambda_r)$.

Bemerkung: Die Aussage $\|\mathbf{X}\| = \|\mathbf{Z} - \boldsymbol{\mu}\|$ läßt sich anschaulich deuten. Durch die Vektoren $\mathbf{Z} - \boldsymbol{\mu}$ und $\mathbf{X}$ wurde derselbe Punkt in unterschiedlichen Koordinatensystemen gekennzeichnet. Der Abstand des Punktes vom Ursprung ist aber unabhängig vom Koordinatensystem.

Beweis:
Die Aussage folgt aus dem Isomorphiesatz 120 aus dem Anhang von Kapitel 1. Wir wollen sie hier aber noch einmal direkt beweisen. Es gilt:

$$\mathbf{Z} - \boldsymbol{\mu} = \mathbf{P}_\mathbf{C}(\mathbf{Z} - \boldsymbol{\mu}) + \underbrace{(\mathbf{I} - \mathbf{P}_\mathbf{C})(\mathbf{Z} - \boldsymbol{\mu})}_{\mathbf{V}}.$$

Für $\mathbf{V}$ gilt $\mathrm{E}\,\mathbf{V} = 0$ und $\mathrm{Cov}\,\mathbf{V} = (\mathbf{I} - \mathbf{P_C})\mathbf{C}(\mathbf{I} - \mathbf{P_C}) = \mathbf{0}$. Also ist $\mathbf{V}$ mit Wahrscheinlichkeit 1 identisch Null. Aus $\mathbf{P_C} = \mathbf{AA}'$ folgt:

$$\mathbf{Z} - \boldsymbol{\mu} = \mathbf{P_C}(\mathbf{Z} - \boldsymbol{\mu}) = \mathbf{AA}'(\mathbf{Z} - \boldsymbol{\mu}) = \mathbf{AX}. \tag{2.20}$$

Aus (2.20) und $\mathbf{A}'\mathbf{A} = \mathbf{I}_r$ folgt:

$$\begin{aligned} \mathbf{X} &= \mathbf{A}'(\mathbf{Z} - \boldsymbol{\mu}), \\ \mathrm{Cov}\,\mathbf{X} &= \mathrm{Cov}\,(\mathbf{A}'\mathbf{Z}) = \mathbf{A}'\mathbf{CA}, \\ \|\mathbf{Z} - \boldsymbol{\mu}\|^2 &= \mathbf{X}'\mathbf{A}'\mathbf{AX} = \mathbf{X}'\mathbf{IX} = \|\mathbf{X}\|^2. \end{aligned}$$

Um den Rang von $\mathrm{Cov}\,\mathbf{X}$ zu bestimmen, schreiben wir:

$$\mathbf{C} = \mathbf{P_C}\mathbf{C}\mathbf{P_C} = \mathbf{AA}'\mathbf{CAA}'.$$

Daraus folgt

$$\begin{aligned} \mathrm{Rg}\,\mathbf{C} &= \mathrm{Rg}\,\mathbf{AA}'\mathbf{CAA}' \leq \mathrm{Rg}\,\mathbf{A}'\mathbf{CA} \leq \mathrm{Rg}\,\mathbf{C} \Longrightarrow \\ \mathrm{Rg}\,\mathbf{C} &= \mathrm{Rg}\,\mathbf{A}'\mathbf{CA} = \mathrm{Rg}\,\mathrm{Cov}\,\mathbf{X} = r \end{aligned}$$

Daher hat die $r \times r$-Matrix $\mathrm{Cov}\,\mathbf{X}$ maximalen Rang r und ist als Kovarianzmatrix positiv definit. Ist auch $\boldsymbol{\mu} \in \mathcal{L}\{\mathbf{C}\}$, so ist $\boldsymbol{\mu} + \mathcal{L}\{\mathbf{C}\} = \mathcal{L}\{\mathbf{C}\}$. Also ist $\mathbf{Z} \in \mathcal{L}\{\mathbf{C}\}$ und $\mathbf{Z}$ hat die Gestalt $\mathbf{Z} = \mathbf{P_C}\mathbf{Z} = \mathbf{AA}'\mathbf{Z} = \mathbf{AX}$.
□

Aufgabe 178 *Beweise den Satz 153 (Seite 140) zuerst für den Fall* $\mathrm{Cov}\,\mathbf{C} > 0$, $\mathrm{Cov}\,\mathbf{U} > 0$, $\mathrm{Cov}\,\mathbf{V} > 0$ *und dann mit Hilfe von Satz 177 allgemein.*

2.4.3 Geordnete Verteilungen

Stochastische Ordnungen

Definition 179 *Eine eindimensionale zufällige Variable X heißt* ***nach Verteilung kleiner-gleich*** *der zufälligen Variable Y, geschrieben $X \preceq Y$, falls für alle reellen z gilt:*

$$\begin{aligned} \mathrm{P}\{X \leq z\} &\geq \mathrm{P}\{Y \leq z\}, \\ \mathrm{F}_X(z) &\geq \mathrm{F}_Y(z). \end{aligned}$$

Die Verteilungsfunktion $\mathrm{F}_X(x)$ liegt "*links und oberhalb*" von $\mathrm{F}_Y(y)$. (Abbildung 2.9.)

Aufgabe 180 *Zeige: Ist $X \preceq Y$ und Z unabhängig von X und Y, so ist $X + Z \preceq Y + Z$.*
Lösungshinweis: Zeige mit Hilfe der Eigenschaften des bedingten Erwartungswerts, daß aus der Unabhängigkeit von X und Z für jedes feste $a \in \mathbb{R}$ folgt: $F_{X+Z}(a) = \mathrm{E}\,\mathrm{F}_X(a - Z)$.

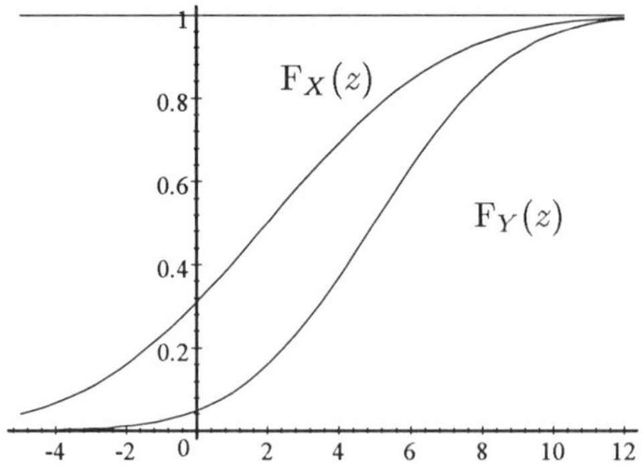

Abbildung 2.9: X ist nach Verteilung kleiner-gleich Y

Aufgabe 181 *Ist $X \sim \mathrm{N}(0;1)$, $a \in \mathbb{R}$ beliebig, aber fest gewählt, so ist $X^2 \preceq (X-a)^2$.*

Aufgabe 182 *Ist $X \sim \chi^2(n)$ und $Y \sim \chi^2(n;\delta)$, so ist $X \preceq Y$. Mit größerer Wahrscheinlichkeit nimmt also die $\chi^2(n,\delta)$-Verteilung größere Werte an als die $\chi^2(n)$-Verteilung.*
Lösungshinweis: Betrachte n i. i. d. nach $\mathrm{N}(0;1)$ verteilte Variablenn X_i, setze $X = \sum_{i=1}^{n} X_i^2$ und $Y = \sum_{i=1}^{n-1} X_i^2 + (X_n + \sqrt{\delta})^2$ und wende die Aufgaben 180 und 181 an.

Monotone Dichtequotienten

Mit der Ordnung $X \preceq Y$ lassen sich die Verteilungsfunktionen ordnen. Bei wichtigen Verteilungsfamilien lassen sich auch die Dichten ordnen.

Definition 183 *Die Familie von Wahrscheinlichkeitsverteilungen mit den Dichten $f(y \,\|\, \boldsymbol{\theta})$, $\boldsymbol{\theta} \in \Theta$ heißt* **Familie mit monotonen Dichtequotienten** *in $T(y)$, wenn erstens aus $\boldsymbol{\theta}_0 \neq \boldsymbol{\theta}_1$ folgt: $f(y \,\|\, \boldsymbol{\theta}_0) \not\equiv f(y \,\|\, \boldsymbol{\theta}_1)$ und zweitens:*

$$\frac{f(y \,\|\, \boldsymbol{\theta}_1)}{f(y \,\|\, \boldsymbol{\theta}_0)} =: g(T(y); \boldsymbol{\theta}_0; \boldsymbol{\theta}_1)$$

für feste $\boldsymbol{\theta}_0 < \boldsymbol{\theta}_1 \in \Theta$ eine monoton wachsende Funktion der reellwertigen Statistik $T(y)$ ist.

Anschaulich bedeutet dies aus der Sicht des Likelihood-Prinzips: Je größer der Wert von $T(y)$ ist, um so plausibler wird der größere Parameter $\boldsymbol{\theta}_1$ verglichen mit dem kleineren Parameter $\boldsymbol{\theta}_0$.

Satz 184 *Die Familie der nicht-zentralen $\chi^2(n;\delta)$-Verteilungen hat bei festem n monotone Dichtequotienten in y. Ebenso hat die Familie der nicht-zentralen $F(m;n;\delta)$-Verteilung bei festem n und m monotone Dichtequotienten in y. Für beide Familien gilt also: Je größer y, um so plausibler werden die größeren δ.*

Wir verzichten auf den längeren Beweis und verweisen statt dessen auf Witting (1985), S. 218 und Aufgabe 182.

2.4.4 Die Mahalanobis-Metrik

Sei $\mathbf{Y}$ ein n-dimensionaler zufälliger Vektor mit $\operatorname{Cov}\mathbf{Y} = \mathbf{C} > \mathbf{0}$, dann lassen sich viele Eigenschaften von $\mathbf{Y}$ übersichtlicher schreiben und in ihrer Struktur besser verdeutlichen, wenn man ein neues Skalarprodukt im $\mathbb{R}^n$ definiert:

Definition 185 *Ist* $\mathbf{K} := (\operatorname{Cov}\mathbf{Y})^{-1}$ *die Konzentrationsmatrix von* $\mathbf{Y}$, *dann definieren wir das folgende Skalarprodukt:*

$$\langle \mathbf{a}, \mathbf{b} \rangle_{\mathbf{K}} := \mathbf{a}'\mathbf{K}\mathbf{b} = \mathbf{a}'\mathbf{C}^{-1}\mathbf{b}.$$

Die sich aus dem Skalarprodukt ergebende Metrik heißt ***Mahalanobis-Metrik.*** *Um Verwechslungen mit dem gewöhnlichen Euklidischen Skalarprodukt zu vermeiden, sind die aus diesem Skalarprodukt abgeleiteten Begriffe Orthogonalität, Norm oder Projektion mit folgendermaßen verfremdeten Symbolen gekennzeichnet:*

$$\begin{aligned} \mathbf{a} \underline{\perp} \mathbf{b} &\Leftrightarrow \mathbf{a}'\mathbf{K}\mathbf{b} = 0, \\ \|\mathbf{a}\|_{\mathbf{K}}^2 &= \mathbf{a}'\mathbf{K}\mathbf{a}, \\ \mathbb{P}_{\mathbf{A}}\mathbf{y} &= \mathbf{A}(\mathbf{A}'\mathbf{K}\mathbf{A})^{+}\mathbf{A}'\mathbf{K}\mathbf{y}, \\ \|\mathbb{P}_{\mathbf{A}}\mathbf{y}\|_{\mathbf{K}}^2 &= \mathbf{y}'\mathbf{K}\mathbf{A}(\mathbf{A}'\mathbf{K}\mathbf{A})^{+}\mathbf{A}'\mathbf{K}\mathbf{y}. \end{aligned}$$

Im folgenden werden bekannte statistische Aussagen unter Verwendung der Mahalanobis-Metrik neu formuliert:

- Die Konzentrationsellipsen sind Kreise. Alle Punkte auf dem Rand einer Konzentrationsellipse haben gleichen Abstand vom Schwerpunkt:

$$\mathrm{E}_r = \{\mathbf{y} \in \mathbb{R}^n \mid \|\mathbf{y} - \boldsymbol{\mu}\|_{\mathbf{K}}^2 \leq r^2\}.$$

- Die Tschebyschev-Ungleichung lautet nun:

$$\mathrm{P}\{\|\mathbf{Y} - \boldsymbol{\mu}\|_{\mathbf{K}}^2 \leq r^2\} > 1 - \frac{n}{r^2}.$$

- Die Dichte der $\mathrm{N}(\boldsymbol{\mu}; \mathbf{C})$ ist:

$$(2\pi)^{\frac{n}{2}} |\mathbf{K}|^{\frac{1}{2}} \exp\left(-\frac{1}{2}\|\mathbf{y} - \boldsymbol{\mu}\|_{\mathbf{K}}^2\right).$$

- Konfidenzbereiche für $\boldsymbol{\mu}$ bei normalverteilten $\mathbf{Y}$ sind Kugeln:

$$\|\mathbf{y} - \boldsymbol{\mu}\|_{\mathbf{K}}^2 \leq \chi^2(n)_{1-\alpha}.$$

- Der Mahalanobis-Abstand der Punkte $\mathbf{Y}$ und $\mathbf{a}$ im $\mathbb{R}^n$ ist der euklidische Abstand der orthogonalisierten Punkte:

$$\|\mathbf{Y} - \mathbf{a}\|_{\mathbf{K}}^2 = \|\mathbf{Y}^\circ - \mathbf{a}^\circ\|^2 .$$

Denn $\mathbf{Y}^\circ := \mathbf{C}^{-\frac{1}{2}}(\mathbf{Y} - \boldsymbol{\mu}) = \mathbf{K}^{\frac{1}{2}}(\mathbf{Y} - \boldsymbol{\mu})$ und $\mathbf{a}^\circ := \mathbf{C}^{-\frac{1}{2}}(\mathbf{a} - \boldsymbol{\mu}) = \mathbf{K}^{\frac{1}{2}}(\mathbf{a} - \boldsymbol{\mu})$ sind die Orthogonalisierten von $\mathbf{Y}$ und $\mathbf{a}$.

Auch der Satz von Cochran läßt sich neu formulieren und gleichzeitig wesentlich erweitern:

Satz 186 (Der erweiterte Satz von Cochran) *Ist* $\mathbf{Y} \sim \mathrm{N}(\boldsymbol{\mu}; \mathbf{C})$ *mit der Konzentrationsmatrix* $\mathbf{K} := \mathbf{C}^{-1} > \mathbf{0}$*, so gilt:*

1. *Ist* $\mathbf{M}$ *ein* r*-dimensionaler Unterraum, so ist:*

$$\|\mathbb{P}_{\mathbf{M}}\mathbf{Y}\|_{\mathbf{K}}^2 \sim \chi^2(r, \delta) \qquad \textit{mit} \quad \delta = \|\mathbb{P}_{\mathbf{M}}\boldsymbol{\mu}\|_{\mathbf{K}}^2 . \tag{2.21}$$

Speziell folgt für $\mathbf{M} = \mathbb{R}^n$*:*

$$\|\mathbf{Y}\|_{\mathbf{K}}^2 \sim \chi^2(n; \delta) \qquad \textit{mit} \quad \delta = \|\boldsymbol{\mu}\|_{\mathbf{K}}^2.$$

2. *Sind* $\mathbf{L}$ *und* $\mathbf{M}$ *zwei in der Mahalanobis-Metrik orthogonale Unterräume, also* $\mathbf{L} \underline{\perp} \mathbf{M}$*, so sind* $\mathbb{P}_{\mathbf{L}}\mathbf{Y}$ *und* $\mathbb{P}_{\mathbf{M}}\mathbf{Y}$ *unabhängig. Weiter ist:*

$$\|\mathbb{P}_{\mathbf{L}}\mathbf{Y} + \mathbb{P}_{\mathbf{M}}\mathbf{Y}\|_{\mathbf{K}}^2 \sim \chi^2\left(\dim \mathbf{L} + \dim \mathbf{M}; \|\mathbb{P}_{\mathbf{L}}\boldsymbol{\mu}\|_{\mathbf{K}}^2 + \|\mathbb{P}_{\mathbf{M}}\boldsymbol{\mu}\|_{\mathbf{K}}^2\right).$$

Beweis:
Beweis von 1. Es seien die Spalten der Matrix $\mathbf{A} = (\mathbf{a}_1; \mathbf{a}_2; \ldots; \mathbf{a}_n)$ eine in der Mahalanobis-Metrik orthonormale Basis von $\mathbf{M}$. Dann ist $\mathbf{A}'\mathbf{K}\mathbf{A} = \mathbf{I}_r$ und:

$$\mathbb{P}_{\mathbf{M}}\mathbf{Y} = \mathbf{A}\mathbf{A}'\mathbf{K}\mathbf{Y} =: \mathbf{A}\mathbf{Z}.$$

Für den Koordinatenvektor $\mathbf{Z} = \mathbf{A}'\mathbf{K}\mathbf{Y}$ gilt einerseits:

$$\operatorname{Cov} \mathbf{Z} = \mathbf{A}'\mathbf{K}\mathbf{C}\mathbf{K}\mathbf{A} = \mathbf{A}'\mathbf{K}\mathbf{C}\mathbf{C}^{-1}\mathbf{A} = \mathbf{A}'\mathbf{K}\mathbf{A} = \mathbf{I}_r.$$

Also ist:

$$\mathbf{Z} \sim \mathrm{N}_r(\mathrm{E}\,\mathbf{Z}; \mathbf{I}_r), \qquad \|\mathbf{Z}\|^2 \sim \chi^2(r; \delta) \qquad \text{mit} \quad \delta = \|\mathrm{E}\,\mathbf{Z}\|^2.$$

Andererseits stimmt die Mahalanobis-Länge des Vektors $\mathbb{P}_{\mathbf{M}}\mathbf{Y}$ mit der euklidischen Länge seines Koordinatenvektors überein:

$$\|\mathbb{P}_{\mathbf{M}}\mathbf{Y}\|_{\mathbf{K}}^2 = \|\mathbf{A}\mathbf{Z}\|_{\mathbf{K}}^2 = \mathbf{Z}'\mathbf{A}'\mathbf{K}\mathbf{A}\mathbf{Z} = \mathbf{Z}'\mathbf{Z} = \|\mathbf{Z}\|^2.$$

Genauso zeigt man:

$$\|\mathbb{P}_{\mathbf{M}}\,\mathrm{E}\,\mathbf{Y}\|_{\mathbf{K}}^2 = \|\mathrm{E}\,\mathbf{Z}\|^2.$$

Zusammen liefert dies die erste Aussage.
Beweis von 2. $\mathbf{L}$ und $\mathbf{M}$ sind in der Mahalanobis-Metrik orthogonal, $\mathbf{L} \underline{\perp} \mathbf{M}$, daher ist $\mathrm{Cov}(\mathbb{P}_{\mathbf{L}}\mathbf{Y}; \mathbb{P}_{\mathbf{M}}\mathbf{Y}) = \mathbb{P}_{\mathbf{L}}{}'\mathbf{K}\mathbb{P}_{\mathbf{M}} = \mathbf{0}$. Also sind $\mathbb{P}_{\mathbf{M}}\mathbf{Y}$ und $\mathbb{P}_{\mathbf{L}}\mathbf{Y}$ unkorreliert und wegen des Unabhängigkeitssatzes 153 auf Seite 140 auch unabhängig. Aus $\mathbf{L} \underline{\perp} \mathbf{M}$ folgt weiter: $\mathbb{P}_{\mathbf{M}}\mathbf{Y} + \mathbb{P}_{\mathbf{L}}\mathbf{Y} = \mathbb{P}_{\mathbf{L} \oplus \mathbf{M}}\mathbf{Y}$.
□

Im Satz von Cochran haben wir aus der Normalverteilung von $\mathbf{Y}$ und den orthogonalen Projektionen die Eigenschaften der χ^2-verteilten Komponenten abgeleitet. Der Satz läßt sich aber auch umkehren und zwar gilt:

Satz 187 *Es seien* $\mathbf{Y} \sim \mathrm{N}_n(\boldsymbol{\mu}; \mathbf{I})$ *und* $\mathbf{P}_1, \ldots, \mathbf{P}_k$ *symmetrische* $(n \times n)$*-Matrizen mit den Rängen* $\mathrm{Rg}(\mathbf{P}_i) = n_i$. *Gilt:*

$$\mathbf{Y} = \sum_{i=1}^{k} \mathbf{Y}'\mathbf{P}_i\mathbf{Y},$$

dann folgen aus jeweils einer der folgenden fünf Aussagen die restlichen vier:

1. $\sum_{i=1}^{k} n_i = n.$
2. $\mathbf{P}_i$ *ist idempotent, das heißt* $\mathbf{P}_i$ *ist eine Projektionsmatrix.*
3. $\mathbf{P}_i\mathbf{P}_j = \mathbf{0}$ *für alle* $i \neq j$, *das heißt, Orthogonalität der Abbildungen.*
4. $\mathbf{Y}'\mathbf{P}_i\mathbf{Y} \sim \chi^2(n_i; \delta_i)$.
5. $\mathbf{Y}'\mathbf{P}_i\mathbf{Y}$ *und* $\mathbf{Y}'\mathbf{P}_j\mathbf{Y}$ *sind unabhängig für alle* $i \neq j$.

Wir verzichten auf den längeren Beweis, der Werkzeuge (charakteristische und erzeugende Funktionen) voraussetzt, die uns hier nicht zur Verfügung stehen und verweisen statt dessen auf John (1971), Seite 33.

2.4.5 Konsistente Varianzschätzer

Satz 188 *Ist* $\mathbf{Y} - \boldsymbol{\mu} \sim {}_n\left(0; \sigma^2\mathbf{I}\right)$ *und liegt* $\boldsymbol{\mu}$ *in einem d-dimensionalen linearen Raum* $\mathbf{M}$, *dann ist:*

$$\widehat{\sigma}^2 = \frac{1}{n-d} \left\|\mathbf{Y} - \mathbf{P}_{\mathbf{M}}\mathbf{Y}\right\|^2$$

ein erwartungstreuer Schätzer für σ^2. *Existiert das vierte zentrale Moment* $\gamma := \mathrm{E}\left(Y_i - \mu_i\right)^4$, *so ist* $\widehat{\sigma}^2$ *konsistent. Dabei ist:*

$$\mathrm{Var}\ \widehat{\sigma}^2 = \frac{2}{n-d}\sigma^4 + \frac{\gamma - 3\sigma^4}{(n-d)^2} \sum_{i=1}^{n} \left(1 - (\mathbf{P}_{\mathbf{M}})_{[i,i]}\right)^2 \leq \frac{\gamma - \sigma^4}{n-d}. \tag{2.22}$$

Speziell gilt für unabhängig und identisch verteilte $Y_i \sim \left(\mu; \sigma^2\right)$:

$$\mathrm{Var}\ \widehat{\sigma}^2 = \frac{2}{n-1}\sigma^4 + \frac{\gamma - 3\sigma^4}{n}.$$

Beweis:
Wir kürzen $\mathbf{Q} := \mathbf{I} - \mathbf{P_M}$ und $q_{ij} := \mathbf{Q}_{[i,j]}$ ab. Wegen $\boldsymbol{\mu} \in \mathbf{M}$ ist $\mathbf{Q}\boldsymbol{\mu} = (\mathbf{I} - \mathbf{P_M})\,\boldsymbol{\mu} = \mathbf{0}$. Daher ist:

$$(n-d)\,\widehat{\sigma}^2 = \mathbf{Y}'\,(\mathbf{I} - \mathbf{P_M})\,\mathbf{Y} = \mathbf{Y}'\mathbf{Q}\mathbf{Y} = (\mathbf{Y} - \boldsymbol{\mu})\,'\mathbf{Q}\,(\mathbf{Y} - \boldsymbol{\mu})\,. \tag{2.23}$$

Wir können ohne Einschränkung der Allgemeinheit $\mathrm{E}\,\mathbf{Y} = \boldsymbol{\mu} = \mathbf{0}$ voraussetzen. Dann folgt aus (2.23) wegen $\mathbf{Q}\boldsymbol{\mu} = \mathbf{0}$ und (2.11):

$$\mathrm{E}\,\widehat{\sigma}^2 = \frac{1}{n-d}\,\mathrm{E}\,\mathbf{Y}'\mathbf{Q}\mathbf{Y} = \frac{1}{n-d}\,[\boldsymbol{\mu}'\mathbf{Q}\boldsymbol{\mu} + \mathrm{Spur}\,(\mathbf{Q}\,\mathbf{Cov}\,\mathbf{Y})] = \boldsymbol{\sigma}^2. \tag{2.24}$$

Für die Varianz gilt wegen (2.24) und (2.23) :

$$\begin{aligned}
\mathrm{Var}\,\widehat{\sigma}^2 &= \mathrm{E}\,\widehat{\sigma}^4 - \left(\mathrm{E}\,\widehat{\sigma}^2\right)^2 \\
&= \frac{1}{(n-d)^2}\,\mathrm{E}\left(\mathbf{Y}'\mathbf{Q}\mathbf{Y}\,\mathbf{Y}'\mathbf{Q}\mathbf{Y}\right) - \boldsymbol{\sigma}^4. \\
\mathrm{E}\left(\mathbf{Y}'\mathbf{Q}\mathbf{Y}\mathbf{Y}'\mathbf{Q}\mathbf{Y}\right) &= \mathrm{E}\,\mathrm{Spur}\,\mathbf{Y}'\mathbf{Q}\mathbf{Y}\mathbf{Y}'\mathbf{Q}\mathbf{Y} = \mathrm{Spur}\,\mathbf{Q}\,\mathrm{E}\left(\mathbf{Y}\mathbf{Y}'\mathbf{Q}\mathbf{Y}\mathbf{Y}'\right). \\
\mathrm{E}\left(\mathbf{Y}\mathbf{Y}'\mathbf{Q}\mathbf{Y}\mathbf{Y}'\right)_{ij} &= \mathrm{E}\sum_{kl} Y_i Y_k q_{kl} Y_l Y_j = \sum_{kl} q_{kl}\,\mathrm{E}\,(Y_i Y_k Y_l Y_j)\,. \\
\mathrm{E}\,(Y_i Y_k Y_l Y_j) &= \begin{cases} \gamma & \text{falls} \quad k = l = i = j \\ \sigma^4 & \text{falls} \quad \begin{cases} i = j; k = l; i \neq k \\ \text{oder } i = k; j = l; i \neq j \\ \text{oder } i = l; j = k; i \neq j \end{cases} \\ 0 & \text{sonst} \end{cases} \\
\sum_{kl} q_{kl}\,\mathrm{E}\,(Y_i Y_k Y_l Y_j) &= \begin{cases} \sigma^4\,(n-d) - \sigma^4 q_{ii} + \gamma q_{ii} & \text{falls} \quad i = j \\ 2\sigma^4 q_{ij} & \text{falls} \quad i \neq j. \end{cases} \\
\mathrm{E}\left(\mathbf{Y}\mathbf{Y}'\mathbf{Q}\mathbf{Y}\mathbf{Y}'\right) &= \mathbf{I}\sigma^4\,(n-d) + \left(\gamma - 3\sigma^4\right)\mathrm{Diag}\,\mathbf{Q} + 2\sigma^4\,\mathbf{Q}. \\
\mathbf{Q}\,\mathrm{E}\left(\mathbf{Y}\mathbf{Y}'\mathbf{Q}\mathbf{Y}\mathbf{Y}'\right) &= \mathbf{Q}\sigma^4\,(n-d) + \left(\gamma - 3\sigma^4\right)\mathbf{Q}\,\mathrm{Diag}\,\mathbf{Q} + 2\sigma^4\mathbf{Q}. \\
\mathrm{Spur}\,\mathbf{Q}\,\mathrm{E}\left(\mathbf{Y}\mathbf{Y}'\mathbf{Q}\mathbf{Y}\mathbf{Y}'\right) &= \sigma^4\,(n-d)^2 + \left(\gamma - 3\sigma^4\right)\mathrm{Spur}\,(\mathbf{Q}\,\mathrm{Diag}\,\mathbf{Q}) \\
&\quad + 2\sigma^4\,(n-d) \\
&= \sigma^4\,(n-d)^2 + \left(\gamma - 3\sigma^4\right)\sum_{i=1}^{n} q_{ii}^2 + 2\sigma^4\,(n-d)\,. \\
\mathrm{Var}\,\widehat{\sigma}^2 &= \frac{2}{n-d}\sigma^4 + \frac{\gamma - 3\sigma^4}{(n-d)^2}\sum_{i=1}^{n}(q_{ii})^2 \\
&\leq \frac{2}{n-d}\sigma^4 + \frac{\gamma - 3\sigma^4}{(n-d)^2}\,(n-d) = \frac{1}{n-d}\left(\gamma - \sigma^4\right).
\end{aligned}$$

Bei den Summationen wurde $\sum_i q_{ii} = \mathrm{Spur}\,\mathbf{Q} = n - d$ benutzt. Die letzte Abschätzung beruht auf $\sum_i (q_{ii})^2 \leq \sum_i q_{ii} = \mathrm{Spur}\,\mathbf{Q} = n - d$. Dabei gilt $0 \leq (q_{ii})^2 \leq q_{ii} \leq 1$, denn für den i-ten Einheitsvektor $\mathbf{1}^i$ ist

$q_{ii} = (\mathbf{1}^i)' \mathbf{Q}\mathbf{1}^i = \left\|\mathbf{Q}\mathbf{1}^i\right\|^2 \leq \left\|\mathbf{1}^i\right\|^2 = 1$. Da $\widehat{\sigma}^2$ erwartungstreu ist und seine Varianz gegen Null geht, ist $\widehat{\sigma}^2$ konsistent.
Speziell folgt für $d = 1$, $\mathbf{P} = \frac{1}{n}\mathbf{1}\mathbf{1}$ und $q_{ii} = 1 - \frac{1}{n} = \frac{n-1}{n}$. Daraus folgt:

$$\sum_{i=1}^{n} (q_{ii})^2 = n\left(\frac{n-1}{n}\right)^2 = \frac{(n-1)^2}{n}.$$

□

2.4.6 Score- und Informationsfunktion

Die Score-Funktion

Die **Log-Likelihood-Funktion** $\mathrm{l}(\theta|\mathbf{y})$ ist der Logarithmus (zur Basis e) der Likelihood-Funktion:

$$\mathrm{l}(\theta|\mathbf{y}) = c + \ln \mathrm{L}(\theta|\mathbf{y}).$$

Da die Likelihood-Funktion nur bis auf eine multiplikative Konstante eindeutig ist, ist die Log-Likelihood-Funktion nur bis auf eine additive Konstante eindeutig.
Es sei nun θ ein eindimensionaler Parameter. Weiter setzen wir voraus, daß $\mathrm{L}(\theta|\mathbf{y})$ mehrmals nach θ differenzierbar ist, dann sind die Ableitungen von $\mathrm{L}(\theta|\mathbf{y})$ nach θ eindeutig, da die Konstante beim Differenzieren wegfällt. Die erste und die zweite Ableitung von $\mathrm{l}(\theta|\mathbf{y})$ erhalten eigene Namen:

Definition 189 *Die erste Ableitung von* $\mathrm{l}(\theta|\mathbf{y})$ *nach* θ

$$S(\theta|\mathbf{y}) = \frac{\partial}{\partial\theta}\mathrm{l}(\theta|\mathbf{y}) = \frac{\partial}{\partial\theta}\ln f(\mathbf{y} \parallel \theta) = \frac{\frac{\partial}{\partial\theta}f(\mathbf{y} \parallel \theta)}{f(\mathbf{y} \parallel \theta)}$$

heißt ***Score-Funktion****. Die Score-Funktion* $S(\theta|\mathbf{y})$ *ist die Elastizität der Likelihood gegen Änderungen von* θ*.*

Die im Inneren des Definitionsbereiches gelegenen Extremwerte $\widehat{\theta}$ der Likelihood liegen gerade auf den Nullstellen der Score-Funktion:

$$S(\widehat{\theta}|\mathbf{y}) = 0.$$

Berücksichtigen wir, daß $\mathbf{y}$ Realisation der zufälligen Variablen $\mathbf{Y}$ ist; dann ist $S(\theta|\mathbf{y})$ Realisation der zufälligen Variablen $S(\theta|\mathbf{Y})$, mit eigenen von θ abhängigen Verteilungen. Unter Regularitätsbedingungen an die Differenzierbarkeit und die Vertauschbarkeit der Reihenfolgen von Intergration und Differentation gilt:

$$\mathrm{E}\, S(\theta|\mathbf{Y}) = 0.$$

Die Fisher-Information

Definition 190 *Die mit -1 multiplizierte zweite Ableitung von* $\mathrm{l}(\theta|\mathbf{y})$:

$$\mathbb{I}(\theta|\mathbf{y}) := -\frac{\partial^2}{\partial\theta^2}\mathrm{l}(\theta|\mathbf{y})$$

*heißt die **beobachtete Fisher-Information**. Der Erwartungswert* $\mathbb{I}_{\mathbf{Y}}(\theta)$ *von* $\mathbb{I}(\theta|\mathbf{Y})$ *heißt die **Fisher-Information:***

$$\mathbb{I}_{\mathbf{Y}}(\theta) := \mathrm{E}\,\mathbb{I}(\theta|\mathbf{Y}).$$

Unter den oben genannten Regularitätsbedingungen gilt:

$$\mathbb{I}_{\mathbf{Y}}(\theta) = \mathrm{Var}\, S(\theta|\mathbf{Y}).$$

Die beobachtete Information $\mathbb{I}(\widehat{\theta}|\mathbf{y})$ ist die Krümmung der Likelihood an der Stelle des ML-Schätzers $\widehat{\theta}$. Je größer die Krümmung, um so schärfer wird $\widehat{\theta}$ als plausibelster Wert gegenüber seiner Umgebung herausgearbeitet. Je kleiner $\mathbb{I}(\widehat{\theta}|\mathbf{y})$, um so vager sind die Aussagen über die Plausibilität der einzelnen Parameterwerte.
Mitunter ist es deutlicher, wenn die eindimensionalen Komponenten Y_i eines mehrdimensionalen Vektors $\mathbf{Y}$ angegeben werden.
Dann schreiben wir $\mathbb{I}_{Y_1;\cdots;Y_n}(\theta)$ und $\mathbb{I}(\theta\,|y_1;y_2;\ldots;y_n)$ statt $\mathbb{I}_{\mathbf{Y}}(\theta)$ und $\mathbb{I}(\theta\,|\mathbf{y})$ analog. Sind die die Y_i unabhängig von einander verteilt, dann ist die beobachtete Fisher-Information aus der gesamten Stichprobe die Summe der einzelnen Informationen $\mathbb{I}\,(\theta\,|y_i)$ und gleiches gilt für die Erwartungswerte:

$$\begin{aligned}\mathbb{I}(\theta\,|y_1;y_2;\ldots;y_n) &= \sum_{i=1}^{n}\mathbb{I}\,(\theta\,|y_i)\\ \mathbb{I}_{Y_1;\cdots;Y_n}(\theta) &= \sum_{i=1}^{n}\mathbb{I}_{Y_i}(\theta)\end{aligned}$$

Sind die Y_1 darüber hinaus identisch verteilt wie Y, so ist:

$$\mathbb{I}_{Y_1;\cdots;Y_n}(\theta) = n\mathbb{I}_Y(\theta).$$

Die Gestalt der Likelihood

Wir fragen nach der Gestalt der Likelihood in der Umgebung von $\widehat{\theta}$. Dazu setzen wir voraus, daß $\mathrm{L}(\theta|\mathbf{y})$ in der Umgebung des Extremwertes $\widehat{\theta}$ mehrmals differenzierbar ist, entwickeln die Log-Likelihood-Funktion in einer Umgebung von $\widehat{\theta}$ in eine Taylor-Reihe und brechen nach dem quadratischen Glied ab:

$$\mathrm{l}(\theta|\mathbf{y}) = c + \mathrm{l}(\widehat{\theta}|\mathbf{y}) + (\theta-\widehat{\theta})\frac{\partial}{\partial\theta}\mathrm{l}(\widehat{\theta}|\mathbf{y}) + \frac{1}{2}(\theta-\widehat{\theta})^2\frac{\partial^2}{\partial\theta^2}\mathrm{l}(\widehat{\theta}|\mathbf{y}) + \cdots$$

An der Stelle $\widehat{\theta}$ ist $S(\widehat{\theta}|\mathbf{y}) = 0$ und $\frac{\partial^2}{\partial\theta^2}\mathrm{l}(\widehat{\theta}|\mathbf{y}) = -\ \mathbb{I}(\widehat{\theta}|\mathbf{y})$. Außerdem hängt $\mathrm{l}(\widehat{\theta}|\mathbf{y})$ nicht von θ ab. Daher gilt in einer Umgebung von $\widehat{\theta}$ in erster Näherung:

$$\mathrm{l}(\theta|\mathbf{y}) = c' - \frac{1}{2}(\theta - \widehat{\theta})^2 \cdot \mathbb{I}(\widehat{\theta}|\mathbf{y}) \tag{2.25}$$

$$\mathrm{L}(\theta|\mathbf{y}) \cong \exp\left(-\frac{1}{2}(\theta - \widehat{\theta})^2 \mathbb{I}(\widehat{\theta}|\mathbf{y})\right). \tag{2.26}$$

In erster Näherung hat $\mathrm{L}(\theta|\mathbf{y})$ in einer Umgebung von $\widehat{\theta}$ die Gestalt der Dichte einer Normalverteilung mit dem Schwerpunkt $\widehat{\theta}$ und der Varianz $1/\mathbb{I}(\widehat{\theta}|\mathbf{y})$.

Effiziente Schätzer

Ist $\widehat{\boldsymbol{\theta}}$ erwartungstreu, so ist $\widehat{\boldsymbol{\theta}}$ um so besser, je kleiner die Varianz von $\widehat{\boldsymbol{\theta}}$ ist. Ein Schätzer $\widehat{\boldsymbol{\theta}}$ heißt **effizient** oder auch **wirksam in einer Klasse** von Schätzfunktionen, wenn er unter allen erwartungstreuen Schätzern dieser Klasse minimale Varianz besitzt. Er heißt **effizient**, wenn er effizient in der Klasse aller erwartungstreuen Schätzern. Unter gewissen Regularitätsvoraussetzungen kann die Varianz von $\widehat{\boldsymbol{\theta}}$ eine nur von der Verteilung von $\mathbf{Y}$ abhängende untere Schranke nicht unterschreiten.

Satz 191 (Die Ungleichung von Rao-Cramer.) *Ist $\widehat{\theta} = \widehat{\theta}(\mathbf{Y})$ eine erwartungstreue Schätzfunktion für θ und $\rho = \rho(S(\theta|\mathbf{Y}), \widehat{\theta}(\mathbf{Y}))$ die Korrelation zwischen Scorefunktion und Schätzer, so ist — unter Regularitätsbedingungen —:*

$$\operatorname{Var}\widehat{\theta} = \frac{1}{\rho \cdot \mathbb{I}_{\mathbf{Y}}(\theta)} \geq \frac{1}{\mathbb{I}_{\mathbf{Y}}(\theta)}. \tag{2.27}$$

Dies ist die **Ungleichung von Rao-Cramer**. Sie liefert für jeden erwartungstreuen Schätzer $\widehat{\theta}$ eine untere, nicht von $\widehat{\theta}$ abhängige Grenze für seine Varianz. Ist $\mathbf{Y} = \{Y_1; \cdots; Y_n\}$ mit i.i.d. verteilten Y_i, so ist $\mathbb{I}_{\mathbf{Y}}(\theta) = n\mathbb{I}_Y(\theta)$. Die Varianz des besten Schätzers kann also nur in der Größenordnung 1/n gegen Null gehen. Ein erwartungstreuer Schätzer $\widehat{\theta}$ erweist sich daher im Regelfall als effizient, wenn in der Rao-Cramer-Ungleichung das Gleichheitszeichen steht.

Satz 192 *$\widehat{\theta}$ ist (unter den angedeuteten Regularitätsbedingungen) genau dann effizient, wenn die Korrelation zwischen Scorefunktion und Schätzer $\rho = 1$ ist. Dies ist genau dann der Fall, wenn:*

1. *die Score-Funktion die Gestalt*

$$S(\theta|\mathbf{y}) = b(\theta) \cdot (\widehat{\theta} - \theta)$$

hat, d. h. S ist ein Vielfaches des zentrierten Schätzers $\widehat{\theta}$, oder wenn:

2. *die Likelihood die Gestalt hat:*

$$\mathrm{L}(\theta|\mathbf{y}) \cong \exp\left\{B(\theta)\widehat{\theta}(\mathbf{y}) - C(\theta)\right\}. \tag{2.28}$$

Definition 193 *Alle Verteilungen, deren Likelihood die Gestalt* (2.28)*besitzen, bilden die* ***Exponentialfamilie.***

Die Exponentialfamilie umfaßt unter anderem die diskreten Verteilungen Binomialverteilung, Multinormalverteilung und Poisson-Verteilung sowie die stetigen Verteilungen Normalverteilung, Log-Normalverteilung und Γ-Verteilung.

Asymptotische Eigenschaften des ML-Schätzers

Es seien $Y_1; \cdots ; Y_n$ unabhängig und identisch verteilt mit einer von θ abhängenden Verteilung. Unter Regularitätsvoraussetzungen existiert der ML-Schätzer:

$$\widehat{\theta} = \widehat{\theta}(\mathbf{Y}).$$

$\widehat{\theta}$ ist eine konsistente, asymptotisch erwartungstreue und asymptotisch normalverteilte Schätzfunktion von θ. Es gilt: $\sqrt{n}(\widehat{\theta}-\theta)$ ist asymptotisch normalverteilt mit dem Erwartungswert Null und der Varianz $\frac{1}{n\mathbb{I}_Y(\theta)}$. Mit großem n gilt also approximativ:

$$\widehat{\theta} \sim \mathrm{N}\left(\theta; \frac{1}{n\mathbb{I}_Y(\theta)}\right).$$

$\mathbb{I}_Y(\theta)$ läßt sich durch die beobachtete Information schätzen. Wiederum unter Regularitätsbedingungen gilt nach Wahrscheinlichkeit:

$$\lim_{n\to\infty} \frac{1}{n}\mathbb{I}(\widehat{\theta}\,|y_1; \cdots ; y_n) = \lim_{n\to\infty} \frac{1}{n}\sum_{i=1}^{n} \mathbb{I}(\widehat{\theta}\,|y_i) = \mathbb{I}_Y(\theta).$$

Erweiterung auf mehrdimensionale Parameter: Ist $\boldsymbol{\theta}$ ein mehrdimensionaler Parameter, so ist die Scorefunktion $S(\boldsymbol{\theta}|\mathbf{y})$ der Vektor der partiellen Ableitungen von $\mathrm{l}(\boldsymbol{\theta}\,|\mathbf{y})$ nach den θ_i und die Fisher-Information:

$$\mathbb{I}(\boldsymbol{\theta}|\mathbf{y}) := -\frac{\partial^2}{\partial\boldsymbol{\theta}\partial\boldsymbol{\theta}'}\mathrm{l}(\boldsymbol{\theta}|\mathbf{y}) \qquad \mathbb{I}_{\mathbf{Y}}(\boldsymbol{\theta}) := -\,\mathrm{E}\frac{\partial^2}{\partial\boldsymbol{\theta}\partial\boldsymbol{\theta}'}\mathrm{l}(\boldsymbol{\theta}|\mathbf{Y}) \tag{2.29}$$

ist die Matrix der zweiten Ableitungen bzw. deren Erwartungswerte. Auch die Ungleichung von Rao-Cramer läßt sich auf den mehrdimensionalen Fall verallgemeinern. Es gilt unter Regularitätsannahmen für jede erwartungstreue Schätzfunktion $\widehat{\boldsymbol{\theta}}$ von $\boldsymbol{\theta}$:

$$\mathrm{Cov}\,\widehat{\boldsymbol{\theta}} \geq (\mathbb{I}_{\mathbf{Y}}(\boldsymbol{\theta}))^{-1}. \tag{2.30}$$

Siehe zum Beispiel Mardia et al. (1979) oder Zacks (1971) .

2.4.7 Spezielle Parameter-Tests

Einseitige Tests bei monotonem Dichtequotienten

Die Dichte $f(\mathbf{y};\delta)$ der zufälligen Variable $\mathbf{Y}$ habe monotone Dichtequotienten in $\widehat{\theta}\,(\mathbf{y})$. Dann ist der gleichmäßige beste Test der Hypothese:

$$\mathrm{H}_0 : "\delta \leq \delta_0" \qquad \text{gegen} \qquad \mathrm{H}_1 : "\delta > \delta_0"$$

ein randomisierter Test mit der Ablehnwahrscheinlichkeit:

$$\psi(\mathbf{y}) = \begin{cases} 1 & \widehat{\theta}(\mathbf{y}) > k, \\ \gamma & \widehat{\theta}(\mathbf{y}) = k, \\ 0 & \widehat{\theta}(\mathbf{y}) < k. \end{cases} \tag{2.31}$$

$\psi\,(\mathbf{y})$ ist die Wahrscheinlichkeit der Ablehnung von H_0 bei beobachtetem $\mathbf{y}$. Das Signifikanzniveau des Tests ist $\alpha = \mathrm{E}(\psi\,(\mathbf{Y})\,;\,\delta_0)$.
Dieser Test ist leicht zu veranschaulichen: $\widehat{\theta}\,(\mathbf{y})$ ordnet die Beobachtungen nach der relativen Plausibilität der großen Parameter δ verglichen mit den kleineren. Ist $\delta_1 > \delta_0$, so wird δ_1 um so plausibler, je größer $\widehat{\theta}\,(\mathbf{y})$ wird. Durch die Schwelle k werden nun die Werte von $\widehat{\theta}\,(\mathbf{y})$ in zwei Bereiche getrennt: Im oberen entscheidet man sich für H_1, im unteren für H_0. Die Wahl von k legt dabei das Signifikanzniveau fest. Ein Beweis der Optimalität dieses Tests findet sich z. B. bei Witting (1985).

Der Likelihood-Ratio-Test

Mit der Reihenentwicklung der Likelihood, der asymptotischen Verteilung des ML-Schätzers und dem verallgemeinerten Satz von Cochran können wir leicht die Leitidee für einen wesentlichen, sehr allgemeinen Test ableiten. Wir gehen dazu von der mehrdimensionalen Variante von (2.25) aus. In erster Näherung gilt:

$$\begin{aligned} \mathrm{l}(\boldsymbol{\theta}|\mathbf{y}) &\approx \mathrm{l}(\widehat{\boldsymbol{\theta}}|\mathbf{y}) - \frac{1}{2}(\widehat{\boldsymbol{\theta}} - \boldsymbol{\theta})'\mathbb{I}(\boldsymbol{\theta}|\mathbf{y})(\widehat{\boldsymbol{\theta}} - \boldsymbol{\theta}) \\ &\approx \mathrm{l}(\widehat{\boldsymbol{\theta}}|\mathbf{y}) - \frac{1}{2}(\widehat{\boldsymbol{\theta}} - \boldsymbol{\theta})'\mathbb{I}(\widehat{\boldsymbol{\theta}} - \boldsymbol{\theta}). \end{aligned}$$

Dabei ist $\widehat{\boldsymbol{\theta}}$ der ML-Schätzer und $\mathbb{I} := \mathbb{I}_{\mathbf{Y}}(\boldsymbol{\theta})$ die Fisher-Informationsmatrix. Wir arbeiten mit der, über die die asymptotische Kovarianzmatrix definierten, Mahalanobis-Metrik. Wir definieren also ein Skalarprodukt über die positiv-definiten Matrix $\mathbb{I}$:

$$\langle \mathbf{a}, \mathbf{b} \rangle_{\mathbb{I}} := \mathbf{a}'\mathbb{I}\mathbf{b}.$$

Die Projektion nach $\mathbf{A}$ in dieser Metrik sei $\mathbb{P}_{\mathbf{A}}$. Dann gilt:

$$\mathrm{l}(\boldsymbol{\theta}|\mathbf{y}) \approx \mathrm{l}(\widehat{\boldsymbol{\theta}}|\mathbf{y}) - \frac{1}{2}\left\|\widehat{\boldsymbol{\theta}} - \boldsymbol{\theta}\right\|_{\mathbb{I}}^2 =: \tilde{\mathrm{l}}(\boldsymbol{\theta}). \tag{2.32}$$

Es ist die Hypothese H_0 : "$\boldsymbol{\theta} - \boldsymbol{\theta}_0 \in \mathbf{H}$" gegen H_1 : "$\boldsymbol{\theta} - \boldsymbol{\theta}_0 \notin \mathbf{H}$" zu testen. Dabei ist $\mathbf{H}$ eine r-dimensionaler Unterraum. Unter H_0 wird $\tilde{l}(\boldsymbol{\theta})$ genau dann maximal, wenn $\left\|\widehat{\boldsymbol{\theta}} - \boldsymbol{\theta}\right\|_{\mathbb{I}}^2$ minimal wird. Dieses Minimum wird für $\widetilde{\boldsymbol{\theta}}$, den ML-Schätzer unter H_0, angenommen:

$$\widetilde{\boldsymbol{\theta}} = \mathbb{P}_{\boldsymbol{\theta}_0 + \mathbf{H}}\widehat{\boldsymbol{\theta}} = \boldsymbol{\theta}_0 + \mathbb{P}_{\mathbf{H}}(\widehat{\boldsymbol{\theta}} - \boldsymbol{\theta}_0).$$

Damit ist:[25]

$$\begin{aligned}
\widehat{\boldsymbol{\theta}} - \widetilde{\boldsymbol{\theta}} &= \widehat{\boldsymbol{\theta}} - \left(\boldsymbol{\theta}_0 + \mathbb{P}_{\mathbf{H}}(\widehat{\boldsymbol{\theta}} - \boldsymbol{\theta}_0)\right) = (\mathbf{I} - \mathbb{P}_{\mathbf{H}})(\widehat{\boldsymbol{\theta}} - \boldsymbol{\theta}_0), \\
\left\|\widehat{\boldsymbol{\theta}} - \widetilde{\boldsymbol{\theta}}\right\|_{\mathbb{I}}^2 &= \left\|(\mathbf{I} - \mathbb{P}_{\mathbf{H}})(\widehat{\boldsymbol{\theta}} - \boldsymbol{\theta}_0)\right\|_{\mathbb{I}}^2.
\end{aligned}$$

Nehmen wir die asymptotische Normalverteilung von $\widehat{\boldsymbol{\theta}}$ bereits im Endlichen an, so ist nach dem verallgemeinerten Satz 186 von Cochran $\left\|\widehat{\boldsymbol{\theta}} - \widetilde{\boldsymbol{\theta}}\right\|_{\mathbb{I}}^2 \sim \chi^2(n-r;\delta)$. Wegen (2.32) ist daher:

$$2\left(l(\widehat{\boldsymbol{\theta}}|\mathbf{y}) - l(\widetilde{\boldsymbol{\theta}}|\mathbf{y})\right) \approx \left\|\widehat{\boldsymbol{\theta}} - \widetilde{\boldsymbol{\theta}}\right\|_{\mathbb{I}}^2 \sim \chi^2(n-r;\delta).$$

Dabei ist $\delta = \|(\mathbf{I} - \mathbb{P}_{\mathbf{H}})(\boldsymbol{\theta} - \boldsymbol{\theta}_0)\|_{\mathbb{I}}^2$. Unter H_0 ist also $\delta = 0$. Der Likelihood-Ratio-Test mit der kritischen Region:

$$2\left(l(\widehat{\boldsymbol{\theta}}|\mathbf{y}) - l(\widetilde{\boldsymbol{\theta}}|\mathbf{y})\right) > \chi^2(n-r)_{1-\alpha}$$

hat dann das asymptotische Signifikanzniveau α. Dabei ist $\widetilde{\boldsymbol{\theta}}$ der ML-Schätzer, der $\boldsymbol{\theta}$ unter der Bedingung $\boldsymbol{\theta} - \boldsymbol{\theta}_0 \in \mathbf{H}$, also der Gültigkeit der Nullhypothese schätzt, und $\widehat{\boldsymbol{\theta}}$ der uneingeschränkte ML-Schätzer.

[25] Hier ist $\mathbf{I}$ die Identität, nicht zu verwechseln mit der Fisher-Info. $\mathbb{I}$!

2.4.8 Lösung der Aufgaben

Lösung von Aufgabe 172

$\mathbf{Y} := \mathbf{C}^{-\frac{1}{2}}(\mathbf{X}-\boldsymbol{\mu})$ ist in der Kugel $\mathbf{K}_n(0;r)$ gleichverteilt. Daher ist $\mathrm{E}\,\mathbf{Y}=\mathbf{0}$ und $\operatorname{Cov}\mathbf{Y}=\frac{r^2}{n+2}\mathbf{I}$. $\Rightarrow \mathrm{E}\,\mathbf{X}=\boldsymbol{\mu}$ und $\operatorname{Cov}\mathbf{X}=\frac{r^2}{n+2}\mathbf{C}^{\frac{1}{2}}\mathbf{C}^{\frac{1}{2}}$.

Lösung von Aufgabe 174

Da die $X_1,\dots,X_n$ unabhängig voneinander $\mathrm{N}(\mu;\sigma^2)$ verteilt sind, ist $\mathbf{X}\sim \mathrm{N}_n\left(\boldsymbol{\mu};\sigma^2\mathbf{I}\right)$. Dabei ist $\boldsymbol{\mu}=\mu\mathbf{1}$. Weiter ist $\mathbf{P_1X}=\overline{X}\cdot\mathbf{1}$. Der zentrierte Vektor ist:

$$\left(X_1-\overline{X};\dots;X_n-\overline{X}\right)'=\mathbf{X}-\overline{X}\cdot\mathbf{1}=\mathbf{X}-\mathbf{P_1X}.$$

$\mathbf{P_1X}$ und $\mathbf{X}-\mathbf{P_1X}$ sind stochastisch von einander unabhängig. Da $\overline{X}$ nur von $\mathbf{P_1X}$ und S^2 nur von $\left\|\mathbf{X}-\mathbf{P_1X}\right\|^2$ abhängt, sind auch $\overline{X}$ und S^2 von einander unabhängig.
Nach dem Satz von Cochran ist $\left\|\mathbf{X}-\mathbf{P_1X}\right\|^2\sim\sigma^2\chi^2\left(n-\dim\mathcal{L}\{\mathbf{1}\};\delta\right)$. Dabei ist $\delta=\frac{1}{\sigma^2}\left\|\boldsymbol{\mu}-\mathbf{P_1}\boldsymbol{\mu}\right\|^2=\frac{1}{\sigma^2}\left\|\boldsymbol{\mu}-\boldsymbol{\mu}\right\|^2=0$, denn $\boldsymbol{\mu}=\mu\mathbf{1}\in\mathcal{L}\{\mathbf{1}\}$. Daher ist $(n-1)\,S^2=\left\|\mathbf{X}-\mathbf{P_1X}\right\|^2\sim\sigma^2\chi^2(n-1)$. Es folgt:

$$\begin{aligned}\mathrm{E}\left((n-1)\,S^2\right) &= \mathrm{E}\left(\sigma^2\chi^2(n-1)\right)=\sigma^2(n-1)\Rightarrow \mathrm{E}\,S^2=\sigma^2\\ \operatorname{Var}\left((n-1)\,S^2\right) &= \operatorname{Var}\left(\sigma^2\chi^2(n-1)\right)=\sigma^4 2\,(n-1)\Rightarrow \operatorname{Var}S^2=\frac{2\sigma^4}{n-1}.\end{aligned}$$

Lösung von Aufgabe 178

Wir gehen von folgenden Voraussetzungen aus:

$$\mathbf{Y}\sim\mathrm{N}_n(\mathbf{0};\mathbf{C});\qquad \mathbf{U}=\mathbf{AY};\qquad \mathbf{V}=\mathbf{BY}\ \text{ sowie }\ \operatorname{Cov}(\mathbf{U};\mathbf{V})=\mathbf{ACB}'=\mathbf{0}.$$

Dabei haben wir ohne Beschränktheit der Allgemeinheit $\boldsymbol{\mu}=\mathbf{0}$, $\mathbf{a}=\mathbf{0}$ und $\mathbf{b}=\mathbf{0}$ gesetzt. $\mathbf{A}$ sei eine $\alpha\times n$ und $\mathbf{B}$ eine $\beta\times n$ Matrix. Wir fassen $\mathbf{U}$ und $\mathbf{V}$ zu einer Variablen $\mathbf{Z}$ zusammen:

$$\begin{aligned}\mathbf{Z} &= \begin{pmatrix}\mathbf{U}\\ \mathbf{V}\end{pmatrix}=\begin{pmatrix}\mathbf{AY}\\ \mathbf{BY}\end{pmatrix}=\begin{pmatrix}\mathbf{A}\\ \mathbf{B}\end{pmatrix}\mathbf{Y}\qquad\Rightarrow\\ \operatorname{Cov}\mathbf{Z} &= \begin{pmatrix}\mathbf{ACA}' & \mathbf{ACB}'\\ \mathbf{BCA}' & \mathbf{BCB}'\end{pmatrix}=\begin{pmatrix}\operatorname{Cov}\mathbf{U} & \mathbf{0}\\ \mathbf{0} & \operatorname{Cov}\mathbf{V}\end{pmatrix}\\ \mathbf{Z} &\sim \mathrm{N}_{\alpha+\beta}(\mathbf{0};\operatorname{Cov}\mathbf{Z}).\end{aligned}$$

1. Wir setzen zuerst voraus, daß $\operatorname{Rg}\mathbf{A}=\alpha$ und $\operatorname{Rg}\mathbf{A}=\beta$ sowie $\mathbf{C}>\mathbf{0}$ sind. Dann ist $\operatorname{Cov}\mathbf{U}=\mathbf{ACA}'$ eine $\alpha\times\alpha$ Matrix. Da $\mathbf{C}>\mathbf{0}$ ist, ist $\operatorname{Rg}\mathbf{ACA}'=\operatorname{Rg}\mathbf{A}=\alpha$. Also ist $\operatorname{Cov}\mathbf{U}$ invertierbar. Analog folgt, daß $\operatorname{Cov}\mathbf{V}$ invertierbar ist. Also ist auch $\operatorname{Cov}\mathbf{Z}$ invertierbar und $\mathbf{Z}$ besitzt die Dichte:

$$\begin{aligned}f_{\mathbf{Z}}(\mathbf{z}) &= c\exp\left(-\mathbf{z}'(\operatorname{Cov}\mathbf{Z})^{-1}\mathbf{z}\right)\\ &= c\exp\left(-\mathbf{u}'(\operatorname{Cov}\mathbf{U})^{-1}\mathbf{u}\right)\exp\left(-\mathbf{v}'(\operatorname{Cov}\mathbf{V})^{-1}\mathbf{v}\right)=f_{\mathbf{U}}(\mathbf{u})\,f_{\mathbf{V}}(\mathbf{v}).\end{aligned}$$

$\Rightarrow$ $\mathbf{U}$ und $\mathbf{V}$ sind unabhängig.
2. Es sei nun Rg $\mathbf{A} \leq \alpha$ und Rg $\mathbf{B} \leq \beta$. Dann läßt sich nach Satz 80 $\mathbf{A}$ als $\mathbf{A} = \mathbf{A}_1\mathbf{A}_2$ schreiben. Dabei sind $\mathbf{A}_1$ und $\mathbf{A}_2$ über den Rang verkettet, d.h. $\mathbf{A}_1$ ist eine $\alpha \times r$ Matrix und $\mathbf{A}_2$ ist eine $r \times n$ Matrix mit Rg $\mathbf{A}_1 =$ Rg $\mathbf{A}_2 = r$. Analog stellen wir $\mathbf{B} = \mathbf{B}_1\mathbf{B}_2$ dar. Wir definieren:

$$\begin{aligned} \mathbf{U}_2 &= \mathbf{A}_2\mathbf{Y} \\ \mathbf{V}_2 &= \mathbf{B}_2\mathbf{Y}. \end{aligned}$$

Dann ist:

$$\begin{aligned} \operatorname{Cov}(\mathbf{U}_2;\mathbf{V}_2) &= \mathbf{A}_2\mathbf{C}\mathbf{B}_2 = \underbrace{(\mathbf{A}_1'\mathbf{A}_1)^{-1}\mathbf{A}_1'\mathbf{A}_1}_{=\mathbf{I}_r}\mathbf{A}_2\mathbf{C}\mathbf{B}_2'\underbrace{\mathbf{B}_1\mathbf{B}_1'(\mathbf{B}_1\mathbf{B}_1')^{-1}}_{=\mathbf{I}_r} = \\ &= \left((\mathbf{A}_1'\mathbf{A}_1)^{-1}\mathbf{A}_1'\right)\mathbf{A}\mathbf{C}\mathbf{B}'\left(\mathbf{B}_1'(\mathbf{B}_1\mathbf{B}_1')^{-1}\right) = \mathbf{0}. \end{aligned}$$

Also sind, nach dem eben gezeigten, $\mathbf{U}_2$ und $\mathbf{V}_2$ voneinander unabhängig. Nun sind $\mathbf{U} = \mathbf{A}\mathbf{Y} = \mathbf{A}_1\mathbf{A}_2\mathbf{Y} = \mathbf{A}_1\mathbf{U}_2$ und analog $\mathbf{V} = \mathbf{B}_1\mathbf{V}_2$ Funktionen der unabhängigen $\mathbf{U}_2$ und $\mathbf{V}_2$, also selbst unabhängig.
3. Sei nun Rg $\mathbf{C} \leq n$. Dann schreiben wir gemäß Satz 177 $\mathbf{Y} = \mathbf{D}\mathbf{X}$ wobei $\operatorname{Cov}\mathbf{X} > \mathbf{0}$ ist. Nun ist $\mathbf{U} = \mathbf{A}\mathbf{Y} = \mathbf{A}\mathbf{D}\mathbf{X} = \widetilde{\mathbf{A}}\mathbf{X}$ und $\mathbf{V} = \mathbf{B}\mathbf{Y} = \mathbf{B}\mathbf{D}\mathbf{X} = \widetilde{\mathbf{B}}\mathbf{X}$. Nun sind wieder die Vorausetzungen des zweiten Schritts erfüllt, also sind $\mathbf{U}$ und $\mathbf{V}$ unabhängig.

Lösung von Aufgabe 180

1. Wir zeigen $F_{X+Z}(a) = \mathrm{E}\, F_X(a - Z)$: Die Indikatorvariable $I_{(-\infty,a]}(X)$ ist definiert durch:

$$I_{(-\infty,a]}(X) = \begin{cases} 1 & \text{wenn } X \leq a \\ 0 & \text{sonst.} \end{cases}$$

Dann ist $\mathrm{E}\, I_{(-\infty,a]}(X) = \mathrm{P}\{X \leq a\} = F_X(a)$. Für die Variable $U := X + Z$ gilt daher nach der Eigenschaft des iterierten Erwartungswertes, Formel (2.3) :

$$F_U(a) = \mathrm{E}\left(I_{(-\infty,a]}(U)\right) = \mathop{\mathrm{E}}_{Z}\left[\mathop{\mathrm{E}}_{U|Z=z}\left(I_{(-\infty,a]}(U)\,|Z = z\right)\right] \tag{2.33}$$

Nun ist $U = U(X;Z)$ eine Funktion der voneinander unabhängigen X und Z. Daher ist nach Formel (2.2) :

$$\begin{aligned} \mathop{\mathrm{E}}_{U|Z=z}\left(I_{(-\infty,a]}(U)\,|Z = z\right) &= \mathop{\mathrm{E}}_{X} I_{(-\infty,a]}(U(X;Z = z)) = \mathop{\mathrm{E}}_{X} I_{(-\infty,a]}(X + z) \\ &= \mathop{\mathrm{E}}_{X} I_{(-\infty,a-z]}(X) = F_X(a - z). \end{aligned}$$

Aus (2.33) folgt daher $F_U(a) = \mathrm{E}\, F_X(a - Z)$.

2. Wegen des ersten Schritts gilt $F_{X+Z}(a) = \mathrm{E}\,F_X(a-Z)$ sowie $F_{Y+Z}(a) = \mathrm{E}\,F_Y(a-Z)$. Wegen $X \preceq Y$ ist $F_X(z) \geq F_Y(z)$ für alle z. $\Rightarrow$

$$\begin{array}{lcll} F_X(a-Z) & \geq & F_Y(a-Z) & \Rightarrow \\ \mathrm{E}\,F_X(a-Z) & \geq & \mathrm{E}\,F_Y(a-Z & \Rightarrow \\ F_{X+Z}(a) & \geq & F_{Y+Z}(a) & \Rightarrow \quad X+Z \preceq Y+Z. \end{array}$$

Lösung von Aufgabe 181

Sei $z = x^2$ und $x > 0$. Dann ist $\mathrm{P}\left\{(X-a)^2 \leq z\right\} = \mathrm{P}\{X \in [a-x; a+x]\}$. $[a-x; a+x]$ ist ein Intervall der Länge $2x$ und dem Mittelpunkt a. Auf Grund der Glockenform der Dichte der $\mathrm{N}(0;1)$ ist $\mathrm{P}\{X \in [a-x; a+x]\}$ bei fester Länge $2x$ genau dann maximal, wenn das Intervall symmetrisch zum Nullpunkt liegt, also für $a = 0$. $\Rightarrow \mathrm{P}\{X^2 \leq z\} \geq \mathrm{P}\left\{(X-a)^2 \leq z\right\} \Leftrightarrow X^2 \preceq (X-a)^2$.

Lösung von Aufgabe 182

Es seien $X_1, \cdots, X_n$ unabhängig voneinander nach $\mathrm{N}(0;1)$ verteilt. Dann ist X verteilt wie $\sum_{i=1}^{n} X_i^2$ und Y verteilt wie $\sum_{i=1}^{n-1} X_i^2 + (X_n + \sqrt{\delta})^2$. Nach Aufgabe 181 ist $X_n^2 \preceq (X_n + \sqrt{\delta})^2$. Da $\sum_{i=1}^{n-1} X_i^2$ unabhängig ist von X_n, ist nach Aufgabe 180 $X_n^2 + \sum_{i=1}^{n-1} X_i^2 \preceq (X_n + \sqrt{\delta})^2 + \sum_{i=1}^{n-1} X_i^2$. $\Rightarrow F_X(z) \geq F_y(z)$.

Teil II

Korrelations- und Prognosemodelle

Kapitel 3

Modelle mit zwei Variablen

3.1 Der Zusammenhangsbegriff

> " ... daß ich erkenne, was die Welt
> im Innersten zusammenhält ... "

Fausts Wunsch ist auch heute noch Inbegriff menschlichen Forschens; nämlich erstens die Beziehung zwischen Variablen zu entdecken und zu beschreiben und zweitens sie nach Ursache und Wirkung, Input und Output, oder im Sinne Toynbees nach Challenge und Response zu trennen. Im weitesten Sinne ist die Beschäftigung mit dieser Aufgabe das Thema aller folgenden Kapitel. Es lohnt sich daher, kurz über den Begriff "Abhängigkeit" nachzudenken.
Erste wichtige Impulse für die wissenschaftliche Praxis lieferte der englische Philosoph John Stuart Mill in seinen 1843 veröffentlichten "*Five Canons of Experimental Inquiry*". Er definierte Vorbedingungen einer gültigen kausalen Inferenz:
Erstens muß die Ursache der Folge zeitlich vorausgehen, zweitens müssen Ursache und Wirkung zusammenhängen und schließlich muß jede weitere plausible Erklärung ausgeschlossen sein:

> "Whatever phenomenon varies in any manner when ever another phenomenon varies in a particular manner, is either a cause or an effect of that phenomenon or is connected with it through some fact of causation."

Physikalische Formen von Beziehungen

Kausalität und Einflußnahmen können sich in unterschiedlichster Weise zeigen:

Ursache → Wirkung:

$$X \longrightarrow Y$$

In dieser unmittelbaren Ursache-Wirkungsbeziehung ist Y die Folge der Ursache X. Ändert sich X, so kann die Änderung von Y vorhergesagt werden; ändert sich Y, so kann auf X zurückgeschlossen werden. Zum Beispiel ist bei einem PKW und trockener Straße die Geschwindigkeit die primäre Ursache für die Länge des Bremsweges.

Wechselwirkung:

Beide Variablen beeinflussen sich unmittelbar oder über dritte Variablen wechselseitig. Eine eindeutige Trennung nach Ursache und Wirkung ist selten möglich. Häufig sind die Variablen über die Zeit miteinander verknüpft. (Was war zuerst da: Ei oder Henne?) Wir finden Rückkopplung und rekursive Bindungen. Zum Beispiel besteht zwischen Preisen und Löhnen eine Wechselwirkung.

Latente Variable:

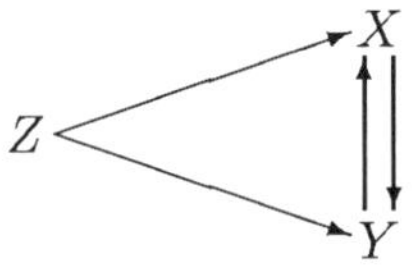

Der scheinbare Zusammenhang zwischen X und Y erklärt sich durch eine verborgene dritte Variable, die beide gemeinsam beeinflußt. Zum Beispiel können die medizinischen Befunde X und Y verursacht sein durch eine genetische Konditionierung Z als latente Variable.

Vermengte Variable:

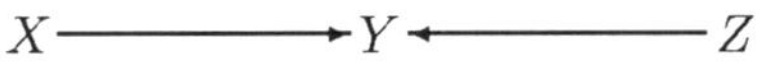

Auf Y wirkt nicht nur die Variable X, sondern gleichzeitig und oft auch physikalisch unabhängig von X eine Variable Z. Dabei variieren X und Z simultan: Immer wenn X den Wert x annimmt, hat Z den Wert z angenommen. Am Ergebnis y kann dann nicht mehr erkannt werden, was der Einfluß von X und was der Einfluß von Z ist. (Es ist unter anderem eine der wichtigsten Aufgaben der statistischen Versuchsplanung zu vermeiden, daß interessierende Einflußgrößen und Störeffekte miteinander vermengt werden.)
Zum Beispiel kann Y der Lernerfolg eines Schülers, X ein Lehrkonzept und Z die pädagogische Begabung des Lehrers sein. Hält in einer Schule jeder Lehrer an seinem, nur ihm eigenen Lehrkonzept fest, dann sind X und Z miteinander vermengt.

Mathematische Formen von Beziehungen

Mathematisch beschreiben wir die Beziehungen zwischen Variablen durch Funktionen. Dazu seien $\mathbf{X}$, $\mathbf{Y}$ und $\mathbf{U}$ mehrdimensionale Variable und g eine den jeweiligen mathematischen Anforderungen genügende Funktion.

Dabei seien $\mathbf{X}$ und $\mathbf{Y}$ wohldefinierte direkt oder indirekt meßbare Variable, während $\mathbf{U}$ den Charakter einer Störvariablen erhält. Unter dem in der Regel nicht beobachtbaren $\mathbf{U}$ werden alle sonstigen Einflüsse subsumiert.
Uns interessieren vor allem die Beziehungen zwischen $\mathbf{X}$ und $\mathbf{Y}$. Je nach Art der Relation zwischen diesen Variablen unterscheiden wir verschiedene Abhängigkeitsstrukturen.

Explizit $\leftrightarrow$ Implizit: $g(\mathbf{X}, \mathbf{Y}) = 0$ ist eine implizite, $\mathbf{Y} = g(\mathbf{X})$ eine explizite Darstellung.

Gestört $\leftrightarrow$ Ungestört: $g(\mathbf{X}, \mathbf{Y}) = 0$ ist ein ungestörter, $g(\mathbf{X}, \mathbf{Y}, \mathbf{U}) = 0$ ein durch U gestörter Zusammenhang zwischen $\mathbf{X}$ und $\mathbf{Y}$.

Deterministisch $\leftrightarrow$ Stochastisch: Im deterministischen Modell ist $\mathbf{Y}$ durch die Gleichung $\mathbf{Y} = g(\mathbf{X})$ eindeutig bestimmt, wenn $\mathbf{X}$ gegeben ist. Im stochastischen Modell $\mathbf{Y} = g(\mathbf{X}, \mathbf{U})$ ist $\mathbf{U}$ und mindestens eine der Variablen $\mathbf{X}$ und $\mathbf{Y}$ zufällig. Modelliert werden weniger Aussagen über die Variablen selbst als über ihre Wahrscheinlichkeitsverteilungen und deren Parameter.

Beispiel 194 *In der Physik sind zum Beispiel Energieerhaltungssätze meist implizite Beschreibungen; dagegen sind Aussagen wie "Kraft = Masse · Beschleunigung" explizite Beschreibungen physikalischer Vorgänge.*

In der Regel werden Beziehungen zwischen beobachtbaren Variablen als gestörte, die Beziehungen zwischen Modellparametern als ungestörte Zusammenhänge modelliert.
In Korrelationsmodellen sind $\mathbf{X}$ und $\mathbf{Y}$ sich gegenseitig beeinflussende zufällige Variablen. In den hier betrachteten Regressionsmodellen ist $\mathbf{Y}$ eine zufällige und $\mathbf{X}$ eine deterministische Variable, dabei wird der Erwartungswert $\mathrm{E}(\mathbf{Y})$ als Funktion von $\mathbf{X}$ modelliert.

Interpretationen von Beziehungen

Zusammenhänge lassen sich **kausal** oder **funktional** interpretieren:
Die kausale Interpretation unterstellt zwischen $\mathbf{Y}$ und $\mathbf{X}$ eine Ursache-Wirkung-Beziehung: Weil $\mathbf{X}$ einen bestimmten Wert angenommen hat, ist der Wert von $\mathbf{Y}$ gerade $g(\mathbf{X})$ oder — falls die Beziehung durch ein $\mathbf{U}$ gestört ist — wenigstens annähernd gleich $g(\mathbf{X})$.
Die funktionale Interpretation ist eine deskriptive Interpretation. Hier wird die Relation zwischen $\mathbf{Y}$ und $\mathbf{X}$ gelesen wie eine Rechenvorschrift, die es erlaubt, aus den $\mathbf{X}$-Werten die entsprechenden $\mathbf{Y}$-Werte zu errechnen. Kurz gefaßt gilt:

Kausale Interpretation begründet:	$\mathbf{Y}$	weil	$\mathbf{X}$.
Funktionale Interpretation beschreibt:	$\mathbf{Y}$	wenn	$\mathbf{X}$.

Existieren kausale Beziehungen, so kann **Y** über **X** gesteuert und reguliert werden. Dagegen reicht eine funktionale Beziehung zwischen **X** und **Y** meist für eine Prognose von **Y** aus. Eine erfolgreiche Prognose setzt keine Kausalität voraus!

Beispiele für funktionale Interpretationen

Im Paar $(\mathbf{X}; Y)$ ist **X** die geographische Länge und Breite eines Punktes der Erdoberfläche, der Y-Wert ist die jeweilige Höhe des Punktes über dem Meeresspiegel.
Im Paar $(X; Y)$ ist X der Name und Y die Telefonnummer eines Einwohners.
In diesen Beispielen kann von einer kausalen Beziehung zwischen **X** und Y keine Rede sein. Die Relation g beschreibt nur den *Zustand* von **Y**, wenn der *Zustand* von **X** bekannt ist.
Für den Statistiker, der nur über das Modell und die Daten verfügt, ist einzig die funktional-deskriptive Interpretation erlaubt. Aufgabe des Statistikers ist es, die Variable **Y** möglichst gut durch die Variable **X** und einen möglichen Störterm **U** zu beschreiben und die Stringenz des Zusammenhanges durch geeignete Gütemaße zu beurteilen. Diese Maße sind dann ein wesentliches Hilfsmittel bei der Bewertung der Genauigkeit der Beschreibung von **Y** durch **X** und der Bewertung der Verläßlichkeit von Prognosen von **Y** mit Hilfe von **X**. Jedoch läßt sich keine Aussage über die Relevanz der Beschreibung von **Y** durch **X** machen. Dabei ist selbst ein expliziter, ungestörter enger Zusammenhang von **Y** und **X** nicht als Beweis einer Kausalität anzusehen.
Dennoch könnten überzeugende deskriptive Zusammenhänge Anlaß sein, Kausalitätshypothesen zu formulieren, die dann in eigenen Experimenten überprüft werden könnten.

3.2 Der Korrelationskoeffizient von Bravais-Pearson

Bei realen beobachteten Ausprägungen y_i und x_i wird selten ein einfacher mathematisch funktionaler Zusammenhang $y_i = g(x_i)$ existieren, und wenn, werden wir die Funktion g nicht kennen. In der Regel werden die Ausprägungen y_i und x_i nur fehlerhaft gemessen sein. Weitere die Beziehung zwischen y_i und x_i bestimmende Faktoren und Variablen u_i sind ebenfalls unbekannt oder werden ignoriert. Schließlich können sich kausale Beziehungen zwischen y_i und x_i im Laufe der Beobachtung ändern.
Anstatt das fragliche $g(x)$ zu suchen, geht man nun das Problem von der anderen Seite an und fragt nach der schwächsten Form der gegenseitigen Abhängigkeit: "*Wenn die x_i wachsen, werden dann die y_i im Schnitt auch größer oder nehmen sie ab?*" Die Antwort auf diese Frage wird durch den **Korrelations-Koeffizienten** quantifiziert, den wir in den vorangegangenen Kapiteln bereits kennengelernt haben. Es lohnt sich aber, den Koeffizienten noch etwas genauer zu betrachten.

Für einen kurzen historischen Rückblick benutzen wir ein Vortragsmanuskript von A. W. F. Edwards (1994) und einen Aufsatz von K. Pearson (1920).

3.2.1 Ein kurzer historischer Rückblick

Die Entwicklung des Begriffs der Korrelation im 19. Jahrhundert ist eng verbunden mit der Evolutionstheorie und der Entstehung der Biometrie als eigener Wissenschaft.
Carl Friedrich Gauß analysierte die Fehlerverteilung für indirekt gewonnene Meßwerte und gelangte 1823 in seiner Arbeit "*Theoria combinationis observationum erroribus minimis obnoxiae*" zur n-dimensionalen Normalverteilung, ohne jedoch den Begriff der Korrelation als eigenes gedankliches Konzept zu prägen. Die auftretenden Elemente der Kovarianzmatrix waren für Gauß nur Entwicklungskoeffizienten einer Potenzreihe ohne eigene statistische Bedeutung. Der französische Naturwissenschaftler Auguste Bravais behandelte 1846 die zweidimensionale Normalverteilung und bezeichnete einen der Verteilungsparameter als "*une correlation*". Wie Gauß erkannte er nicht die Bedeutung der Korrelation als ein eigenes Maß für den Zusammenhang zweier Variablen. Bis in die erste Hälfte des 19. Jahrhunderts konnte man sich eine Abhängigkeit zwischen Variablen nur als kausale Abhängigkeit vorstellen. Es gab noch keinen Begriff, geschweige ein Maß für eine "*Assoziation*" zwischen Variablen. Dies hat sich seit Charles Darwin und Francis Galton geändert.
1859 wurde Darwins Buch "*The Origin of Species by Means of Natural Selection*" veröffentlicht. Es war ein bahnbrechendes und befreiendes Werk. Francis Galton, Darwins Cousin, schrieb in seinen Memoiren:

> *"Its effect was to demolish a multitude of dogmatic barriers by a single stroke and to arouse a spirit of rebellion against all ancient authorities."*

Darwins Verdienst war nicht so sehr die Entdeckung, daß Arten nicht unveränderlich geschaffen waren, sondern sich entwickelten, als vielmehr die Entdeckung eines Mechanismus, der diese Entwicklung bewirkte, nämlich die natürliche Selektion. Selektion kann aber nur wirken, wo Variation herrscht.
Variation war nicht mehr — wie für Gauß — eine Folge von Meßfehlern, die es zu eliminieren galt, sondern die notwendige Voraussetzung der Evolution. Die Beschreibung und Messung von Variation und ihre Veränderung in aufeinanderfolgenden Generationen war nun von hervorragender Bedeutung. Eine Varianz zum Beispiel beschreibt jetzt nicht mehr bloß die Größe eines Fehlers, sondern die biologische Spannweite einer Art.
1869 kann als Geburtsjahr der Biometrie angesehen werden. In diesem Jahr erscheint Galtons Buch "*Hereditary Genius, an Enquiry into its Laws and Consequences*", das zum ersten Mal mathematische Berechnungen enthält.
1877 berichtet Galton in seinem Vortrag "*Typical Laws of Heredity in Man*" von einem Experiment: Er sortierte Wickensamen in neun Gewichtsklassen, gab sie Freunden zur Aussaat und bat sie, die Früchte der sich daraus entwickelnden *Kindergeneration* zu bewahren und zu wiegen. Anschließend wertete er

die Gewichte der Samen der *Kindergeneration* in den einzelnen Klassen aus. Galton entdeckte experimentell wesentliche Eigenschaften der bedingten Normalverteilung. So stellte er fest, daß die Varianzen der Gewichte in allen ihm zurückgemeldeten Gewichtsreihen annähernd konstant und deutlich kleiner als die Ausgangsvarianz waren — gleichgültig, ob die gelieferten Samen besonders schwer oder besonders leicht waren.[1]
Galton schreibt:

> *"I was certainly astonished to find the variability of the produce of the little seeds to be equal to that of the big ones; but so it was and I thankfully accept the fact."*

Weiterhin waren die Mittelwerte der neuen Samen linear von den Ausgangsgewichten abhängig, aber nicht mit dem Anstieg 1, sondern etwa 1/3. Die Mittelwerte der Gewichte der Samen tendierten zum Gesamtmittelwert zurück.[2] Hier taucht zum ersten Mal der Koeffizient r auf, den Galton hier noch "*reversion*" und später "*regression*" nannte.

> *"Reversion is the tendency of the ideal mean filialtype to depart from the parentaltype, reverting to what may be roughly and perhaps fairly described as the average ancestral type."*

Dieses Experiment ist das Analogon zu Gregor Mendels berühmtem, aber damals unbekanntem Kreuzungsexperiment mit Erbsen, das dieser 10 Jahre früher durchführte. Mendel betrachtete eine qualitative Variable (Blütenfarbe), Galton eine stetige Variable (Gewicht).
In den folgenden Jahren sammelte Galton Daten beim Menschen wie z.B. Körpergröße von Eltern und Kindern. Dann stellte er aus diesen Daten zweidimensionale Häufigkeitsverteilung zusammen und bestimmte die Konturlinien gleicher Häufigkeit.
Abbildung 3.1 auf der nächsten Seite zeigt das von ihm erarbeitete Diagramm:[3]
Er erkannte, daß alle bedingten Verteilungen annähernd normalverteilt waren mit konstanter Varianz und linear abhängigen Mittelwerten und entdeckte die Konzentrationsellipsen sowie die beiden Regressionsgeraden erster Art.
Karl Pearson (1857-1936) schreibt dazu über ihn in seinen *Notes on the History of Correlation*:

> *"That Galton should have evolved all this from his observation is to my mind one of the most noteworthy scientific discoveries arising from pure analysis of observations."*

Pearson wird Galtons Schüler. Er entwickelt bis 1896 die heute *klassische* Form des Korrelationskoeffizienten. 1915 bestimmt R. A. Fisher die Verteilung von r in normalverteilten Grundgesamtheiten.

[1] vgl. auf Seite 140 Satz 155
[2] $\mathrm{E}(U|V) - \mu_u = \rho(v - \mu_v)$, falls $\sigma_u = \sigma_v$.
[3] Aus: Karl Pearson (1920), "Notes on the History of Correlation"

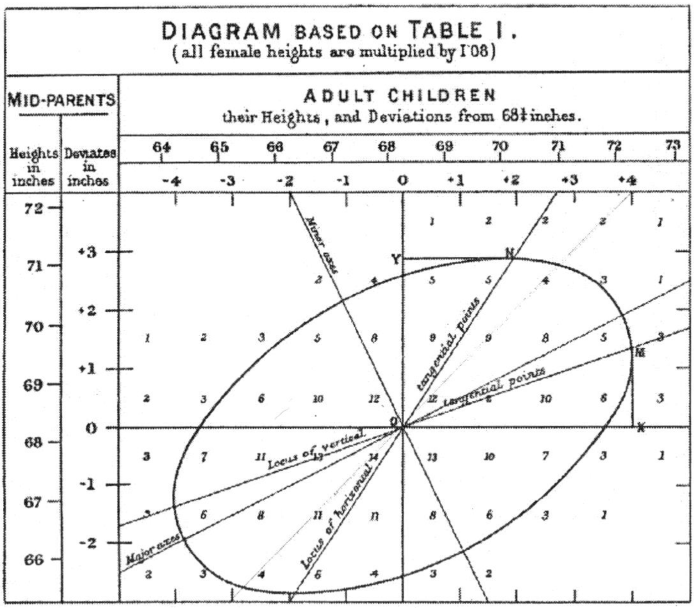

Abbildung 3.1: Galtons Darstellung einer zweidimensionalen Häufigkeitsverteilung.

Aber auch hier ist heute eine *Reversion* zu den Anfängen zu beobachten. Galton standardisierte mit Median und Quartilsabstand; Pearson führte stattdessen Mittelwert und Standardabweichung ein. Unter dem Leitbild robuster Statistik wird nun Galtons ursprünglicher Ansatz wieder aktuell.

3.2.2 Struktur des Korrelationskoeffizienten

Hier und im gesamten Kapitel II wollen wir nur zufällige Variablen mit existierenden zweiten Momenten betrachten. Sofern nicht ausdrücklich etwas anderes gesagt wird, werden wir in diesem Kapitel von allen betrachteten zufälligen Variablen X und Y voraussetzen, daß $\mathrm{E}X$, $\mathrm{E}Y$, $\mathrm{Var}\,X$, $\mathrm{Var}\,Y$ und $\mathrm{Cov}(X,Y)$ existieren. Wir knüpfen an den Abschnitt 2.1.5 "Varianz, Kovarianz, Korrelationskoeffizient" des letzten Kapitels an.

Definition 195 *Sind X und Y zufällige Variable bzw. sind* $\mathbf{x} = (x_1; \ldots; x_n)'$ *und* $\mathbf{y} = (y_1; \ldots; y_n)'$ *zwei beobachtete Datensätze, so sind die* ***Korrelations-***

koeffizienten nach Bravais-Pearson[4] *definiert durch:*

$$\rho(X,Y) := \frac{\operatorname{Cov}(X,Y)}{\sqrt{\operatorname{Var} X \cdot \operatorname{Var} Y}},$$
$$r(\mathbf{x},\mathbf{y}) := \frac{\operatorname{cov}(\mathbf{x},\mathbf{y})}{\sqrt{\operatorname{Var}\mathbf{x}}\sqrt{\operatorname{Var}\mathbf{y}}}.$$

Die innere mathematische Struktur wird noch deutlicher, wenn wir den Korrelationskoeffizienten mit Skalarprodukten und Normen schreiben: Setzen wir nun voraus, daß die zufälligen Variablen X und Y sowie die Vektoren $\mathbf{x}$ und $\mathbf{y}$ zentriert sind, so ist:

$$\rho(X,Y) = \frac{\langle X,Y\rangle}{\|X\|\,\|Y\|} = \cos\alpha,$$
$$r(\mathbf{x},\mathbf{y}) = \frac{\langle \mathbf{x},\mathbf{y}\rangle}{\|\mathbf{x}\|\,\|\mathbf{y}\|} = \cos\alpha.$$

Der Korrelationskoeffizient ist der Kosinus des von X und Y bzw. von $\mathbf{x}$ und $\mathbf{y}$ eingeschlossenen Winkels α. Je nachdem, ob dies ein spitzer oder stumpfer Winkel ist, wird $\cos\alpha$ positiv oder negativ (Abbildung 3.2). Zur Interpretati-

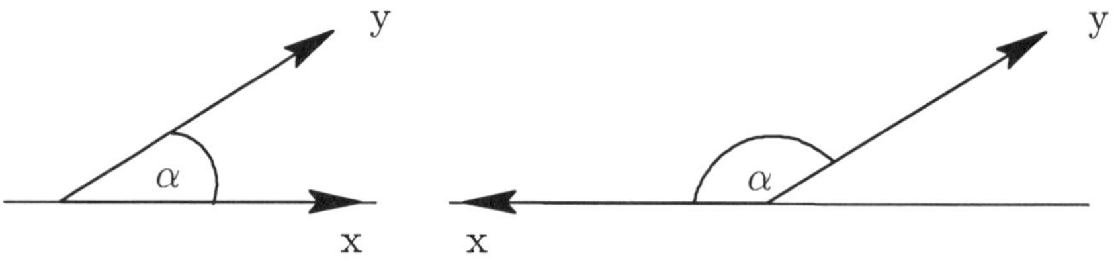

Abbildung 3.2: Positive und negative Korrelation

on des Betrages des Korrelationskoeffizienten projizieren wir Y auf die von X aufgespannte Gerade $\mathcal{L}\{X\}$ und betrachten die orthogonale Zerlegung:

$$Y = \mathbf{P}_X Y + Y_{\bullet X}.$$

Wie bereits im Abschnitt 1.1.5 beim Thema "Projektionen eines Vektors $\mathbf{y}$ auf einen Vektor $\mathbf{x}$" gezeigt wurde, folgt nun:

$$\cos^2\alpha = \frac{\|\mathbf{P}_X Y\|^2}{\|Y\|^2} = \frac{\langle X,Y\rangle^2}{\|X\|^2\,\|Y\|^2} = \rho^2(X,Y), \tag{3.1}$$
$$\sin^2\alpha = \frac{\|Y_{\bullet X}\|^2}{\|Y\|^2} = 1 - \rho^2(X,Y). \tag{3.2}$$

Siehe Abbildung 3.3. Bei dieser geometrischen Betrachtung entfällt der inhaltli-

[4] Man sagt oft auch Produkt-Moment-Korrelationskoeffizienten. Wir werden im folgenden bloß vom Korrelationskoeffizienten sprechen.

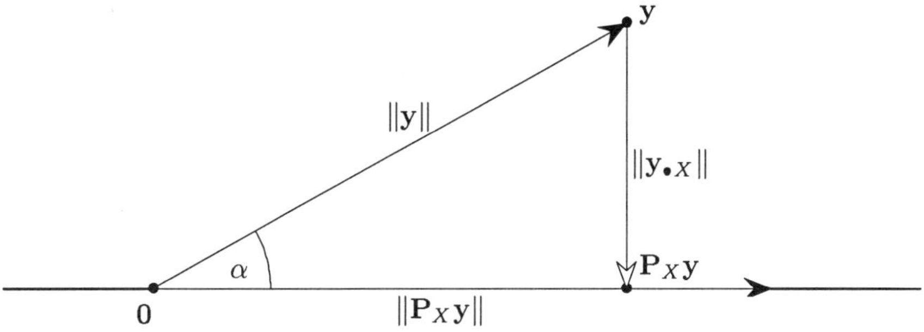

Abbildung 3.3: $|\rho(X,Y)| = \cos\alpha$

che Unterschied zwischen Beobachtungsvektoren und zufälligen Variablen, zwischen deterministischen und zufälligen Größen.[5]
In diesem Kapitel werden wir zwischen zufälligen Variablen bzw. statistischen Merkmalen X und Y und ihren Beobachtungsvektoren $\mathbf{x}$ und $\mathbf{y}$ wechseln und die jeweils anschaulichere Form wählen. Eigenschaften des Korrelationskoeffizienten, die wir aus der geometrischen Struktur ableiten, gelten dann unabhängig davon, ob wir sie mit zufälligen Variablen oder Beobachtungsvektoren formuliert und bewiesen haben.
$|\rho(X,Y)|$ ist das Verhältnis der Länge der in Y enthaltenen linearen X-Komponente $\mathbf{P}_X Y$ zur Länge von Y selbst. Auch von dieser Beziehung her gesehen ist $\rho(X,Y)$ ein Maß für die Stärke des linearen Zusammenhangs von X und Y. Aus $\|\mathbf{P}_X Y\| \leq \|Y\|$ folgt:

$$-1 \leq \rho(X,Y) \leq 1.$$

$|\rho(X,Y)|$ ist genau dann gleich 1, wenn Y eine lineare Funktion von X ist: $|\rho(X,Y)| = 1 \iff Y = a + bX$. Dabei ist das Vorzeichen von ρ das Vorzeichen von b: $\operatorname{sign}(\rho(X,Y)) = \operatorname{sign}(b)$.
Der Korrelationskoeffizient ρ ist das Skalarprodukt der standardisierten Variablen. Daher ist ρ bis auf das Vorzeichen invariant gegen lineare Skalentransformationen:

$$\rho(a + bX, c + dY) = \operatorname{sign}(bd)\, \rho(X,Y).$$

Ist zum Beispiel X eine Temperatur, so hängt $\rho(X,Y)$ nicht davon ab, ob X in Grad Celsius, Fahrenheit oder Kelvin gemessen wurde. Nichtlineare Transformationen der Variablen ändern dagegen die Korrelationen.

Beispiel 196 *In Tabelle 3.1 auf der nächsten Seite ist der Vektor* $\mathbf{y}$ *definiert durch* $y_i = x_i + 0,85433$. *Daher ist* $r(\mathbf{y},\mathbf{x}) = +1$. *Andererseits ergibt sich für die reziproken Werte* $1/x_i$ *und* $1/y_i$ *die Korrelation* $r\left(\frac{1}{\mathbf{x}}, \frac{1}{\mathbf{y}}\right) = 0$. *Abbildung 3.4 auf der nächsten Seite zeigt oben den Plot von* y_i *gegen* x_i, *und unten den Plot von* $1/y_i$ *gegen* $1/x_i$.

[5] Der Unterschied wird erst wieder relevant, wenn wir Aussagen über die Wahrscheinlichkeitsverteilungen der betrachteten Größen machen.

y_i	x_i	$1/y_i$	$1/x_i$	$1/(x_i y_i)$
−0,333	−1,188	−3	−0,842	2,526
−0,500	−1,354	−2	−0,738	1,477
−1,000	−1,854	−1	−0,539	0,539
1,000	0,146	1	6,862	6,862
0,500	−0,354	2	−2,823	−5,645
0,333	−0,521	3	−1,920	−5,759
0,000	−5,125	0	0,000	0,000

Tabelle 3.1: Datensatz mit $r(\mathbf{x}, \mathbf{y}) = 1$ und $r(\frac{1}{\mathbf{x}}, \frac{1}{\mathbf{y}}) = 0$

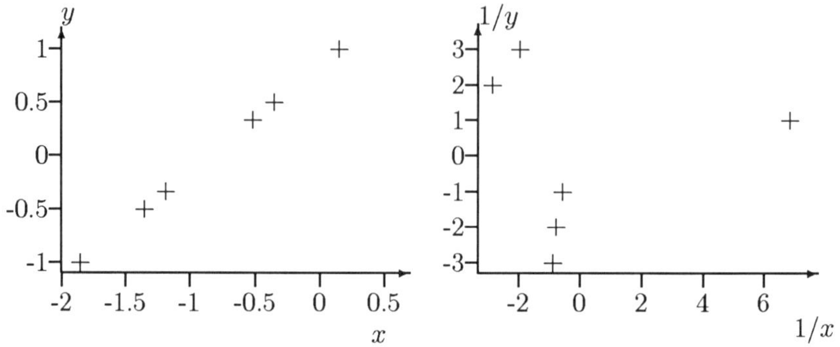

Abbildung 3.4: Links: $r(\mathbf{y}, \mathbf{x}) = 1$ Rechts: $r(\frac{1}{\mathbf{y}}, \frac{1}{\mathbf{x}}) = 0$

Beispiel 197 *Das folgende Beispiel zeigt, wie sehr die Korrelation zwischen zwei Merkmalen von deren präziser Definition abhängt.*
Denken wir uns als Beispiel einen Versuch, bei dem ein zu reinigendes Medium eine Filterschicht aus kleinen porösen Tonkugeln passieren muß. Gefragt wird nach dem Zusammenhang zwischen der Filterwirkung Y und der "Größe" *der Kugeln. Lassen wir die Frage nach der genauen Definition und Messung von Y beiseite und betrachten die* "Größe". *Ist mit* "Größe" *der Durchmesser D, die Oberfläche $O \simeq D^2$ oder das Volumen $V \simeq D^3$ gemeint? Bei 10 Versuchen seien die Wertepaare in Tabelle 3.2 auf der nächsten Seite gemessen worden. Für diese Meßwerte berechnet man:*

$$\left.\begin{aligned} r(\mathbf{y}, \mathbf{d}) & & &= 0,2681 \\ r(\mathbf{y}, \mathbf{o}) &= r(\mathbf{y}, \mathbf{d}^2) & &= 0,3263 \\ r(\mathbf{y}, \mathbf{v}) &= r(\mathbf{y}, \mathbf{d}^3) & &= 0,6744 \end{aligned}\right\} \overset{?}{=} r(\mathbf{y}, \text{"Größe"})$$

An diesem Beispiel sieht man dreierlei:

1. Jede Präzisierung des Wortes *Größe* führt zu einer anderen Antwort auf die Frage nach der Korrelation zwischen Y und der *Größe*.

2. Die Korrelation zwischen Variablen bleibt nur bei linearen Transformationen invariant. O und V sind jedoch nichtlineare Funktionen von D.

y	d	d^2	d^3
2,07	1	1	1
2,73	2	4	8
2,52	3	9	27
2,68	4	16	84
2,65	5	25	125
2,30	6	36	216
2,52	7	49	343
1,78	8	64	512
2,37	9	81	729
3,68	10	100	1000

Tabelle 3.2: Meßwerte für Filterwirkung und *Kugelgröße.*

Daher ändert sich die Korrelation.

3. Der Übergang vom Durchmesser D zur Oberfläche O und zum Volumen V bedeutet formal für die Punktwolke nur eine monotone Verzerrung der Abszisse, bei der die Ordinatenwerte konstant bleiben. Dabei wächst der numerische Einfluß eines Wertepaares $(y; d)$ überproportional mit dem Betrag von d.

3.2.3 Überlagerungsmodell

Statt Y in eine X- und eine Restkomponente zu *zerlegen*, können wir auch Y aus einer X- Komponente und einer Restkomponente *zusammensetzen*. Als Beispiel betrachten wir den Begriff der Zuverlässigkeit eines psychometrischen Tests: Das beobachtbare Ergebnis des psychometrischen Tests wird als zufällige Variable Y modelliert. Der wahre, nicht durch zufällige Meßfehler gestörte Wert sei X. Weiter sei U eine externe, zu X unkorrelierte Störung. Dabei gelte:

$$Y = X + U.$$

Die **Zuverlässigkeit** ζ des Tests ist dann definiert durch die quadrierte Korrelation zwischen gemessenem und wahrem Wert:

$$\zeta := \rho(Y, X)^2.$$

Abbildung **??** auf Seite ?? stellt die zentrierten Variablen dar. Aus der Orthogonalität und dem Satz des Pythagoras, bzw. der Unkorreliertheit und dem Additionssatz für Varianzen folgt:

$$\begin{aligned} \zeta = \rho(Y, X)^2 &= \frac{\|X\|^2}{\|Y\|^2} = \frac{\|X\|^2}{\|X\|^2 + \|U\|^2} \\ &= \frac{\text{Var } X}{\text{Var } Y} = \frac{\text{Var } X}{\text{Var } X + \text{Var } U}. \end{aligned}$$

Je kleiner die Varianz der Fehlerkomponente U im Vergleich zur Varianz des wahren Wertes X ist, um so größer ist die Zuverlässigkeit des (psychometrischen) Tests.
Wir zeigen den Einfluß der Fehlervarianz an sechs nach dem Überlagerungsmodell $Y = X + U$ konstruierten Punktwolken (Abbildung 3.5). Dabei sind die x_i und u_i jeweils Realisationen unabhängiger normalverteilter Variablen X und U mit jeweils vorgegebenen Varianzen (Tabelle 3.3).

Wolke	var **x**	var **u**	var **y**	$r(\mathbf{y};\mathbf{x})$
1	4,00	96,00	100	0,20
2	12,25	87,75	100	0,35
3	25,00	75,00	100	0,50
4	42,25	57,75	100	0,65
5	64,00	36,00	100	0,80
6	90,25	9,75	100	0,95

Tabelle 3.3: Eigenschaften der sechs Punkt-Wolken

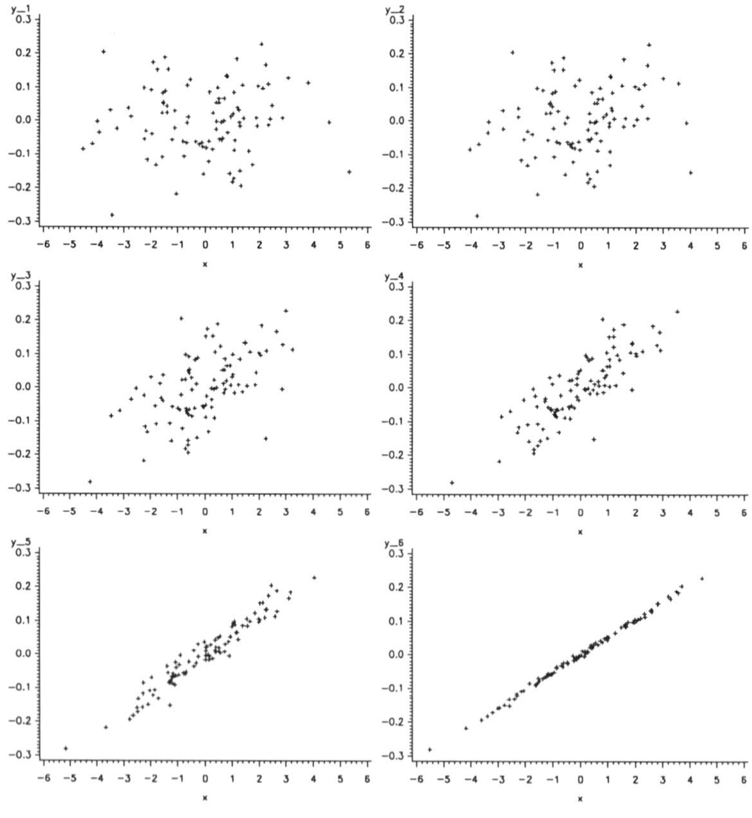

Abbildung 3.5: Sechs Punktwolken mit $r \in \{\ 0,2; 0,35; 0,50; 0,65; 0,80; 0,95\ \}$

3.2.4 Verteilung des Korrelationskoeffizienten

Es seien $(X_i; Y_i)$ mit $i = 1, \ldots, n$ unabhängige, identisch verteilte zweidimensionale zufällige Variable, die alle dieselben Korrelationskoeffizienten $\rho := \rho(X, Y)$ besitzen und deren vierte Momente existieren sollen. Beobachtet werden die n Paare $(x_i; y_i)$, die wir in $(\mathbf{x}; \mathbf{y})$ zusammenfassen. Dann ist der Stichproben-Korrelationskoeffizient $r := r(\mathbf{x}, \mathbf{y})$ aus den n Beobachtungspaaren selbst Realisation der zufälligen Variablen

$$R := R(\mathbf{X}, \mathbf{Y}) := \frac{\sum \left(X_i - \overline{X}\right)\left(Y_i - \overline{Y}\right)}{\sqrt{\sum \left(X_i - \overline{X}\right)^2 \sum \left(Y_i - \overline{Y}\right)^2}}.$$

$R(\mathbf{X}, \mathbf{Y})$ ist ein asymptotisch erwartungstreuer und konsistenter Schätzer für ρ. Ist (X, Y) zweidimensional normalverteilt, so ist $R(\mathbf{X}, \mathbf{Y})$ darüber hinaus der Maximum-Likelihood-Schätzer für ρ. Durch geometrische Überlegungen gelang es R. A. Fisher 1915, die Wahrscheinlichkeitsverteilung von $R(\mathbf{X}, \mathbf{Y})$ in Gestalt einer unendlichen Potenzreihe abzuleiten.

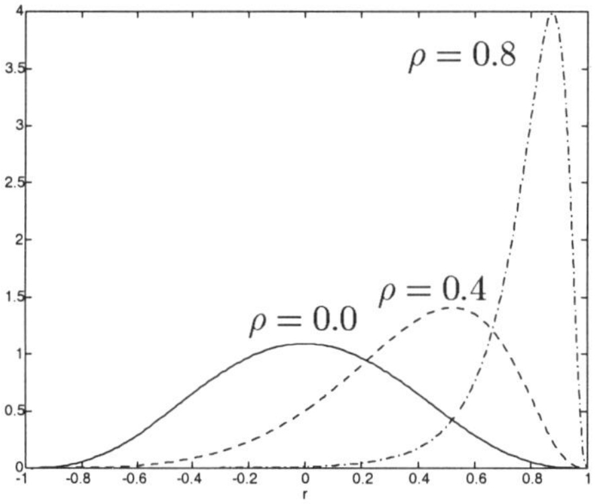

Abbildung 3.6: Dichte des empirischen Korrelationskoeffizienten für $n = 10$

Abbildung 3.6 zeigt die Dichte des Korrelationskoeffizienten $R(\mathbf{X}, \mathbf{Y})$ für die Werte $\rho = 0$, $\rho = 0{,}4$ und $\rho = 0{,}8$. Der Graph der Dichtefunktion ist unsymmetrisch; Varianz und Schiefe der Verteilung hängen ab von n und dem unbekannten Parameter ρ. Um Wahrscheinlichkeitsaussagen zu gewinnen, z.B. für Tests oder Konfidenzintervalle, transformiert man die Variablen so, daß die resultierenden Variablen möglichst mit konstanter Varianz normalverteilt sind. Die wichtigsten Transformationen sind die von R. A. Fisher und von H. C. Kraemer:

Die Fishersche z-Transformation Bei dieser Transformation wird der empirische Korrelationskoeffizient R auf den Wert

$$z(R) = \frac{1}{2} \ln \frac{1+R}{1-R} \tag{3.3}$$

abgebildet. $z(R)$ ist in guter Näherung normalverteilt:

$$z(R) \sim \mathrm{N}\left(z(\rho); \frac{1}{n-3}\right).$$

Abbildung 3.7 zeigt die Dichte der $\mathrm{N}\left(z(\rho); \frac{1}{n-3}\right)$ für $\rho = 0; 0,4;\ 0,8$ und $n = 10$. Die (wahre) Dichte der transformierten Variablen $z(R)$ weicht geringfügig

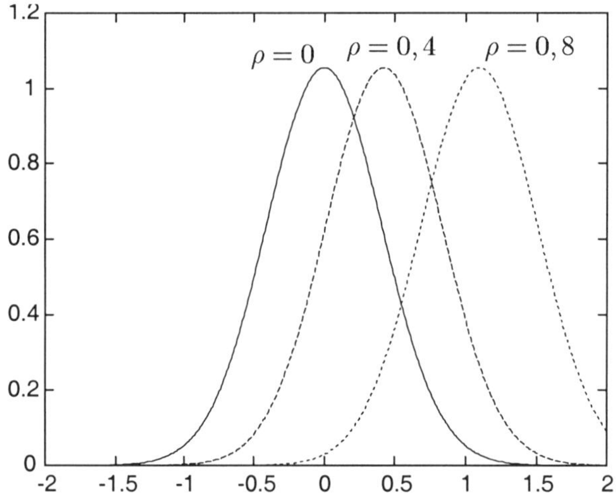

Abbildung 3.7: Dichte der $\mathrm{N}\left(z(\rho); \frac{1}{n-3}\right)$ für $\rho = 0; 0,4;\ 0,8$ und $n = 10$.

von der asymptotischen Normalverteilung ab. Die Dichte von $z(R)$ ist fast symmetrisch; die Varianz hängt nur noch schwach von ρ ab.[6] Ändert sich ρ und damit $z(\rho)$, so verschiebt sich die Dichtefunktion nach links oder nach rechts: $z(\rho)$ ist Lageparameter der Verteilung von $z(R)$.

Kraemer (1973) zeigte, daß:

$$t_{Kraemer} := \frac{\sqrt{N-2}\,(R-\rho)}{\sqrt{1-R^2}\sqrt{1-\rho^2}} \sim t\,(n-2) \tag{3.4}$$

in guter Näherung t-verteilt ist mit $n-2$ Freiheitsgraden.

[6] Dies sind Ergebnisse einer Simulationstudie. Wir haben auf die Bestimmung der wahren Dichte verzichtet.

Beide Transformationen (3.3) und (3.4) eignen sich gut zur Bestimmung von Tests und Konfidenzintervallen. Eine Übersicht über spezielle Tests von Hypothesen über den Korrelationskoeffizienten geben Hartung und Elpelt (1992).

3.2.5 Quellen für Fehlinterpretationen

Die häufigsten Mißverständnisse und Trugschlüsse entstehen, wenn funktionale Beziehungen fälschlich kausal interpretiert werden:
Wenn die Sonne aufgeht, läuten die Glocken. Wenn die Störche in den Süden zurückfliegen, wird es ein Vierteljahr später wesentlich kälter werden. Wenn die Krokusse blühen, werden sich demnächst auch die Tulpen öffnen.
All dies sind funktionale, aber keine kausalen Beziehungen. Funktionale Beziehungen — verursacht durch verdeckte kausale Einflußgrößen — verbergen sich häufig hinter den sogenannten **Scheinkorrelationen**, die einerseits in der statistischen Praxis ebenso gefürchtet wie als statistische Scherze beliebt sind:
Wenn der Speiseeisverbrauch hoch ist, ist die Arbeitslosigkeit niedrig. Kinder mit großen Füssen haben einen größeren Wortschatz als Kinder mit kleinen Füssen.
Die latenten Einflußfaktoren sind in diesen Beispielen die Winter/Sommer-Saison-Figur bzw. das Alter. Dabei handelt es sich im eigentlichen Sinne nicht um Scheinkorrelationen! Denn in diesen Beispielen ist die Korrelation der Zahlenreihen unbestreitbar und läßt sich auch zur Prognose verwenden: Wenn man weiß, daß ein Kind größere Schuhe trägt, wird es wohl auch schon älter sein und daher über einen größeren Wortschatz verfügen. Der Trugschluß, der *Schein*, liegt in der kausalen Interpretation des Gleichlaufs von zwei Zahlenreihen.
In der Praxis wird oft an Hand von Korrelationen entschieden, ob zwischen Variablen Zusammenhänge bestehen können. Dabei können nicht nur grobe Scheinkorrelationen sondern auch subtilere Fehler zu Fehlschlüssen führen.
Einige der häufigsten Fehler sind:

1. Einflüsse, die sich in additiven Veränderungen äußern, werden durch den Korrelationskoeffizienten nicht erkannt.

2. Latente Variable können eine vorhandene Assoziation überdecken.

3. Durch die Bildung von Raten und Quoten und die Wahl variabler Skalierungen können Korrelationen sich grundlegend ändern und Scheinkorrelationen entstehen.

4. Einschränkungen bei der Stichprobenziehung können den Korrelationskoeffizienten verfälschen.

5. In Gegenwart eines dritten Variablenvektors Z werden marginale Korrelationen $\rho(X,Y)$ anstelle bedingter $\rho(X,Y|Z)$ oder partieller Korrelationen $\rho(X,Y)_{\bullet Z}$ betrachtet.

Wir werden die ersten vier Punkte an Beispielen erläutern und den letzten Punkt in zwei eigenen Abschnitten untersuchen.

Additive Einflüsse

Beispiel 198 *Das folgende Beispiel zitiert Blockland-Vogelsand (1992) in ihrem Aufsatz "Nature versus Nurture: Methodological Questions and Fisherian Answer". In einer großen Studie über den Einfluß von Umwelt und Vererbung bei Entwicklung der menschlichen Intelligenz wurden adoptierte Kinder über einen Zeitraum von 14 Jahren beobachtet. Dabei wurden die Intelligenzquotienten der Kinder* IQ_K, *ihrer natürlichen Mütter* IQ_M *und ihrer Adoptivmütter* IQ_{AM} *gemessen. (Die Probleme der Messung und der Interpretation sollen hier nicht diskutiert werden). Es ergab sich keinerlei auffällige Korrelation zwischen den IQs von Pflegekindern und Pflegemüttern.* $(\rho(IQ_K, IQ_{AM}) \leq 0,1)$. *Dies wurde als Hinweis darauf interpretiert, daß die Erziehung keinen Einfluß auf den IQ hatte und diese Größe eher genetisch bedingt ist. Andererseits war der Mittelwert des IQ der Adoptivkinder um 20 Punkte höher als der ihrer natürlichen Mütter. Es ist möglich, daß sich der Einfluß der Umwelt und der Pflegemütter als additiver Effekt äußert. Dieser wird hier vom Korrelationskoeffizienten nicht erkannt.*[7]

Latente Variablen

Beispiel 199 *Das folgende Beispiel stammt ebenfalls aus dem oben zitierten Aufsatz von Blockland-Vogelsand: In einer großangelegten Langzeitstudie wurde in Holland die Intelligenz von jungen Soldaten bei der Einberufung zum Miltärdienst mit dem* ***Raven Progressive Matrix Test*** *getestet. Dabei wurden 2854 Männer im Alter von 18 Jahren und rund 25 Jahre später ihre gleichalten Söhne getestet.*
Die Korrelation zwischen den Testwerten von Vätern V *und Söhnen* S *war mit 0,3 sehr niedrig. Dies scheint gegen eine Vererbungstheorie zu sprechen. Gleichzeitig waren die Werte* S *der Söhne im Schnitt 8 Punkte höher als die der Werte* V *der Väter. Außerdem war die Varianz von* S *fast um die Hälfte kleiner als die Varianz von* V *. Betrachtet man nun die Differenz* $S - V$ *bei den einzelnen Vater-Sohn-Paaren, so zeigt sich, daß diese um so niedriger ist, je größer der* V*-Wert ist.*
Eine mögliche Erklärung für dieses Phänomen bietet ein Modell der Art $S = V + N + NV + U$. *Dabei ist* N *das allgemeine Schulniveau im Land und* NV *eine Wechselwirkung zwischen Schulniveau und Bildung der Väter. Je geringer die Schulbildung der Väter war, um so stärker könnte sich beim Sohn der durch Schule und Umwelt vermittelte allgemeine Anstieg des Schulniveaus bemerkbar machen.* N *und die Wechselwirkung* NV *überdecken als latente Variable einen möglichen genetischen Zusammenhang zwischen* V *und* S.

Quotenbildung

Beispiel 200 (Störche und Babies) *Angenommen, wir haben die folgenden in Tabelle 3.4 auf der nächsten Seite dargestellten Daten aus 10 Ländern:*[8] *Die*

[7] Additive Effekte werden später im Rahmen der Varianzanalyse behandelt.
[8] Die Daten sind konstruiert, die Idee stammt von Kronmal (1993).

Fläche F in km^2, die Anzahl der im letzten Jahr geborenen Babies B in Tausend, die Anzahl der Störche S und die Gesamtgröße der Wasserfläche W in km^2.

Land	Fläche F	Babies B	Störche S	Wasser W	Quoten mal 100 S:F	B:F	S:W
1	8624	370	213	157	2,47	4,3	135
2	9936	210	48	150	0,48	2,1	32
3	2093	323	100	190	4,78	15,4	53
4	3150	306	152	185	4,83	9,7	82
5	4584	373	146	177	3,18	8,1	82
6	4294	556	95	179	2,21	13,0	53
7	15570	520	85	122	0,55	3,3	69
8	9260	300	149	154	1,61	3,2	97
9	2377	580	149	288	6,27	24,4	52
10	12149	287	192	139	1,58	2,4	138

Tabelle 3.4: Daten zu Beispiel 200

B, S und F sind praktisch unkorreliert: $r(F,B) = -0,15$, $r(F,S) = -0,05$ und $r(B,S) = -0,05$. (Vergleiche auch Abbildung 3.8 auf der nächsten Seite) Nun beziehen wir die Anzahlen der Babies und der Störche auf die zur Verfügung stehende Fläche. S/F ist die Anzahl der Störche pro km^2, analog ist B/F die Anzahl der Babies pro km^2. Nun sind die Baby- und die Storchquoten hochgradig miteinander korreliert (siehe Tabelle 3.4 und Abbildung 3.9 auf der nächsten Seite): Die Korrelation zwischen B/F und S/F ist $r(\frac{B}{F}, \frac{S}{F}) = 0,87$. Ein (arg naiver) Betrachter könnte aus der erfreulichen Zunahme der Störche auch auf ein Ansteigen der Geburtenziffer hoffen.
Dem halten wir nun entgegen, daß die Anzahl der Störche nicht auf die Größe des Landes, sondern auf die Größe der nahrungsspendenden Wasserfläche W beziehen sollte. S/W ist die Anzahl der Störche pro km^2 Wasserfläche. Nun sind auf einmal Baby- und Storchquoten negativ korreliert: $r(\frac{B}{F}, \frac{S}{W}) = -0,46$ (Abbildung 3.10 auf der nächsten Seite). Also je weniger Störche, um so mehr Kinder! Oder??

Quotenbildungen sind alltäglich, z.B. die Arbeitslosenquote in der Wirtschaftswissenschaft oder die Medikamentendosis pro Kg Gewicht in der Medizin. Gerade hier hat man sich vor ähnlichen Klippen und Fallstricken mißverständlicher Korrelationen zu hüten. Nur sind sie meist nicht so offensichtlich wie in unserem Beispiel. Vgl. Kronmal (1993). Generell gilt:
Sind X und Y zwei zufällige Variable, so bleibt die Korrelation bei linearen Transformationen von X und Y invariant: $\rho(X,Y) = \rho(a_0 + a_1X, b_0 + b_1Y)$. Dies gilt jedoch nur, wenn alle Koeffizienten konstant sind. Die Aussage ist falsch, wenn die Koeffizienten selbst zufällige Variablen sind. Dies sahen wir für die Addition im Überlagerungsmodell und im Storch-und-Baby-Beispiel für die Multiplikation. (Wir haben dort mit den Faktoren $1/F$ bzw. $1/W$ multipliziert.) Wir werden dies im Anhang (Abschnitt 5.1.2 auf Seite 260) noch etwas

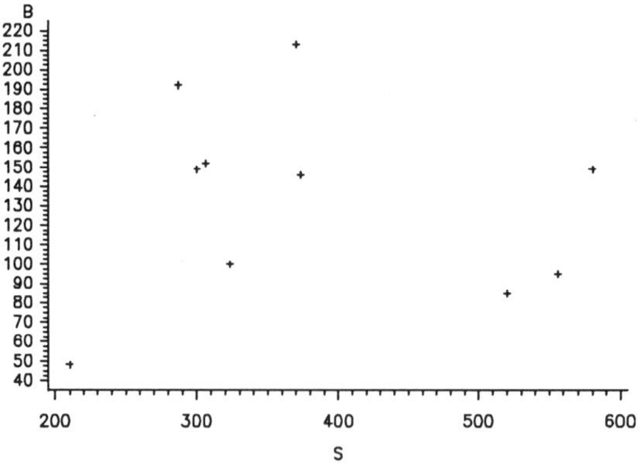

Abbildung 3.8: Plot Babys B gegen Störche S, $r(B, S) = -0,05$

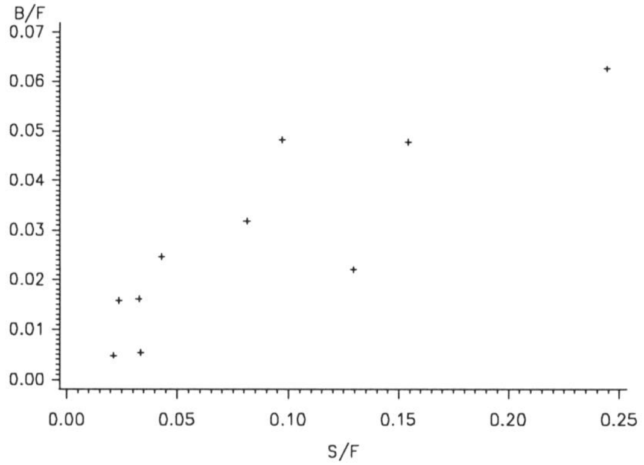

Abbildung 3.9: $\frac{B}{F} = \frac{\text{Babys}}{\text{Fläche}}$ gegen $\frac{S}{F} = \frac{\text{Störche}}{\text{Fläche}}$ mit $r(\frac{B}{F}, \frac{S}{F}) = 0,87$

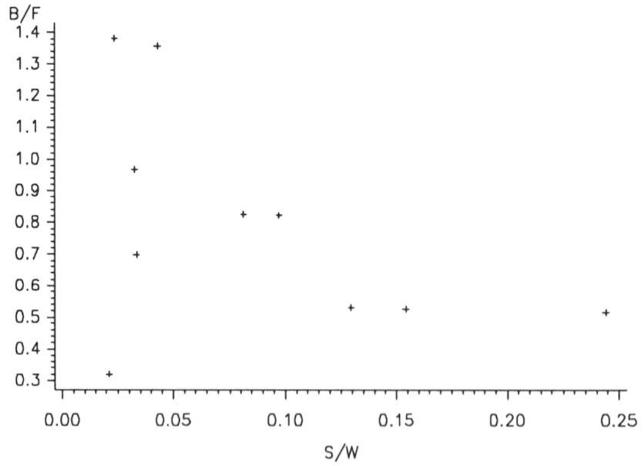

Abbildung 3.10: $\frac{B}{F} = \frac{\text{Babys}}{\text{Fläche}}$ gegen $\frac{S}{W} = \frac{\text{Störche}}{\text{Wasserfläche}}$ mit $r(\frac{B}{F}, \frac{S}{W}) = -0,46$

allgemeiner untersuchen.

Einschränkungen

Eine häufig übersehene Fehlerquelle sind Einschränkungen bei der Auswahl der beobachteten Wertepaare $(x_i; y_i)$. Man will einen Koeffizienten $\rho(X,Y)$ schätzen, zieht aber keine unabhängige Stichprobe, sondern schränkt, bewußt oder unbewußt, mindestens eine der beiden Variablen ein. Dazu ein konkreter Fall:

Beispiel 201 *Korrelation ist eine Eigenschaft einer Gesamtheit, die sich nicht auf ihre Teile vererbt. Zerlegt man eine Punktwolke in Segmente, kann die Korrelation in den Segmenten daraufhin verschwinden. Wir betrachten zur Illustration 100 hochkorrelierte Realisationen* $(x_i; y_i)$ *zweidimensional normal verteilter Variablen. Dabei ist* $r(\mathbf{x}, \mathbf{y}) = 0,91$. *Dann werden die Wertepaare in fünf gleich stark besetzte Klassen geteilt, die der Größe der* x*-Variable nach geordnet sind. Anschaulich gesagt durchschneiden wir den Graph der Punktwolke durch vertikale Linien in fünf Streifen. Die Korrelationen in den fünf Teilwolken sind:* $r_1 = 0,85$; $r_2 = 0,01$; $r_3 = 0,04$; $r_4 = 0,36$ *und* $r_5 = 0,64$. *Der Mittelwert ist* $\overline{r} = 0,38$.
Das idealisierte Beispiel ist offensichtlich, die Realität ist stärker verschleiert: An amerikanischen Colleges wurde untersucht, wie groß die Korrelation $\rho(X,Y)$ *zwischen einem Eingangsleistungstest* X *und der Abgangsleistung* Y *ist.*[9] *An einer Auswahl von Colleges werden die Korrelationen* $r(\mathbf{x}, \mathbf{y})$ *berechnet, die sich fast alle als nicht signifikant erweisen. Da jedoch viele Colleges ihre Studenten überhaupt erst aufgrund der Noten im Eingangstest auswählen, wurde durch das Auswahlverfahren die Gesamtheit der* (x, y)*-Testergebnisse in homogene Teilgruppen zerlegt. Daher kann aus den Einzelkorrelationen überhaupt nichts über die wahre Größe von* $\rho(X,Y)$ *geschlossen werden.*

[9] Es ist für dieses Beispiel irrelevant, wie X und Y definiert und gemessen wurden.

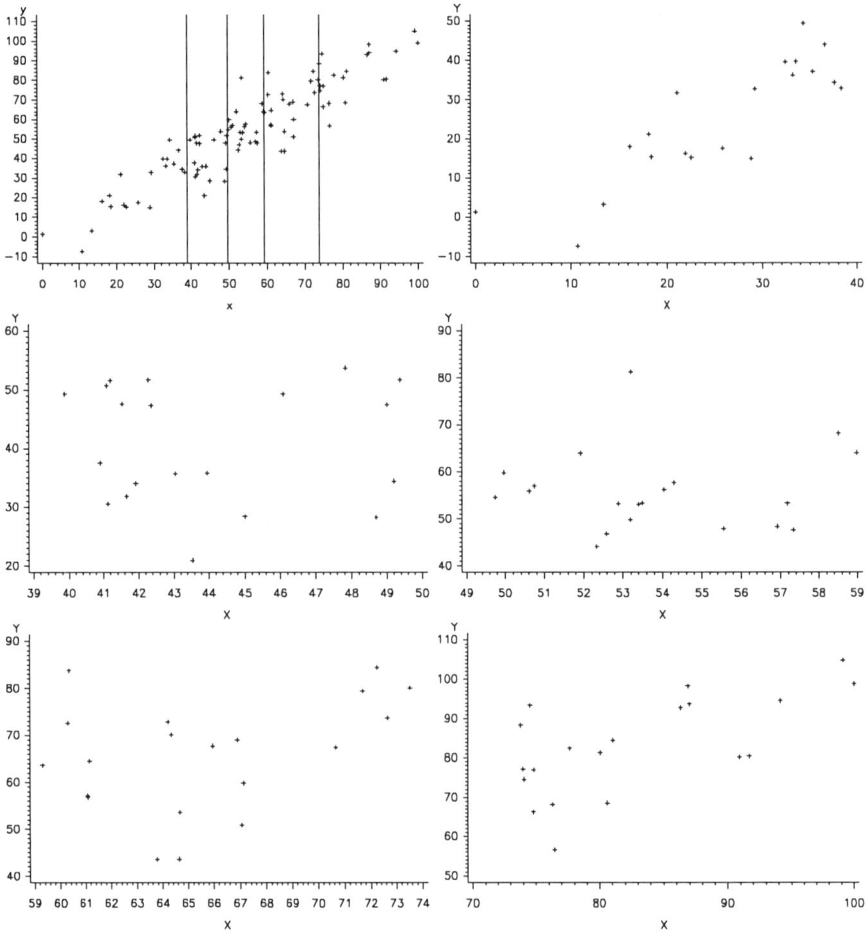

Abbildung 3.11: Punktwolke und ihre fünf Teilwolken

3.3 Der Intraklassen-Korrelationskoeffizient

Der Korrelationskoeffizient $\rho(X, Y)$ wird in der Regel verwandt als Maß des linearen Zusammenhangs zweier *verschiedener* Variablen X und Y, die an *demselben* Individuum oder Objekt gemessen werden.

In der Genetik interessiert vor allem auch der Zusammenhang zwischen Realisationen *derselben* Variablen, die an *verschiedenen* Individuen gemessen werden. Damit kann zum Beispiel untersucht werden, wie weit Eigenschaften vererbt oder erworben werden.

Wir verwenden hier zur Demonstration nur ein einfaches Überlagerungsmodell. Y ist der beobachtete Phenotyp, X der die Klasse definierende Genotyp (der genetisch festgelegte Effekt, der Klasseneffekt) und U ein von X unabhängiger Umwelteffekt, der auch alle anderen Effekte enthalten soll.

Für zwei Individuen aus verschiedenen Klassen gelte:

$$\begin{aligned} Y_1 &= X_1 + U_1, \\ Y_2 &= X_2 + U_2. \end{aligned}$$

Zwei Individuen aus der gleichen Klasse haben dagegen dieselbe genetische Komponente X. Für sie gilt:

$$Y_1 = X + U_1, \tag{3.5}$$

$$Y_2 = X + U_2. \tag{3.6}$$

Dabei sind U_1 und U_2 unabhängig voneinander und identisch verteilt. Dann ist $\operatorname{Var} Y_1 = \operatorname{Var} Y_2 =: \operatorname{Var} Y$.

Definition 202 *Die **Intraklassen-Korrelation** ρ_I ist definiert als Korrelation der Elemente der gleichen Klasse von Y_1 und Y_2:*

$$\rho_I := \rho(Y_1, Y_2).$$

Dann folgt aus (3.5) und (3.6) mit $\operatorname{Cov}(Y_1, Y_2) = \operatorname{Cov}(X+U_1, X+U_2) = \text{Var } X$:

$$\rho(Y_1, Y_2) = \frac{\text{Var } X}{\text{Var } Y}.$$

Es gibt verschiedene Ansätze zur Schätzung der Intraklassen-Korrelation, die wir im Zusammenhang mit der Varianzanalyse mit zufälligen Effekten kennenlernen werden. Sie laufen alle darauf hinaus, die Varianzen Var X und Var Y einzeln aus den Beobachtungen zu schätzen.
Historisch gesehen, finden sich die ersten Ansätze zur Schätzung der Intraklassenkorrelation bei K. Pearson und R.A. Fisher. Um eine Korrelation zu berechnen, benötigten sie Paare zusammengehöriger Meßwerte. Diese erzeugten sie sich künstlich, indem sie in jeder Klasse jeden einzelnen Wert mit allen anderen Werten in der gleichen Klasse zu Paaren zusammenfügten und dann die Korrelation der daraus gebildeten Punktwolke bestimmten.
Wir zeigen dies an folgendem Beispiel:

Beispiel 203 *Gegeben seien die Gewichte von 9 Tieren aus 3 Würfen. Jeder Wurf bildet eine eigene Klasse: (Tabelle 3.5) Innerhalb jeder Klasse werden*

Klasse	Anzahl der Elemente pro Klasse	Körpergröße
1	3	1; 3; 7
2	2	4; 6
3	4	2; 5; 8; 9

Tabelle 3.5: Daten zu Beispiel 203

alle möglichen Paarkombinationen gebildet:(Tabelle 3.6 auf der nächsten Seite). Jedes Wertepaar wird als Punkt im $\mathbb{R}^2$ abgebildet: (Abbildung 3.12 auf der nächsten Seite). Die Korrelation der so entstehenden, zur Winkelhalbierenden symmetrischen Punktwolke ist ein Schätzer für die Intraklassen-Korrelation.

Klasse	Körpergrößenpaare
1	(1,3) (3,1) (1,7) (7,1) (3,7) (7,3)
2	(4,6) (6,4)
3	(2,5) (5,2) (2,8) (8,2) (2,9) (9,2) (5,8) (8,5) (5,9) (9,5) (8,9) (9,8)

Tabelle 3.6: Mögliche Paarkombinationen jeder Klasse

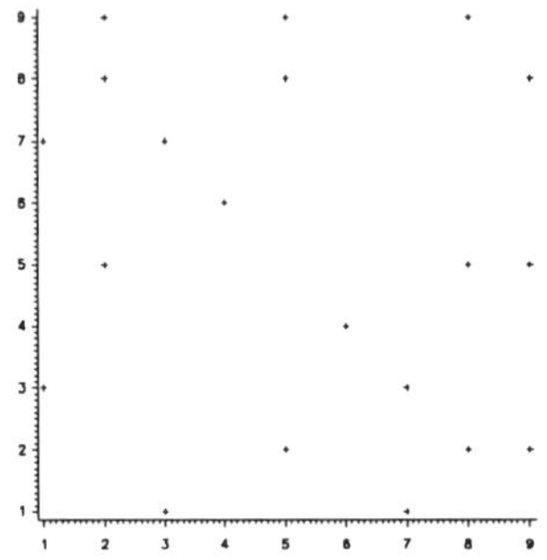

Abbildung 3.12: Plot der Paar-Kombinationen

Einen Nachteil dieses Schätzers erkennt man am Beispiel 203: Die Klasse mit den 4 Elementen liefert 12 Punkte, die beiden anderen Klassen nur 2 bzw. 6 Punkte. Die resultierende Punktwolke wird von den Klassen mit den meisten Elementen dominiert. Andere Schätzer der Intraklassen-Korrelation schätzen direkt die Varianzen von X und Y. Eine ausführliche Zusammenstellung mit Diskussion der verschiedenen Schätzer findet sich in Büttner (1994).

Kapitel 4

Modelle mit mehr als zwei Variablen

Korrelationen sind prinzipiell als Beziehung zwischen zwei Variablen definiert. Nun ändern sich Beziehungen zwischen Zweien allein durch die Gegenwart eines Dritten, — davon lebt die Literatur und daran leidet oder erfreut sich die Menschheit. Warum sollte es in der Statistik anders sein?
Dieses und die folgenden Kapitel widmen sich diesem Thema. Wir beginnen mit einem einfachen aber charakteristischen Beispiel.

4.1 Bedingte Korrelation

Beispiel 204 *Auf einem Hühnerhof mit glücklichen, freilaufenden Hühnern wird die Eierernte eines Tages gesammelt und Länge X und Breite Y jedes Eies gemessen. Die Punktwolke der Daten zeigt Abbildung 4.1, die Korrelation zweichen Länge X und Breite Y ist $r(\mathbf{x}, \mathbf{y}) = +0,84$. Es ist naheliegend, daß mit der Länge des Eies auch die Breite wächst. Zur Überprüfung dieser Korrelation haben Studenten Eier im Supermarkt gekauft und bei diesen Eiern ebenfalls die Korrelation zwischen Länge und Breite gemessen. Zu ihrer Überraschung berechneten sie für ihre Eier eine negative Korrelation $r(\mathbf{x}, \mathbf{y}) = -0,36$.*
Die Erklärung für diesen Widerspruch ist eine versteckte latente Variable, nämlich das Gewicht Z.
Bei den Eiern vom Hühnerhof wurde eine Zufallsstichprobe gezogen. Von der dreidimensionalen Variable (X, Y, Z) wurde nur die zweidimensionale Randverteilung (X, Y) weiter untersucht. Diese wies eine positive Korrelation auf.
Die Eier vom Supermarkt sind nach Gewichtsklassen sortiert. Alle Eier einer Gewichtsklasse haben ungefähr das gleiche Volumen. Ist nun ein Ei in einer Klasse besonders lang, so muß es dann in der Regel besonders schmal sein: Die Korrelation ist negativ.
Das Gewicht Z ist die dritte Variable, die in dem ersten Datensatz ***ignoriert,*** *im zweiten Datensatz* ***konstant*** *gehalten wurde. (In Abbildung 4.1 ist rechts die*

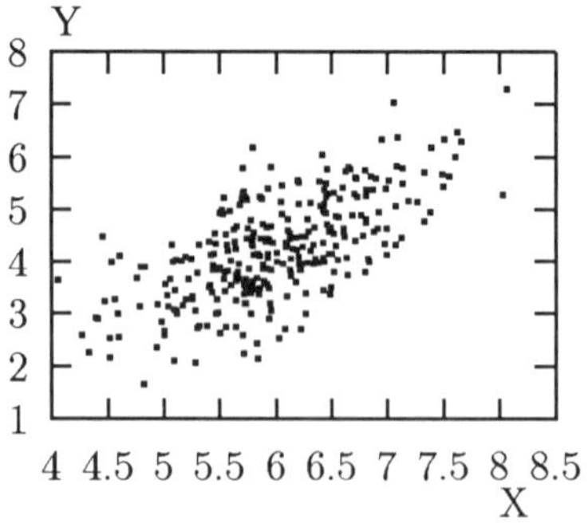

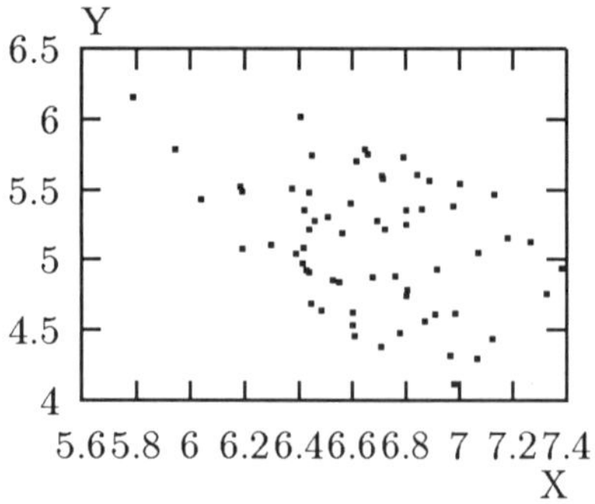

Abbildung 4.1: Plot der Eier vom Hühnerhof (links) und vom Supermarkt (rechts)

Teilmenge der Daten des linken Plots abgebildet, für die $60 \leq Z \leq 61$ *ist.)*

Definition 205 *Die Korrelation* $\rho(X, Y|Z = z)$, *die aus der bedingten Verteilung von* X *und* Y *unter der Bedingung* $Z = z$ *berechnet wird, heißt die **bedingte Korrelation:***

$$\rho(X, Y|Z = z) \quad := \quad \frac{\mathrm{Cov}(X, Y|Z = z)}{\sqrt{\mathrm{Var}(X|Z = z)}\sqrt{\mathrm{Var}(Y|Z = z)}}. \tag{4.1}$$

Sie ist in der Regel eine Funktion des Wertes z, *den* Z *annimmt.*

Eine Sonderstellung nimmt die Normalverteilung ein: Da bei der n-dimensionalen Normalverteilung die bedingte Kovarianzmatrix nicht vom individuellen Wert z der Bedingung Z abhängt, hängt auch die bedingte Korrelation nicht explizit von z ab.

Satz 206 *Ist* $(X; Y; Z) \sim \mathrm{N}_3(\boldsymbol{\mu}; \mathbf{C})$, *so ist die bedinge Korrelation zwischen* X *und* Y *bei festem* $Z = z$ *gegeben durch:*

$$\rho(X, Y|Z) = \rho(X, Y|Z = z) = \frac{\rho(X, Y) - \rho(X, Z)\rho(Z, Y)}{\sqrt{1 - \rho^2(X, Z)}\sqrt{1 - \rho^2(Z, Y)}}. \tag{4.2}$$

Ist $(X; Y; Z)$ nicht normalverteilt, so beschreibt $\rho(X, Y|Z)$ in Formel (4.2) den **partiellen** Korrelationskoeffizienten, wie wir später in Satz 223 zeigen werden.

Beweis:

Nach Satz 155 ist die bedingte Verteilung von $\mathbf{U} := \binom{X}{Y}$ unter der Bedingung

$Z = z$ eine Normalverteilung mit der Kovarianzmatrix:

$$\begin{aligned}
\operatorname{Cov}(\mathbf{U}|Z) &= \operatorname{Cov}\mathbf{U} - \operatorname{Cov}(\mathbf{U};Z)\operatorname{Cov}(Z)^{-1}\operatorname{Cov}(Z;\mathbf{U}) \\
&= \begin{pmatrix} \sigma_X^2 & \sigma_{XY} \\ \sigma_{YX} & \sigma_Y^2 \end{pmatrix} - \frac{1}{\sigma_Z^2}\begin{pmatrix} \sigma_{XZ} \\ \sigma_{YZ} \end{pmatrix}(\sigma_{ZX}\ \sigma_{ZY}) \\
&= \frac{1}{\sigma_Z^2}\begin{pmatrix} \sigma_X^2\sigma_Z^2 - \sigma_{XZ}\sigma_{ZX} & \sigma_{XY}\sigma_Z^2 - \sigma_{XZ}\sigma_{ZY} \\ \sigma_{YX}\sigma_Z^2 - \sigma_{XZ}\sigma_{ZY} & \sigma_Y^2\sigma_Z^2 - \sigma_{YZ}\sigma_{ZY} \end{pmatrix}.
\end{aligned}$$

Daher ist:

$$\rho(X,Y|Z) = \frac{\sigma_{XY}\sigma_Z^2 - \sigma_{XZ}\sigma_{ZY}}{\sqrt{\sigma_X^2\sigma_Z^2 - \sigma_{XZ}\sigma_{ZX}}\sqrt{\sigma_Y^2\sigma_Z^2 - \sigma_{YZ}\sigma_{ZY}}}.$$

Division durch σ_X^2, σ_Y^2 und σ_Z^2 liefert (4.2).
□

Beispiel 207 *Es seien X, Y und Z gemeinsam normalverteilt. In Tabelle 4.1 wurden die Korrelationen $\rho(X,Y)$, $\rho(X,Z)$ und $\rho(Y,Z)$ beliebig*[1] *gewählt. Nach (4.2) wurden daraus die bedingte Korrelation $\rho(X,Y|Z)$ berechnet. Wir sehen, wie sich eine marginale positive in eine konditional negative Korrelation verwandeln kann. Im Extremfall können sich perfekte lineare Abhängigkeiten in Unabhängigkeit verwandeln.*

Fall	$\rho(X,Y)$	$\rho(X,Z)$	$\rho(Y,Z)$	$\rho(X,Y\|Z)$
1	0,3	0,8	0,8	$-0,94$
2	0,28	0,8	0,8	-1
3	0,9	0,9	0,9	0,474
4	0,72	0,9	0,8	0
5	0	0,6	0,8	$+1$
6	0,7	0	0	0,7
7	0,3	0	0,8	0,5

Tabelle 4.1: Werte von $\rho(X,Y|Z)$ für sieben Alternativen.

Bemerkungen zu den einzelnen Fällen:

1. *Bei festem Z wird aus der schwach positiven Korrelation von X und Y eine sehr hohe negative Korrelation.*

2. *Bei festem Z sind X und Y sogar linear voneinander abhängig. Es muß also gelten $Y = aX + b$, wobei a und b von Z abhängen kann.*

[1] Beachte auch Aufgabe 244!

3. *Die bedingte Korrelation ist erheblich schwächer als die globale.*

4. *Läßt man Z als zufällige Variable frei variieren, so sind X und Y stark korreliert. Hält man dagegen Z fest, so sind X und Y sogar unkorreliert. Da die bedingte Verteilung von X und Y bei festem Z wieder eine Normalverteilung ist, sind X und Y sogar "bedingt" unabhängig.*

5. *Marginal sind X und Y unabhängig. Hält man Z fest, so sind X und Y voneinander exakt linear abhängig.*

6. *Z ist unabhängig von X und Y. Also hat der Wert von Z keinen Einfluß auf die Korrelation zwischen X und Y.*

7. *Ist Z nur unabhängig von X, aber abhängig von Y, so hat der Wert von Z sehr wohl Einfluß auf die Korrelation von X und Y.*

4.2 Die beste Prognose

In diesem und im nächsten Abschnitt werden wir die Rollen von Y und der X_j nicht mehr gleichrangig behandeln. Wir werden Y als eine abhängige Variable (**Regressand**) und die X_j als unabhängige Variable (**Regressoren**) betrachten und fragen:

> "Was kann man über Y aussagen und welche Prognosen lassen sich über Y machen, wenn die X_j bekannt sind?"

Oder zurückhaltender gefragt:

> "Wie läßt sich Y durch die X_j approximativ beschreiben?"

Dabei unterscheiden wir, ob zur Approximation alle (mathematisch vernünftigen) Funktionen der X_j oder nur lineare Funktionen der X_j zugelassen werden. Im ersten Fall sprechen wir von Regression erster Art, im zweiten Fall von Regression zweiter Art. Wir werden beide Fälle nacheinander behandeln. Für beide Fälle soll gelten: Y und die X_j $j = 1, \cdots, m$ sind zufällige Variable mit existierenden ersten und zweiten Momenten, die wir wieder als Skalarprodukte, bzw. quadrierte Normen interpretieren:

$$\langle X_i, X_j \rangle := \mathrm{E}\, X_i X_j \qquad \langle X_i, Y \rangle = \mathrm{E}\, X_i Y \qquad \|X_i\|^2 := \mathrm{E}\, X_i^2. \tag{4.3}$$

Die X_i fassen wir zum Vektor $\mathbf{X} := \{X_1; \cdots; X_m\}$ zusammen.

4.2.1 Beste Prognosen für eindimensionale zufällige Variable

Es sei $\mathbb{M}$ der Raum aller eindimensionalen, von $\mathbf{X}$ abhängenden[2], zufälligen Variablen V mit existierenden Varianzen:

$$\mathbb{M} := \mathcal{L}\{V := V(\mathbf{X}) \mid \operatorname{Var} V < \infty\}. \tag{4.4}$$

Y und die $V \in \mathbb{M}$ erzeugen den Raum $\mathcal{L}\{\mathbb{M}, Y\}$, in dem wir Skalarprodukt und Norm aus (4.3) übernehmen. Jetzt präzisieren wir unseren Approximationsbegriff:

Definition 208 (Regression erster Art) *Eine Funktion $\widehat{Y} \in \mathbb{M}$ heißt* ***beste Prognose*** *von Y, falls gilt:*

$$\| \widehat{Y} - Y \|^2 = \min_{V \in \mathbb{M}} \|V - Y\|^2 .$$

$\widehat{Y}$ heißt auch die ***Regressionsfunktion erster Art*** *von Y nach den $\mathbf{X}$. Weiter heißt $\widehat{Y}$* ***unverfälscht****, wenn $\mathrm{E}\widehat{Y} = \mathrm{E}Y$ ist.*

Dann gilt der Satz:

Satz 209 *Die beste Prognose $\widehat{Y}$ ist mit Wahrscheinlichkeit 1 eindeutig bestimmt als der bedingte Erwartungswert $\mathrm{E}(Y \mid \mathbf{X})$ von Y unter der Bedingung $\mathbf{X}$. Dieser ist die Projektion von Y in den Modellraum $\mathbb{M}$:*

$$\widehat{Y} = \mathbf{P}_{\mathbb{M}} Y = \mathrm{E}(Y \mid \mathbf{X}).$$

$\widehat{Y}$ ist unverfälscht, der Prognosefehler $Y - \widehat{Y} = Y_{\bullet \mathbb{M}}$ ist unkorreliert mit jeder Variable $V \in \mathbb{M}$. Die Varianz von Prognose und Prognosefehler addieren sich zur Gesamtvarianz:

$$\mathrm{E}\widehat{Y} = \mathrm{E}Y, \tag{4.5}$$

$$\operatorname{Var} Y = \operatorname{Var} \widehat{Y} + \operatorname{Var} Y_{\bullet \mathbb{M}} , \tag{4.6}$$

$$\operatorname{Cov}(Y_{\bullet \mathbb{M}}, V) = 0 \qquad \forall V \in \mathbb{M}. \tag{4.7}$$

Beweis:
Wir gehen von der Zerlegung aus:

$$Y = \mathrm{E}(Y \mid \mathbf{X}) + (Y - \mathrm{E}(Y \mid \mathbf{X})). \tag{4.8}$$

Der erste Summand $\mathrm{E}(Y \mid \mathbf{X})$ liegt als eine von $\mathbf{X}$ abhängende, zufällige Variable mit existierender Varianz in $\mathbb{M}$. Der zweite Summand $Y - \mathrm{E}(Y \mid \mathbf{X})$ steht orthogonal zu $\mathbb{M}$, denn nach der Eigenschaft (2.1) des bedingten Erwartungswertes

[2] Die Funktion $V(x_1, \cdots, x_m)$ kann zum Beispiel eine stetige oder stückweise stetige Funktionen sein. Genau genommen muß sie meßbare, Bairesche Funktion sein. Diesen Aspekt brauchen wir hier aber nicht weiter zu vertiefen.

gilt für jedes $V \in \mathbb{M}$:

$$\begin{aligned}\langle V, Y - \mathrm{E}(Y\,|\mathbf{X})\rangle &= \mathrm{E}(V \cdot [Y - \mathrm{E}(Y\,|\mathbf{X})]) \\ &= \mathrm{E}(VY) - \mathrm{E}(V\,[\mathrm{E}(Y\,|\mathbf{X})]) \\ &= \mathrm{E}(VY) - \mathrm{E}\,[\mathrm{E}(VY\,|\mathbf{X})] \\ &= \mathrm{E}(VY) - \mathrm{E}(VY) = 0.\end{aligned}$$

Da nun der erste Summand $\mathrm{E}(Y\,|\mathbf{X})$ aus (4.8) in $\mathbb{M}$, der zweite orthogonal zu $\mathbb{M}$ liegt, ist[3] $\mathrm{E}(Y\,|\mathbf{X}) = \mathbf{P}_{\mathbb{M}}Y$. Alle anderen Aussagen lassen sich nun entweder aus den Eigenschaften des bedingten Erwartungswertes ableiten oder folgen unmittelbar aus den Eigenschaften der Projektion. Zum Beispiel folgt $\mathrm{E}\widehat{Y} = \mathrm{E}Y$ wegen $\mathbf{1} \in \mathbb{M}$ aus:

$$\mathrm{E}\widehat{Y} = \left\langle \mathbf{1}, \widehat{Y} \right\rangle = \langle \mathbf{1}, \mathbf{P}_{\mathbb{M}}Y\rangle = \langle \mathbf{P}_{\mathbb{M}}\mathbf{1}, Y\rangle = \langle \mathbf{1}, Y\rangle = \mathrm{E}Y.$$

Daher ist $\mathrm{E}\left(Y - \widehat{Y}\right) = \mathrm{E}Y_{\bullet\mathbb{M}} = 0$. Daher fallen für $Y_{\bullet\mathbb{M}}$ und jedes $V \in \mathbb{M}$ Orthogonalität und Unkorreliertheit zusammen: $0 = \langle V, Y_{\bullet\mathbb{M}}\rangle = \mathrm{E}(VY_{\bullet\mathbb{M}}) = \mathrm{Cov}(V, Y_{\bullet\mathbb{M}})$.

4.2.2 Beste lineare Prognose

Wir suchen nun **lineare** Funktionen der X_j zur Approximation von Y:

$$\widehat{Y} = \beta_0 + \sum_{j=1}^{m} \beta_j X. \tag{4.9}$$

Ist $\beta_0 = 0$, sprechen wir vom **homogenen** Fall, andernfalls vom **inhomogen** Fall. So weit möglich und sinnvoll, fassen wir beide Fälle zusammen, indem wir die Konstante $\mathbf{1}$ als künstlichen Regressor X_0 einführen. Dabei werden $\langle \mathbf{1}, X_j\rangle = \mathrm{E}X_j$ und $\mathbf{1}\cdot\beta_0 = \beta_0$ definiert. Mit $\mathbf{X} := \{X_0; X_1; \cdots; X_m\}$ und $\boldsymbol{\beta} = (\beta_0; \beta_1; \cdots; \beta_m)'$ ist[4]:

$$\widehat{Y} = \beta_0 + \sum_{j=1}^{m} \beta_j X_j = \beta_0 \mathbf{1} + \sum_{j=1}^{m} \beta_j X_j = \sum_{j=0}^{m} \beta_j X_j =: \mathbf{X} * \boldsymbol{\beta}.$$

Damit werden der homogene Fall und der inhomogene Fall gleichzeitig erfaßt. Die zufälligen Variablen X_j erzeugen den Vektorraum:

$$\mathbf{M} := \mathcal{L}\{\mathbf{X}\}.$$

Der Buchstabe $\mathbf{M}$ soll an Modell oder Modellraum erinnern. Wir werden im weiteren immer häufiger auf Probleme stoßen, die sich nur in der Struktur ihrer Modellräume unterscheiden. Um das Gemeinsame hervorzuheben, werden wir bevorzugt mit dem Buchstaben $\mathbf{M}$ arbeiten.

[3] Die Aussage "$\widehat{Y} = \mathbf{P}_{\mathbb{M}}Y$ " ist nicht trivial, denn $\mathbb{M}$ ist ein unendlichdimensionaler Vektorraum. Also konnte nicht vorausgesetzt werden, daß die Projektion existiert. Statt dessen haben wir $\mathbf{P}_{\mathbb{M}}Y$ als $\mathrm{E}(Y\,|\mathbf{X})$ explizit angegeben und damit seine Existenz bewiesen.

[4] Wir erinnern an die Schreibweise für Linearkombinationen aus dem Abschnitt 1.2.4.

Definition 210 *Eine lineare Funktion* $\widehat{Y} \in \mathbf{M}$ *heißt beste* ***lineare*** *Prognose von* Y, *falls gilt:*

$$\| \widehat{Y} - Y \|^2 = \min_{V \in \mathbf{M}} \|V - Y\|^2$$

$\widehat{Y}$ *heißt Regressionsfunktion zweiter Art von* Y *nach* $\mathbf{X}$. *Die* β_j *in* (4.9) *heißen die* ***Regressionskoeffizienten.*** *Weiter heißt* $\widehat{Y}$ ***unverfälscht,*** *wenn* $\mathrm{E}\widehat{Y} = \mathrm{E}Y$ *ist.*

Dann gilt der Satz:

Satz 211 *Die beste lineare Prognose ist mit Wahrscheinlichkeit 1 eindeutig bestimmt als Projektion von* Y *in den Modellraum* $\mathbf{M}$:

$$\widehat{Y} = \mathbf{P_M}Y = \mathbf{X}* \langle \mathbf{X}; \mathbf{X} \rangle^- \langle \mathbf{X};Y \rangle = \mathbf{X} * \boldsymbol{\beta}, \tag{4.10}$$

$$\| \widehat{Y} \|^2 = \langle Y; \mathbf{X} \rangle \langle \mathbf{X}; \mathbf{X} \rangle^- \langle \mathbf{X};Y \rangle , \tag{4.11}$$

$$\boldsymbol{\beta} = \langle \mathbf{X}; \mathbf{X} \rangle^- \langle \mathbf{X};Y \rangle + \left[\mathbf{I} - \langle \mathbf{X}; \mathbf{X} \rangle^- \langle \mathbf{X}; \mathbf{X} \rangle \right] \mathbf{h} \tag{4.12}$$

mit beliebigem $\mathbf{h} \in \mathbb{R}^{m+1}$.

Beweis:
Da $\mathbf{M}$ ein endlichdimensionaler Raum ist, existiert $\mathbf{P_M}Y$ und ist nach den Eigenschaften der Projektion die eindeutige Lösung des Minimierungsproblems. Die restlichen Aussagen folgen dann sofort aus dem Normalgleichungssatz 65.
□

Im inhomogenen Fall tritt die Konstante unter den Regressoren auf: $X_0 = \mathbf{1}$. Jetzt läßt sich die Berechnung von β_0 leicht von der Berechnung der anderen trennen. Dazu fassen wir unter $\mathbf{X}$ nur noch die eigentlichen Regressoren zusammen: $\mathbf{X} = \{X_1; \cdots ; X_m\}$ und $\boldsymbol{\beta} = (\beta_1; \cdots ; \beta_m)'$ sowie $\mathbf{M} = \mathcal{L}\{\mathbf{1}, \mathbf{X}\}$. Dann gilt:

Satz 212 *Im inhomogenen Fall ist:*

$$\widehat{Y} = \mathbf{P_M}Y = \beta_0 + \sum_{j=1}^{m} \beta_j X_j = \beta_0 + \mathbf{X} * \boldsymbol{\beta}, \tag{4.13}$$

$$\beta_0 = \mathrm{E}Y - \sum_{j=1}^{m} \beta_j \, \mathrm{E}X_j \, , \tag{4.14}$$

$$\boldsymbol{\beta} = (\operatorname{Cov} \mathbf{X})^- \operatorname{Cov} (\mathbf{X};Y) + \left[\mathbf{I} - (\operatorname{Cov} \mathbf{X})^- \operatorname{Cov} \mathbf{X} \right] \mathbf{h}. \tag{4.15}$$

Die beste Prognose $\widehat{Y}$ *ist unverfälscht, der Prognosefehler* $Y - \widehat{Y} = Y_{\bullet \mathbf{X}}$ *ist unkorreliert mit jeder linearen Funktion* $V \in \mathbf{M}$. *Die Varianz von Prognose und Prognosefehler addieren sich zur Gesamtvarianz. Damit gelten die Formeln* (4.5) , (4.6) *und* (4.7) *auch hier. Darüber hinaus ist:*

$$\operatorname{Var} \widehat{Y} = \operatorname{Cov} (Y; \mathbf{X}) (\operatorname{Cov} \; \mathbf{X})^- \operatorname{Cov} (\mathbf{X}; Y) . \tag{4.16}$$

Beweis:
Da die $\mathbf{1} \in \mathbf{M}$ ist, folgt die Erwartungstreue und das Zusammenfallen von Orthogonalität und Unkorreliertheit wie im Beweis von Satz 209. Zum Beweis von (4.14) und (4.15) betrachten wir die zentrierten Variablen $\widetilde{X}_j := X_j - \operatorname{E} X_j$. Die zentrierten Variablen $\widetilde{X}_j$ und die $\mathbf{1}$ sind orthogonal. Also ist $\mathbf{M} = \mathcal{L}\{\mathbf{1}\} \oplus \mathcal{L}\left\{\widetilde{X}_1, \widetilde{X}_2, \cdots, \widetilde{X}_m\right\}$. Damit ist:

$$\mathbf{P_M}Y = \mathbf{P}_1 Y + \mathbf{P}_{\mathcal{L}\{\widetilde{X}_1, \widetilde{X}_2, \cdots, \widetilde{X}_m\}} Y = \frac{\langle Y, \mathbf{1}\rangle}{\|\mathbf{1}\|^2}\mathbf{1} + \sum \beta_j \widetilde{X}_j = \operatorname{E} Y + \sum \beta_j \widetilde{X}_j.$$

Nun folgen (4.15) aus (4.12) und (4.16) aus (4.11), wenn wir $\left\langle \widetilde{\mathbf{X}}; \widetilde{\mathbf{X}} \right\rangle = \operatorname{Cov} \mathbf{X}$ bzw. $\left\langle \widetilde{\mathbf{X}}; Y \right\rangle = \operatorname{Cov}(\mathbf{X}; Y)$ beachten.
□

Bemerkungen:

1. Zur Bestimmung von $\operatorname{E}(Y \mid \mathbf{X})$ benötigen wir die gemeinsame Verteilung von Y und $\mathbf{X}$. Liegen nur einzelne Beobachtungswerte vor, so läßt sich $\widehat{Y}$ schätzen: Eine erste Idee wäre es, — auf Grund des starken Gesetzes der großen Zahlen, — $\operatorname{E}(Y \mid \mathbf{X} = \mathbf{x})$ durch den Mittelwert der y-Werte, die bei einem festgehaltenen $\mathbf{x}$-Wert realisiert werden, zu schätzen:

   $$\operatorname{E}(Y \mid \mathbf{X} = \mathbf{x}) \approx \overline{y}|_{\mathbf{x}} \ .$$

   Besser ist es, aus den Beobachtungen $(y_i, \mathbf{x}_i)$ erst die gemeinsame Dichte, z.B. durch Kerndichteschätzer und damit $\operatorname{E}(Y \mid \mathbf{X} = \mathbf{x})$ zu schätzen. Dies führt zum Typ der **Nadaraya-Watson** Schätzer. Ein Arsenal an Schätzern liefert die Theorie der nichtparametrischen Regression. Einen kurzen Überblick findet man z.B bei Fahrmeir et al. (1996), mehr bei Härdle (1990, 1991), Hastie und Tibshirani (1990) oder Green und Silverman (1994).

2. Ist die gemeinsame Verteilung von Y und $\mathbf{X}$ unbekannt, sind dafür aber wenigstens Erwartungswerte und Kovarianzen aller Variablen bekannt, so kann zwar nicht beste Prognose $\mathbf{P}_{\mathbb{M}}Y$, dafür aber die beste lineare Prognose $\mathbf{P_M}Y$ bestimmt werden. Aus $\mathbf{M} \subseteq \mathbb{M}$ folgt:

   $$\mathbf{P_M}Y = \mathbf{P_M}\mathbf{P}_{\mathbb{M}}Y.$$

   Also ist $\mathbf{P_M}Y$ sowohl die beste lineare Approximation von Y als auch die beste lineare Approximation des bedingten Erwartungswertes $\mathbf{P}_{\mathbb{M}}Y$ durch eine lineare Funktion der X_j.

3. Unter der Voraussetzung $\mathbf{1} \in \mathbf{M}$ können wir die optimale lineare Prognose schreiben als:

$$\widehat{Y - \mathrm{E}Y} = \sum_{i=1}^{m} \beta_i (X_i - \mathrm{E}\, X_i).$$

Arbeiten wir nur mit zentrierten Variablen, so ist nach (4.14) das optimale $\beta_0 = 0$. Wir können daher von vornherein auf das Absolutglied verzichten und erhalten dieselben β–Koeffizienten. Um Aussagen über $\beta_j, j = 1, \cdots, m$ zu erhalten, ist es daher gleich, ob wir mit zentrierten oder unzentrierten Variablen arbeiten, solange $\mathbf{1} \in \mathbf{M}$ ist.

4. Sind die Variablen nicht zentriert und wird Y unter Verzicht auf eine Konstante β_0 durch eine homogene lineare Funktion des nicht zentrierten $\mathbf{X}$ approximiert, so ist $\mathbf{1} \notin \mathbf{M} = \mathcal{L}\{X_1, \ldots, X_m\}$. Dann sind $\widehat{Y}$ und $Y - \widehat{Y}$ zwar orthogonal aber nicht unkorreliert. Außerdem ist in der Regel $\mathrm{E}\widehat{Y} \neq \mathrm{E}\, Y$. Dazu ein Beispiel:

Beispiel 213 *X und Y seien eindimensionale zufällige Variablen mit $\mathrm{E}\, Y \neq 0$ und $\mathrm{E}\, X \neq 0$. Gesucht wird eine optimale Approximation von Y durch X der Form:*

$$Y = \beta X + Y_{\bullet X} = \widehat{Y} + Y_{\bullet X} .$$

Hier wird also ausdrücklich auf die Konstante β_0 verzichtet. Je nach Vorstellung von Optimalität erhalten wir in der Zerlegung $Y = \beta X + Y_{\bullet X}$ ein anderes β:

1. *Wir fordern die Unverfälschtheit: $\mathrm{E}\, Y = \mathrm{E}\widehat{Y}$. Dann ist $\mathrm{E}\, Y_{\bullet X} = 0$ und $\mathrm{E}\, Y = \beta \mathrm{E}\, X$ und damit $\beta = \frac{\mathrm{E}\, Y}{\mathrm{E}\, X}$.*

2. *Wir fordern die Unkorreliertheit von X und $Y_{\bullet X}$: Dann ist $\mathrm{Cov}(Y, X) = \mathrm{Cov}\,(\beta X + Y_{\bullet X}, X) = \beta \,\mathrm{Var}\, X$ und damit $\beta = \frac{\mathrm{Cov}(Y,X)}{\mathrm{Var}\, X}$.*

3. *Wir fordern die Minimierung von $\| \widehat{Y} - Y \|^2$ und damit die Orthogonalität von $\widehat{Y}$ und $Y_{\bullet X}$. Dann folgt aus der Normalgleichung $\langle X, Y \rangle = \beta \langle X, X \rangle$ und damit $\beta = \frac{\mathrm{E}\, Y X}{\mathrm{E}(X^2)}$.*

Verallgemeinerung auf ein n-dimensionales $\mathbf{Y}$

Wir betrachten nun ein m–dimensionales $\mathbf{X} = \{X_1; \cdots; X_m\}$ und ein n–dimensionales $\mathbf{Y} = \{Y_1; \cdots; Y_n\}$. In diesem Fall definieren wir:

$$\|\mathbf{Y}\|^2 := \sum_{i=1}^{n} \|Y_i\|^2 = \sum_{i=1}^{n} EY_i^2.$$

Gesucht wird ein $\widehat{\mathbf{Y}} := \boldsymbol{\beta}_0 + \mathbf{X} * \mathbf{B}$, so daß $\| \widehat{\mathbf{Y}} - \mathbf{Y} \|^2 = \sum \| \widehat{Y}_i - Y_i \|^2$ minimal wird. Diese Summe ist minimal, wenn jeder einzelne Summand minimal ist. Daher können wir auf jede Komponente einzeln Satz 212 anwenden. So erhalten wir:

Satz 214 *Ist* Cov $\mathbf{X}$ *invertierbar, dann ist das optimale* $\widehat{\mathbf{Y}} := \boldsymbol{\beta}_0 + \mathbf{X} * \mathbf{B}$ *gegeben durch:*

$$\begin{aligned} \boldsymbol{\beta}_0 &= \mathrm{E}\,\mathbf{Y} - \mathrm{E}\,\mathbf{X} * \mathbf{B}, \\ \mathbf{B} &= (\mathrm{Cov}\,\mathbf{X})^{-1}\,\mathrm{Cov}\,(\mathbf{X};\mathbf{Y}). \end{aligned}$$

Auch hier ist $\widehat{\mathbf{Y}}$ *erwartungstreu und unkorreliert mit jeder linearen Funktion von* $\mathbf{X}$*:*

$$\mathrm{Cov}\ \mathbf{Y} = \mathrm{Cov}\ \widehat{\mathbf{Y}} + \mathrm{Cov}(\mathbf{Y} - \widehat{\mathbf{Y}}), \tag{4.17}$$

$$\mathrm{Cov}\ \widehat{\mathbf{Y}} = \mathrm{Cov}(\mathbf{Y},\mathbf{X})(\mathrm{Cov}\ \mathbf{X})^{-1}\,\mathrm{Cov}(\mathbf{X},\mathbf{Y}). \tag{4.18}$$

Bemerkung: Sind $\mathbf{Y}$ und $\mathbf{X}$ gemeinsam normalverteilt, so ist die beste **lineare** Approximation von $\mathbf{Y}$ durch $\mathbf{X}$ die beste Approximation von $\mathbf{Y}$ durch $\mathbf{X}$ überhaupt. $\mathbf{P_M Y}$ und $E(\mathbf{Y}\,|\mathbf{X})$ fallen zusammen, da $E(\mathbf{Y}\,|\mathbf{X})$ eine lineare Funktion von $\mathbf{X}$ ist. Dies ist auch der Grund, warum bei der Normalverteilung die beiden Regressiongeraden zweiter Art mit den Regressionsgeraden erster Art zusammenfielen.

Beispiel 215 *Wir betrachten die optimale Prognose eines* ***autoregressiven Prozesses erster Ordnung***[5] *(kurz: AR(1)-Prozeß).*
Dazu seien $\ldots, X_{t-1}, X_t, X_{t+1}, \ldots$ *und* $\ldots, U_{t-1}, U_t, U_{t+1}, \ldots$ *zwei Folgen zufälliger Variablen. Der Zählindex* t *wird als Zeitindex interpretiert. Ist* t *der gegenwärtige Zeitpunkt, so liegt* X_s *mit* $s < t$ *in der Vergangenheit und* X_l *mit* $l > t$ *in der Zukunft. Alle* X_i *seien der Einfachheit halber standardisiert. Die* U_i *seien zentriert und untereinander unkorreliert. Außerdem sei* U_i *unkorreliert mit jedem* X_j *mit* $j < i$*. Kurz:*

$$\|X_i\| = 1, \qquad U_i \perp U_j, \qquad U_i \perp X_j \quad \forall j < i. \tag{4.19}$$

Der AR(1)-Prozeß wird durch die Struktur:

$$X_{t+1} = \rho X_t + U_{t+1}$$

definiert. Der zukünftige Wert X_{t+1} *setzt sich demnach zusammen aus dem gegenwärtigen, mit* ρ *gewichteten Wert* X_t *und einer dazu unkorrelierten additiven Störung* U_{t+1}*. Aus diesem Bildungsgesetz folgt durch Rekursion:*

$$X_{t+m} = \rho^m X_t + \rho^{m-1} U_{t+1} + \rho^{m-2} U_{t+2} + \cdots + \rho^0 U_{t+m}.$$

Setzen wir $\mathbf{M} := \mathcal{L}\{X_t, X_{t-1}, \ldots, X_1\}$*, so ist die optimale lineare Prognose eines zukünftigen Wertes* X_{t+m} *durch die gegenwärtigen und vergangenen Werte nach* Satz 211 *(Seite 223) gegeben durch* $\widehat{X}_{t+m} = \mathbf{P_M} X_{t+m}$*. Wegen* $U_{t+k} \perp \mathbf{M}$ *und* $X_t \in \mathbf{M}$ *folgt dann:*

$$\widehat{X}_{t+m} = \mathbf{P_M}\left(\rho^m X_t + \sum_{k=1}^{m} \rho^{m-k} U_{t+k}\right) = \rho^m X_t. \tag{4.20}$$

[5] Mehr zum AR(1)-Prozeß auf Seite 435.

Die beste Prognose baut allein auf dem gegenwärtigen, aber nicht den vergangenen Werten auf.
Wir wollen dasselbe Ergebnis mit der expliziten Matrizenformel für $\boldsymbol{\beta}$ *herleiten und dazu gleich die gesamte Zukunft* $\mathbf{Y} := \{X_{t+1}; X_{t+2}; \ldots; X_{t+m}\}$ *aus der Vergangenheit* $\mathbf{X} := \{X_t; X_{t-1}; \ldots; X_1\}$ *prognostizieren. Wegen* $U_s \perp X_t$ *für* $s > t$ *und* $\|X_t\| = 1$ *folgt aus (4.19):* $\rho(X_{t+m}, X_t) = \langle X_{t+m}, X_t\rangle = \rho^m$*. Damit ist:*

$$\operatorname{Cov}(\mathbf{X};Y) = \begin{pmatrix} \rho & \rho^2 & \rho^3 & \cdots & \rho^m \\ \rho^2 & \rho^3 & \rho^4 & \cdots & \rho^{m+1} \\ \vdots & \vdots & \vdots & \ddots & \vdots \\ \rho^t & \rho^{t+1} & \rho^{t+2} & & \rho^{t+m-1} \end{pmatrix},$$

$$\operatorname{Cov}(\mathbf{X}) = \begin{pmatrix} 1 & \rho & \rho^2 & \cdots & \rho^{t-1} \\ \rho & 1 & \rho & \cdots & \rho^{t-2} \\ \vdots & \vdots & \vdots & \ddots & \vdots \\ \rho^{t-1} & \rho^{t-2} & \rho^{t-3} & \cdots & 1 \end{pmatrix}.$$

Cov $\mathbf{X}$ *läßt sich für* $\rho^2 \neq 1$ *invertieren. Man verifiziert:*

$$(\operatorname{Cov}\,\mathbf{X})^{-1} = \frac{1}{1-\rho^2} \begin{pmatrix} 1 & -\rho & 0 & 0 & \cdots & 0 & 0 & 0 \\ -\rho & 1+\rho^2 & -\rho & 0 & \cdots & 0 & 0 & 0 \\ 0 & -\rho & 1+\rho^2 & -\rho & \cdots & 0 & 0 & 0 \\ \vdots & \vdots & \vdots & \vdots & \ddots & \vdots & \vdots & \vdots \\ 0 & 0 & 0 & 0 & \cdots & -\rho & 1+\rho^2 & -\rho \\ 0 & 0 & 0 & 0 & \cdots & 0 & -\rho & 1 \end{pmatrix}.$$

Hier sind nur die Diagonale und die beiden Nebendiagonalen besetzt. Weiter verifiziert man:

$$(\operatorname{Cov}\,\mathbf{X})^{-1}\operatorname{Cov}(\mathbf{X};Y) = \begin{pmatrix} \rho & \rho^2 & \cdots & \rho^{m-1} & \rho^m \\ 0 & 0 & \cdots & 0 & 0 \\ \vdots & \vdots & \ddots & \vdots & \vdots \\ 0 & 0 & \cdots & 0 & 0 \end{pmatrix}.$$

Dann folgt wegen $\mathrm{E}\,\mathbf{X} = 0$ *und* $\mathrm{E}\,\mathbf{Y} = 0$ *aus Satz 214:*

$$\widehat{\mathbf{Y}} = \mathbf{X}*(\operatorname{Cov}\mathbf{X})^{-1}\operatorname{Cov}(\mathbf{X};\mathbf{Y}) = X_t * (\rho; \rho^2; \ldots; \rho^{m-1}; \rho^m).$$

in Übereinstimmung mit (4.20).

4.3 Multiple Korrelation

4.3.1 Struktur der multiplen Korrelation

Korrelationen messen den linearen Zusammenhang zwischen jeweils zwei Variablen. In der Praxis wirken jedoch in der Regel mehrere Variablen gleichzeitig aufeinander ein. Eine paarweise Analyse von jeweils nur zwei Variablen ist dann oft wenig hilfreich. Betrachten wir dazu das folgende Beispiel:

Beispiel 216 *Von vier Variablen Y, A, B und C liegen insgesamt 50 Beobachtungstupel $(y_i; a_i; b_i; c_i)$ mit $i = 1 \ldots 50$ vor. Wir fragen nach dem Zusammenhang zwischen Y einerseits und der Gesamtheit $(A; B; C)$ andererseits. Wir verzichten auf die Datentabelle und zeigen nur die drei Plots von y_i gegen a_i, b_i und c_i (Abbildung 4.2 ,4.3 und 4.4). Ein linearer Zusammenhang zwischen*

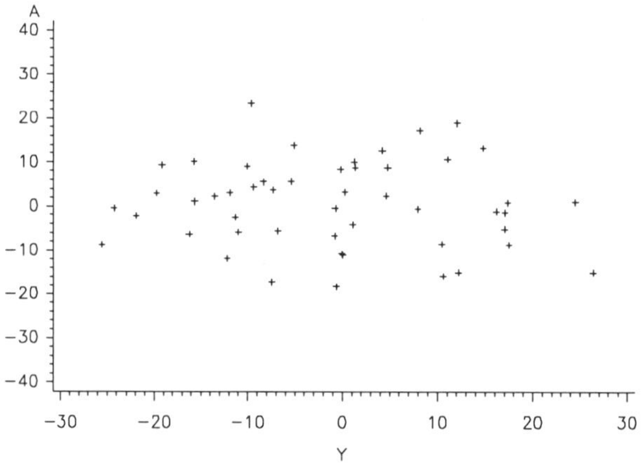

Abbildung 4.2: Plot von Y gegen A

Y und jeder einzelnen der drei Variablen A, B und C ist kaum erkennbar. Wir haben die Korrelationen zwischen den beobachteten Datenvektoren berechnet und in einer ***Korrelationsmatrix*** *(Tabelle 4.2) zusammengestellt. Diese*

	A	B	C	Y
A	1,0000	0,0469	−0,7227	−0,0737
B	0,0469	1,0000	−0,7151	−0,0938
C	−0,7227	−0,7151	1,0000	0,2263
Y	0,0737	−0,0938	0,2263	1,0000

Tabelle 4.2: Korrelationsmatrix

paarweisen Korrelationen können auch übersichtlich in einem ***Korrelationsdiagramm*** *(Abbildung 4.5 auf Seite 230) dargestellt werden. Dabei steht der Korrelationskoeffizient an den Verbindungen von jeweils zwei Punkten. Uns*

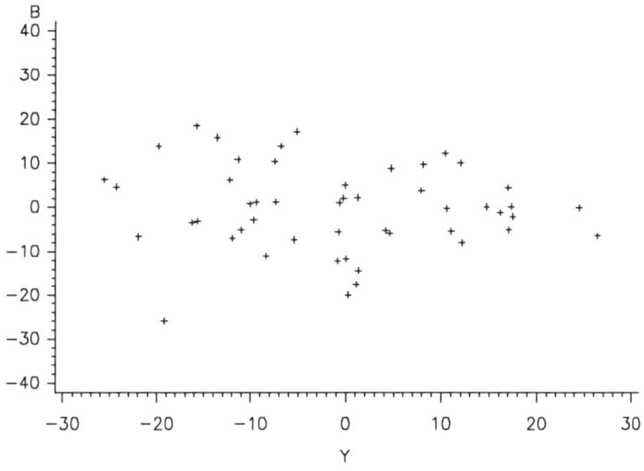

Abbildung 4.3: Plot von Y gegen B.

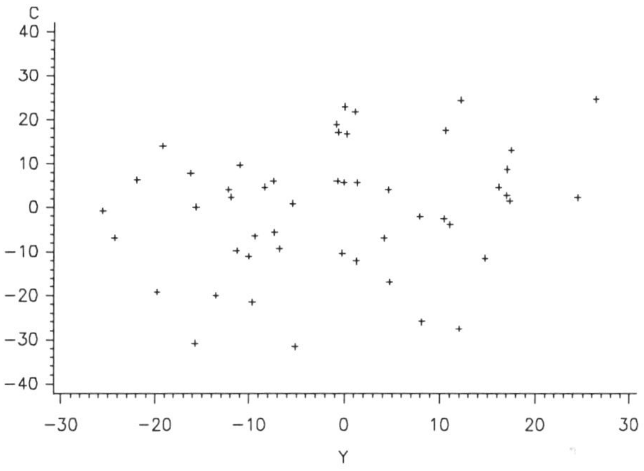

Abbildung 4.4: Plot von Y gegen C

interessiert die Abhängigkeit Y von A, B und C gemeinsam. Die paarweise Betrachtung führt uns hier nicht weiter. Stattdessen bestimmen wir die beste lineare Approximation von $\mathbf{y}$ *durch die* $\mathbf{a}$, $\mathbf{b}$ *und* $\mathbf{c}$:

$$\widehat{\mathbf{y}} = \mathbf{P_M y}.$$

($\mathbf{M} := \mathcal{L}\{\mathbf{1}, \mathbf{a}, \mathbf{b}, \mathbf{c}\}$) *und bestimmen die Korrelation von* $\mathbf{y}$ *und* $\widehat{\mathbf{y}}$. *In unserem Datensatz ergibt sich eine nahezu perfekte Korrelation* $r(\mathbf{y}, \widehat{\mathbf{y}}) = 0,995$, *die in Abbildung 4.6 auf der nächsten Seite symbolisch dargestellt wird. Der Plot von* $\mathbf{y}$ *gegen* $\widehat{\mathbf{y}}$ *(Abbildung 4.7 auf der nächsten Seite) zeigt den fast linearen Zusammenhang zwischen* $\mathbf{y}$ *und* $\widehat{\mathbf{y}}$.

Die folgende Definition faßt die Idee des Beispiels zusammen:

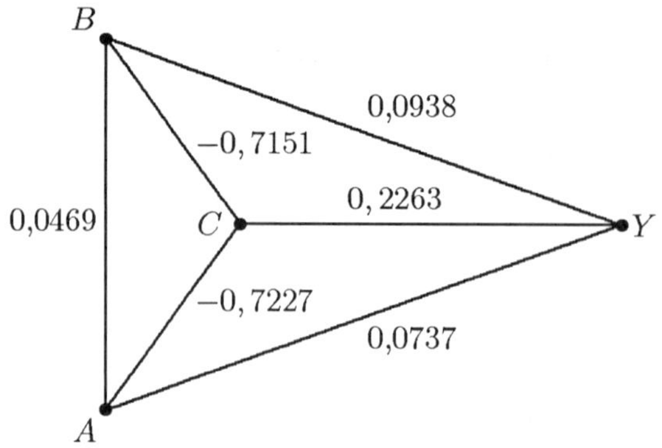

Abbildung 4.5: Korrelationsdiagramm

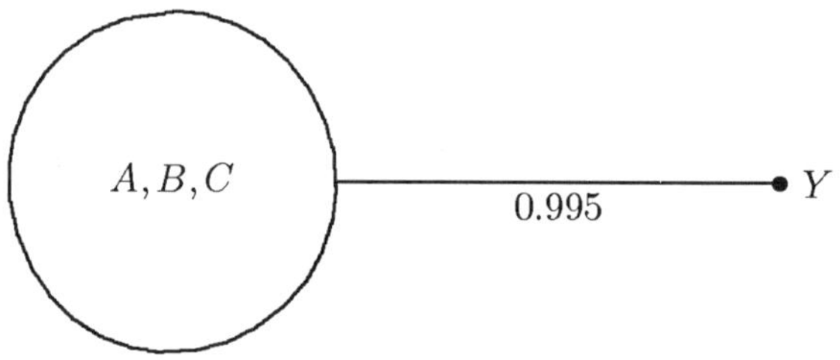

Abbildung 4.6: Korrelation zwischen **y** und **a**, **b** und **c**

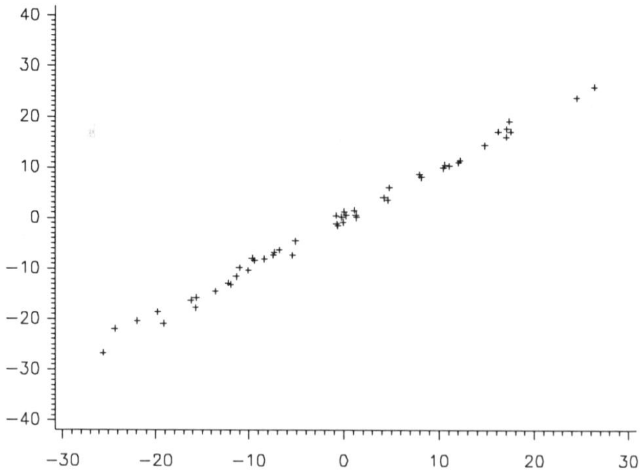

Abbildung 4.7: Plot von $\hat{\mathbf{y}}$ gegen $\mathbf{y}$

Definition 217 *Es seien Y und $X_1, \ldots, X_m$ eindimensionale zufällige Variable.* $\mathbf{M} = \mathcal{L}\{1, X_1, \ldots, X_m\}$ *sei der Modellraum und* $\widehat{Y} = \mathbf{P_M}Y$ *die beste lineare*

Approximation von Y durch $\mathbf{X}$. Dann heißt die Korrelation

$$\rho(Y, \widehat{Y}) = \rho(Y, \mathbf{P_M}Y) =: \rho(Y, \mathbf{M}) \tag{4.21}$$

die ***multiple Korrelation*** *zwischen Y und den $X_1, \ldots, X_m$.*

Die Eigenschaften des multiplen Korrelationskoeffizienten kann man leicht an Abbildung 4.8 auf der nächsten Seite ablesen.

Satz 218

1. *$\rho(Y, \widehat{Y})$ hängt nur vom Modellraum $\mathbf{M}$ ab, aber nicht von den einzelnen X_j. Jede Transformation der X_j, die den Raum $\mathbf{M}$ invariant läßt, läßt auch $\rho(Y, \widehat{Y})$ invariant.*

2. *$\rho(Y, \widehat{Y})$ ist nicht negativ: $0 \leq \rho(Y, \widehat{Y}) \leq 1$. Dabei ist*

$$\rho(Y, \widehat{Y}) = 1 \Leftrightarrow Y \in \mathbf{M},$$
$$\rho(Y, \widehat{Y}) = 0 \Leftrightarrow Y \perp \mathbf{M}.$$

3. *Bezeichnen wir $\widehat{Y}$ als den durch $\mathbf{X}$* "erklärten" *Anteil von Y , so ist das Quadrat des multiplen Korrelationskoeffizienten das Verhältnis von* "erklärter" *Varianz zur Gesamtvarianz:*

$$\rho^2(Y, \widehat{Y}) = \frac{\left\|\widehat{Y} - \mathrm{E}Y\right\|^2}{\|Y - \mathrm{E}Y\|^2} = \frac{\mathrm{Var}\,\widehat{Y}}{\mathrm{Var}\,Y}, \tag{4.22}$$

$$1 - \rho^2(Y, \widehat{Y}) = \frac{\left\|\widehat{Y} - Y\right\|^2}{\|Y - \mathrm{E}Y\|^2} = \frac{\mathrm{Var}(Y - \widehat{Y})}{\mathrm{Var}\,Y}. \tag{4.23}$$

4. *Ist* $\mathrm{Corr}\,(\mathbf{A}; \mathbf{B})$ *die analog zu* $\mathrm{Cov}\,(\mathbf{A}; \mathbf{B})$ *gebildete Matrix der Korrelationen zwischen den Komponenten von A und B, so ist:*

$$\rho^2\left(Y, \widehat{Y}\right) = \mathrm{Corr}\,(Y; \mathbf{X}')\,(\mathrm{Corr}\;\;\mathbf{X})^-\;\mathrm{Corr}\,(\mathbf{X}'; Y)\,. \tag{4.24}$$

5. *Für jede Variable $Z \in \mathbf{M}$ gilt:*

$$\rho(Y, Z) = \rho(Y, \widehat{Y})\rho(\widehat{Y}, Z). \tag{4.25}$$

Beweis:
1. ist evident.
2. Ohne Einschränkung der Allgemeinheit setzen wir voraus, daß alle Variablen zentriert sind. Dann gilt für alle $Z \in \mathbf{M}$ wegen $\langle Y, Z\rangle = \langle Y, \mathbf{P_M}Z\rangle = \langle \mathbf{P_M}Y, Z\rangle = \langle \widehat{Y}, Z\rangle$ die Gleichung:

$$\rho(Y, Z) = \frac{\langle Y, Z\rangle}{\|Y\|\,\|Z\|} = \frac{\langle \widehat{Y}, Z\rangle}{\|Y\|\,\|Z\|} = \frac{\langle \widehat{Y}, Z\rangle}{\|\widehat{Y}\|\,\|Z\|}\frac{\|\widehat{Y}\|}{\|Y\|} = \rho(\widehat{Y}, Z)\frac{\|\widehat{Y}\|}{\|Y\|}.$$

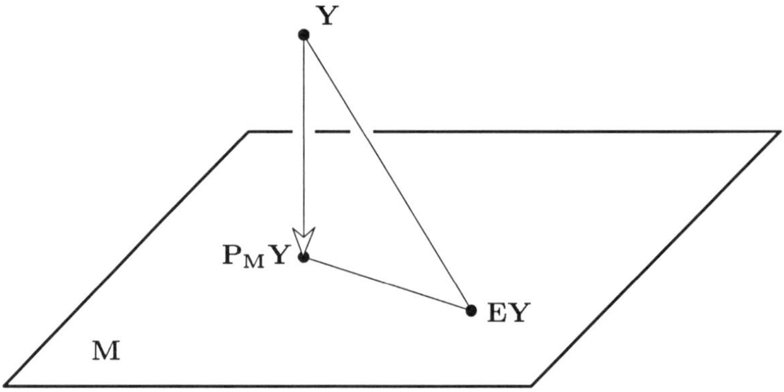

Abbildung 4.8: Zerlegung von $Y - \mathrm{E}Y$

Für $Z = \widehat{Y}$ folgt daraus:

$$\rho(Y, \widehat{Y}) = \frac{\| \widehat{Y} \|}{\|Y\|} \tag{4.26}$$

und damit 2. und 5.
3. Wegen $\mathbf{1} \in \mathbf{M}$ ist $\widehat{Y - \mathrm{E}Y} = \widehat{Y} - \mathrm{E}\widehat{Y}$. Also folgt aus (4.26):

$$\rho\left(Y, \widehat{Y}\right) = \rho\left(Y - \mathrm{E}Y, \widehat{Y} - \mathrm{E}\widehat{Y}\right) = \frac{\|\widehat{Y} - \mathrm{E}\widehat{Y}\|}{\|Y - \mathrm{E}Y\|} = \sqrt{\frac{\operatorname{Var} \widehat{Y}}{\operatorname{Var} Y}}.$$

4. folgt aus (4.22) und Satz 214.
□

4.3.2 Bestimmtheitsmaß

Sind $\mathbf{y}_1$ und $\mathbf{x}_1, \ldots, \mathbf{x}_m$ n-dimensionale Datenvektoren, so kann aus diesen Vektoren der empirische multiple Korrelationskoeffizient berechnet werden. Hierbei ist $\mathbf{M} = \mathcal{L}\{\mathbf{1}, \mathbf{x}_1, \ldots, \mathbf{x}_m\}$ und $r := r(\mathbf{y}, \widehat{\mathbf{y}}) = r(\mathbf{y}, \mathbf{P_M y})$.
Dabei ist Satz 218 auch für den empirischen multiplen Korrelationskoeffizienten gültig, wenn man die theoretischen durch die empirischen Parameter ersetzt. Hier sind zwei besondere Bezeichnungen üblich:

Definition 219

$$r^2 := \frac{\operatorname{Var} \hat{\mathbf{y}}}{\operatorname{Var} \mathbf{y}} \quad \textit{heißt} \quad \textit{das } \textbf{\textit{Bestimmtheitsmaß}} \textit{ und} \tag{4.27}$$

$$1 - r^2 := \frac{\operatorname{Var}(\mathbf{y} - \hat{\mathbf{y}})}{\operatorname{Var} \mathbf{y}} \quad \textit{heißt} \quad \textit{das } \textbf{\textit{Unbestimmtheitsmaß.}} \tag{4.28}$$

Mit der SS-Schreibweise aus Definition 163 (Seite 158) können wir auch schreiben:

$$r^2(\hat{\mathbf{y}}, \mathbf{y}) = \frac{\mathrm{SS}(\mathbf{M}|\mathbf{1})}{\mathrm{SS}(\mathbb{R}^n|\mathbf{1})}, \tag{4.29}$$

$$1 - r^2(\hat{\mathbf{y}}, \mathbf{y}) = \frac{\mathrm{SS}(\mathbb{R}^n|\mathbf{M})}{\mathrm{SS}(\mathbb{R}^n|\mathbf{1})}. \tag{4.30}$$

r^2 ist eine der am meisten verwendeten Kenngrößen der Korrelations- und Regressionsrechnung. r^2 wird gelesen als das Verhältnis von (durch die Vektoren $\mathbf{x}_1, \ldots, \mathbf{x}_m$) "*erklärter*" Varianz zur Gesamtvarianz, $1-r^2$ als das Verhältnis der "*unerklärten*" Residualvarianz $\mathrm{var}(\mathbf{y} - \widehat{\mathbf{y}})$ zur Gesamtvarianz. Dabei ist neben der sehr mißverständlichen Redeweise von der "*erklärten*" Varianz vor allem zu beachten, daß die auftretenden Varianzen nur die empirischen Varianzen der vorliegenden konkreten Punktwolken sind.
Sind die Datenvektoren aus n unabhängigen Realisationen der zufälligen Variablen $Y, X_1, \ldots, X_m$ gewonnen, so ist $r^2(\mathbf{y}, \widehat{\mathbf{y}})$ ein sinnvoller Schätzwert für $\rho^2(Y, \widehat{Y})$. Gehorchen die Variablen einer $(m+1)$-dimensionalen Normalverteilung, so ist r^2 ein asymptotisch erwartungstreuer und konsistenter Schätzer für ρ^2. (Siehe auch Johnson und Kotz (1970), Kapitel 32.)
Sind aber, wie in der Regressionsrechnung üblich, die Vektoren $\mathbf{x}_1, \ldots, \mathbf{x}_m$ keine Realisationen zufälliger Größen, sondern prädeterminiert, so existiert zwar $r(\mathbf{y}, \widehat{\mathbf{y}})$, aber $\rho(Y, \widehat{Y})$ ist nicht definiert. r^2 ist dann überhaupt kein Schätzer für einen Modellparameter. Wir werden im nächsten Kapitel wieder darauf zurückkommen.

4.4 Partielle Korrelation

4.4.1 Struktur des partiellen Korrelationskoeffizienten

In diesem Abschnitt betrachten wir zwei Variable X und Y, die von einer dritten, mehrdimensionalen Variablen $\mathbf{Z}$ beeinflußt werden (Abbildung 4.9). Wir

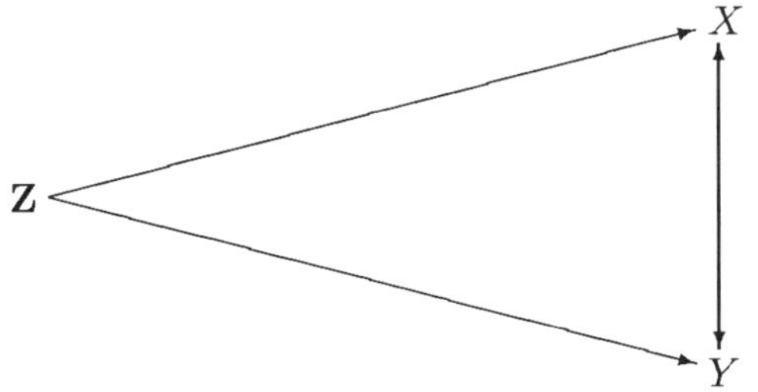

Abbildung 4.9: Beeinflussung von X und Y

fragen uns, wie weit die Korrelation zwischen X und Y auf den Einfluß von $\mathbf{Z}$ zurückzuführen ist, und ob es gelingt, den Einfluß von $\mathbf{Z}$ ganz oder teilweise zu eliminieren. Wir beginnen mit einem Beispiel.

Beispiel 220 *Es seien X und Y zwei Aktienkurse, die über einen Zeitraum von 20 Zeitpunkten* $z_1, \ldots, z_{20}$ *beobachtet wurden. Wir verzichten auf die tabellarischen Angaben der 20 Daten und zeigen nur den Plot von X gegen Y (Abbildung 4.10).*

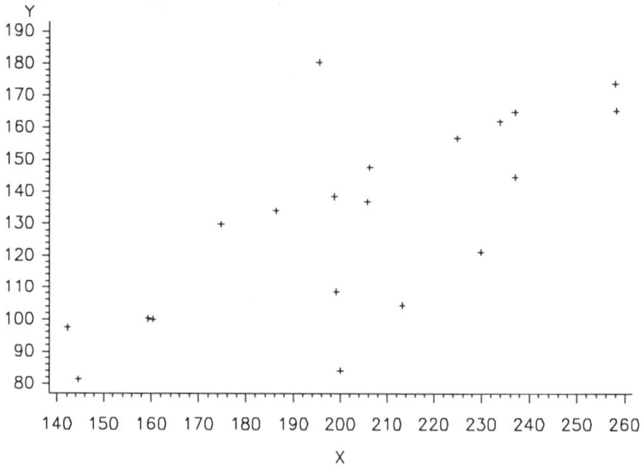

Abbildung 4.10: Plot der Aktienkurse Y gegen X

Es ergibt sich ein hoher Korrelations-Koeffizient $r(\mathbf{x}, \mathbf{y}) = 0,72$. *Man könnte nun meinen, daß X und Y stark voneinander abhingen.*

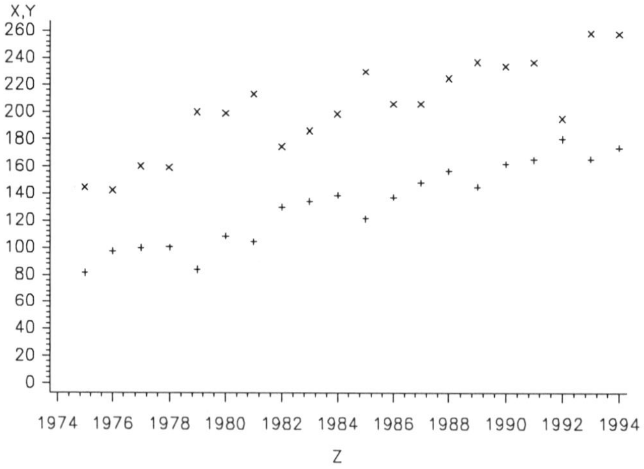

Abbildung 4.11: Plot der Aktienkurse gegen die Zeit ($+ \mathrel{\hat{=}} X$ und $\times \mathrel{\hat{=}} Y$)

Betrachten wir hingegen Abbildung 4.11: Hier sind beide Aktienkurse gegen die Zeit Z aufgetragen. Die empirischen Korrelations-Koeffizienten $r(\mathbf{x}, \mathbf{z}) = 0,86$ *und* $r(\mathbf{y}, \mathbf{z}) = 0,96$ *sind größer als* $r(\mathbf{x}, \mathbf{y})$. *Es liegt der Verdacht nahe, daß X*

und Y nur daher so stark miteinander korrelieren, weil sie beide stark von der Zeit Z abhängen.
Zur Bestimmung des linearen Einflusses von Z auf X und Y berechnen wir die besten linearen Approximationen von Y und X durch Z:

$$x = \mathbf{P}_z x + x_{\bullet z} = 150,3 + 5,04(z - 1974) + x_{\bullet z}, \tag{4.31}$$

$$y = \mathbf{P}_z y + y_{\bullet z} = 79,6 + 4,96(z - 1974) + y_{\bullet z}\ . \tag{4.32}$$

Dabei sind $x_{\bullet z} := x_{\bullet \mathcal{L}\{\mathbf{1};\mathbf{z}\}}$ und $y_{\bullet z} := y_{\bullet \mathcal{L}\{\mathbf{1};\mathbf{z}\}}$ die jeweiligen Residuen. Abbildung 4.12 zeigt den Plot von $y_{\bullet z}$ gegen $x_{\bullet z}$. Jetzt zeigt sich im Gegensatz zu Abbildung 4.10 auf der vorherigen Seite eine ausgeprägte negative Korrelation. Es ist $r(\mathbf{x}_{\bullet \mathbf{z}}, \mathbf{y}_{\bullet \mathbf{z}}) = -0,74$. Dies deutet darauf hin, daß X und Y im Grunde stark negativ miteinander korrelieren würden, wenn der Einfluß der Zeit Z wegfiele. Zum Beispiel könnte es sich um zwei konkurrierende Firmen handeln, bei denen ein Marktgewinn für die eine Firma ein Marktverlust für die andere bedeutet. Trotzdem gehen — zum Beispiel wegen der Geldentwertung — bei beiden Firmen die Kurse gemeinsam nach oben.

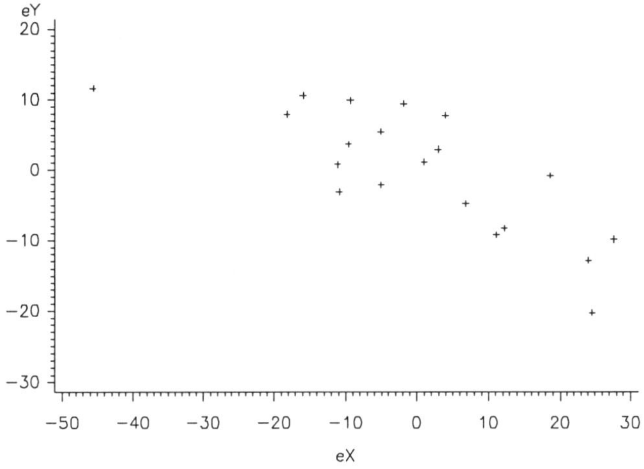

Abbildung 4.12: Plot der Residuen

Bei der linearen Prognose von Y durch Z war $\mathrm{P}_Z Y$ gesucht und das Residuum $\mathrm{Y}_{\bullet z}$ die lästige Störung. Bei der partiellen Korrelation interessiert uns gerade dieses Residuum. Wir können $Y_{\bullet Z}$ als die spezifische, die eigentliche Y-Komponente interpretieren, die auftaucht, wenn der überlagernde lineare Einfluß des Z-Komplexes entfernt wurde.
Die partielle Korrelation von X und Y ist dann die Korrelation der spezifischen X- und Y-Komponenten.

Definition 221 (partielle Korrelation) *Es seien $X, Y, Z_1, \ldots, Z_k$ zufällige Variablen und $\mathbf{M} := \mathcal{L}\{1, Z_1, \ldots, Z_k\}$. X wird in eine M-Komponente $\mathbf{P_M}X =:$*

$X_{\mathbf{M}}$ *und ein Residuum* $X_{\bullet\mathbf{M}}$ *zerlegt. Analog spalten wir* Y *auf:*

$$\begin{aligned} X &= X_{\mathbf{M}} + X_{\bullet\mathbf{M}}\,, \\ Y &= Y_{\mathbf{M}} + Y_{\bullet\mathbf{M}}\,. \end{aligned}$$

Dann heißt die Korrelation der Residuen $X_{\bullet\mathbf{M}}$ *und* $Y_{\bullet\mathbf{M}}$ *die* ***partielle Korrelation*** *von* X *und* Y *nach Eliminierung der linearen* $\mathbf{M}$*-Komponente:*

$$\rho(X,Y)_{\bullet\mathbf{M}} := \rho(X_{\bullet\mathbf{M}}, Y_{\bullet\mathbf{M}})\,. \tag{4.33}$$

Schreibweisen: Sollen die Variablen Z_i explizit genannt werden, schreiben wir, ohne die Konstante **1** gesondert zu erwähnen, auch:

$$\rho(X,Y)_{\bullet Z_1 Z_2 \ldots Z_k} := \rho(X,Y)_{\bullet\mathbf{Z}} := \rho(X,Y)_{\bullet\mathbf{M}}.$$

Die "$_{\bullet\mathbf{M}}$"-Schreibweise wollen wir auch auf die partiellen Kovarianzen übertragen. Da $X_{\bullet\mathbf{M}} = (\mathbf{I} - \mathbf{P}_{\mathbf{M}})X$ Ergebnis einer Projektion ist, rechtfertigt die Symmetrieregel für Projektionen folgende Schreibweise:

$$\operatorname{Cov}(X,Y)_{\bullet\mathbf{M}} := \operatorname{Cov}(X_{\bullet\mathbf{M}}, Y) = \operatorname{Cov}(X, Y_{\bullet\mathbf{M}}) = \operatorname{Cov}(X_{\bullet\mathbf{M}}, Y_{\bullet\mathbf{M}}). \tag{4.34}$$

Damit gilt:

$$\rho(X,Y)_{\bullet\mathbf{M}} = \frac{\operatorname{Cov}(X,Y)_{\bullet\mathbf{M}}}{\sqrt{\operatorname{Var} X_{\bullet\mathbf{M}} \operatorname{Var} Y_{\bullet\mathbf{M}}}}. \tag{4.35}$$

Bemerkung: Wir sagen, $Y_{\bullet\mathbf{M}}$ ist die *Komponente von* Y *nach Elimination des linearen* $\mathbf{M}$*-Anteils.* Mitunter läßt man das Wort "*linear*" weg und sagt, man habe den Einfluß von $\mathbf{M}$ *eliminiert.* Dies kann mißverstanden werden und ist wörtlich genommen falsch, denn $Y_{\bullet\mathbf{M}}$ kann durchaus noch von $\mathbf{M}$ abhängen, nur nicht linear. Manchmal liest man auch: Der Einfluß der $\mathbf{M}$-Komponente wurde "*hinaus partialisiert*". Dies mag zwar genauer klingen, ist aber schlechtes Deutsch.

Beispiel 222 *Sei* Z *eine zufällige Variable mit* $\operatorname{E} Z = \operatorname{E} Z^3 = 0$, *zum Beispiel* $Z \sim \mathrm{N}(0;\sigma^2)$. *Die zufällige Variable* Y *sei eine deterministische Funktion von* Z, *nämlich* $Y := Z^2$. *Dann ist*[6]*:* $Y_{\bullet Z} = Y - \operatorname{E} Y$. *Die "Elimination" der linearen* Z*-Komponente ist hier schlichtweg die Zentrierung von* Y. *Die Variable* $Y_{\bullet Z} = Z^2 - \operatorname{E} Z^2$ *ist weiterhin vollständig durch* Z *bestimmt. Von einer globalen "Elimination des* Z*-Einflusses" kann keine Rede sein, nur enthält* $Y_{\bullet Z}$ *keine* lineare *Komponente mehr in* Z*-Richtung.*

[6] $\langle Y, Z\rangle = \operatorname{E} YZ = \operatorname{E} Z^3 = 0$ und $\langle 1, Z\rangle = \operatorname{E} Z = 0$. Also ist $Z \perp 1$ und $Z \perp Y$ und damit $\mathbf{P}_{\mathcal{L}\{1,Z\}} Y = \mathbf{P}_1 Y = \operatorname{E} Y$.

4.4.2 Geometrische Veranschaulichung

Geometrisch läßt sich die partielle Korrelation $r(\mathbf{x},\mathbf{y})_{\bullet\mathbf{z}}$ bei drei zentrierten Vektoren folgendermaßen veranschaulichen:
Man faltet ein Blatt Papier in der Mitte, legt den Vektor **z** in die Knicklinie, **x** in die eine Hälfte und **y** in die andere Hälfte des Blattes.
Die Korrelation zwischen **x** und **y** ist der Kosinus des Winkels α zwischen **x** und **y**. Die partielle Korrelation zwischen **x** und **y** ist der Kosinus des Winkels β zwischen den beiden Blatthälften (Abbildung 4.13):

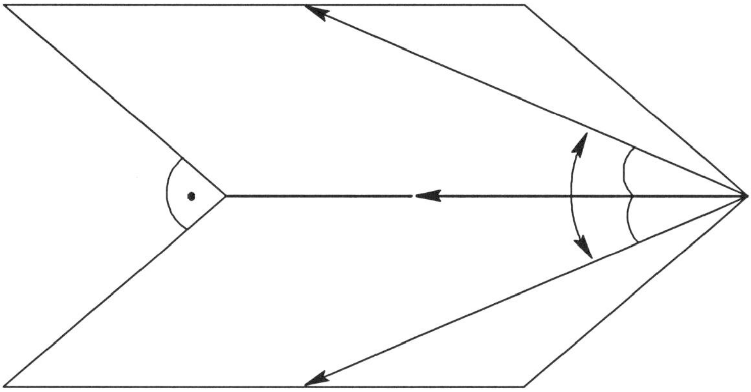

Abbildung 4.13: Gefaltetes Blatt

$$\cos\alpha = r(\mathbf{x},\mathbf{y}) \qquad \cos\beta = r(\mathbf{x},\mathbf{y})_{\bullet\mathbf{z}}$$

Zum Beweis faltet man das Blatt auseinander (Abbildung 4.14): Man erkennt,

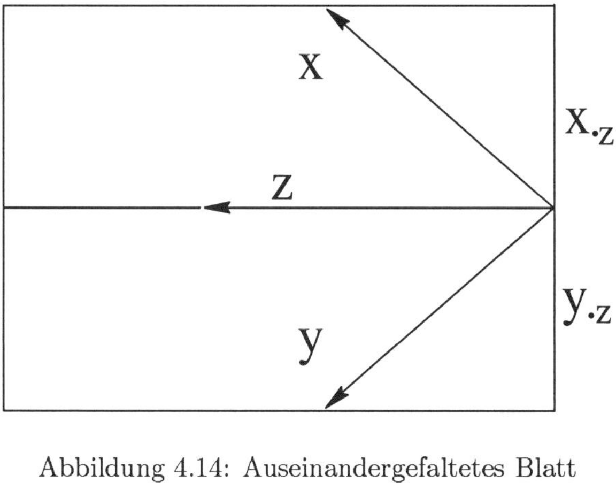

Abbildung 4.14: Auseinandergefaltetes Blatt

daß die Seitenkanten des Blattes orthogonal auf der Knicklinie stehen. Diese Orthogonalität bleibt beim Falten erhalten. Also liegen $\mathbf{y}_{\bullet\mathbf{z}}$ und $\mathbf{x}_{\bullet\mathbf{z}}$ auf diesen

Kanten. $r(\mathbf{x},\mathbf{y})_{\bullet\mathbf{z}}$ ist der Kosinus des Winkels zwischen den Kanten $\mathbf{x}_{\bullet\mathbf{z}}$ und $\mathbf{y}_{\bullet\mathbf{z}}$ und damit der Kosinus des Winkels der beiden Blatthälften.

Diese Struktur ist bei einem mehrdimensionalen $\mathbf{z}$ analog zu interpretieren. Eine offensichtliche Konsequenz ist, daß zu gegebenem $r(\mathbf{x},\mathbf{y}) \neq 1$ sich stets ein solches $\mathbf{z}$ finden läßt, so daß $r(\mathbf{x},\mathbf{y})_{\bullet\mathbf{z}}$ jeden Wert zwischen -1 und $+1$ annehmen kann und umgekehrt[7].

4.4.3 Berechnung der partiellen Korrelation

Wie bei der multiplen Korrelation hängt $\rho(X,Y)_{\bullet\mathbf{M}}$ nur von $\mathbf{M}$ ab und nicht von den Variablen, die den Raum $\mathbf{M}$ erzeugen. Weiter läßt sich $\rho(X,Y)_{\bullet\mathbf{M}}$ allein aus den gewöhnlichen Korrelationen bzw. Kovarianzen aller beteiligten Variablen berechnen. Im nächsten Satz haben wir, der Übersichtlichkeit zuliebe, die Korrelationsmatrizen mit ρ abgekürzt: $\boldsymbol{\rho}_{X\mathbf{Z}} := \operatorname{Corr}(X;\mathbf{Z})$, $\boldsymbol{\rho}_{Y\mathbf{Z}} := \operatorname{Corr}(Y;\mathbf{Z})$ und $\boldsymbol{\rho}_{\mathbf{ZZ}} := \operatorname{Corr}(\mathbf{Z})$.

Satz 223 *Sei* $\mathbf{Z} = \{Z_1;\ldots;Z_k\}$. *Dann ist:*

$$\rho(X,Y)_{\bullet\mathbf{Z}} = \frac{\rho_{XY} - \boldsymbol{\rho}_{X\mathbf{Z}}(\boldsymbol{\rho}_{\mathbf{ZZ}})^{-}\boldsymbol{\rho}_{\mathbf{Z}Y}}{\sqrt{(1-\boldsymbol{\rho}_{X\mathbf{Z}}(\boldsymbol{\rho}_{\mathbf{ZZ}})^{-}\boldsymbol{\rho}_{\mathbf{Z}X})(1-\boldsymbol{\rho}_{Y\mathbf{Z}}(\boldsymbol{\rho}_{\mathbf{ZZ}})^{-}\boldsymbol{\rho}_{\mathbf{Z}Y})}}. \tag{4.36}$$

Für den Fall $k = 1$ erhalten wir:

$$\rho(X,Y)_{\bullet Z} = \frac{\rho_{XY} - \rho_{XZ}\rho_{ZY}}{\sqrt{(1-\rho_{XZ}^2)(1-\rho_{YZ}^2)}}. \tag{4.37}$$

Beweis:
Es ist:

$$\rho(X,Y)_{\bullet\mathbf{M}} = \frac{\langle Y_{\bullet\mathbf{M}}, X_{\bullet\mathbf{M}}\rangle}{\|X_{\bullet\mathbf{M}}\|\,\|Y_{\bullet\mathbf{M}}\|}.$$

Der Zähler ist wegen (4.10) :

$$\begin{aligned}
\langle Y_{\bullet\mathbf{M}}, X_{\bullet\mathbf{M}}\rangle &= \langle Y, X_{\bullet\mathbf{M}}\rangle = \langle Y, X - \mathbf{P}_{\mathbf{M}}X\rangle = \langle Y, X\rangle - \langle Y, \mathbf{P}_{\mathbf{M}}X\rangle \\
&= \langle Y, X\rangle - \left\langle Y, \mathbf{Z}* \langle \mathbf{Z};\mathbf{Z}\rangle^{-} \langle \mathbf{Z}; X\rangle \right\rangle \\
&= \langle Y, X\rangle - \langle Y, \mathbf{Z}\rangle \langle \mathbf{Z};\mathbf{Z}\rangle^{-} \langle \mathbf{Z}; X\rangle \\
&= \operatorname{Cov}(Y,X) - \operatorname{Cov}(Y;\mathbf{Z})(\operatorname{Cov}\mathbf{Z})^{-}\operatorname{Cov}(\mathbf{Z};X).
\end{aligned}$$

Ersetzt man Y durch X, folgt:

$$\|X_{\bullet\mathbf{M}}\|^2 = \operatorname{Var} X - \operatorname{Cov}(X;\mathbf{Z})(\operatorname{Cov}\mathbf{Z})^{-}\operatorname{Cov}(\mathbf{Z};X).$$

Arbeiten wir mit standardisierten Variablen, gehen die Kovarianzen in die Korrelationen über. Das Skalarprodukt zwischen zwei Variablen ist dann $\langle X,Y\rangle = \rho(X,Y)$ und $\langle X,X\rangle = 1$.
□

[7] Vergleiche auch das Beispiel 207 auf Seite 219.

Bemerkung: Sind X, Y und $\mathbf{Z}$ gemeinsam normalverteilt, stimmt die partielle Korrelation $\rho(X,Y)_{\bullet\mathbf{Z}}$ mit der bedingten Korrelation $\rho(X,Y|\mathbf{Z})$ überein[8]. Im allgemeinen unterscheiden sich beide Korrelationskoeffizienten: $\rho(X,Y|\mathbf{Z}=\mathbf{z})$ ist eine Funktion von $\mathbf{z}$, dagegen ist $\rho(X,Y)_{\bullet\mathbf{Z}}$ eine Konstante. Weitere Ausführungen zu bedingter und partieller Korrelation finden sich z.B. bei Lawrance (1976).

Beispiel 224 *Im Beispiel 220 der Aktienkurse ergibt sich aus dieser Formel:*

$$r(\mathbf{x},\mathbf{y})_{\bullet\mathbf{z}} = \frac{0,72 - 0,86 \cdot 0,96}{\sqrt{(1-0,86^2)(1-0,96^2)}} = -0,74.$$

4.4.4 Schrittweise Bestimmung der Residuen

In der Praxis werden Einflüsse oft erst nach und nach erkannt. Zuerst entdeckt man den Komplex $\mathbf{M}$ und *schaltet ihn aus:*

$$Y \to Y_{\bullet\mathbf{M}}.$$

Dann entdeckt man einen weiteren Einflußkomplex $\mathbf{N}$ und *eliminiert* ihn ebenfalls:

$$Y_{\bullet\mathbf{M}} \to (Y_{\bullet\mathbf{M}})_{\bullet\mathbf{N}}.$$

Die umgekehrte Reihenfolge liefert

$$Y \to Y_{\bullet\mathbf{N}} \to (Y_{\bullet\mathbf{N}})_{\bullet\mathbf{M}}.$$

Schließlich wäre $Y_{\bullet(\mathbf{M},\mathbf{N})}$ das Ergebnis, wenn beide Variablenkomplexe gemeinsam auf einmal *eliminiert* worden wären. Dann gilt leider in der Regel

$$(Y_{\bullet\mathbf{M}})_{\bullet\mathbf{N}} \neq (Y_{\bullet\mathbf{N}})_{\bullet\mathbf{M}} \neq Y_{\bullet(\mathbf{M},\mathbf{N})}.$$

Beispiel 225 *Es seien* $\mathbf{y}$, $\mathbf{m}$ *und* $\mathbf{n}$ *drei Vektoren in der Ebene (siehe Abbildung 4.15 auf der nächsten Seite). Da* $\mathbf{y} \in \mathcal{L}\{\mathbf{m},\mathbf{n}\}$, *ist* $\mathbf{y}_{\bullet(\mathbf{m},\mathbf{n})} = 0$. *Projektion von* $\mathbf{y}$ *auf die Senkrechte zu* $\mathbf{m}$ *liefert* $\mathbf{y}_{\bullet\mathbf{m}}$. *Wird nun* $\mathbf{y}_{\bullet\mathbf{m}}$ *auf die Senkrechte zu* $\mathbf{n}$ *projiziert, erhält man* $(\mathbf{y}_{\bullet\mathbf{m}})_{\bullet\mathbf{n}}$. *Die andere Reihenfolge liefert* $(\mathbf{y}_{\bullet\mathbf{n}})_{\bullet\mathbf{m}}$. *Beides sind zwei verschiedene Vektoren. Vergleiche auch Aufgabe 246.*

Da $\mathbf{m}$ und $\mathbf{n}$ voneinander linear abhängen, wird durch die *Elimination* von $\mathbf{m}$ wieder eine $\mathbf{n}$-Komponente hineingeschmuggelt und umgekehrt. Dieses kann jedoch nicht passieren, wenn $\mathbf{m}$ und $\mathbf{n}$ orthogonal sind.

Satz 226 *Sind* $\mathbf{M}$ *und* $\mathbf{N}$ *zwei orthogonale Räume und* $\mathcal{L}\{\mathbf{M},\mathbf{N}\} = \mathbf{M} \oplus \mathbf{N}$, *so ist die iterative Bestimmung der Residuen unabhängig von der Reihenfolge:*

$$(Y_{\bullet\mathbf{N}})_{\bullet\mathbf{M}} = (Y_{\bullet\mathbf{M}})_{\bullet\mathbf{N}} = Y_{\bullet(\mathbf{N}\oplus\mathbf{M})}.$$

Daher gilt für die partiellen Korrelationen

$$\rho(X_{\bullet\mathbf{N}}, Y_{\bullet\mathbf{N}})_{\bullet\mathbf{M}} = \rho(X_{\bullet\mathbf{M}}, Y_{\bullet\mathbf{M}})_{\bullet\mathbf{N}} = \rho(X,Y)_{\bullet(\mathbf{N}\oplus\mathbf{M})}.$$

[8] Vgl. Satz 206 Formel 4.2, Seite 218.

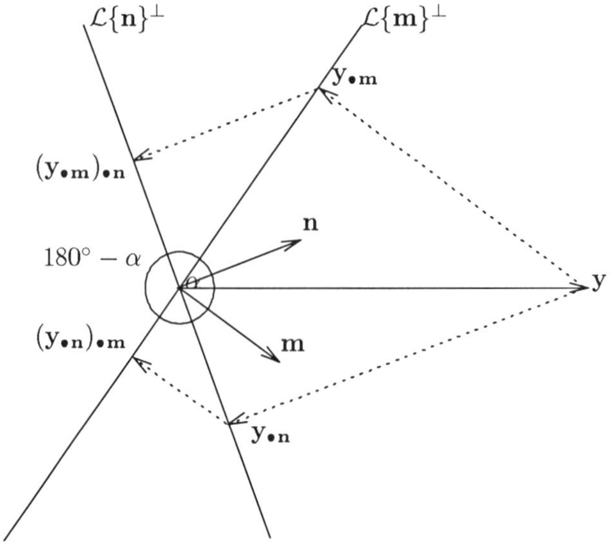

Abbildung 4.15: $(\mathbf{y}_{\bullet\mathbf{m}})_{\bullet\mathbf{n}}$ ist ungleich $(\mathbf{y}_{\bullet\mathbf{n}})_{\bullet\mathbf{m}}$

Beweis:
Da $\mathbf{M} \perp \mathbf{N}$ ist, ist $\mathbf{P_N P_M} = 0$ und $\mathbf{P_M} + \mathbf{P_N} = \mathbf{P}_{\mathbf{M}\oplus\mathbf{N}}$. Also ist:

$$(Y_{\bullet\mathbf{M}})_{\bullet\mathbf{N}} = (\mathbf{I} - \mathbf{P_N})(\mathbf{I} - \mathbf{P_M})Y = (\mathbf{I} - \mathbf{P}_{\mathbf{M}\oplus\mathbf{N}})Y = (Y_{\bullet\mathbf{N}})_{\bullet\mathbf{M}}.$$

□

Sind nun **M** und **N** nicht orthogonal, so ist das folgende Vorgehen korrekt, wenn schrittweise der gemeinsame lineare Einfluß von **M** und **N** eliminiert werden soll: Man orthogonalisiert **N** bezüglich **M** und erhält $\mathbf{N}_{\bullet\mathbf{M}}$.[9] Dann sind die beiden Räume **M** und $\mathbf{N}_{\bullet\mathbf{M}}$ orthogonal und es ist:

$$\mathcal{L}\{\mathbf{M}, \mathbf{N}\} = \mathbf{M} \oplus \mathbf{N}_{\bullet\mathbf{M}} = \mathbf{N} \oplus \mathbf{M}_{\bullet\mathbf{N}}.$$

Die Bereinigung kann nach Satz 226 in beliebiger Reihenfolge vorgenommen worden. Damit haben wir den folgenden Satz erhalten:

Satz 227 *Sind X und Y zwei zufällige Variable und* **M** *und* **N** *zwei beliebige Räume, so ist:*

$$(X_{\bullet\mathbf{M}})_{\bullet\mathbf{N}_{\bullet\mathbf{M}}} = (X)_{\bullet(\mathbf{M},\mathbf{N})} = (X_{\bullet\mathbf{N}})_{\bullet\mathbf{M}_{\bullet\mathbf{N}}},$$

$$\rho(X_{\bullet\mathbf{M}}, Y_{\bullet\mathbf{M}})_{\bullet\mathbf{N}_{\bullet\mathbf{M}}} = \rho(X,Y)_{\bullet(\mathbf{M},\mathbf{N})} = \rho(X_{\bullet\mathbf{N}}, Y_{\bullet\mathbf{N}})_{\bullet\mathbf{M}_{\bullet\mathbf{N}}}.$$

Die iterative Bereinigung ist unabhängig von der Reihenfolge, wenn im zweiten Variablensatz die lineare Komponente des jeweils ersten Variablensatzes eliminiert wurde.

[9] Ist $\mathbf{N} = \mathcal{L}\{\mathbf{n}_1, \ldots, \mathbf{n}_k\}$, so ist $\mathbf{N}_{\bullet\mathbf{M}} = \mathcal{L}\{\mathbf{n}_{1\bullet\mathbf{M}}, \mathbf{n}_{2\bullet\mathbf{M}}, \ldots, \mathbf{n}_{k\bullet\mathbf{M}}\}$.

4.4.5 Partielle Korrelation bei Modellerweiterung

Wir gehen aus von einem Grundmodell $\mathbf{M} = \mathbf{M}_0$ und einer festen Variablen Y, die in die beiden Komponenten $\mathbf{P}_{\mathbf{M}_0}Y$ und das Residuum $Y_{\bullet \mathbf{M}_0}$ zerlegt wird. Nun wird der Modellraum um eine weitere Variable X vergrößert. Durch $\mathbf{M}_1 = \mathcal{L}\{\mathbf{M}_0, X\}$ läßt sich Y besser approximieren als durch $\mathbf{M}_0$. Die Güte der Verbesserung läßt sich messen:

Satz 228 *Es seien X und Y zwei zufällige Variablen, $\mathbf{M}_0$ ein vorgegebener Modellraum und $\mathbf{M}_1$ der durch X erweiterte Raum: $\mathbf{M}_1 = \mathcal{L}\{\mathbf{M}_0, X\}$. Dann gilt:*

$$1 - \rho^2(X,Y)_{\bullet \mathbf{M}_0} = \frac{\|Y_{\bullet \mathbf{M}_1}\|^2}{\|Y_{\bullet \mathbf{M}_0}\|^2}, \tag{4.38}$$

$$\rho^2(X,Y)_{\bullet \mathbf{M}_0} = \frac{\|Y_{\mathbf{M}_1} - Y_{\mathbf{M}_0}\|^2}{\|Y_{\bullet \mathbf{M}_0}\|^2}. \tag{4.39}$$

Die in der relativen Reduktion der Residualvarianzen oder im relativen Erweiterungsgewinn gemessene Verbesserung der Approximation ist um so größer, je größer die partielle Korrelation der Variable Y mit der neuen Variable X ist.

Beweis:
Für zwei zentrierte Vektoren $\mathbf{U}$ und $\mathbf{V}$ ist $1 - \rho^2(U,V) = \frac{\|V_{\bullet U}\|^2}{\|V\|^2}$. Wenden wir dies auf die Residuen $U := X_{\bullet \mathbf{M}_0}$ und $V := Y_{\bullet \mathbf{M}_0}$ an, so folgt:

$$1 - \rho^2(X,Y)_{\bullet \mathbf{M}_0} = \frac{\|\, (Y_{\bullet \mathbf{M}_0})_{X_{\bullet \mathbf{M}_0}} \,\|^2}{\|Y_{\bullet \mathbf{M}_0}\|^2}.$$

Nach Satz 227 gilt: $(Y_{\bullet \mathbf{M}_0})_{X_{\bullet \mathbf{M}_0}} = Y_{\bullet \mathbf{M}_0, X} = Y_{\bullet \mathbf{M}_1}$. Daraus folgt (4.38) und damit:

$$\rho^2(X,Y)_{\bullet \mathbf{M}_0} = 1 - \frac{\|Y_{\bullet \mathbf{M}_1}\|^2}{\|Y_{\bullet \mathbf{M}_0}\|^2} = \frac{\|Y_{\bullet \mathbf{M}_0}\|^2 - \|Y_{\bullet \mathbf{M}_1}\|^2}{\|Y_{\bullet \mathbf{M}_0}\|^2} = \frac{\|Y_{\mathbf{M}_1} - Y_{\mathbf{M}_0}\|^2}{\|Y_{\bullet \mathbf{M}_0}\|^2}.$$

□

4.4.6 Reziproke Partialisierung

Bereinigt man X vom linearen Einfluß Y, so sind die resultierenden Vektoren $X_{\bullet Y}$ und Y orthogonal. Ebenso sind X und $Y_{\bullet X}$ orthogonal. Was geschieht, wenn man gleichzeitig X und Y jeweils vom linearen Einfluß des anderen Partners bereinigt? Die Antwort ist überraschend: Die Korrelation ist bis auf das Vorzeichen dieselbe geblieben. Es gilt:

Satz 229 *Für beliebige Vektoren X und Y gilt stets:*

$$\rho(X,Y) = -\rho(X_{\bullet Y}, Y_{\bullet X}).$$

Beweis:
Da wir nur zwei Vektoren betrachten, können wir einen geometrischen Beweis führen.[10] Vgl. hierzu Abbildung 4.16.

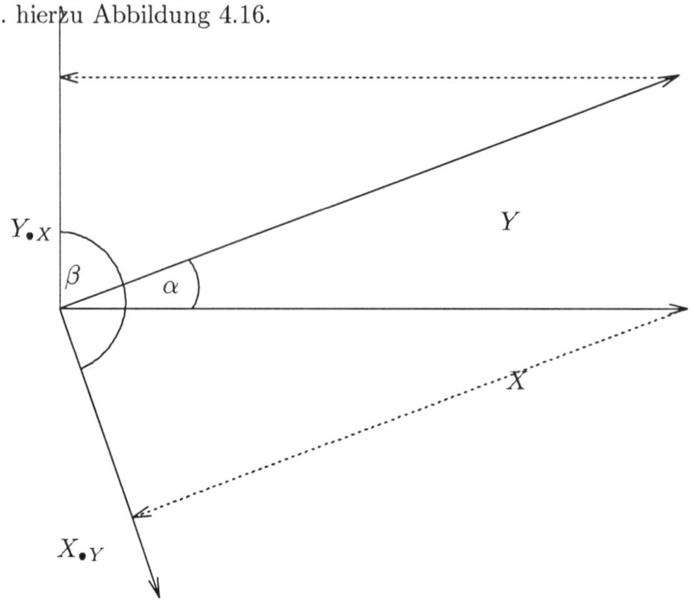

Abbildung 4.16: $\rho(X,Y) = -\rho(X_{\bullet Y}, Y_{\bullet X})$ oder $\alpha = 180° - \beta$

$Y_{\bullet x}$ steht orthogonal auf X und $X_{\bullet Y}$ orthogonal auf Y. Ist α der Winkel zwischen X und Y und β der zwischen $X_{\bullet Y}$ und $Y_{\bullet \mathbf{x}}$, so ist $\alpha = 180° - \beta$. Damit ist $\cos\alpha = -\cos\beta$.
□

Den gleichen Gedanken können wir nun auf eine ganze Gruppe von $k+2$ Variablen X, Y und $\mathbf{Z} = \{Z_1, \ldots, Z_k\}$ erweitern. Betrachten wir X und Y zusammen, so sind die Z_i die **anderen** Variablen. Vom Standpunkt von X aus sind $(Y, \mathbf{Z})$ **alle anderen**. Analog sind vom Standpunkt Y aus die Variablen $(X, \mathbf{Z})$ **alle anderen**.
Nun gilt: Die Korrelation der von den **Anderen** bereinigten Variablen X und Y ist bis auf das Vorzeichen dasselbe wie die Korrelation der von **alle anderen** bereinigten Variablen X und Y. Formal lautet der Satz:

Satz 230

$$\rho(X_{\bullet(\mathbf{Z},Y)}, Y_{\bullet(\mathbf{Z},X)}) = -\rho(X,Y)_{\bullet \mathbf{Z}}.$$

Beweis:

[10] Ein formaler Beweis: Es seien X und Y standardisiert. Dann ist $\langle X, Y\rangle = \rho(X,Y) \Rightarrow X_{\bullet Y} = X - \rho Y$ und $Y_{\bullet X} = Y - \rho X \Rightarrow \|X_{\bullet Y}\|^2 = \|Y_{\bullet X}\|^2 = 1 - \rho^2 \Rightarrow \langle X_{\bullet Y}, Y_{\bullet X}\rangle = -\rho + \rho^3 \Rightarrow \rho(X_{\bullet Y}, Y_{\bullet X}) = \frac{-\rho+\rho^3}{1-\rho^2} = -\rho$. □

Es ist $\mathcal{L}\{\mathbf{Z}, Y\} = \mathcal{L}\{\mathbf{Z}\} \oplus \mathcal{L}\{Y_{\bullet\mathbf{Z}}\}$. Dann ist gemäß Satz 227 auf Seite 240 $(X_{\bullet\mathbf{Z}})_{\bullet Y_{\bullet\mathbf{Z}}} = X_{\bullet(\mathbf{Z},Y)}$ und $\rho(X,Y)_{\bullet\mathbf{Z}} = \rho(X_{\bullet\mathbf{Z}}, Y_{\bullet\mathbf{Z}})$ und damit nach Satz 229

$$\rho(X,Y)_{\bullet\mathbf{Z}} = -\rho((X_{\bullet\mathbf{Z}})_{\bullet Y_{\bullet\mathbf{Z}}}, (Y_{\bullet\mathbf{Z}})_{\bullet X_{\bullet\mathbf{Z}}}) = -\rho(X_{\bullet(\mathbf{Z},Y)}, Y_{\bullet(\mathbf{Z},X)}).$$

□

4.4.7 Regressionskoeffizienten

In Satz 212, speziell in Formel (4.15) ist der Vektor $\boldsymbol{\beta}$ der Regressionskoeffizienten geschlossen bestimmt worden. Diese Formel ist aber wenig hilfreich, wenn man die Koeffizienten β_j einzeln betrachten und in der Gesamtheit aller Regressoren den Einfluß eines einzelnen X_j auf Y interpretieren will.
Um die folgenden Rechnungen übersichtlicher zu gestalten, vereinbaren wir folgende Abkürzung für den Raum, der von allen X_k mit Ausnahme von X_j erzeugt wird:[11]

$$\forall\backslash j := \mathcal{L}\{X_0, \ldots, X_{j-1}, X_{j+1}, \ldots, X_m\}. \tag{4.40}$$

Analog ist "$\forall\backslash ij$" zu verstehen. Damit die Koeffizienten β_k eindeutig bestimmt sind, setzen wir im folgenden Satz voraus, daß die X_k linear unabhängig sind. Weiter ist X_0 nicht notwendig $\mathbf{1}$.

Satz 231 *Ist Y durch seine beste lineare Approximation $\widehat{Y}$ und sein Residuum orthogonal zerlegt als:*

$$Y = \sum_{k=0}^{m} \beta_k X_k + Y_{\bullet\mathbf{X}} , \tag{4.41}$$

dann gilt:

$$Y_{\bullet\forall\backslash j} = \beta_j X_{j\bullet\forall\backslash j} + Y_{\bullet\mathbf{X}} . \tag{4.42}$$

Der Regressionskoeffizient β_j läßt sich darstellen als:

$$\beta_j = \frac{\langle X_j, Y\rangle_{\bullet\forall\backslash j}}{\left\|X_{j\bullet\forall\backslash j}\right\|^2}. \tag{4.43}$$

Ist $\mathbf{1} \in \mathbf{M}$ und X_j nicht die Konstante, so ist:

$$\beta_j = \rho(X_j, Y)_{\bullet\forall\backslash j}\sqrt{\frac{\operatorname{Var} Y_{\bullet\forall\backslash j}}{\operatorname{Var} X_{j\bullet\forall\backslash j}}}. \tag{4.44}$$

Ist $m = 1$ sowie $X_0 =: 1$ und $X_j =: X$, so reduziert sich (4.44) *auf die bekannte Formel*[12]*:*

$$\beta = \rho(X,Y)\sqrt{\frac{\operatorname{Var} Y}{\operatorname{Var} X}}.$$

[11] $\forall\backslash j$ soll erinnern an: "alle ohne j".

[12] Vergleiche auch Abschnitt 1.3.4, Seite 83.

Bemerkung: Wir vergleichen die beiden Regressionsgleichungen (4.41) und (4.42). Anstelle einer Beziehung zwischen Y und $m+1$ Regressoren in der Gleichung (4.41), tritt in (4.42) nur noch ein einziger Regressor auf, selbst ein Absolutglied fehlt. Regressor und Regressant sind *beide vom linearen Einfluß der anderen Regressoren bereinigt* worden. β_j mißt also, wie gut sich Y durch X_j *erklären* – oder sagen wir vorsichtiger *approximieren* – läßt, wenn der Anteil der anderen Variablen bereits eliminiert wurde. Was in dieser Beziehung dann noch unerklärt ist, bleibt auch unerklärt, wenn die *vom Platz gestellten Regressoren wieder mitspielen* dürfen: In (4.41) und (4.42) ist die Restkomponente $Y_{\bullet\mathbf{X}}$ identisch.
Wir werden später im Kapitel über Regressionsdiagnose auf die Gleichung (4.42) wieder zurückkommen.

Beweis:
Wir projizieren Y auf den Teilraum $\forall\backslash j$. Dann folgt aus (4.41) wegen $\mathbf{P}_{\forall\backslash j}Y_{\bullet\mathbf{M}} = 0$ und $\mathbf{P}_{\forall\backslash j}X_k = X_k$ für $k \neq j$:

$$\mathbf{P}_{\forall\backslash j}Y = \sum_{k\neq j}\beta_k X_k + \beta_j \mathbf{P}_{\forall\backslash j}X_j\,. \tag{4.45}$$

Subtraktion von (4.41) und (4.45) ergibt (4.42). Da $Y_{\bullet\mathbf{M}} \perp X_{j\bullet\forall\backslash j}$ ist, folgt aus (4.42) durch Multiplikation mit $X_{j\bullet\forall\backslash j}$:

$$\beta_j = \frac{\langle Y_{\bullet\forall\backslash j}, X_{j\bullet\forall\backslash j}\rangle}{\langle X_{j\bullet\forall\backslash j}, X_{j\bullet\forall\backslash j}\rangle} = \frac{\langle Y, X_j\rangle_{\bullet\forall\backslash j}}{\left\|X_{j\bullet\forall\backslash j}\right\|^2}.$$

Ist $\mathbf{1} \in \mathbf{M}$ können wir weiter schließen:

$$\beta_j = \frac{\operatorname{Cov}(Y, X_j)_{\bullet\forall\backslash j}}{\operatorname{Var} X_{j\bullet\forall\backslash j}} = \rho(Y, X_j)_{\bullet\forall\backslash j}\sqrt{\frac{\operatorname{Var} Y_{\bullet\forall\backslash j}}{\operatorname{Var} X_{j\bullet\forall\backslash j}}}.$$

□

Bemerkung: Betrachten wir überhaupt kein von vornherein ausgezeichnetes Y, sondern nur gleichberechtigte Variablen $X_1, \ldots, X_m$, so können wir Satz 231 benutzen, um ein beliebig herausgegriffenes X_i durch die restlichen X_j zu approximieren. Dabei sei $\beta_{j(X_i)}$ der Koeffizient von X_j bei der Darstellung von X_i :

$$X_i = \sum_{j\neq i}\beta_{j(X_i)}X_j + X_{i\bullet\forall\backslash ij}.$$

Dann folgt aus (4.44) :

$$\begin{aligned}\beta_{j(X_i)} &= \rho(X_j, X_i)_{\bullet\forall\backslash ij}\sqrt{\frac{\operatorname{Var} X_{i\bullet\forall\backslash ij}}{\operatorname{Var} X_{j\bullet\forall\backslash ij}}},\\ \beta_{j(X_i)}\cdot\beta_{i(X_j)} &= \left(\rho(X_i, X_j)_{\bullet\forall\backslash ij}\right)^2.\end{aligned}$$

4.4.8 Konzentrationsmatrix

Die Kovarianzmatrix liefert unmittelbar Information über die Kovarianzen und mittelbar über die Korrelationen zwischen den Variablen. Die Konzentrationsmatrix bzw. die Inverse der Momentenmatrix gibt uns dagegen Informationen über die partiellen Korrelationen zwischen den Variablen.

Wir gehen von folgenden Voraussetzungen aus: Es sei $\mathbf{X} = \{\mathbf{1}; X_1; \cdots ; X_m\}$. Dabei seien die X_i deterministische Vektoren des $\mathbb{R}^n$ oder eindimensionale zufällige Variable. Zwischen den X_i sei ein Skalarprodukt $\langle X_i; X_j\rangle$ erklärt. Die Momentenmatrix $\langle \mathbf{X}; \mathbf{X}\rangle$ sei invertierbar. Ihre Inverse werde abgekürzt mit[13]

$$\mathbf{V} := \langle \mathbf{X}; \mathbf{X}\rangle^{-1}. \tag{4.46}$$

Sind alle Variablen zentriert, so ist $\mathbf{V}$ die Konzentrationsmatrix:

$$\mathbf{V} = (\mathrm{Cov}\ \mathbf{X})^{-1} = \mathbf{K}.$$

Dann gilt:

Satz 232 *1. Die von den linearen Komponenten aller anderen Variablen bereinigte Variable $X_{j\bullet\forall\setminus j}$ ist*

$$X_{j\bullet\forall\setminus j} = \frac{\mathbf{X} * \mathbf{V}_{[,j]}}{\mathbf{V}_{[j,j]}} \quad \textit{mit } \left\|X_{j\bullet\forall\setminus j}\right\|^2 = \left(\mathbf{V}_{[j,j]}\right)^{-1}. \tag{4.47}$$

2. Das Unbestimmtheitsmaß zwischen X_j und allen anderen Vektoren ist umgekehrt proportional zum j−ten Diagonalelement $\mathbf{V}_{[j,j]}$ der Matrix $\mathbf{V}$. Je größer $\mathbf{V}_{[j,j]}$ ist, um so besser läßt sich X_j durch die anderen Vektoren approximieren:

$$1 - \rho^2(X_j, \forall\setminus j) = \frac{1}{\mathbf{V}_{[j,j]} \cdot \|X_j - \mathbf{P}_1 X_j\|^2}. \tag{4.48}$$

3. Die partielle Korrelation zwischen X_i und X_j nach Elimination der linearen Komponente aller anderen Vektoren ist:

$$\rho(X_j, X_i)_{\bullet\forall\setminus ij} = -\frac{\mathbf{V}_{[i,j]}}{\sqrt{\mathbf{V}_{[i,i]}\mathbf{V}_{[j,j]}}}. \tag{4.49}$$

Ist $\mathbf{V}_{[i,j]} = 0$, so sind X_i und X_j partiell unkorreliert.

Beweis:

Wir vergleichen die beiden Darstellungen für den Regressionskoeffizienten β_j: Nach (4.12) ist

$$\boldsymbol{\beta} = \langle \mathbf{X}; \mathbf{X}\rangle^{-1} \langle \mathbf{X}; Y\rangle.$$

[13] Der Buchstabe $\mathbf{V}$ soll an **Varianzfunktion** erinnern. Später, im Regressionsmodell werden wir nämlich zeigen, daß im dortigen Modell unter Regularitätsbedingungen die Kovarianzmatrix der geschätzten Regressionskoeffizienten die Bauart hat: $\mathrm{Cov}\,\widehat{\boldsymbol{\beta}} = \sigma^2\mathbf{V}$. Vgl. Formel (6.18).

Bezeichnen wir mit $\mathbf{1}^j$ den j-ten Einheitsvektor, der durch $\beta_j = (\mathbf{1}^j)' \boldsymbol{\beta}$ definiert ist[14], so ist einerseits:

$$\beta_j = (\mathbf{1}^j)' \langle \mathbf{X}; \mathbf{X} \rangle^{-1} \langle \mathbf{X}; Y \rangle = \left\langle \mathbf{X} * \langle \mathbf{X}; \mathbf{X} \rangle^{-1} \mathbf{1}^j ; Y \right\rangle. \tag{4.50}$$

Andererseits ist wegen (4.43):

$$\beta_j = \frac{\langle X_j, Y \rangle_{\bullet \forall \setminus j}}{\left\| X_{j \bullet \forall \setminus j} \right\|^2} = \frac{\langle X_{j \bullet \forall \setminus j}, Y \rangle}{\left\| X_{j \bullet \forall \setminus j} \right\|^2} = \left\langle \frac{X_{j \bullet \forall \setminus j}}{\left\| X_{j \bullet \forall \setminus j} \right\|^2}, Y \right\rangle. \tag{4.51}$$

Da (4.50) und (4.51) für alle Y übereinstimmen, folgt (mit Wahrscheinlichkeit 1):

$$\frac{X_{j \bullet \forall \setminus j}}{\left\| X_{j \bullet \forall \setminus j} \right\|^2} = \mathbf{X} * \langle \mathbf{X}; \mathbf{X} \rangle^{-1} \mathbf{1}^j = \mathbf{X} * \mathbf{V}_{[,j]}. \tag{4.52}$$

Daraus folgt:

$$\begin{aligned} \frac{\langle X_{i \bullet \forall \setminus i}, X_{j \bullet \forall \setminus j} \rangle}{\left\| X_{i \bullet \forall \setminus i} \right\|^2 \left\| X_{j \bullet \forall \setminus j} \right\|^2} &= (\mathbf{1}^j)' \langle \mathbf{X}; \mathbf{X} \rangle^{-1} \langle \mathbf{X}; \mathbf{X} \rangle \langle \mathbf{X}; \mathbf{X} \rangle^{-1} \mathbf{1}^j \\ &= (\mathbf{1}^j)' \langle \mathbf{X}; \mathbf{X} \rangle^{-1} \mathbf{1}^j = \mathbf{V}_{[i,j]}. \end{aligned} \tag{4.53}$$

Für $i = j$ folgt daraus:

$$\frac{1}{\left\| X_{j \bullet \forall \setminus j} \right\|^2} = \mathbf{V}_{[j.j]} \Rightarrow \left\| X_{j \bullet \forall \setminus j} \right\|^2 = \left(\mathbf{V}_{[\,j,j]} \right)^{-1}. \tag{4.54}$$

Setzt man dies in (4.52) ein, erhält man:

$$X_{j \bullet \forall \setminus j} = \frac{\mathbf{X} * \mathbf{V}_{[,j]}}{\mathbf{V}_{[\,j,j]}}.$$

Aus (4.53) und (4.54) folgt mit Satz 230 auf Seite 242:

$$-\rho(X_i, X_j)_{\bullet \forall \setminus ij} = \rho(X_{i \bullet \forall \setminus i}, X_{j \bullet \forall \setminus j}) = \frac{\langle X_{i \bullet \forall \setminus i}, X_{j \bullet \forall \setminus j} \rangle}{\left\| X_{i \bullet \forall \setminus i} \right\| \left\| X_{j \bullet \forall \setminus j} \right\|} = \frac{\mathbf{V}_{[i,j]}}{\sqrt{\mathbf{V}_{[i,i]} \mathbf{V}_{[j,j]}}}.$$

Das Unbestimmtheitsmaß von X_j bezüglich aller anderen Vektoren ist dann:

$$1 - \rho^2(X_j, \forall \setminus j) = \frac{\left\| X_{j \bullet \forall \setminus j} \right\|^2}{\left\| X_j - \mathbf{P}_1 X_j \right\|^2} = \frac{1}{\mathbf{V}_{[i,j]} \cdot \left\| X_j - \mathbf{P}_1 X_j \right\|^2}.$$

□

[14] $\mathbf{1}^i$ nimmt an der Position von β_j den Wert 1 an und ist sonst 0.

Beispiel 233 [15] *Von 88 Studenten wurden die Punkte notiert, die sie in den fünf Mathematikprüfungen Mechanik (M), Vektorrechnung (V), Algebra (Al), Analysis (An) und Statistik (S) erzielt haben. Aus diesen Daten wurde die folgende Kovarianzmatrix errechnet:*

Cov **X**	*M*	*V*	*Al*	*An*	*S*
M	*302,29*	*125,78*	*100,43*	*105,07*	*116,07*
V	*125,78*	*170,88*	*84,19*	*93,60*	*97,89*
Al	*100,43*	*84,19*	*111,60*	*110,84*	*120,49*
An	*105,07*	*93,60*	*110,84*	*217,88*	*153,7*
S	*116,07*	*97,89*	*120,49*	*153,77*	*294,37*

Inversion von Cov **X** *liefert die Konzentrationsmatrix* $\mathbf{V} := (\text{Cov } \mathbf{X})^{-1}$.

V	*M*	*V*	*Al*	*An*	*S*
M	*0,00530*	*-0,00246*	*-0,00277*	*0,00001*	*-0,00014*
V	*-0,00246*	*0,01055*	*-0,00476*	*-0,00080*	*-0,00017*
Al	*-0,00277*	*-0,00476*	*0,02726*	*-0,00713*	*-0,0047*
An	*0,00001*	*-0,00080*	*-0,00713*	*0,01000*	*-0,00204*
S	*-0,00014*	*-0,00017*	*-0,00476*	*-0,00204*	*0,00652*

Die Analyse der Diagonalen von **C** *und* **V** *faßt die nächste Tabelle zusammen:*

X	$\mathbf{V}_{[j,j]}$	$\frac{1}{\mathbf{V}_{[j,j]}}$	var X	$\frac{1}{\mathbf{V}_{[j,j]}\text{ var }X}$	$r^2\left(x_{j\bullet\forall\setminus j}\right)$
M	*0,00530*	*188,51*	*302,29*	*0,62*	*0,38*
V	*0,01055*	*94,82*	*170,88*	*0,55*	*0,45*
Al	*0,02726*	*36,68*	*111,60*	*0,33*	*0,67*
An	*0,01000*	*100,03*	*217,88*	*0,46*	*0,54*
S	*0,00652*	*153,27*	*294,37*	*0,52*	*0,48*

Die zweite Spalte gibt die Residualvarianzen $\left(\mathbf{V}_{[j,j]}\right)^{-1} = \text{Var}(X_{j\bullet\forall\setminus j})$ *wieder, die dritte die ursprünglichen Varianzen* $\text{Var}\, X_j$, *die vierte das Unbestimmtheitsmaß, und die letzte Spalte das Bestimmtheitsmaß* $r^2(X_i, \forall\setminus j)$. *Die Algebranote läßt sich also am besten und die Mechaniknote am schlechtesten durch die anderen Fachnoten vorhersagen. Die skalierte Konzentrationsmatrix ist — bis auf das inverse Vorzeichen — die Matrix die partiellen Korrelationskoeffizienten:*

$$\text{Diag}\left(\frac{1}{\sqrt{\mathbf{V}_{[1,1]}}}, \ldots, \frac{1}{\sqrt{\mathbf{V}_{[5,5]}}}\right) \cdot \mathbf{V} \cdot \text{Diag}\left(\frac{1}{\sqrt{\mathbf{V}_{[1,1]}}}, \ldots, \frac{1}{\sqrt{\mathbf{V}_{[5,5]}}}\right)$$

$$= \begin{pmatrix} 1{,}0000 & -0{,}3290 & -0{,}2305 & 0{,}0014 & -0{,}0281 \\ -0{,}3290 & 1{,}0000 & -0{,}2807 & -0{,}0779 & -0{,}0205 \\ -0{,}2305 & -0{,}2807 & 1{,}0000 & -0{,}4319 & -0{,}3570 \\ 0{,}0014 & -0{,}0779 & -0{,}4319 & 1{,}0000 & -0{,}2526 \\ -0{,}0281 & -0{,}0205 & -0{,}3570 & -0{,}2526 & 1{,}0000 \end{pmatrix}.$$

[15] Der Datensatz stammt aus Mardia et.al. (1979). Er wird ausführlich diskutiert bei Whittaker (1990).

Die Nebendiagonalwerte sind bis auf das Vorzeichen die partiellen Korrelationskoeffizienten, zum Beispiel $r(\mathbf{m},\mathbf{v})_{\bullet\forall\setminus\mathbf{m},\mathbf{v}} = +0,329$.
Runden wir die Werte der letzten Tabelle und ersetzen alle Zahlenwerte, die vom Betrag kleiner als 0,1 *sind, durch Null, so erhalten wir Tabelle 4.3. Die partielle*

	M	*V*	*Al*	*An*	*S*
M	1	−0,33	−0,23	0	0
V	−0,33	1	−0,28	0	0
Al	−0,23	−0,28	1	−0,43	-0,36
An	0	0	−0,43	1	-0,25
S	0	0	−0,36	−0,25	1

Tabelle 4.3: Skalierte Konzentrationsmatrix, gerundete Werte

Korrelationstruktur der Daten läßt sich wie in Abbildung 4.17 darstellen. Dabei sind alle Variablen als Knoten eines Graphen gezeichnet worden. Zwei Knoten sind genau dann mit einer Kante verbunden worden, wenn sie partiell miteinander korrelieren. Die Größe des partiellen Korrelationskoeffizienten wurde als Maß an die Kante geschrieben. Die Mathematik-Fächer gliedern sich offenbar

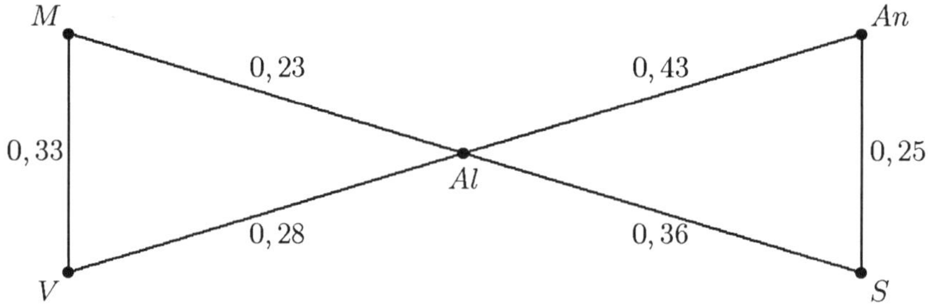

Abbildung 4.17: Darstellung der partiellen Korrelationsstruktur

in zwei deutlich unterschiedene Gruppen $(M; V; Al)$ *und* $(An; S; Al)$*, die beide nur über das Fach Al zusammenhängen.*
Wären die Merkmale gemeinsam normalverteilt, so stimmte die partielle Korrelation mit der bedingten Korrelation überein. In diesem Falle könnten wir weiter schließen: Ist die Algebra-Fachnote fest gehalten, so sind die bedingten Verteilungen der Noten in Mechanik und Vektorrechnung auf der einen Seite und Analysis und Statistik auf der anderen Seite voneinander unabhängig.
Die Abhängigkeit zwischen beiden Variablengruppen wird nur über die verbindende Variable "Algebra" erzeugt.

4.5 Kanonische Korrelation

Ein Jüngling liebt ein Mädchen,
Die hat einen andern erwählt;
Der andre liebt eine andre,
Und hat sich mit dieser vermählt.

Das Mädchen heiratet aus Ärger
Den ersten besten Mann,
Der ihr in den Weg gelaufen;
Der Jüngling ist übel dran.

Es ist eine alte Geschichte,
Doch bleibt sie immer neu;
Und wem sie just passieret,
Dem bricht das Herz entzwei.

HEINRICH HEINE (Buch der Lieder)

4.5.1 Kanonisch korrelierte Paare

Im Leben, so klagte schon Heinrich Heine, sind glückliche Liebespaare selten. Erlauben wir uns den Scherz, Heines Gedicht in die Sprache der Statistik zu übertragen und dabei *Liebe* mit *Nähe* zu übersetzen.
Der Jüngling $\mathbf{m}^{(0)}$ fühlt, daß unter allen Frauen $\mathbf{f} \in \mathbf{F}$ ihm gerade das Mädchen $\mathbf{f}^{(1)}$ am nächsten steht. Leider trifft er auf keine Gegenliebe. Unter allen Männern $\mathbf{m} \in \mathbf{M}$, so findet $\mathbf{f}^{(1)}$, ist ihr $\mathbf{m}^{(2)}$ am nächsten. $\mathbf{m}^{(2)}$ findet eine $\mathbf{f}^{(3)}$, die sich einem $\mathbf{m}^{(4)}$ zuwendet und so weiter. Wem bräche da nicht das Herz?
Glücklicherweise gibt es im Leben wie in der Statistik noch glückliche *Traumpaare* $(\mathbf{m}_i, \mathbf{f}_i)$, die blind ineinander verliebt sind und kein Auge für den Rest der Welt haben. Um diese Paare wenigstens in der Statistik zu finden, müssen wir noch etwas mehr mathematische Mühen auf uns nehmen.
Es seien $\mathbf{M}$ und $\mathbf{F}$ endlich-dimensionale lineare Unterräume eines gemeinsamen Oberraums, die einen Raum $\mathbf{V} = \mathcal{L}\{\mathbf{M}; \mathbf{F}\}$ erzeugen. Die Elemente $\mathbf{m} \in \mathbf{M}$, bzw. $\mathbf{f} \in \mathbf{F}$ sind zentrierte zufällige Variablen mit existierenden Varianzen. Weiter sei $\dim \mathbf{F} = p$ und $\dim \mathbf{M} = q$. Da wir hier vor allem den geometrischen Aspekt vor dem statistischen Aspekt betonen werden, sprechen wir lieber von Vektoren $\mathbf{f}$ und $\mathbf{m}$ und weniger von den zufälligen Variablen. In $\mathbf{V}$ verwenden wir das Skalarprodukt $\langle \mathbf{m}, \mathbf{f} \rangle = \mathrm{E}\, \mathbf{m}\mathbf{f} = \mathrm{Cov}\,(\mathbf{m}, \mathbf{f})$ und die Norm $\|\mathbf{f}\|^2 = \mathrm{Var}\ \mathbf{f}$. Wir suchen Vektoren $\mathbf{f} \in \mathbf{F}$ und $\mathbf{m} \in \mathbf{M}$ mit minimalem Abstand. Da aber die Null in beiden Räumen enthalten ist, ist $\min\{\|\mathbf{f} - \mathbf{m}\| \mid \mathbf{f} \in \mathbf{F}\ ,\ \mathbf{m} \in \mathbf{M}\} = 0$. Um diese triviale Lösungen auszuschließen, arbeiten wir mit normierten Vektoren. Damit stellen wir uns die Aufgabe:

Variante a: Gesucht werden zwei Vektoren $\mathbf{f}^* \in \mathbf{F}$ und $\mathbf{m}^* \in \mathbf{M}$ mit:

$$\|\mathbf{f}^* - \mathbf{m}^*\| = \min\{\|\mathbf{f} - \mathbf{m}\| \mid \mathbf{f} \in \mathbf{F}\ , \mathbf{m} \in \mathbf{M}\ ,\ \|\mathbf{f}\| = \|\mathbf{m}\| = 1\}.$$

Nun gilt für Vektoren $\mathbf{f}$ und $\mathbf{m}$ die Gleichung:

$$\frac{\langle \mathbf{f}, \mathbf{m} \rangle}{\|\mathbf{f}\| \, \|\mathbf{m}\|} = \cos \alpha = \rho(\mathbf{f}, \mathbf{m}).$$

Dabei ist α der Winkel zwischen den Vektoren $\mathbf{f}$ und $\mathbf{m}$ und $\cos \alpha$ der Korrelationskoeffizient zwischen den zentrierten zufälligen Variablen $\mathbf{f}$ und $\mathbf{m}$. Für normierte Vektoren $\|\mathbf{f}\| = \|\mathbf{m}\| = 1$ gilt daher:

$$\|\mathbf{f} - \mathbf{m}\|^2 = \|\mathbf{f}\|^2 - 2 \langle \mathbf{f}, \mathbf{m} \rangle + \|\mathbf{m}\|^2 = 2(1 - \rho(\mathbf{f}, \mathbf{m})).$$

Je näher $\rho(\mathbf{f}, \mathbf{m})$ bei 1 liegt, um so kleiner ist der Winkel, um so näher sind die beiden normierten Vektoren. Damit erhalten wir die gleichwertige Variante:

Variante b: Gesucht werden zwei normierte Vektoren $\mathbf{f}^* \in \mathbf{F}$ und $\mathbf{m}^* \in \mathbf{M}$ mit:

$$\rho(\mathbf{f}^*, \mathbf{m}^*) = \max \{ \rho(\mathbf{f}, \mathbf{m}) \mid \mathbf{f} \in \mathbf{F} \, , \ \mathbf{m} \in \mathbf{M} \text{ und } \|\mathbf{f}\| = \|\mathbf{m}\| = 1 \} \, .$$

Wir wollen nun die Aufgabe etwas verallgemeinern und überlegen dazu: Ist ein normiertes $\mathbf{f}_0 \in \mathbf{F}$ fest gewählt, so ist $\mathbf{m} := \mathbf{P_M f}_0$ der zu $\mathbf{f}_0$ nächstgelegene, mit $\mathbf{f}_0$ maximal korrelierende Vektor aus $\mathbf{M}$. Dabei ist:

$$\rho_0 := \rho(\mathbf{f}_0, \mathbf{m}) = \frac{\|\mathbf{P_M f}_0\|}{\|\mathbf{f}_0\|} = \|\mathbf{P_M f}_0\| \, .$$

Ist $\rho_0 \neq 0$, so ist:

$$\mathbf{m}_0 := \frac{\mathbf{P_M f}_0}{\|\mathbf{P_M f}_0\|} = \frac{1}{\rho_0} \mathbf{P_M f}_0$$

der mit $\mathbf{f}_0$ maximal korrelierende Vektor der Länge 1 aus $\mathbf{M}$. Also sind $\mathbf{f}_0$ und $\mathbf{m}_0$ genau dann ein "glückliches Paar", wenn auch $\mathbf{f}_0$ der mit $\mathbf{m}_0$ maximal korrelierende Vektor der Länge 1 aus $\mathbf{F}$ ist:

$$\mathbf{f}_0 = \frac{1}{\rho_0} \mathbf{P_F m}_0.$$

In Abbildung 4.18 auf der nächsten Seite ist eine Folge $\mathbf{m}^{(1)} \to \mathbf{f}^{(1)} \to \mathbf{m}^{(2)} \to \mathbf{f}^{(2)} \to \mathbf{m}^{(3)} \cdots$ dargestellt. Hier ist $\mathbf{f}^{(i)} = \mathbf{P_F m}^{(i)}$ und $\mathbf{m}^{(i+1)} = \mathbf{P_M f}^{(i)}$. Von allen $\mathbf{f} \in \mathbf{F}$ paßt $\mathbf{f}^{(i)}$ am besten zu $\mathbf{m}^{(i)}$, aber $\mathbf{m}^{(i)}$ paßt nicht am besten zu $\mathbf{f}^{(i)}$, sondern deren optimaler Partner ist $\mathbf{m}^{(i+1)}$. Bei allen Paaren $\left(\mathbf{f}^{(i)} ; \mathbf{m}^{(i)}\right)$ oder $\left(\mathbf{f}^{(i)} ; \mathbf{m}^{(i+1)}\right)$ hat jeweils nur ein Partner das Beste aus seiner Lage gemacht, *Traumpaare* — kanonisch korrelierte — sind sie alle nicht.
Wir fassen dies in einer Definition zusammen.

Definition 234 *Zwei normierte Vektoren* $\mathbf{f} \in \mathbf{F}$ *und* $\mathbf{m} \in \mathbf{M}$ *heißen* ***kanonisch korreliert*** *mit dem kanonischen Korrelationskoeffizienten* $\rho \neq 0$, *falls* $\mathbf{f}$ *und* $\mathbf{m}$ *die folgenden Korrespondenzgleichungen erfüllen:*

$$\mathbf{P_F m} = \rho \mathbf{f} \tag{4.55}$$

$$\mathbf{P_M f} = \rho \mathbf{m}. \tag{4.56}$$

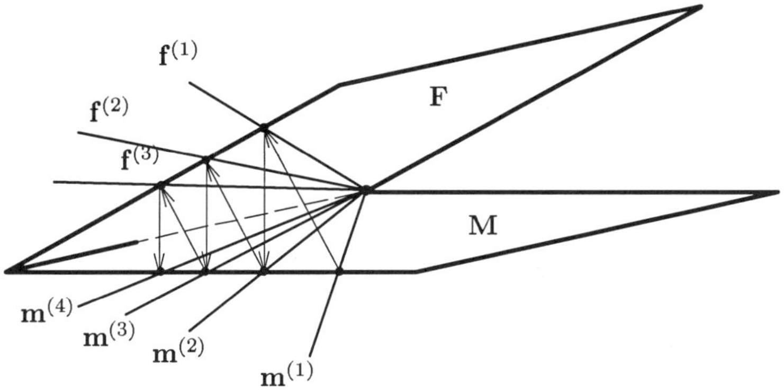

Abbildung 4.18: Maximal, aber nicht kanonisch korrelierte Paare

Wir erweitern daher unsere Aufgabe zu: Bestimme alle kanonisch korrelierten Paare.
Die in den Korrespondenzgleichungen (4.55) und (4.56) gekoppelten Vektoren $\mathbf{f}$ und $\mathbf{m}$ lassen sich in den folgenden Eigenwertgleichungen entkoppeln:

Satz 235 *Sind* $\mathbf{f}$ *und* $\mathbf{m}$ *kanonisch korreliert, so erfüllen sie die folgenden vier Eigenwertgleichungen* $(\rho \neq 0)$*:*

$$\mathbf{P_M P_F m} = \rho^2 \mathbf{m}\,, \tag{4.57}$$

$$\mathbf{P_F P_M f} = \rho^2 \mathbf{f}\,, \tag{4.58}$$

$$\mathbf{P_M P_F P_M m} = \rho^2 \mathbf{m}\,, \tag{4.59}$$

$$\mathbf{P_F P_M P_F f} = \rho^2 \mathbf{f}. \tag{4.60}$$

Erfüllt ein beliebiger Vektor $\mathbf{m}$ *die Eigenwertgleichung* (4.57) *oder* (4.59) *und wird* $\mathbf{f}$ *durch* $\mathbf{f} := \frac{1}{\rho}\mathbf{P_F m}$ *definiert, so sind* $\mathbf{m}$ *und* $\mathbf{f}$ *kanonisch korreliert. Analoges gilt für* $\mathbf{f}$ *und die Eigenwertgleichungen* (4.58) *und* (4.60).

Beweis:
Sind $\mathbf{m}$ und $\mathbf{f}$ kanonisch korreliert, so folgt aus der Korrespondenzgleichung (4.55) : $\mathbf{P_M P_F m} = \mathbf{P_M}(\rho \mathbf{f}) = \rho \mathbf{P_M f} = \rho^2 \mathbf{m}$ und damit die Gleichung (4.57). Wegen $\mathbf{m} \in \mathbf{M}$ folgt $\mathbf{m} = \mathbf{P_M m}$ und somit (4.59). Analoges gilt für $\mathbf{f}$.
Erfüllt umgekehrt $\mathbf{m}$ zum Beispiel (4.59), so folgt $\mathbf{m} \in \mathbf{M}$ und damit (4.57). Wird $\mathbf{f}$ durch $\rho \mathbf{f} := \mathbf{P_F m}$ definiert, liefert (4.57) die fehlende zweite Korrespondenzgleichung. Analoges gilt für $\mathbf{m}$.
□

Bemerkung: Die Korrespondenzgleichungen (4.55) und (4.56) sind prägnanter und anschaulicher. Die Eigenwertgleichungen (4.59) und (4.60) sind numerisch zugänglicher; sie beschreiben $\mathbf{m}$ bzw. $\mathbf{f}$ als Eigenvektoren der symmetrischen Matrizen $\mathbf{P_F P_M P_F}$ bzw $\mathbf{P_M P_F P_M}$.

Aus der Theorie der Eigenwertzerlegung symmetrischer Matrizen oder der Singulärwertzerlegung beliebiger Matrizen leiten sich die folgenden Eigenschaften ab:

Satz 236 (Struktur der kanonischen korrelierten Paare)

1. *Die Matrizen* $\mathbf{P_M P_F}$ *und* $\mathbf{P_F P_M}$ *haben den gleichen Rang. Dieser sei* k.

2. *Es gibt genau* k *nicht notwendig von einander verschiedene*[16] *kanonische Korrelationskoeffizienten:*

$$1 \geq \rho_1 \geq \rho_2 \geq \cdots \rho_k > 0.$$

Zu jedem ρ_i *existiert ein kanonisch konjugiertes Paar* $\mathbf{m}_i$ *und* $\mathbf{f}_i$ *mit:*

$$\mathbf{P_M f}_i = \rho_i \mathbf{m}_i$$
$$\mathbf{P_F m}_i = \rho_i \mathbf{f}_i.$$

3. *Der Korrelationskoeffizient* $\rho(\mathbf{m}_i, \mathbf{f}_i)$ *des i-ten kanonischen Paars* $(\mathbf{m}_i, \mathbf{f}_i)$ *ist der i-te kanonische Korrelationskoeffizient:* $\rho_i = \rho(\mathbf{m}_i, \mathbf{f}_i)$. *Ansonsten ist* $(\mathbf{m}_i, \mathbf{f}_i)$ *zu allen anderen Paaren* (m_j, f_j) *unkorreliert:*[17]

$$\mathbf{m}_i \perp \mathbf{m}_j \qquad \mathbf{m}_i \perp \mathbf{f}_j \qquad \mathbf{f}_i \perp \mathbf{f}_j \qquad \forall\, i \neq j.$$

4. *Es sei* $\dim(\mathbf{F} \cap \mathbf{M}) = h$. *Ist* $h = 0$, *also* $\mathbf{F} \cap \mathbf{M} = \{\mathbf{0}\}$, *so sind alle* $\rho_i < 1$. *Ist* $h > 0$, *so sind* $\rho_1 = \rho_2 = \cdots = \rho_h = 1$. *Dann ist weiter* $\mathbf{f}_i = \mathbf{m}_i$ *für* $i = 1, \ldots, h$ *und* $\mathbf{F} \cap \mathbf{M} = \mathcal{L}\{\mathbf{f}_1, \ldots, \mathbf{f}_h\} = \mathcal{L}\{\mathbf{m}_1, \ldots, \mathbf{m}_h\}$.

5. *Schließlich ist* $(\mathbf{M} \ominus \mathcal{L}\{\mathbf{m}_1, \ldots \mathbf{m}_k\}) \perp \mathbf{F}$ *und* $(\mathbf{M} \ominus \mathcal{L}\{\mathbf{f}_1, \ldots \mathbf{f}_k\}) \perp \mathbf{M}$.

Beweis:
Der Rang der Matrix $\mathbf{P_M P_F}$ sei k. Dann hat $\mathbf{P_M P_F}$ die Singulärwertzerlegung (vgl. Abschnitt 1.4.2 und Formel (1.62):

$$\mathbf{P_M P_F} = \sum_{i=1}^{k} \rho_i \mathbf{m}_i \mathbf{f}_i'. \tag{4.61}$$

Wir werden zeigen, daß die Koeffizienten ρ_i gerade die kanonischen Korrelationskoeffizienten und $(\mathbf{m}_i, \mathbf{f}_i)$ die kanonischen Paare sind. Aus den Eigenschaften der Singulärwertzerlegung folgt vorläufig nur, daß die $\mathbf{m}_i$ und die $\mathbf{f}_i$ untereinander orthonormal und alle $\rho_i > 0$ sind. Aus (4.61) folgt einerseits:

$$(\mathbf{P_M P_F})' \mathbf{P_M P_F} = \left(\sum_{i=1}^{k} \rho_i \mathbf{m}_i \mathbf{f}_i'\right)' \left(\sum_{i=1}^{k} \rho_i \mathbf{m}_i \mathbf{f}_i'\right) = \sum_{i=1}^{k} \rho_i^2 \mathbf{f}_i \mathbf{f}_i', \tag{4.62}$$

[16] Tritt ρ_i in der Reihe t mal auf, so sagt man, ρ_i habe die *Vielfachheit* t.
[17] Wie gesagt: Die Partner haben nur Augen für einander und sind blind für den Rest der Welt.

andererseits ist:

$$(\mathbf{P_M P_F})' \mathbf{P_M P_F} = \mathbf{P_F P_M P_F} = \mathbf{P_F} \left(\sum_{i=1}^{k} \rho_i \mathbf{m}_i \mathbf{f}_i' \right) = \sum_{i=1}^{k} \rho_i (\mathbf{P_F m}_i) \mathbf{f}_i'. \quad (4.63)$$

Also folgt aus (4.62) und (4.63):

$$\sum_{i=1}^{k} \rho_i^2 \mathbf{f}_i \mathbf{f}_i' = \sum_{i=1}^{k} \rho_i (\mathbf{P_F m}_i) \mathbf{f}_i'. \quad (4.64)$$

Multiplikation von (4.64) mit $\mathbf{f}_i$ und Division durch ρ_i liefert:

$$\rho_i \mathbf{f}_i = \mathbf{P_F m}_i. \quad (4.65)$$

Analog zeigt man über $\mathbf{P_M P_F} (\mathbf{P_M P_F})' = \sum_{i=1}^{k} \rho_i^2 \mathbf{m}_i \mathbf{m}_i'$ die Gleichung:

$$\rho_i \mathbf{m}_i = \mathbf{P_M f}_i. \quad (4.66)$$

Also erfüllen $\mathbf{m}_i$ und $\mathbf{f}_i$ die Korrespondenzgleichung (4.55) und (4.56). Aus (4.65) und (4.66) folgt $\mathbf{f}_i \in \mathbf{F}$ und $\mathbf{m}_i \in \mathbf{M}$. Daher ist:

$$\langle \mathbf{f}_i, \mathbf{m}_j \rangle = \langle \mathbf{P_F f}_i, \mathbf{m}_j \rangle = \langle \mathbf{f}_i, \mathbf{P_F m}_j \rangle = \left\langle \mathbf{f}_i, \rho_j \mathbf{f}_j \right\rangle = \rho_j \left\langle \mathbf{f}_i, \mathbf{f}_j \right\rangle.$$

Wegen der Orthonormalität der $\mathbf{f}_i$ ist $\langle \mathbf{f}_j, \mathbf{f}_j \rangle = \rho_j$ und $\langle \mathbf{f}_i, \mathbf{f}_j \rangle = 0$ für $j \neq i$. Vektoren aus ungleichen Paaren stehen orthogonal. Weiter folgt aus $\rho_i \mathbf{f}_i = \mathbf{P_F m}_i$ durch Bildung der Norm:

$$\rho_i = \|\mathbf{P_F m}_i\| \leq \|\mathbf{m}_i\| = 1.$$

Daher ist $\rho_i \leq 1$ und genau dann gleich 1, falls $\mathbf{m}_i \in \mathbf{F}$ ist. Schließlich sei $\mathbf{m}$ beliebig aus $\mathbf{M}$ und $\mathbf{f}$ beliebig aus $\mathbf{F} \ominus \mathcal{L}\{\mathbf{f}_1, \ldots, \mathbf{f}_k\}$. Dann ist einerseits $\mathbf{f} \perp \mathbf{f}_i$. Andererseits ist

$$\langle \mathbf{m}, \mathbf{f} \rangle = \langle \mathbf{P_M m}, \mathbf{P_F f} \rangle = \langle \mathbf{m}, \mathbf{P_M P_F f} \rangle = \left\langle \mathbf{m}, \left(\sum_{\mathbf{i=1}}^{\mathbf{k}} \rho_\mathbf{i} \mathbf{m}_\mathbf{i} \mathbf{f}_\mathbf{i}' \right) \mathbf{f} \right\rangle = \langle \mathbf{m}, \mathbf{0} \rangle = 0.$$

□

Aus dem Satz läßt sich eine einfache Folgerung ziehen:

Satz 237 *Es seinen* $\mathbf{F}$ *und* $\mathbf{M}$ *zwei Matrizen und* k *die Anzahl der von Null verschiedenen kanonischen Korrelationskoeffizienten zwischen den Räumen* $\mathcal{L}\{\mathbf{F}\}$ *und* $\mathcal{L}\{\mathbf{M}\}$. *Dann ist:*

$$\operatorname{Rg} \mathbf{F}'\mathbf{M} = \operatorname{Rg} \mathbf{P_F P_M} = k.$$

Beweis:

$$\operatorname{Rg} \mathbf{F}'\mathbf{M} = \operatorname{Rg} \mathbf{F}'\mathbf{M}\mathbf{M}^+\mathbf{M} \leq \operatorname{Rg} \mathbf{F}'\mathbf{M}\mathbf{M}^+ \leq \operatorname{Rg} \mathbf{F}'\mathbf{M}.$$

Also ist $\operatorname{Rg} \mathbf{F}'\mathbf{M} = \operatorname{Rg} \mathbf{F}'\mathbf{P_M}$ und damit gleich $\operatorname{Rg} \mathbf{P_M F} = \operatorname{Rg} \mathbf{P_M P_F}$. Dieser ist aber wegen (4.61) gleich k.

□

Kanonisch korrelierte Eigenräume

Hat ρ_i die Vielfachheit 1, so sind $\mathbf{m}_i$ und $\mathbf{f}_i$ bis auf das Vorzeichen eindeutig. Hat ρ_i die Vielfachheit t, d. h. ist

$$\cdots \geq \rho_{i-1} > \rho_i = \rho_{i+1} = \cdots = \rho_{i+t-1} > \rho_{i+t} \geq \cdots,$$

so sind

$$\mathbf{f} := \sum_{j=1}^{t} \alpha_j \mathbf{f}_{i+j} \qquad \text{und} \qquad \mathbf{m} := \sum_{j=1}^{t} \alpha_j \mathbf{m}_{i+j}$$

bei beliebigem α_j (mit $\sum \alpha_j^2 = 1$) kanonisch korreliert mit dem Koeffizienten ρ_i. Man sagt, $\mathcal{L}\{\mathbf{f}_i, \ldots, \mathbf{f}_{i+t-1}\}$ und $\mathcal{L}\{\mathbf{m}_i, \ldots, \mathbf{m}_{i+t-1}\}$ sind zwei **kanonisch korrelierte Eigenräume**.

Kanonische Korrelation und Lagrange-Multiplikatoren

Die Korrespondenzgleichungen werden oft mit Hilfe von **Lagrange-Multiplikatoren** abgeleitet. Die Aufgabe:

$$\begin{array}{lrcll} \text{Maximiere} & \rho(\mathbf{f}, \mathbf{m}) & = & \langle \mathbf{f}, \mathbf{m} \rangle & \\ \text{unter der Nebenbedingung} & \|\mathbf{f}\| & = & \|\mathbf{m}\| & = 1. \end{array}$$

lautet in ihrer Koordinatenversion mit $\mathbf{f} = \mathbf{Fa}$ und $\mathbf{m} = \mathbf{Mb}$:

$$\begin{array}{lrcll} \text{Maximiere} & \rho(\mathbf{f}, \mathbf{m}) & = & \mathbf{a}'\mathbf{F}'\mathbf{Mb} & \\ \text{unter der Nebenbedingung} & \mathbf{a}'\mathbf{F}'\mathbf{F}'\mathbf{a} & = & \mathbf{b}'\mathbf{M}'\mathbf{Mb} & = 1. \end{array}$$

Die Lagrange-Funktion mit den Multiplikatoren λ_1 und λ_2 ist:

$$\Lambda := \mathbf{a}'\mathbf{F}'\mathbf{Mb} + \lambda_1(\mathbf{a}'\mathbf{F}'\mathbf{Fa} - 1) + \lambda_2(\mathbf{b}'\mathbf{M}'\mathbf{Mb} - 1).$$

Nullsetzen der Ableitung von Λ nach $\mathbf{a}$ und $\mathbf{b}$ liefert:

$$\mathbf{F}'\mathbf{Mb} + 2\lambda_1 \mathbf{F}'\mathbf{Fa} = \mathbf{0}, \tag{4.67}$$

$$\mathbf{M}'\mathbf{Fa} + 2\lambda_2 \mathbf{M}'\mathbf{Mb} = \mathbf{0}. \tag{4.68}$$

Berücksichtigt man die Nebenbedingungen, kann man $\lambda_1 = \lambda_2 =: -\rho$ schließen. Multipliziert man (4.67) mit $\mathbf{F}(\mathbf{F}'\mathbf{F})^{-1}$, erhält man:

$$\mathbf{F}(\mathbf{F}'\mathbf{F})^{-1}\mathbf{F}'\mathbf{Mb} = \rho\mathbf{Fa}, \Longrightarrow \mathbf{P}_{\mathbf{F}}\mathbf{m} = \rho\mathbf{f}.$$

Die zweite Gleichung (4.68) liefert analog:

$$\mathbf{P}_{\mathbf{M}}\mathbf{f} = \rho\mathbf{m}.$$

Der Ansatz mit Lagrange führt also auch zum Ausgangspunkt unserer Überlegungen, den Korrespondenzgleichungen, und damit zu identischen Ergebnissen.

Stichprobeneigenschaften der kanonischen Korrelationskoeffizienten

Kanonische Paare lassen sich sowohl für zufällige Variable wie für die aus unabhängigen Beobachtungen dieser Variablen gewonnenen Datenvektoren definieren. Die aus diesen Vektoren gewonnenen empirischen kanonischen Korrelationskoeffizienten sind Schätzwerte für die entsprechenden theoretischen kanonischen Korrelationskoeffizienten der Modellvariablen. Sind die Ausgangsvariablen gemeinsam normalverteilt, lassen sich Hypothesen über die Struktur der ρ_i testen. Für Einzelheiten siehe z.B. Bartlett (1947), Gittins (1985) oder Hartung und Elpelt (1992).
Generell gilt, daß die kanonische Korrelation ein umfassendes Modell darstellt, in das sich viele Modelle der multivariaten Statistik einbetten lassen, so zum Beispiel die Regressions-, Varianz-, Diskriminanz- und Korrespondenz-Analyse. Im Gegensatz zu ihrer theoretischen Bedeutung ist dagegen ihre praktische Relevanz eher gering. Für Einzelheiten siehe z.B. beide Bücher von Lebarth et al. (1984).

4.5.2 Kanonische Zerlegung zweier Räume

Die kanonisch korrelierten Paare bilden ein natürliches ausgezeichnetes Koordinatensystem für die Räume $\mathbf{M}$ und $\mathbf{F}$. Ist dabei $q = \dim \mathbf{M}$ größer als $k = \dim \mathbf{P_M P_F}$, so ergänzen wir $\mathbf{m}_1, \ldots, \mathbf{m}_k$ durch $q-k$ weitere zu $\mathbf{m}_1, \ldots, \mathbf{m}_k$ orthonormale Vektoren $\mathbf{m}_{k+1}, \ldots, \mathbf{m}_q$. Diese ansonsten beliebigen Vektoren sind nach Satz 236 Punkt 5 orthogonal zu $\mathbf{F}$. Analog ergänzen wir die Vektoren $\mathbf{f}_1, \ldots, \mathbf{f}_k$ zu einer Orthonormalbasis von $\mathbf{F}$. Damit haben wir folgenden Satz erhalten:

Satz 238 *Die Räume* $\mathbf{F}$ *und* $\mathbf{M}$ *lassen sich jeweils in drei orthogonale Räume mit wachsender Fremdheit zerlegen:*

$$\mathbf{F} = \mathbf{F} \cap \mathbf{M} \oplus \mathcal{L}\{\mathbf{f}_{h+1}, \ldots, \mathbf{f}_k\} \oplus \mathcal{L}\{\mathbf{f}_{k+1}, \ldots, \mathbf{f}_p\},$$
$$\mathbf{M} = \mathbf{F} \cap \mathbf{M} \oplus \mathcal{L}\{\mathbf{m}_{h+1}, \ldots, \mathbf{m}_k\} \oplus \mathcal{L}\{\mathbf{m}_{k+1}, \ldots, \mathbf{m}_q\}.$$

Der erste Raum ist der beiden gemeinsame Schnittraum: $\mathbf{F} \cap \mathbf{M} = \mathcal{L}\{\mathbf{f}_1, \ldots, \mathbf{f}_h\} = \mathcal{L}\{\mathbf{m}_1, \ldots, \mathbf{m}_h\}$.
Das nächste Raumpaar $\mathcal{L}\{\mathbf{f}_{h+1}, \ldots, \mathbf{f}_k\}$ *und* $\mathcal{L}\{\mathbf{m}_{h+1}, \ldots, \mathbf{m}_k\}$ *hat nur die Null gemeinsam. Die Räume sind linear unabhängig aber nicht orthogonal.*
Die letzten beiden Räume $\mathcal{L}\{\mathbf{f}_{k+1}, \ldots, \mathbf{f}_p\}$ *und* $\mathcal{L}\{\mathbf{m}_{k+1}, \ldots, \mathbf{m}_q\}$ *sind zu allen anderen Räume orthogonal. Jedes* $\mathbf{f} \in \mathbf{F}$ *und jedes* $\mathbf{m} \in \mathbf{M}$ *hat die kanonische Darstellung:*

$$\mathbf{f} = \sum_{i=1}^{p} \alpha_i \mathbf{f}_i \qquad \textit{mit} \qquad \alpha_i = \langle \mathbf{f}, \mathbf{f}_i \rangle,$$
$$\mathbf{m} = \sum_{i=1}^{q} \beta_i \mathbf{m}_i \qquad \textit{mit} \qquad \beta_i = \langle \mathbf{m}, \mathbf{m}_i \rangle.$$

Damit läßt sich für **f** *und* **m** *sofort die Projektion in den gegenüberliegenden Raum angeben:*[18]

$$\mathbf{P_M f} = \sum_{i=1}^{k} \alpha_i \rho_i \mathbf{m}_i\,, \tag{4.69}$$

$$\mathbf{P_F m} = \sum_{i=1}^{k} \beta_i \rho_i \mathbf{f}_i. \tag{4.70}$$

Beweis:
Es sind nur noch die Aussagen über die lineare Unabhängigkeit der Räume $\mathcal{L}\{\mathbf{f}_{h+1}, \ldots, \mathbf{f}_k\}$ und $\mathcal{L}\{\mathbf{m}_{h+1}, \ldots, \mathbf{m}_k\}$ und die Projektion zu beweisen. Wir zeigen $\mathcal{L}\{\mathbf{f}_{h+1}, \ldots, \mathbf{f}_k\} \cap \mathcal{L}\{\mathbf{m}_{h+1}, \ldots, \mathbf{m}_k\} = 0$: Es sei $\mathbf{x} \in \mathcal{L}\{\mathbf{f}_{h+1}, \ldots, \mathbf{f}_k\} \cap \mathcal{L}\{\mathbf{m}_{h+1}, \ldots, \mathbf{m}_k\}$. Dann hat $\mathbf{x}$ die Gestalt:

$$\mathbf{x} = \sum_{i=h}^{k} \alpha_i \mathbf{f}_i = \sum_{i=h}^{k} \beta_i \mathbf{m}_i.$$

Multiplikation mit $\mathbf{f}_j$ bzw. mit $\mathbf{m}_j$ liefert:

$$\alpha_j = \rho_j \beta_j \text{ und } \beta_j = \rho_j \alpha_j.$$

Da $0 < \rho < 1$ ist, sind diese beiden Gleichungen nur von $\alpha_j = \beta_j = 0$ zu erfüllen. Wir zeigen nun (4.69):

$$\mathbf{P_M f} = \mathbf{P_M} \sum_{i=1}^{p} \alpha_i \mathbf{f}_i = \sum_{i=1}^{p} \alpha_i \mathbf{P_M f}_i = \sum_{i=1}^{k} \alpha_i \rho_i \mathbf{m}_i,$$

denn für $i \leq k$ ist $\mathbf{P_M f}_i = \rho_i \mathbf{m}_i$, für $i > k$ ist $\mathbf{f}_i \perp \mathbf{M}$, also $\mathbf{P_M f}_i = 0$.
□

Aus diesem Satz können wir eine unmittelbar Folgerung ziehen:

Satz 239 (Die erweiterte Optimierungsaufgabe)
1. Hat **f** *die kanonische Darstellung* $\mathbf{f} = \sum_{i=1}^{p} \alpha_i \mathbf{f}_i$, *so ist:*[19]

$$\|\mathbf{f} - \mathbf{P_M f}\|^2 = \sum_{i=1}^{k} \alpha_i^2 (1 - \rho_i^2) + \sum_{i=k+1}^{p} \alpha_i^2. \tag{4.71}$$

2. Das kanonische Paar $(\mathbf{f}_1, \mathbf{m}_1)$ *ist Lösung der ursprünglich gestellten Optimierungsaufgabe und* $(\mathbf{m}_i, \mathbf{f}_i)$, $i > 1$, *ist Lösung der erweiterten Optimierungsaufgabe: Minimiere* $\|\mathbf{f} - \mathbf{m}\|$ *unter der Nebenbedingung (a) oder (b)*

$$\begin{array}{llll} (a) & \|\mathbf{f}\| & = 1 & \mathbf{f} \perp \mathcal{L}\{\mathbf{f}_1, \ldots, \mathbf{f}_{i-1}\}, \\ (b) & \|\mathbf{m}\| & = 1 & \mathbf{m} \perp \mathcal{L}\{\mathbf{m}_1, \ldots, \mathbf{m}_{i-1}\}. \end{array}$$

[18] $\mathbf{P_M f}$ wäre dann der optimale Ehepartner für **m**, auch wenn **f** und **m** kein Traumpaar bilden.

[19] $\|\mathbf{f} - \mathbf{P_M f}\|$ ist die *Diskrepanz zwischen beiden Ehepartnern.*

Beweis:
(4.71) folgt aus

$$\|\mathbf{f} - \mathbf{P_M f}\|^2 = \|\mathbf{f}\|^2 - \|\mathbf{P_M f}\|^2 = \sum_{i=1}^{p} \alpha_i^2 - \sum_{i=1}^{k} \alpha_i^2 \rho_i^2.$$

Löst $\mathbf{f}$ die erweiterte Optimierungsaufgabe, so ist einerseits $\|\mathbf{f}\|^2 = \|\sum_{i=1}^{p} \alpha_i \mathbf{f}_i\|^2 = \sum_{i=1}^{p} \alpha_i^2 = 1$. Die Nebenbedingung (a) fordert zusätzlich $\alpha_1 = \cdots = \alpha_{i-1} = 0$ (entfällt für $i = 1$). Unter dieser Bedingung wird wegen Teil 1 das Minimum genau dann erreicht, wenn der erste dann zulässige Koeffizient $\alpha_i = 1$ ist und alle anderen $\alpha_j = 0$ sind.
□

Eine zweite Folgerung formulieren wir ihrer theoretischen Bedeutung wegen als eigenen Satz, den wir bereits im Anhang von Kapitel 1 auf Seite 111 angekündigt hatten:

Satz 240 *Es seien* $\mathbf{M}$ *und* $\mathbf{F}$ *zwei endlich dimensionale Teilräume eines gemeinsamen Oberraums. Durch* $\mathbf{A}_1 := \mathbf{P_F}$, $\mathbf{A}_{2i} = \mathbf{P_M A}_{2i-1}$, $\mathbf{A}_{2i+1} = \mathbf{P_F A}_{2i}$ *wird eine oszillierende Folge von Abbildungen definiert:*

$$\mathbf{P_F} \underset{\mathbf{A}_1}{\Rightarrow} \mathbf{P_M P_F} \underset{\mathbf{A}_2}{\Rightarrow} \mathbf{P_F P_M P_F} \underset{\mathbf{A}_3}{\Rightarrow} \mathbf{P_M P_F P_M P_F} \underset{\mathbf{A}_4}{\Rightarrow} \mathbf{P_F P_M P_F P_M P_F} \underset{\mathbf{A}_5}{\Rightarrow} \cdots$$

Dann gilt für jeden Vektor $\mathbf{x}$ *des gemeinsamen Oberraums:*

$$\lim_{n\to\infty} \mathbf{A}_n \mathbf{x} = \mathbf{P}_{\mathbf{M}\cap\mathbf{F}} \mathbf{x}.$$

Beweis:
Es ist $\mathbf{P_F x} = \sum_{i=1}^{k} \alpha_i \mathbf{f}_i$. Dann folgt aus (4.69) und (4.70) :

$$(\mathbf{P_F P_M})\,\mathbf{P_F x} = \mathbf{P_F P_M} \left(\sum_{i=1}^{k} \alpha_i \mathbf{f}_i \right) = \sum_{i=1}^{k} \alpha_i \rho_i^2 \mathbf{f}_i,$$

$$\mathbf{A}_{2n+1}\mathbf{x} = (\mathbf{P_F P_M})^n \, \mathbf{P_F x} = (\mathbf{P_F P_M})^n \left(\sum_{i=1}^{k} \alpha_i \mathbf{f}_i \right) = \sum_{i=1}^{k} \alpha_i \rho_i^{2n} \mathbf{f}_i.$$

Analog ist:

$$\mathbf{A}_{2n}\mathbf{x} = \sum_{i=1}^{k} \alpha_i \rho_i^{2n-1} \mathbf{m}_i.$$

Wegen $\rho_i < 1$ für $i > h$ und $\mathbf{f}_i = \mathbf{m}_i$ für $i \leq h$ konvergieren $\mathbf{A}_{2n+1}\mathbf{x}$ und $\mathbf{A}_{2n}\mathbf{x}$ für $n \to \infty$ gegen $\sum_{i=1}^{h} \alpha_i \mathbf{m}_i = \sum_{i=1}^{h} \alpha_i \mathbf{f}_i$.[20]
□

[20] Diese Eigenschaft wird benutzt, wenn die Projektion $\mathbf{P}_{\mathbf{M}\cap\mathbf{F}}$ gesucht, aber schwer zu berechnen ist und dagegen $\mathbf{P_M}$ und $\mathbf{P_F}$ leicht zu berechnen sind. Ein Beispiel ist der "Sweep-Operator" in der Varianzanalyse.

Kapitel 5

Anhang zur Korrelation

5.1 Ergänzungen und Aufgaben

5.1.1 Aufgaben und Beispiele

Aufgabe 241 *Zeige:*

$$\begin{aligned}\rho_{X+Y,U+V} &= \frac{\sigma_X}{\sigma_{X+Y}}\left(\frac{\sigma_U}{\sigma_{U+V}}\rho_{X,U}+\frac{\sigma_V}{\sigma_{U+V}}\rho_{X,V}\right)\\ &\quad+\frac{\sigma_Y}{\sigma_{X+Y}}\left(\frac{\sigma_U}{\sigma_{U+V}}\rho_{Y,U}+\frac{\sigma_V}{\sigma_{U+V}}\rho_{Y,V}\right).\end{aligned}$$

Dabei ist $\rho(X,U)$ abgekürzt mit $\rho_{X,U}$. Analog für die anderen Symbole.

Aufgabe 242 *Zeige: Ist X eine diskrete zufällige Variable, die auf den Werten $b-a$, b und $b+a$ gleichverteilt ist, das heißt* $\mathrm{P}\{X=b-a\}=\mathrm{P}\{X=b\}=\mathrm{P}\{X=b+a\}=\frac{1}{3}$, *so ist :*

$$\operatorname{Corr}\left(X,X^2\right)=\frac{sign\,(b)}{\sqrt{1+\frac{1}{12}\frac{a^2}{b^2}}}.$$

Lösungshinweis: Betrachte ein Y, das auf den Zahlen $-1;0$ und 1 gleichverteilt ist. Berechne die ersten vier Moment von Y. Setze $X=b+aY$. Berechne nun die ersten vier Moment von X und daraus die Varianzen und Kovarianzen.

Aufgabe 243 *Zeige: Ist $\mathbf{X}=\{X_1;\ldots;X_n\}$ eine n-dimensionale zufällige Variable und $\mathbf{D}^2$ die Diagonalmatrix mit den Diagonalelementen von* $\operatorname{Cov}\mathbf{X}$, *also* $\mathbf{D}^2=\operatorname{Diag}(\operatorname{Var}X_1;\ldots;\operatorname{Var}X_n)$, *dann ist*

$$\operatorname{Corr}\mathbf{X}=\mathbf{D}^{-\frac{1}{2}}\left(\operatorname{Cov}\mathbf{X}\right)\mathbf{D}^{-\frac{1}{2}}$$

die Korrelationsmatrix von $\mathbf{X}$. *Zeige, daß* $\operatorname{Corr}\mathbf{X}$ *denselben Definitheitsgrad besitzt wie* $\operatorname{Cov}\mathbf{X}$.

Aufgabe 244 *Wählt man in der Formel (4.37) für den partiellen Korrelationskoeffizienten für die drei Korrelationskoeffizienten zum Beispiel die Werte* $\rho(X,Y) = 0,72$, $\rho(X,Z) = 0$ *und* $\rho(Y,Z) = 0,9$, *so liefert die Formel für den partiellen Korrelationskoeffizienten das unsinnige Ergebnis* $\rho(X,Y)_{\bullet Z} = 1,65$! *Warum lassen sich die drei Korrelationskoeffizienten nicht beliebig wählen? (Vgl. Aufgabe 243.)*

Aufgabe 245 *Zeige: Die multiple Korrelation zwischen* X *und dem von* **1** *und* Y *aufgespannten Raum stimmt bis auf das Vorzeichen mit der gewöhnlichen Korrelation zwischen* X *und* Y *überein:* $\rho(X,\mathcal{L}\{Y\}) = |\rho(X,Y)|$

Aufgabe 246 *Zeige: Ist* $\mathbf{y} \in \mathcal{L}\{\mathbf{m},\mathbf{n}\}$, *so ist* $r(\mathbf{y}_{\bullet\mathbf{n}})_{\bullet\mathbf{m}}, \mathbf{y}_{\bullet\mathbf{n}})_{\bullet\mathbf{m}}) = -r(\mathbf{m},\mathbf{n})$ *unabhängig von* $\mathbf{y}$.
Lösungshinweis: Betrachte Abbildung 4.15.

5.1.2 Korrelation bei stochastischer Skalierung

Sind X und Y zwei zufällige Variable, so bleibt die Korrelation bei linearen Transformationen von X und Y invariant: $\rho(X,Y) = sign(a_1 b_1)\,\rho(a_0 + a_1 X, b_0 + b_1 Y)$. Dies gilt jedoch nur, wenn alle Koeffizienten konstant sind. Die Aussage ist falsch, wenn die Koeffizienten selbst zufällige Variablen sind. Um die Änderung der Korrelation bei der Multiplikation allgemeiner zu untersuchen, sei:

$$U := XA \quad \text{und} \quad V := YB.$$

Dabei seien A und B von X und Y unabhängige zufällige Variablen. Weiter sei $\sigma_{XY} = \text{Cov}\,(X,Y)$, $\kappa_X := \sigma_X/\mu_X$ der Variationskoeffizient von X und $\gamma_X := \frac{1}{\kappa_X} = \mu_X/\sigma_X$. Analoge Bezeichnungen gelten für die anderen Variablen. Dann ist:

$$\rho(U,V) = \frac{\sigma_{XY}\sigma_{AB} + \sigma_{XY}\mu_A\mu_B + \sigma_{AB}\mu_X\mu_Y}{\sqrt{(\sigma_X^2\sigma_A^2 + \sigma_X^2\mu_A^2 + \sigma_A^2\mu_X^2)(\sigma_Y^2\sigma_B^2 + \sigma_Y^2\mu_B^2 + \sigma_B^2\mu_Y^2)}}. \tag{5.1}$$

Sind alle Varianzen von Null verschieden, so ist:

$$\rho(U,V) = \frac{\rho(X,Y)\cdot(\rho(A,B) + \gamma_A\gamma_B) + \rho(A,B)\gamma_X\gamma_Y}{\sqrt{(1+\gamma_A^2+\gamma_X^2)(1+\gamma_B^2+\gamma_Y^2)}}. \tag{5.2}$$

Beweis:
Aus der Unabhängigkeit von X und A folgt $\mathrm{E}\,U = \mathrm{E}(XA) = \mu_X\mu_A$ und

$$\begin{aligned} \mathrm{E}\,U^2 &= \mathrm{E}\,X^2\,\mathrm{E}\,A^2 = (\sigma_X^2 + \mu_X^2)(\sigma_A^2 + \mu_A^2) \\ \text{Var}\,U &= \mathrm{E}\,U^2 - (\mathrm{E}\,U)^2 = \sigma_X^2\sigma_A^2 + \sigma_X^2\mu_A^2 + \sigma_A^2\mu_X^2. \end{aligned}$$

Da AB und XY unabhängig sind, folgt analog:

$$\mathrm{E}\,UV = \mathrm{E}\,XY\cdot\mathrm{E}\,AB = (\sigma_{XY} + \mu_X\mu_Y)(\sigma_{AB} + \mu_A\mu_B).$$

Daher gilt:

$$\mathrm{Cov}(U,V) = \mathrm{E}\,UV - \mathrm{E}\,U \cdot \mathrm{E}\,V = \sigma_{XY}\sigma_{AB} + \sigma_{XY}\mu_A\mu_B + \sigma_{AB}\mu_X\mu_Y.$$

Daraus folgt (5.1). Dividiert man Zähler und Nenner von (5.1) durch $\sigma_X\sigma_Y\sigma_A\sigma_B$ erhält man (5.2).

□

Wir können nun einige Spezialfälle betrachten:

1. Es sei $A = B$ und $\sigma_A^2 \neq 0$. Dann ist $\rho(A,B) = 1$ und

$$\rho(U,V) = \frac{\rho(X,Y)(1+\gamma_A^2) + \gamma_X\gamma_Y}{\sqrt{(1+\gamma_A^2+\gamma_X^2)(1+\gamma_A^2+\gamma_Y^2)}}.$$

Ist nun auch $\rho(X,Y) = 0$, so ist:

2.

$$\begin{aligned}\rho(U,V) &= \frac{\gamma_X\gamma_Y}{\sqrt{(1+\gamma_A^2+\gamma_X^2)(1+\gamma_A^2+\gamma_Y^2)}}\\ &= \frac{\mathrm{sign}(\mu_X\mu_Y)}{\sqrt{\left(1+\kappa_X^2+\left(\frac{\kappa_X}{\kappa_A}\right)^2\right)\left(1+\kappa_Y^2+\left(\frac{\kappa_Y}{\kappa_A}\right)^2\right)}}.\end{aligned}$$

3. Auch wenn die Variablen X und Y unabhängig sind, sind die mit den gleichen Faktoren A skalierten Variablen $U = AX$ und $V = AY$ abhängig. Dabei sind sie genau dann positiv korreliert, wenn μ_X und μ_Y dasselbe Vorzeichen haben. Je kleiner die Variationskoeffizienten κ_X und κ_Y von X und Y absolut und relativ zu κ_A sind, desto größer wird die Korrelation zwischen U und V.

4. Es sei $B \equiv 1$. Nur die Variable X wird demnach transformiert. Dann ist $\sigma_{AB} = \sigma_B = 0$ und

$$\rho(U,V) = \rho(X,Y)\frac{\mu_A}{\sqrt{\sigma_A^2+\mu_A^2+\sigma_A^2\gamma_X}}.$$

Ist $\mu_A = 0$, so sind AX und Y unkorreliert, gleichgültig wie stark X und Y korreliert sind. Ist $\mu_A \neq 0$, so ist:

$$\rho(U,V) = \mathrm{sign}(\mu_A) \cdot \rho(X,Y) \cdot \frac{1}{\sqrt{1+\kappa_A^2+\frac{\kappa_A^2}{\kappa_X^2}}}.$$

Nur wenn der Variationskoeffizient κ_A absolut und relativ gegen κ_X klein ist, ist $|\rho(U,V)| \approx |\rho(X,Y)|$. In diesem Fall wirkt die Multiplikation X mit A wie die Multiplikation mit einer Konstanten.

Die Effekte einer leichtfertigen Multiplikation mit variablen Größen auf die Korrelation von X und Y haben wir in Beispiel 200 auf Seite 210 (Babies und Störche) gesehen.

5.1.3 Verallgemeinerungen des Korrelationskoeffizienten

Der Korrelationskoeffizient von Bravais-Pearson ist für quantitative Variable definiert. Zusammenhangsmaße und -modelle lassen sich aber wesentlich allgemeiner fassen und für qualitative und ordinale Variablen entwickeln.

Graphische Modelle und Pfadanalyse

Das Beispiel 233 von Seite 247 zeigt, wie sich Korrelations- und Zusammenhangsstrukturen anschaulich in Graphen darstellen lassen. Dies wird vor allem in der Theorie der **graphischen Modelle** ausgenutzt. Hier werden Variable als Knoten eines Graphen dargestellt. Zwei Knoten werden genau dann durch eine Kante miteinander verbunden, wenn sie partiell unkorreliert sind oder — in verwandten Modellen — unabhängig oder bedingt unabhängig sind. Der entscheidende Vorteil dieser **graphischen Modelle** ist ihre große Anschaulichkeit und die leichte Interpretierbarkeit der Zusammenhangsstruktur der Variablen. Vgl. etwa Whittaker (1990), Cox und Wermuth (1993), Edwards (1995) oder Lauritzen (1996).

In der sogenannten **Pfadanalyse** (vgl. Blalock (1964), Duncan (1975)) wird überprüft, wie weit eine empirische gefundene, meist auch als Graph dargestellte partielle Korrelationsstruktur mit einer postulierten kausalen Abhängigkeit verträglich ist. Diese Analyse kann selbstverständlich keine Kausalität nachweisen, sie kann aber Kausalmodelle verwerfen, die mit einem empirischen Befund unverträglich sind.

Loglineare Modelle und lineare strukturelle Relationsmodelle

Sind qualitative Variablen durch ihre gemeinsame empirische Häufigkeitsverteilung gegeben, steht die Analyse von Kontingenztafeln im Vordergrund. Hier sind zahlreiche Assoziationsmaße entwickelt worden. Eingehend werden Kontingenztafeln in der Theorie der **loglinearen Modelle** analysiert. Vgl. z.B. Fahrmeir und Tutz (1994).

In den linearen strukturellen Relationsmodellen (**Lisrel-Modelle**) wird die Kovarianzstruktur der Variablen analysiert. (Vgl. Arminger (1995), Jœreskog (1986))

Rangkorrelationen für ordinale Merkmale

Liegen n Beobachtungspaare (x_i, y_i) einer zweidimensionalen Variablen (X, Y) vor, so messen die **Rangkorrelationskoeffizienten** von Spearman bzw. von Kendall die Stärke des **monotonen Zusammenhangs** zwischen X und Y. Zur Berechnung der Rangzahlen werden die Beobachtungen der Größe nach geordnet:

$$x_1, \ldots, x_n \Longrightarrow x_{(1)}, \ldots, x_{(n)}.$$

Geht dabei x_i in $x_{(k)}$ über, so ist k der Rang von x_i: $\text{Rang}(x_i) = k$. Analog werden die Ränge der y_i bestimmt.

Spearmans Korrelationskoeffizient: r_{Spearman} ist der Bravais-Pearson-Korrelationskoeffizient angewendet auf die Rangzahlen der x_i und der y_i. Der Koeffizient läßt sich dann umformen zu

$$r_{\text{Spearman}} = 1 - \frac{6}{n(n^2-1)} \sum_{i=1}^{n} (\text{Rang}(x_i) - \text{Rang}(y_i))^2 .$$

Kendalls Koeffizient: τ_{Kendall} basiert auf der Anzahl π der paarweisen Vertauschungen, die nötig sind, um die Reihe der x-Ränge in die Reihenfolge der y-Ränge zu überführen. τ_{Kendall} ist dann definiert als

$$\tau_{\text{Kendall}} = 1 - \frac{4\pi}{n(n-1)},$$

falls sich die Beobachtungen alle eindeutig anordnen lassen. Erhalten mehrere Beobachtungen denselben ordinalen Merkmalswert, spricht man von **Bindungen**. In diesem Fall müssen die Formeln von Kendall und Spearmann korrigiert werden.

Von einem **biserialen** Koeffizienten spricht man, wenn eine Variable quantitativ und die zweite Variable binär ist.
Ist (X, Y) zweidimensional normalverteilt, können beide Variable aber nur ordinal mit endlich vielen Stufen gemessen werden, so arbeitet man mit **polychorischen** Korrelationskoeffizienten. Wird jede Variable binär gemessen, ist der **tetrachorische** Korrelationskoeffizient ein Schätzer für $\rho(X, Y)$.
Für weitere Details verweisen wir auf die Literatur; speziell Kendall (1970), Kendall und Stuart (1987) sowie Hartung und Elpelt (1992).

Die bipartielle Korrelation

Der Begriff der partiellen Korrelation läßt sich folgendermaßen erweitern: Es seien X und Y zwei zufällige Variable und $\mathbf{U}$ und $\mathbf{V}$ zwei von zufälligen Variablen erzeugte endlich-dimensionale lineare Räume. Dann ist

$$\rho(X_{\bullet \mathbf{U}}, Y_{\bullet \mathbf{V}})$$

die **bipartielle Korrelation** zwischen X und Y.

Aufgabe 247 *Zeige: Sind U und V eindimensionale zufällige Variablen, so ist:*

$$\rho(X_{\bullet U}, Y_{\bullet V}) = \frac{\rho_{XY} - \rho_{XV}\rho_{VY} - \rho_{XU}\rho_{UY} + \rho_{XU}\rho_{UV}\rho_{VY}}{\sqrt{(1-\rho_{XU}^2)(1-\rho_{YV}^2)}}.$$

Multiple kanonische Korrelation

Der gewöhnliche Korrelationskoeffizient r mißt den Winkel zwischen zwei zentrierten Vektoren $\mathbf{x}$ und $\mathbf{y}$. Der multiple Korrelationskoeffizient mißt den Winkel zwischen einem Vektor $\mathbf{x}$ und einem Raum $\mathbf{M}$. Die kanonische Korrelation

mißt die Winkel zwischen zwei Räumen. Die multiple kanonische Korrelation versucht, Korrelationen zwischen drei oder mehr Räumen zu definieren.
Um zu dieser Erweiterung zu gelangen, überlegen wir, daß sich der kanonische Korrelationskoeffizient als Lösung einer Optimierungsaufgabe ergab. Wir wollen diese neu formulieren, und zwar so, daß sie sich verallgemeinern läßt.
Wir gehen dabei von einer physikalischen Grundidee aus: Wenn zwei Kräfte $\mathbf{x}$ und $\mathbf{y}$ von festem Betrag, aber unterschiedlicher Richtung an einen Ort angreifen, ist die resultierende Kraft $\mathbf{x}+\mathbf{y}$ um so größer, je mehr beide Kräfte in die gleiche Richtung weisen.

$$\|\mathbf{x}+\mathbf{y}\|^2 = \|\mathbf{x}\|^2 + \|\mathbf{y}\|^2 + 2\,\|\mathbf{x}\|\,\|\mathbf{y}\|\,r(\mathbf{x},\mathbf{y})$$

Mit dieser Idee läßt sich die Grundaufgabe der kanonischen Korrelation neu fassen:

$$\text{Maximiere} \quad \|\mathbf{x}+\mathbf{y}\| \quad \text{unter den Nebenbedingungen}$$
$$\mathbf{x} \in \mathbf{M}_1, \quad \mathbf{y} \in \mathbf{M}_2, \quad \|\mathbf{x}\|^2 + \|\mathbf{y}\|^2 = 2.$$

Das Maximum wird genau dann angenommen, wenn $(\mathbf{x},\mathbf{y})$ das erste kanonisch korrelierte Paar $(\mathbf{x}_1,\mathbf{y}_1)$ ist. Dieser Ansatz läßt sich nun leicht auf k Räume verallgemeinern:
Sind $\mathbf{M}_1,\ldots,\mathbf{M}_k$ fest vorgegebene Räume, dann heißen die Vektoren $(\mathbf{x}_1,\ldots,$ $\mathbf{x}_k)$ **multipel kanonisch korreliert**, falls gilt:

$$\|\sum_{i=1}^{k}\mathbf{x}_i\|^2 = \max\left\{\|\sum_{i=1}^{k}\mathbf{x}_i\|^2 \;\middle|\; \mathbf{x}_i \in \mathbf{M}_i, \quad \sum_{i=1}^{k}\|\mathbf{x}_i\|^2 = k\right\}.$$

Mit dieser Definition läßt sich eine Brücke zwischen multipler kanonischer Korrelation und multipler Korrespondenzanalyse schlagen (Siehe z.B. beide Bücher von Lebarth et al. (1984).

5.2 Korrelation und Information

5.2.1 Korrelationskoeffizient als Informationsmaß

Es sei $\mathbf{M}_0 \subseteq \mathbf{M}_1 \subseteq \cdots \subseteq \mathbf{M}_j \subseteq \mathbf{M}_{j+1} \subseteq \cdots$ eine monoton wachsende Folge von ineinander geschachtelten Räumen. Dabei sei $\mathbf{M}_0 = \mathcal{L}\{\mathbf{1}\}$ und $\mathbf{M}_j = \mathcal{L}\{\mathbf{1}, X_1,\ldots,X_j\}$ Dann gilt nach Satz 228 für jede Variable Y:

$$\begin{aligned}
1-\rho^2\left(X_1,Y\right)_{\bullet\mathbf{M}_0} &= \frac{\|Y_{\bullet\mathbf{M}_1}\|^2}{\|Y_{\bullet\mathbf{M}_0}\|^2}, \\
1-\rho^2\left(X_2,Y\right)_{\bullet\mathbf{M}_1} &= \frac{\|Y_{\bullet\mathbf{M}_2}\|^2}{\|Y_{\bullet\mathbf{M}_1}\|^2}, \\
&\;\;\vdots \\
1-\rho^2\left(X_k,Y\right)_{\bullet\mathbf{M}_{k-1}} &= \frac{\|Y_{\bullet\mathbf{M}_k}\|^2}{\|Y_{\bullet\mathbf{M}_{k-1}}\|^2}.
\end{aligned}$$

Multiplizieren wir die Terme der Reihe nach auf, erhalten wir:

$$\prod_{j=1}^{k}\left(1-\rho^{2}\left(X_{j},Y\right)_{\bullet \mathbf{M}_{j-1}}\right)=\frac{\left\|Y_{\bullet \mathbf{M}_{k}}\right\|^{2}}{\left\|Y_{\bullet \mathbf{M}_{0}}\right\|^{2}}=1-\rho^{2}\left(Y,Y_{\mathbf{M}_{k}}\right). \tag{5.3}$$

Logarithmieren wir (5.3), erhalten wir:

$$\sum_{j=1}^{k}\ln\left(1-\rho^{2}\left(X_{j},Y\right)_{\bullet \mathbf{M}_{j-1}}\right)=\ln\left(1-\rho^{2}\left(Y,Y_{\mathbf{M}_{k}}\right)\right). \tag{5.4}$$

Als Maß der in $\mathbf{M}_k := \mathcal{L}\{1, X_1, X_2, \cdots, X_k\}$ enthaltenen, in binären Einheiten gemessenen Information über Y schlagen Theil und Chung (1988) das negative, zur Basis 2 logarithmierte Unbestimmtheitsmaß vor:

$$\text{Info}(Y,\mathbf{M}_k) := -\log_2(1-\rho^2(Y,Y_{\mathbf{M}_k})).$$

Dann folgt aus (5.4):

$$\text{Info}\left(Y,\mathbf{M}_k\right) := \sum_{j=1}^{k}\text{Info}\left(Y_{\bullet \mathbf{M}_{j-1}}, X_{j\bullet \mathbf{M}_{j-1}}\right).$$

Demnach setzt sich die gesamte in $\mathbf{M}_k$ enthaltene Information über Y additiv aus der in $X_{i+1\bullet \mathbf{M}_i}$ enthaltenen Information über $Y_{\bullet \mathbf{M}_i}$ zusammen.

5.2.2 Kullback-Leibler-Informationskriterium:

Sind $g_1(\mathbf{z})$ und $g_2(\mathbf{z})$ zwei Dichte-Funktionen, so ist das **Kullback-Leibler-Informationskriterium:**

$$\text{KLIK}(g_1;g_2)=\int\left(\ln\frac{g_1(\mathbf{z})}{g_2(\mathbf{z})}\right)g_1(\mathbf{z})d\mathbf{z}=\text{E}\ln\frac{g_1(\mathbf{Z})}{g_2(\mathbf{Z})} \tag{5.5}$$

ein Maß für die Diskrepanz der beiden Verteilungen. KLIK mißt die Differenz zwischen den logarithmierten Dichten und bewertet gleichzeitig die Relevanz dieser Differenz unter Zugrundelegung der Dichte $g_1(\mathbf{z})$. Ist $\mathbf{Z} = (\mathbf{X}, \mathbf{Y})'$ ein zufälliger Vektor mit der gemeinsamen Dichte $f_{\mathbf{Z}}(\mathbf{z})$ und den Randdichten $f_{\mathbf{X}}(\mathbf{x})$ und $f_{\mathbf{Y}}(\mathbf{y})$, so mißt die Kullback-Information:

$$\text{KLIK}\left(f_{\mathbf{X};\mathbf{Y}};\, f_{\mathbf{X}}f_{\mathbf{Y}}\right)=\text{E}\ln\frac{f_{\mathbf{X};\mathbf{Y}}}{f_{\mathbf{x}}f_{\mathbf{y}}}$$

den Informationsüberschuß der gemeinsamen Verteilung gegenüber dem Produkt der Randverteilungen. Dieser ist genau Null, falls $\mathbf{X}$ und $\mathbf{Y}$ unabhängig sind. Ist $\mathbf{Z} = \binom{\mathbf{X}}{\mathbf{Y}} \sim \text{N}_{p+q}$ normalverteilt, so ist:

$$\text{KLIK}\left(f_{\mathbf{X};\mathbf{Y}};\, f_{\mathbf{X}}f_{\mathbf{Y}}\right)=-\frac{1}{2}\ln\frac{\left|\text{Cov}\binom{\mathbf{X}}{\mathbf{Y}}\right|}{\left|\text{Cov}\,\mathbf{X}\right|\cdot\left|\text{Cov}\,\mathbf{Y}\right|}. \tag{5.6}$$

Beweis von (5.6):
Ohne Beschränkung der Allgemeinheit sei $\mathrm{E}\,\mathbf{Z} = \mathbf{0}$. $\mathbf{X} \in \mathbb{R}^p$, $\mathbf{Y} \in \mathbb{R}^q$ und $\mathbf{Z} \in \mathbb{R}^{p+q}$. Dann haben $\mathbf{Z}, \mathbf{X}$ und $\mathbf{Y}$ die Dichten

$$\begin{aligned}
f_{\mathbf{Z}}(\mathbf{z}) &= (2\pi)^{-\frac{p+q}{2}} |\mathrm{Cov}\ \mathbf{Z}|^{-1/2} \exp\left[-\frac{1}{2}\mathbf{z}'(\mathrm{Cov}\ \mathbf{Z})^{-1}\mathbf{z}\right], \\
f_{\mathbf{X}}(\mathbf{x}) &= (2\pi)^{-\frac{p}{2}} |\mathrm{Cov}\ \mathbf{X}|^{-1/2} \exp\left[-\frac{1}{2}\mathbf{x}'(\mathrm{Cov}\ \mathbf{X})^{-1}\mathbf{x}\right], \\
f_{\mathbf{Y}}(\mathbf{y}) &= (2\pi)^{-\frac{q}{2}} |\mathrm{Cov}\ \mathbf{Y}|^{-1/2} \exp\left[-\frac{1}{2}\mathbf{y}'(\mathrm{Cov}\ \mathbf{X})^{-1}\mathbf{y}\right], \\
\ln \frac{f_{\mathbf{Z}}(\mathbf{z})}{f_{\mathbf{X}}(\mathbf{x}) f_{\mathbf{Y}}(\mathbf{y})} &= -\frac{1}{2} \ln \frac{|\mathrm{Cov}\ \mathbf{Z}|}{|\mathrm{Cov}\ \mathbf{X}| \cdot |\mathrm{Cov}\ \mathbf{Y}|} \\
&\quad -\frac{1}{2}\left[\mathbf{z}'(\mathrm{Cov}\ \mathbf{Z})^{-1}\mathbf{z} - \mathbf{x}'(\mathrm{Cov}\ \mathbf{X})^{-1}\mathbf{x} - \mathbf{y}'(\mathrm{Cov}\ \mathbf{Y})^{-1}\mathbf{y}\right].
\end{aligned}$$

Da $\mathbf{X} \sim \mathrm{N}_p(0; \mathrm{Cov}\ \mathbf{X})$ folgt, daß $\mathbf{X}'(\mathrm{Cov}\ \mathbf{X})^{-1}\mathbf{X} \sim \chi^2(p)$ und:

$$\mathrm{E}\left[\mathbf{X}'(\mathrm{Cov}\ \mathbf{X})^{-1}\mathbf{X}\right] = p.$$

Analog ist:

$$\mathrm{E}\left[\mathbf{Y}'(\mathrm{Cov}\ \mathbf{Y})^{-1}\mathbf{Y}\right] = q \text{ und } \mathrm{E}\left[\mathbf{Z}'(\mathrm{Cov}\ \mathbf{Z})^{-1}\mathbf{Z}\right] = p + q.$$

Also ist

$$\mathrm{E} \ln \frac{f_{\mathbf{Z}}(\mathbf{Z})}{f_{\mathbf{X}}(\mathbf{X}) f_{\mathbf{Y}}(\mathbf{Y})} = -\frac{1}{2} \ln \frac{|\mathrm{Cov}\ \mathbf{Z}|}{|\mathrm{Cov}\ \mathbf{X}||\mathrm{Cov}\ \mathbf{Y}|}.$$

□

5.2.3 Kanonische Korrelationen als Informationsmaß

Satz 248 *Es sei* $\mathbf{X} := \{X_1; \cdots; X_p\}$ *ein p-dimensionaler und* $\mathbf{Y} := \{Y_1; \ldots; Y_q\}$ *ein q-dimensionaler Vektor und* $\mathbf{Z} := \{X_1; \cdots; X_p; Y_1; \ldots; Y_q\}$. *Sind* $\rho_1, \cdots, \rho_k$ *die von Null verschieden kanonischen Korrelationskoeffizienten zwischen den Räumen* $\mathcal{L}\{\mathbf{X}\}$ *und* $\mathcal{L}\{\mathbf{Y}\}$, *so gilt:*

$$\frac{|\mathrm{Cov}\ \mathbf{Z}|}{|\mathrm{Cov}\ \mathbf{X}|\,|\mathrm{Cov}\ \mathbf{Y}|} = \prod_{i=1}^{k}\left(1 - \rho_i^2\right). \tag{5.7}$$

Beweis:
Zwischen den beiden Räumen $\mathcal{L}\{X_1, \cdots, X_p\}$ und $\mathcal{L}\{Y_1, \cdots, Y_q\}$ werden die kanonisch korrelierten Variablen bestimmt und zu jeweils einer Basis von $\mathcal{L}\{\mathbf{X}\}$

und $\mathcal{L}\{\mathbf{Y}\}$ erweitert. Die kanonischen Variablen[1] seien $\underline{\mathbf{X}} := (\underline{X}_1, \cdots, \underline{X}_p)'$ bzw. $\underline{\mathbf{Y}} := (\underline{Y}_1, \cdots, \underline{Y}_q)$. Dann ist wegen $\operatorname{Cov}\underline{\mathbf{X}} = \mathbf{I}_p$ und $\operatorname{Cov}\underline{\mathbf{Y}} = \mathbf{I}_q$:

$$\begin{aligned} \mathbf{X} &= \underline{\mathbf{X}} * \mathbf{A}, & \mathbf{Y} &= \underline{\mathbf{Y}} * \mathbf{B}, \\ \operatorname{Cov}\mathbf{X} &= \mathbf{A}'(\operatorname{Cov}\underline{\mathbf{X}})\,\mathbf{A} = \mathbf{A}'\mathbf{A}, & \operatorname{Cov}\mathbf{Y} &= \mathbf{B}'\mathbf{B}, \\ |\operatorname{Cov}\mathbf{X}| &= |\mathbf{A}|^2, & |\operatorname{Cov}\mathbf{Y}| &= |\mathbf{B}|^2. \end{aligned}$$

Werden $\mathbf{X}$ und $\mathbf{Y}$ zu $\mathbf{Z}$ zusammengefaßt, folgt:

$$\begin{aligned} \operatorname{Cov}\mathbf{Z} &= \begin{pmatrix} \operatorname{Cov}\mathbf{X} & \operatorname{Cov}(\mathbf{X};\mathbf{Y}) \\ \operatorname{Cov}(\mathbf{X};\mathbf{Y}) & \operatorname{Cov}\mathbf{Y} \end{pmatrix} = \begin{pmatrix} \mathbf{A}' & 0 \\ 0 & \mathbf{B}' \end{pmatrix} \operatorname{Cov}\underline{\mathbf{Z}} \begin{pmatrix} \mathbf{A} & 0 \\ 0 & \mathbf{B} \end{pmatrix}, \\ |\operatorname{Cov}\mathbf{Z}| &= |\mathbf{A}|^2\,|\mathbf{B}|^2\,|\operatorname{Cov}\underline{\mathbf{Z}}| = |\operatorname{Cov}\mathbf{X}|\,|\operatorname{Cov}\mathbf{Y}|\,|\operatorname{Cov}\underline{\mathbf{Z}}|. \end{aligned} \tag{5.8}$$

Schließlich hat die Kovarianzmatrix der kanonisch korrelierten Basisvariablen die Gestalt:

$$\operatorname{Cov}\underline{\mathbf{Z}} = \begin{pmatrix} \operatorname{Cov}\underline{\mathbf{X}} & \operatorname{Cov}(\underline{\mathbf{X}};\underline{\mathbf{Y}}) \\ \operatorname{Cov}(\underline{\mathbf{X}};\underline{\mathbf{Y}}) & \operatorname{Cov}\underline{\mathbf{Y}} \end{pmatrix} = \left(\begin{array}{cc|cc} \mathbf{I} & 0 & \operatorname{Diag}\boldsymbol{\rho} & 0 \\ 0 & \mathbf{I} & 0 & 0 \\ \hline \operatorname{Diag}\boldsymbol{\rho} & 0 & \mathbf{I} & 0 \\ 0 & 0 & 0 & \mathbf{I} \end{array}\right).$$

Dabei steht der Buchstabe $\mathbf{I}$ für unterschiedlich dimensionale Einheitsmatrizen. Die Diagonalmatrix $\operatorname{Diag}\boldsymbol{\rho}$ enthält die ρ_i auf der Diagonalen. Die Determinante dieser Matrix läßt sich berechnen und ergibt $|\operatorname{Cov}\mathbf{Z}| = \prod_{i=1}^{k}(1-\rho_i^2)$. Dies ergibt mit (5.8) die Formel (5.7).

□

Kombinieren wir (5.6) und (5.7) erhalten wir als Ergebnis:

Satz 249 *Ist $\mathbf{Z} = (\mathbf{X}, \mathbf{Y})'$ ein normalverteilter Vektor, dann ist*

$$\operatorname{KLIK}(f_{\mathbf{X};\mathbf{Y}};\, f_{\mathbf{X}} f_{\mathbf{Y}}) = -\frac{1}{2}\sum_{j=1}^{k} \ln(1-\rho_j^2).$$

Je größer die kanonischen Korrelationen sind, um so weniger Information enthalten die Randverteilungen über die gemeinsame Verteilung, und umso informativer ist die gemeinsame Verteilung gegenüber dem Produkt der Randverteilungen.

[1] Wir haben hier die Bezeichnungen ausgetauscht, um Verwechslungen mit Dichten zu vermeiden. Das Paar $(\underline{X}_i;\underline{Y}_i)$ ersetzt nun das frühere Paar $(\mathbf{f}_i;\mathbf{m}_i)$.

5.3 Lösungen der Aufgaben

Lösung von Aufgabe 241

Ohne Einschränkung der Allgemeinheit seien alle Variablen zentriert. Dann ist $\rho_{X+Y,U+V} = \frac{\langle X+Y,U+V\rangle}{\|X+Y\|\|U+V\|}$. Nun ist$\|X+Y\| = \sigma_{X+Y}$ sowie $\|U+V\| = \sigma_{U+V}$ und:

$$\begin{aligned}\langle X+Y,U+V\rangle &= \langle X,U\rangle + \langle X,V\rangle + \langle Y,U\rangle + \langle Y,V\rangle \\ &= \sigma_X\sigma_U\rho_{X,U} + \sigma_X\sigma_V\rho_{X,V} + \sigma_Y\sigma_U\rho_{Y,U} + \sigma_Y\sigma_V\rho_{Y,V}.\end{aligned}$$

Lösung von Aufgabe 242

Sei Y auf den Zahlen $-1; 0$ und 1 gleichverteilt: $\mathrm{P}\{Y=-1\} = \mathrm{P}\{Y=0\} = \mathrm{P}\{Y=-1\} = \frac{1}{3}$. Dann ist $\mathrm{E}\,Y = \mathrm{E}\,Y^3 = 0$ und $\mathrm{E}\,Y^2 = \mathrm{E}\,Y^4 = \frac{2}{3}$. Nun ist $\mathrm{E}\,X^n = \mathrm{E}\,(b+aY)^n = \mathrm{E}\sum\binom{n}{k}b^kY^{n-k} = \mathrm{E}\sum\binom{n}{k}b^k\,\mathrm{E}\,Y^{n-k}$. $\Rightarrow$

$$\begin{aligned}&\mathrm{E}\,X = b &&\mathrm{E}\,X^3 = b^3 + 2ba^2\,,\\ &\mathrm{E}\,X^2 = b^2 + \tfrac{2}{3}a^2 &&\mathrm{E}\,X^4 = b^4 + 4b^2a^2 + \tfrac{2}{3}a^4.\end{aligned}$$

Daher ist:

$$\begin{aligned}\mathrm{Cov}\left(X, X^2\right) &= \left(X\cdot X^2\right) - \mathrm{E}\,X\cdot\mathrm{E}\,X^2 &&= \tfrac{4}{3}a^2b\,,\\ \mathrm{Var}\,X &= \mathrm{E}\,X^2 - (\mathrm{E}\,X)^2 &&= \tfrac{2}{3}a^2\,,\\ \mathrm{Var}\,X^2 &= \mathrm{E}\,X^4 - \left(\mathrm{E}\,X^2\right)^2 &&= \tfrac{8}{3}b^2a^2 + \tfrac{2}{9}a^4\,,\\ \rho\left(X, X^2\right) &= \frac{\frac{4}{3}a^2b}{\sqrt{\frac{2}{3}a^2}\sqrt{\frac{8}{3}b^2a^2+\frac{2}{9}a^4}} &&= \frac{b}{\sqrt{b^2+\frac{1}{12}a^2}}.\end{aligned}$$

Lösung von Aufgabe 243

Ist $\sigma_i^2 = \mathrm{Var}\,X_i$, so ist:

$$\left(\mathbf{D}^{-\frac{1}{2}}\left(\mathrm{Cov}\,\mathbf{X}\right)\mathbf{D}^{-\frac{1}{2}}\right)_{[i,j]} = \frac{1}{\sigma_i}\frac{1}{\sigma_j}\mathrm{Cov}\left(X_i, X_j\right) = \rho\left(X_i, X_j\right).$$

Für jede symmetrische $n\times n$ Matrix $\mathbf{A}$ und jede invertierbare $n\times n$ Matrix $\mathbf{B}$ gilt $\mathbf{A} > 0 \Leftrightarrow \mathbf{BAB}' > \mathbf{0}$.

Lösung von Aufgabe 244

Korrelationsmatrizen sind wie Kovarianzmatrizen nichtnegativ definit. (Vgl. Aufgabe 243.) Sie können daher nicht völlig beliebig sein. Fassen wir die drei Korrelationskoeffizienten in einer Matrix zusammen, erhalten wir die Matrix $\mathbf{K}$:

$$\mathbf{K} := \begin{pmatrix}\rho(X,X) & \rho(X,Y) & \rho(X,Z)\\ \rho(Y,X) & \rho(Y,Y) & \rho(Y,Z)\\ \rho(Z,X) & \rho(Z,Y) & \rho(Z,Z)\end{pmatrix} = \begin{pmatrix}1 & 0,72 & 0\\ 0,72 & 1 & 0,9\\ 0 & 0,9 & 1\end{pmatrix}.$$

Die Determinante von **K** hat aber den Wert $-0,3284$. Daher stellt **K keine** Korrelationsmatrix dar. Die drei Korrelationskoefizienten können nicht von denselben drei Variablen X, Y und Z stammen.

Lösung von Aufgabe 245

Ohne Einschränkung der Allgemeinheit seien X und Y standardisiert. $\mathrm{E}\,X = \mathrm{E}\,Y = 0$ und $\operatorname{var} X = \operatorname{var} Y = 1$. Dann ist $\rho := \rho(X,Y) = \langle X,Y\rangle$. Weiter ist $\widehat{Y} = \mathbf{P}_X Y = \frac{\langle X,Y\rangle}{\|X\|^2} X = \langle X,Y\rangle X$. Die multiple Korrelation zwischen X und Y ist die gewöhnliche Korrelation zwischen Y und $\widehat{Y} = \mathbf{P}_{\mathcal{L}\{1;X\}} Y = \mathbf{P}_X Y$ $= \frac{\langle X,Y\rangle}{\|X\|^2} = \langle X,Y\rangle X = \rho X$. Also ist

$$\rho\left(Y,\widehat{Y}\right) = \frac{\left\langle Y,\widehat{Y}\right\rangle}{\|Y\|\left\|\widehat{Y}\right\|} = \frac{\langle Y,\rho X\rangle}{\|Y\|\,\|\rho X\|} = \frac{\rho\,\langle Y,X\rangle}{|\rho|\,\|Y\|\,\|X\|} = \frac{\rho\rho}{|\rho|} = |\rho|\,.$$

Das Ergebnis ist auch so einsichtig: Auch wenn die Vektoren X und Y einen stumpfen Winkel einschließen, schließen Y und die Gerade $\mathcal{L}\{X\}$ immer einen spitzen Winkel ein.

Lösung von Aufgabe 246

Ein geometrischer Beweis folgt unmittelbar aus der Abbildung 4.15: Dazu bedeute $\sphericalangle(\mathbf{m};\mathbf{n})$ den Winkel zwischen den Geraden $\mathcal{L}\{\mathbf{n}\}$ und $\mathcal{L}\{\mathbf{m}\}$. Dann gilt:

$$\begin{aligned}
360^\circ &= \sphericalangle(\mathbf{m};\mathbf{n}) + \sphericalangle\left(\mathbf{n};\mathbf{n}^\perp\right) + \sphericalangle\left(\mathbf{n}^\perp;\mathbf{m}^\perp\right) + \sphericalangle\left(\mathbf{n}^\perp;\mathbf{m}^\perp\right) \\
&\quad + \sphericalangle\left(\mathbf{m}^\perp;\mathbf{m}\right) \\
&= \sphericalangle(\mathbf{m};\mathbf{n}) + 90^\circ + \sphericalangle\left(\mathbf{n}^\perp;\mathbf{m}^\perp\right) + 90^\circ. \\
\sphericalangle\left(\mathbf{n}^\perp;\mathbf{m}^\perp\right) &= \sphericalangle\left((\mathbf{y}_{\bullet\mathbf{m}})_{\bullet\mathbf{n}};(\mathbf{y}_{\bullet\mathbf{n}})_{\bullet\mathbf{m}}\right) = 180^\circ - \sphericalangle(\mathbf{m};\mathbf{n})\,.
\end{aligned}$$

Für einen Formelbeweis nehmen wir ohne Beschränkung der Allgemeinheit $\|\mathbf{m}\| = \|\mathbf{n}\| = 1$ und $\mathbf{P_1 y} = \mathbf{P_1 m} = \mathbf{P_1 n} = \mathbf{0}$ an. Dann ist $r(\mathbf{m},\mathbf{n}) = \langle\mathbf{m},\mathbf{n}\rangle =: \rho$ und $\mathbf{P_n m} = \rho\mathbf{n}$ sowie $(\mathbf{I}-\mathbf{P_n})\,\mathbf{m} = \mathbf{m}-\rho\mathbf{n}$ und $(\mathbf{I}-\mathbf{P_m})\,\mathbf{n} = \mathbf{n}-\rho\mathbf{m}$. $\Rightarrow$

$$\begin{aligned}
\mathbf{y} &= \alpha\mathbf{m}+\beta\mathbf{n}, \\
\mathbf{y}_{\bullet\mathbf{n}} &= (\mathbf{I}-\mathbf{P_n})(\alpha\mathbf{m}+\beta\mathbf{n}) = \alpha(\mathbf{I}-\mathbf{P_n})\,\mathbf{m} = \alpha(\mathbf{m}-\rho\mathbf{n})\,, \\
(\mathbf{y}_{\bullet\mathbf{n}})_{\bullet\mathbf{m}} &= \alpha(\mathbf{I}-\mathbf{P_m})(\mathbf{m}-\rho\mathbf{n}) = -\rho\alpha(\mathbf{I}-\mathbf{P_m})\,\mathbf{n} = -\alpha\rho(\mathbf{n}-\rho\mathbf{m})\,, \\
\|(\mathbf{y}_{\bullet\mathbf{n}})_{\bullet\mathbf{m}}\|^2 &= \alpha^2\rho^2\left(\|\mathbf{n}\|^2 - \rho 2\langle\mathbf{n},\mathbf{m}\rangle + \rho^2\|\mathbf{m}\|^2\right) = \alpha^2\rho^2\left(1-\rho^2\right).
\end{aligned}$$

Analog ist $(\mathbf{y}_{\bullet\mathbf{m}})_{\bullet\mathbf{n}} = -\alpha\rho(\mathbf{m}-\rho\mathbf{n})$. Daher ist:

$$\begin{aligned}
\langle(\mathbf{y}_{\bullet\mathbf{n}})_{\bullet\mathbf{m}},(\mathbf{y}_{\bullet\mathbf{m}})_{\bullet\mathbf{n}}\rangle &= \alpha^2\rho^2\langle\mathbf{n}-\rho\mathbf{m},\mathbf{m}-\rho\mathbf{n}\rangle = \alpha^2\rho^2\left(\rho^3-\rho\right) \\
\frac{\langle(\mathbf{y}_{\bullet\mathbf{n}})_{\bullet\mathbf{m}},(\mathbf{y}_{\bullet\mathbf{m}})_{\bullet\mathbf{n}}\rangle}{\|(\mathbf{y}_{\bullet\mathbf{n}})_{\bullet\mathbf{m}}\|\,\|(\mathbf{y}_{\bullet\mathbf{m}})_{\bullet\mathbf{n}}\|} &= \frac{\alpha^2\rho^2\left(\rho^3-\rho\right)}{\alpha\rho\sqrt{(1-\rho^2)}\alpha\rho\sqrt{(1-\rho^2)}} = -\rho.
\end{aligned}$$

Teil III

Das lineare Regressionsmodell

Kapitel 6

Parameterschätzung im Regressionsmodell

6.1 Struktur und Design

In stochastischen **Korrelationsmodellen** untersucht man die wechselseitigen Abhängigkeiten von zwei oder mehreren zufälligen Variablen. Modelliert und analysiert wird die Kovarianzmatrix, in der sich alle gesuchten Eigenschaften finden lassen.
Im **Regressionsmodell** untersucht man die Wirkung mehrerer determinierter Einflußgrößen $x_1, x_2, \ldots$ auf eine zufällige Zielgröße Y. Die erste Frage ist : Wie hängt Y von den x_i ab? Nun ist Y zufällig. Auch wenn wir den Versuch unter gleichen Bedingungen wiederholen, werden wir ein anderes Y beobachten. Daher werden wir präzisieren: Wie hängt Y *im Schnitt* von den x_i ab? Dies führt auf die Untersuchung des **Erwartungswertes** von Y. Dabei werden wir uns auf den einfachsten, aber für die Praxis dennoch wichtigsten Fall beschränken, daß sich der Erwartungswert als lineare Funktion der x_i schreiben läßt. Damit werden wir die Daten in einem **linearen Modell** analysieren können. Sind alle Einflußgrößen quantitative metrische Variable, sprechen wir von einem **linearen Regressionsmodell** im engeren Sinn. Sind alle Einflußgrößen qualitative Variable, sprechen wir von einem Modell der **Varianzanalyse,** kurz auch **ANOVA-Modell**[1] genannt. Quantitative und qualitative Variable werden in der **Kovarianzanalyse** behandelt.
Formal sind die Unterscheidungen dieser drei Modelle unwesentlich, alle drei sind nur Spielarten des übergeordneten **linearen statistischen Modells.** In der Praxis unterscheiden sie sich jedoch durch die unterschiedlichen Fragestellungen und Schwerpunkte. Wir werden in diesem Teil des Buches nicht streng zwischen Regressions- und ANOVA-Modellen trennen. Für die jetzt zu betrachtenden Strukturen ist es nämlich belanglos ist, ob sich hinter den auftretenden Vektoren quantitative oder binär kodierte, qualitative Meßwerte verbergen.

[1] **An**alysis **o**f **Va**riance

Im Zentrum unserer weiteren Untersuchung steht der Erwartungswert von Y, der aus einer Reihe unabhängiger Versuche geschätzt wird. Wir werden den Erwartungswert als lineare Funktion der x_i betrachten.
Die **Struktur** betrifft die Gestalt des Erwartungswertes, das **Design** die Anlage der Versuche.

6.1.1 Die Struktur des Regressionsmodells

Betrachten wir zuerst die Struktur. Es seien $x_1, x_2, \dots$ endlich viele beobachtbare, steuer- oder kontrollierbare — auf jeden Fall nicht-stochastische — Einflußgrößen, die **Regressoren**. Zur Vereinfachung schreiben wir kurz $\mathbf{x}' := (x_1, x_2, \dots)$ für die Einflußgrößen.
Die systematische Komponente $\mu(\mathbf{x})$ beschreibt die Wirkung von $\mathbf{x}$ auf den **Regressant**, die Zielgröße Y. Zusätzlich zum deterministischen $\mathbf{x}$ wirkt auf Y eine stochastische, nicht kontrollierbare und nicht beobachtbare **Störgröße** $\boldsymbol{\varepsilon}$. Beide Einflüsse überlagern sich additiv:

$$Y(\mathbf{x}, \boldsymbol{\varepsilon}) = \mu(\mathbf{x}) + \boldsymbol{\varepsilon}$$

Die beobachtbare Variable Y ist die Summe aus der systematischen Komponente $\mu(\mathbf{x})$ und der Störkomponente $\boldsymbol{\varepsilon}$:

Einflußgröße		Systematische Komponente		Zielgröße		Störgröße
steuerbar		deterministisch		beobachtet		irregulär
$\mathbf{x}$	$\Longrightarrow$	$\mu(\mathbf{x})$	$\Longrightarrow$	$\mu(\mathbf{x}) + \varepsilon$	$\Longleftarrow$	ε

Beispiel 250 *Hier sind einige Beispiele für* $\mathbf{x}$, Y *und* ε *zusammengestellt:*

Y	$\mathbf{x}$	ε
Ernteertrag eines Ackers	*Dünger, Bewässerung, Saatgut*	*Boden, Wetter*
Bremsweg eines Fahrzeuges	*Geschwindigkeit, Wagentyp*	*Reaktionsverhalten*
Absatz einer Ware	*Preis, Werbung, Qualität*	*Verbraucherverhalten*
Gewicht eines Tieres	*Alter, Ernährung, Rasse*	*Individualität, Gesundheit*
Meßwert	*wahrer Wert*	*Meßfehler*

Aufgabe der Regressionsrechnung ist es, aus der Beobachtung von Y bei variierendem $\mathbf{x}$ Aussagen über die systematische Komponente $\mu(\mathbf{x})$ zu gewinnen und die Genauigkeit der Aussagen zu bewerten.
Methoden der **nichtparametrischen** und **semiparametrischen** Modellierung bieten sich an, wenn wir überhaupt kein oder nur minimales Vorwissen über die Gestalt von $\mu(\mathbf{x})$ haben. In der **parametrischen** Regressionsanalyse ist die funktionale Gestalt von $\mu(\mathbf{x}) = \mu(\mathbf{x}; \boldsymbol{\beta})$ bis auf endlich viele feste Modellparameter $\beta_0, \dots, \beta_m$ bekannt. Ist die Störgröße $\boldsymbol{\varepsilon}$ additiv und unabhängig von $\mu(\mathbf{x}; \boldsymbol{\beta})$, so erhalten wir das **parametrische Regressionsmodell:**

$$Y = \mu(\mathbf{x}; \boldsymbol{\beta}) + \varepsilon.$$

Ist $\mu(\mathbf{x};\boldsymbol{\beta})$ eine **nichtlineare Funktion** von $\boldsymbol{\beta}$, sprechen wir auch genauer von einer **nichtlinearen Regression**.

Beispiel 251 *Schaltet man in einem Stromkreis mit einem Kondensator und einem Widerstand den Strom ein, so nimmt dieser erst allmählich seine endgültige Stromstärke an. Ist $\mu(x;\boldsymbol{\beta})$ die Stromstärke zum Zeitpunkt x, so ist:*

$$\mu(x;\boldsymbol{\beta}) = \beta_0(1-\exp(-\beta_1 x)).$$

Beispiel 252 *In den Wirtschaftswissenschaften modelliert die Cobb-Douglas-Produktionsfunktion die Endproduktmenge $\mu(\mathbf{p};\boldsymbol{\beta})$ als Funktion der Einsatzmengen der am Produktionsprozess beteiligten Produktionsfaktoren $\mathbf{p}_j$:*

$$\mu(\mathbf{p};\boldsymbol{\beta}) = \beta_0 \cdot p_1^{\beta_1} \cdots p_m^{\beta_m}.$$

Die Schätzung des unbekannten Parametervektors $\boldsymbol{\beta}$ ist in der Regel nur durch numerische Optimierung möglich. Die Behandlung der nichtparamtrischen oder der nichtlinearen Regression überschreitet den Rahmen dieses Buches. Hier sei nur auf die Literatur verwiesen. Siehe z.B. Fahrmeir und Tutz (1994), Fahrmeir et al. (1996), Härdle (1990), Seber und Wild (1989), Silverman (1994).
Im **linearen Regressionsmodell** läßt sich $\mu(\mathbf{x};\boldsymbol{\beta})$ als Linearkombination endlich vieler explizit bekannter Funktionen $g_j(\mathbf{x})$ mit unbekannten Koeffizienten β_j schreiben:

$$\mu(\mathbf{x};\boldsymbol{\beta}) = \sum_{j=0}^{m} \beta_j g_j(\mathbf{x}).$$

Beispiel 253 *Wir kehren zurück zum Beispiel 252 und der dort dargestellten Cobb-Douglas-Produktionsfunktion und modellieren die logarithmische Produktionsfunktion $\mu^* := \ln\mu$:*

$$\mu^*(\mathbf{p};\boldsymbol{\beta}) = \ln\beta_0 + \sum_{j=1}^{m} \beta_j \ln p_j.$$

Beispiel 254 *In einem Versuch zur Bestimmung der Zugfestigkeit μ von Stahl in Abhängigkeit der Zusatzstoffe Cäsium (c), Silizium (s) und Mangan (m) kann diese innerhalb gewisser Grenzen für c, s und m in guter Näherung modelliert werden durch:*

$$\mu(c,s,m;\boldsymbol{\beta}) = \beta_0 + \beta_1 c + \beta_2 s + \beta_3 m + \beta_4 cs + \beta_5 cm + \beta_6 sm + \beta_7 csm.$$

Beispiel 255 *Sehr häufig ist die Gestalt von $\mu(\mathbf{x})$ unbekannt. Setzt man aber voraus, daß $\mu(\mathbf{x})$ in der Umgebung eines festen Punktes $\mathbf{x}_0$ hinreichend glatt ist, so kann $\mu(\mathbf{x})$ in guter Näherung durch eine Taylorreihe approximiert werden. Zum Beispiel gilt bei einer eindimensionalen Einflußgröße x:*

$$\mu(x) = \mu(x_0) + (x-x_0)\mu'(x_0) + \cdots + \frac{(x-x_0)^k}{k!}\mu^{(k)}(x_0) + \textit{Rest}.$$

Ordnet man nach x um, erhält man ein Polynom k-ten Grades:

$$\mu(x) = \beta_0 + \beta_1 x + \cdots + \beta_k x^k + \textit{Rest}.$$

All diesen Beispielen ist folgendes gemeinsam: Die unbekannten Koeffizienten β_j treten als Gewichtungskoeffizienten bekannter Funktionen $g_j(\mathbf{x})$ auf. Selbst wenn $\mu(\mathbf{x}; \boldsymbol{\beta})$ eine hochgradig nichtlineare Funktion von $\mathbf{x}$ ist, ist $\mu(\mathbf{x}; \boldsymbol{\beta})$ eine lineare Funktion der Parameter β_j.
Das Erscheinungsbild von $\mu(\mathbf{x}; \boldsymbol{\beta})$ läßt sich noch wesentlich vereinfachen und vereinheitlichen, wenn wir die Bezeichnungen ändern und durch die Definition:

$$x_j := g_j(\mathbf{x})$$

neue formale Regressoren einführen. Dann hat $\mu(\mathbf{x}; \boldsymbol{\beta})$ die Gestalt:

$$\mu(\mathbf{x}; \boldsymbol{\beta}) = \beta_0 + \sum_{j=1}^{m} \beta_j x_j.$$

Beispielsweise definieren wir in

Beispiel 253	$x_1 := \log p_1$	$x_2 := \log p_2$	$x_3 := \log p_3$	...	$x_k := \log p_k$
Beispiel 254	$x_1 := c$	$x_2 := s$	$x_3 := m$	...	$x_8 := csm$
Beispiel 255	$x_1 := x$	$x_2 := x^2$	$x_3 := x^3$	...	$x_k := x^k$

Da sich im weiteren die Abhängigkeit von $\boldsymbol{\beta}$ von selbst versteht, schreiben wir von nun an abkürzend für $\mu(\mathbf{x}; \boldsymbol{\beta})$ nur noch $\mu(\mathbf{x})$ oder ganz knapp μ. Häufig verzichtet man darauf, das Absolutglied β_0 explizit auszuweisen. Dazu wird einfach die Konstante 1 formal als Regressor $x_0 := 1$ aufgefaßt. Mit dieser Umbenennung lautet die **Strukturgleichung des linearen Modells**:

$$y = \sum_{j=0}^{m} \beta_j x_j + \varepsilon.$$

Bei dieser Gleichung werden alle Regressoren x_0 bis x_m formal gleich behandelt. Unter der Bezeichnung x_0 ist nicht notwendigerweise die Konstante 1 verborgen. Daher ist nicht erkennbar, ob die Konstante 1 überhaupt explizit oder implizit als Regressor im Modell enthalten ist. In Zweifelsfällen ist dies gesondert anzugeben. Wir sprechen dann von Modellen mit **Eins** oder ohne **Eins**, bzw. mit oder ohne **Absolutglied**, mit oder ohne **Offset**.
Die zu analysierenden Daten stammen aus Versuchen: Zur Schätzung der Regressionskoeffizienten β_j und der systematischen Komponente μ wurden Versuche angestellt und y wurde bei variierendem $\mathbf{x}$ gemessen. Daher wollen wir noch einen kurzen Blick auf die Entstehung der Daten und auf das Versuchsdesign werfen.

6.1.2 Das Design

Das **Design** schreibt vor, wie beim i-ten Versuch die Regressoren x_j einzustellen sind, ob sie neue Werte annehmen oder ob eine frühere Einstellung wiederholt werden soll. Die Wahl des Designs hat entscheidenden Einfluß auf die Genauigkeit der Schätzungen. Die Bestimmung optimaler Designs ist wichtigste Aufgabe der statistischen Versuchsplanung, die wir hier jedoch nicht behandeln können. Zur Einführung sei z. B. auf die Bücher von Winer (1971), Krafft (1978), Toutenburg (1992, 1994, 1995), Toutenburg et al. (1996, 1998) verwiesen. Wir gehen von nun an von einem bereits vorgegebenem Design aus.

Greifen wir uns einen einzelne Versuch, den i-ten Versuch heraus. Die Werte der Regressoren und das Ergebniss des Einzelversuchs selbst beschreiben wir mit folgenden Bezeichnungen:

x_{ij}	der Wert des j-ten Regressors,
$\mathbf{z}_i = (x_{i0}; x_{i1}; \ldots; x_{im})'$	die Werte aller Regressoren,
μ_i	der Wert der systematischen Komponente,
ε_i	der Wert der Störvariablen und
y_i	der Wert der Zielvariablen.

Die i-te Beobachtungsgleichung lautet nun in drei äquivalenten Schreibweisen:

$$y_i = \mu_i + \varepsilon_i \;,$$
$$y_i = \mathbf{z}_i'\boldsymbol{\beta} + \varepsilon_i \,,$$
$$y_i = \sum_{j=0}^{m} x_{ij}\beta_j + \varepsilon_i.$$

Die n Beobachtungsgleichungen lassen sich weiter in einer vektoriellen Modellgleichung mit drei äquivalenten Schreibweisen zusammenfassen:

$$\mathbf{y} = \boldsymbol{\mu} + \boldsymbol{\varepsilon} \,,$$
$$\mathbf{y} = \mathbf{X}\boldsymbol{\beta} + \boldsymbol{\varepsilon} \,,$$
$$\mathbf{y} = \sum_{j=0}^{m} \mathbf{x}_j \beta_j + \boldsymbol{\varepsilon}.$$

Dabei haben wir die folgenden Abkürzungen verwendet:

$\mathbf{y}$	$=$	$(y_1; \cdots; y_n)'$	der Vektor der Zielvariablen,
$\boldsymbol{\mu}$	$=$	$(\mu_1; \cdots; \mu_n)'$	der Vektor der systematischen Komponenten,
$\boldsymbol{\varepsilon}$	$=$	$(\varepsilon_1; \cdots; \varepsilon_n)'$	der Vektor der Störvariablen,
$\mathbf{X}$	$=$	$(\mathbf{x}_0; \cdots; \mathbf{x}_m)$	die Designmatrix,
$\mathbf{x}_j$	$=$	$(x_{1j}; \cdots; x_{nj})'$	die j-te Spalte der Designmatrix.

Zeilen und Spalten der Designmatrix haben unterschiedliche Bedeutung:

- $\mathbf{x}_j = \mathbf{X}_{[,j]}$, die j-te Spalte der Designmatrix, ist der Vektor mit den Werten des j-ten Regressors, die dieser während aller n Versuche annimmt, $j = 0, \cdots, m$.

- $\mathbf{z}_i' = \mathbf{X}_{[i,]}$, die i-te Zeile der Designmatrix, ist der Vektor mit den Werten, welche die $m+1$ Regressoren während eines einzigen Versuchs annehmen, $i = 0, \cdots, n$.
- $\mathbf{x}_j$ kennzeichnet den Regressor, $\mathbf{z}_i$ die Beobachtungsstelle.

Weiter sei:

$m+1$	die Anzahl aller Regressoren inklusive einer möglichen Konstanten,
n	die Anzahl aller Versuche,
d	die Anzahl der linear unabhängigen Regressoren.

Haben die x_{ij} ihre Zahlenwerte angenommen, so ist $\mathbf{X}$ eine reelle $(n \times (m+1))$-Matrix. Es ist durchaus möglich, daß unterschiedliche Strukturen zur gleichen Designmatrix $\mathbf{X}$ führen. Im realisierten Design ist die ursprüngliche, datenerzeugende Struktur verschwunden. Wir schreiben daher auch in der Strukturgleichung $\mu(\mathbf{x}; \boldsymbol{\beta})$, in der Beobachtungsgleichung aber nur $\boldsymbol{\mu}$. Im ersten Fall handelt es sich um eine Funktion der Variablenvektors $\mathbf{x}$, im zweiten Fall um einen festen Vektor des $\mathbb{R}^n$.

6.2 Schätzung von μ und β

Ohne Vorwissen sind Daten stumm. Wenn wir aus den Beobachtungswerten Schlüsse über die Parameter ziehen wollen, müssen wir von genau definiertem Vorwissen ausgehen. Dieses Vorwissen beschreiben wir in drei Modellanahmen. Sie betreffen mit steigendem Informationsgehalt und fallendem Freiraum der Modelle:

- den Modellraum und die Designmatrix,
- die Kovarianzstruktur der Daten,
- die Wahrscheinlichkeitsverteilung der Daten.

In diesem Abschnitt werden wir uns mit Folgerungen befassen, die sich unmittelbar aus der Struktur von Modellraum und Designmatrix ergeben.

Zur Schreibweise: Zur optischen Vereinfachung werden wir von nun an auf unsere Konvention verzichten, zufällige Variablen und ihre Realisationen im Schriftbild zu unterscheiden. Um was es sich handelt, muß aus dem Sinnzusammenhang erschlossen werden. Wir werden aber weiterhin Vektoren möglichst mit kleinen fetten und Matrizen mit großen fetten Buchstaben bezeichnen. In der Gleichung $\mathbf{y} = \boldsymbol{\mu} + \boldsymbol{\varepsilon}$ können $\mathbf{y}$ und $\boldsymbol{\varepsilon}$ n-dimensionale zufällige Vektoren oder deren Realisationen bedeuten. Sprechen wir zum Beispiel von der Verteilung von $\mathbf{y}$, vom Erwartungswert oder der Kovarianzmatrix von $\mathbf{y}$, so ist der zufällige Vektor gemeint. Werten wir eine konkrete Beobachtung aus, so ist $\mathbf{y}$ schlicht ein Vektor des $\mathbb{R}^n$.

Die Festlegung der systematischen Komponente: Um in der Darstellung des Modells die systematische Komponente $\boldsymbol{\mu}$ von der stochastischen Komponente $\boldsymbol{\varepsilon}$ eindeutig zu trennen, schreiben wir $\mathbf{y} = (\boldsymbol{\mu} + \mathrm{E}\,\boldsymbol{\varepsilon}) + (\boldsymbol{\varepsilon} - \mathrm{E}\,\boldsymbol{\varepsilon})$. Wir fassen den Erwartungswert der Störgröße $\boldsymbol{\varepsilon}$ als Teil der systematischen Komponente auf. Der Erwartungswert der verbleibenden Störgröße ist damit Null. Die systematische Komponente ist schlicht der Erwartungswert von $\mathbf{y}$. Damit sind $\mathbf{y}$ und $\boldsymbol{\varepsilon}$ n-dimensionale zufällige Vektoren mit:

$$\begin{aligned} \mathbf{y} &= \boldsymbol{\mu} + \boldsymbol{\varepsilon} \\ \mathrm{E}\,\mathbf{y} &= \boldsymbol{\mu}, \\ \mathrm{E}\,\boldsymbol{\varepsilon} &= \mathbf{0}. \end{aligned}$$

Die Festlegung des Modellraums M: Die Regressoren $\mathbf{x}_0, \cdots, \mathbf{x}_m$, also die Spalten der Designmatrix $\mathbf{X}$, spannen den Modellraum:

$$\mathbf{M} = \mathcal{L}\{\mathbf{X}\} = \mathcal{L}\{\mathbf{x}_0, \cdots, \mathbf{x}_m\}$$

auf. Die Aussage $\boldsymbol{\mu} = \sum_{j=0}^{m} \mathbf{x}_j \beta_j$ ist dann äquivalent mit der Aussage:

$$\boldsymbol{\mu} \in \mathbf{M}.$$

Durch den Modellraum $\mathbf{M}$ wird das lineare Modell, aber noch nicht seine Parametrisierung festgelegt, denn bei einem Wechsel der Basis ändert sich allein die Parametrisierung, während der Modellraum invariant bleibt. Dies wird vor allem in der Varianzanalyse eine große Rolle spielen.

Korrekte und falsche Modelle: Wir haben $\boldsymbol{\mu}$ unabhängig von $\mathbf{M}$ durch $\boldsymbol{\mu} = \mathrm{E}\,\mathbf{y}$ definiert. Dieses $\boldsymbol{\mu}$ nennen wir den *wahren* Parameter. Durch die Wahl von $\mathbf{M}$ legen wir ein spezielles Modell fest. In diesem Modell kann die Aussage:

$$\boldsymbol{\mu} \in \mathbf{M}$$

falsch oder wahr sein. Ist sie wahr, spricht man von einem **richtig spezifizierten** oder **korrekten** Modell; anderenfalls ist das Modell **falsch spezifiziert**. Einerseits setzen Parameterschätzungen ein korrektes Modell voraus. Andererseits müssen wir damit leben, daß in der Realität fast alle Modelle falsch spezifiziert sind. Nehmen wir an, $\boldsymbol{\mu}$ sei der wahre Parameter und $\mathbf{M}$ der gewählte Modellraum. Dann ist:

$$\boldsymbol{\mu} = \mathbf{P}_{\mathbf{M}}\boldsymbol{\mu} + \boldsymbol{\mu}_{\bullet\mathbf{M}}\,.$$

$\mathbf{P}_{\mathbf{M}}\boldsymbol{\mu}$ ist die Komponente von $\boldsymbol{\mu}$, die in $\mathbf{M}$ darstellbar ist, und $\boldsymbol{\mu}_{\bullet\mathbf{M}}$ ist der **Modellfehler**, d.h. die Komponente, die das Modell ignoriert. Ist das Modell korrekt, so ist $\boldsymbol{\mu} \in \mathbf{M}$, daher $\boldsymbol{\mu} = \mathbf{P}_{\mathbf{M}}\boldsymbol{\mu}$ und der Modellfehler $\boldsymbol{\mu}_{\bullet\mathbf{M}} = 0$.
Ob ein Modell korrekt ist oder nicht, läßt sich ohne Zusatzkenntnisse prinzipiell nicht entscheiden.

Wenn nichts anderes gesagt ist, werden wir stets voraussetzen, unsere Modellannahme $\boldsymbol{\mu} \in \mathbf{M}$ sei wahr. Denn wer wird schon absichtlich ein falsches Modell voraussetzen? Bloß werden wir bei allen Überlegungen stets die Möglichkeit einräumen müssen, daß das gewählte Modell falsch sein könnte und Konsequenzen daraus berücksichtigen.
Wir werden aber in den Kapiteln über **Diagnose** und über **Modellsuche** wieder darauf zurückkommen.

Überbestimmte Modelle: Nehmen wir einmal an, daß Modell sei korrekt $\boldsymbol{\mu} \in \mathbf{M}$ und $\mathbf{y} = \boldsymbol{\mu} = \mathbf{X}\boldsymbol{\beta}$ fehlerfrei gemessen worden. Aus der linearen Gleichung:

$$\boldsymbol{\mu} = \mathbf{X}\boldsymbol{\beta} = \sum_{j=0}^{m} \beta_j \mathbf{x}_j$$

kann bei gegebenem $\boldsymbol{\mu}$ genau dann $\boldsymbol{\beta}$ eindeutig bestimmt werden, wenn die Spalten der Designmatrix $\mathbf{X}$ linear unabhängig sind, also

$$\operatorname{Rg} \mathbf{X} = m + 1 \tag{6.1}$$

ist. In der Regel werden in einem sorgfältig gewählten Design alle Regressoren voneinander linear unabhängig sein. Genau dann ist (6.1) erfüllt.
Ist dagegen $\operatorname{Rg} \mathbf{X} = d < m+1$, so wird der Modellraum $\mathbf{M}$ bereits von d Regressoren aufgespannt . Die übrigen Regressoren hängen von diesen d Regressoren linear ab und sind redundant. Das Modell ist überbestimmt. $\boldsymbol{\beta}$ ist nicht mehr eindeutig durch $\boldsymbol{\mu}$ festgelegt.
Im Buchhaltungsbeispiel aus dem einleitenden Kapitel haben wir eine solche Situation kennengelernt, bei der von den vier Parametern, dem Pauschale β_0 und den Schwierigkeitszuschlägen β_1, β_2 und β_3 einer überflüssig war. In der Konsequenz waren alle 4 Parameter nicht mehr eindeutig festgelegt.
Inhaltliche Ursachen eines **Rangdefektes**, $d < m + 1$, und damit von Mehrdeutigkeit können unter anderem sein:

- Fehler im Design oder schlichtes Nichtwissen von Abhängigkeiten zwischen dern Regressoren,

- ausgefallene Beobachtungen bei der Realisierung eines Versuchs (*missing values*),

- bewußte Aufnahme überflüssiger Regressoren zur Erhöhung der formalen Symmetrie einer Struktur. Beispielsweise wird in der Varianzanalyse eine besser interpretierbare Struktur durch a-priori mehrdeutige Parameter erkauft. Durch zusätzliche Nebenbedingungen an die Parameter wird nachträglich deren Eindeutigkeit erzwungen.

6.2.1 Schätzung von μ

Unabhängig davon, ob das Modell $\mathbf{M}$ falsch oder überbestimmt ist, schätzt die Methode der kleinsten Quadrate das unbekannte $\boldsymbol{\mu}$ durch den Vektor $\widehat{\boldsymbol{\mu}} \in \mathbf{M}$ mit minimalem Abstand[2] zu $\mathbf{y}$.

$$\|\widehat{\boldsymbol{\mu}} - \mathbf{y}\|^2 \leq \|\mathbf{m} - \mathbf{y}\|^2 \quad \forall \mathbf{m} \in \mathbf{M}.$$

Also ist:

$$\widehat{\boldsymbol{\mu}} = \mathbf{P_M y} = \arg\min_{\mathbf{m} \in \mathbf{M}} \|\mathbf{y} - \mathbf{m}\|^2 .$$

Die Abweichung zwischen Beobachtung $\mathbf{y}$ und geschätztem Erwartungswert $\widehat{\boldsymbol{\mu}}$ ist das **Residuum:**

$$\widehat{\boldsymbol{\varepsilon}} := \mathbf{y} - \widehat{\boldsymbol{\mu}}.$$

Wir müssen unterscheiden zwischen der **Störgröße** $\boldsymbol{\varepsilon}$ und dem bei der Schätzung verbleibenden Rest, dem Residuum $\widehat{\boldsymbol{\varepsilon}} = (\mathbf{I} - \mathbf{P_M})\boldsymbol{\varepsilon}$. Mitunter wird $\widehat{\boldsymbol{\varepsilon}}$ auch als *geschätztes* Residuum bezeichnet. Diese Benennung ist etwas problematisch, da $\boldsymbol{\varepsilon}$ eine zufällige Variable und kein Parameter ist. Daher kann von einer Schätzung von $\boldsymbol{\varepsilon}$ schlecht die Rede sein.
Mit diesen Bezeichnungen entspricht der Modellannahme die geschätzte Zerlegung:

Modell:	$\mathbf{y} = \boldsymbol{\mu} + \boldsymbol{\varepsilon}$;	$\boldsymbol{\mu} \in \mathbf{M}$;	
Schätzung:	$\mathbf{y} = \widehat{\boldsymbol{\mu}} + \widehat{\boldsymbol{\varepsilon}}$;	$\widehat{\boldsymbol{\mu}} \in \mathbf{M}$;	$\widehat{\boldsymbol{\varepsilon}} \perp \mathbf{M}$.

Für diese Zerlegung gilt der Satz:

Satz 256 $\widehat{\boldsymbol{\mu}}$ *existiert stets, ist eindeutig und invariant gegenüber Transformationen der Regressoren, die den Raum* $\mathbf{M}$ *invariant lassen. Ist das Modell korrekt, so ist* $\widehat{\boldsymbol{\mu}}$ *erwartungstreu:*

$$\mathrm{E}\,\widehat{\boldsymbol{\mu}} = \boldsymbol{\mu}.$$

In einem fehlspezizierten Modell ist:

$$\mathrm{E}\,\widehat{\boldsymbol{\mu}} = \mathbf{P_M}\boldsymbol{\mu} = \boldsymbol{\mu} - \boldsymbol{\mu}_{\bullet\mathbf{M}}.$$

Der Beweis folgt sofort aus den Eigenschaften der Projektion und $\mathrm{E}\,\widehat{\boldsymbol{\mu}} = \mathrm{E}\,\mathbf{P_M y} = \mathbf{P_M}\,\mathrm{E}\,\mathbf{y} = \mathbf{P_M}\boldsymbol{\mu}$.

[2] Für den Operator arg min gilt: $\mathbf{m}_0 = \arg\min_{\mathbf{m} \in \mathbf{M}} \mathrm{f}(y) \Leftrightarrow \mathrm{f}(\mathbf{m}_0) \leq \mathrm{f}(\mathbf{m}) \ \forall\, \mathbf{m} \in \mathbf{M}$

Bemerkung: $\widehat{\mu}$ heißt der **Kleinst-Quadrat-Schätzer** (**KQ-Schätzer**) von μ. Numerisch bestimmen wir $\widehat{\mu} = \mathbf{P_M y}$ am besten über eine Orthonormalbasis von $\mathbf{M}$. Ist keine solche Orthonormalbasis bekannt, hilft uns die Moore-Penrose-Inverse weiter:

$$\widehat{\mu} = \mathbf{XX^+y}. \tag{6.2}$$

Möchte man mit einer beliebigen verallgemeinerten Inverse arbeiten, so ist:

$$\widehat{\mu} = \mathbf{X}(\mathbf{X'X})^- \mathbf{X'y}. \tag{6.3}$$

Sind die $m+1$ Regressoren linear unabhängig ($\operatorname{Rg}\mathbf{X} = m+1$), so ist:

$$\widehat{\mu} = \mathbf{X}(\mathbf{X'X})^{-1}\mathbf{X'y}. \tag{6.4}$$

Schreibweisen: Wir werden je nach Zielsetzung die Schreibweisen:

$$\mathbf{P_M y} = \mathbf{Py} = \widehat{\mu} = \widehat{\mathbf{y}}$$

für denselben Sachverhalt verwenden. $\mathbf{P_M y}$ ist die vollständige, informativste Bezeichnung. Arbeiten wir nur mit einem festen Modellraum $\mathbf{M}$, so lassen wir den Index $\mathbf{M}$ weg und schreiben $\mathbf{Py}$ statt $\mathbf{P_M y}$, falls dadurch keine Mißverständnisse zu befürchten sind. Bei $\widehat{\mu}$ denken wir an die Schätzung der systematischen Komponente, bei $\widehat{\mathbf{y}}$ an die Glättung oder Approximation von $\mathbf{y}$.

6.2.2 Schätzung von β

Haben wir $\widehat{\mu}$ gefunden, gilt es $\widehat{\beta}$ zu schätzen. Jeder Parametervektor $\widehat{\beta}$, der die Gleichung:

$$\widehat{\mu} = \mathbf{X}\widehat{\beta} \tag{6.5}$$

erfüllt, heißt **Kleinst-Quadrat-Schätzer** (**KQ-Schätzer**) von β.
Wegen (6.2) ist

$$\widehat{\beta} = \mathbf{X^+y} \tag{6.6}$$

eine spezielle Lösung von (6.5) und damit ein KQ-Schätzer. Hat $\mathbf{X}$ nicht den vollen Rang, so sind zur speziellen Lösung (6.6) alle Lösungen $(\mathbf{I} - \mathbf{X^+X})\mathbf{h} = (\mathbf{I} - \mathbf{P_{X'}})\mathbf{h}$ des homogenen linearen Gleichungssystems $\mathbf{X}\widehat{\beta} = \mathbf{0}$ zu addieren:

Satz 257 *Der Kleinst-Quadrat-Schätzer $\widehat{\beta}$ ist:*

$$\widehat{\beta} = \mathbf{X^+y} + (\mathbf{I} - \mathbf{X^+X})\mathbf{h} = \mathbf{X^+y} + (\mathbf{I} - \mathbf{P_{X'}})\mathbf{h} \tag{6.7}$$

mit beliebigem $\mathbf{h} \in \mathbb{R}^{m+1}$. $\widehat{\beta}$ ist genau dann eindeutig bestimmt, wenn die $m+1$ Regressoren linear unabhängig sind, das heißt, wenn $\operatorname{Rg}\mathbf{X} = m+1$ ist. In diesem Fall ist:

$$\widehat{\beta} = \mathbf{X^+y} = (\mathbf{X'X})^{-1}\mathbf{X'y}. \tag{6.8}$$

Ist $\mu \in \mathbf{M}$ und ist $\operatorname{Rg}\mathbf{X} = m+1$ so ist $\widehat{\beta}$ ein erwartungstreuer Schätzer für β.

Beweis:
Es ist nur die Erwartungstreue von $\widehat{\boldsymbol{\beta}}$ zu zeigen:

$$\mathrm{E}\widehat{\boldsymbol{\beta}} = (\mathbf{X}'\mathbf{X})^{-1}\mathbf{X}'\,\mathrm{E}\,\mathbf{y} = (\mathbf{X}'\mathbf{X})^{-1}\mathbf{X}'\boldsymbol{\mu} = (\mathbf{X}'\mathbf{X})^{-1}\mathbf{X}'\mathbf{X}\boldsymbol{\beta} = \boldsymbol{\beta}.$$

□

Bemerkung: Wir werden später mitunter die Matrix $(\mathbf{X}'\mathbf{X})^{-1}\mathbf{X}'$ mit $\mathbf{W}$ abkürzen. Dann ist $\widehat{\boldsymbol{\beta}} = \mathbf{W}\mathbf{y}$. Dabei steht **W** für die Ge-**W**ichtungsmatrix für die Schätzung von $\boldsymbol{\beta}$.

Beispiel 258 (Wasserdampfdaten) *Gegeben ist ein Datensatz*[3] *aus der chemischen Industrie. Hier wird der Verbrauch von Wasserdampf in Abhängigkeit von neun Einflußgrößen untersucht. Für die insgesamt 10 Variablen liegen jeweils 25 Beobachtungen vor:*

Die Variablen:

x_1 *Response vector: Pounds of steam used monthly*
x_2 *Pounds of real fatty acid in storage per month*
x_3 *Pounds of crude glycerin made*
x_4 *Average wind velocity (in mph)*
x_5 *Calendar days per month*
x_6 *Operating days per month*
x_7 *Days below 32 °F*
x_8 *Average atmospheric temperature (°F)*
x_9 *(Average wind velocity)*^{2}
x_{10} *Number of startups*

Bei diesem Datensatz sind im Gegensatz zu unserer Modellvoraussetzung nicht alle Regressoren kontrollierbare Variablen. Zum Beispiel läßt sich x_8*, die mittlere Tagestemperatur, durchaus als zufällige Variable betrachten. Wir haben es also mit einer bedingten Analyse von* $\mathbf{y}$ *bei gegebenem* $\mathbf{X}$ *zu tun. (Vgl. auch Seite 294.)*

Die Daten:

Tabelle 6.1 auf der nächsten Seite zeigt die erfaßten Daten. Der Zusammenhang zwischen x_1 *und den übrigen Variablen soll untersucht werden. Daher definieren wir* x_1 *als die abhängige und* $x_2, \cdots, x_{10}$ *als die unabhängigen Variablen. Der einfacheren Lesbarkeit zuliebe, wollen wir* x_1 *in* y *umbenennen. Im ersten Schritt wollen wir nur eine einzige erklärende Variable berücksichtigen. Dazu suchen wir diejenige Variable, die am stärksten mit* y *korreliert.*

Die Korrelationsmatrix:

[3] Aus dem Buch von Draper und Smith (1966): *Applied regression analysis*, S. 351–363.

i	$y = x_1$	x_2	x_3	x_4	x_5	x_6	x_7	x_8	x_9	x_{10}
1	10,98	5,20	,61	7,4	31	20	22	35,3	54,8	4
2	11,13	5,12	,64	8,0	29	20	25	29,7	64,0	5
3	12,51	6,19	,78	7,4	31	23	17	30,8	54,8	4
4	8,40	3,89	,49	7,5	30	20	22	58,8	56,3	4
5	9,27	6,28	,84	5,5	31	21	0	61,4	30,3	5
6	8,73	5,76	,74	8,9	30	22	0	71,3	79,2	4
7	6,36	3,45	,42	4,1	31	11	0	74,4	16,8	2
8	8,50	6,57	,87	4,1	31	23	0	76,7	16,8	5
9	7,82	5,69	,75	4,1	30	21	0	70,7	16,8	4
10	9,14	6,14	,76	4,5	31	20	0	57,5	20,3	5
11	8,24	4,84	,65	10,3	30	20	11	46,4	106,1	4
12	12,19	4,88	,62	6,9	31	21	12	28,9	47,6	4
13	11,88	6,03	,79	6,6	31	21	25	28,1	43,6	5
14	9,57	4,55	,60	7,3	28	19	18	39,1	53,3	5
15	10,94	5,71	,70	8,1	31	23	5	46,8	65,6	4
16	9,58	5,67	,74	8,4	30	20	7	48,5	70,6	4
17	10,09	6,72	,85	6,1	31	22	0	59,3	37,2	6
18	8,11	4,95	,67	4,9	30	22	0	70,0	24,0	4
19	6,83	4,62	,45	4,6	31	11	0	70,0	21,2	3
20	8,88	6,60	,95	3,7	31	23	0	74,5	13,7	4
21	7,68	5,01	,64	4,7	30	20	0	72,1	22,1	4
22	8,47	5,68	,75	5,3	31	21	1	58,1	28,1	6
23	8,86	5,28	,70	6,2	30	20	14	44,6	38,4	4
24	10,36	5,36	,67	6,8	31	20	22	33,4	46,2	4
25	11,08	5,87	,70	7,5	31	22	28	28,6	56,3	5

Tabelle 6.1: Die Daten

	y	x_2	x_3	x_4	x_5	x_6	x_7	x_8	x_9	x_{10}
y	1,00	0,38	0,31	0,48	0,14	0,54	0,64	-,85	0,39	0,38
x_2	0,38	1,00	0,94	-,13	0,38	0,69	-,19	-,00	-,13	0,62
x_3	0,31	0,94	1,00	-,14	0,25	0,76	-,23	0,07	-,13	0,60
x_4	0,47	-,13	-,14	1,00	-,32	0,23	0,56	-,62	0,99	0,07
x_5	0,14	0,38	0,25	-,32	1,00	0,02	-,20	0,08	-,32	-,05
x_6	0,54	0,69	0,76	0,23	0,02	1,00	0,12	-,21	0,21	0,60
x_7	0,64	-,19	-,23	0,56	-,20	0,12	1,00	-,86	0,49	0,12
x_8	-,85	-,00	0,07	-,62	0,08	-,21	-,86	1,00	-,54	-,24
x_9	0,39	-,13	-,13	0,99	-,32	0,21	0,49	-,54	1,00	0,03
x_{10}	0,38	0,62	0,60	0,07	-,05	0,60	0,12	-,24	0,03	1,00

Tabelle 6.2: Korrelationsmatrix

Aus der Korrelationsmatrix (Tabelle 6.2 auf der vorherigen Seite) ergibt sich, daß $\mathbf{y}$ *am stärksten mit* $\mathbf{x}_8$ *korreliert:* $|r(\mathbf{y}, \mathbf{x}_8)| = 0,85$. *Wir betrachten daher zunächst die lineare Struktur:*

$$y = \beta_0 + \beta_8 x_8 + \varepsilon.$$

Die 25 Beobachtungsgleichungen sind:

$$y_i = \beta_0 + \beta_8 x_{i8} + \varepsilon_i \quad , \quad i = 1, \ldots, 25.$$

Vektoriell zusammengefaßt lauten die Beobachtungsgleichungen:

$$\mathbf{y} = \beta_0 \mathbf{1} + \beta_8 \mathbf{x}_8 + \boldsymbol{\varepsilon}.$$

Mit der Matrix $\mathbf{X} := (\mathbf{1}; \mathbf{x}_8)$ *erhalten wir:*

$$\mathbf{y} = \mathbf{X}\boldsymbol{\beta} + \boldsymbol{\varepsilon}.$$

Der Modellraum ist:

$$\mathbf{M}_1 := \mathcal{L}\{\mathbf{X}\} = \mathcal{L}\{\mathbf{1}, \mathbf{x}_8\}.$$

Betrachten wir $\mathbf{y}$ *und* $\mathbf{X}$ *im Detail:*

$$\mathbf{y} = \begin{pmatrix} 10,98 \\ 11,13 \\ 12,51 \\ 8,40 \\ \vdots \\ 11,08 \end{pmatrix} \qquad \text{und} \qquad \mathbf{X} = \begin{pmatrix} 1 & 35,3 \\ 1 & 29,7 \\ 1 & 30,8 \\ 1 & 58,8 \\ \vdots & \vdots \\ 1 & 28,6 \end{pmatrix}.$$

Wie man leicht erkennt, sind die Spalten von $\mathbf{X}$ *linear unabhängig. Daher ist* $d = \operatorname{Rg} \mathbf{X} = 2$ *und* $\boldsymbol{\beta} := (\beta_0; \beta_8)'$ *läßt sich eindeutig durch:*

$$\widehat{\boldsymbol{\beta}} = (\mathbf{X}'\mathbf{X})^{-1}\mathbf{X}'\mathbf{y}$$

schätzen. Wir berechnen die dazu notwendigen Matrizen im einzelnen:

Berechnung von $\mathbf{X}'\mathbf{X}$***:***

$$\mathbf{X}'\mathbf{X} = \begin{pmatrix} 1 & 1 & 1 & \cdots & 1 \\ 35,3 & 29,7 & 30,8 & \cdots & 28,6 \end{pmatrix} \begin{pmatrix} 1 & 35,3 \\ 1 & 29,7 \\ 1 & 30,8 \\ \vdots & \vdots \\ 1 & 28,6 \end{pmatrix} = \begin{pmatrix} 25 & 1315 \\ 1315 & 76323,42 \end{pmatrix}.$$

Berechnung von $(\mathbf{X}'\mathbf{X})^{-1}$***:***

$$(\mathbf{X}'\mathbf{X})^{-1} = \begin{pmatrix} 25 & 1315 \\ 1315 & 76323,42 \end{pmatrix}^{-1} = \begin{pmatrix} 0,42670 & -0,007352 \\ -0,007352 & 0,0001398 \end{pmatrix}.$$

Berechnung von $\mathbf{X}'\mathbf{y}$***:***

$$\mathbf{X}'\mathbf{y} = \begin{pmatrix} 1 & 1 & 1 & \cdots & 1 \\ 35,3 & 29,7 & 30,8 & \cdots & 28,6 \end{pmatrix} \begin{pmatrix} 10,98 \\ 11,13 \\ 12,51 \\ \vdots \\ 11,08 \end{pmatrix} = \begin{pmatrix} 235,6 \\ 1182,4 \end{pmatrix}.$$

Berechnung von $\widehat{\beta}$***:***

$$\widehat{\beta} = (\mathbf{X}'\mathbf{X})^{-1}\mathbf{X}'\mathbf{y} = \begin{pmatrix} 0,42670 & -0,007352 \\ -0,007352 & 0,0001398 \end{pmatrix} \begin{pmatrix} 235,6 \\ 11821,4 \end{pmatrix} = \begin{pmatrix} 13,624 \\ -0,0798 \end{pmatrix}.$$

Die geschätzte Struktur ist also:

$$\widehat{\mu} = 13,624 - 0,0798\, x_8.$$

Aufnahme eines weiteren Regressors:

Wir wollen nun unsere Struktur erweitern und einen zweiten Regressor ins Modell aufnehmen. Dazu suchen wir einen Regressor, der möglichst hoch mit $\mathbf{y}$*, aber gleichzeitig wenig mit* $\mathbf{x}_8$ *korreliert.*[4] *Nach einem Blick auf die Korrelationstabelle wählen wir* $\mathbf{x}_6$*. (Es ist* $r(\mathbf{y}, \mathbf{x}_6) = 0,54$ *und* $r(\mathbf{x}_8, \mathbf{x}_6) = -0,21$*). Jetzt ist der Modellraum* $\mathbf{M}_2 := \mathcal{L}\{\mathbf{1}, \mathbf{x}_6, \mathbf{x}_8\}$*, die neue Designmatrix ist:*

$$\mathbf{X} := (\mathbf{1}; \mathbf{x}_8; \mathbf{x}_6) = \begin{pmatrix} 1 & 35,3 & 20 \\ 1 & 29,7 & 20 \\ 1 & 30,8 & 23 \\ 1 & 58,8 & 20 \\ \vdots & \vdots & \vdots \\ 1 & 28,6 & 22 \end{pmatrix} \quad \textit{und } \mathbf{y} \textit{ bleibt gleich: } \mathbf{y} = \begin{pmatrix} 10,98 \\ 11,13 \\ 12,51 \\ 8,40 \\ \vdots \\ 11,08 \end{pmatrix}.$$

Damit erhalten wir:

$$\mathbf{X}'\mathbf{X} = \begin{pmatrix} 25,00 & 1315,00 & 506,00 \\ 1315,00 & 76323,42 & 26353,30 \\ 506,00 & 26353,30 & 10460,00 \end{pmatrix}.$$

[4] Optimal wäre ein Regressor $\mathbf{x}_j$ mit maximaler partieller Korrelation $r(\mathbf{y}, \mathbf{x}_j)_{\bullet \mathbf{x}_8}$. (Vgl. Satz 228, Seite 241)

$\mathbf{X}'\mathbf{X}$ *hat den vollen Rang 3, daher existiert die Inverse:*

$$\begin{aligned}
(\mathbf{X}'\mathbf{X})^{-1} &= \begin{pmatrix} 2,77875 & -0,01124 & -0,10610 \\ -0,01124 & 0,00015 & 0,00018 \\ -0,10610 & 0,00018 & 0,00479 \end{pmatrix}, \\
\mathbf{X}'\mathbf{y} &= \begin{pmatrix} 235{,}60 \\ 11821{,}43 \\ 4831{,}86 \end{pmatrix}, \\
(\mathbf{X}'\mathbf{X})^{-1}\mathbf{X}'\mathbf{y} &= \begin{pmatrix} 9{,}1269 \\ -0{,}0724 \\ 0{,}2028 \end{pmatrix} = \begin{pmatrix} \widehat{\beta}_0 \\ \widehat{\beta}_8 \\ \widehat{\beta}_6 \end{pmatrix} = \widehat{\beta}.
\end{aligned}$$

Die geschätzte Struktur ist damit:

$$\widehat{\mu} = 9,1269 - 0,0724x_8 + 0,2028x_6.$$

Vergleichen wir die Strukturgleichungen in beiden Modellen, so sehen wir, daß die in beiden Modellen gemeinsam vorkommenden Parameter, das Absolutglied β_0 *und* β_8*, der Koeffizient von* x_8*, durchaus verschiedene Werte annehmen.*

Regression nach allen neun Variablen:

Das Modell mit allen Variablen ist:

$$y = \beta_0 + \beta_2 x_2 + \beta_3 x_3 + \cdots + \beta_6 x_6 + \beta_7 x_7 + \beta_8 x_8 + \beta_9 x_9 + \beta_{10} x_{10} + \varepsilon.$$

Der Modellraum ist $\mathbf{M}_3 := \mathcal{L}\{\mathbf{1}, \mathbf{x}_2, \mathbf{x}_3, \mathbf{x}_4, \mathbf{x}_5, \mathbf{x}_6, \mathbf{x}_7, \mathbf{x}_8, \mathbf{x}_9, \mathbf{x}_{10}\}$*. Die Berechnung der einzelnen Matrizen ist aufwendiger. Prinzipiell kommt aber nichts neues hinzu. Ohne auf die weiteren Rechnungen im Detail einzugehen, geben wir die resultierenden Parameterschätzwerte an:*

$$\begin{aligned}
\widehat{\beta}_1 &= 1,90 & \widehat{\beta}_6 &= 0,18 \\
\widehat{\beta}_2 &= 0,71 & \widehat{\beta}_7 &= -0,02 \\
\widehat{\beta}_3 &= -1,90 & \widehat{\beta}_8 &= -0,08 \\
\widehat{\beta}_4 &= 1,13 & \widehat{\beta}_9 &= -0,09 \\
\widehat{\beta}_5 &= 0,12 & \widehat{\beta}_{10} &= -0,35
\end{aligned}$$

Wir werden später sehen, daß die neu ins Modell aufgenommenen Parameter wesentlich ungenauer geschätzt worden sind als die anderen. Die Erweiterung des Modells hat — wie wir zeigen werden — keinen nennenswerten Vorteil erbracht, sondern das Modell eher verschlechtert.

6.2.3 Schätzbare Parameter

Häufig wird weniger nach den einzelnen β_j gefragt, als vielmehr nach Linearkombinationen:

$$\phi := \sum_j b_j \beta_j$$

der β_j mit vorgegebenen Gewichten b_j. Fassen wir die Gewichte b_j in einem Gewichtsvektor $\mathbf{b}$ zusammen, so ist:

$$\phi = \mathbf{b}'\boldsymbol{\beta}.$$

Wir betrachten ϕ als einen von $\boldsymbol{\beta}$ abgeleiteten, neuen, eindimensionalen Parameter. Ist $\widehat{\boldsymbol{\beta}}$ ein KQ-Schätzer von $\boldsymbol{\beta}$, so ist:

$$\widehat{\phi} = \mathbf{b}'\widehat{\boldsymbol{\beta}}$$

ein KQ-Schätzer von ϕ. Zum Beispiel läßt sich jedes:

$$\mu_i = \mathbf{x}_i'\boldsymbol{\beta}$$

als ein von $\boldsymbol{\beta}$ abgeleiteter eindimensionaler Parameter ansehen, der durch $\widehat{\mu}_i = \mathbf{x}_i'\widehat{\boldsymbol{\beta}}$ geschätzt wird. Wir haben oben von einem KQ-Schätzer und nicht von dem KQ-Schätzer gesprochen, denn $\widehat{\boldsymbol{\beta}}$ kann mehrdeutig sein. Unabhängig davon, ob $\boldsymbol{\beta}$ eindeutig schätzbar ist, wollen wir zuerst untersuchen, welche Parameter wir überhaupt schätzen können:

Definition 259 *Ein Parameter $\phi = \mathbf{b}'\boldsymbol{\beta}$ heißt linear* ***schätzbar****, falls es eine lineare erwartungstreue Schätzfunktion für ϕ gibt.*

Satz 260 *$\phi = \mathbf{b}'\boldsymbol{\beta}$ ist genau dann linear schätzbar, wenn ϕ in der Form $\phi = \mathbf{h}'\boldsymbol{\mu}$ dargestellt werden kann.*

Beweis:
Ist $\mathbf{h}'\mathbf{y}$ eine lineare erwartungstreue Schätzfunktion für ϕ, so ist:

$$\phi = \mathrm{E}\,\mathbf{h}'\mathbf{y} = \mathbf{h}'\mathrm{E}\,\mathbf{y} = \mathbf{h}'\boldsymbol{\mu}.$$

□

Ein linear schätzbarer Parameter hängt also nur scheinbar von $\boldsymbol{\beta}$ ab, in Wirklichkeit ist er unmittelbar durch $\boldsymbol{\mu}$ bestimmt. Im Modell $\mathbf{M}$ wird $\boldsymbol{\mu}$ durch $\widehat{\boldsymbol{\mu}} = \mathbf{P_M y}$ geschätzt. Damit wird $\phi = \mathbf{h}'\boldsymbol{\mu}$ durch den KQ-Schätzer

$$\widehat{\phi} = \mathbf{h}'\widehat{\boldsymbol{\mu}} = \mathbf{h}'\mathbf{P_M y}$$

geschätzt. In einem korrekten Modell ist $\widehat{\phi}$ erwartungstreu. Aber auch in einem falschen Modell kann $\widehat{\phi}$ erwartungstreu sein:

Satz 261 *Ist $\phi = \mathbf{h}'\boldsymbol{\mu}$ ein schätzbarer Parameter, dann ist der KQ-Schätzer $\widehat{\phi}$ genau dann erwartungstreu für ϕ, falls entweder das Modell korrekt spezifiziert ist oder der Koeffizientenvektor $\mathbf{h}$ orthogonal zum Modellfehler $\boldsymbol{\mu}_{\bullet\mathbf{M}}$ steht.*

Beweis:

$$\mathrm{E}\widehat{\phi} = \mathrm{E}(\mathbf{h}'\mathbf{P_M y}) = \mathbf{h}'\mathbf{P_M}\boldsymbol{\mu} = \mathbf{h}'\boldsymbol{\mu} - \mathbf{h}'(\boldsymbol{\mu}_{\bullet\mathbf{M}}) = \phi - \mathbf{h}'(\boldsymbol{\mu}_{\bullet\mathbf{M}}).$$

□

Dieser Satz legt es nahe, die Definition der Schätzbarkeit zu erweitern:

Definition 262 *Ein Parameter* $\phi = \mathbf{h}'\boldsymbol{\mu}$ *heißt linear im Modell* M ***schätzbar****, falls* $\widehat{\phi} = \mathbf{h}'\mathbf{P_M y}$ *eine erwartungstreue Schätzfunktion für* ϕ *ist.*

Wir werden abkürzend oft nur von schätzbaren Parametern sprechen und die Zusätze *im Modell* **M** und *linear* weglassen, wenn sie sich von selbst verstehen. Mitunter sind aber diese Attribute wichtig, denn ändert sich zum Beispiel **M** durch fehlende Werte (missing values), so kann die Eigenschaft der Schätzbarkeit verloren gehen. Weiter existiert zum Beispiel für die Varianz σ^2 keine lineare, sondern nur eine quadratische erwartungstreue Schätzfunktion. σ^2 ist also schätzbar, aber nicht linear schätzbar.

6.2.4 Identifizierbare Parameter

Ob eine Schätzung wirklich erwartungstreu ist oder nicht, ist eher eine akademische denn eine praktisch relevante Frage, da der Modellfehler $\boldsymbol{\mu}_{\bullet\mathrm{M}}$ unbekannt ist. Unterstellen wir die Gültigkeit des Modells, so läßt sich erstens fragen, ob der Parameter $\phi = \mathbf{b}'\boldsymbol{\beta}$ überhaupt eindeutig definiert ist. Unabhängig von der Gültigkeit des Modells ist zweitens die Frage relevant, ob ϕ durch $\widehat{\phi} = \mathbf{b}'\widehat{\boldsymbol{\beta}}$ eindeutig geschätzt werden kann. Dies führt uns zum Begriff der identifizierbaren Parameter.
Blicken wir noch einmal zurück: Ausgangspunkt jeder Analyse ist die systematische Komponente $\boldsymbol{\mu}$, die durch $\boldsymbol{\mu} = \mathrm{E}\mathbf{y}$ eindeutig und unmittelbar definiert ist. $\boldsymbol{\beta}$ dagegen ist nur mittelbar über $\boldsymbol{\mu} = \mathbf{X}\boldsymbol{\beta}$ definiert. Als Lösung dieser Gleichung ist $\boldsymbol{\beta}$ im allgemeinen nicht eindeutig definiert. Liefern nun zwei Parametervektoren $\boldsymbol{\beta}_1$ und $\boldsymbol{\beta}_2$ dasselbe $\boldsymbol{\mu}$, nämlich

$$\mathbf{X}\boldsymbol{\beta}_1 = \mathbf{X}\boldsymbol{\beta}_2,$$

dann ist $\phi = \mathbf{b}'\boldsymbol{\beta}$ genau dann eindeutig bestimmt, wenn auch

$$\mathbf{b}'\boldsymbol{\beta}_1 = \mathbf{b}'\boldsymbol{\beta}_2$$

gilt. Wir fassen diese Forderung in einer Definition zusammen:

Definition 263 $\phi = \mathbf{b}'\boldsymbol{\beta}$ *heißt in* M ***identifizierbar****, falls* ϕ *für jedes* $\boldsymbol{\mu} \in \mathrm{M}$ *invariant ist gegenüber allen Lösungen* $\boldsymbol{\beta}$ *der Gleichung* $\boldsymbol{\mu} = \mathbf{X}\boldsymbol{\beta}$.

Wir lassen den Zusatz "in **M**" weg, wenn der Bezug auf **M** selbstverständlich ist. In **M** identifizierbare Parameter sind im Modell **M** eindeutig definiert und lassen sich dort eindeutig schätzen:

Satz 264 $\phi = \mathbf{b}'\boldsymbol{\beta}$ *ist genau dann in* M *identifizierbar, falls* $\mathbf{b} \in \mathcal{L}\{\mathbf{X}'\}$ *ist. Dies gilt genau dann, wenn ein Vektor* $\mathbf{h}$ *existiert mit :*

$$\mathbf{b} = \mathbf{X}'\mathbf{h}.$$

Dann ist $\phi = \mathbf{h}'\mathbf{X}\boldsymbol{\beta}$ *und* ϕ *wird durch:*

$$\widehat{\phi} = \mathbf{b}'\widehat{\boldsymbol{\beta}} = \mathbf{h}'\mathbf{X}\widehat{\boldsymbol{\beta}} = \mathbf{b}'\mathbf{X}^{+}\mathbf{y}$$

invariant gegenüber der Wahl von $\widehat{\boldsymbol{\beta}}$ *eindeutig geschätzt.*

Beweis:
Bei festem $\boldsymbol{\mu}$ ist die Lösung der Gleichung $\boldsymbol{\mu} = \mathbf{X}\boldsymbol{\beta}$ gegeben durch $\boldsymbol{\beta} = \mathbf{X}^{+}\boldsymbol{\mu} + (\mathbf{I} - \mathbf{P}_{\mathbf{X}'})\mathbf{h}$ mit beliebigem $\mathbf{h} \in \mathbb{R}^{m+1}$. Daher ist:

$$\phi = \mathbf{b}'\boldsymbol{\beta} = \mathbf{b}'\mathbf{X}^{+}\boldsymbol{\mu} + \mathbf{b}'(\mathbf{I} - \mathbf{P}_{\mathbf{X}'})\mathbf{h}$$

genau dann invariant gegen die Wahl von $\mathbf{h}$, falls gilt:

$$\begin{array}{lcll} \mathbf{b}'(\mathbf{I} - \mathbf{P}_{\mathbf{X}'})\mathbf{h} & = & 0 & \forall \mathbf{h} \quad \Leftrightarrow \\ \mathbf{b}'(\mathbf{I} - \mathbf{P}_{\mathbf{X}'}) & = & \mathbf{0} & \quad \Leftrightarrow \\ \mathbf{b} & = & \mathbf{P}_{\mathbf{X}'}\mathbf{b} & \quad \Leftrightarrow \\ \mathbf{b} & \in & \mathcal{L}\{\mathbf{X}'\} & \quad \Leftrightarrow \\ \mathbf{b} & = & \mathbf{X}'\mathbf{h}. & \end{array}$$

Also ist $\phi = \mathbf{h}'\mathbf{X}\boldsymbol{\beta}$ und $\widehat{\phi} = \mathbf{h}'\mathbf{X}\widehat{\boldsymbol{\beta}} = \mathbf{h}'\widehat{\boldsymbol{\mu}}$.
□

Wir fassen zusammen:
In einem korrekten Modell fallen die Begriffe Schätzbarkeit und Identifizierbarkeit zusammen: Ein Parameter $\phi = \mathbf{b}'\boldsymbol{\beta}$ ist genau dann schätzbar, wenn ϕ linear von $\boldsymbol{\mu}$ abhängt: $\phi = \mathbf{h}'\boldsymbol{\mu}$. Da das Modell korrekt ist, ist $\boldsymbol{\mu} = \mathbf{X}\boldsymbol{\beta}$. Also ist $\phi = \mathbf{h}'\mathbf{X}\boldsymbol{\beta}$. Dies ist aber die Bedingung der Identifizierbarkeit.

$$\begin{array}{rcl} \text{Schätzbarkeit} & \Leftrightarrow & \text{Identifizierbarkeit} \\ & \Leftrightarrow & \text{Eindeutigkeit} \\ & \Leftrightarrow & \text{lineare Abhängigkeit von } \boldsymbol{\mu}. \end{array}$$

6.2.5 Kanonische Darstellung eines Parameters

Ist $\phi = \mathbf{b}'\boldsymbol{\beta}$ identifizierbar, so läßt sich ϕ als $\phi = \mathbf{h}'\mathbf{X}\boldsymbol{\beta}$ schreiben. Dabei braucht $\mathbf{h}$ nicht eindeutig bestimmt zu sein: Ist $\mathbf{n} \perp \mathbf{M}$ und $\widetilde{\mathbf{h}} := \mathbf{h} + \mathbf{n}$, so ist:

$$\mathbf{h}'\mathbf{X} = (\mathbf{h} + \mathbf{n})'\,\mathbf{X} = \widetilde{\mathbf{h}}'\mathbf{X}.$$

Diese Mehrdeutigkeit der Darstellung von ϕ läßt sich beseitigen, wenn wir $\mathbf{h} \in \mathbf{M}$ fordern:

Definition 265 *Die* ***kanonische Darstellung*** *eines Parameter ϕ ist die Darstellung von ϕ als*

$$\phi = \mathbf{k}'\mathbf{X}\boldsymbol{\beta} \qquad \text{mit } \mathbf{k} \in \mathbf{M}. \tag{6.9}$$

Satz 266 *Jeder in* $\mathbf{M}$ *identifizierbare Parameter ϕ besitzt eine eindeutige kanonische Darstellung* (6.9). *Bei der kanonischen Darstellung gilt:*

$$\widehat{\phi} = \mathbf{k}'\mathbf{y}.$$

Beweis:
ϕ ist genau dann identifizierbar, wenn ϕ die Gestalt $\phi = \mathbf{h}'\mathbf{X}\boldsymbol{\beta}$ besitzt. Mit $\mathbf{k} := \mathbf{P_M h}$ folgt :

$$\begin{array}{llll} \phi & = \mathbf{h}'\mathbf{X}\boldsymbol{\beta} & = \mathbf{h}'(\mathbf{P_M X})\boldsymbol{\beta} & = (\mathbf{P_M h})'\mathbf{X}\boldsymbol{\beta} & = \mathbf{k}'\mathbf{X}\boldsymbol{\beta}, \\ \widehat{\phi} & = \mathbf{k}'\mathbf{X}\widehat{\boldsymbol{\beta}} & = \mathbf{k}'\mathbf{P_M y} & = (\mathbf{P_M k})'\mathbf{y} & = \mathbf{k}'\mathbf{y}. \end{array}$$

$\mathbf{k}$ ist eindeutig, denn sind $\mathbf{k}_1$ und $\mathbf{k}_2$ aus $\mathbf{M}$ und ist $\phi = \mathbf{k}_1'\mathbf{X}\boldsymbol{\beta} = \mathbf{k}_2'\mathbf{X}\boldsymbol{\beta} \quad \forall \boldsymbol{\beta} \in \mathbf{M}$, so ist $(\mathbf{k}_1 - \mathbf{k}_2)'\mathbf{X} = 0$. Also ist $\mathbf{k}_1 - \mathbf{k}_2 \perp \mathbf{M}$. Da mit $\mathbf{k}_i \in \mathbf{M}$ auch $\mathbf{k}_1 - \mathbf{k}_2 \in \mathbf{M}$ ist, folgt $\mathbf{k}_1 - \mathbf{k}_2 = \mathbf{0}$.
□

Die Idifizierbarkeit von Parametern wird später bei der Behandlung der Varianzanalyse eine wichtige Rolle spielen. Zur Veranschaulichung verweisen wir auf das eingangs erwähnte Buchhaltungsbeispiel mit den nichtidentifizierbaren Schwierigkeitszuschlägen und betrachten noch ein extrem vereinfachtes zweites Beispiel:

Beispiel 267 *Die unterstellte Struktur sei $\mu = \beta_0 + \beta_1 x + \beta_2 x^2$. Untersucht werden drei Beobachtungen an den Stellen $x = 0; 1$ und 2. Dann ist:*

$$\mathbf{X} = \begin{pmatrix} 1 & 0 & 0 \\ 1 & 1 & 1 \\ 1 & 2 & 4 \end{pmatrix} \quad ; \qquad \operatorname{Rg} \mathbf{X} = 3.$$

Alle drei Parameter sind eindeutig bestimmt und schätzbar. Nun sei durch einen Fehler im Versuch die dritte Beobachtung unbrauchbar geworden. Damit entfällt in der Designmatix $\mathbf{X}$ die letzte Zeile:

$$\mathbf{X} = \begin{pmatrix} 1 & 0 & 0 \\ 1 & 1 & 1 \end{pmatrix} \quad ; \qquad \operatorname{Rg} \mathbf{X} = 2.$$

Welche Parameter lassen sich nun schätzen? Es sind die mit der Gestalt:

$$\begin{aligned} \phi &= \mathbf{h}'\mathbf{X}\boldsymbol{\beta} = \mathbf{h}' \begin{pmatrix} 1 & 0 & 0 \\ 1 & 1 & 1 \end{pmatrix} \boldsymbol{\beta} = \begin{pmatrix} h_1 + h_2; & h_2; & h_2 \end{pmatrix} \boldsymbol{\beta} \\ &= (h_1 + h_2)\,\beta_0 + h_2\,(\beta_1 + \beta_2) =: a\beta_0 + b\,(\beta_1 + \beta_2)\,. \end{aligned}$$

Dabei sind die Koeffizienten a und b beliebig wählbar. Also ist β_0 schätzbar: $a = 1$ und $b = 0$. Dagegen sind β_1 und β_2 nicht mehr schätzbar, die "Effekte sind miteinander vermengt". Nur die Summe $\beta_1 + \beta_2$ ist schätzbar.

Wie wird Mehrdeutigkeit in statistischer Software behandelt?

Statistische Softwarepakete suchen im Fall eines Rangdefektes $\operatorname{Rg} \mathbf{X} = d < m+1$ automatisch d linear unabhängige Regressoren und streichen die restlichen aus der Designmatrix $\mathbf{X}$. Die resultierende, zusammengestrichene Designmatrix $\widetilde{\mathbf{X}}$, die gegenüber $\mathbf{X}$ insgesamt $(m+1) - d$ Spalten verloren hat, hat vollen Spaltenrang. Der Parametervektor $\widetilde{\boldsymbol{\beta}}$, der zu den verbliebenen Regressoren gehört, wird dann durch $(\tilde{\mathbf{X}}'\tilde{\mathbf{X}})^{-1}\tilde{\mathbf{X}}'\mathbf{y}$ geschätzt. Die restlichen Parameter, die zu den eliminierten Regressoren gehören, werden gleich Null gesetzt. Der Gesamtvektor $\widehat{\boldsymbol{\beta}}$, der dann als Ergebnis ausgedruckt wird, ist also nur einer der unendlich vielen möglichen KQ-Schätzer. Das statistische Softwarepaket SAS z. B. druckt daher auch eine Warnung aus: "Parameter estimates biased". Wir werden dieses Vorgehen im Abschnitt 6.7 "Schätzen unter Restriktionen" noch näher untersuchen.

6.2.6 Kontraste

Ziel jeder Analyse ist es, zu interpretierbaren Größen zu kommen. Anschaulich und daher leicht interpretierbar sind in erster Linie Mittelwerte, in zweiter Linie Vergleiche von Mittelwerten. Spezielle Mittelwertsvergleiche sind Kontraste. Wir definieren:

Definition 268 *Es seien $k_1, k_2, \ldots, k_n$ fest vorgegebene reelle Zahlen mit $\sum k_i = 0$; dann heißt:*

$$k(\mathbf{y}) := \sum_{j=1}^{n} k_i y_i =: \mathbf{k}'\mathbf{y}$$

ein ***Kontrast*** *in den Beobachtungen. Ein Kontrast $y_i - y_j$ heißt* ***Elementarkontrast****.*

Um den Zusammenhang mit dem Mittelwertvergleich zu erkennen, sortieren wir die k_i nach ihrem Vorzeichen:

$$A := \{i|k_i > 0\}, \qquad B := \{i|k_i < 0\}.$$

Wegen $\sum k_i = 0$ ist $\sum_{i\in A} k_i = -\sum_{i\in B} k_i =: K$. Daher ist:

$$\frac{1}{K}k(\mathbf{y}) = \frac{1}{K}\sum_{i\in A} k_i y_i - \frac{1}{K}\sum_{i\in B} |k_i| y_i =: \overline{y}^A - \overline{y}^B.$$

Der Kontrast vergleicht also ein gewogenes Mittel $\overline{y}^A$ aus der Beobachtung der Klasse A mit einem gewogenen Mittel $\overline{y}^B$ der Klasse B.
So wie bei Beobachtungen spricht man auch bei Parametern von Kontrasten:

Φ ist Kontrast in $\boldsymbol{\beta}$: $\quad \phi = \mathbf{b}'\boldsymbol{\beta}$ mit $\sum_{j=0}^{m} b_j = 0$.

Φ ist Kontrast in $\boldsymbol{\mu}$: $\quad \phi = \mathbf{k}'\boldsymbol{\mu}$ mit $\sum_{i=0}^{n} k_i = 0$.

Die Interpretation dieser Kontraste ist analog. Kontraste werden in der Varianzanalyse eine zentrale Rolle spielen. Zwischen den Kontrasten in den Beobachtungen, in den $\boldsymbol{\beta}$ und in den $\boldsymbol{\mu}$ bestehen die folgenden Beziehungen:

Satz 269

1. *Jeder Kontrast in $\boldsymbol{\mu}$ ist identifizierbar. Jeder Kontrast in $\boldsymbol{\beta}$ ist nur dann identifizierbar, wenn er sich als lineare Funktion von $\boldsymbol{\mu}$ schreiben läßt.*

2. *Ist die Summe der Regressoren ein für alle Beobachtungen i konstanter Vektor* $\sum \mathbf{x}_j = \mathbf{X1} = c\mathbf{1}$, *so ist jeder identifizierbare Kontrast in* $\boldsymbol{\beta}$ *auch als Kontrast in* $\boldsymbol{\mu}$ *darstellbar und umgekehrt.*

3. *Ist* $\mathbf{1} \in \mathbf{M}$, *so hat jeder Kontrast in* $\boldsymbol{\mu}$ *die kanonische Darstellung* $\phi = \mathbf{k}'\boldsymbol{\mu}$ *mit* $\mathbf{k} \in \mathbf{M}$ *und* $\mathbf{k}'\mathbf{1} = 0$. *Dann ist* $\widehat{\phi} = \mathbf{k}'\mathbf{y}$ *ein Kontrast in den Beobachtungen.*

Beweis:
Es sind nur die beiden letzten Aussagen zu zeigen.

2. $\phi = \mathbf{b}'\boldsymbol{\beta}$ ist ein identifizierbarer $\boldsymbol{\beta}$-Kontrast $\Leftrightarrow$ $\phi = \mathbf{k}'\boldsymbol{\mu}$ mit $\mathbf{b}' = \mathbf{k}'\mathbf{X}$. $\Rightarrow \mathbf{b}'\mathbf{1} = \mathbf{k}'\mathbf{X1} = c\mathbf{k}'\mathbf{1}$, falls $\mathbf{X1} = c\mathbf{1}$. Daher ist $\mathbf{b}'\mathbf{1} = \mathbf{0} \Leftrightarrow \mathbf{k}'\mathbf{1} = \mathbf{0}$.

3. Der Kontrast $\phi = \mathbf{h}'\boldsymbol{\mu}$ mit $\mathbf{h}'\mathbf{1} = 0$ hat die kanonische Darstellung $\phi = \mathbf{k}'\boldsymbol{\mu}$ mit $\mathbf{k} = \mathbf{P_M h} \in \mathbf{M}$. Dann ist auch $\mathbf{k}'\mathbf{1} = (\mathbf{P_M h})'\mathbf{1} = \mathbf{h}'\mathbf{P_M 1} = \mathbf{h}'\mathbf{1} = 0$.

□

6.2.7 Mehrdimensionale Parameter und Parameterräume

Fassen wir mehrere eindimensionale Parameter zu einem Parametervektor zusammen, sprechen wir von **mehrdimensionalen Parametern**. Alle Aussagen, die wir über eindimensionale schätzbare oder identifizierbare Parameter gemacht haben, übertragen wir sinnentsprechend auf mehrdimensionale Parameter:

- Es seien $\phi_i = \mathbf{b}_i'\boldsymbol{\beta}$, $i = 1, 2, \ldots, p$ eindimensionale Parameter. Dann ist:

  $$\Phi := (\phi_1; \phi_2; \ldots; \phi_p)' = (\mathbf{b}_1; \mathbf{b}_2; \ldots; \mathbf{b}_p)'\boldsymbol{\beta} =: \mathbf{B}'\boldsymbol{\beta}$$

  ein p-dimensionale Parameter.

- Φ ist genau dann in $\mathbf{M}$ identifizierbar, falls alle ϕ_i dies sind.

- Ist Φ in $\mathbf{M}$ identifizierbar, dann hat Φ die eindeutig bestimmte kanonische Darstellung:

  $$\Phi = \mathbf{K}'\mathbf{X}\boldsymbol{\beta} \text{ mit } \mathbf{K} = (\mathbf{k}_1; \mathbf{k}_2; \ldots; \mathbf{k}_p) \text{ und } \mathbf{k}_i \in \mathbf{M}.$$

- Ist Φ identifizierbar und $\mathbf{G}$ eine nicht zufällige $(q \times p)$-Matrix, so ist auch der Parameter $\boldsymbol{\psi} := \mathbf{G}'\Phi$ identifizierbar.

Es seien nun die ϕ_i in $\mathbf{M}$ identifizierbar und durch ihre kanonische Darstellung $\phi_i = \mathbf{k}_i'\mathbf{X}\boldsymbol{\beta}$ gegeben. Jede Linearkombination der ϕ_i definiert einen identifizierbaren Parameter $\boldsymbol{\psi} = \sum \delta_i \phi_i$. Dieser besitzt dann die kanonische Darstellung:

$$\boldsymbol{\psi} = \sum \delta_i \phi_i = \left(\sum \delta_i \mathbf{k}_i\right)' \mathbf{X}\boldsymbol{\beta} = \mathbf{k}'\mathbf{X}\boldsymbol{\beta}.$$

Wir finden die ein-eindeutige Entsprechung von Parametern und Koeffizientenvektoren:

$$\begin{aligned} \phi_i &\iff \mathbf{k}_i\,, \\ \psi = \sum \delta_i \phi_i &\iff \mathbf{k} = \sum \delta_i \mathbf{k}_i \in \mathbf{M}. \end{aligned}$$

Die Gesamtheit der so konstruierbaren ψ bildet den von $\phi_1, \ldots, \phi_p$ erzeugten Parameterraum:

$$\mathcal{L}\left\{\phi_1, \ldots, \phi_p\right\}.$$

Ihm entspricht der von den $\mathbf{k}_i$ erzeugte Unterraum:

$$\mathcal{L}\left\{\mathbf{k}_1, \ldots, \mathbf{k}_p\right\} \subseteq \mathbf{M}.$$

Beide Räume sind isomorph. Wir werden daher $\mathcal{L}\left\{\mathbf{k}_1, \ldots, \mathbf{k}_p\right\}$ mitunter ebenfalls als Parameterraum bezeichnen. Begriffe über die geometrischen Eigenschaften der $\mathbf{k}_i$ können wir auf die Parameter ϕ_i übertragen. So nennen wir die ϕ_i **linear unabhängig**, wenn es die $\mathbf{k}_i$ sind. ϕ_i und ϕ_j heißen **orthogonal**, wenn $\mathbf{k}_i$ und $\mathbf{k}_j$ es sind.
Anschaulich heißt die Aussage: "ϕ_1 bis ϕ_p sind linear abhängig", daß es Koeffizienten δ_i gibt, die nicht alle Null sind, für die $\sum \delta_i \phi_i = 0$ gilt. Ist in einem solchen Fall z.B. $\delta_1 \neq 0$, so ist ϕ_1 bereits durch die übrigen ϕ_2 bis ϕ_p eindeutig festgelegt und daher im Grunde überflüssig.
Die Dimension des Parameterraumes $\mathcal{L}\left\{\phi_1, \ldots, \phi_p\right\}$ ist die Maximalanzahl der linear unabhängigen schätzbaren Parameter, die sich als Linerarkombination der ϕ_i darstellen lassen. Diese Dimension ist $\dim \mathcal{L}\left\{\mathbf{k}_1, \ldots, \mathbf{k}_p\right\}$.
Wegen $\mathcal{L}\left\{\mathbf{k}_1, \ldots, \mathbf{k}_p\right\} \subseteq \mathbf{M}$ ist $\dim \mathcal{L}\left\{\mathbf{k}_1, \ldots, \mathbf{k}_p\right\} \leq d = \dim \mathbf{M}$.
Die Maximalanzahl aller linear unabhängigen schätzbaren Parameter ist daher d. Jeweils $d+1$ Parameter sind linear abhängig. Als Beispiel betrachten wir die Kontraste in $\boldsymbol{\mu}$. Für sie gilt :

Satz 270 *Die Menge der Kontraste in $\boldsymbol{\mu}$ bildet einen Parameterraum, der von der Menge der Elementarkontraste erzeugt wird. Ist $\mathbf{1} \in \mathbf{M}$, so ist $\mathbf{M} \ominus \mathbf{1}$ der $(d-1)$-dimensionale Parameterraum der Kontraste in $\boldsymbol{\mu}$.*

Beweis:
Jede Linearkombination von Kontrasten ist ein Kontrast. Ist $\sum k_i = 0$ und j_0 ein fester Index, so ist $\phi = \sum k_i \mu_i = \sum k_i (\mu_i - \mu_{j_0})$ eine Linearkombination von Elementarkontrasten. Ist $\mathbf{1} \in \mathbf{M}$, so ist $\phi = \mathbf{k}'\boldsymbol{\mu}$ mit $\mathbf{k} \in \mathbf{M}$ genau dann ein $\boldsymbol{\mu}$-Kontrast, wenn $\mathbf{k}'\mathbf{1} = 0$ ist. Dies ist aber gleichwertig mit $\mathbf{k} \in \mathbf{M} \ominus \mathbf{1}$.
□

6.2.8 Modellerweiterungen

Modelle mit zufälligen Regressoren

Unser Modellansatz behandelt alle Regressoren als deterministische Größen. Diese Einschränkung läßt sich durch einen Interpretationstrick aufweichen. Sind

die Regressoren zufällige Variable $\mathbf{X}_j$ mit den Realisationen $\mathbf{x}_j$, dann ist auch die Designmatrix $\mathbb{X} := (\mathbf{X}_0; \mathbf{X}_1, \cdots; \mathbf{X}_m)$ eine zufällige Matrix mit der Realisation $\mathbf{X} := (\mathbf{x}_0; \mathbf{x}_1, \cdots; \mathbf{x}_m)$. Wir interpretieren nun das Regressionsmodell als Modell für die bedingte Verteilung von $\mathbf{Y}$ bei gegebenem $\mathbb{X} = \mathbf{X}$. Dann ist $\boldsymbol{\mu} = \mathrm{E}(\mathbf{Y}|\mathbb{X} = \mathbf{X})$.
Hängt die Wahrscheinlichkeitsverteilung von $\mathbb{X}$ nicht vom gesuchten Parametervektor $\boldsymbol{\beta}$ ab, so läßt sich dieses Vorgehen auch durch das Likelihood-Prinzip rechtfertigen. Nehmen wir dazu an, daß $\mathbf{Y}$ und $\mathbb{X}$ eine gemeinsame Dichtefunktion $f_{\boldsymbol{\beta}}(\mathbf{y}; \mathbf{X})$ besitzen. Dann läßt sich die Dichte in zwei Faktoren zerlegen:

$$f_{\boldsymbol{\beta}}(\mathbf{y}; \mathbf{X}) = f_{\boldsymbol{\beta}}(\mathbf{y}|\mathbf{X}) \cdot f(\mathbf{X}).$$

Die gesamte Information über $\boldsymbol{\beta}$ steckt in $f_{\boldsymbol{\beta}}(\mathbf{y}|\mathbf{X})$, der bedingten Dichte von $\mathbf{Y}$ bei gegebenem $\mathbb{X} = \mathbf{X}$. Die bedingte Analyse ist aber gerade unser Regressionsmodell, bei dem wir $\mathbf{X}$ als determiniert betrachten.

Modelle mit Fehler in den Variablen

Bei diesen Modellen wird die Annahme fallengelassen, man könne die Werte der Regressoren fehlerfrei messen oder einstellen. Die Behandlung dieser Modelle übersteigt aber weit den Rahmen dieses Buches. Der interessierte Leser sei in diesem Zusammenhang z.B. auf Schneeweiß und Mittag (1986) verwiesen.

6.3 Das Bestimmtheitsmaß

Die Methode der kleinsten Quadrate minimiert $\|\mathbf{y} - \widehat{\mathbf{y}}\|^2 = \|\widehat{\boldsymbol{\varepsilon}}\|^2$. Also ist $\|\widehat{\boldsymbol{\varepsilon}}\|^2$ ein erster Indikator, wie gut diese Approximation gelungen ist. Üblicherweise bezeichnet man $\|\widehat{\boldsymbol{\varepsilon}}\|^2$ mit SSE (**Sum of Squares Error**):

$$\mathrm{SSE} := \|\widehat{\boldsymbol{\varepsilon}}\|^2 = \|\mathbf{y} - \widehat{\mathbf{y}}\|^2 = \sum (y_i - \widehat{y}_i)^2 = \sum \widehat{\epsilon}_i^2.$$

SSE ist der quadrierte Abstand von $\mathbf{y}$ vom Modellraum $\mathbf{M}$ (Abbildung 6.1). Je kleiner SSE, um so besser! Fragt sich nur, was heißt "*klein*"? Dazu bieten sich verschiedene Vergleichsgrößen an.

Das modifizierte Bestimmtheitsmaß

Aus der orthogonalen Zerlegung:

$$\mathbf{y} = \widehat{\mathbf{y}} + (\mathbf{y} - \widehat{\mathbf{y}})$$

folgt mit dem Satz von Pythagoras:

$$\|\mathbf{y}\|^2 = \|\widehat{\mathbf{y}}\|^2 + \|\mathbf{y} - \widehat{\mathbf{y}}\|^2, \tag{6.10}$$

$$1 = \frac{\|\widehat{\mathbf{y}}\|^2}{\|\mathbf{y}\|^2} + \frac{\|\mathbf{y} - \widehat{\mathbf{y}}\|^2}{\|\mathbf{y}\|^2}. \tag{6.11}$$

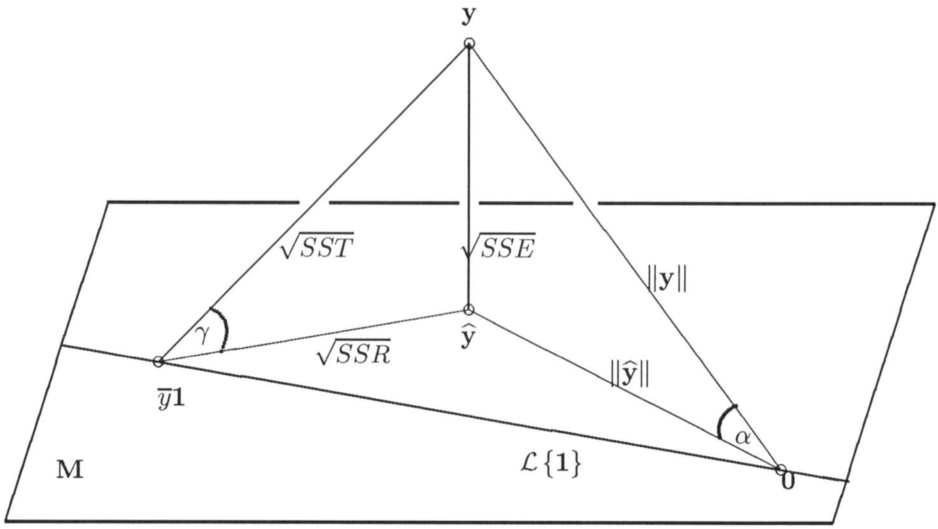

Abbildung 6.1: Die Lage der vier Punkte $\mathbf{0}; \mathbf{y}; \widehat{\mathbf{y}}$ und $\overline{y}\mathbf{1}$ in einem Modell mit $\mathbf{1} \in \mathbf{M}$

Der erste Summand in (6.11) ist das modifizierte Bestimmtheitsmaß, der zweite ist das modifizierte Unbestimmtheitsmaß:

Modifiziertes Bestimmtheitsmaß: $$r^2_{\text{mod}} = \frac{\|\widehat{\mathbf{y}}\|^2}{\|\mathbf{y}\|^2} = \cos^2\alpha.$$

Modifiziertes Unbestimmtheitsmaß: $$\frac{\|\mathbf{y}-\widehat{\mathbf{y}}\|^2}{\|\mathbf{y}\|^2} = \sin^2\alpha.$$

Das modifizierte Bestimmtheitsmaß mißt das Quadrat des Kosinus, das modifizierte Unbestimmtheitsmaß das Quadrat des Sinus des Winkels α zwischen $\mathbf{y}$ und $\widehat{\mathbf{y}}$. Siehe Abbildung 6.1. Je kleiner das modifizierte Unbestimmtheitsmaß (und je größer das modifizierte Bestimmtheitsmaß) ist, um so kleiner ist der Winkel α zwischen $\mathbf{y}$ und $\widehat{\mathbf{y}}$ und um so besser ist die Approximation.
Beide Maße sind nicht invariant gegen Verschiebungen des Nullpunktes. Ist $\mathbf{a}$ ein beliebiger Punkt aus $\mathbf{M}$ und verschieben wir den Nullpunkt in den Punkt $\mathbf{a}$, so geht $\mathbf{y}$ über in $\mathbf{y}-\mathbf{a}$ und $\widehat{\mathbf{y}}$ in $\widehat{\mathbf{y}-\mathbf{a}} = \widehat{\mathbf{y}} - \mathbf{a}$. (Abbildung 6.2 auf der nächsten Seite). Das Unbestimmtheitsmaß wird:

$$\frac{\|\mathbf{y}-\widehat{\mathbf{y}}\|^2}{\|\mathbf{y}\|^2} \Rightarrow \frac{\|\mathbf{y}-\widehat{\mathbf{y}}\|^2}{\|\mathbf{y}-\mathbf{a}\|^2}.$$

Mit wachsendem $\|\mathbf{a}\|$ geht $\|\mathbf{y}-\mathbf{a}\| \to \infty$, während $\|\mathbf{y}-\widehat{\mathbf{y}}\|$ invariant bleibt.

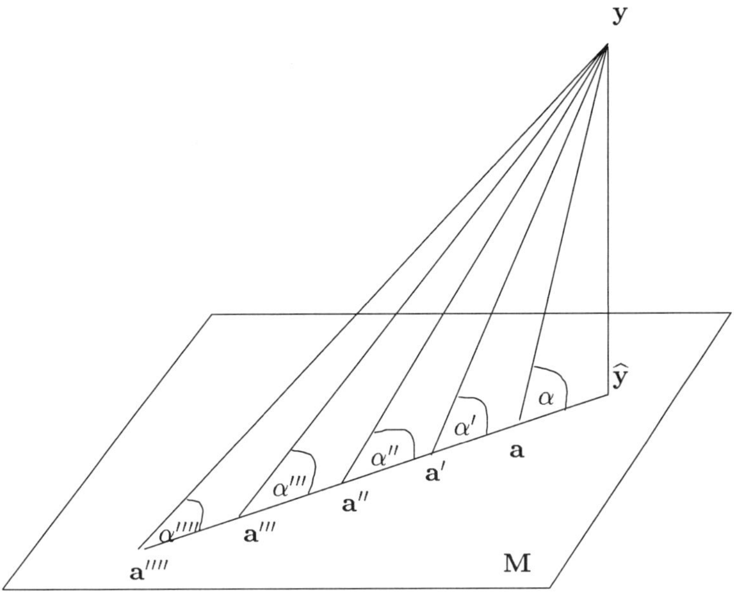

Abbildung 6.2: Abhängigkeit des Maßes der Approximationsqualität von der Nullpunktfestlegung

Also geht das Unbestimmtheitsmaß gegen Null:

$$\lim_{\|\mathbf{a}\|\to\infty} \frac{\|\mathbf{y}-\widehat{\mathbf{y}}\|^2}{\|\mathbf{y}-\mathbf{a}\|^2} = 0.$$

Dementsprechend geht das Bestimmtheitsmaß gegen 1. Je weiter der Nullpunkt von $\widehat{\mathbf{y}}$ entfernt gewählt werden kann, um so kleiner ist der Winkel α, um so besser ist scheinbar die Approximation.

Das Bestimmtheitsmaß

In Modellen mit der Eins ist $\overline{y}\mathbf{1}$ ein natürlicher Bezugspunkt, von dem aus wir den Winkel messen.
Betrachten wir dazu das **Nullmodell** $\mathbf{M}_0 := \mathcal{L}\{\mathbf{1}\}$, das als einzigen trivialen Regressor die Eins enthält:

$$\mathbf{y} = \beta_0 \mathbf{1} + \boldsymbol{\varepsilon}.$$

Die optimale Approximation von $\mathbf{y}$ im Nullmodell ist:

$$\mathbf{P_1 y} = \frac{\mathbf{y}'\mathbf{1}}{\|\mathbf{1}\|^2}\mathbf{1} = \frac{\sum_{i=1}^n y_i}{n}\mathbf{1} = \overline{y}\mathbf{1}.$$

Die Restgröße im Nullmodell ist $\mathbf{y} - \overline{y}\mathbf{1}$. Ihre quadrierte Länge ist SST, die Summe der quadrierten Abweichungen vom Mittelwert:[5]

$$\text{SST} := \|\mathbf{y} - \overline{y}\mathbf{1}\|^2 .$$

Nun führen wir die eigentlichen Regressoren in unser Regressionsmodell $\mathbf{M}$ ein und erweitern damit das Nullmodell $\mathbf{M}_0 = \mathcal{L}\{\mathbf{1}\}$ zu $\mathbf{M}$. Die optimale Approximation von $\mathbf{y}$ in $\mathbf{M}$ ist nun:

$$\mathbf{P_M y} = \widehat{\mathbf{y}}.$$

Die Verbesserung durch die Modellerweiterung ist $\widehat{\mathbf{y}} - \overline{y}\mathbf{1}$. Die mögliche Lage der vier Punkte $\mathbf{0}$, $\mathbf{y}$, $\widehat{\mathbf{y}}$ und $\overline{y}\mathbf{1}$ zeigt Abbildung 6.1

Die Zerlegung der Sum of Squares: Die drei Punkte $\mathbf{y}$, $\widehat{\mathbf{y}}$ und $\overline{y}\mathbf{1}$ bilden ein rechtwinkliges Dreieck, denn $\mathbf{y} - \widehat{\mathbf{y}}$ steht senkrecht zu $\mathbf{M}$ und $\widehat{\mathbf{y}}$ und $\mathbf{1}$ liegen in $\mathbf{M}$. Man erkennt dies auch an der orthogonalen Zerlegung:

$$\mathbf{y} - \overline{y}\mathbf{1} = \underbrace{\widehat{\mathbf{y}} - \overline{y}\mathbf{1}}_{\in \mathbf{M}} + \underbrace{(\mathbf{y} - \widehat{\mathbf{y}})}_{\perp \mathbf{M}}. \tag{6.12}$$

Die quadrierten Kantenlängen des Dreiecks sind:

$$\|\mathbf{y} - \overline{y}\mathbf{1}\|^2 = \text{SST} = \textbf{S}\text{um of }\textbf{S}\text{quares }\textbf{T}\text{otal}, \tag{6.13}$$

$$\|\mathbf{y} - \widehat{\mathbf{y}}\|^2 = \text{SSE} = \textbf{S}\text{um of }\textbf{S}\text{quares }\textbf{E}\text{rror}, \tag{6.14}$$

$$\|\widehat{\mathbf{y}} - \overline{y}\mathbf{1}\|^2 = \text{SSR} = \textbf{S}\text{um of }\textbf{S}\text{quares }\textbf{R}\text{egression}. \tag{6.15}$$

Aus dem Satz von Pythagoras folgt:

$$\text{SST} = \text{SSR} + \text{SSE} .$$

Während SSE ein absolutes Maß für die Modellanpassung ist, sind:

$$\text{das Bestimmtheitsmaß} \qquad r^2 = \frac{\text{SSR}}{\text{SST}} = \frac{\|\widehat{\mathbf{y}} - \overline{y}\mathbf{1}\|^2}{\|\mathbf{y} - \overline{y}\mathbf{1}\|^2},$$

$$\text{und das Unbestimmtheitsmaß} \qquad 1 - r^2 = \frac{\text{SSE}}{\text{SST}} = \frac{\|\mathbf{y} - \widehat{\mathbf{y}}\|^2}{\|\mathbf{y} - \overline{y}\mathbf{1}\|^2}$$

relative Maße für die Verbesserung des Nullmodells $\mathbf{M}_0 = \mathcal{L}\{\mathbf{1}\}$ zum eigentlichen Modell $\mathbf{M}$. r^2 mißt das Quadrat des Kosinus des Winkels γ, $1 - r^2$ das Quadrat des Sinus zwischen den Vektoren $\mathbf{y} - \overline{y}\mathbf{1}$ und $\widehat{\mathbf{y}} - \overline{y}\mathbf{1}$. Dieser Winkel ist invariant gegen Verschiebungen des Nullpunktes. Aus:

$$r^2 = \frac{\|\mathbf{P_M}(\mathbf{y} - \overline{y}\mathbf{1})\|^2}{\|\mathbf{y} - \overline{y}\mathbf{1}\|^2}$$

[5] SST steht für **Sum of Squares Total**.

folgt, daß r^2 der quadrierte *empirische* multiple Korrelationskoeffizient zwischen den beobachteten Daten $\mathbf{y}$ und den Regressoren ist. Wie beim modifizierten Bestimmtheitsmaß gilt auch hier: Je größer das Bestimmtheitsmaß r^2, um so besser ist die Approximation, um so stärker hat sich die Erweiterung des Modells gelohnt.

r^2 ist genau dann 1, falls $\mathbf{y} - \widehat{\mathbf{y}} = \mathbf{0}$, d. h. $\mathbf{y} \in \mathbf{M}$ ist.
r^2 ist genau dann 0, falls $\widehat{\mathbf{y}} = \overline{y}\mathbf{1}$ ist. In diesem Fall haben die Regressoren das Nullmodell nicht verbessern können.
Das Unbestimmtheitsmaß $1 - r^2$ mißt analog die relative Reduktion der empirischen Varianz des Residuums bei Erweiterung des Nullmodells $\mathbf{M}_0$ zu $\mathbf{M}$.
Zusammengefaßt gilt also:

- Bestimmtheitsmaß und Unbestimmtheitsmaß sind äquivalente Kriterien.
- Beide messen den **relativen Informationsgewinn** durch Erweiterung des Modells.

Die Zerlegung der empirischen Varianzen: Die grundlegende Zerlegung SST = SSR + SSE können wir auch als Zerlegung der empirischen Varianzen der Punktwolken der y_i, der $\widehat{y}_i$ und der $(y_i - \widehat{y}_i)$ lesen.

$$\begin{aligned} \text{SST} &= \sum (y_i - \overline{y})^2 &&= n \operatorname{var} \mathbf{y}, \\ \text{SSE} &= \sum (y_i - \widehat{y}_i)^2 &&= n \operatorname{var}(\mathbf{y} - \widehat{\mathbf{y}}), \\ \text{SSR} &= \sum (\widehat{y}_i - \overline{y})^2 &&= n \operatorname{var} \widehat{\mathbf{y}}. \end{aligned}$$

Häufig verwendet man auch die Bezeichnung "*erklärte Varianz*" für $\operatorname{var} \mathbf{y}$ und "*unerklärte Varianz*" für $\operatorname{var}(\mathbf{y} - \widehat{\mathbf{y}})$. Doch ist das Attribut "*erklärt*" nur mit großer Vorsicht zu gebrauchen.
Darüber hinaus ist unbedingt zu beachten, daß die Begriffe "*Varianz*" und "*Korrelation*" nur im Sinne der deskriptiven Statistik zu verstehen sind und sich nur auf die gegebenen Punktwolken beziehen. Eine Korrelation im stochastischen Sinn zwischen dem zufälligen Vektor $\mathbf{y}$ und den deterministischen Regressoren[6] $\mathbf{x}_j$ ist nicht definiert. Ebenso wenig sind $\operatorname{var} \mathbf{y}$ und $\operatorname{var} \widehat{\mathbf{y}}$ Schätzer irgendeiner Modellvarianz im Modell $\mathbf{M}$.

Das Bestimmtheitsmaß bei variierenden Modellen: Arbeiten wir nur mit einem festen Modell $\mathbf{M}$, so reichen die Bezeichnungen SST, SSE und SSR völlig aus. Betrachtet man aber verschiedene Modellvarianten, dann empfiehlt es sich, ausführlicher SSE$(\mathbf{M})$ und SSR$(\mathbf{M})$ anstelle von SSE und SSR zu schreiben. Ebenso eignet sich die in Definition 163 auf Seite 158 eingeführte SS-Schreibweise[7]. Mit der Abkürzung $\mathbf{1}$ für den Nullraum $\mathbf{M}_0 = \mathcal{L}\{\mathbf{1}\}$ gilt

[6] SST$(\mathbf{M})$ ist überflüssig, denn SST hängt nicht von $\mathbf{M}$ ab.
[7] Zur Erinnerung: Für zwei Räume $\mathbf{A} \subset \mathbf{B}$ wurde definiert:

$$\text{SS}(\mathbf{A}) := \|\mathbf{P_A y}\|^2 \text{ und } \text{SS}(\mathbf{B}|\mathbf{A}) := \text{SS}(\mathbf{B} \ominus \mathbf{A}) = \|\mathbf{P_B y} - \mathbf{P_A y}\|^2.$$

somit :

$$\begin{aligned}
\mathrm{SS}(\mathbb{R}^n|\mathbf{1}) &= \mathrm{SST}, \\
\mathrm{SS}(\mathbf{M}|\mathbf{1}) &= \mathrm{SSR}\,(\mathbf{M})\,, \\
\mathrm{SS}(\mathbb{R}^n|\mathbf{M}) &= \mathrm{SSE}\,(\mathbf{M})\,.
\end{aligned}$$

Das Bestimmtheitsmaß ist dann

$$r^2\,(\mathbf{M}) = \frac{\mathrm{SSR}\,(\mathbf{M})}{\mathrm{SST}} = \frac{\mathrm{SS}(\mathbf{M}|\mathbf{1})}{\mathrm{SS}(\mathbb{R}^n|\mathbf{1})}.$$

Die ANOVA-Tabelle

Zur besseren Übersicht stellen wir die beteiligten Räume und Komponenten in der Tabelle 6.3 zusammen, dabei ist $\operatorname{Rg}\mathbf{X} = d$:

Quelle	Räume	Dim. F.grad	Sum of Squares		
Regressoren	$\mathbf{M}\ominus\mathbf{1}$	$d-1$	$\Vert\widehat{\mathbf{y}}-\overline{y}\mathbf{1}\Vert^2$	$=\mathrm{SSR}\,(\mathbf{M})$	$=\mathrm{SS}\,(\mathbf{M}\|\mathbf{1})$
Störung	$\mathbb{R}^n\ominus\mathbf{M}$	$n-d$	$\Vert\mathbf{y}-\widehat{\mathbf{y}}\Vert^2$	$=\mathrm{SSE}\,(\mathbf{M}))$	$=\mathrm{SS}(\mathbb{R}^n\|\mathbf{M}$
Gesamt	$\mathbb{R}^n\ominus\mathbf{1}$	$n-1$	$\Vert\mathbf{y}-\overline{y}\mathbf{1}\Vert^2$	$=\mathrm{SST}$	$=\mathrm{SS}(\mathbb{R}^n\|\mathbf{1})$

Tabelle 6.3: Komponenten der ANOVA-Tabelle

Diese Tabelle trägt den Namen **ANOVA-Tabelle** oder **ANOVA-Tafel,** dabei steht **ANOVA** für **An**alysis **o**f **Va**riance. Diese Tabelle wird in verschiedenen Varianten angegeben, dabei kann sie zusätzliche Spalten enthalten oder andere können weggelassen sein. Auch die Bezeichnung der Spalten- und Zeilenköpfe variiert. In der ersten, hier mit **Quelle** bezeichneten Spalte, stehen meist die die Namen der Räume, der sie definierenden Effekte, Variablen oder Parameter. Die dritte Spalte enthält die **Dimensionen** der Räume, dies sind die **Freiheitsgrade** der χ^2-Verteilung der entsprechenden **Sum of Squares**. . In der **Sum of Squares** oder kurz nur SS-Spalte stehen in der Regel nur die im konkreten Fall errechneten Zahlenwerte. Später werden wir der Tabelle noch weitere Spalten angefügen.

Beispiel 271 *Wir kehren zurück zu Beispiel 258 auf Seite 283 und dem Datensatz von Draper und Smith. Wir betrachten das erste Modell* $\mathbf{M}_1 := \mathcal{L}\{\mathbf{1},\mathbf{x}_8\}$ *. Mit den geschätzten Parametern* β_0 *und* β_8 *ergeben sich die in Tabelle 6.4 auf der nächsten Seite aufgeführten Werte* $\widehat{y}_i$ ***(fitted values)*** *und die Residuen* $\widehat{\epsilon}_i = y_i - \widehat{y}_i$.

i	y_i	$\widehat{y}_i$	$\widehat{\epsilon}_i = y_i - \widehat{y}_i$	$\widehat{\epsilon}_i^2$
1	10,980	10,805	0,17496	0,030612
2	11,130	11,252	−0,12208	0,014903
3	12,510	11,164	1,34573	1,811002
4	8,400	8,929	−0,52906	0,279907
5	9,270	8,722	0,54849	0,300845
⋮	⋮	⋮	⋮	⋮
21	7,680	7,867	−0,18734	0,035097
22	8,470	8,985	−0,51494	0,265165
23	8,860	10,063	−1,20263	1,446319
24	10,360	10,957	−0,59671	0,356064
25	11,080	11,340	−0,25989	0,067542
SSE				18,223400

Tabelle 6.4: Tabelle der Fitted Values und der Residuen

Quelle	F.grad	SS
Regressoren	1	45,593
Störung	23	18,223
Gesamt	24	63,816

Tabelle 6.5: ANOVA-Tabelle des Modells $\mathbf{M}_1 = \mathcal{L}\{\mathbf{1}, \mathbf{x}_8\}$.

Aus den Daten ergab sich $\sum(y_i - \overline{y})^2 = 63,816$. *Damit erhalten wir mit* $n = 25$ *und* $d = \dim \mathbf{M}_1 = 2$ *die in Tabelle 6.5 dargestellte ANOVA-Tabelle.*
Das Bestimmtheitsmaß in Modell $\mathbf{M}_1$ *ist* $r^2 = \frac{45,593}{63,816} = 0,71$.
Tabelle 6.6 zeigt die ANOVA-Tabelle des erweiterten Modells $\mathbf{M}_2 := \mathcal{L}\{\mathbf{1}, \mathbf{x}_8, \mathbf{x}_6\}$ *mit* $n = 25$ *und* $d = \dim \mathbf{M}_2 = 3$.

Quelle	F.grad	SS
Regressoren	2	54,187
Störung	22	9,629
Gesamt	24	63,816

Tabelle 6.6: ANOVA-Tabelle des erweiterten Modells $\mathbf{M}_2 := \mathcal{L}\{\mathbf{1}, \mathbf{x}_8, \mathbf{x}_6\}$.

Das Bestimmtheitsmaß ist $r^2 = \frac{54,187}{63,816} = 0,85$.
Zum Schluß hatten wir das Modell $\mathbf{M}_3$ *mit allen 9 Variablen betrachtet; jetzt ist* $d = \dim \mathbf{M}_9 = 10$. *Die zugehörige ANOVA-Tabelle zeigt Tabelle 6.7 auf der nächsten Seite. Das Bestimmtheitsmaß ist* $r^2 = \frac{58,946}{63,816} = 0,92$.

Die absolute Verbesserung der Approximation durch die schrittweise Erweiterung des Modells erkennt man an der Reduktion von SSE$(\mathbf{M})$, die in der folgende Darstellung symbolisch verdeutlicht werden soll. Dabei wird die Kette der wachsenden Modelle durch vertikale Trennstriche auf einer Geraden markiert.

Quelle	F.grad	SS
Regressoren	9	58,947
Störung	15	4,869
Gesamt	24	63,816

Tabelle 6.7: ANOVA-Tabelle des Modell $\mathbf{M}_3$ mit allen 9 Variablen

Der Name des Modells steht über und die Dimension unter dem Trennstrich; zwischen den Modelle stehen die jeweiligen SS-Terme: Für die Daten des eben berechneteten Beispiels erhalten wir:

Beispiel 272 *Symbolische Darstellung der SS-Terme aus Beispiel 271*

$\mathbf{1}$ (1) — $SS(\mathbf{M}_1|\mathbf{1})$ = 45,59 — $\mathbf{M}_1$ (2) — $SS(\mathbb{R}^n|\mathbf{M}_1)$ = 18,22 — $\mathbb{R}^n$ (25)

$\mathbf{1}$ (1) — $SS(\mathbf{M}_2|\mathbf{1})$ = 54,19 — $\mathbf{M}_2$ (3) — $SS(\mathbb{R}^n|\mathbf{M}_2)$ = 9,63 — $\mathbb{R}^n$ (25)

$\mathbf{1}$ (1) — $SS(\mathbf{M}_3|\mathbf{1})$ = 58,95 — $\mathbf{M}_3$ (10) — $SS(\mathbb{R}^n|\mathbf{M}_3)$ = 4,87 — $\mathbb{R}^n$ (25)

Fassen wir die drei Modelle zusammen erhalten wir eine Darstellung des jeweiligen Gewinns $SS(\mathbf{M}_i|\mathbf{M}_{i-1})$ *bei der jeweiligen Modellerweiterung von* $\mathbf{M}_{i-1}$ *auf* $\mathbf{M}_i$.

$\mathbf{1}$ (1) — $SS(\mathbf{M}_1|\mathbf{1})$ = 45,59 — $\mathbf{M}_1$ (2) — $SS(\mathbf{M}_2|\mathbf{M}_1)$ = 8,60 — $\mathbf{M}_2$ (3) — $SS(\mathbf{M}_{10}|\mathbf{M}_2)$ = 4,76 — $\mathbf{M}_3$ (10) — $SS(\mathbb{R}^n|\mathbf{M}_3)$ = 4,87 — $\mathbb{R}^n$ (25)

Das Preis-Leistungsverhältnis der Modellerweiterung

Aufschlußreicher als der absolute Modellgewinn $SS(\mathbf{M}_j|\mathbf{M}_i)$ ist der relative Modellgewinn pro Freiheitsgrad, die **M**ean-**S**um-of-**S**quares:

$$MS(\mathbf{M}_j|\mathbf{M}_i) = \frac{SS(\mathbf{M}_j|\mathbf{M}_i)}{\dim \mathbf{M}_j - \dim \mathbf{M}_i} = \frac{SS(\mathbf{M}_i|\mathbf{M}_i)}{d_j - d_i}. \tag{6.16}$$

$MS(\mathbf{M}_j|\mathbf{M}_i)$ ist, anschaulich gesagt, das *Preis-Leistungsverhältnis* der Modellerweiterung. Es stellt die Leistung *Verbesserung der Approximation* in Relation zum Preis *Verlust an Freiheitsgraden.* Je geringer $MS(\mathbf{M}_j|\mathbf{M}_i)$, um so weniger lohnt sich der Aufwand, den das größere Modell $\mathbf{M}_j$ dem einfacheren Modell $\mathbf{M}_i$ gegenüber mit sich bringt. Wir werden diese Gedanken im Kapitel "Testtheorie" wieder aufgreifen und ausbauen. Die Tabelle 6.3 auf der nächsten Seite zeigt die **M**ean-**S**um-of-**S**quares für die drei Modelle des vorhergehenden Beispiels:

Erweiterung $\mathbf{M}_{i-1} \to \mathbf{M}_1$	Absoluter Modellgewinn SS $(\mathbf{M}_i \,\vert \mathbf{M}_{i-1})$	Verlust an Freiheitsgraden $d_i - d_{i-1}$	Modellgewinn pro F.grad MS $(\mathbf{M}_i \,\vert \mathbf{M}_{i-1})$
$\mathbf{1} \to \mathbf{M}_1$	45,59	1	45,59
$\mathbf{M}_1 \to \mathbf{M}_2$	8,60	1	8,60
$\mathbf{M}_2 \to \mathbf{M}_9$	4,76	7	0,68

Tabelle 6.8: Modellerweiterungen und ihre Mean-Sum-of-Squares

6.3.1 Probleme bei der Interpretation des Bestimmtheitsmaßes

r^2 mißt nicht, ob ein Modell richtig oder falsch ist!

Zur Begründung betrachten wir, was mit r^2 geschieht, wenn wir die Zahl n der Beobachtungen erhöhen. Wir wollen der Einfachheit halber voraussetzen, daß $\mathbf{y} \sim \mathrm{N}_n(\boldsymbol{\mu}; \sigma^2\mathbf{I})$ verteilt ist. Wären auch die $\mathbf{x}_j$ gemeinsam mit $\mathbf{y}$ normalverteilte zufällige Variable, so wäre r^2 ein konsistenter Schätzer für den Verteilungsparameter ρ^2, die quadrierte multiple Korrelation zwischen $\mathbf{y}$ und den $\mathbf{x}_j$. In unserem Regressionsmodell sind aber die $\mathbf{x}_j$ durch das von uns gewählte Design determiniert.

Das asymptotische Verhalten von r^2: Um das asymptotische Verhalten von r^2 zu erkennen, schreiben wir $r^2 = \frac{\|\mathbf{P}_{\mathbf{M}\ominus\mathbf{1}}\mathbf{y}\|^2}{\|\mathbf{P}_{\mathbb{R}^n\ominus\mathbf{1}}\mathbf{y}\|^2}$. Der Erwartungswert des Zählers ist:

$$\mathrm{E}\,\|\mathbf{P}_{\mathbf{M}\ominus\mathbf{1}}\mathbf{y}\|^2 = \sigma^2\,(d-1) + \|\mathbf{P}_{\mathbf{M}\ominus\mathbf{1}}\boldsymbol{\mu}\|^2\,,$$

der des Nenners ist:

$$\mathrm{E}\,\|\mathbf{P}_{\mathbb{R}^n\ominus\mathbf{1}}\mathbf{y}\|^2 = \sigma^2\,(n-1) + \|\mathbf{P}_{\mathbb{R}^n\ominus\mathbf{1}}\boldsymbol{\mu}\|^2\,.$$

Letzterer divergiert mit wachsendem n gegen Unendlich, unabhängig vom gewählten Modell. Daher sagt Satz 175 aus dem Anhang von Kapitel 2, daß:

$$\frac{\|\mathbf{P}_{\mathbf{M}\ominus\mathbf{1}}\mathbf{y}\|^2}{\|\mathbf{P}_{\mathbb{R}^n\ominus\mathbf{1}}\mathbf{y}\|^2} - \frac{\mathrm{E}\,\|\mathbf{P}_{\mathbf{M}\ominus\mathbf{1}}\mathbf{y}\|^2}{\mathrm{E}\,\|\mathbf{P}_{\mathbb{R}^n\ominus\mathbf{1}}\mathbf{y}\|^2}$$

nach Wahrscheinlichkeit gegen Null konvergiert: Mit wachsendem Stichprobenumfang unterscheiden sich mit großer Wahrscheinlichkeit r^2 und

$$\frac{\sigma^2\,(d-1) + \|\mathbf{P}_{\mathbf{M}\ominus\mathbf{1}}\boldsymbol{\mu}\|^2}{\sigma^2\,(n-1) + \|\mathbf{P}_{\mathbb{R}^n\ominus\mathbf{1}}\boldsymbol{\mu}\|^2} = \frac{\sigma^2\frac{d-1}{n-1} + \mathrm{var}\,\mathbf{P}_{\mathbf{M}}\boldsymbol{\mu}}{\sigma^2 + \mathrm{var}\,\boldsymbol{\mu}} \simeq \frac{\mathrm{var}\,\mathbf{P}_{\mathbf{M}}\boldsymbol{\mu}}{\sigma^2 + \mathrm{var}\,\boldsymbol{\mu}}$$

beliebig wenig voneinander. Dabei ist $\mathrm{var}\,\boldsymbol{\mu} := \frac{1}{n}\,\|\boldsymbol{\mu}-\overline{\mu}\mathbf{1}\|^2$ die empirische Varianz des Vektors $\boldsymbol{\mu}$ und $\mathrm{var}\,\mathbf{P}_{\mathbf{M}}\boldsymbol{\mu} := \frac{1}{\mathbf{n}}\,\|\mathbf{P}_{\mathbf{M}}\boldsymbol{\mu} - \overline{\mu}\mathbf{1}\|^2$ die empirische Varianz

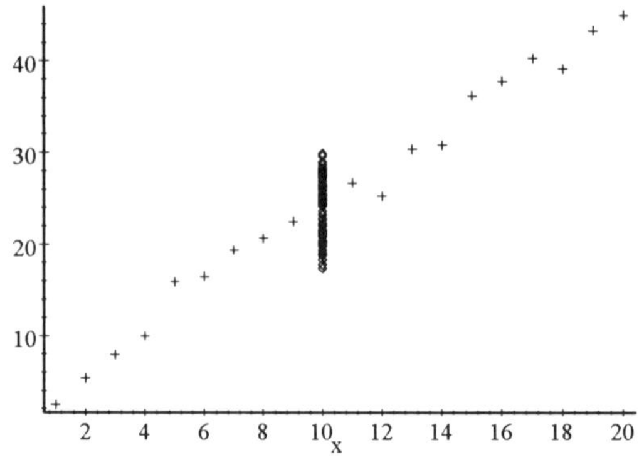

Abbildung 6.3: Punktwolke mit einem r^2 nahe bei Null.

des Vektors $\mathbf{P_M}\boldsymbol{\mu}$. Mit wachsendem n verliert r^2 seinen stochastischen Charakter und konvergiert nach Wahrscheinlichkeit gegen eine nichtstochastische, nicht von der Struktur des Modells, sondern dessen Design abhängende Asymptote. Anschaulich gesagt gilt also für große n:

$$r^2 \approx \frac{\text{var } \mathbf{P_M}\boldsymbol{\mu}}{\sigma^2 + \text{var } \boldsymbol{\mu}}.$$

r^2 vergleicht die empirische Varianz var $\mathbf{P_M}\boldsymbol{\mu}$ der im Modell enthaltenen systematischen Komponente $\mathbf{P_M}\boldsymbol{\mu}$ mit der empirische Varianz var $\boldsymbol{\mu}$ der wahren systematischen Komponente $\boldsymbol{\mu}$. Das Varianzverhältnis var $\mathbf{P_M}\boldsymbol{\mu}$ zu var $\boldsymbol{\mu}$ läßt sich aber durch das Design im wesentlichen vorbestimmen. Dies kann zu folgenden Konsequenzen führen:

1. Ist das Modell korrekt, so ist $\boldsymbol{\mu} = \mathbf{P_M}\boldsymbol{\mu}$, und $r^2 \approx \frac{\text{var } \boldsymbol{\mu}}{\sigma^2 + \text{var } \boldsymbol{\mu}}$. Häufen sich die Beobachtungen an genau einer Stelle, so geht var $\boldsymbol{\mu}$ und damit r^2 gegen Null, gleichgültig wie präzise alle Werte geschätzt werden. Abbildung 6.3 zeigt diesen Effekt bei der linearen Einfachregression mit $\mu = \beta_0 + \beta_1 x$. In der Abbildung häufen sich die Beobachtungen bei $x = 10$. Daher geht r^2 gegen Null. Diese Behauptung läßt sich hier im linearen Fall auch unmittelbar einsehen:

   Es ist $r^2 = \frac{\text{var } \widehat{\mathbf{y}}}{\text{var } \mathbf{y}}$. Für die lineare Einfachregression ist $\widehat{y}_i = \widehat{\beta}_0 + \widehat{\beta}_1 x_i$. Daher ist $\text{var } \widehat{\mathbf{y}} = \left(\widehat{\beta}_1\right)^2 \text{var } \mathbf{x}$ und damit $r^2 = \left(\widehat{\beta}_1\right)^2 \frac{\text{var } \mathbf{x}}{\text{var } y}$. Es seien $\mathbf{x}_a := \{x_1; \cdots; x_{n_a}\}$ die über den ganzen Beobachtungsbereich gestreuten x-Werte mit einem Mittelwert $\overline{x}_a$ und einer empirischen Varianz $\text{var } \mathbf{x}_a$. Dann kommen noch n_b Beobachtungen an einzigen Stelle x_b hinzu, dabei ist $\overline{x}_b = x_b$ und $\text{var } \mathbf{x}_b = 0$. Insgesamt liegen $n = n_a + n_b$ x-Werte

$\mathbf{x} = \{\mathbf{x}_a; \mathbf{x}_b\}$ vor. Für die Gesamtheit aller x-Werte gilt:

$$\begin{aligned} \operatorname{var}\mathbf{x} &= \text{Varianz der Mittelwerte} + \text{Mittelwert der Varianzen}, \\ b &= (\overline{x}_a - x_b)^2 \frac{n_a}{n}\frac{n_b}{n} + \frac{n_a}{n} \operatorname{var}\mathbf{x}_a. \end{aligned}$$

Da $\overline{x}_a, x_b, n_a$ und $\operatorname{var}\mathbf{x}_a$ konstant bleiben und nur n_b und damit n gegen Unendlich gehen, konvergiert $\operatorname{var}\mathbf{x}$ gegen Null. Da $\widehat{\beta}_1$ endlich bleibt und $\operatorname{var}\mathbf{y}$ in diesem Fall gegen σ^2 konvergiert, geht r^2 ebenfalls gegen Null.

2. Ist das Modell falsch, wächst aber die Varianz der modellierten systematischen Komponente $\operatorname{var}\mathbf{P_M}\boldsymbol{\mu}$ schneller als die Varianz der Modellfehlerkomponente $\operatorname{var}\boldsymbol{\mu}_{\bullet\mathbf{M}}$, und zwar so, daß $\frac{\operatorname{var}\boldsymbol{\mu}_{\bullet\mathbf{M}}}{\operatorname{var}\mathbf{P_M}\boldsymbol{\mu}}$ gegen Null geht, so geht r^2 gegen 1, gleichgültig, wie schlecht alle Parameter geschätzt werden. Abbildung 6.4 zeigt eine Regressionsgerade in einem falschen Modell. Die Beobachtungen häufen sich an zwei Stellen, r^2 geht gegen Eins.

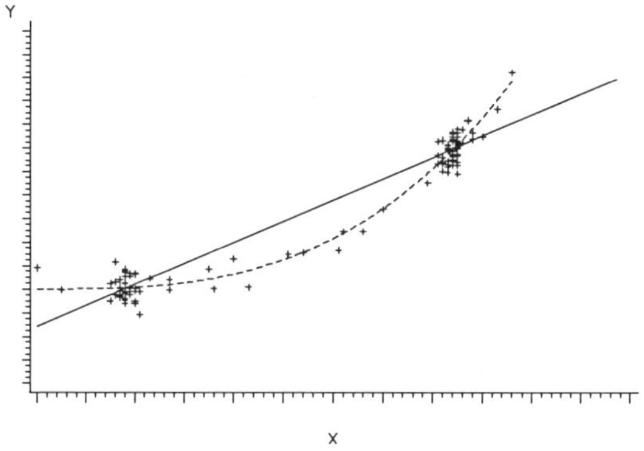

Abbildung 6.4: Regressionsgerade in falschem Modell mit $r^2 \approx 1$

r^2 sagt nichts über die Genauigkeit einer Schätzung!

Dazu betrachten wir folgendes Experiment, bei dem ein Versuch mit n Einzelbeobachtungen bei vollständig gleichem Design ein zweites Mal wiederholt wird. Dann können wir drei lineare Modelle bilden:

1.	Versuch	$\mathbf{y}_1$	$=$	$\mathbf{X}\boldsymbol{\beta}$	$+$	$\boldsymbol{\varepsilon}_1$.
2.	Wiederholung	$\mathbf{y}_2$	$=$	$\mathbf{X}\boldsymbol{\beta}$	$+$	$\boldsymbol{\varepsilon}_2$.
3.	Gesamtversuch	$\binom{\mathbf{y}_1}{\mathbf{y}_2}$	$=$	$\binom{\mathbf{X}}{\mathbf{X}}\boldsymbol{\beta}$	$+$	$\binom{\boldsymbol{\varepsilon}_1}{\boldsymbol{\varepsilon}_2}$.

Der Gesamtversuch enthält doppelt soviele Beobachtungen wie jeder der beiden Teile, daher sind die Varianzen der Schätzer im Gesamtversuch halb so groß wie in den Teilversuchen. Dagegen bleiben die empirischen Varianzen $\operatorname{var}\boldsymbol{\mu}$ und $\operatorname{var}\mathbf{P_M}\boldsymbol{\mu}$ invariant. Daher gilt für große n:

$$r^2(1.\text{ Versuch}) \approx r^2(\text{Wiederholung}) \approx r^2(\text{Gesamtversuch}).$$

Der genauere Gesamtversuch hat das gleiche Bestimmtheitsmaß wie jeder der beiden ungenaueren Teilversuche.

r^2 ist nur im linearen Modell sinnvoll!

Bei nichtlinearer Regression ist das Bestimmtheitsmaß r^2 kein multipler Korrelationskoeffizient. r^2 ist unbeschränkt und kann meist nicht mehr sinnvoll interpretiert werden.

Beispiel 273 *Wir betrachten ein einfaches nichtlineares Modell:*

$$\mu(x) := x^{\beta}$$

Beobachtet werden die n Punktepaare $(x_i; y_i)$. Nach der Methode der kleinsten Quadrate wird der eindimensionale Parameter β gesucht, der

$$\sum (y_i - x_i^{\beta})^2 =: \left\| \mathbf{y} - \mathbf{x}^{\beta} \right\|^2$$

minimiert. Es seien die in den ersten beiden Spalten der Tabelle 6.9 angegebenen vier Wertepaare $(x_i; y_i)$ beobachtet worden. Dabei lassen wir den Zahlwert von z noch offen. Aus diesen Daten folgt $\left\| \mathbf{y} - \mathbf{x}^{\beta} \right\|^2 = 2(1 + (z^3 - z^{\beta})^2)$. Die

x_i	y_i	$\widehat{y}_i$
$-z$	$-z^3$	$-z^3$
-1	0	-1
$+1$	0	$+1$
$+z$	$+z^3$	$+z^3$

Tabelle 6.9: Beobachtete Daten

Zielfunktion wird genau für $\widehat{\beta} = 3$ minimal. Die folgende Abbildung zeigt die optimale kubische Parabel und die vier beobachteten Punkte (x_i, y_i) als Dreiecke und die entsprechenden Schätzwerte $(x_i, \widehat{y}_i)$ als kleine Kreise.

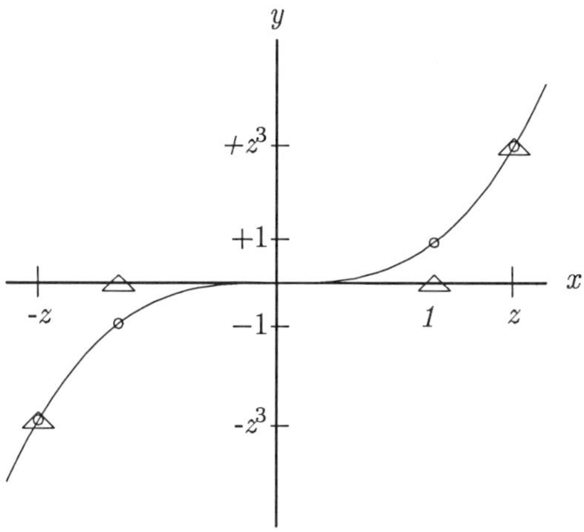

var $\widehat{\mathbf{y}}$ *ist größer als* var $\mathbf{y}$

Die Werte von $\widehat{y}_i$ zeigt die dritte Spalte der Tabelle 6.9 auf der vorherigen Seite. Wegen $\overline{y} = \overline{\widehat{y}} = 0$ ist es gleich, ob man das Bestimmtheitsmaß modifiziert oder nicht. Nun berechnet man:

$$r^2 = \frac{\|\widehat{\mathbf{y}}\|^2}{\|\mathbf{y}\|^2} = \frac{\operatorname{var} \widehat{\mathbf{y}}}{\operatorname{var} \mathbf{y}} = \frac{\sum(\widehat{y}_i)^2}{\sum(y_i)^2} = \frac{2z^6 + 2}{2z^6} = 1 + z^{-6}.$$

*Die empirische Varianz der Ausgangsdaten ist kleiner als die empirische Varianz der geglätteten Daten. Durch die Glättung hat sich die Varianz der Daten **vergrößert**:*

$$\operatorname{var} \widehat{\mathbf{y}} > \operatorname{var} \mathbf{y}.$$

r^2 kann in diesem Beispiel — je nach Größe von z — jeden Wert zwischen 1 und Unendlich annehmen. Eine Redeweise wie "r^2 mißt den Anteil der erklärten Varianz" *wird unsinnig.*

Fehlt die Konstante im Modell, so ist nur das modifizierte r^2 sinnvoll!

Ist $\mathbf{1}$ nicht in $\mathbf{M}$ enthalten, so ist der Ausdruck:

$$\frac{\sum(\widehat{y}_i - \overline{y})^2}{\sum(y_i - \overline{y})^2}$$

ein formal berechenbarer algebraischer Ausdruck, der aber nicht mehr inhaltlich erklärbar ist. Allgemein gilt: Ist $\mathbf{1} \notin \mathbf{M}$, so ist zwar $\mathbf{y} - \widehat{\mathbf{y}} \perp \mathbf{M}$, aber nicht notwendig $\mathbf{y} - \widehat{\mathbf{y}} \perp \mathbf{1}$. Also ist:

$$\mathbf{y} - \overline{y}\mathbf{1} = (\widehat{\mathbf{y}} - \overline{y}\mathbf{1}) + \mathbf{y} - \widehat{\mathbf{y}}$$

keine orthogonale Zerlegung. $\mathbf{y}$, $\mathbf{y} - y\mathbf{1}$, $\widehat{\mathbf{y}} - y\mathbf{1}$ bilden nicht mehr die Ecken eines rechtwinkligen Dreiecks, vor allem besteht zwischen den Strecken $||\mathbf{y} - \overline{y}\mathbf{1}||$

und $||\widehat{\mathbf{y}} - \overline{y}\mathbf{1}||$ keine formale oder inhaltliche Beziehung. Das nicht-modifizierte Bestimmtheitsmaß r^2 mißt hier keine durch Modellerweiterung gewonnene Komponente, sondern ist der Quotient aus zwei beziehungslosen Strecken und kann beliebige Werte zwischen Null und Unendlich annehmen. Dazu ein numerisches Beispiel:

Beispiel 274 *Einer einfacheren Berechnung zuliebe sind im folgenden Beispiel orthogonale Vektoren gewählt:* $\mathbf{x}_1 \perp \mathbf{x}_2 \perp \mathbf{1}$*: Für die Daten in Tabelle 6.10 gilt*

y_i	$\mathbf{x}_1$	$\mathbf{x}_2$	$\widehat{y}_i$	$(y_i - 6)^2$	$(\widehat{y}_i - 6)^2$
8	2	0	2	4	16
8	-1	3	2	4	16
2	-3	-1	-4	16	100
4	0	-2	-2	4	64
8	2	0	2	4	16
30			0	32	212

Tabelle 6.10: Daten zu Beispiel 274

$\mathbf{y} = \mathbf{x}_1 + \mathbf{x}_2 + 6 \cdot \mathbf{1}$. *An* $\mathbf{y}$ *wird ein Modell ohne Absolutglied angepaßt: Es ist* $\mathbf{1} \notin \mathbf{M} = \mathcal{L}\{\mathbf{x}_1; \mathbf{x}_2\}$. *Dann ist:*

$$\widehat{\mathbf{y}} = \mathbf{x}_1 + \mathbf{x}_2.$$

Weiter ist $\overline{y} = 6 \neq \overline{\widehat{y}} = 0$; $\sum (y_i - \overline{y})^2 = 32$; $\sum (\widehat{y}_i - \overline{y})^2 = 212$. *Also ist:*

$$r^2 = \frac{\sum (\widehat{y}_i - \overline{y})^2}{\sum (y_i - \overline{y})^2} = \frac{212}{32} = 6,63.$$

Wird das Bestimmtheitsmaß als "1−Unbestimmtheitsmaß" berechnet, so kann es in Modellen ohne Absolutglied auch vorkommen, daß ein unkritisch eingesetztes Softwarepaket sogar ein negatives Bestimtheitsmaß errechnet. Üblicherweise wird jedoch zur Beurteilung eines Modells ohne Absolutglied mit dem modifizierten Bestimmtheitsmaß gearbeitet.

6.4 Genauigkeit der Schätzer

In Abschnitt 6.2 haben wir die Schätzformeln für $\boldsymbol{\mu}$, Φ und $\boldsymbol{\beta}$ hergeleitet. Was uns fehlt, ist eine Aussage über die Verläßlichkeit der einzelnen Schätzwerte selbst und die stochastischen Abhängigkeiten zwischen den Schätzern. Beide Fragen sind eng miteinander verbunden. Um sie zu beantworten, benötigen wir zusätzliche Informationen über das Modell.

Die Annahme über die Kovarianzstruktur

Bislang haben wir nur den Erwartungswert von $\mathbf{y}$ modelliert. Der Modellraumannahme:

$$\mathrm{E}\,\mathbf{y} = \boldsymbol{\mu} \in \mathbf{M}$$

fügen wir nun die Annahme über die Struktur der Kovarianzmatrix hinzu:[8]

$$\text{Cov}\ \boldsymbol{\varepsilon} = \sigma^2 \mathbf{I} = \text{Cov}\,\mathbf{y}. \tag{6.17}$$

Inhaltlich bedeutet (6.17): Die n Beobachtungen y_i sind untereinander unkorreliert. Alle Störgrößen besitzen dieselbe von $\mathbf{x}$, $\boldsymbol{\mu}(\mathbf{x})$ und i unabhängige Varianz σ^2.

Mit diesem Modell können wir zum Beispiel die n-fache unabhängige Wiederholung eines Versuchs beschreiben, bei der sich in Abhängigkeit der variierenden Versuchsbedingungen allein der Lageparameter $\boldsymbol{\mu}$ verschiebt, aber die Meßgenauigkeit σ^2 konstant bleibt.

Das Modell ist nicht angebracht zur Beschreibung von Vorgängen, bei denen die Störgröße mit der Zeit abnimmt oder zunimmt, zum Beispiel bei Experimenten, die sich allmählich einpendeln oder aufschaukeln. Ebensowenig ist dieses Modell geeignet für Messungen, die teils mit genauen, teils mit ungenauen Meßgeräten genommen werden. Diese Fälle werden wir später mit *gewogenen KQ-Schätzern* behandeln.

6.4.1 Kovarianzmatrizen der Schätzer

Ausgangspunkt ist der folgende Satz, bei dem wir nur $\text{Cov}\ \mathbf{y} = \sigma^2\mathbf{I}$, aber nicht die Korrektheit des Modells voraussetzen:

Satz 275 *Unter der Voraussetzung* $\text{Cov}\ \mathbf{y} = \sigma^2\mathbf{I}$ *gilt:*

1. *Die Kovarianzmatrizen der Schätzer und der Residuen sind:*

$$\begin{aligned} \text{Cov}\ \widehat{\boldsymbol{\mu}} &= \sigma^2\mathbf{P_M} &&= \sigma^2\mathbf{X}\left(\mathbf{X}'\mathbf{X}\right)^-\mathbf{X}', \\ \text{Cov}\ \widehat{\boldsymbol{\varepsilon}} &= \sigma^2\left(\mathbf{I}-\mathbf{P_M}\right) &&= \sigma^2\left(\mathbf{I}-\mathbf{X}\left(\mathbf{X}'\mathbf{X}\right)^-\mathbf{X}'\right), \\ \text{Cov}\ (\widehat{\boldsymbol{\mu}};\widehat{\boldsymbol{\varepsilon}}) &= 0. \end{aligned}$$

2. *Ist* $\Phi = \mathbf{B}'\boldsymbol{\beta}$ *ein identifizierbarer p-dimensionaler Parametervektor, so ist:*

$$\text{Cov}\,\widehat{\Phi} = \sigma^2\mathbf{B}'(\mathbf{X}'\mathbf{X})^-\mathbf{B}.$$

   Dabei ist $\text{Cov}\ \widehat{\Phi}$ *invariant gegenüber der Wahl der verallgemeinerten Inversen. Sind die* ϕ_i *linear unabhängig, so ist* $\text{Cov}\ \widehat{\Phi}$ *invertierbar.*

3. *Ist* $\text{Rg}\,\mathbf{X} = m+1$, *so ist:*

$$\text{Cov}\ \widehat{\boldsymbol{\beta}} = \sigma^2(\mathbf{X}'\mathbf{X})^{-1}. \tag{6.18}$$

4. *Sind* ϕ_i *und* ϕ_j *orthogonal, so sind ihre KQ-Schätzer* $\widehat{\phi}_i$ *und* $\widehat{\phi}_j$ *unkorreliert.*

Beweis:
Wir kürzen $\mathbf{P_M}$ mit $\mathbf{P}$ ab.

[8] Wegen $\mathbf{y} = \boldsymbol{\mu} + \boldsymbol{\varepsilon}$ ist $\text{Cov}\ \boldsymbol{\varepsilon} = \text{Cov}\,\mathbf{y}$.

1. $\text{Cov}\,\widehat{\boldsymbol{\mu}} = \text{Cov}\,\mathbf{P}\mathbf{y} = \mathbf{P}(\text{Cov}\,\mathbf{y})\mathbf{P}' = \mathbf{P}\left(\sigma^2\mathbf{I}\right)\mathbf{P} = \sigma^2\mathbf{P}$. Analog folgt $\text{Cov}\,\widehat{\boldsymbol{\varepsilon}} = \sigma^2(\mathbf{I}-\mathbf{P})$ da $(\mathbf{I}-\mathbf{P})$ auch eine Projektion ist. Schließlich folgt $\text{Cov}\,(\mathbf{P}\mathbf{y}, (\mathbf{I}-\mathbf{P})\mathbf{y}) = \sigma^2\mathbf{P}(\mathbf{I}-\mathbf{P}) = \mathbf{0}$.

2. Ist Φ identifizierbar, so ist $\mathbf{B}' = \mathbf{K}'\mathbf{X}$ und $\widehat{\Phi} = \mathbf{K}'\widehat{\boldsymbol{\mu}}$. Also ist $\text{Cov}\,\widehat{\Phi} =$

$$\mathbf{K}'(\text{Cov}\,\widehat{\boldsymbol{\mu}})\mathbf{K} = \sigma^2\mathbf{K}'\mathbf{P}\mathbf{K} = \sigma^2\mathbf{K}'\mathbf{X}(\mathbf{X}'\mathbf{X})^-\mathbf{X}'\mathbf{K} = \sigma^2\mathbf{B}'(\mathbf{X}'\mathbf{X})^-\mathbf{B}.$$

   Die letzte Matrix ist invariant gegen die Wahl von $(\mathbf{X}'\mathbf{X})^-$, da $\mathbf{K}'\mathbf{P}\mathbf{K}$ invariant ist.

   Zum Nachweis der Invertierbarkeit von $\text{Cov}\,\widehat{\Phi}$ gehen wir aus von der kanonischen Form von Φ. Dann ist $\widehat{\Phi} = \mathbf{K}'\mathbf{y}$. Daher ist $\text{Cov}\,\widehat{\Phi} = \sigma^2\mathbf{K}'\mathbf{K}$. Sind die ϕ_i linear unabhängig, dann auch die $\mathbf{k}_i$. Daher ist $\text{Rg}\,\mathbf{K} = p$ und die $(p \times p)$-Matrix $\mathbf{K}'\mathbf{K}$ ist regulär.

3. $\widehat{\boldsymbol{\beta}}$ ist identifizierbar, falls $(\mathbf{X}'\mathbf{X})^{-1}$ existiert. Wähle in 2. $\mathbf{B} = \mathbf{I}$.

4. $\text{Cov}\,(\widehat{\phi}_i, \widehat{\phi}_j) = \text{Cov}\,(\mathbf{k}_i\mathbf{y}, \mathbf{k}_j\mathbf{y}) = \sigma^2\mathbf{k}_i'\mathbf{k}_j$.

□

Bemerkung: Wir bereits früher angedeutet, werden wir wegen (6.18) mitunter die Matrix $(\mathbf{X}'\mathbf{X})^{-1}$ abkürzend mit $\mathbf{V}$ bezeichnen. Dabei steht das V für Varianzfunktion.

6.4.2 Schätzer der Kovarianzmatrizen

Die Kovarianzmatrix $\text{Cov}\,\widehat{\Phi}$ eines Schätzers $\widehat{\Phi}$ hängt nach dem letzten Satz von den folgenden Faktoren ab:

den Skalarprodukten der Regressoren,	zusammengefaßt in	$\mathbf{X}'\mathbf{X}$,
der Definition von Φ,	zusammengefaßt in	$\mathbf{B}$,
der Streuung der irregulären Komponente,	zusammengefaßt in	σ^2.

$\mathbf{X}'\mathbf{X}$ und $\mathbf{B}$ sind vorgegeben. Also müssen wir noch eine Schätzung für σ^2 finden. Während die in $\mathbf{M}$ liegende Komponente $\mathbf{P_M}\mathbf{y}$ den Schätzer $\widehat{\boldsymbol{\mu}}$ liefert, gewinnen wir aus der zu $\mathbf{M}$ orthogonalen Restkomponente $\mathbf{y} - \mathbf{P_M}\mathbf{y}$ den Schätzer für σ^2:

Satz 276 *Ist* $\text{E}\,\mathbf{y} = \boldsymbol{\mu}$, $\text{Cov}\,\mathbf{y} = \sigma^2\mathbf{I}$ *und* $\text{Rg}\,\mathbf{X} = d$, *so ist:*

$$\text{E(SSE)} = \sigma^2(n-d) + \|\boldsymbol{\mu} - \mathbf{P_M}\boldsymbol{\mu}\|^2. \tag{6.19}$$

In einem korrekten Modell ist also:

$$\text{E(SSE)} = \sigma^2(n-d). \tag{6.20}$$

In diesem Fall ist der Mean Square Error MSE*:*

$$\widehat{\sigma}^2 := \text{MSE} := \frac{\text{SSE}}{n-d} = \frac{1}{n-d}\sum \widehat{\varepsilon}_i^2 \tag{6.21}$$

ein erwartungstreuer Schätzer für σ^2*.*
In korrekten Modellen erhalten wir damit auch erwartungstreue Schätzer für alle Kovarianzmatrizen: Ist $\text{Cov}\,\widehat{\Phi} = \sigma^2 \mathbf{C}$ *die Kovarianzmatrix eines Schätzers* $\widehat{\Phi}$*, so ist:*

$$\widehat{\text{Cov}}\,\widehat{\Phi} := \widehat{\sigma}^2 \mathbf{C}$$

ein erwartungstreuer Schätzer der Kovarianzmatrix.

Beweis:
$\mathbf{I} - \mathbf{P_M}$ ist die Projektion in den $(n-d)$-dimensionalen Raum $\mathbb{R}^n \ominus \mathbf{M}$ und

$$\text{SSE} = \|\widehat{\boldsymbol{\varepsilon}}\|^2 = \|\mathbf{y} - \mathbf{P_M y}\|^2 = \|(\mathbf{I} - \mathbf{P_M})\,\mathbf{y}\|^2 .$$

Daher folgt die Behauptung aus Satz 148 auf Seite 136.
□

Wollen wir außer der Angabe der Schätzwerte und ihrer geschätzten Varianzen zusätzlich noch Konfidenzintervalle angeben, wollen wir Prognosen über künftige Beobachtungen machen und wollen wir Hypothesen über die Parameter testen, brauchen wir eine zusätzliche Annahme über die Verteilung von $\mathbf{y}$.

Die Annahme der Normalverteilung

Wir machen nun die folgende Verteilungsannahme über $\mathbf{y}$ und $\boldsymbol{\varepsilon}$: Die Störgrößen ϵ_i sind unabhängig voneinander normalverteilt:

$$\boldsymbol{\varepsilon} \sim \text{N}_n(\mathbf{0}; \sigma^2 \mathbf{I}).$$

Dies ist wegen $\mathbf{y} = \boldsymbol{\mu} + \boldsymbol{\varepsilon}$ gleichbedeutend mit

$$\mathbf{y} \sim \text{N}_n(\boldsymbol{\mu}; \sigma^2 \mathbf{I}).$$

Jetzt lassen sich die Abgeschlossenheit der Normalverteilung gegen lineare Transformationen und der Satz von Cochran ausnutzen. Dabei betrachten wir korrekte Modelle:

Satz 277

1. *Ist* $\mathbf{y} \sim \text{N}_n(\boldsymbol{\mu}; \sigma^2 \mathbf{I})$*,* $\boldsymbol{\mu} \in \mathbf{M}$*,* $\Phi = \mathbf{B}'\boldsymbol{\beta}$ *ein schätzbarer p-dimensionaler Parameter und* $\widehat{\boldsymbol{\mu}} = \mathbf{P_M y}$*, so folgt:*

$$\begin{aligned} \widehat{\boldsymbol{\mu}} &\sim \text{N}_n(\boldsymbol{\mu}; \sigma^2 \mathbf{P_M}), \\ \widehat{\Phi} &\sim \text{N}_p(\Phi; \sigma^2 \mathbf{B}'(\mathbf{X}'\mathbf{X})^- \mathbf{B}). \end{aligned}$$

Ist $\text{Rg}\,\mathbf{X} = m+1$*, dann gilt:*

$$\widehat{\boldsymbol{\beta}} \sim \text{N}_{m+1}(\boldsymbol{\beta}; \sigma^2 (\mathbf{X}'\mathbf{X})^{-1}).$$

2. *Sind Φ_i und Φ_j orthogonale Parameter, so sind $\widehat{\Phi}_i$ und $\widehat{\Phi}_j$ voneinander stochastisch unabhängig.*

3. *Für die Varianzen gilt:*

$$\begin{aligned} \text{SSE} &\sim \sigma^2\chi^2(n-d), \\ \widehat{\sigma}^2 &\sim \frac{\sigma^2}{n-d}\chi^2(n-d). \end{aligned}$$

4. *$\widehat{\sigma}^2$ ist erwartungstreuer und konsistenter Schätzer für σ^2:*

$$\begin{aligned} \mathrm{E}\,\widehat{\sigma}^2 &= \sigma^2, \\ \mathrm{Var}\,\widehat{\sigma}^2 &= \frac{2\sigma^4}{n-d}. \end{aligned}$$

5. *$\widehat{\sigma}^2$ ist stochastisch unabhängig von $\widehat{\boldsymbol{\mu}}$, $\widehat{\boldsymbol{\beta}}$ und $\widehat{\Phi}$.*

Beweis:

1. $\widehat{\boldsymbol{\mu}}$, $\widehat{\boldsymbol{\beta}}$, $\widehat{\Phi}$ sind lineare Funktionen von $\mathbf{y}$ und daher wie $\mathbf{y}$ normalverteilt.

2. $\widehat{\Phi}_i$ und $\widehat{\Phi}_j$ sind gemeinsam normalverteilt: $\begin{pmatrix} \widehat{\Phi}_i \\ \widehat{\Phi}_j \end{pmatrix} = \begin{pmatrix} \mathbf{K}_i \\ \mathbf{K}_j \end{pmatrix}' \mathbf{y}$. Daher folgt aus der Unkorreliertheit die Unabhängigkeit.

3. $\text{SSE} = \|(\mathbf{I}-\mathbf{P_M})\,\mathbf{y}\|^2 \sim \sigma^2\chi^2(n-d;\delta)$. Dabei ist $\delta = \|(\mathbf{I}-\mathbf{P_M})\,\boldsymbol{\mu}\|^2 = \|\boldsymbol{\mu}-\mathbf{P_M}\boldsymbol{\mu}\|^2 = 0$, falls das Modell korrekt ist.

4. Die Behauptung folgt entweder aus Satz 188 aus dem Abschnitt "Konsistente Varianzschätzer" im Anhang von Kapitel 2, – das vierte Moment γ der $\mathrm{N}(0;1)$ ist 3, – oder direkt aus:

$$\begin{aligned} \mathrm{E}\,\widehat{\sigma}^2 &= \frac{\sigma^2}{n-d}\,\mathrm{E}\,\chi^2(n-d) = \sigma^2, \\ \mathrm{Var}\,\widehat{\sigma}^2 &= \mathrm{Var}\,\frac{\sigma^2}{n-d}\chi^2(n-d) = \frac{\sigma^4}{(n-d)^2}\,\mathrm{Var}\,\chi^2(n-d) = \frac{2\sigma^4}{n-d}. \end{aligned}$$

Daher ist $\lim_{n\to\infty} \mathrm{Var}\,\widehat{\sigma}^2 = 0$.

5. $\mathbf{P_M}\mathbf{y}$ und $(\mathbf{I}-\mathbf{P_M})\mathbf{y}$ sind wegen der Orthogonalität unkorreliert. Da sie gemeinsam normalverteilt sind, sind sie auch stochastisch unabhängig. Daher sind auch $\mathbf{P_M}\mathbf{y}$ und $\text{SSE} = \|(\mathbf{I}-\mathbf{P_M})\,\mathbf{y}\|^2$ unabhängig.

□

Bemerkung: In der ANOVA-Tafel hatten wir im Vorgriff die Dimensionen der Räume als Freiheitsgrade bezeichnet. Der Satz von Cochran liefert nun die Rechtfertigung: Die in der ANOVA-Tafel auftretenden Sum-of-Square-Terme sind als quadrierte Normen von Projektionen χ^2-verteilt. Die Dimensionen der Räume sind aber gerade die Freiheitsgrade der Verteilung.

6.4.3 Konfidenzellipsoide für Parameter

Mit Satz 277 auf Seite 311 kennen wir die Verteilungen der Schätzer. Standardisieren wir diese Schätzer, so liefert das Studentprinzip Kenngrößen, deren Verteilung unabhängig ist von dem unbekannten Parameter. Wir halten dies in einem Satz fest:

Satz 278 *Ist* $\mathbf{y} \sim \mathrm{N}_n(\boldsymbol{\mu}; \sigma^2 \mathbf{I})$, $\boldsymbol{\mu} \in \mathbf{M}$ *und* Φ *ein schätzbarer p-dimensionaler Parameter mit linear unabhängigen Komponenten und* $\widehat{\Phi} \sim \mathrm{N}_p(\Phi\,; \mathrm{Cov}\,\widehat{\Phi})$, *so ist:*

$$(\widehat{\Phi} - \Phi)' \,\widehat{\mathrm{Cov}}\,\widehat{\Phi}^{-1} (\widehat{\Phi} - \Phi) \sim pF(p; n-d).$$

Ist ϕ *ein schätzbarer eindimensionaler Parameter, so ist:*

$$\frac{\widehat{\phi} - \phi}{\sqrt{\widehat{\mathrm{Var}}\,\widehat{\phi}}} \sim t(n-d).$$

Mit diesem Satz lassen sich nun sofort Konfidenzbereiche für Φ angeben:

Satz 279 *Zu gegebenem* $\widehat{\Phi}$ *und gegebenem* α *ist*

$$(\widehat{\Phi} - \Phi)' \widehat{\mathrm{Cov}}\,\widehat{\Phi}^{-1} (\widehat{\Phi} - \Phi) \leq pF(p; n-d)_{1-\alpha}$$

ein Konfidenzellipsoid für Φ *zum Niveau* $1-\alpha$ *und im Falle* $p = 1$ *ist*

$$|\widehat{\phi} - \phi| \leq t(n-d)_{1-\frac{\alpha}{2}}\, \widehat{\boldsymbol{\sigma}}_{\widehat{\phi}}.$$

ein Konfidenzintervall für ϕ.

Beispiel 280 *Wir kehren zurück zum Beispiel 258 auf Seite 283. Dort war als Regressand* $\mathbf{y}$ *die Variable* $\mathbf{x}_1$ *und als Regressoren die Variablen* $\mathbf{x}_8$ *und* $\mathbf{x}_6$ *gewählt worden. Hierbei ergab sich* $n = 25$, $d = 3$ *und:*

$$(\mathbf{X}'\mathbf{X})^{-1} = \begin{pmatrix} 2,77875 & -0,01124 & -0,10610 \\ -0,01124 & 0,00015 & 0,00018 \\ -0,10610 & 0,00018 & 0,00479 \end{pmatrix}.$$

SSE *wurde bei n-d=22 Freiheitsgraden als* SSE $= 9,629$ *berechnet, also wird* $\widehat{\sigma}^2$ *durch:*

$$\widehat{\sigma}^2 = \frac{\mathrm{SSE}}{n-d} = \frac{9,629}{22} = 0,439$$

geschätzt. Die geschätzte Kovarianzmatrix $\widehat{\mathrm{Cov}}\,\widehat{\boldsymbol{\beta}}$ *ist nun:*

$$\widehat{\mathrm{Cov}}\,\widehat{\boldsymbol{\beta}} = 0,439 \cdot (\mathbf{X}'\mathbf{X})^{-1} = 10^{-5} \begin{pmatrix} 121620 & -492,04 & -4643,7 \\ -492,04 & 6,3992 & 7,6799 \\ -4643,7 & 7,6799 & 209,47 \end{pmatrix}.$$

Die folgende Tabelle faßt die in Beispiel 258 auf Seite 283 vorher bestimmten Schätzer und deren Varianzen zusammen:

Regressor	*Parameter*	*Schätzwert* $\widehat{\beta}_j$	*var* $\widehat{\beta}_j$	$\widehat{\sigma}_{\widehat{\beta}_j}$
1	β_0	$9,1266$	$1,2162$	$1,103$
$\mathbf{x}_8$	β_8	$-0,0724$	$6,3992 \times 10^{-5}$	$0,008$
$\mathbf{x}_6$	β_6	$0,2029$	$2,0947 \times 10^{-3}$	$0,049$

Ein Konfidenzintervall für β_8

Wir bestimmen ein Konfidenzintervall für β_8 *zum Niveau 95% . Damit wir die Formeln leichter lesen können, kürzen wir* $t(n-d)_{1-\frac{\alpha}{2}}$ *mit* t *ab und die halbe Breite des jeweiligen Konfidenzintervals mit* Δ*:*

$$\begin{aligned} t &:= t(n-d)_{1-\frac{\alpha}{2}}, \\ \Delta &:= t \cdot \widehat{\sigma}_{\widehat{\beta}_8}. \end{aligned}$$

Gemäß Satz 278 auf der vorherigen Seite hat das Konfidenzintervall für β_8 *zum Niveau* α *die Gestalt:*

$$|\beta_8 - \widehat{\beta}_8| \leq t(n-d)_{1-\frac{\alpha}{2}} \cdot \widehat{\sigma}_{\widehat{\beta}_8} = t \cdot \widehat{\sigma}_{\widehat{\beta}_8} =: \Delta.$$

Für das gewählte $\alpha = 0,05$ *ist* $t = t(22)_{0,975} = 2,074$*. Aus der obigen Tabelle entnehmen wir* $\widehat{\sigma}_{\widehat{\beta}_8} = 0,008$*. Dann ist* $\Delta = 2,074 \cdot 0,008 = 0,0166$*. Das Konfidenzintervall für* β_8 *ist damit* $|\beta_8 - (-0,0724)| \leq 0,0166$ *oder:*

$$-0,0890 \leq \beta_8 \leq -0,0558.$$

Ein Konfidenzintervall für μ

Wir wollen μ *an der Stelle* $x_8 = 32; x_6 = 22$ *schätzen. Es ist* $\widehat{\mu} = \widehat{\boldsymbol{\beta}}_0 + \widehat{\boldsymbol{\beta}}_8 x_8 + \widehat{\boldsymbol{\beta}}_6 x_6 = 9,1266 - 0,0724 \cdot 32 + 0,2029 \cdot 22 = 11,2736$*. Das Konfidenzintervall zum Niveau* $1 - \alpha = 95\%$ *für* μ *ist:*

$$|\mu - \widehat{\mu}| \leq t \cdot \widehat{\sigma}_{\widehat{\mu}} =: \Delta.$$

Zur Bestimmung der Grenzen des Konfidenzintervalls müssen wir noch $\widehat{\sigma}_{\widehat{\mu}}$ bestimmen. Es ist $\widehat{\mu} = \mathbf{x}'\boldsymbol{\beta}$, dabei ist $\mathbf{x}' = (1; 32; 22)$. Daher ist:

$$\begin{aligned}
\widehat{\operatorname{var}}\,\widehat{\mu} &= \widehat{\operatorname{var}}\,\mathbf{x}'\widehat{\boldsymbol{\beta}} = \mathbf{x}'\left(\widehat{\operatorname{Cov}}\,\widehat{\boldsymbol{\beta}}\right)\mathbf{x}' \\
&= 10^{-5}(1;\ 32;\ 22)\begin{pmatrix} 121620 & -492,04 & -4643,7 \\ -492,04 & 6,3992 & 7,6799 \\ -4643,7 & 7,6799 & 209,47 \end{pmatrix}\begin{pmatrix} 1 \\ 32 \\ 22 \end{pmatrix} \\
&= 10^{-5}(121620 + 32\cdot 32\cdot 6,399 + 22\cdot 22\cdot 209,47 - 2\cdot 32\cdot 492,04 \\
&\qquad -2\cdot 22\cdot 4643,7 + 2\cdot 32\cdot 22\cdot 7,6799) \\
&= 0,045558.
\end{aligned}$$

Also ist $\widehat{\operatorname{var}}\,\widehat{\mu} = 0,0456$; $\widehat{\sigma}_{\widehat{\mu}} = 0,213$ und $\Delta = t\cdot\widehat{\sigma}_{\widehat{\mu}} = 2,074\cdot 0,213 = 0,44$. Damit lautet das Konfidenzintervall für μ:

$$|\mu - 11,27| \leq 0,44 \qquad \text{oder} \qquad 10,83 \leq \mu \leq 11,71.$$

6.5 Lineare Einfachregression

Im vorangehenden Beispiel haben wir $(\mathbf{X}'\mathbf{X})^{-1}$ numerisch bestimmt und daraus die Kovarianzmatrizen berechnet. Bei der linearen Einfachregression $y_i = \beta_0 + \beta_1 x_i + \epsilon_i$ können wir aber $(\mathbf{X}'\mathbf{X})^{-1}$ explizit und allgemein angeben. Damit sind hier auch allgemeinere Aussagen über die Regressionsgerade und Konfidenzintervalle möglich.

6.5.1 Punkt- und Bereichsschätzer der Parameter

Wir berechnen $(\mathbf{X}'\mathbf{X})^{-1}$:

$$\mathbf{X} = \begin{pmatrix} 1 & x_1 \\ 1 & x_2 \\ \vdots & \vdots \\ 1 & x_n \end{pmatrix},$$

$$\begin{aligned}
\mathbf{X}'\mathbf{X} &= \begin{pmatrix} 1 & 1 & \cdots & 1 \\ x_1 & x_2 & \cdots & x_n \end{pmatrix}\cdot\begin{pmatrix} 1 & x_1 \\ 1 & x_2 \\ \vdots & \vdots \\ 1 & x_n \end{pmatrix} \\
&= \begin{pmatrix} n & \sum x_i \\ \sum x_i & \sum x_i^2 \end{pmatrix} = n\cdot\begin{pmatrix} 1 & \overline{x} \\ \overline{x} & \operatorname{var}\mathbf{x} + \overline{x}^2 \end{pmatrix}.
\end{aligned}$$

Damit ist:

$$\operatorname{Cov}\widehat{\boldsymbol{\beta}} = \sigma^2(\mathbf{X}'\mathbf{X})^{-1} = \frac{\sigma^2}{n\operatorname{var}\mathbf{x}}\begin{pmatrix} \operatorname{var}\mathbf{x} + \overline{x}^2 & -\overline{x} \\ -\overline{x} & 1 \end{pmatrix}.$$

Parameter	Schätzwert	Varianz
β_0	$\overline{y} - \widehat{\beta}_1 \overline{x}$	$\operatorname{Var} \widehat{\beta}_0 = \sigma^2_{\widehat{\beta}_0} = \frac{\sigma^2}{n}\left(1 + \frac{\overline{x}^2}{\operatorname{var} \mathbf{x}}\right)$
β_1	$\frac{\operatorname{cov}(\mathbf{x}, \mathbf{y})}{\operatorname{var} \mathbf{x}}$	$\operatorname{Var} \widehat{\beta}_1 = \sigma^2_{\widehat{\beta}_1} = \frac{\sigma^2}{n} \cdot \frac{1}{\operatorname{var} \mathbf{x}}$
$\mu(x) = \beta_0 + \beta_1 x$	$\widehat{\beta}_0 + \widehat{\beta}_1 x$	$\operatorname{Var} \widehat{\mu}(x) = \sigma^2_{\widehat{\mu}(x)} = \frac{\sigma^2}{n}\left(1 + \frac{(x - \overline{x})^2}{\operatorname{var} \mathbf{x}}\right)$

Tabelle 6.11: Parameter, Schätzwerte und deren Varianzen

Bei festem n und σ^2 hängt die Kovarianzmatrix der Schätzer nur ab vom Mittelwert und der Varianz der x_i. Je größer $\operatorname{var} \mathbf{x}$, um so genauer werden beide Parameter; je kleiner $\overline{x}^2$, um so genauer wird β_0 geschätzt. Bei wachsendem Stichprobenumfang n gehen alle Varianzen und Kovarianzen mit $\frac{1}{n}$ gegen Null. Die Korrelation $\rho(\widehat{\beta}_0, \widehat{\beta}_1)$ zwischen den Schätzern hängt dagegen nicht explizit von n ab:

$$\rho(\widehat{\beta}_0, \widehat{\beta}_1) = \frac{-\overline{x}}{\sqrt{\overline{x}^2 + \operatorname{var} \mathbf{x}}}.$$

Daß $\widehat{\beta}_0$ und $\widehat{\beta}_1$ negativ korrelieren, überrascht nicht: Wird das Absolutglied β_0 überschätzt, so wird der Anstieg β_1 unterschätzt und umgekehrt.
Die explizite Gestalt der KQ-Schätzer für β_0 und β_1 hatten wir bereits im Kapitel 1 abgeleitet. In Tabelle 6.11 sind die Parameter, ihre Schätzer und deren Varianzen zusammengefaßt
Dabei ergibt sich die Formel für $\operatorname{Var} \widehat{\mu}(x)$ zum Beispiel direkt aus

$$\begin{aligned} \operatorname{Var} \widehat{\mu}(x) &= \operatorname{Var}(\widehat{\beta}_0 + \widehat{\beta}_1 x) = \operatorname{Var} \widehat{\beta}_0 + 2x \operatorname{Cov}(\widehat{\beta}_0; \widehat{\beta}_1) + x^2 \operatorname{Var} \widehat{\beta}_1 \\ &= \frac{\sigma^2}{n} \cdot \left(1 + \frac{\overline{x}^2}{\operatorname{var} \mathbf{x}} + 2x \frac{-\overline{x}}{\operatorname{var} \mathbf{x}} + \frac{x^2}{\operatorname{var} \mathbf{x}}\right). \end{aligned}$$

Während die Varianzen der $\widehat{\beta}_i$ nur von $\overline{x}$ und $\operatorname{var} \mathbf{x}$ abhängen, wächst die Varianz von $\widehat{\mu}(x)$ quadratisch mit der Entfernung $x - \overline{x}$ und ist im Punkte $\overline{x}$ minimal. Ein Wert $\mu(x) = \beta_0 + \beta_1 x$ auf der Regressionsgerade wird also um so genauer geschätzt, je näher x am Schwerpunkt $\overline{x}$ der Regressorwerte liegt.

Der punktweise Konfidenzgürtel für die Regressionsgerade

Wir konstruieren für jedes x das Konfidenzintervall für $\mu(x)$. Wie im Beispiel 271 kürzen wir hier $t(n-d)_{1-\frac{\alpha}{2}}$ mit t ab. Dann ist:

$$|\mu(x) - \widehat{\mu}(x)| \leq t(n-2)_{1-\frac{\alpha}{2}} \cdot \widehat{\sigma}_{\widehat{\mu}(x)} = t \cdot \frac{\widehat{\sigma}}{\sqrt{n}} \sqrt{1 + \frac{(x - \overline{x})^2}{\operatorname{var} \mathbf{x}}}.$$

Zeichnet man für jeden x-Wert das Konfidenzintervall für $\mu(x)$, erhält man einen Konfidenzgürtel für die einzelnen $\mu(x)$, der mit $(x-\overline{x})^2$ breiter wird. Ersetzen wir $\widehat{\mu}(x)$ durch $\widehat{\mu}(x) = \widehat{\beta}_0 + \widehat{\beta}_1 x$, erhalten wir den Konfidenzgürtel als Funktion von x:

$$\widehat{\beta}_0 + \widehat{\beta}_1 x - t\frac{\widehat{\sigma}}{\sqrt{n}}\sqrt{1+\frac{(x-\overline{x})^2}{\operatorname{var}\mathbf{x}}} \leq \mu(x) \leq \widehat{\beta}_0 + \widehat{\beta}_1 x + t\frac{\widehat{\sigma}}{\sqrt{n}}\sqrt{1+\frac{(x-\overline{x})^2}{\operatorname{var}\mathbf{x}}}.$$

Beispiel 281 [9] *Bei diesem Beispiel handelt es sich um photometrische Bestimmung von Nitrit in einer wässrigen Lösung. Dabei wird im ersten Schritt mit bekannten Nitritkonzentrationen das Meßverfahren kalibriert. In einem zweiten Schritt wird dann an der kalibrierten Meßanordnung der Gehalt einer unbekannten Lösung bestimmt.*

Der erste Schritt:

Dazu werden zu 10 vorgegebenen, bekannten Nitritkonzentrationen x_i die Extinktionen y_i gemessen.

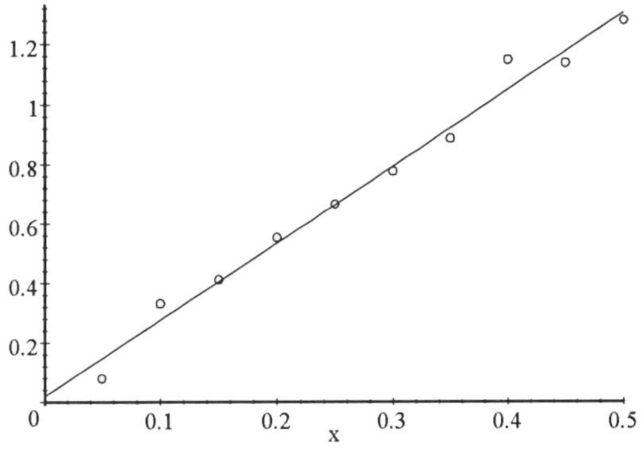

Meßdaten mit der Regressionsgerade

Wie die Abbildung zeigt, kann man im Meßbereich eine lineare Abhängigkeit unterstellen. Die Tabelle 6.12 auf der nächsten Seite zeigt die Daten und die notwendigen Nebenrechnungen.[10]
Für diesen Datensatz ist $n = 10$, $\overline{y} = 0,726$, $\overline{x} = 0,275$, $\operatorname{var}\mathbf{x} = 0,020625$, $\operatorname{cov}(\mathbf{x},\mathbf{y}) = 0,05310$. *(Theoretisch ist $n\overline{y} = n\overline{\widehat{\mu}}$, sowie $n\overline{\widehat{\varepsilon}} = 0$. Die Abweichungen sind Rundungsfehler!)*

Die Schätzung der Parameter und der Regressionsgerade

[9] Aus "Statistische Methoden in der Wasseranalytik", Hrsg.: Funk, Damman et al., S. 30–48.

[10] Um einen deutlicher sichtbaren Konfidenzgürtel zu erhalten, wurden die Originalwerte leicht verändert, dabei wurde die Störkomponente um den Faktor 10 vergrößert.

x_i	y_i	$(x_i - \overline{x})^2$	$\widehat{\mu}_i$	$(x_i - \overline{x})(y_i - \overline{y})$	$\widehat{\epsilon}_i$	$\widehat{\epsilon}_i^2$
0,05	0,079	0,050625	0,147	0,145598	-0,068	0,004624
0,10	0,331	0,030625	0,276	0,006914	0,055	0,003025
0,15	0,411	0,015625	0,404	0,003939	0,007	0,000049
0,20	0,552	0,005625	0,533	0,001306	0,019	0,000361
0,25	0,664	0,000625	0,662	0,000155	0,002	0,000004
0,30	0,775	0,000625	0,791	0,000122	-0,016	0,000256
0,35	0,885	0,005625	0,919	0,001192	-0,034	0,001156
0,40	1,147	0,015625	1,048	0,005261	0,099	0,009801
0,45	1,137	0,030625	1,177	0,007191	-0,040	0,001600
0,50	1,280	0,050625	1,306	0,124628	-0,026	0,000676
2,75	7,261	0,206250	7,263	0,531026	-0,002	0,021552
$n\overline{x}$	$n\overline{y}$	$n \operatorname{var} \mathbf{x}$	$n\overline{\widehat{\mu}}$	$n \operatorname{cov}(\mathbf{x}; \mathbf{y})$	$n\overline{\widehat{\varepsilon}}$	SSE

Tabelle 6.12: Berechnung des SSE

*β_1 ist die **Empfindlichkeit** der Meßanordnung. Sie wird geschätzt durch:*

$$\widehat{\beta}_1 = \frac{\operatorname{cov}(\mathbf{x}, \mathbf{y})}{\operatorname{var} \mathbf{x}} = \frac{0,053103}{0,020625} = 2,575.$$

*β_0 ist der **Blindwert** der Meßanordnung. Er wird geschätzt durch:*

$$\widehat{\beta}_0 = \overline{y} - \widehat{\beta}_1 \overline{x} = 0,726 - 2,575 \cdot 0,275 = 0,018.$$

Aus Tabelle 6.12 liest man SSE $= 0,021526$ *ab. Damit ist:*

$$\widehat{\sigma}^2 = \frac{\text{SSE}}{n-2} = 0,002691 \text{ und } \widehat{\sigma} = 0,052.$$

Die Genauigkeit der Schätzer ergibt sich aus ihren Varianzen. Diese werden geschätzt[11] durch:

$$\widehat{\operatorname{Var}} \widehat{\beta}_0 = \frac{\widehat{\sigma}^2}{n}\left(1 + \frac{\overline{x}^2}{\operatorname{var} \mathbf{x}}\right) = 0,0002691 \cdot \left(1 + \frac{0,275^2}{0,020625}\right) = 0,001256,$$

$$\widehat{\operatorname{Var}} \widehat{\beta}_1 = \frac{\widehat{\sigma}^2}{n} \frac{1}{\operatorname{var} \mathbf{x}} = 0,0002691 \cdot \frac{1}{0,020625} = 0,01305.$$

Die Ergebnisse faßt die folgende Tabelle zusammen:

Regressor	*Parameter*	*Schätzwert* $\widehat{\beta}_j$	$\widehat{\operatorname{Var}} \widehat{\beta}_j$	$\widehat{\sigma}_{\widehat{\beta}_j}$
1	β_0	0,018	0,001256	0,035
x	β_1	2,575	0,01305	0,114

[11] Beachte $\widehat{\operatorname{Var}} \widehat{\beta}_0$ mit **großem V**, aber var **x** mit **kleinen v**; denn $\widehat{\beta}_0$ ist eine zufällige Variable und **x** ein determinierter Vektor.

Mit der Bestimmung der Regressionsgeraden:

$$\widehat{\mu}(x) = 0,018 + 2,575x$$

und der Standardabweichungen der Parameterschätzwerte ist die Meßanordnung kalibriert.

Konfidenzintervalle für $\mu(x)$

Wir betrachten zwei konkrete Stellen: $x = 0,6$ *außerhalb des Meßbereichs und* $x = 0,275$ *im Zentrum. Für* $x = 0,6$ *erhalten wir:*

$$\begin{aligned} \widehat{\mu}(0,6) &= 1,563 \,, \\ \widehat{\operatorname{Var}}\, \widehat{\mu}(0,6) &= \frac{\widehat{\sigma}^2}{n}\left(1 + \frac{(0,6-\overline{x})^2}{\operatorname{var} x}\right) = 0,00165 \,, \\ \widehat{\sigma}_{\widehat{\mu}(0,6)} &= 0,041. \end{aligned}$$

Wir wählen mit $\alpha = 0,01$ *ein Konfidenzintervall zum Niveau 99%. Mit* $t = t\,(8)_{0.995} = 3,3554$ *ist die halbe Breite des Konfidenzintervalls:*

$$\Delta\,(0,6) = 3,3554 \cdot 0,041 = 0,1365.$$

Das Konfidenzintervall für $\mu\,(0,6)$ *ist damit* $|\mu\,(0,6) - 1,563| \leq 0,1365$ *oder:*

$$1,4265 \leq \mu\,(0,6) \leq 1,6995.$$

Analog schätzen wir an der Stelle $x = 0,275$ *den Wert* $\widehat{\mu}\,(0,275)$ *mit* $\widehat{\sigma}_{\widehat{\mu}(0,275)} = 0,0164$. *Nun ist* $\Delta\,(0,275) = 0,055$. *Das Konfidenzintervall für* $\mu\,(0,275)$ *ist damit:*

$$0,671 \leq \mu\,(0,275) \leq 0,781.$$

Am Rand ist das Konfidenzintervall mehr als doppelt so breit wie im Zentrum. Trägt man zu jedem x-Wert das zugehörige Konfidenzintervall auf, so erhält man einen ***Konfidenzgürtel*** *um die Regressionsgerade. Dieser ist in Abbildung 6.5 gezeichnet. Hier sieht man deutlich, daß der Konfidenzgürtel an der Stelle* $\overline{x}$ *an schmalsten ist. An den Rändern des Meßbereichs dagegen wird die Messung entsprechend ungenauer.*

6.5.2 Konfidenzgürtel für die Regressionsgerade

Für das Konfidenzintervall für $\mu(x_1)$ zum Niveau α gilt:

$$\mathrm{P}\{|\mu(x_1) - \widehat{\mu}(x_1)| \leq \Delta\,(x_1)\} = 1 - \alpha.$$

Mit Wahrscheinlichkeit α überdeckt das Konfidenzintervall den wahren Wert $\mu(x_1)$. Für einen zweiten Wert x_2 gilt analog:

$$\mathrm{P}\{|\mu(x_2) - \widehat{\mu}(x_2)| \leq \Delta\,(x_2)\} = 1 - \alpha.$$

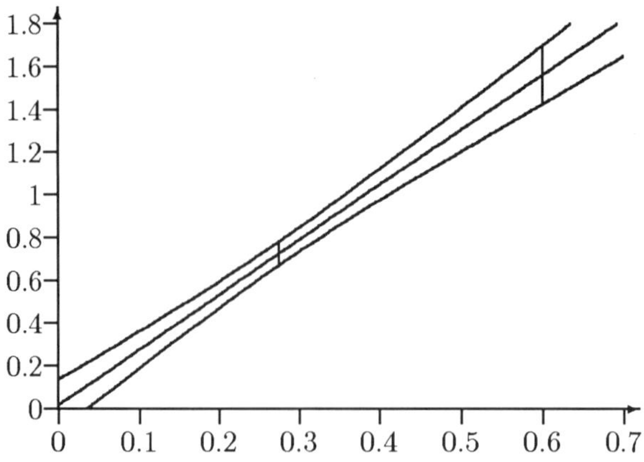

Abbildung 6.5: Punktweiser Konfidenzgürtel für $\mu(x)$

Daraus folgt aber nicht, daß auch:

$$\mathrm{P}\{|\mu(x_2) - \widehat{\mu}(x_2)| \leq \Delta\,(x_2) \quad \textbf{und} \quad |\mu(x_2) - \widehat{\mu}(x_2)| \leq \Delta\,(x_2)\ \} = 1 - \alpha.$$

gelten muß. Wir können diese Wahrscheinlichkeit aber nach unten abschätzen[12], sie ist größer-gleich $1 - 2\alpha$. Auch wenn bei $\alpha = 1\%$ jede einzelne Konfidenzaussage in 99% aller Fälle richtig sein wird, können wir nur folgern, daß in 98% aller Fälle *beide* Konfidenzaussagen zur gleichen Zeit richtig sein werden.
Erst recht können wir nicht folgern, daß gleichzeitig für *alle* x die berechneten Konfidenzintervalle mit der angegebenen Wahrscheinlichkeit die wahren Parameter $\mu(x)$ überdecken werden. Dies würde gerade bedeuten, daß die gesamte Regressionsgerade als Ganzes mit der angegebenen Wahrscheinlichkeit $1 - \alpha$ überdeckt wird. Die Wahrscheinlichkeit für dieses Ereignis ist wesentlich geringer.
Soll dennoch die Regressionsgerade — und nicht nur ein einzelner Wert — mit der Wahrscheinlichkeit $1 - \alpha$ überdeckt werden, so muß der Konfidenzgürtel breiter gewählt werden. Wie Kendall und Stuart[13] zeigen, wird durch den Gürtel:

$$|\widehat{\mu}\,(x) - \mu\,(x)| \leq \widehat{\sigma}_{\widehat{\mu}(x)} \sqrt{2 \cdot F\,(2; n-2)_{1-\alpha}}$$

die *gesamte* Regressionsgerade mit der Wahrscheinlichkeit $1-\alpha$ überdeckt. Betrachtet man also die *Gerade als Ganzes*, so ist die halbe Breite des Konfidenzgürtels an der Stelle x:

$$\Delta_{global} = \widehat{\sigma}_{\widehat{\mu}(x)} \sqrt{2 \cdot \mathrm{F}(2; n-2)_{1-\alpha}}.$$

[12] Aus dem Addtionstheorem für zufällige Ereignisse $\mathrm{P}\{A \cup B\} = \mathrm{P}\{A\} + \mathrm{P}\{B\} - \mathrm{P}\{A \cap B\}$ folgt: $\mathrm{P}\{A \cap B\} = \mathrm{P}\{A\} + \mathrm{P}\{B\} - \mathrm{P}\{A \cup B\} \geq \mathrm{P}\{A\} + \mathrm{P}\{B\} - 1$. Ist also $\mathrm{P}\{A\} = \mathrm{P}\{B\} = 1 - \alpha$, so folgt: $\mathrm{P}\{A \cap B\} \geq 1 - 2\alpha$.

[13] Kendall und Stuart (1984) Band II, Seite 25-31

Betrachtet man nur *eine einzige Stelle* x, so ist die halbe Breite des Konfidenzintervalls an dieser Stelle:

$$\Delta(x) = t(n-2)_{1-\frac{\alpha}{2}} \cdot \widehat{\sigma}_{\widehat{\mu}(x)}.$$

$\Delta(x)$ ist stets kleiner als Δ_{global} . In unserem Beispiel 281 der Wasseranalyse ist $t(8)_{0,995} = 3,3554$; $\mathrm{F}(2;8)_{0,99} = 8,649$ und $\sqrt{2 \cdot \mathrm{F}(2;8)_{0,95}} = 4,159$. In Abbildung 6.6 sind von innen nach außen die Regressionsgerade, der punktweise Konfidenzgürtel (durchgezogene Linie), der globale Konfidenzgürtel (fein punktierte Linie) und der im nächsten Absatz besprochene Prognosegürtel (grob punktierte Linie) eingezeichnet.

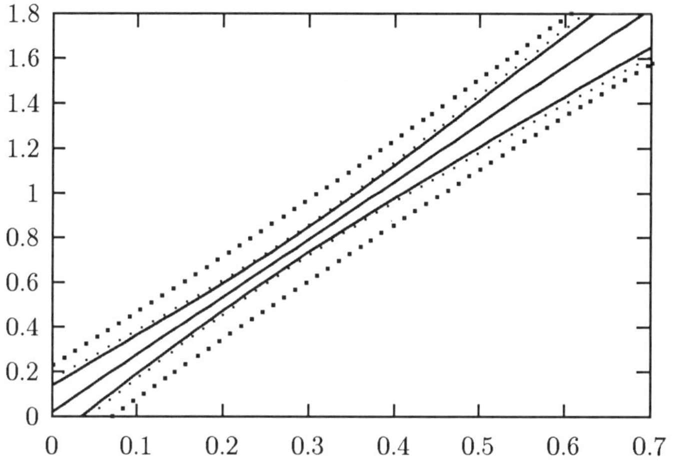

Abbildung 6.6: Konfidenz- und Prognosegürtel

6.5.3 Prognoseintervall für eine zukünftige Beobachtung

Stellen Sie sich vor, bei einem Experiment wird in Abhängigkeit vom Wert einer Variable x elektrischer Strom erzeugt, der eine Herdplatte aufheizt. Für die in Grad Celsius gemessene Temperatur y der Herdplatte gelte $y(x) = \beta_0 + \beta_1 x + \epsilon$; dabei seien alle bisherigen Annahmen des Regressionsmodells erfüllt. Nach einer langen und sehr genauen Meßreihe teilt Ihnen Ihr Kollege mit, daß er die Regressionsgerade mit $\widehat{\mu}(x) = 5 + 2x$ geschätzt habe. Dabei seien die Standardabweichungen der Schätzer für β_0 und β_1 vernachlässigbar klein (Größenordnung 10^{-4} °C). Nun wird der Wert $x = 10$ eingestellt und $\widehat{\mu}(x)$ mit 25°C geschätzt. Wären Sie nun bereit, die Hand auf die Herdplatte zu legen?
Hoffentlich nicht! Sie könnten sich böse verbrennen! Was Sie auf der Herdplatte spüren, ist nämlich die sich bei $x = 10$ einstellende Temperatur $y(x)$. Diese ist Realisation einer zufälligen Variablen $y(x) \sim \mathrm{N}(\mu(x); \sigma^2)$. Sie haben $\mu(x)$ geschätzt; was Sie gefährdet, ist $y(x)$. Was sie benötigten, wäre ein Prognose über den zukünftigen Wert von $y(x)$ gewesen! Dies wollen wir nun nachholen.

Für den Wert x soll die zukünftige Beobachtung $y(x)$ prognostiziert werden. Es gilt:

$$\begin{aligned} y(x) &\sim \mathrm{N}(\mu(x); \sigma^2), \\ \widehat{\mu}(x) &\sim \mathrm{N}(\mu(x); \sigma^2_{\widehat{\mu}(x)}). \end{aligned}$$

Setzen wir voraus, daß die zukünftige Beobachtung y unabhängig ist von den Beobachtungen y_i, aus denen $\widehat{\mu}(x)$ geschätzt wurde, so folgt:

$$y(x) - \widehat{\mu}(x) \sim \mathrm{N}(0; \sigma^2 + \sigma^2_{\widehat{\mu}(x)}).$$

Bestimmen wir $\sigma^2_{\widehat{\mu}(x)}$ aus Tabelle (6.11) und setzen zur Abkürzung:

$$k^2 := 1 + \frac{1}{n}\left(1 + \frac{(\overline{x} - x)^2}{\operatorname{var} \mathbf{x}}\right),$$

so folgt durch Standardisierung und nach dem Student-Prinzip:

$$\begin{aligned} y(x) - \widehat{\mu}(x) &\sim \mathrm{N}(0; \sigma^2 k^2), \\ \frac{y(x) - \widehat{\mu}(x)}{\sigma k} &\sim \mathrm{N}(0; 1), \\ \frac{y(x) - \widehat{\mu}(x)}{\widehat{\sigma} k} &\sim t(n-2). \end{aligned}$$

Damit können wir ein $(1 - \alpha)$ Prognoseintervall für $y(x)$ bestimmen:

$$\widehat{\mu}(x) - \Delta_{Prognose} \leq y(x) \leq \widehat{\mu}(x) + \Delta_{Prognose}.$$

Dabei ist die halbe Breite des Prognoseintervalls mit $t := t(n-2)_{1-\alpha/2}$ gegeben durch:

$$\Delta_{Prognose} := t \cdot \widehat{\sigma} \cdot k = t \cdot \widehat{\sigma} \cdot \sqrt{1 + \frac{1}{n}\left(1 + \frac{(x - \overline{x})^2}{\operatorname{var} \mathbf{x}}\right)} = t \cdot \sqrt{\widehat{\sigma}^2 + \widehat{\sigma}^2_{\widehat{\mu}(x)}}.$$

Die Ungenauigkeit der Prognose hat also drei prinzipielle Ursachen:

- die Unsicherheit $\sigma^2_{\widehat{\mu}(x)}$ der Bestimmung von $\mu(x)$,
- die Streuung σ^2 der y-Werte um den Erwartungswert $\mu(x)$,
- Die Ungenauigkeit der Schätzung der eben genannten Varianzen $\sigma^2_{\widehat{\mu}(x)}$ und σ^2.

Durch wachsenden Stichprobenumfang können nur die an erster und dritter Stelle genannten Ursachen für die Ungenauigkeit einer Prognose behoben werden. Die Streuung der y-Werte um $\mu(x)$ bleibt aber immer bestehen.

Beispiel 282 *Wir kehren zu den Wasseranalyse-Daten zurück und berechnen an der Stelle $x = 0,6$ ein Prognoseintervall für $y(x)$. Mit den bereits berechneten Schätzwerten erhalten wir:*

$$\sqrt{\sigma^2_{\mu(0,6)} + \widehat{\sigma}^2} = \sqrt{0,00165 + 0,00269} = 0,066.$$

Die halbe Breite $\Delta_{Prognose}$ des Prognoseintervalls für y an der Stelle $x = 0,6$ ist für $\alpha = 0,001$ mit $t(8)_{0,995} = 3,355$:

$$3,3554 \cdot 0,066 = 0,2211.$$

Mit $\widehat{\mu}(0,6) = 1,563$ erhalten wir das $0,99$-Prognoseintervall für y an der Stelle $x = 0,6$:

$$1,342 \leq y \leq 1,784.$$

Wie bei den Konfidenzgürteln können wir nun auch vom Prognosegürtel sprechen. In Abbildung 6.6 ist dieser Prognosegürtel eingezeichnet. Er ist der breiteste, kaum gekrümmte Gürtel, der alle anderen überdeckt.

6.5.4 Inverse Regression

Bleiben wir bei unseren Wasserdaten von Beispiel 281. Im ersten Schritt wurde mit bekannten Nitritkonzentrationen die Regressionsgerade bestimmt und damit das Meßverfahren kalibriert. In einem zweiten Schritt soll nun mit Hilfe der soeben kalibrierten Meßanordnung der unbekannte Nitritgehalt einer neuen Wasserprobe bestimmt werden. Der Meßwert ergab $y(x) = 0,641$. Wie ist nun der unbekannte Wert von x zu schätzen?

Allgemein haben wir es mit folgender Aufgabe zu tun: Auf Grund von n Beobachtungen $(y_i; x_i)$, $i = 1, \ldots, n$ mit den Mittelwerten $\overline{y}$ und $\overline{x}$ ist eine Regressionsgerade $\widehat{\mu}(x) = \widehat{\beta}_0 + \widehat{\beta}_1 x$ geschätzt worden.
Nun werden bei einem festen, aber unbekannten Wert x_0 des Regressors r weitere, von den vorangegangenen unabhängige Beobachtungen $y_{n+1}, \ldots, y_{n+r}$ gemessen. Der Mittelwert aus den r Meßwerten y_{n+1} bis y_{n+r} sei $\overline{y}_0$. Dann ist $\overline{y}_0 \sim \mathrm{N}\left(\mu(x_0); \frac{\sigma^2}{r}\right)$. Unsere Aufgabe ist es nun, den Wert x_0 zu schätzen.
Mit $\mu_i = \beta_0 + \beta_1 x_i$ und $\mu_0 = \beta_0 + \beta_1 x_0$ ist die Log-Likelihood von β_0, β_1 und x_0 bis auf eine additive Konstante:

$$\begin{aligned}
\mathrm{l}(\beta_0, \beta_1, x_0 \,|\mathbf{y}) &= -\frac{1}{2\sigma^2}\left(\sum_{i=1}^{n}(y_i - \mu_i)^2 + \sum_{i=n+1}^{n+r}(y_i - \mu_0)^2\right) \\
&= -\frac{1}{2\sigma^2}\left(\sum_{i=1}^{n}(y_i - \mu_i)^2 + \sum_{i=n+1}^{n+r}(y_i - \overline{y}_0)^2 + r\,(\overline{y}_0 - \mu_0)^2\right) \\
&\leq -\frac{1}{2\sigma^2}\left(\sum_{i=1}^{n}(y_i - \mu_i)^2 + \sum_{i=n+1}^{n+r}(y_i - \overline{y}_0)^2\right).
\end{aligned}$$

Also wird die Loglikelihood genau dann maximal, wenn $\frac{1}{2\sigma^2}\sum_{i=1}^{n}(y_i-\mu_i)^2$ bezüglich β_0 und β_1 minimiert wird und mit diesen Werten $\widehat{\mu}_0=\overline{y}_0$ gesetzt wird. Daher sind $\widehat{\beta}_0$ und $\widehat{\beta}_1$ die KQ-Schätzer der Kalibrierungsphase und:

$$\widehat{x}_0=\frac{\overline{y}_0-\widehat{\beta}_0}{\widehat{\beta}_1}.$$

$\widehat{x}_0$ ist der Schnitt der Regressionsgerade mit der Parallelen zur x-Achse durch $\overline{y}_0$. Wir verzichten darauf, die Wahrscheinlichkeitsverteilung von $\widehat{x}_0$ anzugeben und beschränken uns auf die Angabe eines Konfidenzintervalls für x_0. Dazu betrachten wir den im vorigen Abschnitt bestimmten Prognosegürtel um die Regressionsgerade. Unsere Prognose sagte:

> *Mit 99% Wahrscheinlichkeit wird ein Wertepaar $(x_0;\overline{y}_0)$ im Prognosegürtel liegen.*

Nehmen wir das Risiko von einem Prozent in Kauf, können wir behaupten:

> *Jedes Wertepaar $(x_0;\overline{y}_0)$ liegt im Prognosegürtel!*

Nun haben wir $\overline{y}_0$ beobachtet. Die einzigen dazu passenden x-Werte im Prognosegürtel bilden das Konfidenzintervall zum Niveau 99% für x_0. Es liegt im Schnitt des Prognosegürtel mit der horizontale Geraden $y=\overline{y}_0$.

Beispiel 283 *Im Wasserdatenbeispiel ist $r=1$, nehmen wir als Beispiel $\overline{y}_0=y_0=0,641$, können wir an der Zeichnung die Schnittpunkte der Horizontalen*

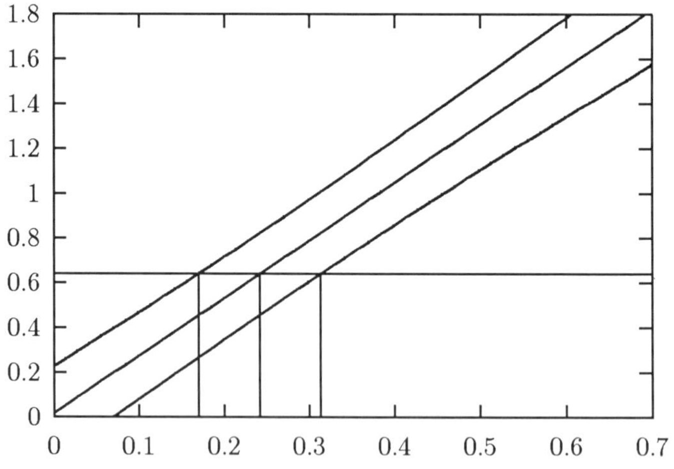

Abbildung 6.7: Prognosegürtel und inverse Regression

durch $y_0=0,641$ mit dem Prognosegürtel und der Regressionsgeraden ablesen *und erhalten den Maximum-Likelihood-Schätzer für x_0 und das Konfidenzintervall für x_0:*

$$0{,}17 \leq x_0 \leq 0{,}31.$$

Die numerische Bestimmung der Schnittpunkte ist etwas mühsamer. Der Erwartungswert von $\overline{y}_0$ ist $\mu(x_0)$. Dieser wird durch $\widehat{\mu}(x_0) = \widehat{\beta}_0 + \widehat{\beta}_1 x_0$ geschätzt. Setzen wir wieder $t := t(n-2)_{1-\frac{\alpha}{2}}$, so erhalten wir, wie im vorigen Abschnitt gezeigt, das folgende Prognoseintervall für $\overline{y}_0$:

$$|\widehat{\mu}(x_0) - \overline{y}_0| \leq t \cdot \sqrt{\widehat{\sigma}^2_{\overline{y}_0} + \widehat{\sigma}^2_{\widehat{\mu}(x_0)}}.$$

Diese Prognose ist mit der Wahrscheinlichkeit $1-\alpha$ wahr. Ersetzen wir $\widehat{\mu}(x_0)$, $\widehat{\sigma}^2_{\overline{y}_0}$ und $\widehat{\sigma}^2_{\widehat{\mu}(x_0)}$ durch ihre funktionalen Ausdrücke, erhalten wir:

$$|\widehat{\beta}_0 + \widehat{\beta}_1 x_0 - \overline{y}_0| \leq t \cdot \widehat{\sigma} \sqrt{\frac{1}{r} + \frac{1}{n} + \frac{(x_0 - \overline{x})^2}{n \operatorname{var} \mathbf{x}}}.$$

Erklären wir bei beobachtetem $\overline{y}_0$ die Prognose für wahr und lösen die Aussage nach x_0 auf, so erhalten wir das Konfidenzintervall für x_0:

$$|x_0 - x_*| \leq \Delta_x.$$

Dabei ist x_* die Mitte und Δ_x die halbe Breite des Konfidenzintervalls. δ ist ein Korrekturfaktor:[14]

$$x_* := \frac{\widehat{x}_0 - \delta\overline{x}}{1-\delta},$$

$$\Delta_x := t \cdot \frac{\widehat{\sigma}}{|\widehat{\beta}_1|} \cdot \sqrt{\frac{1}{1-\delta}\left(\frac{1}{r} + \frac{1}{n}\right) + \frac{1}{(1-\delta)^2} \cdot \frac{(\overline{x} - \widehat{x}_0)^2}{n \operatorname{var} \mathbf{x}}},$$

$$\delta := \frac{t^2 \cdot \widehat{\sigma}^2}{\widehat{\beta}_1^2 \cdot n \operatorname{var} \mathbf{x}}.$$

Man muß vier verschiedene x-Symbole auseinanderhalten:

---

[14] Wir bestimmen die Ränder des Konfidenzintervalls durch Auflösung der quadratischen Gleichung. Mit den angegebenen Abkürzungen, $\gamma := \frac{1}{r} + \frac{1}{n}$ und $\overline{y}_0 = \widehat{\beta}_0 + \widehat{\beta}_1 x_0$ gilt:

$$\widehat{\beta}_1^2 (x_0 - \widehat{x}_0)^2 = \delta \widehat{\beta}_1^2 n \operatorname{var} \mathbf{x} \left(\gamma + \frac{(x_0 - \overline{x})^2}{n \operatorname{var} \mathbf{x}}\right).$$

Sortieren wir nach x_0, erhalten wir

$$x_0^2(1-\delta) - 2x_0(\widehat{x}_0 - \delta\overline{x}) = -\widehat{x}_0^2 + \delta\overline{x}^2 + \delta\gamma n \operatorname{var} \mathbf{x}.$$

Mit der quadratischen Ergänzung erhalten wir:

$$(1-\delta)(x_0 - x_*)^2 = -\widehat{x}_0^2 + (1-\delta)x_*^2 + \delta\overline{x}^2 + \delta\gamma n \operatorname{var} \mathbf{x} = \frac{\delta}{1-\delta}(\widehat{x}_0 - \overline{x})^2 + \delta\gamma n \operatorname{var} \mathbf{x}.$$

- $\overline{x}$ ist der Schwerpunkt des Meßbereichs.
- x_0 ist der unbekannte wahre Wert des Regressors.
- $\widehat{x_0}$ ist der ML-Schätzer für x_0.
- x_* ist der Mittelpunkt des Konfidenzintervalls für x_0.

Vereinfachung: In vielen Fällen ist δ sehr klein. Dann ergibt sich das folgende vereinfachte Konfidenzintervall:

$$|x_0 - \widehat{x}_0| \leq t \cdot \frac{\widehat{\sigma}}{|\widehat{\beta}_1|} \cdot \sqrt{\frac{1}{r} + \frac{1}{n} + \frac{(\overline{x} - \widehat{x}_0)^2}{n \operatorname{var} \mathbf{x}}} =: \widetilde{\Delta}_x.$$

Die Länge des Konfidenzintervalls ist umgekehrt proportional zu $|\widehat{\beta}_1|$. Das heißt anschaulich: Die Präzision, mit der ein x-Wert gemessen werden kann, ist proportional zur Empfindlichkeit der Meßanordnung.

Beispiel 284 *Wir setzen das Wasserdaten-Beispiel 281 fort: Nun haben wir* $y_0 = 0,641$ *beobachtet. An der Grafik hatten wir* $0,17 \leq x \leq 0,31$ *als Konfidenzintervall zum Niveau 99% abgelesen. Wir überprüfen numerisch das graphisch gefundene Konfidenzintervall: Dann ist* $\widehat{x}_0 = \frac{\overline{y}_0 - \widehat{\beta}_0}{\widehat{\beta}_1} = \frac{0,641 - 0,018}{2,575} = 0,242.$

$$\begin{aligned} \widetilde{\Delta}_x &= t \cdot \frac{\widehat{\sigma}}{|\widehat{\beta}|} \cdot \sqrt{\frac{1}{r} + \frac{1}{n} + \frac{(\overline{x} - \widehat{x}_0)^2}{n \operatorname{var} \mathbf{x}}} \\ &= 3,3554 \cdot \frac{0,052}{2,575} \cdot \sqrt{1 + \frac{1}{10} + \frac{(0,242 - 0275)^2}{0,20625}} = 0,071. \end{aligned}$$

Damit ergibt sich das approximative Konfidenzintervall für x_0 *als :*

$$\begin{aligned} 0,242 - 0,071 \leq\ & x_0 \leq 0,242 + 0,071, \\ 0,171 \leq\ & x_0 \leq 0,313. \end{aligned}$$

Der Korrekturterm δ *ist klein:* $\delta = \frac{3,3554^2 \cdot 0,002694}{2,575^2 \cdot 0,206} = 2,2206 \times 10^{-2}$, *das exakte Intervall*

$$0,169 \leq x_0 \leq 0,313$$

ist gegenüber der Näherung nur unwesentlich nach links verschoben.

6.6 Beste lineare unverfälschte Schätzer

Wir haben die Methode der kleinsten Quadrate allein mit geometrischen Argumenten gerechtfertigt. Außerdem gab uns der Erfolg recht: In Abschnitt 6.2 haben wir die Schätzformeln für $\boldsymbol{\mu}$, Φ und $\boldsymbol{\beta}$ hergeleitet. Wir haben mit dem Bestimmtheitsmaß r^2 die Approximationsgüte pauschal bewertet. Was uns fehlt, ist die theoretische Rechtfertigung des gesamten Verfahrens. Dazu werden wir definieren, was wir unter einem besten Schätzer verstehen wollen und zeigen, daß gerade dann die KQ-Schätzer die besten Schätzer sind. Schließlich fragen wir, wie sämtliche beste Schätzer aussehen.

6.6.1 Der Satz von Gauß-Markov

Von der Geometrie zur Statistik

Wir gehen aus vom Modell:

$$\mathrm{E}\,\mathbf{y} = \boldsymbol{\mu} \in \mathbf{M} \text{ und } \mathrm{Cov}\,\mathbf{y} = \sigma^2\mathbf{I}$$

und schlagen nun die Brücke von geometrischen zu statistischen Konzepten. Es gilt:

Satz 285 *Sind* $\mathbf{a}$ *und* $\mathbf{b}$ *zwei feste Vektoren im* $\mathbb{R}^n$*, dann ist:*

$$\mathrm{Var}\,\mathbf{a}'\mathbf{y} = \sigma^2\|\mathbf{a}\|^2 \textit{ und } \mathrm{Cov}\,(\mathbf{a}'\mathbf{y}, \mathbf{b}'\mathbf{y}) = \sigma^2\mathbf{a}'\mathbf{b}.$$

Beweis:
$\mathrm{Cov}\,(\mathbf{a}'\mathbf{y}, \mathbf{b}'\mathbf{y}) = \mathbf{a}'(\mathrm{Cov}\,\mathbf{y})\mathbf{b} = \mathbf{a}'(\sigma^2\mathbf{I})\mathbf{b} = \sigma^2\mathbf{a}'\mathbf{b}.$
□

Kurz: Das Skalarprodukt der Koeffizientenvektoren entspricht der Kovarianz, die quadrierte Norm der Varianz. Speziell sind $\mathbf{a}'\mathbf{y}$ und $\mathbf{b}'\mathbf{y}$ genau dann unkorreliert, wenn $\mathbf{a} \perp \mathbf{b}$ steht.
Dieser Zusammenhang ist grundlegend für die Theorie des linearen Modells. Die Minimalität des Abstandes beim Projizieren überträgt sich als Minimalität der Varianz beim Schätzen. Dies ist der Kern des fundamentalen Satzes von Gauß-Markov über die Optimalität des KQ-Schätzers. Zuvor aber müssen wir unseren Optimalitätsbegriff präzisieren:

Definition 286 *Es sei* Φ *ein* p*-dimensionaler Schätzer und* $\mathbf{S}(\Phi)$ *die Menge aller linearen erwartungstreuen Schätzer für* Φ*. Ist* $p = 1$*, so heißt ein Schätzer* $\widetilde{\Phi} \in \mathbf{S}(\Phi)$ ***bester linearer unverfälschter Schätzer*** *für* Φ *, falls für jeden anderen Schätzer* $\widetilde{\psi} \in \mathbf{S}(\Phi)$ *gilt:*

$$\mathrm{Var}\,\widetilde{\Phi} \leq \mathrm{Var}\,\widetilde{\psi}.$$

Man sagt auch "$\widetilde{\Phi}$ *ist* BLUE[15] *für* Φ *". Ist* $p > 1$*, so heißt* $\widetilde{\Phi}$ BLUE *für* Φ*, falls für jeden Schätzer* $\widetilde{\psi} \in \mathbf{S}(\Phi)$ *gilt:*[16]

$$\mathrm{Cov}\,\widetilde{\Phi} \leq \mathrm{Cov}\,\widetilde{\psi}.$$

Da für jedes $\mathbf{k}$ $\mathrm{Var}\,\mathbf{k}'\widetilde{\Phi} = \mathbf{k}'(\mathrm{Cov}\,\widetilde{\Phi})\mathbf{k}$ ist, folgt sofort:

[15] Als Abkürzung für Englisch: "**B**est **L**inear **U**nbiased **E**stimator"
[16] Gemäß der Abkürzung von Seite 62 gilt $\mathbf{A} \leq \mathbf{B} \Leftrightarrow \mathbf{x}'\mathbf{A}\mathbf{x} \leq \mathbf{x}'\mathbf{B}\mathbf{x}\ \forall\mathbf{x}$.

Satz 287 *$\widetilde{\Phi}$ ist genau dann* BLUE *für Φ, falls für jeden eindimensionalen Parameter $\mathbf{k}'\Phi$ und jeden Schätzer $\widetilde{\psi} \in \mathbf{S}(\Phi)$ gilt:*

$$\operatorname{Var} \mathbf{k}'\widetilde{\Phi} \leq \operatorname{Var} \mathbf{k}\widetilde{\psi}'$$

Damit können wir nun den Satz von Gauß-Markov formulieren und beweisen.

Satz 288 *Ist das Modell korrekt spezifiziert, so gibt es genau einen* BLUE-*Schätzer für $\boldsymbol{\mu}$, und dieser ist $\widehat{\boldsymbol{\mu}} = \mathbf{P_M y}$. Daher ist für jeden schätzbaren Parameter $\phi = \mathbf{b}'\boldsymbol{\beta} = \mathbf{k}'\boldsymbol{\mu}$ auch $\widehat{\phi} = \mathbf{b}'\widehat{\boldsymbol{\beta}} = \mathbf{k}'\widehat{\boldsymbol{\mu}}$* BLUE *für ϕ. Ist $\boldsymbol{\beta}$ selbst schätzbar, so ist $\widehat{\boldsymbol{\beta}}$* BLUE *für $\boldsymbol{\beta}$.*

Beweis:
Um den Satz von Gauß-Markov anschließend zu verallgemeinern, schreiben wir im Beweis das Skalarprodukt als $\langle \mathbf{a}, \mathbf{b} \rangle$ anstelle von $\mathbf{a}'\mathbf{b}$. Wir betrachten eine beliebige in $\mathbf{y}$ lineare erwartungstreue Schätzung:

$$\widetilde{\phi} := \langle \mathbf{g}, \mathbf{y} \rangle$$

von ϕ. Dabei ist $\mathbf{g} \in \mathbb{R}^n$ fest vorgegeben. Da $\widetilde{\phi}$ erwartungstreu ist, ist:

$$\phi = \operatorname{E} \widetilde{\phi} = \operatorname{E} \langle \mathbf{g}, \mathbf{y} \rangle = \langle \mathbf{g}, \boldsymbol{\mu} \rangle .$$

Daher ist der KQ-Schätzer von ϕ gegeben durch:

$$\widehat{\phi} = \langle \mathbf{g}, \boldsymbol{\mu} \rangle = \langle \mathbf{g}, \mathbf{P_M y} \rangle = \langle \mathbf{P_M g}, \mathbf{y} \rangle =: \langle \mathbf{g_M}, \mathbf{y} \rangle .$$

Wir zerlegen $\mathbf{g}$ in zwei orthogonale Komponenten:

$$\mathbf{g} = \mathbf{g_M} + \mathbf{g_{\bullet M}}$$

und damit die Schätzfunktion in zwei unkorrelierte Komponenten:

$$\widetilde{\phi} = \langle \mathbf{g}, \mathbf{y} \rangle = \langle \mathbf{g_M}, \mathbf{y} \rangle + \langle \mathbf{g_{\bullet M}}, \mathbf{y} \rangle = \widehat{\phi} + \langle \mathbf{g_{\bullet M}}, \mathbf{y} \rangle . \tag{6.22}$$

Also ist:

$$\operatorname{Var} \widetilde{\phi} = \operatorname{Var} \widehat{\phi} + \sigma^2 \left\| \mathbf{g_{\bullet M}} \right\| .$$

Daher ist $\operatorname{Var} \widetilde{\phi} > \operatorname{Var} \widehat{\phi}$, es sei denn $\mathbf{g_{\bullet M}} = \mathbf{0}$. Dann ist $\mathbf{g} = \mathbf{g_M}$ und $\widetilde{\phi} \equiv \widehat{\phi}$.
□

Der Beweis zeigt in Gleichung (6.22), daß sich jede lineare erwartungstreue Schätzung schreiben läßt als Summe des KQ-Schätzers und eines dazu unkorrelierten Rests. Dieser Rest verändert nicht den Erwartungswert der Schätzung, bläht aber die Varianz auf.

Anmerkung zur Geschichte des Satzes von Gauß-Markov: Dieser Satz wurde bereits 1821 von C. F. Gauß bewiesen. Versionen seines Beweises wurden u. a. von Helmert (1872), Czuber (1891) und Markov (1912) veröffentlicht. Neyman, der die Arbeit von Gauß nicht kannte, nannte den Satz nach Markov. Seit der Zeit ist der Satz als **Theorem von Gauß-Markov** bekannt. Es wird in neuer Zeit — vor allem in der englischen Literatur — vorgeschlagen, den Satz allein nach Gauß zu benennen. (Hald: "*Neyman,* (1934) ,..., *ignorant of Gauss's results, therefore called it Markovs's theorem, with the consequence that some authors today call it the Gauss-Markov theorem.* ") Sehr interessante historische Informationen finden sich vor allem auch bei Seal (1967), Placket (1972), Stigler (1986) und in der ausgezeichneten, umfangreichen Geschichte der mathematischen Statistik von Hald (1998).

Isoliert man die für den Beweis von Satz 288 notwendigen Aussagen, erhält man sofort eine Verallgemeinerung des Satzes von Gauß- Markov:

Satz 289 *Es seien die folgenden Voraussetzung erfüllt:*

1. *Auf dem* $\mathbb{R}^n$ *ist ein neues Skalarprodukt* $\langle \mathbf{a}, \mathbf{b} \rangle_{\mathbf{K}}$ *und damit ein Orthogonalitätsbegriff* $\mathbf{a} \underline{\perp} \mathbf{b}$ *und eine Projektion* $\mathbb{P}$ *definiert.*
2. *Die Kovarianzmatrix von* $\mathbf{y}$ *ist* $\operatorname{Cov} \mathbf{y} =: \mathbf{C} > \mathbf{0}$.
3. *Sind* $\mathbf{a}$ *und* $\mathbf{b}$ *zwei beliebige nichtstochastische Vektoren, dann sind die zwei eindimensionalen zufälligen Variablen* $\langle \mathbf{a}, \mathbf{y} \rangle_{\mathbf{K}}$ *und* $\langle \mathbf{b}, \mathbf{y} \rangle_{\mathbf{K}}$ *genau dann unkorreliert, wenn* $\mathbf{a}$ *und* $\mathbf{b}$ *im Sinne dieser Metrik orthogonal sind:*

$$\operatorname{Cov}(\langle \mathbf{a}, \mathbf{y} \rangle_{\mathbf{K}}, \langle \mathbf{b}, \mathbf{y} \rangle_{\mathbf{K}}) = 0 \Leftrightarrow \langle \mathbf{a}, \mathbf{b} \rangle_{K} = 0.$$

Dann ist in einem korrekten Modell $\mathbb{P}_{\mathbf{M}}\mathbf{y}$ BLUE *für* $\boldsymbol{\mu}$.

Der Beweis von Satz 288 gilt auch für Satz 289, da dort nur diese drei Voraussetzungen benutzt wurden.
□
Die wichtigste Anwendung von Satz 289 wollen wir als Spezialfall festhalten:

Satz 290 *Ist* $\operatorname{Cov} \mathbf{y} = \mathbf{C} > \mathbf{0}$, *dann ist der mit der Metrik* $\langle \mathbf{a}, \mathbf{b} \rangle_{\mathbf{C}^{-1}} := \mathbf{a}'\mathbf{C}^{-1}\mathbf{b}$ *gewonnenen* ***gewogene KQ-Schätzer*** $\widehat{\boldsymbol{\mu}}$ BLUE. *Sind* $\boldsymbol{\beta}$ *bzw.* $\Phi = \mathbf{B}'\boldsymbol{\beta}$ *schätzbar, dann sind* $\widehat{\boldsymbol{\beta}}$ *bzw.* $\widehat{\Phi}$ BLUE. *Dabei sind:*

$$\begin{aligned} \widehat{\boldsymbol{\mu}} &= \mathbf{X}(\mathbf{X}'\mathbf{C}^{-1}\mathbf{X})^{+}\mathbf{X}'\mathbf{C}^{-1}\mathbf{y}, & \operatorname{Cov} \widehat{\boldsymbol{\mu}} &= \mathbf{X}(\mathbf{X}'\mathbf{C}^{-1}\mathbf{X})^{+}\mathbf{X}', \\ \widehat{\boldsymbol{\beta}} &= (\mathbf{X}'\mathbf{C}^{-1}\mathbf{X})^{-1}\mathbf{X}'\mathbf{C}^{-1}\mathbf{y}, & \operatorname{Cov} \widehat{\boldsymbol{\beta}} &= \left(\mathbf{X}'\mathbf{C}^{-1}\mathbf{X}\right)^{-1}, \\ \widehat{\Phi} &= \mathbf{B}'(\mathbf{X}'\mathbf{C}^{-1}\mathbf{X})^{+}\mathbf{X}'\mathbf{C}^{-1}\mathbf{y}, & \operatorname{Cov} \widehat{\Phi} &= \mathbf{B}'(\mathbf{X}'\mathbf{C}^{-1}\mathbf{X})^{+}\mathbf{B}. \end{aligned} \tag{6.23}$$

Alle Eigenschaften des gewöhnlichen KQ-Schätzers, die wir nur aus den Eigenschaften des Skalaproduktes ableiten, gelten analog auch für den gewogenen KQ-Schätzer, wenn wir überall das Skalarprodukt $\mathbf{a}'\mathbf{b}$ *durch* $\langle \mathbf{a}, \mathbf{b} \rangle_{\mathbf{C}^{-1}} = \mathbf{a}'\mathbf{C}^{-1}\mathbf{b}$ *ersetzen.*

Beweis:
Wir definieren die Metrik $\langle \mathbf{a}, \mathbf{b} \rangle_{\mathbf{K}}$ über die Matrix $\mathbf{K} = \mathbf{C}^{-1}$. Das Skalarprodukt[17] $\langle \mathbf{a}, \mathbf{b} \rangle_{\mathbf{C}^{-1}} := \mathbf{a}'\mathbf{C}^{-1}\mathbf{b}$ erfüllt die Voraussetzung 3 von Satz 289:

$$\begin{aligned} \operatorname{Cov}\left(\langle \mathbf{a}, \mathbf{y} \rangle_{\mathbf{C}^{-1}}, \langle \mathbf{b}, \mathbf{y} \rangle_{\mathbf{C}^{-1}}\right) &= \operatorname{Cov}\left(\mathbf{a}'\mathbf{C}^{-1}\mathbf{y}, \mathbf{b}'\mathbf{C}^{-1}\mathbf{y}\right) \\ &= \mathbf{a}'\mathbf{C}^{-1}\mathbf{C}\mathbf{C}^{-1}\mathbf{b} = \mathbf{a}'\mathbf{C}^{-1}\mathbf{b} = \langle \mathbf{a}, \mathbf{b} \rangle_{\mathbf{C}^{-1}}. \end{aligned}$$

Zwei zufällige Variable $\langle \mathbf{a}, \mathbf{y} \rangle_{\mathbf{C}^{-1}}$ und $\langle \mathbf{b}, \mathbf{y} \rangle_{\mathbf{C}^{-1}}$ sind also genau dann unkorreliert, wenn $\mathbf{a}$ und $\mathbf{b}$ im Sinne der neuen Metrik orthogonal sind. In dieser Metrik ist aber:

$$\mathbb{P}_{\mathbf{X}}\mathbf{y} = \mathbf{X} \langle \mathbf{X}, \mathbf{X} \rangle_{\mathbf{C}^{-1}}^{+} \langle \mathbf{X}, \mathbf{y} \rangle = \mathbf{X} \left(\mathbf{X}'\mathbf{C}^{-1}\mathbf{X}\right)^{+} \left(\mathbf{X}'\mathbf{C}^{-1}\mathbf{y}\right).$$

Die beiden anderen Voraussetzungen sind trivialerweise erfüllt. Damit folgt Satz 290 aus Satz 289.
□

Bemerkung: Die Schätzer aus Satz 290 heißen zum Unterschied zum gewöhnlichen Kleinst-Quadrat-Schätzer die gewogenen Kleinst-Quadrat-Schätzer. Mitunter spricht man auch von den **Aitkinschätzern**. Im Englischen bezeichnet man die einen als **ordinary-least-square-** (**OLS**), die anderen als **weighted-least-square-estimator** (**WLS**).
Wir werden im wesentlichen nur noch den gewöhnlichen KQ-Schätzer betrachten und von $\operatorname{Cov} \mathbf{y} = \sigma^2 \mathbf{I}$ ausgehen. Wenn Ergebnisse auf den gewogenen KQ-Schätzer übertragen werden sollen, muß nur das Skalarprodukt gewechselt und alle Aussagen sinngemäß übersetzt werden. Zum Beispiel gilt für den Mittelwert:

$$\overline{y} = \frac{\langle \mathbf{y}, \mathbf{1} \rangle}{\|\mathbf{1}\|} \Rightarrow \frac{\mathbf{1}'\mathbf{C}^{-1}\mathbf{y}}{\mathbf{1}'\mathbf{C}^{-1}\mathbf{1}}.$$

Die Aussage "Summe der Residuen ist Null" wird übersetzt als:

$$\sum \widehat{\varepsilon}_i = 0 \Rightarrow \langle \widehat{\varepsilon}, \mathbf{1} \rangle \Rightarrow \mathbf{1}'\mathbf{C}^{-1}\widehat{\boldsymbol{\varepsilon}} = 0.$$

Analog ist z.B. dann auch das Bestimmtheitsmaß zu berechnen.

Setzen wir weiter voraus, daß $\boldsymbol{\varepsilon}$ und damit auch $\mathbf{y}$ normal verteilt sind, läßt sich der Satz von Gauß-Markov weiter verschärfen:

Satz 291 *Ist* $\mathbf{y} \sim \mathrm{N}(\boldsymbol{\mu}, \mathbf{C})$, *mit* $\mathbf{C} > \mathbf{0}$, *so stimmt der gewogene KQ-Schätzer aus Satz* 290 *mit dem Maximum-Likelihood-Schätzer überein. Ist* $\boldsymbol{\beta}$ *schätzbar, so hat der gewogene KQ-Schätzer die kleinste Varianz in der Klasse aller erwartungstreuen Schätzer, er ist effizient.*

[17] $\|\mathbf{a}\|_{\mathbf{C}^{-1}}$ ist die im Anhang von Kapitel 1 eingeführte Mahalanobis-Metrik.

Beweis:.
Die Log-Likelihood von $\boldsymbol{\mu}$ bei gegebenem $\mathbf{y}$ ist mit einee additiven Konstanten

$$\mathrm{l}(\boldsymbol{\mu}|\mathbf{y}) = -\frac{1}{2}(\mathbf{y}-\boldsymbol{\mu})'\,\mathbf{C}^{-1}(\mathbf{y}-\boldsymbol{\mu}) + const = -\frac{1}{2}\|\mathbf{y}-\boldsymbol{\mu}\|^2_{\mathbf{C}^{-1}} + const.$$

Die Log-Likelihood wird also genau dann maximal, falls $\|\mathbf{y}-\boldsymbol{\mu}\|^2_{\mathbf{C}^{-1}}$ minimal wird. Zum Nachweis der Effizienz von $\widehat{\boldsymbol{\beta}}$ greifen wir auf die Ausführungen zur Score- und Informationsfunktion aus dem Abschnitt 2.4.6 zurück und bestimmen die Fisher-Information von $\boldsymbol{\beta}$. Nach Formel (2.29) ist

$$\mathbb{I}(\boldsymbol{\beta}|\mathbf{y}) := -\frac{\partial^2}{\partial\boldsymbol{\beta}\partial\boldsymbol{\beta}'}\mathrm{l}(\boldsymbol{\beta}|\mathbf{y}) = \frac{1}{2}\frac{\partial^2}{\partial\boldsymbol{\beta}\partial\boldsymbol{\beta}'}(\mathbf{y}-\mathbf{X}\boldsymbol{\beta})'\,\mathbf{C}^{-1}(\mathbf{y}-\mathbf{X}\boldsymbol{\beta}) = \mathbf{X}'\mathbf{C}^{-1}\mathbf{X}.$$

Damit ist $\mathbb{I}(\boldsymbol{\beta}) = \mathrm{E}\,\mathbb{I}(\boldsymbol{\beta}|\mathbf{y}) = \mathbf{X}'\mathbf{C}^{-1}\mathbf{X} = \left(\mathrm{Cov}\,\widehat{\boldsymbol{\beta}}\right)^{-1}$. Nach der Ungleichung von Rao-Cramer (2.30) ist daher $\mathrm{Cov}\,\widehat{\boldsymbol{\beta}}$ minimal und $\widehat{\boldsymbol{\beta}}$ effizient.
□

Kritik an der vermeintlichen Optimalität von $\widehat{\boldsymbol{\mu}}$: Sind Erwartungstreue und minimale Varianz die wichtigsten Anforderungen an einen Schätzer, so gibt es demnach keinen besseren Schätzer als den KQ-Schätzer. Fordert man aber zusätzlich Robustheit gegen Ausreißer und andere Verletzungen der Modellannahmen, zeigt der KQ-Schätzer seine Schwächen. Es wurden daher zahlreiche robuste Varianten des KQ-Schätzers entwickelt, die auf die Erwartungstreue verzichten und einen größeren Mean-Square-Error als *Versichungsprämie gegen Modellschäden* zahlen (Vgl. zum Beispiel Rousseeuw (1984) sowie Rousseeuw und Leroy (1987).)

6.6.2 Beste lineare unverfälschte Schätzer

Falls die Kovarianzmatrix $\mathbf{C} > \mathbf{0}$ ist, ist der gewogenen KQ-Schätzer $\widehat{\boldsymbol{\beta}}$ BLUE. Aber vielleicht ist (6.23) nicht die einzige Form, in der sich $\widehat{\boldsymbol{\beta}}$ darstellen läßt. Und was ist, wenn $\mathbf{C}$ nur positiv-*semi*definit ist: $\mathbf{C} \geq \mathbf{0}$? Wir wollen uns daher noch einmal der Bestimmung der besten linearen unverfälschten Schätzer (BLUE) im linearen Modell zuwenden. Aber diesmal lassen wir die Anforderung $\mathrm{Cov}\,\boldsymbol{\varepsilon} = \sigma^2\mathbf{I}$ an die Kovarianzmatrix der Störgrößen $\boldsymbol{\varepsilon}$ fallen. Dies geschieht aus zwei Gründen:

1. Bei einer allgemeinen Behandlung des linearen Modells muß man zulassen, daß die Störungen ε_i korreliert sind und nicht *aus allen Himmelsrichtungen* auf die systematische Komponente $\boldsymbol{\mu}$ einwirken, sondern spezielle Richtungen bevorzugen. Dann ist aber $\mathrm{Cov}\,\boldsymbol{\varepsilon}$ keine Diagonalmatrix mehr. Liegt $\boldsymbol{\varepsilon}$ in einem echten Unterraum des $\mathbb{R}^n$, so ist $\mathrm{Cov}\,\boldsymbol{\varepsilon}$ singulär.

2. Auch wenn Cov $\boldsymbol{\varepsilon}$ keine Diagonalmatrix ist, werden wir die Fälle bestimmen können, in denen der gewöhnliche Kleinst-Quadrat-Schätzer weiterhin BLUE bleibt. Diese Eigenschaft werden wir zum Beispiel in der Varianzanalyse mit zufälligen Effekten und balanziertem Design ausnutzen.

Wir beschränken uns hier auf einige elementare Betrachtungen. Ausführlicher wird das Thema zum Beispiel bei Zyskind (1967), Eaton (1985) oder Christensen (1987) behandelt.

Effiziente Schätzer in linearen Räumen

Wir beginnen mit einer einfachen Überlegung.

Satz 292 *Es sei* $\mathbf{U}$ *ein linearer Unterraum im Raum aller von* $\mathbf{y}$ *abhängenden zufälligen Variablen mit existierender Varianz. Dann ist ein erwartungstreuer Schätzer* $\widehat{\theta} \in \mathbf{U}$ *genau dann bester linearer unverfälschter* (BLUE) *Schätzer in* $\mathbf{U}$, *wenn* $\widehat{\theta}$ *unkorreliert ist mit jeder Statistik* $T \in \mathbf{U}$, *deren Erwartungswert Null ist:*

$$\begin{aligned} &\widehat{\theta} \qquad \textit{ist}\ \text{BLUE}\ \textit{in}\ \mathbf{U} \\ \Longleftrightarrow \quad &\left(\textit{Aus}\ \mathrm{E}\widehat{\theta} = \theta\ \textit{und}\ T = 0\right)\ \textit{folgt}\ \operatorname{Cov}\left(\widehat{\theta}; T\right) = 0 \quad \forall\ T \in \mathbf{U}. \end{aligned}$$

Darüber hinaus ist $\widehat{\theta}$ *mit Wahrscheinlichkeit 1 eindeutig bestimmt.*

Beweis:
Sei $\mathbf{T} := \{T := T(\mathbf{y}) \in \mathbf{U} |\ \mathrm{E}\,T = 0\}$ und $\widehat{\theta}_0$ eine beliebiger fester erwartungstreuer Schätzer. Dann ist $\left\{\widehat{\theta} := \widehat{\theta}(\mathbf{y}) \in \mathbf{U} \middle|\ \mathrm{E}\widehat{\theta} = \theta\right\} = \widehat{\theta}_0 + \mathbf{T}$ eine *Hyperebene* in $\mathbf{U}$. Definieren wir in $\mathbf{U}$ das Skalarprodukt $\langle U; U' \rangle = \mathrm{E}\,(UU')$, dann ist das optimale $\widehat{\theta}_{\mathrm{BLUE}}$ die eindeutige Projektion von $\mathbf{0}$ auf $\widehat{\Theta} = \widehat{\theta}_0 + \mathbf{T}$ und damit orthogonal zu $\mathbf{T}$.
□

Bemerkung: Der Beweis läßt sich auch ganz elementar führen:

1. $\widehat{\theta}$ sei BLUE und T eine beliebige Statistik mit $\mathrm{E}\,T = 0$. Setzt man $\alpha := \frac{\operatorname{Cov}(\widehat{\theta}; T)}{\operatorname{Var}\widehat{\theta}}$ und $\widetilde{\theta} := \widehat{\theta} - \alpha T$, so verifiziert man leicht $\mathrm{E}\widetilde{\theta} = \theta$ und $\operatorname{Cov}\left(\widetilde{\theta}; T\right) = 0$. Dann folgt aus $\widehat{\theta} = \widetilde{\theta} + \alpha T$ wegen der Unkorreliertheit von T und $\widetilde{\theta}$:

$$\operatorname{Var}\ \widehat{\theta} = \operatorname{Var}\widetilde{\theta} + \alpha^2 \operatorname{Var}(T).$$

Wäre $\alpha \neq 0$, so wäre $\operatorname{Var}\widehat{\theta} > \operatorname{Var}\widetilde{\theta}$ im Widerspruch zur Effizienz von $\widehat{\theta}$.

2. Sei nun $\widehat{\theta}$ ein erwartungstreuer Schätzer und $\operatorname{Cov}\left(\widehat{\theta}; T\right) = 0$ für alle T mit $\mathrm{E}T = 0$. Sei nun $\widetilde{\theta}$ ein zweiter erwartungstreuer Schätzer für θ. Dann gilt für $\widetilde{T} := \widehat{\theta} - \widetilde{\theta}$ auch $\mathrm{E}\widetilde{T} = 0$ und daher nach Voraussetzung $\operatorname{Cov}\left(\widehat{\theta}; \widetilde{T}\right) = 0$. Also folgt aus $\widetilde{\theta} = \widehat{\theta} + \widetilde{T}$:

$$\operatorname{Var}\widetilde{\theta} = \operatorname{Var}\widehat{\theta} + \operatorname{Var}\widetilde{T} \geq \operatorname{Var}\widehat{\theta}.$$

Die Eindeutigkeit von $\widehat{\theta}$ folgt wegen $\mathrm{E}\widetilde{T} = 0$ aus:

$$\operatorname{Var}\widetilde{\theta} = \operatorname{Var}\widehat{\theta} \Longleftrightarrow \operatorname{Var}\widetilde{T} = 0 \Longleftrightarrow \mathrm{P}\left\{\widetilde{T} = 0\right\} = \mathrm{P}\left\{\widehat{\theta} = \widetilde{\theta}\right\} = 1.$$

□

BLUE -Schätzer im linearen Modell

Solange nichts anderes gesagt ist, gehen wir vom folgenden linearen Modell aus:

$$\mathbf{y} = \boldsymbol{\mu} + \boldsymbol{\varepsilon}\,; \quad \boldsymbol{\mu} \in \mathbf{M} \quad \operatorname{Cov}\boldsymbol{\varepsilon} =: \mathbf{C} \geq \mathbf{0}. \tag{6.24}$$

Weiter ist $\mathbf{P} = \mathbf{P_M} = \mathbf{X}\mathbf{X}^{+}$die euklidische Orthogonalprojektion nach $\mathbf{M}$ und

$$\mathbf{Q} := \mathbf{I} - \mathbf{P}.$$

Weiter bezeichne $\mathbb{P}$ eine beliebige $n \times n$ Matrix und $\mathbb{P}\mathbf{y}$ eine lineare Schätzfunktion. Wenden wir nun den Satz 292 auf lineare Schätzer in linearen Modellen an, erhalten wir die Charakterisierung der BLUE-Schätzer.

Satz 293 *Eine eindimensionale Schätzfunktion* $\mathbf{k}'\mathbf{y}$ *ist genau dann* BLUE *für* $\mathbf{k}'\boldsymbol{\mu}$, *wenn*

$$\mathbf{k}'\mathbf{C}\mathbf{Q} = \mathbf{0} \tag{6.25}$$

ist. Eine Schätzfunktion $\mathbb{P}\mathbf{y}$ *ist genau dann* BLUE *für* $\boldsymbol{\mu}$, *falls gilt:*

$$\mathbb{P}\boldsymbol{\mu} = \boldsymbol{\mu} \quad \forall \boldsymbol{\mu} \in \mathbf{M}, \tag{6.26}$$

$$\mathbb{P}\mathbf{C}\mathbf{Q} = \mathbf{0}. \tag{6.27}$$

Beweis:

1. $\mathbf{k}'\mathbf{y}$ ist nach Satz 292 genau dann BLUE für $\mathbf{k}'\boldsymbol{\mu}$, wenn für jede lineare Statistik $\mathbf{T} := \mathbf{t}'\mathbf{y}$ mit $\mathrm{E}\,\mathbf{t}'\mathbf{y} = 0$ auch $\operatorname{Cov}(\mathbf{k}'\mathbf{y}; \mathbf{t}'\mathbf{y}) = \mathbf{k}'\mathbf{C}\mathbf{t} = \mathbf{0}$ folgt.

2. Für jede Statistik $\mathbf{t}'\mathbf{y}$ gilt folgende Äquivalenz:

   $0 = \mathrm{E}\mathbf{t}'\mathbf{y} = \mathbf{t}'\boldsymbol{\mu} \quad \forall \boldsymbol{\mu} \in \mathbf{M} \Leftrightarrow \mathbf{t} \perp \mathbf{M} \Leftrightarrow \mathbf{t} = (\mathbf{I} - \mathbf{P})\,\mathbf{s}$ mit passendem $\mathbf{s} \in \mathbb{R}^n$.

3. Aus 1. und 2. folgt: $\mathbf{k}'\mathbf{y}$ ist genau dann BLUE für $\mathbf{k}'\boldsymbol{\mu}$, falls gilt:

$$\mathbf{k}'\mathbf{C}\,(\mathbf{I}-\mathbf{P})\,\mathbf{s}=\mathbf{0} \quad \forall\mathbf{s} \Longleftrightarrow \mathbf{k}'\mathbf{C}\mathbf{Q}=\mathbf{0}.$$

4. $\mathbb{P}\mathbf{y}$ ist genau dann erwartungstreu, wenn $\mathbb{P}\mathbf{y} = \boldsymbol{\mu}$ ist. Weiter ist ein erwartungstreuer Schätzer $\mathbb{P}\mathbf{y}$ genau dann BLUE für $\boldsymbol{\mu}$, wenn für jedes $\mathbf{k}$ der Schätzer $\mathbf{k}'\mathbb{P}\mathbf{y}$ BLUE ist für $\mathbf{k}'\,\mathbb{P}\boldsymbol{\mu} = \mathbf{k}'\boldsymbol{\mu}$. Dies gilt genau dann, wenn gilt:

$$\mathbf{k}'\,\mathbb{P}\mathbf{C}\mathbf{Q}=\mathbf{0} \quad \forall\mathbf{k} \Longleftrightarrow \mathbb{P}\mathbf{C}\mathbf{Q}=\mathbf{0}.$$

□

Geometrisch bedeutet der Satz 293:

Satz 294 $\mathbb{P}\mathbf{y}$ *ist genau dann* BLUE, *wenn* $\mathbb{P}\mathbf{y}$ *eine schräge Parallelprojektion, parallel zu* $\mathbf{CM}^{\perp}$ *auf* $\mathbf{M}$ *ist. (Dabei ist es belanglos, was* $\mathbb{P}$ *auf* $\mathbb{R}^n \ominus \mathcal{L}\left\{\mathbf{CM}^{\perp};\mathbf{M}\right\}$ *macht.)*

Beweis:
Nach Satz 293 ist $\mathbb{P}\mathbf{y}$ ist genau dann BLUE, wenn

$$\mathbb{P}\mathbf{M}=\mathbf{M} \quad \text{und} \quad \mathbb{P}\mathbf{CM}^{\perp}=\mathbf{0}$$

ist. Demnach ist $\mathbb{P}$ eine lineare Abbildung, die $\mathbf{M}$ invariant läßt und den Teilraum $\mathbf{CM}^{\perp}$ auf die Null abbildet. $\mathbf{CM}^{\perp}$ und $\mathbf{M}$ sind linear unabhängig, denn aus $\mathbf{m} \in \mathbf{M}$ folgt $\mathbb{P}\mathbf{m} = \mathbf{m}$ und aus $\mathbf{m} \in \mathbf{CM}^{\perp}$ folgt $\mathbb{P}\mathbf{m} = \mathbf{0}$. Also ist $\mathbf{CM}^{\perp} \cap \mathbf{M} = \mathbf{0}$. (Vergleiche auch die Ausführungen über die schräge Parallelprojektion im Anhang von Kapitel 1.)
□

Bemerkungen:

1. Existiert $\mathbf{C}^{-1}$, dann gilt:

$$\mathbf{n} \in \mathbf{CM}^{\perp} \Longleftrightarrow \mathbf{m}'\mathbf{C}^{-1}\mathbf{n}=0 \quad \forall\mathbf{m} \in \mathbf{M}.$$

   Daher ist $\mathbf{CM}^{\perp}$ das orthogonale Komplement von $\mathbf{M}$ in der Mahalanobis-Metrik, die über das Skalarprodukt:

$$\langle\mathbf{a},\mathbf{b}\rangle_{\mathbf{C}^{-1}} := \mathbf{a}'\mathbf{C}^{-1}\mathbf{b}$$

   definiert ist. $\mathbb{P}\mathbf{y}$ ist daher in der Mahalanobis-Metrik die Orthogonalprojektion von $\mathbf{y}$ auf $\mathbf{M}$. Damit haben wir erneut den Satz 288 von Gauß-Markov und seine Verallgemeinerung, Satz 290 bewiesen.

2. Ist die Kovarianzmatrix singulär, existiert die Mahalanobis-Metrik nicht mehr. Die Störung $\boldsymbol{\varepsilon}$ liegt mit Wahrscheinlichkeit 1 in dem von den Spalten der Kovarianzmatrix $\mathbf{C}$ aufgespannten Raum $\mathcal{L}\{\mathbf{C}\}$, einem echten Teilraum des $\mathbb{R}^n$. Die singuläre Kovarianzmatrix $\mathbf{C}$ schließt gewisse Meßfehler aus. Dies muß bei Schätzungen berücksichtigt werden: Bestimmen wir z.B. den Ort eines Sterns im Raum, sind Meßfehler in allen drei Dimensionen möglich, messen wir den Ort einer Kugel auf einem Billiardtisch, so sind Meßfehler nur in zwei Dimensionen möglich, auch wenn wir die Lage der Kugel dreidimensional beschreiben.

- Um BLUE Schätzer zu finden, wird die Beziehung der Räume $\mathcal{L}\{\mathbf{C}\}$ und $\mathbf{M}$ zueinander bestimmt und die Beobachtung $\mathbf{y}$ in Komponenten zerlegt:

$$\mathbf{y} = \boldsymbol{\mu}_1 + \boldsymbol{\mu}_2 + \boldsymbol{\varepsilon} = \boldsymbol{\mu}_1 + \boldsymbol{\delta},$$

die sich den Räumen zuordnen lassen. Dabei ist:

$$\boldsymbol{\mu}_1 \in \mathbf{M} \ominus (\mathcal{L}\{\mathbf{C}\} \cap \mathbf{M})\,; \qquad \boldsymbol{\mu}_2 \in \mathcal{L}\{\mathbf{C}\} \cap \mathbf{M}; \qquad \boldsymbol{\delta} = \boldsymbol{\mu}_2 + \boldsymbol{\varepsilon} \in \mathcal{L}\{\mathbf{C}\}.$$

$\boldsymbol{\mu}_1$ ist fehlerfrei erkennbar. Außerdem sind $\boldsymbol{\mu}_1$ und $\boldsymbol{\delta}$ linear unabhängig. Also können wir von $\mathbf{y}$ die fehlerfreie Komponente aus $\mathbf{M} \ominus (\mathcal{L}\{\mathbf{C}\} \cap \mathbf{M})$ abspalten und dann die restliche Komponente aus $\mathcal{L}\{\mathbf{C}\}$ nach einer Koordinatentransformation wie gewohnt schätzen.

Satz 295 *Im Modell* (6.24) *ist* $\mathbb{P}\mathbf{y}$ BLUE *für* $\boldsymbol{\mu}$. *Dabei ist:*

$$\mathbb{P}\mathbf{y} := \mathbf{P}\left(\mathbf{I} - \mathbf{CQ}\,(\mathbf{QCQ})^{+}\,\mathbf{Q}\right).$$

Beweis:
Wir zeigen, daß die Bedingungen (6.26) und (6.27) von Satz 293 erfüllt sind.
1. $\mathbb{P}\boldsymbol{\mu} = \mathbf{P}\left(\mathbf{I} - \mathbf{CQ}\,(\mathbf{QCQ})^{+}\,\mathbf{Q}\right)\boldsymbol{\mu} = \mathbf{P}\boldsymbol{\mu} = \boldsymbol{\mu}$, da $\mathbf{Q}\boldsymbol{\mu} = \mathbf{0} \quad \forall \boldsymbol{\mu} \in \mathbf{M}$.
2. Da $\mathbf{C} \geq \mathbf{0}$ eine nichtnegativ-definite symmetrische Matrix ist, können wir $\mathbf{C} = \mathbf{C}^{1/2}\mathbf{C}^{1/2}$ mit symmetrischem $\mathbf{C}^{1/2}$ schreiben. Mit der Abkürzung $\mathbf{D} := \mathbf{C}^{1/2}\mathbf{Q}$ ist dann $\mathbf{QCQ} = \mathbf{D}'\mathbf{D}$ und $\mathbf{CQ} = \mathbf{C}^{1/2}\mathbf{D}$. Daraus folgt:

$$\begin{aligned}\mathbb{P}\mathbf{CQ} &= \mathbf{P}\left(\mathbf{I} - \mathbf{CQ}\,(\mathbf{QCQ})^{+}\,\mathbf{Q}\right)\mathbf{CQ} \\ &= \mathbf{P}\left(\mathbf{C}^{1/2}\mathbf{D} - \mathbf{C}^{1/2}\mathbf{D}\,(\mathbf{D}'\mathbf{D})^{+}\,\mathbf{D}'\mathbf{D}\right) = \mathbf{P}\left(\mathbf{C}^{1/2}\mathbf{D} - \mathbf{C}^{1/2}\mathbf{D}\right) = 0.\end{aligned}$$

□

Wann ist der KQ-Schätzer BLUE?

Ersetzen wir in Satz 293 $\mathbb{P}$ durch $\mathbf{P}$, so erhalten wir ein notwendiges und hinreichendes Kriterium dafür, daß der gewöhnliche KQ-Schätzer $\widehat{\boldsymbol{\mu}} = \mathbf{Py}$ BLUE ist, selbst wenn die Kovarianzmatrix Cov $\mathbf{y} \neq \sigma^2\mathbf{I}$ ist.

Satz 296 $\widehat{\mu} = \mathbf{Py}$ *ist genau dann* BLUE, *wenn eine der drei äquivalenten Bedingungen erfüllt ist:*

$$\mathbf{PC}(\mathbf{I}-\mathbf{P}) = \mathbf{0}, \tag{6.28}$$

$$\mathbf{PC} = \mathbf{CP}, \tag{6.29}$$

$$\mathcal{L}\{\mathbf{CX}\} \subseteq \mathbf{M}. \tag{6.30}$$

Beweis:
Setzt man $\mathbb{P} := \mathbf{P}$, so ist die erste Bedingung (6.26) von Satz 293 von selbst erfüllt und die zweite ist identisch mit (6.28). (6.30) und (6.28) sind äquivalent:

$$\begin{aligned}(\mathcal{L}\{\mathbf{CX}\} \subset \mathbf{M}) \quad &\Leftrightarrow \quad \mathbf{PCX} = \mathbf{CX} \Leftrightarrow \mathbf{PCXX}^{+} = \mathbf{CXX}^{+} \Leftrightarrow \mathbf{PCP} = \mathbf{CP} \\ &\Leftrightarrow \quad (\mathbf{P}-\mathbf{I})\,\mathbf{CP} = \mathbf{0} \Leftrightarrow \mathbf{QCP} = \mathbf{0} \Leftrightarrow (\mathbf{QCP})' = \mathbf{PCQ} = \mathbf{0}.\end{aligned}$$

Aus (6.28) folgt wegen der Symmetrie von **PCP:**

$$\mathbf{PCQ} = \mathbf{0} \Leftrightarrow \mathbf{PC} = \mathbf{PCP} = (\mathbf{PCP})' = \mathbf{CP}.$$

und damit (6.29). Aus (6.29) folgt: $\mathbf{PC} = \mathbf{PPC} = \mathbf{PCP}$ also $\mathbf{PCQ} = \mathbf{0}$.
□

Als Anwendungbeispiel betrachten wir ein Modell mit einer speziellen Struktur der Kovarianzmatrix **C**.

Satz 297 *Hat im linearen Modell*(6.24) *die Kovarianzmatrix* **C** *die Gestalt:*

$$\mathbf{C} = \alpha\mathbf{I} + \sum_{k=1}^{r} \gamma_k \,\mathbf{m}_k \mathbf{m}_k',$$

mit festen Vektoren $\mathbf{m}_k \in \mathbf{M}$, *so ist* $\widehat{\mu} = \mathbf{Py}$ BLUE.

Beweis:
Für jedes $\mathbf{m} \in \mathbf{M}$ ist:

$$\mathbf{Cm} = \alpha\mathbf{m} + \sum_{k=1}^{r} \gamma_k \mathbf{m}_k \,(\mathbf{m}_k'\mathbf{m}) =: \alpha\mathbf{m} + \sum_{k=1}^{r} \mathbf{m}_k \delta_k \ \in \mathbf{M}.$$

Also ist $\mathcal{L}\{\mathbf{CX}\} \subseteq \mathbf{M}$ und Satz 296 greift.
□

Als Spezialfall betrachten wir homoskedastische[18] und untereinander konstant korrelierte Störungen ε_i. Zum Beispiel habe **C** bei $n = 4$ die folgende Gestalt:

$$\mathbf{C} := \operatorname{Cov} \boldsymbol{\varepsilon} = \begin{pmatrix} \sigma^2 & \gamma & \gamma & \gamma \\ \gamma & \sigma^2 & \gamma & \gamma \\ \gamma & \gamma & \sigma^2 & \gamma \\ \gamma & \gamma & \gamma & \sigma^2 \end{pmatrix}$$

Allgemein habe $\mathbf{C} := \operatorname{Cov} \boldsymbol{\varepsilon}$ die Gestalt:

$$\mathbf{C} = \left(\sigma^2 - \gamma\right)\mathbf{I} + \gamma\mathbf{1}\mathbf{1}'.$$

Ist $\mathbf{1} \in \mathbf{M}$, so ist nach Satz 296 $\widehat{\mu} = \mathbf{Py}$ BLUE.

[18] Zufällige Variablen heißen **homoskedastisch**, wenn ihre Varianzen gleich groß sind.

6.7 Schätzen unter Nebenbedingungen

6.7.1 Das eingeschränkte lineare Modell

In diesem Abschnitt behandeln wir lineare Modelle, die durch Nebenbedingungen eingeschränkt sind. Diese haben im wesentlichen zwei Aufgaben:

1. Durch Nebenbedingungen können externes Sachwissen und zusätzliche Informationen über Parameter in das Modell eingebracht werden. Hypothesen über Modellstrukturen lassen sich durch Nebenbedingungen formulieren und dadurch testen, indem man vergleicht, wie gut Beobachtungen mit dem eingeschränkten bzw. dem uneingeschränkten Modell verträglich sind.

2. Durch Nebenbedingungen lassen sich im Modell noch nicht eindeutig definierte Parameter nachträglich eindeutig festlegen.

Nebenbedingungen schränken die Menge der Parameter $\boldsymbol{\beta}$ auf eine nichtleere Teilmenge $\mathbf{N}_{neb} \subseteq \mathbb{R}^{m+1}$ ein. Das eingeschränkte Modell läßt sich durch:

$$\mathbf{y} = \boldsymbol{\mu} + \boldsymbol{\varepsilon} \qquad \boldsymbol{\mu} \in \mathbf{M}_{neb} := \{\boldsymbol{\mu} = \mathbf{X}\boldsymbol{\beta} | \boldsymbol{\beta} \in \mathbf{N}_{neb}\}$$

beschreiben. Dabei ist $\mathbf{N}_{neb}$ die Menge der *zulässigen* $\boldsymbol{\beta}$ und $\mathbf{M}_{neb}$ die der *zulässigen* $\boldsymbol{\mu}$. Die Kleinst-Quadrat-Schätzung $\widehat{\boldsymbol{\mu}}_{neb}$ von $\boldsymbol{\mu}$ bzw. von $\widehat{\boldsymbol{\beta}}_{neb}$ von $\boldsymbol{\beta}$ im eingeschränkten linearen Modell ist die Lösung von:

$$\|\mathbf{y} - \widehat{\boldsymbol{\mu}}_{neb}\|^2 = \min_{\boldsymbol{\mu} \in \mathbf{M}_{neb}} \|\mathbf{y} - \boldsymbol{\mu}\|^2$$

(Abbildung 6.8). Ist $\mathbf{M}_{neb}$ kein linearer Raum, so werden wir hier mit $\mathcal{P}_{\mathbf{M}_{neb}}\mathbf{y}$

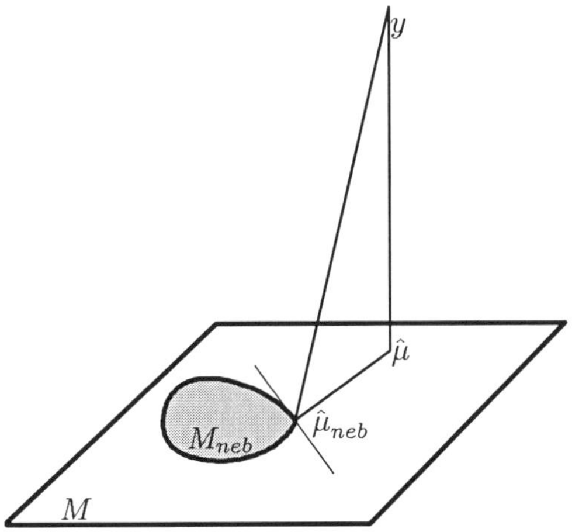

Abbildung 6.8: Kleinst-Quadrate-Schätzung im eingeschränkten Modell

diejenigen Punkte aus $\mathbf{M}_{neb}$ bezeichnen, die minimalen Abstand von $\mathbf{y}$ haben:

$$\mathcal{P}_{\mathbf{M}_{neb}}\mathbf{y} := \widehat{\boldsymbol{\mu}}_{neb}.$$

Dabei muß man zweierlei beachten:

1. $\mathcal{P}_{\mathbf{M}_{neb}}\mathbf{y}$ muß nicht immer existieren. Ist z.B. der $\mathbb{R}^1$ der Oberraum, $\mathbf{y}$ die Zahl 0 und $\mathbf{M}_{neb}$ das offenen Intervall $(0; 1)$, dann gibt es keinen Punkt aus $\mathbf{M}_{neb}$ mit minimalem Abstand zu $\mathbf{y}$.

2. $\mathcal{P}_{\mathbf{M}_{neb}}\mathbf{y}$ muß nicht immer eindeutig zu sein. Ist $\mathbf{y}$ der Mittelpunkt eines Kreises und $\mathbf{M}_{neb}$ die Kreislinie, dann gibt es unendlich viele Punkte aus $\mathbf{M}_{neb}$ mit minimalem Abstand zu $\mathbf{y}$.

3. Bei nichtlinearen Nebenbedingungen ist die allgemeine Bestimmung von $\widehat{\boldsymbol{\mu}}_{neb}$ meist eine schwierige, oft nur numerisch zu lösende Aufgabe. Generell läßt sich jedoch $\widehat{\boldsymbol{\mu}}_{neb}$ in zwei Etappen bestimmen: Wegen $\mathbf{M}_{neb} \subseteq \mathbf{M}$ gilt für alle $\boldsymbol{\mu}_{neb} \in \mathbf{M}_{neb}$:

$$\mathbf{y} - \boldsymbol{\mu}_{neb} = \underbrace{\mathbf{y} - \mathbf{P_M y}}_{\perp \mathbf{M}} + \underbrace{\mathbf{P_M y} - \boldsymbol{\mu}_{neb}}_{\in \mathbf{M}}, \tag{6.31}$$

$$\|\mathbf{y} - \boldsymbol{\mu}_{neb}\|^2 = \|\mathbf{y} - \mathbf{P_M y}\|^2 + \|\mathbf{P_M y} - \boldsymbol{\mu}_{neb}\|^2. \tag{6.32}$$

Also ist $\widehat{\boldsymbol{\mu}}_{neb}$ derjenige Punkt aus $\mathbf{M}_{neb}$ mit mimalem Abstand zu $\mathbf{P_M y}$. Demnach gilt auch hier die Regel für das Hintereinanderausführen von Projektionen:

$$\mathcal{P}_{\mathbf{M}_{neb}}\mathbf{y} = \mathcal{P}_{\mathbf{M}_{neb}}\mathbf{P_M y}.$$

Damit haben wir folgende einfache Regel gefunden:

(a) Ignoriere die Nebenbedingungen; und bestimme $\widehat{\boldsymbol{\mu}} = \mathbf{P_M y}$.

(b) Ersetze $\mathbf{y}$ durch $\widehat{\boldsymbol{\mu}}$ und bestimme $\widehat{\boldsymbol{\mu}}_{neb} = \mathcal{P}_{\mathbf{M}_{neb}}\widehat{\boldsymbol{\mu}}$ unter Beachtung der Nebenbedingungen.

4. Setzen wir $\|\mathbf{y} - \widehat{\boldsymbol{\mu}}_{neb}\|^2 =: \mathrm{SSE}_{neb}$ und $\|\mathbf{y} - \widehat{\boldsymbol{\mu}}\|^2 =: \mathrm{SSE}$, dann folgt aus (6.32) die Aufspaltung der Fehlerquadratsumme:

$$\mathrm{SSE}_{neb} = \mathrm{SSE} + \|\widehat{\boldsymbol{\mu}} - \widehat{\boldsymbol{\mu}}_{neb}\|^2.$$

Durch die Nebenbedingung wird also die Modellanpassung nicht verbessert. SSE bleibt nach Einführung der Nebenbedingung genau dann invariant, wenn $\widehat{\boldsymbol{\mu}}$ bereits von sich aus die Nebenbedingung erfüllte: $\widehat{\boldsymbol{\mu}} = \widehat{\boldsymbol{\mu}}_{neb}$.

6.7.2 Gestalt der Nebenbedingungen

Nebenbedingungen können durch endlich viele Gleichungen und Ungleichungen angegeben werden:

$$\mathbf{B}_{neb} = \left\{ \boldsymbol{\beta} \,\middle|\, \begin{array}{l} n_k(\boldsymbol{\beta}) = a_k; \; k = 1, \cdots, q \\ n_k(\boldsymbol{\beta}) \leq a_k; \; k = q+1, \cdots, r. \end{array} \right\}$$

Dabei sind die $n_k(\boldsymbol{\beta})$ vorgegebene Funktionen. Sind die $n_k(\boldsymbol{\beta})$ lineare Funktionen, so sind $\mathbf{B}_{neb}$ und $\mathbf{M}_{neb}$ konvexe Polyeder. Sind die Nebenbedingungen ausschließlich durch lineare Gleichungen gegeben, so ist $\mathbf{M}_{neb}$ eine Hyperebene in $\mathbf{M}$:

$$\mathbf{M}_{neb} = \{\boldsymbol{\mu} = \mathbf{X}\boldsymbol{\beta} \,|\, \mathbf{n}_k'\boldsymbol{\beta} = a_k \quad k = 1, \ldots, q\}.$$

Fassen wir die a_k in einem Vektor $\mathbf{a}$ und die $\mathbf{n}_k$ in einer $(q \times (m+1))$-Matrix $\mathbf{N}' = (\mathbf{n}_1; \mathbf{n}_2; \ldots; \mathbf{n}_q)$ zusammen, erhalten wir:

$$\mathbf{M}_{neb} = \{\boldsymbol{\mu} = \mathbf{X}\boldsymbol{\beta} | \mathbf{N}'\boldsymbol{\beta} = \mathbf{a}\}.$$

Ist $\mathbf{a}$ ungleich Null, sprechen wir von **inhomogenen**, andernfalls von **homogenen** linearen Nebenbedingungen.

Wir befassen uns im weiteren nur noch mit **linearen Nebenbedingungen** und lassen den Zusatz "linear" weg. In diesem Fall ist $\mathbf{M}_{neb}$ ein linearer Unterraum von $\mathbf{M}$ und:

$$\mathbf{P}_{\mathbf{M}_{neb}} = \mathcal{P}_{\mathbf{M}_{neb}}.$$

Weiter genügt es, sich mit homogenen Nebenbedingungen zu befassen, da sich ein Modell mit inhomogenen Nebenbedingungenen folgendermaßen in ein äquivalentes Modell mit homogenen Nebenbedingungen transformieren läßt: Da $\mathbf{B}_{neb}$ nicht leer ist, muß es mindestens einen Vektor $\boldsymbol{\beta}_0$ geben, der die Nebenbedingungen erfüllt: $\mathbf{N}'\boldsymbol{\beta}_0 = \mathbf{a}$. Dann ist $\mathbf{N}'(\boldsymbol{\beta} - \boldsymbol{\beta}_0) = \mathbf{0}$. Definieren wir nun $\boldsymbol{\beta}^* = \boldsymbol{\beta} - \boldsymbol{\beta}_0$ und $\mathbf{y}^* = \mathbf{y} - \mathbf{X}\boldsymbol{\beta}_0$, so ist:

$$\|\mathbf{y} - \mathbf{X}\boldsymbol{\beta}\|^2 = \|\mathbf{y} - \mathbf{X}\boldsymbol{\beta}_0 - \mathbf{X}(\boldsymbol{\beta} - \boldsymbol{\beta}_0)\|^2 = \|\mathbf{y}^* - \mathbf{X}\boldsymbol{\beta}^*\|^2.$$

Damit erhalten wir das äquivalente transformierte lineare Modell mit einer homogenen Nebenbedingung:

$$\mathbf{y}^* = \mathbf{X}\boldsymbol{\beta}^* + \boldsymbol{\varepsilon}, \qquad \mathbf{N}'\boldsymbol{\beta}^* = \mathbf{0}.$$

Haben wir $\widehat{\boldsymbol{\beta}}^*_{neb}$ und $\widehat{\boldsymbol{\mu}}^*_{neb}$ bestimmt, dann ist:

$$\begin{aligned} \widehat{\boldsymbol{\beta}}_{neb} &= \widehat{\boldsymbol{\beta}}^*_{neb} + \boldsymbol{\beta}_0, \\ \widehat{\boldsymbol{\mu}}_{neb} &= \widehat{\boldsymbol{\mu}}^*_{neb} + \mathbf{X}\boldsymbol{\beta}_0, \\ \mathbf{y} - \widehat{\boldsymbol{\mu}}_{neb} &= \mathbf{y}^* - \widehat{\boldsymbol{\mu}}^*_{neb}. \end{aligned}$$

Wir werden im weiteren nur noch mit homogenen Nebenbedingungen arbeiten, Ergebnisse und Sätze mitunter auch für inhomogene Nebenbedingungen formulieren.

6.7.3 Schätzung nach Reparametrisierung

Löst man die Nebenbedingungen $\mathbf{N}'\boldsymbol{\beta}_{neb} = \mathbf{0}$ nach $\boldsymbol{\beta}_{neb}$ auf, so erhält man:

$$\boldsymbol{\beta}_{neb} = (\mathbf{I} - \mathbf{P_N})\boldsymbol{\tau}. \tag{6.33}$$

Setzen wir (6.33) in die Modellgleichung $\boldsymbol{\mu} = \mathbf{X}\boldsymbol{\beta}$ ein, so erhalten wir die **reparametrisierte Modellgleichung:**

$$\boldsymbol{\mu} = \mathbf{X}(\mathbf{I} - \mathbf{P_N})\boldsymbol{\tau}, \tag{6.34}$$

dessen Parameter $\boldsymbol{\tau}$ keiner Nebenbedingung unterworfen ist. Mit der Abkürzung:

$$\mathbf{Z} := \mathbf{X}(\mathbf{I} - \mathbf{P_N}) \tag{6.35}$$

lautet das **reparametrisierte lineare Modell:**

$$\mathbf{y} = \mathbf{Z}\boldsymbol{\tau} + \boldsymbol{\varepsilon}. \tag{6.36}$$

Satz 298 *Der KQ-Schätzer* $\widehat{\boldsymbol{\beta}}_{neb}$ *unter der Nebenbedingung* $\mathbf{N}'\boldsymbol{\beta} = \mathbf{0}$ *ist:*

$$\widehat{\boldsymbol{\beta}}_{neb} = (\mathbf{I} - \mathbf{P_N})\mathbf{Z}^+\mathbf{y} + (\mathbf{I} - \mathbf{P}_{\mathbf{X}',\mathbf{N}})\mathbf{g}. \tag{6.37}$$

Dabei ist der Vektor $\mathbf{g}$ *beliebig wählbar.*

Beweis:
Der KQ-Schätzer $\widehat{\boldsymbol{\tau}}$ im reparametrisierten linearen Modell (6.36) ist:

$$\widehat{\boldsymbol{\tau}} = \mathbf{Z}^+\mathbf{y} + (\mathbf{I} - \mathbf{P}_{\mathbf{Z}'})\mathbf{g}. \tag{6.38}$$

Setzen wir dieses $\widehat{\boldsymbol{\tau}}$ in die Gleichung (6.33) ein, erhalten wir:

$$\widehat{\boldsymbol{\beta}}_{neb} = (\mathbf{I} - \mathbf{P_N})\mathbf{Z}^+\mathbf{y} + (\mathbf{I} - \mathbf{P_N})(\mathbf{I} - \mathbf{P}_{\mathbf{Z}'})\mathbf{g}. \tag{6.39}$$

Der zweite Summand in (6.39) läßt sich noch etwas vereinfachen. Es ist:

$$(\mathbf{I} - \mathbf{P_N})(\mathbf{I} - \mathbf{P}_{\mathbf{Z}'}) = \mathbf{I} - (\mathbf{P}_{\mathbf{Z}'} + \mathbf{P_N}) + \mathbf{P_N}\mathbf{P}_{\mathbf{Z}'}.$$

Wegen (6.35) ist $\mathbf{ZN} = \mathbf{0}$. Also sind $\mathbf{Z}'$ und $\mathbf{N}$ orthogonal. Daher ist $\mathbf{P_N}\mathbf{P}_{\mathbf{Z}'} = \mathbf{0}$ und $\mathbf{P}_{\mathbf{Z}'} + \mathbf{P_N} = \mathbf{P}_{\mathbf{Z}' \oplus \mathbf{N}} = \mathbf{P}_{\mathbf{X}',\mathbf{N}}$.
□

6.7.4 Schätzung mit der Methode von Lagrange

Das Lagrange-Funktional der Extremwert-Aufgabe "*Minimiere* $\|\mathbf{y} - \mathbf{X}\boldsymbol{\beta}\|^2$ *unter der Nebenbedingung* $\mathbf{N}'\widehat{\boldsymbol{\beta}} = \mathbf{0}$" ist

$$\Lambda(\widehat{\boldsymbol{\beta}}; \boldsymbol{\lambda}) = \|\mathbf{y} - \mathbf{X}\boldsymbol{\beta}\|^2 + 2\boldsymbol{\lambda}'\mathbf{N}'\widehat{\boldsymbol{\beta}}. \tag{6.40}$$

Dabei ist $\boldsymbol{\lambda}$ der Vektor der Lagrange-Multiplikatoren. Nullsetzen der partiellen Ableitungen nach $\widehat{\boldsymbol{\beta}}$ und $\boldsymbol{\lambda}$ liefert das System der Lagrange-Gleichungen. Für dieses System gilt der Satz:

Satz 299 *Das System der Lagrange-Gleichungen:*

$$\mathbf{X}'\mathbf{y} = \mathbf{X}'\mathbf{X}\widehat{\boldsymbol{\beta}} + \mathbf{N}\boldsymbol{\lambda}, \tag{6.41}$$

$$\mathbf{0} = \mathbf{N}'\widehat{\boldsymbol{\beta}}, \tag{6.42}$$

ist lösbar. Ist $\left(\widehat{\boldsymbol{\beta}}, \lambda\right)$ *ein Lösung, so ist* $\widehat{\boldsymbol{\beta}} = \widehat{\boldsymbol{\beta}}_{neb}$. *Umgekehrt existiert zu jedem* $\widehat{\boldsymbol{\beta}}_{neb}$ *ein* λ, *so* $\left(\widehat{\boldsymbol{\beta}}_{neb}, \lambda\right)$ *Lösung der Lagrange-Gleichungen* (6.41) *und* (6.42) *ist.*

Beweis:
Wir betrachten das reparametrisierte lineare Modell $\mathbf{y} = \mathbf{Z}\boldsymbol{\tau} + \boldsymbol{\varepsilon}$. Die Normalgleichung des reparametrisierten linearen Modells ist $\mathbf{Z}'\mathbf{y} = \mathbf{Z}'\mathbf{Z}\boldsymbol{\tau}$. Setzen wir $\mathbf{Z} = \mathbf{X}(\mathbf{I} - \mathbf{P_N})$ ein, multiplizieren die Produkte aus und fassen zusammen, so erhalten wir:

$$\mathbf{X}'\mathbf{X}(\mathbf{I} - \mathbf{P_N})\boldsymbol{\tau} + \mathbf{P_N}\mathbf{X}'(\mathbf{y} - \mathbf{X}(\mathbf{I} - \mathbf{P_N})\boldsymbol{\tau}) = \mathbf{X}'\mathbf{y}. \tag{6.43}$$

Wegen $\mathbf{P_N} = \mathbf{N}\mathbf{N}^+$ können wir in (6.43) die folgenden Abkürzungen einführen:

$$\widehat{\boldsymbol{\beta}} := (\mathbf{I} - \mathbf{P_N})\boldsymbol{\tau}, \tag{6.44}$$

$$\lambda := \mathbf{N}^+\mathbf{X}'(\mathbf{y} - \mathbf{X}(\mathbf{I} - \mathbf{P_N})\boldsymbol{\tau}), \tag{6.45}$$

$$\mathbf{N}\lambda := \mathbf{P_N}\mathbf{X}'(\mathbf{y} - \mathbf{X}(\mathbf{I} - \mathbf{P_N})\boldsymbol{\tau}). \tag{6.46}$$

Dann lautet (6.43):

$$\mathbf{X}'\mathbf{X}\widehat{\boldsymbol{\beta}} + \mathbf{N}\lambda = \mathbf{X}'\mathbf{y}.$$

Daher sind $\widehat{\boldsymbol{\beta}}$ aus (6.44) und $\boldsymbol{\lambda}$ aus (6.45) eine Lösung der Lagrange-Gleichungen (6.41) und (6.42).
Ist umgekehrt $(\widehat{\boldsymbol{\beta}}; \boldsymbol{\lambda})$ Lösung von (6.41) und (6.42), so folgt durch Multiplikation von (6.41) mit $(\mathbf{I} - \mathbf{P_N})$:

$$(\mathbf{I} - \mathbf{P_N})\mathbf{X}'\mathbf{y} = (\mathbf{I} - \mathbf{P_N})\mathbf{X}'\mathbf{X}\widehat{\boldsymbol{\beta}} + (\mathbf{I} - \mathbf{P_N})\mathbf{N}\boldsymbol{\lambda} = (\mathbf{I} - \mathbf{P_N})\mathbf{X}'\mathbf{X}\widehat{\boldsymbol{\beta}}.$$

Aus (6.42) folgt $\widehat{\boldsymbol{\beta}} = (\mathbf{I} - \mathbf{P_N})\boldsymbol{\tau}$ mit geeignetem τ. Damit gilt mit (6.35):

$$(\mathbf{I} - \mathbf{P_N})\mathbf{X}'\mathbf{y} = (\mathbf{I} - \mathbf{P_N})\mathbf{X}'\mathbf{X}(\mathbf{I} - \mathbf{P_N})\boldsymbol{\tau} \Leftrightarrow \mathbf{Z}'\mathbf{y} = \mathbf{Z}'\mathbf{Z}\boldsymbol{\tau}.$$

Also erfüllt $\boldsymbol{\tau}$ die Normalgleichung des reparametrisierten Modells (6.36) und somit ist $\widehat{\boldsymbol{\beta}} = \widehat{\boldsymbol{\beta}}_{neb}$.
□

6.7.5 Schätzung mit Projektionen

Mitunter kann man auch $\mathbf{P}_{\mathbf{M}_{neb}}\mathbf{y}$ ohne mühsame Optimierung unmittelbar angeben, wenn der Raum $\mathbf{M}_{neb}$ mathematisch leicht zugänglich ist. Dieser Glücksfall tritt ein, wenn die Nebenbedingungen explizit als lineares Gleichungssystem für $\boldsymbol{\mu}$ vorliegen. Dann gilt ein Satz, den wir im nächsten Kapitel in einem anderen Zusammenhang wiederfinden, vgl. Satz 317:

Satz 300 *Der KQ-Schätzer $\widehat{\boldsymbol{\mu}}_{neb}$ für $\boldsymbol{\mu}$ unter der Nebenbedingung:*

$$\mathbf{K}'\boldsymbol{\mu} = \mathbf{K}'\boldsymbol{\mu}_0$$

mit beliebigem $\boldsymbol{\mu}_0 \in \mathbf{M}$ ist gegeben durch:

$$\widehat{\boldsymbol{\mu}}_{neb} = \widehat{\boldsymbol{\mu}} - \mathbf{P}_{\mathbf{M}}\mathbf{K}(\mathbf{K}'\mathbf{P}_{\mathbf{M}}\mathbf{K})^{+}\mathbf{K}'\mathbf{P}_{\mathbf{M}}(\mathbf{y} - \boldsymbol{\mu}_0). \tag{6.47}$$

Sind die in der Matrix $\mathbf{K}'(\boldsymbol{\mu} - \boldsymbol{\mu}_0) = \mathbf{0}$ zusammengefaßten Nebenbedingungen an $\boldsymbol{\mu}$ voneinander linear unabhängig, so kann $(\mathbf{K}'\mathbf{P}_{\mathbf{M}}\mathbf{K})^{+}$ durch $(\mathbf{K}'\mathbf{P}_{\mathbf{M}}\mathbf{K})^{-1}$ ersetzt werden.

Beweis:
Wir betrachten zuerst den Fall $\boldsymbol{\mu}_0 = \mathbf{0}$. Schreiben wir vereinfachend $\mathbf{K}$ für $\mathcal{L}\{\mathbf{K}\}$, so ist:

$$\mathbf{M}_{neb} = \mathbf{M} \cap \mathbf{K}^{\perp}.$$

Um $\mathbf{M}_{neb}$ in numerisch zugänglicher Form zu bestimmen, nehmen wir vorerst an, es gelte $\mathbf{K} \subseteq \mathbf{M}$. Dann ist $\mathbf{M} \cap \mathbf{K}^{\perp} = \mathbf{M} \ominus \mathbf{K}$. Also ist:

$$\mathbf{P}_{\mathbf{M}_{neb}} = \mathbf{P}_{\mathbf{M}\ominus\mathbf{K}} = \mathbf{P}_{\mathbf{M}} - \mathbf{P}_{\mathbf{K}}.$$

Arbeiten wir mit inhomogenen Nebenbedingungen $\mathbf{K}'\boldsymbol{\mu} = \mathbf{K}'\boldsymbol{\mu}_0$, so ist:[19]

$$\widehat{\boldsymbol{\mu}}_{neb} = \boldsymbol{\mu}_0 + (\mathbf{P}_{\mathbf{M}} - \mathbf{P}_{\mathbf{K}})(\mathbf{y} - \boldsymbol{\mu}_0).$$

Da $\boldsymbol{\mu}_0$ ein beliebiger fester Vektor aus $\mathbf{M}$ ist, folgt aus $\mathbf{P}_{\mathbf{M}}\boldsymbol{\mu}_0 = \boldsymbol{\mu}_0$:

$$\widehat{\boldsymbol{\mu}}_{neb} = \widehat{\boldsymbol{\mu}} - \mathbf{P}_{\mathbf{K}}(\mathbf{y} - \boldsymbol{\mu}_0).$$

Nun befreien wir uns von der Einschränkung $\mathbf{K} \subseteq \mathbf{M}$. Da für alle $\boldsymbol{\mu} \in \mathbf{M}$ die Identität $\boldsymbol{\mu} = \mathbf{P}_{\mathbf{M}}\boldsymbol{\mu}$ gilt, können wir die Bedingung $\mathbf{K}'\boldsymbol{\mu} = \mathbf{0}$ durch $\mathbf{K}'\mathbf{P}_{\mathbf{M}}\boldsymbol{\mu} = \mathbf{0}$ oder $(\mathbf{P}_{\mathbf{M}}\mathbf{K})'\boldsymbol{\mu} = \mathbf{0}$ ersetzen. Für die neue Koeffizientenmatrix $\mathbf{P}_{\mathbf{M}}\mathbf{K}$ gilt aber $\mathbf{P}_{\mathbf{M}}\mathbf{K} \subseteq \mathbf{M}$. Formel (6.47) ist genau die Projektion in den Spaltenraum der Matrix $\mathbf{P}_{\mathbf{M}}\mathbf{K}$.
Sind die Zeilen von $\mathbf{K}'\mathbf{X}$ linear unabhängig, so ist Rg $\mathbf{K}'\mathbf{X}$ = Rg $\mathbf{K}'\mathbf{P}_{\mathbf{M}}$ = Rg $\mathbf{K}'\mathbf{P}_{\mathbf{M}}\mathbf{K}$ maximal. Wir können dann die Moore-Penrose-Inverse durch die gewöhnliche Inverse ersetzen.
□

---

[19] Ist $\mathbf{M}^*_{neb} = \{\boldsymbol{\mu} \in \mathbf{M} | \mathbf{K}'\boldsymbol{\mu} = \mathbf{0}\}$, so ist $\mathbf{M}_{neb} = \{\boldsymbol{\mu} \in \mathbf{M} | \mathbf{K}'\boldsymbol{\mu} = \mathbf{K}'\boldsymbol{\mu}_0\} = \boldsymbol{\mu}_0 + \mathbf{M}^*_{neb}$. Daher ist $\mathbf{P}_{\mathbf{M}_{neb}}\mathbf{y} = \boldsymbol{\mu}_0 + \mathbf{P}_{\mathbf{M}^*_{neb}}(\mathbf{y} - \boldsymbol{\mu}_0)$.

6.7.6 Eindeutigkeit des KQ-Schätzers unter Nebenbedingungen

Bei linearen Restriktionen ist $\mathbf{M}_{neb}$ ein linearer Raum. Daher ist $\widehat{\boldsymbol{\mu}}_{neb} = \mathbf{P}_{\mathbf{M}_{neb}}\mathbf{y}$ eindeutig. $\widehat{\boldsymbol{\beta}}_{neb}$ kann aber auch hier mehrdeutig sein. Wir brauchen daher Kriterien, wann $\widehat{\boldsymbol{\beta}}_{neb}$ und daraus abgeleitete Parameter $\widehat{\Phi}_{neb} = \mathbf{B}'\widehat{\boldsymbol{\beta}}_{neb}$ eindeutig sind.

Definition 301 *Der Parameter* $\Phi = \mathbf{B}'\boldsymbol{\beta}$ *heißt* ***unter der Nebenbedingung*** $\mathbf{N}'\boldsymbol{\beta} = \mathbf{0}$ ***identifizierbar****, falls:*

$$\widehat{\Phi}_{neb} = \mathbf{B}'\widehat{\boldsymbol{\beta}}_{neb}$$

invariant ist bei jeder Wahl eines zulässigen KQ-Schätzers $\widehat{\boldsymbol{\beta}}_{neb}$.

Satz 302 (Identifikationssatz) $\Phi = \mathbf{B}'\boldsymbol{\beta}$ *ist unter der Nebenbedingung* $\mathbf{N}'\boldsymbol{\beta} = \mathbf{0}$ *genau dann identifizierbar, wenn eines — und damit alle — der folgenden äquivalenten Kriterien erfüllt sind:*

1. $\mathbf{B} \subset \mathcal{L}\{\mathbf{X}', \mathbf{N}\}$.
2. *Es existieren Matrizen* $\mathbf{K}'$ *und* $\mathbf{F}$*, so daß für* $\mathbf{B}'$ *gilt:*
$$\mathbf{B}' = \mathbf{K}'\mathbf{X} + \mathbf{F}\mathbf{N}'.$$
3. $\operatorname{Rg}(\mathbf{B}; \mathbf{X}'; \mathbf{N}) = \operatorname{Rg}(\mathbf{X}'; \mathbf{N})$.
4. $\Phi = \mathbf{B}'\boldsymbol{\beta}$ *ist eindeutig durch* $\mathbf{X}\boldsymbol{\beta}$ *und* $\mathbf{N}'\boldsymbol{\beta}$ *bestimmt. Das heißt: Aus* $\mathbf{X}\boldsymbol{\beta}_1 = \mathbf{X}\boldsymbol{\beta}_2$ *und* $\mathbf{N}'\boldsymbol{\beta}_1 = \mathbf{N}'\boldsymbol{\beta}_2$ *folgt* $\mathbf{B}'\boldsymbol{\beta}_1 = \mathbf{B}'\boldsymbol{\beta}_2$.
5. *Aus* $\mathbf{X}\boldsymbol{\beta} = \mathbf{0}$ *und* $\mathbf{N}'\boldsymbol{\beta} = \mathbf{0}$ *folgt* $\mathbf{B}'\boldsymbol{\beta} = \mathbf{0}$.
6. *Beschränkt man sich auf zulässige* $\boldsymbol{\beta}_{neb}$*, so ist* $\Phi_{neb} = \mathbf{K}'\mathbf{X}\boldsymbol{\beta}_{neb}$.
7. *Im reparametrisierten Modell ist* $\Phi = \mathbf{B}'(\mathbf{I} - \mathbf{P}_{\mathbf{N}})\boldsymbol{\tau}$ *identifizierbar.*

Beweis:
1. $\widehat{\boldsymbol{\beta}}_{neb}$ hat nach (6.37) die Gestalt:

$$\widehat{\boldsymbol{\beta}}_{neb} = (\mathbf{I} - \mathbf{P}_{\mathbf{N}})\mathbf{Z}^{+}\mathbf{y} + (\mathbf{I} - \mathbf{P}_{\mathcal{L}\{\mathbf{X}',\mathbf{N}\}})\mathbf{g}$$

mit beliebigen $\mathbf{g}$. Daher ist $\mathbf{B}'\widehat{\boldsymbol{\beta}}_{neb}$ dann und nur dann invariant gegen die Wahl von $\mathbf{g}$, falls $\mathbf{B}'(\mathbf{I} - \mathbf{P}_{\mathcal{L}\{\mathbf{X}',\mathbf{N}\}}) = \mathbf{0}$ ist. Daraus folgt $\mathbf{B} = \mathbf{P}_{\mathcal{L}\{\mathbf{X}',\mathbf{N}\}}\mathbf{B}$ und $\mathbf{B} \subseteq \mathcal{L}\{\mathbf{X}'; \mathbf{N}\}$.

1. $\Leftrightarrow$ 2. $\Leftrightarrow$ 3. $\operatorname{Rg}(\mathbf{B}; \mathbf{X}'; \mathbf{N}) = \operatorname{Rg}(\mathbf{X}'; \mathbf{N}) \Leftrightarrow \mathbf{B} \subset \mathcal{L}\{\mathbf{X}', \mathbf{N}\} \Leftrightarrow \mathbf{B} = \mathbf{X}'\mathbf{K} + \mathbf{N}\mathbf{F}'$.

2. $\Rightarrow$ 4. Sei $\mathbf{B}'\boldsymbol{\beta} = \mathbf{K}'(\mathbf{X}\boldsymbol{\beta}) +' \boldsymbol{\beta})$. Daher ist $\mathbf{B}'\boldsymbol{\beta}$ eindeutig durch $\mathbf{X}\boldsymbol{\beta}$ und $\mathbf{N}'\boldsymbol{\beta}$ bestimmt.

4. $\Rightarrow$ 5. Setze in 4. $\boldsymbol{\beta}_1 - \boldsymbol{\beta}_2 =: \boldsymbol{\beta}$.

5. $\Rightarrow$ 1. Sei $\mathbf{V} := \binom{\mathbf{X}}{\mathbf{N}'}$, dann sagt Kriterium 5: Aus $\mathbf{V}\boldsymbol{\beta} = \mathbf{0}$ für alle $\boldsymbol{\beta}$ folgt $\mathbf{B}'\boldsymbol{\beta} = \mathbf{0}$. Andererseits ist $\mathbf{V}\boldsymbol{\beta} = \mathbf{0} \Leftrightarrow \boldsymbol{\beta} = (\mathbf{I} - \mathbf{P}_{\mathbf{V}'})\boldsymbol{\delta}$. Also sagt Kriterium 5: $\mathbf{B}'(\mathbf{I} - \mathbf{P}_{\mathbf{V}'})\boldsymbol{\delta} = \mathbf{0}$ für alle $\boldsymbol{\delta}$. Daher ist $\mathbf{B}'(\mathbf{I} - \mathbf{P}_{\mathbf{V}'}) = \mathbf{0}$ oder $\mathbf{B} \subset \mathcal{L}\{\mathbf{V}'\} = \mathcal{L}\{\mathbf{X}', \mathbf{N}\}$.

2. $\Rightarrow$ 6. $\boldsymbol{\beta}_{neb}$ ist genau dann zulässig, falls $\mathbf{N}'\boldsymbol{\beta}_{neb} = \mathbf{0}$ ist. Für ein zulässiges $\boldsymbol{\beta}_{neb}$ ist daher wegen 2. $\Phi_{neb} = \mathbf{B}'\boldsymbol{\beta}_{neb} = \left(\mathbf{K}'\mathbf{X} + \mathbf{F}\mathbf{N}'\right)\boldsymbol{\beta}_{neb} = \mathbf{K}'\mathbf{X}\boldsymbol{\beta}_{neb}$.

6. $\Rightarrow$ 7. Es gelte 6. Also ist $\Phi_{neb} = \mathbf{B}'\boldsymbol{\beta}_{neb} = \mathbf{K}'\mathbf{X}\boldsymbol{\beta}_{neb}$. Nun haben alle zzulässigen $\boldsymbol{\beta}_{neb}$ die Gestalt $\boldsymbol{\beta}_{neb} = (\mathbf{I} - \mathbf{P}_{\mathbf{N}})\boldsymbol{\tau}$. Setzt man dies in der Darstellung von Φ_{neb} ein, erhält man

$$\mathbf{B}'(\mathbf{I} - \mathbf{P}_{\mathbf{N}})\boldsymbol{\tau} = \mathbf{K}'\mathbf{X}(\mathbf{I} - \mathbf{P}_{\mathbf{N}})\boldsymbol{\tau}\,. \tag{6.48}$$

Dies ist aber die Bedingung der Identifizierbarkeit von $\Phi = \mathbf{B}'(\mathbf{I} - \mathbf{P}_{\mathbf{N}})\boldsymbol{\tau}$ im reparametrisierten Modell.

7. $\Leftrightarrow$ 2. Für alle $\boldsymbol{\tau}$ gilt (6.48) genau dann, wenn $\mathbf{B}'(\mathbf{I} - \mathbf{P}_{\mathbf{N}}) = \mathbf{K}'\mathbf{X}(\mathbf{I} - \mathbf{P}_{\mathbf{N}})$ gilt. Dies ist äquivalent mit:

$$\begin{array}{rcll}
\mathbf{0} & = & (\mathbf{B}' - \mathbf{K}'\mathbf{X})\,(\mathbf{I} - \mathbf{P}_{\mathbf{N}}) & \Longleftrightarrow \\
\mathbf{0} & = & (\mathbf{I} - \mathbf{P}_{\mathbf{N}})\,(\mathbf{B} - \mathbf{X}'\mathbf{K}) & \Longleftrightarrow \\
\mathbf{B} - \mathbf{X}'\mathbf{K} & \subset & \mathcal{L}\{\mathbf{N}\} & \Longleftrightarrow \\
\mathbf{B} - \mathbf{X}'\mathbf{K} & = & \mathbf{N}\mathbf{F}' & \Longleftrightarrow \\
\mathbf{B}' & = & \mathbf{K}'\mathbf{X} + \mathbf{F}\mathbf{N}'. &
\end{array}$$

□

Wenden wir die dritte Aussage des Identifikationssatz 302 auf den Vektor $\boldsymbol{\beta}$ selbst an und setzen dazu $\mathbf{B}' = \mathbf{I}$, so erhalten wir:

Satz 303 $\boldsymbol{\beta}_{neb}$ *ist genau dann identifizierbar, wenn die um* $\mathbf{N}'$ *erweiterte Matrix* $\mathbf{X}$ *den vollen Rang besitzt:*

$$\operatorname{Rg}\begin{pmatrix}\mathbf{X}\\ \mathbf{N}'\end{pmatrix} = m + 1.$$

Hat $\mathbf{X}$ *den vollen Rang, so ist jeder Parameter — mit und ohne Nebenbedingungen — identifizierbar.*

Aus diesem Satz ziehen wir zwei unmittelbare Folgerungen: Betrachten wir nur noch korrekte Modelle, also $\boldsymbol{\mu} = \mathbf{X}\boldsymbol{\beta} \in \mathbf{M}$, so sind Schätzbarkeit und Identifizierbarkeit unter Nebenbedingungen äquivalent. Dazu definieren wir:

Definition 304 *Ein Parameter* $\Phi = \mathbf{B}'\boldsymbol{\beta}$ *heißt* ***schätzbar*** *unter der Nebenbedingung* $\mathbf{N}'\boldsymbol{\beta} = \mathbf{0}$, *wenn es eine lineare erwartungstreue Schätzfunktion* $\tilde{\Phi} = \mathbf{K}'\mathbf{y}$ *gibt, so daß für alle* $\boldsymbol{\beta} \in \mathbf{N}_{neb}$ *gilt:*

$$\mathrm{E}\tilde{\Phi} = \Phi.$$

In einem korrekten Modell folgt dann, wenn wir uns auf zulässige $\boldsymbol{\beta}$ beschränken:

$$\Phi = \mathrm{E}\tilde{\Phi} = \mathbf{K}'\mathrm{E}\mathbf{y} = \mathbf{K}'\boldsymbol{\mu}.$$

Nach Aussage 6 des Identifikationssatzes ist dies gerade die Bedingung der Identifizierbarkeit von Φ unter der Nebenbedingung.

6.7.7 Identifikationsbedingungen

Bei einer Restriktion wird in der Regel der Modellraum eingeschränkt. Es ist aber möglich, daß sich nur der Parameterraum, nicht aber der Modellraum ändert. Dann ändert sich nur die Beschreibung des Parameters, nicht aber das Modell:

Definition 305 *Eine Nebenbedingung heißt* ***unwesentlich****, wenn sie den Modellraum nicht ändert, wenn also gilt:*

$$\mathbf{M} = \mathbf{M}_{neb}.$$

Mit solchen **unwesentlichen** — aber dennoch nicht *unwichtigen* — Nebenbedingungen können wir die Mehrdeutigkeit von Parametern nachträglich aufheben, ohne den Modellraum zu ändern.

Satz 306 *Die Nebenbedingungen* $\mathbf{N}'\boldsymbol{\beta} = \mathbf{0}$ *sind genau dann unwesentlich, falls eines der folgenden äquivalenten Kriterien zutrifft:*

1. *Zu jedem Vektor* $\boldsymbol{\mu} \in \mathbf{M}$ *gibt es mindestens einen zulässigen Vektor* $\boldsymbol{\beta}_{neb}$ *mit* $\boldsymbol{\mu} = \mathbf{X}\boldsymbol{\beta}_{neb}$.
2. $\mathrm{Rg}\binom{\mathbf{X}}{\mathbf{N}'} = \mathrm{Rg}\,\mathbf{X} + \mathrm{Rg}\,\mathbf{N}'$.
3. $\mathcal{L}\{\mathbf{X}'\} \cap \mathcal{L}\{\mathbf{N}\} = \mathbf{0}$.
4. *Die um die Nebenbedingungen erweiterten Normalgleichungen:*

$$\begin{aligned} \mathbf{X}'\mathbf{y} &= \mathbf{X}'\mathbf{X}\widehat{\boldsymbol{\beta}} \\ \mathbf{0} &= \mathbf{N}'\widehat{\boldsymbol{\beta}} \end{aligned}$$

   sind für jeden Wert von $\mathbf{y}$ *lösbar.*

Beweis:

1. Das Darstellungskriterium 1 ist die verbale Beschreibung von $\mathbf{M}_{neb} = \mathbf{M}$.
2. Der Modellraum des eingeschränkten Modells ist $\mathbf{M}_{neb} = \mathcal{L}\{\mathbf{X}(\mathbf{I} - \mathbf{P}_{\mathbf{N}})\}$. Da $\mathbf{M}_{neb} \subseteq \mathbf{M}$, ist

$$\mathbf{M}_{neb} = \mathbf{M} \Leftrightarrow \dim \mathbf{M} = \dim \mathbf{M}_{neb} \Leftrightarrow \mathrm{Rg}\,\mathbf{X} = \mathrm{Rg}\,\mathbf{X}(\mathbf{I} - \mathbf{P}_{\mathbf{N}}).$$

Nun ist für alle Matrizen $\operatorname{Rg} \mathbf{X}(\mathbf{I} - \mathbf{P_N}) = \operatorname{Rg}(\mathbf{I} - \mathbf{P_N})\mathbf{X}'$. Weiter ist nach Aufgabe 86 (Seite 92):

$$\operatorname{Rg}(\mathbf{I} - \mathbf{P_N})\mathbf{X}' = \operatorname{Rg}(\mathbf{N}; \mathbf{X}') - \operatorname{Rg} \mathbf{N}.$$

Also ist

$$\mathbf{M}_{neb} = \mathbf{M} \Leftrightarrow \operatorname{Rg} \mathbf{X} = \operatorname{Rg}(\mathbf{N}; \mathbf{X}') - \operatorname{Rg} \mathbf{N}.$$

3. Nach dem Dimensionssatz und Aufgabe 86 Teil (1.51) ist:

$$\operatorname{Rg}(\mathbf{X}'; \mathbf{N}) = \operatorname{Rg} \mathbf{X} + \operatorname{Rg} \mathbf{N} - \dim (\mathcal{L}\{\mathbf{X}'\} \cap \mathcal{L}\{\mathbf{N}\}).$$

4. Jeder Punkt $\boldsymbol{\mu} \in \mathbf{M}$ läßt sich durch die Normalgleichungen darstellen: $\mathbf{X}'\boldsymbol{\mu} = \mathbf{X}'\mathbf{X}\boldsymbol{\beta}$. Die Nebenbedingung ändert genau dann nicht den Modellraum, wenn dabei an $\boldsymbol{\beta}$ noch zusätzlich die Bedingung:

$$\mathbf{0} = \mathbf{N}'\boldsymbol{\beta}$$

gestellt werden kann. Dies bedeutet aber wegen $\mathbf{X}'\mathbf{y} = \mathbf{X}'(\mathbf{P_M}\mathbf{y})$ gerade die Lösbarkeit der erweiterten Normalgleichung.

□

Aus dem zweiten Kriterium ziehen wir als Folgerung den Satz:

Satz 307 *Die Maximalzahl der von einander linear unabhängigen Parameterrestriktionen, die den Modellraum invariant lassen, ist* $m + 1 - \operatorname{Rg} \mathbf{X}$.

Für eindimensionale Parameter ergibt sich aus Kriterium 3 von Satz 306 eine anschauliche

Fallunterscheidung: Ist $\phi = \mathbf{b}'\boldsymbol{\beta}$ ein eindimensionaler Parameter, so sind genau zwei Alternativen möglich: $\mathbf{b} \in \mathcal{L}\{\mathbf{X}'\}$ oder $\mathbf{b} \notin \mathcal{L}\{\mathbf{X}'\}$.

- $\mathbf{b} \in \mathcal{L}\{\mathbf{X}'\}$**:** $\Leftrightarrow$ ϕ ist im Modell identifizierbar. ϕ wird innerhalb des Modells festgelegt und kann extern geschätzt werden. Eine externe Festlegung $\phi = \phi_0$ muß daher das Modell verändern.
- $\mathbf{b} \notin \mathcal{L}\{\mathbf{X}'\}$: $\Leftrightarrow$ ϕ ist nicht identifizierbar und kann innerhalb des Modells nicht festgelegt oder gar geschätzt werden. Daher ist es ohne Veränderung des Modells möglich, ϕ extern durch eine Nebenbedingung $\phi = \phi_0$ einzuschränken.

Ist Φ ein mehrdimensionaler Parameter, so existiert diese oben genannte Alternative nicht. Ist z.B. $\Phi = (\phi_1; \phi_2)$ und $\phi_i = \mathbf{b}_i'\boldsymbol{\beta}$, so ist es möglich, daß weder ϕ_1 noch ϕ_2 identifizierbar sind. Jede Bedingung $\phi_1 = 0$ sowie $\phi_2 = 0$ kann einzeln für sich als Nebenbedingung gesetzt werden, ohne das Modell zu verändern. Nun folgt aus $\mathbf{b}_1 \notin \mathcal{L}\{\mathbf{X}'\}$, $\mathbf{b}_2 \notin \mathcal{L}\{\mathbf{X}'\}$ aber nicht $\mathcal{L}\{\mathbf{b}_1, \mathbf{b}_2\} \cap \mathcal{L}\{\mathbf{X}'\} = \{\mathbf{0}\}$.

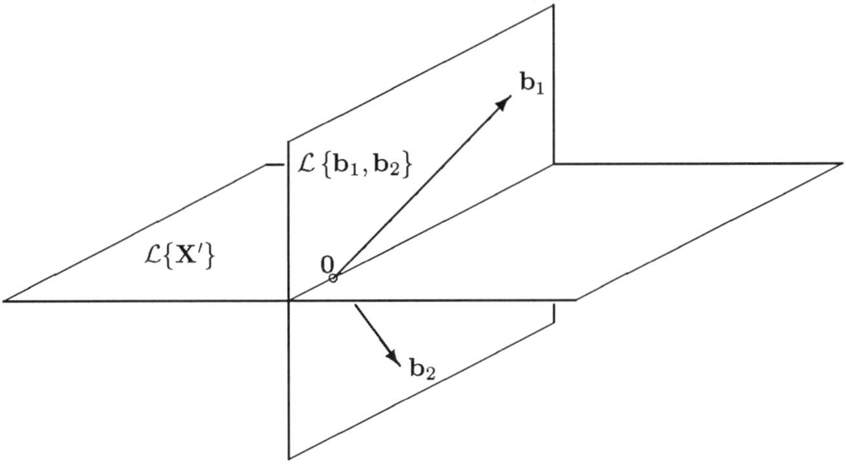

Abbildung 6.9: Weder $\mathbf{b}_1$ noch $\mathbf{b}_2$ liegen in $\mathcal{L}\{\mathbf{X}'\}$, aber $\mathcal{L}\{\mathbf{b}_1, \mathbf{b}_2\}$ schneidet $\mathcal{L}\{\mathbf{X}'\}$.

Beide Bedingungen zusammengenommen können sehr wohl den Modellraum einschränken (Siehe Abbildung 6.9).
Denken wir an das Buchhaltungsbeispiel im Einleitungskapitel. Die vier Parameter (die Pauschale β_0 und die Zuschläge β_1, β_2 und β_3) waren nicht identifizierbar. Jede einzelne der vier Nebenbedingungen "$\beta_0 = 0$", "$\beta_1 = 0$", "$\beta_2 = 0$" und "$\beta_3 = 0$" läßt den Modellraum invariant. Aber bereits zwei von ihnen, zum Beispiel "$\beta_1 = 0$ *und* $\beta_2 = 0$", verändern das Modell.

Invariante Modellaussagen: Nebenbedingungen, die den Modellraum invariant lassen, lassen auch alle Aussagen invariant, die nur vom Modellraum abhängen. Speziell bleiben alle identifizierbaren Parameter, ihre Schätzer und deren Verteilungen invariant. Wir wollen dies in einem eigenen Satz festhalten:

Satz 308 (Invarianzsatz) *Ist $\mathbf{N}'\boldsymbol{\beta} = \mathbf{0}$ eine unwesentliche Nebenbedingung, so gilt für jeden identifizierbaren Parameter Φ:*

$$\widehat{\Phi} = \widehat{\Phi}_{neb}.$$

Speziell ist:

$$\begin{aligned} \widehat{\boldsymbol{\mu}} &= \widehat{\boldsymbol{\mu}}_{neb}, \\ \text{SSE} &= \text{SSE}_{neb}. \end{aligned}$$

Außerdem ist das Bestimmtheitsmaß r^2 gleich dem Bestimmtheitsmaß r^2_{neb}.

In den letzten beiden Abschnitten haben wir einerseits festgestellt, durch welche Nebenbedingungen ein Parameter Φ eindeutig festgelegt wird. Andererseits haben wir erkannt, welche Bedingungen den Modellraum invariant lassen. Jetzt kombinieren wir beide Aussagen:

Definition 309 *Eine **Identifikationsbedingung** ist eine unwesentliche Nebenbedingung $\mathbf{N}'\boldsymbol{\beta} = \mathbf{0}$, die den Parameter $\boldsymbol{\beta}$ eindeutig festlegt.*

Satz 310 $\mathbf{N}'\boldsymbol{\beta} = \mathbf{0}$ *ist genau dann eine Identifikationsbedingung, wenn gilt:*

$$\operatorname{Rg}\begin{pmatrix}\mathbf{X}\\ \mathbf{N}'\end{pmatrix} = \operatorname{Rg}\mathbf{X} + \operatorname{Rg}\mathbf{N} = m+1 = \textit{Anzahl der Parameter.}$$

In diesem Fall ist:

$$\widehat{\boldsymbol{\beta}} = (\mathbf{X}'\mathbf{X} + \mathbf{N}\mathbf{N}')^{-1}\mathbf{X}'\mathbf{y}.$$

Beweis:
Wegen $\operatorname{Rg}(\mathbf{X}';\mathbf{N}) = \operatorname{Rg}\mathbf{X} + \operatorname{Rg}\mathbf{N}$ bleibt der Modellraum invariant. Wegen $\operatorname{Rg}\mathbf{X} + \operatorname{Rg}\mathbf{N} = m+1$ ist $\boldsymbol{\beta}_{neb}$ identifizierbar. Daher ist das erweiterte Normalgleichungssystem:

$$\begin{aligned}\mathbf{X}'\mathbf{y} &= \mathbf{X}'\mathbf{X}\widehat{\boldsymbol{\beta}}_{neb},\\ \mathbf{0} &= \mathbf{N}'\widehat{\boldsymbol{\beta}}_{neb}.\end{aligned}$$

lösbar. Multiplizieren wir die zweite Gleichung mit $\mathbf{N}$, so löst $\widehat{\boldsymbol{\beta}}_{neb}$ auch das System:

$$\begin{aligned}\mathbf{X}'\mathbf{y} &= \mathbf{X}'\mathbf{X}\widehat{\boldsymbol{\beta}}_{neb},\\ \mathbf{0} &= \mathbf{N}\mathbf{N}'\widehat{\boldsymbol{\beta}}_{neb}.\end{aligned}$$

Durch Addition erhält man:

$$\mathbf{X}'\mathbf{y} = (\mathbf{X}'\mathbf{X} + \mathbf{N}\mathbf{N}')\widehat{\boldsymbol{\beta}}_{neb}.$$

Die quadratische Koeffizientenmatrix $\mathbf{X}'\mathbf{X} + \mathbf{N}\mathbf{N}'$ dieses Gleichungssystems ist vom Typ $(m+1) \times (m+1)$. Weiter ist:

$$\operatorname{Rg}(\mathbf{X}'\mathbf{X} + \mathbf{N}\mathbf{N}') = \operatorname{Rg}(\mathbf{X}';\mathbf{N})\begin{pmatrix}\mathbf{X}\\ \mathbf{N}'\end{pmatrix} = \operatorname{Rg}(\mathbf{X}';\mathbf{N}) = m+1.$$

Also hat $\mathbf{X}'\mathbf{X} + \mathbf{N}\mathbf{N}'$ maximalen Rang und ist daher invertierbar. Das System hat daher nur eine Lösung, nämlich $\widehat{\boldsymbol{\beta}}_{neb} = (\mathbf{X}'\mathbf{X} + \mathbf{N}\mathbf{N}')^{-1}\mathbf{X}'\mathbf{y}$.
□

Bemerkung:

1. Ist $\mathbf{N}'\boldsymbol{\beta} = \mathbf{0}$ keine Identifikationsbedingung, so ist Satz 310 falsch. $\widehat{\boldsymbol{\beta}} = (\mathbf{X}'\mathbf{X} + \mathbf{N}\mathbf{N}')^{-1}\mathbf{X}'\mathbf{y}$ ist dann im allgemeinen weder KQ-Schätzer noch werden die Nebenbedingung erfüllt .

2. Betrachten wir ein Regressionsproblem mit voneinander linear abhängigen Regressoren $\operatorname{Rg}\mathbf{X} = d < m + 1$. Wir behandeln die Regression mit zwei verschiedenen Softwarepaketen. In jedem Softwarepaket werden d linear unabhängige Regressoren x_{j_i} $i = 1, \ldots, d$ gesucht und die Koeffizienten β_{j_i} $i = d + 1, \ldots, m + 1$ gleich 0 gesetzt. Die restlichen β_{j_i} $i = 1, \ldots, d$ werden dann geschätzt. Die Elimination der überflüssigen Regressoren verändert den Modellraum nicht. Also ist die Setzung $\beta_{j_i} = 0$ $\quad i = d + 1, \ldots, m + 1$ eine Identifikationsbedingung. In jedem Softwarepaket wird nun $\widehat{\beta}$ unterschiedlich geschätzt, je nachdem, welche Regressoren im Modell verblieben sind. Aber alle schätzbaren, nur vom Modellraum abhängenden Parameter Φ, SSE, das Bestimmtheitsmaß und $\widehat{\sigma}^2$ werden in allen Paketen identisch geschätzt.

Beispiel 311 *Die Modellgleichung des nicht eingeschränkten Modells mit* $n = 3$ *Beobachtungen sei:*

$$\boldsymbol{\mu} = \beta_0\mathbf{1} + \beta_1\mathbf{x}_1 + \beta_2\mathbf{x}_2.$$

Die Designmatrix sei dabei:

$$\mathbf{X} = (\mathbf{1}; \mathbf{x}_1; \mathbf{x}_2) = \begin{pmatrix} 1 & 2 & 1 \\ 1 & 3 & 2 \\ 1 & 4 & 3 \end{pmatrix}.$$

Bei dieser speziellen Wahl sind die Regressoren linear abhängig, es ist $\mathbf{x}_2 = \mathbf{x}_1 - \mathbf{1}$. *Der Modellraum ist* $\mathbf{M} = \mathcal{L}\{\mathbf{1}, \mathbf{x}_1, \mathbf{x}_2\} = \mathcal{L}\{\mathbf{1}, \mathbf{x}_1\}$. *Die Parameter sind nicht identifizierbar. Wir betrachten nun die Wirkung von zwei verschiedenen Nebenbedingungen:*

Fall a)

Wir betrachten die lineare Nebenbedingung:

$$\mathbf{n}'\boldsymbol{\beta} = \beta_0 + 3\beta_1 + 2\beta_2 = 0.$$

Bestimmung des reparametrisierten Modells: Lösen wir die Gleichung $\mathbf{n}'\boldsymbol{\beta} = 0$ *nach* $\boldsymbol{\beta}$ *auf, so erhalten wir:*

$$\begin{aligned} \beta_1 &= \tau_1, \\ \beta_2 &= \tau_2, \\ \beta_0 &= -(3\tau_1 + 2\tau_2). \end{aligned}$$

Dabei sind τ_1 *und* τ_2 *frei wählbar. Setzt man diese Werte in die Modellgleichung ein, erhält man:*

$$\boldsymbol{\mu} = -(3\tau_1 + 2\tau_2) \cdot \mathbf{1} + \tau_1\mathbf{x}_1 + \tau_2\mathbf{x}_2 = \tau_1(\mathbf{x}_1 - 3 \cdot \mathbf{1}) + \tau_2(\mathbf{x}_2 - 2 \cdot \mathbf{1}).$$

Die neue Designmatrix ist nun $\mathbf{Z} = (\mathbf{x}_1 - 3 \cdot \mathbf{1}; \mathbf{x}_2 - 2 \cdot \mathbf{1})$. *Berücksichtigt man noch* $\mathbf{x}_2 = \mathbf{x}_1 - \mathbf{1}$, *so ist* $\mathbf{Z} = (\mathbf{x}_1 - 3 \cdot \mathbf{1}; \mathbf{x}_1 - 3 \cdot \mathbf{1})$. *Also ist der neue Modellraum:*

$$\mathbf{M}_{neb} = \mathcal{L}\{\mathbf{x}_1 - 3 \cdot \mathbf{1}\}$$

ein eindimensionaler Unterraum von $\mathbf{M}$. *Wir zeigen anhand des Kriterienkatalogs, daß die Nebenbedingung* $\mathbf{n}'\boldsymbol{\beta} = \beta_0 + 3\beta_1 + 2\beta_2 = 0$ *den Modellraum verändert, aber die Mehrdeutigkeit der Parameter nicht aufhebt:*

1. $\mathbf{M}_{neb}$ *ist als eindimensionaler Unterraum von* $\mathbf{M}$ *echt enthalten im zweidimensionalen Raum* $\mathbf{M}$.

2. *Unabhängigkeitskriterium:* $\mathbf{n}' = (1;3;2)$ *ist die zweite Zeile von* $\mathbf{X}$. *Daher ist* $\mathbf{n} \in \mathcal{L}\{\mathbf{X}'\}$ *; genau betrachtet ist* $\mathbf{n}'\boldsymbol{\beta} = \beta_0 + 3\beta_1 + 2\beta_2 = \mu_2$. *Der Parameter* $\mathbf{n}'\boldsymbol{\beta}$, *nämlich* μ_2, *wird intern im Modell selbst festgelegt. Wird* μ_2 *extern von uns willkürlich Null gesetzt, so wird das Modell verändert.*

3. *Rangkriterium: Die erweiterte Matrix ist:*

$$\begin{pmatrix} \mathbf{X} \\ \mathbf{N}' \end{pmatrix} = \begin{pmatrix} 1 & 2 & 1 \\ 1 & 3 & 2 \\ 1 & 4 & 3 \\ 1 & 3 & 2 \end{pmatrix}.$$

$\operatorname{Rg}\binom{\mathbf{X}}{\mathbf{N}'} = 2 < \operatorname{Rg}(\mathbf{X}) + \operatorname{Rg}(\mathbf{N}) = 3$. *Daraus folgt aber auch, daß durch die Nebenbedingung der Parameter* $\widehat{\boldsymbol{\beta}}$ *nicht eindeutig festgelegt ist.*

Fall b)
Wir betrachten die nur geringfügig gegenüber Fall a) geänderte lineare Nebenbedingung b:

$$\mathbf{n}'\boldsymbol{\beta} = 2\beta_0 + 3\beta_1 + 2\beta_2 = 0.$$

Bestimmung des reparametrisierten Modells: Aus der Nebenbedingung folgt:

$$\beta_0 = -\frac{1}{2}(3\tau_1 + 2\tau_2); \qquad \beta_1 = \tau_1; \qquad \beta_2 = \tau_2.$$

Das reparametrisierte Modell ist dann:

$$\boldsymbol{\mu} = -\frac{1}{2}(3\tau_1 + 2\tau_2) \cdot \mathbf{1} + \tau_1\mathbf{x}_1 + \tau_2\mathbf{x}_2 = \tau_1(\mathbf{x}_1 - 1,5 \cdot \mathbf{1}) + \tau_2(\mathbf{x}_2 + \mathbf{1}).$$

Wir zeigen anhand des Kriterienkatalogs, daß die Nebenbedingung eine Identifikationsbedingung ist!

1. *Betrachtung der Modellräume: Aufgrund der speziellen Wahl der Regressoren ist* $\mathbf{x}_2 + \mathbf{1} = \mathbf{x}_1$. *Der Modellraum des reparametrisierten Modells ist also*

$$\mathbf{M}_{neb} = \mathcal{L}\{\mathbf{x}_1 - 1,5 \cdot \mathbf{1}; \mathbf{x}_2 + \mathbf{1}\} = \mathcal{L}\{\mathbf{x}_1 - 1,5 \cdot \mathbf{1}; \mathbf{x}_1\} = \mathcal{L}\{\mathbf{1}, \mathbf{x}_1\} = \mathbf{M}.$$

Also läßt die Bedingung den Modellraum invariant.

2. *Das Rangkriterium liefert:*

$$\mathrm{Rg}\begin{pmatrix}\mathbf{X}\\ \mathbf{N}'\end{pmatrix} = \mathrm{Rg}\begin{pmatrix}1 & 2 & 1\\ 1 & 3 & 2\\ 1 & 4 & 3\\ 2 & 3 & 2\end{pmatrix} = 3.$$

$\mathrm{Rg}(\mathbf{X}';\mathbf{N}) = \mathrm{Rg}(\mathbf{X}) + \mathrm{Rg}(\mathbf{N}) = 3$. *Also ist* $\boldsymbol{\beta}$ *durch die Nebenbedingung eindeutig festgelegt.*

Kapitel 7

Parametertests im Regressionsmodell

7.1 Lineare Hypothesen über die systematische Komponente

7.1.1 Die Leitidee

In diesem Kapitel sollen Hypothesen über Parameter getestet werden. Der philosophische Rahmen und die formale Theorie statistischer Tests wurde in Kapitel 2 kurz skizziert. Wir wollen hier nicht weiter darauf eingehen, sondern nun konkrete Tests konstruieren.
Bei jedem Test gehen wir von einem Vorwissen über $\boldsymbol{\mu}$ aus. Dieses Vorwissen formulieren wir als lineares Modell mit einer Annahme über die Verteilung:

$$\mathbf{y} \sim \mathrm{N}_n(\boldsymbol{\mu}; \sigma^2 \mathbf{I}); \quad \boldsymbol{\mu} \in \mathbf{M}; \quad \dim \mathbf{M} = d. \tag{7.1}$$

Wir werden in diesem Kapitel stets (7.1) voraussetzen. Zuerst betrachten wir Hypothesen über $\boldsymbol{\mu}$. Eine *lineare Hypothese* schränkt die möglichen Werte von $\boldsymbol{\mu} - \boldsymbol{\mu}_0$ auf einem Unterraum $\mathbf{H}$ von $\mathbf{M}$ ein. Wir definieren:

Definition 312 *Ist* $\mathbf{H} \subset \mathbf{M}$ *ein linearer Unterraum von* $\mathbf{M}$ *und* $\boldsymbol{\mu}_0$ *ein beliebiger fester Vektor aus* $\mathbf{M}$*, so heißt die Hypothese:*

$$H_0 : \text{"}\boldsymbol{\mu} - \boldsymbol{\mu}_0 \in \mathbf{H}\text{"} \tag{7.2}$$

eine ***lineare Hypothese***[1] *über* $\boldsymbol{\mu}$.

Um das Schriftbild zu entlasten, wollen wir im folgenden $\boldsymbol{\mu}_0 = \mathbf{0}$ voraussetzen und nur in den Endergebnissen wieder die allgemeinere Struktur verwenden.

[1]Die Alternative H_1 : "$\boldsymbol{\mu} - \boldsymbol{\mu}_0 \notin \mathbf{H}$" ist keine lineare Hypothese, denn $\{\boldsymbol{\mu} \mid \boldsymbol{\mu} - \boldsymbol{\mu}_0 \notin \mathbf{H}\}$ ist kein linearer Raum.

Stellen wir uns — nach dieser unwesentlichen Vereinfachung der Schreibweise — auf den Standpunkt, daß die Hypothese H_0 : "$\boldsymbol{\mu} \in \mathbf{H}$" gilt, so ist:

$$\mathbf{y} \sim \mathrm{N}_n(\boldsymbol{\mu}; \sigma^2\mathbf{I})\,; \ \boldsymbol{\mu} \in \mathbf{H}$$

ein lineares Modell, in dem wir folgerichtig $\boldsymbol{\mu}$ durch $\mathbf{P_H y}$ schätzen. Ist H_0 wahr, so ist $\mathbf{P_H}\boldsymbol{\mu} = \mathbf{P_M}\boldsymbol{\mu} = \boldsymbol{\mu}$. Daher sind $\mathbf{P_H y}$ und $\mathbf{P_M y}$ zwei erwartungstreue Schätzer für $\boldsymbol{\mu}$; sie sollten demnach nicht allzu weit von einander entfernt liegen. Die Differenz $\mathbf{P_M y} - \mathbf{P_H y}$ beider Schätzwerte ist darum ein anschauliches Maß für die Verträglichkeit der Hypothese H_0 mit den Daten. Da wir leichter mit skalaren als mit vektoriellen Prüfgrößen arbeiten, verwenden wir:

$$\mathrm{SS}(\mathbf{M}|\mathbf{H}) := \|\mathbf{P_M y} - \mathbf{P_H y}\|^2 \tag{7.3}$$

als Testkriterium unserer Hypothese H_0 (siehe auch Abbildung 7.1).

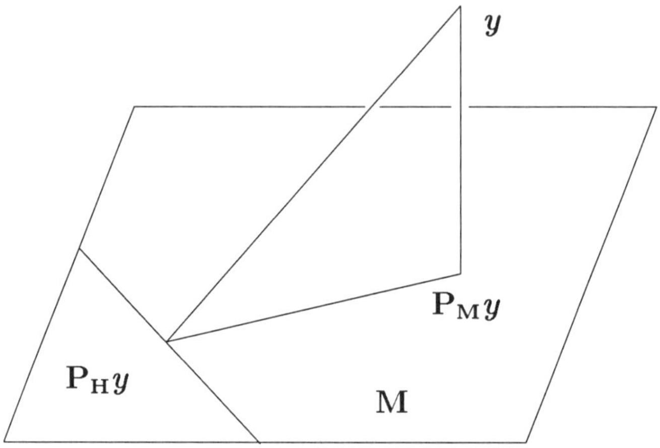

Abbildung 7.1: Modellraum **M** und Hypothesenraum **H**

Wie wir an der Skizze erkennen können, wird $\mathbf{y} - \mathbf{P_H y}$ durch:

$$\underbrace{\mathbf{y} - \mathbf{P_H y}}_{\perp \mathbf{H}} = \underbrace{\mathbf{P_M y} - \mathbf{P_H y}}_{\in \mathbf{M}} + \underbrace{\mathbf{y} - \mathbf{P_M y}}_{\perp \mathbf{M}}$$

in zwei orthogonale, anschaulich interpretierbare Komponenten zerlegt:

$\mathbf{y} - \mathbf{P_H y}$:	Läßt sich in **H** nicht mehr erfassen.
$\mathbf{y} - \mathbf{P_M y}$:	Läßt sich in **M** nicht mehr erfassen.
$\mathbf{P_M y} - \mathbf{P_H y}$:	Geht durch Reduktion von **M** auf **H** verloren.

Da die letzten beiden Komponenten orthogonal zueinander stehen, gilt:

$$\underbrace{\|\mathbf{y} - \mathbf{P_H y}\|^2}_{\mathrm{SS}(\mathbb{R}^n|\mathbf{H})} = \underbrace{\|\mathbf{P_M y} - \mathbf{P_H y}\|^2}_{\mathrm{SS}(\mathbf{M}|\mathbf{H})} + \underbrace{\|\mathbf{y} - \mathbf{P_M y}\|^2}_{\mathrm{SS}(\mathbb{R}^n|\mathbf{M})}.$$

Dabei ist:

$$\begin{array}{llll} \|\mathbf{y} - \mathbf{P_M y}\|^2 & = \mathrm{SS}(\mathbb{R}^n|\mathbf{M}) & = \mathrm{SSE}\,(\mathbf{M}) & \text{der Fehlerterm im Modell } \mathbf{M}, \\ \|\mathbf{y} - \mathbf{P_H y}\|^2 & = \mathrm{SS}(\mathbb{R}^n|\mathbf{H}) & = \mathrm{SSE}\,(\mathbf{H}) & \text{der Fehlerterm im Modell } \mathbf{H}. \end{array}$$

7.1.2 Symbolische Darstellung der SS-Terme

Die Beziehungen der Terme $\mathrm{SS}(\mathbf{M}|\mathbf{H})$, $\mathrm{SS}(\mathbb{R}^n|\mathbf{H})$, $\mathrm{SS}(\mathbb{R}^n|\mathbf{M})$ untereinander lassen sich leicht auf einer Geraden symbolisch darstellen. Dabei wird $SST = \mathrm{SS}(\mathbb{R}^n|\mathbf{1})$ durch eine Strecke mit den Endpunkten $\mathbf{1}$ und $\mathbb{R}^n$ dargestellt, die durch zwei vertikale Striche unterteilt ist, die wir $\mathbf{H}$ und $\mathbf{M}$ nennen. Dabei steht $\mathbf{1}$ für das Nullmodell $\mathcal{L}\{\mathbf{1}\}$ und $\mathbb{R}^n$ für den Beobachtungsraum. Die Folge der Punkte $\mathbf{1}$, $\mathbf{H}$, $\mathbf{M}$, $\mathbb{R}^n$ entspricht der Folge der ineinander geschachtelten Räume $\mathcal{L}\{\mathbf{1}\} \subseteq \mathcal{L}\{\mathbf{H}\} \subseteq \mathcal{L}\{\mathbf{M}\} \subseteq \mathbb{R}^n$ (Abbildung 7.2). Die Segmente re-

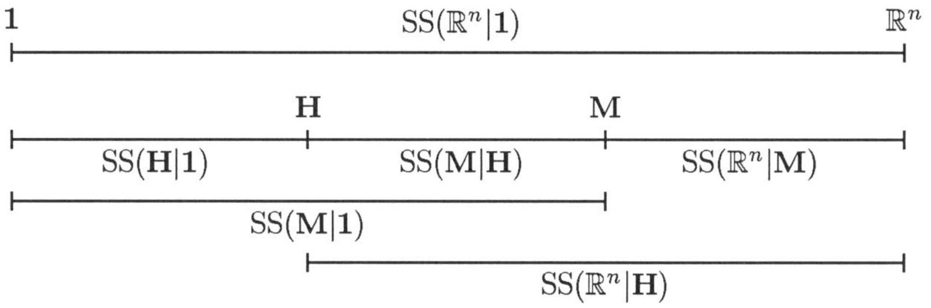

Abbildung 7.2: Ineinander geschachtelte Räume $\mathbf{1}$, $\mathbf{H}$, $\mathbf{M}$ und $\mathbb{R}^n$

präsentieren die SS-Terme; die im linken Endpunkt $\mathbf{1}$ beginnenden Abschnitte symbolisieren die SSR-Terme, die im rechten Endpunkt $\mathbb{R}^n$ endenden Abschnitte symbolisieren die SSE-Terme. Nun ist offensichtlich:

$$\begin{aligned} \mathrm{SS}(\mathbf{M}|\mathbf{H}) &= \mathrm{SS}(\mathbb{R}^n|\mathbf{H}) - \mathrm{SS}(\mathbb{R}^n|\mathbf{M}) &&= \mathrm{SSE}(\mathbf{H}) - \mathrm{SSE}(\mathbf{M}) \\ &= \mathrm{SS}(\mathbf{M}|\mathbf{1}) - \mathrm{SS}(\mathbf{H}|\mathbf{1}) &&= \mathrm{SSR}(\mathbf{M}) - \mathrm{SSR}(\mathbf{H}). \end{aligned} \tag{7.4}$$

Es kommt also auf das gleiche heraus, wenn man die Veränderungen von SSE oder von SSR vergleicht. Was die eine Komponente bei der Modellreduktion (bzw. Modellerweiterung) verliert, gewinnt die andere.

Interpretation des Testkriteriums $\mathrm{SS}(\mathbf{M}|\mathbf{H})$

$\mathrm{SS}(\mathbf{M}|\mathbf{H})$ läßt sich nun vielfältig interpretieren. Erstens ist $\mathrm{SS}(\mathbf{M}|\mathbf{H})$ wegen (7.3) ein Maß für die Differenz der beiden Schätzwerte von $\boldsymbol{\mu}$. Wegen (7.4) ist:

$$\mathrm{SS}(\mathbf{M}|\mathbf{H}) = \mathrm{SSE}(\mathbf{H}) - \mathrm{SSE}(\mathbf{M})$$

einerseits ein Maß für die Vergrößerung der Residualstreuung $\mathrm{SSE}(\mathbf{M})$ bei Reduktion von $\mathbf{M}$ auf $\mathbf{H}$ und wegen:

$$\mathrm{SS}(\mathbf{M}|\mathbf{H}) = \mathrm{SSR}(\mathbf{M}) - \mathrm{SSR}(\mathbf{H})$$

andererseits ein Kriterium der Verschlechterung der Modellanpassung bei Reduktion des Modells $\mathbf{M}$ auf $\mathbf{H}$ und damit ein Maß für den Zugewinn bei der Modellerweiterung von $\mathbf{H}$ auf $\mathbf{M}$. Wie wir das Kriterium $\mathrm{SS}(\mathbf{M}|\mathbf{H})$ auch ansehen, stets gilt:

> *Ist* $\mathrm{SS}(\mathbf{M}|\mathbf{H})$ *klein, so ist gegen die Reduktion von* $\mathbf{M}$ *auf* $\mathbf{H}$ *und damit gegen* H_0 *wenig einzuwenden. Ist dagegen* $\mathrm{SS}(\mathbf{M}|\mathbf{H})$ *groß, so ist* H_0 *nicht akzeptabel.*

7.1.3 Die Prüfgröße des F-Tests

Bis jetzt sind drei Fragen offen geblieben:

1. Wie ist bei $\mathrm{SS}(\mathbf{M}|\mathbf{H})$ *groß* und *klein* zu bestimmen?
2. Wie soll die kritische Region des darauf aufbauenden Test aussehen?
3. Wie lassen sich unsere heuristischen Überlegungen theoretisch absichern?

Diese Fragen können wir nun mit dem Satz 164 auf Seite 158 über die Verteilung der SS-Terme und dem Studentprinzip beantworten. Da $\mathbf{y} \sim \mathrm{N}_n(\boldsymbol{\mu}; \sigma^2\mathbf{I})$ verteilt ist und die Räume:

$$\mathcal{L}\{\mathbf{1}\} \subseteq \mathcal{L}\{\mathbf{H}\} \subseteq \mathcal{L}\{\mathbf{M}\} \subseteq \mathcal{L}\{\mathbb{R}^n\}$$

in einander geschachtelt sind, sind alle Voraussetzungen von Satz 164 erfüllt. Speziell sind $\mathrm{SSE}(\mathbf{M}) = \mathrm{SS}(\mathbb{R}^n|\mathbf{M})$ und $\mathrm{SS}(\mathbf{M}|\mathbf{H})$ von einander stochastisch unabhängig. Daher ist:

$$\mathrm{SS}(\mathbf{M}|\mathbf{H}) \sim \sigma^2\chi^2(p;\delta) \sim \widehat{\sigma}^2 pF(p; n-d; \delta). \tag{7.5}$$

Dabei ist:

$$\begin{aligned} d &:= \dim \mathbf{M}, \\ p &:= \dim \mathbf{M} - \dim \mathbf{H}, \\ \delta &:= \frac{1}{\sigma^2} \|\boldsymbol{\mu} - \mathbf{P_H}\boldsymbol{\mu}\|^2. \end{aligned} \tag{7.6}$$

Nun können wir die oben genannten Fragen beantworten. Das Testkriterium $\mathrm{SS}(\mathbf{M}|\mathbf{H})$ kann allein nicht unmittelbar als Prüfgröße eines χ^2-Tests verwendet werden, da seine Verteilung vom unbekannten σ^2 abhängt. Wird dagegen σ^2 durch $\widehat{\sigma}^2$ geschätzt, erhalten wir aus dem intuitivem Testkriterium $\mathrm{SS}(\mathbf{M}|\mathbf{H})$ durch Skalierung die Prüfgröße[2] des F-Tests:

$$\mathrm{F_{PG}} = \frac{1}{\widehat{\sigma}^2 p}\mathrm{SS}(\mathbf{M}|\mathbf{H}) = \frac{1}{\widehat{\sigma}^2}\mathrm{MS}(\mathbf{M}|\mathbf{H}) \sim \mathrm{F}(p; n-d; \delta). \tag{7.7}$$

[2] In der Literatur wird der Buchstabe F für Verteilungsfunktionen ganz allgemein, für die Verteilungsfunktion der $\mathrm{F}(m; n)$ und für jede F-verteilte zufällige Variable verwendet. Außerdem bezeichnet er die Prüfgröße des F-Tests sowohl als zufällige Variable als auch für deren Realisation. Um diese Symbolüberlastung zu vermeiden, setzen wir an F als **P**rüf**g**röße des F-Tests die Indizes "PG" für die zufällige Variable und "pg" für deren Realisation.

$\mathrm{F_{PG}}$ ist proportional zu SS(**M**|**H**) und besitzt eine nur noch von δ abhängende F-Verteilung. Da große Werte von SS(**M**|**H**) gegen H_0 sprechen, werden wir folgerichtig aus den großen Werten von $\mathrm{F_{PG}}$ die kritische Region und aus den kleinen Werten von $\mathrm{F_{PG}}$ den Annahmebereich bilden.
Wie aber ist die Grenze des Annahmebereichs zu bestimmen? Dazu setzen wir die Richtigkeit von H_0 voraus. In diesem Fall ist $\mathrm{F_{PG}}$ zentral $\mathrm{F}(p; n-d)$-verteilt. Daher bildet das obere Quantil der zentralen $\mathrm{F}(p; n-d)$-Verteilung die Schwelle zwischen *"groß"* und *"klein"*. Wir fassen zusammen:

Der F-Test: Sei H_0 die Hypothese $\boldsymbol{\mu} \in \mathbf{H}$ und $\mathrm{F_{pg}}$ der beobachtete oder realisierte Wert der Prüfgröße $\mathrm{F_{PG}}$. Die Entscheidungsregel:

"Lehne H_0 ab, falls gilt:

$$\mathrm{F_{pg}} > \mathrm{F}(p; n-d)_{1-\alpha} \tag{7.8}$$

oder gleichwertig

$$\mathrm{MS}(\mathbf{M}|\mathbf{H}) > \widehat{\sigma}^2 \mathrm{F}(p; n-d)_{1-\alpha} \tag{7.9}$$

oder gleichwertig

$$\mathrm{SS}(\mathbf{M}|\mathbf{H}) > p\widehat{\sigma}^2 \mathrm{F}(p; n-d)_{1-\alpha} \tag{7.10}$$

und akzeptiere anderenfalls H_0."

definiert den sogenannten **F-Test**. Dieser hält das Signifikanzniveau α ein.
Der Unterschied in den Formulierungen des Tests mit der Prüfgröße $\mathrm{F_{pg}}$ oder dem Testkriterium SS(**M**|**H**) liegt darin, daß im Testkriterium SS(**M**|**H**) die endgültige Skalierung $\widehat{\sigma}^2$ noch offen ist, während bei $\mathrm{F_{pg}}$ alles festliegt und nur noch der Schwellenwert aus der Tabelle abgelesen werden muß.

Was ist, wenn H_0 falsch ist?

Nach (7.5) ist $\mathrm{SS}(\mathbf{M}|\mathbf{H}) \sim \widehat{\sigma}^2 p\mathrm{F}(p; n-d; \delta)$. Der Nichtzentralitätsparameter δ mißt wegen (7.6) den Abstand des wahren $\boldsymbol{\mu}$ von der hypothetischen Ebene **H** und somit *die Stärke der Unkorrektheit von H_0* . δ ist genau dann Null, wenn $\boldsymbol{\mu} \in \mathbf{H}$ ist, also genau dann, wenn H_0 richtig ist.
Nun ist eine zentral $\chi^2(p)$ verteilte Variable stochastisch kleiner als die nichtzentrale $\chi^2(p; \delta)$ (vergleiche Aufgabe 182 auf Seite 178). Gilt H_0 nicht, so wird SS(**M**|**H**) daher mit höherer Wahrscheinlichkeit größere Werte annehmen als bei Gültigkeit von H_0. Die Wahrscheinlichkeit, daß SS(**M**|**H**) in der kritischen Region liegt, wird daher umso größer, je größer δ ist. Diese Aussage läßt sich noch weiter verschärfen: Im Anhang von Kapitel 2 haben wir

1. erwähnt, daß die Familie der nichtzentralen F-Verteilungen $\mathrm{F}(m; n; \delta)$ bei festem m und n monotone Dichtequotienten für δ besitzt (Beispiel 184 auf Seite 178), und

2. für solche Verteilungsfamilien gleichmäßig beste Tests bei einseitiger Hypothese angegeben (Gleichung 2.31 auf Seite 187).

Kombinieren wir beides, so erhalten wir als Ergebnis:

Satz 313 *Der F-Test ist der gleichmäßig beste Test zum Niveau* α *der Hypothese* H_0 : "$\delta = 0$" *gegen die Alternative* H_1 : "$\delta \neq 0$".

Der P-Wert

Die Prüfgröße $\mathrm{F_{pg}}$ des F-Tests haben wir mit geometrischen Argumenten eingeführt und mit Satz 313 gerechtfertigt. Wir können $\mathrm{F_{pg}}$ aber auch als ein Diskrepanzmaß interpretieren, welches mißt, wie stark die realisierte Beobachtung der Nullhypothese widerspricht. Im F-Test gibt man sich eine kritische Diskrepanzzahl $F(p; n-d)_{1-\alpha}$ vor und lehnt die Nullhypothese ab, wenn die beobachtete Diskrepanz $\mathrm{F_{pg}}$ die kritische Diskrepanzzahl übersteigt. Nun fragt man nach der Wahrscheinlichkeit, unter H_0 eine Diskrepanz $\mathrm{F_{PG}}$ zu erhalten, die so extrem oder noch extremer ist, als die real beobachtete $\mathrm{F_{pg}}$, nämlich:

$$P(\mathrm{F_{PG}} \geq \mathrm{F_{pg}} \mid H_0).$$

Diese Wahrscheinlichkeit heißt der P-Wert[3] oder das *beobachtete Signifikanzniveau.* Je kleiner der P-Wert ist, um so kritischer ist die Diskrepanz zwischen Beobachtung und Nullhypothese. Je größer der P-Wert ist, um so weniger spricht die Beobachtung gegen die Nullhypothese.

7.1.4 Eine invariante Formulierung der Hypothese

Schreibweisen: Einer einfacheren Darstellung zuliebe und sofern keine Mißverständnisse möglich sind, schreiben wir für das Testkriterium der Hypothese H_0:

$$\mathrm{SS}(\mathbf{M}|\mathbf{H})$$

abkürzend auch:

$$\mathrm{SS}(H_0),$$

um die zugrunde liegende Hypothese H_0 herauszuheben. Wir werden Hypothesen über $\boldsymbol{\mu}$, über $\boldsymbol{\beta}$ oder allgemein über Parameterfunktionen $\Phi = \mathbf{B}'\boldsymbol{\beta}$ testen. Zur Verdeutlichung der jeweiligen Hypothese schreiben wir dann auch H_0^{μ}, H_0^{β}, H_0^{Φ} oder ganz allgemein $H_0^{Zeichen}$ und analog auch $\mathrm{SS}(H_0^{\Phi})$ oder auch $\mathrm{SS}(H_0^{Zeichen})$.

[3] Zu Risiken und Nebenwirkungen der Arbeit mit P-Werten siehe auch die Ausführungen dazu im Abschnitt "Der statistische Test" von Kapitel 2.

Eine Hypothese H_0 : "$\boldsymbol{\mu} \in \mathbf{H}$" sagt zwar, wo $\boldsymbol{\mu}$ hypothetischerweise liegen soll. Dies reicht aber nicht aus, um das Testkriterium SS(**M**|**H**) zu berechnen, denn dazu wird noch die Angabe des Oberraums **M** benötigt.
Anders sieht es aus, wenn die Hypothese nicht festlegt, *in welchem Unterraum* $\boldsymbol{\mu}$ *liegt*, sondern *zu welchem Unterraum* $\boldsymbol{\mu}$ *orthogonal steht.*

Satz 314 *Ist* **K** *ein p-dimensionaler Unterraum des* $\mathbb{R}^n$, *und* H_0 *die Hypothese*

$$H_0 : "\boldsymbol{\mu} \perp \mathbf{K}",$$

so ist das Testkriterium in jedem Modellraum **M** *mit* $\mathbf{K} \subseteq \mathbf{M}$ *des F-Tests unabhängig von* **M** *gegeben durch:*

$$\mathrm{SS}\left(H_0\right) = \left\|\mathbf{P_K y}\right\|^2 \sim \sigma^2 \chi^2 \left(p; \delta\right). \tag{7.11}$$

Dabei ist $\delta = \frac{1}{\sigma^2}\left\|\mathbf{P_K}\boldsymbol{\mu}\right\|^2$.

Beweis:
Da $\mathbf{K} \subset \mathbf{M}$ ist, ist $\boldsymbol{\mu} \perp \mathbf{K}$ äquivalent mit $\boldsymbol{\mu} \in \mathbf{M} \ominus \mathbf{K} =: \mathbf{H}$. Also ist:

$$\begin{aligned} \mathrm{SS}(\mathbf{M}|\mathbf{H}) &= \left\|\mathbf{P_M y} - \mathbf{P_H y}\right\|^2 = \left\|\mathbf{P_M y} - \mathbf{P}_{\mathbf{M}\ominus\mathbf{K}}\mathbf{y}\right\|^2 \\ &= \left\|\mathbf{P_M y} - (\mathbf{P_M y} - \mathbf{P_K y})\right\|^2 = \left\|\mathbf{P_K y}\right\|^2. \end{aligned}$$

□

Das Testkriterium $\mathrm{SS}\left(H_0\right) = \left\|\mathbf{P_K}\boldsymbol{\mu}\right\|^2$ läßt sich sehr anschaulich interpretieren. Die Hypothese behauptet:

"$\boldsymbol{\mu}$ *hat keine Komponente im Raum* **K**."

Darauf kontert der Test:

"*Das wollen wir erst mal sehen!*"

und projiziert **y** in den *verbotenen* Raum **K**. Ist die $\left\|\mathbf{P_K y}\right\|^2$ zu groß, also $\left\|\mathbf{P_K y}\right\|^2 > \widehat{\sigma}^2 p \cdot \mathrm{F}(p; n-d)_{1-\alpha}$, so wird H_0 abgelehnt. Der Oberraum **M** spielt dabei keine Rolle.

7.1.5 Explizite Darstellung des Testkriteriums

Zur expliziten Berechnung von SS(**M**|**H**) haben wir verschiedene Möglichkeiten. Wir können auf die Formeln (7.4) zurückgreifen; die Modelle **M** und **H** voneinander getrennt durchrechnen und die Differenz der SS-Terme bestimmen. Mitunter läßt sich aber auch SS(**M**|**H**) = SS(**M**⊖**H**) direkt angeben, falls **M**⊖**H** leicht zu beschreiben ist. Dies ist immer dann der Fall, wenn die Hypothese H_0 durch ein Gleichungssystem für $\boldsymbol{\mu}$ beschrieben wird.

Satz 315 *Die Hypothese H_0 sei durch das folgende Gleichungssystem für $\boldsymbol{\mu}$ gegeben:*

$$H_0 : "\mathbf{K}'\boldsymbol{\mu} = \mathbf{K}'\boldsymbol{\mu}_0".$$

Ist $\mathcal{L}\{\mathbf{K}\} \subseteq \mathbf{M}$, so ist:

$$\mathrm{SS}(H_0) = \|\mathbf{P}_{\mathbf{K}}(\mathbf{y} - \boldsymbol{\mu}_0)\|^2. \tag{7.12}$$

Die Freiheitsgrade von $\mathrm{SS}(H_0)$ sind $p = \mathrm{Rg}\,\mathbf{K}$.

Beweis:
Im Fall $\boldsymbol{\mu}_0 = \mathbf{0}$ folgt (7.12) sofort aus Satz 314 auf der vorherigen Seite, denn $\mathbf{K}'\boldsymbol{\mu} = \mathbf{0} \Leftrightarrow \boldsymbol{\mu} \perp \mathcal{L}\{\mathbf{K}\}$. Ist $\boldsymbol{\mu}_0 \neq \mathbf{0}$, ersetzen wir $\mathbf{y}$ durch $\tilde{\mathbf{y}} = \mathbf{y} - \boldsymbol{\mu}_0$ und wenden das eben gefundene Ergebnis auf das transformierte Modell $\tilde{\mathbf{y}} \sim \mathrm{N}_n(\tilde{\boldsymbol{\mu}}; \sigma^2\mathbf{I})$ und $\tilde{\mathrm{H}}_0$: "$\mathbf{K}'\tilde{\boldsymbol{\mu}} = \mathbf{0}$" an.
□

7.2 Lineare Hypothesen über einen Parameter

Warum haben wir uns solange mit Hypothesen über $\boldsymbol{\mu}$ beschäftigt? Denn unmittelbar interessiert der Vektor $\boldsymbol{\mu}$ uns kaum. Von viel größer Bedeutung sind Entscheidungen über die Koeffizienten β_i. An ihnen können wir erkennen , ob ein Regressor $\mathbf{x}_i$ im Modell eine Rolle spielt oder nicht und wenn ja welche. Wir wollen die Größe von Effekten testen und *signifikante* von *nichtsignifikanten* Kontrasten trennen. Wozu dann der Umweg über $\boldsymbol{\mu}$? Die Antwort wird uns der nächste Abschnitt geben: Nur solche Aussagen über die Parameter lassen sich testen, die sich als Aussagen über $\boldsymbol{\mu}$ schreiben lassen!

7.2.1 Test der Hypothese $\Phi = \Phi_0$

Testbare Parameterhypothesen

Wir betrachten einen p-dimensionalen Parametervektor:

$$\Phi = \mathbf{B}'\boldsymbol{\beta},$$

der linear von $\boldsymbol{\beta}$ abhängt, und wollen die Hypothese:

$$H_0^{\Phi} : "\Phi = \Phi_0"$$

testen. Dann ist:

$$\mathbf{H} := \{\boldsymbol{\mu} | \boldsymbol{\mu} = \mathbf{X}\boldsymbol{\beta}, \Phi = \Phi_0\},$$
$$\neg\mathbf{H} := \{\boldsymbol{\mu} | \boldsymbol{\mu} = \mathbf{X}\boldsymbol{\beta}, \Phi \neq \Phi_0\}.$$

Die Parameterhypothese H_0^{Φ} heißt **testbar**, wenn die Mengen $\mathbf{H}$ und $\neg\mathbf{H}$ disjunkt sind. Läge nämlich $\boldsymbol{\mu}$ in $\mathbf{H} \cap \neg\mathbf{H}$, so könnte prinzipiell nicht entschieden werden, ob H_0^{Φ} gilt oder nicht. $\mathbf{H}$ und $\neg\mathbf{H}$ sind genau dann disjunkt, wenn der Wert von Φ eindeutig durch den Wert von $\boldsymbol{\mu}$ bestimmt ist, d.h. wenn aus $\mathbf{X}\boldsymbol{\beta}_1 = \boldsymbol{\mu} = \mathbf{X}\boldsymbol{\beta}_2$ auch $\mathbf{B}'\,\boldsymbol{\beta}_1 = \mathbf{B}'\,\boldsymbol{\beta}_2$ folgt. Dies ist aber gerade das Kriterium der Schätzbarkeit[4] von $\Phi = \mathbf{B}'\,\boldsymbol{\beta}$. Damit haben wir den Begriff der Testbarkeit auf den der Schätzbarkeit zurückgeführt.

Satz 316 *Die lineare Parameterhypothese* H_0^{Φ} : "$\Phi = \Phi_0$" *ist genau dann testbar, wenn der Parameter* Φ *schätzbar ist.*

Damit sind alle testbaren Hypothesen über Φ in Wirklichkeit Hypothesen über $\boldsymbol{\mu}$. Wir werden daher zwei verschiedene Hypothesen H_0^{Φ} : "$\Phi = \Phi_0$" und H_0^{Ψ} : "$\Psi = \Psi_0$" genau dann als äquivalent bezeichen, wenn sie sich auf die gleiche Hypothese H_0^{μ} : "$\boldsymbol{\mu} \in \mathbf{H}$" zurückführen lassen. In diesem Fall führen alle drei Hypothesen zu identischen Ergebnissen.

Die Prüfgrößen

Φ ist genau dann schätzbar, also auch testbar, wenn Φ die Gestalt $\Phi = \mathbf{B}'\boldsymbol{\beta} = \mathbf{K}'\boldsymbol{\mu}$ hat. Dabei ist $\mathcal{L}\{\mathbf{K}\} \subset \mathbf{M}$ wählbar. Damit haben alle testbaren linearen Parameterhypothesen die in Satz 315 genannte Gestalt.

Satz 317 *Es sei* $\Phi = \mathbf{K}'\boldsymbol{\mu} = \mathbf{B}'\boldsymbol{\beta}$ *ein schätzbarer p-dimensionaler Parameter mit:*

$$\operatorname{Cov}\widehat{\Phi} = \sigma^2\mathbf{C}.$$

Weiter sei $\boldsymbol{\mu}_0$ *ein beliebiger fester Vektor aus* $\mathbf{M}$ *und* $\Phi_0 = \mathbf{K}'\boldsymbol{\mu}_0 = \mathbf{B}'\boldsymbol{\beta}_0$. *Dann ist das Testkriterium* $\mathrm{SS}(H_0)$ *der in drei äquivalenten Versionen dargestellten Hypothese:*

$$H_0^{\mu} : \text{"}\mathbf{K}'\boldsymbol{\mu} = \mathbf{K}'\boldsymbol{\mu}_0\text{"} \quad\Leftrightarrow\quad H_0^{\beta} : \text{"}\mathbf{B}'\boldsymbol{\beta} = \mathbf{B}'\boldsymbol{\beta}_0\text{"} \quad\Leftrightarrow\quad H_0^{\Phi} : \text{"}\Phi = \Phi_0\text{"}$$

gegeben durch die drei äquivalenten Versionen von $\mathrm{SS}(H_0)$, *nämlich:*

$$\mathrm{SS}(H_0^{\mu}) = (\widehat{\boldsymbol{\mu}} - \boldsymbol{\mu}_0)'\mathbf{K}(\mathbf{K}'\mathbf{P_M}\mathbf{K})^{-}\mathbf{K}'(\widehat{\boldsymbol{\mu}} - \boldsymbol{\mu}_0), \tag{7.13}$$

$$\mathrm{SS}\left(H_0^{\beta}\right) = \left(\widehat{\boldsymbol{\beta}} - \boldsymbol{\beta}_0\right)'\mathbf{B}\left(\mathbf{B}'(\mathbf{X}'\mathbf{X})^{-}\mathbf{B}\right)^{-}\mathbf{B}'\left(\widehat{\boldsymbol{\beta}} - \boldsymbol{\beta}_0\right), \tag{7.14}$$

$$\mathrm{SS}(H_0^{\Phi}) = \left(\widehat{\Phi} - \Phi_0\right)'\mathbf{C}^{-}\left(\widehat{\Phi} - \Phi_0\right) \tag{7.15}$$

$$= \sigma^2\left(\widehat{\Phi} - \Phi_0\right)'\left(\operatorname{Cov}\widehat{\Phi}\right)^{-}\left(\widehat{\Phi} - \Phi_0\right) \tag{7.16}$$

$$= \widehat{\sigma}^2\left(\widehat{\Phi} - \Phi_0\right)'\left(\widehat{\operatorname{Cov}\,\Phi}\right)^{-}\left(\widehat{\Phi} - \Phi_0\right). \tag{7.17}$$

[4] Genau genommen ist dies das Kriterium der Identifizierbarkeit. Da wir aber $\boldsymbol{\mu} \in \mathbf{M}$ vorausgesetzt haben, fallen Schätzbarkeit und Identifizierbarkeit zusammen.

Dabei ist $p = \dim \mathbf{M} \ominus \mathbf{H}$ *die Anzahl der Freiheitsgrade von* $\mathrm{SS}(\mathbf{M}|\mathbf{H})$. *Das Kriterium ist invariant sowohl gegenüber der Wahl der KQ-Schätzer* $\widehat{\boldsymbol{\beta}}$ *und* $\widehat{\Phi}$ *als auch der Wahl der verallgemeinerten Inversen. Sind die einzelnen Komponenten* $(\phi_1; \cdots; \phi_p)$ *linear unabhängig, so ist:*

$$\mathbf{C} = \mathbf{B}'(\mathbf{X}'\mathbf{X})^{-}\mathbf{B} = \mathbf{K}'\mathbf{P}_{\mathbf{M}}\mathbf{K} \tag{7.18}$$

invertierbar.

Beweis:
Für $\boldsymbol{\mu} \in \mathbf{M}$ ist:

$$\mathbf{K}'\boldsymbol{\mu} = \mathbf{K}'\mathbf{P}_{\mathbf{M}}\boldsymbol{\mu} = (\mathbf{P}_{\mathbf{M}}\mathbf{K})'\boldsymbol{\mu}\,.$$

Daher können wir $\mathbf{K}$ durch $\tilde{\mathbf{K}} = \mathbf{P}_{\mathbf{M}}\mathbf{K}$ ersetzen und Satz 315 anwenden. Dann ist:

$$\mathrm{SS}(\mathbf{M}|\mathbf{H}) = \|\mathbf{P}_{\tilde{\mathbf{K}}}(\mathbf{y} - \boldsymbol{\mu}_0)\|^2 = (\mathbf{y} - \boldsymbol{\mu}_0)'\tilde{\mathbf{K}}(\tilde{\mathbf{K}}'\tilde{\mathbf{K}})^{-}\tilde{\mathbf{K}}'(\mathbf{y} - \boldsymbol{\mu}_0).$$

Jetzt sind nur noch die Symbole zu übersetzen:

$$\tilde{\mathbf{K}}'(\mathbf{y} - \boldsymbol{\mu}_0) = \mathbf{K}'\mathbf{P}_{\mathbf{M}}(\mathbf{y} - \boldsymbol{\mu}_0) = \mathbf{K}'(\hat{\boldsymbol{\mu}} - \boldsymbol{\mu}_0) = \mathbf{B}'(\hat{\boldsymbol{\beta}} - \boldsymbol{\beta}_0) = \hat{\Phi} - \Phi_0,$$
$$\tilde{\mathbf{K}}'\tilde{\mathbf{K}} = \mathbf{K}'\mathbf{P}_{\mathbf{M}}\mathbf{K} = \mathbf{K}'\mathbf{X}(\mathbf{X}'\mathbf{X})^{-}\mathbf{X}'\mathbf{K} = \mathbf{B}'(\mathbf{X}'\mathbf{X})^{-}\mathbf{B} = \mathbf{C}.$$

□

Äquivalenz von F- und t-Test

Ist ϕ ein eindimensionaler Parameter, so kann die Hypothese H_0^{ϕ} : "$\phi = \phi_0$" entweder mit dem gewöhnlichen t-Test oder mit dem F-Test getestet werden. Da $\widehat{\phi}$ ein erwartungstreuer, normalverteilter Schätzer von ϕ ist, gilt $\widehat{\phi} \sim \mathrm{N}(\phi; \mathrm{Var}\,\widehat{\phi})$. Dabei ist $\mathrm{Var}\,\widehat{\phi}$ eine reelle Zahl. Die Prüfgröße des t-Tests der Hypothese H_0^{ϕ} : "$\phi = \phi_0$" ist demnach:

$$t_{\mathrm{PG}} = \frac{\widehat{\phi} - \phi_0}{\sqrt{\widehat{\mathrm{Var}}(\widehat{\phi})}}.$$

Andererseits ist wegen (7.17):

$$\mathrm{SS}\left(H_0^{\phi}\right) = \widehat{\sigma}^2 \frac{(\widehat{\phi} - \phi_0)^2}{\widehat{\mathrm{Var}}(\widehat{\phi})}.$$

Die Prüfgröße des F-Tests ist also wegen $p = 1$:

$$\mathrm{F}_{\mathrm{PG}} = \frac{\mathrm{SS}\left(H_0^{\phi}\right)}{\widehat{\sigma}^2} = \frac{(\widehat{\phi} - \phi_0)^2}{\widehat{\mathrm{Var}}(\widehat{\phi})} = t_{\mathrm{PG}}^2.$$

$\mathrm{F_{PG}}$ ist das Quadrat von t_{PG}. Gleiches gilt auch für die Schwellenwerte: Gilt die Hypothese, so ist $t_{\mathrm{PG}} \sim t(n-d)$ und $\mathrm{F_{PG}} \sim \mathrm{F}(1; n-d)$. Für die Quantile dieser Verteilungen gilt entsprechend:

$$\left(t(n-d)_{1-\frac{\alpha}{2}}\right)^2 = \mathrm{F}(1; n-d)_{1-\alpha}.$$

Es ist also gleich, ob man eine Hypothese über einen eindimensionalen schätzbaren Parameter ϕ mit dem F-Test oder dem t-Test prüft. Die inhaltlich gleichen Hypothesen werden zwar mit äußerlich unterschiedlichen Prüfgrößen, aber mit identischen Ergebnissen getestet.

Der globale F-Test

Der globale F-Test testet die Hypothese:

$$H_0^G: \text{"}\beta_1 = \beta_2 = \cdots = \beta_m = 0\text{"} \quad \text{oder} \quad H_0^G: \text{"}\mu \in \mathcal{L}\{\mathbf{1}\}\text{"}.$$

Wird H_0^G akzeptiert, so bedeutete dies, daß das Modell mit allen Regressoren die Beobachtungen nicht besser beschreiben kann als das triviale Nullmodell, das nur die Konstante Eins als Regressor enthält. Bei der globalen Hypothese H_0^G ist $\mathbf{H} = \mathcal{L}\{\mathbf{1}\}$. Daher ist:

$$\mathrm{SS}\left(H_0^G\right) = \mathrm{SS}(\mathbf{M}|\mathbf{1}) = \mathrm{SSR}, \tag{7.19}$$

$$\mathrm{F_{PG}} = \frac{\mathrm{MS}(\mathbf{M}|\mathbf{1})}{\widehat{\sigma}^2} = \frac{\mathrm{SSR}}{(d-1)\,\widehat{\sigma}^2} = \frac{\mathrm{MSR}}{d-1}. \tag{7.20}$$

Unter H_0^G besitzt $\mathrm{F_{PG}}$ eine $\mathrm{F}(d-1; n-d)$-Verteilung.
Der globale F-Test betrachtet nur die Alternative "*Entweder alle Regressoren oder keiner*". Die Annahme von H_0^G schließt daher nicht aus, daß ein reduziertes Modell mit weniger Regressoren signifikant besser als das Nullmodell ist.

Ein Beispiel zum F-Test:

Beispiel 318 *Gegeben sind die in Tabelle 7.1 auf der nächsten Seite aufgeführten 14 Beobachtungen von sieben Regressoren* $\mathbf{x}_1$ *bis* $\mathbf{x}_7$ *und einer abhängigen Variable* $\mathbf{y}$ *. Die modifizierten Vektoren* $\mathbf{y}_{(I)}$ *und* $\mathbf{y}_{(II)}$ *werden wir später verwenden. Die Daten sind konstruiert, daher soll ihnen nicht künstlich eine inhaltliche Bedeutung unterlegt werden.*
Wir betrachten das Modell $\mathbf{M} := \mathcal{L}\{\mathbf{1}, \mathbf{x}_1, \mathbf{x}_2, \mathbf{x}_3, \mathbf{x}_4, \mathbf{x}_5, \mathbf{x}_6, \mathbf{x}_7\}$. *Es ist* $n = 14$, $\dim \mathbf{M} = d = 8$ *und* $n - d = 6$. *Wir lassen in diesem Beispiel und den darauf aufbauenden Beispielen die Rechnungen im Detail weg und geben nur die ANOVA-Tabelle an:*

SS	*F.grad*	MS
$\mathrm{SSR}(\mathbf{M}) = 10922,00$	7	$\mathrm{MSR} = \frac{10922}{7} = 1560,29$
$\mathrm{SSE}(\mathbf{M}) = 4,98$	6	$\mathrm{MSE} = \frac{4,98}{6} = 0,83 =: \widehat{\sigma}^2$
$\mathrm{SST} = 10926,98$	13	

x_1	x_2	x_3	x_4	x_5	x_6	x_7	y	$y_{(I)}$	$y_{(II)}$
5,449	8,113	18,746	−0,646	1,489	−1,421	9,012	8,106	−11,85	−12,72
5,975	15,450	27,438	−0,793	3,589	3,725	2,201	34,343	−3,66	−5,73
2,837	14,011	14,083	0,767	−8,645	−0,287	4,788	16,658	−17,81	−19,93
3,260	−6,591	2,540	1,312	−2,337	−18,908	2,488	−48,116	−31,90	−30,48
3,833	16,414	15,427	0,476	−4,589	2,207	3,228	23,347	−17,03	−19,47
3,718	4,688	8,156	1,882	−1,574	1,013	−0,723	−12,090	−23,62	−24,07
8,228	24,027	22,505	0,973	−4,002	−14,195	6,340	52,976	−6,13	−9,45
5,704	−2,339	−0,344	−0,780	−5,350	−0,395	1,184	−37,653	−31,90	−30,97
2,951	6,007	10,581	0,344	−11,656	−4,370	2,685	−5,867	−20,64	−21,39
6,860	14,316	2,815	0,217	−3,123	7,272	6,075	7,456	−27,76	−29,56
5,496	13,284	14,150	1,654	6,101	−0,289	2,358	15,364	−17,31	−19,06
3,902	−9,148	14,302	2,329	−6,942	4,560	8,645	−41,453	−18,95	−17,03
5,027	3,526	17,313	2,641	−5,579	−5,735	1,646	−6,766	−15,44	−15,57
4,857	13,906	6,588	−0,258	−5,015	6,985	−1,812	10,134	−24,07	−25,99

Tabelle 7.1: Konstruierte Beispiel-Daten

Das Bestimmtheitsmaß ist $r^2 = \frac{10922}{10927} = 0,999$. *Der hier nicht abgebildete Plot der Residuen zeigt keine Auffälligkeiten und der ebenfalls nicht abgebildete* $(y - \widehat{y})$*-Plot zeigt eine gute Anpassung. Wir können daher unsere Datenauswertung beginnen. Wir wählen für alle Tests* $\alpha = 5\%$.

Der globale F-Test

Der globale F-Test testet die Hypothese:

$$H_0^G : \text{"}\beta_1 = \beta_2 = \cdots = \beta_7 = 0\text{"} \quad \textit{oder} \quad H_0^G : \text{"}\mu \in \mathcal{L}\{\mathbf{1}\}\text{"}.$$

Es ist $p = 8 - 1 = 7$. *Unter* H_0^G *besitzt* F_{PG} *eine* $\mathrm{F}(7;6)$*-Verteilung.* $\mathrm{F}(7;6)_{0,95} = 3,866$. *Die Prüfgröße des F-Tests ist nach* (7.20)*:*

$$\mathrm{F}_{pg} = \frac{\mathrm{MS}(\mathbf{M}|\mathbf{1})}{\widehat{\sigma}^2} = \frac{1560,29}{0,83} = 1879 > \mathrm{F}\,(7;6)_{0,95}\,.$$

Also wird H_0 *verworfen. Es lohnt sich, die Regressoren weiter zu analysieren.*

t-Tests für alle Regressionskoeffizienten

Die geschätzten Parameter und ihre Standardabweichungen zeigt Tabelle 7.2 auf der nächsten Seite. Wir testen nun jeden einzelnen Parameter $\boldsymbol{\beta}_j$ *mit dem t-Test. Die* j*-te getestete Hypothese ist:*

$$H_0^j : \text{"}\beta_j = 0\text{"}.$$

Die Prüfgröße ist $t_{PG} = \frac{\widehat{\beta}_j}{\widehat{\sigma}_{\widehat{\beta}_j}}$. *Unter* H_0^j *ist* $t_{PG} \sim t(n-d) = t(6)$. *Der Annahmebereich des zweiseitigen Tests ist:*

$$|t_{pg}| \leq t(n-d)_{1-\frac{\alpha}{2}}.$$

j	$\hat{\beta}_j$	$\hat{\sigma}_{\hat{\beta}_j}$	$\lvert t_{\mathrm{pg}}\rvert = \dfrac{\hat{\beta}_j}{\hat{\sigma}_{\hat{\beta}_j}}$	$\lvert t_{\mathrm{pg}}\rvert > t(6)_{0,975} = 2,45$
0	−34,55	1,163	−29,70	ja
1	0,4661	0,2159	2,16	nein
2	2,528	0,03794	66,64	ja
3	1,004	0,04258	23,57	ja
4	−0,2293	0,2513	−0,91	nein
5	−0,0670	0,06300	−1,06	nein
6	0,0098	0,03566	0,03	nein
7	0,0072	0,09162	0,07	nein

Tabelle 7.2: Geschätzte Parameter und ihre Standardabweichungen

Der Schwellenwert der t-Verteilung für $\alpha = 5\%$ ist $t(6)_{0,975} = 2,45$. Danach sind allein die Parameter β_0, β_2 und β_3 signifikant von Null verschieden.

F-Tests für spezielle Parameter

Wir werden vier verschiedenen Hypothesen testen:
a) Wir testen zuerst H_0^a : "$\beta_1 = 0$" mit dem F-Test.
Die Aussage "$\beta_1 = 0$" ist genau dann richtig, falls gilt:

$$\boldsymbol{\mu} \in \mathcal{L}\{\mathbf{1}, \mathbf{x}_2, \mathbf{x}_3, \mathbf{x}_4, \mathbf{x}_5, \mathbf{x}_6, \mathbf{x}_7\} =: \mathbf{H}^a.$$

Daher ist:

$$H_0^a : \text{"}\beta_1 = 0\text{"} \qquad \Leftrightarrow \qquad H_0^a : \text{"}\boldsymbol{\mu} \in \mathbf{H}^a\text{"}.$$

Wir berechnen nun die ANOVA-Tabelle für das Modell $\mathbf{H}^a$ und vergleichen sie mit der des Modells $\mathbf{M}$:

Modell $\mathbf{H}^a$			
SS			*F.grad*
$\mathrm{SSR}(\mathbf{H}^a)$	$=$	$10918,13$	6
$\mathrm{SSE}(\mathbf{H}^a)$	$=$	$8,85$	7
SST	$=$	$10926,98$	13

Modell $\mathbf{M}$			
SS			*F.grad*
$\mathrm{SSR}(\mathbf{M})$	$=$	$10922,00$	7
$\mathrm{SSE}(\mathbf{M})$	$=$	$4,98$	6
SST	$=$	$10926,98$	13

Wir bilden die Differenzen:

$$\begin{aligned} \mathrm{SS}(H_0^a) &= \mathrm{SSR}(\mathbf{M}) - \mathrm{SSR}(\mathbf{H}^a) = 10922 - 10918,13 = 3,87 \\ &= \mathrm{SSE}(\mathbf{H}^a) - \mathrm{SSE}(\mathbf{M}) = 8,85 - 4,98 = 3,87. \end{aligned}$$

Die Anzahl der verlorenen Freiheitsgrade ist $p = \dim \mathbf{M} - \dim \mathbf{H}^a = 1$. Also ist $\mathrm{MS}(H_0^a) = \frac{1}{p}\,\mathrm{SS}(H_0^a) = \mathrm{SS}(H_0^a)$ und:

$$\mathrm{F}_{pg} = \frac{\mathrm{SS}(H_0^a)}{\widehat{\sigma}^2} = \frac{3,87}{0,83} = 4,66 < \mathrm{F}(1;6)_{0,95} = 5,99.$$

Die Hypothese H_0^a wird nicht abgelehnt. Die Erweiterung von $\mathbf{H}^a$ zu $\mathbf{M}$ verbessert das Modell nicht. Wir entscheiden uns, den Koeffizienten β_1 als nicht signifikant von Null verschieden anzusehen.
Vergleich mit dem t-Test:
Beim t-Test der Hypothese $\beta_1 = 0$ ergab sich $t_{pg} = 2,16$. Auch dort wurde H_0^a nicht abgelehnt. Nun ist $t_{pg}^2 = (2,16)^2 = 4,66 = \mathrm{F}_{pg}$ und $(t(6)_{0,975})^2 = (2,45)^2 = 5,99 = \mathrm{F}(1;6)_{0,95}$ im Einklang mit unserer Aussage der Äquivalenz von t- und F-Test.
b) Wir testen H_0^b : "$\beta_2 = 0$".
Die Rechnung verläuft analog zu a). Die Aussage "$\beta_2 = 0$" ist genau dann richtig, falls $\boldsymbol{\mu} \in \mathcal{L}\{\mathbf{1}, \mathbf{x}_1, \mathbf{x}_3, \mathbf{x}_4, \mathbf{x}_5, \mathbf{x}_6, \mathbf{x}_7\} =: \mathbf{H}^b$. Legen wir dieses Modell $\mathbf{H}^b$ zugrunde, so ist $n = 14$, $d = \dim \mathbf{H}^b = 7$, $n - d = 7$ und $p = 1$.

Modell $\mathbf{H}^b$			
SS			*F.grad*
$\mathrm{SSR}(\mathbf{H}^b)$	=	7233,20	6
$\mathrm{SSE}(\mathbf{H}^b)$	=	3693,78	7
SST	=	10926,98	13

Modell $\mathbf{M}$			
SS			*F.grad*
$\mathrm{SSR}(\mathbf{M})$	=	10922,00	7
$\mathrm{SSE}(\mathbf{M})$	=	4,98	6
SST	=	10926,98	13

Nach der Tabelle ist:

$$\begin{aligned} \mathrm{SS}\left(H_0^b\right) &= \mathrm{SSR}(\mathbf{M}) - \mathrm{SSR}(\mathbf{H}^b) = \mathrm{SSE}(\mathbf{H}^b) - \mathrm{SSE}(\mathbf{M}) \\ &= 10922,00 - 7233,20 = 3693,78 - 4,98 = 3688,80 \\ \mathrm{F}_{pg} &= \frac{\mathrm{SS}\left(H_0^b\right)}{\widehat{\sigma}^2} = \frac{3688,80}{0,8306} = 4441 > \mathrm{F}(1;6)_{0,95} = 5,99. \end{aligned}$$

$\Longrightarrow H_0^b$ wird abgelehnt: Die Erweiterung von $\mathbf{H}^b$ zu $\mathbf{M}$ verbessert das Modell erheblich. Der Koeffizient β_2 ist signifikant von Null verschieden.
Vergleich mit dem t-Test: Beim t-Test ergab sich $t_{pg} = 66,64 = \sqrt{4441} = \sqrt{\mathrm{F}_{pg}}$. Auch dort wurde H_0^b abgelehnt.
c) Wir testen H_0^c : "$\beta_4 = \beta_5 = \cdots = \beta_7 = 0$" .
H_0^c gilt genau dann, wenn $\boldsymbol{\mu} \in \mathcal{L}\{\mathbf{1}, \mathbf{x}_1, \mathbf{x}_2, \mathbf{x}_3\} =: \mathbf{H}^c$ ist. In diesem Modell ist $\dim \mathbf{H}^c = 4$; $p = \dim \mathbf{M} - \dim \mathbf{H}^c = 4$. Wir unterschlagen wieder die Nebenrechnungen und präsentieren nur die Ergebnisse:

$$\begin{aligned} \mathrm{SS}\left(H_0^c\right) &= 1,8 \\ \mathrm{F}_{pg} &= \frac{\mathrm{MS}\left(H_0^c\right)}{\widehat{\sigma}^2} = \frac{\frac{1,8}{4}}{0,83} = 0,54 < \mathrm{F}(4;6)_{0,95} = 4,53. \end{aligned}$$

$\Longrightarrow H_0^c$ wird nicht abgelehnt: Die Erweiterung von $\mathbf{H}^c$ zu $\mathbf{M}$ verbessert das Modell nicht. Die Koeffizienten $\boldsymbol{\beta}_4$ bis $\boldsymbol{\beta}_7$ sind nicht signifikant von Null verschieden.
d) Wir testen zum Abschluß noch die Hypothese H_0^d : "$\beta_2 = 6\beta_1$".

Die Aussage $\beta_2 = 6\ \beta_1$ *ist genau dann richtig, falls* $\boldsymbol{\mu}$ *die folgende Gestalt hat:*

$$\begin{aligned}\boldsymbol{\mu} &= \beta_0 \mathbf{1} + \beta_1 \mathbf{x}_1 + (6\beta_1)\mathbf{x}_2 + \beta_3 \mathbf{x}_3 + \beta_4 \mathbf{x}_4 + \beta_5 \mathbf{x}_5 + \beta_6 \mathbf{x}_6 + \beta_7 \mathbf{x}_7 \\ &= \beta_0 \mathbf{1} + \beta_1 \underbrace{(\mathbf{x}_1 + 6\mathbf{x}_2)}_{=:\mathbf{x}_8} + \beta_3 \mathbf{x}_3 + \beta_4 \mathbf{x}_4 + \beta_5 \mathbf{x}_5 + \beta_6 \mathbf{x}_6 + \beta_7 \mathbf{x}_7 \\ &= \beta_0 \mathbf{1} + \qquad \beta_8 \mathbf{x}_8 \qquad + \beta_3 \mathbf{x}_3 + \beta_4 \mathbf{x}_4 + \beta_5 \mathbf{x}_5 + \beta_6 \mathbf{x}_6 + \beta_7 \mathbf{x}_7 .\end{aligned}$$

Dabei wurde $\mathbf{x}_1 + 6\mathbf{x}_2$ *als neuer Regressor* $\mathbf{x}_8$ *definiert. Also ist:*

$$H_0^d : "\beta_2 = 6\beta_1" \qquad \Leftrightarrow \qquad H_0^d : "\boldsymbol{\mu} \in \mathcal{L}\{\mathbf{1}, \mathbf{x}_8, \mathbf{x}_3, \mathbf{x}_4, \mathbf{x}_5, \mathbf{x}_6, \mathbf{x}_7\} - : \mathbf{H}^d.$$

Legen wir dieses Modell $\mathbf{H}^d$ *zugrunde, so ergibt sich* $\mathrm{SS}(H_0^d) = 0{,}048$. *Wegen* $\dim \mathbf{M} - \dim \mathbf{H}^d = 8 - 7 = 1$ *ist*

$$\mathrm{F}_{pg} = \frac{0{,}04}{0{,}83} = 0{,}048 < \mathrm{F}(1;6)_{0{,}95} = 5{,}99.$$

$\Longrightarrow H_0^d$ *wird nicht abgelehnt.*

7.2.2 Kombinationen von Tests

Im täglichen Leben hat sich das Prinzip "*divide et impera*" bei der Lösung komplizierter Probleme bewährt. Man zerlegt eine umfassende Frage in einfachere Teilfragen, beantwortete jede Teilfrage und fügt die Teilergebnisse wieder zusammen.[5]

Dieses Vorgehen läßt sich bei statistischen Hypothesen nicht ohne weiters anwenden:

> *Werden auf Grund von Hypothesentests zwei Aussagen akzeptiert bzw. verworfen, so darf daraus nicht gefolgert werden, daß eine logische Implikation der beiden Ausssagen bei einem Test ebenfalls akzeptiert bzw. verworfen wird.*

Im vorigen Beispiel 318 ließen sich aufgrund der Tests die beiden einzelnen Hypothesen

$$H_0^a : "\beta_1 = 0" \text{ sowie } H_0^d : "\beta_2 = 6\beta_1"$$

nicht verwerfen. Jede einzelne der beiden Aussagen war mit den Beobachtungen verträglich und wurde akzeptiert. Aber aus

$$"\beta_1 = 0" \text{ und } "\beta_2 = 6\beta_1" \qquad \text{folgt die Aussage} \qquad "\beta_2 = 0"$$

Der Test der Hypothese H_0^b : "$\beta_2 = 0$" hat aber **zur Ablehnung** von H_0^b geführt!

[5] "Dann hat er die Teile in seiner Hand, fehlt leider nur das geistige Band." *Mephisto* in Goethes *Faust 1.Teil.*

Wird eine Gesamthypothese H_0 in eine logisch gleichwertige Gesamtheit von Teilhypothesen aufgespalten:

$$H_0 \equiv \bigcap_{j=1}^{q} H_0^j,$$

so kann der Test der Gesamthypothese H_0 zu einem anderen Ergebnis führen als die logische Schlußfolgerung aus den Ergebnissen der Tests der Teilhypothesen H_0^j.

Wir demonstrieren dies an zwei Beispielen, die an den Datensatz des Beispiels 318 von Seite 363 anknüpfen.
Wir werden aber im Kapitel "Multiple Entscheidungsverfahren" statistische Schlußverfahren kennenlernen, welche die hier vorgestellten Probleme berücksichtigen.

Beispiel 319 *Wir modifizieren das vorangehende Beispiel 318 und übernehmen dabei die Regressoren $\mathbf{x}_1$ bis $\mathbf{x}_7$ ungeändert, verwenden aber statt des Beobachtungsvektors $\mathbf{y}$ den neuen Vektor:*

$$\mathbf{y}_{(I)} := \mathbf{y} - 2,46\mathbf{x}_2.$$

Der Vektor steht in Tabelle 7.1 auf Seite 364. Da $\mathbf{x}_2$ in $\mathbf{M}$ liegt, ist:

$$\mathbf{P_M y}_{(I)} = \mathbf{P_M}(\mathbf{y} - 2,44\mathbf{x}_2) = \mathbf{P_M y} - 2,44\mathbf{x}_2.$$

Folglich ändert sich nur der Schätzer von β_2 um den Wert $-2,44$, während alle anderen Terme — vor allem auch $\mathrm{SSE}_{(I)} := \|\mathbf{y}_{(I)} - \mathbf{P_M y}_{(I)}\| = \|\mathbf{y} - \mathbf{P_M y}\| = \mathrm{SSE}$ *und $\widehat{\sigma}^2$ — invariant bleiben. Dies bestätigt sich auch, wenn wir das Modell mit dem Vektor $\mathbf{y}_{(I)}$ durchrechnen:*

j	$\hat{\beta}_j$	$\hat{\sigma}_{\hat{\beta}_j}$	$t_{\text{pg}} = \dfrac{\hat{\beta}_j}{\hat{\sigma}_{\hat{\beta}_j}}$	$t_{\text{pg}} > t(6)_{0,975} = 2,45$
0	−34,55	1,163		
1	0,4661	0,2159	2,159	Nein
2	0,06839	0,03794	2,329	Nein
3	1,004	0,04258		
4	−0,2293	0,2513		
5	−0,06702	0,06300		
6	0,009893	0,03566		
7	0,007283	0,09162		

Tabelle 7.3: Schätzwerte und Prüfgrößen bei der Beobachtung von $\mathbf{y}_{(I)}$.

Test der Einzelhypothesen

Tabelle 7.3 zeigt die Schätzwerte der Parameter und die Prüfgrößen t_{pg} *der beiden Einzelhypothesen:*

$$H_0^a : "\beta_1 = 0" \quad und \; H_0^b : "\beta_2 = 0".$$

Der Schwellenwert der t-Verteilung für $\alpha = 5\%$ *ist* $t(6)_{0,975} = 2,45$.
Also werden beide Einzelhypothesen H_0^a *und* H_0^b *akzeptiert.*

Test der gemeinsamen Hypothese

$$H_0^{ab} : "\beta_1 = \beta_2 = 0".$$

Jetzt ist $\mathbf{H}^{ab} = \mathcal{L}\{\mathbf{1}, \mathbf{x}_3, \mathbf{x}_4, \mathbf{x}_5, \mathbf{x}_6, \mathbf{x}_7\}$. *Es ist* $p = 2$. *Der Schwellenwert der* F-*Verteilung für* $\alpha = 5\%$ *ist* $\mathrm{F}(2;6)_{0,95} = 5,14$. *Man berechnet* $\mathrm{SSE}\left(H_0^{ab}\right) = 17,21$. *Daraus folgt*

$$\begin{aligned} \mathrm{SS}\left(H_0^{ab}\right) &= \mathrm{SSE}\left(H_0^{ab}\right) - \mathrm{SSE}\left(\mathrm{M}\right) = 17,21 - 4,98 = 12,23. \qquad (7.21) \\ \mathrm{F}_{pg} &= \frac{\mathrm{SS}\left(H_0^{ab}\right)}{p\widehat{\sigma}^2} = \frac{12,23}{2 \cdot 0.83} = 7,37 > 5,14 = F\left(2;6\right)_{0,95}. \end{aligned}$$

Die gemeinsame Hypothese H_0^{ab} *wird abgelehnt.*

Fassen wir zusammen: *Testen wir also die Signifikanz der beiden Parameter* β_1 *und* β_2 *durch zwei einzelne Hypothesen, so werden sowohl* β_1 *als auch* β_2 *als signifikant von Null verschieden angesehen. Fassen wir aber beide Fragen zu einer einzigen zusammen und testen "* $\beta_1 = \beta_2 = 0$*", so erhalten wir die entgegengesetzte Antwort.*

Beispiel 320 *In diesem Beipiel werden wir genau das entgegengesetzte Verhalten wie in Beispiel 319 beobachten. Wir übernehmen wie im vorigen Beispiel 319 die Regressoren* $\mathbf{x}_1$ *bis* $\mathbf{x}_7$ *unverändert, verwenden aber jetzt den Beobachtungsvektor:*

$$\mathbf{y}_{(II)} := \mathbf{y} + 0,093\mathbf{x}_1 - 2,63\mathbf{x}_2.$$

Der Vektor $\mathbf{y}_{(II)}$ *bildet die letzte Spalte der Tabelle 7.1. Wieder bleiben* SSE *und* $\widehat{\sigma}^2$ *invariant, während sich nur die Schätzer* β_1 *und* β_2 *ändern. Der Schwellenwert der t-Verteilung für* $\alpha = 5\%$ *bleibt* $t(6)_{0,975} = 2,45$ *(Tabelle 7.4 auf der nächsten Seite). Beim Test der beiden Einzelhypothesen:*

$$H_0^a : "\beta_1 = 0" \quad und \quad H_0^b : "\beta_2 = 0"$$

sind β_1 *und* β_2 *signifikant von Null verschieden.* ***Also*** $\beta_1 \neq 0$ ***und*** $\beta_2 \neq 0$.
Wir testen nun die gemeinsame Hypothese:

$$H_0^{ab} : "\beta_1 = \beta_2 = 0".$$

j	$\widehat{\beta}_j$	$\widehat{\sigma}_{\widehat{\beta}_j}$	$t_{\text{pg}} = \frac{\widehat{\beta}_j}{\widehat{\sigma}_{\widehat{\beta}_j}}$	$t_{\text{pg}} > t(6)_{0,975} = 2,45$
0	−34,55	1,163		
1	0,5591	0,2159	2,497	Ja
2	−0,1016	0,03794	2,636	Ja
3	1,004	0,04258		
4	−0,2293	0,2513		
5	−0,06702	0,06300		
6	0,009893	0,03566		
7	0,007283	0,09162		

Tabelle 7.4: Schätzwerte und Prüfgrößen bei der Beobachtung von $\mathbf{y}_{(II)}$.

Der Modellraum ist wie oben $\mathbf{H}^{ab} = \mathcal{L}\{\mathbf{1}, \mathbf{x}_3, \mathbf{x}_4, \mathbf{x}_5, \mathbf{x}_6, \mathbf{x}_7\}$. *Es ist* $p = 2$ *und man berechnet* $\text{SSE}\left(\mathbf{H}^{ab}\right) = 12,95$. *Daraus folgt:*

$$\text{SS}\left(H_0^{ab}\right) = \text{SSE}\left(H_0^{ab}\right) - \text{SSE}(\mathbf{M}) = 12,95 - 4,98 = 7,97 \tag{7.22}$$

$$\text{F}_{pg} = \frac{\text{SS}\left(H_0^{ab}\right)}{p\widehat{\sigma}^2} = \frac{7,97}{2 \cdot 0,83} = 4,80 < 5,14 = F\,(2;6)_{0,95}. \tag{7.23}$$

Der F-Test nimmt die gemeinsame Hypothese H_0^{ab} *an!* ***Also*** $\beta_1 = \beta_2 = 0$!

Die Annahmebereiche der gemeinsamen Hypothese und der Einzel-Hypothesen

Das scheinbar widersprüchliche Verhalten der Tests läßt sich leicht klären. Die Annahmebereiche der beiden Einzelhypothesen H_0^a und H_0^b sind gegeben durch:

$$\left|\widehat{\beta}_1\right| \leq t\,(n-d)_{1-\frac{\alpha}{2}}\,\widehat{\sigma}_{\widehat{\beta}_1} \qquad \text{für } H_0^a,$$

bzw.

$$\left|\widehat{\beta}_2\right| \leq t\,(n-d)_{1-\frac{\alpha}{2}}\,\widehat{\sigma}_{\widehat{\beta}_2} \qquad \text{für } H_0^b.$$

Da für $\mathbf{y}_{(I)}$ wie für $\mathbf{y}_{(II)}$ die Varianzen der Schätzer übereinstimmen, gilt für $\mathbf{y}_{(I)}$ wie für $\mathbf{y}_{(II)}$ gemeinsam $\widehat{\sigma}_{\widehat{\beta}_1} = 0,2159$ und $\widehat{\sigma}_{\widehat{\beta}_2} = 0,0379$. Mit $n - d = 6$; $\alpha = 5\%$, $t\,(6)_{0,975} = 2,45$ erhalten wir die Annahmebereiche:

$$\left|\widehat{\beta}_1\right| \leq 0,529 \qquad \text{für } H_0^a,$$
$$\left|\widehat{\beta}_2\right| \leq 0,093 \qquad \text{für } H_0^b.$$

Der Annahmebereich für H_0^a ist eine Intervall auf der $\widehat{\beta}_1$ -Achse, der Annahmebereich für H_0^b ist eine Intervall auf der $\widehat{\beta}_2$ -Achse. Wir betrachten nun beide Annahmebereiche gemeinsam und fassen sie dazu als Bereiche der $\left(\widehat{\beta}_1, \widehat{\beta}_2\right)$ – Ebene auf. Da der Annahmebereich für H_0^a überhaupt nicht von $\widehat{\beta}_2$ abhängt, wird er in der $\left(\widehat{\beta}_1, \widehat{\beta}_2\right)$ −Ebene als der vertikale Streifen $\left\{\left(\widehat{\beta}_1, \widehat{\beta}_2\right) \quad \left|\widehat{\beta}_1\right| \leq 0,529\right\}$ abgebildet. Analog wird der Annahmebereich für H_0^b als der horizontale Streifen $\left\{\left(\widehat{\beta}_1, \widehat{\beta}_2\right) \quad \left|\widehat{\beta}_2\right| \leq 0,093\right\}$ abgebildet. (Siehe die folgenden Abbildungen.) Legt man beide Streifen übereinander, schneiden sie sich in dem Bereich, in dem H_0^a und H_0^b gleichzeitig angenommen werden, dem Rechteck R.(Siehe die folgenden drei Abbildungen.)

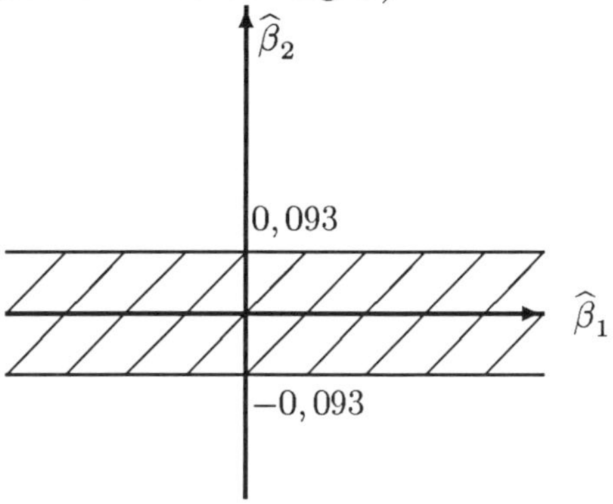

Annahmebereich von H_0^b : "$\beta_2 = 0$"

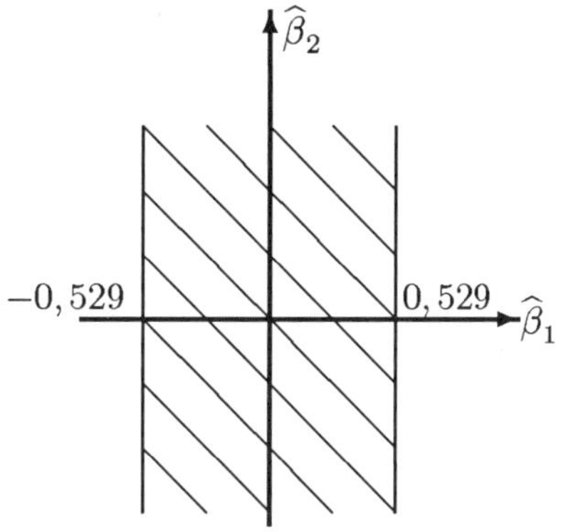

Annahmebereich von H_0^a : "$\beta_1 = 0$"

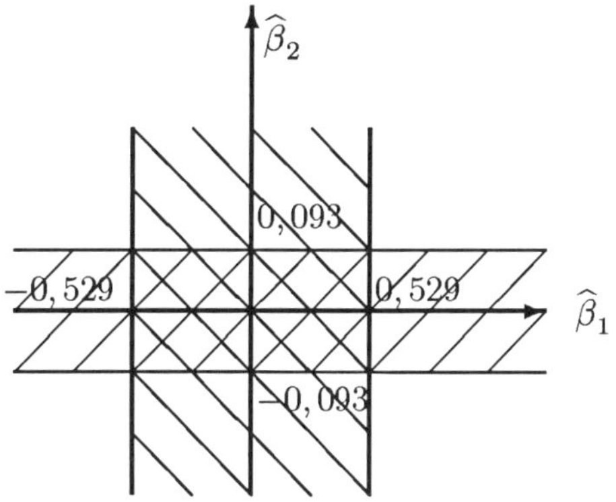

Schnitt der beiden Annahmebereiche

Sind beide Hypothesen H_0^a und H_0^b richtig, so gilt:

$$\mathrm{P}\left\{\left(\widehat{\beta}_1; \widehat{\beta}_2\right) \quad \text{liegt im vertikalen} \quad \text{Streifen}\right\} = 0,95$$
$$\mathrm{P}\left\{\left(\widehat{\beta}_1; \widehat{\beta}_2\right) \quad \text{liegt im horizontalen} \quad \text{Streifen}\right\} = 0,95.$$

Da die "Wahrscheinlichkeitsmasse" sich über die ganzen Streifen verteilt, muß dann notwendigerweise:

$$\mathrm{P}\left\{\left(\widehat{\beta}_1; \widehat{\beta}_2\right) \quad \text{liegt im} \quad \text{Schnitt-Rechteck R}\right\} < 0,95$$

sein. Ein Test der gemeinsamen Hypothese H_0^{ab} : "$\beta_1 = \beta_2 = 0$", der das Schnittrechteck R als Annahmebereich verwendet, kann also das Niveau von $\alpha = 5\%$ nicht einhalten!
Dies leistet aber gerade der F-Test.
Wie sieht der Annahmebereich des F-Tests in der $\left(\widehat{\beta}_1; \widehat{\beta}_2\right)$-Ebene aus? Dazu setzen wir:

$$\Phi := (\beta_1; \beta_2)' \text{ und } \operatorname{Cov} \widehat{\Phi} =: \sigma^2 \mathbf{C}.$$

Dann ist der Annahmebereich für H_0^{ab} wegen $p = 2$ und (7.10) sowie (7.15) gegeben durch:

$$\mathrm{SS}\left(H_0^{ab}\right) = \widehat{\Phi}' \mathbf{C}^{-1} \widehat{\Phi} \leq 2\widehat{\sigma}^2 F\left(2; n-d\right)_{1-\alpha}.$$

Dies ist die Gleichung einer Ellipse in der $\left(\widehat{\beta}_1; \widehat{\beta}_2\right)$-Ebene. Um sie zu zeichnen, müssen wir $\mathbf{C}$ explizit bestimmen. Aus der Designmatrix $\mathbf{X} = (1, \mathbf{x}_1, \cdots, \mathbf{x}_7)$ errechnen wir:

$$(\mathbf{X}'\mathbf{X})^{-1} = \begin{pmatrix} 1.6279 & -0.2589 & 0.0150 & -0.0221 & -0.0765 & 0.0512 & -0.0063 & 0.0218 \\ -0.2589 & 0.0561 & -0.0045 & 0.0019 & 0.0066 & -0.0068 & 0.0013 & -0.0078 \\ 0.0150 & -0.0045 & 0.0017 & -0.0010 & 0.0031 & 0.0005 & -0.0002 & 0.0014 \\ -0.0221 & 0.0019 & -0.0010 & 0.0022 & -0.0028 & -0.0010 & 0.0001 & -0.0020 \\ -0.0765 & 0.0066 & 0.0031 & -0.0028 & 0.0761 & 0.0010 & 0.0024 & 0.0015 \\ 0.0512 & -0.0068 & 0.0005 & -0.0010 & 0.0010 & 0.0048 & -0.0002 & 0.0017 \\ -0.0063 & 0.0013 & -0.0002 & 0.0001 & 0.0024 & -0.0002 & 0.0015 & -0.0001 \\ 0.0218 & -0.0078 & 0.0014 & -0.0020 & 0.0015 & 0.0017 & -0.0001 & 0.0101 \end{pmatrix}.$$

Streicht man in $(\mathbf{X}'\mathbf{X})^{-1}$ alle Zeilen und Spalten bis auf die zweite und dritte, so erhält man die Matrix:

$$\mathbf{C} := \begin{pmatrix} 0{,}0561 & -0{,}0045 \\ -0{,}0045 & 0{,}0017 \end{pmatrix} \text{ mit der Inversen } \mathbf{C}^{-1} = \begin{pmatrix} 22{,}63 & 59{,}904 \\ 59{,}904 & 746{,}81 \end{pmatrix}.$$

Für $\Phi := (\beta_1; \beta_2)'$ ist $\operatorname{Cov} \widehat{\Phi} = \sigma^2 \mathbf{C}$. Sowohl für $\mathbf{y}_{(I)}$ wie für $\mathbf{y}_{(II)}$ wurde $\widehat{\sigma}^2 = 0{,}83$ geschätzt. Also ist:

$$\widehat{\operatorname{Cov}}\ \widehat{\Phi} = \widehat{\sigma}^2 \mathbf{C} = \begin{pmatrix} 0{,}0466 & -0{,}0037 \\ -0{,}0037 & 0{,}0014 \end{pmatrix}.$$

Daraus folgt zum Beispiel $\widehat{\sigma}_{\widehat{\beta}_1} = \sqrt{0{,}0466} = 0{,}216$ und $\widehat{\sigma}_{\widehat{\beta}_2} = \sqrt{0{,}0014} = 0{,}037$, in Übereinstimmung mit den Tabellen 7.3 und 7.4. In den Fällen $\mathbf{y}_{(I)}$ und $\mathbf{y}_{(II)}$ wird $\Phi = (\beta_1, \beta_2)'$ geschätzt durch:

$$\widehat{\Phi}_{(I)} = \begin{pmatrix} 0{,}4661 \\ 0{,}06839 \end{pmatrix} \quad \text{bzw.} \quad \widehat{\Phi}_{(II)} = \begin{pmatrix} 0{,}5591 \\ -0{,}1016 \end{pmatrix}.$$

Für $\widehat{\Phi}'_{(I)}$ ist der Wert des Testkriteriums $\mathrm{SS}\left(H_0^{ab}\right)$ demnach:

$$\mathrm{SS}\left(H_0^{ab}\right) = \begin{pmatrix} 0{,}4661 & 0{,}06839 \end{pmatrix} \begin{pmatrix} 22{,}63 & 59{,}904 \\ 59{,}904 & 746{,}81 \end{pmatrix} \begin{pmatrix} 0{,}4661 \\ 0{,}06839 \end{pmatrix} = 12{,}\ 23.$$

Für $\widehat{\Phi}'_{(II)}$ ist der Wert des Testkriteriums SS $\left(H_0^{ab}\right)$:

$$\mathrm{SS}\left(H_0^{ab}\right) = \begin{pmatrix} 0{,}5591 & -0{,}1016 \end{pmatrix} \begin{pmatrix} 22,63 & 59,904 \\ 59,904 & 746,81 \end{pmatrix} \begin{pmatrix} 0{,}5591 \\ -0{,}1016 \end{pmatrix} = 7,97.$$

Beide Werte stimmen mit den von uns in (7.21) und (7.22) über den jeweiligen Modellräume errechneten Werten SS $\left(H_0^{ab}\right)$ überein. Der Schwellenwert des F-Tests war:

$$\mathrm{SS}\left(H_0^{ab}\right) \leq p \cdot \widehat{\sigma}^2 \cdot F\left(p; n-d\right)_{1-\alpha/2} = 2 \cdot 0,83 \cdot F\left(2;6\right)_{0,975} = 8,53.$$

Wegen $7,97 < 8,53 < 12,23$ liefert der Parametertest, wie theoretisch vorausgesagt, nicht nur dieselben Prüfgrößen, sondern auch dieselben Entscheidungen wie der F-Test:

Bei $\mathbf{y}_{(I)}$ wird die Hypothese H_0^{ab} abgelehnt, bei $\mathbf{y}_{(II)}$ wird sie angenommen.

Betrachten wir nun den Annahmebereich des F-Tests in der $\left(\widehat{\beta}_1; \widehat{\beta}_2\right)$ –Ebene: Er ist gegeben durch:

$$\widehat{\Phi}'\mathbf{C}^{-1}\widehat{\Phi} \leq 2 \cdot \widehat{\sigma}^2 F\left(p; n-d\right)_{1-\alpha/2}$$

oder ausgeschrieben:

$$\begin{pmatrix} \widehat{\beta}_1 & \widehat{\beta}_2 \end{pmatrix} \begin{pmatrix} 22,63 & 59,904 \\ 59,904 & 746,81 \end{pmatrix} \begin{pmatrix} \widehat{\beta}_1 \\ \widehat{\beta}_2 \end{pmatrix} \leq 8,53.$$

Diese Ellipse ist zusammen mit den beiden Annahmebereichen der Einzelhypothesen in der folgenden Abbildung eingezeichnet.

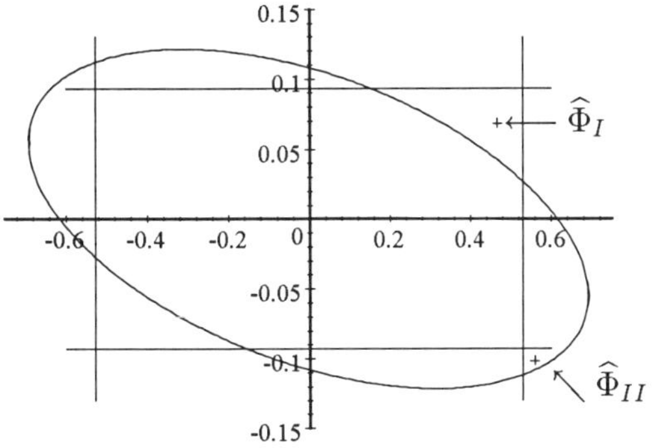

Man sieht deutlich:

- Beobachtet wird $\mathbf{y}_{(I)}$:

  Der Schätzer $\widehat{\Phi}_{(I)}$ liegt außerhalb der Ellipse, aber innerhalb des Rechtecks: H_0^a und H_0^b werden angenommen, aber H_0^{ab} wird abgelehnt.

- Beobachtet wird $\mathbf{y}_{(II)}$:

  Der Schätzer $\widehat{\Phi}_{(II)}$ liegt innerhalb der Ellipse, aber außerhalb des Rechtecks: H_0^a und H_0^b werden abgelehnt, aber H_0^{ab} wird angenommen.

Es drängt sich eine Erfahrung des täglichen Lebens auf: Eindimensionales Denken betrachtet jeden Parameter für sich und zieht voreilig Schlüsse, die einer Gesamtschau, die alle Variablen in ihrer gegenseitigen Abhängigkeit zu betrachten versucht, widersprechen können.

7.2.3 Test der Hypothese: H_0^ϕ : "$\phi_1 = \phi_2 = \cdots = \phi_p$"

Wir betrachten p schätzbare Parameter ϕ_i und testen die Hypothese:

$$H_0^\phi : \text{“}\phi_1 = \phi_2 \cdots = \phi_p\text{“}.$$

Sind alle $\phi_i = c$, dann ist auch jedes gewogene Mittel der ϕ_i gleich c und alle Abweichungen von c sind Null. Letzteres läßt sich mit den Methoden des vorigen Abschnitts testen:

Satz 321 *Ist $\Phi = \mathbf{B}'\boldsymbol{\beta}$ ein p-dimensionaler schätzbarer Parameter, dann ist die Hypothese H_0^ϕ : "$\phi_1 = \phi_2 = \cdots = \phi_p$" äquivalent mit der testbaren Hypothese:*

$$H_0^\beta : \text{"}\mathbf{A}'\boldsymbol{\beta} = \mathbf{0}\text{"}.$$

Dabei ist $\mathbf{A}' = \left(\mathbf{I} - \mathbf{1g}'\right)\mathbf{B}'$ und $\mathbf{g} := (g_1, \cdots, g_p)$ ein beliebiger fester Gewichtungsvektor mit $\sum_k g_k = 1$.

Beweis:
$\phi_1 = \phi_2 = \cdots = \phi_p = c \quad \Leftrightarrow \quad \phi_i = \sum_k g_k\phi_k = \mathbf{g}'\Phi \quad \Leftrightarrow \quad \Phi = \mathbf{1g}'\Phi \quad \Leftrightarrow$ $\mathbf{0} = \left(\mathbf{I} - \mathbf{1g}'\right)\Phi'$.
□

Bemerkung: Das Testkriterium für H_0^β ist bereits in Satz 317 bereitgestellt worden. Wegen $\mathbf{Ag} = \mathbf{B}\left(\mathbf{I} - \mathbf{g1}'\right)\mathbf{g} = \mathbf{0}$ sind die Spalten $\mathbf{A}$ linear unabhängig. Daher müssen entweder in $\mathbf{A}$ überflüssige Spalten gestrichen werden oder mit verallgemeinerten Inversen gearbeitet werden.
Wir wollen den allgemeinen Fall nicht weiter behandeln, sondern uns dem explizit lösbaren Spezialfall orthogonaler Parameter zuwenden, der in der Varianzanalyse eine wesentliche Rolle spielt. Hier kann durch spezielle Wahl des Gewichtungsvektors $\mathbf{g}$ auf die Bestimmung der verallgemeinerten Inversen verzichtet und die Prüfgröße explizit angegeben werden.

Satz 322 (Test auf Konstanz orthogonaler Parameter) *Es seien p schätzbare, eindimensionale, orthogonale Parameter $\phi_1, \cdots, \phi_p$ gegeben. Es seien $\widehat{\phi}_i$ die KQ-Schätzer der ϕ_i und* Var $\widehat{\phi}_i =: \sigma^2\omega_i^{-1}$. *Die bekannten Gewichte ω_i*

sind also umgekehrt proportional zu den Varianzen der Schätzer $\widehat{\phi}_i$ *und damit proportional zur deren Präzisionen.*
Dann wird die Hypothese der Gleichheit aller Parameter:

$$H_0^{\phi}: \text{"}\phi_1 = \cdots = \phi_p\text{"}$$

getestet mit dem Testkriterium:

$$\mathrm{SS}\left(H_0^{\phi}\right) = \sum_i \left(\widehat{\phi}_i - \widehat{\phi}_0\right)^2 \omega_i = \sum_i \widehat{\phi}_i^2 \omega_i - \widehat{\phi}_0^2 \sum_i \omega_i \sim \sigma^2 \chi^2 (p-1; \delta).$$

Dabei ist ϕ_0 *das mit den* ω_i *gewogenes Mittel und* $\delta\sigma^2$ *die empirische Varianz der* ϕ_i*:*

$$\phi_0 = \frac{\sum_i \phi_i \omega_i}{\sum_i \omega_i} \qquad \widehat{\phi}_0 := \frac{\sum_i \widehat{\phi}_i \omega_i}{\sum_i \omega_i} \qquad \delta = \frac{1}{\sigma^2} \sum_i (\phi_i - \phi_0)^2 \omega_i.$$

Beweis:
Die kanonische Darstellung von ϕ_0 und der ϕ_i sei $\phi_i = \mathbf{k}_i'\boldsymbol{\mu}$ und $\phi_0 = \mathbf{k}_0'\boldsymbol{\mu}$. Dabei gilt:

$$\mathbf{k}_i \in \mathbf{M}, \quad \mathbf{k}_i \perp \mathbf{k}_j \quad \forall i \neq j \ \text{ und } \ \mathbf{k}_0 = \frac{\sum_i \mathbf{k}_i \omega_i}{\sum_i \omega_i}.$$

Da die $\mathbf{k}_i$ und $\mathbf{k}_0$ in $\mathbf{M}$ liegen, ist:

$$\widehat{\phi}_i = \mathbf{k}_i'\mathbf{y} \ \text{ und } \widehat{\phi}_0 = \mathbf{k}_0'\mathbf{y}\ .$$

Aus $\operatorname{Var} \widehat{\phi}_i = \sigma^2 \|\mathbf{k}_i\|^2 = \sigma^2 \frac{1}{\omega_i}$ und der Orthogonalität der $\mathbf{k}_i$ folgt:

$$\begin{aligned}
\|\mathbf{k}_i\|^2 &= \frac{1}{\omega_i}, \\
\|\mathbf{k}_0\|^2 &= \left\| \frac{\sum_i \mathbf{k}_i \omega_i}{\sum_i \omega_i} \right\|^2 = \frac{\sum_i \|\mathbf{k}_i\|^2 (\omega_i)^2}{\left(\sum_i \omega_i\right)^2} = \frac{1}{\sum_i \omega_i}.
\end{aligned}$$

Zur Abkürzung setzen wir nun $\mathbf{K} := \mathcal{L}\{\mathbf{k}_1, \cdots, \mathbf{k}_p\}$. Dann ist wegen der Orthogonalität der $\mathbf{k}_i$:

$$\begin{aligned}
\mathbf{P_K}\boldsymbol{\mu} - \mathbf{P}_{\mathbf{k}_0}\boldsymbol{\mu} &= \sum_i \frac{\mathbf{k}_i'\boldsymbol{\mu}}{\|\mathbf{k}_i\|^2}\mathbf{k}_i - \frac{\mathbf{k}_0'\boldsymbol{\mu}}{\|\mathbf{k}_0\|^2}\mathbf{k}_0 = \sum_i \left(\mathbf{k}_i'\boldsymbol{\mu} - \mathbf{k}_0'\boldsymbol{\mu}\right)\mathbf{k}_i \omega_i \\
&= \sum_i (\phi_i - \phi_0)\, \mathbf{k}_i \omega_i.
\end{aligned}$$

Daraus folgt :

$$\boldsymbol{\mu} \perp \mathbf{K} \ominus \mathcal{L}\{\mathbf{k}_0\} \Leftrightarrow \quad \mathbf{P_K}\boldsymbol{\mu} - \mathbf{P}_{\mathbf{k}_0}\boldsymbol{\mu} = \mathbf{0} \quad \Leftrightarrow \quad \phi_i - \phi_0.$$

Also ist H_0^ϕ äquivalent mit der Hypothese $\boldsymbol{\mu} \perp \mathbf{K}\ominus\mathcal{L}\{\mathbf{k}_0\}$. Dabei ist dim $(\mathbf{K}\ominus\mathcal{L}\{\mathbf{k}_0\}) = p-1$. Wegen (7.12) und $\|\mathbf{k}_i\|^2 = 1/\omega_i$ ist:

$$\begin{aligned} \mathrm{SS}(H_0^\phi) &= \|\mathbf{P}_{\mathbf{K}\ominus\mathbf{k}_0}\mathbf{y}\|^2 = \sum_i \left(\widehat{\phi}_i - \widehat{\phi}_0\right)^2 \omega_i \\ \sigma^2\delta &= \|\mathbf{P}_{\mathbf{K}\ominus\mathbf{k}_0}\boldsymbol{\mu}\|^2 = \sum_i (\phi_i - \phi_0)^2 \omega_i. \end{aligned}$$

□

7.3 Testen in Modellketten

Jedes Modell bildet einen kleinen Ausschnitt der Realität ab. Wir können nur diesen Ausschnitt sehen und müssen — nur auf diesen Teil gestützt — Fragen über das Ganze beantworten. Ändern wir den Ausschnitt, erhalten wir bei gleichen Fragen unterschiedliche Antworten. Aber was heißt schon *gleiche Frage*, wenn sie in verschiedenen Welten ausgesprochen wird?
Wenn die Katze in der Küche war und die Wurst verschwunden ist, fällt der Verdacht auf die Katze. Wenn aber daneben aber noch ein Hund lauert, zwei Kinder mitsamt ihren hungrigen Freunden im Haus spielten, steht die Katze viel besser da. Der Tatbestand ist der gleiche geblieben: Die Wurst ist weg. Geändert hat sich unser Wissen: die Randbedingungen.

In der Statistik sieht es im Grunde genau so aus. Unser Vorwissen formulieren wir in Modellen. Alle Größen, die als Mitverursacher eines beobachteten $\mathbf{y}$ in Frage kommen, sind potentielle Regressoren $\mathbf{x}_j$. Betrachen wir zwei Modelle $\mathbf{M}_1 := \mathcal{L}\{\mathbf{1}, \mathbf{x}_1\}$ und $\mathbf{M}_2 := \mathcal{L}\{\mathbf{1}; \mathbf{x}_1; \mathbf{x}_2\}$. $\mathbf{M}_1$ ist Untermodell von $\mathbf{M}_2$, $\mathbf{M}_2$ ist Obermodell von $\mathbf{M}_1$. Welches Modell das größere Vorwissen widerspiegelt, ist Ansichtssache: Arbeite ich mit $\mathbf{M}_2$, so weiß ich von der Existenz des Regressors $\mathbf{x}_2$. Arbeite ich mit $\mathbf{M}_1$, so weiß ich einerseits weniger als in $\mathbf{M}_2$, denn mir könnte die Existenz von $\mathbf{x}_2$ unbekannt sein. Andererseits könnte ich mehr wissen als in $\mathbf{M}_2$, wenn ich sicher bin, daß β_2 Null ist.
Wie dem auch immer sei, $\mathbf{M}_2$ zeigt einen anderen Ausschnitt der Welt als $\mathbf{M}_1$. Daher werden Aussagen über β_1 in beiden Modellen verschieden sein!
Wir wollen nun genauer die Abhängigkeit von Parametertests in unterschiedlichen Modellen untersuchen. Dazu werden wir ineinander geschachtelte Modellräume betrachten.

Geschachtelte Modelle

Das Modell $\mathbf{M}_i$ heißt im Modell $\mathbf{M}_{i+1}$ **geschachtelt**, falls $\mathbf{M}_i \subseteq \mathbf{M}_{i+1}$ ist. Es sei $\mathbf{x}_0, \cdots, \mathbf{x}_m$ eine Folge von Regressoren. Sie erzeugen die geschachtelten Modelle:

$$\mathbf{M}_i = \mathcal{L}\{\mathbf{x}_0, \cdots, \mathbf{x}_i\} \quad i = 0, \cdots, m. \tag{7.24}$$

Betrachten wir für $i \leq j \leq k \leq m$ die folgenden geschachtelten Modelle:

$$\mathbf{M}_0 \subset \mathbf{M}_i \subset \mathbf{M}_j \subset \mathbf{M}_k \subset \mathbf{M}_m. \tag{7.25}$$

Das Nullmodell $\mathbf{M}_0 = \mathcal{L}\{\mathbf{x}_0\}$ besitzt die geringste Erklärungskraft. Meist ist $\mathbf{x}_0 = \mathbf{1}$. Das umfassendste, saturierte oder volle Modell ist $\mathbf{M}_m$. Man kommt von $\mathbf{M}_0$ zu $\mathbf{M}_m$ durch sukzessive Erweiterung, von $\mathbf{M}_m$ zu $\mathbf{M}_0$ sukzessive Vereinfachung der jeweiligen Modelle.
Ein Modell $\mathbf{M}_i$ heißt **wahr**, falls $\boldsymbol{\mu} = \mathrm{E}\,\mathbf{y}$ im Raum $\mathbf{M}_i$ liegt. In der Regel wird dies vom vom saturierten Modell vorausgesetzt.

Strukturhypothesen und Parameterhypothesen

Wir hatten gezeigt, daß jede Hypothese über einen Parameter $\boldsymbol{\beta}$ sich als Aussage über $\boldsymbol{\mu}$ formulieren läßt und diese wiederum als Aussage über einen geeigneten Teilraum, in dem $\boldsymbol{\mu}$ liegt. Trotz dieser formalen Äquivalenz unterscheiden sich die Formulierung der Hypothesen in ihrer Interpretation.
Hypothesen über $\boldsymbol{\beta}$ oder lineare Funktionen $\Phi = \mathbf{B}'\boldsymbol{\beta}$ von $\boldsymbol{\beta}$ sind in der Regel leicht zu interpretieren, dafür sind aber die zugehörigen Hypothesenräume meist schwer faßbar. Umgekehrt gibt cs Hypothesen über $\boldsymbol{\mu}$, die einer geometrisch leicht interpretierbare Struktur des Modellraums entsprechen, aber auf völlig undurchsichtige und inhaltlich kaum interpretierbare Hypothesen über $\boldsymbol{\beta}$ hinauslaufen.
Da die Interpretierbarkeit der Hypothesen an erster Stelle stehen muß, werden wir trotz ihrer formalen Äquivalenz beide Formulierungsvarianten der Hypothesen namentlich unterscheiden. Im ersten Fall sprechen wir von **Parameter-** oder **$\boldsymbol{\beta}$–Hypothesen** und im zweiten Fall von **Strukturhypothesen-** oder schlicht von **$\boldsymbol{\mu}$–Hypothesen**. Diese Unterscheidung wird vor allem in den Kapiteln der Varianzanalyse wichtig werden.

Strukturhypothesen: Wir gehen von drei in einander geschachtelten Räume $\mathbf{M}_i \subset \mathbf{M}_j \subset \mathbf{M}_k$ aus und wollen die Hypothese:

$$H_0^i : \text{“}\boldsymbol{\mu} \in \mathbf{M}_i\text{“}$$

testen. Die Prüfgröße des Tests für H_0^i hängt entscheidend davon ab, ob wir $\mathbf{M}_j$ oder $\mathbf{M}_k$ als Obermodell, also als das zur Zeit nicht bezweifelte Vorwissen annehmen. Relativ zu diesem Vorwissen wird dann getestet, ob die Aussage “$\boldsymbol{\mu} \in \mathbf{M}_i$“ mit den Beobachtungen verträglich ist oder verworfen werden muß.
Wir bilden die schrittweise Modellerweiterung:

$$\mathbf{1} \to \mathbf{M}_i \to \mathbf{M}_j \to \mathbf{M}_k \to \mathbb{R}^n$$

in der folgenden Grafik ab:

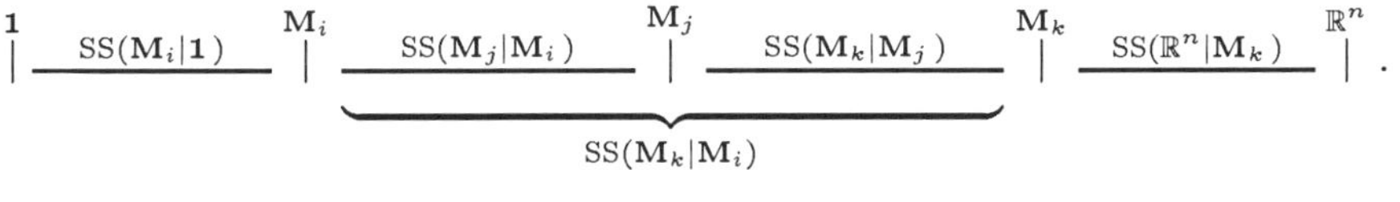
1
SS(M_i|1)
M_i
SS(M_j|M_i)
M_j
SS(M_k|M_j)
M_k
SS(ℝ^n|M_k)
ℝ^n
SS(M_k|M_i)

Das Testkriterium $\mathrm{SS}\left(H_0^i\right)$ ist erst dann eindeutig bestimmt, wenn der Oberraum festliegt, relativ zu dem dann H_0^i überprüft werden soll.

Bemerkung:

1. Im Obermodell $\mathbf{M}_j$ ist das Testkriterium von H_0^i gegeben durch:
$$\mathrm{SS}\left(H_0^i\right) := \mathrm{SS}\left(\mathbf{M}_j \,|\mathbf{M}_i\,\right).$$

2. Im Obermodell $\mathbf{M}_k$ ist das Testkriterium "derselben" Hypothese gegeben durch:
$$\mathrm{SS}\left(H_0^i\right) := \mathrm{SS}(\mathbf{M}_k|\mathbf{M}_i) = \mathrm{SS}(\mathbf{M}_k|\mathbf{M}_j) + \mathrm{SS}(\mathbf{M}_j|\mathbf{M}_i).$$
Die Testkriterien der gleichen Hypothese in den beiden Modellen $\mathbf{M}_k$ und $\mathbf{M}_j$ unterscheiden sich also gerade um den Term:
$$\mathrm{SS}(\mathbf{M}_k|\mathbf{M}_j) = \mathrm{SSE}\left(\mathbf{M}_j\right) - \mathrm{SSE}\left(\mathbf{M}_k\right).$$
Im Modell $\mathbf{M}_j$ wird dieser Term der Störvariable zugeschrieben und vergrößert den SSE-Term.

3. Wird das Obermodell $\mathbf{M}_j$ zum Modell $\mathbf{M}_k$ erweitert, so hat sich das Vorwissen verändert. An die Stelle der nicht bezweifelten Aussage $\boldsymbol{\mu} \in \mathbf{M}_j$ ist die abgeschwächte Aussage $\boldsymbol{\mu} \in \mathbf{M}_k$ getreten. Die Aussage $\boldsymbol{\mu} \in \mathbf{M}_i$ ist daher im Modell $\mathbf{M}_k$ eine schärfere Aussage als im Modell $\mathbf{M}_j$.

4. Die Mehrdeutigkeit wird behoben, wenn die Hypothese nicht festlegt, wo $\boldsymbol{\mu}$ liegt, sondern wo $\boldsymbol{\mu}$ *nicht* liegt: Das Kriterium der Hypothese:
$$H_0^i : \text{"}\boldsymbol{\mu} \perp \mathbf{M}_j \ominus \mathbf{M}_i\text{"}.$$
ist eindeutig bestimmt als:
$$\mathrm{SS}\left(H_0^i\right) = \mathrm{SS}\left(\mathbf{M}_j \,|\mathbf{M}_i\,\right) = \left\|\left(\mathbf{P}_{\mathbf{M}_j} - \mathbf{P}_{\mathbf{M}_i}\right)\mathbf{y}\right\|^2.$$
Die Annahme der Nullhypothese $\boldsymbol{\mu} \perp \mathbf{M}_j \ominus \mathbf{M}_i$ heißt schlicht:
Im Modell $\mathbf{M}_j$ wird die Modellanpassung an die Daten nicht verschlechtert, wenn die Regressoren $\mathbf{x}_{i+1}, \cdots, \mathbf{x}_j$ aus dem Modell $\mathbf{M}_j$ gestrichen werden.

5. Unabhängig davon, ob das Obermodell $\mathbf{M}_j$ korrekt spezifiziert oder die Hypothese "$\boldsymbol{\mu} \in \mathbf{M}_i$" wahr ist, ist in jedem Fall:
$$\mathrm{SS}(\mathbf{M}_j|\mathbf{M}_i) \sim \sigma^2\chi^2(d_j - d_i; \frac{1}{\sigma^2}\left\|\mathbf{P}_{\mathbf{M}_j}\boldsymbol{\mu} - \mathbf{P}_{\mathbf{M}_i}\boldsymbol{\mu}\right\|^2).$$
verteilt. Dabei ist $d_j := \dim \mathbf{M}_j$. Das Testkriterium $\mathrm{SS}(\mathbf{M}_j|\mathbf{M}_i)$ ist also genau dann $\sigma^2\chi^2(d_j - d_i)$ verteilt, falls gilt:
$$\mu \perp \mathbf{M}_j \ominus \mathbf{M}_i.$$

6. Ist das Obermodell $\mathbf{M}_j$ korrekt spezifiziert und $\mathbf{M}_k \supseteq \mathbf{M}_j$ ein beliebiges Obermodell zu $\mathbf{M}_j$, so ist:
$$\widehat{\sigma}^2(\mathbf{M}_k) := \frac{1}{n-d_k}\,\mathrm{SSE}(\mathbf{M}_k)$$
ein erwartungstreuer, zu $\mathrm{SS}(\mathbf{M}_j|\mathbf{M}_i)$ unabhängiger Schätzer für σ^2. Ist die a-priori Annahme $\boldsymbol{\mu} \in \mathbf{M}_k$ falsch, so ist $\widehat{\sigma}^2(\mathbf{M}_k)$ nicht zentral χ^2-verteilt und die Prüfgröße des F-Testes ist nicht mehr F-verteilt.

Parameterhypothesen: In der Praxis arbeitet man lieber mit Hypothesen über $\boldsymbol{\beta}$ als über $\boldsymbol{\mu}$, die dann inhaltlich interpretiert werden. Hier ist jedoch Vorsicht geboten. denn:

1. Formal bedeutet die Aussage "$\beta_i = 0$" nur, daß im betrachteten Obermodell auf den Regressor $\mathbf{x}_i$ verzichtet werden kann. Eine vom Modell gelöste Interpretation etwa in der Art: "*Der Regressor X_i hat keinen Auswirkungen auf die Zielgröße Y.*" darf höchstens der mit der Datenanalyse vertraute, verantwortliche Sachwissenschaftler auf Grund seines externen Wissens wagen, nicht aber der Statistiker auf der Basis seiner Testergebnisse.

2. Aber selbst die formale Frage: "*Ist $\beta_i = 0$?*" kann nicht absolut, losgelöst von den jeweiligen Modellen, beantwortet werden. Kann man nicht ausschließen, daß alle Regressoren $\mathbf{x}_0, \cdots, \mathbf{x}_m$ an $\boldsymbol{\mu}$ *beteiligt* sind, dann wird im Modell $\mathbf{M}_i$ durch das Testkriterium $\mathrm{SS}(\mathbf{M}_i|\mathbf{M}_{i-1})$ nicht die β-Hypothese:
$$\beta_i = 0$$
getestet. Was wirklich getestet wird, präzisiert der nächste Satz:

Satz 323 *Es sei $\mathbf{x}_0, \cdots, \mathbf{x}_i, \cdots, \mathbf{x}_m$ eine vorgegebene Folge linear unabhängiger Regressoren. Die in einander geschachtelten Modelle $\mathbf{M}_i \subset \mathbf{M}_j$ seien wie in Formel (7.24) und (7.25) definiert. Weiter sei $\boldsymbol{\mu} = \sum_{j=0}^{m} \beta_j \mathbf{x}_j$.*
Ist $\boldsymbol{\mu} \in \mathbf{M}_j$, so testet $\mathrm{SS}(\mathbf{M}_j|\mathbf{M}_i)$ die äquivalenten Hypothesen:
$$H_0^{\mu} : \text{"}\boldsymbol{\mu} \in \mathbf{M}_i\text{"} \quad \Leftrightarrow \quad H_0^{\beta} : \quad \text{"}\beta_{i+1} = \cdots = \beta_j = 0\text{"}.$$
Ist $\boldsymbol{\mu} \notin \mathbf{M}_j$, so testet $\mathrm{SS}(\mathbf{M}_j|\mathbf{M}_i)$ die äquivalenten Hypothesen:
$$H_0^{\mu} : \text{"}\boldsymbol{\mu} \perp \mathbf{M}_j \ominus \mathbf{M}_i\text{"} \quad \Leftrightarrow \quad H_0^{\beta} : \text{"}\sum_{r=i+1}^{m} \beta_r \left(\mathbf{x}_k' \mathbf{x}_{r\bullet \mathbf{M}_i}\right) = 0 \quad k = i+1, \cdots, j\text{"}.$$

Beweis:
In jedem Fall wird durch $\mathrm{SS}(\mathbf{M}_j|\mathbf{M}_i)$ die Hypothese $\boldsymbol{\mu} \perp \mathbf{M}_j \ominus \mathbf{M}_i$ getestet. Ist $\boldsymbol{\mu} \in \mathbf{M}_j$, so ist $\boldsymbol{\mu} \perp \mathbf{M}_j \ominus \mathbf{M}_i \Leftrightarrow \boldsymbol{\mu} \in \mathbf{M}_i$. In allen anderen Fällen gilt für $k = i+1, \cdots, j$

$$\begin{aligned}
\boldsymbol{\mu} \perp \mathbf{M}_j \ominus \mathbf{M}_i \quad &\Leftrightarrow \quad \boldsymbol{\mu} \perp \mathcal{L}\{\mathbf{x}_k - \mathbf{P}_{\mathbf{M}_i}\mathbf{x}_k\} \\
&\Leftrightarrow \quad \boldsymbol{\mu}'(\mathbf{x}_k - \mathbf{P}_{\mathbf{M}_i}\mathbf{x}_k) = 0 \\
&\Leftrightarrow \quad \mathbf{x}_k'(\mathbf{I} - \mathbf{P}_{\mathbf{M}_i})\boldsymbol{\mu} = 0 \\
&\Leftrightarrow \quad \mathbf{x}_k' \sum_{r=i+1}^{m} \beta_r \mathbf{x}_{r\bullet\mathbf{M}_i} = 0.
\end{aligned}$$

□

Beispiel 324 *Wir gehen wieder zum Beispiel 318 auf Seite 363 zurück. Gegeben waren 14 Beobachtungen einer abhängigen Variable* $\mathbf{y}$ *und 7 Regressoren* $\mathbf{x}_1$ *bis* $\mathbf{x}_7$. *Wir haben die Modelle* $\mathbf{M}_0 := \mathcal{L}\{\mathbf{1}\}$, $\mathbf{M}_1 := \mathcal{L}\{\mathbf{1}, \mathbf{x}_1\}$, $\mathbf{M}_2 := \mathcal{L}\{\mathbf{1}, \mathbf{x}_1, \mathbf{x}_2\}$, $\mathbf{M}_3 := \mathcal{L}\{\mathbf{1}, \mathbf{x}_1, \mathbf{x}_2, \mathbf{x}_3\}$ *und* $\mathbf{M}_7 := \mathcal{L}\{\mathbf{1}, \mathbf{x}_1, \mathbf{x}_2, \cdots, \mathbf{x}_7\}$ *betrachtet.*

Schätzwerte der Parameter:

Tabelle 7.5 zeigt die Schätzwerte der Parameter und ihre Standardabweichungen.

	$\mathbf{M}_1$		$\mathbf{M}_2$		$\mathbf{M}_3$		$\mathbf{M}_7$	
i	$\widehat{\beta}_i$	$\widehat{\sigma}_{\widehat{\beta}_i}$	$\widehat{\beta}_i$	$\widehat{\sigma}_{\widehat{\beta}_i}$	$\widehat{\beta}_i$	$\widehat{\sigma}_{\widehat{\beta}_i}$	$\widehat{\beta}_i$	$\widehat{\sigma}_{\widehat{\beta}_i}$
0	$-44,50$	$23,56$	$-25,83$	$7,00$	$-34,09$	$0,81$	$-34,55$	$1,163$
1	$9,39$	$4,63$	$0,60$	$1,54$	$0,41$	$0,17$	$0,4661$	$0,215$
2			$2,92$	$0,25$	$2,55$	$0,03$	$2,528$	$0,037$
3					$0,99$	$0,03$	$1,004$	$0,042$
4							$-0,2293$	$0,251$
5							$-0,0670$	$0,063$
6							$0,0098$	$0,035$
7							$0,0072$	$0,091$

Tabelle 7.5: Überblick über die Schätzwerte

Tabelle 7.6 zeigt die Fehlerterme SSE, die Freiheitsgrade für SSE und die Schätzwerte für σ^2 *in den vier Modellen. In den letzten drei Zeilen wird* H_0^β : "$\beta_1 = 0$" *mit dem t-Test getestet. Die Prüfgröße ist* $t_{PG} := \frac{\widehat{\beta}_1}{\widehat{\sigma}_{\widehat{\beta}_1}}$. *Dabei wird* $\widehat{\sigma}_{\widehat{\beta}_1}$ *aus dem jeweils gültigen Obermodell genommen.*

Schätzung *von* $\widehat{\sigma}^2$*:*

Wie die Tabelle 7.6 zeigt, nimmt $\mathrm{SSE}(\mathbf{M}_i)$ *mit jeder Modellerweiterung von* $\mathbf{M}_0$ *bis* $\mathbf{M}_7$ *ab, in den ersten beiden Schritten ganz erheblich, im letzten Schritt aber nur unwesentlich. Dagegen fällt* $\widehat{\sigma}^2(\mathbf{M}_i) = \frac{\mathrm{SSE}(\mathbf{M}_i)}{n-d_i}$ *nicht monoton, sondern wächst zum Schluß wieder an! Der Verlust an Freiheitsgraden wird größer als die Verbesserung der Modellapproximation.*

	$\mathbf{M}_1$	$\mathbf{M}_2$	$\mathbf{M}_3$	$\mathbf{M}_7$
SSE	8135,7	623,3	6,8	5,0
$n-d$	12	11	10	6
$\widehat{\sigma}^2$	678,00	56,66	0,68	0,83
$\mathrm{t}(n-d)_{0,975}$	21,8	2,20	2,23	2,45
$t_{\mathrm{pg}} = \frac{\widehat{\beta}_1}{\widehat{\sigma}_{\widehat{\beta}1}}$	2,02	0,37	**2,41**	2,16

Tabelle 7.6: Überblick über die Tests der Hypothese : "$\beta_1 = 0$"

Die Parameterhypothese: H_0^{β} : "$\beta_1 = 0$".

Je nach dem, in welchem Obermodell wir uns befinden, erhalten wir andere Aussage auf die Frage: "Ist β_1 signifikant von Null verschieden? " Wir testen H_0^{β} : "$\beta_1 = 0$" mit dem t-Test. Unter H_0^{β} ist $t_{PG} \sim t(n-d_j)$ verteilt. Die kritische Region des zweiseitigen Tests besteht aus den Werten $|t_{pg}| \leq t(n-d_j)_{1-\alpha/2}$. Allein im Modell $\mathbf{M}_3$ wird β_1 als signifikant von Null verschieden erkannt! Die Modelle $\mathbf{M}_1$ und $\mathbf{M}_2$ sind zu grob, als daß feinere Strukturen erkannt werden könnten. $\mathbf{M}_7$ ist überparametrisiert. Das Modell enthält zuviele überflüssige Parameter, welche die Schätzung verwässsern. *Das Modell wurde nicht verbessert, sondern es wurden bloß* Freiheitsgrade verschenkt*!*

Welches Modell das "wahre" ist, läßt sich hier ausnahmsweise klären, da die Daten von uns konstruiert wurdem. Es wurde wirklich das Modell $\mathbf{M}_3$ *zugrunde gelegt und die restlichen Variablen zufällig darüber gestreut.*

In der Praxis läßt sich die Frage nach dem besten Modell prinzipiell nicht beantworten. Die statistische Analyse kann nur Schwächen und Vorzüge der einzelnen Modelle bloßlegen. Die Entscheidung welches Modell zu wählen ist, liegt beim Anwender. Zum Teil werden wir diese Fragen wieder im übernächsten Kapitel: "Modellsuche " aufgreifen.

Die Strukturhypothese H_0^{μ} : "$\boldsymbol{\mu} \perp \mathbf{M}_3 \ominus \mathbf{M}_2$" ***im Modell*** $\mathbf{M}_7$

Betrachten wir nun die Parameterhypothese "$\beta_3 = 0$". In der Kette der Modellerweiterungen $\mathbf{M}_1 \to \mathbf{M}_2 \to \mathbf{M}_3$ haben wir im dritten Schritt im Modell $\mathbf{M}_3$ mit $\mathrm{SS}(\mathbf{M}_3|\mathbf{M}_2)$ *die Hypothese "$\beta_3 = 0$" getestet. Denn in $\mathbf{M}_3$ ist $\boldsymbol{\mu} \perp \mathbf{M}_3 \ominus \mathbf{M}_2 \Leftrightarrow \beta_3 = 0$. Was haben wir aber im Endmodell $\mathbf{M}_7$ mit* $\mathrm{SS}(\mathbf{M}_3|\mathbf{M}_2)$ *getestet? Nach Satz* 323 *gilt:*

$$\boldsymbol{\mu} \perp \mathbf{M}_3 \ominus \mathbf{M}_2 \Leftrightarrow \mathbf{x}_3'(\mathbf{I} - \mathbf{P}_{\mathbf{M}_2})\,\boldsymbol{\mu} = 0 \Leftrightarrow \sum_{j=3}^{7} \beta_j \mathbf{x}_3' \mathbf{x}_{j\bullet \mathbf{M}_2} = 0.$$

Mit den Abkürzungen $\mathbf{X}_2 := (\mathbf{1}; \mathbf{x}_1; \mathbf{x}_2)$ *und* $\widetilde{\boldsymbol{\beta}}' := (\beta_3; \cdots; \beta_7)$ *bedeutet dies:*

$$\begin{aligned}
\sum_{j=3}^{7} \beta_j \mathbf{x}_3' \mathbf{x}_{j \bullet \mathbf{M}_2} &= \mathbf{x}_3' \left(\mathbf{I} - \mathbf{X}_2 \left(\mathbf{X}_2' \mathbf{X}_2 \right)^{-1} \mathbf{X}_2' \right) (\mathbf{x}_3; \cdots \mathbf{x}_7)\, \boldsymbol{\beta} \\
&= (633{,}63; \quad 22{,}615; \quad 88{,}24; \quad -77{,}921; \quad 108{,}33) \boldsymbol{\beta} \\
&= 633{,}63\beta_3 + 22{,}615\beta_4 + 88{,}24\beta_5 - 77{,}921\beta_6 + 108{,}33\beta_7 \\
&= 0.
\end{aligned}$$

Testen wir also im Raum $\mathbf{M}_3$ *die Hypothese* H_0^{μ} : "$\boldsymbol{\mu} \perp \mathbf{M}_3 \ominus \mathbf{M}_2$" *und liegt* $\boldsymbol{\mu}$ *in* $\mathbf{M}_7$, *so testen wir in Wirklichkeit die* β*–Hypothese:*

$$H_0^{\beta} : \text{"}633{,}63\beta_3 + 22{,}615\beta_4 + 88{,}24\beta_5 - 77{,}921\beta_6 + 108{,}33\beta_7 = 0\text{"}$$

Kürzen wir durch den führenden Koeffizienten von β_3, *so erhalten wir*

$$H_0^{\beta} : \text{"}\beta_3 + 0{,}03569\beta_4 + 0{,}13926\beta_5 - 0{,}12298\beta_6 + 0{,}17097\beta_7 = 0\text{"}.$$

Nur wenn wirklich $\boldsymbol{\mu} \in \mathbf{M}_3$ *liegt und damit* $\beta_4 = \beta_5 = \beta_6 = \beta_7 = 0$ *ist, reduziert sich* H_0^{μ} *auf das angestrebte* H_0^{β} : "$\beta_3 = 0$". *Sind dagegen die* β_i *betragsmäßig klein, aber ungleich Null, so testet* H_0^{μ} *streng genommen die Hypothese* "β_3 ist beinahe Null"*!*

Kapitel 8

Diagnose

Bei jedem statistischen Schluß wird ein Ausschnitt der Realität in ein wahrscheinlichkeitstheoretisches Modell übersetzt, dort ausgewertet und anschließend in die Realität zurückübertragen. Alle Schlüsse gelten nur soweit das Modell gilt. Aber gilt das Modell?
Bei den bisher erarbeiteten Regeln für das Testen im linearen Modell blieb offen, wie weit das gewählte Modell überhaupt zu den Daten paßt. Dies aber ist der entscheidende Punkt, von dem die Gültigkeit der gesamten darauf aufbauenden statistischen Analyse abhängt. Hier setzt die **Regressionsdiagnose** oder auch **Sensitivitätsanalyse** ein. Sie überprüft:

- ob die Daten besonders auffällige oder unregelmäßige Beobachtungen enthalten,
- wo Grenzen und Schwachstellen des Modells liegen
- und ob überhaupt die Modellannahmen im Licht der Daten noch plausibel sind.

Dabei wird sowohl das Modell und der Datensatz als Ganzes als auch jede Beobachtung im Einzelnen untersucht. Die wesentlichen Themen der Diagnoseverfahren sind dabei:

- die Kollinearitätstruktur der Regressoren,
- der Gültigkeitsbereich des Modells,
- Beobachtungsstellen mit Hebelkraft,
- auffällige Beobachtungen und Ausreißer,
- die Gültigkeit der Verteilungsannahmen.

Dazu werden alle Bausteine des Modell numerisch wie grafisch auf relevante Informationen abgeklopft und analysiert. Dabei sind die wesentlichsten Indikatoren:

- die Designmatrix,
- die Projektionsmatrix,
- Größe und Verteilung der Residuen.

Den Anstoß zur Regressionsdiagnose gab der 1977 erschienene Aufsatz *Detection of Influential Observation in Linear Regression* von R.D. Cook. Seitdem ist eine Fülle von Artikeln und Büchern zu diesem Thema erschienen. Jede gute Statistik-Software bietet nun Routinen zur Regressionsdiagnose an.

8.1 Grafische Kontrollen

Das einfachste und mitunter auch das beste Kontrollgerät ist das menschliche Auge. Ein Blick auf die grafische Darstellung der Daten kann bereits Schwachstellen und Problemzonen offenbaren. Dies gilt bereits bei der linearen Einfachregression. Wir betrachten dazu ein Beispiel von Anscombe (1973). Es handelt sich dabei um vier verschiedene Datensätze A, B, C und D. Jeder Datensatz besteht aus 11 Punktepaaren $(x_i; y_i)$:

A		B		C		D	
x	y	x	y	x	y	x	y
4	4,26	4	3,10	4	5,39	8	7,04
5	5,68	5	4,74	5	5,73	8	6,89
6	7,24	6	6,13	6	6,08	8	5,25
7	4,82	7	7,26	7	6,42	8	7,91
8	6,95	8	8,14	8	6,77	8	5,76
9	8,81	9	8,77	9	7,11	8	8,84
10	8,04	10	9,14	10	7,46	8	6,58
11	8,33	11	9,26	11	7,81	8	8,47
12	10,84	12	9,13	12	8,15	8	5,56
13	7,58	13	8,74	13	12,74	8	7,71
14	9,96	14	8,10	14	8,84	19	12,50

An jeden Datensatz wird jeweils das lineare Modell:

$$y_i = \beta_0 + \beta_1 x_i + \epsilon_i$$

angepaßt. In allen vier Fällen wird $\widehat{\beta}_0 = 3,0$ und $\widehat{\beta}_1 = 0,5$ und damit jeweils dieselbe Regressionsgerade $y = 3,0 + 0,5x$ geschätzt. In allen vier Fällen ist SSE $= 13,75$ und das Bestimmtheitsmaß $r^2 = 0,667$. Der Plot der vier Punktwolken in der folgenden Abbildung zeigt aber deutlich, wie unterschiedlich die Regressionsgerade die Punktwolke durchschneidet.

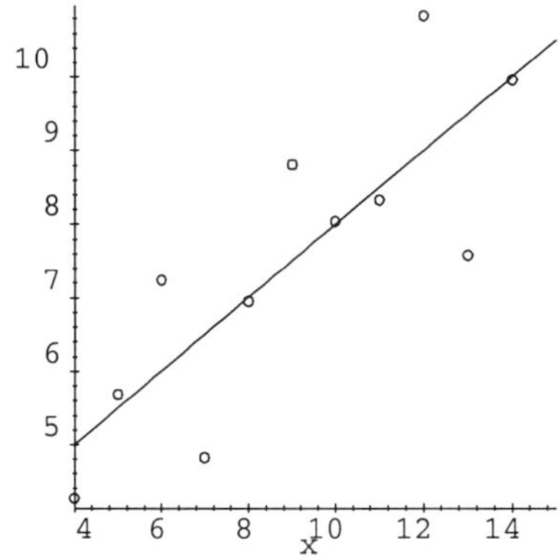

Fall A

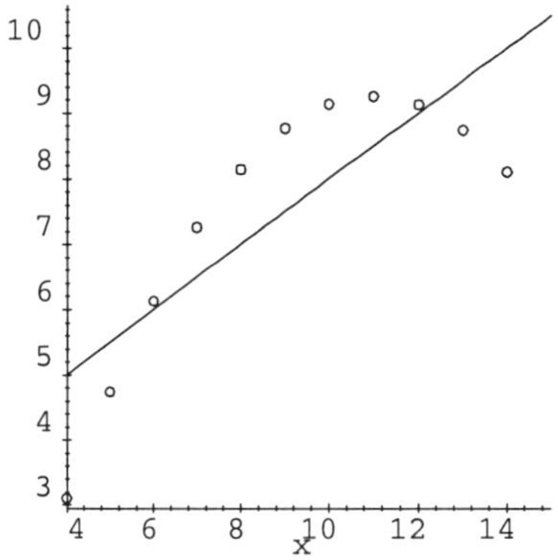

Fall B

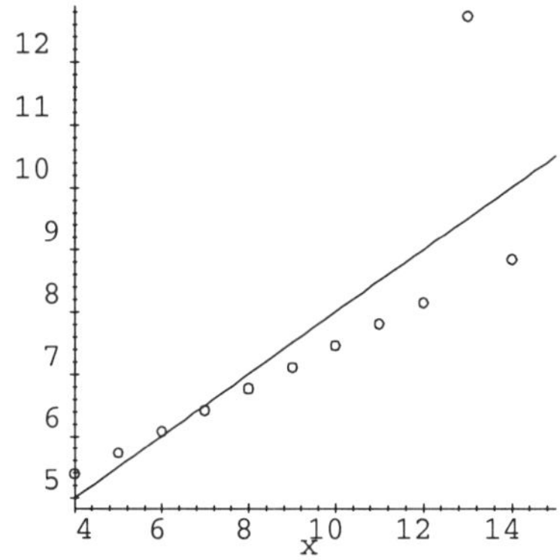

Fall C

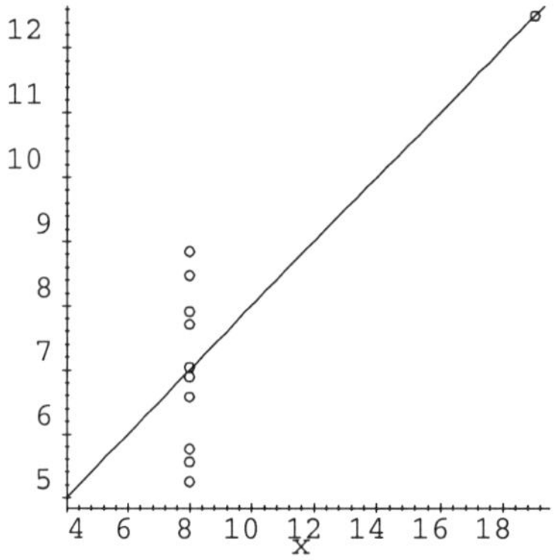

Fall D

Fall A: Hier ist nichts gegen ein lineares Regressionsmodell einzuwenden.

Fall B: Hier wäre ein quadratischer Ansatz angemessen.

Fall C: Das Wertepaar $(x_{10}; y_{10}) = (13,0; 12,74)$ hat einen dominierenden Einfluß auf die Regressionsgerade. Ließe man dieses Wertepaar fort, lieferten die verbleibenden Werte eine neue Gerade $\widehat{y} = 4 + 0,346x$, die exakt durch die verbleibenden Punkten liefe. Offensichtlich ist $(x_{10}; y_{10})$ ein Sonderfall.

Fall D: Hier scheint der lineare Ansatz vollständig fehl am Platze. Vielleicht sind hier Beobachtungen aus zwei verschiedenen Modellen miteinander gemischt. Aber Vorsicht! Vielleicht liegt wirklich ein lineares Modell vor, aber es konnten nur für die Stellen $x = 8$ und $x = 19$ Versuche angestellt werden.

Die Lehre aus diesem Beispiel: Man soll stets die Punktwolke der Wertpaare $(x_i; y_i)$ zusammen mit der geschätzten Regressionsgerade $\widehat{\mu} = \widehat{\beta}_0 + \widehat{\beta}_1 x$ zeichnen und es nicht bei der bloßen Berechnung des Bestimmtheitsmaßes, der Schätzwerte und ihrer Varianzen belassen. Ein einziger Blick auf Punktwolke genügt oft, um die Unangemessenheit des gewählten Modells zu erkennen.
Bei einem Modell mit zwei Regressoren x_1 und x_2 kommen wir schon in Schwierigkeiten, wenn wir im dreidimensionalen Raum die von beiden Regressoren aufgespannte Regressionsebene darstellen sollen. Hier helfen Rechner, die zum Beispiel das zweidimensionale Bild einer dreidimensionalen Punktwolke so auf dem Bildschirm rotieren lassen, daß für den Betrachter ein räumlicher Eindruck entsteht. Aber auch diese Verfahren versagen, wenn mehr als drei Regressoren gleichzeitig dargestellt werden sollen.
Erfolgversprechender ist der gemeinsame Plot von y_i und $\widehat{\mu}_i$, die jeweils gegen eine dritte Variable geplottet werden. Dies kann zum Beispiel ein speziell ausgewählter Regressor oder der Zählindex sein. Letzteres ist besonders für zeitlich geordnete Daten sinnvoll, wenn y_i eine beobachtete und $\widehat{\mu}_i$ die geglättete Zeitreihe darstellt. Betrachten wir dazu den Datensatz aus dem *Wasserdampf-Beispiel* 258 von Seite 283. Hier wurden im Modell $\mathbf{M} = \mathcal{L}\{\mathbf{1}, \mathbf{x}_8, \mathbf{x}_6\}$ die Regressoren $\mathbf{x}_6$ und $\mathbf{x}_8$ an $\mathbf{y}$ angepaßt.

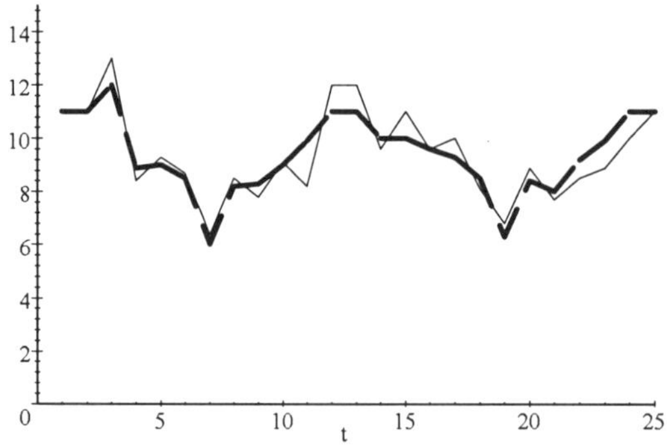

Abbildung 8.1: Plot der y_i und der $\widehat{\mu}_i$ gegen die Zeit t.

Abbildung 8.1 zeigt gut die Übereinstimmung zwischen den Zeitreihen der y_i und der $\widehat{\mu}_i$ Werte, also zwischen den beobachteten und den *geglätteten* y-Werten.

8.1.1 Residuenplots

Anstelle der beiden Zeitreihen können wir auch direkt die Differenz zwischen y_i und $\widehat{\mu}_i$, das heißt die Residuen $\widehat{\varepsilon}_i = y_i - \widehat{\mu}_i$ plotten. Die folgende Abbildung 8.2 zeigt den Plot der Residuen aus der Abbildung 8.1.
Dieser Residuenplot zeigt keine Auffälligkeiten. Die Residuen streuen ohne auffällige Ausreißer und ohne erkennbare Struktur um die Null-Linie.

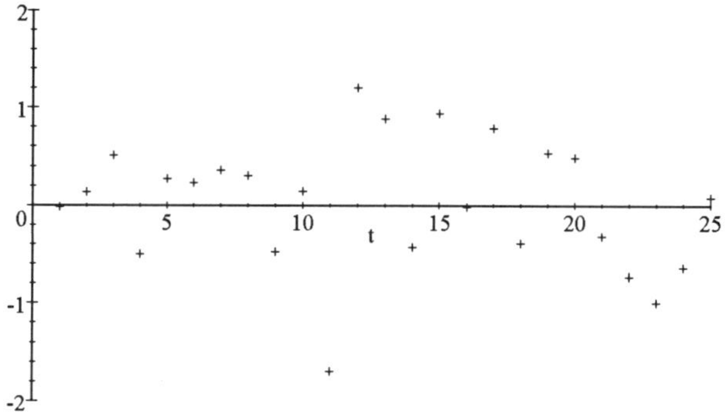

Abbildung 8.2: Plot der Residuen gegen die Zeit t.

Generell gilt, daß in Residuenplots keinerlei Struktur erkennbar sein soll und die Realisationen wie *weißes Rauschen* erscheinen sollen. Nützlich zur etwaigen Aufdeckung verborgener Strukturen sind neben Histogrammen und Quantilplots die Residuen-Plots der $\widehat{\varepsilon}_i$ gegen:

- den Laufindex i,
- die Zeit t,
- einzelne Regressoren x_k oder Funktionen der Regressoren, zum Beispiel gegen $\widehat{\mu}$,
- gegen das vorhergehene Residuum $\widehat{\varepsilon}_{i-1}$.

Bedenkliche Strukturen der Punktwolke der Residuen sind in den folgenden drei Bilder schematisch skizziert, dabei seien die Residuen gegen einen Regressor **x** geplottet. Die Interpretation der Punktwolken ist selten eindeutig, meist lassen sich verschiedene Erklärungen finden.

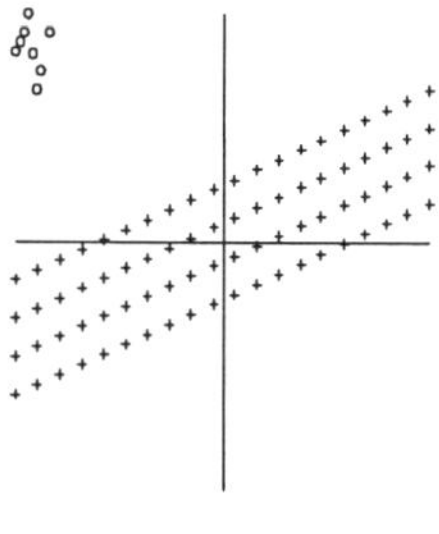

Schema 1

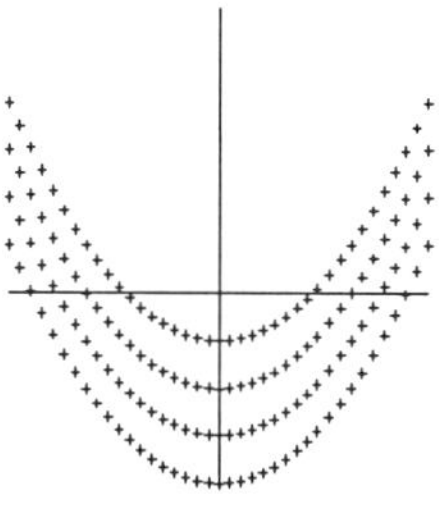

Schema 2

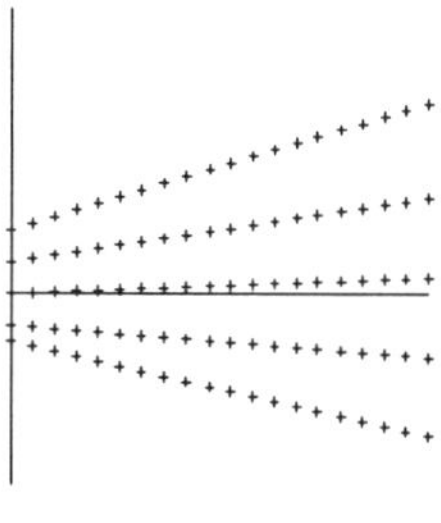

Schema 3

Schema 1: Hier scheint die Punktwolke eine deutliche lineare Komponente zu enthalten. Dies steht aber im Widerspruch zu grundsätzlichen Eigenschaft der Residuen, frei von jeder linearen "**x**-Komponente" zu sein. Offenbar wird die lineare Tendenz der Punktwolke durch die kleine Gruppe von **Ausreißern** in der linken oberen Ecke ausbalanciert. Die zu diesen Ausreißern gehörenden Beobachtungen müssen gesondert untersucht werden, da sie maßgeblich die gesamte Regression bestimmen.

Schema 2: Entweder sind die ursprünglichen Störvariablen ϵ_i entgegen der Modellannahme nicht unkorreliert, sondern weisen eine hohe positive **Autokorrelation** auf: $\rho(\epsilon_i, \epsilon_{i+1}) > 0$. Oder aber im Modell ist eine nichtlineare Komponente übersehen worden, die dann in den Residuen auftaucht.

Schema 3: Offensichtlich sind die Varianzen der Störvariablen nicht konstant, sondern wachsen mit den Regressoren. Hier ist die Bedingung Var $\epsilon_t = \sigma^2$ verletzt. Zum Beispiel kann y_t der Preis einer Ware zum Zeitpunkt t sein. Dann ist es naheliegend, daß auch die Varianz von y_t mit t wächst.
Es kann jedoch sein, daß sehr wohl $\operatorname{Var} \epsilon_i = \sigma^2$ gilt, aber im Modell eine latente dritte Variable z übersehen wurde, die sowohl y wie x beeinflußt. Der Residuenplot zeigt die durch z parametrisierte Punktwolke $(\widehat{\varepsilon}_i(z); x_i(z))$, die Schleifen und Spitzen aufweisen kann. (Siehe auch das Beispiel 327.)

Beispiel 325 *In diesem Beispiel mit konstruierten Vektoren betrachten wir die Regression eines Vektors* $\mathbf{y}$ *nach den zwei hochkorrelierten Regressoren* $\mathbf{x}_1$ *und* $\mathbf{x}_2$*. Dabei sind die Variablen folgendermaßen konstruiert:*

$$\begin{aligned} y &:= 50 + 20a_1 + 2a_1^2 + \varepsilon, \\ x_1 &:= 5a_2, \\ x_2 &:= 6a_2 - a_1. \end{aligned}$$

Nach dieser Konstruktion hängt y *quadratisch von* a_1 *ab.* x_1 *und* x_2 *sind über das gemeinsame* a_2 *hochgradig korreliert.* x_1 *liefert überhaupt keine und* x_2 *nur durch* a_2 *stark verrauschte Information über* a_1*. Aus* x_1 *und* x_2 *zusammen kann aber* a_1 *vollständig rekonstruiert werden.*
Für $\mathbf{a}_1$, $\mathbf{a}_2$ *und* $\boldsymbol{\varepsilon}$ *wurden zentrierte, orthogonale Vektoren des* $\mathbb{R}^{20}$ *zufällig gewählt. Mit diesen Vorgaben ergab sich* $r(\mathbf{x}_1, \mathbf{x}_2) = 0{,}986$; $n = 20$ *und die folgende ANOVA-Tafel der Regression:*

	Sum of Squares	*F.grad*	*Betrag*
	$SS(\mathbf{x}_1 \mid \mathbf{1})$	*1*	*0,0*
	$SS(\mathbf{x}_2 \mid \mathbf{1})$	*1*	*22,5*
SSR =	$SS(\mathbf{x}_1, \mathbf{x}_2 \mid \mathbf{1})$	*2*	*805,7*
SSE =	$SS(\mathbb{R}^n \mid \mathbf{x}_1, \mathbf{x}_2)$	*17*	*0,7*
SST =	$SS(\mathbb{R}^n \mid \mathbf{1})$	*19*	*806,4*

Das Bestimmtheitsmaß ist nahezu 1, die Anpassung erscheint optimal. Auch die Parameterschätzwerte sind hochsignifikant:

Regressor	$\widehat{\beta}$	$\widehat{\sigma}_{\widehat{\beta}}$
Konstante	$50,21$	*0,05*
$\mathbf{x}_1$	$24,07$	*0.18*
$\mathbf{x}_2$	$-20,71$	*0,15*

Die beiden Residuenplots von $\widehat{\varepsilon}$ *gegen* x_1 *und gegen* x_2 *sind unauffällig: Abbildung 8.3 zeigt als Beispiel den Plot von* $\widehat{\varepsilon}$ *gegen* x_2*:*

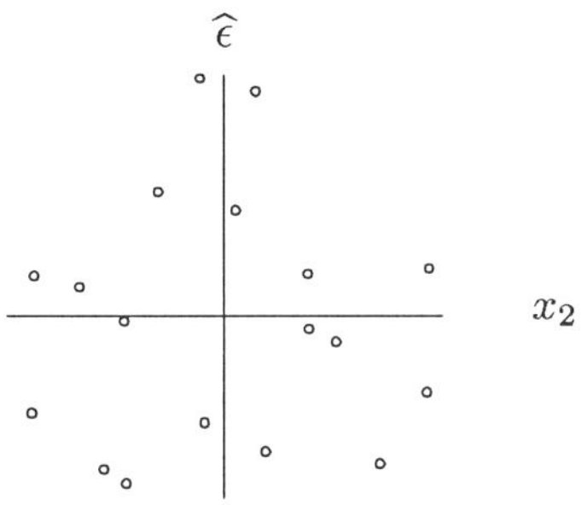

Abbildung 8.3: Plot $\widehat{\varepsilon}$ gegen x_2

Dennoch ist das lineare Modell falsch, da es die von uns selbst hineingesteckte quadratische Komponente ignoriert! Die Plots von $\widehat{\varepsilon}_i$ *gegen jeden einzelnen Regressor können das falsche Modell nicht entlarven.*
Wie die ANOVA-Tafel zeigt, bringt keiner der beiden Regressoren für sich allein einen Beitrag zur Erklärung von $\mathbf{y}$. *Zu zweit jedoch erzeugen sie eine fast vollständige Approximation von* $\mathbf{y}$. *Da die beiden hoch korrelierten* $\mathbf{x}_1$ *und* $\mathbf{x}_2$ *nur zusammen einen befriedigenden Modellfit liefern, muß offenbar die entscheidende Einflußgröße in derjenigen Komponente liegen, die der zweite Regressor ins Modell einbringt, wenn der erste Regressor schon dort vorhanden ist, zum Beispiel:*

$$\mathbf{x}_{2.1} := \mathbf{x}_2 - \mathbf{P}_{\mathbf{x}_1}\mathbf{x}_2.$$

Der Plot von $\widehat{\varepsilon}$ *gegen* $\mathbf{x}_{2.1}$ *in Abbildung 8.4 zeigt nun die übersehene quadratische Komponente.*

Beispiel 326 *Im folgenden Beispiel wurde bei knapp 50 Schülern die Abhängigkeit der Schulnoten* $y_i \in \{1,2,3,4,5,6\}$ *vom Arbeitsaufwand und anderen Variablen durch ein Regression bestimmt und die Residuen* $\widehat{\varepsilon}_i$ *gegen die geglätteten Werte* $\widehat{\mu}_i$ *geplottet. In Abbildung 8.5 liegen offensichtlich die Residuen auf einer Schar paralleler Geraden.*
Dies ist ausnahmsweise aber kein Grund zur Beunruhigung: Aus $y = \widehat{\mu} + \widehat{\varepsilon}$ *folgt* $\widehat{\varepsilon} = y - \widehat{\mu}$. *Daher liegen alle Paare* $(\widehat{\mu}_i; \widehat{\varepsilon}_i)$, *die zu einer festen Schulnote z.B.*

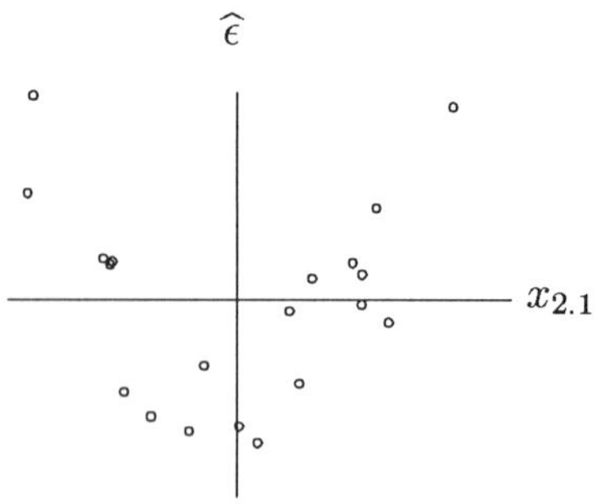

Abbildung 8.4: Plot $\widehat{\varepsilon}$ gegen $x_{2.1}$

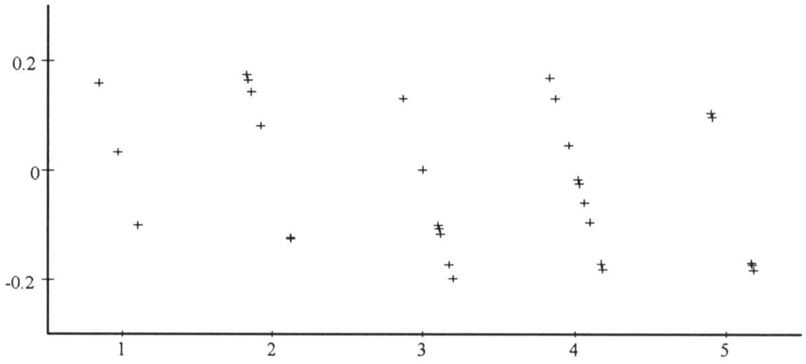

Abbildung 8.5: Plot der Residuen gegen die Noten von 1 bis 5

etwa $y =$ "3" *gehören, auf einer Geraden mit der Steigung -1 und dem Absolutglied* 3.

Diese markante, lineare Struktur des $\widehat{\varepsilon_i} \leftrightarrow \widehat{\mu}_i$ *Plot finden wir immer, wenn auf Grund der Versuchsanordung für die abhängige Variable* y *nur einige wenige Werte* $y \in \{a_1, \cdots, a_k\}$ *möglich sind, zum Beispiel wie hier bei Noten oder in der Biometrie bei Bonituren.*

8.1.2 Partielle Plots

Der große Vorteil der linearen Einfachregression $y_i = \beta_0 + \beta_1 x_i + \epsilon_i$ besteht nicht zuletzt darin, daß nämlich das Auge unmittelbar und gleichzeitig die Punktwolke der $(y_i; x_i)$, die Regressionsgerade $\widehat{\mu} = \widehat{\beta}_0 + \widehat{\beta}_1 x$ und die Residuen $\widehat{\varepsilon}_i$ in ihrer Abhängigkeit vom Regressor erfassen kann. Diese Stärke wird durch partielle Plots auf die multiple Regression übertragen. Dabei können wir auf die Darstellung der Regressionskoeffizienten im Abschnitt 4.4.7 zurückgreifen.

Dazu betrachten wir ein Modell mit den Regressoren $\mathbf{x}_1, \cdots \mathbf{x}_m$ und greifen einen speziellen Regressor $\mathbf{x}_k$ heraus. Aus:

$$\mathbf{y} = \sum_{j=0}^{m} \widehat{\beta}_j \mathbf{x}_j + \widehat{\boldsymbol{\varepsilon}} \tag{8.1}$$

folgt durch Projektion auf den von allen anderen Regressoren aufgespannten Raum:[1]

$$\mathbf{P}_{\forall \setminus k}\mathbf{y} = \sum_{j \neq k} \widehat{\beta}_j \mathbf{x}_j + \widehat{\beta}_k \mathbf{P}_{\forall \setminus k}\mathbf{x}_k \tag{8.2}$$

und daraus durch Differenzbildung von (8.1) und (8.2):

$$\mathbf{y}_{\bullet \forall \setminus k} = \widehat{\beta}_k \mathbf{x}_{k \bullet \forall \setminus k} + \widehat{\boldsymbol{\varepsilon}}. \tag{8.3}$$

Die Bedeutung der Gleichung (8.3) ist:

- Formal sind $\mathbf{y}_{\bullet \forall \setminus k}$ und $\mathbf{x}_{k \bullet \forall \setminus k}$ die zu allen anderen Regressoren orthogonal stehenden Komponenten von $\mathbf{y}$ und $\mathbf{x}_k$. Inhaltlich lassen sie sich als die spezifischen, von allen anderen Regressoren linear bereinigten Komponenten interpretieren.
- $y = \widehat{\beta}_k x_{k \bullet \forall \setminus k}$ ist die Gleichung einer linearen Regressionsgeraden durch die zweidimensionale Punktwolke $\left\{ \left(\mathbf{y}_{\bullet \forall \setminus k}; \mathbf{x}_{k \bullet \forall \setminus k} \right)_i | i = 1, \cdots, n \right\}$. Diese Regressionsgerade verläuft mit der Steigung $\widehat{\beta}_k$ durch den Ursprung. Die Residuen dieser linearen Einfachregression sind die $\widehat{\varepsilon}_i$, also genau die Residuen des ursprünglichen multiplen Regressionsproblems. Anomale Eigenschaften der Punktwolke und die eigentlichen, aber durch die Überlagerung der andern Regressoren verborgenen Beziehungen zwischen $\mathbf{y}$ und $\mathbf{x}_k$ können unmittelbar sichtbar werden. Siehe auch das Beispiel 220 auf Seite 234.

Berechnung der Punkte der partiellen Plots: Bei m Regressoren ergeben sich insgesamt m partielle Plots $\mathbf{y}_{\bullet \forall \setminus k} \leftrightarrow \mathbf{x}_{k \bullet \forall \setminus k}$. Dazu müssen aber nicht m Regressionen gesondert berechnet werden. Sie fallen als Nebenergebnis der Berechnung von $\widehat{\boldsymbol{\beta}} = (\mathbf{X}'\mathbf{X})^{-1}\mathbf{X}'\mathbf{y}$ ab.
Wir fassen die Designmatrix $\mathbf{X}$ als verallgemeinerten Vektor $\mathbf{X} = \{\mathbf{x}_0; \cdots; \mathbf{x}_m\}$ auf, dann ist:[2]

$$\mathbf{V} := \langle \mathbf{X}; \mathbf{X} \rangle^{-1} =: (\mathbf{X}'\mathbf{X})^{-1}.$$

Wie bei der Untersuchung der Konzentrationsmatrix gezeigt wurde, gilt nach Formel (4.47) für einen verallgemeinerten Vektor $\mathbf{X}$:

$$\mathbf{X}_{j \bullet \forall \setminus j} = \frac{\mathbf{X} * \mathbf{V}_{[,j]}}{\mathbf{V}_{[j,j]}}.$$

[1] Zur Erinnerung : Es ist $\forall \setminus k = \mathcal{L}\{\mathbf{x}_0, \cdots \mathbf{x}_{k-1}, \mathbf{x}_{k+1}, \cdots, \mathbf{x}_m\}$

[2] Der Buchstabe $\mathbf{V}$ soll an **V**arianz erinnern: Es ist Cov $\widehat{\boldsymbol{\beta}} = \sigma^2(\mathbf{X}'\mathbf{X})^{-1} = \sigma^2\mathbf{V}$.

In unserem Fall erhalten wir:

$$\mathbf{x}_{k\bullet\forall\backslash k} = \frac{\mathbf{XV}_{[,k]}}{\mathbf{V}_{[k,k]}}.$$

Dabei ist $\mathbf{XV}_{[,k]}$ die k-te Spalte der Matrix $\mathbf{X}(\mathbf{X}'\mathbf{X})^{-1}$ und $\mathbf{V}_{[k,k]}$ ist das k-te Diagonalelement von $(\mathbf{X}'\mathbf{X})^{-1}$. Mit Hilfe von $\mathbf{x}_{k\bullet\forall\backslash k}$ und den bekannten $\widehat{\beta}_k$ und $\widehat{\varepsilon}$ wird $\mathbf{y}_{\bullet\forall\backslash k}$ aus (8.3) berechnet. Dann kann die Punktwolke $\left\{\left(\mathbf{y}_{\bullet\forall\backslash k};\ \mathbf{x}_{k\bullet\forall\backslash k}\right)\right\}$ gezeichnet und die Ausgleichsgerade $y = \widehat{\beta}_k x$ der partiellen Regression hindurch gelegt werden.

Eine Variante des partiellen Plots: Lesen wir den Plot (8.3) als:

$$\widehat{\beta}_k \mathbf{x}_{k\bullet\forall\backslash k} + \widehat{\varepsilon} \longleftrightarrow \mathbf{x}_{k\bullet\forall\backslash k} \tag{8.4}$$

so wird hier das — um den Effekt $\widehat{\beta}_k \mathbf{x}_{k\bullet\forall\backslash k}$ vergrößerte — Residuum $\widehat{\varepsilon}$ gegen den bereinigten k-ten Regressor $\mathbf{x}_{k\bullet\forall\backslash k}$ geplottet. Dieser partielle Plot wird daher auch **Added Variable Plot** genannt, so z.B. bei Chatterjee und Hadi (1986), Cook und Weisberg (1982), während Belsley et al. (1980) von einem **partial regression leverage plot** sprechen. In einer vereinfachten Variante des partiellen Plot wird nur:

$$\widehat{\beta}_k \mathbf{x}_k + \widehat{\varepsilon} \longleftrightarrow \mathbf{x}_k \tag{8.5}$$

geplottet. Diese Variante heißt bei Chatterjee **Component plus Residual Plot**, während Belsley sowie Mansfield und Conerly (1987) hier von **Partial residual Plot** sprechen. Ausführlich wird (8.5) bei Mansfield diskutiert.
Die Schwierigkeiten bei der Interpretation partieller Plots zeigt auch das folgende Beispiel.

Beispiel 327 *Als Beispiel betrachten wir wieder einen konstruierten Datensatz mit $n = 39$ Beobachtungen und einer Einflußgröße x. Da es sich um konstruierte Daten handelt, verzichten wir auf die explizite Angabe einer Störkomponente und betrachten nur die Erwartungswerte von Schätzern und Residuen. μ wird hier als nichtlineare Funktionen von x gewählt:*

$$\mu := \frac{1}{1-x}.$$

*Die 39 Beobachtungsstellen x_i laufen in äquidistanten Schritten der Breite von 0,05 von $-0,95$ bis $+0,95$. Ein linearer Modellansatz $\mu = \mu(x) = \beta_0 + \beta_1 x$ liefert die offensichtlich unbefriedigende Schätzung $\widehat{\mu}(x) = 2,181 + 3,73x$. Abbildung **??** zeigt die Regressionsgerade $\widehat{\mu}(x)$ und fett dazu $\mu(x)$. Das Modell wird deshalb um eine quadratische Komponente erweitert: $x_2 := x^2$ und $\mu = \beta_0 + \beta_1 x + \beta_2 x^2$. Die Schätzung liefert:*

$$\widehat{\mu} = 0,241 + 3,73x + 6,13x^2.$$

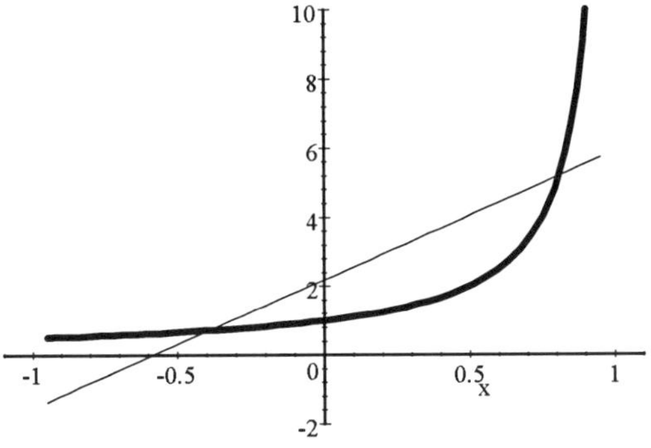

Abbildung 8.6: Original $\mu = \frac{1}{1-x}$ und Schätzung $\widehat{\mu}(x) = 2,181 + 3,73x$.

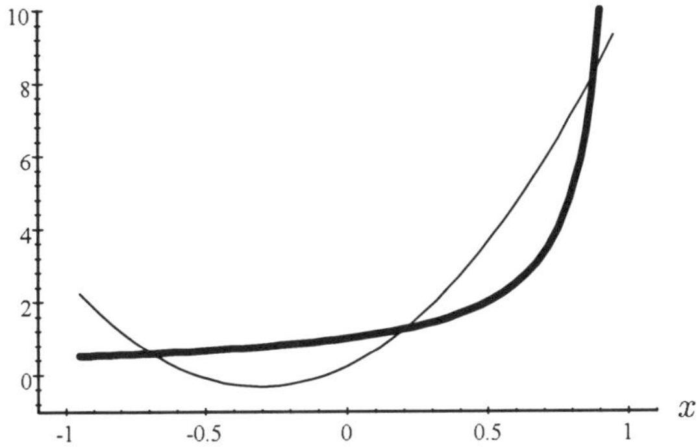

Abbildung 8.7: Plot von μ und $\widehat{\mu}$ gegen x

Die Abbildung 8.7 zeigt μ und $\widehat{\mu}$ als Funktion von x. In einem korrekten Modell wäre $\boldsymbol{\mu}_{\bullet 12} := \boldsymbol{\mu}_{\bullet \mathcal{L}\{\mathbf{x}_1, \mathbf{x}_2\}} = 0$. Hier ist dagegen:[3]

$$\mu_{\bullet 12} = \frac{1}{1-x} - 0,241 - 3,73x - 6,13x^2.$$

Der Plot von $\mu_{\bullet 12}$ gegen x zeigt die Fehlerhaftigkeit des Modells deutlich. (Siehe Abbildung 8.8.) Denkt man sich aber anstelle der als Kurve gezeichneten Funktion $\boldsymbol{\mu}_{\bullet 12}$ die hier nicht explizit erzeugten Residuen $\widehat{\varepsilon}$ geplottet, so ist es nicht unwahrscheinlich, daß die systematische Struktur von $\boldsymbol{\mu}_{\bullet 12}$ in der Streuung der Punktwolke untergeht oder als hohe positive Autokorrelation der ε_i mißdeutet wird.

[3] Zur Vereinfachung des Schriftbildes schreiben wir im Beispiel $\boldsymbol{\mu}_{\bullet 12}$ statt ausführlich $\boldsymbol{\mu}_{\bullet \mathcal{L}\{\mathbf{x}_1, \mathbf{x}_2\}}$ und analog $\mathbf{y}_{\bullet 1}$ statt $\mathbf{y}_{\bullet \mathcal{L}\{\mathbf{x}_1\}}$.

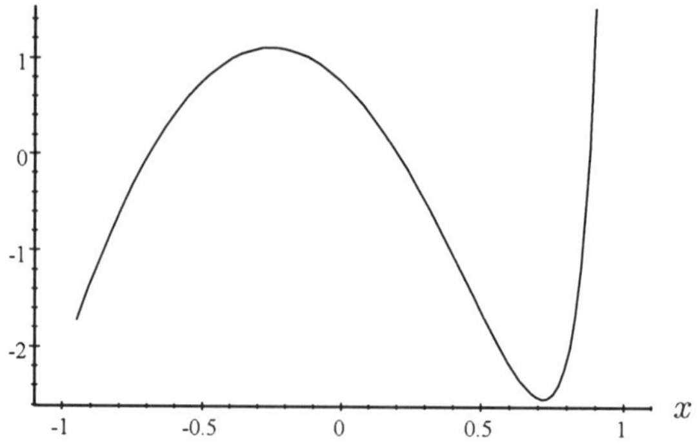

Abbildung 8.8: Plot von $\mu_{\bullet 12}$ gegen x

Der partielle Plot gemäß (8.4) $\mathbf{y}_{\bullet\forall\backslash 2} \leftrightarrow \mathbf{x}_{2\bullet\forall\backslash 2}$ *reduziert sich hier auf* $\mathbf{y}_{\bullet 1} \leftrightarrow \mathbf{x}_{2\bullet 1}$. *Ersetzt man die Residuen durch ihre Erwartungswerte erhält man:*

$$\begin{aligned} \boldsymbol{\mu}_{\bullet 1} &= \frac{1}{1-x} - (2{,}181 + 3{,}73\mathbf{x})\,, \\ \mathbf{x}_{2\bullet 1} &= \mathbf{x}^2 - 0{,}317. \end{aligned}$$

Der partielle Plot $\boldsymbol{\mu}_{\bullet 1} \leftrightarrow \mathbf{x}_{2\bullet 1}$ *in Abbildung 8.9 stellt sich nun als eine durch* x *parametrisierte Kurve heraus: Die charakteristische Schlingenstruktur dieses*

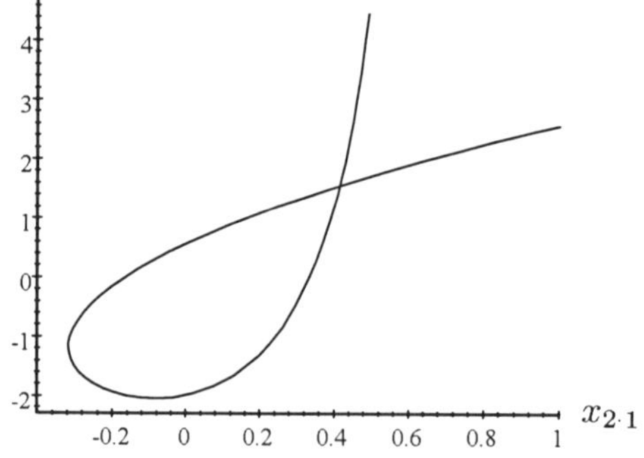

Abbildung 8.9: Partial Residual Plot von $\mu_{\cdot 12}$ gegen $x_{2\cdot 1}$

Plots ist der unübersehbare Hinweis, daß Abszisse wie Ordinate nichtlinear von mindestens einer gemeinsamen Variablen abhängen.
Denkt man sich anstelle der Erwartungswerte wieder die durch ε *gestörten Beobachtungen gegeben, so kann die Schlinge leicht übersehen werden und als fächerförmiger Residuenplot interpretiert werden. Dieser könnte dann zum Beispiel fälschlicherweise als eine nicht konstante Varianz der Residuen interpretiert werden.*

8.2 Die Kollinearitätstruktur der Regressoren

8.2.1 Das Kollinearitäts-Syndrom

Bislang hatten wir nur unterschieden, ob die Spalten der Designmatrix linear unabhängig sind oder nicht. Die Praxis kennt jedoch nicht nur das *Ja* und *Nein*, sondern auch das *Beinahe*. Streng genommen, kann es den Zustand *beinahe linear abhängig* nicht geben, praktisch aber wird hiermit eine häufig auftretende und sehr ernst zu nehmende Situation bezeichnet, in der einige oder alle Regressoren so hoch miteinander korreliert sind, daß die Separierung der Einzeleffekte nur sehr unvollkommen möglich ist. Dies beobachtet man vor allem dann, wenn die Wirkung einer Einflußgröße im Modell durch mindestens zwei nahezu äquivalente Regressoren beschrieben wird. Da diese Regressoren im Grunde alle dasselbe beschreiben, sind sie in der Regel untereinander hoch korreliert. Sind dabei k Regressoren beteiligt, so wird im Schnitt jedem von ihnen der k-te Anteil der Wirkung *zugeschrieben*. Diese Bruchteile sind dann oft so unbedeutend, daß sie nicht mehr von der allgemeinen Störkomponente getrennt werden können. So kann es geschehen, daß sich keiner der beteiligten Regressionskoeffizienten signifikant von Null unterscheidet:

> *Die zu fein aufgefächerte Wirkung wird nicht mehr erkannt. Man hat den Wald vor Bäumen nicht gesehen.*

Wir sprechen hier von **Kollinearität**, gar von einem **Kollinearitätssyndrom**, ohne beides zu definieren. In der Sprache der Mediziner bezeichnet ein *Syndrom* einen Komplex von Symptomen, die im einzelnen schwer zu quantifizieren sind, aber zusammen ein auffälliges Krankheitsbild ergeben.
Ohne also genauer zu präzisieren, nennen wir Vektoren **kollinear**, wenn sie *nahe beieinander* liegen. Betrachten wir z.B. die beiden Zeiger einer Uhr als zwei Vektoren, so sind sie beispielsweise gegen 12 Uhr oder kurz nach 1 Uhr kollinear, um 3 Uhr orthogonal und Punkt 6 Uhr exakt linear abhängig und kurz nach 6 Uhr sind sie wieder kollinear.

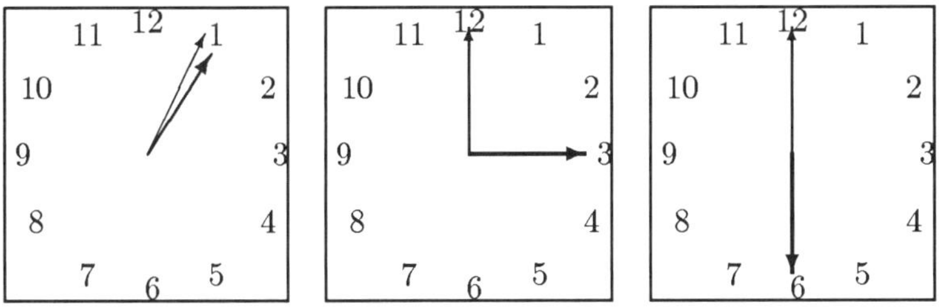

Kollineare, orthogonale, und linear-abhängige Vektoren

Diese anschauliche Vorstellung vom Inhalt des Wortes Kollinearität soll uns für den Augenblick ausreichen. Das Beispiel zeigt darüber hinaus, daß es viel wahrscheinlicher ist, kollineare als exakt linear abhängige Vektoren zu treffen. Die Auswirkungen kollinearer Regressoren sind in zweierlei Hinsicht unangenehm.

Empfindlichkeit gegen Änderung der Regressoren: Auch bei fehlerfreier Messung der y_i (also $\varepsilon_i = 0$) reagieren die β_i äußerst empfindlich auf Änderungen $\mathbf{x}_i$. Kleinste Schwankungen bei den $\mathbf{x}_i$ können große Änderungen bei den β_i bewirken. Diesen Effekt zeigen wir in Abbildung 8.10, bei der $\boldsymbol{\mu} = \beta_1\mathbf{x}_1 + \beta_2\mathbf{x}_2$ ohne Störgröße von den beiden Regressoren $\mathbf{x}_1$ und $\mathbf{x}_2$ aufgespannt wird. Der von $\mathbf{x}_1$ und $\mathbf{x}_2$ aufgespannte Modellraum sei die Zeichenebene. Abbildung 8.10 zeigt links oben $\boldsymbol{\mu}$ bei orthogonalen, rechts oben und unten bei kollinearen Regressoren.

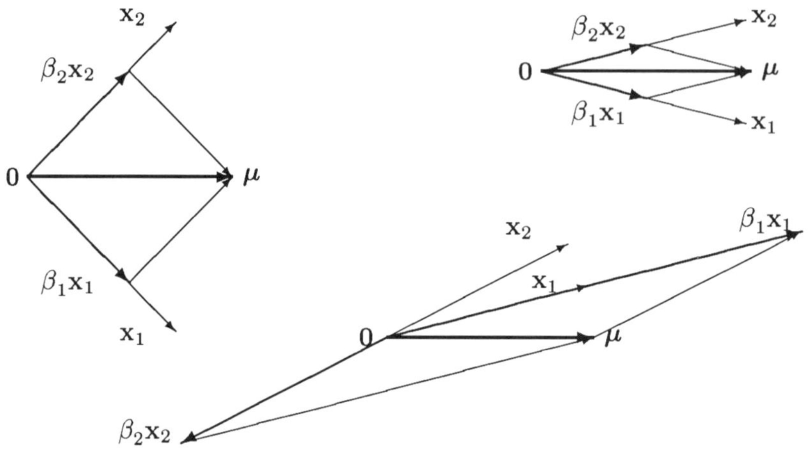

Abbildung 8.10: Darstellung von $\boldsymbol{\mu}$ bei orthogonalen oder kollinearen Vektoren

Die Ecken des Vektorparallelogramms werden um so ungenauer bestimmt, je spitzer der Winkel zwischen den Vektoren $\mathbf{x}_1$ und $\mathbf{x}_2$ ist[4].

Bei der Abbildung rechts oben liegt $\boldsymbol{\mu}$ im spitzen Winkel zwischen den Vektoren $\mathbf{x}_1$ und $\mathbf{x}_2$. Die beiden Seiten $\beta_1\mathbf{x}_1$ und $\beta_2\mathbf{x}_2$ des Parallellogramm sind etwa halb so lang wie die Diagonale $\boldsymbol{\mu}$: Die beiden Regressoren $\mathbf{x}_1$ und $\mathbf{x}_2$ teilen sich den Gesamteffekt.

In der Abbildung darunter liegt $\boldsymbol{\mu}$ im stumpfen Winkel zwischen den Vektoren $\mathbf{x}_1$ und $\mathbf{x}_2$. Beide wirken in entgegengesetzte Richtungen: Die Regressionskoeffizienten haben verschiedene Vorzeichen und können beliebig groß werden. Geringfügige Änderungen der Regressoren ändern die Länge der Parallelogrammseiten und damit die Größe der Regressionskoeffizienten sprunghaft.

Diesen Effekt können wir auch formal nachweisen. Dazu betrachten wir im $\mathbb{R}^2$ die beiden orthonormalen Vektoren $\mathbf{e}_1$ und $\mathbf{e}_2$. Der Punkt $\boldsymbol{\mu}$ sei $\boldsymbol{\mu} = \mathbf{e}_1 + \mathbf{e}_2$.

[4]Technische Zeichner sprechen von *schleifenden* Schnitten.

Die beiden normierten Regressoren seien:

$$\begin{aligned}\mathbf{x}_1 &= \mathbf{e}_1,\\ \mathbf{x}_2 &= \rho\,\mathbf{e}_1 + \sqrt{1-\rho^2}\,\mathbf{e}_2.\end{aligned}$$

Dann ist ρ der Kosinus des Winkels zwischen $\mathbf{x}_1$ und $\mathbf{x}_2$ und gleichzeitig der empirische Korrelationskoeffizient $r(\mathbf{x}_1, \mathbf{x}_2)$. Bezogen auf die beiden Regressoren hat $\boldsymbol{\mu} = \mathbf{e}_1 + \mathbf{e}_2$ die Darstellung:

$$\boldsymbol{\mu} = \left(1 - \frac{\rho}{\sqrt{1-\rho^2}}\right)\mathbf{x}_1 + \frac{1}{\sqrt{1-\rho^2}}\mathbf{x}_2.$$

Daher ist:

$$\begin{aligned}\beta_1 &= 1 - \frac{\rho}{\sqrt{1-\rho^2}},\\ \beta_2 &= \frac{1}{\sqrt{1-\rho^2}}.\end{aligned}$$

Die Abbildung 8.11 zeigt β_1 und β_2 als Funktionen von ρ. Bei *mäßigen* Korrelationen ist die Abhängigkeit von ρ gering, β_1 hängt nur schwach linear ab und β_2 ist fast invariant. Bei *hoher* Korrelation jedoch ändern sich die Koeffizienten extrem, wenn der Winkel zwischen den Regressoren sich etwas ändert. Bereits Rundungsfehler bei den $\mathbf{x}_i$ können die Koeffizienten β_1 und β_2 schlagartig ändern.

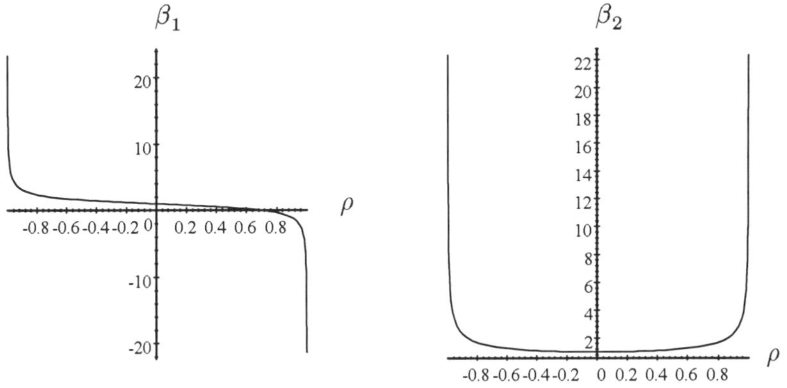

Abbildung 8.11: Links: β_1 als Funktion von ρ. Rechts : β_2 als Funktion von ρ.

Kleine Fehler in den $\mathbf{y}_i$ haben große Fehler in den $\widehat{\beta}_i$ zur Folge: Nun erweitern wir die Abbildung 8.10 und deuten den Streubereich der möglichen $\mathbf{y}$ bzw. der davon abgeleiteten $\widehat{\boldsymbol{\mu}}$–Werte durch einen kleinen Kreis um $\widehat{\boldsymbol{\mu}}$ an. (Siehe die Abbildungen 8.12 und 8.13.) Die sich daraus ergebende Komponente

$\widehat{\beta}_1 \mathbf{x}_1$ finden wir, wenn wir den Kreis jeweils parallel zur Achse $\mathcal{L}\{\mathbf{x}_2\}$ auf die Achse $\mathcal{L}\{\mathbf{x}_1\}$ projizieren. Der *Schatten* des Kreises auf den Geraden $\mathcal{L}\{\mathbf{x}_1\}$ entspricht den möglichen Werten der $\widehat{\beta}_1 \mathbf{x}_1$. Analoges gilt für $\widehat{\beta}_2 \mathbf{x}_2$. Bei ortho-

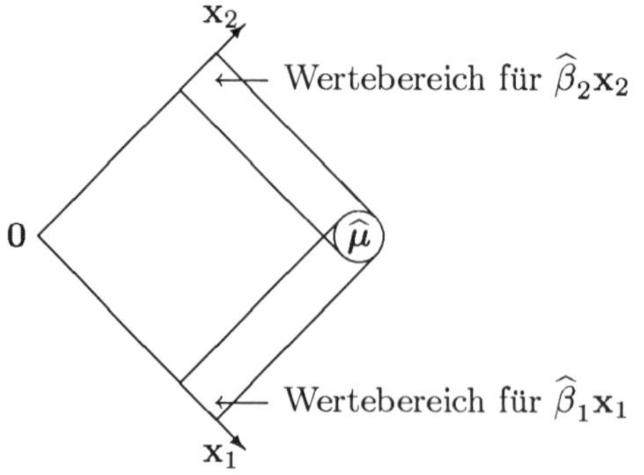

Abbildung 8.12: Schätzfehler bei orthogonalen Regressoren

gonalen Regressoren, in der Abbildung 8.12, ist der Durchmesser des *Schattens* so groß wie der Durchmesser des Kreises. Bei hochkollinearen Regressoren, in der Abbildung 8.13, kann der Durchmesser des *Schattens* beliebig groß werden.

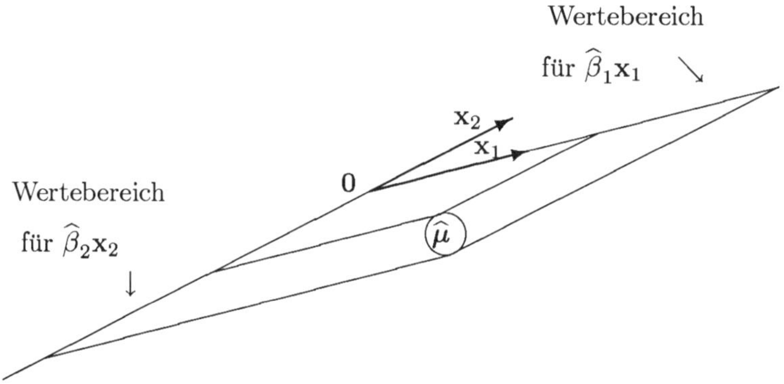

Abbildung 8.13: Potenzierung des Schätzfehlers bei kollinearen Regressoren

Kleine Meßfehler bei $\mathbf{y}$ haben beliebige große Schätzfehler bei den $\widehat{\beta}_i$ zur Folge.

Bemerkung: So unangenehm kollineare Vektoren auch sind, so riskant ist es, generell kollineare Vektoren einfach zu eliminieren. Denken wir zum Beispiel an das Richtungshören. Sind $\mathbf{x}_1$ und $\mathbf{x}_2$ die Schallimpulse auf dem linken bzw. dem rechten Ohr, so sind beide Impulse fast identisch. Relevante Informationen liegen aber in der minimalen Differenz zwischen den beiden Impulsen: Wird auf einen der beiden Impulse verzichtet, so geht die gesamte Information des Richtungshören verloren. Zum Beispiel könnte bei hochkorrelierten $\mathbf{x}_1$ und $\mathbf{x}_2$ der Vektor $\boldsymbol{\mu}$ in Richtung von $\mathbf{x}_1 - \mathbf{x}_2$, aber nahezu orthogonal zu $\mathbf{x}_1$ und $\mathbf{x}_2$ liegen. Vergleiche auch die Beispiele 325 auf Seite 388 und 330 auf Seite 401.

8.2.2 Der Toleranz- und der Varianz-Inflations-Faktor

Wir haben bei zwei Regressoren $\mathbf{x}_1$ und $\mathbf{x}_2$ berechnet, wie die Regressionskoeffizienten von der Korrelation $r(\mathbf{x}_1, \mathbf{x}_2)$ abhängen. Aber nicht nur die Regressionskoeffizienten sondern auch die Genauigkeit, mit der sie geschätzt werden können, hängen von $r(\mathbf{x}_1, \mathbf{x}_2)$ ab.
Bei mehr als zwei Regressoren treten die multiplen Korrelationskoeffizienten $r(\mathbf{x}_j, \forall \setminus j)$ an die Stelle der einfachen. $r(\mathbf{x}_j, \forall \setminus j)$ mißt den Winkel zwischen $\mathbf{x}_j$ und der durch die restlichen Regressoren aufgespannten Ebene. Damit ist jeder der m Korrelationskoeffizienten $r(\mathbf{x}_j, \forall \setminus j)$, $j = 1, \cdots, m$ ein Maß für die Kollinearität der Regressoren. Anstelle dieser multiplen Korrelationskoeffizienten wird oft mit den **Toleranzfaktoren:**

$$TOL_j := 1 - r^2(\mathbf{x}_j, \forall \setminus j)$$

oder den **Varianz-Inflations-Faktoren:**

$$VIF_j := (TOL_j)^{-1}$$

gearbeitet. Der anschauliche Name **VIF** erklärt sich leicht:

Satz 328 *Die Varianz von $\widehat{\beta}_j$ ist direkt proportional zum* ***Varianz-Inflations-Faktor*** VIF_j :

$$\operatorname{Var}\widehat{\beta}_j = \frac{\sigma^2}{\|\mathbf{x}_j - \overline{x}_j\mathbf{1}\|^2} VIF_j = \frac{\sigma^2}{\|\mathbf{x}_j - \overline{x}_j\mathbf{1}\|^2} \frac{1}{1 - r^2(\mathbf{x}_j, \forall \setminus j)}.$$

Je größer VIF_j bzw. $r^2(\mathbf{x}_j, \forall \setminus j)$ ist, um so ungenauer wird β_j geschätzt. Dagegen hängt die Genauigkeit, mit der $\hat{\mu}$ geschätzt wird, wegen $\operatorname{Cov}\hat{\mu} = \sigma^2\mathbf{P_M}$ nur vom Modellraum $\mathbf{M}$ ab und nicht von den einzelnen $\mathbf{M}$ erzeugenden Regressoren.

Beweis:
Aus $\operatorname{Cov}\widehat{\beta} = \sigma^2(\mathbf{X}'\mathbf{X})^{-1}$ folgt $\operatorname{Var}\widehat{\beta}_j = \sigma^2\left((\mathbf{X}'\mathbf{X})^{-1}\right)_{[j,j]}$. Nach Satz 232 und Formel (4.48) ist:

$$\mathbf{V}_{[j,j]} = (\mathbf{X}'\mathbf{X})^{-1}_{[j,j]} = \frac{1}{\|\mathbf{x}_j - \overline{x}_j\mathbf{1}\|^2 (1 - r^2(X_j, \forall \setminus j))}.$$

□

Beispiel 329 [5] *Bei einem Befragungsinstitut legen 14 Interviewer die Aufwandsabrechnung über die geleisteten Interviews vor. Dabei sei y der Zeitaufwand in Stunden, x_1 die Anzahl der jeweils durchgeführten Interviews, x_2 die Anzahl der zurückgelegten Kilometer.*

---

[5] Das Beispiel stammt aus Neter und Wassermann (1985). Gegenüber der Vorlage wurden die Daten auf ganze Zahlen gerundet.

Durch eine Regressionsrechnung soll die Abhängigkeit der aufgewendeten Zeit von den erledigten Interviews und der gefahrenen Strecke bestimmt werden. Die Daten:

i	1	2	3	4	5	6	7	8	9	10	11	12	13	14
y	52	25	49	30	82	42	56	21	28	36	69	39	23	35
x_1	17	6	13	11	23	16	15	5	10	12	20	12	8	8
x_2	36	11	29	26	51	27	31	10	19	25	40	33	24	29

Ein Modell mit beiden Regressoren

Im Modell $\mathbf{M}_{12} = \mathcal{L}\{\mathbf{x}_1, \mathbf{x}_2\}$ *wird die Regressionsgleichung mit* $\widehat{\mu} = 1,119 + 1,911x_1 + 0,634x_2$ *geschätzt. Jedoch sind beide Koeffizienten* $\widehat{\beta}_1$ *und* $\widehat{\beta}_2$ *bei einem Niveau von* $\alpha = 5\%$ *nicht signifikant:*

Regressor	*Parameter*	$\widehat{\beta}$	$\widehat{\sigma}_{\widehat{\beta}}$	$t_{pg} = \frac{\widehat{\beta}}{\widehat{\sigma}_{\widehat{\beta}}}$
Absolutglied	$\widehat{\beta}_0$	1,119	4,383	0,255
Interviews	$\widehat{\beta}_1$	1,911	1,110	1,722
Strecke	$\widehat{\beta}_2$	0,634	0,504	1,258

Hängt also der Zeitaufwand nicht von der geleisteten Arbeit ab? Die ANOVA-Tafel und der globale F-Test zeigen aber, daß beide Regressoren zusammen ein signifikantes Modell aufspannen und sehr wohl y erklären *können:*

Sum of Squares		*F.grad*	*Betrag*	MS	F_{pg}
$SSR(\mathbf{M}_{12})$	$= SS(\mathbf{x}_1, \mathbf{x}_2 \mid \mathbf{1})$	2	3792	1896	51
$SSE(\mathbf{M}_{12})$	$= SS(\mathbb{R}^n \mid \mathbf{x}_1, \mathbf{x}_2)$	11	407	37	
SST	$= SS(\mathbb{R}^n \mid \mathbf{1})$	13	4199		

Der Widerspruch löst sich durch die Analyse der Kollinearität. Beide Regressoren $\mathbf{x}_1$ *und* $\mathbf{x}_2$ *messen im Grunde dasselbe, nämlich die Aktivität des Interviewers. Sie sind hoch miteinander korreliert,* $r(\mathbf{x}_1; \mathbf{x}_2) = 0,957$. *Daher ist:*[6]

$$\begin{aligned} Tol &:= Tol_1 = Tol_2 = 1 - r^2(\mathbf{x}_1; \mathbf{x}_2) = 0,0849 \\ VIF &:= VIF_1 = VIF_2 = 1/Tol = 11,776. \end{aligned}$$

Zwei Modelle mit je einem Regressor

Wir verzichten nun auf einen der beiden Regressoren, zum Beispiel auf $\mathbf{x}_2$ *und betrachten das Modell* $\mathbf{M}_1 = \mathcal{L}\{\mathbf{1}, \mathbf{x}_1\}$. *Die ANOVA-Tafel zeigt, daß dieses Teilmodell nicht schlechter ist als das Obermodell:*

Sum of Squares		*F.grad*	*Betrag*	MS	F_{pg}
$SSR(\mathbf{M}_1)$	$= SS(\mathbf{x}_1 \mid \mathbf{1})$	1	3733	3733	96
$SSE(\mathbf{M}_1)$	$= SS(\mathbb{R}^n \mid \mathbf{x}_1)$	12	466	39	
SST	$= SS(\mathbb{R}^n \mid \mathbf{1})$	13	4199		

[6] Da außer der Eins nur die beiden Regressoren $\mathbf{x}_1$ und $\mathbf{x}_2$ auftreten, stimmt die partielle Korrelation zwischen $\mathbf{x}_1$ und $\mathbf{x}_2$ mit der gewöhnlichen Korrelation überein.

Die Parameter $\widehat{\beta}_0$ und $\widehat{\beta}_1$ sind signifikant von Null verschieden. Dabei ist die Standardabweichungen $\widehat{\sigma}_{\widehat{\beta}_1}$ nur etwa ein Drittel der Standardabweichung im Obermodell $\mathbf{M}_{12}$.

Regressor	*Parameter*	$\widehat{\beta}$	$\widehat{\sigma}_{\widehat{\beta}}$	$t_{pg} = \frac{\widehat{\beta}}{\widehat{\sigma}_{\widehat{\beta}}}$
Absolutglied	$\widehat{\beta}_0$	1,074	4,489	
Interviews	$\widehat{\beta}_1$	3,250	0,332	9,801

Zu denselben Ergebnissen kommen wir im Modell $\mathbf{M}_2 = \mathcal{L}\{\mathbf{1}, \mathbf{x}_2\}$. *In beiden Teilmodellen hat der Verzicht auf einen der beiden hochkorrelierten Regressoren die Genauigkeit der Schätzung des verbliebenen Parameters entscheidend verbessert.*

Das folgende Beispiel mit vier Regressoren zeigt, daß die unüberlegte Streichung eines von zwei hochkorrelierten Regressoren auch ein ganzes Modell verderben kann.

Beispiel 330 *Stellen wir uns vor, ein Neurologe mißt an einem zentralen Nervenknoten die Reaktion y auf die Reize x an vier paarig gelegenen Rezeptoren:*[7]

$\mathbf{y}$	$\mathbf{x}_1$	$\mathbf{x}_2$	$\mathbf{x}_3$	$\mathbf{x}_4$
7,3314	,00977	−,03938	,45840	,56291
3,9664	−,55447	−,60113	−,21901	−,28451
3,1442	−,33633	−,31752	−,28020	−,29425
7,9933	,35260	,30714	,20306	,10571
1,6787	−,17442	−,06624	−,16800	−,04302
−,0758	,16356	35631	,27128	,20712
2,9497	,50265	,61795	−,22325	−,23055
8,7032	−,15434	−,28402	,04019	,02456
7,4931	,33332	,23449	−,54396	−,47937
7,4827	−,14234	−,20760	,46148	,43138

Alle vier Regressoren sind zentriert. Wie die nachfolgende Korrelationsmatrix:

	$\mathbf{y}$	$\mathbf{x}_1$	$\mathbf{x}_2$	$\mathbf{x}_3$	$\mathbf{x}_4$
$\mathbf{y}$	1	0,10	−0,17	0,21	0,21
$\mathbf{x}_1$	0,10	1	0,96	0,00	0,00
$\mathbf{x}_2$	−0,17	0,96	1	0,00	0,00
$\mathbf{x}_3$	0,21	0,00	0,00	1	0,98
$\mathbf{x}_4$	0,21	0,00	0,00	0,98	1

zeigt, sind alle vier Regressoren nur schwach mit $\mathbf{y}$ *korreliert. Andrerseits bilden* $\mathbf{x}_1$ *und* $\mathbf{x}_2$ *sowie* $\mathbf{x}_3$ *und* $\mathbf{x}_4$ *zwei Paare hochkorrelierter Regressoren, bei denen*

[7] Diese Daten sind konstruiert!

aber die Paare wechselseitig unkorreliert sind. Wir betrachten zuerst das volle Modell. Die ANOVA-Tafel ist:

	Sum of Squares	*F.grad*	*Betrag*	MS
SSR	$= SS(\mathbf{x}_1, \mathbf{x}_2, \mathbf{x}_3, \mathbf{x}_4 \mid \mathbf{1})$	4	84,9	21,23
SSE	$= SS(\mathbb{R}^n \mid \mathbf{x}_1, \mathbf{x}_2, \mathbf{x}_3, \mathbf{x}_4)$	5	1	0,20
SST	$= SS(\mathbb{R}^n \mid \mathbf{1})$	9	85,9	

Die Parameterschätzwerte sind:

Parameter	$\widehat{\beta}$	$\widehat{\sigma}_{\widehat{\beta}}$
$\widehat{\beta}_0$	5,067	0,129
$\widehat{\beta}_1$	31,94	1,603
$\widehat{\beta}_2$	−29,03	1,441
$\widehat{\beta}_3$	0,3968	1,989
$\widehat{\beta}_4$	1,587	2,018

Im ersten Paar $(\mathbf{x}_1, \mathbf{x}_2)$ *sind die Regressionskoeffizienten* $\widehat{\beta}_1$ *und* $\widehat{\beta}_2$ *nahezu von gleichem Betrag, aber von entgegengesetztem Vorzeichen. Beide sind hoch signifikant. Dagegen haben* $\widehat{\beta}_3$ *und* $\widehat{\beta}_4$ *dasselbe Vorzeichen, beide sind nicht signifikant von Null verschieden. Nun verzichten wir auf* $\mathbf{x}_4$*: Das Modell ist nun* $\mathcal{L}\{\mathbf{x}_1, \mathbf{x}_2, \mathbf{x}_3\}$. *Die ANOVA-Tafel ist fast unverändert, nur* $\widehat{\sigma}^2$ *hat* ***abgenommen.***

	Sum of Squares	*F.grade*	*Betrag*	MS
SSR	$= SS(\mathbf{x}_1, \mathbf{x}_2, \mathbf{x}_3 \mid \mathbf{1})$	3	84,8	28,27
SSE	$= SS(\mathbb{R}^n \mid \mathbf{x}_1, \mathbf{x}_2, \mathbf{x}_3)$	6	1,1	0,18
SST	$= SS(\mathbb{R}^n \mid \mathbf{1})$	9	85,9	

Die Parameterschätzwerte sind:

Parameter	$\widehat{\beta}$	$\widehat{\sigma}_{\widehat{\beta}}$
$\widehat{\beta}_0$	5,067	0,129
$\widehat{\beta}_1$	31,94	1,603
$\widehat{\beta}_2$	−29,03	1,441
$\widehat{\beta}_3$	1,92	0,422

$\widehat{\beta}_3$ *ist nun signifikant und entspricht etwa der Summe von* $\widehat{\beta}_3$ *und* $\widehat{\beta}_4$ *im vollen Modell. Dasselbe Bild bietet sich, falls* $\mathbf{x}_3$ *statt* $\mathbf{x}_4$ *gestrichen wird. Offensichtlich tragen* $\mathbf{x}_3$ *und* $\mathbf{x}_4$ *dieselbe Information, die erst dann deutlich erkennbar wird, wenn nur eine der beiden Variablen im Modell enthalten ist.*
Nun verzichten wir auch beim zweiten korrelierten Paar $(\mathbf{x}_1; \mathbf{x}_2)$ *auf einen der beiden Regressoren, zum Beispiel auf* $\mathbf{x}_2$, *und betrachten das Modell* $\mathcal{L}\{\mathbf{x}_1, \mathbf{x}_3, \mathbf{x}_4\}$. *Die ANOVA-Tafel ist*

	Sum of Squares	*F.grad*	*Betrag*	MS
SSR	$= SS(\mathbf{x}_1, \mathbf{x}_2, \mathbf{x}_4 \mid \mathbf{1})$	3	4,8	1,8
SSE	$= SS(\mathbb{R}^n \mid \mathbf{x}_1, \mathbf{x}_2, \mathbf{x}_4)$	6	81,1	13,5
SST	$= SS(\mathbb{R}^n \mid \mathbf{1})$	9	85,9	

Das Modell ist zusammengebrochen. Der F-Test verwirft das gesamte Modell. Kein Parameter ist mehr signifikant. Dasselbe Bild bietet sich, falls $\mathbf{x}_1$ *statt* $\mathbf{x}_2$ *gestrichen wird. (Wir verzichten auf Abdruck der Daten). Offensichtlich sind* $\mathbf{x}_1$ *und* $\mathbf{x}_2$ *nur zusammen informativ, einzeln dagegen wertlos.*

8.2.3 Singulärwertzerlegung von X

Der multiple Korrelationskoeffizient $r(\mathbf{x}_j, \forall\backslash j)$ zeichnet jeweils nur den einzigen Regressor $\mathbf{x}_j$ aus und mißt dessen lineare Abhängigkeit von den anderen. Dagegen ermöglicht die Eigenwertzerlegung von $\mathbf{X}'\mathbf{X}$ eine gemeinsame Betrachtung aller Regressoren.
Zur Motivation betrachten wir in Abbildung 8.14 zwei Vektoren $\mathbf{x}_1$ und $\mathbf{x}_2$, die zum besseren Vergleich beide normiert seien sollen: $\|\mathbf{x}_1\| = \|\mathbf{x}_2\| = 1$. Sind sie hoch kollinear, so liegen beide nahe bei einer Geraden $\mathbf{h}$. Die Nähe der Vektoren

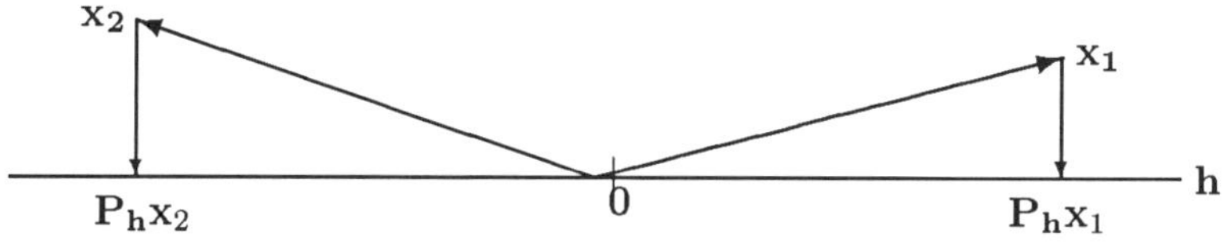

Abbildung 8.14: Projektion der Vektoren $\mathbf{x}_1$ und $\mathbf{x}_2$ auf die Gerade $\mathbf{h}$

$\mathbf{x}_1$ und $\mathbf{x}_2$ zur Geraden $\mathbf{h}$ bestimmen wir durch ihre Projektionen auf $\mathbf{h}$. Wegen $1 = \|\mathbf{x}_1\|^2 = \|\mathbf{P_h x}_1\|^2 + \|\mathbf{x}_1 - \mathbf{P_h x}_1\|^2$ messen wir durch:

$$\frac{1}{2}\left(\|\mathbf{P_h x}_1\|^2 + \|\mathbf{P_h x}_2\|^2\right) = 1 - \frac{1}{2}\left(\|\mathbf{x}_1 - \mathbf{P_h x}_1\|^2 + \|\mathbf{x}_2 - \mathbf{P_h x}_2\|^2\right) \leq 1$$

die Übereinstimmung der Vektoren $\mathbf{x}_1$ und $\mathbf{x}_2$ mit der Geraden. Die Kollinearität von $\mathbf{x}_1$ und $\mathbf{x}_2$ ist um so größer, je kleiner $\sum \|\mathbf{x}_i - \mathbf{P_h x}_i\|$ ist, je besser also die Projektionen $\mathbf{P_h x}_i$ mit ihren Urbildern $\mathbf{x}_i$ übereinstimmen.

Die Konditionszahl: Die Regressoren $\mathbf{x}_0, \cdots, \mathbf{x}_m$ der Designmatrix $\mathbf{X}$ seien auf 1 normiert: $\|\mathbf{x}_j\| = 1$. Ist Rang $\mathbf{X} = d$, so liegen die $m+1$ Vektoren in einem d- dimensionalen Raum mit $d = \text{Rg}\,\mathbf{X}$. Ist $d < m+1$, so sind die Vektoren linear abhängig. Ist $d = m+1$, so sind sie zwar linear unabhängig, können aber kollinear sein.
Im Fall $d = m+1$ untersuchen wir für jede natürliche Zahl $q < m+1$, wie gut sich die $m+1$ Regressoren durch einen q-dimensionalen Unterraum $\mathbf{H}$ approximieren lassen. Das Abbildungsverhältnis:

$$\tau_{q;\mathbf{H}} = \frac{1}{m+1} \sum_{i=0}^{m+1} \|\mathbf{P_H x}_i\|^2 \leq 1 \tag{8.6}$$

ist ein Maß der Güte dieser Approximation. Als Unterraum $\mathbf{H}$ wählen wir den eindeutig bestimmten optimalen Raum, der $\tau_{q;\mathbf{H}}$ maximiert. Wie im Anhang zu Kapitel 1, im Abschnitt (1.4.7) gezeigt wurde, wird $\mathbf{H}$ von den Eigenvektoren $\mathbf{u}_1$ bis $\mathbf{u}_q$ zu den größten q Eigenwerten $\lambda_1 \geq \cdots \geq \lambda_q$ der Matrix $\mathbf{XX}'$ aufgespannt. Für diesen optimalen Raum gilt:

$$\tau_q := \max_{\dim \mathbf{H}=q} \tau_{q;\mathbf{H}} = \frac{1}{m+1}\sum_{k=1}^{q}\lambda_k \leq \frac{1}{m+1}\sum_{k=1}^{m+1}\lambda_k = 1. \tag{8.7}$$

Je näher τ_q am Maximum 1 liegt, um so besser ist die Approximation der Punktwolke durch $\mathbf{H}$. Je stärker die Eigenwerte in der Folge $\lambda_1 \geq \cdots \geq \lambda_{m+1}$ abnehmen, um so näher kommt τ_q auch für kleine q an die Eins, um so besser ist die Approximation der $m+1$ Regressoren durch einen q-dimensionalen Unterraum und um so stärker ist die Kollinearitätsstruktur ausgeprägt. Man nennt:

$$\kappa_j \; : = \sqrt{\frac{\lambda_1}{\lambda_j}} \quad \text{den } j\text{-ten } \textbf{Konditionsindex} \text{ und}$$

$$\kappa \; : = \sqrt{\frac{\lambda_1}{\lambda_{m+1}}} \quad \text{die } \textbf{Konditionszahl}.$$

Je größer die Konditionszahl κ ist, um so größer ist die Kollinearität der Spaltenvektoren von $\mathbf{X}$ und um so schlechter sind die numerischen Eigenschaften des linearen Modells.[8]

Die Varianzanteile: Die Singulärwertzerlegung von $\mathbf{X}$ ist:

$$\mathbf{X} = \sum_{k=1}^{d} \theta_k \mathbf{u}_k \mathbf{v}_k' , \tag{8.8}$$

dabei ist $\lambda_i = \theta_i^2$. Aus (8.8) folgt wegen der Orthonormalität der Vektoren $\mathbf{v}_k$ durch skalare Multiplikation mit $\mathbf{v}_k$:

$$\mathbf{X}\mathbf{v}_k = \theta_k \mathbf{u}_k.$$

Der Vektor $\mathbf{X}\mathbf{v}_k = \sum_{j=0}^{m} \mathbf{x}_j v_{jk}$ ist eine Linearkombination der Regressoren. Wäre $\theta_k = 0$, so wären die Regressoren $\mathbf{x}_j$ exakt linear abhängig. Ist $\theta_k \approx 0$, so ist wegen $\|\mathbf{X}\mathbf{v}_k\|^2 = \theta_k^2 = \lambda_k$ die Linearkombination ungefähr Null:

$$\sum_{j=0}^{m} \mathbf{x}_j v_{jk} \approx 0.$$

[8] Belsley et al. (1980) sprechen bei einer Konditionszahl κ in der Größe von 5 bis 10 von einer schwachen und bei κ in der Größe von 30 bis 100 von einer starken Kollinearität.

Das heißt, die $\mathbf{x}_j$ sind *beinahe linear abhängig*, also kollinear. Die Koeffizienten v_{jk} geben dabei an, welche Linearkombination der Regressoren *beinahe* verschwindet.
Darüber hinaus läßt sich der Einfluß der Kollinearität auf die Varianzen der Schätzer an den Eigenwerten wie folgt festmachen: Ist Rang $\mathbf{X} = d \leq m+1$, so ist:

$$(\mathbf{X}'\mathbf{X})^+ = \sum_{k=1}^{d} \frac{\mathbf{v}_k \mathbf{v}_k'}{\lambda_k}.$$

Ist $\phi = \mathbf{b}'\boldsymbol{\beta}$ ein eindimensionaler schätzbarer Parameter , so ist:

$$\text{Var } \widehat{\phi} = \mathbf{b}' \operatorname{Cov} \widehat{\boldsymbol{\beta}} \mathbf{b} = \sigma^2 \mathbf{b}' (\mathbf{X}'\mathbf{X})^+ \mathbf{b} = \sigma^2 \sum_{k=1}^{d} \frac{(\mathbf{b}'\mathbf{v}_k)^2}{\lambda_k}. \tag{8.9}$$

Die Varianz des Schätzers $\widehat{\phi}$ hängt also davon ab, wie klein Zähler und Nenner in der Summe (8.9) werden.
Im Nenner stehen die Eigenwerte λ_k: Je kleiner sie werden können, um so größer kann die Varianz werden. Je stärker die Größen der λ_k differieren, um so stärker differieren die Varianzen der Schätzer.
Im Zähler steht $(\mathbf{b}'\mathbf{v}_k)^2 = \|\mathbf{P}_{\mathbf{v}_k}\mathbf{b}\|^2$. Je länger die Projektion des Koeffizientenvektors $\mathbf{b}$ auf die Eigenvektoren $\mathbf{v}_k$ ist, um so stärker wird die Varianz des Schätzers durch den zugehörigen Eigenwert λ_k bestimmt. Selbst wenn hohe Kollinearität vorliegt, braucht also die Varianz eines Schätzers nicht beeinträchtigt zu sein, wenn $\mathbf{b}$ die *Richtung der kleinen Eigenwerte* vermeidet.
Sei nun $\mathbf{X}$ von vollem Rang und damit $\boldsymbol{\beta}$ selbst schätzbar. Wählen wir für $\mathbf{b}$ den j-ten Einheitsvektor $\mathbf{1}^j$ so folgt mit $\beta_j = \boldsymbol{\beta}'\mathbf{1}^j$:

$$\left(\mathbf{v}_k'\mathbf{1}^j\right)^2 = v_{jk}^2.$$

Speziell für den Parameter β_j gilt nach (8.9):

$$\text{Var } \widehat{\beta}_j = \sigma^2 \sum_{k=1}^{d} \lambda_k^{-1} v_{jk}^2. \tag{8.10}$$

Die Zahl :

$$\pi_{jk} := \frac{\lambda_k^{-1} v_{jk}^2.}{\sum_{t=1}^{d} \lambda_t^{-1} v_{jt}^2}$$

ist der Anteil der Varianz von $\widehat{\beta}_j$ in der Summe (8.10), der vom k-ten Eigenwert bestimmt wird. In einer Tabelle der Varianzanteile π_{jk}, deren Spalten durch die β–Koeffizienten und deren Zeilen durch die λ- Eigenwerte bestimmt sind, erkennt man eine Beeinträchtigung der Varianzen durch Kollinearität zwischen Parameter, wenn in einer **Zeile**, die zu einem kleinen Eigenwert gehört, **zwei oder mehr** große Varianzanteile π_{jk} stehen.

Beispiel 331 *Wir betrachten den Datensatz aus Beispiel* 330 *und analysieren ihn mit Hilfe der Option* **collinearity diagnostics** *des Softwaresystem SAS. Hier werden zuerst die Regressoren normiert,* $\|x_j\|^2 = 1$, *und dann zusätzlich zur Regressionsauswertung noch die Eigenwerte von* $\mathbf{X}'\mathbf{X}$, *die Konditionsindizes* κ_k *und die Varianzanteile ausgegeben: Dabei ist* $\mathbf{X}$ *die Designmatrix mit den normierten Regressoren. Wir erhalten:*

λ_k	κ_k	π_{0k}	π_{1k}	π_{2k}	π_{3k}	π_{4k}
1,9757	1,0000	0	0,0000	0,0000	0,0121	0,0000
1,9612	1,0037	0	0,0194	0,0194	0,0121	0,0000
1,0000	1,4056	**1**	0,0000	0,0000	0,0121	0,0000
0,0388	7,1346	0	**0,9806**	**0,9806**	0,0121	0,0000
0,0243	9,0195	0	0,0000	0,0000	**0,9879**	**0,9879**

Bei vier Regressoren und der Eins hat der Modellraum die Dimension 5. *Die Summe der ersten drei Eigenwerte ist aber bereits* 4,94. *Daß bedeutet, daß die* 5 *Vektoren* $\mathbf{1}, \mathbf{x}_1, \mathbf{x}_2, \mathbf{x}_3, \mathbf{x}_4$ im wesentlichen *in einem* 3*-dimensionalen Raum liegen. Die beiden letzten Eigenwerte* $\lambda_4 = 0{,}0388$ *und* $\lambda_5 = 0{,}0243$ *sind verschwindend klein. Sie deuten auf zwei hochkollineare Strukturen unter den Regressoren.*

Die Summen der π_{jk} *– Spalten ist jeweils Eins. Dominierende* π_{jk} *Elemente finden sich in der dritten, vierten und fünften Zeile.*

Der dritte Eigenwert $\lambda_3 = 1$ *gehört zum Eigenvektor*[9] $\mathbf{1}$. *Da in diesem Beispiel* $\mathbf{1} \perp \mathbf{x}_j$ *steht, sind die* $v_{j3} = 0$ *für* $j = 1, 2, 3, 4$. *Der Varianzanteil ist dementsprechend maximal, aber unbedenklich, da er sich nur auf das Absolutglied* β_0 *bezieht.*

Der vierte kleine Eigenwert λ_4 *beeinflußt im wesentlichen nur die Varianzen der Schätzer* $\widehat{\beta}_1$ *und* $\widehat{\beta}_2$, *während der letzte und kleinste Eigenwert* λ_5 *auschließlich auf* $\widehat{\beta}_3$ *und* $\widehat{\beta}_4$ *wirkt. Aus der Auswertung des vorigen Beispiels wissen wir bereits, daß hier die untereinander orthogonalen, aber in sich hoch korrelierten Paare* $\mathbf{x}_1$ *und* $\mathbf{x}_2$ *sowie* $\mathbf{x}_3$ *und* $\mathbf{x}_4$ *hervortreten.*

8.3 Der Rand des Definitionsbereiches

8.3.1 Der Definitionsbereich des Modells

Nehmen wir zum Beispiel einmal an, daß einjährige Babies im Schnitt 75 cm lang seien und im zweiten Lebensjahr monatlich etwa 1 cm wüchsen. Mit dieser Annahme haben wir die nicht lineare, uns und vermutlich auch den Medizinern unbekannte Wachstumskurve von Kleinkindern im Zeitintervall von 12-24 Monaten durch eine lineare Funktion approximiert. Dieses einfache lineare Modell mag im genannten Zeitintervall brauchbare Werte liefern. Niemand aber wird mit diesem Modell und gutem Gewissen die Länge von Embryonen oder gar die

[9] Da die Regressoren normiert sind, ist $\mathbf{X} = \left(\frac{1}{\sqrt{n}}\mathbf{1}; \mathbf{x}_1; \cdots; \mathbf{x}_4\right)$. Da die $\mathbf{x}_j$ zentriert sind, ist $\mathbf{x}_j'\mathbf{1} = 0$ und folglich $\mathbf{X}\mathbf{X}'\mathbf{1} = \mathbf{1}$. Also ist $\mathbf{1}$ Eigenvektor von $\mathbf{X}\mathbf{X}'$ zum Eigenwert 1.

eines 80-jährigen schätzen wollen. Dieses kleine Beispiel zeigt, daß jedes Modell nur innerhalb eines begrenzten **Gültigkeitsbereichs** brauchbare Werte liefert. Dieser Bereich ist oft unbekannt und kann allenfalls experimentell ausgelotet werden, außerdem hängt er davon ab, was unter *brauchbar* verstanden wird. Stattdessen werden wir vom **Definitionsbereich** $\mathbb{D}$ des Modells sprechen und $\mathbb{D}$ per Definition aus den Daten festlegen.

Interpolation und Extrapolation: Wir erinnern kurz noch einmal an die von uns gewählten Bezeichnungen. Die i-te Beobachtung ist $(y_i; \mathbf{z}_i')$, dabei ist y_i der **Beobachtungswert** und $\mathbf{z}_i' = (x_{i0}; x_{i1}; \cdots; x_{im}) = \mathbf{X}_{[i,]}$ die **Beobachtungsstelle.** $\mathbf{z}' = (x_0; x_1; \cdots; x_m)$ ist eine beliebige, noch nicht festgelegte, zum Beispiel zukünftige Beobachtungsstelle. Ist die erste Spalte $\mathbf{x}_0$ von $\mathbf{X}$ identisch $\mathbf{1}$, so ist $(x_{i1}; \cdots; x_{im})$ die *eigentliche* Beobachtungsstelle.
Schätzen wir an der Stelle $\mathbf{z} \in \mathbb{D}$ ein $\mu = \mathbf{z}'\boldsymbol{\beta}$ mit $\widehat{\mu} = \mathbf{z}'\widehat{\boldsymbol{\beta}}$, sprechen wir von **Interpolation**, ist $\mathbf{z} \notin \mathbb{D}$ sprechen wir von **Extrapolation.**

Festlegung des Definitionsbereichs: Was kann unter dem Definitionsbereich $\mathbb{D}$ bei m Regressoren verstanden werden? Betrachten wir als einfachsten Fall die lineare Regression mit einem einzigen von $\mathbf{1}$ verschiedenen Regressor $\mathbf{x}$. Bei n Beobachtungen definieren wir den Definitionsbereich $\mathbb{D}$ als das kleinste Intervall, das alle x_i enthält:

$$\mathbb{D} := [\min_i x_i, \max_i x_i].$$

Intervalle sind konvexe Mengen, wir werden daher im allgemeinen Fall als Definitionsbereich ebenfalls eine konvexe Menge wählen. Dabei steht uns die Wahl offen:

- $\mathbb{D}_Q$ ist das kleinste n-dimensionale Intervall, der kleinste achsenparallele Quader, der alle Beobachtungsstellen enthält:

$$\mathbb{D}_Q := \left\{ \mathbf{z} \mid \min_i x_{ij} \leq z_j \leq \max_i x_{ij} \right\}. \tag{8.11}$$

  $\mathbb{D}_Q$ ist am einfachsten zu bestimmen, aber in der Regel zu groß.

- $\mathbb{D}_K$ ist die kleinste konvexe Menge, die alle Beobachtungsstellen enthält:

$$\mathbb{D}_K := \left\{ \mathbf{z} \mid \mathbf{z} = \sum_{i=1}^{n} \lambda_i \mathbf{z}_i; \quad 0 \leq \lambda_i \leq 1; \quad \sum_{i=1}^{n} \lambda_i = 1 \right\}. \tag{8.12}$$

  Die Frage, ob ein bestimmter Punkt $\mathbf{z}$ zu $\mathbb{D}_K$ gehört oder nicht, läßt sich durch den Simplexalgorithmus der Linearen Programmierung lösen. Bei Brooks et al. (1988) wird ein SAS-Programm dazu angegeben.

- $\mathbb{D}_E$ ist ein Ellipsoid, das einen vorgegebenen Anteil aller Beobachtungen umfaßt:

$$\mathbb{D}_{E_A} := \left\{ \mathbf{z} \mid \|\mathbf{z} - \mathbf{a}\|_A^2 \leq \rho^2 \right\}. \tag{8.13}$$

Dabei ist $\|\mathbf{b}\|_A^2 = \mathbf{b}'\mathbf{A}\mathbf{b}$ eine durch die Matrix $\mathbf{A}$ definierte Metrik. Setzt man z.B.

$$\rho^2 = \max_i \|\mathbf{z}_i - \mathbf{a}\|_A^2 , \tag{8.14}$$

so ist $\mathbb{D}_{E_A}$ (in der durch $\mathbf{A}$ gegebenen Metrik) die kleinste *Kugel* mit dem Mittelpunkt $\mathbf{a}$, die alle Beobachtungsstellen enthält. Mit der Wahl geeigneter Ellipsoide und ihrer Metriken werden wir uns anschließend befassen.

Beispiel 332 *Als Beispiel betrachten wir ein Modell mit $n = 3$ Beobachtungen und $m = 2$ von Eins verschiedenen Regressoren. Die Designmatrix sei:*

$$\mathbf{X} := (\mathbf{1}; \mathbf{x}_1; \mathbf{x}_2) = \begin{pmatrix} \mathbf{z}_1' \\ \mathbf{z}_2' \\ \mathbf{z}_3' \end{pmatrix} = \begin{pmatrix} 1 & -1 & -1/2 \\ 1 & 0 & 1 \\ 1 & 1 & -1/2 \end{pmatrix}.$$

In der Abbildung sind vier mögliche Definitionsbereiche $\mathbb{D}_K, \mathbb{D}_Q$ und $\mathbb{D}_{\mathrm{E}}$ sowie $\mathbb{D}_{\mathrm{E}}$ in der (x_1, x_2)-Ebene abgebildet. Zum Größenvergleich ist in alle vier Bereiche der kleinste Bereich $\mathbb{D}_K$ mit eingezeichnet.

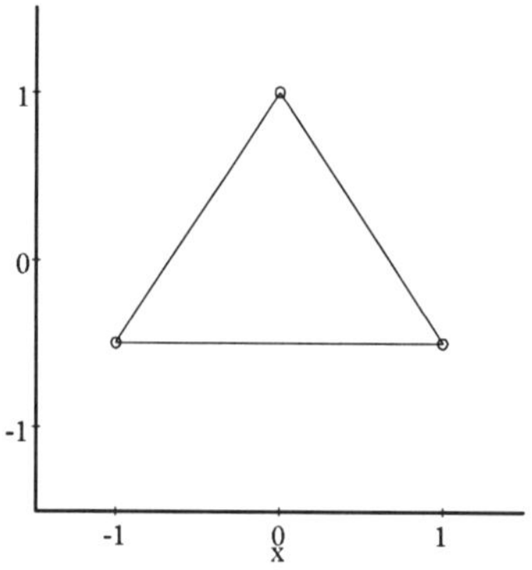

Definitionsbereich $\mathbb{D}_K$

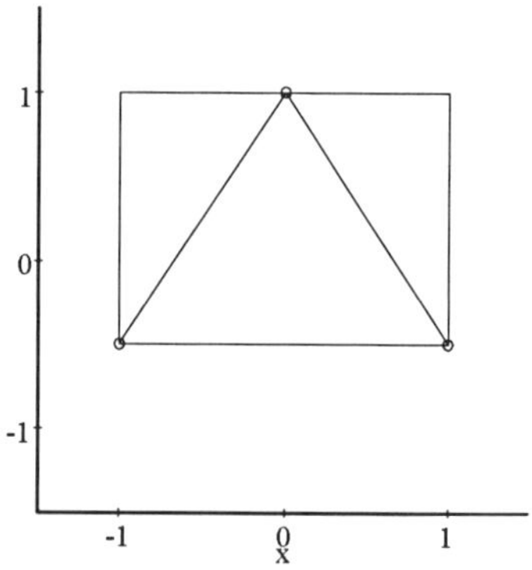

Definitionsbereich $\mathbb{D}_Q$

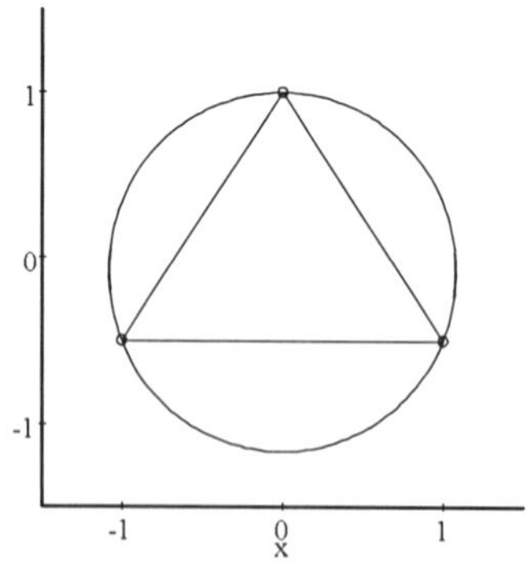

Definitionsbereich $\mathbb{D}_{E_1}$

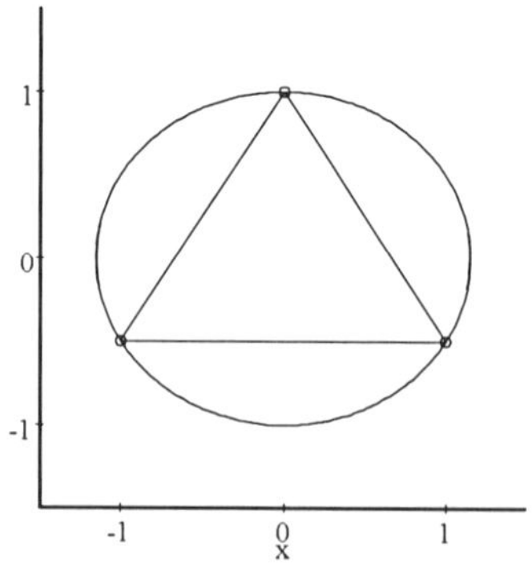

Definitionsbereich $\mathbb{D}_{E_2}$

$\mathbb{D}_K$ ist ein Dreieck, dessen Ecken von den drei Beobachtungsstellen $\widetilde{\mathbf{z}}_1 = (-1; -\frac{1}{2})'$, $\widetilde{\mathbf{z}}_2 = (0;1)'$ und $\widetilde{\mathbf{z}}_3 = (1; -\frac{1}{2})'$ gebildet werden. $\mathbb{D}_{E_1}$ ist der kleinste Kreis, $\mathbb{D}_{E_2}$ die kleinste Konzentrationsellipse, die alle $\mathbf{z}_i$ enthält. Bei $\mathbb{D}_{E_1}$ wurde die euklidische, bei $\mathbb{D}_{E_2}$ die Mahalanobismetrik verwendet.

Festlegung von $\mathbb{D}_E$ durch ein Varianzkriterium: Bei der linearen Einfachregression mit nur einem Regressor $\mathbf{x}$ hatte die Schätzung $\widehat{\mu}(x)$ der glatten Komponente an der Stelle x die Varianz:

$$\operatorname{Var} \widehat{\mu}(x) = \sigma^2 \left(\frac{1}{n} + \frac{(x-\bar{x})^2}{\sum_i (x_i - \bar{x})^2} \right).$$

Je weiter x vom Schwerpunkt $\bar{x}$ entfernt ist, um so größer ist ihre Varianz. Demnach bietet sich die Varianz als Maß der Distanz vom Schwerpunkt an. Diese Idee läßt sich sofort verallgemeinern. Wir definieren:

$$\mathbb{D}_E := \{\mathbf{z} \mid \operatorname{Var} \widehat{\mu}(z) \leq \max_i \operatorname{Var} \widehat{\mu}_i(z)\}. \tag{8.15}$$

Der Definitionsbereich $\mathbb{D}_E$ besteht aus allen Stellen $\mathbf{z}$, an denen $\widehat{\mu}(\mathbf{z})$ mindestens so genau geschätzt werden kann wie an der schlechtesten der n realisierten Stellen $\mathbf{z}$.

$\mathbb{D}_E$ läßt sich auch folgendermaßen definieren: Wegen $\operatorname{Cov} \widehat{\boldsymbol{\mu}} = \sigma^2 \mathbf{P}$ ist $\operatorname{Var} \widehat{\mu}_i = \sigma^2 \mathbf{P}_{[i,i]}$ und $\operatorname{Var} \widehat{\mu}(\mathbf{z}) = \sigma^2 \mathbf{z}'(\mathbf{X}'\mathbf{X})^{-1}\mathbf{z}$. Kürzen wir $\mathbf{P}_{[i,i]}$, das i-te Diagonalelement der Projektionsmatrix $\mathbf{P}$, mit p_{ii} ab, erhalten wir:

$$\mathbb{D}_E := \{\mathbf{z} \mid \mathbf{z}'(\mathbf{X}'\mathbf{X})^{-1}\mathbf{z} \leq \max_i p_{ii}\}. \tag{8.16}$$

Enthält das Modell die Eins, läßt sich $\mathbb{D}_E$ und die verwendete Metrik noch anschaulicher interpretieren, wenn wir mit den zentrierten Regressoren arbeiten. Sei $\widetilde{\mathbf{X}} = (\widetilde{\mathbf{x}}_1; \cdots; \widetilde{\mathbf{x}}_m)$ die Designmatrix der zentrierten Regressoren, dabei ist $\widetilde{\mathbf{x}}_j = \mathbf{x}_j - \frac{\mathbf{1}'\mathbf{x}_j}{n}\mathbf{1}$. Wegen $\widetilde{\mathbf{x}}_j \perp \mathbf{1}$ folgt aus $\mathbf{X} = \left(\mathbf{1}; \widetilde{\mathbf{X}}\right)$:

$$\mathbf{X}'\mathbf{X} = \begin{pmatrix} n & \mathbf{0}' \\ 0 & \widetilde{\mathbf{X}}'\widetilde{\mathbf{X}} \end{pmatrix} \text{ und } (\mathbf{X}'\mathbf{X})^{-1} = \begin{pmatrix} 1/n & \mathbf{0}' \\ 0 & \left(\widetilde{\mathbf{X}}'\widetilde{\mathbf{X}}\right)^{-1} \end{pmatrix}.$$

Für die Beobachtungsstelle $\mathbf{z}' := (1, \widetilde{\mathbf{z}})'$ gilt dann:

$$\mathbf{z}'(\mathbf{X}'\mathbf{X})^{-1}\mathbf{z} = \frac{1}{n} + \widetilde{\mathbf{z}}'(\widetilde{\mathbf{X}}'\widetilde{\mathbf{X}})^{-1}\widetilde{\mathbf{z}} = \frac{1}{n} + \|\widetilde{\mathbf{z}}\|^2_{(\widetilde{\mathbf{X}}'\widetilde{\mathbf{X}})^{-1}}.$$

Damit können wir $\mathbb{D}_E$ auch schreiben als:

$$\mathbb{D}_E := \{\mathbf{z} \mid \frac{1}{n} + \|\widetilde{\mathbf{z}}\|^2_{(\widetilde{\mathbf{X}}'\widetilde{\mathbf{X}})^{-1}} \leq \max_i p_{ii}\}. \tag{8.17}$$

$\|\widetilde{\mathbf{z}}\|^2_{(\widetilde{\mathbf{X}}'\widetilde{\mathbf{X}})^{-1}}$ ist der Mahalanobis-Abstand der zentrierten Stelle $\widetilde{\mathbf{z}}$ vom Ursprung $\mathbf{0}$, bzw. der Mahalanobis-Abstand von $\mathbf{z}$ zum Schwerpunkt aller Beobachtungsstellen.

Bemerkung: Als Nebenergebnis halten wir fest: Eine Schätzung wird also um so ungenauer, je größer der Mahalanobis-Abstand der Stelle $\mathbf{z}$ vom Schwerpunkt $\bar{\mathbf{z}}$ der Beobachtungsdaten ist.

Festlegung des elliptischen Definitionsbereichs über das Volumen: Der in (8.17) bestimmte Definitionsbereich $\mathbb{D}_E$ leidet unter zwei Schwächen:

1. $\mathbb{D}_E$ ist das kleinste Konzentrationsellipsoid, das alle Beobachtungen enthält. Daher genügt eine einzige extreme Beobachtung, um $\mathbb{D}_E$ über jedes inhaltlich vertretbare Maß zu vergrößern.

2. Auch wenn man eine kleinere Konzentrationsellipse wählt, die nur einen Teil der Beobachtungsstellen enthält, wird dadurch ein zweiter Mangel nicht behoben. $\mathbb{D}_E$ wird über die Mahalanobismetrik, und damit über Mittelwerte, Varianzen und Kovarianzen definiert; diese sind aber nicht *robust*. Treten Ausreißer in Clustern auf, so können sie sich gegenseitig *maskieren*. Da sich alle Varianzen aufblähen, können selbst große absolute Abweichungen in der Mahalanobismetrik unbedeutend erscheinen. Siehe auch das Beispiel 336 auf Seite 414.

Rousseeuw (1991) schlägt daher vor, unter allen Ellipsen, die einen vorgegebenen Anteil aller Beobachtungen umfassen, diejenige mit minimalem Volumen auszuwählen. Über dieses **Minimum-Volume-Ellipsoid (MVE)** läßt sich eine robuste Metrik definieren, die zentrale Gruppe der Beobachtungen und eventuelle Ausreißercluster identifizieren und ein robuster Definitionsbereich für das Regressionsmodell festlegen. (Vgl. Rousseeuw und Zomeren (1990).)

8.3.2 Beobachtungsstellen mit Hebelwirkung

Bleiben wir wieder beim einfachsten Modell mit nur einem Regressor x. Wir haben in Abbildung 8.15 eine $(x_i; y_i)$ Punktwolke gezeichnet und lassen darin eine nach Augenmaß gezeichnete Ausgleichsgerade pendeln. Dabei fällt auf, daß sich diese Geraden im Innern des Definitionsbereichs nicht wesentlich unterscheiden, während die Unterschiede zwischen den Geraden um so deutlicher werden, je weiter wir uns vom Zentrum der Punktwolke entfernen. Eine kleine Schwankung der Gerade im Innern der Punktwolke bewirkt einen großen Ausschlag am Rand. Dies kann jeder Hobbyfotograf bestätigen, der ohne Stativ versucht, mit einem Teleobjektiv unverwackelte Aufnahmen von einem weit entfernten Objekt zu machen. Minimieren wir also die Summe der quadrierten Abweichungen zwischen der Gerade und den beobachteten Punkten, haben die Beobachtungsstellen am Rande einen wesentlich größeren Einfluß auf die Bestimmung der Geraden als die in der Mitte. Ganz extrem zeigt dies die Abbildung 8.16:
Hier gibt es nur zwei verschieden Beobachtungsstellen $x = 1$ und $x = 10$. Die einzige Beobachtung $y = 3$ an der Stelle $x = 10$ bestimmt allein die Lage der Regressionsgeraden und zieht die Gerade durch den Punkt $(10; 3)$. Die Beobachtungsstelle $x = 10$ verleiht jeder Beobachtung y den *längsten Hebelarm*. Wir verallgemeinern diese Beobachtung und stellen fest: Die Beobachtungen am

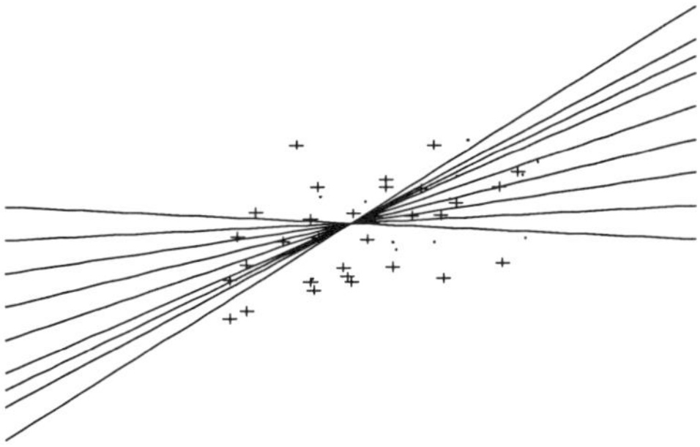

Abbildung 8.15: Pendelnde Geraden in einer Punktwolke

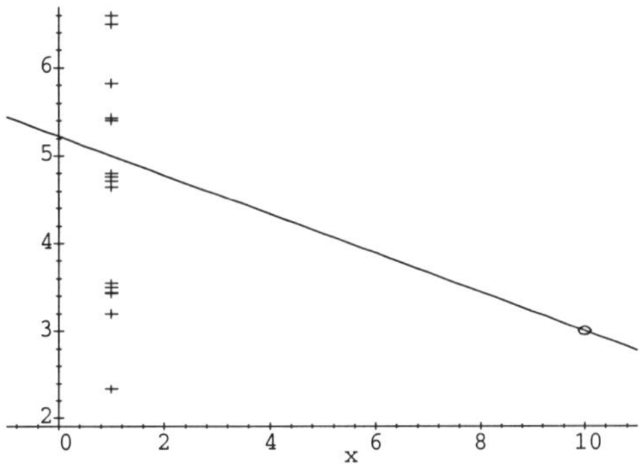

Abbildung 8.16: Die Beobachtung an der Stelle $x = 10$ hat Hebelkraft

Rande können einen wesentlich größeren Einfluß auf die Parameterschätzungen haben als alle anderen Beobachtungen.

Beobachtungsstellen am Rand des Definitionsbereichs haben Hebelkraft.

Damit sind wir wieder auf die Aufgabe verwiesen, den Rand des Definitionsbereichs zu bestimmen. Numerisch aufwendig ist die Bestimmung der Minimum-Volume-Ellipse. Dagegen kennen wir den Rand der Konzentrationsellipse bereits. Bis auf die Konstante $\frac{1}{n}$ ist p_{ii} der Mahalanobisabstand der i-ten Beobachtungsstelle vom Schwerpunkt. Je größer p_{ii} ist, um so *weiter außen* liegt die i-te Beobachtungsstelle. Also gilt:

Beobachtungstellen mit großem p_{ii} haben Hebelkraft.

Die zentrale Rolle der p_{ii} läßt sich auch direkt aus der Projektionsmatrix ableiten. Aus $\widehat{\boldsymbol{\mu}} = \mathbf{Py}$ bzw. $\widehat{\boldsymbol{\varepsilon}} = (\mathbf{I} - \mathbf{P})\,\boldsymbol{\varepsilon}$ folgt für die i-te Beobachtung:

$$\begin{aligned} \widehat{\mu}_i &= p_{ii}y_i + \sum_{j\neq i} p_{ij}y_j, \\ \widehat{\varepsilon}_i &= (1 - p_{ii})\,\varepsilon_i - \sum_{j\neq i} p_{ij}\varepsilon_j. \end{aligned}$$

Also ist p_{ii} das Gewicht, mit dem der Beobachtungswert y_i in die Schätzung des eigenen Erwartungswertes eingeht. Je größer p_{ii} wird, um so gewichtiger wird die Beobachtung y_i und um so kleiner erscheint der Wert des geschätzten Residuums $\widehat{\varepsilon}_i$. Punkte mit großem p_{ii} heißen in der englischen Literatur[10] "*high leverage points*".

Ein allgemeingültiges Kriterium, wann die i-te Beobachtung großes Gewicht (high leverage) hat, gibt es nicht. Der folgende Satz gibt aber ein Vorstellung von der Größe der p_{ij} :

Satz 333 *Für die Elemente p_{ij} der Projektionsmatrix und alle $\mathbf{a} \in \mathcal{L}\{\mathbf{X}\}$ gilt:*

$$\begin{aligned} \frac{a_i^2}{\|\mathbf{a}\|^2} &\leq p_{ii} \leq 1, \text{ dabei gilt: } \quad p_{ii} = 1 \quad \Leftrightarrow \quad p_{ij} = 0 \quad \forall j \neq i, \qquad (8.18) \\ -1 &\leq p_{ij} \leq 1, \\ \sum_i p_{ii} &= \operatorname{Rg} \mathbf{X}. \end{aligned}$$

Ist $\mathbf{1} \in \mathcal{L}\{\mathbf{X}\}$, so folgt aus (8.18) *speziell* $1/n \leq p_{ii} \leq 1$.

Beweis:

Sei $\mathbf{P} := \mathbf{P_X}$. Ist $\mathbf{a} \in \mathcal{L}\{\mathbf{X}\}$, so ist $\mathbf{P} = \mathbf{P_a} + \mathbf{P_{X\ominus a}}$. Daher gilt für den i-ten Einheitsvektor $\mathbf{1}^i$:

$$p_{ii} = \left\|\mathbf{P}\mathbf{1}^i\right\|^2 \geq \left\|\mathbf{P_a}\mathbf{1}^i\right\|^2 = \frac{a_i^2}{\|\mathbf{a}\|^2}.$$

Aus $\mathbf{P} = \mathbf{PP}$ folgt für das Diagonalelement p_{ii}:

$$p_{ii} = \sum_{j=1}^{n} p_{ij}^2 \geq p_{ii}^2. \qquad (8.19)$$

Daraus folgt (8.18). Schließlich ist $\sum_i p_{ii} = \operatorname{Spur} \mathbf{P} = \operatorname{Rg} \mathbf{X}$.
□

[10] Dort wird die Projektionsmatrix $\mathbf{P}$ als "*Hat-matrix*" $\mathbf{H}$ bezeichnet, da die Abbildung $\hat{\mathbf{y}} = \mathbf{Py} =: \mathbf{Hy}$ dem $\mathbf{y}$ das "Hütchen" aufsetzt. Die p_{ii} heißen dann konsequenterweise h_{ii}.

Kritische Grenzen für $\mathbf{p}_{ii}$: Wegen $\sum_i p_{ii} = \operatorname{Rg}\mathbf{X} = d$, sollten die p_{ii} im Mittel von der Größenordnung d/n sein. Hoaglin und Welsch (1978) halten daher p_{ii} für bedenklich groß, falls p_{ii} diesen Wert um mehr als das Doppelte übersteigt, also:

$$p_{ii} \geq 2d/n \tag{8.20}$$

ist. Besser als nur eine einzige Richtzahl zu beachten, ist es beispielsweise, die p_{ii} in einem stem-and-leaf-Diagramm zu ordnen, um sich dann die großen Werte genauer anzusehen.

Beispiel 334 *Bei der linearen Einfachregression ist* $\mathcal{L}\{\mathbf{X}\} = \mathcal{L}\{\mathbf{1}, \mathbf{x}\} = \mathcal{L}\{\mathbf{1}, \widetilde{\mathbf{x}}\} = \mathcal{L}\{\mathbf{1}\} \oplus \mathcal{L}\{\widetilde{\mathbf{x}}\}$. *Daher ist:*

$$\begin{aligned} \mathbf{P} &= \mathbf{P_1} + \mathbf{P}_{\widetilde{\mathbf{x}}} = \frac{1}{n}\mathbf{1}\mathbf{1}' + \frac{\widetilde{\mathbf{x}}\widetilde{\mathbf{x}}'}{\|\widetilde{\mathbf{x}}\|^2}, \\ p_{ii} &= \frac{1}{n} + \frac{(\widetilde{x}_i)^2}{\|\widetilde{\mathbf{x}}\|^2} = \frac{1}{n} + \frac{(x_i - \bar{x})^2}{\sum_k (x_k - \bar{x})^2}. \end{aligned}$$

Je weiter eine Beobachtungsstelle x_i vom Schwerpunkt $\bar{x}$ entfernt ist, um so größer wird ihr Gewicht auf die Regressionsgerade.

Beispiel 335 *Wir kehren zurück zu Beispiel* 258 *auf Seite 283. Hier wurde der Dampfverbrauch einer Industrieanlage in Abhängigkeit der Regressoren x_2 bis x_{10} bestimmt. Dabei hatten sich vor allem zwei Regressoren x_6 und x_8 als wesentlich herausgestellt. Die folgende Tabelle zeigt die Diagonalelemente p_{ii} der Projektionsmatrizen* $\mathbf{P}_1 := \mathbf{P}_{\mathcal{L}\{\mathbf{1}, \mathbf{x}_6\}}$, $\mathbf{P}_2 := \mathbf{P}_{\mathcal{L}\{\mathbf{1}, \mathbf{x}_6, \mathbf{x}_8\}}$ *und* $\mathbf{P}_3 := \mathbf{P}_{\mathcal{L}\{\mathbf{1}, \mathbf{x}_2, \cdots, \mathbf{x}_{10}\}}$. *(Der Datensatz enthält $n = 25$ Beobachtungen. Deshalb haben wir 25 Diagonalelemente p_{ii}, $i = 1, \cdots, 25$ in der Projektionsmatrix.)*

Index	*Diagonalelement p_{ii}*			*Index*	*Diagonalelement p_{ii}*		
i	$\mathbf{P}_1$	$\mathbf{P}_2$	$\mathbf{P}_3$	*i*	$\mathbf{P}_1$	$\mathbf{P}_2$	$\mathbf{P}_3$
1	0,04	0,09	0, 19	14	0,05	0,08	0, 57
2	0,04	0,12	0, 31	15	0,08	0,08	0, 34
3	0,08	0,12	0, 29	16	0,04	0,04	0, 32
4	0,04	0,05	0, 70	17	0,05	0,08	0, 35
5	0,04	0,06	0, 25	18	0,05	0,11	0, 30
6	0,05	0,12	0, 53	19	**0,44**	**0,44**	0, 68
7	**0,44**	**0,45**	0, 63	20	0,08	0,17	0, 53
8	0,08	0,18	0, 33	21	0,04	0,09	0, 20
9	0,04	0,10	0, 30	22	0,04	0,05	0, 48
10	0,04	0,04	0, 24	23	0,04	0,05	0,18
11	0,04	0,05	**0, 92**	24	0,04	0,10	0, 17
12	0,04	0,12	0, 49	25	0,05	0,12	0, 36
13	0,04	0,12	0, 34				

Betrachten wir zuerst die Spalten für $\mathbf{P}_1$ *und* $\mathbf{P}_2$*, die zu den Modellen* $\mathcal{L}\{\mathbf{1}, \mathbf{x}_6\}$ *und* $\mathcal{L}\{\mathbf{1}, \mathbf{x}_6, \mathbf{x}_8\}$ *gehören. Hier fallen die beiden extrem großen Werte in der*

7. und 19. Zeile auf: $p_{7,7} \approx p_{19,19} \approx 0,44$. *Dieser Wert übersteigt weit die kritische Grenze von* $\frac{2d}{n} = \frac{4}{25} = 0,16$ *bzw. von* $\frac{2d}{n} = \frac{6}{25} = 0,24$. *Schauen wir uns daraufhin noch einmal die Datenmatrix* $\mathbf{X}$ *in Tabelle 6.1 von Seite 284 an.* x_6 *gibt die Anzahl der Arbeitstage je Monat an. In allen Monaten wurde rund 20 bis 22 Tage gearbeitet. Nur in den Monaten 7 und 19 wurde halb soviel gearbeitet. Diese Werte liegen weit ab von den andern und haben einen gewichtigen Einfluß auf die Regression.*
Nehmen wir einmal an, an diesen Monaten hätten Sonderbedingungen wie Feierschichten, Urlaubstage oder größere Reparaturen vorgelegen, so daß diese Monate nicht mit den übrigen vergleichbar sind. Zur Kontrolle streichen wir die Monate 7 und 19 aus dem Datensatz und berechnen die Regression neu.
Die ANOVA-Tafeln der beiden Modelle lauten:

	Volles Modell	*Modell ohne* y_7 *und* y_{19}
$SS(\mathbf{x}_6 \mid \mathbf{1})$	18,34	1,29
$SS(\mathbf{x}_8 \mid \mathbf{x}_6, \mathbf{1})$	35,84	39,07
SSR	54,19	40,36
SSE	9,63	5,96
SST	63,82	46,31
r^2	0,85	0,87

Die Parameterschätzwerte in beiden Modelle sind:

	Volles Model		*Modell ohne* y_7 *und* y_{19}	
Regressor	$\widehat{\beta}$	$\widehat{\sigma}_{\widehat{\beta}}$	$\widehat{\beta}$	$\widehat{\sigma}_{\widehat{\beta}}$
Konstante	9,127	1,103	2,814	2,018
$\mathbf{x}_6$	0,2028	0,04577	0,5246	0,0993
$\mathbf{x}_8$	−0,07239	0,007999	−0,08217	0,007177

Beide Modell geben völlig unterschiedliche Aussagen über die Fixkosten β_0 *und den Effekt* β_6 *der Anzahl der Werktage pro Monat. Erst wenn die Sonderstellung von* y_7 *und* y_{19} *geklärt ist, kann überhaupt entschieden werden, wann, ob und welche der beiden Regressionschätzungen eine inhaltliche Relevanz besitzt.*
Verwenden wir das Regressionsmodell mit allen Beobachtungen und allen Regressoren, so ist, wie die letzte Spalte der Tabelle zeigt, die Sonderrolle von y_7 *und* y_{19} *nicht mehr erkennbar. In der 9-dimensionalen Punktwolke der 25 Beobachtungspunkte genügt der Mahalanobisabstand nicht mehr, um die Randlage der beiden Beobachtungen zu erkennen. Dafür wird nun die 11. Beobachtung als extrem entdeckt. Ein Blick auf die Datenmatrix zeigt, warum. Hatte an diesem Tag vielleicht ein Sturm gewütet?*

Der Maskierungseffekt: Liegen nicht nur wie im obigen Beispiel ein oder zwei Beobachtungstellen in extremer Randlage, so kann es durch sogenannte Maskierungseffekte geschehen, daß diese Randlage nicht an den p_{ii} erkannt werden kann. Dazu ein Beispiel.

Beispiel 336 *Die zehn Beobachtungsstellen bei einer linearen Einfachregression seien* $x_i \in \{1,2,3,4,5,6,7,70,75,80\}$. *Die drei letzten Werte liegen also extrem weit von den restlichen Beobachtungsstellen entfernt und haben daher eine besondere Hebelkraft. Die* p_{ii} *lassen sich berechnen, bevor der erste* y*-Wert beobachtet wurde. Im Fall der linearen Einfachregression ist* $p_{ii} = \frac{1}{10} + \frac{(x_i-\bar{x})^2}{n \operatorname{var} x}$. *Für die gewählten* x_i*–Werte ist* $\bar{x} = 25,30$ *und* $\sum_i (x_i - \bar{x})^2 = 10664$. *Damit erhalten wir:*

i	x_i	p_{ii}
1	1	0,15537
2	2	0,15091
3	3	0,14663
4	4	0,14254
5	5	0,13864

i	x_i	p_{ii}
6	6	0,13493
7	7	0,13140
8	70	0,28737
9	75	0,33163
10	80	0,38058

Nach dem Kriterium von Hoaglin und Welsch überschreitet kein einziges p_{ii} *die Schwelle* $2\frac{d}{n} = 2\frac{2}{10} = 0,4$. *Hiernach hätte kein einziger Punkt große Hebelkraft. Weil hier gleich drei Beobachtungsstellen als* ***Ausreißer*** *am rechten Rand liegen, hat sich die Hebelwirkung jeder einzelnen Stelle hinter den beiden anderen versteckt. Man spricht daher von maskierten Effekten. Die kleine Gruppe der Ausreißer am rechten Rand hat den Mittelwert* $\bar{x}$ *nach rechts gezogen und auch die empirische Varianz aller Beobachtungsstellen extrem vergrößert. In der Mahalanobismetrik liegen nun die letzten drei Werte gar nicht mehr weit vom Zentrum entfernt: Die* p_{ii} *bleiben für alle drei Ausreißer klein.*

8.4 Einflußreiche und auffällige Beobachtungen

8.4.1 Bezeichnungen und Umrechnungsformeln

In vorigen Abschnitt haben wir von **Beobachtungsstellen** $\mathbf{z}_i$ mit Hebelkraft gesprochen. Nun nehmen wir den **Beobachtungswert** y_i hinzu und betrachten wir die gesamte Beobachtung $(y_i; \mathbf{z}_i)$. Jede Beobachtung trägt ihren Teil zur Schätzung aller Modellparameter und deren Varianzen bei. Bedenklich ist es aber, wenn eine einzige oder nur einige wenige Beobachtungen einen wesentlich größeren Einfluß auf die Regression haben als die anderen.

Die Ursache für eine dominante Beobachtung kann reiner Zufall sein. Es könnte aber auch ein Fehler in der Datenübermittlung oder ein Hinweis auf eine nicht erkannte Struktur sein, die bislang im Modell nicht berücksichtigt wurde. Was im einzelnen vorliegt, muß dann im Detail untersucht werden. Aufgabe der Diagnose ist es, diese besonderen Beobachtungen zu identifizieren.

Einflußreiche Beobachtungen und Beobachtungsstellen am Rande des Definitionsbereichs werden in der Literatur unter dem etwas vagen Oberbegriff **Ausreißer**, zusammengefaßt, wobei noch zwischen *harmlosen* und *schädlichen* Ausreißern unterschieden wird, letztere liegen an Stellen mit Hebelkraft. In diesem

Zusammenhang sei hier nur auf Rousseeuw und Zomeren (1990) , Beckman und Cook (1983) sowie Hawkins et al. (1984) verwiesen.

Wir betrachten im folgenden den Spezialfall einer einzelnen einflußreichen Beobachtung.

Den Einfluß einer einzelnen Beobachtung $(y_i; \mathbf{z}_i)$ erkennt man am leichtesten, wenn man sie aus dem Datensatz streicht und dann mit dem verkürzten Datensatz das Modell neu berechnet. Das Ausgangsmodell bezeichnen wir als das **vollständige** oder **volle** Modell, das Modell ohne $(y_i; \mathbf{z}_i)$ bezeichnen wir als das **reduzierte** Modell. Hatte die gestrichene Beobachtung $(y_i; \mathbf{z}_i)$ keinen größeren Einfluß als alle anderen, dann dürften sich die Schätzwerte aller Parameter im vollen und im reduzierten Modell nicht nennenswert unterscheiden. Tun sie es dennoch, sprechen wir von einer einflußreichen Beobachtung.

Zur quantitativen Bewertung der Abweichungen gibt es eine Fülle verschiedener Kriterien, von denen wir einige vorstellen werden. Dabei kommt es ganz wesentlich auf eine sorgfältige und genaue Bezeichnungsweise an. Wir werden diese vorab festlegen und gleichzeitig alle Umrechnungsformeln vom vollen Modell auf das reduzierte Modell zusammenstellen, um nachher nicht den Gedankengang unterbrechen zu müssen.

Bezeichnungen

Wir gehen aus vom vollständigen Modell:

$$\begin{aligned} \mathbf{y} &\sim \mathbf{N}_n\left(\boldsymbol{\mu}; \sigma^2 \mathbf{I}\right), \\ \boldsymbol{\mu} &= \mathbf{X}\boldsymbol{\beta}, \\ \operatorname{Rg}\mathbf{X} &= d = m+1. \end{aligned}$$

In diesem Modell soll nun die i-te Beobachtung $(y_i; \mathbf{z}_i)$ gestrichen werden. Dabei setzen wir voraus, daß auch im reduzierten Modell die Designmatrix von vollem Rang ist. Um die Veränderungen beschreiben zu können, vereinbaren wir die folgenden Bezeichnungen:

- Vektoren und Matrizen, in denen die i-te Zeile *gestrichen* wurde, werden mit dem Index $_{\setminus i}$ gekennzeichnet, z.B. $\mathbf{y}_{\setminus i}$ und $\mathbf{X}_{\setminus i}$.

- Kenngrößen des reduzierten Modells, die ohne die i-te Beobachtung $(y_i; \mathbf{z}_i)$ *berechnet*, beziehungsweise geschätzt werden, sind durch den Index $_{(\setminus i)}$ gekennzeichnet, z.B. $\widehat{\sigma}^2_{(\setminus i)}$.

Mit dieser Vereinbarung erhalten wir für das reduzierte Modell:

$$\begin{aligned}
\mathbf{y}_{\setminus i} &= \mathbf{X}_{\setminus i}\boldsymbol{\beta} + \boldsymbol{\varepsilon}_{\setminus i}, \\
\operatorname{Rg} \mathbf{X}_{\setminus i} &= d = m+1, \\
\widehat{\boldsymbol{\beta}}_{(\setminus i)} &= (\mathbf{X}_{\setminus i}'\mathbf{X}_{\setminus i})^{-1}\mathbf{X}_{\setminus i}'\mathbf{y}_{\setminus i}, \\
\mathrm{SSE}_{(\setminus i)} &= \left\|\mathbf{y}_{\setminus i} - \mathbf{X}_{\setminus i}\widehat{\boldsymbol{\beta}}_{(\setminus i)}\right\|^2 = \left\|\left(\mathbf{y} - \mathbf{X}\widehat{\boldsymbol{\beta}}_{(\setminus i)}\right)_{\setminus i}\right\|^2, \\
\widehat{\sigma}^2_{(\setminus i)} &= \frac{\mathrm{SSE}_{(\setminus i)}}{n-d-1}.
\end{aligned}$$

In dieser Schreibweise ist:

$\widehat{\boldsymbol{\mu}}_{(\setminus i)}$	$=$	$\mathbf{X}\widehat{\boldsymbol{\beta}}_{(\setminus i)}$	der Schätzer für $\boldsymbol{\mu}$ im reduzierten Modell,
$\widehat{\boldsymbol{\mu}}_{(\setminus i)i} = \widehat{\mu}_{i(\setminus i)}$	$=$	$\mathbf{z}_i'\widehat{\boldsymbol{\beta}}_{(\setminus i)}$	die i-te Komponente von $\widehat{\boldsymbol{\mu}}_{(\setminus i)}$ und der Schätzer für die gestrichene i-te Beobachtung y_i.

Umrechnungsformeln

Wir beginnen mit einer etwas allgemeineren Aufgabe und bestimmen, wie sich der KQ-Schätzer bei Verzicht auf eine Teilmenge aller Beobachtungen ändert. Dabei gehen wir von folgenden Voraussetzungen aus.
Im Gesamtmodell $\mathbf{y} = \mathbf{X}\boldsymbol{\beta} + \boldsymbol{\varepsilon}$ seien die Beobachtungen in zwei Klassen partitioniert:

$$\begin{pmatrix} \mathbf{y}_1 \\ \mathbf{y}_2 \end{pmatrix} = \begin{pmatrix} \mathbf{X}_1 \\ \mathbf{X}_2 \end{pmatrix}\boldsymbol{\beta} + \begin{pmatrix} \epsilon_1 \\ \epsilon_2 \end{pmatrix}.$$

Dabei seien sowohl $\mathbf{X}'\mathbf{X}$ wie $\mathbf{X}_1'\mathbf{X}_1$ invertierbar. In diesem vollen Modell wird nun der gesamte Beobachtungsvektor $\mathbf{y}_2$ gestrichen. Es sei $\widehat{\boldsymbol{\beta}}_{(\setminus 2)}$ der Schätzer, der ohne Verwendung von $\mathbf{y}_2$ berechnet wird. Entsprechend zur Partition von $\mathbf{X}$ werden die Projektionsmatrix $\mathbf{P} = \mathbf{X}\left(\mathbf{X}'\mathbf{X}\right)^{-1}\mathbf{X}'$ und die Einheitsmatrix $\mathbf{I}$ zerlegt:

$$\mathbf{P} = \begin{pmatrix} \mathbf{P}_{11} & \mathbf{P}_{12} \\ \mathbf{P}_{21} & \mathbf{P}_{22} \end{pmatrix} \quad \text{und} \quad \mathbf{I} = \begin{pmatrix} \mathbf{I}_{11} & 0_{12} \\ 0_{21} & \mathbf{I}_{22} \end{pmatrix}.$$

Mit den Abkürzungen:

$$\mathbf{W}_2 := \left(\mathbf{X}'\mathbf{X}\right)^{-1}\mathbf{X}_2' \tag{8.21}$$

ist

$$\mathbf{P}_{22} = \mathbf{X}_2\left(\mathbf{X}'\mathbf{X}\right)^{-1}\mathbf{X}_2' = \mathbf{X}_2\mathbf{W}_2.$$

Dann gilt der folgende Satz :

Satz 337

$$\begin{aligned}\widehat{\beta} &= \widehat{\beta}_{(\backslash 2)} + \mathbf{W}_2 \left(\mathbf{I}_{22} - \mathbf{P}_{22}\right)^{-1} \widehat{\boldsymbol{\varepsilon}}_2, &(8.22)\\ \operatorname{Cov} \widehat{\beta} &= \operatorname{Cov} \widehat{\beta}_{(\backslash 2)} - \widehat{\sigma}^2 \mathbf{W}_2 \left(\mathbf{I}_{22} - \mathbf{P}_{22}\right) \mathbf{W}_2'. &(8.23)\end{aligned}$$

Für die Determinanten gilt:

$$|\mathbf{X}_1'\mathbf{X}_1| = |\mathbf{X}'\mathbf{X}| \, |\mathbf{I}_{22} - \mathbf{P}_{22}| \,. \tag{8.24}$$

Beweis:
Im Beweis verwenden wir noch die Abkürzung:

$$\mathbf{A} := [\mathbf{I}_{22} - \mathbf{P}_{22}]^{-1} = \left[\mathbf{I}_{22} - \mathbf{X}_2 \left(\mathbf{X}'\mathbf{X}\right)^{-1} \mathbf{X}_2'\right]^{-1} = [\mathbf{I}_{22} - \mathbf{W}_2'\mathbf{X}_2']^{-1}.$$

Zur Berechnung von $\left(\mathbf{X}_1'\mathbf{X}_1\right)^{-1}$ gehen wir aus von:

$$\mathbf{X}'\mathbf{X} = \mathbf{X}_1'\mathbf{X}_1 + \mathbf{X}_2'\mathbf{X}_2. \tag{8.25}$$

Dann ist $\mathbf{X}_1'\mathbf{X}_1 = \mathbf{X}'\mathbf{X} - \mathbf{X}_2'\mathbf{X}_2$. Mit der Inversionsformel (1.58) aus dem Matrizenanhang von Kapitel 1 und der Abkürzung (8.21) erhalten wir:

$$\begin{aligned}\left(\mathbf{X}_1'\mathbf{X}_1\right)^{-1} &= \left(\mathbf{X}'\mathbf{X} - \mathbf{X}_2'\mathbf{X}_2\right)^{-1}\\ &= \left(\mathbf{X}'\mathbf{X}\right)^{-1} + \underbrace{\left(\mathbf{X}'\mathbf{X}\right)^{-1} \mathbf{X}_2'}_{\mathbf{W}_2} \underbrace{\left[\mathbf{I}_{22} - \mathbf{X}_2 \left(\mathbf{X}'\mathbf{X}\right)^{-1} \mathbf{X}_2'\right]^{-1}}_{\mathbf{A}} \mathbf{X}_2 \left(\mathbf{X}'\mathbf{X}\right)^{-1}\\ &= \left(\mathbf{X}'\mathbf{X}\right)^{-1} + \mathbf{W}_2\mathbf{A}\mathbf{W}_2'.\\ \widehat{\beta}_{(\backslash 2)} &= \left(\mathbf{X}_1'\mathbf{X}_1\right)^{-1} \mathbf{X}_1\mathbf{y}_1\\ &= \left(\left(\mathbf{X}'\mathbf{X}\right)^{-1} + \mathbf{W}_2\mathbf{A}\mathbf{W}_2'\right) \left(\mathbf{X}'\mathbf{y} - \mathbf{X}_2'\mathbf{y}_2\right)\\ &= \widehat{\beta} + \mathbf{W}_2 \left(\mathbf{A}\mathbf{W}_2'\mathbf{X}'\mathbf{y} - \mathbf{y}_2 - \mathbf{A}\mathbf{W}_2'\mathbf{X}_2'\mathbf{y}_2\right)\\ &= \widehat{\beta} + \mathbf{W}_2\mathbf{A} \left(\mathbf{W}_2'\mathbf{X}'\mathbf{y} - \mathbf{A}^{-1}\mathbf{y}_2 - \mathbf{W}_2'\mathbf{X}_2'\mathbf{y}_2\right)\\ &= \widehat{\beta} + \mathbf{W}_2\mathbf{A} \left(\mathbf{W}_2'\mathbf{X}'\mathbf{y} - \mathbf{y}_2\right)\\ &= \widehat{\beta} + \mathbf{W}_2\mathbf{A} \left(\mathbf{X}_2\widehat{\beta} - \mathbf{y}_2\right) = \widehat{\beta} + \mathbf{W}_2\mathbf{A}\widehat{\boldsymbol{\varepsilon}}_2.\end{aligned}$$

Die Aussage (8.23) über $\operatorname{Cov} \widehat{\beta}$ folgt unmittelbar aus $\left(\mathbf{X}_1'\mathbf{X}_1\right)^{-1} = \left(\mathbf{X}'\mathbf{X}\right)^{-1} + \mathbf{W}_2\mathbf{A}\mathbf{W}_2'$. Die Aussage (8.24) ergibt sich aus (8.25) :

$$\mathbf{X}_1'\mathbf{X}_1 = \mathbf{X}'\mathbf{X} - \mathbf{X}_2'\mathbf{X}_2 = \mathbf{X}'\mathbf{X} \left(\mathbf{I} - \left(\mathbf{X}'\mathbf{X}\right)^{-1} \mathbf{X}_2'\mathbf{X}_2\right).$$

Nun gilt nach Formel 1.23 für Determinanten $|\mathbf{I}_m + \mathbf{C}\mathbf{D}| = |\mathbf{I}_p + \mathbf{D}\mathbf{C}|$; dabei ist m die Zahl der Zeilen von $\mathbf{C}$ und p die der Zeilen von $\mathbf{D}$. Daher ist:

$$\begin{aligned}|\mathbf{X}_1'\mathbf{X}_1| &= |\mathbf{X}'\mathbf{X}| \left|\mathbf{I} - \left(\mathbf{X}'\mathbf{X}\right)^{-1} \mathbf{X}_2'\mathbf{X}_2\right|\\ &= |\mathbf{X}'\mathbf{X}| \left|\mathbf{I}_{22} - \mathbf{X}_2 \left(\mathbf{X}'\mathbf{X}\right)^{-1} \mathbf{X}_2'\right| = |\mathbf{X}'\mathbf{X}| \, |\mathbf{I}_{22} - \mathbf{P}_{22}| \,.\end{aligned}$$

□

Spezialisieren wir Satz 337 auf den Fall, daß nur die i-te Beobachtung gestrichen wird, erhalten wir das folgende Ergebnis:

Satz 338 *Bezeichnen wir die i-te Spalte von* $\mathbf{W} = (\mathbf{X}'\mathbf{X})^{-1}\mathbf{X}'$ *mit* $\mathbf{w}_i$ *und die i-te Spalte von* $\mathbf{P} = \mathbf{X}(\mathbf{X}'\mathbf{X})^{-1}\mathbf{X}$ *mit* $\mathbf{p}_i$*, das heißt:*

$$\begin{aligned} \mathbf{w}_i &= (\mathbf{X}'\mathbf{X})^{-1}\mathbf{X}'_{[,i]} = \mathbf{W}_{[,i]}, \\ \mathbf{p}_i &= \mathbf{X}(\mathbf{X}'\mathbf{X})^{-1}\mathbf{X}'_{[,i]} = \mathbf{X}\mathbf{w}_i, \end{aligned}$$

dann gilt für die Schätzer:

$$\widehat{\boldsymbol{\beta}} = \widehat{\boldsymbol{\beta}}_{(\setminus i)} + \mathbf{w}_i \frac{\widehat{\varepsilon}_i}{1-p_{ii}}, \tag{8.26}$$

$$\widehat{\boldsymbol{\mu}} = \widehat{\boldsymbol{\mu}}_{(\setminus i)} + \mathbf{p}_i \frac{\widehat{\varepsilon}_i}{1-p_{ii}}, \tag{8.27}$$

$$\widehat{\mu}_i = \widehat{\mu}_{i(\setminus i)} + p_{ii} \frac{\widehat{\varepsilon}_i}{1-p_{ii}}, \tag{8.28}$$

$$\mathbf{y} = \widehat{\boldsymbol{\mu}}_{(\setminus i)} + \mathbf{p}_i \frac{\widehat{\varepsilon}_i}{1-p_{ii}} + \widehat{\boldsymbol{\varepsilon}}, \tag{8.29}$$

$$y_i = \widehat{\mu}_{i(\setminus i)} + \frac{\widehat{\varepsilon}_i}{1-p_{ii}}, \tag{8.30}$$

$$\left\| \widehat{\boldsymbol{\mu}} - \widehat{\boldsymbol{\mu}}_{(\setminus i)} \right\|^2 = p_{ii} \left(\frac{\widehat{\varepsilon}_i}{1-p_{ii}} \right)^2. \tag{8.31}$$

Für die Varianzen und Kovarianzen der Schätzer gilt:

$$\mathrm{SSE} = \mathrm{SSE}_{(\setminus i)} + \frac{\widehat{\varepsilon}_i^2}{1-p_{ii}}, \tag{8.32}$$

$$\widehat{\sigma}^2 = \frac{n-d-1}{n-d} \widehat{\sigma}^2_{(\setminus i)} + \frac{\widehat{\varepsilon}_i^2}{(n-d)(1-p_{ii})}, \tag{8.33}$$

$$\mathrm{Cov}\, \widehat{\boldsymbol{\beta}} = \mathrm{Cov}\, \widehat{\boldsymbol{\beta}}_{(\setminus i)} - \frac{\mathbf{w}_i \mathbf{w}_i'}{1-p_{ii}} \sigma^2, \tag{8.34}$$

$$\mathrm{Var}\, \widehat{\beta}_j = \mathrm{Var}\, \widehat{\beta}_{j(\setminus i)} - \frac{w_{ji}^2}{1-p_{ii}} \sigma^2. \tag{8.35}$$

Beweis:
Im allgemeineren Satz 337 sind (8.26) in (8.22) und (8.34) in (8.23) als Spezialfälle enthalten.
(8.27) folgt aus (8.26) durch Multiplikation mit $\mathbf{X}$, denn $\mathbf{X}\mathbf{w}_i = \mathbf{p}_i$. (8.28) ist die i-te Zeile von (8.27).
(8.29) folgt mit $\mathbf{y} = \widehat{\boldsymbol{\mu}} + \widehat{\boldsymbol{\varepsilon}}$ aus (8.27). (8.30) ist die i-te Zeile aus (8.29).
(8.31) folgt aus (8.27) wegen $\| \widehat{\boldsymbol{\mu}} - \widehat{\boldsymbol{\mu}}_{(\setminus i)} \|^2 = \|\mathbf{p}_i\|^2 \left(\frac{\widehat{\varepsilon}_i}{1-p_{ii}} \right)^2$.

Wegen (8.19) ist $\|\mathbf{p}_i\|^2 = p_{ii}$. (8.32) folgt aus:

$$\mathrm{SSE}_{(\backslash i)} = \| \left(\mathbf{y}-\widehat{\boldsymbol{\mu}}_{(\backslash i)}\right)_{\backslash i} \|^2 = \| \mathbf{y}-\widehat{\boldsymbol{\mu}}_{(\backslash i)} \|^2 - \left(y_i - \widehat{\mu}_{i(\backslash i)}\right)^2.$$

Wegen (8.29), (8.30) und $\mathbf{p}_i \perp \widehat{\boldsymbol{\varepsilon}}$ folgt weiter:

$$\begin{aligned}
\mathrm{SSE}_{(\backslash i)} &= \| \mathbf{p}_i \frac{\widehat{\varepsilon}_i}{1-p_{ii}} + \widehat{\boldsymbol{\varepsilon}} \|^2 - \left(\frac{\widehat{\varepsilon}_i}{1-p_{ii}}\right)^2 \\
&= \| \mathbf{p}_i \frac{\widehat{\varepsilon}_i}{1-p_{ii}} \|^2 + \|\widehat{\boldsymbol{\varepsilon}}\|^2 - \left(\frac{\widehat{\varepsilon}_i}{1-p_{ii}}\right)^2 \\
&= p_{ii}\left(\frac{\widehat{\varepsilon}_i}{1-p_{ii}}\right)^2 + \mathrm{SSE} - \left(\frac{\widehat{\varepsilon}_i}{1-p_{ii}}\right)^2.
\end{aligned}$$

(8.33) folgt mit $\mathrm{SSE}_{(\backslash i)} = (n-d-1)\widehat{\sigma}^2_{(\backslash i)}$ und $\mathrm{SSE} = (n-d)\widehat{\sigma}^2$. (8.35) ist das j-te Diagonalelement der Matrix $\mathrm{Cov}\,\widehat{\boldsymbol{\beta}}$.

□

Schätzbare Parameter und ihre Varianzen

Ist $\Phi = \mathbf{B}'\boldsymbol{\beta} = \mathbf{K}'\boldsymbol{\mu}$ ein schätzbarer Parameter, so ist:

$$\widehat{\Phi}_{(\backslash i)} = \mathbf{B}'\widehat{\boldsymbol{\beta}}_{(\backslash i)} = \mathbf{K}'\widehat{\boldsymbol{\mu}}_{(\backslash i)}$$

der Schätzer von Φ im reduzierten Modell. Spricht man von der Varianz des Schätzer, muß man sorgfältig darauf achten, in welchen Modellen man Φ und σ^2 schätzt; zum Beispiel gilt:

$$\begin{aligned}
\mathrm{Cov}\,\widehat{\Phi} &= \sigma^2\mathbf{B}'\left(\mathbf{X}'\mathbf{X}\right)^{-1}\mathbf{B}, \\
\mathrm{Cov}\,\widehat{\Phi}_{(\backslash i)} &= \mathrm{Cov}\,\widehat{\Phi} + \sigma^2\frac{\mathbf{B}'\mathbf{w}_i\mathbf{w}_i'\mathbf{B}}{1-p_{ii}}, \\
\widehat{\mathrm{Cov}}\,\widehat{\Phi} &= \widehat{\sigma}^2\mathbf{B}'\left(\mathbf{X}'\mathbf{X}\right)^{-1}\mathbf{B}, \\
\widehat{\mathrm{Cov}}_{(\backslash i)}\,\widehat{\Phi} &= \widehat{\sigma}^2_{(\backslash i)}\mathbf{B}'\left(\mathbf{X}'\mathbf{X}\right)^{-1}\mathbf{B}.
\end{aligned}$$

8.4.2 Skalierte, standardisierte und studentisierte Residuen

Setzen wir die Gültigkeit unseres Modells voraus, so ist $\widehat{\boldsymbol{\varepsilon}} \sim \mathrm{N}_n\left(\mathbf{0}; \sigma^2\left(\mathbf{I}-\mathbf{P}\right)\right)$. Also ist das **standardisierte** Residuum:

$$\frac{\widehat{\varepsilon}_i}{\sigma\sqrt{1-p_{ii}}}$$

$\mathrm{N}(0;1)$ verteilt. Je nach dem, ob das unbekannte σ aus dem reduzierten oder dem vollständigen Modell geschätzt wurde, sprechen wir von einem **skalierten**

Residuum v_i:

$$v_i := \frac{\widehat{\varepsilon}_i}{\widehat{\sigma}\sqrt{1-p_{ii}}} \tag{8.36}$$

oder einem **studentisierten** Residuum u_i:

$$u_i := \frac{\widehat{\varepsilon}_i}{\widehat{\sigma}_{(\setminus i)}\sqrt{1-p_{ii}}}. \tag{8.37}$$

Studentisierte und skalierte Residuen lassen sich leicht in einander umrechnen. Es ist:

$$\frac{v_i}{u_i} = \frac{\widehat{\sigma}_{(\setminus i)}}{\widehat{\sigma}}. \tag{8.38}$$

Setzt man den Quotienten der Varianzen aus der Umrechnungsformel (8.33) ein, so erhält man:

$$u_i^2 = \frac{v_i^2\,(n-d-1)}{n-d-v_i^2}, \tag{8.39}$$

$$v_i^2 = \frac{u_i^2\,(n-d)}{n-d-1+u_i^2}. \tag{8.40}$$

Also gehen die u_i und v_i durch eine streng monoton wachsende Transformation in einander über. Es ist daher theoretisch belanglos, ob man Ausreißer mit den u_i oder den v_i mißt. Für die u_i sprechen jedoch schönere Verteilungseigenschaften.

Satz 339 *$\widehat{\varepsilon}_i$ und $\widehat{\sigma}_{(\setminus i)}$ sind stochastisch unabhängig. u_i ist t- verteilt mit $(n-d-1)$ Freiheitsgraden. $v_i/(n-d)$ besitzt eine Beta-Verteilung*[11] *mit den Freiheitsgraden $1/2$ und $(n-d-1)/2$, also gilt:*

$$u_i \sim t\,(n-d-1)\,,$$
$$v_i \sim (n-d)Beta\left(\frac{1}{2};\frac{n-d-1}{2}\right).$$

Beweis:

$$\begin{aligned}\mathrm{Cov}\left(\widehat{\varepsilon}_i;\left[\mathbf{y}-\widehat{\boldsymbol{\mu}}_{(\setminus i)}\right]_{\setminus i}\right) &= \mathrm{Cov}\left(y_i-\widehat{\mu}_i;\left[\mathbf{y}-\widehat{\boldsymbol{\mu}}_{(\setminus i)}\right]_{\setminus i}\right)\\ &= \underbrace{\mathrm{Cov}\left(y_i;\left[\mathbf{y}-\widehat{\boldsymbol{\mu}}_{(\setminus i)}\right]_{\setminus i}\right)}_{A} - \underbrace{\mathrm{Cov}\left(\widehat{\mu}_i;\left[\mathbf{y}-\widehat{\boldsymbol{\mu}}_{(\setminus i)}\right]_{\setminus i}\right)}_{B}\\ &= 0.\end{aligned}$$

[11] Eine auf dem Intervall [0;1] definierte zufällige Variable Y besitzt eine Beta($\alpha;\beta$)-Verteilung, wenn Y die Dichte $f\,(y) = cy^{\alpha-1}\,(1-y)^{\beta-1}$ hat. Dabei ist c eine Integrationskonstante.

Der erste Summand A ist Null, da in $\left[\mathbf{y} - \widehat{\boldsymbol{\mu}}_{(\setminus i)}\right]_{\setminus i}$ die Variable y_i nicht vorkommt. Der zweite Summand B ist Null, denn der Vektor $\mathbf{y} - \widehat{\boldsymbol{\mu}}_{(\setminus i)}$ hängt nach Formel (8.29) nur von $\widehat{\boldsymbol{\varepsilon}}$ ab, $\widehat{\boldsymbol{\varepsilon}}$ und $\widehat{\mu}_i$ sind von einander unabhängig. Da $\widehat{\varepsilon}_i$ und $\left[\mathbf{y}-\widehat{\boldsymbol{\mu}}_{(\setminus i)}\right]_{\setminus i}$ gemeinsam normalverteilt sind, sind sie nicht nur unkorreliert, sondern auch unabhängig. Wegen $\mathrm{SSE}_{(\setminus i)} = \| \left(\mathbf{y} - \widehat{\boldsymbol{\mu}}_{(\setminus i)}\right)_{\setminus i} \|^2 = (n-d-1)\widehat{\sigma}^2_{(\setminus i)}$ sind daher auch $\widehat{\varepsilon}_i$ und $\widehat{\sigma}^2_{(\setminus i)}$ stochastisch unabhängig. Nach dem Studentprinzip ist dann $u_i \sim t(n-d-1)$ verteilt. Da $u_i^2 \sim F(1; n-d-1)$ ist, gilt $\frac{u_i^2}{n-d-1+u_i^2} = \frac{v_i^2}{n-d} \sim Beta\left(\frac{1}{2}; \frac{n-d-1}{2}\right)$. Vgl Johnson und Kotz (1970)
□

u_i als Prüfgröße eines Ausreißertest

u_i läßt sich als Prüfgröße eines Ausreißertests interpretieren. Wir betrachten dazu das folgende Modell $\mathbf{M}_1$ mit einen Ausreißer in der i-ten Beobachtung:

$$y_i = \mathbf{z}_i'\boldsymbol{\beta} + \Delta + \epsilon_i, \tag{8.41}$$

$$y_k = \mathbf{z}_k'\boldsymbol{\beta} + \epsilon_k \quad \forall k \neq i. \tag{8.42}$$

Bei diesem Modell $\mathbf{M}_1$ ist der Erwartungswert in der i-ten Beobachtung gegenüber allen anderen Beobachtungen um eine feste Größe Δ verschoben. Diese Verschiebung verursacht den *Ausreißer* bei y_i.

Satz 340 *Im Ausreißermodell* (8.41) *und* (8.42) *wird der Sprungparameter* Δ *durch*

$$\widehat{\Delta} = \frac{\widehat{\varepsilon}_i}{1 - p_{ii}} \tag{8.43}$$

geschätzt. Die Hypothese eines Modells ohne Ausreißer in der i-ten Beobachtung ist H_0 : "$\Delta = 0$" . *Sie wird mit dem t-Test und der Prüfgröße:*

$$t_{pg} = \frac{\widehat{\Delta}}{\widehat{\sigma}_{\widehat{\Delta}}} = u_i. \tag{8.44}$$

getestet. Ein zu großes u_i *verwirft* H_0 *und legt die Existenz eines systematischen Ausreißers nahe.*

Beweis:
Um die Schreibweise zu entlasten, setzen wir $i = 1$, legen also den Ausreißer in die erste Beobachtung. Mit dem Einheitsvektor $\mathbf{1}^1 := (1, 0, \cdots, 0)'$ gilt in $\mathbf{M}_1$:

$$\boldsymbol{\mu} = \mathbf{X}\boldsymbol{\beta} + \Delta\mathbf{1}^1 = \underbrace{\begin{pmatrix} 0 \\ \mathbf{X}_{\setminus 1} \end{pmatrix}}_{\mathbf{X}^*}\boldsymbol{\beta} + \underbrace{(\mathbf{z}_1'\boldsymbol{\beta} + \Delta)}_{\Delta^*}\underbrace{\begin{pmatrix} 1 \\ 0 \end{pmatrix}}_{\mathbf{1}^1} = \mathbf{X}^*\boldsymbol{\beta} + \Delta^*\mathbf{1}^1.$$

Dabei betrachten wir $\Delta^* = \mathbf{z}_1'\boldsymbol{\beta} + \Delta$ als einen neuen unbekannten Parameter. Da $\mathbf{X}^*$ und $\mathbf{1}^1$ orthogonal sind, ist in $\mathbf{M}_1$:

$$\begin{aligned}\widehat{\Delta^*} &= y_1,\\ \widehat{\boldsymbol{\beta}} &= \widehat{\boldsymbol{\beta}}_{(\setminus 1)},\\ \widehat{\varepsilon}_1 &= 0.\end{aligned}$$

Weiter folgt aus $\Delta = \Delta^* - \mathbf{z}_1'\boldsymbol{\beta}$ und (8.30):

$$\begin{aligned}\widehat{\Delta} &= \widehat{\Delta^*} - \mathbf{z}_1'\widehat{\boldsymbol{\beta}} = y_1 - \mathbf{z}_1'\widehat{\boldsymbol{\beta}}_{(\setminus 1)} = \frac{1}{1-p_{11}}\widehat{\varepsilon}_1,\\ \operatorname{Var}\widehat{\Delta} &= \frac{1}{(1-p_{11})^2}\operatorname{Var}\widehat{\varepsilon}_1 = \frac{1}{1-p_{11}}\sigma^2.\end{aligned}$$

Im Modell $\mathbf{M}_1$ ist:

$$\mathrm{SSE}(\mathbf{M}_1) = \left\|\mathbf{y} - \left(\mathbf{X}^*\widehat{\boldsymbol{\beta}} + \widehat{\Delta^*}\mathbf{1}^1\right)\right\|^2 = \left\|\mathbf{y}_{\setminus 1} - \mathbf{X}_{\setminus 1}\widehat{\boldsymbol{\beta}}_{(\setminus 1)}\right\|^2 = \mathrm{SSE}_{(\setminus 1)}$$

mit $n-(d+1)$ Freiheitsgraden und:

$$\widehat{\sigma}^2(\mathbf{M}_1) = \mathrm{SSE}(\mathbf{M}_1) \,/\, (n-(d+1)) = \widehat{\sigma}^2_{(\setminus 1)}.$$

Die Prüfgröße des t-Tests ist daher:

$$t_{\mathrm{pg}} = \frac{\widehat{\Delta}}{\widehat{\sigma}_{\widehat{\Delta}}} = \frac{\widehat{\varepsilon}_1}{1-p_{11}}\,\frac{\sqrt{1-p_{11}}}{\widehat{\sigma}_{(\setminus 1)}} = u_1.$$

□

Bemerkung: Die Bezeichnung der u_i und v_i in der Literatur ist nicht einheitlich. Belsley et al. bezeichnen die v_i als **studentisierte** und die u_i als **R-studentisierte Residuen.** Diese Bezeichnungen sind auch von SAS übernommen worden. Chatterjee nennt v_i **internally studentized** und u_i **externally studentized**. Da wir beim Begriff des *Studentisieren* stets voraussetzen, daß im Nenner eine vom Zähler unabhängige Schätzung der Standardabweichung steht, bleiben wir bei unserer Bezeichnung[12].

Kritische Grenzen für u_i und v_i: Kürzen wir $t := t(n-d-1)_{0,975}$ ab, so sollte mit 95% Wahrscheinlichkeit:

$$|u_i| \le t$$

und wegen der strengen Monotonie:

$$|v_i| \le t\sqrt{\frac{n-d}{n-d-1+t^2}}$$

sein. Für $n-d \ge 9$ können wir $t \approx 2,3$ und $t^2 \approx 5$ abschätzen. Dann sollte $|u_i| \le 2,3$ und $|v_i| \le 2,3\sqrt{\frac{n-d}{n-d+4}}$ sein. Arbeitet man mit den v_i, so sind bereits kleinere Abweichnungen kritisch.

[12] Eselsbrücke : Das v steht hier für **v**erfälschtes, das u für **u**nverfälschtes Residuum.

8.4.3 Der Einfluß einer einzelnen Beobachtung

Wird eine Beobachtung gestrichen, ändern sich — wie die Umrechnungsformeln zeigen — alle Kenngrößen des Modells. Aus jeder einzelnen Änderung können Diagnosekriterien konstruiert werden. Wir werden exemplarisch vier solche Kriterien angeben und dann auf reale Datensätze anwenden:

DFS$(\beta_j)_{(\setminus i)}$: Die Wirkung auf die Schätzung von $\boldsymbol{\beta}$

Die Differenz der Schätzwerte für β_j im vollen und im reduzierten Modell ist:

$$\mathrm{DF}\left(\beta_j\right)_{(\setminus i)} := \widehat{\beta}_j - \widehat{\beta}_{j(\setminus i)} = \left(\widehat{\boldsymbol{\beta}} - \widehat{\boldsymbol{\beta}}_{(\setminus i)}\right)_j .$$

Wird diese Differenz mit der Standardabweichung von $\widehat{\beta}_j$ skaliert, so erhalten wir die Kennzahl:

$$\mathrm{DFS}\left(\beta_j\right)_{(\setminus i)} := \frac{\widehat{\beta}_j - \widehat{\beta}_{j(\setminus i)}}{\sqrt{\widehat{\mathrm{Var}}_{(\setminus i)}\widehat{\beta}_j}}.$$

Dabei steht DF für Differenz und S für skaliert. Nun ist:

$$\widehat{\mathrm{Var}}\,\widehat{\beta}_j = \widehat{\sigma}^2 \left(\left(\mathbf{X}'\mathbf{X}\right)^{-1}\right)_{[j,j]} \qquad \text{und} \qquad \widehat{\mathrm{Var}}_{(\setminus i)}\widehat{\beta}_j = \widehat{\sigma}^2_{(\setminus i)} \left(\left(\mathbf{X}'\mathbf{X}\right)^{-1}\right)_{[j,j]} .$$

Wegen $\mathbf{V} = \left(\mathbf{X}'\mathbf{X}\right)^{-1} = \left(\mathbf{X}'\mathbf{X}\right)^{-1}\mathbf{X}'\mathbf{X}\left(\mathbf{X}'\mathbf{X}\right)^{-1} = \mathbf{W}\mathbf{W}'$ ist $\mathbf{V}_{[j,j]} = \sum_k w_{jk}^2$. Aus (8.26) und der Definition der u_i folgt dann:

$$\mathrm{DFS}\left(\beta_j\right)_{(\setminus i)} = \frac{w_{ji}}{\sqrt{\sum_k w_{jk}^2}} \frac{\widehat{\varepsilon}_i}{(1-p_{ii})\,\widehat{\sigma}_{(\setminus i)}} = \frac{w_{ji}}{\sqrt{\sum_k w_{jk}^2}} \frac{u_i}{\sqrt{1-p_{ii}}}.$$

Kritische Werte für DFS$(\beta_j)_{(\setminus i)}$: Schätzt man $\frac{w_{ji}}{\sqrt{\sum_k w_{jk}^2}}$ ganz grob durch $1/n$, sowie $(1-p_{ii})$ durch 1 und u_i durch 2 ab, dann kommt man wie Belsley et al. auf die folgende Schranke:

$$\text{Werte mit } \left|\mathrm{DFS}\left(\beta_j\right)_{(\setminus i)}\right| \geq \frac{2}{n} \text{ sind kritisch.} \tag{8.45}$$

DFS(Fit)$_{(\setminus i)}$: Die Wirkung auf die Schätzung von μ und den globalen Fit

Die Differenz zwischen den Schätzern für μ_i im vollen und im reduzierten Modell ist:

$$\mathrm{DF}\left(\mathrm{Fit}\right)_{(\setminus i)} := \widehat{\mu}_i - \widehat{\mu}_{i(\setminus i)}.$$

Wird diese Differenz mit der geschätzten Standardabweichung von $\widehat{\mu}_i$ skaliert, so erhalten wir die von Belsley et al. vorgeschlagene Kennzahl:

$$\mathrm{DFS}\,(\mathrm{Fit})_{(\setminus i)} := \frac{\widehat{\mu}_i - \widehat{\mu}_{i(\setminus i)}}{\sqrt{\widehat{\mathrm{Var}}_{(\setminus i)}\widehat{\mu}_i}} = \frac{\widehat{\mu}_i - \widehat{\mu}_{i(\setminus i)}}{\widehat{\sigma}_{(\setminus i)}\sqrt{p_{ii}}}. \tag{8.46}$$

$\mathrm{DFS(Fit)}_{(\setminus i)}$ heißt auch Welsch-Kuh-Distanz. Sie läßt verschiedene Interpretationen zu. Aufgrund der Umrechnungsformeln (8.28) und (8.37) ist:

$$\mathrm{DFS}\,(\mathrm{Fit})_{(\setminus i)} = \frac{\sqrt{p_{ii}}}{1-p_{ii}}\frac{\widehat{\varepsilon}_i}{\widehat{\sigma}_{(\setminus i)}} \tag{8.47}$$

$$= \sqrt{\frac{p_{ii}}{1-p_{ii}}}u_i. \tag{8.48}$$

Durch Vergleich von (8.47) mit Umrechnungsformel (8.31) folgt:

$$\left|\mathrm{DFS}\,(\mathrm{Fit})_{(\setminus i)}\right| = \frac{\left\|\widehat{\boldsymbol{\mu}}-\widehat{\boldsymbol{\mu}}_{(\setminus i)}\right\|}{\widehat{\sigma}_{(\setminus i)}}. \tag{8.49}$$

Daher ist $\mathrm{DFS(Fit)}_{(\setminus i)}$ nicht nur eine Maßzahl für die Änderung der Schätzung des Einzelwertes μ_i sondern des gesamten Vektors $\boldsymbol{\mu}$. Schließlich gilt:

Satz 341 *Ist ϕ ein eindimensionaler schätzbarer Parameter, so ist die obere Schranke der skalierten Differenz der Schätzwerte $\widehat{\phi}$ und $\widehat{\phi}_{(\setminus i)}$ gegeben durch:*

$$\max_{\phi}\frac{\left|\widehat{\phi} - \widehat{\phi}_{(\setminus i)}\right|}{\sqrt{\widehat{\mathrm{Var}}_{(\setminus i)}\widehat{\phi}}} = \left|DFS(Fit)_{(\setminus i)}\right|.$$

Beweis:
Sei ϕ ein eindimensionaler schätzbarer Parameter. ϕ habe die kanonische Darstellung $\phi = \mathbf{k}'\boldsymbol{\mu}$ mit $\mathbf{k} \in \mathbf{M}$. Dann ist $\widehat{\phi} = \mathbf{k}'\widehat{\boldsymbol{\mu}} = \mathbf{k}'\mathbf{y}$, $\mathrm{Var}\,\widehat{\phi} = \sigma^2\left\|\mathbf{k}\right\|^2$ und $\widehat{\mathrm{Var}}_{(\setminus i)}\widehat{\phi} = \widehat{\sigma}^2_{(\setminus i)}\left\|\mathbf{k}\right\|^2$. Weiter ist $\widehat{\phi}_{(\setminus i)} = \mathbf{k}'\widehat{\boldsymbol{\mu}}_{(\setminus i)}$. Daher ist:

$$\frac{\left|\widehat{\phi} - \widehat{\phi}_{(\setminus i)}\right|}{\sqrt{\widehat{\mathrm{Var}}_{(\setminus i)}\widehat{\phi}}} = \frac{\left|\mathbf{k}'\left(\widehat{\boldsymbol{\mu}}-\widehat{\boldsymbol{\mu}}_{(\setminus i)}\right)\right|}{\widehat{\sigma}_{(\setminus i)}\left\|\mathbf{k}\right\|} \leq \frac{\left\|\widehat{\boldsymbol{\mu}}-\widehat{\boldsymbol{\mu}}_{(\setminus i)}\right\|}{\widehat{\sigma}_{(\setminus i)}} = DFS\,(\mathrm{Fit})_{(\setminus i)}.$$

□

Kritische Werte für $\mathbf{DFS(Fit)}_{(\setminus i)}$: Schätzt man in der Formel (8.48) die u_i mit 2 ab und ersetzt p_{ii} durch den Mittelwert d/n, so ergibt sich folgende Schranke:

$$\text{Werte mit } \left|\mathrm{DFS}\,(\mathrm{Fit})_{(\setminus i)}\right| \geq 2\sqrt{\frac{d}{n}} \text{ sind kritisch.} \tag{8.50}$$

Cook's Distanz $\mathrm{DF(Cook)}_{(\setminus i)}$: Die Wirkung auf die Schätzung von $\boldsymbol{\mu}$

Cook betrachtete im vollständigen Modell bei gegebenem $\widehat{\boldsymbol{\mu}}$ das Konfidenzellipsoid für $\boldsymbol{\mu}$ zu gegebenem $\widehat{\boldsymbol{\mu}}$:

$$\{\boldsymbol{\mu} \in \mathbb{R}^n \mid \|\widehat{\boldsymbol{\mu}} - \boldsymbol{\mu}\|^2 \leq d\widehat{\sigma}^2 F\,(d; n-d)_{1-\alpha}\}.$$

Die i-te Beobachtung ist auffällig, wenn $\widehat{\boldsymbol{\mu}}_{(\setminus i)}$ nicht mehr in diesem Konfidenzellipsoid liegt, das heißt, wenn

$$\left\|\widehat{\boldsymbol{\mu}} - \widehat{\boldsymbol{\mu}}_{(\setminus i)}\right\|^2 > d\widehat{\sigma}^2 F\,(d; n-d)_{1-\alpha}$$

ist. Durch diese Kriterium ist **Cook's Distanz** $\mathrm{DF(Cook)}_{(\setminus i)}$ definiert:

$$\mathrm{DF\,(Cook)}_{(\setminus i)} := \frac{\left\|\widehat{\boldsymbol{\mu}} - \widehat{\boldsymbol{\mu}}_{(\setminus i)}\right\|^2}{d\widehat{\sigma}^2}. \tag{8.51}$$

Wegen (8.49), (8.48) und (8.38) läßt sich C_i leicht in die anderen Kriterien umrechnen:

$$\mathrm{DF\,(Cook)}_{(\setminus i)} = \frac{\widehat{\sigma}^2_{(\setminus i)}}{d\widehat{\sigma}^2}\left(\mathrm{DFS\,(Fit)}_{(\setminus i)}\right)^2 = \frac{p_{ii}}{d\,(1-p_{ii})}v_i^2. \tag{8.52}$$

Kritische Werte für Cook's Distanz : $\mathrm{DF(Cook)}_{(\setminus i)}$ ist nicht F-verteilt. Aus der Verteilung von v_i^2 folgt, daß $\mathrm{DF(Cook)}_{(\setminus i)} \frac{d(1-p_{ii})}{p_{ii}(n-d)}$ eine $Beta(\frac{1}{2}; \frac{n-d-1}{2})$-Verteilung besitzt. (Vgl. Johnson und Kotz (1970). Cook empfiehlt trotzdem, die Quantile der $F(d; n-d)$ als Schwellenwerte für $\mathrm{DF(Cook)}_{(\setminus i)}$ zu nehmen, diese Quantile aber eher als Warnschranken denn als Signifikanzgrenzen zu sehen.

$\mathrm{Covratio}_{(\setminus i)}$: Die Wirkung auf die Kovarianzmatrizen der Schätzer

Prinzipiell folgt bereits aus dem Satz von Gauß-Markov, daß die Varianzen aller Schätzer zunehmen, wenn eine Beobachtung gestrichen wird. Die genaue Änderung der Varianzen ergibt sich aus der Umrechnungsformel (8.35)

$$\mathrm{Var}\ \widehat{\beta}_{j(\setminus i)} = \mathrm{Var}\ \widehat{\beta}_j + \frac{w_{ji}^2}{1-p_{ii}}\sigma^2.$$

Je größer p_{ii} ist, je einflußreicher also eine Beobachtung y_i ist, um so stärker wachsen die Varianzen aller $\widehat{\beta}_{j(\setminus i)}$, wenn gerade die i-te Beobachtung gestrichen wird. Ein eindimensionales Maß für die Änderung der Kovarianzmatrizen von $\widehat{\boldsymbol{\beta}}$ und $\widehat{\boldsymbol{\beta}}_{(\setminus i)}$ ist der Quotient ihrer Determinanten:

$$\mathrm{Covratio}_{(\setminus i)} := \frac{\left|\widehat{\mathrm{Cov}}_{(\setminus i)}\widehat{\boldsymbol{\beta}}_{(\setminus i)}\right|}{\left|\widehat{\mathrm{Cov}}\,\widehat{\boldsymbol{\beta}}\right|}. \tag{8.53}$$

$\text{Covratio}_{(\setminus i)}$ läßt sich ebenfalls auf die bereits eingeführten kritischen Größen zurückführen:

$$\frac{\left|\widehat{\text{Cov}}_{(\setminus i)}\widehat{\boldsymbol{\beta}}_{(\setminus i)}\right|}{\left|\widehat{\text{Cov}}\,\widehat{\boldsymbol{\beta}}\right|} = \frac{\left|\widehat{\sigma}^2_{(\setminus i)}\left(\mathbf{X}'_{\setminus i}\mathbf{X}_{\setminus i}\right)^{-1}\right|}{\left|\widehat{\sigma}^2\left(\mathbf{X}'\mathbf{X}\right)^{-1}\right|} = \frac{\left(\widehat{\sigma}^2_{(\setminus i)}\right)^d\left|\mathbf{X}'_{\setminus i}\mathbf{X}_{\setminus i}\right|^{-1}}{\left(\widehat{\sigma}^2\right)^d\left|\mathbf{X}'\mathbf{X}\right|^{-1}}$$

$$= \left(\frac{v_i^2}{u_i^2}\right)^d \frac{\left|\mathbf{X}'\mathbf{X}\right|}{\left|\mathbf{X}'_{\setminus i}\mathbf{X}_{\setminus i}\right|} = \left(\frac{v_i^2}{u_i^2}\right)^d \frac{1}{(1-p_{ii})}.$$

Die beiden letzten Gleichungen folgen aus (8.38) und (8.24). Mit (8.39) erhalten wir:

$$\text{Covratio}_{(\setminus i)} = \frac{\left(n-d-v_i^2\right)^d}{(n-d-1)^d\,(1-p_{ii})}. \tag{8.54}$$

Kritische Grenzen für $\text{Covratio}_{(\setminus i)}$: Im Ideallfall sollte $\text{Covratio}_{(\setminus i)}$ bei 1 liegen. Belsley et al. schätzen $\text{Covratio}_{(\setminus i)}$ für zwei Extremfälle ab und empfehlen daraufhin die Werte mit

$$\left|\text{Covratio}_{(\setminus i)} - 1\right| \geq \frac{3d}{n} \tag{8.55}$$

als kritisch anzusehen.

Schreibweise: In der statistischen Literatur, vor allem auch bei statistischer Software sind etwas andere Bezeichnungen üblich. Wir haben sie hier geringfügig geändert, um sie einerseits etwas zu vereinheitlichen und andererseits deutlicher zu machen, welche Beobachtung gestrichen und welcher Parameter betrachtet werden. In der folgenden Tabelle sind unsere und die zum Beispiel bei SAS üblichen Bezeichnungen gegenüber gestellt.

Hier verwendet:	Bei SAS verwendet:
$\text{DF}\left(\beta_j\right)_{(\setminus i)}$	DFBETA_{ij}
$\text{DFS}\left(\beta_j\right)_{(\setminus i)}$	DFBETAS_{ij}
$\text{DF}\,(\text{Fit})_{(\setminus i)}$	DFFit_i
$\text{DFS}\,(\text{Fit})_{(\setminus i)}$	DFFitS_i
$\text{DF}\,(\text{Cook})_{(\setminus i)}$	C_i
$\text{Covratio}_{(\setminus i)}$	Covratio_i

Vergleich der Kriterien

Keines der vier Kriterien ist für alle Problemfälle geeignet. Jedes Kriterium greift nur einen einzigen Aspekt heraus und übersieht andere. Daher sollte man sich in der Regel nicht nur auf eines verlassen, sondern mehrere, wenn nicht gar

alle Kriterien verwenden. Ein besonderes Warnzeichen ist es daher, wenn eine Beobachtung gleich bei mehreren Kriterien auffällig wird.
Dabei muß man aber beachten, daß mit wachsender Anzahl der Kriterien zwar Sonderfälle sicherer erkannt werden, gleichzeitig aber auch die Wahrscheinlichkeit eines falschen Alarms wächst.
$\mathrm{DFS(Fit)}_{(\setminus i)}$ und Cook's Distance beruhen beide auf der Differenz $\left\|\widehat{\mu} - \widehat{\mu}_{(\setminus i)}\right\|^2$, die unterschiedlich skaliert wird. Belsley skaliert in $\mathrm{DFS(Fit)}_{(\setminus i)}$ mit $\widehat{\sigma}^2_{(\setminus i)}$ und eliminiert damit Verzerrung der Varianzschätzung durch grobe Ausreißer in den y_i. Damit wird jedoch jede Beobachtung y_i mit einem eigenen Maßstab $\widehat{\sigma}_{(\setminus i)}$ gemessen. Außerdem werden Änderungen in den Schätzwerten der μ_i und von σ^2 in einem gemeinsamen Maß eben $\mathrm{DFS(Fit)}_{(\setminus i)}$ zusammengefaßt. Cook verwendet dagegen jeweils dieselbe Skalierung, nämlich das gemeinsame $\widehat{\sigma}^2$.
Wie stark sich dies auf die Diagnose auswirkt, zeigt Abbildung 8.17. In diesem Beispiel von Cook mit vier Beobachtungen A, B, C, D liegen die ersten drei auf einer Geraden **g**. Die durch die vier Punkte bestimmte Regressionsgerade **h**

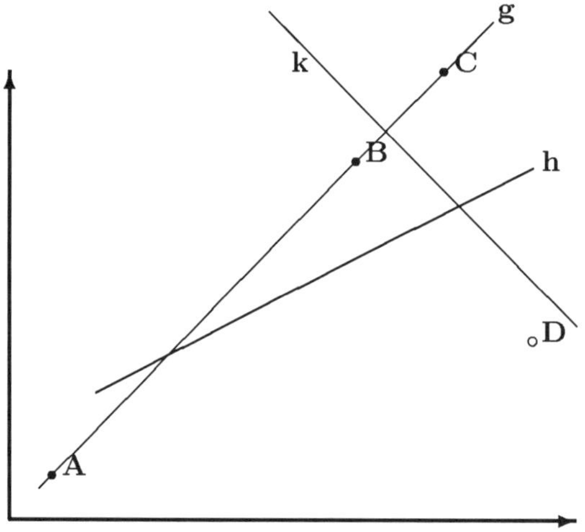

Abbildung 8.17: Welcher der vier Punkte A,B,C und D hat den größten Einfluß?

ist fett durchgezeichnet. $\mathrm{DFS(Fit)}_{(\setminus i)}$ identifiziert den rechts außen, liegenden Punkt D als auffälligsten Punkt, denn bei seiner Entfernung schlägt **h** in **g** um: Die Anpassung der restlichen Punkte A, B und C durch die Gerade **g** ist optimal, die Varianz der Residuen verschwindet völlig: $\widehat{\sigma}^2_{(\setminus D)} = 0$! Bei Cook ist der links unten liegende Punkt A am auffälligsten, da sich die Regressionsgerade bei seiner Elimination am stärksten ändert, sie springt von **g** zur Geraden **k** .
Die Interpretierbarkeit eines kritischen $\mathrm{Covratio}_{(\setminus i)}$ ist schwer. Offensichtlich ist $\mathrm{Covratio}_{(\setminus i)}$ groß, wenn v_i klein und p_{ii} groß ist und wird klein sein, wenn v_i groß und p_{ii} klein ist. Die dazwischen liegenden Wertekonstellationen können gegenläufige Effekte haben. Da jedoch meist Beobachtungen mit großem p_{ii} die Regression stark beeinflussen und so die Regressionsebene zu sich ziehen, werden

Jahr	x_1	x_2	x_3	x_4	x_5	y
1947	60,32	83,0	234,3	2,36	1,59	107,6
1948	51,12	88,5	259,4	2,33	1,46	108,6
1949	60,17	88,2	258,1	3,68	1,62	109,8
1950	61,19	89,5	284,6	3,35	1,65	110,9
1951	63,22	96,2	329,0	2,10	3,10	112,1
1952	63,64	98,1	347,0	1,93	3,59	113,3
1953	64,99	99,0	365,4	1,87	3,55	115,1
1954	63,76	100,0	363,1	3,58	3,35	116,2
1955	66,02	101,2	397,5	2,90	3,05	117,4
1956	67,86	104,6	419,2	2,82	2,86	118,7
1957	68,17	108,4	442,8	2,94	2,80	120,4
1958	66,51	110,8	444,5	4,68	2,64	122,0
1959	68,66	112,6	482,7	3,81	2,55	123,4
1960	69,56	114,2	502,6	3,93	2,51	125,4
1961	69,33	115,7	518,2	4,81	2,57	127,9
1962	70,55	116,9	554,9	4,01	2,83	130,1

Tabelle 8.1: Wirtschaftdaten der Jahre 1947 bis 1962 aus den USA

dort meist auch kleine v_i zu finden sein. In der Praxis pickt daher $\text{Covratio}_{(\setminus i)}$ meist erfolgreich einflußreiche Beobachtungen heraus.

Beispiel 342 *In diesem Datensatz*[13] *wird für die USA der Zusammenhang zwischen den Variablen :* x_1= *Preisindex,* x_2= *Nationalprodukt,* x_3= *Arbeitslosenzahlen,* x_4= *Miltiärbestand,* x_5= *Bevölkerung über 14 Jahre und* y= *Anzahl der Beschäftigten untersucht. Tabelle 8.1 zeigt einen Ausschnitt aus den Daten:*
Hier interessiert uns nicht das linearen Modell oder die speziellen Schätzwerte, sondern die Residuenanalyse. Cook gibt hierzu die folgende (umgerechnete) Tabelle 8.2 an, siehe Seite 430:
Während die Residuen unauffällig sind, fallen bei den Leverage Points und Cooks Distance sofort die Jahre 1951 und 1962 auf. Bei den skalierten Residuen v_i *liefert das Jahr 1956 den größten Wert.*
1951 war der Höhepunkt des Koreakriegs, 1956 finden wir die Suezkrise und den Ungarnaufstand, 1962 die Kubakrise. Ob nun diese Koinzidenzen zufällig sind oder kausal, kann der Statistiker nicht beantworten. Spekulationen darüber bleiben Aufgabe der Fachwissenschaftler wie Historiker, Politologen oder Wirtschaftswissenschaftler. Die Residuenanalyse sortiert nur diese Jahre aus der Datenflut heraus und fordert zu genauerer Untersuchung auf.

Das abschließende Beispiel[14] aus dem Bereich der Tiermedizin zeigt nochmal sehr deutlich die Nützlichkeit der Regressionsdiagnose.

[13]Das Beispiel stammt aus Cook (1977): "Detection of Influential Oberservation in Lineare Regression" .

[14]Aus Weisberg (1985) "Applied Linear Regression", S. 110ff.

Jahr	$\widehat{\varepsilon}_i/\widehat{\sigma}$	$\|v_i\|$	p_{ii}	DF(Cook)$_{(\setminus i)}$
1947	0,88	1,15	0,43	0,14
1948	−0,31	0,48	0,57	0,04
1949	0,15	0,19	0,36	0,00
1950	−1,34	1,70	0,37	0,24
1951	1,02	1,64	**0,62**	**0,61**
1952	−0,82	1,03	0,37	0,09
1953	−0,54	0,75	0,49	0,08
1954	−0,04	0,06	0,50	0,00
1955	0,05	0,07	0,46	0,00
1956	1,48	**1,83**	0,33	0,23
1957	−0,06	0,07	0,36	0,00
1958	−0,13	0,18	0,48	0,00
195	−0,51	0,64	0,38	0,04
1960	−0,28	0,32	0,23	0,00
1961	1,12	1,42	0,37	0,17
1962	−0,68	1,21	**0.69**	0,47

Tabelle 8.2: Residuenanalyse der Wirtschaftdaten

Beispiel 343 *In einem Tierversuch mit 19 Ratten sollte festgestellt werden, wie eine Substanz vom Körper der Versuchstiere absorbiert und in der Leber abgelagert wird. Da ein schweres Tier mehr absorbiert als ein leichtes, soll die Dosis proportional zum Gewicht der Tiere verabreicht werden.*

Nach einer gewissen Zeit werden die Ratten getötet und die Menge der in der Leber gespeicherten Substanz gemessen. Die abhängige Variable ist y, der Quotient aus dem Gewicht der in der Leber gefundenen Substanz und dem Körpergewicht der Tiere. Die Regressoren sind:

$$\begin{aligned} x_1 &:= \textit{Körpergewicht in g,} \\ x_2 &:= \textit{Lebergewicht in g,} \\ x_3 &:= \textit{Verabreichte Dosis.} \end{aligned}$$

Durch die Anlage des Versuches sollte der Einfluß des Körpergewichtes eliminiert werden und y unabhängig von allen drei Variablen sein. Die Datenmatrix *ist:*

Tier	x_1	x_2	x_3	y
1	176	6,5	0,88	0,42
2	176	9,5	0,88	0,25
3	190	9,0	1,00	0,56
4	176	8,9	0,88	0,23
5	200	7,2	1,00	0,23
6	167	8,9	0,83	0,32
7	188	8,0	0,94	0,37
8	195	10,0	0,98	0,41
9	176	8,0	0,88	0,33
10	165	7,9	0,84	0,38

Tier	x_1	x_2	x_3	y
11	158	6,9	0,80	0,27
12	148	7,3	0,74	0,36
13	149	5,2	0,75	0,21
14	163	8,4	0,81	0,28
15	170	7,2	0,85	0,34
16	186	6,8	0,94	0,28
17	146	7,3	0,73	0,30
18	181	9,0	0,90	0,37
19	149	6,4	0,75	0,46

Zur Kontrolle wird die Regression von y nach den 3 Einflußgrößen x_1, x_2 und x_3 berechnet. Sie liefert das folgende überraschende Ergebnis:

Variable	$\widehat{\beta}_i$	$\widehat{\sigma}_{\widehat{\beta}_i}$	$t_{pg} = \frac{\widehat{\beta}_i}{\widehat{\sigma}_{\widehat{\beta}_i}}$	$P\{t \geq t_{pg}\}$
Absolutglied	0,266	0,195	1,367	0,192
Körpergewicht x_1	−0,021	0,008	−2,664	0,018
Lebergewicht x_2	0,014	0,017	0,930	0,830
Dosis x_3	0,418	1,527	2,744	0,015

Bei einem Niveau von $\alpha = 5\%$ sind x_1 und x_3 signifikant. Entgegen der Intention des Versuchsplan haben Körpergewicht x_1 und relative Dosis x_3 offensichtlich doch einen deutlichen Einfluß auf die Zielgröße y. War der Versuchsplan falsch? Zur Kontrolle wird eine Regressionsdiagnose durchgeführt. Die verwendeten Kriterien und die relevanten Schranken sind:

Kriterium	*Schranke*		
p_{ii}	$2\frac{d}{n}$	$= 2\frac{4}{19}$	$= 0,4211$
$Covratio_{(\setminus i)}$	$1 + 3\frac{d}{n}$	$= 1 + 3\frac{4}{19}$	$= 1,6316$
$DFS(FIT)_{(\setminus i)}$	$2\sqrt{\frac{d}{n}}$	$= 2\sqrt{\frac{4}{19}}$	$= 0,9177$
$DFS(\beta)_{(\setminus i)}$	$2/\sqrt{n}$	$= 2/\sqrt{19}$	$= 0,4588$

Im folgenden Ausschnitt ist die Ergebnistabelle der Regressions-Diagnose nach der dritten Zeile abgebrochen worden. Die restlichen 16 Zeilen unterscheiden sich nicht wesentlich von den ersten beiden Zeilen.

Tier	p_{ii}	$Covratio_{(\setminus i)}$	$DFS(FIT)_{(\setminus i)}$	$DFS(\beta_1)_{(\setminus i)}$	$DFS(\beta_3)_{(\setminus i)}$
1	0,18	0,63	0,89	0,31	0,24
2	0,18	1,02	−0,61	−0,10	0,13
3	**0,85**	**7,40**	**1,90**	**−1,67**	**1,74**
⋮	⋮	⋮	⋮	⋮	⋮

Offensichtlich stimmt etwas mit dem dritten Tier nicht. Alle 5 Kriterien geben gleichzeitig Alarm. Schaut man sich daraufhin den Datensatz an, so erkennt man den Fehler in der Durchführung des Versuchs. Das Tier mit der Nummer 5 ist bei einem Körpergewicht von 200 g am schwersten. Die ihm verabreichte Dosis ist Bezugspunkt (100 %), für die anderen Tiere. So erhält z.B. Ratte Nr.1 mit 176 g Körpergewicht 88 % der Dosis von Ratte Nr.5, usw. Obwohl das dritte Tier mit 190 Gramm nur 95% des schwersten Tiers wog, hat es dennoch irrtümlich die volle Dosis erhalten. Eliminiert man nun Ratte Nr. 3 aus dem Datensatz und führt die multiple Regression nur mit den korrekt behandelten Tieren durch, ist wie erwartet kein Regressionskoeffizient mehr signifikant von Null verschieden:

Variable	$\widehat{\beta}_{i(\setminus 3)}$	$\widehat{\sigma}_{\widehat{\beta}_i(\setminus 3)}$	$t_{pg(\setminus 3)} := \widehat{\beta}_{i(\setminus 3)}/\widehat{\sigma}_{\widehat{\beta}_{i(\setminus 3)}}$
Absolutglied	0,311	0,205	1,52
Körpergewicht x_1	−0,008	0,018	−0,42
Lebergewicht x_2	0,009	0,018	0,48
Dosis x_3	1,484	3,713	0,40

Charakteristisch ist die Veränderung der Varianzen der Koeffizienten von x_1 *und* x_3. *Wie in Formel* (8.35) *gezeigt, wächst bei Verzicht auf eine Beobachtung die Varianz eines Schätzers um so mehr, je einflußreicher diese gestrichene Beobachtung war. Bei Verzicht auf die überaus einflußreiche dritte Beobachtung hat sich die Standardabweichung von* $\widehat{\beta}_1$ *und* $\widehat{\beta}_2$ *mehr als verdoppelt:*

$$\begin{aligned} \widehat{\sigma}_{\widehat{\beta}_1} &= 0,008 &\leftrightarrow \quad \widehat{\sigma}_{\widehat{\beta}_1(\setminus 3)} &= 0,018, \\ \widehat{\sigma}_{\widehat{\beta}_3} &= 1,527 &\leftrightarrow \quad \widehat{\sigma}_{\widehat{\beta}_3(\setminus 3)} &= 3,713. \end{aligned}$$

Mit diesem Beispiel verlassen wir die Analyse der Einzelwerte der Residuen und wenden uns der Verteilung der Gesamtheit der Residuen zu.

8.5 Überprüfung der Normalverteilung

Bei der Analyse von Verteilungen setzt man gern voraus, daß die Beobachtungen unabhängig und identisch verteilt sind. Für diesen Fall sind zahlreiche Verteilungstests entwickelt worden. Ist das linearen Modell korrekt und sind die ε_i unabhängig voneinander normalverteilt, so sind auch die $\widehat{\varepsilon}_i$ normalverteilt, aber weder besitzen sie die gleiche Verteilung, noch sind sie unabhängig von einander:

$$\boldsymbol{\varepsilon} \sim \mathrm{N}\left(0; \sigma^2 \mathbf{I}\right) \Rightarrow \widehat{\boldsymbol{\varepsilon}} \sim \mathrm{N}\left(0; \sigma^2 \left(\mathbf{I} - \mathbf{P}\right)\right).$$

Daher soll hier auf exakte Tests verzichtet und nur einfache, eher heuristische Verfahren vorgestellt werden.

Histogramme

Die skalierten Residuen:

$$\frac{\widehat{\varepsilon}_i}{\sqrt{1 - p_{ii}}} \sim \mathrm{N}\left(0; \sigma^2\right)$$

sind identisch normalverteilt, aber nicht voneinander unabhängig. Trotzdem sollte das Histogramm der skalierten Residuen mit der Gestalt einer Normalverteilung verträglich sein. Zur Veranschaulichung kehren wir zurück zum Beispiel 258. Hier wurden die Regressoren $\mathbf{x}_6$ und $\mathbf{x}_8$ an die Variable $\mathbf{y}$, den Dampfverbrauch, angepaßt. Das Histogramm der Residuen in Abbildung 8.18 zeigt eine

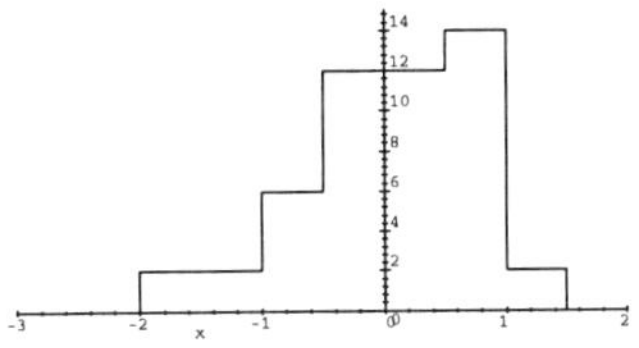

Abbildung 8.18: Histogramm der Residuen

zwar unimodale, aber deutlich schiefe, kaum an eine Glockenkurve erinnerende Form. Die Normalverteilungsannahme erscheint fraglich.

Der Normal-Probability-Plot

Der Normal-Probability-Plot oder kurz NP-Plot ist ein spezieller Quantilplot, der eine gegebene Verteilung mit einer Normalverteilung vergleicht. Um zu erkennen, ob eine Variable V normalverteilt ist, plottet man im NP-Plot die Quantile $v_\alpha := F^{-1}(\alpha)$ (auf der Ordinate) gegen die Quantile $z_\alpha := \Phi^{-1}(\alpha)$ der Standardnormalverteilung (auf der Abszisse). Wegen

$$V \sim \mathrm{N}\left(\mu; \sigma^2\right) \quad \longleftrightarrow \quad \frac{V-\mu}{\sigma} \sim \mathrm{N}(0;1),$$

ist V genau dann $\mathrm{N}\left(\mu; \sigma^2\right)$ verteilt ist, wenn beim NP-Plot die Quantile auf der Geraden

$$v_\alpha = \mu + \sigma z_\alpha$$

liegen. Da in der Praxis die Quantile von V unbekannt sind, müssen sie aus den Beobachtungen $v_1, \cdots, v_n$ geschätzt werden: Die der Größe nach sortierten Beobachtungwerte $v_{(1)}, \cdots, v_{(n)}$ sind Schätzwerte analoger Quantile:

$$v_{(i)} = \widehat{F^{-1}(\alpha_i)}.$$

Für α_i werden unterschiedliche Werte vorgeschlagen. Die am häufigsten verwendeten Werte sind $\alpha_i = \frac{i-0{,}5}{n}$ und $\alpha_i = \frac{i}{n+1}$. In den Normalitätstests von Shapiro und Wilk (1965), sowie Shapiro und Francia (1972) wird α_i über den Erwartungswert der Orderstatistik definiert. Filliben (1975) verwendet statt dessen den Median der Orderstatistik und approximiert α_i durch:

$$\alpha_i = \begin{cases} 1-(0,5)^{1/n} & falls \quad i=1 \\ \dfrac{i-0,3175}{n+0,365} & falls \quad 1<i<n \\ 1-(0,5)^{1/n} & falls \quad i=n. \end{cases} \tag{8.56}$$

Diese Approximation wird zum Beispiel auch im Softwarepaket GLIM benutzt. Im Softwarepaket SAS wird dagegen die von Looney und Gulledge (1985) analysierte Variante:

$$\alpha_i = \frac{i-0,375}{n+0,25} \tag{8.57}$$

verwendet. Ist V normalverteilt, so sollten im NP-Plot die Punkte

$$v_{(i)} \leftrightarrow \Phi^{-1}(\alpha_i)$$

annähernd auf einer Geraden liegen. Da man mit dem bloßen Auge leicht Abweichungen von einer Geraden erkennen kann, ist dieser NP-Plot einfacher, unmittelbarer und voraussetzungsfreier als formale Test.

Auch für die Residuen empfiehlt sich der NP-Plot, selbst wenn die formalen Voraussetzungen, nämlich unabhängige und identische verteilte Beobachtungen bei den $\widehat{\varepsilon}_i$ nicht erfüllt sind. Besser wäre der NP-Plot auf die skalierten Residuen oder die im Abschnitt 10.3 auf Seite 507 definierten Erneuerungsresiduen anzuwenden.

Die Abbildung 8.19 zeigt den NP-Plot für die Dampfdruckdaten des Beispiels 258. Dabei sind die der Größe nach geordneten $\widehat{\varepsilon}_i$ gegen die Quantile $\Phi^{-1}(\alpha_i)$ der Standardnormalverteilung geplottet; α_i ist dabei nach Formel (8.56) bestimmt. Der Augenschein spricht gegen die Annahme einer Normalverteilung:

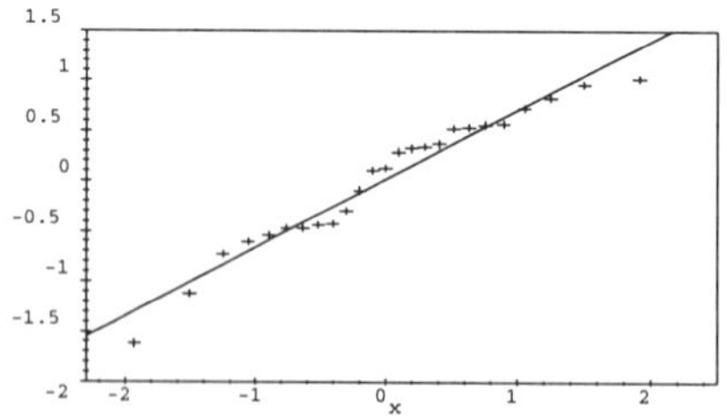

Abbildung 8.19: Normal-Probability-Plot der Residuen

Die Punkte streuen wellenförmig um ihre Ausgleichsgerade und sprechen eher für eine bimodale Verteilung. Dieser Eindruck läßt sich quantifizieren:

Der Korrelationskoeffizient von Filliben

Die Straffheit des linearen Zusammenhangs der Punktwolke des Normal-Probability-Plots läßt sich durch den Korrelationskoeffizienten der Punktwolke:

$$r_F := \text{Corr}\left\{\left(v_{(i)}; \Phi^{-1}(\alpha_i)\right); i = 1, \cdots, n\right\} \tag{8.58}$$

messen. Er beträgt in diesem Beispiel $\text{Corr}\left\{\left(\widehat{\varepsilon}_{(i)}; \Phi^{-1}(\alpha_i)\right); i = 1, \cdots, n\right\} = 0,978$. Filliben (1975) hat bei Verwendung von (8.56) und unter der Annahme identisch und unabhängig voneinander normalverteilter v_i die Verteilung des nach ihm benannten Korrelationskoeffizienten (8.58) berechnet und vertafelt. Damit läßt sich r_F als Prüfgröße eines Tests der Normalverteilungshypothese verwenden. Da die Regressionsresiduen $\widehat{\varepsilon}_i$ korreliert sind, verwenden wir r_F nicht als Prüfgröße eines Tests, sondern eher explorativ als Warnzeichen. Für $n = 25$ folgt aus seiner Tafel mit $P\{r_F \leq r_\alpha\} = \alpha$:

α	0,10	0,25	0,50	0,60	0,75	0,90	0,975	0,99	0,995
r_α	0,966	0,976	0,984	0,989	0,992	0,993	0,994	0,995	0,996

Im Licht dieser Tabelle ist der realisierte Wert von $r_F = 0,978$ sehr gering. Sowohl die Gestalt des Histogramms, wie der gekrümmte Verlauf des NP-Plots und der kleine Wert des Fillibenkorrelation stellen die Annahme der Normalverteilung in Frage.

Regression Test of Fit. Tests, welche wie der von Filliben die Linearität des NP-Plots ausnutzen, heißen auch **Regression Test of Fit**. In diese Klasse gehören unter anderem die Tests Shapiro-Wilks, Shapiro-Francia und der von Looney und Gulledge. Letztere berechnen ebenfalls die Verteilung des Korrelationskoeffizienten r_F mit p_i nach (8.57). Ihr Test erweist sich in weiten Bereichen dem von Filliben oder von Shapiro überlegen, vgl. Looney (1985). Verrill und Johnson (1987) zeigen die asymptotische Äquivalenz dieser Tests.

8.6 Überprüfung der Kovarianzmatrix

Das lineare Modell war unter der Voraussetzung:

$$\mathbf{y} = \boldsymbol{\mu} + \boldsymbol{\varepsilon}; \qquad \boldsymbol{\mu} \in \mathbf{M}; \qquad \text{Cov } \boldsymbol{\varepsilon} = \sigma^2 \mathbf{I}$$

entwickelt worden. Ob $\boldsymbol{\mu} \in \mathbf{M}$ richtig ist und wie $\mathbf{M}$ sinnvollerweise zu wählen ist, wird im nächsten Kapitel behandelt. Hier wollen wir uns nun mit der Bedingung $\text{Cov } \boldsymbol{\varepsilon} = \sigma^2 \mathbf{I}$ befassen.

8.6.1 Überprüfung der Unkorreliertheit der Residuen

Der autoregressive Prozeß 1. Ordnung

In wirtschaftlichen Vorgängen sind Beobachtungen y_i und y_{i+1} zu zwei aufeinander folgenden Zeitpunkten fast immer voneinander abhängig, da zufällige Störung meistens über den Zeitpunkt i hinaus auf die folgenden Zeitpunkte einwirken. Autokorrelation der Zufallsfehler ist daher eines der Hauptprobleme der Ökonometrie. Sie werden in der ökonometrischen Fachliteratur ausgiebigst behandelt. Siehe z. B. Schneeweiß (1990) oder Schlittgen und Streitberg (1994). Wir wollen dieses Problem nur kurz streifen und ein einziges, einfaches Modell korrelierter Zufallsfehler, nämlich den **autoregressiven Prozeß 1. Ordnung**, vorstellen.[15] Bei diesem Modell wirkt die vergangene Störung ε_{i-1} linear auf das folgende ε_i ein:

$$\varepsilon_i = \rho\varepsilon_{i-1} + \omega_i \qquad i = 1, 2\cdots$$

Dabei ist ρ der Nachwirkungsfaktor und $\omega_1, \omega_2 \cdots$ ist ein Folge unabhängiger $\mathrm{N}\left(0; \tau^2\right)$ verteilter Störgrößen. Die Eigenschaften eines solchen Prozesses lassen sich leicht erkennen, wenn wir den Prozess an einem Zeitpunkt $i = 1$ mit $\varepsilon_1 := \omega_1$ starten lassen und dann die Entwicklung verfolgen:

$$\begin{aligned}
\varepsilon_1 &= \omega_1, \\
\varepsilon_2 &= \rho\varepsilon_1 + \omega_2 = \rho\omega_1 + \omega_2, \\
\varepsilon_3 &= \rho\varepsilon_2 + \omega_3 = \rho^2\omega_1 + \rho\omega_2 + \omega_3, \\
\varepsilon_i &= \sum_{k=1}^{i} \rho^{i-k}\omega_k.
\end{aligned}$$

In den ε_i wirken demnach alle Störungen der Vergangenheit mit exponentiell abklingender Gewichtung nach. Aus $\mathrm{E}\,\omega_i = 0$ und der Unabhängigheit der ω_i folgt $\mathrm{E}\,\varepsilon_i = 0$ und es gilt:

$$\begin{aligned}
\operatorname{Cov}\left(\varepsilon_i; \varepsilon_{i+s}\right) &= \operatorname{Cov}\left(\sum_{k=1}^{i} \rho^{i-k}\omega_i; \sum_{k=1}^{i+s} \rho^{i+s-k}\omega_i\right) = \sum_{k=1}^{i} \rho^{2i+s-2k} \cdot \operatorname{Var}\omega_i \\
&= \rho^s\tau^2 \sum_{k=1}^{i} \left(\rho^2\right)^{i-k} = \rho^s\tau^2 \frac{1-\rho^{2i}}{1-\rho^2}.
\end{aligned}$$

Mit der abkürzenden Definition:

$$\sigma^2 := \frac{\tau^2}{1-\rho^2}$$

gilt demnach in guter Näherung für große i:

$$\begin{aligned}
\operatorname{Cov}\left(\varepsilon_i; \varepsilon_{i+s}\right) &= \rho^s\sigma^2, \\
\operatorname{Var}\varepsilon_i &= \sigma^2, \\
\rho\left(\varepsilon_i; \varepsilon_{i+s}\right) &= \rho^s.
\end{aligned}$$

Die ε_i besitzen also eine konstante Varianz σ^2; zwei Störgrößen sind aber um so stärker korreliert, je näher sie zeitlich beieinander liegen. Für einen Zeitabschnitt von n aufeinanderfolgenden Zeitpunkten erhalten wir somit:

$$\boldsymbol{\varepsilon} \sim \mathrm{N}_n\left(\mathbf{0}; \sigma^2\mathbf{C}\right).$$

[15] Siehe auch das Beispiel 215.

Dabei haben $\mathbf{C}$ und ihre Inverse $\mathbf{C}^{-1}$ die folgende Gestalt:

$$\mathbf{C} = \begin{pmatrix} 1 & \rho & \rho^2 & \cdots & \rho^{n-1} \\ \rho & 1 & \rho & \cdots & \rho^{n-2} \\ \rho^2 & \rho & 1 & \cdots & \rho^{n-3} \\ \vdots & \vdots & \vdots & \ddots & \vdots \\ \rho^{n-1} & \rho^{n-2} & \rho^{n-3} & \cdots & 1 \end{pmatrix},$$

$$\mathbf{C}^{-1} = \frac{1}{1-\rho^2} \begin{pmatrix} 1 & -\rho & 0 & \cdots & 0 \\ -\rho & 1+\rho^2 & -\rho & \cdots & 0 \\ 0 & -\rho & 1+\rho^2 & \cdots & 0 \\ \vdots & \vdots & \vdots & \ddots & \vdots \\ 0 & 0 & 0 & \cdots & 1 \end{pmatrix}.$$

Ist ρ bekannt, so ist, wie in Satz 290 gezeigt, der BLUE-Schätzer von $\boldsymbol{\beta}$ im linearen Modell gegeben durch:

$$\widehat{\boldsymbol{\beta}} = \left(\mathbf{X}'\mathbf{C}^{-1}\mathbf{X}\right)^{-1}\mathbf{X}'\mathbf{C}^{-1}\mathbf{y}.$$

Wird die Autokorrelation der ε_i verkannt und irrtümlicherweise $\boldsymbol{\varepsilon} \sim \mathrm{N}_n\left(\mathbf{0}; \sigma^2\mathbf{I}\right)$ gesetzt, so werden alle Parameter und vor allem deren Varianzen falsch geschätzt. Die darauf aufbauenden Tests und Konfidenzaussagen sind nicht mehr korrekt. Das folgende Beispiel illustriert die Form und Wirkung der Autokorrelation:

Beispiel 344 *Hier ist* $n = 15$; $\omega_i \sim \mathrm{N}(0;1)$ *und* $\varepsilon_i = 0{,}8\varepsilon_{i-1} + \omega_i$ *gewählt worden. Die nächsten zwei Bilder zeigen links den Plot der unkorrelierten Residuen* ω_i *und rechts den entsprechenden Plot der autokorrelierten* ε_i *gegen den Laufindex i*

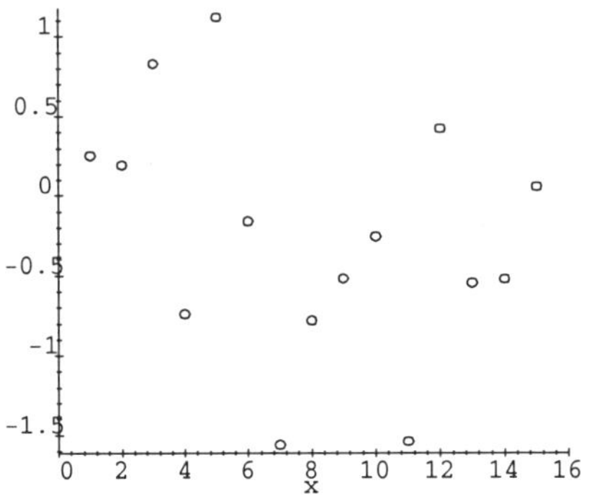

Unkorrelierte ω_i *gegen i*

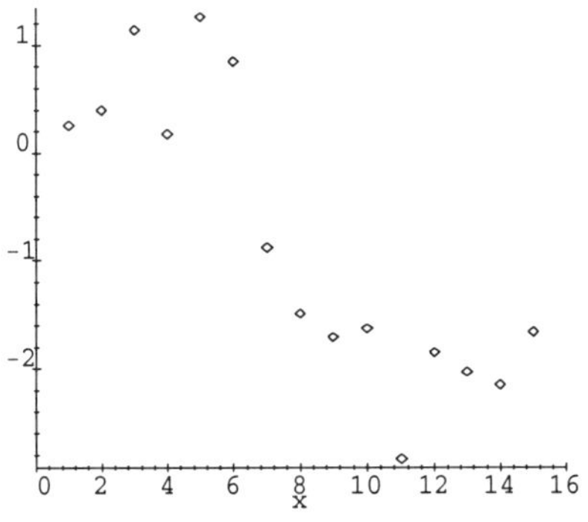

Autokorrelierte ε_i *gegen i*

Man erkennt, wie der hohe Nachwirkungsfaktor $\rho = 0{,}8$ *sich auf die* ε_i *aus wirkt: Sind die* ε_i *einmal positiv, so bleiben sie es auch eine Weile lang, sind sie negativ, dann verharren sie im Negativen. Dies zeigt sich ebenfalls in den Autokorrelationsplots:*

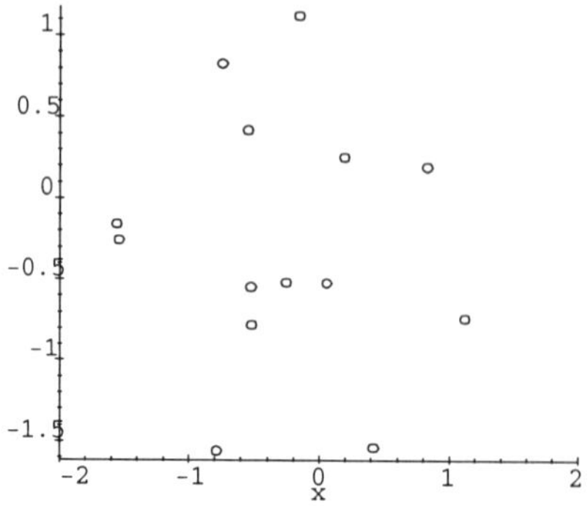

Unkorrelierte ω_i gegen ω_{i-1}

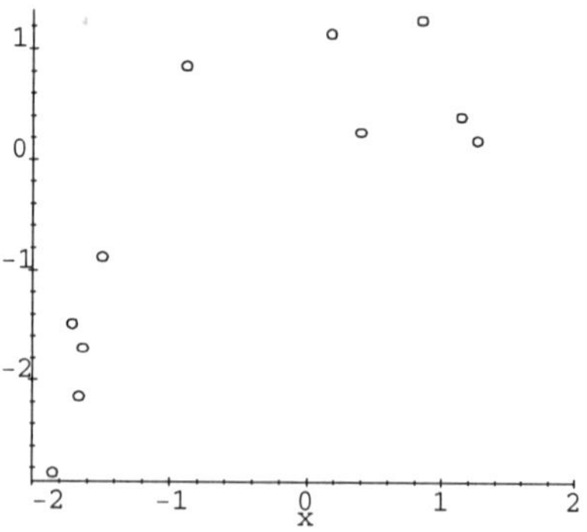

Autokorrelierte der ε_i gegen ε_{i-1}

Links sind die ω_i auf der Ordinate gegen die unkorrelierten ω_{i-1} auf der Abszisse geplottet. Analog sind rechts die korrelierten ε_i gegen ε_{i-1} aufgetragen. Der empirische Korrelationskoeffizient $r(\varepsilon_i;\varepsilon_{i-1}) = 0{,}82$ ist annähernd gleich dem Nachwirkungsfaktor $\rho = 0{,}8$.

Nun wird die (in den folgenden beiden Bildern gestrichelt eingezeichnete) Gerade $\mu(x) = 1 + x$ einmal mit den ω_i einmal mit den ε_i gestört. In beiden Fällen werden aus den resultierenden Punktwolke mit dem gewöhnliche KQ-Schätzer die (durchgezeichneten) Regressionsgeraden berechnet.

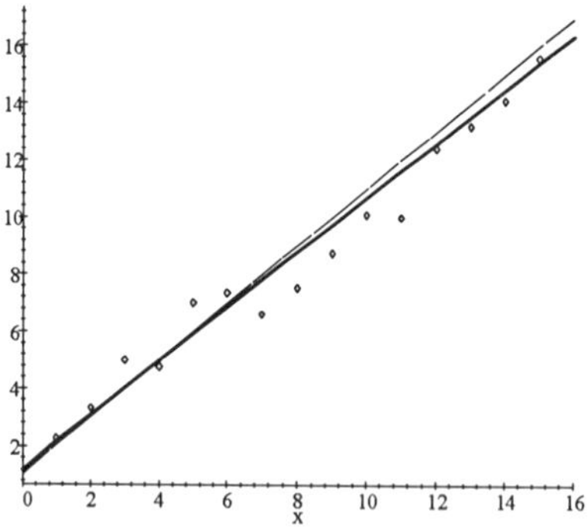

Geschätzte Gerade: $1{,}17 + 0{,}95x$

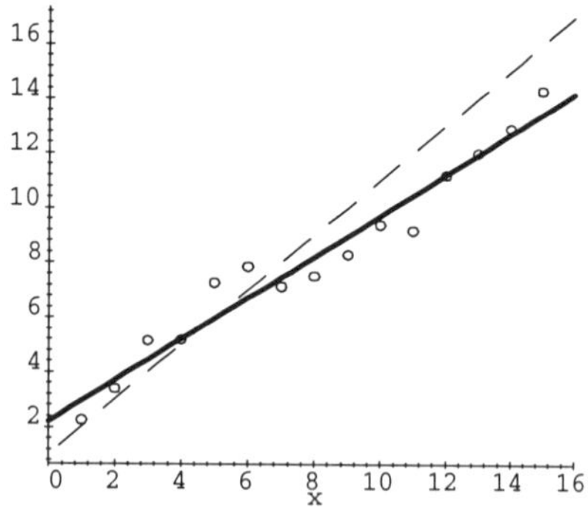

Geschätzte Gerade: $2{,}2 + 0{,}75x$

Bei den unkorrelierten η_i stimmt die geschätzte Gerade sehr gut mit der wahren Geraden überein. Bei den autokorrelierten ε_i drehen die nachwirkenden Störungen die falsch geschätzte Regressionsgerade von der wahren Geraden systematisch nach unten weg.

Die Durbin-Watson-Statistik

Die am meisten verwendete Kenngröße zur Überprüfung der Autokorrelation der Residuen $\widehat{\varepsilon}_i$ ist die **Durbin-Watson-Statistik**:

$$DW := \frac{\sum_{i=2}^{n} (\widehat{\varepsilon}_i - \widehat{\varepsilon}_{i-1})^2}{\sum_{i=1}^{n} \widehat{\varepsilon}_i^2}.$$

Für DW gilt die Abschätzung:

$$0 \leq DW \leq 4.$$

Die Größenordnung von DW läßt sich anschaulich interpretieren. Wegen:

$$\sum_{i=2}^{n} \widehat{\varepsilon}_i^2 \approx \sum_{i=2}^{n} \widehat{\varepsilon}_{i-1}^2 \text{ und } \sum_{i=2}^{n} \widehat{\varepsilon}_i \approx \sum_{i=2}^{n} \widehat{\varepsilon}_{i-1} \approx \sum_{i=1}^{n} \widehat{\varepsilon}_i = 0$$

ist

$$\begin{aligned} DW &= \frac{\sum_{i=2}^{n} \widehat{\varepsilon}_i^2 + \sum_{i=2}^{n} \widehat{\varepsilon}_{i-1}^2 - 2\sum_{i=2}^{n} \widehat{\varepsilon}_i \widehat{\varepsilon}_{i-1}}{\sum_{i=1}^{n} \widehat{\varepsilon}_i^2} \\ &\approx 2 - 2\frac{\sum_{i=2}^{n} \widehat{\varepsilon}_i \widehat{\varepsilon}_{i-1}}{\sqrt{\sum_{i=1}^{n} \widehat{\varepsilon}_i^2}\sqrt{\sum_{i=1}^{n} \widehat{\varepsilon}_{i-1}^2}} \\ &\approx 2 - 2r(\widehat{\varepsilon}_i; \widehat{\varepsilon}_{i-1}). \end{aligned}$$

Dabei ist $r(\widehat{\varepsilon}_i; \widehat{\varepsilon}_{i-1})$ der Autokorrelations-Koeffizient von zwei aufeinanderfolgenden Residuen. Sind die ε_i stark positiv korreliert, $r(\widehat{\varepsilon}_i; \widehat{\varepsilon}_{i-1}) \approx 1$, so liegt DW bei Null, sind die ε_i dagegen stark negativ korreliert, $r(\widehat{\varepsilon}_i; \widehat{\varepsilon}_{i-1}) \approx -1$, liegt DW bei 4. $DW \approx 2$ spricht für Unkorreliertheit.
Die kritische Region eines Tests zum Niveau α der Hypothese H_0 : "$\rho = 0$" gegen die einseitige Alternative H_1 : "$\rho > 0$" müßte demnach aus den kleinen Werten der Durbin-Watson-Statistik DW bestehen:

$$0 \leq dw \leq DW_\alpha.$$

Dabei ist dw der aus den Daten errechnete Wert und DW_α das untere α–Quantil der Verteilung von DW. Dieses Quantil DW_α läßt sich nicht elementar bestimmen, denn die Verteilung von DW hängt selbst unter H_0 von $\mathcal{L}\{\mathbf{X}\}$ ab.
In ihren Arbeiten von 1950 und 1951 haben Durbin und Watson zwei nur von n und der Anzahl m der Regressoren abhängende zufällige Schranken DWL und DWU gefunden, die unter H_0 die Variable DW einrahmen:[16]

$$DWL \leq DW \leq DWU.$$

Nun wird DW_α durch die bekannten Quantile von DWU_α und DWL_α eingeschachtelt:

$$DWL_\alpha \leq DW_\alpha \leq DWU_\alpha.$$

[16] L = **L**ower; U = **U**pper

Damit wird das Intervalls [0; 4] in drei Entscheidungsbereiche zerlegt:

0	DWL_α		DWU_α	4
H_0 *wird abgelehnt*	|	*Keine Aussage möglich*	|	H_0 *wird angenommen*

Der Durbin-Watson-Test ist ein Test mit einem Indifferenzbereich:

$$\begin{array}{rcll} & dw & \le DWL_\alpha & \rightarrow H_0 \text{ wird abgelehnt.} \\ DWL_\alpha < & dw & < DWU_\alpha & \rightarrow \text{Keine Aussage möglich.} \\ DWU_\alpha \le & dw & & \rightarrow H_0 \text{ wird angenommen.} \end{array}$$

Testet man H_0 : "$\rho = 0$" gegen die Alternative H_1 : "$\rho < 0$", so wird das gleiche Verfahren auf die Prüfgröße $4 - DW$ angewendet. Durbin und Watson (1951) zeigen, daß ihr Test für H_0 : "$\rho = 0$" in der Umgebung der Nullhypothese der lokal gleichmäßig beste invariante Test ist. Vergleiche mit weiteren Tests finden sich bei L'Esperance und Taylor (1975), Epps und Epps (1977) und Harrison und McCabe (1975). Dabei schneidet der DW-Test in der Regel gut ab.
Tabellen der Quantile DWL_α und DWU_α finden sich bei Savin und White (1978) für $5 < n < 200$, $m < 20$ und $\alpha = 0,05$ sowie $\alpha = 0,1$. Koerts und Abramhamse (1969) geben ein Fortran-Programm zur exakten Berechnung der Verteilung von DW an.

8.6.2 Überprüfung der Konstanz der Varianz

In diesem Abschnitt wollen wir drei Test vorstellen, mit denen die Annahme der konstanten Varianz der Residuen überprüft werden kann. Es gibt eine Fülle verschiedener Tests, die alle die Nullhypothese:

$$H_0 \; : \text{" Var } y_i = \sigma^2 \qquad i = 1, \cdots, n\text{"}$$

überprüfen, sich aber in der Wahl der Alternativhypothesen unterscheiden. Eine generelle Empfehlung ist nicht möglich. Vielmehr hängt die Trennschärfe der Tests entscheidend vom Vorwissen über die mögliche Struktur der Varianzen der Störgrößen und den jeweils betrachteten Alternativen ab. Dies ist auch das Ergebnis einer Simulationsstudie von Griffiths und Surekha (1986). Weitere Übersichten geben zum Beispiel Ali und Giaccotto (1984) oder Judge et al. (1988).
Ist die Annahme Cov $\boldsymbol{\varepsilon} = \sigma^2 \mathbf{I}$ falsch, so bleiben zwar alle Schätzer weiterhin erwartungstreu, aber Varianzen, Konfidenzintervalle und Irrtumswahrscheinlichkeiten bei Tests werden falsch bestimmt. Unter der Voraussetzung heteroskedastischer aber unkorrelierter ε_i bestimmt White (1980) einen konsistenten Schätzer für Cov $\widehat{\boldsymbol{\beta}}$:

$$\widehat{\text{Cov}}\; \widehat{\boldsymbol{\beta}} = (\mathbf{X}'\mathbf{X})^{-1} (\mathbf{X}' \operatorname{Diag}(\widehat{\varepsilon}_1, \cdots ; \widehat{\varepsilon}_n) \mathbf{X}) (\mathbf{X}'\mathbf{X})^{-1} .$$

Verwendet man diese Kovarianzmatrix anstelle von $\widehat{\sigma}^2 (\mathbf{X}'\mathbf{X})^{-1}$, so lassen sich weiterhin alle bisher behandelten Tests und Konfidenzintervalle asymptotisch korrekt bestimmen.

Szroeter's Test

Szroeter (1978) setzt bei seinem Test voraus, daß unter der Alternative die Beobachtungen so geordnet werden können, daß mit wachsendem Index i auch die Varianzen der Störungen ε_i wachsen:

$$\text{Var } \varepsilon_i = \sigma_i^2 \leq \sigma_{i+1}^2 = \text{Var } \varepsilon_{i+1}; \qquad i = 1, \cdots, n-1.$$

Für die Prüfgröße des Tests wird eine Folge wachsender nichtstochastischer Gewichte $h_i \leq h_{i+1}$ fest gewählt. Mit den Abkürzungen:

$$\widetilde{h} := \frac{\sum_i h_i \widehat{\varepsilon}_i^2}{\sum_i \widehat{\varepsilon}_i^2}, \qquad \overline{h} := \frac{\sum_i h_i}{n},$$

ist die Prüfgröße SZ des Szroetertests:

$$SZ := \frac{\frac{1}{2}\left(\widetilde{h} - \overline{h}\right)}{\frac{1}{n}\sum_i \left(h_i - \overline{h}\right)^2}.$$

Unter der Nullhypothese H_0 : "$\sigma_1^2 = \sigma_2^2 = \cdots = \sigma_n^2$" ist SZ asymptotisch standardnormalverteilt. Unter der Alternative monoton wachsender Varianzen tendiert SZ zu größeren Werten. Die kritische Region wird daher aus den großen Werten von SZ gebildet. Für den Spezialfall $h_i = i$, vereinfacht sich SZ zu:

$$SZ = \sqrt{\frac{6n}{n^2-1}}\left(\widetilde{h} - \frac{n+1}{2}\right) \quad \text{mit} \quad \widetilde{h} := \frac{\sum i\,\widehat{\varepsilon}_i^2}{\sum \widehat{\varepsilon}_i^2}.$$

Goldfeldt-Quandt-Test

Ausgehend vom gemeinsamen Model $\mathbf{y} = \mathbf{X}\boldsymbol{\beta} + \boldsymbol{\varepsilon}$ werden die Beobachtungen in zwei disjunkte Gruppen geteilt:

$$\begin{pmatrix} \mathbf{y}_1 \\ \mathbf{y}_2 \end{pmatrix} = \begin{pmatrix} \mathbf{X}_1 \\ \mathbf{X}_2 \end{pmatrix} \boldsymbol{\beta} + \begin{pmatrix} \boldsymbol{\varepsilon}_1 \\ \boldsymbol{\varepsilon}_2 \end{pmatrix}.$$

Dabei sollen n_1 Beobachtungen in der ersten Gruppe und n_2 Beobachtungen in der zweiten Gruppe liegen. $n = n_1 + n_2$.. Nun werden die Gruppen getrennt und beide Regressionsmodelle einzeln betrachtet:

$$\begin{aligned} \mathbf{y}_1 &= \mathbf{X}_1\boldsymbol{\beta} + \boldsymbol{\varepsilon}_1, & \boldsymbol{\varepsilon}_1 &\sim \text{N}_{n_1}\left(\mathbf{0}; \sigma_1^2\mathbf{I}\right), \\ \mathbf{y}_2 &= \mathbf{X}_2\boldsymbol{\beta} + \boldsymbol{\varepsilon}_2, & \boldsymbol{\varepsilon}_2 &\sim \text{N}_{n_2}\left(\mathbf{0}; \sigma_2^2\mathbf{I}\right). \end{aligned}$$

Jede Regression liefert einen eigenen SSE Term und eine eigene Schätzung für σ^2. Für $k = 1; 2$ gilt:

$$\begin{aligned} \text{SSE}_k &\sim \sigma_k^2 \chi^2 (n_k - d), \\ \widehat{\sigma}_k^2 &= \frac{\text{SSE}_k}{n_k - d}. \end{aligned}$$

Die Prüfgröße GQ des **Goldfeldt-Quandt-Tests** ist der Quotient der beiden geschätzten Varianzen:

$$GQ := \frac{\widehat{\sigma}_1^2}{\widehat{\sigma}_2^2}.$$

Da die Beobachtungen aus beiden Gruppen unabhängig voneinander sind, sind SSE_1 und SSE_2 ebenfalls voneinander unabhängig. Unter der Voraussetzung H_0 : "$\sigma_1^2 = \sigma_1^2$" ist die Prüfgröße GQ des Goldfeldt-Quandt-Test daher F-verteilt:

$$GQ \sim F(n_1 - d; n_2 - d).$$

Ist die Alternative $\sigma_1^2 < \sigma_2^2$ besteht die kritische Region aus den kleinenWerten der Prüfgröße. Bei der Alternative $\sigma_1^2 > \sigma_2^2$ bilden die großen Werte die kritische Region, bei der zweiseitigen Alternative $\sigma_1^2 \neq \sigma_2^2$ werden analog links und rechts die extremen Bereiche weggeschnitten.

Breusch-Pagan-Test

Breusch und Pagan (1979) modellieren unter der Alternative die Varianzen der Störgrößen als Funktionen von p bekannten nichtstochastischen externen Einflußgrößen $g_1, \cdots, g_p$. Unter der Alternative ist ihr Model damit:

$$\begin{aligned} \mathbf{y} &= \mathbf{X}\boldsymbol{\beta} + \boldsymbol{\varepsilon}, \\ \text{Cov}\,\boldsymbol{\varepsilon} &= \text{Diag}\left(\sigma_1^2; \cdots; \sigma_n^2\right), \\ \sigma_i^2 &= h\left(\delta_0 + \sum_{k=1}^{p} g_{ik}\delta_k\right) =: h\left(\mathbf{g}_i'\boldsymbol{\delta}\right). \end{aligned}$$

Dabei ist $h(\bullet)$ eine für alle i gemeinsame, stetig differenzierbare Funktion und $\boldsymbol{\delta} = (\delta_0, \cdots, \delta_n)$ ein unbekannter Parametervektor. Ein wichtiger Spezialfall dieses Modells ist:

$$\sigma_i^2 = \exp\left(\delta_0 + \sum_{k=1}^{m} \delta_k \ln x_{ik}\right) = \exp(\delta_0) \prod_{k=1}^{m} x_{ik}^{\delta_k}.$$

Man spricht von einem Modell mit **multiplikativer Heteroskedastizität.** Breusch und Pagan berechnen den asymptotischen Likelihoodquotiententest der Hypothese H_0 : "$\delta_1 = \cdots = \delta_k = 0$ " gegen die Alternative $\sum_{i=1}^{k} \delta_i^2 \neq 0$. Mit den Abkürzungen:

$$\begin{aligned} \tau_i &= n\frac{\widehat{\varepsilon_i}^2}{\sum \widehat{\varepsilon_i}^2} - 1, \\ \boldsymbol{\tau} &= (\tau_1, \cdots, \tau_n)', \\ \mathbf{G}' &= (\mathbf{g}_1; \cdots; \mathbf{g}_n) \end{aligned}$$

ist die Prüfgröße BP des Breusch-Pagan-Tests gegeben durch

$$BP := \frac{1}{2} \|\mathbf{P_G}\boldsymbol{\tau}\|^2 = \frac{1}{2}\boldsymbol{\tau}'\mathrm{G}\left(\mathrm{G}'\mathrm{G}\right)^{-1}\mathbf{G}'\boldsymbol{\tau}.$$

BP ist unter H_0 asymptotisch $\chi^2(p)$ verteilt. BP hängt also nicht mehr von der speziellen Gestalt von h ab.
Der BP-Test ist nicht robust gegenüber Abweichungen von der Normalverteilung der Residuen. Diese Empfindlichkeit kann durch eine Modifikation des Test behoben werden.

Bemerkung: Auf dieselbe Prüfgröße BP stößt man auch mit folgender Heuristik. Fassen wir $\sum \widehat{\varepsilon_i}^2/n =: s^2$ als Schätzer einer gemeinsamen Varianz σ^2 auf, so wird unter H_0 in erster Näherung:

$$\tau_i = n\frac{\widehat{\varepsilon_i}^2}{\sum_k \widehat{\varepsilon_k}^2} - 1 = \frac{\widehat{\varepsilon_i}^2}{s^2} - 1 \approx 0$$

sein. Unter H_1 bestimmen die externen Einflußgrößen g_i die σ_i^2 und damit mittelbar die τ_i. Daher machen wir in erster Näherung den linearen Ansatz:

$$\boldsymbol{\tau} = \mathbf{G}\boldsymbol{\delta} + \boldsymbol{\eta} \qquad \boldsymbol{\eta} \sim \mathrm{N}_n(0; 2\mathbf{I}). \tag{8.59}$$

Die Verteilungsannahme für die Restgröße $\boldsymbol{\eta}$ ist in Anlehnung an das folgende Normalverteilungsmodell gewählt. Gilt $\frac{\varepsilon}{\sigma} \sim \mathrm{N}(0;1)$, so ist $\left(\frac{\varepsilon}{\sigma}\right)^2 \sim \chi^2(1)$ und daher $\mathrm{E}\left(\frac{\varepsilon}{\sigma}\right)^2 = 1$ und $\mathrm{Var}\left(\frac{\varepsilon}{\sigma}\right)^2 = 2$. Testen wir im Modell (8.59) die Hypothese H_0 : "$\delta_1 = \cdots = \delta_p = 0$", so ist die Prüfgröße:

$$\|\mathbf{P_G}\boldsymbol{\tau}\|^2 - \|\mathbf{P_1}\boldsymbol{\tau}\|^2 \sim 2\chi^2(p).$$

Wegen $\boldsymbol{\tau}'\mathbf{1} = n\frac{\sum \widehat{\varepsilon_i}^2}{\sum \widehat{\varepsilon_i}^2} - n = 0$, ist $\|\mathbf{P_1}\boldsymbol{\tau}\|^2 = 0$. Damit erhalten wir gerade die Prüfgröße BP des Breusch-Pagan-Tests.

Kapitel 9

Modellsuche

Ja mach nur einen Plan,
sei nur ein großes Licht,
und mach noch einen zweiten Plan,
gehn tun sie beide nicht.
B. Brecht

Wir sind immer wieder, vor allem auch im letzten Kapitel, auf Schwächen der gegebenen Modelle gestoßen. Nicht selten fragt man sich hinterher, ob nicht das ganze Modell falsch sei und man nicht lieber ein neues suchen solle. Ratsamer ist es zweifellos, sich diese Frage vor Beginn der Arbeit zu stellen und zuerst aus der Vielzahl der möglichen Modelle das beste herauszusuchen.
Liegen ganz konkret eine Beobachtung y und eine Reihe von Regressoren $x_1, \cdots,$ $x_m, \cdots$ vor, die Einfluß auf y haben könnten, so ist es nicht leicht, zu entscheiden, welche dieser Regressoren ins Modell aufzunehmen sind. Naiv zu sagen, "*Viel hilft viel*", und alle Regressoren zu verwenden, um ja nur keine Information zu verlieren, erscheint nur auf den ersten Blick vernünftig. Denn je mehr Regressoren im Modell enthalten sind, um so mehr Parameter sind zu schätzen und um so größer ist die Gefahr, daß weitere Regressoren keine neue Information sondern nur noch störendes Rauschen ins überladene Modell bringen. Ein solches Modell heißt auch **überangepaßt** oder englisch **overfitted**.
Zu wenig Regressoren dürfen es aber auch nicht sein, sonst kann das zu dürftig ausgestattete Modell keine befriedigende Beschreibung oder gar Erklärung der Daten liefern. Ein solches **unterangepaßtes** Modell heißt englisch auch **underfitted**. Diesem Dilemma zwischen zu kleinem und zu großem Modell ist dieses Kapitel gewidmet. Dabei stehen drei Fragen im Vordergrund:

- Was sind die Konsequenzen unter- oder überangepaßter Modelle?
- Wie können Modellalternativen bewertet werden? Was sind geeignete Selektionskriterien?
- Wie läßt sich zu einem gegebenem Selektionskriterium das optimale Modell zu finden?

Diese Fragen sind eine dauernde Herausforderung an alle Statistiker. Sie lassen sich weder abschließend noch eindeutig beantworten. Auch wir können sie hier nur streifen und im übrigen auf die schnell wachsende Literatur verweisen. Zum Beispiel auf Hocking (1976), Thompson (1978), Linhart und Zucchini (1986), Willems (1989) und die ausgezeichnete Monografien von Miller (1990), die auch eine umfassende Literaturübersicht bietet.

9.1 Unter- und überangepaßte Modelle

Um die Auswirkungen falscher Modelle zu bewerten, setzen wir nur:

$$\mathrm{E}\,\mathbf{y} = \boldsymbol{\mu}; \quad \mathrm{Cov}\ \mathbf{y} = \sigma^2 \mathbf{I}$$

voraus. $\mathbf{M}$ sei das aktuelle Modell und $\mathbf{M}_s$ ein korrektes Vergleichsmodell. Wir fordern also $\boldsymbol{\mu} \in \mathbf{M}_s$ aber nicht $\boldsymbol{\mu} \in \mathbf{M}$. Auch wenn der Index s daran erinnern mag, ist $\mathbf{M}_s$ nicht notwendig das saturierte Modell. Weiter sei $\dim \mathbf{M} = d$ und $\dim \mathbf{M}_s = d_s$.

Der Modellfehler

Wir zerlegen $\boldsymbol{\mu}$ in die $\mathbf{M}$-Komponente $\boldsymbol{\mu}_{\mathbf{M}}$ und den orthogonalen Rest :

$$\boldsymbol{\mu} = \boldsymbol{\mu}_{\mathbf{M}} + \boldsymbol{\mu}_{\bullet\mathbf{M}}.$$

$\boldsymbol{\mu}_{\bullet\mathbf{M}}$ ist der Modellfehler, die nicht im Modell enthaltene und daher auch nicht schätzbare Komponente von $\boldsymbol{\mu}$. In $\mathbf{M}$ wird $\boldsymbol{\mu}$ durch $\widehat{\boldsymbol{\mu}} = \mathbf{P_M}\mathbf{y}$ geschätzt. Daher ist der Bias von $\widehat{\boldsymbol{\mu}}$:

$$\boldsymbol{\mu} - \mathrm{E}\,\widehat{\boldsymbol{\mu}} = \boldsymbol{\mu} - \boldsymbol{\mu}_{\mathbf{M}} = \boldsymbol{\mu}_{\bullet\mathbf{M}}. \tag{9.1}$$

Der Modellfehler fällt hier mit dem Bias zusammen. Der Bias von $\widehat{\sigma}^2$ ist ebenfalls eine Funktion des Modellfehlers:

$$\mathrm{E}\,(\mathrm{SSE}) = \sigma^2\,(n-d) + \left\|\boldsymbol{\mu}_{\bullet\mathbf{M}}\right\|^2. \tag{9.2}$$

Der mittlere quadratische Schätzfehler

Zwei wesentliche Beurteilungskriterien der Güte einer Schätzung $\widehat{\boldsymbol{\theta}}$ eines ein- oder mehrdimensionalen Parameters $\boldsymbol{\theta}$ sind die Matrix des mittleren quadratischen Schätzfehler[1]:

$$\mathbf{mqA}\left(\widehat{\boldsymbol{\theta}}\right) := \mathrm{E}\left(\boldsymbol{\theta} - \widehat{\boldsymbol{\theta}}\right)\left(\boldsymbol{\theta} - \widehat{\boldsymbol{\theta}}\right)' = \mathrm{Cov}\ \widehat{\boldsymbol{\theta}} + \left(\boldsymbol{\theta} - \mathrm{E}\widehat{\boldsymbol{\theta}}\right)\left(\boldsymbol{\theta} - \mathrm{E}\widehat{\boldsymbol{\theta}}\right)' \tag{9.3}$$

und deren eindimensionaler Spur:

$$mqA\left(\widehat{\boldsymbol{\theta}}\right) := \mathrm{E}\left\|\boldsymbol{\theta} - \widehat{\boldsymbol{\theta}}\right\|^2 = \sum_i \mathrm{Var}\ \widehat{\theta}_i + \left\|\boldsymbol{\theta} - \mathrm{E}\widehat{\boldsymbol{\theta}}\right\|^2.$$

[1] Vgl. Abschnitt 2.3.5 in Kapitel 2.

Im linearen Model gilt wegen (9.1) und (9.3):

$$\mathbf{mqA}(\widehat{\mu}) = \sigma^2 \mathbf{P_M} + \boldsymbol{\mu}_{\bullet \mathbf{M}} \boldsymbol{\mu}'_{\bullet \mathbf{M}}, \tag{9.4}$$

$$mqA(\widehat{\mu}) = \sigma^2 d + \|\boldsymbol{\mu}_{\bullet \mathbf{M}}\|^2. \tag{9.5}$$

Unteranpassung: Ein zu knappes Modell

Wir betrachten zuerst die Folgen eines unterangepaßten Modells:

$$\boldsymbol{\mu} \notin \mathbf{M} \subset \mathbf{M}_s.$$

Vergleichen wir die Kovarianzmatrix des erwartungstreuen Schätzers $\widehat{\boldsymbol{\mu}}_s = \mathbf{P}_{\mathbf{M}_s}\mathbf{y}$ mit der des verfälschten Schätzers $\widehat{\boldsymbol{\mu}} = \mathbf{P_M y}$, so gilt:

$$\mathrm{Cov}\ \widehat{\boldsymbol{\mu}}_s - \mathrm{Cov}\ \widehat{\boldsymbol{\mu}} = \sigma^2 \mathbf{P}_{\mathbf{M}_s} - \sigma^2 \mathbf{P_M} = \sigma^2 \mathbf{P}_{\mathbf{M}_s \ominus \mathbf{M}} \geq \mathbf{0}.$$

Da $\mathbf{P}_{\mathbf{M}_s \ominus \mathbf{M}}$ positiv semidefinit ist, täuscht das zu sparsam ausgestattete Modell $\mathbf{M}$ eine höhere Genauigkeit vor als das korrekte Modell $\mathbf{M}_s$. Wegen :

$$\mathbf{mqA}(\widehat{\boldsymbol{\mu}}_s) - \mathbf{mqA}(\widehat{\boldsymbol{\mu}}) = \sigma^2 \mathbf{P}_{\mathbf{M}_s \ominus \mathbf{M}} - \boldsymbol{\mu}_{\bullet \mathbf{M}} \boldsymbol{\mu}'_{\bullet \mathbf{M}} \tag{9.6}$$

$$mqA(\widehat{\boldsymbol{\mu}}_s) - mqA(\widehat{\boldsymbol{\mu}}) = \sigma^2 (d_s - d) - \|\boldsymbol{\mu}_{\bullet \mathbf{M}}\|^2 \tag{9.7}$$

kann aber das sparsamere Modell $\mathbf{M}$ im Sinne des mittleren quadratischen Schätzfehlers genauer sein als $\mathbf{M}_s$. Formel (9.6) kann wegen $\widehat{\boldsymbol{\mu}}_{\bullet \mathbf{M}} = \mathbf{P}_{\mathbf{M}_s \ominus \mathbf{M}}\mathbf{y}$ und $\mathrm{Cov}\ \widehat{\boldsymbol{\mu}}_{\bullet \mathbf{M}} = \sigma^2 \mathbf{P}_{\mathbf{M}_s \ominus \mathbf{M}}$ auch geschrieben werden als:

$$\mathbf{mqA}(\widehat{\boldsymbol{\mu}}_s) - \mathbf{mqA}(\widehat{\boldsymbol{\mu}}) = \mathrm{Cov}\ \widehat{\boldsymbol{\mu}}_{\bullet \mathbf{M}} - \boldsymbol{\mu}_{\bullet \mathbf{M}} \boldsymbol{\mu}'_{\bullet \mathbf{M}}.$$

Anschaulich besagt diese Gleichung: Sind die Varianzen und Kovarianzen, mit denen $\boldsymbol{\mu}_{\bullet \mathbf{M}}$ im korrekten Modell $\mathbf{M}_s$ erwartungstreu geschätzt werden, größer als Quadrate und Produkte der Komponenten, so lohnt sich die Beschränkung auf das sparsamere Modell. Eine analoge Aussage gilt für $\boldsymbol{\beta}$ anstelle von $\boldsymbol{\mu}$. Dazu sei: $\mathbf{X}_2$ ist die Matrix der notwendigen, aber ausgelassenen Regressoren. Dann gilt der folgende Satz:

Satz 345 *Es sei* $\boldsymbol{\mu} = \mathbf{X}_1\boldsymbol{\beta}_1 + \mathbf{X}_2\boldsymbol{\beta}_2$ *und* $\mathbf{M} = \mathcal{L}\{\mathbf{X}_1\}$ *sowie* $\mathbf{M}_s = \mathcal{L}\{\mathbf{X}_1, \mathbf{X}_2\}$. *Im Sinne des mittleren quadratischen Fehlers* **mqA** *ist das sparsamere Modell* $\mathbf{M}$ *genau dann besser als das korrekte Modell* $\mathbf{M}_s$, *wenn* $\mathrm{Cov}\,\widehat{\boldsymbol{\beta}}_2 - \boldsymbol{\beta}_2\boldsymbol{\beta}'_2$ *eine positiv semidefinite Matrix ist:*

$$\mathbf{mqA}(\widehat{\boldsymbol{\mu}}_s) - \mathbf{mqA}(\widehat{\boldsymbol{\mu}}) \geq \mathbf{0} \quad \leftrightarrow \quad \mathrm{Cov}\,\widehat{\boldsymbol{\beta}}_2 - \boldsymbol{\beta}_2\boldsymbol{\beta}'_2 \geq \mathbf{0}. \tag{9.8}$$

Besteht daher $\mathbf{X}_2$ *speziell nur aus dem einzigen Regressor* $\mathbf{x}_2$, *gilt:*

$$\mathbf{mqA}(\widehat{\boldsymbol{\mu}}_s) - \mathbf{mqA}(\widehat{\boldsymbol{\mu}}) \geq \mathbf{0} \quad \leftrightarrow \quad \sigma_{\widehat{\beta}_2} > |\beta_2|.$$

Ist also die Ungenauigkeit *der Schätzung von* β_2 *größer als* $|\beta_2|$ *selbst, so lohnt es sich, auf* β_2 *und damit den Beitrag von* $\mathbf{x}_2$ *ganz zu verzichten.*

Beweis:
Wir zerlegen $\boldsymbol{\mu}$ in zwei orthogonale Komponenten:[2]

$$\boldsymbol{\mu} = \mathbf{X}_1\boldsymbol{\beta}_1 + \mathbf{X}_2\boldsymbol{\beta}_2 =: \underbrace{\mathbf{X}_1\boldsymbol{\beta}_{1\bullet2}}_{\boldsymbol{\mu}_{\mathbf{M}}} + \underbrace{\mathbf{X}_{2\bullet1}\boldsymbol{\beta}_2}_{\boldsymbol{\mu}_{\bullet\mathbf{M}}}.$$

Dabei ist $\mathbf{X}_1\boldsymbol{\beta}_{1\bullet2} := \mathbf{X}_1\boldsymbol{\beta}_1 + \mathbf{P}_{\mathbf{X}_1}\mathbf{X}_2\boldsymbol{\beta}_2$ und $\mathbf{X}_{2\bullet1} := (\mathbf{I} - \mathbf{P}_{\mathbf{X}_1})\,\mathbf{X}_2$. Hierbei kann $\mathbf{X}_{2\bullet1}$ mit maximalem Spaltenrang gewählt werden. Dann ist:

$$\begin{aligned} \widehat{\boldsymbol{\mu}}_{\bullet\mathbf{M}} &= \mathbf{X}_{2\bullet1}\widehat{\boldsymbol{\beta}}_2, \\ \operatorname{Cov}\widehat{\boldsymbol{\beta}}_2 &= \sigma^2\left(\mathbf{X}_{2\bullet1}'\mathbf{X}_{2\bullet1}\right)^{-1}, \\ \operatorname{Cov}\widehat{\boldsymbol{\mu}}_{\bullet\mathbf{M}} - \boldsymbol{\mu}_{\bullet\mathbf{M}}\boldsymbol{\mu}_{\bullet\mathbf{M}} &= \mathbf{X}_{2\bullet1}\left(\operatorname{Cov}\widehat{\boldsymbol{\beta}}_2 - \boldsymbol{\beta}_2\boldsymbol{\beta}_2'\right)\mathbf{X}_{2\bullet1}'. \end{aligned} \tag{9.9}$$

Aus (9.9) und (9.6) folgt nun (9.8).
□

Überanpassung: Ein korrektes, aber zu großes Modell

Betrachten wir nun den Fall, bei dem $\boldsymbol{\mu}$ zwar im Modellraum $\mathbf{M}$ enthalten ist, dieser aber unnötig groß gewählt wurde:

$$\boldsymbol{\mu} \in \mathbf{M}_s \subset \mathbf{M}.$$

Wegen $\boldsymbol{\mu}_{\bullet\mathbf{M}} = \mathbf{0}$ sind $\widehat{\sigma}^2$ und $\widehat{\boldsymbol{\mu}}(\mathbf{M})$ erwartungstreue, aber nicht mehr effiziente Schätzer, denn es ist:

$$\operatorname{Cov}\widehat{\boldsymbol{\mu}} - \operatorname{Cov}\widehat{\boldsymbol{\mu}}_s = \sigma^2\mathbf{P}_{\mathbf{M}} - \sigma^2\mathbf{P}_{\mathbf{M}_s} = \sigma^2\mathbf{P}_{\mathbf{M}\ominus\mathbf{M}_s}\ . \tag{9.10}$$

Jeder schätzbare Parameter $\phi = \mathbf{k}'\boldsymbol{\mu}$ wird demnach erwartungstreu, aber mit einer unnötig großen Varianz geschätzt. Speziell für eindimensionale Parameter $\widehat{\phi} = \mathbf{k}'\widehat{\boldsymbol{\mu}}$ und $\widehat{\phi}_s = \mathbf{k}'\widehat{\boldsymbol{\mu}}_s$ folgt:

$$\operatorname{Var}\widehat{\phi} - \operatorname{Var}\widehat{\phi}_s = \mathbf{k}'\left(\operatorname{Cov}\widehat{\boldsymbol{\mu}} - \operatorname{Cov}\widehat{\boldsymbol{\mu}}_s\right)\mathbf{k} = \sigma^2\left\|\mathbf{P}_{\mathbf{M}\ominus\mathbf{M}_s}\mathbf{k}\right\|^2 \geq 0. \tag{9.11}$$

Abgesehen vom Fall $\mathbf{k} \perp \mathbf{M} \ominus \mathbf{M}_s$, ist $\operatorname{Var}\widehat{\phi} > \operatorname{Var}\widehat{\phi}_s$.

9.2 Modellbewertungen und Selektionskriterien

Der Wert eines Modells richtet sich nach seinem Zweck. Je nach dem, ob Beobachtungen durch vorgegebene Regressoren approximiert, zukünftige Beobachtungen prognostiziert oder funktionale Zusammenhänge gesucht werden, sind unterschiedliche Kriterien sinnvoll. Daher gibt es zahlreiche verschiedene Modellbewertungen und Auswahl- oder Selektionskriterien. Die gebräuchlichsten Kriterien bewerten:

[2] Die hier verwendete Schreibweise wird im Abschnitt 10.2.1 noch ausführlicher erläutert.

- die Plausibilität der Parameter durch ihre Likelihood,
- die Übereinstimmung zwischen Modell und Beobachtung durch die geschätzten Residuen $\widehat{\boldsymbol{\varepsilon}}$,
- die Komplexität des Modells durch die Dimension des Modellraums.

Allen Kriterien gemeinsam ist Occams Prinzip[3] der sparsamen Modellierung:

> *Bei gleicher Übereinstimmung zwischen Modell und Daten wird das Modell mit der geringeren Anzahl von Parametern vorgezogen.*

Wir werden im folgenden einige der wichtigsten Kriterien exemplarisch vorstellen.

9.2.1 Die Abweichung zwischen Schätzwert und Beobachtung

Die absolute Abweichung SSE zwischen Schätzwert und Beobachtung

Soll nur die Güte der Übereinstimmung zwischen Modell $\mathbf{M}$ und Beobachtung beurteilt werden, so sind SSE und r^2

$$\begin{aligned} \text{SSE} &= \|\mathbf{y} - \mathbf{P_M y}\|^2, \\ r^2 &= \frac{\text{SSR}}{\text{SST}} = 1 - \frac{\text{SSE}}{\text{SST}} \end{aligned}$$

geeignete, äquivalente Kriterien. Je kleiner SSE und je größer das Bestimmtheitsmaß r^2 ist, um so größer ist die Übereinstimmung.

Die Schwäche beider Kriterien: Mit jeder Modellerweiterung von $\mathbf{M}$ auf $\mathbf{M}'$ mit $\mathbf{M} \subset \mathbf{M}'$ nimmt SSE monoton ab und r^2 monoton zu. Die Kriterien SSE und r^2 führen daher zwangsläufig zu überangepaßten Modellen. Außerdem sagt eine große Übereinstimmung zwischen den beobachteten und den angepaßten Daten noch nichts über die Güte des Modells aus. Man vergleiche dazu auch die Bemerkungen in Abschnitt 6.3.1 "Probleme bei der Interpretation des Bestimmtheitsmaßes" .

Die relative Abweichung $\widehat{\sigma}^2$ zwischen Schätzwert und Beobachtung

An SSE ist nicht erkennbar, mit welchem Aufwand die jeweilige Approximation erzielt wurde. Besser geeignet ist daher:

$$\widehat{\sigma}^2(\mathbf{M}) := \frac{\text{SSE}(\mathbf{M})}{n-d}.$$

Der Nenner $n - d$ trägt der wachsenden Komplexität Rechnung und setzt SSE mit der Dimension d des Modellraums und der Anzahl n der Beobachtungen

[3] "Entia non sunt multiplicanda praeter necessitatem" William of Occam (1280 - 1349)

in Beziehung. Außerdem ist $\widehat{\sigma}^2(\mathbf{M})$ als Selektionskriterium sinnvoll, da die Längen aller Konfidenzintervalle und die Breite jedes Annahmebereichs letzten Endes durch $\widehat{\sigma}^2(\mathbf{M})$ bestimmt werden. Vergleicht man $\widehat{\sigma}^2(\mathbf{M})$ mit der Varianz $\widehat{\sigma}^2(\mathbf{M}_0)$ des Nullmodells $\mathbf{M}_0 := \mathcal{L}\{\mathbf{1}\}$, erhält man das **adjustierte Bestimmtheitsmaß**:

$$\begin{aligned} r^2_{adj} &= 1 - \frac{\widehat{\sigma}^2(\mathbf{M})}{\widehat{\sigma}^2(\mathbf{M}_0)} = 1 - \frac{(n-1)\,\mathrm{SSE}(\mathbf{M})}{(n-d)\,\mathrm{SSE}(\mathbf{M}_0)} \\ &= 1 - \frac{(n-1)}{(n-d)}\left(1 - r^2\right). \end{aligned} \tag{9.12}$$

r^2_{adj} berücksichtigt besser die *Kosten* einer Modellerweiterung als r^2. Je größer die Dimension des Modells ist, um so stärker nimmt r^2_{adj} gegenüber dem gewöhnlichen Bestimmtheitsmaß r^2 ab. Im Extremfall kann r^2_{adj} auch negative Werte annehmen, da bei schlechtgewählten Modellen $\widehat{\sigma}^2(\mathbf{M}) > \widehat{\sigma}^2(\mathbf{M}_0)$ sein kann.

9.2.2 Die Diskrepanz zwischen Modell und saturiertem Obermodell: die Prüfgröße $\mathrm{F_{PG}}$ des F-Tests

Auf Grund der Daten besteht kein Grund, das übergeordnete, komplexere Modell $\mathbf{M}_s$ dem aktuellen, einfacheren Modell $\mathbf{M}$ vorzuziehen, wenn in $\mathbf{M}_s$ die Hypothese:

$$H_0 : \boldsymbol{\mu} \in \mathbf{M}$$

nicht verworfen wird. Da die kritische Region des F-Tests aus den großen Werten der Prüfgröße:

$$\mathrm{F_{PG}} = \frac{1}{d_s - d}\frac{\mathrm{SS}(\mathbf{M}_s \mid \mathbf{M})}{\widehat{\sigma}^2(\mathbf{M}_s)} \tag{9.13}$$

besteht, erscheint $\mathbf{M}$ um so akzeptabler, je kleiner $\mathrm{F_{PG}}$ ist. Große Werte der Prüfgröße, $(\mathrm{F_{PG}} \gg 1)$, sprechen gegen und kleine, $(\mathrm{F_{PG}} \ll 1)$, für die Annahme von $\mathbf{M}$. Aus:

$$\mathrm{SS}(\mathbf{M}_s \mid \mathbf{M}) = \mathrm{SSE}(\mathbf{M}) - \mathrm{SSE}(\mathbf{M}_s) = (n-d)\,\widehat{\sigma}^2(\mathbf{M}) - (n-d_s)\,\widehat{\sigma}^2(\mathbf{M}_s)$$

und (9.13) folgt weiter:

$$\mathrm{F_{PG}} = 1 + \frac{n-d}{d_s - d}\left(\frac{\widehat{\sigma}^2(\mathbf{M})}{\widehat{\sigma}^2(\mathbf{M}_s)} - 1\right). \tag{9.14}$$

$\mathrm{F_{PG}}$ vergleicht also die Varianzen des aktuellen Modells $\mathbf{M}$ und des übergeordneten Modelles $\mathbf{M}_s$, während r^2_{adj} die des aktuellen Modells $\mathbf{M}$ mit dem Nullmodells $\mathbf{M}_0$ vergleicht. Dabei ist:

$$\mathrm{F_{PG}} \le 1 \leftrightarrow \widehat{\sigma}^2(\mathbf{M}) \le \widehat{\sigma}^2(\mathbf{M}_s).$$

Anschaulich bedeutet dies: In einem guten Modell $\mathbf{M}$ läßt sich die Varianz $\widehat{\sigma}^2$ durch Aufnahme überflüssiger Regressoren ins Modell nicht weiter verringern.

9.2.3 Der geschätzte mittlere quadratische Fehler: Mallows C_p–Wert

Im Modell $\mathbf{M}$ wird $\boldsymbol{\mu}$ durch $\widehat{\boldsymbol{\mu}}$ geschätzt. Die Abweichung zwischen Schätzwert $\widehat{\boldsymbol{\mu}}$ und wahrem Wert $\boldsymbol{\mu}$ ist der Schätzfehler $\widehat{\boldsymbol{\mu}} - \boldsymbol{\mu}$. Der Erwartungswert seines quadrierten Betrags ist der mittlere quadratische Fehler $mqA\,(\widehat{\boldsymbol{\mu}})$. Nach (9.5) gilt:

$$mqA\,(\widehat{\boldsymbol{\mu}}) = \mathrm{E}\,\|\widehat{\boldsymbol{\mu}}-\boldsymbol{\mu}\|^2 = \sigma^2 d + \|\boldsymbol{\mu}_{\bullet\mathbf{M}}\|^2 . \tag{9.15}$$

Der skalierte mittlere quadratischen Fehler ist:

$$\frac{1}{\sigma^2} mqA\,(\widehat{\boldsymbol{\mu}}) = d + \frac{1}{\sigma^2}\,\|\boldsymbol{\mu}_{\bullet\mathbf{M}}\|^2 . \tag{9.16}$$

Unter allen Modellen derselben Dimension d nimmt (9.16) genau dann das Minimum d an, wenn das Modell korrekt ist. Schätzen wir $\|\boldsymbol{\mu}_{\bullet\mathbf{M}}\|^2$ mit Hilfe von SSE aus (9.2) erhalten wir:

$$\frac{1}{\sigma^2} mqA\,(\widehat{\boldsymbol{\mu}}) = \frac{1}{\sigma^2}\,\mathrm{E}\,(\mathrm{SSE}) + 2d - n.$$

Mallows (1973) schätzt σ^2 durch $\widehat{\sigma}^2\,(\mathbf{M}_s)$ und schlägt das Selektionskriterium[4]:

$$C_p := \frac{\mathrm{SSE}}{\widehat{\sigma}^2\,(\mathbf{M}_s)} + 2d-n \tag{9.17}$$

als Schätzwert für den skalierten mittleren quadratischen Fehler vor. Gemäß dem C_p -Kriterium werden Modelle gesucht, deren C_p Werte möglichst klein sind und möglichst nahe an d liegen. Plottet man bei unterschiedlichen Modellen C_p gegen d, so sollten gute Modelle in der Nähe der Winkelhalbierenden und nahe am Ursprung liegen.
C_p läßt sich übrigens leicht in die Prüfgröße des F-Tests umrechnen. Aus (9.14) folgt:

$$C_p = (\mathrm{F}_{\mathrm{PG}} - 1)\,(d_s - d) + d, \tag{9.18}$$

$$\mathrm{F}_{\mathrm{PG}} = 1 + \frac{C_p - d}{d_s - d}. \tag{9.19}$$

Die Kriterien entsprechen sich: Für gute Modelle sollte $\mathrm{F}_{\mathrm{PG}} \approx 1$ oder $C_p \approx d$ sein, das heißt also $C_p\,(\mathbf{M}) \approx \dim\,(\mathbf{M})$.
In den letzten Jahren wird verstärkt mit Bootstrap- und Monte-Carlo Verfahren versucht den mittleren quadratischen Fehler $mqA\,(\widehat{\boldsymbol{\mu}})$ zu schätzen. Wir verweisen hierzu speziell auf Breiman (1992), Efron (1982) oder Shao und Tu (1995).

[4] Bei Mallows ist p die Dimension des Modells. Mit unseren Bezeichnungen hätten wir also eher von einem C_d–Kriterium sprechen sollen.

9.2.4 Die Likelihood und die geschätzte a-posteriori Wahrscheinlichkeit des wahren Modells: Das Bayesianische Informationskriterium BIC

Das Likelihoodkriterium: Unter der Voraussetzung $\mathbf{y} \sim \mathrm{N}_n\left(\boldsymbol{\mu}; \sigma^2\mathbf{I}\right)$ hat $\mathbf{y}$ die Dichte

$$f(\mathbf{y} \,\|\, \sigma^2, \boldsymbol{\mu}) = \frac{1}{\left(\sigma\sqrt{2\pi}\right)^n} \exp\left\{-\frac{1}{2\sigma^2}\|\mathbf{y}-\boldsymbol{\mu}\|^2\right\}.$$

Die Loglikelihood $\mathrm{l}\left(\sigma^2; \boldsymbol{\mu}\,|\mathbf{y}\right) = \ln f(\mathbf{y} \,\|\, \sigma^2, \boldsymbol{\mu}) + K$ ist bis auf die Konstante $-n \ln\sqrt{2\pi}$ gegeben durch:

$$\mathrm{l}\left(\sigma^2; \boldsymbol{\mu}\,|\mathbf{y}\right) = -\frac{n}{2}\ln\sigma^2 - \frac{1}{2\sigma^2}\|\mathbf{y}-\boldsymbol{\mu}\|^2. \tag{9.20}$$

Sie erreicht ihr Maximum für $\widehat{\boldsymbol{\mu}}_{ML} = \mathbf{P_M}\mathbf{y}$ und $\widehat{\sigma}^2_{ML} = \frac{1}{n}\|\mathbf{y}-\widehat{\boldsymbol{\mu}}_{ML}\|^2 = \frac{1}{n}\,\mathrm{SSE}$. Der Wert der Loglikelihood im Maximum:

$$\mathrm{l}\left(\widehat{\sigma}^2; \widehat{\boldsymbol{\mu}}|\mathbf{y}\right) = -\frac{n}{2}\ln\frac{\mathrm{SSE}}{n} - \frac{n}{2} \tag{9.21}$$

hängt daher nur von SSE, nicht aber von der Dimension d des Modellraums ab. Daraus läßt sich aber nicht der Schluß ziehen, das Likelihoodprinzip stütze SSE als Selektionskriterium: Mit dem Likelihoodprinzip lassen sich zwar innerhalb eines Modells die Parameter nach ihrer Plausibilität ordnen. Es versagt aber, wenn es darum geht, unterschiedliche Modelle zu gewichten. Selektionskriterien, die sich auf die Likelihood stützen, brauchen daher zusätzliche Argumente.

Der Bayesianische Ansatz: Wir werden später im nächsten Kapitel im Abschnitt 10.5 noch etwas ausführlicher über das Bayesianische lineare Modell sprechen. Darum wollen wir uns hier kurz fassen. Der Bayesianische Ansatz geht von endlich vielen Modellen $\mathbf{M}_d$ aus. Dabei sei $d = \dim \mathbf{M}_d$ und $\mathrm{P}\{\mathbf{M}_d\}$ die a-priori Wahrscheinlichkeit von $\mathbf{M}_d$.
Gemäß dem Bernoulli-Kriterium der Bayesianischen Entscheidungstheorie wählt man nach Beobachtung von $\mathbf{y}$ das Modell, bei dem der a-posteriori Erwartungswert des Verlustes minimal wird. Bei einer quasi-konstanten Verlustfunktion, die nur der richtigen Entscheidung den Verlust 0 und allen falschen Entscheidungen den gleichen konstanten Verlust zuordnet, ist nun das Modell $\mathbf{M}_d$ optimal, für welches die a-posteriori Wahrscheinlichkeit :

$$\mathrm{P}\{\mathbf{M}_d\,|\mathbf{y}\} = \frac{f\left(\mathbf{y}\,|\mathbf{M}_d\right)}{f\left(\mathbf{y}\right)}\mathrm{P}\{\mathbf{M}_d\}.$$

maximal wird. Nehmen wir, solange keine andere Information vorliegt, alle Modelle als gleichwahrscheinlich an, so wird demnach das Modell $\mathbf{M}_d$ gewählt, für welches $f\left(\mathbf{y}\,|\mathbf{M}_d\right)$ maximal ist.

Hängt die Verteilung von $\mathbf{y}$ in $\mathbf{M}_d$ noch von einem unbekannten **Nuisance-Parameter** $\boldsymbol{\theta}_d$ ab, so wird $\boldsymbol{\theta}_d$ durch Integration über die a-priori Verteilung $f(\boldsymbol{\theta}_d)$ von $\boldsymbol{\theta}_d$ eliminiert:

$$f(\mathbf{y}\,|\mathbf{M}_d) = \int f(\mathbf{y};\boldsymbol{\theta}_d\,|\mathbf{M}_d)\, f(\boldsymbol{\theta}_d)\, d\boldsymbol{\theta}_d.$$

Im linearen Modell $\mathbf{M}_d$ bei gegebenem $\boldsymbol{\beta}$ ist nun:

$$\mathbf{y}|_{\boldsymbol{\beta};\mathbf{M}_d} \sim \mathrm{N}_n\left(\mathbf{X}_d\boldsymbol{\beta};\sigma^2\mathbf{I}\right) =: \mathrm{N}_n\left(\mathbf{X}_d\boldsymbol{\beta};\mathbf{C}_{\mathbf{y}|\boldsymbol{\beta}}\right). \tag{9.22}$$

Für die a-priori Dichte von $\boldsymbol{\beta}_d$ wird ebenfalls eine Normalverteilung genommen:

$$\boldsymbol{\beta}|_{apriori} \sim \mathrm{N}_m\left(\mathbf{0};\tau^2\mathbf{I}\right) =: \mathrm{N}_m\left(\mathbf{0};\mathbf{C}_{\boldsymbol{\beta}}\right). \tag{9.23}$$

Integriert man $\boldsymbol{\beta}$ mit der Dichte (9.23) aus (9.22) heraus, erhält man die totale Verteilung von $\mathbf{y}$ im Modell $\mathbf{M}_d$. Wie später im Satz 363 auf Seite 515 gezeigt wird, ist dies die Normalverteilung:

$$\mathbf{y}|_{\mathbf{M}_d} \sim \mathrm{N}_n\left(\mathbf{0};\sigma^2\mathbf{I}+\tau^2\mathbf{X}_d\mathbf{X}_d'\right) =: \mathrm{N}_n\left(\mathbf{0};\mathbf{C}_{\mathbf{y}}\right).$$

Zur weiteren Auswertung nehmen wir der Einfachheit halber an, daß die Regressoren orthogonal und von gleicher Länge sind[5]: $\|\mathbf{x}_j\|^2 = n$. Dann ist $\mathbf{X}_d'\mathbf{X}_d = n\mathbf{I}_d$ und

$$\begin{aligned}
\mathbf{C}_{\mathbf{y}} &= \sigma^2\mathbf{I}+\tau^2\mathbf{X}_d\mathbf{X}_d', \\
\mathbf{C}_{\mathbf{y}}^{-1} &= \frac{1}{\sigma^2}\left(\mathbf{I}-\frac{\tau^2}{\sigma^2+n\tau^2}\mathbf{X}_d\mathbf{X}_d'\right) = \frac{1}{\sigma^2}\left(\mathbf{I}-\mathbf{P}_{\mathbf{M}_d}\right)+\frac{1}{\sigma^2+n\tau^2}\mathbf{P}_{\mathbf{M}_d}, \\
\mathbf{y}'\mathbf{C}^{-1}\mathbf{y} &= \frac{1}{\sigma^2}\,\mathrm{SSE}\left(\mathbf{M}_d\right)+\frac{1}{\sigma^2+n\tau^2}\left\|\mathbf{P}_{\mathbf{M}_d}\mathbf{y}\right\|^2, \\
\det\mathbf{C}_{\mathbf{y}}^{-1} &= \sigma^{-2n}\left|\mathbf{I}-\frac{\tau^2}{\sigma^2+n\tau^2}\mathbf{X}_d\mathbf{X}_d'\right| = \sigma^{-2n}\left|\mathbf{I}-\frac{\tau^2}{\sigma^2+n\tau^2}\mathbf{X}_d'\mathbf{X}_d\right| \\
&= \sigma^{-2n}\left(\frac{\sigma^2}{\sigma^2+n\tau^2}\right)^d.
\end{aligned}$$

Die vorletzte Gleichung folgt aus Formel $|\mathbf{I}_m+\mathbf{CD}| = |\mathbf{I}_p+\mathbf{DC}|$, vgl. 1.23 auf Seite 60. Damit hat $f(\mathbf{y}\,|\mathbf{M}_d)$ die Gestalt:

$$\begin{aligned}
f(\mathbf{y}\,|\mathbf{M}_d) &= \left\{\left(\frac{1}{\sigma\sqrt{2\pi}}\right)^n \exp\left(-\frac{\mathrm{SSE}\left(\mathbf{M}_d\right)}{2\sigma^2}\right)\right\}\cdot \\
&\quad \left\{\left(\frac{\sigma^2}{\sigma^2+n\tau^2}\right)^{d/2} \exp\left(-\frac{\left\|\mathbf{P}_{\mathbf{M}_d}\mathbf{y}\right\|^2}{2\left(\sigma^2+n\tau^2\right)}\right)\right\}.
\end{aligned}$$

Der erste Faktor ist die Likelihood von σ im Modell M_d, wenn $\boldsymbol{\mu}$ durch den ML-Schätzer $\mathbf{P}_{\mathbf{M}_d}\mathbf{y}$ geschätzt wird. Der zweite Faktor ist bei großem n und τ

[5] Dabei lassen wir uns von der Vorstellung leiten, daß $\|\mathbf{x}_j\|^2$ in etwa proportional zur Anzahl der Komponenten wachsen soll: $\|\mathbf{x}_j\|^2 = \sum_i^n x_{ij}^2 \approx nx^2$.

in erster Näherung ungefähr $\left(n\frac{\tau^2}{\sigma^2}\right)^{-d/2}$. Ignoriert man den konstanten Faktor $\left(\frac{\tau^2}{\sigma^2}\right)^{-d/2}$, so ist:

$$\ln f(\mathbf{y}\,|\mathbf{M}_d) \approx \ln(Likelihood) - \frac{d}{2}\cdot \ln n.$$

Nach (9.21) ist im linearen Modell $\ln(Likelihood) = -\frac{n}{2}\ln\frac{\text{SSE}}{n} - \frac{n}{2}$. Damit erhalten wir schließlich das

Bayesianische Informationskriterium BIC : Wähle das Modell für welches:

$$\text{BIC} := n \ln \text{SSE} + d \ln n$$

minimal wird.
Trotz der recht einschneidenden und wenig überzeugenden Annahmen über die a-priori Verteilungen der Parameter und der Modelle hat sich das resultierende Kriterium BIC in der Praxis bewährt und besitzt, wie im Abschnitt: "Vergleich der Selektionskriterien" , Seite 459, gezeigt wird, Optimalitätseigenschaften, die den anderen Kriterien fehlen.

9.2.5 Die geschätzte Kullback-Leibler-Diskrepanz zwischen wahrer Dichte und geschätzter Dichte: Das Akaike Informationskriterium AIC

Im Jahr 1973 stellte Akaike ein neues Selektionsprinzip vor, das auf dem **Kullback-Leibler- Informationskriterium** beruht und sich als Weiterentwicklung des ML-Prinzip auffassen läßt. Auch wenn Akaike seine Theorie nur mit unvollständigen Beweisen vortrug, wurde sein Prinzip sehr schnell übernommen und wurde Ausgangspunkt einer großen Klasse neuer Modell-Selektionskriterien. Eine gute Einführung hierzu bietet DeLeeuw (1992) . Ausführlich wird das Thema AIC in dem Sammelband von Willems (1989) und dort speziell bei Shibata (1989) behandelt. Wir wollen hier Akaikes Ideen nur skizzieren und auf eine präzise Fehler- bzw. Restgliedabschätzung und auf eine mathematisch saubere Rechtfertigung verzichten

Das Kullbach-Leibler-Informationskriterium: Gegeben sei ein Beobachtungsvektor[6] $\mathbf{Z}$, dessen unbekannte Dichte $f(\mathbf{z}\,\|\,\theta_0)$ in ein parametrisches Modell $\{f(\mathbf{z}\,\|\,\theta)\,;\theta\in\Theta\}$ eingebettet ist. Ist $f(\mathbf{z}\,\|\,\theta)$ ein beliebiges Element dieser

[6] Da wir in diesem Abschnitt verschiedene zufällige Variable und deren Erwartungswerte betrachten, ist es für das Verständnis der Formel hier besser, wenn wir von unserer Konvention abweichen und zufällige Variable wieder mit großen Buchstaben schreiben.

Familie, so mißt das **K**ullbach-**L**eibler-**I**nformations**k**riterium:

$$\begin{aligned} \mathrm{KLIK}\left(f\left(\mathbf{z} \,\|\, \theta_0\right); f\left(\mathbf{z} \,\|\, \theta\right)\right) &= \int \left(\ln \frac{f\left(\mathbf{z} \,\|\, \theta_0\right)}{f\left(\mathbf{z} \,\|\, \theta\right)}\right) f\left(\mathbf{z} \,\|\, \theta_0\right) \mathrm{d}\mathbf{z} \\ &= \mathrm{E} \ln \frac{f\left(\mathbf{Z} \,\|\, \theta_0\right)}{f\left(\mathbf{Z} \,\|\, \theta\right)} \end{aligned} \tag{9.24}$$

die Diskrepanz zwischen $f\left(\mathbf{z} \,\|\, \theta_0\right)$ und $f\left(\mathbf{z} \,\|\, \theta\right)$. (Vgl. Abschnitt 5.2.2.)

Vereinfachung von KLIK: $K(\theta) := \mathrm{KLIK}\left(f\left(\mathbf{z} \,\|\, \theta_0\right); f\left(\mathbf{z} \,\|\, \theta\right)\right)$ wird in einer Umgebung von $\boldsymbol{\theta}_0$ als Funktion von $\boldsymbol{\theta}$ in eine Taylorreihe bis zum quadratischen Glied entwickelt:

$$K(\theta) \approx \underbrace{K(\theta_0)}_{0} + (\theta - \theta_0) \underbrace{\frac{\partial}{\partial \theta} K(\theta_0)}_{0} + \frac{1}{2} (\theta - \theta_0)' \underbrace{\frac{\partial^2}{\partial \theta \partial \theta'} K(\theta_0)}_{\mathbb{I}(\theta_0)} (\theta - \theta_0).$$

Nach Definition ist $K(\theta_0) = 0$. Da $K(\theta)$ genau in $\boldsymbol{\theta}_0$ sein Minimum annimmt, ist $\frac{\partial}{\partial \theta} K(\theta_0) := \frac{\partial}{\partial \theta} K(\theta)|_{\theta=\theta_0} = 0$. Weiter ist:

$$\frac{\partial^2}{\partial \theta \partial \theta'} K(\theta)|_{\theta=\theta_0} = -\mathrm{E} \frac{\partial^2}{\partial \theta \partial \theta'} \ln f(\mathbf{Z} \,\|\, \theta) \Big|_{\theta=\theta_0} = \mathbb{I}_Z(\theta_0) =: \mathbb{I}. \tag{9.25}$$

Dabei ist $\mathbb{I}$ die Fisherinformationsmatrix. In erster Näherung gilt daher

$$\mathrm{KLIK}\left(f(\mathbf{z} \,\|\, \theta_0); f(\mathbf{z} \,\|\, \theta)\right) \approx \frac{1}{2} \|\theta_0 - \theta\|_{\mathbb{I}}^2. \tag{9.26}$$

Definition von $\boldsymbol{\theta}_d$ in Modellketten: Die Modellsuche wird durch eine Folge $\Theta_1 \subset \Theta_2 \subset \cdots \Theta_m = \Theta$ von Parameterräumen mit wachsenden Dimensionen beschrieben. Dabei sei $\dim \Theta_d = d$. Im Modell Θ_d ist $\boldsymbol{\theta}_d \in \Theta_d$ die beste Approximation an das wahre $\boldsymbol{\theta}_0$ in der Metrik $\|*\|_{\mathbb{I}}^2$:

$$\|\theta_0 - \theta_d\|_{\mathbb{I}}^2 = \min_{\theta \in \Theta_d} \|\theta_0 - \theta\|_{\mathbb{I}}^2,$$

falls $f(\mathbf{z} \,\|\, \theta_d)$ die beste Approximation an $f(\mathbf{z} \,\|\, \theta_0)$ im Sinne des vereinfachten Kriteriums KLIK ist. Im Sinne dieser Metrik ist dann:

$$\theta_d = \mathbf{P}_{\Theta_d} \theta_0.$$

Im Modell Θ_d sei $\widehat{\theta}_d := \widehat{\theta}_d(\mathbf{y})$ der ML-Schätzer von $\boldsymbol{\theta}_0$. Die Güte der Übereinstimmung zwischen geschätzter und wahrer Dichte ist nach (9.26):

$$\mathrm{KLIK}(f(\mathbf{z} \,\|\, \theta_0); f(\mathbf{z} \,\|\, \widehat{\theta}_d)) \approx \frac{1}{2} \|\theta_0 - \widehat{\theta}_d\|_{\mathbb{I}}^2.$$

Wegen $\widehat{\boldsymbol{\theta}}_d \in \Theta_d$ und $\boldsymbol{\theta}_d = \mathbf{P}_{\Theta_d}\boldsymbol{\theta}_0$ gilt:

$$\begin{aligned} \|\boldsymbol{\theta}_0 - \widehat{\boldsymbol{\theta}}_d\|_{\mathbb{I}}^2 &= \|(\mathbf{I} - \mathbf{P}_{\Theta_d})\boldsymbol{\theta}_0 + \boldsymbol{\theta}_d - \widehat{\boldsymbol{\theta}}_d\|_{\mathbb{I}}^2 \\ &= \|(\mathbf{I} - \mathbf{P}_{\Theta_d})\boldsymbol{\theta}_0\|_{\mathbb{I}}^2 + \|\boldsymbol{\theta}_d - \widehat{\boldsymbol{\theta}}_d\|_{\mathbb{I}}^2 \\ &= \|\boldsymbol{\theta}_0 - \boldsymbol{\theta}_d\|_{\mathbb{I}}^2 + \|\boldsymbol{\theta}_d - \widehat{\boldsymbol{\theta}}_d\|_{\mathbb{I}}^2. \end{aligned} \tag{9.27}$$

Nun ist $\widehat{\boldsymbol{\theta}}_d = \widehat{\boldsymbol{\theta}}_d(\mathbf{Y})$ eine Funktion der Beobachtung $\mathbf{Y}$ und damit selbst eine zufällige Variable. Daher ist die Gesamtgüte von Modell und Schätzverfahren gegeben nach (9.24) und (9.27) gegeben durch:

$$\mathrm{E}\left[\mathrm{KLIK}\, f(\mathbf{z} \,\|\, \boldsymbol{\theta}_0); f(\mathbf{z} \,\|\, \widehat{\boldsymbol{\theta}}_d(\mathbf{Y}))\right] \approx \frac{1}{2}\|\boldsymbol{\theta}_0 - \boldsymbol{\theta}_d\|_{\mathbb{I}}^2 + \frac{1}{2}\,\mathrm{E}\,\|\boldsymbol{\theta}_d - \widehat{\boldsymbol{\theta}}_d(\mathbf{Y})\|_{\mathbb{I}}^2.$$

Setzen wir:

$$\widehat{\boldsymbol{\theta}}_d(\mathbf{Y}) \approx \mathrm{N}(\boldsymbol{\theta}_d;\, \mathbb{I}^{-1}),$$

so ist $\mathrm{E}\,\widehat{\boldsymbol{\theta}}_d(\mathbf{Y}) = \boldsymbol{\theta}_d$ und daher ist:

$$\mathrm{E}\left[\mathrm{KLIK}(f(\mathbf{z} \,\|\, \boldsymbol{\theta}_0); f(\mathbf{z} \,\|\, \widehat{\boldsymbol{\theta}}_d(\mathbf{Y})))\right] \approx \frac{1}{2}\|\boldsymbol{\theta}_0 - \boldsymbol{\theta}_d\|_{\mathbb{I}}^2 + \frac{d}{2}. \tag{9.28}$$

Schätzung von $\|\boldsymbol{\theta}_0 - \boldsymbol{\theta}_d\|_{\mathbb{I}}^2 + d$: Das Kriterium (9.28) ist noch nicht einsetzbar, denn $\|\boldsymbol{\theta}_0 - \boldsymbol{\theta}_d\|$ ist unbekannt. Um einen Schätzer zu finden, wird $\ln f(\mathbf{y} \,\|\, \boldsymbol{\theta}_d)$ an der Stelle $\widehat{\boldsymbol{\theta}}_d(\mathbf{y})$ in eine Taylorreihe entwickelt. Da $\frac{\partial \ln f(\mathbf{y} \| \boldsymbol{\theta})}{\partial \boldsymbol{\theta}}\big|_{\boldsymbol{\theta} = \widehat{\boldsymbol{\theta}}_d} = 0$ ist, folgt:

$$\ln f(\mathbf{y} \,\|\, \boldsymbol{\theta}_d) \approx \ln f(\mathbf{y} \,\|\, \widehat{\boldsymbol{\theta}}_d) - \frac{1}{2}\|\widehat{\boldsymbol{\theta}}_d - \boldsymbol{\theta}_d\|_{\mathbb{I}}^2.$$

Entwickeln wir analog $\ln f(\mathbf{y} \,\|\, \boldsymbol{\theta})$ an der Stelle $\widehat{\boldsymbol{\theta}}_0(\mathbf{y})$, und betrachten die entwickelte Funktion an der Stelle $\boldsymbol{\theta}_d$, so erhalten wir:

$$\ln f(\mathbf{y} \,\|\, \boldsymbol{\theta}_d) \approx \ln f(\mathbf{y} \,\|\, \widehat{\boldsymbol{\theta}}_0) - \frac{1}{2}\|\widehat{\boldsymbol{\theta}}_0 - \boldsymbol{\theta}_d\|_{\mathbb{I}}^2.$$

Schließlich folgt durch Differenzbildung:

$$\ln f(\mathbf{y} \,\|\, \widehat{\boldsymbol{\theta}}_0) - \ln f(\mathbf{y} \,\|\, \widehat{\boldsymbol{\theta}}_d) \approx \frac{1}{2}(\|\widehat{\boldsymbol{\theta}}_0 - \boldsymbol{\theta}_d\|_{\mathbb{I}}^2 - \|\widehat{\boldsymbol{\theta}}_d - \boldsymbol{\theta}_d\|_{\mathbb{I}}^2).$$

Diese Differenz wird weiter abgeschätzt:

$$\begin{aligned} \|\widehat{\boldsymbol{\theta}}_0 - \boldsymbol{\theta}_d\|_{\mathbb{I}}^2 &= \|\boldsymbol{\theta}_0 - \boldsymbol{\theta}_d + \widehat{\boldsymbol{\theta}}_0 - \boldsymbol{\theta}_0\|_{\mathbb{I}}^2 \\ &= \|\boldsymbol{\theta}_0 - \boldsymbol{\theta}_d\|_{\mathbb{I}}^2 + \|\widehat{\boldsymbol{\theta}}_0 - \boldsymbol{\theta}_0\|_{\mathbb{I}}^2 - 2(\boldsymbol{\theta}_0 - \boldsymbol{\theta}_d; \widehat{\boldsymbol{\theta}}_0 - \boldsymbol{\theta}_0)_{\mathbb{I}} \\ &\approx \|\boldsymbol{\theta}_0 - \boldsymbol{\theta}_d\|_{\mathbb{I}}^2 + \|\widehat{\boldsymbol{\theta}}_0 - \boldsymbol{\theta}_0\|_{\mathbb{I}}^2. \end{aligned}$$

Vernachlässigt man also $(\theta_0 - \theta_d; \widehat{\theta}_0 - \theta_0)_{\mathbb{I}}$ gegenüber den anderen Termen und setzt $\theta_d - \widehat{\theta}_d \approx \mathbf{P}_{\Theta_d}(\theta_0 - \widehat{\theta}_0)$, so folgt schließlich:

$$\ln f(\mathbf{y} \,\|\, \widehat{\theta}_0) - \ln f(\mathbf{y} \,\|\, \widehat{\theta}_d) \approx \frac{1}{2}\left(\|\theta_d - \theta_0\|_{\mathbb{I}}^2 + \|(\mathbf{I} - \mathbf{P}_{\Theta_d})(\theta_0 - \widehat{\theta}_0)\|_{\mathbb{I}}^2\right).$$

Wird $\theta_0 - \widehat{\theta}_0$ näherungsweise als $\mathrm{N}\left(\mathbf{0}; \mathbb{I}^{-1}\right)$ angesehen, so ist der letzte Summand $\chi^2(m-d)$ verteilt. Daher ist

$$\mathrm{E}\left(\ln f\left(\mathbf{Y} \,\|\, \widehat{\theta}_0(\mathbf{Y})\right) - \ln f\left(\mathbf{Y} \,\|\, \widehat{\theta}_d(\mathbf{Y})\right)\right) \approx \frac{1}{2}\left(\|\theta_d - \theta_0\|_{\mathbb{I}}^2 + m - d\right).$$

Also ist:

$$2 \ln \frac{f\left(\mathbf{y} \,\|\, \widehat{\theta}_0(\mathbf{y})\right)}{f\left(\mathbf{y} \,\|\, \widehat{\theta}_d(\mathbf{y})\right)} + 2d - m$$

ein annähernd erwartungstreuer Schätzer von $\|\theta_d - \theta_0\|_{\mathbb{I}}^2 + d$. Da $f\left(\mathbf{y} \,\|\, \widehat{\theta}_0(\mathbf{y})\right)$ und m für alle Modelle Θ_k gleich sind, erhalten wir schließlich das berühmte

Informationskriterion von Akaike AIC**:** Ist θ der unbekannte Parameter, $l(\theta; \mathbf{y})$ die Log-Likelihood und $\widehat{\theta}(\mathbf{M})$ der Maximum-Likelihood-Schätzer von θ im Modell $\mathbf{M}$, dann wähle das Modell $\mathbf{M}$, für welches das Kriterium:

$$\mathrm{AIC} := -2l\left(\widehat{\theta}(\mathbf{M}); \mathbf{y}\right) + 2 \dim \mathbf{M} \tag{9.29}$$

minimal wird.
Ignoriert man im linearen Regressionsmodell die nur von n abhängende additiven Konstanten, so lautet wegen (9.21) das

Informationskriterion AIC **im linearen Modell:** Wähle das Modell $\mathbf{M}$ für welches

$$\mathrm{AIC} = n \ln \mathrm{SSE}(\mathbf{M}) + 2 \dim \mathbf{M} \tag{9.30}$$

minimal wird.

9.2.6 Die Prognosegüte

Eine Theorie ist gut, wenn sie nicht nur erklärt, was geschehen ist, sondern auch erklären kann, was geschehen wird. Die Bewährungsprobe eines statistischen Modells sind die Prognosewerte für zukünftigen Beobachtungen. Wenn prognostizierter Wert und realisierter Wert auch bei Berücksichtigung aller unvermeidlichen Zufallsfehler zu weit auseinanderliegen, ist offenbar das verwendete Modell nicht angemessen.

In der Praxis kann man aber meist nicht warten, bis sich ein Regressionsmodell an zukünftigen Daten bewährt. Meist fehlen dafür die Zeit, das Geld und die Daten. Daher muß man sich mit Ersatzlösungen begnügen. Am einfachsten ist es, den Datensatz in zwei Teile aufzuspalten, einen Übungs- und einen Testsatz: (**Trainig Set** und **Test-Set**). Mit dem Übungssatz wird das Modell erstellt, werden Hypothesen erzeugt und auffällige Strukturen gesucht. Die *jungfräulichen* Daten des Testsets übernehmen die Rolle der zukünftigen Daten, mit denen die am Übungssatz generierten Prognosen und Hypothesen überprüft werden können. Diese Idee hat aber zwei Nachteile:

- Sie verzichtet zur Modellbildung und zur Parameterschätzung auf eine Teil der Daten und wird somit zwangsläufig ungenau.
- Alle Entscheidungen hängen von der zufälligen Aufteilung in Übungs- und Testsatz ab.

Zwei Auswege bieten sich an:

- Der Übungsatz wird groß, der Testsatz klein gewählt. Im Extremfall besteht der Testsatz aus einer einzigen Beobachtung.
- Man betrachtet sämtliche möglichen Aufteilungen in Übungs- und Testsatz und mittelt in geeigneter Weise über die Ergebnisse.

Diese sogenannten **Kreuz-Validierungs** -Verfahren[7] wurde von Allen (1971) und Stone (1974) vorgeschlagen und untersucht. Im linearen Modell betrachten wir den letztgenannten Extremfall: Alle bis auf die i-te Beobachtung kommen in den Übungssatz: $\{y_i; \mathbf{z}_i'\}$ bildet allein den Testsatz. Nun wird y_i auf Grund der Daten des Übungssatz durch $\widehat{y}_{i\setminus(i)}$ prognostiziert. Ob die Prognose eingetroffen ist, läßt sich nun sofort erkennen, da y_i bekannt ist. Der individuelle Prognosefehler ist nach (8.30):

$$y_i - \widehat{y}_{i\setminus(i)} = \frac{\widehat{\varepsilon}_i}{1 - p_{ii}}.$$

Der gesamte Prognosefehler (**Pr**ediction **E**rror **S**um of **S**quares) wird nun definiert durch:

$$PRESS = \sum_{i=1}^{n} \left(y_i - \widehat{y}_{i\setminus(i)}\right)^2 = \sum_{i=1}^{n} \left(\frac{\widehat{\varepsilon}_i}{1 - p_{ii}}\right)^2.$$

Gleichwertig mit $PRESS$ ist der sogenannte Cross-Validation-Error:

$$CVE = \frac{1}{n} PRESS = \frac{1}{n} \sum_{i=1}^{n} \left(y_i - \widehat{y}_{i\setminus(i)}\right)^2.$$

[7]Englisch: Cross-Validation

In einem korrekten Modell ist $\mathrm{E}\,\widehat{\varepsilon}_i^2 = \mathrm{Var}\,\widehat{\varepsilon}_i = \sigma^2 (1 - p_{ii})$. Daher ist:

$$\mathrm{E}(CVE) = \sigma^2 \frac{1}{n} \sum_{i=1}^{n} \frac{1}{1 - p_{ii}}.$$

In einem Modell mit $\mathbf{1}$ ist $p_{ii} \geq \frac{1}{n}$. Enthält das Modell keine Stellen mit übermäßiger Hebelkraft, können wir $p_{ii} \leq \frac{k}{n}$ annehmen. Dann folgt aus $\frac{1}{n} \leq p_{ii} \leq \frac{k}{n}$ die Abschätzung $\frac{n}{n-1} \leq \frac{1}{n} \sum_{i=1}^{n} \frac{1}{1-p_{ii}} \leq \frac{n}{n-k}$. Daher folgt

$$\frac{n}{n-1}\sigma^2 \leq \mathrm{E}(CVE) \leq \frac{n}{n-k}\sigma^2.$$

CVE ist demnach ein asymptotisch erwartungstreuer Schätzer für σ^2.

9.2.7 Vergleich der Selektionskriterien

Schon die Vielzahl dieser Kriterien zeigt, daß es kein *allein seligmachendes* Selektionskriterium gibt. Diese Prinzipien wirken wie Leuchttürme im Nebel, wenn die Seekarte fehlt. Man sieht die Lichter, weiß aber dennoch nicht genau, welches der richtige Kurs ist. Daher fehlt es nicht an Versuchen, die Kriterien durch asymptotische Aussagen oder durch Simulationstudien zu bewerten.
Mit Ausnahme von PRESS lassen sich alle betrachteten Selektionskriterien — zum Teil nach monotonen Transformationen — in die Form:

$$K(\mathbf{M}_d) = a(n,d)\,\mathrm{SSE}(\mathbf{M}_d) + b(n,d)\,\widehat{\sigma}_s^2 \tag{9.31}$$

bringen. Dabei steht $K(\mathbf{M}_d)$ für das ausgewählte Kriterium, $\mathrm{SSE}(\mathbf{M}_d) = \left\|\mathbf{y} - \mathbf{P}_{\mathbf{M}_d}\mathbf{y}\right\|^2$ und $\widehat{\sigma}_s^2$ ist ein konsistenter Schätzer für σ^2. Das Modell $\mathbf{M}_d$ wird genau dann dem Modell $\mathbf{M}_l$ vorgezogen, wenn $K(\mathbf{M}_d) < K(\mathbf{M}_l)$ ist:

$$\mathbf{M}_d \prec \mathbf{M}_l \Leftrightarrow K(\mathbf{M}_d) < K(\mathbf{M}_l).$$

Damit lassen sich nun Aussagen über das asymptotische Verhalten der Selektionskriterien machen:

Satz 346 *Ist $\mu \in \mathbf{M}_d \subset \mathbf{M}_l$, dann konvergiert die Wahrscheinlichkeit, daß ein Selektionsverfahren das sparsamere der beiden korrekten Modelle wählt, mit wachsendem n gegen den Wert $F_{\chi^2(l-d)}(\gamma)$ der Verteilungsfunktion einer $\chi^2(l-d)$ verteilten Variable an der Stelle γ:*

$$P\{\mathbf{M}_d \prec \mathbf{M}_l\} \Rightarrow F_{\chi^2(l-d)}(\gamma).$$

Dabei ist:

$$\gamma = \lim_{n\to\infty} \left[\frac{a(n,l) - a(n,d)}{a(n,d)}(n-l) + \frac{b(n,l) - b(n,d)}{a(n,d)}\right],$$

sofern dieser Grenzwert existiert.

Beweis:
Die Entscheidung $\mathbf{M}_d \prec \mathbf{M}_l$ fällt genau dann, wenn $K(n,d) < K(n,l)$ ist. Dies gilt aber genau dann, wenn gilt:

$$\begin{aligned} \mathrm{SSE}(\mathbf{M}_d) - \mathrm{SSE}(\mathbf{M}_l) &< \frac{a(n,l) - a(n,d)}{a(n,d)} \mathrm{SSE}(\mathbf{M}_l) + \frac{b(n,l) - b(n,d)}{a(n,d)} \widehat{\sigma}_s^2 \\ &= : \gamma(n,l,d,\sigma). \end{aligned}$$

Wegen $\boldsymbol{\mu} \in \mathbf{M}_d \subset \mathbf{M}_l$ ist die linke Seite der Ungleichung $\|P_{\mathbf{M}_l \ominus \mathbf{M}_d}\mathbf{y}\|^2 \sim \sigma^2 \chi^2(l-d)$. Also ist:

$$P\{\mathbf{M}_d \prec \mathbf{M}_l\} = F_{\chi^2(l-d)}\left(\frac{\gamma(n,l,d;\sigma)}{\sigma^2}\right).$$

Mit wachsendem n konvergieren $\frac{\mathrm{SSE}(\mathbf{M}_l)}{n-l}$ und $\widehat{\sigma}_s^2$ gegen σ^2, ersteres wegen $\boldsymbol{\mu} \in \mathbf{M}_l$, letzteres nach Voraussetzung. Daher konvergiert $\frac{\gamma(n,l,d;\sigma)}{\sigma^2}$ gegen γ.
□

In der Tabelle 9.1 sind die — bis auf PRESS — besprochenen Kriterien noch einmal zusammengestellt. Bei allen ist jeweils ein kleiner Wert besser als ein größerer. Daher wird auch $-r^2$ und $-r^2_{adj}$ anstelle von $+r^2$ und $+r^2_{adj}$ betrachtet.

Kriterium		$a(n,d)$	$b(n,d)$	γ
$-r^2$	$= \frac{1}{\mathrm{SST}} \mathrm{SSE} - 1$	1	0	0
$\widehat{\sigma}^2$	$= \frac{1}{n-d} \mathrm{SSE}$	$\frac{1}{n-d}$	0	$l-d$
$-r^2_{adj}$	$= \frac{n-1}{(n-d)\,\mathrm{SST}} \mathrm{SSE} - 1$	$\frac{n-1}{(n-d)}$	0	$l-d$
$\mathrm{F_{PG}}$	$= \frac{1}{(d_s-d)\widehat{\sigma}_s^2} \mathrm{SSE} - \frac{n-d_s}{d_s-d}$	$\frac{1}{d_s-d}$	$-\frac{n-d_s}{d_s-d}$	$l-d$
C_p	$= \frac{1}{\widehat{\sigma}_s^2} \mathrm{SSE} + 2d - n$	1	$2d-n$	$2(l-d)$
AIC	$= n \ln \mathrm{SSE} + 2d$	$\exp\left(\frac{d}{n} 2\right)$	0	$2(l-d)$
BIC	$= n \ln \mathrm{SSE} + d \ln n$	$\exp\left(\frac{d}{n} \ln n\right)$	0	∞

Tabelle 9.1: Die Koeffizienten der Kriterien

Das Selektionskriterium r^2 entscheidet sich mit Sicherheit für das überangepaßte Modell, nur BIC entscheidet sich mit Sicherheit für das sparsame Modell, alle anderen Kriterien tendieren dahin, eher ein zu großes, denn ein zu kleines Modell zu wählen, C_p und AIC weniger stark als die übrigen.

Weiterführende asymptotische Aussagen sind vor allem bei Nishii (1984) und Müller (1993) zu finden. Sie betrachten Selektionskriterien der Bauart:

$$a(n,d)\left(\widehat{\varepsilon}'\mathbf{A}\,\widehat{\varepsilon}\right)+b(n,d)\,\widehat{\sigma}_s^2,$$

die zum Beispiel auch PRESS umfassen. Sie zeigen, daß unter Regularitätsbedingungen an die Designmatrix $\mathbf{X}$ für $n \to \infty$ alle Kriterien ein korrektes Modell auswählen, BIC aber dabei das sparsamste unter den korrekten Modellen.

Beispiel 347 (Zementdatensatz) *Als Beispiel betrachten wir einen in der Literatur öfter untersuchten Datensatz*[8] *mit* $n = 13$ *Beobachtungen. Hier ist* y *die beim Abbinden von Zement entstehende Wärme, gemessen in Kalorien pro Gramm;* x_1 *bis* x_4 *sind Gewichtsanteile von verschiedenen Zementzuschlagstoffen.* $x_1 = 3CaO \cdot Al_2O_3$, $x_2 = 3CaO \cdot SiO_2$, $x_3 = 4CaO \cdot Al_2O_3 \cdot Fe_2O_3$, $x_4 = 2CaO \cdot SiO_2$. *Die Daten zeigt Tabelle 9.2.*

x_1	x_2	x_3	x_4	y
7	26	6	60	78,5
1	29	15	52	74,3
11	56	8	20	104,3
11	31	8	47	87,6
7	52	6	33	95,9
11	55	9	22	109,2
3	71	17	6	102,7
1	31	22	44	72,5
2	54	18	22	93,1
21	47	4	26	115,9
1	40	23	34	83,8
11	66	9	12	113,3
10	68	8	12	109,4

Tabelle 9.2: Die Zementdaten

Ein Blick auf die Korrelationen in Tabelle 9.3 zeigt, daß erstens alle vier Regressoren deutlich mit y *korrelieren, zweitens die Regressoren* x_1 *und* x_3 *sowie* x_2 *und* x_4 *stark miteinander korrelieren, und drittens beide Paare untereinander fast unkorreliert sind.*

Je nachdem welche der 4 Regressoren man zur Konstanten $\mathbf{1}$ *noch ins Modell aufnimmt, erhält man 16 verschiedene Modelle vom Nullmodell* $\mathbf{M}_0 = \mathcal{L}\{\mathbf{1}\}$ *bis hin zum saturierten Modell* $\mathbf{M}_s = \mathcal{L}\{\mathbf{1}, \mathrm{x}_1, \mathrm{x}_2, \mathrm{x}_3, \mathrm{x}_4\}$. *Die nächste Tabelle zeigt die Werte der Selektionskriterien für diese Modelle. Das adjustierte Bestimmtheitsmaß ist nicht mit aufgeführt, da* $r^2_{adj.}$ *und* r^2 *hier sich kaum unterscheiden und die Rangfolge der Modelle bei* r^2 *mit der von* SSE *identisch ist.*

Zur besseren Übersicht wurden bei jedem Kriterium alle Modelle dem Rang nach geordnet. Jeweils auf ein festes Selektionskriterium bezogen erhielt das beste Modell den Rang 1 und das schlechteste den Rang 16. Dann wurde für jedes Modell

[8] Aus dem Buch von Hald (1952): *Statistical Theory with Engineering Application.*

$r(\cdot;\cdot)$	x_1	x_2	x_3	x_4	y
x_1	1,00	0,23	−0,82	−0,24	0,73
x_2	0,23	1,00	−0,14	−0,97	0,82
x_3	−0,82	−0,14	1,00	0,03	−0,53
x_4	−0,24	−0,97	0,03	1,00	−0,82
y	0,73	0,82	−0,53	−0,82	1,00

Tabelle 9.3: Die Korrelationskoeffizienten

über alle Selektionskriterien hinweg das arithmetische Mittel dieser Ränge berechnet und nach diesem Mittelrang die Modelle in der Tabelle 9.4 geordnet:

Modell	SSE	$\widehat{\sigma}^2$ (M)	F_{pg}	C_p	AIC	BIC	CVE
x_1,x_2,x_4	48	5,3	3,0	3,0	58	61	6,6
x_1,x_2,x_3	48	5,3	3,0	3,0	58	61	6,9
x_1,x_2	58	5,8	2,3	2,7	59	60	7,2
x_1,x_3,x_4	51	5,6	3,5	3,5	59	61	7,3
x_1,x_4	75	7,5	3,7	5,5	62	64	9,3
x_1,x_2,x_3,x_4	48	6,0	-	-	60	63	8,5
x_2,x_3,x_4	74	8,2	7,3	7,3	64	66	11,3
x_3,x_4	176	17,6	12,2	22,4	73	75	22,6
x_2,x_3	415	41,5	32,2	62,4	84	86	54,0
x_4	884	80,4	47,6	138,7	92	93	91,8
x_2	906	82,4	48,8	142,5	93	94	92,5
x_2,x_4	869	86,9	70,1	138,2	94	96	112,5
x_1	1266	115,1	68,8	202,5	97	98	130,8
x_1,x_3	1227	122,7	100,0	198,1	98	100	170,6
x_3	1939	176,3	106,4	315,2	102	104	201,2
1	2716	226,3	112,2	442,9	105	105	245,2

Tabelle 9.4: Die Kriterien imVergleich

Auffällig ist dabei die große Spannweite der Werte innerhalb der Kriterien und die weitgehend übereinstimmenden Rangfolgen. Greifen wir einmal das Kriterium CVE, den Crossvalidation Error, welcher die Prognosegüte mißt, heraus. Im nächsten Bild ist der Crossvalidation Error CVE gegen den Rang des Modells geplottet:

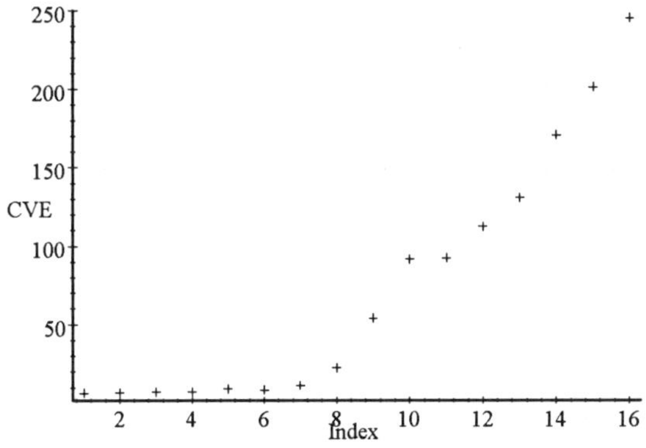

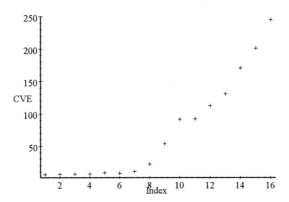

Der Plot zeigt deutlicher als die Tabelle, daß die ersten 7 Modelle sehr ähnliche CVE- Werte liefern, während bei den folgenden Modellen der CVE-Index sich rapide verschlechtert. Nicht überraschend ist nach den Vorbetrachtungen, daß die beiden ersten Modelle mit nur drei Regressoren eine erheblich bessere Prognosequalität haben als das saturierte Modell mit allen Regressoren. Dieses beschreibt zwar die gegebenen Daten am besten, versagt aber bei der Prognose.

Dieselbe Struktur, eine homogene Gruppe guter Modelle und eine deutliche abgesetzte Gruppe schlechter Modelle, findet sich bei allen anderen Kriterien.

Alle Modelle der Spitzengruppe enthalten jeweils einen Regressor der hochkorrelierten Regressorpaare $\{x_1, x_3\}$ *und* $\{x_2, x_4\}$. *Die Übernahme eines weiteren Regressor verbessert die Modelle nicht nennenswert.*

9.2.8 Selektion und Inferenz

Generell gilt bei allen Selektionsverfahren zu bedenken: In der Regel wird an ein und demselben Datensatz zuerst mit Selektionsverfahren das bestgeeignete Modell gesucht. Dann wird die Suche vergessen und im ausgewählten Modell wird statistische Inferenz betrieben, als hätte es nie andere Alternativmodelle gegeben. Damit werden aber alle Aussagen über Signifikanz- und Konfidenzniveaus fragwürdig.

Je mehr irrelevante Regressoren zu Beginn zur Verfügung stehen, um so größer ist die Wahrscheinlichkeit, daß fälschlicherweise einige von ihnen ins ausgewählte Modell kommen. Dort erweisen sie sich als signifikant, nicht weil sie es *von Natur* aus sind, sondern weil sie *durch Auswahl* dazu bestimmt wurden. Dies wird auch durch eine Simulationsstudie von Hurwich und Tsai (1990) erhärtet. Sie haben dabei sowohl mit AIC als auch mit BIC zuerst die Regressoren für ein Modell und dann innerhalb dieser Modelle Konfidenzintervalle mit den nominellen Niveaus 90%, 95% und 99% bestimmt. Die wirklichen Überdeckungsraten für die gesuchten Parameter lagen erheblich unter den erwarteten Werte, dabei schnitt BIC noch schlechter ab als AIC. Breiman (1992) geht auf dieses Problem näher ein und schlägt ein Bootstrap-Verfahren vor, das diesen Makel vermeidet.

9.2.9 Die VC-Dimension

Erlauben wir uns einen Blick über den Gartenzaun und betrachten einen völlig anderen Zugang zur Bewertung der Komplexität eines Modells und der Auswahl sinnvoller Modelle, bei dem es nicht darauf ankommt einen **kausalen** Zusammenhang zu **identifizieren** sonden einen **funktionalen** Zusammenhang zu **imitieren**.

Grundlegend dabei sind die Arbeiten von V.N.Vapnik und A.Ja.Chervonenkis, die bereits 1968 veröffentlich wurden , aber *im Westen* kaum zur Kenntnis genommen wurden. Eine gut lesbare Zusammenfassung, die auf alle Beweise verzichtet, ist Vapnik (1995). Ausführlich ist die Theorie dargestellt in Vapnik (1998). Ihre Ergebnisse können hier nur kurz — mit diesem Buch angepaßten Symbolen — angedeutet werden:

Es seien $Z_i = (Y_i; X_i)$ mit $i = 1, \cdots, n$ identisch und unabhängig verteilt zufällige Variable, deren Verteilungsfunktion $F_Z(z)$ unbekannt ist. Nach Beobachtung von $\mathbf{z} = (z_1, \cdots, z_n)$ ist ein Parameter $\beta_{(n)} \in \Lambda$ und damit eine Funktion $Q\left(Z;\beta_{(n)}\right)$ aus einer Familie $\{Q(\mathbf{z};\beta) \| \beta \in \Lambda\}$ so auszuwählen, daß das Risiko

$$R(\boldsymbol{\beta}) = \mathrm{E}\, Q(Z;\beta)$$

minimal wird. $R(\boldsymbol{\beta})$ kann nicht berechnet werden, da $F_Z(z)$ unbekannt ist. Anstelle von $R(\boldsymbol{\beta})$ kann das empirische Risiko

$$R_{emp}(\boldsymbol{\beta}) = \frac{1}{n}\sum_{i=1}^{n} Q(z_i;\beta)$$

bestimmt werden.

Im Kontext des linearen Modells kann z.B. $R(\boldsymbol{\beta}) = \mathrm{E}(y - \mathbf{x}'\boldsymbol{\beta})^2$ und $R_{emp}(\boldsymbol{\beta}) =$ SSE gesehen werden. Das Prinzip der empirischen Risikominimierung schreibt vor, denjenigen Parameter $\boldsymbol{\beta}_{(n)}$ zu wählen, der das empirische Risiko minimiert. Nun konvergiert zwar — auf Grund des Starken Gesetzes der Großen Zahlen — für jedes feste $\boldsymbol{\beta}$ mit wachsendem n $R_{emp}(\boldsymbol{\beta})$ gegen $R(\boldsymbol{\beta})$, aber diese Konvergenz ist nicht notwendig gleichmäßig in β. Daher konvergiert $R_{emp}\left(\boldsymbol{\beta}_{(n)}\right)$ nicht notwendig gegen $\inf_{\beta \in \Lambda} R(\boldsymbol{\beta})$.

Das Prinzip der empirischen Risikominimierung ist nicht konsistent.

Je reichhaltiger die Funktionenklasse $\{Q(\mathbf{z};\beta) \| \beta \in \Lambda\}$ ist, um so stärker läßt sich das empirische Risiko minimieren, im Extremfall sogar oft auf Null reduzieren. Gleichzeitig kann dagegen das optimal β beliebig weit verfehlt und das wahre Risiko beliebig groß werden. Wir finden diese Situation zum Beispiel, wenn wir durch n Punkte ein Polynom $n+1$. Grades fehlerfrei hindurchlegen und damit eine zukünftige Entwicklung prognostizieren wollten. Die entscheidende Frage ist daher:

Wie weit unterschätzt das empirische Risiko das wahre Risiko? Vapnik konstruiert nun ein einseitiges Konfidenzintervall für $R\left(\boldsymbol{\beta}_{(n)}\right)$:

$$\mathrm{P}\left\{R\left(\boldsymbol{\beta}_{(n)}\right) \leq R_{emp}\left(\boldsymbol{\beta}_{(n)}\right) + \text{Schranke } (n, \alpha, h)\right\} \geq 1 - \alpha.$$

Dieses gestattet, unabhängig von der unbekannten Verteilung den wahren Schätzfehler nach oben abzuschätzen. Dabei hängt die Schranke nur vom Stichprobenumfang n , dem Konfidenzniveau $1-\alpha$ und der Komplexität der Funktionenklasse $\{Q(\mathbf{z};\beta) \| \beta \in \Lambda\}$ ab, die in der VC-Dimension[9] h gemessen wird. Die VC-Dimension ist unabhängig von der Parametrisierung des Modells, sondern mißt im wesentlichen die Fähigkeit des Modells, n Punkte durch binäre Indizierung in sämtliche möglichen Teilmengen zu zerlegen.
Optimale Modelle sind solche, die die obere Konfidenzschranke:

$$R_{emp}\left(\boldsymbol{\beta}_{(n)}\right) + \text{Schranke}\,(n, \alpha, h)$$

minimieren. Im Bereich der Mustererkennung stehen in den sogenannten Support-Vektor-Machinen bereits effiziente Algorithmen zur Verfügung, die dieses leisten. Sie sind in weiten Bereichen den klassischen statistischen Verfahren und denen der Neuroinformatik, wie etwa den Neuronalen Netzen, überlegen. An Erweiterungen der Theorie auch in den Bereich der Bayesianischen Modelle wird intensiv geforscht. (Vgl. z. B. Devroye et al. (1996) , McAllester, D. (1998) oder Cristianini und Shawe-Taylor (1999).)

9.3 Algorithmen zur Modellsuche

Hat man sich für ein Selektionskriterium entschieden, mit dem Teilmodelle bewerten werden, so muß nur noch das dementsprechend beste ausgewählt werden. Dies stößt aber sehr schnell an zeitliche und numerische Probleme. Bei $m+1$ Regressoren (inklusive der Eins) gibt es 2^{m+1} verschiedene Teilmodelle.[10] Für große Datensätze mit zahlreichen potentiellen Regressoren ist die Auswertung all dieser Modelle fast ausgeschlossen. Dabei gibt es eine wichtige Ausnahme: Verwendet man SSE als Kriterium zur Bewertung von Modellen gleicher Dimension, so gibt es Auswahlalgorithmen wie zum Beispiel den von Furnival und Wilson (1974), die zwar nicht alle Teilmodelle ausrechnen, aber trotzdem zu jeder Dimension die jeweils p besten Teilmodelle bestimmen können. Dabei werden in geschickter Weise auf Grund der bereits durchgerechneten Modelle diejenigen ausgeschlossen, die schlechtere Ergebnisse liefern als die bereits gefundenen p besten.
Bei diesen Algorithmen wird der Überblick über alle interessanten Teilmodelle durch einen erheblichen numerischen Aufwand erkauft. In der Praxis werden daher meistens schrittweise Selektionsverfahren angewendet, die auf die vollständige Durchmusterung aller Modelle verzichten und dafür das beste Modell aus einer Teilklasse finden. Die wichtigsten Algorithmen sind:

Rückwärts-Elimination: Man geht vom saturierten Modell aus und eliminiert jeweils einen Regressor.

---
[9] Vapnik-Chervonenkis-Dimension
[10] Zum Beispiel bei 10 Regressoren 1024 Modelle.

Vorwärts-Auswahl: Man beginnt beim Nullmodell und erweitert das Modell um jeweils einen Regressor.

Schrittweise Auswahl: Eine Kombination von Vorwärts-Auswahl und Rückwärts-Elimination. Man nimmt schrittweise einen neuen Regressor vorläufig auf und überprüft gleichzeitig, ob man nicht einen bereits früher aufgenommenen Regressor wieder eliminieren sollte.
Wir erläutern diese Verfahren am Beispiel 347 des bereits behandelten Zement-Datensatzes.

Beispiel 348 (Rückwärts-Elimination) *Man startet mit dem saturierten Modell mit allen $m+1$ Regressoren. (0-te Schleife). In der k-ten Schleife liegt ein Modell mit $m+1-k$ Regressoren vor. Für jeden Regressor x_j, der noch im Modell verbliebenen ist, wird die Hypothese H_0 : "$\beta_j = 0$" mit einem vorgegebenen Signifikanzniveau α getestetet. (Im Beispiel haben wir $\alpha = 10\%$ gewählt.) Sind alle Parameter signifikant von Null verschieden, bricht das Verfahren ab. Andernfalls wird der Regressor mit niedrigstem Wert der Prüfgröße $t_{pg} = \left|\widehat{\beta}_j\right| / \widehat{\sigma}_{\widehat{\beta}_j}$ eliminiert. Dies liefert das Ausgangsmodell der k+1-ten Schleife mit $m-k$ Regressoren.*

Start *Es ist $\mathbf{M}_s = \mathcal{L}\{\mathbf{1}, \mathbf{x}_1, \mathbf{x}_2, \mathbf{x}_3, \mathbf{x}_4\}$. Wir verzichten auf den Abdruck der ANOVA-Tafel und geben nur die Parameterschätzungen wieder:*

Regressor	$\widehat{\beta}_j$	$\widehat{\sigma}_{\widehat{\beta}_j}$	$t_{pg} = \widehat{\beta}_j / \widehat{\sigma}_{\widehat{\beta}_j}$
$\mathbf{x}_1$	*1,559*	*0,745*	*2,081*
$\mathbf{x}_2$	*0,510*	*0,724*	*0,704*
$\mathbf{x}_3$	*0,102*	*0,755*	*0,135*
$\mathbf{x}_4$	*-0,144*	*0,709*	*-0,203*

Der kritische Schwellenwert für $\alpha = 10\%$ ist das 0,95 Quantil der t-Verteilung mit $n-d = 13-5 = 8$ Freiheitsgraden: $t(8)_{0{,}95} = 1{,}86$. Eliminiert wird $\mathbf{x}_3$, die Variable mit dem betragsmäßig kleinsten Wert von t_{pg}.

1. Schleife: *Das neue Modell ist $\mathcal{L}\{\mathbf{1}, \mathbf{x}_1, \mathbf{x}_2, \mathbf{x}_4\}$. Die Parameterschätzungen sind:*

Regressor	$\widehat{\beta}_j$	$\widehat{\sigma}_{\widehat{\beta}_j}$	$t_{pg} = \widehat{\beta}_j / \widehat{\sigma}_{\widehat{\beta}_j}$
$\mathbf{x}_1$	*1,450*	*0,117*	*12,393*
$\mathbf{x}_2$	*0,416*	*0,186*	*2,237*
$\mathbf{x}_4$	*-0,236*	*0,173*	*-1,364*

Der Schwellenwert ist $t(9)_{0{,}95} = 1{,}83$. Daraufhin wird $\mathbf{x}_4$ eliminiert.

2. Schleife: *Das neue Modell ist $\mathcal{L}\{\mathbf{1}, \mathbf{x}_1, \mathbf{x}_2\}$. Die Parameterschätzungen sind:*

Regressor	$\widehat{\beta}_j$	$\widehat{\sigma}_{\widehat{\beta}_j}$	$t_{pg} = \widehat{\beta}_j / \widehat{\sigma}_{\widehat{\beta}_j}$
$\mathbf{x}_1$	*1,47*	*0,123*	*11,951*
$\mathbf{x}_2$	*0,662*	*0,046*	*14,391*

Der Schwellenwert ist $t\,(10)_{0,95} = 1,81$. *Beide Koeffizienten sind signifikant: Das endgültige Modell ist* $\mathcal{L}\{\mathbf{1}, \mathbf{x}_1, \mathbf{x}_2\}$. *Mit* $\widehat{\beta}_0 = 52,58$ *wird* $\widehat{\mu}$ *geschätzt durch:*

$$\widehat{\mu} = 52,58 + 1,47x_1 + 0,66x_2.$$

Beispiel 349 (Vorwärts-Auswahl) *Die Auswahl startet mit* $\mathrm{M}_0 = \mathcal{L}\{\mathbf{1}\}$. *In der k-ten Schleife sei* $\mathbf{M}$ *das aktuelle Modell. Nun wird derjenige Regressor* x_j *gesucht, der noch nicht ins Modell* $\mathbf{M}$ *aufgenommen ist, dieses aber bei Erweiterung von* $\mathbf{M}$ *zu* $\mathcal{L}\{\mathbf{M}, \mathbf{x}_j\}$ *am stärksten verbessern würde. Wegen:*

$$\left\|\mathbf{P}_{\mathcal{L}\{\mathbf{M},\mathbf{x}_{j\bullet\mathbf{M}}\}}\mathbf{y}\right\|^2 = \|\mathbf{P}_{\mathbf{M}}\mathbf{y}\|^2 + \left\|\mathbf{P}_{\mathbf{x}_{j\bullet\mathbf{M}}}\mathbf{y}\right\|^2 = \|\mathbf{P}_{\mathbf{M}}\mathbf{y}\|^2 + \mathrm{SST}\; r^2(\mathbf{y}_{\bullet\mathbf{M}}; \mathbf{x}_{j\bullet\mathbf{M}})$$

wird die Variable x_j *mit maximaler partieller Korrelation mit* $\mathbf{y}$ *vorläufig ins Modell aufgenommen. Anschließend wird das* Bleiberecht *von* x_j *durch einen Test der Hypothese* H_0 : "$\beta_j = 0$" *überprüft. Wird* H_0 *verworfen, bleibt* x_j *im Modell und die* $k+1-te$ *Schleife wird mit* $\mathcal{L}\{\mathbf{M}, \mathbf{x}_j\}$ *begonnen. Wird dagegen* H_0 *akzeptiert, wird* x_j *wieder entfernt und das Verfahren bricht ab.*

Start und 1. Schleife *Das aktuelle Modell ist* $\mathbf{M} := \mathcal{L}\{\mathbf{1}\}$. *Auf Grund der Korrelationsmatrix (mit den ungerundeten Werten) korreliert* $\mathbf{x}_4$ *am stärksten mit* $\mathbf{y}$. *Also wird* $\mathbf{x}_4$ *aufgenommen und liefert das vorläufige Modell* $\mathbf{M} := \mathcal{L}\{\mathbf{1}, \mathbf{x}_4\}$. *Die Parameterschätzungen sind:*

Regressor	$\widehat{\beta}_j$	$\widehat{\sigma}_{\widehat{\beta}_j}$	$t_{pg} = \widehat{\beta}_j / \widehat{\sigma}_{\widehat{\beta}_j}$
$\mathbf{x}_4$	$-0,738$	$0,155$	$-4,76$

Der Schwellenwert ist $t\,(11)_{0,95} = 1,8$. *Also ist* β_4 *signifikant und* $\mathbf{x}_4$ *verbleibt im Modell.*

2. Schleife: *Das aktuelle Modell ist* $\mathbf{M} := \mathcal{L}\{\mathbf{1}, \mathbf{x}_4\}$. *Für jede Variable* x_j, *die noch nicht im Modell ist, wird nun die partielle Korrelation mit* y *berechnet:*

	$r^2(\mathbf{y}_{\bullet\mathbf{M}}; \mathbf{x}_{j\bullet\mathbf{M}})$
$\mathbf{x}_1$	$0,9154$
$\mathbf{x}_2$	$0,0170$
$\mathbf{x}_3$	$0,8012$

Maximale partielle Korrelation besteht zwischen y *und* x_1. *Also wird* x_1 *vorläufig ins Modell aufgenommen. Im Modell* $\mathbf{M} := \mathcal{L}\{\mathbf{1}, \mathbf{x}_1, \mathbf{x}_4\}$ *sind die Parameterschätzungen:*

Regressor	$\widehat{\beta}_j$	$\widehat{\sigma}_{\widehat{\beta}_j}$	$t_{pg} = \widehat{\beta}_j / \widehat{\sigma}_{\widehat{\beta}_j}$
$\mathbf{x}_1$	$1,44$	$0,138$	$10,43$
$\mathbf{x}_4$	$-0,614$	$0,049$	$-12,53$

Beim Schwellenwert $t\,(10)_{0,95} = 1,81$ *sind* β_1 *und* β_4 *signifikant.*

3. Schleife: *Das aktuelle Modell ist* $\mathbf{M} := \mathcal{L}\{\mathbf{1}, \mathbf{x}_1, \mathbf{x}_4\}$. *Die partiellen Korrelationen mit* $\mathbf{y}$ *sind:*

	$r^2(\mathbf{y}_{\bullet\mathbf{M}}; \mathbf{x}_{j\bullet\mathbf{M}})$
$\mathbf{x}_2$	0,358
$\mathbf{x}_3$	0,320

Maximale partielle Korrelation besteht zwischen y *und* x_2. *Also wird* x_2 *vorläufig ins Modell aufgenommen. Im Modell* $\mathbf{M} := \mathcal{L}\{\mathbf{1}, \mathbf{x}_1, \mathbf{x}_2, \mathbf{x}_4\}$ *sind die Parameterschätzungen:*

Regressor	$\widehat{\beta}_j$	$\widehat{\sigma}_{\widehat{\beta}_j}$	$t_{pg} = \widehat{\beta}_j / \widehat{\sigma}_{\widehat{\beta}_j}$
$\mathbf{x}_1$	1,450	0,117	12,393
$\mathbf{x}_2$	0,416	0,186	2,237
$\mathbf{x}_4$	−0,236	0,173	−1,364

Der Schwellenwert ist $t(9)_{0,95} = 1,83$. $\mathbf{x}_2$ *ist signifikant und bleibt im Modell. Zwar ist in diesem Modell* $\mathbf{x}_4$ *nicht mehr signifikant, aber danach wird nicht gefragt.*

4. Schleife: *Das aktuelle Modell ist* $\mathbf{M} := \mathcal{L}\{\mathbf{1}, \mathbf{x}_1, \mathbf{x}_2, \mathbf{x}_4\}$. *Jetzt steht nur noch* $\mathbf{x}_3$ *zur Verfügung. Im vorläufigen Modell* $\mathbf{M}_s := \mathcal{L}\{\mathbf{1}, \mathbf{x}_1, \mathbf{x}_2, \mathbf{x}_3, \mathbf{x}_4\}$ *ist* $\mathbf{x}_3$ *nicht signifikant.* $\mathbf{x}_3$ *wird nicht aufgenommen. Das Verfahren bricht ab. Mit* $\widehat{\beta_0} = 71,65$ *lautet die optimale Schätzgleichung:*

$$\widehat{\mu} = 71,65 + 1,45x_1 + 0,42x_2 - 0,24x_4.$$

Beispiel 350 (Schrittweise Regression) *Die Stepwise Regression beginnt wie bei der Vorwärts-Auswahl mit dem Nullmodell* $\mathbf{M}_0 = \mathcal{L}\{\mathbf{1}\}$. *In jeder Schleife wird zuerst wie bei der Vorwärts-Auswahl eine neue Variable ausgewählt und vorläufig in ein erweitertes Modell aufgenommen. Anschließend werden wie bei der Rückwärts-Elimination die Koeffizienten aller Variablen auf Signifikanz getestet. Von den nicht signifikanten Variablen wird diejenige mit dem niedrigsten Wert der Prüfgröße entfernt. Wird die vorläufig aufgenommene Variable wieder entfernt oder müßte eine eben entfernte Variable wieder aufgenommen werden, bricht das Verfahren ab.*

Start: *Der Start und die ersten drei Schleifen verlaufen wie bei der Vorwärts-Auswahl über die Kette:*

$$\mathcal{L}\{\mathbf{1}\} \to \mathcal{L}\{\mathbf{1}, \mathbf{x}_4\} \to \mathcal{L}\{\mathbf{1}, \mathbf{x}_1, \mathbf{x}_4\} \to \mathcal{L}\{\mathbf{1}, \mathbf{x}_1, \mathbf{x}_2, \mathbf{x}_4\}$$

zum vorläufigen Modell $\mathcal{L}\{\mathbf{1}, \mathbf{x}_1, \mathbf{x}_2, \mathbf{x}_4\}$, *da* β_4 *und* β_1 *signifikant von Null verschieden sind.*

4. Schleife: *Im vorläufige Modell* $\mathcal{L}\{\mathbf{1}, \mathrm{x}_1, \mathrm{x}_2, \mathrm{x}_4\}$ *ist* x_4 *nicht signifikant und wird eliminiert. Dies liefert das Modell* $\mathcal{L}\{\mathbf{1}, \mathrm{x}_1, \mathrm{x}_2\}$. *Mögliche Kandidaten für die Aufnahme sind* x_3 *und* x_4. *Die partiellen Korrelationen mit* $\mathbf{y}$ *sind:*

	$r^2(\mathbf{y}_{\bullet\mathrm{M}}; \mathrm{x}_{j\bullet\mathrm{M}})$
x_3	0,1691
x_4	0,1715

Maximale partielle Korrelation besteht zwischen y *und* x_4. *Also müßte* x_4 *ins Modell aufgenommen werden.* x_4 *wurde aber gerade aus dem dann entstehenden Modell* $\mathcal{L}\{\mathbf{1}, \mathrm{x}_1, \mathrm{x}_2, \mathrm{x}_4\}$ *eliminiert. Das Verfahren bricht damit ab. Die optimale Schätzgleichung lautet hier im Einklang mit der Rückwärts-Elimination:*

$$\widehat{\mu} = 52.58 + 1,47x_1 + 0,66x_2$$

Wie die drei Beispiele zeigen, liefern die unterschiedlichen Selektionsverfahren auch unterschiedliche Modelle. Dabei kann es sehr wohl geschehen, daß eine Variable, die bei der Vorwärts-Auswahl als erste ausgewählt wurde, bei der Rückwärts-Elimination ausgerechnet als erste wieder ausscheidet. Da jeweils nur eine Variable ausgewählt oder verworfen wird, haben korrelierte Variable, die nur gemeinsam eine Regressionsbeitrag liefern, eine geringere Chance haben, aufgenommen zu werden als andere. Keines der drei Verfahren kann daher mit Sicherheit das optimale Modell liefern.

Nützlich sind diese schrittweisen Verfahren gerade bei großem m. Werden in jeder Schleife alle verbleibenden Regressoren überprüft, so sind bei Rückwärts-Elimination oder der Vorwärts-Auswahl jeweils $\binom{m}{2}$ Modelle durchzurechnen. Dies ist eine erhebliche Reduktion des Arbeitsaufwandes gegenüber der Analyse aller 2^m Modelle bei der vollständigen Suche.

9.4 Modelle mit Box-Cox-transformierten Variablen

Das lineare Modell ist meist nur ein extrem vereinfachtes Abbild der Realität. Oft ist y nicht normalverteilt — oder nicht einmal symmetrisch-verteilt. Bei schiefen Verteilungen wünschte man sich manchmal, man könnte die Dichte an der einen Seite etwas *stauchen* und an der anderen Seite etwas *dehnen*, um so schließlich eine halbwegs *normale* Dichte zu erhalten, die dann wie gewohnt analysiert wird. Dieses Vorgehen bedeutet, daß man zuerst y zu $u = h(y)$ transformiert und anschließend nicht $\mathbf{y}$ sondern $\mathbf{u}$ modelliert:

$$\mathbf{u} \sim \mathrm{N}_n\left(\nu; \sigma^2\mathbf{I}\right); \quad \nu \in \mathbf{M}.$$

Wie aber soll man solche Transformationen finden?

Ist $f_Y(y)$ die Dichte einer eindimensionalen Variablen Y, so ist bei einer monotonen Transformation die Dichte $f_U(u)$ von U gegeben durch:

$$f_U(u) = f_Y(y)\left|\frac{dy}{du}\right|.$$

Dabei ist $\left|\frac{du}{dy}\right| = |h'(y)|$ der Faktor, der die Dehnung der y-Achse beschreibt und $h''(y) = \frac{d^2u}{dy^2}$ beschreibt die Änderung des Dehnungsfaktors. Bei konvexen Funktionen, $h'' > 0$, wird mit wachsendem y die Achse immer stärker gedehnt. Also geht die Dichte von U aus der von Y durch eine Dehnung nach rechts, bzw. ein Stauchung nach links hervor. Umgekehrt wird bei einer konkaven Funktionen, $h'' < 0$, die Dichte von U nach links gedehnt und nach rechts gestaucht. (Man halte sich dazu einmal die Dichte einer Lognormalverteilung und einer durch Logarithmierung daraus entstandenen Normalverteilung vor Augen.) Eine Klasse von monoton wachsenden, umkehrbaren Transformationen, die von extrem konvexen zu extrem konkaven Funktionen reicht, ist die Klasse der **Box-Cox-Transformationen**, die für positive y wie folgt definiert ist:

$$u_\lambda := \frac{y^\lambda - 1}{\lambda}.$$

Dabei ist λ mit $-\infty < \lambda < +\infty$ ein fester Transformationsparameter. u_λ hängt stetig von λ ab und geht für $\lambda \to 0$ stetig in $\ln(y)$ über:

$$\lim_{\lambda \to 0} u_\lambda = \ln(y).$$

u_λ ist eine monoton wachsenae, für $\lambda < 1$ konkave und für $\lambda > 1$ konvexe Funktion von y. Die Abbildung 9.1 zeigt u_λ für sieben Werte von λ.

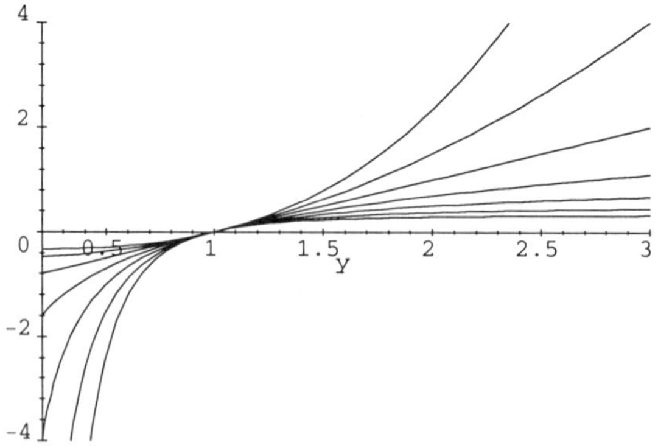

Abbildung 9.1: $u_\lambda = \frac{y^\lambda - 1}{\lambda}$ für $\lambda = -3; -2; -1; -0; -1; -2; -3$.

Box-Cox-Transformation im linearen Modell

Sind im linearen Modelle alle Beobachtungswerte positiv und hinreichend groß, können wir die Wahrscheinlichkeit für negative y-Werte ignorieren und auch im linearen Modell mit der Box-Cox-Transformation arbeiten. Ist $\mathbf{1} \in \mathbf{M}$, so sind wegen:

$$\frac{\mathbf{y}^{\lambda}-1}{\lambda} \sim \mathrm{N}_n\left(\mu;\sigma^2\mathbf{I}\right) \leftrightarrow \mathbf{y}^{\lambda} \sim \mathrm{N}_n\left(\lambda\mu+1;\lambda^2\sigma^2\mathbf{I}\right)$$

für $\lambda \neq 0$ die Modelle:

$$\begin{array}{llll} \frac{\mathbf{y}^{\lambda}-\mathbf{1}}{\lambda} & \sim \mathrm{N}_n\left(\boldsymbol{\mu};\sigma^2\mathbf{I}\right) & \boldsymbol{\mu}\in\mathbf{M}; & 0\leq\sigma^2<\infty, \\ \mathbf{y}^{\lambda} & \sim \mathrm{N}_n\left(\boldsymbol{\mu};\sigma^2\mathbf{I}\right) & \boldsymbol{\mu}\in\mathbf{M}; & 0\leq\sigma^2<\infty \end{array}$$

identisch; sie unterscheiden sich nur in der Parametrisierung. Betrachtet man daher die Fälle $\lambda = 0$ und $\lambda \neq 0$ getrennt, so genügt es, nur die vereinfachte Transformation:

$$y \to y^{\lambda}$$

zu betrachten. Da die Projektion $\mathbf{P_M}$ eine stetige Abbildung von $\mathbf{y}$ ist, hängen auch SSE und alle Parameterschätzwerte stetig von λ ab, speziell also auch in der Nähe von $\lambda = 0$.

Wahl eines optimalen λ: Ist λ fest gegeben, so betrachten wir das Modell $\mathbf{y}^{\lambda}\sim\mathrm{N}_n\left(\boldsymbol{\mu};\sigma^2\mathbf{I}\right), \boldsymbol{\mu}\in\mathbf{M}$ und schätzen dort $\boldsymbol{\mu}$ durch $\mathbf{P_M}\mathbf{y}^{\lambda}$. Ist auch λ zu bestimmen, betrachten wir λ als zusätzlichen Modellparameter und schätzen ihn aus der der Likelihood. Nach Voraussetzung hat $U := Y^{\lambda}$ die Dichte:

$$f_U(u) = \frac{1}{\sigma\sqrt{2\pi}}\exp\left(-\frac{1}{2\sigma^2}(u-\mu)^2\right).$$

Daher hat Y die Dichte:

$$f_Y(y \,\|\, \mu,\sigma,\lambda) = f_U(u \,\|\, \mu,\sigma)\left|\frac{du}{dy}\right| = \frac{1}{\sigma\sqrt{2\pi}}\exp\left(-\frac{1}{2\sigma^2}\left(y^{\lambda}-\mu\right)^2\right)y^{\lambda-1}\,|\lambda|.$$

Bei n Beobachtungen ist die Dichte f bzw. die Loglikelihood l von $\boldsymbol{\mu}$, σ und λ gegeben durch:

$$\begin{aligned} f_{\mathbf{Y}}(\mathbf{y} \,\|\, \boldsymbol{\mu},\sigma,\lambda) &\simeq \left(\frac{1}{\sigma}\right)^n \exp\left(-\frac{1}{2\sigma^2}\left\|\mathbf{y}^{\lambda}-\boldsymbol{\mu}\right\|^2\right)|\lambda|^n\prod_{i=1}^n y_i^{\lambda-1}, \\ l(\boldsymbol{\mu},\sigma,\lambda\,|\mathbf{y}) &= -n\ln\sigma - \frac{1}{2\sigma^2}\left\|\mathbf{y}^{\lambda}-\boldsymbol{\mu}\right\|^2 \\ &\quad +n\ln|\lambda| + (\lambda-1)\sum_{i=1}^n \ln y_i. \end{aligned} \tag{9.32}$$

Da die letzten beiden Summanden nicht von $\boldsymbol{\mu}$ und σ abhängen, können wir $l(\boldsymbol{\mu}, \sigma, \lambda\,|\mathbf{y})$ in zwei Schritten maximieren:

1. Wir halten λ fest und maximieren $l(\boldsymbol{\mu}, \sigma, \lambda\,|\mathbf{y})$ nach $\boldsymbol{\mu}$ und σ. Dies liefert:

$$\begin{aligned}\widehat{\boldsymbol{\mu}}_\lambda &= \mathbf{P_M}\mathbf{y}^\lambda,\\ \mathrm{SSE}_\lambda &= \left\|\mathbf{y}^\lambda - \widehat{\boldsymbol{\mu}}_\lambda\right\|^2,\\ \widehat{\sigma}^2_\lambda &= \frac{1}{n}\mathrm{SSE}_\lambda.\end{aligned}$$

2. Wir setzen diese von λ abhängenden optimalen Parameter $\widehat{\boldsymbol{\mu}}_\lambda$ und $\widehat{\sigma}^2_\lambda$ in die Likelihood (9.32) ein, und erhalten das **Loglikelihoodprofil:**

$$\begin{aligned}lp(\lambda\,|\mathbf{y}) &:= l(\widehat{\boldsymbol{\mu}}_\lambda, \widehat{\sigma}_\lambda, \lambda\,|\mathbf{y})\\ &= -\frac{n}{2}\ln \mathrm{SSE}_\lambda + n\ln|\lambda| + (\lambda-1)\sum_{i=1}^{n}\ln|y_i|. \qquad (9.33)\end{aligned}$$

   Die Bezeichnung Likelihood-*Profil* ist sehr anschaulich: Der Graph von $lp(\lambda;\mathbf{y})$ ist die Silhouette des multidimensionalen Graphens der Loglikelihood $l(\boldsymbol{\mu}, \sigma, \lambda\,|\mathbf{y})$, wenn man ihn *längs der λ-Achse* betrachtet.

Aus Gründen der asymptotischen χ^2–Verteilung arbeitet man lieber mit $-2lp(\lambda\,|\mathbf{y})$ anstelle von $lp(\lambda\,|\mathbf{y})$und sucht dementsprechend deren Minimum.

Interpretation der nach Transformation gefundenen Ergebnisse: Die Box-Cox-Transformation ist nur ein technisches Hilfsmittel, um letzten Endes Aussagen über y zu gewinnen. Die Ergebnisse müssen also zurücktransformiert werden. Betrachten wir die Aufgabe etwas allgemeiner:

$u = h(y)$ ist eine monoton wachsende Transformation mit der Umkehrung $y = k(u)$. Die normalverteilte Variable $U = h(Y)$ wird modelliert und EU wird erwartungstreu durch $\widehat{EU}$ geschätzt. Da aber k und h nicht linear sind, ist $k\left(\widehat{EU}\right)$ kein erwartungstreuer Schätzer von $Ek(U) = EY$. Auf Grund der Symmetrie von U ist aber $\mathrm{E}(U)$ zugleich der Median von U. $\widehat{EU}$ ist daher sowohl der ML-Schätzer des Erwartungswertes $\mathrm{E}(U)$ als auch des Medians. Wegen der Monotonie von $k(u)$ wird der Median von U auf den Median von Y abgebildet. Aus der Transformationsäquivarianz des Maximum Likelihoodschätzer ist daher $k\left(\widehat{EU}\right)$ der ML-Schätzer des Medians von Y.

Das heißt also: Glätten oder prognostizieren wir die u-Werte durch ihre geschätzten Erwartungswerte, so glätten oder prognostizieren wir die y-Werte durch ihre geschätzten Mediane.

Ein Beispiel

In diesem Abschnitt übernehmen wir weitgehend ein Beispiel aus Aitkin et al. (1989) und erläutern daran die Modellsuche.

Kirschbäume liefern ein wertvolles Edelholz. Es ist für Plantagenbesitzer daher wichtig, die Menge Nutzholzes, die aus einem Stamm zu gewinnen ist, aus einfach zu erhebenden Daten zu schätzen, bevor der Baum gefällt und ins Sägewerk geschafft wurde. An 31 Bäumen wurde nun die Höhe h des Baumes (in Feet) und der Durchmesser d des Stammes in 4,5 Foot Höhe über dem Erdboden (in Inches) gemessen. Dann wurde zu jedem einzelnen Stamm das Volumen y des Nutzholzes (Cubic feet) gemessen. Siehe Tabelle 9.5. Gesucht wird eine Formeln, die diese Daten miteinander verknüpft und eine Prognose von y zuläßt. Die Daten:

d	h	y		d	h	y		d	h	y
8,3	70	10,3		11,4	76	21,0		14,5	74	36,3
8,6	65	10,3		11,4	76	21,4		16,0	72	38,3
8,8	63	10,2		11,7	69	21,3		16,3	77	42,6
10,5	72	16,4		12,0	75	19,1		17,3	81	55,4
10,7	81	18,8		12,9	74	22,2		17,5	82	55,7
10,8	83	19,7		12,9	85	33,8		17,9	80	58,3
11,0	66	15,6		13,3	86	27,4		18,0	80	51,5
11,0	75	18,2		13,7	71	25,7		18,0	80	51,0
11,1	80	22,6		13,8	64	24,9		20,6	87	77,0
11,2	75	19,9		14,0	78	34,5				
11,3	79	24,2		14,2	80	31,7				

Tabelle 9.5: Die Kirschbaumdaten: Volumen y, Durchmesser d und Höhe h.

Ein Lineares Modell für y Zuerst wird ein lineares Modell an y angepaßt:

$$y = \beta_0 + \beta_d d + \beta_h h + \varepsilon.$$

Die ANOVA-Tafel scheint mit einem Bestimmtheitsmaß $r^2 = 0,948$ mehr als zufriedenstellend zu sein:

Sum of Squares	F.grad	SS
SSR	2	7684
SSE	28	422
SST	30	8106

Die Koeffizienten der Regressoren d und h sind signifikant:

	Parameter	$\widehat{\beta}$	$\widehat{\sigma}_{\widehat{\beta}}$
Absolutglied:	$\widehat{\beta}_0$	$-57,990$	$8,638$
Durchmesser :	$\widehat{\beta}_d$	$4,708$	$0,264$
Höhe:	$\widehat{\beta}_h$	$0,339$	$0,130$

Unbefriedigend ist der deutlich S-förmige Normal–Probability–Plot der Residuen:

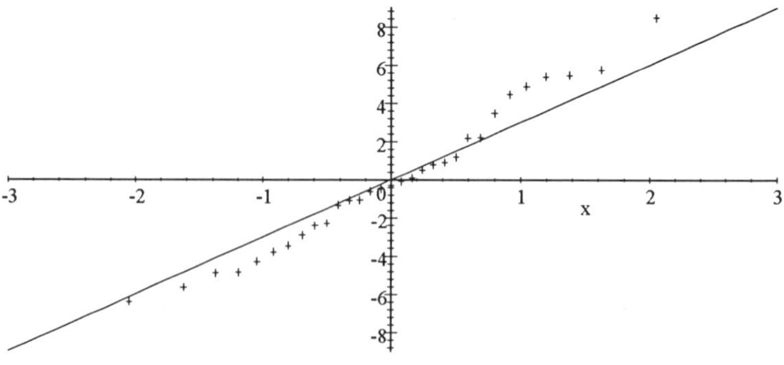

Normal–Probability -Plot der Kirschbaum-Residuen

Ein Lineares Modell für $\mathbf{y}^\lambda$

Wir wenden daher die Box-Cox-Transformation auf y an und ersetzen y durch y^λ. Um das optimale λ zu finden, bestimmen wir punktweise das Likelihood-Profil. Dazu lassen wir λ in Schritten von 0.5 von -2 bis +2 variieren, rechnen das Modell:

$$u := y^\lambda = \beta_0 + \beta_d d + \beta_h h + \varepsilon$$

durch und bestimmen gemäß (9.33) das Likelihood-Profil[11]. Da das Minimum offenbar zwischen Null und Eins liegt, wird dort in einem zweiten Durchlauf die Schrittweite feiner gewählt. Die folgende Abbildung zeigt den Plot von $-2lp(\lambda\,|\mathbf{y})$ für die ausgewählten Werte von λ zwischen -2 und $+2$.

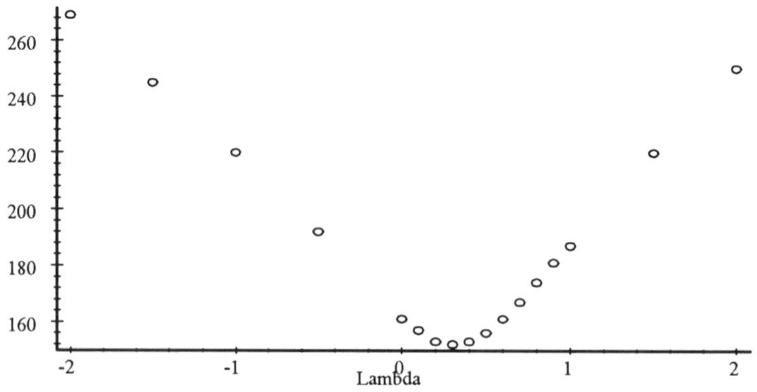

[11] Im Softwarepaket GLIM wird die Berechnung von $-2lp(\lambda\,|\mathbf{y})$ bereits als Macro angeboten, mit diesem wurden diese Werte errechnet.

Die folgende Tabelle zeigt die genauen Werte von $-2lp(\lambda\,|\mathbf{y})$ für $0,1 \leq \lambda \leq 1$:

λ	0,1	0,2	0,3	0,4	0,5	0,6	0,7	0,8	0,9	1,0
$-2lp(\lambda\,|\mathbf{y})$	161	156	153	152	153	156	161	167	173	187

Entscheidend für die praktische Arbeit ist die Interpretierbarkeit des gewählten Wertes von λ. Inhaltlich sinnvoll und in Übereinstimmung mit dem Verlauf von $-2lp(\lambda\,|\mathbf{y})$ ist der Wert $\lambda = 1/3$. Denn die abhängige Größe y ist ein Volumen, die unabhängigen Variablen h und d sind Strecken. Offensichtlich wird die Beziehung zwischen den Variablen eher linearisiert, wenn statt y die dritte Wurzel aus y, nämlich $y^{1/3}$, verwendet wird. In diesem Fall werden unabhängige und abhängige Variablen in denselben Dimensionen gemessen: Wir verwenden daher:

$$\lambda = 1/3$$

und berechnen damit das neue Modell:

$$y^{1/3} = \beta_0 + \beta_d d + \beta_h h + \varepsilon.$$

In diesem Modell ist $r^2 = 0,98$ und es ist:

Sum of Squares	F.grade	SS
SSR	2	8,404
SSE	28	0,192
SST	30	8,596

Die Koeffizienten der Regressoren d und h sind signifikant:

Parameter	$\widehat{\beta}$	$\widehat{\sigma}_{\widehat{\beta}}$
$\widehat{\beta}_0$	$-0,0851$	0,1843
$\widehat{\beta}_d$	0,1515	0,0057
$\widehat{\beta}_h$	0,0145	0,0028

Interpretation der gefitteten Werte: Das angepaßte Modell lautet:

$$\widehat{y}^{1/3} = -0,0851 + 0,0145h + 0,1515d.$$

Das Volumen y wird daher geschätzt[12] durch:

$$\widehat{y} = (-0,0851 + 0,0145h + 0,1515d)^{3.}\,.$$

Die Tabelle 9.6 stellt die beobachteten den geschätzten Volumenwerte gegenüber.

[12] Wir können sagen: $\widehat{y}$ ist die Prognose eines künftigen Volumens y oder $\widehat{y}$ ist der ML-Schätzer des Medians der Verteilung von y.

y_i	$\widehat{y}_i$		y	$\widehat{y}_i$		y	$\widehat{y}_i$
10.3	10,43		21.0	20,60		36.3	32,22
10.3	10,05		21.4	20,60		38.3	38,63
10.2	10,07		21.3	19,37		42.6	42,81
16.4	16,53		19.1	22,38		55.4	50,96
18.8	19,85		22.2	25,41		55.7	52,83
19.7	20,84		33.8	29,76		58.3	54,18
15.6	16,31		27.4	31,98		51.5	54,83
18.2	18,96		25.7	27,48		51.0	54,83
22.6	20,89		24.9	25,19		77.0	79,19
19.9	19,61		34.5	31,68			
24.2	21,25		31.7	33,50			

Tabelle 9.6: Die Kirschbaumdaten: Beobachtete und geschätzte Volumen.

Bei der Beurteilung der Güte des Approximation darf man nicht naiv das übliche Bestimmtheitsmaß r^2 verwenden. Wir haben nämlich zweierlei *Residuen* zu unterscheiden: Einerseits für die modellierte Variable u die $u-$*Residuen:*

$$u_i - \widehat{u}_i = y_i^{1/3} - \widehat{y_i^{1/3}}.$$

Für diese gilt $\sum (u_i - \widehat{u}_i) = 0$ und

$$\mathrm{SSE}_{\mathbf{u}} := \sum (u_i - \widehat{u}_i)^2 = 0,192.$$

Andererseits die uns eigentlich interessierenden Abweichungen, die $y-$*Residuen:*

$$y_i - \widehat{y}_i.$$

Da $\widehat{\mathbf{y}}$ keine Projektion von y ist, ist $y = \widehat{y}_i + (y_i - \widehat{y}_i)$ keine Zerlegung in unkorrelierte Komponenten. Außerdem ist die Summe der $y-$Residuen ungleich Null:

$$\sum_{i=1}^{31} (y_i - \widehat{y}_i) = 1,744 \neq 0.$$

Schließlich mißlingt eine additive Varianzzerlegung. Denn wegen:

$$\begin{aligned} \mathrm{SST}_{\mathbf{y}} &:= \sum_{i=1}^{31} (y_i - \overline{y})^2 = 8106,1 \quad , \\ \mathrm{SSE}_{\mathbf{y}} &:= \sum_{i=1}^{31} (y_i - \widehat{y}_i)^2 = 184,7 \quad , \\ \mathrm{SSR}_{\mathbf{y}} &:= \sum_{i=1}^{31} \left(y_i - \overline{\widehat{y}}\right)^2 = 7989,6 \end{aligned}$$

ist

$$\mathrm{SST}_{\mathbf{y}} < \mathrm{SSR}_{\mathbf{y}} + \mathrm{SSE}_{\mathbf{y}}.$$

Wollen wir die Idee eines Bestimmtheitsmaßes für y übertragen, so ist weder der Korrelationskoeffizient $r(\mathbf{y};\widehat{\mathbf{y}})$ noch das Varianzverhältnis

$$\frac{\sum\left(y_i - \overline{\widehat{y}}\right)^2}{\sum\left(y_i - \overline{y}\right)^2}$$

geeignet. Der erste nicht, da er lineare Abweichungen zwischen y und $\widehat{\mathbf{y}}$ ignoriert, das zweite nicht, da wegen $\overline{y} \neq \overline{\widehat{y}}$ Zähler und Nenner in keinem sinnvollen Verhältnis stehen. Sinnvoll wäre z.B. das Unbestimmheitsmaß **UBM** und das daraus abgeleitete Bestimmheitsmaß **BM** mit :

$$\mathbf{UBM} := \frac{\sum\left(y_i - \widehat{y}_i\right)^2}{\sum\left(y_i - \overline{y}\right)^2},$$

$$\mathbf{BM} := 1 - \mathbf{UBM}$$

In unserem Fall ist $\mathbf{BM} = 1 - \frac{184,68}{8106,1} = 0,977.$

Lineare Modelle für y^λ und logarithmierte Regressoren

Wenden wir uns den Regressoren zu. Bei der Suche nach einem optimalen Modell sind nicht nur Transformationen von y sondern auch der Regressoren zu erwägen. Als Beispiel betrachten wir Modelle mit den logarithmierten Regressoren. Welche Box-Cox-Transformation von y paßt nun am besten? Wir betrachten die Modellklasse:

$$u := y^\lambda = \beta_0 + \beta_d \ln d + \beta_h \ln h + \varepsilon.$$

Das Likelihood-Profil für diese Modelle ist:

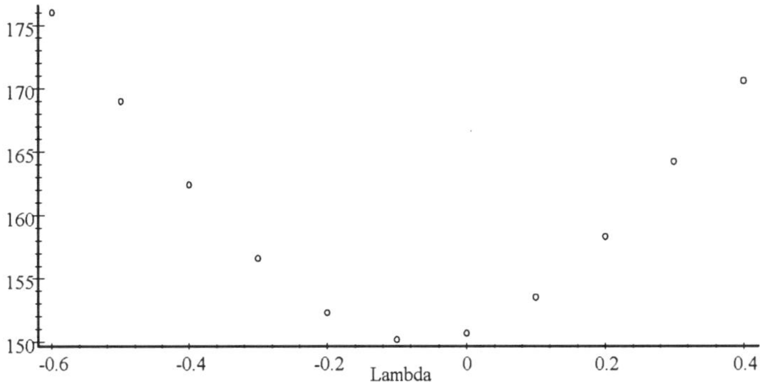

Die numerischen Werte sind im einzelnen:

λ	-0,4	-0,3	-0,2	-0,1	0,0	0,1	0,2	0,3	0,4
-2lp(λ)	162,4	156,6	152,3	150,2	150,7	153,5	158,3	164,2	170,6

Nach dem Prinzip der Interpretierbarkeit bietet sich $\lambda = 0$ an. Also wird y logarithmiert. Das Modell mit logarithmierten Variablen:

$$u := \ln y = \beta_0 + \beta_d \ln d + \beta_h \ln h + \varepsilon$$

liefert ein $\mathrm{SSE}_{\mathbf{u}}$ von 0,18546, ein $r^2 = 0.9777$ und die signifikanten Schätzwerte:

	Parameter	$\widehat{\beta}$	$\widehat{\sigma}_{\widehat{\beta}}$
Absolutglied:	$\widehat{\beta}_0$	$-6,632$	$0,7998$
Durchmesser :	$\widehat{\beta}_d$	$1,983$	$0,0750$
Höhe:	$\widehat{\beta}_h$	$1,117$	$0,2044$

Wegen $\exp(-6,632) = 0,0013175$ wird y geschätzt durch:

$$\widehat{y} = 0,0013175 \cdot d^{1,983} \cdot h^{1,117}. \tag{9.34}$$

Für diese Schätzung ist $\mathrm{SSE}_{\mathbf{y}} = \sum (y_i - \widehat{y}_i)^2 = 180,8$.

Ein Lineares Modell für y mit Offset

Die Schätzwerte $\widehat{\beta}_d \approx 2$ und $\widehat{\beta}_h \approx 1$ in Gleichung (9.34) legen es nahe, die Koeffizienten β_d und β_h im Modell a-priori durch die Konstanten 2 und 1 zu ersetzen. Wir nähern uns damit der Volumenformeln für Rotationskörper und schätzen das Volumen durch:

$$y = \beta_0 d^2 h.$$

Für $\beta_0 = \frac{\pi}{4}$ erhält man das Volumen eines Rotationszylinder mit dem Durchmesser d und der Höhe h, für $\beta_0 = \frac{\pi}{12}$ erhält man das Volumen eines Rotationskegels mit gleicher Bodenfläche und Höhe. Damit ist nur noch β_0 zu schätzen. Daher betrachten wir nun das Modell mit **Offset**[13]:

$$\ln y = \beta_0 + 2 \ln d + \ln h + \varepsilon.$$

Dieser Offset wird von der zu modellierenden Variable abgezogen. In diesem Fall wird also die folgende Regression:

$$u := \ln y - 2 \ln d - \ln h = \beta_0 + \varepsilon$$

[13] Ein konstanter Vektor im Regressionsmodell, hier der Datenvektor $2 \ln \mathbf{d} + \ln \mathbf{h}$, wird in der englischsprachigen Literatur als Offset bezeichnet.

berechnet. Sie liefert mit einem $\text{SSE}_{\mathbf{u}} = 0,18769$ und $r^2 = 0,9774$ den Schätzwert:

Parameter	$\widehat{\beta}$	$\widehat{\sigma}_{\widehat{\beta}}$
$\widehat{\beta}_0$	$-6,169$	$0,006256$

und damit wegen $\exp(-6.169) = 0,002\,0933$ die Schätzung:

$$\widehat{y} = 0,002\,1 \cdot d^2 h. \tag{9.35}$$

Für diese Schätzung ist $\text{SSE}_{\mathbf{y}} = \sum (y_i - \widehat{y}_i)^2 = 182,6.$[14]

Generalisierte lineare Modelle

Im Box-Cox-Modell haben wir die beobachtete Variablen y transformiert und zum Beispiel die Modellklasse:

$$\begin{aligned} \mathbf{y}^{\lambda} &\sim \mathrm{N}_n\left(\boldsymbol{\mu}; \sigma^2 \mathbf{I}\right) \quad , \\ \boldsymbol{\mu} &= \beta_0 \mathbf{1} + \beta_d \mathbf{d} + \beta_h \mathbf{h}. \end{aligned}$$

betrachtet. Liegt es nicht ebenso nahe, nicht die Variable y, sondern ihren Erwartungswert zu transformieren? Dann erhalten wir das folgende Modell:

$$\begin{aligned} \mathbf{y} &\sim \mathrm{N}_n\left(\boldsymbol{\mu}; \sigma^2 \mathbf{I}\right) , \\ \boldsymbol{\mu}^{\lambda} &= \beta_0 \mathbf{1} + \beta_d \mathbf{d} + \beta_h \mathbf{h}. \end{aligned}$$

Mit diesen Modellen verlassen wir aber den Rahmen diese Buches und betreten das Gebiet der **generalisierten linearen Modelle (GLM)**. Charakteristisch für sie ist die folgende Struktur:

$$\begin{aligned} \mathbf{y} &= \boldsymbol{\mu} + \boldsymbol{\varepsilon}, \\ \boldsymbol{\mu} &= h(\boldsymbol{\eta}), \\ \boldsymbol{\eta} &\in \mathbf{M} \end{aligned}$$

Dabei ist $h(\boldsymbol{\eta})$ die sogenannte **Response-Funktion**, die den linearen **Prediktor** $\boldsymbol{\eta}$ mit dem Erwartungswert $\boldsymbol{\mu}$ verknüpft. Dabei kann die Verteilung von

[14] Um die Frage *Kegel oder Zylinder* richtig zu beantworten, müssen wir noch berücksichtigen, daß in (9.35) der Durchmesser d in *inch* und die Höhe h in *foot*=12*inch* und y in *foot*^{3} gemessen wurde. Messen wir Durchmesser $D := 12d$ und Höhe h in *foot* gilt:

$$\widehat{y} = 0,3024 \cdot D^2 h.$$

Wegen

$$\beta_{0;Kegel} = \frac{\pi}{12} = 0,2618 < 0,3024 < 0,7854 = \frac{\pi}{4} = \beta_{0;Zylinder}$$

wird der Stamm also eher durch eine Kegel als durch einen Zylinder approximiert. Dabei ist das Stammvolumen etwas größer als das entsprechende Kegelvolumen.

y_i ein beliebige Verteilung aus der Exponentialfamilie sein. Damit können z.B. auch Poisson-, Binomial- oder multinomialverteilte, mehrdimensionale, kategoriale Zielgrößen behandelt werden.
Zur Vertiefung in die Theorie der generalisierten linearen Modelle kann hier nur auf die Literatur verwiesen werden. Siehe zum Beispiel McCullagh und Nelder (1983), Aitkin et al.(1989), Arminger und Clogg (1995), Fahrmeir et al. (1992) und vor allem auch Fahrmeir und Tutz (1994).
Zur numerischen Behandlung generalisierter linearer Modelle stehen einerseits spezielle statistische Softwarepakete wie *GLIM* und *GLAMOUR* oder andererseits geeignete Untermodule bei den "Generalisten" wie *SAS*, *SPSS* oder *S-Plus* zur Verfügung. Für unser Kirschbaum-Beispiel erhalten wir mit einer Response-Funktion $\mu = \eta^3$ das Modell

$$\mathbf{y} \sim \mathrm{N}_n\left(\boldsymbol{\mu}; \sigma^2 \mathbf{I}\right) \qquad \mu^{1/3} = \eta = \beta_0 + \beta_d d + \beta_h h.$$

In diesem Modell werden die Parameter mit einem $\mathrm{SSE}_{\mathbf{y}} = 184{,}6$ geschätzt durch:

	Parameter	$\widehat{\beta}$	$\widehat{\sigma}_{\widehat{\beta}}$
Absolutglied	$\widehat{\beta}_0$	$-0,0510$	$0,2240$
Durchmesser	$\widehat{\beta}_d$	$0,1503$	$0,0058$
Höhe	$\widehat{\beta}_h$	$0,0143$	$0,0033$

Also wird y geschätzt durch:

$$\widehat{y} = (-0,051 + 0,1503d + 0,0143h)^3.$$

Schließlich betrachten wir nun auch noch das generalisierte lineare Modell mit der Response-Funktion $\mu = \exp \eta$:

$$\mathbf{y} \sim \mathrm{N}_n\left(\boldsymbol{\mu}; \sigma^2 \mathbf{I}\right) \qquad \ln \mu = \beta_0 + \beta_d \ln d + \beta_h \ln h.$$

Hier werden die Parameter mit einem $\mathrm{SSE}_{\mathbf{y}} = 179,66$ geschätzt durch:

	Parameter	$\widehat{\beta}$	$\widehat{\sigma}_{\widehat{\beta}}$
Absolutglied	$\widehat{\beta}_0$	-6,537	0,9435
Durchmesser	$\widehat{\beta}_d$	1,997	0,0821
Höhe	$\widehat{\beta}_h$	1,088	0,2421

Wegen $\exp(-6,537) = 0,001449$ wird y geschätzt durch:

$$\widehat{y} = 0,001449 \cdot d^{1,997} \cdot h^{1,088}.$$

Modellvergleich

Wir haben 6 verschieden Modelle gefunden und sechs verschiedene Prognosegleichungen bestimmt. Modell 1 schied auf Grund der schlechten Anpassung und der deutlichen Reststruktur in den Residuen aus. Alle anderen Modelle zeigen befriedigende Ergebnisse. Welches Modell aus der folgenden Zusammenstellung ist nun das Beste?

Lineares Modell für u	Regressoren	Prognoseformel für y
$u := y$	$d; h$	$-57,99 + 4,71d + 0,34h$
$u := y^{1/3}$	$d; h$	$(-0,09 + 0,15\ d + 0,01\ h)^3$
$u := \ln y$	$\ln d; \ln h$	$0,0013 \cdot d^{1,983} \cdot h^{1,117}$
$u := \ln y - 2\ln d + \ln h$	1	$0,0021 \cdot d^2 h$

Generalisiertes lineares Modell für y	Regressoren	Prognoseformel für y
$\mu = \eta^3$	$d; h$	$(-0,05 + 0,15\ d + 0,01\ h)^3$
$\mu = \exp \eta$	$\ln d; \ln h$	$0,0014 \cdot d^{1,997} \cdot h^{1,088}$

Ein globaler Vergleich der in den Modellen berechneten Parameter und deren Varianzen scheidet aus, da die Parameter in den 6 Modellen unterschiedliche Bedeutung haben. Ebenso scheidet ein Vergleich der $\mathrm{SSE}_{\mathbf{u}}$ für die modellierten Variablen aus. Drei Vergleichskriterien bleiben:

1. Die durch $\mathrm{SSE}_{\mathbf{y}} = \sum (y_i - \widehat{y}_i)^2$ gemessene Übereinstimmung zwischen beobachtetem und geglätteten Wert.

2. Die in $\mathrm{PRESS} = \sum \left(y_i - \widehat{y}_{i\setminus(i)}\right)^2$ gemessene Übereinstimmung zwischen beobachtetem und prognostiziertem Wert.

3. Die Likelihood der Parameter.

Die Likelihood der Parameter ist vergleichbar, da sich alle Modelle als Teilmodelle des gemeinsamen Obermodells

$$\begin{aligned}
\frac{y^{\lambda} - 1}{\lambda} &\sim \mathrm{N}\left(\frac{\mu^{\gamma} - 1}{\gamma}; \sigma\right) \quad , \\
\mu &= \beta_0 + \beta_d \frac{d^{\delta} - 1}{\delta} + \beta_h \frac{h^{\eta} - 1}{\eta}
\end{aligned}$$

auffassen lassen. Die folgende Tabelle zeigt die Parameterwerte, $\mathrm{SSE}_{\mathbf{y}}$ und

$l\left(\widehat{\boldsymbol{\theta}}\,|\mathbf{y}\right)$ mit $\widehat{\boldsymbol{\theta}} = \left(\widehat{\lambda}; \widehat{\gamma}; \widehat{\delta}; \widehat{\eta}; \widehat{\beta}_0; \widehat{\beta}_d; \widehat{\beta}_h; \widehat{\sigma}\right)$:

Modell	λ	γ	δ	η	$\widehat{\beta}_0$	$\widehat{\beta}_d$	$\widehat{\beta}_h$	$\text{SSE}_\mathbf{y}$	$l\left(\widehat{\boldsymbol{\theta}}\,\vert\mathbf{y}\right)$
1	1	1	1	1	$-57,990$	$4,708$	$0,339$	$421,9$	$187,4$
2	1/3	1	1	1	$-0,085$	$0,152$	$0,014$	$184,7$	$152,2$
3	0	1	0	0	$-0,663$	$1,983$	$1,117$	$180,8$	$150,7$
4	0	0	0	0	$-6,169$	2	1	$182,6$	$161,4$
5	1	1/3	1	1	$-0,051$	$0,150$	$0,014$	$184,2$	$161,7$
6	1	0	0	0	$-6,537$	$1,997$	$1,088$	$179,7$	$160,9$

Bis auf das erste naive lineare Modell ist bei allen anderen Modellen die Übereinstimmung zwischen Beobachtung und Schätzung fast gleich gut. Mißt man die Plausibilität in der Likelihood, so ist das Modell 3 mit logarithmierten Beobachtungen und Regressoren das plausibelste Modell. Das einfachste ist sicherlich das vierte, bei dem nur ein Kegelvolumen mit einem Korrekturfaktor geschätzt wird.

Kapitel 10

Spezialgebiete des Regressionsmodells

In diesem Kapitel werden fünf untereinander unverbundene Einzelthemen angeschnitten, die teils von praktischer teils von theoretischer Relevanz sind. In der Entwicklung des linearen Modells sind sie jedoch nicht zwingend notwendig zum Gesamtverständnis. Wir untersuchen die Vereinfachung des linearen Modells bei orthogonalen Regressoren, die iterative Behandlung des linearen Modells einschließlich der Theorie des Kalman-Filters und die Relevanz der Singulärwertzerlegung der Designmatrix. Schließlich betrachten wir das lineare Modell *mit den Augen eines Bayesianers.*

10.1 Orthogonale Regressoren

Sind die Regressoren orthogonal, so vereinfachen sich alle Rechnungen erheblich. $\hat{\mu}$ und alle Regressionskoeffizienten lassen sich unmittelbar angeben. Im einzelnen betrachten wir folgendes Modell:
Es sei $\mathbf{M} = \mathcal{L}\{\mathbf{x}_0, \mathbf{x}_1, \ldots, \mathbf{x}_m\}$ mit orthogonalen Regressoren: $\mathbf{x}_i \perp \mathbf{x}_j \; \forall i \neq j$. Dann ist $\boldsymbol{\mu} = \sum_{j=0}^{m} \gamma_j \mathbf{x}_j$; $\mathbf{P_M} = \sum \mathbf{P}_{\mathbf{x}_j}$ und es gilt:

$$\widehat{\boldsymbol{\mu}} = \sum_{j=0}^{m} \mathbf{P}_{\mathbf{x}_j}\mathbf{y} = \sum_{j=0}^{m} \frac{\mathbf{x}_j'\mathbf{y}}{\|\mathbf{x}_j\|^2}\mathbf{x}_j = \sum_{j=0}^{m} \widehat{\gamma}_j \mathbf{x}_j. \tag{10.1}$$

Wir haben bewußt die Bezeichnung γ_j statt des üblichen β_j gewählt, um später beim Wechsel der Basis besser zwischen den Koeffizienten orthogonaler und nicht-orthogonaler Regressoren unterscheiden zu können. Wegen $\mathbf{x}_i \perp \mathbf{x}_j$ ist:

$$\widehat{\gamma}_j = \frac{\mathbf{x}_j'\mathbf{y}}{\|\mathbf{x}_j\|^2}, \tag{10.2}$$

$$\operatorname{Var}\widehat{\gamma}_j = \frac{\sigma^2}{\|\mathbf{x}_j\|^2} \text{ sowie } \operatorname{Cov}(\widehat{\gamma}_i, \widehat{\gamma}_j) = 0 \quad \forall i \neq j \tag{10.3}$$

und

$$\begin{aligned} \|\widehat{\boldsymbol{\mu}}\|^2 &= \sum_{j=0}^{m} \widehat{\gamma}_j^2 \|\mathbf{x}_j\|^2 = \sum_{j=0}^{m} \frac{(\mathbf{x}_j'\mathbf{y})^2}{\|\mathbf{x}_j\|^2}, & (10.4) \\ \text{SSE} &= {}^2 - \|\widehat{\boldsymbol{\mu}}\|^2 = \|\mathbf{y}\|^2 - \sum_{j=0}^{m} \frac{(\mathbf{x}_j'\mathbf{y})^2}{\|\mathbf{x}_j\|^2}. & (10.5) \end{aligned}$$

Bemerkung: Insgesamt folgt aus (10.2) bis (10.5):

1. γ_j wird geschätzt, als sei γ_j der einzige unbekannte Parameter in einem Modell mit dem einzigen Regressor $\mathbf{x}_j$.
2. Die Schätzer $\widehat{\gamma}_j$ sind unkorreliert voneinander. Bei normalverteilten Störgrößen sind die $\widehat{\gamma}_j$ sogar voneinander stochstisch unabhängig.
3. Die Schätzer der Koeffizienten ändern sich nicht, wenn orthogonale Regressoren neu ins Modell aufgenommen oder aus dem Modell entfernt werden.
4. Nur bei der Schätzung der Residualvarianz $\widehat{\sigma}^2$ wird die Existenz der anderen Regressoren mit berücksichtigt.

Diese einfache Struktur kann man auch bei ursprünglich nicht-orthogonalem Design nachträglich ausnutzen, wenn man eine orthogonale Basis für den Modellraum konstruiert.
Dazu sei $\mathbf{M} = \mathcal{L}\{\mathbf{x}_0, \mathbf{x}_1, \mathbf{x}_2, \ldots, \mathbf{x}_m\}$ mit nicht-orthogonalen Regressoren. Nun ersetzt man die vorgegebenen Regressoren $\mathbf{x}_j$ durch orthogonale Regressoren $\widetilde{\mathbf{x}}_j$, die denselben Modellraum aufspannen:[1]

$$\mathbf{M} = \mathcal{L}\{\mathbf{x}_0, \mathbf{x}_1, \mathbf{x}_2, \ldots, \mathbf{x}_m\} = \mathcal{L}\{\widetilde{\mathbf{x}}_0, \widetilde{\mathbf{x}}_1, \widetilde{\mathbf{x}}_2, \ldots, \widetilde{\mathbf{x}}_{d-1}\}.$$

Dann ist:

$$\mathbf{P_M y} = \sum_{j=0}^{d-1} \widehat{\gamma}_j \widetilde{\mathbf{x}}_j = \sum_{j=0}^{m} \widehat{\beta}_j \mathbf{x}_j. \qquad (10.6)$$

Jetzt lassen sich $\widehat{\boldsymbol{\mu}}$ und die $\widehat{\gamma}_j$ sofort bestimmen. Wird nicht nur $\widehat{\boldsymbol{\mu}}$ gebraucht, sondern auch die $\widehat{\beta}_j$, muß anschließend der Basiswechsel wieder rückgängig gemacht werden. Dazu schreiben wir:

$$\widetilde{\mathbf{x}}_j = \sum_{k=0}^{m} \delta_{jk} \mathbf{x}_k.$$

Setzen wir dies in die obige Gleichung (10.6) ein, erhalten wir:

$$\mathbf{P_M y} = \sum_{j=0}^{d-1} \widehat{\gamma}_j \sum_{k=0}^{m} \delta_{jk} \mathbf{x}_k = \sum_{k=0}^{m} \underbrace{\left(\sum_{j=0}^{d-1} \widehat{\gamma}_j \delta_{jk} \right)}_{\widehat{\beta}_k} \mathbf{x}_k = \sum_{k=0}^{m} \widehat{\beta}_k \mathbf{x}_k.$$

[1] Sind die $\mathbf{x}_j$ linear abhängig, so ist $d = \operatorname{Rg} \mathbf{X} < m + 1$, ansonsten ist $d = m + 1$.

Also ist:

$$\widehat{\beta}_k = \sum_{j=0}^{m} \widehat{\gamma}_j \delta_{jk}.$$

Beispiel 351 *Als Beispiel betrachten wir wieder die lineare Einfachregression. Es ist* $\mathbf{M} = \mathcal{L}\{\mathbf{1}, \mathbf{x}\} = \mathcal{L}\{\mathbf{1}, \mathbf{x}_{\bullet 1}\}$. *Dabei ist* $\widetilde{\mathbf{x}} = \mathbf{x}_{\bullet 1} = \mathbf{x} - \overline{x}\mathbf{1}$ *orthogonal zu* $\mathbf{1}$. *Also ist*

$$\mathbf{P_M y} = \mathbf{P_1 y} + \mathbf{P}_{\widetilde{\mathbf{x}}}\mathbf{y} = \widehat{\gamma}_0 \mathbf{1} + \widehat{\gamma}_1 \widetilde{\mathbf{x}}.$$

Dabei ist:

$$\widehat{\gamma}_0 = \frac{\mathbf{1}'\mathbf{y}}{\|\mathbf{1}\|^2} = \overline{y},$$
$$\widehat{\gamma}_1 = \frac{\widetilde{\mathbf{x}}'\mathbf{y}}{\|\widetilde{\mathbf{x}}\|^2} = \frac{\operatorname{cov}(\mathbf{x}, \mathbf{y})}{\operatorname{var} \mathbf{x}}.$$

Ersetzen wir $\widetilde{\mathbf{x}}$ *in der Darstellung von* $\mathbf{P_M y}$ *durch* $\mathbf{x} - \overline{x}\mathbf{1}$, *erhalten wir die bekannten Regressionkoeffizienten der linearen Einfach-Regression:*

$$\mathbf{P_M y} = \widehat{\gamma}_0 \mathbf{1} + \widehat{\gamma}_1 \widetilde{\mathbf{x}} = (\widehat{\gamma}_0 - \widehat{\gamma}_1 \overline{x})\mathbf{1} + \widehat{\gamma}_1 \mathbf{x} = \widehat{\beta}_0 \mathbf{1} + \widehat{\beta}_1 \mathbf{x}$$

Regression mit orthogonalen Polynomen

Ein weiteres wichtiges Anwendungsgebiet ist die Arbeit mit **orthogonalen Polynomen**. Wir gehen dazu von einer polynomialen Struktur aus:

$$\mu(x) := \sum_{j=0}^{m} \beta_j x^j.$$

Dabei sei der Grad des Polynoms nicht von vornherein festgelegt. Wir werden nacheinander $m = 1, 2, \ldots$ wählen und also $\mu(x)$ durch eine Gerade, eine Parabel, eine kubische Parabel und so fort modellieren.
Aufgrund von n Beobachtungen an den nicht notwendig voneinander verschiedenen **Stützstellen** $x_1, \ldots, x_n$ sind nun die β_j zu schätzen. Abgesehen von den numerischen Problemen bei der Inversion der Matrix $\mathbf{XX}'$ müssen für jeden Polynomgrad m alle Regressionskoeffizienten neu berechnet werden.
Diese Arbeit entfällt bei **orthogonalen Polynomen** $p_j(x)$. Sie sind durch folgende Eigenschaften definiert:

1. $p_j(x)$ ist ein Polynom vom Grade j. Dabei hat der Koeffizient der höchsten Potenz x^j den Wert 1. Speziell ist $p_0(x) \equiv 1$.

2. Die Polynome $p_j(x)$ sind in den diskreten Stützstellen $x_1, \ldots, x_n$ orthogonal.

Dabei bedeutet *Orthogonalität in den Stützstellen* das folgende: Faßt man die Werte eines jeden Polynoms $p_j(x)$ an den n Stützstellen zu einem Vektor:

$$\mathbf{p}_j = (p_j(x_1), p_j(x_2), \ldots, p_j(x_n))'$$

zusammen, so ist $\mathbf{p}_i \perp \mathbf{p}_j$, das heißt:

$$\sum_{k=1}^{n} p_i(x_k) p_j(x_k) = 0 \qquad \forall \quad i \neq j.$$

Sind die n Stützstellen voneinander verschieden, so gibt es genau n verschiedene orthogonale Vektoren $\mathbf{p}_j \neq \mathbf{0}$, $j = 0, 1, \ldots, n-1$. Weiter läßt sich jedes Polynom $\mu(x)$ vom Grade $m \leq n-1$ eindeutig als Summe der ersten $m+1$ orthogonalen Polynome $p_j(x)$ darstellen:

$$\mu(x) = \sum_{j=0}^{m} \beta_j x^j = \sum_{j=0}^{m} \gamma_j p_j(x).$$

Da der höchste Koeffizient von $p_j(x)$ 1 ist, ist $\beta_m = \gamma_m$. Daher ist $\mu(x)$ genau dann ein Polynom vom Grad k, falls $\gamma_k \neq 0$ und $\gamma_{k+1} = \gamma_{k+2} = \gamma_m = 0$ ist.

Wegen $\mathcal{L}\{\mathbf{1}, \mathbf{x}^1, \mathbf{x}^2, \ldots, \mathbf{x}^m\} = \mathcal{L}\{\mathbf{1}, \mathbf{p}_1, \mathbf{p}_2, \ldots, \mathbf{p}_m\}$ können wir in der Designmatrix $\mathbf{X}$ die nicht orthogonalen Regressoren $\mathbf{x}^j := (x_1^j, x_2^j, \ldots, x_n^j)'$ durch die orthogonalen $\mathbf{p}_j$ ersetzen:

$$\boldsymbol{\mu} = \sum_{j=0}^{m} \beta_j \mathbf{x}^j = \sum_{j=0}^{m} \gamma_j \mathbf{p}_j.$$

Die γ_j schätzen wir dann durch $\frac{\mathbf{y}'\mathbf{p}_j}{\|\mathbf{p}_j\|^2}$.

Bestimmung der $p_j(x)$

Die $\mathbf{p}_j$ kann man zum Beispiel durch Orthogonalisierung der $m+1$ Vektoren $\mathbf{x}^j$ gewinnen. Sind die Stützstellen äquidistant, so lassen sie sich durch Skalenänderung auf die Werte $1, 2, \ldots, n$ transformieren. Für diese Stützstellen sind aber die orthogonalen Polynome explizit bekannt. Die folgenden sechs Gleichungen beschreiben die ersten sechs in den Stützstellen $1, 2, \ldots, n$ orthogonalen Polynome. Dabei steht p als Abkürzung für $x - \frac{n+1}{2}$.

$$p_0(x) := 1 \quad ,$$

$$p_1(x) := x - \frac{n+1}{2} =: p \quad , \tag{10.7}$$

$$p_2(x) := p^2 - \frac{n^2-1}{12} \quad , \tag{10.8}$$

$$p_3(x) := p^3 - p\frac{3n^2-7}{20} \quad , \tag{10.9}$$

$$p_4(x) := p^4 - p^2\frac{3n^2-13}{14} + \frac{(n^2-1)(n^2-9)3}{560} \quad , \tag{10.10}$$

$$p_5(x) := p^5 - p^3\frac{(n^2-7)5}{18} + p\frac{15n^4-230n^2+407}{1008}. \tag{10.11}$$

$\mathbf{p}_j$ ist nicht notwendig für alle $x = 1, \ldots, n$ ganzzahlig. Durch Multiplikation mit geeigneten Faktoren k_j kann aber stets erreicht werden, daß alle $\pi_j := k_j\mathbf{p}_j$ ganzzahlig sind.

Beispiel 352 *Die Arbeitslosenzahlen in Millionen eines (fiktiven) Landes seien für die Jahre 1990-1994 gegeben durch:*

$$3,03 \quad 3,24 \quad 3,42 \quad 3,69 \quad 3,79.$$

Man approximiere diese Daten durch:

a) eine Gerade,

b) ein Polynom 2. Grades,

c) ein Polynom 3. Grades,

d) ein Polynom 4. Grades

und schätze in diesen Modellen die Arbeitslosenzahlen für die Jahre 1995 und 1996.

Lösung: Es ist $\mu(t) = \sum_{j=0}^{m} \beta_j t^j$ ein Polynom m-ten Grades. Die $n = 5$ Stützstellen von $t = 1990$ bis $t = 1994$ lassen sich durch $x := (t - 1990 + 1)$ auf $x = 1, 2, 3, 4, 5$ transformieren.

Die ersten fünf orthogonalen Polynome $p_j(x)$ entnehmen wir den Gleichungen (10.7) bis (10.11). Die Abbildung 10.1 zeigt die Gestalt der Polynome $p_j(x)$. Während sich die Werte der Polynome außerhalb des Stützbereichs dramatisch unterscheiden, sind sie innerhalb des Stützbereichs von vergleichbarer Größenordnung. Die Werte der $p_j(x)$ an den Stützstellen zeigt die folgende Tabelle 10.1

Daß $\mathbf{p}_5 \equiv 0$ ist, ist kein Zufall. Da $\mathbf{p}_5 \in \mathbb{R}^5 = \mathcal{L}\{\mathbf{p}_0, \mathbf{p}_1, \mathbf{p}_2, \mathbf{p}_3, \mathbf{p}_4\}$ ist und orthogonal zu $\mathbf{p}_0$ bis $\mathbf{p}_4$ steht, muß $\mathbf{p}_5 = 0$ sein. Dasselbe gilt für alle höheren

[1] Eine Tabelle der orthogonalen Polynome wurden erstmals von Allan (1930) veröffentlicht.

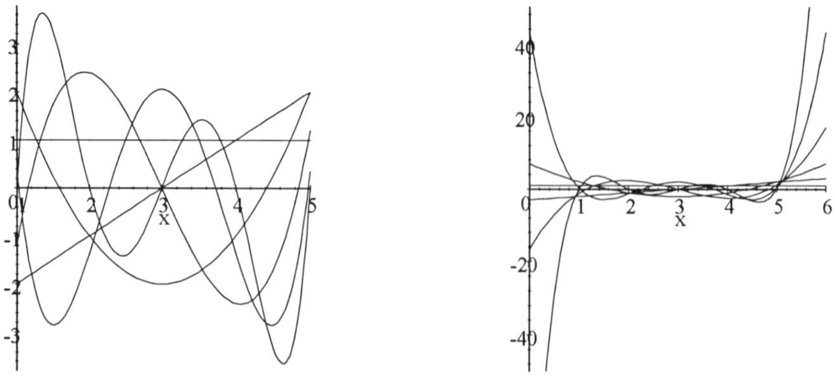

Abbildung 10.1: Die ersten 5 orthogonalen Polynome links im Bereich $x \in [0; 5]$, rechts im Bereich $x \in [0; 6]$.

x	$p_0(x)$	$p_1(x)$	$p_2(x)$	$p_3(x)$	$p_4(x)$	$p_5(x)$
1	1	$-2,000$	$2,000$	$-1,200$	$0,3429$	0
2	1	$-1,000$	$-1,000$	$2,400$	$-1,3714$	0
3	1	$0,000$	$-2,000$	$0,000$	$2,0571$	0
4	1	$1,000$	$-1,000$	$-2,400$	$-1,3714$	0
5	1	$2,000$	$2,000$	$1,200$	$0,3429$	0

Tabelle 10.1: Werte der $p_j(x)$ an den Stützstellen

Polynome: Durch 5 Punkte läßt sich ein Polynom vom Grade $m \geq 5$ nicht eindeutig bestimmen.
Da wir im folgenden die Schätzung der Koeffizienten explizit vorführen wollen, ist es einfacher, mit ganzen Zahlen zu arbeiten. Daher multiplizieren wir die $\mathbf{p}_j(x)$ *mit geeigneten Konstanten* k_j*:*

$$\begin{aligned}
\pi_0(x) &= p_0(x) = 1 \quad , \\
\pi_1(x) &= p_1(x) = (x-3) \quad , \\
\pi_2(x) &= p_2(x) = (x-3)^2 - 2 \quad , \\
\pi_3(x) &= \frac{5}{6} \cdot p_3(x) = (x-3)\frac{5(x-3)^2 - 17}{6} \quad , \\
\pi_4(x) &= \frac{35}{12} \cdot p_4(x) = (x-3)^2 \frac{7(x-3)^2 - 315}{12} + 6 \quad , \\
\pi_5(x) &= p_5(x) = (x-3)^5 - 5(x-3)^3 + 4(x-3).
\end{aligned}$$

Tabelle 10.2 auf der nächsten Seite enthält die Werte der $\pi_j(x)$ an den Stützstellen 1 bis 5 und zum Vergleich darüber hinaus an den Stellen $x = 6$ und $x = 7$ knapp außerhalb des Stützbereichs.

	x	$\pi_0(x)$	$\pi_1(x)$	$\pi_2(x)$	$\pi_3(x)$	$\pi_4(x)$	$\pi_5(x)$
Inner-	1	1	-2	2	-1	1	0
halb	2	1	-1	-1	2	-4	0
des	3	1	0	-2	0	6	0
Stütz-	4	1	1	-1	-2	-4	0
bereichs	5	1	2	2	1	1	0
Außerhalb							
des	6	1	3	7	14	126	120
Stütz-	7	1	4	14	42	546	720
bereichs							

Tabelle 10.2: Werte der $\pi_j(x)$ für $x = 1, 2, \ldots, 7$

Die Schätzung der Parameter.
Nach (10.2) sind die gesuchten Koeffizientenschätzer gegeben durch : $\widehat{\gamma}_j = \frac{\mathbf{y}'\pi_j}{\|\pi_j\|^2}$.
In der Tabelle 10.3 sind alle notwendigen Rechenschritte zusammengefaßt.

$\mathbf{y}$	π_0	π_1	π_2	π_3	π_4	$\mathbf{y}'\pi_0$	$\mathbf{y}'\pi_1$	$\mathbf{y}'\pi_2$	$\mathbf{y}'\pi_3$	$\mathbf{y}'\pi_4$
3,03	1	-2	2	-1	1	3,03	-6,06	6,06	-3,03	3,03
3,24	1	-1	-1	2	-4	3,24	-3,24	-3,24	6,48	-12,96
3,41	1	0	-2	0	6	3,41	0	-6,82	0	20,46
3,69	1	1	-1	-2	-4	3,69	3,69	-3,69	-7,38	-14,76
3,79	1	2	2	1	1	3,79	7,58	7,58	3,79	3,79
						17,16	1,97	-0,11	-0,14	-0,44
$\|\pi_j\|^2$	5	10	14	10	70					

Tabelle 10.3: Rechentabelle

Damit erhalten wir die Schätzwerte:

j	*0*	*1*	*2*	*3*	*4*
$\mathbf{y}'\boldsymbol{\pi}_j$	*17,16*	*1,97*	*-0,11*	*-0,14*	*-0,44*
$\|\boldsymbol{\pi}_j\|^2$	*5*	*10*	*14*	*10*	*70*
$\widehat{\gamma}_j = \frac{\mathbf{y}'\pi_j}{\|\pi_j\|^2}$	*3,432*	*0,197*	*-0,008*	*-0,0141*	*-0,0063*

Die Schätzung von $\mu(x)$ *durch ein Polynom vom Grade* m *ergibt damit:*

$$\begin{aligned}
\hat{\mu}_1(x) &= \widehat{\gamma}_0 + \widehat{\gamma}_1\pi_1 &&= 3,43 + 0,197 \cdot (x-3) \quad , \\
\hat{\mu}_2(x) &= \hat{\mu}_1(x) + \widehat{\gamma}_2\pi_2 &&= \hat{\mu}_1(x) - 0,008 \cdot ((x-3)^2 - 2) \quad , \\
\hat{\mu}_3(x) &= \hat{\mu}_2(x) + \widehat{\gamma}_3\pi_3 &&= \hat{\mu}_2(x) - 0,0141 \cdot (x-3) \cdot \left(5(x-3)^2 - 17\right)\tfrac{1}{6} \quad , \\
\hat{\mu}_4(x) &= \hat{\mu}_3(x) + \widehat{\gamma}_4\pi_4 &&= \hat{\mu}_3(x) - 0,006285 \cdot \hat{\pi}_4(x).
\end{aligned}$$

Bei dieser Berechnung brauchte jeweils nur der Koeffizient $\widehat{\gamma}_j$ *des neu ins Modell aufgenommenen orthogonalen Polynoms* $\pi_j(x)$ *berechnet zu werden. Außerdem* *ist hier die Rücktransformation der $\pi_j(x)$ und die Darstellung von $\widehat{\mu}_m(x)$ als ein Polynom der Gestalt $\sum \beta_j x^j$ unnötig, da nur die Schätzwerte der Polynome $\widehat{\mu}_m(x)$ für die Jahre 1990 bis 1996 gesucht sind. Diese zeigt die Tabelle 10.4. Im Interpolationsbereich ist die Beschreibung von $y(x)$ durch $\widehat{\mu}_4(x)$ scheinbar*

Jahre t	**1990**	**1991**	**1992**	**1993**	**1994**	**1995**	**1996**
Jahre x	1	2	3	4	5	6	7
$y(x)$	3,03	3,24	3,41	3,64	3,79		
$\widehat{\mu}_1(x)$	3,04	4,24	3,43	3,63	3,83	4,02	4,22
$\widehat{\mu}_2(x)$	3,02	3,24	3,45	3,64	3,81	3,97	4,11
$\widehat{\mu}_3(x)$	3,04	4,22	3,45	3,66	3,80	3,77	3,52
$\widehat{\mu}_4(x)$	3,03	3,24	3,41	3,69	3,79	2,98	0,09
	Interpolation					Extrapolation	

Tabelle 10.4: Werte der Polynome $\hat{\mu}_m(t)$ für die Jahre 1990 bis 1996

optimal, denn $\widehat{\mu}_4(x)$ stimmt an allen Stützstellen mit $y(x)$ überein. Dies ist nicht verwunderlich, denn wegen $\mathbf{M} = \mathcal{L}\{\mathbf{p}_0, \mathbf{p}_1, \mathbf{p}_2, \mathbf{p}_3, \mathbf{p}_4\} = \mathbb{R}^5$ und $\mathbf{y} \in \mathbb{R}^5$ ist $\mathbf{P_M y} = \mathbf{y}$.
Bei der Extrapolation zeigt sich jedoch die Schwäche der Überanpassung. Die extrapolierten Werte sind völlig unrealistisch, sie werden in den folgenden Jahren sogar negative Zahlen liefern, da der Koeffizient der höchsten Potenz von $\widehat{\mu}_4(x)$ negativ ist. Je höher der Grad des approximierenden Polynoms ist, um so vorsichtiger sollte man bei einer Extrapolation sein!

Orthogonale Kontraste

Im vorigen Beispiel haben wir ausgehend von orthogonalen Polynomen fünf orthogonale Vektoren $\mathbf{p}_0, \ldots, \mathbf{p}_4$ konstruiert. Aus $\mathbf{p}_0 = \mathbf{1}$ folgt $\mathbf{1}'\mathbf{p}_j = 0$. Daher ist:

$$\mathbf{p}_j'\mathbf{y} \text{ ein Kontrast in den Beobachtungen bzw.,}$$

$$\mathbf{p}_j'\boldsymbol{\mu} \text{ ein Kontrast in } \boldsymbol{\mu}.$$

Dabei lassen sich die $\mathbf{p}_j$ auch unabhängig von ihrer Herleitung interpretieren:

- $\mathbf{p}_0'\mathbf{y}$ schätzt einen Basiswert.
- $\mathbf{p}_1'\mathbf{y}$ kontrastiert Beobachtungen mit kleinem x-Wert mit Beobachtungen mit großem x-Wert und schätzt so eine lineare Komponente.
- $\mathbf{p}_2'\mathbf{y}$ kontrastiert Beobachtungen mit mittlerem x-Wert mit Beobachtungen mit extremen x-Werten und schätzt so eine quadratische Komponente usw.

Die über diese Kontraste definierten Parameter $\mathbf{p}_j'\boldsymbol{\mu}$ sind dann nach Konstruktion orthogonal. Sie lassen sich unabhängig voneinander schätzen und interpretieren. Da die $\mathbf{p}_0, \ldots, \mathbf{p}_4$ den Modellraum aufspannen, können sie in ihrer Gesamtheit $\boldsymbol{\mu}$ vollständig beschreiben.

Beispiel 353 *Als Beispiel bestimmen wir die sechs in den Stützstellen* 1; 2; 3; 4;-5; 6 *orthogonalen Kontraste. Tabelle 10.5 liefert für* $n = 6$ *die Werte der orthogonalen Polynome* $p_j(x)$. *Will man mit ganzen Zahlen arbeiten, multipliziert*

x	$p_1(x)$	$p_2(x)$	$p_3(x)$	$p_4(x)$	$p_5(x)$
1	−2,5000	3,3333	−3,000	1,714	−0,4762
2	−1,5000	−0,6667	4,200	−5,143	2,3810
3	−0,5000	−2,6667	2,400	3,429	−4,7619
4	0,5000	−2,6667	−2,400	3,429	4,7619
5	1,5000	−0,6667	−4,200	−5,143	−2,3810
6	2,5000	3,3333	3,000	1,714	0,4762

Tabelle 10.5: Werte der $p_j(x)$

man die $p_j(x)$ *mit geeigneten Konstanten:*

$$\begin{aligned} \pi_0(x) &= p_0(x), & \pi_3(x) &= \tfrac{5}{3} \cdot p_3(x), \\ \pi_1(x) &= 2 \cdot p_1(x), & \pi_4(x) &= \tfrac{7}{12} \cdot p_4(x), \\ \pi_2(x) &= \tfrac{3}{5} \cdot p_2(x), & \pi_5(x) &= \tfrac{21}{10} \cdot p_5(x). \end{aligned}$$

Die $\pi_j(x)$ *liefern nun die in Tabelle 10.6 aufgeführten orthogonalen Kontraste.*

x	π_0	π_1	π_2	π_3	π_4	π_5
1	1	−5	5	−5	1	−1
2	1	−3	−1	7	−3	5
3	1	−1	−4	4	2	−10
4	1	1	−4	−4	2	10
5	1	3	−1	−7	−3	−5
6	1	5	5	5	1	1

Tabelle 10.6: Orthogonale Kontraste

10.2 Schrittweise Verfahren.

Schrittweise oder iterative Verfahren werden gerne angewendet,

- wenn ein Datensatz zu groß ist, um geschlossen auf einmal analysiert zu werden,
- wenn nur ein Teil der Daten und Variablen interessiert und der Rest nur *mitgeschleppt* wird
- oder wenn ein Datensatz kontinuierlich erweitert wird und die jeweils *neueste* Schätzung nur eine Modifikationen der *vorhergehenden* Schätzung ist, bei der die soeben eingetroffenen Beobachtungen berücksichtigt wurden.

Wir werden zwei Spezialfälle der schrittweisen Erweiterung des Modells näher untersuchen:

1. Schrittweise Einführung neuer Regressoren.
2. Schrittweise Einführung neuer Beobachtungen.

Dabei werden wir im zweiten Punkt über die rein numerischen Aspekte hinaus auf eine duale Betrachtung des linearen Modells geführt werden. Diese mündet dann in die Theorie des Kalman-Filters ein.

10.2.1 Zweistufige Regression

Gegeben ist das lineare Modell $\mathbf{y} = \mathbf{X}\boldsymbol{\beta} + \boldsymbol{\varepsilon}$, bei dem sich die Regressoren in zwei disjunkte Gruppen zerlegen lassen. Ohne Beschränkung der Allgemeinheit sei:

$$\mathbf{X} = (\mathbf{X}_1; \mathbf{X}_2).$$

Dabei ist $\mathbf{X}_i$ eine $n \times m_i$ und $\mathbf{X}$ eine $n \times m = n \times (m_1 + m_2)$ Matrix. Entsprechend werden $\boldsymbol{\mu}$ bzw $\mathbf{y}$ zerlegt:

$$\boldsymbol{\mu} = \mathbf{X}_1\boldsymbol{\beta}_1 + \mathbf{X}_2\boldsymbol{\beta}_2 \quad , \tag{10.12}$$

$$\mathbf{y} = \mathbf{X}_1\boldsymbol{\beta}_1 + \mathbf{X}_2\boldsymbol{\beta}_2 + \boldsymbol{\varepsilon}. \tag{10.13}$$

Wir nennen (10.12) bzw. (10.13) das **vollständige** Modell. Bei der zweistufigen Regression soll in einem ersten Schritt erst der eine Parametervektor z.B. $\boldsymbol{\beta}_1$ geschätzt und mit dieser Kenntnis in einem zweiten Schritt der andere Parameter, im Beispiel also $\boldsymbol{\beta}_2$, bestimmt werden. Diese Vorgehen hat mehrere Vorteile:

- Durch die korrekte Aufteilung in zwei Schritte wird das Gesamtproblem in zwei unabhängige Teilprobleme zerlegt.

- In jedem Teilabschnitt braucht man nur den Einfluß einer Teilmenge der Regressoren zu betrachten. Dies ist vor allem dann von Interesse, wenn überhaupt nur einer der beiden Parametervektoren $\boldsymbol{\beta}_1$ oder $\boldsymbol{\beta}_2$ von Interesse ist und man so früh wie möglich den störenden anderen Parameter ohne Informationsverlust eliminieren kann.[2]

- Statt einer großen $m \times m$ Matrix müssen nur zwei kleinere Matrizen der Typen $m_1 \times m_1$ und $m_2 \times m_2$ invertiert werden. Dabei läßt sich eine möglicherweise vorhandene Orthogonalitätsstruktur innerhalb der Regressorgruppen ausnutzen.

Eindeutigkeit der Zerlegung

Damit wir die Komponenten aus (10.12) schätzen können, muß die Zerlegung (10.12) eindeutig sein. Sie ist es genau dann, wenn die Räume $\mathcal{L}\{\mathbf{X}_1\}$ und linear $\mathcal{L}\{\mathbf{X}_2\}$ unabhängig sind. Dies ist, wie in Kapitel 1 gezeigt, genau dann der Fall, wenn eine der drei folgenden äquivalenten Bedingungen erfüllt ist:

$$\begin{aligned} \emptyset &= \mathcal{L}\{\mathbf{X}_1\} \cap \mathcal{L}\{\mathbf{X}_2\} \quad , \\ \dim \mathcal{L}\{\mathbf{X}\} &= \dim \mathcal{L}\{\mathbf{X}_1\} + \dim \mathcal{L}\{\mathbf{X}_2\} \quad , \\ \operatorname{Rg} \mathbf{X} &= \operatorname{Rg} \mathbf{X}_1 + \operatorname{Rg} \mathbf{X}_2 . \end{aligned}$$

Ist zum Beispiel $\mathbf{1} \in \mathcal{L}\{\mathbf{X}_1\}$ und $\mathbf{1} \in \mathcal{L}\{\mathbf{X}_2\}$, dann ist die Konstante mehrdeutig. Hier muß die Eindeutigkeit durch Nebenbedingungen erzwungen werden. Wir setzen im weiteren voraus, daß die Zerlegung eindeutig ist.

Die Orthogonalisierung des Modellraums

Schreibweise: Um deutlich zu machen, daß sich der Koeffizientenvektor der Regressorgruppe $\mathbf{X}_1$ ändert, wenn wir das Modell um die Regressorgruppe $\mathbf{X}_2$ erweitern, werden wir im Gegensatz zum **vollständigen** Modell (10.13) das **einfache** Teilmodell,welches nur den Regressor $\mathbf{X}_1$ enthält, nicht in der Form $\mathbf{y} = \mathbf{X}_1\boldsymbol{\gamma} + \boldsymbol{\varepsilon}$ oder gar $\mathbf{y} = \mathbf{X}_1\boldsymbol{\beta}_1 + \boldsymbol{\varepsilon}$ sondern in der Form:

$$\mathbf{y} = \mathbf{X}_1\boldsymbol{\beta}_{1\bullet 2} + \boldsymbol{\varepsilon} \tag{10.14}$$

schreiben. Dabei soll die Indizierung von $\boldsymbol{\beta}_{1\bullet 2}$ an "Koeffizient von $\mathbf{X}_1$ im Modell ohne $\mathbf{X}_2$" erinnern, sie hat nichts mit irgendeiner Orthogonalisierung zu tun. Die Rechtfertigung dieser auf den ersten Blick umständlichen Indizierung wird durch die dadurch mögliche, sehr übersichtliche und einprägsame Schreibweise der Zerlegungsformeln (10.17) und (10.18) geliefert.
Im einfachen Teilmodell schätzen wir:

$$\mathbf{P}_{\mathbf{X}_1}\mathbf{y} = \mathbf{X}_1\widehat{\boldsymbol{\beta}}_{1\bullet 2}. \tag{10.15}$$

[2] Dies nutzt man z.B. in der Versuchsplanung bei der Auswertung unvollständiger Blockpläne aus.

$\mathbf{X}_1\boldsymbol{\beta}_{1\bullet 2}$ wird definiert als der Erwartungswert von $\mathbf{P}_{\mathbf{X}_1}\mathbf{y}$:

$$\mathbf{P}_{\mathbf{X}_1}\boldsymbol{\mu} =: \mathbf{X}_1\boldsymbol{\beta}_{1\bullet 2}. \tag{10.16}$$

Zur schrittweisen Bestimmung der Parameter zerlegen wir nun in bekannter Weise $\mathcal{L}\{\mathbf{X}\} = \mathcal{L}\{\mathbf{X}_1, \mathbf{X}_2\}$ in zwei orthogonale Teilräume. Dazu sei:

$$\mathbf{X}_{1\bullet 2} := \mathbf{X}_1 - \mathbf{P}_{\mathbf{X}_2}\mathbf{X}_1.$$

Die Spalten von $\mathbf{X}_{1\bullet 2}$ sind die Residualvektoren der Regression der Spalten von $\mathbf{X}_1$ nach $\mathbf{X}_2$. Die Spalten von $\mathbf{X}_{1\bullet 2}$ stehen nach Konstruktion orthogonal zu $\mathbf{X}_2$. Analoge Bezeichnungen verwenden wir, wenn wir die Indizes 1 und 2 vertauschen. Dann ist:

$$\mathcal{L}\{\mathbf{X}\} = \mathcal{L}\{\mathbf{X}_{1\bullet 2}\} \oplus \mathcal{L}\{\mathbf{X}_2\} = \mathcal{L}\{\mathbf{X}_1\} \oplus \mathcal{L}\{\mathbf{X}_{2\bullet 1}\}.$$

Satz 354 *Mit den oben genannten Bezeichnungen erhalten wir drei äquivalenten Zerlegungen von $\boldsymbol{\mu}$:*

$$\mathbf{X}_1\boldsymbol{\beta}_1 + \mathbf{X}_2\boldsymbol{\beta}_2 = \mathbf{X}_{1\bullet 2}\boldsymbol{\beta}_1 + \mathbf{X}_2\boldsymbol{\beta}_{2\bullet 1} = \mathbf{X}_1\boldsymbol{\beta}_{1\bullet 2} + \mathbf{X}_{2\bullet 1}\boldsymbol{\beta}_2 \tag{10.17}$$

und die drei analogen Zerlegungen von $\widehat{\boldsymbol{\mu}}$:

$$\mathbf{X}_1\widehat{\boldsymbol{\beta}}_1 + \mathbf{X}_2\widehat{\boldsymbol{\beta}}_2 = \mathbf{X}_{1\bullet 2}\widehat{\boldsymbol{\beta}}_1 + \mathbf{X}_2\widehat{\boldsymbol{\beta}}_{2\bullet 1} = \mathbf{X}_1\widehat{\boldsymbol{\beta}}_{1\bullet 2} + \mathbf{X}_{2\bullet 1}\widehat{\boldsymbol{\beta}}_2. \tag{10.18}$$

Gegenüber der ursprünglichen Zerlegung (10.12) ist in den beiden anderen Gleichungen von (10.17) bzw. (10.18) also jeweils entweder die eine Regressorgruppe z.B. $\mathbf{X}_1$, *unverändert* und der zugehörige Parameter z.B. $\boldsymbol{\beta}_{1\bullet 2}$ *modifiziert* oder die Regressorgruppe ist *orthogonalisiert* und der zugehörige Parameter *unverändert.*
Beweis:
(10.18) folgt aus (10.17), wenn wir $\boldsymbol{\mu}$ durch $\widehat{\boldsymbol{\mu}}$ ersetzen. (10.17) folgt aus :

$$\begin{aligned}
\mathbf{X}_2\boldsymbol{\beta}_2 + \mathbf{X}_1\boldsymbol{\beta}_1 &= \mathbf{P}_{\mathbf{X}_2}(\mathbf{X}_2\boldsymbol{\beta}_2) + \mathbf{X}_1\boldsymbol{\beta}_1 = \mathbf{P}_{\mathbf{X}_2}(\boldsymbol{\mu} - \mathbf{X}_1\boldsymbol{\beta}_1) + \mathbf{X}_1\boldsymbol{\beta}_1 \\
&= \mathbf{P}_{\mathbf{X}_2}\boldsymbol{\mu} + (\mathbf{X}_1 - \mathbf{P}_{\mathbf{X}_2}\mathbf{X}_1)\boldsymbol{\beta}_1 = \mathbf{X}_2\boldsymbol{\beta}_{2\bullet 1} + \mathbf{X}_{1\bullet 2}\boldsymbol{\beta}_1.
\end{aligned}$$

□

Aus den eben gewonnenen Zerlegungen lassen sich nun die gesuchten Parameter schrittweise bestimmen:

Satz 355 *Die Normalgleichungen für $\widehat{\boldsymbol{\beta}}_1$ und $\widehat{\boldsymbol{\beta}}_2$ sind:*

$$\mathbf{X}_{1\bullet 2}\widehat{\boldsymbol{\beta}}_1 = \mathbf{P}_{\mathbf{X}_{1\bullet 2}}\mathbf{y}, \tag{10.19}$$

$$\mathbf{X}_2\widehat{\boldsymbol{\beta}}_2 = \mathbf{P}_{\mathbf{X}_2}\left(\mathbf{y} - \mathbf{X}_1\widehat{\boldsymbol{\beta}}_1\right). \tag{10.20}$$

Haben $\mathbf{X}_2$ und $\mathbf{X}_{1\bullet 2}$ vollen Rang, so ist:

$$\widehat{\boldsymbol{\beta}}_1 = (\mathbf{X}_{1\bullet 2}'\mathbf{X}_{1\bullet 2})^{-1}\mathbf{X}_{1\bullet 2}\mathbf{y}, \tag{10.21}$$

$$\widehat{\boldsymbol{\beta}}_2 = (\mathbf{X}_2'\mathbf{X}_2)^{-1}\mathbf{X}_2\left(\mathbf{y} - \mathbf{X}_1\widehat{\boldsymbol{\beta}}_1\right). \tag{10.22}$$

Für die Kovarianzmatrizen gilt:

$$\begin{aligned} \operatorname{Cov} \widehat{\boldsymbol{\beta}}_1 &= \sigma^2 \left(\mathbf{X}_1'\mathbf{X}_1 - \mathbf{X}_1'\mathbf{P}_{\mathbf{X}_2}\mathbf{X}_1\right)^{-1}, & (10.23)\\ \operatorname{Cov} \widehat{\boldsymbol{\beta}}_2 &= \sigma^2 \left(\mathbf{X}_2'\mathbf{X}_2 - \mathbf{X}_2'\mathbf{P}_{\mathbf{X}_1}\mathbf{X}_2\right)^{-1}. & (10.24)\end{aligned}$$

Haben die Matrizen nicht den vollen Rang, so werden jeweils die entsprechenden Moore-Penrose-Inversen genommen.

Beweis:
Formel (10.19) ist nur die Wiederholung von (10.15) und (10.20) folgt aus (10.18):

$$\begin{aligned} \mathbf{X}_2\widehat{\boldsymbol{\beta}}_2 &= \mathbf{P}_{\mathbf{X}_2}\mathbf{X}_2\widehat{\boldsymbol{\beta}}_2 = \mathbf{P}_{\mathbf{X}_2}\left(\widehat{\boldsymbol{\mu}} - \mathbf{X}_1\widehat{\boldsymbol{\beta}}_1\right) = \mathbf{P}_{\mathbf{X}_2}\left(\mathbf{P}_{\mathbf{X}_1;\mathbf{X}_2}\mathbf{y} - \mathbf{X}_1\widehat{\boldsymbol{\beta}}_1\right)\\ &= \mathbf{P}_{\mathbf{X}_2}\left(\mathbf{y} - \mathbf{X}_1\widehat{\boldsymbol{\beta}}_1\right). \end{aligned}$$

Haben $\mathbf{X}_2$ und $\mathbf{X}_{1\bullet 2}$ vollen Rang, so sind (10.21) und (10.22) die eindeutigen Lösungen von (10.19) und (10.20). Weiter folgt (10.23) aus:

$$\begin{aligned} \operatorname{Cov} \widehat{\boldsymbol{\beta}}_1 &= \operatorname{Cov}\left[\left(\mathbf{X}_{1\bullet 2}'\mathbf{X}_{1\bullet 2}\right)^{-1}\mathbf{X}_{1\bullet 2}\mathbf{y}\right] = \sigma^2\left(\mathbf{X}_{1\bullet 2}'\mathbf{X}_{1\bullet 2}\right)^{-1}\\ &= \sigma^2\left(\mathbf{X}_1'\left(\mathbf{I} - \mathbf{P}_{\mathbf{X}_2}\right)\mathbf{X}_1\right)^{-1}\\ &= \sigma^2\left(\mathbf{X}_1'\mathbf{X}_1 - \mathbf{X}_1'\mathbf{P}_{\mathbf{X}_2}\mathbf{X}_1\right)^{-1}. \end{aligned}$$

Die Formel (10.24) folgt, wenn man die Indizes 1 und 2 vertauscht.
□

Interpretation der Formeln:

Um das **vollständige** Modell zu lösen, darf $\boldsymbol{\beta}_1$ nicht im **einfachen** Teilmodell $\mathbf{y} = \mathbf{X}_1\boldsymbol{\beta}_{1\bullet 2} + \boldsymbol{\varepsilon}$, sondern muß im (um $\mathbf{X}_2$) **reduzierten** Modell:

$$\mathbf{y} = \mathbf{X}_{1\bullet 2}\boldsymbol{\beta}_1 + \boldsymbol{\varepsilon} \qquad (10.25)$$

geschätzt werden. Im zweiten Schritt wird von der Beobachtung $\mathbf{y}$ die bereits erfaßte Komponente $\mathbf{X}_1\widehat{\boldsymbol{\beta}}_1$ subtrahiert und $\boldsymbol{\beta}_2$ aus dem **in $\mathbf{y}$** (um $\mathbf{X}_1$) **bereinigten** Modell:

$$\mathbf{y} - \mathbf{X}_1\widehat{\boldsymbol{\beta}}_1 = \mathbf{X}_2\boldsymbol{\beta}_2 + \boldsymbol{\varepsilon}$$

bestimmt. Dabei sind die Residuen, die sich in diesem bereinigten Modell der zweiten Stufe ergeben, gerade die des vollständigen Modells:

$$\widehat{\boldsymbol{\varepsilon}} = \left(\mathbf{y} - \mathbf{X}_1\widehat{\boldsymbol{\beta}}_1\right) - \mathbf{X}_2\widehat{\boldsymbol{\beta}}_2 = \mathbf{y} - \left(\mathbf{X}_1\widehat{\boldsymbol{\beta}}_1 + \mathbf{X}_2\widehat{\boldsymbol{\beta}}_2\right) = \mathbf{y} - \widehat{\boldsymbol{\mu}}.$$

Daher haben wir zur Bestimmung von SSE im vollständigen Modell eine Reihe gleichwertiger Optionen. Einerseits ist im vollständigen Modell definitionsgemäß:

$$\mathrm{SSE} = \left\|\mathbf{y} - \widehat{\boldsymbol{\mu}}\right\|^2 = \left\|\mathbf{y}\right\|^2 - \left\|\widehat{\boldsymbol{\mu}}\right\|^2.$$

Andererseits ist wegen $\|\widehat{\mu}\| = \| \mathbf{X}_{1\bullet 2}\widehat{\beta}_1 \|^2 + \| \mathbf{X}_2\widehat{\beta}_{2\bullet 1} \|^2$:

$$\begin{aligned} \text{SSE} &= \left(\|\mathbf{y}\|^2 - \| \mathbf{X}_{1\bullet 2}\widehat{\beta}_1 \|^2\right) - \| \mathbf{X}_2\widehat{\beta}_{2\bullet 1} \|^2 \\ &= \text{SSE}_{1.Schritt} - \| \mathbf{X}_2\widehat{\beta}_{2\bullet 1} \|^2 \\ &= \text{SSE}_{1.Schritt} - \|\mathbf{P}_{\mathbf{X}_2}\mathbf{y}\|^2 . \end{aligned}$$

Genau so müssen wir verfahren, wenn in ein bereits durchgerechnetes einfaches Modell neue Regressoren eingebracht werden sollen und es nur auf die Schätzung des neuen μ ankommt. Dann interpretieren wir das Ausgangsmodell als $\mathbf{y} = \mathbf{X}_1\beta_{1\bullet 2} + \varepsilon$ und schätzen μ durch $\widehat{\mu}_{neu} = \mathbf{X}_1\widehat{\beta}_{1\bullet 2} + \mathbf{X}_{2\bullet 1}\widehat{\beta}_2 = \widehat{\mu}_{alt} + \mathbf{X}_{2\bullet 1}\widehat{\beta}_2$. Darüber hinaus entstehen keine neuen Schätzbarkeitsprobleme, wie der folgende Satz versichert:

Satz 356 *Ein Parameter $\phi = \mathbf{b}'\beta_1$, der nur von β_1 abhängt, ist im reduzierten Modell $\mathbf{y} = \mathbf{X}_{1\bullet 2}\beta_1 + \varepsilon$ genau dann schätzbar, wenn er im vollständigen Modell schätzbar ist. ϕ wird in beiden Modell identisch geschätzt, dabei ist:*

$$\text{Cov}\ \widehat{\phi} = \sigma^2\mathbf{b}'\left(\mathbf{X}_{1\bullet 2}'\mathbf{X}_{1\bullet 2}\right)^+\mathbf{b}.$$

Beweis:
Ist $\phi = \mathbf{b}'\beta_1$ im vollständigen Modell schätzbar, so ist:

$$\phi = \mathbf{b}'\beta_1 = \mathbf{k}'\mu = \mathbf{k}'\left(\mathbf{X}_1\beta_1 + \mathbf{X}_2\beta_2\right) = \mathbf{k}'\mathbf{X}_1\beta_1 + \mathbf{k}'\mathbf{X}_2\beta_2.$$

Da diese Gleichheit für alle β_1 und β_2 gilt, muß $\mathbf{b}' = \mathbf{k}'\mathbf{X}_1$ und $\mathbf{0} = \mathbf{k}'\mathbf{X}_2$ sein. Folglich ist auch $\mathbf{k}'\mathbf{P}_{\mathbf{X}_2}\mathbf{X}_1 = \mathbf{0}$. Dies liefert mit:

$$\mathbf{b}' = \mathbf{k}'\mathbf{X}_1 = \mathbf{k}'\mathbf{X}_1 - \mathbf{k}'\mathbf{P}_{\mathbf{X}_2}\mathbf{X}_1 = \mathbf{k}'\mathbf{X}_{1\bullet 2}$$

die Bedingung der Schätzbarkeit von ϕ im reduzierten Modell. Ist umgekehrt $\phi = \mathbf{b}'\beta_1$ im reduzierten Modell schätzbar, so ist:

$$\begin{aligned} \phi &= \mathbf{k}'\mathbf{X}_{1\bullet 2}\beta_1 = \mathbf{k}'\left(\mathbf{I} - \mathbf{P}_{\mathbf{X}_2}\right)\mathbf{X}_1\beta_1 \\ &= \mathbf{k}'\left(\mathbf{I} - \mathbf{P}_{\mathbf{X}_2}\right)\mathbf{X}_1\beta_1 + \mathbf{k}'\underbrace{\left(\mathbf{I} - \mathbf{P}_{\mathbf{X}_2}\right)\mathbf{X}_2}_{0}\beta_2 \\ &= \mathbf{k}'\left(\mathbf{I} - \mathbf{P}_{\mathbf{X}_2}\right)\mathbf{X}\beta =: \mathbf{k}_*'\mu. \end{aligned}$$

Damit ist ϕ auch im vollen Modell schätzbar. Ist schließlich $\phi = \mathbf{b}'\beta_1$ im Modell $\mathbf{y} = \mathbf{X}_{1\bullet 2}\beta_1 + \varepsilon$ schätzbar, so ist $\text{Cov}\ \widehat{\phi} = \sigma^2\mathbf{b}'\left(\mathbf{X}_{1\bullet 2}'\mathbf{X}_{1\bullet 2}\right)^+\mathbf{b}$.
□

Die naive zweistufige Regression

Was geschieht, wenn man bei einem naiven zweistufigen Verfahren $\widehat{\beta}_1$ im ersten Schritt nicht aus dem reduzierten Modell $\mathbf{y} = \mathbf{X}_{1\bullet 2}\beta_1 + \varepsilon$ sondern aus dem einfachen Modell $\mathbf{y} = \mathbf{X}_1\beta_1 + \varepsilon$ schätzt? Wie der nächste Satz zeigt, geht dies in der Regel schief!

Satz 357 *Bei dem oben beschriebenen naiven zweistufigen Verfahren, bei dem zuerst* $\boldsymbol{\beta}_1$ *im ersten Schritt aus dem einfachen Teilmodell und* $\boldsymbol{\beta}_2$ *aus den Residuen des ersten Schrittes geschätzt wird, wird* $\boldsymbol{\mu}$ *durch:*

$$\widehat{\boldsymbol{\mu}}_{1\to 2} = (\mathbf{P}_{\mathbf{X}_1} + \mathbf{P}_{\mathbf{X}_2} - \mathbf{P}_{\mathbf{X}_2}\mathbf{P}_{\mathbf{X}_1})\,\mathbf{y}$$

geschätzt. Hätte man die Reihenfolge der Schritte vertauscht und zuerst $\boldsymbol{\beta}_2$ *aus dem einfachen Teilmodell und aus dessen Residuen* $\boldsymbol{\beta}_1$ *geschätzt, hätte man den Schätzer:*

$$\widehat{\boldsymbol{\mu}}_{2\to 1} = (\mathbf{P}_{\mathbf{X}_1} + \mathbf{P}_{\mathbf{X}_2} - \mathbf{P}_{\mathbf{X}_1}\mathbf{P}_{\mathbf{X}_2})\,\mathbf{y}.$$

erhalten. Genau dann, wenn die Teilmodellräume $\mathcal{L}\{\mathbf{X}_1\}$ *und* $\mathcal{L}\{\mathbf{X}_2\}$ *bis auf einen gemeinsamen Schnittraum* $\mathbf{Z}$ *orthogonal zu einander stehen*[3]*:*

$$\mathcal{L}\{\mathbf{X}_1\} = \mathbf{Z} \oplus (\mathcal{L}\{\mathbf{X}_1\} \ominus \mathbf{Z}), \qquad (10.26)$$

$$\mathcal{L}\{\mathbf{X}_2\} = \mathbf{Z} \oplus (\mathcal{L}\{\mathbf{X}_2\} \ominus \mathbf{Z}), \qquad (10.27)$$

stimmen die beiden naiven Schätzer $\widehat{\boldsymbol{\mu}}_{1\to 2}$ *und* $\widehat{\boldsymbol{\mu}}_{2\to 1}$ *untereinander und mit dem KQ-Schätzer überein. In allen anderen Fällen sind* $\widehat{\boldsymbol{\mu}}_{1\to 2}$ *und* $\widehat{\boldsymbol{\mu}}_{2\to 1}$ *weder erwartungstreu noch Projektionsschätzer.*

Beweis:
Beim Schätzer $\widehat{\boldsymbol{\mu}}_{1\to 2}$ wird im ersten Schritt die $\mathbf{X}_1$-Komponente durch $\mathbf{P}_{\mathbf{X}_1}\mathbf{y}$ geschätzt. Im zweiten Schritt wird die $\mathbf{X}_2$ - Komponent aus dem Residuum $\mathbf{y} - \mathbf{P}_{\mathbf{X}_1}\mathbf{y}$ durch Projektion nach $\mathcal{L}\{\mathbf{X}_2\}$ als $\mathbf{P}_{\mathbf{X}_2}(\mathbf{y} - \mathbf{P}_{\mathbf{X}_1}\mathbf{y})$geschätzt. Die Summe beider Komponentenschätzer ist daher:

$$\widehat{\boldsymbol{\mu}}_{1\to 2} = \mathbf{P}_{\mathbf{X}_1}\mathbf{y} + \mathbf{P}_{\mathbf{X}_2}(\mathbf{y} - \mathbf{P}_{\mathbf{X}_1}\mathbf{y}) = (\mathbf{P}_{\mathbf{X}_1} + \mathbf{P}_{\mathbf{X}_2} - \mathbf{P}_{\mathbf{X}_2}\mathbf{P}_{\mathbf{X}_1})\,\mathbf{y}.$$

Beim Schätzer $\widehat{\boldsymbol{\mu}}_{2\to 1}$ ist die Reihenfolge der Indizes vertauscht. Beide stimmen daher genau dann überein, wenn:

$$\mathbf{P}_{\mathbf{X}_1}\mathbf{P}_{\mathbf{X}_2} = \mathbf{P}_{\mathbf{X}_2}\mathbf{P}_{\mathbf{X}_1} \qquad (10.28)$$

ist. Wie im Abschnitt 1.4.5 des Anhangs zu Kapitel 1 gezeigt wurde, gilt (10.28) genau dann, wenn $\mathbf{X}_1$und $\mathbf{X}_2$ wie in (10.26) und (10.27) angegeben lotrecht zu einander stehen. Genau in diesem Fall ist:

$$\begin{aligned}
\mathbf{P}_{\mathbf{Z}} &= \mathbf{P}_{\mathbf{X}_1}\mathbf{P}_{\mathbf{X}_2}, \\
\mathbf{P}_{\mathbf{X}_1,\mathbf{X}_2} &= \mathbf{P}_{\mathbf{Z}} + \mathbf{P}_{\mathbf{X}_1\ominus\mathbf{Z}} + \mathbf{P}_{\mathbf{X}_2\ominus\mathbf{Z}} \\
&= \mathbf{P}_{\mathbf{X}_1} + \mathbf{P}_{\mathbf{X}_2} - \mathbf{P}_{\mathbf{Z}} \\
&= \mathbf{P}_{\mathbf{X}_1} + \mathbf{P}_{\mathbf{X}_2} - \mathbf{P}_{\mathbf{X}_1}\mathbf{P}_{\mathbf{X}_2}.
\end{aligned}$$

□

[3]In diesem Fall sagten wir, daß $\mathcal{L}\{\mathbf{X}_1\}$ und $\mathcal{L}\{\mathbf{X}_2\}$ lotrecht zueinander stehen. Vgl. Abschnitt1.4.5 auf Seite 109.

10.2.2 Rekursive KQ-Schätzer

In diesem Modell gehen wir von einem bereits ausgewerteten linearen Modell aus, das nun durch zusätzliche neue Beobachtungen erweitert wird. Die Beobachtungen sollen in zwei *Schüben* $\mathbf{y}_0$ und $\mathbf{y}_1$ hereinkommen: Im Modell $\mathbf{y}_0 = \mathbf{X}_0\boldsymbol{\beta}_0 + \boldsymbol{\varepsilon}_0$ wird zuerst $\boldsymbol{\beta}_0$ geschätzt durch:

$$\begin{aligned} \widehat{\boldsymbol{\beta}}_0 &= \left(\mathbf{X}_0'\mathbf{X}_0\right)^{-1}\mathbf{X}_0\mathbf{y}_0, \\ \operatorname{Cov}\widehat{\boldsymbol{\beta}}_0 &= \sigma^2\left(\mathbf{X}_0'\mathbf{X}_0\right)^{-1} =: \sigma^2\mathbf{C}_0. \end{aligned}$$

($\mathbf{X}_0'\mathbf{X}_0$ wird invertierbar vorausgesetzt.) Trifft dann $\mathbf{y}_1$ ein, wird das Modell zum Gesamtmodell $\mathbf{y} = \mathbf{X}\boldsymbol{\beta} + \boldsymbol{\varepsilon}$ erweitert:

$$\underbrace{\begin{pmatrix} \mathbf{y}_0 \\ \mathbf{y}_1 \end{pmatrix}}_{\mathbf{y}} = \underbrace{\begin{pmatrix} \mathbf{X}_0 \\ \mathbf{X}_1 \end{pmatrix}}_{\mathbf{X}}\boldsymbol{\beta}_1 + \underbrace{\begin{pmatrix} \epsilon_0 \\ \epsilon_1 \end{pmatrix}}_{\epsilon}.$$

Im erweiterten Modell wird $\boldsymbol{\beta}_1$ geschätzt durch:

$$\begin{aligned} \widehat{\boldsymbol{\beta}}_1 &= \left(\mathbf{X}'\mathbf{X}\right)^{-1}\mathbf{X}\mathbf{y}, \\ \operatorname{Cov}\widehat{\boldsymbol{\beta}}_1 &= \sigma^2\left(\mathbf{X}'\mathbf{X}\right)^{-1} =: \sigma^2\mathbf{C}_1. \end{aligned}$$

$\widehat{\boldsymbol{\beta}}_1$ und $\mathbf{C}_1$ lassen sich durch die durch die Fortschreibungsformeln (10.29) und (10.30) aus $\widehat{\boldsymbol{\beta}}_0$ und $\mathbf{C}_0$ bestimmen:

Satz 358 *Die Fortschreibungsformeln für* $\widehat{\boldsymbol{\beta}}_1$ *und* $\operatorname{Cov}\widehat{\beta}_1 = \sigma^2\mathbf{C}_1$ *sind:*

$$\begin{aligned} \widehat{\boldsymbol{\beta}}_1 &= \widehat{\boldsymbol{\beta}}_0 + \mathbf{C}_0\mathbf{X}_1'\left[\mathbf{I} + \mathbf{X}_1\mathbf{C}_0\mathbf{X}_1'\right]^{-1}\left(\mathbf{y}_1 - \mathbf{X}_1\widehat{\boldsymbol{\beta}}_0\right), && (10.29) \\ \mathbf{C}_1 &= \mathbf{C}_0 - \mathbf{C}_0\mathbf{X}_1'\left[\mathbf{I} + \mathbf{X}_1\mathbf{C}_0\mathbf{X}_1'\right]^{-1}\mathbf{X}_1\mathbf{C}_0. && (10.30) \end{aligned}$$

Fügt man insbesondere jeweils nur einzige, sagen wir die n-te Beobachtung hinzu, so ist $\mathbf{X}_1 =: \mathbf{z}_n'$ *und*

$$\widehat{\boldsymbol{\beta}}_1 = \widehat{\boldsymbol{\beta}}_0 + \mathbf{C}_0\mathbf{z}_n\frac{y_n - \mathbf{z}_n'\widehat{\boldsymbol{\beta}}_0}{1 + \mathbf{z}_n'\mathbf{C}_0\mathbf{z}_n}. \tag{10.31}$$

Beweis:
Der Beweis der Fortschreibungsformeln verläuft ganz analog zu dem von Satz 337 aus dem Kapitel Diagnose. Die Abkürzungen haben hier nur geringfügig andere Bedeutungen:

$$\begin{aligned} \mathbf{W} &: = \left(\mathbf{X}_0'\mathbf{X}_0\right)^{-1}\mathbf{X}_1', \\ \mathbf{A} &: = \left[\mathbf{I} + \mathbf{X}_1\left(\mathbf{X}_0'\mathbf{X}_0\right)^{-1}\mathbf{X}_1'\right]^{-1} = \left[\mathbf{I} + \mathbf{W}\mathbf{X}_1'\right]^{-1}. \end{aligned}$$

Dann gilt nach (1.58) :

$$\begin{aligned}
(\mathbf{X}'\mathbf{X})^{-1} &= \left(\mathbf{X}_0'\mathbf{X}_0+\mathbf{X}_1'\mathbf{X}_1\right)^{-1} \\
&= \left(\mathbf{X}_0'\mathbf{X}_0\right)^{-1} - \underbrace{\left(\mathbf{X}_0'\mathbf{X}_0\right)^{-1}\mathbf{X}_1'}_{\mathbf{W}} \cdot \underbrace{\left[\mathbf{I}+\mathbf{X}_1\left(\mathbf{X}_0'\mathbf{X}_0\right)^{-1}\mathbf{X}_1'\right]^{-1}}_{\mathbf{A}} \underbrace{\mathbf{X}_1\left(\mathbf{X}_0'\mathbf{X}_0\right)^{-1}}_{\mathbf{W}'} \\
&= \left(\mathbf{X}_0'\mathbf{X}_0\right)^{-1} - \mathbf{WAW}'. \qquad (10.32) \\
\widehat{\beta}_1 &= (\mathbf{X}'\mathbf{X})^{-1}\mathbf{X}\mathbf{y} = \left(\left(\mathbf{X}_0'\mathbf{X}_0\right)^{-1} - \mathbf{WAW}'\right)\left(\mathbf{X}_0'\mathbf{y}_0+\mathbf{X}_1'\mathbf{y}_1\right) \\
&= \left(\mathbf{X}_0'\mathbf{X}_0\right)^{-1}\mathbf{X}_0'\mathbf{y}_0 + \left(\mathbf{X}_0'\mathbf{X}_0\right)^{-1}\mathbf{X}_1'\mathbf{y}_1 - \mathbf{WAW}'\mathbf{X}_0'\mathbf{y}_0 - \mathbf{WAW}'\mathbf{X}_1'\mathbf{y}_1 \\
&= \widehat{\beta}_0+\mathbf{WA}\left(\mathbf{A}^{-1}\mathbf{y}_1 - \mathbf{W}'\mathbf{X}_0'\mathbf{y}_0 - \mathbf{W}'\mathbf{X}_1'\mathbf{y}_1\right) = \widehat{\beta}_0+\mathbf{WA}\left(\mathbf{y}_1 - \mathbf{W}'\mathbf{X}_0'\mathbf{y}_0\right) \\
&= \widehat{\beta}_0+\mathbf{WA}\left(\mathbf{y}_1 - \mathbf{X}_1\widehat{\beta}_0\right).
\end{aligned}$$

Formel (10.30) folgt aus (10.32) und der Definition von **A** und **W**.
□

10.3 Der Kalman-Filter

Wir gehen von folgender Ausgangssituation aus: Gegeben ist eine Folge von Beobachtungen, die in Epochen gegliedert sind. Wir greifen zwei aufeinanderfolgende Epochen 0 und 1 heraus:

$$\underbrace{\ldots y_{t-3}; y_{t-2}; y_{t-1}; y_t}_{\mathbf{y}_0:\ gegenwärtig\ und\ vergangen} \quad \Big| \quad \underbrace{y_{t+1}; y_{t+2}; \ldots y_{t+n}}_{\mathbf{y}_1\ :zukünftig}$$

In der Epoche 0 sind die Beobachtungen aus *Gegenwart* und *Vergangenheit* verfügbar, in der *Zukunft,* der nächsten Epoche 1, werden die Beobachtungen $\mathbf{y}_1$ hinzukommen. Dabei können $\mathbf{y}_0$ und $\mathbf{y}_1$ ein- oder mehrdimensionale, deterministische oder zufällige Vektoren oder selbst stochastische Prozesse sein.
Die Beobachtungen $\mathbf{y}$ hängen ab von kontrollierbaren Einflußgrößen $\mathbf{X}$, vom Zustand $\boldsymbol{\beta}$ des jeweiligen Systems und von Meßfehlern $\boldsymbol{\varepsilon}$. Diese Abhängigkeit wird in einem linearen Modell durch lineare **Beobachtungsgleichungen** modelliert. Der Systemzustand $\boldsymbol{\beta}$ ändert sich ebenfalls von Epochen zu Epoche. Seine Änderung wird durch lineare **Systemgleichungen** beschrieben.
Die Systemgrößen werden nun iterativ aus den Beobachtungen geschätzt. Dabei wird ausgehend von einem geschätzen Systemzustand eine Prognose für die Beobachtungen der nächsten Epoche aufgestellt. Aus dem Vergleich von Prognose und dann eingetretener Beobachtung wird eine korrigierte Systemschätzung für die nächste Epoche berechnet.
Kalman (1960) entwickelte sein Schätzverfahren für ein rein technisch-physikalisches Problem aus einem bayesianischen Ansatz heraus:
Der wahre Zustand $\boldsymbol{\beta}$ eines Systems ist unbekannt und muß aus den durch Meßfehler verzerrten Beobachtungen *herausgefiltert* werden. Für den gegenwärtigen Systemzustand existiert bereits eine Vorbewertung, die in einer a-priori-Verteilung quantifiziert wird. Auf Grund neuer Beobachtungen wird die a-priori-Verteilung in eine a-posteriori-Verteilung umgerechnet. Werden an allen relevanten Stellen mehrdimensionale Normalverteilungen vorausgesetzt, bilden die sich dann aus dem Theorem von Bayes ergebenden Umrechnungsformel den Schätz-Algorithmus.

Der Kalman Filter hat sich zu einem vielseitig einsetzbaren Werkzeug entwickelt mit Anwendungen von der Regelungstechnik und Prozeßsteuerung bis hin zur Ökonometrie und den Wirtschaftswissenschaften.
Später wurde erkannt, daß sich das gesamte Schätzverfahren des Kalmanfilters auch im Rahmen des linearen Modells ableiten läßt. Hier zeigt sich aber auch die Schwäche des Kalman-Filters, die er als *Kind des linearen Modells* geerbt hat: seine Empfindlichkeit gegenüber Ausreißern. Diese wird von verschiedenen Autoren behandelt und in Varianten abgeschwächt. Siehe z.B. Peña und Guttmann (1989), Meinhold und Singpurwalla (1989) oder Lin und Guttman (1993).
Bei den robusten Kalman-Filtern geht man vom Bayesianischen Ansatz aus, ersetzt aber die Normalverteilung durch kontaminierte oder andere breiter ge-

lagerte Verteilungen. Wir können hier auf diese Entwicklungen nicht weiter eingehen und bleiben im Rahmen des linearen Modells. Wir legen dabei die stochastische Struktur, die Formen der auftretenden Variablen und ihrer möglichen Verteilungen möglichst wenig fest, um maximale Freiheit in der Anwendung zu geniessen.

Schreibweisen: Zur einfachen Beschreibung des gesamten Systems und seiner Schätzformeln verwenden wir die in Kapitel 1 eingeführte Bezeichnung für verallgemeinerte Vektoren.
Zu Erinnerung: Ist $\mathbf{U} := \mathcal{L}\{u_i, i \in I\}$ ein normierter linearer Vektorraum mit dem Skalarprodukt $\langle u_i, u_j \rangle$, dann haben wir eine geordnete Aufzählung von n Vektoren aus $\mathbf{U}$ als einen verallgemeinerten Vektor bezeichnet:

$$\mathbf{u} := \{u_1; \cdots; u_n\} \text{ mit } u_i \in \mathbf{U}.$$

Ist $\mathbf{a} \in \mathbb{R}^n$, so ist $\mathbf{u} * \mathbf{a} := \sum_{i=1}^{n} a_i u_i$. Ist $\mathbf{A} = (\mathbf{a}_1; \cdots; \mathbf{a}_n)$ eine Matrix, so ist:

$$\mathbf{u} * \mathbf{A} := \{\mathbf{u}{*}\mathbf{a}_1; \cdots; \mathbf{u}{*}\mathbf{a}_n\}.$$

Ist $\mathbf{w} := \{w_1; \cdots; w_m\}$ mit $w_i \in \mathbf{U}$ ein weiterer verallgemeinerter Vektor, dann ist $\langle \mathbf{u}; \mathbf{w} \rangle$ die Matrix der paarweisen Skalarprodukte: $\langle \mathbf{u}; \mathbf{w} \rangle_{[i,j]} = \langle u_i; w_j \rangle$ mit:

$$\langle \mathbf{u} * \mathbf{A}; \mathbf{v} * \mathbf{B} \rangle = \mathbf{A}' \langle \mathbf{u}; \mathbf{v} \rangle \mathbf{B}.$$

Ist $\mathbf{W} = \mathcal{L}\{w_i, i = 1, \cdots, m\}$ ein Teilraum von $\mathbf{U}$, dann fassen wir die Projektionen $\mathbf{P_W} u_k$ der Komponenten u_k zu einem Vektor zusammen:[4]

$$\mathbb{P}_{\mathbf{W}}\mathbf{u} := \{\mathbf{P_W} u_1; \cdots; \mathbf{P_W} u_n\}. \tag{10.33}$$

Für $\mathbb{P}_{\mathbf{W}}\mathbf{u}$ folgt aus der Definition und den Normalgleichungen:

$$\begin{aligned} \langle \mathbb{P}_{\mathbf{W}}\mathbf{u}; \mathbf{v} \rangle &= \langle \mathbb{P}_{\mathbf{W}}\mathbf{u}; \mathbb{P}_{\mathbf{W}}\mathbf{v} \rangle = \langle \mathbf{u}; \mathbb{P}_{\mathbf{W}}\mathbf{v} \rangle, \\ \mathbb{P}_{\mathbf{W}}(\mathbf{u} * \mathbf{A}) &= (\mathbb{P}_{\mathbf{W}}\mathbf{u}) * \mathbf{A}, \\ \mathbb{P}_{\mathbf{W}}\mathbf{u} &= \mathbf{w} * \langle \mathbf{w}; \mathbf{w} \rangle^{+} \langle \mathbf{w}; \mathbf{u} \rangle. \end{aligned}$$

Damit kehren wir nun zu unserem Kalmanfilter zurück und definieren:

$$\begin{aligned} \mathbf{y}_0 &:= \{\ldots y_{t-3}; y_{t-2}; y_{t-1}; y_t\}, \\ \mathbf{y}_1 &:= \{y_{t+1}; y_{t+2}; \ldots; y_{t+n}; \ldots\}. \end{aligned}$$

Die Anzahlen der Komponenten der beiden Beobachtungsvektoren sind beliebig groß, aber endlich. $\mathbf{y}_0$ und $\mathbf{y}_1$ spannen zwei lineare Räume auf:

$$\mathcal{L}_0 := \mathcal{L}\{y_t, y_{t-1}, y_{t-2}, \ldots\}, \tag{10.34}$$

$$\mathcal{L}_1 := \mathcal{L}\{y_{t+n}, \ldots, y_{t+1}, y_t, y_{t-1}, \ldots\}. \tag{10.35}$$

[4] Den Buchstaben $\mathbb{P}$ hatten wir leider bereits auf Seite 113 für die Projektion in der verallgemeinerten euklidischen Metrik benutzt. Weitere Schriftvarianten des Buchstaben P stehen hier nicht zur Verfügung. Wir könnten auf Symbole wie $\widetilde{\mathbb{P}}$ oder $\mathbf{P}^{\otimes}$ ausweichen, würden dabei aber die Lesbarkeit der Formeln verletzen. Das kleiner Übel ist es, mit der Umdefinition der Bedeutung des Buchstaben $\mathbb{P}$ zu leben, vor allem, da er in den Fortschreibungsformeln selbst gar nicht mehr auftritt.

In $\mathcal{L}_1$ und damit erst recht in $\mathcal{L}_0$ sei ein Skalarprodukt $\langle y_i, y_j \rangle$ und eine Norm $\|y_j\|^2 = \langle y_j, y_j \rangle$ erklärt. Meistens wird $\langle y_j, y_k \rangle = E y_j y_k$ gewählt, aber diese Festlegung ist nicht notwendig.

Die Beobachtungsgleichungen: In der 0-ten und 1-ten Epoche lauten die Beobachtungsgleichungen:

$$\mathbf{y}_0 = \boldsymbol{\beta}_0 * \mathbf{X}_0' + \boldsymbol{\varepsilon}_0, \tag{10.36}$$

$$\mathbf{y}_1 = \boldsymbol{\beta}_1 * \mathbf{X}_1' + \boldsymbol{\varepsilon}_1. \tag{10.37}$$

Für $i = 1, 2$ sind dabei $\mathbf{X}_i$ vorgegebene bekannte Matrizen und $\boldsymbol{\beta}_i$ die zu $\mathbf{X}_i$ passend dimensionierten Zustandsvektoren der Systeme sowie $\boldsymbol{\varepsilon}_i$ die Meßfehler.

Die Systemgleichung: Die Systemgleichung beschreibt die Veränderung des Systemzustandes von $\boldsymbol{\beta}$ der Epoche 0 zu Epoche 1:

$$\boldsymbol{\beta}_1 = \boldsymbol{\beta}_0 * \mathbf{S}_0' + \boldsymbol{\eta}_0. \tag{10.38}$$

Auch hier ist $\mathbf{S}_0$ eine bekannte Matrix und $\boldsymbol{\beta}_0 * \mathbf{S}_0'$ die systematische Modellveränderung, während der Vektor $\boldsymbol{\eta}_0$ die spontane, irreguläre Systemveränderung erfaßt. $\mathbf{S}_0$ kann zum Beispiel auf Grund technisch-physikalischer Eigenschaften des Systems vorgegeben sein. Beobachtungs- und Systemgleichungen verknüpfen Vergangenheit, Gegenwart und Zukunft:

$$\mathbf{y}_0 = \boldsymbol{\beta}_0 * \mathbf{X}_0' + \boldsymbol{\varepsilon}_0,$$

$$\searrow$$

$$\boldsymbol{\beta}_1 = \boldsymbol{\beta}_0 * \mathbf{S}_0' + \boldsymbol{\eta}_0,$$

$$\searrow$$

$$\mathbf{y}_1 = \boldsymbol{\beta}_1 * \mathbf{X}_1' + \boldsymbol{\varepsilon}_1.$$

Nur die $\mathbf{y}_i$ sind beobachtbar. Die Matrizen $\mathbf{S}_0$ und $\mathbf{X}_i$ sind bekannt, die restlichen Vektoren $\boldsymbol{\varepsilon}_0, \boldsymbol{\eta}_0$ und $\boldsymbol{\varepsilon}_1$ sind latent. $\boldsymbol{\beta}_0$ und $\boldsymbol{\beta}_1$ sollen geschätzt werden.

Die Orthogonalitätsbedingungen: Zur expliziten Bestimmung der Schätzer machen wir noch die folgenden Voraussetzungen über die Skalarprodukte der einzelnen Variablen untereinander.

Struktur und Fehler sind orthogonal:

$$\langle \boldsymbol{\beta}_1, \boldsymbol{\varepsilon}_1 \rangle = 0, \tag{10.39}$$

$$\langle \boldsymbol{\beta}_0, \boldsymbol{\eta}_0 \rangle = 0. \tag{10.40}$$

Strukturfehler und Beobachtungsfehler derselben Epoche sind orthogonal:

$$\langle \boldsymbol{\varepsilon}_0, \boldsymbol{\eta}_0 \rangle = 0.$$

Beobachtungsfehler verschiedener Epochen sind orthogonal:

$$\langle \boldsymbol{\varepsilon}_0, \boldsymbol{\varepsilon}_1 \rangle = 0.$$

Aus den Orthogonalitätsbedingungen und der Beobachtungsgleichung (10.36) folgt:

$$\langle \mathbf{y}_0, \boldsymbol{\eta}_0 \rangle = 0 \text{ und } \langle \mathbf{y}_0, \boldsymbol{\varepsilon}_1 \rangle = 0. \tag{10.41}$$

Der gegenwärtige Strukturfehler $\boldsymbol{\eta}_0$ ist demnach orthogonal zu gleichzeitigen Beobachtungen. Der zukünftige Meßfehler $\boldsymbol{\varepsilon}_1$ ist orthogonal zur gegenwärtigen Beobachtung. Die Aussage (10.41) können wir auch formulieren mit:

$$\mathbb{P}_{\mathcal{L}_0}\boldsymbol{\eta}_0 = 0 \quad \text{und} \quad \mathbb{P}_{\mathcal{L}_0}\boldsymbol{\varepsilon}_1 = 0. \tag{10.42}$$

Das iterative Schätzprinzip:

Wir gehen davon aus, daß in der Epoche 0 bereits eine Schätzung $\widehat{\boldsymbol{\beta}}_0$ für $\boldsymbol{\beta}_0$ und eine vorläufige Schätzung oder Prognose $\widehat{\boldsymbol{\beta}}_{1|0}$ für $\boldsymbol{\beta}_1$ vorliegt[5]. Nun wird $\mathbf{y}_1$ in der Epoche 0 durch

$$\widehat{\mathbf{y}}_1 := \widehat{\boldsymbol{\beta}}_{1|0} * \mathbf{X}_1'$$

prognostiziert. In der Epoche 1 wird nach Beobachtung von $\mathbf{y}_1$ der Prognosefehler

$$\widehat{\mathbf{e}}_1 := \mathbf{y}_1 - \widehat{\mathbf{y}}_1$$

festgestellt und daraufhin die vorläufige Schätzung zur endgültigen Schätzung von $\widehat{\boldsymbol{\beta}}_1$ korrigiert. Mit $\widehat{\boldsymbol{\beta}}_1$ kann nun die nächsten Periode beginnen. Es ist:

$\widehat{\boldsymbol{\beta}}_0$	Schätzer von $\boldsymbol{\beta}_0$ auf der Basis von $\mathbf{y}_0$,
$\widehat{\boldsymbol{\beta}}_{1\|0}$	vorläufiger Schätzer von $\boldsymbol{\beta}_1$ auf der Basis von $\mathbf{y}_0$,
$\widehat{\boldsymbol{\beta}}_{1\|0} * \mathbf{X}_1'$	Prognose von $\mathbf{y}_1$ auf der Basis von $\mathbf{y}_0$,
$\mathbf{y}_1 - \widehat{\boldsymbol{\beta}}_{1\|0} * \mathbf{X}_1'$	Prognosefehler $\widehat{\mathbf{e}}_1$,
$\widehat{\boldsymbol{\beta}}_1$	Schätzer von $\boldsymbol{\beta}_1$ auf der Basis von $\mathbf{y}_0$ und $\mathbf{y}_1$.

[5] Der Index $1 \mid 0$ soll an "*1 unter der Bedingung 0*" erinnern .

Der Wechsel der Blickrichtung bei KQ-Schätzer und Kalman-Filter

Im Regressionsmodell wird der Modellraum $\mathcal{L}\{\mathbf{x}_0, \cdots, \mathbf{x}_m\}$ von den Regressoren $\mathbf{x}_j \in \mathbb{R}^n$ aufgespannt. Gesucht wird die in der euklidischen Metrik optimale Approximation von $\mathbf{y}$ durch die $\mathbf{x}_j$. Diese ist $\widehat{\mathbf{y}} = \mathbf{P}_{\mathcal{L}\{\mathbf{x}_0,\cdots,\mathbf{x}_m\}}\mathbf{y}$.
Beim Kalmanfilter werden dagegen die Modellräume $\mathcal{L}_0$ und $\mathcal{L}_1$ *von den Beobachtungen* aufgespannt. Die Schätzungen erhalten wir durch Projektion der Parameter in die Beobachtungsräume!
Die *Witz* des Kalman-Filter ist nun, daß wir diese Projektion nicht explizit bestimmen müssen, sondern nur noch die *Veränderung* der Projektion von einer Epoche zu nächsten. Diese läßt sich aber allein aus der Beobachtungs- und der Systemgleichung bestimmen.
In der Praxis beginnt man mit einem beliebigen Startwert, oft in der Nähe eines KQ-Schätzers und aktualisiert nur noch die Schätzung auf Grund neuer Daten. Nach wenigen Epochen verschwindet meistens der Einfluß des willkürlichen Startwertes. Wir betrachten exemplarisch die 0-te Epoche und den Vektor

$$\boldsymbol{\beta}_0 := \{\beta_{01}; \beta_{02}; \cdots; \beta_{0d}\}$$

der unbekannten Systemgrößen. Jede einzelne Komponente β_{0k} von $\boldsymbol{\beta}_0$ soll durch eine lineare Funktion $\sum_{j\leq t} a_{0kj}y_j$ der in dieser Epoche bekannten $y_j \in \mathcal{L}_0$ optimal approximiert werden. Die gestellte Aufgabe besteht damit aus d Minimierungsaufgaben:

$$\text{Minimiere} \quad \| \beta_{0k} - \sum_{j\leq t} a_{0kj}y_j \|^2 \qquad \text{für } k = 1, \cdots, d.$$

Wegen $\sum_j a_{0kj}y_j \in \mathcal{L}_0$ ist daher das optimale $\widehat{\beta}_{0k}$ gegeben als:

$$\widehat{\beta}_{0k} = \mathbf{P}_{\mathcal{L}_0}\beta_{0k}.$$

Fassen wir die Komponenten $\widehat{\beta}_{0k}$ von $\widehat{\beta}_0$ zu einem Vektor $\widehat{\boldsymbol{\beta}}_0$ zusammen, erhalten wir:

$$\widehat{\boldsymbol{\beta}}_0 = \mathbb{P}_{\mathcal{L}_0}\boldsymbol{\beta}_0.$$

Approximieren wir analog auch die Systemgröße $\boldsymbol{\beta}_1$ durch die Beobachtungen aus $\mathcal{L}_0$ bzw. $\mathcal{L}_1$ erhalten wir den Satz:

Satz 359 *Die optimalen Schätzer sind gegeben als:*

$$\widehat{\boldsymbol{\beta}}_0 = \mathbb{P}_{\mathcal{L}_0}\boldsymbol{\beta}_0, \tag{10.43}$$
$$\widehat{\boldsymbol{\beta}}_{1|0} = \mathbb{P}_{\mathcal{L}_0}\boldsymbol{\beta}_1, \tag{10.44}$$
$$\widehat{\boldsymbol{\beta}}_1 = \mathbb{P}_{\mathcal{L}_1}\boldsymbol{\beta}_1. \tag{10.45}$$

Bemerkung: Ist $1 \in \mathcal{L}_0$ und wird das Skalarprodukt über das gemischte zweite Moment bestimmt: $\langle y, z\rangle = Eyz$, so sind $\widehat{\boldsymbol{\beta}}_0$ und $\widehat{\boldsymbol{\beta}}_1$ erwartungstreue Schätzer mit komponentenweise minimaler Varianz. Es gilt nämlich:

$$\langle \mathbb{P}_{\mathcal{L}_0}\boldsymbol{\beta}_0; 1\rangle = \langle \boldsymbol{\beta}_0; \mathbb{P}_{\mathcal{L}_0}1\rangle = \langle \boldsymbol{\beta}_0; 1\rangle.$$

Die Fortschreibungsformeln

Die Kovarianzmatrizen der Schätzfehler: Um den Schätzalgorithmus explizit zu bestimmen, benötigen wir noch Bezeichnungen für die folgenden Skalarproduktmatrizen, die wir im Vorgriff auf die übliche Konkretisierungen des Skalarproduktes auch als *Kovarianzmatrizen* bezeichnen. Diese *Kovarianzmatrizen* der Schätzfehler bezeichnen wir mit:

$$\mathbf{V}_0 := \left\langle \boldsymbol{\beta}_0 - \widehat{\boldsymbol{\beta}}_0; \boldsymbol{\beta}_0 - \widehat{\boldsymbol{\beta}}_0 \right\rangle, \tag{10.46}$$

$$\mathbf{V}_{1|0} := \left\langle \boldsymbol{\beta}_1 - \widehat{\boldsymbol{\beta}}_{1|0};\ \boldsymbol{\beta}_1 - \widehat{\boldsymbol{\beta}}_{1|0} \right\rangle, \tag{10.47}$$

$$\mathbf{V}_1 := \left\langle \boldsymbol{\beta}_1 - \widehat{\boldsymbol{\beta}}_1\,; \boldsymbol{\beta}_1 - \widehat{\boldsymbol{\beta}}_1 \right\rangle. \tag{10.48}$$

$\mathbf{V}_0$ und die Kovarianzmatrizen $\langle \boldsymbol{\eta}_i;\ \boldsymbol{\eta}_i \rangle$ bzw. $\langle \boldsymbol{\varepsilon}_i;\ \boldsymbol{\varepsilon}_i \rangle$ der Struktur- bzw. Beobachtungsfehler werden als bekannt vorausgesetzt. Bei letzteren verzichten wir auf eigene Namen.

Satz 360 (Die Fortschreibungsformeln) *Die vorläufige Schätzung von* $\boldsymbol{\beta}_1$ *ist:*

$$\widehat{\boldsymbol{\beta}}_{1|0} = \widehat{\boldsymbol{\beta}}_0 * \mathbf{S}_0'. \tag{10.49}$$

Die in der Epoche 0 beste Prognose über die kommende Beobachtung $\mathbf{y}_1$ *ist:*

$$\mathbb{P}_{\mathcal{L}_0}\mathbf{y}_1 = \widehat{\boldsymbol{\beta}}_{1|0} * \mathbf{X}_1'. \tag{10.50}$$

Mit dem Prognosefehler:

$$\widehat{\mathbf{e}} := \mathbf{y}_1 - \widehat{\boldsymbol{\beta}}_{1|0} * \mathbf{X}_1' \tag{10.51}$$

und der Korrekturmatrix:

$$\mathbf{K} := \mathbf{V}_{1|0}\mathbf{X}_1' \left(\mathbf{X}_1 \mathbf{V}_{1|0} \mathbf{X} + \langle \boldsymbol{\varepsilon}_1;\ \boldsymbol{\varepsilon}_1 \rangle \right)^+ \tag{10.52}$$

ist die endgültige Schätzung von $\boldsymbol{\beta}_1$ *gegeben durch:*

$$\widehat{\boldsymbol{\beta}}_1 = \widehat{\boldsymbol{\beta}}_{1|0} + \widehat{\mathbf{e}} * \mathbf{K}'. \tag{10.53}$$

Die Fortschreibungsformeln der Kovarianzmatrizen sind:

$$\mathbf{V}_{1|0} = \mathbf{S}_0 \mathbf{V}_0 \mathbf{S}_0' + \langle \boldsymbol{\eta}_0;\ \boldsymbol{\eta}_0 \rangle, \tag{10.54}$$

$$\mathbf{V}_1 = \mathbf{V}_{1|0} - \mathbf{K}\mathbf{X}_1\mathbf{V}_{1|0}. \tag{10.55}$$

Beweis:
1. Aus (10.44), (10.38) und (10.42) folgt:

$$\widehat{\boldsymbol{\beta}}_{1|0} = \mathbb{P}_{\mathcal{L}_0}\boldsymbol{\beta}_1 = \mathbb{P}_{\mathcal{L}_0}\left(\boldsymbol{\beta}_0 * \mathbf{S}_0' + \boldsymbol{\eta}_0\right) = \left(\mathbb{P}_{\mathcal{L}_0}\boldsymbol{\beta}_0\right) * \mathbf{S}_0' + \mathbb{P}_{\mathcal{L}_0}\boldsymbol{\eta}_0 = \widehat{\boldsymbol{\beta}}_0 * \mathbf{S}_0'.$$

2. Aus (10.37), (10.44) und (10.42) folgt:

$$\mathbb{P}_{\mathcal{L}_0}\mathbf{y}_1 = \mathbb{P}_{\mathcal{L}_0}(\boldsymbol{\beta}_1 * \mathbf{X}_1' + \boldsymbol{\varepsilon}) = (\mathbb{P}_{\mathcal{L}_0}\boldsymbol{\beta}_1) * \mathbf{X}_1' + \mathbb{P}_{\mathcal{L}_0}\boldsymbol{\varepsilon}_1 = \widehat{\boldsymbol{\beta}}_{1|0} * \mathbf{X}_1'.$$

3. Zur Berechnung von $\widehat{\boldsymbol{\beta}}_1$ zerlegen wir $\mathcal{L}_1$ in zwei orthogonale Komponenten:

$$\mathcal{L}_1 = \mathcal{L}\{\mathbf{y}_0, \mathbf{y}_1\} = \mathcal{L}\{\mathbf{y}_0, \mathbf{y}_1 - \mathbb{P}_{\mathcal{L}_0}\mathbf{y}_1\} = \mathcal{L}\{\mathbf{y}_0\} \oplus \mathcal{L}\{\widehat{\mathbf{e}}\}.$$

Dabei ist:

$$\widehat{\mathbf{e}} = \mathbf{y}_1 - \widehat{\boldsymbol{\beta}}_1 * \mathbf{X}_1' = \left(\boldsymbol{\beta}_1 - \widehat{\boldsymbol{\beta}}_1\right) * \mathbf{X}_1' + \boldsymbol{\varepsilon}_1. \tag{10.56}$$

$\widehat{\boldsymbol{\beta}}_1$ zerfällt nun in zwei Summanden:

$$\widehat{\boldsymbol{\beta}}_1 = \mathbb{P}_{\mathcal{L}_1}\boldsymbol{\beta}_1 = \mathbb{P}_{\mathcal{L}_0}\boldsymbol{\beta}_1 + \mathbb{P}_{\widehat{\mathbf{e}}}\boldsymbol{\beta}_1 = \widehat{\boldsymbol{\beta}}_{1|0} + \widehat{\mathbf{e}} * \langle\widehat{\mathbf{e}}\,;\,\widehat{\mathbf{e}}\rangle^+ \langle\widehat{\mathbf{e}}; \boldsymbol{\beta}_1\rangle =: \widehat{\boldsymbol{\beta}}_{1|0} + \widehat{\mathbf{e}} * \mathbf{K}'.$$

Bis auf die Bestimmung von $\mathbf{K}$ ist dies die Formel (10.53).

Berechnung von $\mathbf{K} = \langle\widehat{\mathbf{e}}\,;\,\widehat{\mathbf{e}}\rangle^+ \langle\widehat{\mathbf{e}}; \boldsymbol{\beta}_1\rangle$: Der erste Faktor ist wegen (10.56):

$$\langle\widehat{\mathbf{e}}; \widehat{\mathbf{e}}\rangle = \left\langle \left(\boldsymbol{\beta}_1 - \widehat{\boldsymbol{\beta}}_{1|0}\right) * \mathbf{X}_1' + \boldsymbol{\varepsilon}_1 \;;\; \left(\boldsymbol{\beta}_1 - \widehat{\boldsymbol{\beta}}_{1|0}\right) * \mathbf{X}_1' + \boldsymbol{\varepsilon}_1 \right\rangle.$$

Wegen $\widehat{\boldsymbol{\beta}}_{1|0} \in \mathcal{L}_0$ und (10.42) ist $\left\langle \widehat{\boldsymbol{\beta}}_{1|0}; \boldsymbol{\varepsilon}_1 \right\rangle = 0$. Also vereinfacht sich $\langle\widehat{\mathbf{e}}; \widehat{\mathbf{e}}\rangle$ zu:

$$\begin{aligned} \langle\widehat{\mathbf{e}}; \widehat{\mathbf{e}}\rangle &= \mathbf{X}_1 \left\langle \boldsymbol{\beta}_1 - \widehat{\boldsymbol{\beta}}_{1|0}; \boldsymbol{\beta}_1 - \widehat{\boldsymbol{\beta}}_{1|0} \right\rangle \mathbf{X}_1' + \langle\boldsymbol{\varepsilon}_1; \boldsymbol{\varepsilon}_1\rangle \\ &= \mathbf{X}_1 \mathbf{V}_{1|0} \mathbf{X}_1' + \langle\boldsymbol{\varepsilon}_1; \boldsymbol{\varepsilon}_1\rangle. \end{aligned} \tag{10.57}$$

Der zweite Faktor ist $\langle\widehat{\mathbf{e}}; \boldsymbol{\beta}_1\rangle$. Wegen (10.39) ist $\langle\boldsymbol{\beta}_1; \boldsymbol{\varepsilon}_1\rangle = 0$. Mit (10.56) folgt:

$$\begin{aligned} \langle\widehat{\mathbf{e}}; \boldsymbol{\beta}_1\rangle &= \left\langle \left(\boldsymbol{\beta}_1 - \widehat{\boldsymbol{\beta}}_{1|0}\right) * \mathbf{X}_1' + \boldsymbol{\varepsilon}_1; \boldsymbol{\beta}_1 \right\rangle = \mathbf{X}_1 \left\langle \boldsymbol{\beta}_1 - \widehat{\boldsymbol{\beta}}_{1|0}; \boldsymbol{\beta}_1 \right\rangle + \langle\boldsymbol{\varepsilon}_1; \boldsymbol{\beta}_1\rangle \\ &= \mathbf{X}_1 \mathbf{V}_{1|0}. \end{aligned}$$

4. Berechnung von $\mathbf{V}_{1|0} = \left\langle \boldsymbol{\beta}_1 - \widehat{\boldsymbol{\beta}}_{1|0};\; \boldsymbol{\beta}_1 - \widehat{\boldsymbol{\beta}}_{1|0} \right\rangle$: Aus (10.56) und (10.38) folgt:

$$\boldsymbol{\beta}_1 - \widehat{\boldsymbol{\beta}}_{1|0} = \left(\boldsymbol{\beta}_0 - \widehat{\boldsymbol{\beta}}_0\right) * \mathbf{S}_0' + \boldsymbol{\eta}_0.$$

$\boldsymbol{\beta}_0$und $\widehat{\boldsymbol{\beta}}_{1|0}$ liegen in $\mathcal{L}_0$. Wegen (10.42) ist $\left\langle \boldsymbol{\beta}_0 - \widehat{\boldsymbol{\beta}}_0; \boldsymbol{\eta}_0 \right\rangle = 0$. Damit folgt:

$$\mathbf{V}_{1|0} = \mathbf{S}_0 \left\langle \boldsymbol{\beta}_0 - \widehat{\boldsymbol{\beta}}_0 \;;\; \boldsymbol{\beta}_0 - \widehat{\boldsymbol{\beta}}_0 \right\rangle \mathbf{S}_0' + \langle\boldsymbol{\eta}_0; \boldsymbol{\eta}_0\rangle = \mathbf{S}_0 \mathbf{V}_0 \mathbf{S}_0' + \langle\boldsymbol{\eta}_0; \boldsymbol{\eta}_0\rangle.$$

5. Berechnung von $\mathbf{V}_1 = \left\langle \boldsymbol{\beta}_1 - \widehat{\boldsymbol{\beta}}_1 ; \boldsymbol{\beta}_1 - \widehat{\boldsymbol{\beta}}_1 \right\rangle$:

$$\begin{aligned}
\mathbf{V}_1 &= \langle \boldsymbol{\beta}_1 - \mathbb{P}_{\mathcal{L}_0}\boldsymbol{\beta}_1 ; \boldsymbol{\beta}_1 - \mathbb{P}_{\mathcal{L}_0}\boldsymbol{\beta}_1 \rangle = \langle \boldsymbol{\beta}_1 - \mathbb{P}_{\mathcal{L}_0}\boldsymbol{\beta}_1 ; \boldsymbol{\beta}_1 \rangle = \left\langle \boldsymbol{\beta}_1 - \widehat{\boldsymbol{\beta}}_1 ; \boldsymbol{\beta}_1 \right\rangle \\
&= \left\langle \boldsymbol{\beta}_1 - \widehat{\boldsymbol{\beta}}_{1|0} - \widehat{\mathrm{e}} * \mathbf{K}' ; \boldsymbol{\beta}_1 \right\rangle = \left\langle \boldsymbol{\beta}_1 - \widehat{\boldsymbol{\beta}}_{1|0} ; \boldsymbol{\beta}_1 \right\rangle - \mathbf{K} \langle \widehat{\mathrm{e}} ; \boldsymbol{\beta}_1 \rangle \\
&= \mathbf{V}_{1|0} - \mathbf{K} \left\langle \left(\boldsymbol{\beta}_1 - \widehat{\boldsymbol{\beta}}_{1|0} \right) * \mathbf{X}_1' + \boldsymbol{\varepsilon}_1 ; \boldsymbol{\beta}_1 \right\rangle \\
&= \mathbf{V}_{1|0} - \mathbf{K}\mathbf{X}_1 \left\langle \boldsymbol{\beta}_1 - \widehat{\boldsymbol{\beta}}_{1|0} ; \boldsymbol{\beta}_1 \right\rangle = \mathbf{V}_{1|0} - \mathbf{K}\mathbf{X}_1\mathbf{V}_{1|0}.
\end{aligned}$$

Dabei folgt die vorletzte Zeile aus (10.56), die letzte Zeile aus (10.39).
□

Der Erneuerungsprozeß

Der Prognosefehler $\widehat{\mathrm{e}}_1$ beim Schritt von Epoche 0 zu 1 wird auch als die **beobachtbare Erneuerung** im Gesamtsystem bezeichnet:

$$\widehat{\mathrm{e}}_1 = \mathbf{y}_1 - \mathbb{P}_{\mathcal{L}_0}\mathbf{y}_1 = (\mathbf{I} - \mathbb{P}_{\mathcal{L}_0})\,\mathbf{y}_1.$$

Ist die $1 \in \mathcal{L}_0$, so ist:

$$\langle \mathbf{1} ; \widehat{\mathrm{e}}_1 \rangle = \langle \mathbf{1} ; (\mathbf{I} - \mathbb{P}_{\mathcal{L}_0})\,\mathbf{y} \rangle = \langle (\mathbf{I} - \mathbb{P}_{\mathcal{L}_0})\,\mathbf{1} ; \mathbf{y} \rangle = \mathbf{0}.$$

Wird $\langle 1, \widehat{e} \rangle = \mathrm{E}\,\widehat{e}$ als Erwartungswert definiert, so ist $\mathrm{E}\,\widehat{\mathrm{e}}_1 = \mathbf{0}$ und wie in (10.57) gezeigt:

$$\mathrm{Cov}\ \widehat{\mathrm{e}}_1 = \mathbf{X}_1\mathbf{V}_{1|0}\mathbf{X}_1' + \mathrm{Cov}\ \boldsymbol{\varepsilon}_1.$$

Komponentenweise ist nach Konstruktion $\widehat{\mathrm{e}}_1 \in \mathcal{L}_1$ und $\widehat{\mathrm{e}}_1 \perp \mathcal{L}_0$. Für die nächste Epoche gilt analog: $\widehat{\mathrm{e}}_2 \in \mathcal{L}_2$ und $\widehat{\mathrm{e}}_2 \perp \mathcal{L}_1$. Damit ist $\widehat{\mathrm{e}}_2 \perp \widehat{\mathrm{e}}_1$. Wendet man nun den Fortschreibungsprozess auch auf alle folgenden Epochen an, so bilden die Prognosefehler

$$\widehat{\mathrm{e}}_1 ; \widehat{\mathrm{e}}_2 ; \cdots ; \widehat{\mathrm{e}}_k ; \cdots$$

eine orthogonale, unkorrelierte Folge:

$$\widehat{\mathrm{e}}_i \perp \widehat{\mathrm{e}}_j \qquad \text{für } i \neq j.$$

Sind schließlich die $\mathbf{y}_i$ normalverteilt, sind auch die $\widehat{\mathrm{e}}_i$ unabhängig von einander normalverteilt. Diese Eigenschaft prädestiniert die $\widehat{\mathrm{e}}_i$ als Input für Tests auf Autokorrelation und Varianzhomogenität.

Der rekursive KQ-Schätzer als spezieller Kalman-Filter:

Der rekursive KQ-Schätzer läßt sich als spezieller Kalman-Filter lesen. Dazu kehren wir wieder zu unserer gewohnten Matrizenschreibweise zurück.

Wir gehen vom Startmodell $\mathbf{y}_0 = \mathbf{X}_0\boldsymbol{\beta}+\boldsymbol{\varepsilon}_0$ aus und fügen dann den Beobachtungsblock $\mathbf{y}_1 = \mathbf{X}_1\boldsymbol{\beta} + \boldsymbol{\varepsilon}_1$ hinzu. Betrachten wir den Prozeß der Erweiterung des linearen Modells als einen Kalmanfilter, so ist die Systemgröße $\boldsymbol{\beta}_1 = \boldsymbol{\beta}_0$ fehlerfrei und invariant. Die Zustandsgleichung ist daher:

$$\boldsymbol{\beta}_1 = \boldsymbol{\beta}_0.$$

Dann ist:

$$\mathbf{S}_0 = \mathbf{I}, \qquad \boldsymbol{\eta} = \mathbf{0}, \qquad \mathrm{Cov}\ \boldsymbol{\eta} = \mathbf{0}, \qquad \mathrm{Cov}\ \boldsymbol{\varepsilon}_1 = \boldsymbol{\sigma}^2\mathbf{I}.$$

Die Fortschreibungsformeln (10.49), (10.54) und (10.52) liefern:

$$\widehat{\boldsymbol{\beta}}_{1|0} = \widehat{\boldsymbol{\beta}}_0 \text{ und } \mathbf{V}_{1|0} = \mathbf{V}_0 \text{ sowie } \mathbf{K} = \mathbf{V}_0\mathbf{X}_1' \left(\sigma^2\mathbf{I} + \mathbf{X}_1\mathbf{V}_0\mathbf{X}_1'\right)^{-1}.$$

Damit erhalten wir aus (10.53), (10.51) und (10.55) den Kalman-Schätzer:

$$\begin{aligned}\widehat{\boldsymbol{\beta}}_1 &= \widehat{\boldsymbol{\beta}}_0 + \mathbf{V}_0\mathbf{X}_1' \left(\sigma^2\mathbf{I} + \mathbf{X}_1\mathbf{V}_0\mathbf{X}_1'\right)^{-1} \left(\mathbf{y}_1 - \mathbf{X}_1\widehat{\boldsymbol{\beta}}_0\right),\\ \mathbf{V}_1 &= \mathbf{V}_0 - \mathbf{V}_0\mathbf{X}_1' \left(\sigma^2\mathbf{I} + \mathbf{X}_1\mathbf{V}_0\mathbf{X}_1'\right)^{-1} \mathbf{X}_1\mathbf{V}_0.\end{aligned}$$

Vergleicht man dieses Ergebnis mit dem in (10.29) und (10.30) bestimmten rekursiven KQ-Schätzer:

$$\begin{aligned}\widehat{\beta}_1 &= \widehat{\beta}_0 + \mathbf{C}_0\mathbf{X}_1' \left[\mathbf{I} + \mathbf{X}_1\mathbf{C}_0\mathbf{X}_1'\right]^{-1} \left(\mathbf{y}_1 - \mathbf{X}_1\widehat{\beta}_0\right),\\ \mathbf{C}_1 &= \mathbf{C}_0 - \mathbf{C}_0\mathbf{X}_1' \left[\mathbf{I} + \mathbf{X}_1\mathbf{C}_0\mathbf{X}_1'\right]^{-1} \mathbf{X}_1\mathbf{C}_0,\end{aligned}$$

so erkennt man, daß beide Formelpaare identisch sind, wenn als Startwert $\widehat{\boldsymbol{\beta}}_0$ des Kalman-Filters der KQ-Schätzer $\widehat{\beta}_0$ genommen wird. Dann ist nämlich auch:

$$\mathbf{V}_0 = \mathrm{Cov}\ \widehat{\beta}_0 = \sigma^2 \left(\mathbf{X}_0\mathbf{X}_0'\right)^{-1} = \sigma^2\mathbf{C}_0.$$

(Der unbekannte Faktor σ^2 kürzt sich in den Fortschreibungsformeln heraus.) Liest man daher den rekursiven KQ-Schätzer als Kalmanfilter, so folgt daraus die Unkorreliertheit der Prognose-Residuen $\widehat{\mathbf{e}}_i$.
Wir erläutern diese Sätze mit zwei Beispielen aus Lenz (1976).

Beispiel 361 (Mittelwertschätzung mit dem Kalmanfilter)
Es seien $y_1; \cdots ; y_n, \cdots$ eine Folge unabhängiger zufälliger Variablen mit identischen Erwartungswerten $Ey_t = \mu$ und konstanter Varianz $Var\, y_t = \sigma^2$. Dann sind die Beobachtungs- und die Systemgleichung gegeben durch:

$$\begin{aligned}y_t &= \beta_t + \varepsilon_t,\\ \beta_{t+1} &= \beta_t.\end{aligned}$$

Damit folgt wegen $X_1 = S_0 = 1$, $\eta = 0$ und $\mathrm{V}_0 = v_0$ aus den Fortschreibungsformeln:

$$v_1 = v_0 - \frac{v_0^2}{\sigma^2 + v_0}, \tag{10.58}$$

$$\widehat{\beta}_1 = \widehat{\beta}_0 + \frac{v_0}{\sigma^2 + v_0}\left(y_1 - \widehat{\beta}_0\right). \tag{10.59}$$

Setzen wir zur Abkürzung:

$$c_t := \frac{v_t}{\sigma^2}, \qquad t = 0, 1, \cdots \tag{10.60}$$

dann folgt aus (10.58) *durch Iteration:*

$$c_t = \frac{c_{t-1}}{1 + c_{t-1}} = \frac{c_0}{1 + tc_0} \quad \textit{sowie } 1 - c_t = \frac{1 + (t-1)\, c_0}{1 + tc_0}. \tag{10.61}$$

Damit läßt sich (10.59) *in der Form schreiben:*

$$\widehat{\beta}_1 = \widehat{\boldsymbol{\beta}}_0 + c_1 \left(y_1 - \widehat{\boldsymbol{\beta}}_0 \right).$$

Bestimmen wir nun nacheinander $\widehat{\beta}_2$, $\widehat{\beta}_3$, $\cdots$, *erhalten wir schließlich:*

$$\begin{aligned}
\widehat{\beta}_2 &= c_2 y_2 + (1 - c_2) \left(c_1 y_1 + (1 - c_1)\, \widehat{\beta}_0 \right) = \frac{c_0}{1 + 2c_0} \sum_{i=1}^{2} y_i + \frac{1}{1 + 2c_0} \widehat{\beta}_0, \\
\widehat{\beta}_t &= \frac{c_0}{1 + tc_0} \sum_{i=1}^{t} y_i + \frac{1}{1 + tc_0} \widehat{\beta} \\
&= \frac{tc_0}{1 + tc_0} \overline{y}^t + \frac{1}{1 + tc_0} \widehat{\beta}_0, \\
\lim_{t \to \infty} \widehat{\boldsymbol{\beta}}_t &= \lim_{t \to \infty} \overline{y}^t.
\end{aligned}$$

Unabhängig von den Startwerten $\widehat{\boldsymbol{\beta}}_0$ *und* c_0 *konvergiert* $\widehat{\beta}_t$ *nach dem Starken Gesetz der Großen Zahlen also mit Wahrscheinlichkeit 1 gegen* $Ey = \mu$.

Beispiel 362 (Exponentielle Glättung mit dem Kalmanfilter) *Es sei* y_t *der Meßwert einer Maschine, der zufällig um seinen Erwartungswert, seine Justierung* β_t, *schwankt. Diese Justierung verstelle sich im Laufe der Zeit ebenfalls zufällig. Das Modell lautet nun:*

$$\begin{aligned}
y_t &= \beta_t + \varepsilon_t, \\
\beta_{t+1} &= \beta_t + \eta_t.
\end{aligned}$$

Dabei sei $\varepsilon_t \sim N\left(0; \sigma_\varepsilon^2\right)$ *und* $\eta_t \sim N\left(0; \sigma_\eta^2\right)$. *Dann sind:*

$$X_1 = S_0 = 1 \;, \qquad \operatorname{Cov} \varepsilon_t = \sigma_\varepsilon^2 \;, \qquad \operatorname{Cov} \eta_t = \sigma_\eta^2.$$

Mit $X_1 = S_0 = 1$ *und* $\operatorname{Var} \varepsilon_t = \sigma_\varepsilon^2$, $\operatorname{Var} \eta_t = \sigma_\eta^2$ *liefern die Fortschreibungsformeln:*

$$\begin{aligned}
\widehat{\beta}_{1/0} &= \widehat{\beta}_0, \\
v_{1/0} &= v_0 + \sigma_\eta^2, \\
v_1 &= \frac{\left(v_0 + \sigma_\eta^2 \right) \sigma_\varepsilon^2}{v_0 + \sigma_\eta^2 + \sigma_\varepsilon^2}, \\
\widehat{\beta}_1 &= \widehat{\beta}_0 + \frac{v_0 + \sigma_\eta^2}{v_0 + \sigma_\eta^2 + \sigma_\varepsilon^2} \left(y_1 - \widehat{\beta}_0 \right).
\end{aligned}$$

Wählen wir als Startwert für v_0 den Wert:

$$v_0 := -\frac{1}{2}\sigma_\eta^2 + \frac{1}{2}\sqrt{\sigma_\eta^4 + 4\sigma_\varepsilon^2\sigma_\eta^2},$$

dann ist $v_1 = v_0$ und folglich $v_t = v_{t-1} = \cdots = v_0$. Mit der Abkürzung:

$$\kappa := \frac{v_0 + \sigma_\eta^2}{v_0 + \sigma_\eta^2 + \sigma_\varepsilon^2} < 1$$

erhalten wir dann die Schätzformel einer exponentiellen Glättung:

$$\widehat{\beta}_t = \kappa y_t + (1-\kappa)\,\widehat{\beta}_{t-1} = \kappa \sum_{i=0}^{t-1} (1-\kappa)^i\, y_{t-i} + (1-\kappa)^t\, \widehat{\beta}_0.$$

Auch hier wird der Startwert mit wachsendem t irrelevant.

10.4 Hauptkomponentenregression

In vielen Fällen wird zusammen mit dem Beobachtungsvektor $\mathbf{y}$ eine große Zahl möglicher Regressoren $\mathbf{x}_j$ geliefert, die zur Modellbildung verwendet werden können. Wie wir in den Kapiteln Diagnose und Modellselektion gezeigt haben, ist es keineswegs so, daß ein Modell immer besser wird, je mehr Regressoren ins Modell eingebunden werden. Auch hier gilt: *Viele Köche verderben den Brei.* Vor allem wenn sie alle mehr oder weniger dasselbe *Salz*, — sprich dieselbe Information liefern. In der Regel gilt, daß nicht nur die Übersichtlichkeit des Modells verloren geht, sondern auch die Parameter schlechter geschätzt werden. Gerade bei kollinearen Regressoren liegt es nahe, erst einmal die Regressoren zu bündeln und die Variablen bündelweise durch geeignete neue *synthetische* Variable zu ersetzen. Dieses leistet gerade die Hauptkomponenten- bzw. Singulärwertanalyse, die wir im Anhang von Kapitel 1 kurz eingeführt haben.

Die Singulärwertzerlegung

Es sei $\mathbf{X}$ die Designmatrix vom Typ $n \times (m+1)$ und dem Rang d. Zur besseren Vergleichbarkeit der Singulärwerte seien die Regressoren normiert: $\|\mathbf{x}_j\|^2 = 1$. Die Singulärwertzerlegung von $\mathbf{X}$ ist:

$$\mathbf{X} = \mathbf{U}\Theta\mathbf{V}' = \sum_{k=1}^{d} \theta_k \mathbf{u}_k \mathbf{v}_k'.$$

Dabei sind die Singulärwerte θ_k der Größe nach fallend geordnet: $\theta_1 \geq \theta_2 \geq \cdots \geq \theta_d$. Weiter ist $\mathbf{U}'\mathbf{U} = \mathbf{V}'\mathbf{V} = \mathbf{I}$. Die $\mathbf{u}_k$, die Spalten der Matrix $\mathbf{U}$, bilden demnach eine orthonormale Basis des Modellraums $\mathcal{L}\{\mathbf{X}\}$:

$$\mathbf{M} = \mathcal{L}\{\mathbf{X}\} = \mathcal{L}\{\mathbf{U}\} = \mathcal{L}\{\mathbf{u}_1, \cdots, \mathbf{u}_d\}.$$

Wechsel der Basis

Wechselt man von der Basis $\mathbf{X}$ zur Basis $\mathbf{U}$, lautet das Modell:

$$\mathbf{y} = \mathbf{U}\boldsymbol{\gamma} + \boldsymbol{\varepsilon} = \sum_{k=1}^{d} \mathbf{u}_k \gamma_k + \boldsymbol{\varepsilon}.$$

Da die $\mathbf{u}_k$ orthonormal sind, hat man in dieser Darstellung alle Vorteile orthonormaler Regressoren: Die γ_k werden einzeln geschätzt durch die Projektion von $\mathbf{y}$ auf die $\mathbf{u}_k$ Achsen, die Schätzer sind orthogonal, unkorreliert und unter der Annahme der Normalverteilung auch stochastisch unabhängig voneinander. Es ist:

$$\begin{aligned} \widehat{\gamma}_k &= \mathbf{u}_k'\mathbf{y}, & \widehat{\boldsymbol{\gamma}} &= \mathbf{U}'\mathbf{y}, \\ \operatorname{Var} \widehat{\gamma}_k &= \sigma^2, & \operatorname{Cov} \widehat{\boldsymbol{\gamma}} &= \sigma^2\mathbf{U}'\mathbf{U} = \sigma^2\mathbf{I}. \end{aligned}$$

Rückrechnung auf die β–Koeffizienten

Numerisch ist das Arbeiten mit $\boldsymbol{\gamma}$ leichter als mit $\boldsymbol{\beta}$. Von den $\boldsymbol{\gamma}$ kann man problemlos auf die $\boldsymbol{\beta}$ zurückschließen. Außerdem ist ein Parameter $\phi = \mathbf{b}'\boldsymbol{\beta}$ genau dann schätzbar, wenn ϕ sich als lineare Funktion von $\boldsymbol{\gamma}$ schreiben läßt:

$$\phi = \mathbf{b}'\boldsymbol{\beta} = \mathbf{k}'\boldsymbol{\mu} = \mathbf{k}'\mathbf{U}\boldsymbol{\gamma} =: \mathbf{g}'\boldsymbol{\gamma} \qquad \text{mit } \mathbf{k}'\mathbf{U} =: \mathbf{g}'.$$

Zur Rückrechnung von $\boldsymbol{\gamma}$ auf $\boldsymbol{\beta}$ ersetzen wir im ursprünglichen Modell die Designmatrix durch ihre Singulärwertzerlegung. Aus:

$$\widehat{\boldsymbol{\mu}} = \mathbf{X}\widehat{\boldsymbol{\beta}} = \mathbf{U}\Theta\mathbf{V}'\widehat{\boldsymbol{\beta}} =: \mathbf{U}\widehat{\boldsymbol{\gamma}}$$

folgt:

$$\begin{aligned} \Theta\mathbf{V}'\widehat{\boldsymbol{\beta}} &= \widehat{\boldsymbol{\gamma}}, \\ \widehat{\boldsymbol{\beta}} &= \mathbf{V}\Theta^{-1}\widehat{\boldsymbol{\gamma}} + \left(\mathbf{I} - \mathbf{V}\mathbf{V}'\right)\mathbf{h}. \end{aligned}$$

Dabei ist es gleichgültig, ob wir $\widehat{\boldsymbol{\beta}}$ wie eben beschrieben in zwei Schritten oder in einem Schritt als $\widehat{\boldsymbol{\beta}} = \mathbf{X}^{+}\mathbf{y} + (\mathbf{I} - \mathbf{X}^{+}\mathbf{X})\,\mathbf{h}$ aus der ursprünglichen Matrix $\mathbf{X}$ berechnen. Wegen $\mathbf{X}^{+} = \mathbf{V}\Theta^{-1}\mathbf{U}'$ und $\mathbf{X}^{+}\mathbf{X} = \mathbf{V}\mathbf{V}'$ führen beide Wege zum gleichen Ergebnis:

$$\mathbf{X}^{+}\mathbf{y} + \left(\mathbf{I} - \mathbf{X}^{+}\mathbf{X}\right)\mathbf{h} = \mathbf{V}\Theta^{-1}\mathbf{U}'\mathbf{y} + \left(\mathbf{I} - \mathbf{V}\mathbf{V}'\right)\mathbf{h} = \mathbf{V}\Theta^{-1}\widehat{\boldsymbol{\gamma}} + \left(\mathbf{I} - \mathbf{V}\mathbf{V}'\right)\mathbf{h}.$$

Datenkompression durch Verzicht auf die letzten Hauptkomponenten

Arbeiten man mit allen Hauptkomponenten $\mathbf{u}_1, \cdots, \mathbf{u}_d$, so sind wegen $\mathcal{L}\{\mathbf{X}\} = \mathcal{L}\{\mathbf{U}\}$ beide Darstellungen des linearen Modells äquivalen. Sind die Größenordnungen der Singulärwerte sehr verschieden, kann es ratsam sein, nur die ersten s Hauptkomponenten, $\mathbf{u}_1, \cdots, \mathbf{u}_s$, die zu den größten Singulärwerten gehören, ins Modell aufzunehmen. Dabei sollte $\sum_{k=1}^{s} \theta_k^2$ hinreichend nahe bei der oberen Grenze $m+1$ liegen.[6] Der Modellraum ist nun:

$$\mathbf{M}^* = \mathcal{L}\{\mathbf{u}_1, \cdots, \mathbf{u}_s\} \subset \mathbf{M}.$$

$\boldsymbol{\mu}$ wird in $\mathbf{M}^*$ geschätzt durch:

$$\widehat{\boldsymbol{\mu}}^* = \mathbf{P}_{\mathbf{M}^*}\mathbf{y} = \sum_{k=1}^{s} \widehat{\gamma}_k \mathbf{u}_k.$$

Die Schätzung $\widehat{\boldsymbol{\mu}}^*$ ist nicht mehr erwartungstreu:

$$\mathrm{E}\,\widehat{\boldsymbol{\mu}}^* = \sum_{k=1}^{s} \gamma_k \mathbf{u}_k.$$

[6] Vergleiche Formel (1.88) auf Seite 116

Der quadrierte Bias ist:

$$\left\|\boldsymbol{\mu}-\mathrm{E}\,\widehat{\boldsymbol{\mu}}^*\right\|^2=\|\sum_{k=s+1}^{d}\gamma_k\mathbf{u}_k\|^2=\sum_{k=s+1}^{d}\gamma_k^2.$$

Zur Beurteilung der Güte des nichterwartungtreuen Schätzers $\widehat{\boldsymbol{\mu}}^*$ verwenden wir die mittlere quadratische Abweichung:.

$$\begin{aligned} mqA\left(\widehat{\boldsymbol{\mu}}^*\right) &= \mathrm{E}\left\|\boldsymbol{\mu}-\widehat{\boldsymbol{\mu}}^*\right\|^2=\operatorname{Spur}\operatorname{Cov}\widehat{\boldsymbol{\mu}}^*+(Bias)^2 \\ &= \operatorname{Spur}\left(\sigma^2\sum_{k=1}^{s}\mathbf{u}_k\mathbf{u}_k'\right)+\sum_{k=s+1}^{d}\gamma_k^2 \\ &= s\sigma^2+\sum_{k=s+1}^{d}\gamma_k^2. \end{aligned}$$

Die mqA des optimalen, erwartungstreuen Schätzers $\widehat{\boldsymbol{\mu}}$ ist dagegen:

$$mqA\left(\widehat{\boldsymbol{\mu}}\right)=\operatorname{Spur}\ \operatorname{Cov}\ \widehat{\boldsymbol{\mu}}=d\sigma^2.$$

Die Differenz der beiden Kriterien ist:

$$mqA\left(\widehat{\boldsymbol{\mu}}\right)-mqA\left(\widehat{\boldsymbol{\mu}}^*\right)=(d-s)\,\sigma^2-\sum_{k=s+1}^{d}\gamma_k^2.$$

$mqA\left(\widehat{\boldsymbol{\mu}}\right)$ ist demnach größer als $mqA\left(\widehat{\boldsymbol{\mu}}^*\right)$, falls $d-s$ groß und $\sum_{k=s+1}^{d}\gamma_k^2$ klein ist. Dies tritt ein, wenn nur eine kleine Zahl von Hauptkomponenten ausgewählt wurden und der Parametervektor $\boldsymbol{\mu}$ in ihrer Richtung liegt.

Dasselbe gilt für die einzelnen Parameter. Ist $\phi=\mathbf{k}'\boldsymbol{\mu}=\mathbf{g}'\boldsymbol{\gamma}=\sum_{k=1}^{d}g_k\gamma_k$ ein schätzbarer Parameter, so wird ϕ in $\mathbf{M}^*$ geschätzt durch:

$$\widehat{\phi}^*=\mathbf{k}'\widehat{\boldsymbol{\mu}}^*=\mathbf{g}'\widehat{\boldsymbol{\gamma}}^*=\sum_{k=1}^{s}g_k\widehat{\gamma}_k.$$

$\widehat{\phi}^*$ ist wiederum nicht erwartungstreu, seine mqA ist:

$$mqA\left(\widehat{\phi}^*\right)=\operatorname{Var}\ \widehat{\phi}^*+(Bias)^2=\sigma^2\sum_{k=1}^{s}g_k^2+\left(\sum_{k=s+1}^{d}g_k\gamma_k\right)^2.$$

Die mqA des erwartungstreuen Schätzer $\widehat{\phi}$ ist:

$$mqA\left(\widehat{\phi}\right)=\sigma^2\sum_{k=1}^{d}g_k^2.$$

Wiederum kann $mqA\,(\widehat{\phi}^*)$ kleiner als $mqA\,(\widehat{\phi})$ sein, wenn die γ_k–Koeffizienten, die zu den kleinen Singulärwerten θ_k gehören, klein sind.[7]

[7] Vergleiche auch Satz 345 auf Seite 447 im Abschnitt über unterangepaßte Modell und die Ausführungen zur Singulärwertzerlegung ab Seite 403 im Diagnose-Kapitel.

Bemerkung: Die Hauptkomponentenanalyse sucht den Unterraum des Modellraums, der ein möglichst getreues Abbild der Gesamtheit aller Regressoren gibt. Dieser Unterraum wird aber ohne Rücksicht auf das beobachtete $\mathbf{y}$ ausgewählt. Die wichtigsten Hauptachsen, brauchen nicht die besten Erklärer für $\mathbf{y}$ zu sein. Es kann sein, daß $\boldsymbol{\mu}$ in Richtung von Regressoren liegt, die zu kleinen Singulärwerten gehören, welche möglicherweise bei der Reduktion auf $\mathbf{M}^*$ herausfallen. In diesem Fall wäre das reduzierte Modell $\mathbf{M}^*$ unbrauchbar.
Außerdem sind die synthetischen Variablen $\mathbf{u}_k$ nicht immer leicht und manchmal gar nicht inhaltlich sinnvoll zu interpretieren.
Häufig wird auch nur die Singulärwertzerlegung benutzt, um einerseits Kollinearitäten unter den Regressoren zu erkennen und andererseits die Regressoren $\mathbf{x}_{j^*}$ zu identifizieren, die zu den wichtigsten Hauptachsen beitragen. Aus diesen $\mathbf{x}_{j^*}$ könnte dann ein neues Modell gebildet werden.

10.5 Lineare Modelle in der Bayesianischen Statistik

Das linearen Modell in der *objektivistischen Sicht:* Bei festem, unbekannten $\boldsymbol{\beta}$ ist $\mathbf{y}$ normalverteilt mit dem Erwartungswert $\mathbf{X}\boldsymbol{\beta}$ und der Kovarianzmatrix $\mathbf{C}_{\mathbf{y}|\boldsymbol{\beta}}$:

$$\mathbf{y}\,|_{\boldsymbol{\beta}} \sim \mathrm{N}_n\left(\mathbf{X}\boldsymbol{\beta}; \mathbf{C}_{\mathbf{y}|\boldsymbol{\beta}}\right) \qquad \mathbf{C}_{\mathbf{y}|\boldsymbol{\beta}} > \mathbf{0}. \tag{10.62}$$

Da wir verschiedene Kovarianzmatrizen betrachten, kennzeichen wir sie durch unterschiedliche Indizes. $\mathbf{C}_{\mathbf{y}|\boldsymbol{\beta}}$ soll als Kovarianzmatrix von $\mathbf{y}$ bei festem $\boldsymbol{\beta}$ gelesen werden. $\mathbf{C}_{\mathbf{y}|\boldsymbol{\beta}}$ ist aber keine Funktion von $\mathbf{y}$! Ist $\mathbf{X}$ von vollem Rang, so ist nach Satz 290 der beste linare erwartungstreue Schätzer für $\boldsymbol{\beta}$ gegeben durch:

$$\widehat{\boldsymbol{\beta}} = \left(\mathbf{X}'\mathbf{C}_{\mathbf{y}|\boldsymbol{\beta}}^{-1}\mathbf{X}\right)^{-1}\mathbf{X}'\mathbf{C}_{\mathbf{y}|\boldsymbol{\beta}}^{-1}\mathbf{y} \sim \mathrm{N}_m\left(\boldsymbol{\beta}; \mathbf{C}_{\widehat{\boldsymbol{\beta}}}\right) \quad . \tag{10.63}$$

Dabei ist:

$$\mathbf{C}_{\widehat{\boldsymbol{\beta}}} := \mathrm{Cov}\,\widehat{\boldsymbol{\beta}} = \left(\mathbf{X}'\mathbf{C}_{\mathbf{y}|\boldsymbol{\beta}}^{-1}\mathbf{X}\right)^{-1} > \mathbf{0}. \tag{10.64}$$

Das linearen Modell in der *subjektivistischen Sicht:* In der Bayesianischen Theorie gehen wir von einem Vorwissen über die möglichen Werte von $\boldsymbol{\beta}$ aus, welches als a-priori-Wahrscheinlichkeitsverteilung von $\boldsymbol{\beta}$ formuliert wird. Dies bedeutet, daß jetzt $\boldsymbol{\beta}$ nicht mehr als konstanter, aber unbekannter Parameter sondern als zufällige Variable mit bekannter a-priori-Verteilung:[8]

$$\boldsymbol{\beta} \sim \mathrm{N}_m\left(\mathbf{b}; \mathbf{C}_{\boldsymbol{\beta}}\right) \qquad \mathbf{C}_{\boldsymbol{\beta}} > \mathbf{0}. \tag{10.65}$$

Bei der Behandlung von $\mathbf{y}$ geht der Subjektivist scheinbar vom gleichen Grundmodell (10.62) aus. Die Normalverteilung für $\mathbf{y}$ in (10.62) wird nun jedoch als die *bedingte* Verteilung von $\mathbf{y}$ bei gegebenem $\boldsymbol{\beta}$ gelesen. Dann gilt der Satz:

Satz 363 *Unter den Voraussetzungen* (10.62) *und* (10.65) *ist die totale Verteilung von* $\mathbf{y}$ *eine Normalverteilung und zwar:*

$$\mathbf{y} \sim \mathrm{N}_n\left(\mathbf{X}\mathbf{b}; \mathbf{C}_{\mathbf{y}}\right), \tag{10.66}$$

$$\mathbf{C}_{\mathbf{y}} := \mathbf{C}_{\mathbf{y}|\boldsymbol{\beta}} + \mathbf{X}\mathbf{C}_{\boldsymbol{\beta}}\mathbf{X}'. \tag{10.67}$$

Die a-posteriori Verteilung von $\boldsymbol{\beta}$ *bei beobachtetem* $\mathbf{y}$ *ist eine Normalverteilung*

[8] Der Buchstabe $\mathbf{b}$ darf hier nicht mit dem Koeffizientenvektor für Parameter $\phi = \mathbf{b}'\boldsymbol{\beta}$ verwechselt werden. Die Doppelbezeichnung ist in Kauf genommen, um $\mathbf{b} = \mathrm{E}\,\boldsymbol{\beta}$ an $\boldsymbol{\beta}$ anklingen zu lassen.

mit:

$$\beta|_y \sim \mathrm{N}_m\left(\mathrm{E}(\beta\,|\mathbf{y});\mathrm{Cov}(\beta\,|\mathbf{y})\right), \tag{10.68}$$

$$\mathrm{Cov}(\beta|\,\mathbf{y}) = \left(\mathbf{C}_{\widehat{\beta}}^{-1}+\mathbf{C}_{\beta}^{-1}\right)^{-1} =: \mathbf{C}_{\beta|\mathbf{y}}, \tag{10.69}$$

$$\begin{aligned}\mathrm{E}(\beta|\,\mathbf{y}) &= \mathbf{C}_{\beta|\mathbf{y}}^{-1}\left(\mathbf{X}'\mathbf{C}_{\mathbf{y}|\beta}^{-1}\mathbf{y}+\mathbf{C}_{\beta}^{-1}\mathbf{b}\right)\\ &= \left(\mathbf{C}_{\widehat{\beta}}^{-1}+\mathbf{C}_{\beta}^{-1}\right)^{-1}\left(\mathbf{C}_{\widehat{\beta}}^{-1}\widehat{\beta}+\mathbf{C}_{\beta}^{-1}\mathbf{b}\right).\end{aligned} \tag{10.70}$$

Beweis:
Ist $f_{\mathbf{y}|\beta}(\mathbf{y}\mid\beta)$ die bedingte Dichte von $\mathbf{y}$ bei gegebenem β und $f_\beta(\beta)$ die Dichte von β, so ist die gemeinsame Dichte $f(\mathbf{y};\beta)$ von $\mathbf{y}$ und β gegeben durch:[9]

$$f(\mathbf{y};\beta) = f_{\mathbf{y}|\beta}(\mathbf{y}\mid\beta)\,f_\beta(\beta) = const\cdot\exp\left(-\frac{1}{2}\mathbf{D}(\beta)\right).$$

Dabei ist:

$$\mathbf{D}(\beta) = (\mathbf{y}-\mathbf{X}\beta)'\,\mathbf{C}_{\mathbf{y}|\beta}^{-1}(\mathbf{y}-\mathbf{X}\beta)+(\beta-\mathbf{b})'\,\mathbf{C}_{\beta}^{-1}(\beta-\mathbf{b}).$$

Nach Satz 114 über die Summe quadratischer Formen aus dem Anhang von Kapitel 1 kann $\mathbf{D}(\beta)$ zerlegt werden als:

$$\mathbf{D}(\beta) = (\beta-\mathbf{c})'\,\mathbf{C}(\beta-\mathbf{c})+\mathbf{D}(\mathbf{c}).$$

Dabei sind $\mathbf{C}$, $\mathbf{c}$ und $\mathbf{D}(\mathbf{c})$ definiert durch:

$$\begin{aligned}\mathbf{C} &= \mathbf{X}'\mathbf{C}_{\mathbf{y}|\beta}^{-1}\mathbf{X}+\mathbf{C}_{\beta}^{-1},\\ \mathbf{c} &= \mathbf{C}^{-1}\left(\mathbf{X}'\mathbf{C}_{\mathbf{y}|\beta}^{-1}\mathbf{y}+\mathbf{C}_{\beta}^{-1}\mathbf{b}\right),\\ \mathbf{D}(\mathbf{c}) &= (\mathbf{y}-\mathbf{X}\mathbf{b})'\left(\mathbf{C}_{\mathbf{y}|\beta}+\mathbf{X}\mathbf{C}_\beta\mathbf{X}'\right)^{-1}(\mathbf{y}-\mathbf{X}\mathbf{b}).\end{aligned}$$

Da $\mathbf{D}(\mathbf{c})$ nicht von β abhängt, ist die totale Dichte von $\mathbf{y}$:

$$\begin{aligned}f(\mathbf{y}) &= \int_{-\infty}^{+\infty} f(\mathbf{y};\beta)\,d\beta = const\cdot\int_{-\infty}^{+\infty}\exp\left(-\frac{1}{2}\mathbf{D}(\beta)\right)d\beta\\ &= const\cdot\exp\left(-\frac{1}{2}\mathbf{D}(\mathbf{c})\right)\int_{-\infty}^{+\infty}\exp\left\{-\frac{1}{2}(\beta-\mathbf{c})'\,\mathbf{C}(\beta-\mathbf{c})\right\}d\beta\\ &= const\cdot\exp\left(-\frac{1}{2}\mathbf{D}(\mathbf{c})\right).\end{aligned}$$

Demnach ist $\mathbf{y}\sim\mathrm{N}_n\left(\mathbf{X}\mathbf{b};\mathbf{C}_{\mathbf{y}|\beta}+\mathbf{X}\mathbf{C}_\beta\mathbf{X}'\right)$. Die a-posteriori Verteilung von β bei gegebenem $\mathbf{y}$ ist die bedingte Verteilung:

$$f_{\beta|y}(\beta\,|\mathbf{y}) = \frac{f(\mathbf{y};\beta)}{f(\mathbf{y})} = const\cdot\exp\left(-\frac{1}{2}(\beta-\mathbf{c})'\,\mathbf{C}(\beta-\mathbf{c})\right).$$

[9] Beachte den Unterschied in der Schreibweise: Der parametrisierten Dichte $f(\mathbf{y}\,\|\,\beta)$ im objektivistischen Sinn entspricht die bedingte Dichte $f(\mathbf{y}\mid\beta)$ im subjektivistischen Sinn. Dabei ist $f(\mathbf{y};\beta) = f(\mathbf{y}\mid\beta)\,f(\beta)$.

Demnach ist $\boldsymbol{\beta}\,|_{\mathbf{y}} \sim \mathrm{N}_n\left(\mathbf{c}; \mathbf{C}^{-1}\right)$ mit:

$$\begin{aligned} \mathrm{Cov}\,(\boldsymbol{\beta}|\,\mathbf{y}) &= \mathbf{C}^{-1} = \left(\mathbf{X}'\mathbf{C}_{\mathbf{y}|\boldsymbol{\beta}}^{-1}\mathbf{X} + \mathbf{C}_{\boldsymbol{\beta}}^{-1}\right)^{-1} = \left(\mathbf{C}_{\widehat{\boldsymbol{\beta}}}^{-1} + \mathbf{C}_{\boldsymbol{\beta}}^{-1}\right)^{-1}, \\ \mathrm{E}\;\boldsymbol{\beta}|\,\mathbf{y} &= \mathbf{c} = \mathbf{C}^{-1}\left(\mathbf{X}'\mathbf{C}_{\mathbf{y}|\boldsymbol{\beta}}^{-1}\mathbf{y} + \mathbf{C}_{\boldsymbol{\beta}}^{-1}\mathbf{b}\right). \end{aligned}$$

(10.70) folgt aus (10.63) und (10.64):

$$\mathbf{X}'\mathbf{C}_{\mathbf{y}|\boldsymbol{\beta}}^{-1}\mathbf{y} = \mathbf{C}_{\widehat{\boldsymbol{\beta}}}^{-1}\mathbf{C}_{\widehat{\boldsymbol{\beta}}}\mathbf{X}'\mathbf{C}_{\mathbf{y}|\boldsymbol{\beta}}^{-1}\mathbf{y} = \mathbf{C}_{\widehat{\boldsymbol{\beta}}}^{-1}\widehat{\boldsymbol{\beta}}.$$

□

Bemerkungen:

1. Der Subjektivist faßt sein durch die Beobachtung von $\mathbf{y}$ modifiziertes Wissen über $\boldsymbol{\beta}$ in der a-posteriori Verteilung von $\boldsymbol{\beta}$ zusammen. Interpretieren wir die Inversen der drei betrachteten Kovarianzmatrizen als Maße der Präzision des a-priori-Wissens über die jeweiligen Parameter, so läßt sich die Gleichung (10.69) in der Form:

$$\mathbf{C}_{\boldsymbol{\beta}|\mathbf{y}}^{-1} = \mathbf{C}_{\widehat{\boldsymbol{\beta}}}^{-1} + \mathbf{C}_{\boldsymbol{\beta}}^{-1}$$

sehr anschaulich interpretieren: Die Präzision des a-priori Wissens $\mathbf{C}_{\boldsymbol{\beta}}^{-1}$ über $\boldsymbol{\beta}$ und die Präzision $\mathbf{C}_{\widehat{\boldsymbol{\beta}}}^{-1}$ des objektivistischen BLUE-Schätzers addieren sich zur Präzision $\mathbf{C}_{\boldsymbol{\beta}|\mathbf{y}}^{-1}$ unseres a-posteriori Wissens über $\boldsymbol{\beta}$.

2. In der Bayesianischen Theorie werden Punktschätzer $\widehat{\boldsymbol{\beta}}\,(\mathbf{y})$ als Entscheidungsstrategien betrachtet, die nach den mit ihnen verbundenen Verlusten bewertet werden. Bei einer quadratischen Verlustfunktion:

$$r\left(\widehat{\beta}; \beta\right) = (\widehat{\beta} - \beta)^2$$

wird der über die gemeinsame Verteilung von $\mathbf{y}$ und $\boldsymbol{\beta}$ genommene Erwartungswert des Verlustes genau dann minimiert, wenn für $\widehat{\boldsymbol{\beta}}$ der Erwartungswert der a-posteriori Verteilung von $\boldsymbol{\beta}$ bei gegebenem $\mathbf{y}$ gewählt wird. Der BAYES–Schätzer für $\boldsymbol{\beta}$ ist demnach:

$$\widehat{\beta}_{Bayes} = \mathrm{E}\,(\boldsymbol{\beta}|\,\mathbf{y}) = \left(\mathbf{C}_{\widehat{\boldsymbol{\beta}}}^{-1} + \mathbf{C}_{\boldsymbol{\beta}}^{-1}\right)^{-1}\left(\mathbf{C}_{\widehat{\boldsymbol{\beta}}}^{-1}\widehat{\beta} + \mathbf{C}_{\boldsymbol{\beta}}^{-1}\mathbf{b}\right).$$

$\widehat{\boldsymbol{\beta}}_{Bayes}$ ist also ein gewogenes Mittel aus $\mathbf{b}$ und $\widehat{\boldsymbol{\beta}}$. Dabei repräsentiert $\mathbf{b}$ das Vorwissen ohne Beobachtungen und $\widehat{\boldsymbol{\beta}}$ die Beobachtungen ohne Vorwissen. $\mathbf{b}$ und $\widehat{\boldsymbol{\beta}}$ werden jeweils mit der eigenen Präzision gewichtet.

3. Geht $\mathbf{C}_\beta^{-1}$ gegen Null und damit die a-priori Varianz von $\boldsymbol{\beta}$ gegen Unendlich, so bedeutet dies das Erlöschen jedes Vorwissens. In diesem Fall konvergiert $\widehat{\beta}_{Bayes}$ gegen $\widehat{\beta}$:

$$\begin{aligned} \mathbf{C}_{\beta|\mathbf{y}} &= \left(\mathbf{C}_{\widehat{\beta}}^{-1} + \mathbf{C}_\beta^{-1}\right)^{-1} \to \mathbf{C}_{\widehat{\beta}}, \\ \widehat{\beta}_{Bayes} &= \left(\mathbf{C}_{\widehat{\beta}}^{-1} + \mathbf{C}_\beta^{-1}\right)^{-1} \left(\mathbf{C}_{\widehat{\beta}}^{-1}\widehat{\beta} + \mathbf{C}_\beta^{-1}\mathbf{b}\right) \to \widehat{\beta}. \end{aligned}$$

Frequentistische Eigenschaften des BAYES-Schätzers

Ignorieren wir die Herkunft von $\widehat{\boldsymbol{\beta}}_{Bayes}$ aus der subjektiven Theorie, so können wir $\widehat{\boldsymbol{\beta}}_{Bayes}$ auch als linearen Schätzer für $\boldsymbol{\beta}$ im objektivistischen Sinn betrachten und nach seinen objektivistischen Eigenschaften unter der Voraussetzung eines festen $\boldsymbol{\beta}$ fragen. Mit der Abkürzung:

$$\begin{aligned} \mathbf{B} &: = \left(\mathbf{C}_{\widehat{\beta}}^{-1} + \mathbf{C}_\beta^{-1}\right)^{-1} \mathbf{C}_\beta^{-1}, \\ (\mathbf{I}-\mathbf{B}) &: = \left(\mathbf{C}_{\widehat{\beta}}^{-1} + \mathbf{C}_\beta^{-1}\right)^{-1} \mathbf{C}_{\widehat{\beta}}^{-1} \end{aligned}$$

gilt:

$$\widehat{\beta}_{Bayes} = (\mathbf{I}-\mathbf{B})\widehat{\beta} + \mathbf{B}\mathbf{b} = \widehat{\beta} + \mathbf{B}\left(\mathbf{b}-\widehat{\beta}\right).$$

Daraus folgt sofort der Satz:

Satz 364 *Unter der Voraussetzung von* (10.62) *ist bei festem* $\boldsymbol{\beta}$*:*

$$\begin{aligned} \mathrm{E}\left(\widehat{\beta}_{Bayes}\right) &= \boldsymbol{\beta} + \mathbf{B}(\mathbf{b}-\boldsymbol{\beta}) =: \boldsymbol{\beta} + \boldsymbol{\xi}, \\ \mathrm{Cov}\left(\widehat{\beta}_{Bayes}\right) &= (\mathbf{I}-\mathbf{B})\,\mathbf{C}_{\widehat{\beta}}\,(\mathbf{I}-\mathbf{B})' \\ &= \left(\mathbf{C}_{\widehat{\beta}}^{-1} + \mathbf{C}_\beta^{-1}\right)^{-1} \mathbf{C}_{\widehat{\beta}}^{-1} \left(\mathbf{C}_{\widehat{\beta}}^{-1} + \mathbf{C}_\beta^{-1}\right)^{-1}. \end{aligned}$$

Bemerkungen: $\widehat{\beta}_{Bayes}$ ist also kein erwartungstreuer Schätzer. Sein Bias

$$\xi := \mathbf{B}(\mathbf{b}-\boldsymbol{\beta})$$

ist um so geringer, je kleiner die Differenz $\mathbf{b}-\boldsymbol{\beta}$ zwischen dem a-priori Schätzer $\mathbf{b}$ mit dem wahren $\boldsymbol{\beta}$ und je geringer das Gewicht $\mathbf{B}$ des a-priori Anteils ist. Wie wir im nächsten Satz zeigen werden, wird die Verzerrung von $\widehat{\beta}_{Bayes}$ aber durch die *kleinere* Kovarianzmatrix Cov $\widehat{\beta}_{Bayes}$ zum Teil wieder wettgemacht. Es ist nämlich $\mathrm{Cov}\,\widehat{\boldsymbol{\beta}}_{Bayes} < \mathrm{Cov}\,\widehat{\boldsymbol{\beta}}$. Messen wir die Güte eines Schätzers durch die mittlere quadratische Abweichung **mqA**, so ist $\widehat{\beta}_{bayes}$ genau dann besser als $\widehat{\boldsymbol{\beta}}$, wenn

$$(\mathbf{b}-\boldsymbol{\beta})(\mathbf{b}-\boldsymbol{\beta})' \leq 2\,\mathbf{C}_\beta + \mathbf{C}_{\widehat{\beta}}$$

ist. Die Details klärt der folgende Satz:

Satz 365 *Unter der Voraussetzung von* (10.62) *ist :*

$$\begin{aligned}
\operatorname{Cov}\left(\widehat{\boldsymbol{\beta}}_{Bayes}\right) &= \operatorname{Cov}\widehat{\boldsymbol{\beta}} - \mathbf{B}\left(2\mathbf{C}_{\beta} + \mathbf{C}_{\widehat{\beta}}\right)\mathbf{B}', \\
\mathbf{mqA}\left(\widehat{\beta}_{bayes}\right) - \mathbf{mqA}\left(\widehat{\beta}\right) &= \mathbf{B}\left[(\mathbf{b}-\boldsymbol{\beta})(\mathbf{b}-\boldsymbol{\beta})' - 2\mathbf{C}_{\beta} - \mathbf{C}_{\widehat{\beta}}\right]\mathbf{B}'.
\end{aligned}$$

Beweis:

$$\begin{aligned}
\operatorname{Cov}\widehat{\boldsymbol{\beta}}_{Bayes} &= (\mathbf{I}-\mathbf{B})\,\mathbf{C}_{\widehat{\beta}}\,(\mathbf{I}-\mathbf{B}') \\
&= \mathbf{C}_{\widehat{\beta}} - \mathbf{B}\mathbf{C}_{\widehat{\beta}} - \mathbf{C}_{\widehat{\beta}}\mathbf{B}' + \mathbf{B}\mathbf{C}_{\widehat{\beta}}\mathbf{B}' \\
&= \mathbf{C}_{\widehat{\beta}} - \mathbf{B}\left(\mathbf{C}_{\widehat{\beta}}\mathbf{B}'^{-1} + \mathbf{B}^{-1}\mathbf{C}_{\widehat{\beta}} - \mathbf{C}_{\widehat{\beta}}\right)\mathbf{B}' \\
&= \mathbf{C}_{\widehat{\beta}} - \mathbf{B}\left(2\mathbf{C}_{\beta} + \mathbf{C}_{\widehat{\beta}}\right)\mathbf{B}'. \\
\mathbf{mqA}\left(\widehat{\beta}_{bayes}\right) - \mathbf{mqA}\left(\widehat{\beta}\right) &= \operatorname{Cov}\widehat{\boldsymbol{\beta}}_{Bayes} + \boldsymbol{\xi}\boldsymbol{\xi}' - \operatorname{Cov}\widehat{\boldsymbol{\beta}} \\
&= -\mathbf{B}\left(2\mathbf{C}_{\beta} + \mathbf{C}_{\widehat{\beta}}\right)\mathbf{B}' + \boldsymbol{\xi}\boldsymbol{\xi}' \\
&= -\mathbf{B}\left(2\mathbf{C}_{\beta} + \mathbf{C}_{\widehat{\beta}}\right)\mathbf{B}' + \mathbf{B}(\mathbf{b}-\boldsymbol{\beta})(\mathbf{b}-\boldsymbol{\beta})'\mathbf{B}'.
\end{aligned}$$

□

Der BAYES-Schätzer als KQ-Schätzer unter Nebenbedingungen

Der Bayes-Schätzer läßt sich auch als objektivistischer BLUE-Schätzer im klassischen linearen Modell auffassen, wenn an $\boldsymbol{\beta}$ zusätzliche Nebenbedingungen gestellt sind

Satz 366

1. $\widehat{\boldsymbol{\beta}}_{Bayes}$ *ist KQ-Schätzer von* $\boldsymbol{\beta}$ *im linearen Modell:*

$$\mathbf{y} = \mathbf{X}\boldsymbol{\beta} + \boldsymbol{\varepsilon}, \quad \operatorname{Cov}\mathbf{y} = \mathbf{C}_{\mathbf{y}|\beta}$$

unter der Nebenbedingung:

$$(\boldsymbol{\beta}-\mathbf{b})'\,\mathbf{C}_{\beta}^{-1}\,(\boldsymbol{\beta}-\mathbf{b}) = r^2$$

mit geeignetem r^2.

2. $\widehat{\boldsymbol{\beta}}_{Bayes}$ *ist KQ-Schätzer im erweiterten linearen Modell:*

$$\begin{pmatrix}\mathbf{y}\\ \mathbf{b}\end{pmatrix} = \begin{pmatrix}\mathbf{X}\\ \mathbf{I}\end{pmatrix}\boldsymbol{\beta} + \begin{pmatrix}\epsilon_1\\ \epsilon_2\end{pmatrix} \quad \textit{mit} \quad \operatorname{Cov}\begin{pmatrix}\mathbf{y}\\ \mathbf{b}\end{pmatrix} = \begin{pmatrix}\mathbf{C}_{\mathbf{y}|\beta} & 0\\ 0 & \mathbf{C}_{\beta}\end{pmatrix}.$$

Beweis :
1. Das Lagrange-Funktional der ersten Minimierungsaufgabe ist:

$$\Lambda(\boldsymbol{\beta};\boldsymbol{\lambda}) := (\mathbf{X}\boldsymbol{\beta}-\mathbf{y})'\,\mathbf{C}_{\mathbf{y}|\beta}\,(\mathbf{X}\boldsymbol{\beta}-\mathbf{y}) + \lambda\left[(\boldsymbol{\beta}-\mathbf{b})'\,\mathbf{C}_{\beta}^{-1}\,(\boldsymbol{\beta}-\mathbf{b}) - r^2\right].$$

Setzt man die Ableitungen von $\Lambda(\boldsymbol{\beta};\boldsymbol{\lambda})$ nach $\boldsymbol{\beta}$ gleich Null erhält man :

$$\begin{aligned}
0 &= \mathbf{X}'\mathbf{C}_{\mathbf{y}|\beta}^{-1}\left(\mathbf{X}\widehat{\boldsymbol{\beta}}-\mathbf{y}\right) + \lambda'\mathbf{C}_{\beta}^{-1}\left(\widehat{\boldsymbol{\beta}}-\mathbf{b}\right),\\
\left(\mathbf{X}'\mathbf{C}_{\mathbf{y}|\beta}^{-1}\mathbf{X} + \lambda'\mathbf{C}_{\beta}^{-1}\right)\widehat{\boldsymbol{\beta}} &= \mathbf{X}'\mathbf{C}_{\mathbf{y}|\beta}^{-1}\mathbf{y} + \lambda'\mathbf{C}_{\beta}^{-1}\mathbf{b},\\
\widehat{\boldsymbol{\beta}} &= \left(\mathbf{X}'\mathbf{C}_{\mathbf{y}|\beta}^{-1}\mathbf{X} + \lambda'\mathbf{C}_{\beta}^{-1}\right)^{-1}\left(\mathbf{X}'\mathbf{C}_{\mathbf{y}|\beta}^{-1}\mathbf{y} + \lambda'\mathbf{C}_{\beta}^{-1}\mathbf{b}\right).
\end{aligned}$$

Für geeignetes r^2 läßt sich $\lambda = 1$ wählen. Dann ist aber $\widehat{\boldsymbol{\beta}} = \widehat{\boldsymbol{\beta}}_{Bayes}$.
2. Die Normalgleichungen des erweiterten Modells sind:

$$\begin{aligned}
(\mathbf{X}';\mathbf{I})\begin{pmatrix}\mathbf{C}_{\mathbf{y}|\beta} & \mathbf{0}\\ \mathbf{0} & \mathbf{C}_{\beta}\end{pmatrix}^{-1}\begin{pmatrix}\mathbf{X}\\ \mathbf{I}\end{pmatrix}\widehat{\boldsymbol{\beta}} &= (\mathbf{X}';\mathbf{I})\begin{pmatrix}\mathbf{C}_{\mathbf{y}|\beta} & \mathbf{0}\\ \mathbf{0} & \mathbf{C}_{\beta}\end{pmatrix}^{-1}\begin{pmatrix}\mathbf{y}\\ \mathbf{b}\end{pmatrix},\\
\underbrace{\left[\mathbf{X}'\mathbf{C}_{\mathbf{y}|\beta}^{-1}\mathbf{X} + \mathbf{C}_{\beta}^{-1}\right]}_{\mathbf{C}_{\beta|y}^{-1}}\widehat{\boldsymbol{\beta}} &= \mathbf{X}'\mathbf{C}_{\mathbf{y}|\beta}^{-1}\mathbf{y} + \mathbf{C}_{\beta}^{-1}\mathbf{b},\\
\widehat{\boldsymbol{\beta}} &= \mathbf{C}_{\beta|\mathbf{y}}\left(\mathbf{X}'\mathbf{C}_{\mathbf{y}|\beta}^{-1}\mathbf{y} + \mathbf{C}_{\beta}^{-1}\mathbf{b}\right) = \widehat{\boldsymbol{\beta}}_{Bayes}.
\end{aligned}$$

Ridgeschätzer

Spezialisiert man im Bayesianischen Regressionsmodell $\mathbf{b} = \mathbf{0}$, $\mathbf{C}_{\mathbf{y}|\beta} = \sigma_{\mathbf{y}}^2\mathbf{I}$ sowie $\mathbf{C}_{\beta} = \sigma_{\beta}^2\mathbf{I}$ und setzt $k := \frac{\sigma_{\mathbf{y}}^2}{\sigma_{\beta}^2}$, so vereinfacht sich $\widehat{\boldsymbol{\beta}}_{Bayes}$ zu:

$$\widehat{\boldsymbol{\beta}}_{Bayes} = (\mathbf{X}'\mathbf{X} + k\mathbf{I})^{-1}\,\mathbf{X}'\mathbf{y} =: \widehat{\boldsymbol{\beta}}_{Ridge}.$$

Alle Aussagen über den Bayesschätzer gelten erst recht für diesen von Hoerl und Kennard (1970) eingeführten sogenannten Ridge-Schätzer. Dabei wird k als eine freie, noch geeignet zu wählende Konstante betrachtet.
Der Ridge-Schätzer wird vor allem dann eingesetzt, wenn die Regressoren hoch kollinear sind und daher die Matrix $\mathbf{X}'\mathbf{X}$ nahezu singulär und numerisch schlecht invertierbar ist. Die Belegung der Diagonalen von $\mathbf{X}'\mathbf{X}$ mit $k\mathbf{I}$ verbessert die Konditionierung von $\mathbf{X}'\mathbf{X}$ erheblich.

Anhaltspunkte über die Größe von k: Blicken wir auf die bayesianische Herkunft des Ridge-Schätzers zurück, so sollte sich $\boldsymbol{\beta}_j$ wie eine zufällige normalverteilte Variable mit der Varianz $\sigma_{\beta_j}^2 = \frac{\sigma_{\mathbf{y}}^2}{k}$ verhalten. Mit etwa 95% Wahrscheinlichkeit sollte daher für jedes j :

$$|\,\boldsymbol{\beta}_j\,| \leq \frac{2}{\sqrt{k}}\sigma_{\mathbf{y}}$$

sein. Ist eine solche Annahme über die Größenordnung von $\boldsymbol{\beta}_k$ gerechtfertigt, so kann der Ridgeschätzer das Modell verbessern. Daneben existieren verschiedenen Heuristiken zur optimalen Suche von k. Für weitere Ausführungen auch zu weiteren nichterwartungstreuen Schätzern sei z.B. auf Trenkler (1981) verwiesen.

Eine interessante Weiterentwicklung der Ideen des Ridge-Schätzer schlägt Tibshirani (1996) mit dem **Lasso** vor. Dabei steht Lasso für "least absolut shrinkage and selection operator". Während der Ridge–Schätzer die Zielfunktion:

$$\|\mathbf{y} - \mathbf{X}\beta\|^2$$

unter der Restriktion:

$$\sum_{j=0}^{m} \beta_j^2 \leq \lambda$$

minimiert, wird beim LASSO-Schätzer dieselbe Zielfunktion unter der der Restriktion:

$$\sum_{j=0}^{m} |\beta_j| \leq \lambda$$

minimiert. Durch geeignete Wahl von λ werden bei Lasso sowohl alle Schätzwerte $\widehat{\beta}_j$ im Betrag reduziert als auch einige $\widehat{\beta}_j = 0$ gesetzt. Durch die Eliminierung der β_j wird gleichzeitig ein Teilmodell ausgewählt.

Teil IV

Modelle der Varianzanalyse

Kapitel 11

Einfache Varianzanalyse

Die Varianzanalyse ist eines der wichtigsten Anwendungs- und Spezialgebiete des linearen Modells. Als Namenskürzel hat sich die aus der englischen Bezeichnung **An***alysis* ***o****f* ***V****ariance* abgeleitete Kurzformel **ANOVA** eingebürgert. Das Besondere an der Varianzanalyse ist, daß hier qualitative Variable als Regressoren auftreten. Das lineare Modell wird daher erst nach einer geeigneten Kodierung der Variablen erkennbar. Formal treten in der Varianzanalyse keine neuen mathematischen Probleme auf, die Schwierigkeiten liegen eher in der Interpretation der Ergebnisse und der sinnvollen Schreibweise der Symbole.
Je nach Anzahl der im Modell enthaltenen qualitative Variablen spricht man von einfacher, zweifacher oder multipler Varianzanalyse. Je nachdem, ob die qualitativen Einflußgrößen als deterministische oder als zufällige Variablen modelliert werden, unterscheidet man noch Modelle mit festen von denen mit zufälligen Effekten. Wir werden alle Fälle nacheinander behandeln. Dabei wird jeweils dasselbe Thema mit immer aufwendigerer Notation wiederholt und erweitert werden.
Obwohl die einfache Varianzanalyse sich ganz elementar abhandeln läßt, wollen wir im Blick auf die späteren Verallgemeinerungen etwas weiter ausholen.

11.1 Aufgabenstellung und Bezeichnungen

Zur Einführung betrachten wir das folgende Beispiel aus dem jetzt schon zum Klassiker gewordenen Buch "*Planen und Auswerten von Versuchen*" von A. Linder.

Beispiel 367 [1] *In einem tiermedizinischen Versuch soll die Auswirkung von sieben unterschiedlichen Futtersorten auf das Gewicht von Laborratten bestimmt werden. Dazu wurden 42 Ratten zufällig auf 7 Fütterungsklassen verteilt. Alle Tiere einer Klasse erhielten dasselbe Futter. Nach 56 Tagen wurden die Tiere*

[1] Linder (1969) Seite 26

Futter	A_1	A_2	A_3	A_4	A_5	A_6	A_7	Gesamt
	119	123	130	144	159	139	156	
	90	121	163	172	172	146	183	
	102	159	159	165	210	161	146	
	85	138	140	143	171	149	169	
	113	178	121	179	232	124	147	
	136	138	142	146	190	137		
Summe	645	857	855	949	1134	856	801	6097
Mittel	107,5	142,8	142,5	158,2	189,0	142,7	160,2	148,7

Tabelle 11.1: Datenmatrix des Futterversuchs

gewogen. Tabelle 11.1 zeigt die Gewichte der Tiere, dabei sind die 7 Futtertypen mit A_1 bis A_7 bezeichnet. Die letzte Gruppe enthält nur 5 Meßwerte, da ein Tier während des Versuchs aus anderen Gründen einging. Die Fragen sind nun:

- *Unterscheiden sich die Gewichte in den sieben Fütterungsklassen wesentlich oder nur zufällig voneinander?*

- *Was sind "Futtereffekte"?*

Formulieren wir dieses Beispiel etwas allgemeiner:

Insgesamt liegen $n = 41$ auf $s = 7$ Klassen verteilte Beobachtungen eines quantitativen Regressanden y (*Gewicht*) vor. Alle Elemente einer Klasse sind einer speziellen, aber für diese Klasse gleichartigen Behandlung, hier der Fütterung, unterworfen. Wir modellieren diese Behandlung als eine qualitative Variable A mit 7 unterschiedlichen Ausprägungen, nämlich "Futtersorte A_1" bis "Futtersorte A_7". Wir sprechen von einem Behandlungsfaktor mit $s = 7$ verschiedenen Behandlungsstufen A_1 bis A_7. Die A_i werden auch als Levels oder Treatments von A bezeichnet. Alle Einzelversuche, bei denen A_i angewendet wird, bilden die i-te Faktorstufenklasse, die wir ebenfalls mit A_i bezeichnen.

Bezeichnungen: Zur Kennzeichnung der einzelnen Beobachtungen verwenden wir den Doppelindex iw. Der erste Index i kennzeichnet die Klasse oder Faktorstufe, der zweite Index w , der Wiederholungsindex, numeriert die Beobachtungen innerhalb der Klasse. Weiter ist:

s	Anzahl der Stufen oder Klassen von A,
n_i	Anzahl aller Versuche aus der Klasse A_i,
$n = \sum_i n_i$	Gesamtanzahl aller Versuche,
y_{iw}	w-ter Meßwert aus Klasse A_i,
$\overline{y}_i = \frac{1}{n_i} \sum_w y_{iw}$	Mittelwert der Ausprägungen in Klasse A_i,
$\overline{y} = \frac{1}{n} \sum_{iw} y_{iw}$	Gesamtmittelwertwert über alle Ausprägungen.

Ist die Besetzungszahl n_i für alle Stufen konstant, $n_i = r \quad \forall i$, sprechen wir von einem balanzierten Modell. r ist die Wiederholungszahl, englisch **replication number**.

11.2 Das Modell

Der Meßwert y_{iw} in der Klasse A_i setzt sich additiv aus einer systematischen Komponente μ_i und einem Störterm ε_{iw} zusammen:

$$y_{iw} = \mu_i + \varepsilon_{iw}. \tag{11.1}$$

Da dieses Modell nur die Erwartungswerte als Parameter verwendet, sprechen wir hier auch von der **Erwartungswertparametrisierung**, zum Unterschied von der später einzuführenden **Effektparametrisierung**. (Oft spricht man auch einfach von der μ **-Parametrisierung**.) Innerhalb der Klasse A_i streuen die Beobachtungen y_{iw} *zufällig* um den gemeinsamen nur von A_i abhängenden Erwartungswert μ_i. Alle Störterme sollen stochastisch voneinander unabhängig sein und dieselbe von den Faktorstufen unabhängige Normalverteilung besitzen:

$$\varepsilon_{iw} \sim N\left(0; \sigma^2\right). \tag{11.2}$$

Gesucht sind nun Aussagen über die systematischen Komponenten μ_i und die Varianz σ^2. Dabei setzen wir die Korrektheit des Modells voraus.

Die binäre Kodierung

Um das Ganze als lineares Modell zu schreiben, wird das qualitative Merkmal A mit seinen 7 Ausprägungen durch 7 "*Null-Eins*"-Variable binär kodiert. Die folgende Tabelle 11.2 zeigt die Aufteilung der Beobachtungen auf die Faktorstufenklassen.
Die Spalten dieser Tabelle fassen wir als Vektoren auf. Die erste Spalte ist der Beobachtungsvektor $\mathbf{y}$. Die folgenden 7 Spalten sind die Indikatorvektoren $\mathbf{1}_i^A$ der sieben Faktorstufenklassen:

$$\mathbf{1}_i^A(k) = \begin{cases} 1 & \Leftrightarrow \quad \text{Die k-te Beobachtung stammt aus Teilmenge } A_i \\ 0 & \Leftrightarrow \quad \text{sonst.} \end{cases}$$

	Faktorstufenklasse							
y	A_1	A_2	A_3	A_4	A_5	A_6	A_7	
119	1	0	0	0	0	0	0	
90	1	0	0	0	0	0	0	
102	1	0	0	0	0	0	0	
85	1	0	0	0	0	0	0	Stufe 1
113	1	0	0	0	0	0	0	
136	1	0	0	0	0	0	0	
123	0	1	0	0	0	0	0	
121	0	1	0	0	0	0	0	
159	0	1	0	0	0	0	0	
138	0	1	0	0	0	0	0	Stufe 2
178	0	1	0	0	0	0	0	
138	0	1	0	0	0	0	0	
130	0	0	1	0	0	0	0	
163	0	0	1	0	0	0	0	
159	0	0	1	0	0	0	0	
140	0	0	1	0	0	0	0	Stufe 3
121	0	0	1	0	0	0	0	
142	0	0	1	0	0	0	0	
144	0	0	0	1	0	0	0	
172	0	0	0	1	0	0	0	
165	0	0	0	1	0	0	0	
143	0	0	0	1	0	0	0	Stufe 4
179	0	0	0	1	0	0	0	
146	0	0	0	1	0	0	0	
159	0	0	0	0	1	0	0	
172	0	0	0	0	1	0	0	
210	0	0	0	0	1	0	0	
171	0	0	0	0	1	0	0	Stufe 5
232	0	0	0	0	1	0	0	
190	0	0	0	0	1	0	0	
139	0	0	0	0	0	1	0	
146	0	0	0	0	0	1	0	
161	0	0	0	0	0	1	0	
149	0	0	0	0	0	1	0	Stufe 6
124	0	0	0	0	0	1	0	
137	0	0	0	0	0	1	0	
156	0	0	0	0	0	0	1	
183	0	0	0	0	0	0	1	
146	0	0	0	0	0	0	1	Stufe 7
169	0	0	0	0	0	0	1	
147	0	0	0	0	0	0	1	
	$\mathbf{1}_1^A$	$\mathbf{1}_2^A$	$\mathbf{1}_3^A$	$\mathbf{1}_4^A$	$\mathbf{1}_5^A$	$\mathbf{1}_6^A$	$\mathbf{1}_7^A$	

Tabelle 11.2: Die Indikatorvektoren der 7 Faktorstufen

Fassen wir auch alle Störvariablen ε_{iw} zu einem Vektor $\boldsymbol{\varepsilon}$ zusammen und verwenden statt der konkreten Zahl 7 den Buchstaben s für die Anzahl der Stufen, so können wir (11.1) und (11.2) zum vektoriellen Modell der einfachen Varianzanalyse zusammenfassen:

$$\begin{aligned} \mathbf{y} &= \boldsymbol{\mu} + \boldsymbol{\varepsilon}, \\ \boldsymbol{\varepsilon} &\sim \mathrm{N}_n\left(\mathbf{0}; \sigma^2 \mathbf{I}\right). \end{aligned}$$

Dabei ist:

$$\boldsymbol{\mu} = \sum_{i=1}^{s} \mu_i \mathbf{1}_i^A. \tag{11.3}$$

Damit entpuppt sich die einfache Varianzanalyse als ein spezielles lineares Modell mit den Indikatorvektoren $\mathbf{1}_i^A$ als Regressoren. Der Modellraum[2] ist der **Faktorraum**:

$$\mathbf{A} := \mathcal{L}\{\mathbf{1}_1^A, \mathbf{1}_2^A, \cdots, \mathbf{1}_s^A\}. \tag{11.4}$$

[2] Wir werden in der Varianzanalyse für Modellräume statt des allgemeinen Symbols **M** konkrete Bezeichnungen vorziehen, die an die jeweiligen erzeugenden Faktoren erinnern.

Die Faktorstufen-Klassen sind disjunkt, $A_i \cap A_j = \emptyset$, daher sind ihre Indikatorvektoren orthogonal: $\mathbf{1}_i^A \perp \mathbf{1}_j^A$. Weiter ist $\dim \mathbf{A} = \mathrm{s}$ und für die $\mathbf{1}_i^A$ gilt:

$$\sum_{i=1}^{s} \mathbf{1}_i^A = \mathbf{1}, \tag{11.5}$$

$$\left\| \mathbf{1}_i^A \right\|^2 = n_i, \tag{11.6}$$

$$\left(\mathbf{1}_i^A \right)' \mathbf{1} = n_i, \tag{11.7}$$

$$\mathbf{y}' \mathbf{1}_i^A = \sum_w y_{iw} = n_i \overline{y}_i \tag{11.8}$$

$$\frac{\mathbf{y}' \mathbf{1}_i^A}{\left\| \mathbf{1}_i^A \right\|^2} = \overline{y}_i. \tag{11.9}$$

Aus (11.6) bis (11.9) folgt speziell:

$$\mathbf{P}_{\mathbf{1}_i^A} \mathbf{y} = \overline{y}_i \mathbf{1}_i^A, \tag{11.10}$$

$$\mathbf{P}_{\mathbf{1}} \mathbf{y} = \overline{y} \mathbf{1}. \tag{11.11}$$

Nun können wir die grundlegenden Eigenschaften der einfachen Varianzanalyse in einem Satz zusammenfassen.

Satz 368 *Im Modell der einfachen Varianzanalyse ist:*

$$\widehat{\mu} = \sum_{i=1}^{s} \overline{y}_i \mathbf{1}_i^A . \tag{11.12}$$

Daher wird der Parameter μ_i durch das arithmetische Mittel aus den Beobachtungen der i-ten Faktorstufe geschätzt:

$$\widehat{\mu}_i = \overline{y}_i . \tag{11.13}$$

Die $\widehat{\mu}_i$ sind unabhängig von einander normalverteilt:

$$\widehat{\mu}_i \sim \mathrm{N}\left(\mu_i ; \frac{\sigma^2}{n_i} \right).$$

Die charakteristischen Quadratsummen SSE, SSR *und* SST *sind:*

$$\mathrm{SST} = \sum_{i,w} (y_{iw} - \overline{y})^2 = \sum_{i,w} y_{iw}^2 - \overline{y}^2 n, \tag{11.14}$$

$$\mathrm{SSR} = \sum_{i} (\overline{y}_i - \overline{y})^2 n_i = \sum_{i} (\overline{y}_i)^2 n_i - \overline{y}^2 n, \tag{11.15}$$

$$\mathrm{SSE} = \sum_{i,w} (y_{iw} - \overline{y}_i)^2 = \sum_{i,w} y_{iw}^2 - \sum_{i} (\overline{y}_i)^2 n_i. \tag{11.16}$$

Definiert man die empirischen Varianzen $\widehat{\sigma}_i^2$ der Beobachtungen in der Klasse A_i durch:

$$\widehat{\sigma}_i^2 = \frac{1}{n_i - 1} \sum_w (y_{iw} - \overline{y}_i)^2 , \tag{11.17}$$

so ist:

$$\widehat{\sigma}^2 = \frac{\text{SSE}}{n-s} = \frac{\sum_i (n_i - 1)\, \widehat{\sigma}_i^2}{\sum_i (n_i - 1)} \tag{11.18}$$

das gewogene Mittel aus der empirischen Varianzen $\widehat{\sigma}_i^2$.

Beweis:
Aus $\mathbf{A} = \mathcal{L}\{\mathbf{1}_1^A, \mathbf{1}_2^A, \cdots, \mathbf{1}_s^A\}$ und (11.10) folgt:

$$\widehat{\boldsymbol{\mu}} = \mathbf{P_A y} = \sum_{i=1}^{s} \mathbf{P}_{\mathbf{1}_i^A} \mathbf{y} = \sum_{i=1}^{s} \overline{y}_i \mathbf{1}_i^A \quad .$$

Alle weiteren Aussagen folgen unmittelbar aus der Tatsache, daß die Regressoren des linearen Modells die orthogonalen Indikatoren sind. Wir zeigen als Beispiel die Umformungen von SSR. Aus $\sum_i \mathbf{1}_i^A = \mathbf{1}$ folgt einerseits:

$$\mathbf{P_A y} - \overline{y}\mathbf{1} = \sum_i \overline{y}_i \mathbf{1}_i^A - \overline{y}\mathbf{1} = \sum_i (\overline{y}_i - \overline{y})\, \mathbf{1}_i^A \tag{11.19}$$

und daher

$$\|\mathbf{P_A y} - \overline{y}\mathbf{1}\|^2 = \sum_i (\overline{y}_i - \overline{y})^2 \|\mathbf{1}_i^A\|^2 = \sum_i (\overline{y}_i - \overline{y})^2 n_i \quad . \tag{11.20}$$

Andererseits ist $\mathbf{1} \in \mathbf{A}$. Damit folgt:

$$\begin{aligned} \|\mathbf{P_A y} - \overline{y}\mathbf{1}\|^2 &= \|\mathbf{P_A y}\|^2 - \|\overline{y}\mathbf{1}\|^2 = \sum_i (\overline{y}_i)^2 \|\mathbf{1}_i^A\|^2 - (\overline{y})^2 \|\mathbf{1}\|^2 \\ &= \sum_i (\overline{y}_i)^2 n_i - (\overline{y})^2 n \quad . \end{aligned}$$

Die übrigen Umformungen folgen analog.
□

Bemerkung: Der Zerlegungsformel:

$$\underbrace{\sum_{i,w} (y_{iw} - \overline{y})^2}_{\text{SST}} = \underbrace{\sum_i (\overline{y}_i - \overline{y})^2 n_i}_{\text{SSR}} + \underbrace{\sum_i \sum_w (y_{iw} - \overline{y}_i)^2}_{\text{SSE}}$$

verdankt die Varianzanalyse ihren Namen: Die Gesamtstreuung SST der Beobachtungen um den gemeinsamen Schwerpunkt $\overline{y}$ wird zerlegt in die Streuung SSR der Klassenschwerpunkte $\overline{y}_i$ um $\overline{y}$ und die Streuung SSE innerhalb der Klassen. In diesem Zusammenhang heißt SSR auch die Zwischen-Klassen Streuung und SSE die Binnen-Klassen Streuung. Die Ergebnisse der Varianzanalyse werden meist in einer ANOVA-Tabelle zusammengefaßt:

Quelle	SS-Symbol	F.grad	Rechenformel	MS $= \frac{SS}{F.grad}$	F_{pg}
Faktor	SSR	$s-1$	$\sum_i (\overline{y}_i)^2 n_i - \overline{y}^2 n$	MSR $= \frac{SSR}{s-1}$	$\frac{MSR}{MSE}$
Störung	SSE	$n-s$	SST − SSE	MSE $= \frac{SSE}{n-s} = \widehat{\sigma}^2$	
Gesamt	SST	$n-1$	$\sum_{i,w} y_{iw}^2 - \overline{y}^2 n$		

Schema einer ANOVA-Tabelle

Beispiel 369 *Für das einführende Beispiel* 367 *soll die Varianzanalyse explizit berechnet werden. Aus Tabelle 11.1 folgt* $s = 7$ *und* $n = 41$*, sowie:*

Faktorstufe i	$\overline{y}_i$	n_i	$n_i (\overline{y}_i)^2$
1	*107,5*	*6*	*69337*
2	*142,8*	*6*	*122408*
3	*142,5*	*6*	*121837*
4	*158,2*	*6*	*150100*
5	*189,0*	*6*	*214326*
6	*142,7*	*6*	*122122*
7	*160,2*	*5*	*128320*
Summe		*41*	*928450*

Mit $\overline{y} = 6097/41 = 148{,}71$, $\overline{y}^2 n = (6097)^2/41 = 906669$ *und* $\sum_{iw} y_{iw}^2 = 940829$ *erhält man daraus die folgende ANOVA-Tafel:*

Quelle	SS	*F.grad*	*Wert von* SS	MS	F_{pg}
Futter	SSR	6	$928450 - 906669 = 21781$	3630	9,97
Störung	SSE	34	$34160 - 21781 = 12379$	364	
Gesamt	SST	40	$940829 - 906669 = 34160$		

Damit ist $\widehat{\sigma}^2 = 364$. *Nun soll die globale Hypothese: " Die Stufen des Faktors A haben keine unterschiedlichen Auswirkungen" bei einem Signifikanzniveau von*

$\alpha = 5\%$ getestet werden. Der Schwellenwert des F-Tests ist $F(6;34)_{0,95} = 2,39$. Die Prüfgröße ergibt sich zu:

$$\mathrm{F}_{pg} := \frac{\mathrm{MSR}}{\mathrm{MSE}} = \frac{3630}{364} = 9,97 > 2,39.$$

Die Hypothese wird abgelehnt. Die Futterarten sind signifikant voneinander verschieden.

11.3 Die Effekte

In der Praxis interessiert man sich meist weniger für die absolute Größe der μ_i als vielmehr für die Unterschiede zwischen ihnen und spricht von Effekten des Faktors A, wenn sich die μ_i unterscheiden. Formal wählt man sich einen beliebigen aber festen Basiswert η_0 als Bezugspunkt und definiert die Abweichung des Erwartungswertes in der i-ten Klasse vom Bezugspunkt als Effekt [3] α_i der Stufe i des Faktors A:

$$\alpha_i = \mu_i - \eta_0.$$

Ersetzt man in der **Erwartungswertparametrisierung** (11.1) bzw. (11.3) μ_i durch $\alpha_i + \eta_0$, so erhält man das Modell in der **Effekt-Parametrisierung**:

$$y_{iw} = \eta_0 + \alpha_i + \varepsilon_{iw}, \tag{11.21}$$

$$\mathbf{y} = \eta_0 \mathbf{1} + \sum_{i=1}^{s} \alpha_i \mathbf{1}_i^A + \boldsymbol{\varepsilon}. \tag{11.22}$$

Diese Effekt-Parametrisierung ist einerseits intuitiv und unmittelbar anschaulich. Andererseits erschwert die Beliebigkeit der Wahl von η_0 den Vergleich unterschiedlicher Modelle.
Betrachtet man η_0 als einen weiteren unbekannten Modellparameter, so sind die $s+1$ Parameter $\eta_0, \alpha_1, \cdots, \alpha_s$ nicht identifizierbar, denn die Anzahl der Parameter ist größer als die Dimension des Modellraums: Wegen $\mathbf{1} = \sum_i \mathbf{1}_i^A$ sind die Regressoren linear abhängig. Um trotzdem mit Effekten sinnvoll arbeiten zu können, bieten sich zwei Alternativen an:

- Die Effekte bleiben mehrdeutig. Man beschränkt sich aber auf schätzbare Funktionen der Effekte.

- Durch identifizierende Nebenbedingungen werden die Parameter eindeutig festgelegt.

[3] Leider wird von nun an der Buchstabe α in zweierlei Hinsicht verwendet: Einmal als Bezeichnung für einen Effekt, zum andern als Bezeichnung für das Signifikanzniveau eines Tests. In der Regel sollte aber aus dem Kontext klar werden, welche Bedeutung α jeweils hat.

11.3.1 Schätzbare Funktionen

Sämtliche schätzbare Funktionen der Effekte lassen sich leicht angeben:

Satz 370 *Ein Parameter $\phi = b_0\eta_0 + \sum_{i=1}^s b_i\alpha_i$ ist genau dann schätzbar, wenn:*

$$b_0 = \sum_{i=1}^s b_i$$

ist. In diesem Fall ist:

$$\begin{aligned} \phi &= \sum_{i=1}^s b_i\mu_i, \\ \widehat{\phi} &= \sum_{i=1}^s b_i\overline{y}_i, \\ \operatorname{Var}\widehat{\phi} &= \sigma^2\sum_{i=1}^s \frac{b_i^2}{n_i}. \end{aligned}$$

Sind $\phi_1 = \sum_i b_{1i}\mu_i$ und $\phi_2 = \sum_i b_{2i}\mu_i$ zwei schätzbare Parameter, so ist:

$$\operatorname{Cov}\left(\widehat{\phi}_1;\widehat{\phi}_2\right) = \sigma^2\sum_{i=1}^s \frac{b_{1i}b_{2i}}{n_i}.$$

In einem balanzierten Modell gilt daher: Sind $\mathbf{b}_1$ bzw. $\mathbf{b}_2$ die Koeffizientenvektoren, dann ist:

$$\begin{aligned} \operatorname{Cov}\left(\widehat{\phi}_1;\widehat{\phi}_2\right) &= \frac{\sigma^2}{r}\mathbf{b}_1'\mathbf{b}_2, \\ \operatorname{Var}\widehat{\phi} &= \frac{\sigma^2}{r}\left\|\mathbf{b}\right\|^2. \end{aligned}$$

Zwei schätzbare Parameter sind also genau dann unkorreliert, wenn ihre Koeffizientenverktoren $\mathbf{b}_1$ und $\mathbf{b}_2$ orthogonal sind.

Beweis:
ϕ ist genau dann schätzbar, wenn ϕ die Gestalt $\phi = \mathbf{k}'\boldsymbol{\mu}$ hat. Verwenden wir für $\boldsymbol{\mu}$ die Effektdarstellung, so hat ein schätzbares ϕ die folgende Gestalt:

$$\phi = \mathbf{k}'\boldsymbol{\mu} = \mathbf{k}'\left(\eta_0\mathbf{1} + \sum_i \alpha_i\mathbf{1}_i^A\right) = \eta_0\left(\mathbf{k}'\mathbf{1}\right) + \sum_i \alpha_i\left(\mathbf{k}'\mathbf{1}_i^A\right) =: \eta_0 b_0 + \sum \alpha_i b_i.$$

Dabei ist:

$$b_0 = \mathbf{k}'\mathbf{1} = \mathbf{k}'\sum_i \mathbf{1}_i^A = \sum_i \mathbf{k}'\mathbf{1}_i^A = \sum_i b_i.$$

Hat umgekehrt ϕ die Gestalt $\phi = b_0\eta_0 + \sum b_i\alpha_i$, mit $b_0 = \sum_i b_i$, so ist:

$$\phi = b_0\eta_0 + \sum b_i\alpha_i = \sum b_i(\eta_0 + \alpha_i) = \sum b_i\mu_i = \left(\sum_i \frac{b_i}{n_i}\mathbf{1}_i^A\right)' \boldsymbol{\mu}.$$

Die restliche Aussagen folgen aus $\widehat{\mu}_i = \overline{y}_i$ und der Unabhängigkeit der $\overline{y}_i$.
□

11.3.2 Identifikation der Effekte

Man wählt sich s fest vorgegebenen Gewichte $g_i \geq 0$ mit:

$$\sum_{i=1}^{s} g_i = 1 \tag{11.23}$$

und definiert den Bezugspunkt η_0 als gewogenes Mittel der μ_i:

$$\eta_0 = \sum_{i=1}^{s} g_i\mu_i. \tag{11.24}$$

Da die μ_i eindeutig bestimmt sind, sind dann auch die α_i durch

$$\alpha_i = \mu_i - \eta_0 \tag{11.25}$$

eindeutig bestimmt. Die so definierten α_i erfüllen darüber hinaus die Nebenbedingung:

$$\sum_{i=1}^{s} g_i\alpha_i = 0. \tag{11.26}$$

Verzichtet man umgekehrt auf eine a-priori Definition von η_0 und beginnt stattdessen mit der Nebenbedingung (11.26) an die α_i, so folgt (11.24) durch Summation über $\mu_i = \alpha_i + \eta_0$.

Spezielle Gewichtssysteme

1. **Die Dummy-Kodierung:** Eine feste Faktorstufe, zum Beispiel die j-te Stufe, wird als feste Bezugsstufe gewählt. Diese j-te Stufe erhält nun das Gewicht 1, alle anderen Stufen erhalten das Gewicht 0:

$$g_k = \begin{cases} 1 & \text{für } k = j, \\ 0 & \text{für } k \neq j. \end{cases}$$

Damit lautet die Nebenbedingung (11.26):

$$\alpha_j = 0.$$

Der Bezugspunkt η_0, die Effekte α_i und ihre Schätzer sind dann:

$$\begin{aligned} \eta_0 &= \mu_j, & \widehat{\eta}_0 &= \overline{y}_j, \\ \alpha_i &= \mu_i - \mu_j, & \widehat{\alpha}_i &= \overline{y}_i - \overline{y}_j. \end{aligned}$$

Zum Beispiel wählt SAS standardmäßig die letzte Stufe als Basis, dagegen wählt GLIM die erste Stufe. Bei SPSS kann man die Stufe wählen.

2. **Die Effekt-Kodierung:** Alle Stufen erhalten dasselbe Gewicht: $g_i = \frac{1}{s}\ \forall i$. Damit lautet die Nebenbedingung (11.26):

$$\sum_{i=1}^{s} \alpha_i = 0.$$

Der Bezugspunkt η_0, die Effekte α_i und ihre Schätzer sind dann:

$$\begin{aligned} \eta_0 &= \frac{1}{s}\sum_{i=1}^{s} \mu_i, & \widehat{\eta}_0 &= \frac{1}{s}\sum_{i=1}^{s} \overline{y}_i, \\ \alpha_i &= \mu_i - \frac{1}{s}\sum_{i=1}^{s} \mu_i, & \widehat{\alpha}_i &= \overline{y}_i - \frac{1}{s}\sum_{i=1}^{s} \overline{y}_i. \end{aligned}$$

3. **Mit den Besetzungszahlen gewichtete Effekte:** Wählt man $g_i = \frac{n_i}{n}\ \forall i$, so lautet die Nebenbedingung:

$$\sum_{i=1}^{s} n_i\alpha_i = 0.$$

Der Bezugspunkt η_0, die Effekte α_i und ihre Schätzer sind dann:

$$\begin{aligned} \eta_0 &= \tfrac{1}{n}\sum_{i=1}^{s} n_i\mu_i =: \overline{\mu}, & \widehat{\eta}_0 &= \overline{y}, \\ \alpha_i &= \mu_i - \overline{\mu}, & \widehat{\alpha}_i &= \overline{y}_i - \overline{y}. \end{aligned}$$

Während hier die Effekte schlicht als Abweichungen der Stufenmittel geschätzt werden, ist die inhaltliche Interpretation dieser Effekte schwierig. Sie hängen entscheidend davon ab, wie viele Elemente willkürlich oder zufällig sich in einer Faktorstufe befinden. Fällt zum Beispiel während eines Versuchs eine einzelne Versuchseinheit aus, ändert sich die Definition der Effekte. Wir sprechen hier auch von **unbereinigten** Effekten.

11.3.3 Test auf Vorliegen von Effekten

Haben die verschiedenen Stufen von A keinen unterschiedlichen Einfluß auf die Zielgröße, dann sind alle μ_i konstant und daher sind alle $\alpha_i = 0$, ungeachtet wie die Effekte definiert sind. In diesem Fall ist also $\boldsymbol{\mu} = \mu \mathbf{1} \in \mathcal{L}\{\mathbf{1}\}$. Die Hypothese fehlender A-Effekte:

$$H_0^\alpha : \text{"}\alpha_i = 0 \quad \forall i\text{"}$$

ist also äquivalent mit der Hypothese $\boldsymbol{\mu} \in \mathcal{L}\{\mathbf{1}\}$ des globalen F-Tests. H_0^α wird daher getestet mit der Prüfgröße:

$$\mathrm{F}_{\mathrm{PG}} = \frac{\mathrm{SSR}}{(s-1)\,\widehat{\sigma}^2} = \frac{\mathrm{MSR}}{\widehat{\sigma}^2} \sim F\,(s-1; n-s; \delta)\,.$$

Wegen (11.20) ist:

$$\begin{aligned} \mathrm{SSR} &= \|\mathbf{P_A y} - \overline{y}\mathbf{1}\|^2 = \sum_i (\overline{y}_i - \overline{y})^2\, n_i = \sum_i \widehat{\alpha}_i^2 n_i, \\ \delta &= \frac{1}{\sigma^2}\|\mathbf{P_A}\boldsymbol{\mu} - \overline{y}\mathbf{1}\|^2 = \frac{1}{\sigma^2}\sum_i \alpha_i^2 n_i. \end{aligned}$$

Dabei sind die α_i bzw. $\widehat{\alpha}_i$ die unbereinigten $\alpha-$Effekte bzw. deren Schätzer.

11.3.4 Kontraste

Von besonderer praktischer Bedeutung sind Kontraste in den Effekten. Wir nennen

$$\phi = \sum b_i \alpha_i$$

einen $\alpha-$Kontrast, falls $\sum b_i = 0$ ist. Wegen Satz 370 sind $\alpha-$Kontraste die einzigen schätzbaren Effekt-Parameter, die nicht explizit vom willkürlichen Bezugspunkt η_0 abhängen.
Stellen wir den Kontrast ϕ in der kanonischen Form:

$$\phi = \sum b_i \alpha_i = \left(\sum \frac{b_i}{n_i}\mathbf{1}_i^A\right)' \boldsymbol{\mu} = \mathbf{k}'\boldsymbol{\mu}$$

dar, dann ist einerseits $\mathbf{k}'\mathbf{1} = \sum \frac{b_i}{n_i} n_i = \sum b_i$ und andererseits ist $\mathbf{k} \in \mathbf{A}$. Also ist $\phi = \mathbf{k}'\boldsymbol{\mu}$ genau dann ein Kontrast, wenn $\mathbf{k} \in \mathbf{A} \ominus \mathbf{1}$ stammt. Wir nennen zwei Kontraste $\phi_1 = \mathbf{k}_1'\boldsymbol{\mu}$ und $\phi_2 = \mathbf{k}_2'\boldsymbol{\mu}$ orthogonal, wenn $\mathbf{k}_1$ und $\mathbf{k}_2$ orthogonal sind.

$$\phi_1 \perp \phi_1 \Leftrightarrow \mathbf{k}_1 \perp \mathbf{k}_2.$$

Identifizieren wir einen Kontrast ϕ mit seinem kanonischen Koeffizientenvektoren $\mathbf{k}$, erhalten wir:

Satz 371

1. *Die Raum der α–Kontraste ist* $\mathbf{A} \ominus \mathbf{1}$.

2. *Die Maximalzahl linear unabhängiger α-Kontraste ist*

$$\dim(\mathbf{A} \ominus \mathbf{1}) = s - 1.$$

Zum Beispiel läßt sich jeder α–Kontrast als Linearkombination der $s-1$ Elementarkontraste $\alpha_i - \alpha_1$ darstellen.

3. *Bei orthogonalen α-Kontrasten sind die Schätzer unkorreliert und wegen der Normalverteilungsannahme voneinander unabhängig.*

4. *Im balanzierten Modell sind zwei α-Kontraste genau dann orthogonal, wenn die Koeffizientenvektoren $\mathbf{b}_1$ und $\mathbf{b}_2$ orthogonal sind:*

$$\phi_1 \perp \phi_2 \Leftrightarrow \mathbf{b}_1 \perp \mathbf{b}_2.$$

Test von Kontrasthypothesen:

1. Testen wir den Kontrast $\phi = \sum b_i\alpha_i = \mathbf{b}'\boldsymbol{\alpha} = \mathbf{k}'\boldsymbol{\mu}$ mit der Hypothese:

$$H_0^{\phi}: \text{ "}\phi = 0\text{"},$$

so ist die Hypothese äquivalent mit:

$$H_0^{\phi}: \text{" } \boldsymbol{\mu} \perp \mathbf{k} \text{ "}.$$

Also ist die Prüfgröße des F-Test gegeben durch

$$\mathrm{F_{PG}} = \frac{\mathrm{SS}\left(H_0^{\phi}\right)}{\widehat{\sigma}^2} \sim F(1; n-s; \delta).$$

Dabei ist:

$$\mathrm{SS}\left(H_0^{\phi}\right) = \frac{(\mathbf{k}'\mathbf{y})^2}{\|\mathbf{k}\|^2} = \frac{(\mathbf{b}'\widehat{\boldsymbol{\alpha}})^2}{\sum_i \frac{b_i^2}{n_i}},$$

$$\delta = \frac{\phi^2}{\sigma^2 \|\mathbf{k}\|^2}.$$

Gilt H_0^{ϕ} so ist $\mathrm{F_{PG}}$ zentral F-verteilt und $\sqrt{\mathrm{F_{PG}}}$ ist zentral t-verteilt.

2. Sind $\phi_1, \cdots, \phi_{s-1}$ orthogonale Kontraste, so erzeugen ihre Koeffizientenvektoren einen $s-1$ dimensionalen Unterraum in $\mathbf{A} \ominus \mathbf{1}$. Daher ist

$$\mathbf{A} \ominus \mathbf{1} = \mathcal{L}\{\mathbf{k}_1, \cdots, \mathbf{k}_{s-1}\}$$

$$\mathrm{SSR} = \|\mathbf{P}_{\mathbf{A}\ominus\mathbf{1}}\mathbf{y}\|^2 = \sum_i \|\mathbf{P}_{\mathbf{k}_i}\mathbf{y}\|^2 =: \sum_i \mathrm{SS}\left(H_0^{\phi_i}\right).$$

Das letzte Ergebnis läßt sich anschaulich interpretieren: SSR ist in die Summe von $s-1$ unabhängigen χ^2–verteilten Prüfgrößen $\sum_i \|\mathbf{P}_{\mathbf{k}_i}\mathbf{y}\|^2$ der orthogonaler Kontrasthypothesen zerlegt. Ist SSR signifikant von Null verschieden, ergibt die Analyse dieser Kontraste, welche von ihnen für die Ablehnung der Globalhypothese verantwortlich sind.

Beispiel 372 [4]

Der Einfluß der Weidedüngung wurde in einem Versuch in Blöcken mit zufälliger Anordnung untersucht, wobei die sechs Verfahren auf fünf verschiedenen Weideflächen, den "Blöcken", wiederholt wurden. Jede Weidefläche wurde in 6 gleich große Parzellen geteilt. Zufällig wurde jeder Parzelle einer der folgenden 6 Düngerstufen zugewiesen:

	Düngermenge in Kg je Ar			
Stufe	*Kalk*	*Thomasmehl*	*Kalisalz*	*Harnstoff*
A_1	*0*	*0*	*0*	*0*
A_2	*10*	*0*	*0*	*0*
A_3	*10*	*6*	*6*	*0*
A_4	*10*	*6*	*6*	*0,7*
A_5	*10*	*6*	*6*	*1,4*
A_6	*10*	*6*	*6*	*2,1*

Die erste Faktorstufe ist die Nullstufe. In dieser bei vielen Versuchen unerläßlichen Gruppe wird der eigentlich wirkende Faktor, hier der Dünger, überhaupt nicht eingesetzt. Erst im Vergleich mit der Nullstufe kann die Wirkung des Faktors erkannt und von den sonstigen, nicht explizit im Modell erfaßten Einflußgrößen, hier zum Beispiel etwa der Bodenbearbeitung und dem Einfluß der Beobachter, getrennt werden.

In der Stufe A_2 wird der Boden nur gekalkt, bei A_3 kommt Phosphor und Kali hinzu, in den letzten drei Stufen wird Stickstoff in wachsender Dosierung hinzugegeben.

Der Versuch sollte unter anderem klären, ob gedüngtes Gras den Kühen besser schmeckt als ungedüngtes. Dies sollte durch die Dauer der Zeit gemessen werden, in welcher jeweils zwei Kühe auf den verschiedenen Parzellen fraßen. Die folgende Tabelle zeigt als Ergebnis des Versuches die Summe der Zeiten für

[4] Das Beispiel stammt aus Linder (1969), Seite 57-61.

beide Kühe (Zeiteinheit 3 Sekunden).

Block	A_1	A_2	A_3	A_4	A_5	A_6
I	84	62	80	91	118	167
II	6	0	30	112	119	117
III	47	68	57	47	92	92
IV	52	102	160	94	156	128
V	34	85	54	115	60	104
Mittel	44,6	63,4	78,0	91,8	109,0	121,6

Bei fester Düngerstufe A_i betrachten wir Beobachtungen aus verschiedenen Blöcken als unabhängige Wiederholungen desselben Versuches.[5] *Der Versuch ist balanziert, jede der $s = 6$ Faktorstufenklassen enthält $r = 5$ Elemente. Die Gesamtanzahl aller Versuche ist also $n = 30$. Die Auswertung ergibt die folgende ANOVA-Tafel:*

Quelle	SS	Wert	F.grad	MS	F_{pg}
Dünger	SSR	20545	$6-1=5$	4109	3,306
Störung	SSE	29829	$30-6=24$	1243	
Gesamt	SST	50374	$30-1=29$		

Die Globalhypothese H_0^α : "Keine Düngereffekte" wird mit einem Signifikanzniveau von 5% getestet. Der Schwellenwert des F-Tests ist $F(5;24)_{0,95} = 2,62$. Der Wert der Prüfgröße ist:

$$F_{pg} = \frac{4109}{1243} = 3,306 > 2,62.$$

Daher wird H_0^α abgelehnt: Die Düngereffekte sind signifikant.
Um festzustellen, welche Düngergaben denn signifikant sind, werden 5 inhaltlich interpretierbare Kontraste:

$$\phi_j = \sum_i b_{ji}\alpha_i \qquad j = 1;\cdots,5$$

konstruiert. Die Matrix der Kontrast-Koeffizienten ist:

	Bedeutung	Koeffizienten b_{ji} A_1	A_2	A_3	A_4	A_5	A_6	$\lVert \mathbf{b}_j \rVert^2$
ϕ_1	Kontrolle gegen Dünger	-5	1	1	1	1	1	30
ϕ_2	Kalk gegen übrige Dünger	0	-4	1	1	1	1	20
ϕ_3	Stickstoff gegen übrige Dünger	0	0	-3	1	1	1	12
ϕ_4	lineare Stickstoffkomponente	0	0	0	-1	0	1	2
ϕ_5	quadrat. Stickstoffkomponente	0	0	0	1	-2	1	6

[5] Damit werden mögliche Blockeffekte der zufälligen Störvariablen zugeschlagen. Bei einer zweifachen Varianzanalyse könnten auch die unterschiedlichen Blöcke berücksichtigt werden. Dies soll aber hier noch nicht geschehen.

Zum Beispiel ist $\phi_5 := \alpha_3 - 2\alpha_4 + \alpha_5 = \mu_3 - 2\mu_4 + \mu_5$. *Aus der Tabelle folgt* $(\mathbf{b}_i)'\mathbf{b}_j = 0$ *für* $i \neq j$. *Da der Versuch balanziert ist, folgt daraus die Orthogonalität der Kontraste. Jeder Kontrast* ϕ_j *wird mit* $\widehat{\phi}_j = \sum_i b_{ji}\widehat{\alpha}_i = \sum_i b_{ji}\overline{y}_i$ *geschätzt:*

$$\begin{aligned}
\widehat{\phi}_1 &:= & -5 \cdot 44,6 + 63,4 + 78,0 + 91,8 + 109,0 + 121,6 &= 240,82 \\
\widehat{\phi}_2 &:= & -4 \cdot 63,4 + 78,0 + 91,8 + 109,0 + 121,6 &= 146,8 \\
\widehat{\phi}_3 &:= & -3 \cdot 78,0 + 91,8 + 109,0 + 121,6 &= 88,4 \\
\widehat{\phi}_4 &:= & -91,8 + 121,6 &= 29,8 \\
\widehat{\phi}_5 &:= & 91,8 - 2 \cdot 109,0 + 121,6 &= -4,6
\end{aligned}$$

Ob die erheblichen Unterschiede zwischen den Kontrasten zufällig oder statistisch signifikant sind, wird nun mit den 5 Einzelhypothesen:

$$H_0^{\phi_i} : "\phi_i = 0"$$

getestet. Der Zähler der Prüfgröße ist:

$$\mathrm{SS}\left(H_0^{\phi_i}\right) = \frac{\widehat{\phi}_i^2}{\|\mathbf{k}_i\|^2} = r\frac{\widehat{\phi}_i^2}{\|\mathbf{b}_i\|^2}.$$

Damit ergibt sich:

Kontrast	$\mathrm{SS}\left(H_0^{\phi_i}\right)$
ϕ_1	$(240,8)^2 \frac{5}{30} = 9964,10$
ϕ_2	$(146,8)^2 \frac{5}{20} = 5387,56$
ϕ_3	$(88,4)^2 \frac{5}{12} = 3256,07$
ϕ_4	$(29,8)^2 \frac{5}{2} = 2220,10$
ϕ_5	$(4,6)^2 \frac{5}{6} = 17,63$
Summe	20545,56 .

Hier bestätigt sich übrigens bis auf Rundungsfehler die Gleichheit: $\mathrm{SS}(\mathbf{A} \ominus \mathbf{1}) = \sum_i \mathrm{SS}\left(H_0^{\phi_i}\right)$. *Ist* $H_0^{\phi_i}$ *wahr, so ist die Prüfgröße des F-Test* $\mathrm{F}_{PG} = \frac{\mathrm{SS}\left(H_0^{\phi_i}\right)}{\widehat{\sigma}^2} \sim F(1; n-s)$ *verteilt. Daher ist ein Kontrast genau dann signifikant zum Niveau* $\alpha = 5\%$, *falls*

$$\mathrm{SS}\left(H_0^{\phi_i}\right) > \widehat{\sigma}^2 F(1; 24)_{1-\alpha} = 1243 \cdot 4,26 = 5295$$

ist. Diese Schwelle wird nur von den Kontrasten ϕ_1 und ϕ_2 überschritten. Damit sind nur ϕ_1 und ϕ_2 signifikant: Der Unterschied zwischen gedüngten und ungedüngten Feldern ist statistisch abgesichert. Ebenso abgesichert ist der Unterschied zwischen kalkhaltigen Düngern und denen, die noch weitere Düngemittel wie Phosphor und/oder Stickstoff enthalten. Ein Unterschied zwischen den Zusätzen Phosphor und Stickstoff kann nicht erhärtet werden.

11.3.5 Optimale Wahl der Besetzungszahlen

Im letzten Beispiel war der Versuch als **balanzierter** Versuch angelegt. Sollten nur die Kontraste mit der Nullgruppe geschätzt werden, ist diese Aufteilung der Besetzungszahlen nicht optimal:
Betrachten wir dazu ganz allgemein einen Versuch mit einem Behandlungsfaktor A mit I Stufen. Um die Wirkung von A zu erkennen, wird in den Versuch eine Kontroll- oder Nullgruppe aufgenommen, in welcher der Faktor A nicht angewendet wird. Die Nichtbehandlung kann nun als zusätzliche 0-te Stufe von A aufgefaßt. Damit ist $s = I + 1$. Die Effekte der Faktorstufen sind die Differenzen mit der Nullgruppe:

$$\alpha_i = \mu_i - \mu_0 \qquad i = 1, \cdots, I.$$

In jeder der eigentlichen Behandlungsklassen werden jeweils $n_i = r$ Versuche angestellt, in der Kontrollgruppe dagegen n_0. Der Gesamtumfang ist dann:

$$n = Ir + n_0.$$

Die Ungleichbehandlung der Stufen ist einleuchtend: Da alle Stufen mit der einen Kontrollstufe verglichen werden, sollte diese möglichst genau bestimmt sein. Die optimale Aufteilung der Besetzungszahlen läßt sich nun leicht bestimmen. Wird bei festem n:

$$\begin{aligned} r &= n\frac{1}{I+\sqrt{I}}, \qquad (11.27) \\ n_0 &= n\frac{\sqrt{I}}{I+\sqrt{I}} = r\sqrt{I}. \end{aligned}$$

gewählt, so werden die Effekte $\widehat{\alpha}_i$ mit minimaler Varianz geschätzt. Zum Beispiel muß also bei $I = 4$ Stufen die Nullgruppe doppelt so stark besetzt sein, wie jede der übrigen 4 Behandlungsgruppen.
Der Beweis von (11.27) folgt aus:

$$\begin{aligned} \widehat{\alpha}_i &= \overline{y}_i - \overline{y}_0, \\ \text{Var}\,\widehat{\alpha}_i &= \sigma^2\left(\frac{1}{r} + \frac{1}{n_0}\right) = \sigma^2\left(\frac{1}{r} + \frac{1}{n - rI}\right). \end{aligned}$$

Differentiation nach r liefert:

$$\frac{d}{dr}\,\text{Var}\,\widehat{\alpha}_i = \sigma^2\left(-\frac{1}{r^2} + \frac{I}{(n-rI)^2}\right).$$

Die Ableitung ist Null, falls (11.27) gilt.

Kapitel 12

Multiple Entscheidungsverfahren

Charakteristisch für die Varianzanalyse ist es, ausgehend von einem einzigen, in einem Experiment erhobenen Datensatz, eine Vielzahl verschiedener Hypothesen zu testen und Konfidenzintervalle für zahlreiche Parameter zu bestimmen. Bislang haben wir diese Aussagen einzeln und getrennt voneinander betrachtet. Wie aber sind diese Aussagen in ihrer Gesamtheit zu bewerten? Gelten sie alle, wenn jede einzelne gilt?
Würde es sich hier um schlichte logische Aussagen handeln, wäre die Antwort ein klares *Ja*. Bei statistischen Aussagen ist die Antwort aber ein ebenso klares *Nein*.
In diesem Kapitel wollen wir lernen, wie man mit diesem grundsätzlichen Widerspruch leben kann. Eigentlich könnte dieses Kapitel überall stehen, zum Beispiel im Handwerkskapitel 2 oder ganz am Ende dieses Buchs. Da aber die hier besprochenen Techniken vor allem in der ANOVA eine Rolle spielen, wird dieses Thema kurzerhand zwischen die Kapitel über die **Einfache** und die **Zweifache Varianzanalyse** eingeschoben. Wer daher die Entwicklung der ANOVA nicht unterbrechen will, kann dieses Kapitel getrost überspringen und später hierher zurückkehren.

12.1 Grundbegriffe und Eigenschaften

Problemstellung

Statistische Aussagen haben manchmal etwas von einem Lottospiel an sich. Zum Beispiel ist die Wahrscheinlichkeit, daß Sie im Lotto gewinnen, so gut wie Null und die Wahrscheinlichkeit, daß irgend ein Spieler gewinnt, so gut wie Eins. Der Widerspruch liegt nicht in der Wahrscheinlichkeitstheorie, sondern in der mangelnden sprachlichen Sorgfalt begründet. Sehen wir uns die Sache genauer an.

Beispiel 373 *Für jede einzelne Person A, ist die Wahrscheinlichkeit, daß A* sechs Richtige *hat, gleich:*

$$\mathrm{P}\{A \textit{ gewinnt}\} =: \pi \approx 7,151124 \times 10^{-8}.$$

Lassen wir nun die halbe Bevölkerung der Bundesrepublik unabhängig von einander ihre Tippzettel ausfüllen, so ist:

$$\mathrm{P}\{\textit{Mindestens ein } A \textit{ gewinnt}\} = 1 - (1-\pi)^{4 \cdot 10^7} \approx 0,94.$$

Beispiel 374 *Bei einer Tombola seien 95% der Lose Nieten. Dann gewinnt jedes einzelne Los mit der Wahrscheinlichkeit:*

$$\alpha_{einzeln} = 0,05.$$

Kaufen Sie 5 Lose, so sind Sie mit der Wahrscheinlichkeit:

$$\alpha_{gesamt} = 1 - (1-0,05)^5 = 0,23$$

ein Gewinner.

Wichtig ist also, ob man die Wahrscheinlichkeit meint, mit der ein einzelnes, spezielles Ereignis oder ein beliebiges aus einer Familie von Ereignissen eintreten wird.
Betrachten wir etwa Beispiel 372 aus dem letzten Kapitel. Dort wurden bei einem Düngerversuch 5 orthogonale Kontraste ϕ_1 bis ϕ_5 geschätzt und deren Signifikanz mit den 5 Einzelhypothesen:

$$H_0^{\phi_i} : "\phi_i = 0"$$

jeweils zum Niveau $\alpha = 5\%$ getestet. Ein Kontrast ϕ_i war genau dann signifikant zum Niveau $\alpha = 5\%$, falls:

$$\mathrm{SS}\left(H_0^{\phi_i}\right) > \widehat{\sigma}^2 F(1;24)_{1-\alpha} = 5295$$

galt. Damit waren die Kontraste ϕ_1 und ϕ_2 als signifikant von Null verschieden erkannt worden. Wie verläßlich ist nun diese abschließende Aussage über die Gesamtheit aller 5 Kontraste? Nehmen wir einmal an, in Wirklichkeit seien alle betrachteten Dünger wirkungslos und damit in Wirklichkeit alle Kontraste identisch Null:

$$\phi_1 = \phi_2 = \cdots = \phi_5 = 0.$$

Für jeden einzelnen Kontrast ist die Wahrscheinlichkeit, daß die Hypothese:

$$H_0^{\phi_i} : \quad "\ \phi_i = 0"$$

fälschlicherweise verworfen wird, gerade $\alpha = 5\%$. Trifft man aber die Aussage:

" Die betrachteten Dünger sind wirkungslos. "

genau dann, wenn kein Kontrast signifikant ist, so ist die Wahrscheinlichkeit einer Fehlmeldung von der Größenordnung[1]

$$\alpha_{gesamt} := 1 - (1 - 0,05)^5 = 0,23.$$

Untersucht man also nur wirkungslose Substanzen, so wird man in rund 23% aller Fälle mindestens eine scheinbar wirksame Düngerkombination entdecken.

In der statistischen Literatur werden unter den Oberbegriffen wie **multiple statistische Verfahren** oder **simultane statistische Inferenz** unter anderem die folgenden Themen behandelt:

- Kontrolle der Wahrscheinlichkeit einer falschen Aussage in einem Paket von Einzelaussagen, speziell von Tests und Konfidenzintervallen.
- Kontrolle *selektiver statistischer Inferenz.*

Selektive statistische Inferenz ist dabei ein schönes Wort für ein Vorgehen, das Praktiker mitunter heimlich tun und öffentlich verdammen, nämlich die Hypothesen *an Hand derselben Daten generieren und testen.* Also erstmal an den Daten schnüffeln, sich dann die größten Kontraste herauspicken und diese dann mit den soeben *verbrauchten* Daten auch noch testen. Ein solches naiver Vorgehen entwertet alle statistischen Test und alle statistischen Schlüsse.
Bei multiplen statistischen Verfahren lassen sich jedoch die mit dem selektiven Vorgehen verbundenen Fehler begrifflich klar fassen und ihre Fehlerwahrscheinlichkeiten kontrollieren.
Wir müssen uns hier nur auf einige exemplarische Methoden und Leitideen beschränken und verweisen[2] im übrigen vor allem auf die Monografien von Miller (1981), Tamhane und Hochberg (1987) und Hsu (1996) sowie den Übersichtsartikel von Tamhane (1996). Daß diese Themen durchaus kontrovers diskutiert werden, zeigt zum Beispiel auch der Aufsatz von Saville (1990).
Auch wenn wir multiple Entscheidungsverfahren nur im Kontext der ANOVA betrachten, sollen doch einige wichtige Begriffe in einem allgemeineren Rahmen vorgestellt werden.

Die Entscheidungsfamilie

Frei nach Tamhane (1996) ist eine statistische Inferenzfamilie eine Gesamtheit inhaltlich zusammengehöriger Beobachtungen, auf deren Basis gemeinsame Schlüsse gezogen oder Entscheidungen gefällt werden sollen. Oft wird auch eine Menge von Hypothesen, die getestet, oder eine Menge von Parametern, über die Konfidenzaussagen gemacht werden sollen, als eine Inferenz-Familie

[1] Zwar sind die $\widehat{\phi}_i$ von einander unabhängig, die Prüfgößen der Tests verwenden aber alle das gemeinsame $\widehat{\sigma}^2$. Die Produktbildung ist daher nur näherungsweise korrekt.

[2] Ich konnte mich zusätzlich auf ein Vorlesungsmanuskript von Frau I. Pigeot stützen, der ich hier noch einmal danke.

bezeichnet. Wichtig ist der gegenseitige inhaltliche Bezug, nicht die stochastische Abhängigkeit. Familien können endlich oder unendlich sein, letzteres zum Beispiel, wenn die Gesamtheit aller möglichen Kontraste zwischen Mittelwerten betrachtet wird.
Generell sollte aber die jeweils betrachtete Familie so klein wie möglich sein, um nicht nur die Wahrscheinlichkeit der Fehler 1.Art zu kontrollieren, sondern auch die der Fehler 2.Art nicht zu groß werden zu lassen.

Klassifikation von Hypothesen

Wir betrachten eine zufällige Variable $\mathbf{y}$, deren Verteilung von einem Parameter $\theta \in \Theta$ abhängt. Eine Hypothese H über θ identifizieren wir mit einer Zerlegung des Parameterraums Θ in zwei Teile, die Nullhypothese H_0 und die Alternative H_1. Wir verzichten auch im Schriftbild auf die Unterscheidung zwischen einer Hypothese als Aussage und einer Hypothese als Teilmenge des Parameterraums. Weiter sei eine Familie $\mathfrak{H} = \{H_0^i \,|i \in \mathcal{I}\}$ von Nullhypothen über θ gegeben. Ist der wahre Parameter $\theta \in H_0^i$, so ist H_0^i wahr. Bei gegebenem θ bezeichnen wir die Menge der wahren Hypothesen mit dem Symbol $\mathcal{W}(\theta)$. Vereinfachend werden wir auch die Menge der Indizes der wahren Hypothesen ebenfalls mit demselben Symbol $\mathcal{W}(\theta)$ bezeichnen.

Definition 375 *Je nach den Beziehungen der Hypothesen zu einander, werden Hypothesen wie folgt klassifiziert:*

1. *Ist die Parametermenge H_0^i Teilmenge von H_0^j,*

$$H_0^i \subseteq H_0^j$$

   so ist H_0^i die schärfere, strengere, konkretere und H_0^j die schwächere, weichere Hypothese, z.B. H_0^i : "$\beta = 0$"; H_0^j : "$\beta \geq 0$". H_0^i läßt sich mitunter als Ursache oder Prämisse, H_0^j als Folge oder Implikation von H_0^i ansehen. Ist H_0^j echte Obermenge von H_0^i, so ist H_0^i die echt schärfere, und H_0^j die echt schwächere Hypothese.

2. *H_0^G ist die **Gobalhypothese**, falls H_0^G Durchschnitt aller anderen Hypothesen ist:*

$$H_0^G := \bigcap_{i \in \mathcal{I}} H_0^i.$$

   H_0^G ist die schärfste Hypothese. Sie ist wahr, wenn alle H_0^i wahr sind.

3. *H_0^j heißt eine **Minimalhypothese**, falls es keine echte Abschwächung von H_0^j gibt. Das heißt, es gibt keine Hypothese $H_0^k \in \mathfrak{H}$ mit $H_0^j \subset H_0^k$.*

4. *Das Hypothesensystem $\mathfrak{H}$ heißt **durchschnittsabgeschlossen**, falls jeder nicht leere Durchschnitt von zwei Hypothesen zu $\mathfrak{H}$ gehört.*

Klassifikation von Tests

Ein nichtrandomisierter multipler Test zu einer Hypothesenfamilie $\mathfrak{H}$ ist eine Familie $\mathfrak{T}$ von Einzeltests. $\mathfrak{T}$ kann wahlweise durch die Prüfgrößen $T_i(\mathbf{y})$, die kritischen Regionen KR_i oder die Annahmebereiche AB_i der Einzeltests der Hypothesen H_0^i festgelegt werden:

$$\mathfrak{T} \equiv \{AB_i \,|i \in \mathcal{I}\} \equiv \{KR_i \,|i \in \mathcal{I}\} \equiv \{T_i \,|i \in \mathcal{I}\}.$$

Damit T_i die Prüfgröße eines Test von H_0^i ist, muß die Verteilung von T_i unter H_0^i vollständig spezifiziert sein, das heißt, die Verteilung von T_i muß für alle $\theta \in H_0^i$ dieselbe sein. Der multiple Test $(\mathfrak{H};\mathfrak{T})$ heißt nach Gabriel (1969) verbunden (*joint*), wenn für jede Teilmenge $\mathcal{I}' \subseteq \mathcal{I}$ und jedes $i \in \mathcal{I}'$ die Verteilungen der Prüfgrößen T_i für alle $\theta \in \bigcap_{i\in\mathcal{I}'} H_i$ übereinstimmen.

Definition 376 *Der multiple Test $(\mathfrak{H};\mathfrak{T})$ heißt:*

kohärent , *falls gilt:*

$$H_0^i \subseteq H_0^j \quad \leftrightarrow \quad AB_i \subseteq AB_j \quad \leftrightarrow \quad KR_j \subseteq KR_i. \tag{12.1}$$

konsonant , *falls gilt:*[3]

$$KR_i \subseteq \bigcup_{j:H_0^i \subset H_0^j} KR_j, \tag{12.2}$$

$$AB_i \supseteq \bigcap_{j:H_0^i \subset H_0^j} AB_j. \tag{12.3}$$

Kohärent heißt also: Wird die schärfere Hypothese H_0^i angenommen, dann auch jede schwächere Hypothese H_0^j. Wird die schwächere Hypothese H_0^j abgelehnt, dann auch jede schärfere Unterhypothese H_0^i .
Konsonant heißt also: Wird die schärfere Unterhypothese H_0^i abgelehnt, dann wird auch mindestens eine ihrer schwächeren Oberhypothese H_0^j abgelehnt. Werden alle schwächeren Varianten H_0^j einer Hypothese H_0^i angenommen, so muß auch die Hypothese H_0^i selbst angenommen werden.
Der multipler Test $(\mathfrak{H};\mathfrak{T})$ ist demnach genau dann kohärent und konsonant, wenn $KR_i \subseteq \bigcup_{j:H_0^i \subset H_0^j} KR_j \subseteq KR_i$ gilt, das heißt also, wenn (12.2) als Gleichung erfüllt ist:

$$KR_i = \bigcup_{j:H_0^i \subset H_0^j} KR_j. \tag{12.4}$$

[3] Die Bedingungen (12.2) und (12.3) sind äquivalent, denn $\overline{\bigcup KR_j} = \bigcap \overline{KR_j} = \bigcap AB_j$.

Klassifikation von Fehlern

Die *familienbezogene Fehlerrate*[4] FWE ist die Wahrscheinlichkeit, daß in einer Entscheidungsfamilie mindestens eine falsche Aussage getroffen wird. Ist E_i das Ereignis: "Die i-te Aussage ist falsch" , so ist:

$$FWE := \mathrm{P}\left\{\bigcup_{i \in \mathcal{I}} E_i\right\}.$$

Beim Testen einer Familie $\mathfrak{H}$ von Hypothesen beziehen wir uns auf den Fehler erster Art. Dann ist:

$$FWE := \mathrm{P}\left\{\text{Mindestens eine wahre Nullhypothese wird abgelehnt}\right\}.$$

Bei einer Familie gleichzeitig betrachteter Konfidenzintervalle heißt dies:

$$FWE := \mathrm{P}\left\{\begin{array}{c}\text{Mindestens ein Parameter wird nicht}\\ \text{von seinem Konfidenzintervall überdeckt}\end{array}\right\}.$$

Die FWE wird zum Niveau α kontrolliert, wenn $FWE \leq \alpha$ ist.
Andere Konzepte bei einer Familie von n Einzelaussagen sind der Erwartungswert der Anzahl der falschen Aussagen, die *Per Familiy Error Rate*:

$$PFE = \sum_{i=1}^{n} \mathrm{P}\left\{E_i\right\}$$

und der Erwartungswert des Anteils der falschen unter allen Ausagen, die *Per Comparison Error Rate*:

$$PCE = \frac{1}{n}\sum_{i=1}^{n} \mathrm{P}\left\{E_i\right\} = \frac{1}{n} PFE.$$

Wegen:

$$\frac{1}{n}\sum_{i=1}^{n} \mathrm{P}\left\{E_i\right\} \leq \frac{1}{n}\sum_{i=1}^{n} \mathrm{P}\left\{\bigcup_i E_i\right\} = \mathrm{P}\left\{\bigcup_i E_i\right\} \leq \sum_{i=1}^{n} \mathrm{P}\left\{E_i\right\}$$

ist

$$PCE \leq FWE \leq PFE.$$

Konzepte für die Fehler erster und zweiter Art beim Testen: Bei einer Familie von Hypothesen können — je nach dem Wert des wahren Parameters θ — alle oder nur einige der betrachtenen Nullhypothesen wahr sein. Betrachtet man alle Entscheidungen, so können einige wahre Nullhypothesen und einige wahre Alternativen fälschlichwerweise verworfen worden sein. Man kann also gleichzeitig Fehlentscheidungen 1.Art und 2.Art begehen. Wir müssen daher die Fehler 1.Art und 2.Art und den Begriff des Signifikanzniveaus genauer definieren:

[4] FWE:= **F**amily**W**ise **E**rror rate auch Experimentwise-Error-Rate

Definition 377 *Bei einem multipler Test* $(\mathfrak{H}, \mathfrak{T})$ *sind die multiplen Fehler 1.Art und 2.Art wie folgt definiert:*

Multipler Fehler 1.Art *Mindestens eine wahre Hypothese wird abgelehnt:*
Es existiert ein H_0^i *mit* $\theta \in H_0^i$ *aber* $\mathbf{y} \in KR_i$.

Multipler Fehler 2.Art *Mindestens eine falsche Hypothese wird angenommen:*
Es existiert ein H_0^i *mit* $\theta \notin H_0^i$ *aber* $\mathbf{y} \in AB_i$.

Wenn wir im folgenden von Fehlerkontrolle sprechen, meinen wir stets die Kontrolle des Fehlers erster Art.

Definition 378 *Ein multipler Test* $(\mathfrak{H}, \mathfrak{T})$ *heißt Test zum* ***lokalen Niveau*** α, *falls jeder Einzeltest das Niveau* α *hält:*[5]

$$\mathrm{P}\left\{\mathbf{y} \in KR_i \parallel \theta\right\} \leq \alpha \quad \forall \theta \in H_0^i \text{ und } \forall i.$$

Der multiple Test hält das ***globalen Niveau*** α, *falls gilt:*

$$\mathrm{P}\left\{\bigcup_{i \in \mathcal{I}} KR_i \parallel \theta\right\} \leq \alpha \quad \forall\ \theta \in H_0^G. \tag{12.5}$$

Der multiple Test hält das ***multiplen Niveau*** α, *falls die Wahrscheinlichkeit für den multiplen Fehler 1.Art der Wert* α *nicht übersteigt:*

$$\mathrm{P}\left\{\bigcup_{i \in \mathcal{W}(\theta)} KR_i \parallel \theta\right\} \leq \alpha \quad \forall \theta. \tag{12.6}$$

Bei allen bisher behandelten Tests hatten wir nur das lokale Niveau beachtet und jeden einzelnen Tests unverbunden für sich behandelt. Dies ist aber nicht ausreichend, um die möglichen Fehler in den verschiedenen Einzeltests der Testfamilie gemeinsam zu kontrollieren.
Der multiple Test hält das globalen Niveau α, wenn der Fehler 1. Art nur unter der globalen Nullhypothese kontrolliert wird, das heißt also, wenn alle Hypothesen wahr sind. In diesem Fall ist die Wahrscheinlichkeit, daß mindestens eine von ihnen abgelehnt wird, höchstens α und die Wahrscheinlichkeit, daß alle zusammen angenommen werden, mindestens $1-\alpha$. Wir sagen auch, der multiple Test kontrolliert die FWE **schwach** zum globalen Niveau α .
Während beim globalen Niveau nur der Fall betrachtet wird, daß alle Hypothesen wahr sind, werden beim multiplen Niveau aus der Gesamtheit aller Hypothesen die wahren gesondert betrachtet. Hält der multiple Test das multiplen

[5] Wir wählen bei $\mathrm{P}\{* \parallel *\}$ den Doppelstrich, um Verwechslungen mit bedingten Wahrscheinlichkeiten $\mathrm{P}\{* \mid *\}$ zu vermeiden.

Niveau α, so ist die Wahrscheinlichkeit, daß mindestens eine wahre Hypothese abgelehnt wird, höchstens α. Die Wahrscheinlichkeit, daß alle wahren Hypothesen angenommen werden, ist mindestens $1 - \alpha$. Wir sagen auch, der multiple Test kontrolliert die FWE **stark** zum multiplen Niveau α.
Die starke Kontrolle schließt die schwache Kontrolle der FWE ein. Ein Test zum multiplen Niveau α hält auch das globale Niveau α. Denn ist $\theta \in H_0^G$, so sind alle Hypothesen wahr. Dann ist $\mathcal{W}(\theta) = \mathcal{I}$ und:

$$\mathrm{P}\left\{\bigcup_{i\in\mathcal{I}} KR_i \parallel \theta\right\} \leq \alpha \quad \forall\theta \in H_0^G.$$

12.2 Ein-Schritt-Verfahren

Multiple Entscheidungsverfahren lassen sich in Ein- und Mehrschrittverfahren untergliedern

Multiple
Entscheidungsverfahren
↙ ↘
Ein-Schritt Verfahren
↓
Simultane Testverfahren

Mehr-Schritt Verfahren
↙ ↘
Absteigend | Aufsteigend

Ein-Schrittverfahren sind in der Regel leicht zu berechnen. Außerdem können aus simultanen Tests unmittelbar simultane Konfidenzintervalle für die betrachten Parameter gewonnen werden. Ein-Schrittverfahren halten das multiple Niveau durch radikale Verringerung der lokalen Niveaus, wobei simultane Tests die Entscheidung über Einzelhypothesen an der Globalhypothese ausrichten.

12.2.1 Das Bonferroni-Verfahren

Kennt man die Wahrscheinlichkeiten, mit denen einzelne Aussagen einer Aussagenfamilie richtig sind, dann läßt sich mit den Ungleichungen von Bonferroni die Wahrscheinlichkeiten, mit der alle Aussagen der Familie richtig sind, ganz elementar abschätzen:

Satz 379 (Die Bonferroni-Ungleichungen) *Es seien $A_1, \cdots, A_k$ k verschiedene Aussagen, die mit den Wahrscheinlichkeiten:*

$$\mathrm{P}\{A_i\} = 1 - \alpha_i$$

wahr sind. Dann ist die Wahrscheinlichkeit, daß mindestens eine von ihnen falsch ist, höchstens $\sum \alpha_i$, das heißt:

$$\mathrm{P}\left\{\bigcup_i \overline{A_i}\right\} \leq \sum_{i=1}^{k} \alpha_i.$$

Die Wahrscheinlichkeit, daß alle zugleich wahr sind, ist mindestens $1 - \sum \alpha_i$, *das heißt:*

$$\mathrm{P}\left\{\bigcap_{i=1}^{k} A_i\right\} \geq 1 - \sum_{i=1}^{k} \alpha_i.$$

Beweis :
$\mathrm{P}\left\{\bigcup \overline{A_i}\right\} \leq \sum \mathrm{P}\left\{\overline{A_i}\right\} \leq \sum \alpha_i$ und $\mathrm{P}\left\{\bigcap A_i\right\} = 1 - \mathrm{P}\left\{\overline{\bigcap A_i}\right\} = 1 - \mathrm{P}\left\{\bigcup \overline{A_i}\right\}$
□
Auf dieser Ungleichung beruht der Bonferroni Test

Definition 380 *Es sei* $\mathfrak{H} = \left\{H_0^i \,|\, i = 1, \cdots, k\right\}$. *Für jede Einzelhypothese* H_0^i *sei ein Einzeltest zum lokalen Niveau* α/k *gegeben:*

$$\mathrm{P}\left\{\mathbf{y} \in KR_i \;\|\; \theta \in H_0^i\right\} \leq \alpha/k.$$

Dann heißt die Gesamtheit dieser k Einzeltest ein Bonferroni-Test zum Niveau α.

Satz 381 *Der Bonferroni-Test ist ein multipler Test zum multiplen Niveau* α.

Beweis:
Für jedes $\theta \in \bigcap\limits_{i \in \mathcal{W}(\theta)} H_0^i$ gilt:

$$\mathrm{P}\left\{\bigcup_{i \in \mathcal{W}(\theta)} KR_i \;\|\; \theta\right\} \leq \sum_{i \in \mathcal{W}(\theta)} \mathrm{P}\{KR_i \;\|\; \theta\} \leq \sum_{i \in \mathcal{W}(\theta)} \frac{\alpha}{k} = |\mathcal{W}(\theta)| \frac{\alpha}{k} \leq \alpha.$$

□

Die Bonferroni-Methode ist im allgemeinen sehr konservativ[6]. Weitere Schwächen sind:

- Ist k groß, so werden die einzelnen Annahmebereiche der Tests zum Niveau $\frac{1}{k}\alpha$ so weit, daß die Tests oft praktisch nutzlos werden. Dann ist es meist besser, α zu erhöhen und z.B. statt $\alpha = 0,01$ mit $\alpha = 0,1$ zu arbeiten.
- Überschneiden sich die kritischen Regionen stark, dann ist die Bonferroni-Ungleichung sehr grob. Nur bei disjunkten kritischen Regionen ist die Bonferroni Ungleichung scharf.
- Sind nur wenige der Hypothesen wahr, so ist $|\mathcal{W}(\theta)|$ sehr klein gegen k und $|\mathcal{W}(\theta)| \frac{\alpha}{k}$ sehr klein gegen α.

[6] Er beharrt unnötig lange auf H_0 und versucht stets *auf der sicheren Seite* zu bleiben. Wir werden später eine *liberalere* Mehr-Schritt-Erweiterung des Bonferroni-Verfahrens kennenlernen.

Stärken der Bonferroni-Methode sind dagegen:

- Es werden keine Aussagen über die Wahrscheinlichkeitsverteilung der jeweils betrachteten Variablen benötigt.
- Die Methode ist daher universal und überall einsetzbar.
- Aus einem Bonferroni-Test läßt sich sofort ein simultanes Konfidenzintervall zum Niveau α gewinnen.

Beispiel 382 *Wir wollen die multiplen Entscheidungsverfahren an einem elementaren ANOVA-Beispiel aus John* (1971) *verdeutlichen, das uns durch dieses Kapitel begleiten soll. In diesem Beispiel soll die Oktanzahl von Benzin in Abhängigkeit von unterschiedlichen Zusätzen gemessen werden. Die Daten sind:*

Zusatz	*Oktanzahl* y_{iw}				$\overline{y}_i$
A_1	91,7	91,2	90,9	90,6	91,10
A_2	91,7	91,9	90,9	90,9	91,35
A_3	92,4	91,2	91,6	91,0	91,55
A_4	91,8	92,2	92,0	91,4	91,85
A_5	93,1	92,9	92,4	92,4	92,70

Der Versuch ist balanziert: $n_i = r = 4$; $n = 20$; $s = 4$. *Die ANOVA-Tafel ergibt:*

	F.grad	SS	*MS*	F_{pg}
Zusätze	4	6,11	1,53	6,78
Streuung	15	3,37	0,225	
Gesamt	19	9,48		

Damit ist $\widehat{\sigma}^2 = 0,225$ *und* $\widehat{\sigma} = 0,47434$. *Die Prüfgröße des globalen F-Tests ist:*

$$F_{pg} = \frac{1,53}{0,225} = 6,78 > F(4;15)_{0,95} = 3,06$$

Bei einem $\alpha = 5\%$ *stellen wir signifikante Unterschiede zwischen den Benzinzusätzen fest.*

Uneingeschränkter Paarvergleich der Mittelwerte

Um festzustellen, wo diese Unterschiede liegen, betrachten wir alle Elementarkontraste und testen dazu:

$$H_0^{ij}: \quad \text{"}\mu_i - \mu_j = 0\text{"}$$

mit dem (lokalen) t-Test. Die Prüfgröße ist:

$$t_{PG} := \frac{\overline{y}_i - \overline{y}_j}{\widehat{\sigma}} \sqrt{\frac{r}{2}}.$$

Gilt H_0^{ij} , so ist $t_{PG} \sim t(n-s)$. Daher wird H_0^{ij} verworfen, falls gilt:

$$\left|\overline{y}_i - \overline{y}_j\right| > \widehat{\sigma}\sqrt{\frac{2}{r}}\ t(n-s)_{1-\alpha/2} =: LSD_{lokal}.$$

*LSD_{lokal}, die lokale **least significant difference** beim lokalen t-Test, ist die Schwelle, die die Differenz zweier Klassenmittelwerte überschreiten muß, damit sie beim Niveau α als signifikant erkannt wird. LSD_{lokal} ist eine einfache Meßlatte, die an alle Mittelwerte gehalten wird. Sind zwei Mittelwerte weiter als LSD_{lokal} von einander entfernt, so gilt ihre Differenz nicht mehr zufällig. In unserem Beispiel ist $\alpha = 0,05$ und $t(15)_{1-\alpha/2} = 2,131$. Daher ist:*

$$LSD_{lokal} = 0,47434\sqrt{\frac{2}{4}} \cdot 2,131 = 0,71476.$$

Daher ist μ_5 signifikant größer als alle anderen und μ_4 signifikant größer als μ_1.

Test der Gesamthypothese mit Bonferroni

Es können insgesamt $\binom{5}{2} = 10$ Elementarkontraste getestet werden. Um die Familie der Hypothesen:

$$\mathfrak{H} := \left\{H_0^{ij} : \text{"}\mu_i = \mu_j\text{"} \mid i,j \in \{1,\cdots,5\}\right\}$$

mit dem multiplen Niveau $\alpha = 0,05$ zu testen, muß jede der 10 Einzelhypothesen mit dem lokalen Niveau $\frac{1}{10}\alpha = 0,005 =: \alpha^*$ getestet werden. Damit ist eine Paardifferenz $\overline{y}_i - \overline{y}_j$ genau dann signifikant, wenn gilt:

$$\left|\overline{y}_i - \overline{y}_j\right| > \widehat{\sigma}\sqrt{\frac{2}{r}} t(n-s)_{1-\alpha^*/2} =: LSD_{Bonferroni}.$$

Es ist $t(15)_{1-\alpha^*/2} = t(15)_{0,9975} = 3,29$. Damit ist:

$$LSD_{Bonferroni} = 0,47434\sqrt{\frac{2}{4}} 3,29 = 1,10.$$

Demnach sind nur noch die drei Differenzen $\mu_1 - \mu_5$, $\mu_2 - \mu_5$ und $\mu_3 - \mu_5$ signifikant.

Simultane Konfidenzintervalle für alle Elementarkontraste:

Jedes einzelne Konfidenzintervall:

$$\left(\overline{y}_i - \overline{y}_j\right) - LSD_{lokal} \leq \mu_i - \mu_j \leq \left(\overline{y}_i - \overline{y}_j\right) + LSD_{lokal}$$

überdeckt mit Wahrscheinlichkeit $1-\alpha$ die wahre Differenz $\mu_i - \mu_j$. Dagegen überdecken die 10 simultanen Konfidenzintervalle:

$$\left(\overline{y}_i - \overline{y}_j\right) - LSD_{Bonferroni} \leq \mu_i - \mu_j \leq \left(\overline{y}_i - \overline{y}_j\right) + LSD_{Bonferroni}$$

mindestens mit der Wahrscheinlichkeit $1-\alpha$ simultan die wahren Parameterdifferenz $\mu_i - \mu_j$.

12.2.2 Der Tukey Test

Die Tests von Tukey und Scheffé sind die ersten und wichtigsten simultan verwerfende Testprozeduren. Später erkannte Gabriel (1969) die gemeinsamen Grundprinzipien der beiden Tests und verallgemeinerte sie. Wir werden daher zuerst den Tukey-Test vorstellen, dann die Abstraktionen von Gabriel erläutern und schließlich den Scheffé-Test betrachten.

Nehmen wir an, wir hätten bei einer einfachen Varianzanalyse die Daten ausgewertet und dabei entdeckt, daß $\overline{y}_i - \overline{y}_j$ die größte Paardifferenz ist. Wenn wir nun auf Grund dieser Beobachtung die Hypothese:

$$H_0^{ij}: \quad \text{"}\ \mu_i = \mu_i\ \text{"}$$

aufstellen und diese an Hand der eben erhobenen Daten mit dem lokalen t-Test überprüfen, so ist dessen Ergebnis wertlos. Eine Aussage über die Wahrscheinlichkeit für den Fehler 1. Art ist statistisch nicht mehr abgesichert. Denn, selbst wenn alle μ_i übereinstimmen sollen, wird sich — auf Grund der zufälligen Verteilung der $\overline{y}_i$ — ein Wert als besonders klein und ein anderer als besonders groß erweisen. Dieser Effekt wird mit wachsender Anzahl der Klassen und wachsender Anzahl der Elementarkontraste immer größer, weil die empirische **Spannweite:**

$$\text{Spannweite } (\overline{y}_1, \cdots, \overline{y}_k) := \max_{i,j} \{\overline{y}_i - \overline{y}_j\} = \max_i \overline{y}_i - \min_i \overline{y}_i$$

der Klassenmittelwerte zunimmt. Es liegt daher nahe, als Kriterium nicht die Paardifferenzen, sondern die Spannweite der $\overline{y}_i$ selbst zu verwenden. Die Verteilung der Spannweite hängt aber von der Varianz σ^2 der y_{iw} ab. Schätzen wir σ^2 durch $\widehat{\sigma}^2$ läßt sich die Spannweite der *studentisierten* Daten bestimmen.

Die studentisierte Spannweite

Sind die zufälligen Variablen $Z_1, \cdots, Z_k$ unabhängig voneinander $\mathrm{N}(\mu; \frac{\sigma^2}{r})$ verteilt, und ist $\widehat{\sigma}^2$ eine von den Z_i unabhängige $\frac{\sigma^2}{\nu}\chi^2(\nu)$ verteilte Variable, dann ist die Verteilung der studentisierten Spannweite der $\frac{Z_i}{\widehat{\sigma}}\sqrt{r}$ nur noch von der Anzahl k der Variablen und der Anzahl ν der Freiheitsgrade abhängig:

$$\text{Spannweite } (Z_1, \cdots, Z_k) \frac{\sqrt{r}}{\widehat{\sigma}} = \max_{i,j} (Z_i - Z_j) \frac{\sqrt{r}}{\widehat{\sigma}} \sim q(k, \nu). \tag{12.7}$$

Diese Verteilung wird mit $q(k, \nu)$ –Verteilung bezeichnet. Ihre Quantile $q(k, \nu)_a$ sind in den Biometrika Tables von Pearson und Hartley (1970, 1972) tabelliert. Das α–Quantil $q(k, \nu)_a$ von $q(k, \nu)$ wächst monoton in k:

$$q(k', \nu)_{1-\alpha} < q(k, \nu)_{1-\alpha} \text{ für } k' < k.$$

Damit läßt sich nun der Tukey-Test einführen:

Der Tukey-Test

Gegeben sei ein balanziertes ANOVA-Modell mit einem Faktor A mit s Stufen und r Beobachtungen pro Stufe. $(n = r \cdot s)$. Für jede Teilmenge $\mathbf{K} \subseteq \{1, \cdots, s\}$ der Faktorstufen sei

$$H_0^{\mathbf{K}}: \text{"}\mu_i = \mu_j\text{"} \quad \forall i, j \in \mathbf{K}$$

die Hypothese, daß sich bei den Stufen aus $\mathbf{K}$ die Erwartungswerte nicht unterscheiden. Für $\mathbf{K} = \{i, j\}$ erhält man die lokale Hypothese:

$$H_0^{ij}: \text{"}\mu_i = \mu_j\text{"}$$

und für $\mathbf{K} = \{1, \cdots, s\}$ die Globalhypothese:

$$H_0^G \text{ "}\mu_i = \mu_j \quad \forall i, j\text{"}.$$

$H_0^{\mathbf{K}}$ wird getestet mit der Prüfgröße:

$$T_{\mathbf{K}} := \textit{Spannweite } \{\overline{y}_i \mid i \in \mathbf{K}\} = \max_{i \in \mathbf{K}} \overline{y}_i - \min_{i \in \mathbf{K}} \overline{y}_i.$$

$H_0^{\mathbf{K}}$ wird verworfen, falls $T_{\mathbf{K}}$ die *least-significant difference:*

$$LSD_{Tukey} := \frac{\widehat{\sigma}}{\sqrt{r}} q(s, n-s)_{1-\alpha}$$

übersteigt. Dann gilt:

Satz 383 *Der Tukey-Test der Testfamilie* $\left\{H_0^{\mathbf{K}}; T_{\mathbf{K}};\ \mathbf{K} \subseteq \{1, \cdots, s\}\right\}$ *hält das multiple Niveau* α.

Beweis:
Der Durchschnitt aller wahren Hypothesen sei:

$$H_0^{\mathbf{D}} := \left\{\mu_{i_1} = \mu_{i_2} = \cdots = \mu_{i_D}\right\} = \bigcap_{\mathbf{K} \in \mathcal{W}(\theta)} H_0^{\mathbf{K}}.$$

Dann gilt:

$$\begin{aligned}
\alpha^* &= \mathrm{P}\left\{ \text{Für mindestens ein } \mathbf{K} \in \mathcal{W}(\theta) \text{ ist } T_{\mathbf{K}} > LSD_{Tukey} \,\|\, \theta \in H_0^{\mathbf{D}} \right\} \\
&= \mathrm{P}\left\{ \max_{\mathbf{K} \in \mathcal{W}(\theta)} T_{\mathbf{K}} > LSD_{Tukey} \,\|\, \theta \in H_0^{\mathbf{D}}. \right\}
\end{aligned}$$

Da $H_0^{\mathbf{G}}$: "$\mu_1 = \mu_1 = \cdots = \mu_s$" in $H_0^{\mathbf{D}}$: " $\mu_{i_1} = \mu_{i_2} = \cdots = \mu_{i_D}$" enthalten ist, folgt weiter:

$$\begin{aligned}
\alpha^* &= \mathrm{P}\left\{ \max_{\mathbf{K} \in \mathcal{W}(\theta)} T_{\mathbf{K}} > LSD_{Tukey} \,\|\, \theta \in H_0^{\mathbf{G}} \right\} \\
&\leq \mathrm{P}\left\{ \max_{i,j} \{\overline{y}_i - \overline{y}_j\} > LSD_{Tukey} \,\|\, \theta \in H_0^{\mathbf{G}} \right\} \\
&= \mathrm{P}\left\{ \max_{i,j} \{\overline{y}_i - \overline{y}_j\} \frac{\sqrt{r}}{\widehat{\sigma}} > q(s, n-s)_{1-\alpha} \,\|\, \theta \in H_0^{\mathbf{G}} \right\} \\
&= \mathrm{P}\left\{ q(s, n-s) > q(s, n-s)_{1-\alpha} \,\|\, \theta \in H_0^{\mathbf{G}} \right\} \leq \alpha.
\end{aligned}$$

Die letzte Gleichung folgt aus (12.7), da die $\overline{y}_i$ unabhängig voneinander $\mathrm{N}(\mu_i; \frac{\sigma^2}{r})$ verteilt sind , $\widehat{\sigma}^2$ eine von den $\overline{y}_i$ unabhängige $\frac{\chi^2(n-s)}{n-s}$ verteilte Variable ist und unter $H_0^{\mathbf{G}}$ alle μ_i gleich sind.

Anwendungen

Test der Globalhypothese $H_0^{\mathbf{G}}$: "$\mu_1 = \mu_1 = \cdots = \mu_s$" zum Niveau α. Die Prüfgröße und ihre kritische Region ist:

$$T_G := \max_{ij} \left|\overline{y}_i - \overline{y}_j\right| > LSD_{Tukey}.$$

Ist keine der paarweisen Differenzen größer als LSD_{Tukey}, so ist die beobachtete Spannweite in ihrem natürlichen Schwankungsbereich geblieben und es besteht kein Anlaß auf Grund der Daten an der Gültigkeit der Globalhypothese zu zweifeln. H_0^G wird dagegen abgelehnt, wenn mindestens ein Elementarkontrast $\overline{y}_i - \overline{y}_j$ die LSD_{Tukey} -Schranke überschreitet.

Simultaner Test aller Elementarkontraste zum multiplen Niveau α. Die Prüfgrößen T_{ij} aller Tests der Hypothesen H_0^{ij} : $\mu_i = \mu_j$ haben die gemeinsame kritische Region:

$$T_{ij} := \left|\overline{y}_i - \overline{y}_j\right| > LSD_{Tukey}.$$

Test eines einzelnen Elementarkontrastes $\mu_i - \mu_j$, der erst nach Analyse der Daten aufgefallenen ist. Arbeitet man mit LSD_{Tukey}, dann ist sogar das früher streng Verbotene erlaubt: Nämlich man darf erst die Daten studieren, sich die auffälligsten Kontraste heraussuchen und diese dann auf Signifikanz testen. Es ist erlaubt, weil die Prüfgröße nicht die individuellen Paardifferenz sondern der maximale Paardifferenz ist.

Konstruktion von simultanen Konfidenzintervallen für alle Elementarkontraste. Wegen:

$$\max_{i,j} \left\{(\overline{y}_i - \mu_i) - \left(\overline{y}_j - \mu_j\right)\right\} \frac{\sqrt{r}}{\widehat{\sigma}} \sim q\,(s, n-s)$$

ist:

$$\mathrm{P}\left\{\max_{i,j} \left|(\overline{y}_i - \mu_i) - \left(\overline{y}_j - \mu_j\right)\right| \leq LSD_{Tukey}\right\} = 1 - \alpha.$$

Also ist für sämtliche Differenzen $\mu_i - \mu_j$:

$$\overline{y}_i - \overline{y}_j - LSD_{Tukey} \leq \mu_i - \mu_j \leq \overline{y}_i - \overline{y}_j + LSD_{Tukey}$$

eine Familie simultaner Konfidenzintervalle.

Beispiel 384 *Wir setzten das Beispiel 382 fort und berechnen die kritischen Schranken nach Tukey. Es war* $n = 20$; $s = 5$; $r = 4$; $\widehat{\sigma}^2 = 0,47434$; $\alpha = 0,05$. *Aus den Biometrika-Tabellen liest man* $q\,(5;15)_{0,95} = 4,37$ *ab. Also ist:*

$$LSD_{Tukey} = \frac{\widehat{\sigma}}{\sqrt{r}} q\,(s; n-s)_{1-\alpha} = \frac{0,474340}{2} 4,37 = 1,036.$$

Zwei Mittelwerte μ_i *und* μ_j *sind genau dann signifikant zum Niveau* α, *falls gilt:*

$$\left|\left(\overline{y}_i - \overline{y}_j\right)\right| > 1,036.$$

Demnach ist μ_5 *signifikant größer als* μ_1, μ_2 *und* μ_3.

Bemerkungen:

1. Der Tukey-Test aller Elementarkontraste hält nur in balanzierten Modellen das multiple Niveau.

2. Für nicht-balanzierte Modelle schlugen Tukey (1953) und Kramer (1956) ohne Beweis vor, die nun nicht mehr konstante Replikationszahl r durch das harmonische Mittel aus n_i und n_j zu ersetzen. Ihre kritische Schranke ist:

$$LSD_{Tukey;Kramer} := \widehat{\sigma}\sqrt{\frac{1}{2}\left(\frac{1}{n_i} + \frac{1}{n_j}\right)} q\,(s; n-s)_{1-\alpha}. \tag{12.8}$$

   Später hat Hayter (1984) gezeigt, daß Tests und Konfidenzintervalle auf der Basis der Tukey- Kramer- Schranke (12.8) *konservativ* sind, das heißt, sie bleiben *auf der sicheren Seite*:

$$\mathrm{P}\left(\left|\left(\overline{y}_i - \overline{y}_j\right) - \left(\mu_i - \mu_j\right)\right| \leq LSD_{Tukey;Kramer} \quad \forall i,j\right) \geq 1-\alpha.$$

3. Der Tukey-Test kann ohne Einbuße an Schärfe sofort auf Elementarkontraste $\theta_i - \theta_j$ zwischen beliebigen Parametern θ_i erweitert werden, wenn

   – die zu vergleichenden Schätzer $\widehat{\theta}_i$ unabhängig voneinander normalverteilt sind und
   – alle Schätzer $\widehat{\theta}_i$ dieselbe Varianz σ^2 besitzen.

4. Die Tukeyidee läßt sich auf beliebige $\theta-$Kontraste verallgemeinern. Die resultierenden Tests sind aber den Scheffé -Tests unterlegen.

5. Weitere Testvarianten für nicht balanzierte Modelle sind die T'-Methode von Spjøtvoll und Stoline (1973) und die "Simple method" von Gabriel (1978) sowie die GT2-Methode von Hochberg (1974) , eine simultane Testprozedur zum multiplen Niveau α. Dabei zeigt sich aber, daß die jeweiligen Konfidenzintervalle breiter sind als die der Tukey-Kramer Methode. Siehe auch Miller (1981) und Ury (1976) .

12.2.3 Simultan verwerfende Testprozeduren

Simultan verwerfende Testprozeduren beruhen auf drei einfachen Ideen, nämlich dem Union-Intersection Prinzip und den Prinzipien der monotonen und simultanen Entscheidungen. Dabei gehen wir von folgenden Voraussetzungen aus:

- Sei $(\mathfrak{H};\mathfrak{T})$ ein multipler Test mit $\mathfrak{H} = \left\{H_0^i \,|i \in \mathcal{I}\right\}$ und $\mathfrak{T} = \{T_i \,|i \in \mathcal{I}\}$.
- $\mathfrak{H}$ enthält die Globalhypothese H_0^G.
- $\mathfrak{T}$ ist durch die Prüfgrößen $T_i = T_i(\mathbf{y})$ seiner Einzeltest gegeben, dabei sei T_G die Prüfgröße für H_0^G. Weiter soll H_0^i abgelehnt werden, wenn T_i zu groß ausfällt, das heißt: $KR_i = \{T_i(\mathbf{y}) > \text{kritische Schwelle } c_\alpha(i)\}$.

Das Union-Intersection Prinzip

Dieses Prinzip wurde von Roy (1953) vorgestellt, um eine Globalhypothese:

$$H_0^G := \bigcap_i H_0^i,$$

die sich als Durchschnitt von Einzelhypothesen darstellen läßt, zu testen. Nach diesem Prinzip wird H_0^G genau dann abgelehnt, wenn mindestens ein H_0^i abgelehnt wird. Drehen wir die Idee herum, dann sollte man die Gesamtheit aller H_0^i simultan testen können, indem man H_0^G testet.

Das Monotonie Prinzip

Betrachten wir die Spannweite, die Prüfgröße $T_i(\mathbf{y})$ des Tukey-Tests. Je größer die Anzahl der gleichzeitig betrachteten μ_i ist, um so größer wird die Spannweite der dazu gehörigen $\overline{y}_i$. Die Spannweite wird maximal, wenn alle $\overline{y}_i$ einbezogen sind. Wir verallgemeinern:

Definition 385 *Eine Testfamilie $(\mathfrak{H};\mathfrak{T})$ heißt*

monoton, *falls für alle i und $j \in \mathcal{I}$ mit $H_0^i \subseteq H_0^j$ gilt:*

$$T_i(\mathbf{y}) \geq T_j(\mathbf{y}). \tag{12.9}$$

streng monoton, *falls für alle nichtminimalen Hypothesen H_0^i gilt:*

$$T_i(\mathbf{y}) = \sup\left\{T_j(\mathbf{y}) \,\middle|\, H_0^i \subset H_0^j\right\}. \tag{12.10}$$

Die Testfamilie heißt demnach monoton, wenn die Ansprüche an die Prüfgröße mit der Schärfe der Hypothese wachsen. Da in (12.9) $H_0^i = H_0^j$ zugelassen ist, können wir das Monotoniekriterium (12.9) auch schreiben als:

$$T_i(\mathbf{y}) = \max\left\{T_j(\mathbf{y}) \,\middle|\, H_0^i \subseteq H_0^j\right\}. \tag{12.11}$$

Speziell gilt für die Prüfgröße $T_G(\mathbf{y})$der Globalhypothese:

$$T_G(\mathbf{y}) = \max\{T_i(\mathbf{y}) \,|i \in \mathcal{I}\}. \tag{12.12}$$

Das Prinzip der simultanen Entscheidungen

Die Prüfgröße der Hypothese H_0^K beim Tukey-Test ist die Spannweite der Mittelwerte der aus der Klasse **K**. Die kritische Schwelle der Prüfgröße $T_{\mathbf{K}}(\mathbf{y})$ ist aber für alle **K** dieselbe, nämlich die Schwelle LSD_{Tukey} der Globalhypothese. Wir verallgemeinern:

Definition 386 $(\mathfrak{H}, \mathfrak{T})$ *heißt eine simultan verwerfende Testprozedur* (SVT) *zum Niveau* α*, falls alle individuellen Tests* T_i *dieselbe kritische Zahl* c_α *verwenden:*

$$KR_i = \{T_i(\mathbf{y}) > c_\alpha\}. \tag{12.13}$$

Dabei ist c_α *die kritische Zahl der Prüfgröße der Globalhypothese* H_0^G*:*

$$\mathrm{P}\{T_G(\mathbf{y}) > c_\alpha \,\|\, \theta\} \leq \alpha \quad \forall\, \theta \in H_0^G.$$

Von den simultanen Test sind nun genau die monotonen Tests köhärent:

Satz 387 *1. Eine simultane Testfamilie* $(\mathfrak{H}; \mathfrak{T})$ *ist genau dann kohärent, wenn sie monoton ist.*
2. Sie ist genau dann kohärent und konsonant, wenn sie streng monoton ist.

Beweis:
1. (12.9) und (12.1) sind äquivalent, denn:

$$T_i(\mathbf{y}) \geq T_j(\mathbf{y}) \quad \forall \mathbf{y} \qquad \leftrightarrow \qquad KR_j \subseteq KR_i \;\; \forall \alpha.$$

2. Wegen (12.4) ist ein multipler Test genau dann kohärent und konsonant, wenn

$$KR_i = \bigcup_{j:\, H_0^i \subset H_0^j} KR_j$$

gilt. Da die Testfamilie simultan ist, ist (12.4) wegen (12.13) äquivalent mit:

$$\{\mathbf{y} \,| T_i > c_\alpha\} = \bigcup_{j:\, H_0^i \subset H_0^j} \{\mathbf{y} \,| T_j > c_\alpha\}.$$

Dies gilt aber genau, wenn $T_i(\mathbf{y}) = \sup\left\{T_j(\mathbf{y}) \,\middle|\, j : H_0^i \subset H_0^j\right\}$ ist.
□

Satz 388 (Gabriel (1969)**)** *Sei* $(\mathfrak{H}; \mathfrak{T})$ *eine monotone und simultane Testfamilie zum Niveau* α*. Dann hält* $(\mathfrak{H}; \mathfrak{T})$ *das multiple Niveau* α*, wenn* $\mathfrak{H}$ *eine abgeschlossene oder verbundene Hypothesenfamilie ist.*

Beweis:
Der Schnitt aller wahren Hypothesen sei

$$\widetilde{H} := \bigcap_{i \in \mathcal{W}(\theta)} H_0^i.$$

Wegen (12.13) ist

$$\begin{aligned} \alpha^* &= \mathrm{P}\left\{ \text{mindestens eine wahre Hypothese wird verworfen} \parallel \theta \in \widetilde{H} \right\} \\ &= \mathrm{P}\left\{ T_i > c, \text{ für mindestens ein } H_0^i \in \mathcal{W}(\theta) \parallel \theta \in \widetilde{H} \right\} \\ &= \mathrm{P}\left\{ \sup_{i \in \mathcal{W}(\theta)} T_i > c \parallel \theta \in \widetilde{H} \right\}. \end{aligned} \tag{12.14}$$

Ist $(\mathfrak{H};\mathfrak{T})$ verbunden, so ist die Verteilung der T_i für alle $\theta \in \widetilde{H}$ dieselbe, daher erst recht die Verteilung von $\sup_{i \in \mathcal{W}(\theta)} T_i$. Wegen $H_0^G \subseteq \widetilde{H}$ kann daher weiter geschlossen werden:

$$\alpha^* = \mathrm{P}\left\{ \sup_{i \in \mathcal{W}(\theta)} T_i > c \parallel \theta \in H_0^G \right\} \leq \mathrm{P}\left\{ \sup_{i \in \mathcal{I}} T_i > c \parallel \theta \in H_0^G \right\}. \tag{12.15}$$

Wegen der Mononie folgt aus (12.12) : $\sup_{i \in \mathcal{I}} T_i = T_G$. Damit kann in (12.15) weiter geschlossen werden:

$$\alpha^* \leq \mathrm{P}\left\{ T_G > c \parallel \theta \in H_0^G \right\}.$$

Nach Voraussetzung ist aber $\mathrm{P}\left\{ T_G > c \parallel \theta \in H_0^G \right\} \leq \alpha$.
Ist $(\mathfrak{H};\mathfrak{T})$ abgeschlossen, so ist $\widetilde{H}$ selbst eine Hypothese $\widetilde{H}_0$ aus $\mathfrak{H}$. Da $\widetilde{H}_0 \subseteq H_0^i$ für alle $i \in \mathcal{W}(\theta)$ gilt, ist $T_{\widetilde{H}_0} \geq \sup_{i \in \mathcal{W}(\theta)} T_i$. Da aber $\widetilde{H}_0$ selbst als wahre Hypothese zu $\mathcal{W}(\theta)$ gehört, ist $\sup_{i \in \mathcal{W}(\theta)} T_i = T_{\widetilde{H}_0}$. Also kann in (12.14) wegen $H^G \subseteq \widetilde{H}_0$ weiter geschlossen werden:

$$\begin{aligned} \alpha^* &= \mathrm{P}\left\{ T_{\widetilde{H}_0} > c \parallel \theta \in \widetilde{H}_0 \right\} = \mathrm{P}\left\{ T_{\widetilde{H}_0} > c \parallel \theta \in H^G \right\} \\ &\leq \mathrm{P}\left\{ \sup_{i \in \mathcal{I}} T_i > c \parallel \theta \in H^G \right\} = \mathrm{P}\left\{ T_G > c \parallel \theta \in H_0^G \right\} \leq \alpha. \end{aligned}$$

Die Tukey-Test-Familie ist nach Konstruktion abgeschlossen und simultan. Sie ist wegen

$$T_{\mathbf{K}} = \max_{i,j \in \mathbf{K}} \left\{ \overline{y}_i - \overline{y}_j \right\} = \max_{i,j \in H^{ij} \subseteq \mathbf{K}} \left\{ \overline{y}_i - \overline{y}_j \right\}$$

streng monoton. Wenden wir die beiden Sätze 387 und 388 auf den Tukey-Test an, erhalten wir :

Satz 389 *Der Tukey-Test* $\mathfrak{T} := \left\{ T_{\mathbf{K}} \mid \mathbf{K} \subseteq \{1, \cdots, s\} \right\}$ *bildet eine simultane, streng monotone Testfamilie der Hypothesefamilie* $\mathfrak{H} := \left\{ H_0^{\mathbf{K}} \mid \mathbf{K} \subseteq \{1, \cdots, s\} \right\}$. *Die Testfamilie* $\mathfrak{T}$ *ist kohärent, konsonant und hält das multiple Niveau* α.

12.2.4 Der Many-One Test von Dunnett

Beim Tukey-Test werden alle Elementarkontraste $\mu_i - \mu_j$ auf Signifikanz getestet. In vielen Anwendungsgebieten sind nicht alle μ_i *paarweise untereinander* sondern alle mit *einem festen* Standard μ_0 zu vergleichen. Die relevanten Hypothesen sind nun:

$$H_0^i : "\mu_i = \mu_0" \quad i = 1, \cdots, s. \tag{12.16}$$

Bonferroni- oder Tukey-Tests sind in diesem Fall zu konservativ. Daher schlug Dunnett (1955) und (1964) vor, die Globalhypothese nicht mit der maximalen Differenz $\max_{ij} |\overline{y}_i - \overline{y}_j|$ aller Paare sondern mit dem Maximum der speziellen Differenzenpaare:

$$\max_i |\overline{y}_i - \overline{y}_0|$$

zu prüfen. Die Verteilung von $\overline{y}_i - \overline{y}_0$ hängt ab vom unbekannten σ. Dividieren wir $\overline{y}_i - \overline{y}_0$ durch ihre geschätzte Standardabweichung, erhalten wir s stochastisch abhängige, studentisierter Variable. Sie besitzen eine gemeinsame multivariate t-Verteilung. Die Äquiquantile dieser Verteilung lassen sich nun als Schwellenwerte eines Test verwenden. Die einzelnen Schritte sind:

Die multivariate t-Verteilung Zur Studentisierung bestimmen wir zuerst Kovarianzen und Korrelationen der $\overline{y}_i - \overline{y}_0$:

$$\begin{aligned}
\operatorname{Cov}(\overline{y}_i - \overline{y}_0, \overline{y}_i - \overline{y}_0) &= \sigma^2 \begin{cases} \frac{1}{n_i} + \frac{1}{n_0} & \text{falls} \quad i = j \\ \frac{1}{n_0} & \text{falls} \quad i \neq j \end{cases}, \\
\rho(\overline{y}_i - \overline{y}_0; \overline{y}_i - \overline{y}_0) &= \sqrt{\frac{n_i n_j}{(n_i + n_0)(n_j + n_0)}} =: \rho_{ij}.
\end{aligned}$$

Die gemeinsame Korrelationsmatrix sei $\mathbf{R}$ mit $\mathbf{R}_{[i,j]} = \rho_{ij}$. Jede einzelne der studentisierten Differenzen:

$$T_i := \frac{\overline{y}_i - \overline{y}_0}{\widehat{\sigma}\sqrt{\frac{1}{n_i} + \frac{1}{n_0}}} \sim t(n-s)$$

ist $t(n-s)$ verteilt. Alle T_i zusammen besitzen eine gemeinsame multivariate t-Verteilung[7]:

$$\mathbf{T} := (T_1, \cdots, T_s) \sim t(s+1; n-s-1; \mathbf{R}).$$

Die Dichte dieser Verteilung ist:

$$f(\mathbf{t}) = \gamma \left(1 + \tfrac{1}{n-s_A-1}\mathbf{t}'\mathbf{R}^{-1}\mathbf{t}\right)^{-\frac{n-1}{2}}$$

[7] Siehe auch Johnson und Kotz (1972).

mit einer geeigneten Intergrationskonstante γ. Die einseitigen und zweiseitigen Äquiquantile $\tau_{1-\alpha}$ bzw. $|\tau|_{1-\alpha}$ der Verteilung von $\mathbf{T}$ sind definiert durch:

$$\begin{aligned} \mathrm{P}\{T_i \leq \tau_{1-\alpha} \quad \forall i\} &= 1-\alpha, \\ \mathrm{P}\left\{|T_i| \leq |\tau|_{1-\alpha} \quad \forall i\right\} &= 1-\alpha. \end{aligned}$$

Die $\tau_{1-\alpha}$ bzw. $|\tau|_{1-\alpha}$ sind daher die gesuchten Quantile von $\max_i T_i$ und von $\max_i |T_i|$. Die $\tau_{1-\alpha}$ und $|\tau|_{1-\alpha}$ hängen nur ab von n, s und $\mathbf{R}$. Erst als Tabellen der Quantile $\tau_{1-\alpha}$ und $|\tau|_{1-\alpha}$ vorlagen, konnten darauf aufbauende Tests praktische Relevanz gewinnen. 1983 veröffentlichten Ahner und Passing ein Fortran-Programm zur Berechnung der multivariaten t-Verteilung. In den Tabellen von Bechhofer und Dunnett (1988) sind die Quantile für den Fall konstanter Korrelationen $\rho_{ij} = \rho$ angegeben. Dieser in der Praxis besonders häufige Fall kennzeichnet *fast balanzierte* Modelle. Hier sind alle Faktorstufen bis auf die Kontrollstufe gleich stark besetzt:

$$n_i = r \quad \text{für } i > 0,$$

nur die Besetzungszahl n_0 ist in der Regel wesentlich größer. Im fast balanzierten Modell ist:

$$\rho_{ij} = \frac{r}{r + n_0} =: \rho.$$

Im vollständig balanzierte Modell ist $n_0 = r$ und folglich $\rho = 1/2$.

Der Many-One Test[8]

Wir erweitern die Hypothesenmenge (12.16) um alle Schnitthypothesen zu:

$$\mathfrak{H} := \left\{H^{\mathbf{K}} : "\mu_0 = \mu_i \quad \forall i \in \mathbf{K}" \mid \mathbf{K} \subseteq \{1, \cdots, s\}\right\}$$

Für $\mathbf{K} = \{1, \cdots, s\}$ enthält $\mathfrak{H}$ die Globalhypothese H_0^G. $H^{\mathbf{K}}$ wird getestet mit der Prüfgröße $T_{\mathbf{K}}$:

$$T_{\mathbf{K}} := \max_{i \in \mathbf{K}} \frac{|\overline{y}_i - \overline{y}_0|}{\widehat{\sigma}\sqrt{\frac{1}{n_i} + \frac{1}{n_0}}}$$

und der kritischen Region $T_{\mathbf{K}} > |\tau|_{1-\alpha}$. Im fast balanzierten Modell wird H^i : "$\mu_0 = \mu_i$" abgelehnt, falls gilt:

$$|\overline{y}_i - \overline{y}_0| > \widehat{\sigma}\sqrt{\frac{1}{r} + \frac{1}{n_0}}\,|\tau|_{1-\alpha} = LSD_{Many-one}.$$

Nach Konstruktion sind die Voraussetzungen der Sätze 387 und 388 erfüllt. Daher gilt:

Satz 390 *Der Many-One-t-Test ist ein streng monotoner, simultaner Test zum multiplen Niveau α. Er ist kohärent und konsonant.*

[8] Alle gegen Einen

Simultane Konfidenzintervalle

Aus der für alle i simultan gültigen Wahrscheinlichkeitsausage:

$$\mathrm{P}\left(\left|(\overline{y}_i-\mu_i)-(\overline{y}_0-\mu_0)\right|\leq\widehat{\sigma}\sqrt{\frac{1}{n_i}+\frac{1}{n_0}}\,|\tau|_{1-\alpha}\qquad\forall i\right)\geq 1-\alpha,$$

erhält man die simultanen Konfidenzintervalle zum Niveau α:

$$\overline{y}_i-\overline{y}_0-|\tau|_{1-\alpha}\,\widehat{\sigma}\sqrt{\frac{1}{n_i}+\frac{1}{n_0}}\leq\mu_i-\mu_0\leq\overline{y}_i-\overline{y}_0+|\tau|_{1-\alpha}\,\widehat{\sigma}\sqrt{\frac{1}{n_i}+\frac{1}{n_0}}.$$

Zum Test der einseitigen Hypothese $\mu_i-\mu_0\leq 0$ gegen die Alternative $\mu_i-\mu_0>0$ verwendet man nicht die Quantile $|\tau|_{1-\alpha}$ sondern die $\tau_{1-\alpha}$. Diese sind ebenfalls in den Bechhofer-Dunnett Tabellen zu finden. Analoges gilt für einseitige Konfidenzintervalle.

12.2.5 Der Scheffé-Test

Während beim Tukey- und beim Dunnett-Test nur spezielle Kontraste getestet werden, umfaßt die Inferenzfamilie des Scheffé-Tests die Gesamtheit aller Parameter eines q-dimensionalen Parameterraums. In der Regel ist dies der $s-1$ dimensionale Raum aller Kontraste. Um den Schätzfehler $\phi-\widehat{\phi}$ des Schätzers $\widehat{\phi}$ eines beliebigen Parameters ϕ zu beurteilen, wird als Vergleichsmaßstab das Maximum aller vergleichbaren Schätzfehler genommen.

Die Verteilung des maximalen Schätzfehlers

Satz 391 *Ist* $\mathbf{M}_p$ *ein p-dimensionaler Unterraum des Modellraums* $\mathbf{M}$ *und*

$$\Phi:=\left\{\phi\mid\phi=\mathbf{k}'\boldsymbol{\mu};\quad\mathbf{k}\in\mathbf{M}_p\right\}$$

eine p-dimensionale Menge eindimensionaler schätzbarer Parameter, dann ist:

$$\max_{\phi\in\Phi}\frac{\left(\phi-\widehat{\phi}\right)^2}{\operatorname{Var}\widehat{\phi}}\sim\chi^2(p).$$

Beweis:
Wegen $\mathbf{k}\in\mathbf{M}_p\subseteq\mathbf{M}$ ist $\widehat{\phi}=\mathbf{k}'\mathbf{y}$ und $\operatorname{Var}\widehat{\phi}=\sigma^2\left\|\mathbf{k}\right\|^2$. Aus $\mathcal{L}\{\mathbf{k}\}\subset\mathbf{M}_p$ folgt:

$$\frac{\left(\widehat{\phi}-\phi\right)^2}{\operatorname{Var}\widehat{\phi}}=\frac{\left[\mathbf{k}'(\mathbf{y}-\boldsymbol{\mu})\right]^2}{\sigma^2\left\|\mathbf{k}\right\|^2}=\left\|\mathbf{P}_{\mathbf{k}}\left(\frac{\mathbf{y}-\boldsymbol{\mu}}{\sigma}\right)\right\|^2\leq\left\|\mathbf{P}_{\mathbf{M}_p}\left(\frac{\mathbf{y}-\boldsymbol{\mu}}{\sigma}\right)\right\|^2.$$

Für die spezielle Wahl von $\mathbf{k}:=\mathbf{P}_{\mathbf{M}_p}(\mathbf{y}-\boldsymbol{\mu})\in\mathbf{M}_p$ wird die letzte Ungleichung zur Gleichung:

$$\mathbf{P}_{\mathbf{k}}\left(\frac{\mathbf{y}-\boldsymbol{\mu}}{\sigma}\right)=\mathbf{P}_{\mathbf{k}}\mathbf{P}_{\mathbf{M}_p}\left(\frac{\mathbf{y}-\boldsymbol{\mu}}{\sigma}\right)=\mathbf{P}_{\mathbf{k}}\mathbf{k}=\mathbf{k}=\mathbf{P}_{\mathbf{M}_p}\left(\frac{\mathbf{y}-\boldsymbol{\mu}}{\sigma}\right).$$

Daher ist:

$$\max_{\phi\in\Phi} \frac{\left(\phi - \widehat{\phi}\right)^2}{\operatorname{Var}\widehat{\phi}} = \left\|\mathbf{P}_{\mathbf{M}_p}\left(\frac{\mathbf{y}-\boldsymbol{\mu}}{\sigma}\right)\right\|^2 \sim \chi^2(p).$$

□

In der Regel ist σ^2 nicht bekannt. Hat man einen von $\widehat{\phi}$ unabhängigen Schätzer $\widehat{\sigma}^2$, der $\frac{\sigma^2}{n-d}\chi^2(n-d)$ verteilt ist, kann man $\sigma^2_{\widehat{\phi}} = \sigma^2\|\mathbf{k}\|^2$ mit $\widehat{\sigma}^2_{\widehat{\phi}} = \widehat{\sigma}^2\|\mathbf{k}\|^2$ schätzen. Dann gilt nach Definition der F-Verteilung:

$$\max_{\phi\in\Phi} \frac{\left(\phi - \widehat{\phi}\right)^2}{\widehat{\sigma}^2_{\widehat{\phi}}}, \sim pF(p; n-d). \tag{12.17}$$

Der Scheffé-Test

Es sei Φ eine wie in Satz 391 definierte, p-dimensionale Menge eindimensionaler schätzbarer Parameter ϕ und $\mathfrak{H}$ die Hypothesenfamilie:

$$\mathfrak{H} := \left\{H_0^\phi : \text{"}\phi = 0\text{"} \mid \phi \in \Phi\right\}.$$

Mit dem Scheffé-Test lassen sich sämtliche Hypothesen dieser Familie simultan testen.

Satz 392 *Beim Scheffé-Test wird jede Einzelhypothese $H_0^\phi \in \mathfrak{H}$ genau dann abgelehnt, wenn:*

$$\frac{\left|\phi - \widehat{\phi}\right|}{\widehat{\sigma}_{\widehat{\phi}}} > \sqrt{LSD_{Scheff\acute{e}}} = \sqrt{pF(p; n-d)_{1-\alpha}} \tag{12.18}$$

ist. Diese Testfamilie ist kohärent, konsonant und hält das multiple Niveau α.

Beweis:
Die Globalhypothese $H_0^G := \bigcap_\phi H_0^\phi$ ist die Hypothese "$\boldsymbol{\mu} \perp \mathbf{k}; \quad \forall \mathbf{k} \in \mathbf{M}_p$". Damit ist

$$H_0^G := \text{"}\boldsymbol{\mu} \perp \mathbf{M}_p\text{"}.$$

Unter H_0^G ist die Prüfgröße:

$$\frac{\left\|\mathbf{P}_{\mathbf{M}_p}\mathbf{y}\right\|^2}{\widehat{\sigma}^2} \sim pF(p; n-d)$$

verteilt. H_0^G wird abgelehnt, falls gilt:

$$\frac{1}{\widehat{\sigma}^2}\left\|\mathbf{P}_{\mathbf{M}_p}\mathbf{y}\right\|^2 > pF(p; n-d)_{1-\alpha} =: LSD_{Scheffe}.$$

Testen wir nun alle Einzelhypothesen H_0^ϕ mit der Prüfgröße:

$$T_\phi := \frac{\left(\phi - \widehat{\phi}\right)^2}{\widehat{\sigma}^2_{\widehat{\phi}}},$$

und derselben Schwelle $LSD_{Scheffe}$, so bilden diese Tests ein streng monotone, simultane Testfamilie[9] $\mathfrak{T} := \{T_\phi \,|\phi \in \Phi\}$. Zwar ist $\mathfrak{H}$ nicht durchschnittsabgeschlossen, aber verbunden.

□

Das Ergebnis ist auch so unmittelbar einleuchtend: Mit Wahrscheinlichkeit $1-\alpha$ ist $\max_\phi \frac{|\phi-\widehat{\phi}|}{\widehat{\sigma}_{\widehat{\phi}}} \leq \sqrt{LSD_{Scheff\acute{e}}}$. Ein einzelner Parameter ϕ ist daher erst recht signifikant, wenn für ihn $\frac{|\phi-\widehat{\phi}|}{\widehat{\sigma}_{\widehat{\phi}}}$ diese Schranke übertrifft.

Bemerkung: Wie bei jedem anderen multiplen Test hat auch der Scheffé-Test Vorteile und Nachteile.
Vorteile des Scheffé-Tests:

1. Der Scheffé-Test gilt für jeden Parameter $\phi \in \Phi$, daher auch für solche, die erst *nach Inspektion der Daten* aufgefallen sind. *Data-Snooping* ist also erlaubt.

2. Mit den Scheffé-Schranken lassen sich simultane Konfidenzintervalle:

$$\widehat{\phi} - \widehat{\sigma}_{\widehat{\phi}}\sqrt{LSD_{Scheff\acute{e}}} \leq \phi \leq \widehat{\phi} + \widehat{\sigma}_{\widehat{\phi}}\sqrt{LSD_{Scheff\acute{e}}}$$

   für beliebig viele $\phi \in \Phi$ aufstellen, die dann simultan mit der vorgegebenen Wahrscheinlichkeit $1 - \alpha$ die wahren Parameter überdecken.

3. Die Varianzen der $\widehat{\phi}$ können beliebig sein. Das Modell muß nicht balanziert sein.

Nachteile des Scheffé-Tests:

1. Der Scheffé-Test ist konservativ und dem Tukey-Test oder Dunnett-Test unterlegen, wenn nur die Familien spezieller Elementarkontraste getestet werden sollen. In diesem Fall ist der Scheffé-Test nicht einmal konsonant. Es ist zum Beispiel möglich, daß die Globalhypothese verworfen wird, aber alle Elementarkontraste angenommen werden.

2. Es zeigt sich in numerischen Untersuchungen z.B. bei Ury und Wiggins (1975) oder Ury (1976), daß auch im unbalanzierten Fall die Tukey-Varianten dem Scheffé Test überlegen sind. Diese Arbeiten enthalten auch Hinweise darauf, wann welche Methoden bei welchem Grad der Unbalanziertheit vorzuziehen sind.

[9] Jede von der Globalhypothese verschiedene Hypothese ist minimal und besitzt nur H_0^G als Verschärfung.

Beispiel 393 *Wir setzen das Benzinbeispiel 382 fort und nehmen für Φ die Menge aller Kontraste. Dann ist* $\mathbf{M}_p = \mathbf{A} \ominus \mathbf{1}$; $p = s - 1$. *Daraus folgt:*

$$LSD_{Scheff\acute{e}} = (s-1)\, F\,(s-1; n-s)_{1-\alpha} = 12,22.$$

Test der Elementarkontraste:

$$\begin{aligned}
\phi_{ij} &= \mu_i - \mu_j, \\
\widehat{\phi}_{ij} &= \widehat{\mu}_i - \widehat{\mu}_j = \overline{y}_i - \overline{y}_j, \\
\sigma^2_{\widehat{\phi}} &= \frac{\sigma^2}{n_i} + \frac{\sigma^2}{n_j} = 2\frac{\sigma^2}{r}, \\
\widehat{\sigma}_{\widehat{\phi}} &= \sqrt{\widehat{\sigma}^2 \frac{2}{r}} = \sqrt{0,225\frac{2}{4}} = 0,335.
\end{aligned}$$

Ein Elementarkontrast $\phi_{ij} := \mu_i - \mu_j$ *ist also genau dann signifikant von Null verschieden, falls:*

$$\overline{y}_i - \overline{y}_j > \widehat{\sigma}_{\widehat{\phi}} \sqrt{LSD_{Scheff\acute{e}}} = 0,335\sqrt{12,22} = 1,17$$

ist. Demnach sind nur die Differenzen $\mu_1 - \mu_5$ *und* $\mu_2 - \mu_5$ *signifikant.*

Test eines speziellen linearen Kontrastes ϕ. *Es sei:*

$$\phi := -2\mu_1 - \mu_2 + 0\mu_3 + 1\mu_4 + 2\mu_5.$$

Dann ist:

$$\widehat{\phi} = -2\widehat{\mu}_1 - \widehat{\mu}_2 + 1\widehat{\mu}_4 + 2\widehat{\mu}_5 = -2\overline{y}_2 - \overline{y}_2 + \overline{y}_3 + 2\overline{y}_5.$$

und:

$$\widehat{\sigma}_{\widehat{\phi}} = \widehat{\sigma}\sqrt{\frac{4}{r} + \frac{1}{r} + \frac{1}{r} + \frac{4}{r}} = \widehat{\sigma}\sqrt{\frac{10}{r}} = 0,756.$$

Der Kontrast ϕ *ist signifikant von Null verschieden, falls:*

$$\left|\widehat{\phi}\right| > \widehat{\sigma}_{\widehat{\phi}} \sqrt{LSD_{Scheff\acute{e}}} = 0,756\sqrt{12,22} = 2,64$$

ist. Im Benzinbeispiel ergibt sich:
$\widehat{\phi} = -2\overline{y}_1 - \overline{y}_2 + \overline{y}_3 + 2\overline{y}_5 = -2 \cdot 91,1 - 91,35 + 91,85 + 2 \cdot 92,7 = 3,7.$ *Der Kontrast ist also signifikant von Null verschieden!*

12.3 Mehrschrittige Testprozeduren

Während einschrittige Testprozeduren einer schriftlichen Prüfung gleichen, ähneln mehrschrittige Testprozeduren einer mündlichen Prüfung. Hier muß der Prüfling eine Frage nach der anderen beantworten, die immer leichter oder immer schwerer werden können, bis der Prüfer ein abschließendes Bild hat und auf weitere Fragen verzichtet. Bei mehrschrittige Testprozeduren

- hängt die Entscheidung über die i-te Hypothese H_0^i vom Ergebnis der bereits überprüften Hypothesen ab.

- Außerdem wird bei jedem einzelnen Test nicht notwendig der gleiche kritische Schwellenwert der Globalhypothese verwendet.

- Eine *absteigende Testprozedur* beginnt mit der schärfsten Hypothese und schreitet dann zu den schwächeren fort. Im Testprozeß endet ein derart *absteigender Pfad* genau dann, wenn eine Hypothese H_0^i angenommen wird. Anschließend werden alle schwächeren Hypothesen $H_0^j \supseteq H_0^i$ ebenfalls angenommen. Fishers LSD-Test, — den wir gleich besprechen , — ist dafür ein Beispiel.

- Eine *aufsteigende Testprozedur* beginnt mit den schwächsten Hypothesen und schreitet dann zu den schärferen fort. Im Testprozeß endet ein derart *aufsteigender Pfad* genau dann, wenn eine Hypothese H_0^j abgelehnt wird. Anschließend werden alle schärferen Hypothesen $H_0^i \subseteq H_0^j$ ebenfalls abgelehnt.

Einer der ersten Mehrschritttests ist R.A. Fishers *Protected LSD-Test*, den er in seinem Buch "Design of Experiments" (1935) vorgestellt hat.

12.3.1 Der Protected LSD-Test von Fisher

Dieser Test besteht aus zwei notwendig zusammengehörenden Schritten:
1. Schritt: Teste die Globalhypothese "Keine Mittelwertsunterschiede":

$$H_0^G : "\mu_i = \mu \quad \forall i".$$

mit dem F-Test. Wird H_0^G angenommen, dürfen keine Paardifferenzen mehr untersucht werden. Alle Hypothesen:

$$H_0^{ij} : "\mu_i - \mu_j = 0"$$

werden automatisch akzeptiert. Wird H_0^G verworfen, gehe zum 2. Schritt über:
2. Schritt: Jede Hypothese H_0^{ij} wird einzeln mit dem gewöhnlichen t-Test überprüft.

Bemerkungen:

1. H_0^{ij} wird genau dann abgelehnt, wenn die Globalhypothese H_0^G abgelehnt wird und dann die Differenz $\mu_i - \mu_j$ im zweiten Schritt signifikant ist.

2. Die Schwelle des lokalen t-Tests im 2. Schritt heißt auch die *geschützte Schwelle* oder englisch: *Protected LSD.* Im Gegensatz dazu wird die Schwelle des Tukey-Tests auch als *Wholly significant difference* bezeichnet. Dabei bezieht sich *wholly* auf die Gesamtheit aller Differenzenpaare.

3. Der LSD-Test hält das globale Niveau α: Stimmen alle μ_j überein, so ist die Wahrscheinlichkeit dafür, fälschlicherweise eine signifikante Differenz zu entdecken, genau α. Dies wird gerade durch den ersten Testschritt, den globalen F-Test, gesichert. Daher hält der Test das vorgegebene Signifikanzniveau nicht mehr ein, falls auf den ersten Schritt verzichtet wird.
4. Eine Verallgemeinerung auf Kontraste und die multiple lineare Regression ist möglich.
5. Fishers Proteceted LSD-Test ist weit verbreitet, einfach und auch für nicht balanzierte Designs anwendbar.
6. Wegen des globalen F-Test im ersten Schritt, hat er eine relativ hohe Wahrscheinlichkeit, falsche Nullhypothesen zu erkennen. Wegen der *ungeschützten* t-Tests im zweiten Schritt ist er nicht so *konservativ* wie der Scheffé-Test.
7. Der Protected-LSD-Test für das Hypothesensystem $\left\{H_0^G; H_0^{ij} \mid \forall i,j\right\}$ ist kohärent, aber nicht konsonant.

   Die Kohärenz folgt aus der Konstruktion des Tests. Die schwächere Hypothese H_0^{ij} kann nur abgelehnt werden, wenn vorher die stärkere globale Hypothese H_0^G abgelehnt wurde.

   Der Test ist nicht konsonant: Die globale Hypothese kann abgelehnt werden, während alle darauf folgenden Hypothese H_0^{ij} angenommen werden. Der LSD-Test hält nicht das multiplen Niveau.

Beispiel 394 (Fehlende Konsonanz:) *Zur Illustration kehren wir zum Beispiel 320 von Seite 369 zurück. Wir zeigen noch einmal die Abbildung mit den Annahmebereichen der beiden Einzelhypothesen* H_0^a : "$\beta_1 = 0$" *bzw.* H_0^b : "$\beta_2 = 0$" *und der gemeinsamen Hypothese* H_0^{ab} : "$\beta_1 = 0; \beta_2 = 0$".

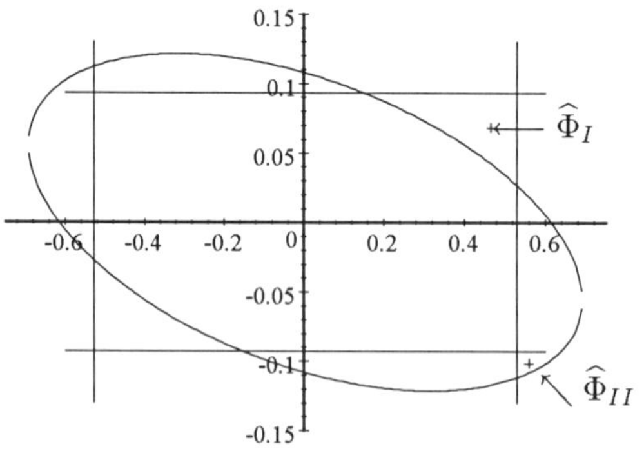

Im Fall der Beobachtung $\mathbf{y}_{(I)}$ *haben wir den Schätzer* $\widehat{\Phi}_{(I)}$ *erhalten. Hier wird die gemeinsame globale Hypothese* H_0^{ab} *abgelehnt, aber beide schwächeren Hypothesen* H_0^a *und* H_0^b *angenommen. Im Fall der Beobachtung* $\mathbf{y}_{(II)}$ *haben wir*

den Schätzer $\widehat{\Phi}_{(II)}$ erhalten. Nun wird die globale Hypothese H_0^{ab} angenommen. Fishers Test verbietet nun das Weitertesten der beiden Einzelhypothesen. Wir hatten uns über dieses Verbot hinweggesetzt und beide Teilhypothesen abgelehnt. Daher können wir bei diesem Vorgehen keine Aussage über das globale Niveau des Test machen.

Ein Beispiel für die Verletzung des multiplen Niveaus:

Beispiel 395 *Wir gehen aus von Modell $\mu_1 = \mu_2 = \cdots = \mu_{s-1} < \mu_s$. Nun läßt man μ_s gegen Unendlich wachsen. Dann wird die Globalhypothese bei hinreichend großem μ_s mit beliebig großer Wahrscheinlichkeit abgelehnt. Daher werden bei den folgenden Tests in der zweiten Stufe die Teilhypothesen H_{ij} : "$\mu_i = \mu_j$" für $i, j < s$ mit dem gewöhnlichen ungeschützten t-Test getestet. Damit wird die Wahrscheinlichkeit für den multiplen Fehler 1.Art nicht länger kontrolliert.*

12.3.2 Der Newman-Keuls-Test

Der Newman-Keuls-Test und der Duncan-Test identifizieren beide diejenigen μ_i, die sich vom Gesamtmittel μ_0 unterscheiden. Dabei gehen beide Tests von einer einfachen Überlegung aus:

Wenn in einer Menge $\mathbf{V} = \{v_1, \cdots, v_k\}$ alle v_i gleich groß sind, dann sind auch in jeder Teilmenge $\mathbf{V}' \subset \mathbf{V}$ alle Elemente gleich groß.
Also wird zuerst die k-elementige Gesamt-Menge $\mathbf{V}$ auf Gleichheit aller Elemente geprüft. Wird dies bejaht, dann kann die Suche abgebrochen werden. Wird die Gleichheit verneint, dann werden alle $(k-1)$ elementigen Teilmenge $\mathbf{V}'$ überprüft. In jeder Teilmenge, bei der auf Gleichheit aller Elemente entschieden wurde, wird im weiteren Suchprozeß nicht länger nach unterschiedlichen Elementen gesucht. Bei den anderen wird weiter unterteilt und nach Unterschieden gefahndet. Am Schluß bleibt ein System von disjunkten Teilmengen übrig, deren Elemente in sich gleich und untereinander verschieden sind.

In der Umsetzung dieser Idee unterscheiden sich beide Testverfahren von Newman-Keuls und Duncan. Beide Testverfahren gehen von folgenden Voraussetzung aus:
Gegeben sei ein balanziertes Modell mit einem Faktor A und s Faktorstufen mit jeweils $n_i = r$ Beobachtungen. Dann ist $n = r \cdot s$. Ohne Einschränkung der Allgemeinheit seien die Stufen so umbenannt, daß die $\overline{y}_j$ der Größe nach geordnet sind:

$$\overline{y}_1 \leq \overline{y}_2 \leq \cdots \leq \overline{y}_{s-1} \leq \overline{y}_s.$$

1. Schritt:
Mit dem Tukey-Test wird die Globalhypothese : H_0^G : "$\mu_i = \mu_j \;\forall i, j$" geprüft. Da die $\overline{y}_i$ bereits der Größe nach geordnet sind, ist:

$$\max_{ij} |\overline{y}_i - \overline{y}_i| = \overline{y}_s - \overline{y}_1.$$

Gilt:

$$\overline{y}_s - \overline{y}_1 \leq \frac{\widehat{\sigma}}{\sqrt{r}} q\left(s; n-s\right)_{1-\alpha},$$

so kann die Globalhypothese nicht verworfen werden. Das Verfahren bricht mit der Aussage ab, daß keine signifikanten Unterschiede existieren. Andernfalls werden alle Teilmengen von je $s-1$ Parametern getestet.

2. Schritt:
Nun werden die beiden größten Differenzen $\overline{y}_{s-1} - \overline{y}_1$ und $\overline{y}_s - \overline{y}_2$ überprüft, da die Spannweite aller andern Teilmengen kleiner ist. Betrachten wir zuerst $\overline{y}_s - \overline{y}_2$. Im zweiten Schritt wird

$$\overline{y}_s - \overline{y}_2 \leq \frac{\widehat{\sigma}}{\sqrt{r}} q\left(s-1; n-s\right)_{1-\alpha} \tag{12.19}$$

geprüft. Ist (12.19) richtig, so wird

$$\mu_2 = \cdots = \mu_s$$

akzeptiert und diese Teilmenge nicht weiter untersucht. Ist dagegen $\overline{y}_s - \overline{y}_2$ größer als die Schranke, so werden in analoger Weise Teilmengen von $s-2$ Parametern auf Signifikanz geprüft.Analog wird bei $\overline{y}_s - \overline{y}_1$ verfahren und

$$\overline{y}_{s-1} - \overline{y}_1 \leq \frac{\widehat{\sigma}}{\sqrt{r}} q\left(s-1; n-s\right)_{1-\alpha} \tag{12.20}$$

geprüft. Ist wenigsten eine der beiden Ungleichungen (12.19) oder (12.20) falsch, folgt der dritte Schritt.

3. Schritt:
Jede Untergruppe der Länge $s-2$, die nicht vollständig in einer nichtsignifikanten Obergruppe der Länge $s-1$ enthalten ist, wird mit dem Schwellenwert $\frac{\widehat{\sigma}}{\sqrt{r}} q\left(s-2; n-s\right)_{1-\alpha}$ getestet. Das Verfahren wird entsprechend fortgesetzt und bricht spätestens bei Gruppen von nur zwei Mittelwerten ab.

Eine Differenz zwischen zwei Mittelwerten $\overline{y}_j$ und $\overline{y}_j$ ist also nur dann signifikant, wenn der Tukey-Test für jede Parametermenge, die μ_j und μ_{j+1} enthält, zur Ablehnung führt.
Im $s+1-k$ -ten Schritt wird die Spannweite von k Mittelwerten getestet. Die Schwelle ist dabei:

$$LSD_{NK}\left(k\right) := LSD_{Newman-Keuls}\left(k\right) := \frac{\widehat{\sigma}}{\sqrt{r}} q\left(k; n-s\right)_{1-\alpha}.$$

Beispiel 396 *Wir betrachten weiterhin das Benzinbeispiel 382: Es war* $\alpha = 0{,}05$*;* $n = 20$*;* $r = 4$*;* $s = 5$*;* $\widehat{\sigma} = 0{,}47434$*;* $\frac{\widehat{\sigma}}{\sqrt{r}} = 0{,}23717$*. Die folgende*

Tabelle zeigt die Schwellenwerte des Newman-Keuls Tests:

Anzahl der Parameter k	$q\,(k;15)_{0,95}$	$LSD_{NK}\,(k) = 0,237q\,(k;15)_{0,95}$
5	$4,37$	$1,04$
4	$4,08$	$0,97$
3	$3,67$	$0,87$
2	$3,01$	$0,71$

Die beobachteten Mittelwerte $\overline{y}_i$ *werden der Größe nach geordnet:*

$$91,10 < 91,35 < 91,55 < 91,85 < 92,70.$$

1.Schritt: Die Spannweite von allen fünf Mittelwerten ist größer als $LSD_{NK}\,(5)$*:*

$$92,70 - 91,1 > 1,04.$$

$\Rightarrow$ *Die Mittelwerte sind also signifikant voneinander verschieden.*
2. Schritt: Die Spannweite der ersten vier Mittelwerte ist kleiner, die der letzten vier Mittelwerte ist größer als $LSD_{NK}\,(4)$*:*

$$\begin{aligned} 91,85 - 91,10 &< 0,97\,, \\ 92,70 - 91,35 &> 0,97\,. \end{aligned}$$

Nur die letzten vier Mittelwerte werden weiter untersucht.
3.Schritt: Untersuchung der Spannweite von drei Mittelwerten. Da bei den ersten vier Mittelwerten nicht weiter differenziert werden darf, muß in jeder noch weiterhin untersuchten Teilmenge der größte Mittelwert enthalten sein:

$$92,70 - 91,55 > 0,87.$$

$\Rightarrow$ *Die Mittelwerte unterscheiden sich.*
4.Schritt: Untersuchung der Spannweite von zwei Mittelwerten

$$92,70 - 91,85 > 0,71.$$

$\Rightarrow$ *Das Gesamtergebnis:* μ_5 *ist signifikant größer als alle anderen. Die restlichen* μ_i *unterscheiden sich nicht signifikant voneinander.*

Das Ergebnis des Newman-Keuls Test stellt man oft so dar, daß Mittelwerte als Punkte einer Strecke abgebildet werden. Mittelwerte, die nun zu einer Gruppe mit nicht signifikanten Unterschieden gehören, werden durch Unterstreichung zu einer Gruppe zusammengefaßt. Im obigen Beispiel wäre das Ergebnis des Newman-Keuls Tests:

$\overline{y}_1$	$\overline{y}_2$	$\overline{y}_3$	$\overline{y}_4$	$\overline{y}_5$
91,10	91,35	91,55	91,85	92,70
———	———	———	———	

Beim Newman-Keuls Test sind Entscheidungen möglich, die in sich widersprüchlich wären, wollte man sie als Tatsachenbehauptungen interpretieren.

Nehmen wir an, im obigen Beispiel wäre $\overline{y}_5$ nicht $92,70$ sondern $\overline{y}_5 = 92,30$ gewesen, wobei $\widehat{\sigma}^2$ gleichgeblieben sein soll. Dann wäre die Gruppe der ersten vier Mittelwerte weiterhin nicht signifikant geblieben. Wegen $92,30 - 91,10 = 1,20 > 1,04$ wären weiterhin die Mittelwerte in der Gesamtheit signifikant von einander unterschieden. Aber wegen $92,30 - 91,35 = 0,95 < 0,97$ würden sich weder die ersten vier noch die letzten vier Mittelwerte signifikant unterscheiden.

$\overline{y}_1$	$\overline{y}_2$	$\overline{y}_3$	$\overline{y}_4$	$\overline{y}_5$
91,10	91,35	91,55	91,85	92,30

Das Ergebnis des Tests wäre nun:

Die Hypothese :	$\mu_1 = \mu_2 = \mu_3 = \mu_4$	kann nicht abgelehnt werden.
Die Hypothese :	$\mu_2 = \mu_3 = \mu_4 = \mu_5$	kann nicht abgelehnt werden.
Die Hypothese :	$\mu_1 = \mu_2 = \mu_3 = \mu_4 = \mu_5$	wird abgelehnt.

12.3.3 Der Duncan-Test

Der Duncan-Test stimmt bis auf die Wahl der α mit dem Newman-Keuls-Test überein. Beim Duncan-Test wird monoton fallend bei jedem Schritt eine kleinere Irrtumswahrscheinlichkeit gewählt. Diese ist um so kleiner, je mehr Parameter in den jeweiligen Vergleich einbezogen sind. Im $s+1-k$ -ten Schritt wird die Spannweite von k Mittelwerten getestet. Dabei arbeitet der Duncan-Test mit:

$$\alpha_k := 1 - (1-\alpha)^{k-1}.$$

Daher ist die Schranke des Duncan-Tests:

$$LSD_D := LSD_{Duncan} := \frac{\widehat{\sigma}}{\sqrt{r}} q\left(k; n-s\right)_{1-\alpha_k}.$$

Erst beim Paarvergleich im letzten Schritt mit $k = 2$ ist $\alpha_k = \alpha$. Die Schwellenwerte des Duncan-Tests sind tabelliert. Die Frage nach dem Gesamtsignifikanzniveau des Duncan-Tests wird kontrovers beantwortet. Altmeister Scheffé (1959) schreibt:

> "I have not included the multiple comparison method of D. B. Duncan because I have been unable to understand their justification...".

Dennoch wird der Test häufig angewendet, nicht zuletzt, da er in vielen statistischen Softwarepaketen standardmäßig angeboten wird.

Beispiel 397 *Im Benzinbeispiel 382 ergibt sich:*

Anzahl k der Parameter	α_k	$q(k;15)_{1-\alpha_k}$	$LSD_D = \frac{\widehat{\sigma}}{\sqrt{r}} q(k;15)_{1-\alpha_k}$
5	$0,1855$	$3,312$	$0,785$
4	$0,1426$	$3,250$	$0,770$
3	$0,0975$	$3,160$	$0,749$
2	$0,05$	$3,014$	$0,714$

In diesem Beispiel führt der Duncan-Test zu derselben Aussage wie der Newman-Keuls-Test.

Weder der Duncan- noch der Newman-Keuls-Test halten das multiple Niveau. Für den Duncan-Test ist die maximale Wahrscheinlichkeit für die Ablehnung einer wahren Hypothese:

$$\max FWE = 1 - (1-\alpha)^{s-1},$$

dagegen ist beim Newman-Keuls Test:

$$\max FWE = 1 - (1-\alpha)^{\left[\frac{k}{2}\right]}.$$

Siehe Hochberg und Tamhane (1987) und Tamhane (1996). Im Software-Paket SAS wird in der Ryan-Einot-Gabriel-Welsch Variante:

$$\alpha_k = \begin{cases} 1-(1-\alpha)^{\frac{k}{s}} & \text{falls } 2 \le k \le s-2 \\ \alpha & \text{falls } k = s-1 \text{ oder } k = s \end{cases}$$

gesetzt.

12.3.4 Die Bonferroni-Holm Methode

Der Bonferroni-Test hält das multiple Niveau, ist aber sehr konservativ. Seine Verbesserung durch Holm (1979) verwirft bei gleichem Niveau mehr Hypothesen, er ist bei gleichem Niveau liberaler.

Voraussetzung der Bonferroni-Holm Methode: Zu jeder Elementarhypothese H_0^i $i = 1, \cdots, n$ existiere ein Test ϕ_i mit der Teststatistik $T_i(\mathbf{y})$, bei der kritische Region aus den kleinen Werten gebildet wird. Zum Beispiel kann $T_i(\mathbf{y})$ der P-Value sein. Außerdem gelte für alle $1 \le i;\ m \le n$, $\forall \alpha \in (0;1)$ und $\forall \theta \in H_0^i$:

$$\mathrm{P}_\theta \left\{ T_i(\mathbf{y}) \le \frac{\alpha}{m} \right\} \le \frac{\alpha}{m}.$$

Ablauf des Bonferroni-Holm-Tests

Start: Ordne die beobachteten T-Werte der Größe nach:

$$T_{(1)}(\mathbf{y}) \leq T_{(2)}(\mathbf{y}) \leq \cdots \leq T_{(n)}(\mathbf{y})$$

und ordne die Elementarhypothesen entsprechend der Indizierung der T-Werte um:

$$H_0^{(1)};\ H_0^{(2)};\ \cdots;\ H_0^{(n)}.$$

1. Schritt: Prüfe, ob:

$$T_{(1)} \leq \frac{\alpha}{n}$$

gilt. Bei "*nein*", akzeptiere $H_0^{(1)}$ bis $H_0^{(n)}$. Bei "*ja*", verwirf $H_0^{(1)}$ und gehe zum nächsten Schritt:

2. Schritt: Prüfe, ob:

$$T_{(2)} \leq \frac{\alpha}{n-1}$$

gilt. Bei "*nein*", akzeptiere $H_0^{(2)}$ bis $H_0^{(n)}$. Bei "*ja*", verwirf $H_0^{(2)}$ und gehe zum nächsten Schritt.

i.-ter Schritt: Prüfe, ob:

$$T_{(i)} \leq \frac{\alpha}{n-i+1}$$

gilt. Bei "*nein*", akzeptiere $H_0^{(i)}$ bis $H_0^{(n)}$. Bei "*ja*", verwirf zusätzlich zu den bereits verworfenen Hypothesen $H_0^{(1)}$ bis $H_0^{(i-1)}$ auch $H_0^{(i)}$ und gehe zum nächsten Schritt; usw.

Satz 398 *Der Bonferroni-Holm Test hält das multiple Niveau α.*

Beweis:[10]
In der Reihenfolge der geordneten Hypothesen $H_0^{(1)};\ H_0^{(2)};\ \cdots;\ H_0^{(n)}$ sei $H^{(w)}$ die erste wahre Hypothese. Weiter sei $m = |\mathcal{W}(\theta)|$ die Anzahl aller wahren Hypothesen. Dann ist:

$$w \leq n - m + 1.$$

$H^{(w)}$ wird abgelehnt, falls

$$T_{(w)} \leq \frac{\alpha}{n-\rho+1}$$

[10] Die Beweisidee stammt aus einem Vorlesungsmanuskript von I. Pigeot.

ist. Die Wahrscheinlichkeit dafür ist:

$$\begin{aligned}
\mathrm{P}_\theta\left\{T_{(w)} \leq \frac{\alpha}{n-w+1}\right\} &\leq \sum_{i\in\mathcal{W}(\theta)} \mathrm{P}_\theta\left\{T_j \leq \frac{\alpha}{n-w+1}\right\} \\
&\leq \sum_{i\in\mathcal{W}(\theta)} \mathrm{P}_\theta\left\{T_j \leq \frac{\alpha}{n-(n-m+1)+1}\right\} \\
&= \sum_{i\in\mathcal{W}(\theta)} \mathrm{P}_\theta\left\{T_j \leq \frac{\alpha}{m}\right\} = \sum_{i\in\mathcal{W}(\theta)} \frac{\alpha}{m} = \alpha.
\end{aligned}$$

Wird $H^{(w)}$ angenommen, so werden nach Konstruktion des Testes alle auf $H^{(w)}$ folgenden, damit erst recht alle wahren Hypothesen angenommen. Der Test hält demnach das multiple Niveau.

□

Bemerkungen:

1. Bonferroni-Holm ist gleichmäßig besser als die klassische Bonferroni- Methode, denn bei letzterer werden alle Hypothesen mit dem Niveau $\frac{\alpha}{n}$ getestet, bei ersterer nur die erste Hypothese. Die zweite Hypothese wird mit dem Niveau $\frac{\alpha}{n-1}$ getestet, usw.

2. Treten Bindungen auf, so ist die Reihenfolge der gebundenen Hypothesen beliebig: alle Reihungen dieser Hypothesen führen zu den gleichen Ergebnissen. Es sei zum Beispiel:

$$T_{(j-1)}(x) < T_{(j)}(x) = T_{(j+1)}(x) \leq \cdots \leq T_{(n)}(x).$$

   Ist $T_{(j)}(x) > \frac{\alpha}{n-j+1}$ werden sowohl $\mathrm{H}_0^{(j)}$ und $\mathrm{H}_0^{(j+1)}$ akzeptiert.
   Ist $T_{(j)}(x) \leq \frac{\alpha}{n-j+1}$ dann ist auch $T_{(j+1)}(x) = T_{(j)}(x) \leq \frac{\alpha}{n-j+1} < \frac{\alpha}{n-j}$. Also werden sowohl $\mathrm{H}_0^{(j)}$ und $\mathrm{H}_0^{(j+1)}$ verworfen.

3. Der Tests läßt sich von den Elementarhypothesen auf alle Schnitthypothesen erweitern. Zuerst werden nur die Elementarhypothesen getestet. Eine Schnitthypothese wird genau dann verworfen, wenn eine der zur Schnittbildung verwendeten Hypothese verworfen wurde. Nach Konstruktion ist dann der Bonferroni-Holm kohärent und konsonant.

Kapitel 13

Zweifache Varianzanalyse

Zur Einführung beginnen wir mit einem kleinen konstruierten Beispiel, an dem die Probleme der zweifachen Varianzanalyse bereits deutlich werden.

Beispiel 399 (Baby-Brei) *In der kleinen Stadt Gewohningen lebt man sehr traditionsbewußt. Seit Jahrzehnten werden dort männlichen Säuglinge im wesentlichen mit Bops-Brei und weibliche Säuglinge meistens mit Bips-Brei gefüttert. Aus langjähriger Erfahrung weiß man, daß bei dieser Kost die kleinen Jungen und Mädchen gleich gut gedeihen. Nun kommt Baps-Brei neu auf den Markt und die Eltern sind verunsichert.*
Eine Gruppe aufgeschlossener Eltern interessiert sich dafür, ob die unterschiedliche Babynahrung das Wachstum der Kinder beeinflußt, ob Junge oder Mädchen sich unterschiedlich entwickeln und ob die Babynahrung bei Jungen anders anschlägt als bei Mädchen. Daher beschließen die Eltern, die Babynahrung zu testen. Einige zufällig ausgewählte Eltern losen die Breisorte aus, die anderen bleiben bei der traditionellen Wahl. Alle Eltern wiegen zu Beginn des Versuchs ihre Kleinen und vergleichen nach einem halben Jahr die Gewichtszunahme der Kinder. Die folgende Tabelle ist ein Ausschnitt aus der Daten-Urliste:

Name	*Geschlecht*	*Breisorte*	*Gewichtszunahme in kg*
Aimée	*weiblich*	*Bips*	*5,368*
Bernd	*männlich*	*Baps*	*8,725*
Cetin	*männlich*	*Bops*	*7,275*
Dora	*weiblich*	*Baps*	*5,638*

In diesem Datensatz sind drei qualitative Merkmale:

Name	*mit 28 Ausprägungen*
Geschlecht	*mit 2 Ausprägungen*
Breisorte	*mit 3 Ausprägungen*

und die Gewichtszunahme als quantitatives Merkmal erhoben worden. Die Eltern einigen sich darauf, den Faktor "Namen" aus dem Spiel zu lassen und nur die Abhängigkeit der Variable y von den Faktoren "Geschlecht" und "Brei" zu untersuchen[1]. *Damit erhalten wir die folgende Datenmenge:*

	Bips		*Baps*	*Bops*		*Summe*
Junge :	4,092 5,999		8,725 5,638	11,067 7,275 5,072 5,840 6,882 6,671 14,862 10,278	5,279 12,377 9,901 7,005 9,049 8,740 9,959 13,290	168
Mädchen:	5,368 7,571 10,182 8,851 11,046 8,054 9,001 9,944	9,827 8,472 8,719 9,897 9,885 10,674 9,462 6,957	13,361 8,276	15,179 11,275		192
Summe	154		36	170		360

Die mittlere Gewichtszunahme ist:

$$\overline{y} = \frac{360}{40} = 9.$$

Die Eltern betrachten die beiden traditionell ernährten Kindergruppen und berechnen für diese die Mittelwerte:

$$\begin{array}{rl} \textit{Mittelwert der Bops-genährten Jungen} & = 8,972 \approx 9 = \overline{y} \\ \textit{Mittelwert der Bips-genährten Mädchen} & = 8,994 \approx 9 = \overline{y}. \end{array}$$

Diese Daten bestätigen aufs schönste die Erfahrung der Alten. Die Gewichtszunahmen sind praktisch gleich groß. Nun werden die Mittelwerte der Jungen und Mädchen mit einander verglichen:

$$\begin{array}{rl} \textit{Mittelwert der Jungen} & 168/20 = 8,4 \\ \textit{Mittelwert der Mädchen} & 192/20 = 9,6. \end{array}$$

Diese Mittelwerte von Jungen und Mädchen streuen ebenfalls nur geringfügig um den gemeinsamen Mittelwert 9. Nun wird der Faktor B, die Ernährung, betrachtet:

$$\begin{array}{rr} \textit{Mittelwert für Bips} & 154/18 = 8,556 \\ \textit{Mittelwert für Baps} & 36/4 = 9,000 \\ \textit{Mittelwert für Bops} & 170/18 = 9,444. \end{array}$$

[1] Auch der Faktor "Vorname" hätte eine Rolle spielen können, da zum Beispiel Aimée eine kleine Französin und Cetin ein kleiner Türke ist. Hinter dem Vornamen könnten sich unterschiedliche Lebensgewohnheiten als Einflußfaktor verbergen.

Auch hier sind die Unterschiede zwischen den Breisorten unbedeutend. Die Konsequenzen liegen auf der Hand: Wesentliche Unterschiede zwischen den Geschlechtern und den Breisorten sind offenbar nicht zu erkennen. Trotzdem beschließt man, die Daten genauer zu analysieren und berechnet für Jungen und Mädchen getrennt die Gruppenmittelwerte für jede Breisorte. Die Tabelle der nur geringfügig gerundeten Mittelwerte ergibt sich nun als:

	Bips	*Baps*	*Bops*
Jungen	5	7	9
Mädchen	9	11	13

Hier entdecken die überraschten Eltern erhebliche Unterschiede sowohl zwischen den Geschlechtern als auch zwischen den Breisorten: Mit Baps ernährte Säuglinge nehmen 2 kg und die mit Bops ernährten Säuglinge nehmen 4 kg mehr zu als die mit Bips ernährten. Die Mädchen haben, mit welcher Breisorte sie auch immer gefüttert wurden, im Schnitt 4 kg mehr zugenommen als die Jungen . Warum wurde diese wichtigen Erkenntnisse bei der ersten Analyse übersehen? Die Gründe sind:

- *Beim traditionellen Vergleich: "Bops-Jungen gegen Bips-Mädchen" wurden beide Faktoren* Geschlecht *und* Brei *miteinander* ***vermengt****. Der Geschlechtereffekt konnte nicht von Breieffekt getrennt werden.*
- *Vergleicht man jeweils nur die Geschlechter oder nur die Nahrungstypen für sich allein, wird also der anderen Faktor* ***ignoriert****, so sind die Effekte in der ungleichen Verteilung der Anteile untergegangen.*
- *Erst als beide Faktoren* ***gemeinsam*** *betrachtet wurden, konnten ihre jeweilige Wirkungen erkannt werden.*
- *Zusätzlich wurde der Vergleich der Wirkungen durch die extrem ungleichen Besetzungszahlen der Gruppen erschwert. Der Versuch ist erheblich* ***unbalanziert****. Bei solchen ungleichen Zellenbesetzungen ist große Vorsicht geboten, wenn man wie hier voreilige Trugschlüsse vermeiden will.*

Wir wollen nun diese Daten mit den Mitteln der Varianzanalyse untersuchen.

13.1 Grundbegriffe

Partitionen und Indikatorvektoren: Zur weiteren Behandlung soll das Beispiel noch einmal allgemein nachgezeichnet werden. Dabei knüpfen wir mit unseren Symbolen an die einfache Varianzanalyse an, markieren gegebenenfalls die Symbole mit zusätzlichen Indizes A und B.
Sei A ein qualitativer Faktor mit den Ausprägungen $A_1, \cdots, A_{s_A}$. Dabei sei s_A die Anzahl der Ausprägungen, Stufen oder Levels von A. Analog sei B ein qualitativer Faktor mit den Ausprägungen $B_1, \cdots, B_{s_B}$.

Im Baby-Brei-Beispiel steht A für das Merkmal Geschlecht und zwar

A_1 für Junge,
A_2 für Mädchen,

B steht für das Merkmal Brei und zwar

B_1 für Bips,
B_2 für Baps,
B_3 für Bops.

Die Zellen der vollständigen Kreuzklassifikation: Je nachdem auf welchen Stufen beide Faktoren stehen, teilen wir die Einzelbeobachtungen in $s_A \cdot s_B$ Faktorstufenklassen oder Versuchszellen auf. Die Menge aller Versuche, in denen der Faktor A auf der Stufe A_i und der Faktor B auf der Stufe B_j steht, bezeichnen wir als **Versuchszelle** A_iB_j oder auch nur kurz die **Zelle** ij .

		Stufen von Faktor B				
		B_1	B_2	B_3	$\cdots$	B_{s_B}
Die	A_1	A_1B_1	A_1B_2	A_1B_3	$\cdots$	$A_1B_{s_B}$
Stufen	A_2	A_2B_1	A_2B_2	A_2B_3	$\cdots$	$A_2B_{s_B}$
von	A_3	A_3B_1	A_3B_2	A_3B_3	$\cdots$	$A_3B_{s_B}$
Faktor	$\vdots$	$\vdots$	$\vdots$	$\vdots$	$\ddots$	$\vdots$
A	A_{s_A}	$A_{s_A}B_1$	$A_{s_A}B_2$	$A_{s_A}B_3$	$\cdots$	$A_{s_A}B_{s_B}$

Betrachen wir dagegen nur den Faktor A und verzichten darauf, die Einstellung des Faktors B zu notieren, so erhalten wir die **A-Partition** oder **Zeilenpartition**:

A_1	$\rightarrow$	A_1B_1	A_1B_2	A_1B_3	$\cdots$	$A_1B_{s_B}$
A_2	$\rightarrow$	A_2B_1	A_2B_2	A_2B_3	$\cdots$	$A_2B_{s_B}$
A_3	$\rightarrow$	A_3B_1	A_3B_2	A_3B_3	$\cdots$	$A_3B_{s_B}$
$\vdots$		$\vdots$	$\vdots$	$\vdots$	$\ddots$	$\vdots$
A_{s_A}	$\rightarrow$	$A_{s_A}B_1$	$A_{s_A}B_2$	$A_{s_A}B_3$	$\cdots$	$A_{s_A}B_{s_B}$

Wir bezeichnen die Menge aller Versuche, in denen der Faktor A auf der Stufe A_i steht, ebenfalls mit A_i. Betrachen wir dagegen nur den Faktor B und verzichten darauf, die Einstellung des Faktors A zu notieren, so erhalten wir die folgende **B-Partition** oder **Spaltenpartition**.

B_1	B_2	B_3	$\cdots$	B_{s_B}
$\downarrow$	$\downarrow$	$\downarrow$		$\downarrow$
A_1B_1	A_1B_2	A_1B_3	$\cdots$	$A_1B_{s_B}$
A_2B_1	A_2B_2	A_2B_3	$\cdots$	$A_2B_{s_B}$
A_3B_1	A_3B_2	A_3B_3	$\cdots$	$A_3B_{s_B}$
$\vdots$	$\vdots$	$\vdots$	$\ddots$	$\vdots$
$A_{s_A}B_1$	$A_{s_A}B_2$	$A_{s_A}B_3$	$\cdots$	$A_{s_A}B_{s_B}$

Dabei ist B_j die Menge aller Versuche, in denen der Faktor B auf der Stufe B_j steht. Entsprechend zu diesen drei Partitionen definieren wir Besetzungszahlen, Mittelwerte und Indikatoren:

Die Besetzungszahlen:

n_{ij}	Besetzungszahl[2] der Zelle ij
$n_i^A = \sum_j n_{ij}$	Anzahl der Versuche mit der Faktorstufe A_i
$n_j^B = \sum_i n_{ij}$	Anzahl der Versuche mit der Faktorstufe B_j
$n = \sum_{ij} n_{ij}$	Gesamtzahl aller Versuche

Dabei ist $n = \sum_i n_i^A = \sum_j n_j^B$. Sind alle $n_{ij} > 0$, sprechen wir von einer **vollständigen Kreuzklassifikation**. Sind alle $n_{ij} = r$, sprechen wir von einem **balanzierten** Versuch. Im Baby-Brei-Beispiel 399 treten die folgenden Besetzungszahlen auf:

	B_1	B_2	B_3	n_i^A
A_1	$n_{11} = 2$	$n_{12} = 2$	$n_{13} = 16$	$n_1^A = 20$
A_2	$n_{21} = 16$	$n_{22} = 2$	$n_{23} = 2$	$n_2^A = 20$
n_j^B	$n_1^B = 18$	$n_1^B = 4$	$n_1^B = 18$	$n = 40$

Am Ernährungsversuch sind also $n_1^A = 20$ Jungen und $n_2^A = 20$ Mädchen beteiligt. $n_2^B = 4$ Babies werden mit Baps, $n_{11} = 2$ Jungen und $n_{21} = 16$ Mädchen werden mit Bips gefüttert; usw.

Zellen-, Zeilen- und Spaltenmittel: Zur Kennzeichnung der einzelnen Meßwerte wird ein dreifacher Index ijw verwendet. i bezeichnet die Stufe des ersten Faktors, j die Stufe des zweiten Faktors und der Wiederholungsindex w numeriert die Elemente innerhalb einer Zelle. Weiter benutzen wir die folgenden Abkürzungen für Zellen-, Zeilen-, Spalten- und Globalmittel:

[2] Konsequenterweise hätten wir n_{ij}^{AB} anstatt nur n_{ij} schreiben sollen. Wir werden später diese aufwendigere Schreibweise verwenden, hier aber noch darauf verzichten.

y_{ijw}	w-ter Meßwert in der Zelle ij,
$\overline{y}_{ij} = \frac{1}{n_{ij}} \sum_w y_{ijw}$	Mittelwert aller Beobachtungen aus Zelle ij,
$\overline{y}_i^A = \frac{1}{n_i^A} \sum_{jw} y_{ijw}$	Mittelwert aller Beobachtungen mit Faktorstufe A_i,
$\overline{y}_j^B = \frac{1}{n_j^B} \sum_{iw} y_{ijw}$	Mittelwert aller Beobachtungen mit Faktorstufe B_j,
$\overline{y} = \frac{1}{n} \sum_{ijw} y_{ijw}$	Mittelwert aller Beobachtungen.

In unserem Beispiel ergab sich:

	B_1	B_2	B_3	
A_1	$\overline{y}_{11} = 5,045$	$\overline{y}_{12} = 7,182$	$\overline{y}_{13} = 8,972$	$\overline{y}_1^A = 8,4$
A_2	$\overline{y}_{21} = 8,994$	$\overline{y}_{22} = 10,818$	$\overline{y}_{23} = 13,227$	$\overline{y}_2^A = 9,6$
	$\overline{y}_1^B = 8,556$	$\overline{y}_2^B = 9,000$	$\overline{y}_2^B = 9,444$	$\overline{y} = 9$

Die Zeilen- und Spaltenmittelwerte sind also nicht die Mittelwerte der Zellenmittel!

Die Indikatorvektoren. Für die Zellen-, die Zeilen- und Spalten-Partition führen wir wie in der einfachen Varianzanalyse Indikatorvektoren ein:

$$\begin{aligned}
&\mathbf{1}_{ij}^{AB} && \text{der Indikatorvektor der Zelle } A_iB_j, \\
&\mathbf{1}_i^A = \sum_{j=1}^{s_B} \mathbf{1}_{ij}^{AB} && \text{der Indikatorvektor des Faktorstufe } A_i, \\
&\mathbf{1}_j^B = \sum_{i=1}^{s_A} \mathbf{1}_{ij}^{AB} && \text{der Indikatorvektor des Faktorstufe } B_j, \\
&\mathbf{1} = \sum_{j=1}^{s_B} \sum_{i=1}^{s_A} \mathbf{1}_{ij}^{AB} && \text{die Global-Eins.}
\end{aligned} \tag{13.1}$$

Als Beispiel betrachten wir in Tabelle 13.1 den Datensatz der Baby-Gewichte mit einem Teil der Indikatorvektoren, nämlich den Indikatoren $\mathbf{1}_1^A$, $\mathbf{1}_2^A$, $\mathbf{1}_1^B$, $\mathbf{1}_2^B$, $\mathbf{1}_3^B$, $\mathbf{1}_{11}^{AB}$ und $\mathbf{1}_{23}^{AB}$:
In der 1. Spalte der Tabelle steht der Vektor $\mathbf{y}$ der Babygewichte. Die nächsten beiden Spalten enthalten die Stufen der Faktoren A und B. Diese ersten drei Spalten könnten als das kodierte Meßprotokoll des gesamten Versuchs betrachtet werden.

$\mathbf{y}$	A	B	$\mathbf{1}_1^A$	$\mathbf{1}_2^A$	$\mathbf{1}_1^B$	$\mathbf{1}_2^B$	$\mathbf{1}_3^B$	$\mathbf{1}_{11}^{AB}$	$\mathbf{1}_{23}^{AB}$
4,092	1	1	1	0	1	0	0	1	0
5,999	1	1	1	0	1	0	0	1	0
8,725	1	2	1	0	0	1	0	0	0
5,638	1	2	1	0	0	1	0	0	0
11,067	1	3	1	0	0	0	1	0	0
7,275	1	3	1	0	0	0	1	0	0
⋮	⋮	⋮	⋮	⋮	⋮	⋮	⋮	⋮	⋮
9,959	1	3	1	0	0	0	1	0	0
13,293	1	3	1	0	0	0	1	0	0
5,368	2	1	0	1	1	0	0	0	0
7,571	2	1	0	1	1	0	0	0	0
⋮	⋮	⋮	⋮	⋮	⋮	⋮	⋮	⋮	⋮
9,462	2	1	0	1	1	0	0	0	0
6,957	2	1	0	1	1	0	0	0	0
13,361	2	2	0	1	0	1	0	0	0
8,276	2	2	0	1	0	1	0	0	0
15,179	2	3	0	1	0	0	1	0	1
11,275	2	3	0	1	0	0	1	0	1

Tabelle 13.1: Faktorstufenklassen und Indikatorvektoren

In den folgenden Spalten stehen die Indikatorvektoren: In den nächsten 5 Spalten werden die Faktoren A und B, in den zwei letzten Spalten die Zellen binär kodiert. Auf den Abdruck der Spalten mit $\mathbf{1}_{12}^{AB}$, $\mathbf{1}_{13}^{AB}$, $\mathbf{1}_{21}^{AB}$ und $\mathbf{1}_{22}^{AB}$ wurde zur Entlastung der Tabelle verzichtet.
Die Aussagen über Partitionen lassen sich in Aussagen über die Indikatorvektoren übersetzen: Da die Klassen einer Partition disjunkt sind, sind ihre Indikatorvektoren orthogonal.:

$$\begin{array}{lll} \text{Zellenpartition:} & \mathbf{1}_{ij}^{AB} \perp \mathbf{1}_{kl}^{AB} & \text{für } ij \neq kl, \\ \text{A-Partition:} & \mathbf{1}_i^A \perp \mathbf{1}_k^A & \text{für } i \neq k, \\ \text{B-Partition:} & \mathbf{1}_j^B \perp \mathbf{1}_l^B & \text{für } j \neq l. \end{array} \tag{13.2}$$

Dagegen sind Indikatorvektoren aus verschiedenen Partitionen **nicht** orthogonal:

$$\left(\mathbf{1}_i^A\right)' \mathbf{1}_j^B = n_{ij}. \tag{13.3}$$

Die Anzahl der "Einser" in einem Indikatorvektor ist gerade die Besetzungszahl der indizierten Klasse:

$$\left\|\mathbf{1}_{ij}^{AB}\right\|^2 = n_{ij} \qquad \left\|\mathbf{1}_i^A\right\|^2 = n_i^A \qquad \left\|\mathbf{1}_j^B\right\|^2 = n_j^B\,. \tag{13.4}$$

Das Skalarprodukt eines Indikators mit dem Vektor ist die Summe der Elemente des Vektors in der indizierten Klasse:

$$
\begin{aligned}
\mathbf{y}'\mathbf{1}_{ij}^{AB} &= n_{ij}\overline{y}_{ij}, & \mathbf{1}'\mathbf{1}_{ij}^{AB} &= n_{ij}, \\
\mathbf{y}'\mathbf{1}_{i}^{A} &= n_{i}^{A}\overline{y}_{i}^{A}, & \mathbf{1}'\mathbf{1}_{i}^{A} &= n_{i}^{A}, \\
\mathbf{y}'\mathbf{1}_{j}^{B} &= n_{j}^{B}\overline{y}_{j}^{B}, & \mathbf{1}'\mathbf{1}_{j}^{B} &= n_{j}^{B}, \\
\mathbf{y}'\mathbf{1} &= n\overline{y}, & \mathbf{1}'\mathbf{1} &= n.
\end{aligned}
\tag{13.5}
$$

Die Klassenmittelwerte sind daher die Koeffizienten der Projektionen auf die Indikatoren:

$$
\begin{aligned}
\mathbf{P}_{\mathbf{1}_{ij}^{AB}}\mathbf{y} &= \overline{y}_{ij}\mathbf{1}_{ij}^{AB}, & \mathbf{P}_{\mathbf{1}_{j}^{B}}\mathbf{y} &= \overline{y}_{j}^{B}\mathbf{1}_{j}^{B}, \\
\mathbf{P}_{\mathbf{1}}\mathbf{y} &= \overline{y}\mathbf{1}, & \mathbf{P}_{\mathbf{1}_{i}^{A}}\mathbf{y} &= \overline{y}_{i}^{A}\mathbf{1}_{i}^{A}.
\end{aligned}
\tag{13.6}
$$

13.2 Das saturierte Modell

13.2.1 Erwartungswertparametrisierung

Im **saturierten** Modell der zweifachen Varianzanalyse wird der Erwartungswert μ_{ij} der Beobachtungen y_{ijw} aus der Zelle (ij) als eigener Parameter definiert. Damit gibt es — neben der Varianz σ^2 — noch genau soviele Parameter wie Zellen. Wir können die Faktorstufen-Kombination A_iB_j als eine Stufe des doppeltindizierten Faktors AB auffassen und die Modellierung der einfachen Varianzanalyse übertragen:

$$y_{ijw} = \mu_{ij} + \varepsilon_{ijw}, \tag{13.7}$$

$$\mathrm{E}\, y_{ijw} = \mu_{ij}. \tag{13.8}$$

Alle Störterme ε_{ijw} werden als untereinander unkorreliert und normalverteilt modelliert:

$$\varepsilon_{ijw} \sim \mathrm{N}\left(0; \sigma^2\right). \tag{13.9}$$

Mit den Indikatorvektoren $\mathbf{1}_{ij}^{AB}$ lassen sich (13.7) und (13.9) nun zum saturierten Modell der zweifachen Varianzanalyse in der Vektorschreibweise zusammenfassen:

$$\mathbf{y} = \boldsymbol{\mu} + \boldsymbol{\varepsilon}, \tag{13.10}$$

$$\boldsymbol{\mu} = \sum_{i=1}^{s_A}\sum_{j=1}^{s_B} \mu_{ij}\mathbf{1}_{ij}^{AB}, \tag{13.11}$$

$$\boldsymbol{\varepsilon} \sim \mathrm{N}_n\left(\boldsymbol{\mu}; \sigma^2\mathbf{I}\right). \tag{13.12}$$

Der Modellraum des saturierten Modells ist der Faktorraum **AB**. Er wird von den orthogonalen Zellenindikatoren aufgespannt:

$$\mathbf{AB} = \mathcal{L}\left\{\mathbf{1}_{ij}^{AB};\quad i=1,\cdots,s_A;\quad j=1,\cdots,s_B\right\}, \tag{13.13}$$

$$\dim \mathbf{AB} = s_A \cdot s_B. \tag{13.14}$$

Da die $\mathbf{1}_{ij}^{AB}$ orthogonal sind, erhalten wir wie in der einfachen Varianzanalyse den folgenden Satz:

Satz 400 *Im saturierten Modell der zweifachen Varianzanalyse wird der Erwartungswert* $\boldsymbol{\mu}$ *geschätzt durch:*

$$\widehat{\boldsymbol{\mu}} = \mathbf{P}_{\mathbf{AB}}\mathbf{y} = \sum_{i=1}^{s_A}\sum_{j=1}^{s_B} \overline{y}_{ij}\mathbf{1}_{ij}^{AB}.$$

Speziell werden alle Zellenparameter μ_{ij} *unabhängig voneinander durch ihre Zellenmittel geschätzt:*

$$\widehat{\mu}_{ij} = \overline{y}_{ij} \sim \mathrm{N}\left(\mu_{ij}; \frac{\sigma^2}{n_{ij}}\right).$$

Weiter ist :

$$\mathrm{SSR} = \sum_{i=1}^{s_A}\sum_{j=1}^{s_B}\left(\overline{y}_{ij} - \overline{y}\right)^2 n_{ij} = \sum_{i=1}^{s_A}\sum_{j=1}^{s_B}\left(\overline{y}_{ij}\right)^2 n_{ij} - \overline{y}n,$$

$$\mathrm{SSE} = \sum_{i=1}^{s_A}\sum_{j=1}^{s_B}\sum_{w=1}^{n_{ij}}\left(y_{ijw} - \overline{y}_{ij}\right)^2 = \sum_{i=1}^{s_A}\sum_{j=1}^{s_B}\sum_{w=1}^{n_{ij}} y_{ijw}^2 - \sum_{i=1}^{s_A}\sum_{j=1}^{s_B}\left(\overline{y}_{ij}\right)^2 n_{ij}.$$

σ^2 *wird geschätzt durch:*

$$\widehat{\sigma}^2 = \frac{1}{n - s_A s_B}\,\mathrm{SSE}.$$

13.2.2 Effektparametrisierung

Wie in der einfachenVarianzanalyse wird der Erwartungswert μ_{ij} durch hierarchisch geordnete Effekte weiter zerlegt:

$$\mu_{ij} = \eta_0 + \alpha_i + \beta_j + \gamma_{ij}. \tag{13.15}$$

Im Unterschied zur Erwartungswertparametrisierung (13.7) sprechen wir hier von der **Effektparametrisierung**. Dabei bezeichnen wir:

η_0 als **Basiseffekt** oder Bezugspunkt,

α_i als **Haupteffekt** der Faktorstufe A_i,

β_j als **Haupteffekt** der Faktorstufe B_j,

γ_{ij} als **Wechselwirkungseffekt** zwischen den Stufen A_i und B_j.

Der Wechselwirkungseffekt γ_{ij} ist ein *höherer* Effekt als die beiden *gleichrangigen* Haupteffekte α_i und β_j, ihnen allen untergeordnet ist der Basiseffekt η_0. Diese Bezeichnungen der Effekte sind vorerst eher als Absichterklärungen zu verstehen, denn in der Zerlegung (13.15) ist noch kein Parameter eindeutig bestimmt.
Setzt man (13.15) in (13.11) ein und beachtet $\sum_{ij} \mathbf{1}_{ij}^{AB} = \mathbf{1}$, $\sum_i \mathbf{1}_{ij}^{AB} = \mathbf{1}_j^B$ sowie $\sum_j \mathbf{1}_{ij}^{AB} = \mathbf{1}_i^A$, so erhält man die **Effektdarstellung** von $\boldsymbol{\mu}$:

$$\boldsymbol{\mu} = \eta_0 \mathbf{1} + \sum_{i=1}^{s_A} \alpha_i \mathbf{1}_i^A + \sum_{j=1}^{s_B} \beta_j \mathbf{1}_j^B + \sum_{i=1}^{s_A} \sum_{j=1}^{s_B} \gamma_{ij} \mathbf{1}_{ij}^{AB}. \tag{13.16}$$

Wir haben in der Effektparametrisierung insgesamt

$$1 + s_A + s_B + s_A \cdot s_B$$

unbekannte Effektparameter, der Modellraum hat nur die Dimension $s_A \cdot s_B$. Das Modell ist hochgradig überparametrisiert. Kein Koeffizient kann ohne weiteres unmittelbar als *Effekt* oder *Wirkung* des zugeordneten Regressors angesehen werden. Da aber die Bezeichnungen der Effekte so schön anschaulich klingen[3], möchte man ungern auf sie verzichten. Es gibt bekanntlich zwei Auswege aus diesem Dilemma:

- Man verwendet nur schätzbare Parameter.
- Man definiert explizit oder durch Nebenbedingungen, was man unter den einzelnen Effekten verstehen will.

Wir werden beide Möglichkeiten nacheinander behandeln.

13.2.3 Schätzbare Parameter

Wie in der einfachen Varianzanalyse werden alle schätzbare Parameter bestimmt:

Satz 401 *Ein Parameter ϕ ist genau dann schätzbar, wenn er die folgende Gestalt hat:*

$$\phi = \eta_0 k_0 + \sum_i \alpha_i k_i^A + \sum_j \beta_j k_j^B + \sum_i \sum_j \gamma_{ij} k_{ij}. \tag{13.17}$$

Dabei müssen die Koeffizienten die folgenden Summationsbedingungen erfüllen:

$$\sum_i k_{ij} = k_j^B, \tag{13.18}$$

$$\sum_j k_{ij} = k_i^A, \tag{13.19}$$

$$\sum_{ij} k_{ij} = \sum_i k_i^A = \sum_j k_j^B = k_0. \tag{13.20}$$

[3] Gewöhnlich glaubt der Mensch, wenn er nur Worte hört, es müsse sich dabei auch etwas denken lassen. (Mephisto, Hexenküche, Faust I, Goethe.)

Ansonsten sind die k_{ij} frei wählbar. Definiert man den Vektor $\mathbf{k}$ *durch:*

$$\mathbf{k} := \sum_{ij} \frac{k_{ij}}{n_{ij}} \mathbf{1}_{ij}^{AB} \in \mathbf{AB}, \tag{13.21}$$

so hat ϕ die kanonische Darstellung:

$$\phi = \mathbf{k}'\boldsymbol{\mu}.$$

Beweis:
Ein Parameter ϕ ist genau dann schätzbar, wenn er die Gestalt $\phi = \mathbf{k}'\boldsymbol{\mu}$ hat. Setzen wir $\boldsymbol{\mu}$ in der Effektparametrisierung (13.16) ein, erhalten wir:

$$\begin{aligned}\phi &= \mathbf{k}'(\eta_0 \mathbf{1} + \sum_i \alpha_i \mathbf{1}_i^A + \sum_j \beta_j \mathbf{1}_j^B + \sum_{ij} \gamma_{ij} \mathbf{1}_{ij}^{AB}) \\ &= \eta_0 \underbrace{\mathbf{k}'\mathbf{1}}_{=:k_0} + \sum_i \alpha_i \underbrace{\mathbf{k}'\mathbf{1}_i^A}_{=:k_i^A} + \sum_j \beta_j \underbrace{\mathbf{k}'\mathbf{1}_j^B}_{=:k_j^B} + \sum_{ij} \gamma_{ij} \underbrace{\mathbf{k}'\mathbf{1}_{ij}^{AB}}_{=:k_{ij}}.\end{aligned}$$

Damit erhalten wir (13.17). Die Summationsbedingungen (13.18) bis (13.20) der Koeffizienten folgen aus der Summationseigenschaft (13.1) der Indikatoren. Ist umgekehrt ϕ ein schätzbarer Parameter und wird $\mathbf{k} := \sum_{ij} \frac{k_{ij}}{n_{ij}} \mathbf{1}_{ij}^{AB}$ definiert, so folgt $\mathbf{k}'\boldsymbol{\mu} = \phi$ aus den Summationsbedingungen (13.18) bis (13.20).
□

Bemerkung: Im Unterschied zur einfachen Varianzanalyse treten bei allen schätzbaren Parameter in der Effektdarstellung Wechselwirkungseffekte γ_{ij} auf. Daher sind zum Beispiel weder α-Kontraste, $\phi^\alpha := \sum_i k_i \alpha_i$, noch β–Kontraste, $\phi^\beta := \sum_j k_j \beta_j$, schätzbare Parameter. Ihre Werte hängen von der je nach Anwender und Softwarepaket unterschiedlichen Definition der Effekte ab.

13.2.4 Identifizierende Nebenbedingungen

Kontraste, so haben wir gesehen, sind keine schätzbaren Parameter, noch weniger sind es die Haupteffekte selbst. Daher müssen die genannten Effekte erst durch identifizierende Nebenbedingungen oder durch explizite Definitionen festgelegt werden. Dazu werden den Stufen der Faktoren A und B Gewichte $g_i^A \geq 0$ und $g_j^B \geq 0$ zugeordnet mit:

$$\sum_{i=1}^{s_A} g_i^A = \sum_{j=1}^{s_B} g_j^B = 1. \tag{13.22}$$

Weiter vereinbaren wir folgende gewichtete Mittelwerte, um die Effekte übersichtlich und geschlossen zu beschreiben:

$$\begin{aligned}
\underline{\mu} &:= \sum_{i=1}^{s_A}\sum_{j=1}^{s_B} g_i^A g_j^B \mu_{ij}, & \underline{y} &:= \sum_{i=1}^{s_A}\sum_{j=1}^{s_B} g_i^A g_j^B \overline{y}_{ij}, \\
\underline{\mu}_i^A &:= \sum_{j=1}^{s_B} g_j^B \mu_{ij}, & \underline{y}_i^A &:= \sum_{j=1}^{s_B} g_j^B \overline{y}_{ij}, \\
\underline{\mu}_j^B &:= \sum_{i=1}^{s_A} g_i^A \mu_{ij}, & \underline{y}_j^B &:= \sum_{i=1}^{s_A} g_i^A \overline{y}_{ij}.
\end{aligned} \tag{13.23}$$

Die *unterstrichenen* **gewichteten Mittelwerte** hängen also explizit von den Gewichtungen ab. Auf ausführlichere Symbole, die noch einen zusätzlichen Index für die Gewichtung enthalten, haben wir der besseren Lesbarkeit zuliebe verzichtet. Dann gilt:

Satz 402 *Die folgenden Gleichungen*

$$\begin{aligned}
&\textstyle\sum_{i=1}^{s_A} g_i^A \alpha_i = 0, & &\textstyle\sum_{j=1}^{s_B} g_j^B \beta_j = 0, \\
&\textstyle\sum_{i=1}^{s_A} g_i^A \gamma_{ij} = 0 \quad \forall j, & &\textstyle\sum_{j=1}^{s_B} g_j^B \gamma_{ij} = 0 \quad \forall i.
\end{aligned} \tag{13.24}$$

bilden ein System identifizierender Nebenbedingungen für die Effektparameter. Durch sie sind die Effekt und ihre Schätzer wie folgt bestimmt:

$$\begin{aligned}
\eta_0 &= \underline{\mu}, & \widehat{\eta}_0 &= \underline{y}, \\
\alpha_i &= \underline{\mu}_i^A - \eta_0, & \widehat{\alpha}_i &= \underline{y}_i^A - \underline{y}_0, \\
\beta_j &= \underline{\mu}_j^B - \eta_0, & \widehat{\beta}_j &= \underline{y}_j^B - \underline{y}_0, \\
\gamma_{ij} &= \mu_{ij} - \alpha_i - \beta_j - \eta_0, & \widehat{\gamma}_{ij} &= \overline{y}_{ij} - \underline{y}_i^A - \underline{y}_j^B + \underline{y}_0.
\end{aligned} \tag{13.25}$$

Der Bezugspunkt oder Basiseffekt η_0 ist das gewogene Mittel über die Erwartungswerte in allen Zellen. Alle anderen Effekte sind die entsprechenden Faktorstufenmittel, die von allen untergeordneten Effekten *bereinigt* sind.

Beweis:
Aus der Definition $\eta_0 + \alpha_i + \beta_j + \gamma_{ij} = \mu_{ij}$ und den Nebenbedingungen (13.24) folgt durch Multiplikation mit den Gewichten g_i^A bzw. g_j^B und Summation über i bzw. j:

$$\begin{aligned}
\eta_0 + \beta_j &= \sum_{i=1}^{s_A} g_i^A \mu_{ij} = \underline{\mu}_i^A, \\
\eta_0 + \alpha_i &= \sum_{j=1}^{s_B} g_j^B \mu_{ij} = \underline{\mu}_j^B, \\
\eta_0 &= \sum_{i=1}^{s_A}\sum_{j=1}^{s_B} g_i^A g_j^B \mu_{ij} = \underline{\mu}.
\end{aligned}$$

Diese Nebenbedingungen legen die Effekte eindeutig fest. Sie lassen darüber hinaus den Modellraum invariant. Denn werden die Effekte a-priori durch (13.25) explizit festgelegt, erfüllen sie per Definition die Grundgleichung $\mu_{ij} = \eta_0 + \alpha_i + \beta_j + \gamma_{ij}$. Darüber hinaus erfüllen sie wegen (13.23) die Nebenbedingungen. Wir zeigen dies am Beispiel von $\alpha_i = \underline{\mu}_i^A - \eta_0$:

$$\sum_{i=1}^{s_A} g_i^A \alpha_i := \sum_{i=1}^{s_A} g_i^A \left(\underline{\mu}_i^A - \eta_0\right) = \sum_{i=1}^{s_A} g_i^A \underline{\mu}_i^A - \eta_0 = \underline{\mu} - \eta_0 = 0.$$

Wie auch immer die Faktorgewichte gewählt werden, es findet sich stets eine Zerlegung von μ_{ij}, bei der die Effekte die Nebenbedingungen erfüllen. Daher lassen die genannten Nebenbedingungen den Modellraum invariant.
Da die Effekte Linearkombinationen der μ_{ij} sind und diese durch $\widehat{\mu}_{ij} = \overline{y}_{ij}$ geschätzt werden, folgt sofort die Form (13.25) der Schätzer.
□

Bemerkungen:

1. Während Interpretation und numerischer Wert jedes einzelnen Effektes durch die Wahl der Gewichte bestimmt ist, bleiben alle nur vom Modellraum abhängenden Größen wie das Bestimmtheitsmaß, SSE, SSR, SST, $\widehat{\boldsymbol{\mu}}$ oder $\widehat{\sigma}^2$ invariant.

2. Beschränkt man sich auf schätzbare Parameter, so sind alle Aussagen unabhängig von der Wahl der Nebenbedingung. Aus einer Aussage wie zum Beispiel "*Alle α_i sind Null*" darf nicht gefolgert werden, daß die Stufen des Faktors A keine unterschiedlichen Auswirkungen haben. Da hier jeweils über die Zeilen der (μ_{ij})-Matrix hinweg gemittelt wird, kann aus der Aussage "$\alpha_i = 0 \quad \forall i$" nur gefolgert werden, daß sich μ_{ij} in der Form:

   $$\mu_{ij} = \eta_0 + \beta_j + \gamma_{ij}$$

   darstellen läßt. Die Abhängigkeit von der Stufe A_i kann sich daher weiterhin in den Wechselwirkungseffekten γ_{ij} verbergen. Erst wenn auch alle γ_{ij} identisch Null sind und damit:

   $$\mu_{ij} = \eta_0 + \beta_j$$

   gilt, wirken sich die unterschiedlichen Stufen des Faktors A nicht auf die Zielgröße aus.

Häufig auftretende Gewichtungen ergeben sich aus der Dummy- und der Effekt-Kodierung, die wir im folgenden betrachten.
Als Kontroll- oder Vergleichsstufen werden die k−te Stufe von A und die l−te Stufe von B fest gewählt[4]. Sie erhalten jeweils das Gewicht 1, alle anderen

[4] Zum Beispiel verwendet GLIM die erste Stufe $(k; l) = (1; 1)$ als Bezugskategorie, während SAS die letzte Stufe $(k; l) = (s_A; s_B)$ verwendet.

Stufen erhalten das Gewicht 0:

$$\begin{aligned} g_k^A &= 1 \,\text{und}\; g_i^A = 0 \quad \forall i \neq k, \\ g_l^B &= 1 \,\text{und}\; g_j^B = 0 \quad \forall j \neq l. \end{aligned}$$

Damit lauten die Nebenbedingungen für alle i und j:

$$\alpha_k = \beta_l = \gamma_{kj} = \gamma_{il} = 0.$$

Diese Festlegung der Effekte ist numerisch sinnvoll. Sie bedeutet nichts anderes, als daß in der Effektdarstellung von $\boldsymbol{\mu}$ in (13.16) die überflüssigen Regressoren $\mathbf{1}_k^A$, $\mathbf{1}_l^B$, $\mathbf{1}_{kj}^{AB}\ \forall j$ und $\mathbf{1}_{il}^{AB}\ \forall i$ gestrichen werden. Die restlichen Regressoren sind dann linear unabhängig und bilden die Spalten einer Designmatrix mit vollem Rang.

Diese Effektdefinition ist außerdem inhaltlich sinnvoll, wenn es für A und B natürliche Bezugsstufen gibt, mit deren Standardniveaus die anderen Stufen verglichen werden sollen. Die Effekte und ihre Schätzer sind dann:

$$\begin{aligned} \eta_0 &= \mu_{kl}, & \widehat{\eta}_0 &= \overline{y}_{kl}, \\ \alpha_i &= \mu_{il} - \mu_{kl}, & \widehat{\alpha}_i &= \overline{y}_{il} - \overline{y}_{kl}, \\ \beta_j &= \mu_{kj} - \mu_{kl}, & \widehat{\beta}_j &= \overline{y}_{kj} - \overline{y}_{kl}, \\ \gamma_{ij} &= \mu_{ij} - \mu_{il} - \mu_{kj} + \mu_{kl}, & \widehat{\gamma}_{ij} &= \overline{y}_{ij} - \overline{y}_{il} - \overline{y}_{kj} + \overline{y}_{kl}. \end{aligned}$$

Die Bedeutung der Effekte läßt sich veranschaulichen: Betrachten wir die μ_{ij} als Elemente oder Zellen einer $s_A \times s_B$ Matrix, so ist der Bezugspunkt η_0 der Eintrag in der Zelle $(k; l)$.

Die α–Effekte $\alpha_i = \mu_{il} - \mu_{kl}$ bewerten ausschließlich, wie sich in der festen Standardstufe B_l die Stufen von A auswirken.

		Standard stufe B_l	
	$\ddots$	$\vdots$	$\ddots$
Stufe A_i	$\cdots$	$+\mu_{il}$	$\cdots$
$\Updownarrow$	$\ddots$	$\Updownarrow$	$\ddots$
Standardstufe A_k	$\cdots$	$-\mu_{kl}$	$\cdots$
	$\ddots$	$\vdots$	$\ddots$

Der β–Effekt $\beta_j = \mu_{kj} - \mu_{kl}$ vergleicht allein die Einträge in der k-ten Standardzeile und bewertet ausschließlich, wie sich bei bei fester Stufe A_k die Stufen von B auswirken:

		Stufe B_j	$\Leftrightarrow$	Standard stufe B_l	
	$\ddots$	$\vdots$	$\ddots$	$\vdots$	$\ddots$
Standardstufe A_k	$\cdots$	$+\mu_{kj}$	$\Leftrightarrow$	$-\mu_{kl}$	$\cdots$
	$\ddots$	$\vdots$	$\ddots$	$\vdots$	$\ddots$

Der Wechselwirkungseffekt $\gamma_{ij} = (\mu_{ij} - \mu_{il}) - (\mu_{kj} - \mu_{kl})$ vergleicht schließlich die unterschiedlichen Auswirkungen eines A-Stufenwechsels bei den verschiedenen Stufen von B. Er mittelt dabei mit abwechselndem Vorzeichen über die Ecken des Rechtecks — $(kl);(kj)\ ;(ij);(il)$, — dessen eine Ecke gerade die Kontrollzelle (kl) ist, der diagonal die definierende Zelle (ij) gegenüberliegt:

		Stufe B_j	$\Longleftrightarrow$	Standard stufe B_l	
	$\ddots$	$\vdots$	$\ddots$	$\vdots$	$\ddots$
Stufe A_i	$\cdots$	$+\mu_{ij}$	$\Longleftrightarrow$	$-\mu_{il}$	$\cdots$
$\Updownarrow$	$\ddots$	$\Updownarrow$	$\ddots$	$\Updownarrow$	$\ddots$
Standardstufe A_k	$\cdots$	$-\mu_{kj}$	$\Longleftrightarrow$	$+\mu_{kl}$	$\cdots$
	$\ddots$	$\vdots$	$\ddots$	$\vdots$	$\ddots$

Effekt-Kodierung

Bei der Effekt-Kodierung erhalten alle Stufen von A und B dasselbe Gewicht:

$$g_i^A = \frac{1}{s_A}\ \forall i \qquad \text{und} \qquad g_j^B = \frac{1}{s_B}\ \forall j.$$

Damit lauten die Nebenbedingungen:

$$\begin{aligned} \sum_{i=1}^{s_A} \alpha_i &= \sum_{j=1}^{s_B} \beta_j = 0, \\ \sum_{i=1}^{s_A} \gamma_{ij} &= 0 \quad \forall j \quad \text{und} \sum_{j=1}^{s_B} \gamma_{ij} = 0 \quad \forall i. \end{aligned}$$

Die Effekte und ihre Schätzer sind dann:

$$
\begin{aligned}
\eta_0 &= \tfrac{1}{s_A s_B}\sum_i \sum_j \mu_{ij}, & \widehat{\eta}_0 &= \tfrac{1}{s_A s_B}\sum_i \sum_j \overline{y}_{ij},\\
\alpha_i &= \tfrac{1}{s_B}\sum_j \mu_{ij} - \eta_0, & \widehat{\alpha}_i &= \tfrac{1}{s_B}\sum_j \overline{y}_{ij} - \widehat{\eta}_0,\\
\beta_j &= \tfrac{1}{s_A}\sum_i \mu_{ij} - \eta_0, & \widehat{\beta}_j &= \tfrac{1}{s_A}\sum_i \overline{y}_{ij} - \widehat{\eta}_0,\\
\gamma_{ij} &= \mu_{ij} - \alpha_i - \beta_j - \eta_0, & \widehat{\gamma}_{ij} &= \overline{y}_{ij} - \widehat{\alpha}_i - \widehat{\beta}_j - \widehat{\eta}_0.
\end{aligned}
$$

Diese Effekte werden von vielen Praktikern als die wichtigsten und am besten interpretierbaren angesehen:

- Der Bezugspunkt ist das ungewogene Mittel über alle μ_{ij}.
- Der α_i–Haupteffekt ist die Abweichungen der ungewogenen Mittel über alle Zellen, in denen die Stufe A_i vorkommt, vom Globalmittel.
- Der β_j–Haupteffekt ist die Abweichungen der ungewogenen Mittel über alle Zellen, in denen die Stufe B_j vorkommt, vom Globalmittel.

Hier hängen die Effekte weder von einem willkürlichen Bezugspunkt, noch von der willkürlichen Größe der Besetzungszahlen der Zellen, noch von anderen extern festgelegten Gewichten ab. Sie sind in diesem Sinne design-unabhängig und objektiv.

13.2.5 Unbereinigten Haupteffekte

Eine ganz anderen Zugang zu den Effekten finden wir, wenn wir AB als einen einzigen *zweidimensionalen* Faktor auffassen und im Unterschied zur Dummy- oder Effekt-Kodierung nicht den Stufen der beiden *eindimensionalen* Faktoren A und B sondern den Stufen A_iB_j des *zweidimensionalen* Faktors AB Gewichte zuordnen und dann die Konstruktion der Effekte der einfachen Varianzanalyse nachzeichnen. Wir betrachten hier nur den wichtigsten Fall, bei denen die Gewichte proportional zu den Besetzungszahlen gewählt werden:

$$g_{ij} := \frac{n_{ij}}{n}.$$

Dementsprechend definieren wir die folgenden Mittelwerte:

$$\overline{\mu} \ : = \frac{1}{n}\sum_{ij} n_{ij}\mu_{ij}, \tag{13.26}$$

$$\overline{\mu}_i^A \ : = \frac{1}{n_i^A}\sum_{j} n_{ij}\mu_{ij}, \tag{13.27}$$

$$\overline{\mu}_j^B \ : = \frac{1}{n_j^l}\sum_{i} n_{ij}\mu_{ij}. \tag{13.28}$$

Aus ihnen werden die folgenden ***unbereinigten Effekte*** gebildet:

$$\eta_0 = \overline{\mu}, \tag{13.29}$$
$$\alpha_i = \overline{\mu}_i^A - \eta_0, \tag{13.30}$$
$$\beta_j = \overline{\mu}_j^B - \eta_0, \tag{13.31}$$
$$\gamma_{ij} = \mu_{ij} - \alpha_i - \beta_j + \eta_0. \tag{13.32}$$

Damit gelten (13.38) und (13.37) auch in der zweifachen ANOVA. Ersetzt man μ_{ij} durch seinen Schätzer $\widehat{\mu}_{ij} = \overline{y}_{ij}$, erhält man die Schätzer der Effekte:

$$\widehat{\eta}_0 = \overline{y}, \tag{13.33}$$
$$\widehat{\alpha}_i = \overline{y}_i^A - \overline{y}, \tag{13.34}$$
$$\widehat{\beta}_j = \overline{y}_j^B - \overline{y}, \tag{13.35}$$
$$\widehat{\gamma}_{ij} = \overline{y}_{ij} - \overline{y}_i^A - \overline{y}_j^B + \overline{y}. \tag{13.36}$$

α_i bzw. $\widehat{\alpha}_i$ sind die Effekte der einfachen ANOVA. Analoges gilt für B. Die Effekte heißen unbereinigt, da sie nur die Gegenwart jeweils eines einzigen Faktors berücksichtigen und den anderen Faktor ignorieren. Sie sind intuitiv naheliegend, da sie aus den ungewichteten Mitteln der Beobachtungen geschätzt werden. Es gilt:

$$\begin{aligned} \mathbf{P_A y} &= \textstyle\sum_i \overline{y}_i^A \mathbf{1}_i^A, \\ \mathbf{P_A} \boldsymbol{\mu} &= \textstyle\sum_i \overline{\mu}_i^A \mathbf{1}_i^A, \\ \mathbf{P_1} \boldsymbol{\mu} &= \overline{\mu}\mathbf{1}. \end{aligned}$$

Also läßt sich durch:

$$\|\mathbf{P_A}\boldsymbol{\mu} - \mathbf{P_1}\boldsymbol{\mu}\|^2 = \sum_i \alpha_i^2 n_i^A \tag{13.37}$$

die *unbereinigte Gesamtstärke des α–Effekts* definieren und durch:

$$\|\mathbf{P_A y} - \mathbf{P_1 y}\|^2 = \sum_i \widehat{\alpha}_i^2 n_i^A \tag{13.38}$$

schätzen. Die unbereinigten Effekte sind durch ihre geometrische Interpretierbarkeit ausgezeichnet. Sie haben aber drei entscheidende Nachteile:

1. Die Definition der unbereinigten Effekte hängt von den Besetzungszahlen n_{ij} der Zellen ab. Stark unbalanzierte Besetzungsmatrizen können wie im Baby-Brei-Beispiel 399 zu grob falschen Schlüssen verleiten.

2. Die Effekte sind generell *nicht* durch **identifizierende Nebenbedingungen** definierbar. Es gibt kein allgemeines explizit angebbares Gleichungssystem von Nebenbedingungen, deren Lösung die unbereingten Effekte sind. Schätzbare Parameter bleiben nicht mehr invariant, wenn an Stelle von Effekten, die durch identifizierende Nebenbedingungen definiert sind, unbereingte Effekte verwendet werden.

3. Wie wir im Abschnitt 13.3.4 zeigen werden, sind für unbereinigte Effekte Additivität und Wechselwirkungsfreiheit nicht mehr gleichwertig.

Beispiel 403 *Als Beispiel berechnen wir die Effekte im Baby-Brei-Beispiel* 399. *Die folgende Tabelle 13.2 zeigt die Schätzer aller Effekte, die mit unterschiedlicher Software geschätzt wurden:*

	Effekt Kodierung	Dummy-Kodierung: SAS	Dummy-Kodierung: GLIM	unbereinigte Effekte
$\widehat{\eta}_0$	9,040	13,227	5,045	9,000
$\widehat{\alpha}_1$	−1,973	−4,255	0	−0,600
$\widehat{\alpha}_2$	1,973	0	3,949	0,600
$\widehat{\beta}_1$	−2,020	−4,233	0	−0,444
$\widehat{\beta}_2$	−0,040	−2,409	2,137	0,000
$\widehat{\beta}_3$	2,060	0	3,926	0,444
$\widehat{\gamma}_{11}$	−0,001	0,306	0	−2,911
$\widehat{\gamma}_{12}$	0,155	0,619	0	−1,218
$\widehat{\gamma}_{13}$	−0,154	0	0	0,128
$\widehat{\gamma}_{21}$	0,001	0	0	−0,162
$\widehat{\gamma}_{22}$	−0,155	0	0,312	1,218
$\widehat{\gamma}_{23}$	0,154	0	−0,313	3,183
$\widehat{\phi}_1$	−3,946	−4,255	−3,949	−1,200
$\widehat{\phi}_2$	−,347	−,347	−,347	−5,219

Tabelle 13.2: Die Schätzungen der Effekte

SAS *benutzt die Dummykodierung und streicht jeweils die letzte Faktorstufe. Der Bezugspunkt ist die Zelle* $(2;3)$. GLIM *benutzt die Dummykodierung und streicht jeweils die erste Faktorstufe. Der Bezugspunkt ist die Zelle* $(1;1)$. *Systematische Nullen, die sich auf Grund der Nebenbedingungen ergeben, sind als Null "0" ohne Kommastelle angegeben.*
Die vorletzte Zeile der Tabelle zeigt den nicht schätzbaren Kontrast:

$$\phi_1 := \alpha_1 - \alpha_2,$$

während die letzte Zeile den schätzbaren Kontrast:

$$\phi_2 := \beta_1 - 2\beta_2 + \beta_3 + \gamma_{11} - 2\gamma_{12} + \gamma_{13}$$

enthält. Beim nicht schätzbaren Parameter ϕ_1 *unterscheiden sich alle vier Schätzwerte. Dagegen stimmen beim schätzbaren* ϕ_2 *die ersten drei Schätzer überein. Für sie ist* $\phi_2 = \mu_{11} - 2\mu_{12} + \mu_{13}$. *Dies gilt nicht für die unbereinigten Effekte.*

Bei den drei über identifizierende Nebenbedingungen definierten Effekten dominieren neben den systematischen Nullen die Haupteffekte. Bei den unbereinigten Effekten dominieren die Wechselwirkungseffekte, während dagegen die Haupteffekte unbedeutend klein sind. Dies hatte bei der naiven Interpretation des einleitenden Beispiel schon zu den Fehlschlüssen geführt.
Zur Rechenkontrolle stellen wir die notwendigen Mittelwerte in der folgenden Tabelle zusammen:

$\overline{y}_{ij}$	B_1	B_2	B_3	$\overline{y}_i^A$	$\underline{y}_i^A$
A_1	5,045	7,182	8,972	8,4	7,0663
A_2	8,994	10,818	13,227	9,6	11,013
$\overline{y}_j^B$	8,556	9,000	9,444	$\overline{y} = 9$	
$\underline{y}_j^B$	7,0195	9,000	11,0995		$\underline{y} = 9,0397$

Bei der Effektkodierung ist zum Beispiel:

$$\begin{array}{lclclcr} \widehat{\eta}_0 & = & \underline{y} & & & = & 9,0397 \\ \widehat{\alpha}_1 & = & \underline{y}_1^A - \underline{y} & = & 7,0663 - 9,0397 & = & -1,9734 \\ \widehat{\beta}_3 & = & \underline{y}_3^B - \underline{y} & = & 11,0995 - 9,0397 & = & 2,0598 \\ \widehat{\gamma}_{13} & = & \overline{y}_{13} - \left(\widehat{\eta}_0 + \widehat{\alpha}_1 + \widehat{\beta}_3\right) & = & 8,972 - \cdots - 2,0598 & = & -0,1541. \end{array}$$

Bei SAS ist der Bezugspunkt die Zelle $(2;3)$. *Daher ist zum Beispiel:*

$$\begin{array}{lclclcr} \widehat{\eta}_0 & = & \overline{y}_{23} & & & = & 13,227 \\ \widehat{\alpha}_1 & = & \overline{y}_{13} - \overline{y}_{23} & = & 8,972 - 13,227 & = & -4,255 \\ \widehat{\beta}_1 & = & \overline{y}_{21} - \overline{y}_{23} & = & 8,994 - 13,227 & = & -4,233 \\ \widehat{\gamma}_{11} & = & \overline{y}_{11} - \overline{y}_{13} + \overline{y}_{23} - \overline{y}_{21} & = & 5,0458,994 & = & 0,306. \end{array}$$

Bei GLIM ist der Bezugspunkt ist die Zelle $(1;1)$. *Daher ist zum Beispiel:*

$$\begin{array}{lclclcr} \widehat{\eta}_0 & = & \overline{y}_{11} & & & = & 5,045 \\ \widehat{\alpha}_2 & = & \overline{y}_{21} - \overline{y}_{11} & = & 8,994 - 5,045 & = & 3,949 \\ \widehat{\beta}_2 & = & \overline{y}_{12} - \overline{y}_{11} & = & 7,182 - 5,045 & = & 2,137 \\ \widehat{\gamma}_{22} & = & \overline{y}_{22} - \overline{y}_{21} + \overline{y}_{11} - \overline{y}_{12} & = & 10,818 - \cdots - 7,182 & = & -0,313. \end{array}$$

13.3 Das additive Modell

Wir bleiben bei zwei Faktoren A und B und der Grundstruktur:

$$y_{ijw} = \mu_{ij} + \varepsilon_{ijw} \qquad \boldsymbol{\varepsilon} \sim \mathrm{N}_n\left(0; \sigma^2 \mathbf{I}\right), \tag{13.39}$$

ändern aber die Modellierung von μ_{ij}. Nehmen wir zur Einführung an, nur der Faktor A habe eine Wirkung, so wäre:

$$\mu_{ij} = \eta_0 + \alpha_i.$$

Angenommen, nur der Faktor B habe eine Wirkung, so wäre:

$$\mu_{ij} = \eta_0 + \beta_j.$$

Überlagern sich die Wirkungen beider Faktoren störungsfrei, ohne sich wechselseitig zu beeinflussen, so gilt für alle Zellen (ij):

$$\mu_{ij} = \eta_0 + \alpha_i + \beta_j. \tag{13.40}$$

Durch (13.39) und (13.40) ist das Modell der additiven Überlagerung der Varianzanalyse, kurz das additive Modell, definiert.

Satz 404 *Im **additiven Modell** hat $\boldsymbol{\mu}$ die Vektordarstellung:*

$$\boldsymbol{\mu} = \eta_0 \mathbf{1} + \sum_{i=1}^{s_A} \alpha_i \mathbf{1}_i^A + \sum_{j=1}^{s_B} \beta_j \mathbf{1}_j^B. \tag{13.41}$$

Der Modellraum ist:

$$\mathbf{A} + \mathbf{B} := \mathcal{L}\left\{\mathbf{1}_i^A;\quad \mathbf{1}_j^B; \qquad i = 1, \cdots, s_A; \quad j = 1, \cdots, s_B\right\}. \tag{13.42}$$

Der Modellraum hat die Dimension:

$$\dim(\mathbf{A} + \mathbf{B}) = \mathrm{s}_A + s_B - 1. \tag{13.43}$$

Beweis:
Setzen wir $\mu_{ij} = \eta_0 + \alpha_i + \beta_j$ in die Vektordarstellung von $\boldsymbol{\mu}$ ein, so erhalten wir:

$$\begin{aligned} \boldsymbol{\mu} &= \sum_i \sum_j (\eta_0 + \alpha_i + \beta_j)\, \mathbf{1}_{ij}^{AB} \\ &= \eta_0 \sum_i \sum_j \mathbf{1}_{ij}^{AB} + \sum_i \alpha_i \sum_j \mathbf{1}_{ij}^{AB} + \sum_j \beta_j \sum_i \mathbf{1}_{ij}^{AB}. \end{aligned}$$

(13.41) folgt aus den Summationsformeln (13.1) für die $\mathbf{1}_{ij}^{AB}$. Da die erzeugenden Vektoren $\mathbf{1}_i^A$ und $\mathbf{1}_j^B$ wegen $\sum_i \mathbf{1}_i^A = \sum_j \mathbf{1}_j^B = \mathbf{1}$ von einander linear abhängig sind, ist $\dim(\mathbf{A} + \mathbf{B}) \leq s_A + s_B - 1$. Verzichtet man aber auf einen einzigen Indikator, so sind die anderen linear unabhängig. Wir streichen zum Beispiel $\mathbf{1}_1^B$. Angenommen, die restlichen Indikatoren seien linear abhängig, dann gibt es Koeffizienten a_i und b_j, so daß

$$\mathbf{0} = \sum_{i=1}^{s_A} a_i \mathbf{1}_i^A + \sum_{j=2}^{s_B} b_j \mathbf{1}_j^B \tag{13.44}$$

gilt. Definieren wir nun zusätzlich $b_1 := 0$, so läßt sich (13.44) schreiben als:

$$0 = \sum_{i=1}^{s_A} a_i \mathbf{1}_i^A + \sum_{j=1}^{s_B} b_j \mathbf{1}_j^B = \sum_{i=1}^{s_A} \sum_{j=1}^{s_B} (a_i + b_j) \mathbf{1}_{ij}^{AB}.$$

Da die $\mathbf{1}_{ij}^{AB}$ orthogonal und daher erst recht linear unabhängig sind, folgt $a_i + b_j = 0 \quad \forall i, j$. Da aber bereits $b_1 = 0$ gesetzt wurde, folgt $a_i = b_j = 0 \quad \forall i, j$.
□

13.3.1 Effektparametrisierung

Bislang haben wir darauf verzichtet, die unbestimmten Effekte η_0, α_i und β_j eindeutig festzulegen. Wie im saturierten Modell können wir uns entweder auf schätzbare Parameter beschränken oder die Effektparameter durch Nebenbedingungen schätzbar machen. Wir gehen vor wie im saturierten Modell:

Satz 405 *Im additiven Modell ist ein Parameter ϕ genau dann schätzbar, wenn er die folgende Gestalt hat:*

$$\phi = \eta_0 k_0 + \sum_i \alpha_i k_i^A + \sum_j \beta_j k_j^B. \tag{13.45}$$

Dabei müssen die Koeffizienten die Summationsbedingung:

$$\sum_i k_i^A = \sum_j k_j^B = k_0 \tag{13.46}$$

erfüllen.

Hängt also ein Parameter ϕ nicht vom Bezugspunkt η_0 ab, so ist er genau dann schätzbar, wenn er die Summe eines α-Kontrastes und eines β-Kontrastes ist. Im additiven Modell sind demnach - im Gegensatz zum saturierten Modell - die α-Kontraste und die β-Kontraste schätzbar.

Beweis:
Ein Parameter ϕ ist genau dann schätzbar, wenn er die Gestalt hat $\phi = \mathbf{k}'\boldsymbol{\mu}$. Ersetzen wir $\boldsymbol{\mu}$ durch $\eta_0 \mathbf{1} + \sum_i \alpha_i \mathbf{1}_i^A + \sum_j \beta_j \mathbf{1}_j^B$, so folgt

$$\phi = \eta_0 \mathbf{k}'\mathbf{1} + \sum_i \alpha_i \mathbf{k}'\mathbf{1}_i^A + \sum_j \beta_j \mathbf{k}'\mathbf{1}_j^B =: \eta_0 k_0 + \sum_i \alpha_i k_i^A + \sum_j \beta_j k_j^B.$$

Dabei erfüllen die k_i^A und k_j^B die Summationsbedingungen (13.46). Um die Gegenrichtung zu zeigen, habe nun ein Parameter ϕ die Gestalt (13.45), wobei die k_i^A und k_j^B die Bedingungen (13.46) erfüllen. Definiert man $k_{ij} := \frac{k_i^A}{s_B} + \frac{k_j^B}{s_A} - \frac{k_0}{s_A s_B}$, so gilt $\sum_{ij} k_{ij} = k_0$; $\sum_i k_{ij} = k_j^B$; $\sum_j k_j = k_i^A$. Dann folgt:

$$\begin{aligned}\phi &= \eta_0 k_0 + \sum_i \alpha_i k_i^A + \sum_j \beta_j k_j^B = \sum_{ij} k_{ij} \left(\eta_0 + \alpha_i + \beta_j\right) \\ &= \left(\sum_{ij} k_{ij} \frac{\mathbf{1}_{ij}^{AB}}{n_{ij}}\right)' \sum_{ij} \left(\eta_0 + \alpha_i + \beta_j\right) \mathbf{1}_{ij}^{AB} =: \mathbf{k}'\boldsymbol{\mu}.\end{aligned}$$

Also ist ϕ schätzbar.
□

Wie im saturierten Modell können die Effekte durch identifizierende Nebenbedingungen festgelegt werden:

Satz 406 *Es seien* $g_i^A \geq 0 \;\; i = 1, \cdots s_A$ *und* $g_j^B \geq 0 \;\; j = 1, \cdots s_B$ *beliebige aber fest gewählte Faktorgewichte mit* $\sum_i g_i^A = 1$ *und* $\sum_j g_j^B = 1$. *Dann sind:*

$$\sum_i g_i^A \alpha_i = 0, \tag{13.47}$$

$$\sum_j g_j^B \beta_j = 0, \tag{13.48}$$

identifizierende Nebenbedingungen. Erfüllen die Effektparameter diese Nebenbedingungen, so ist:

$$\begin{aligned}\eta_0 &= \sum_{ij} g_i^A g_j^B \mu_{ij}, \\ \alpha_i &= \sum_j g_j^A \mu_{ij} - \eta_0, \\ \beta_j &= \sum_i g_i^B \mu_{ij} - \eta_0.\end{aligned}$$

Wählt man $\eta_0 = 0$, *so genügt eine der beiden Bedingungen* (13.47) *oder* (13.48) *als identifizierende Nebenbedingung. Wählt man z.B.* (13.47) , *so ist*

$$\begin{aligned}\beta_j &= \sum_i g_i^B \mu_{ij}, \\ \alpha_i &= \mu_{ij} - \beta_j.\end{aligned}$$

Der Beweis läuft wie im saturierten Modell.

13.3.2 Schätzung der Parameter

Wegen $\mathbf{A} + \mathbf{B} \subset \mathbf{AB}$ ist das additive Modell ein Untermodell des saturierten Modells. Es ist formal und inhaltlich wesentlich einfacher zu interpretieren, dafür sind die Schätzungen numerisch etwas aufwendiger. Während nämlich der Modellraum $\mathbf{AB}$ in den $\mathbf{1}_{ij}^{AB}$ eine bekannte orthogonale Basis besitzt, sind die Regressoren des additiven Modells wegen $\left(\mathbf{1}_i^A\right)' \mathbf{1}_j^B = n_{ij}$ **nicht** orthogonal.

Die Bestimmung der Normalgleichungen: Um die Normalgleichungen mit Matrizen zu schreiben, führen wir die folgenden Bezeichnungen für Vektoren und Matrizen ein:

$\overline{\mathbf{y}}^A$	$= \left(\overline{y}_1^A; \cdots; \overline{y}_{s_A}^A\right)'$	Vektor der Mittelwerte in den A-Stufen,
$\overline{\mathbf{y}}^B$	$= \left(\overline{y}_1^B; \cdots; \overline{y}_{s_B}^B\right)'$	Vektor der Mittelwerte in den B-Stufen,
$\mathbf{N}$	$= (n_{ij})$	Matrix der Besetzung der Zellen,
$\mathbf{N}_A$	$= \operatorname{Diag}(n_1^A; \cdots; n_{s_A}^A)$	Matrix der Besetzung der A-Stufen,
$\mathbf{N}_B$	$= \operatorname{Diag}(n_1^B; \cdots; n_{s_B}^B)$	Matrix der Besetzung der B-Stufen,
$\widehat{\boldsymbol{\alpha}}$	$= (\widehat{\alpha}_1; \cdots; \widehat{\alpha}_{s_A})'$	Vektor der $\widehat{\alpha}_i$ Koeffizienten,
$\widehat{\boldsymbol{\beta}}$	$= \left(\widehat{\beta}_1; \cdots; \widehat{\beta}_{s_A}\right)'$	Vektor der $\widehat{\beta}_j$ Koeffizienten,
$\mathbf{X}$	$= \left(\mathbf{1}_1^A; \cdots; \mathbf{1}_{s_A}^A; \mathbf{1}_1^B; \cdots; \mathbf{1}_{s_B}^B\right)$	Designmatrix ohne die 1.

Wählen wir die Parametrisierung ohne Absolutglied, so hat im additiven Modell $\widehat{\boldsymbol{\mu}}$ die Gestalt:

$$\widehat{\boldsymbol{\mu}} = \mathbf{P_{A+B}y} = \sum_i \widehat{\alpha}_i \mathbf{1}_i^A + \sum_j \widehat{\beta}_j \mathbf{1}_j^B = \mathbf{X}\begin{pmatrix} \widehat{\boldsymbol{\alpha}} \\ \widehat{\boldsymbol{\beta}} \end{pmatrix}.$$

Die Normalgleichungen sind dann:

$$\mathbf{X}'\mathbf{X}\begin{pmatrix} \widehat{\boldsymbol{\alpha}} \\ \widehat{\boldsymbol{\beta}} \end{pmatrix} = \mathbf{X}'\mathbf{y}. \tag{13.49}$$

Nun folgt aus der Definition der Matrizen $\mathbf{X}$,$\mathbf{N}, \mathbf{N}_A, \mathbf{N}_B$ und den in (13.2) bis (13.5) aufgelisteten Eigenschaften der Indikatorvektoren:

$$\mathbf{X}'\mathbf{X} = \begin{pmatrix} \mathbf{N}_A & \mathbf{N} \\ \mathbf{N}' & \mathbf{N}_B \end{pmatrix} \quad \text{sowie } \mathbf{X}'\mathbf{y} = \begin{pmatrix} \mathbf{N}_A & \mathbf{0} \\ \mathbf{0} & \mathbf{N}_B \end{pmatrix} \begin{pmatrix} \overline{\mathbf{y}}^A \\ \overline{\mathbf{y}}^B \end{pmatrix}.$$

Damit hat (13.49) die Gestalt:

$$\mathbf{N}_A\widehat{\boldsymbol{\alpha}} + \mathbf{N}\widehat{\boldsymbol{\beta}} = \mathbf{N}_A\overline{\mathbf{y}}^A, \tag{13.50}$$
$$\mathbf{N}'\widehat{\boldsymbol{\alpha}} + \mathbf{N}_B\widehat{\boldsymbol{\beta}} = \mathbf{N}_B\overline{\mathbf{y}}^B. \tag{13.51}$$

Nach Division durch $\mathbf{N}_A$ bzw. $\mathbf{N}_B$ erhält man aus (13.50) und (13.51):

$$\widehat{\boldsymbol{\alpha}} + \mathbf{N}_A^{-1}\mathbf{N}\widehat{\boldsymbol{\beta}} = \overline{\mathbf{y}}^A, \tag{13.52}$$
$$\mathbf{N}_B^{-1}\mathbf{N}'\widehat{\boldsymbol{\alpha}} + \widehat{\boldsymbol{\beta}} = \overline{\mathbf{y}}^B. \tag{13.53}$$

Setzt man $\widehat{\boldsymbol{\beta}}$ aus (13.53) in (13.52) ein, erhält man die **reduzierte Normalgleichung** für $\widehat{\boldsymbol{\alpha}}$:

$$\left(\mathbf{I}-\mathbf{N}_A^{-1}\mathbf{N}\mathbf{N}_B^{-1}\mathbf{N}'\right)\widehat{\boldsymbol{\alpha}} \;=\; \overline{\mathbf{y}}^A-\mathbf{N}_A^{-1}\mathbf{N}\overline{\mathbf{y}}^B. \tag{13.54}$$

(13.54) ist — als Teil der Normalgleichungen — ein lösbares System vom Rang s_A-1 mit s_A Gleichungen für den Koeffizientenvektor $\widehat{\boldsymbol{\alpha}}$. Man kann nun zum Beispiel $\widehat{\alpha}_1 = 0$ setzen und das verbleibende eindeutige System lösen. Die Lösung erfüllt dann die identifizierende Nebenbedingung $\eta = 0$ und $\alpha_1 = 0$. Hat man $\widehat{\boldsymbol{\alpha}}$ bestimmt, erhält man $\widehat{\boldsymbol{\beta}}$ aus (13.53):

$$\widehat{\boldsymbol{\beta}}=\overline{\mathbf{y}}^B-\mathbf{N}_B^{-1}\mathbf{N}'\widehat{\boldsymbol{\alpha}}. \tag{13.55}$$

Ist $s_A \leq s_B$ wird man in der angegebenen Reihenfolge vorgehen, ist $s_B < s_A$, so wird in der umgekehrten Reihenfolge vorgegangen und zuerst $\widehat{\boldsymbol{\alpha}}$ eliminiert und $\widehat{\boldsymbol{\beta}}$ berechnet.
Sind die $\widehat{\alpha}_i$ und $\widehat{\beta}_j$ berechnet, dann ist $\widehat{\mu}_{ij} = \widehat{\alpha}_i + \widehat{\beta}_j$ eindeutig bestimmt. Mit den $\widehat{\mu}_{ij}$ folgt wie im saturierten Modell:

$$\begin{aligned}
\widehat{\boldsymbol{\mu}} &= \sum_i \widehat{\alpha}_i \mathbf{1}_i^A + \sum_j \widehat{\beta}_j \mathbf{1}_j^B = \sum_j\sum_i \left(\widehat{\alpha}_i+\widehat{\beta}_j\right)\mathbf{1}_{ij}^{AB} = \sum_j\sum_i \widehat{\mu}_{ij}\mathbf{1}_{ij}^{AB},\\
\|\widehat{\boldsymbol{\mu}}\|^2 &= \sum_j\sum_i \left(\widehat{\mu}_{ij}\right)^2 n_{ij},\\
\mathrm{SSE} &= \|\widehat{\boldsymbol{\mu}}\|^2-\|\mathbf{P_1}y\|^2=\sum_j\sum_i\left(\widehat{\mu}_{ij}\right)^2 n_{ij}-\overline{y}n,\\
\widehat{\sigma}^2 &= \frac{\mathrm{SSE}}{n-(s_A+s_B-1)}.
\end{aligned}$$

Beispiel 407 *Wir betrachten weiter das Baby-Brei-Beispiel 399. Die Normalgleichungen* (13.50) *und* (13.51) *für* $\widehat{\alpha}_i$ *und* $\widehat{\beta}_j$ *ergeben in diesem Fall:*

$$n_i^A\overline{y}_i^A = \widehat{\alpha}_i n_i^A + \sum_j \widehat{\beta}_j n_{ij} \qquad i=1,2 \tag{13.56}$$

$$n_j^B\overline{y}_j^B = \widehat{\beta}_j n_j^B + \sum_i \widehat{\alpha}_i n_{ij} \qquad j=1,\cdots,3. \tag{13.57}$$

Die Besetzungsmatrix $\mathbf{N}$ *und die Zeilen- und Spaltenmittelwerte sind noch einmal in der nächsten Tabelle zusammengestellt:*

	B_1	B_2	B_3		
A_1	$n_{11}=2$	$n_{12}=2$	$n_{13}=16$	$n_1^A=20$	$n_1^A\overline{y}_1^A=168$
A_2	$n_{21}=16$	$n_{22}=2$	$n_{23}=2$	$n_2^A=20$	$n_2^A\overline{y}_2^A=192$
	$n_1^B=18$	$n_1^B=4$	$n_1^B=18$	$n=40$	
	$n_1^B\overline{y}_1^B=154$	$n_2^B\overline{y}_2^B=36$	$n_3^B\overline{y}_3^B=170$		

Damit liefern (13.56) *und* (13.57) *die folgende Normalgleichungen:*

$$\begin{array}{rclllll}
168 & = & 20\widehat{\alpha}_1 & & +2\widehat{\beta}_1 & +2\widehat{\beta}_2 & +16\widehat{\beta}_3 \\
192 & = & & 20\widehat{\alpha}_2 & +16\widehat{\beta}_1 & +2\widehat{\beta}_2 & +2\widehat{\beta}_3 \\
154 & = & 2\widehat{\alpha}_1 & +16\widehat{\alpha}_2 & +18\widehat{\beta}_1 & & \\
36 & = & 2\widehat{\alpha}_1 & +2\widehat{\alpha}_2 & & +4\widehat{\beta}_2 & \\
170 & = & 16\widehat{\alpha}_1 & +2\widehat{\alpha}_2 & & & +18\widehat{\beta}_3
\end{array}$$

Man verifiziert leicht, daß das Gleichungssystem durch

$$\widehat{\alpha}_1 = 0; \quad \widehat{\alpha}_2 = 4; \quad \widehat{\beta}_1 = 5; \quad \widehat{\beta}_2 = 7; \quad \widehat{\beta}_3 = 9$$

gelöst wird. Das statistische Software-Paket GLIM *zum Beispiel geht von den Nebenbedingungen* $\widehat{\alpha}_1 = 0$ *und* $\widehat{\beta}_1 = 0$ *aus und berechnet die folgenden Schätzwerte:*

$$\widehat{\eta}_0 = 5; \quad \widehat{\alpha}_1 = 0; \quad \widehat{\alpha}_2 = 4; \quad \widehat{\beta}_1 = 0; \quad \widehat{\beta}_2 = 2; \quad \widehat{\beta}_3 = 4.$$

Beide Schätzungen führen auf dasselbe $\widehat{\mu}_{ij} = \widehat{\eta}_0 + \widehat{\alpha}_i + \widehat{\beta}$:

$\widehat{\mu}_{ij} = \widehat{\eta}_0 + \widehat{\alpha}_i + \widehat{\beta}$	$\widehat{\beta}_1 = 5$	$\widehat{\beta}_2 = 7$	$\widehat{\beta}_3 = 9$
$\widehat{\alpha}_1 = 0$	5	7	9
$\widehat{\alpha}_2 = 4$	9	11	13

13.3.3 Grafische Überprüfung

Liegt ein konkreter Datensatz vor, stellt sich die Frage, ob ein additives oder nur das saturierte Modell paßt. Einen Test, mit dem man diese Frage beantworten kann, werden wir später kennenlernen. Einfacher ist ein grafisches Verfahren, das wir an einem Beispiel erläutern wollen. Wir betrachten ein additives Modell mit $s_A = s_B = 3$. Die α_i, β_j und $\mu_{ij} = \alpha_i + \beta_j$ sind in der folgenden Tabelle gegeben:

$\mu_{ij} = \alpha_i + \beta_j$	$\beta_1 = 0$	$\beta_2 = 3$	$\beta_3 = 1$
$\alpha_1 = 1$	1	4	2
$\alpha_2 = -2$	-2	1	-1
$\alpha_3 = 3$	3	6	4

Bildet man in einem $(A;\mu)$-Koordinatensystem den Wert μ_{ij} durch den Punkt $(A_i;\mu_{ij})$ ab und verbindet die zur gleichen B_j–Stufe gehörenden Punkte $(A_i;\mu_{ij})$ für i=1,2,3, so enstehen drei parallel verschobene Linienzüge:
Beim Wechsel von einer Faktorstufe B_j zu einer Stufe B_k ändern sich alle μ_{ij} um die Konstante $\beta_k - \beta_j$. Daher werden die Linienzüge parallel verschoben. Siehe die Grafik links in der Abbildung 13.1. Ändert man zum Beispiel den

Wert μ_{21} von -2 in $+4$, so ergibt sich die folgende μ-Matrix:

$\mu_{ij} = \alpha_i + \beta_j$	$\beta_1 = 0$	$\beta_2 = 3$	$\beta_3 = 1$
$\alpha_1 = 1$	1	4	2
$\alpha_2 = -2$	4	1	-1
$\alpha_3 = 3$	3	6	4

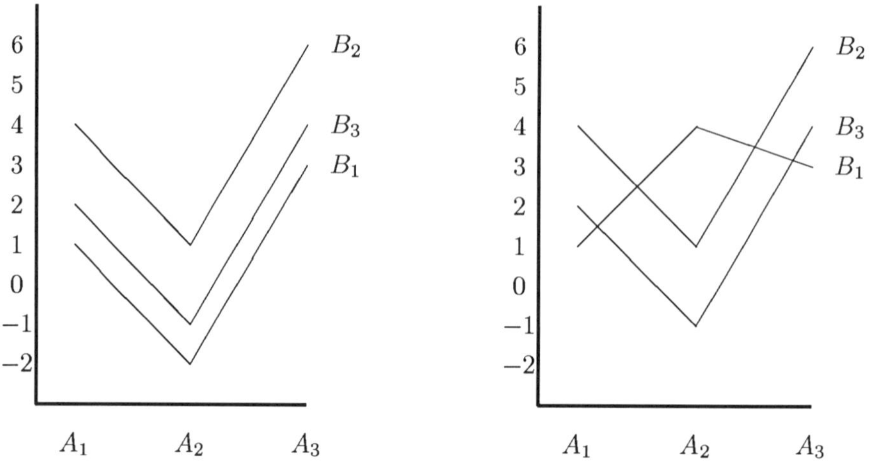

Abbildung 13.1: Links ein additives Modell, rechts ein Modell mit Wechselwirkungen

Dem entspricht die rechte Grafik in Abbildung 13.1. Die Additivität ist verletzt, die Kurven sind nicht mehr parallel. Es liegen Wechselwirkungen vor. In der Praxis kann man in der beschriebenen Weise die Zellenmittelwerte $\overline{y}_{ij}$ als Schätzwerte der unbekannten μ_{ij} plotten und dann nach Augenschein entscheiden, ob die Annahme der Additivität plausibel ist oder nicht.

13.3.4 Wechselwirkungen bei unbereinigten Effekten

Verwendet man im saturierten Modell die unbereinigten Effekte (13.29) bis (13.32), dann folgt aus $\boldsymbol{\mu} \in \mathbf{A} + \mathbf{B}$ **nicht** die Aussage $\gamma_{ij} = 0$! Wir zeigen dies an einem Beispiel[5], in dem wir die μ_{ij} und n_{ij} wie folgt definieren:

μ_{ij}

	B_1	B_2	B_3
A_1	5	7	9
A_2	9	11	13

n_{ij}

	B_1	B_2	B_3
A_1	2	2	16
A_2	16	2	2

[5]Die Daten entstammen wieder dem Baby-Brei-Datensatz, in dem wir die im additiven Modell gefundenen Schätzwerte der $\widehat{\mu}_{ij}$ mit ihren Erwartungswerten identifizierten.

Offensichtlich ist $\mu_{ij} = a_i + b_j$ und $\boldsymbol{\mu} \in \mathbf{A} + \mathbf{B}$. Die nächste Tafel zeigt die Produkte $n_{ij}\mu_{ij}$, die Zeilen- und Spaltensummen und die dazu gehörenden Mittelwerte:

$n_{ij}\mu_{ij}$	$j=1$	$j=2$	$j=3$	$\sum_j n_{ij}\mu_{ij}$	n_i^A	$\overline{\mu}_i^A$
$i=1$	10	14	144	168	20	8,4
$i=2$	144	22	26	192	20	9,6
$\sum_i n_{ij}\mu_{ij}$	154	36	170	360		
n_j^B	18	4	18			
$\overline{\mu}_j^B = \frac{1}{n_j^B}\sum_i n_{ij}\mu_{ij}$	8,5556	9	9,4444			$\overline{\mu} = 9$

Aus dieser Tabelle ergeben sich die folgenden unbereinigten Effekte:

$$\begin{aligned} \eta_0 &= \overline{\mu} && = 9 \\ \alpha_1 &= \overline{\mu}_1^A - \eta_0 = 8,4 - 9 && = -0,6 \\ \beta_1 &= \overline{\mu}_1^B - \eta_0 = 8,5556 - 9 && = -0,444\,. \end{aligned}$$

Analog ergeben sich:

$$\alpha_2 = 9,6 - 9 = 0,6 \qquad \beta_2 = 0 \qquad \text{und} \qquad \beta_3 = 9,4444 - 9 = 0,444\,.$$

Wir erhalten demnach die folgende additive Komponente $\eta_0 + \alpha_i + \beta_j$:

$\eta_0 = 9$	$\beta_1 = -0,444$	$\beta_2 = 0$	$\beta_3 = 0,444$
$\alpha_1 = -0,6$	7, 956	8, 4	8,844
$\alpha_2 = 0,6$	9,156	9,6	10,044

und die daraus resultierenden Wechselwirkungseffekte $\gamma_{ij} = \mu_{ij} - (\eta_0 + \alpha_i + \beta_j)$:

$$\underbrace{\begin{pmatrix} 5 & 7 & 9 \\ 9 & 11 & 13 \end{pmatrix}}_{\mu_{ij}} - \underbrace{\begin{pmatrix} 7{,}956 & 8{,}4 & 8{,}844 \\ 9{,}156 & 9{,}6 & 10{,}044 \end{pmatrix}}_{\eta_0+\alpha_i+\beta_j} = \underbrace{\begin{pmatrix} \text{-}2{,}956 & \text{-}1{,}4 & 0{,}156 \\ \text{-}0{,}156 & 1{,}4 & 2{,}956 \end{pmatrix}}_{\gamma_{ij}}.$$

Wir haben hier ein additives Modell mit von Null verschiedenen Wechselwirkungen! Dieser Widerspruch konnte nur auftreten, weil die hier verwendeten unbereinigten Effekte nicht über identifizierende Nebenbedingungen definiert sind. Es gilt nämlich der Satz:

Satz 408 *Sind die Effekte α_i und β_j durch identifizierende Nebenbedingungen definiert, dann gilt unabhängig von der Wahl der Gewichte, mit denen die Effekte definiert sind:*

$$\boldsymbol{\mu} \in \mathbf{A} + \mathbf{B} \quad \Leftrightarrow \quad \mu_{ij} = \alpha_i + \beta_j \quad \Leftrightarrow \quad \gamma_{ij} = 0.$$

Beweis
Es sei $\boldsymbol{\mu} \in \mathbf{A} + \mathbf{B}$ und μ_{ij} in eine i-Komponente und eine j-Komponente zerlegt:

$$\mu_{ij} = a_i + b_j. \tag{13.58}$$

Die Effekte seien über die Gewichte g_i^A und g_j^B definiert. Dann ist:

$$\begin{aligned}
\eta_0 &= \sum_{i,j} g_i^A g_j^B \mu_{ij} &&= \sum_{i,j} g_i^A g_j^B (a_i + b_j) &&= \sum_i g_i^A a_i + \sum_j g_j^B b_j \\
\alpha_i + \eta_0 &= \sum_j g_j^B \mu_{ij} &&= \sum_j g_j^B (a_i + b_j) &&= a_i + \sum_j g_j^B b_j \\
\beta_j + \eta_0 &= \sum_i g_i^A \mu_{ij} &&= \sum_i g_i^A (a_i + b_j) &&= b_j + \sum_i g_i^A a_i
\end{aligned}$$

Addieren wir die letzten beiden Zeilen und subtrahieren die erste, erhalten wir:

$$\eta_0 + \alpha_i + \beta_j = a_i + b_j.$$

Nach (13.58) ist $a_i + b_j = \mu_{ij}$. Also ist $\gamma_{ij} = \mu_{ij} - (\eta_0 + \alpha_i + \beta) = \mu_{ij} - \mu_{ij} = 0$.
□

13.4 Tests in der Varianzanalyse

In der Varianzanalyse werden nicht nur Hypothesen über einzelne Effekte z.B. ein spezielles α_i getestet, sondern es werden Effektfamilien zu einem Faktor oder einer Faktorkombination überprüft, z.B. die Gesamtheit der Haupteffekte des Faktos A oder die Wechselwirkungseffekte. Es bieten sich zwei Konzepte an:

- Man betrachtet die schrittweise Verfeinerung einfacher Modelle und testet, ob eine Modellerweiterung sinnvoll ist. Dabei stehen die Modellräume und nicht die individuelle Parametrisierung der Effekte im Vordergrund. Wir sprechen dann von Hypothesen über die Komponentenstruktur des Modells oder kurz **Struktur-Hypothesen**.

- Man betrachtet die Effekte eines parametrisierten Modells und testet deren Signifikanz. Wir sprechen dann von Hypothesen über parametrisierte Effekte oder kurz von **Parameterhypothesen**.

Theoretisch sind beide Konzepte äquivalent. Jeder Parameterhypothese H_0^{ϕ} : "$\phi = 0$" entspricht eine äquivalente Struktur-Hypothese $H_0^{\mathbf{N}}$: "$\boldsymbol{\mu} \perp \mathbf{N}$". Der praktische Unterschied liegt in der Interpretierbarkeit. Mal ist ϕ anschaulich interpretierbar und $\mathbf{N}$ nicht, mal ist es umgekehrt. Wir werden beide Konzepte nacheinander behandeln.

13.4.1 Tests von Struktur-Hypothesen

Bei zwei Faktoren A und B gibt es zwei Wege, wie das Nullmodell schrittweise zum saturierten Modell erweitert werden kann:

$$\begin{array}{ccccccc} \mathbf{1} & \subset & \mathbf{A} & \subset & \mathbf{A}+\mathbf{B} & \subset & \mathbf{AB} \\ \mathbf{1} & \subset & \mathbf{B} & \subset & \mathbf{A}+\mathbf{B} & \subset & \mathbf{AB} \end{array}$$

Dabei ist $\mathbf{1} := \mathcal{L}\{\mathbf{1}\}$ der Nullraum, $\mathbf{A}$ bzw. $\mathbf{B}$ sind die Modellräume der einfachen Varianzanalyse mit den einzigen Faktoren A bzw. B; $\mathbf{A}+\mathbf{B}$ ist der Modellraum des additiven und $\mathbf{AB}$ der des saturierten Modells. Je nach Aufgabenstellung und inhaltlicher Notwendigkeit kann jeder der genannten Räume als Modellraum dienen. Dabei ändern sich die Prüfgrößen der Hypothesen je nach Wahl des Modellraums.
Wir wollen dies am Beispiel 399 des Baby-Brei-Datensatzes mit den Faktoren A (Geschlecht eines Babies) und B (Breisorte) erläutern.
Die SS-Terme der Modellerweiterungskette und die Dimensionen der jeweiligen Räume stellen wir wieder symbolisch als Aufteilung einer Strecke mit der Länge $\text{SST} = \text{SS}(\mathbb{R}^n \mid \mathbf{1})$ dar. Dabei steht jeweils der Name des Raums über dem Trennstrich und seine Dimension unter dem Trennstrich. Im Beispiel 399 erhalten[6] wir:

Beispiel 409

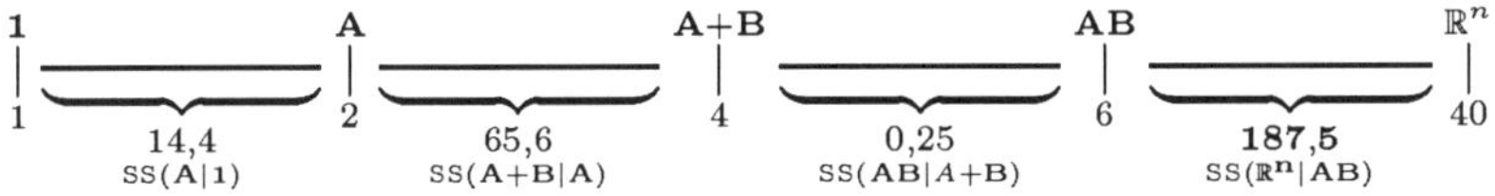

bzw.

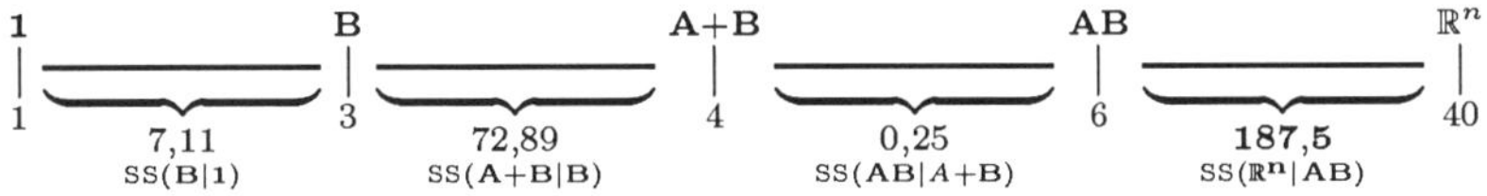

Je nach dem, welche Regressoren betrachtet werden, unterscheiden wir globale Hypothesen, Hypothesen über bereinigte und unbereinigte Effekte sowie Wechselwirkungshypothesen.

Globale Hypothesen: Durch die globale Nullhypothese:

$$H_0^G : \text{"}\boldsymbol{\mu} \in \mathcal{L}\{\mathbf{1}\}\text{"}$$

[6] Die Werte wurden hier mit *GLIM* errechnet. In der Regel kann man sich von jedem statistischen Software-System die Sums of Squares-Terme berechnen lassen. Diese numerischen Details sollen von nun ab im Hintergrund stehen.

wird das Modell $\mu \in \mathbf{M}$ in seiner Gesamtheit getestet. Die Prüfgröße des globalen Testes ist

$$\mathrm{F_{PG}} = \frac{\mathrm{MSR}(\mathbf{M})}{\widehat{\sigma}^2(\mathbf{M})} = \frac{(n-d)\,\mathrm{SS}(\mathbf{M}|\,\mathbf{1})}{(d-1)\,\mathrm{SS}(\mathbb{R}^n|\,\mathbf{M})} \sim F(d-1; n-d; \delta).$$

Ist die Nullhypothese wahr, so ist

$$\mathrm{F_{PG}} \sim F(d-1; n-d)$$

verteilt.

Beispiel 410 *Für den Baby-Datensatz erhalten wir für die 4 möglichen Modelle* **M** *die folgenden Werte:*

M	d	$n-d$	$\mathrm{SS}(\mathbf{M}\|\,\mathbf{1})$	$\mathrm{SS}(\mathbb{R}^n\|\,\mathbf{M})$	F_{pg}	$\mathrm{P}(\mathrm{F}_{PG} > \mathrm{F}_{pg})$
A	2	38	14,40	253,35	2,16	0,15
B	3	37	7,11	260,64	0,50	0,62
A + B	4	36	80,00	187,75	5,13	$4,7 \times 10^{-3}$
AB	6	34	80,25	187,50	2,91	0,03

Wie bei der rechner-gestützten Auswertung von Daten üblich, wurden in der letzten Spalte die P-Werte eingetragen. Wir werden sie nutzen, um simultan die Niveaus $\alpha = 5\%$ und $\alpha = 1\%$ zu betrachten. Hier in diesem Beispiel gilt:

- *Beide Modelle* **A** *bzw.* **B** *mit jeweils nur einem Faktor erweisen sich auch bei $\alpha = 5\%$ als nicht signifikant.*
- *Dagegen ist das additive Modell* **A + B** *auch bei $\alpha = 1\%$ signifikant.*
- *Das saturierten Modell* **AB**, *das neben den beiden Haupteffekten A und B auch noch die Wechselwirkungen enthält, ist erst bei $\alpha = 5\%$ signifikant, bei einem $\alpha = 1\%$ jedoch nicht mehr signifikant.*

Was bereits der intuitive Blick auf die Zellenmittelwerte und die Zeilen- und Spaltenmittel sagte, bestätigt sich im Test: Für sich allein genommen, ist kein Faktor signifikant. Gemeinsam aber können sie die Struktur fast vollständig erklären. *Beim saturierten Modell* **AB**, *das neben den beiden Haupteffekten A und B auch noch die Wechselwirkung enthält, haben wir jedoch des* "Guten zu viel getan"*:*
Zwar ist das Modell **AB** *komplexer, aber nicht notwendig besser geworden!*
Dies zeigt auch der Blick auf die geschätzten Varianzen der Restgröße: $\widehat{\sigma}^2(\mathbf{M})$ fällt nicht monoton mit wachsender Dimension d von **M**, *sondern wächst im letzten Modell mit steigender Dimension wieder an:*

M	d	$\mathrm{SS}(\mathbb{R}^n\|\,\mathbf{M})$	$\widehat{\sigma}^2(\mathbf{M}) = \frac{1}{n-d}\mathrm{SS}(\mathbb{R}^n\|\,\mathbf{M})$
A	2	253,35	6,67
B	3	260,64	7,04
A + B	5	187,75	5,22
AB	6	187,50	5,52

Bereinigte und unbereinigte Haupteffekte: Durch SS$(\mathbf{A}|\mathbf{1})$ wird die Modellverbesserung gemessen, wenn A als erster Faktor ins Modell eingefügt wird. Durch SS$(\mathbf{A}+\mathbf{B}|\mathbf{B})$ wird die Modellverbesserung durch A gemessen, wenn B bereits im Modell enthalten ist. Wir sprechen im ersten Fall von dem **unbereinigten A-Effekt**, im zweiten Fall von dem **um B bereinigten A-Effekt**. Die entsprechenden Hypothesen sind jetzt

$$\begin{aligned} H_0(\text{unbereinigter } A\text{-Effekt}) &: \text{"} \boldsymbol{\mu} \perp \mathbf{A} \ominus \mathbf{1}\text{"}, \\ H_0(\text{um } B \text{ bereinigter } A\text{-Effekt}) &: \text{"} \boldsymbol{\mu} \perp (\mathbf{A}+\mathbf{B}) \ominus \mathbf{B}\text{"}. \end{aligned}$$

Die Prüfgrößen der beiden Hypothesen hängen noch vom jeweils gültigen Obermodell $\mathbf{M}$ ab. So ist für den unbereinigten A-Effekt die Prüfgröße $\mathrm{F_{PG}}$ gegeben durch:

$$\mathrm{F_{PG}} = \frac{\mathrm{SS}(\mathbf{A} \mid \mathbf{1})}{(s_A - 1)\,\widehat{\sigma}^2(\mathbf{M})} \sim F\left(s_A - 1; n-d; \frac{1}{\sigma^2}\|\mathbf{P_A}\boldsymbol{\mu} - \mathbf{P_1}\boldsymbol{\mu}\|\right),$$

während für den um B bereinigten A-Effekt die Prüfgröße $\mathrm{F_{PG}}$ gegeben ist durch:

$$\mathrm{F_{pg}} = \frac{\mathrm{SS}(\mathbf{A}+\mathbf{B} \mid \mathbf{B})}{(s_A - 1)\,\widehat{\sigma}^2(\mathbf{M})} \sim F\left(s_A - 1; n-d; \frac{1}{\sigma^2}\|\mathbf{P_{A+B}}\boldsymbol{\mu} - \mathbf{P_B}\boldsymbol{\mu}\|\right).$$

Die Freiheitsgrade der Verteilung der Prüfgröße ist identisch, denn:

$$\dim((\mathbf{A}+\mathbf{B}) \ominus \mathbf{B}) = (s_A + s_B - 1) - s_B = s_A - 1.$$

Beispiel 411 *Im Baby-Brei-Datensatz erhalten wir für den unbereinigten A-Effekt die folgende Struktur:*

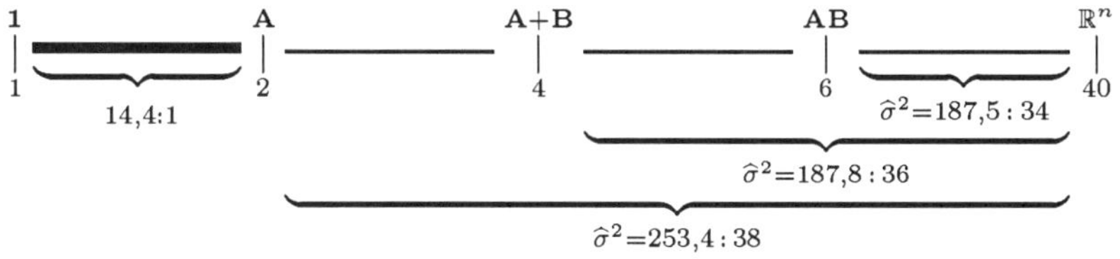

Analog gilt für den um B bereinigten A-Effekt:

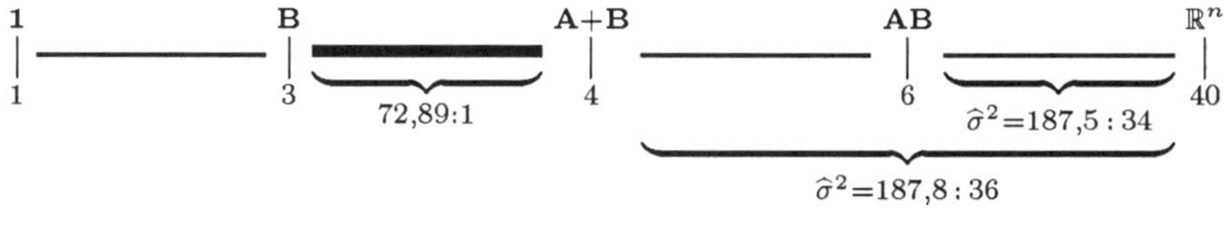

Dies liefert die folgende Tabelle:

		unbereinigter A-Effekt		um B bereinigter A-Effekt	
M	$\widehat{\sigma}^2(\mathrm{M})$	F_{pg}	$\mathrm{P}(\mathrm{F}_{PG} > \mathrm{F}_{pg})$	F_{pg}	$\mathrm{P}(\mathrm{F}_{PG} > \mathrm{F}_{pg})$
A	6,67	2,16	0,15	-	-
A + B	5,22	2,76	0,11	6,28	$4,6 \times 10^{-3}$
AB	5,52	2,61	0,33	5,94	$6,1 \times 10^{-3}$

In keinem der drei Obermodelle ist der unbereinigte A-Effekt signifikant. Dagegen ist der um B bereinigte A-Effekt in beiden Obermodellen hochsignifikant. Dies gilt sogar im saturierten Modell **AB**, *in dem der globale Test den Einfluß aller Faktoren verneint.*

Wechselwirkungseffekte: Durch die Erweiterung von $\mathbf{A}+\mathbf{B}$ auf $\mathbf{AB}$ werden zusätzlich zu den Zeilen- und Spaltenindikatoren nun auch die Zellenindikatoren ins Modell aufgenommen. Ob diese Erweiterung sinnvoll ist, testet die Additivitätshypothese:

$$H_0 : \text{"}\, \boldsymbol{\mu} \perp \mathbf{AB} \ominus (\mathbf{A}+\mathbf{B})\,\text{"}.$$

H_0 nennen wir auch die Hypothese der Wechselwirkungsfreiheit, da wir im additiven Modell ohne die Wechselwirkungseffekte γ_{ij} auskommen. Die Prüfgröße der Additivitätshypothese ist:

$$\mathrm{F}_{\mathrm{PG}} = \frac{\mathrm{SS}(\mathbf{AB} \mid \mathbf{A}+\mathbf{B})}{(s_A-1)(s_B-1)} \cdot \frac{1}{\widehat{\boldsymbol{\sigma}}^2(\mathbf{M})} \sim F\left((s_A-1)(s_B-1)\,; n - s_A s_B; \delta\right).$$

Die Freiheitsgrade des Zählers sind:

$$\dim(\mathbf{AB} \ominus (\mathbf{A}+\mathbf{B})) = s_A s_B - (s_A + s_B - 1) = (s_A-1)(s_B-1)\,.$$

Beispiel 412 *Im Baby-Brei-Beispiel 399 finden wir die Zerlegung:*

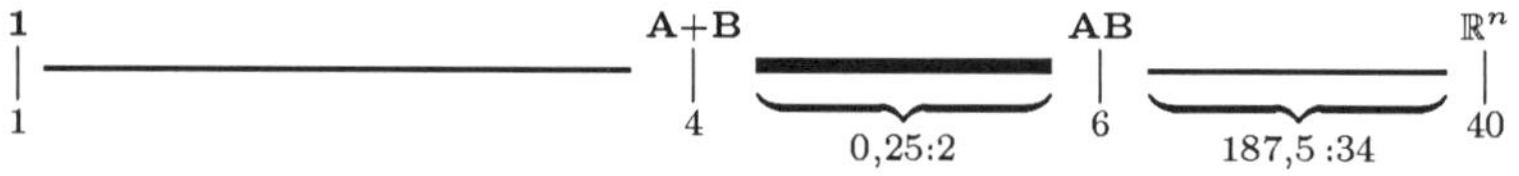

Daraus lesen wir die Prüfgröße ab:

$$\mathrm{F}_{pg} = \frac{\mathrm{MS}(\mathbf{AB} \mid \mathbf{A}+\mathbf{B})}{\widehat{\boldsymbol{\sigma}}^2(\mathbf{M})} = \frac{\frac{1}{2}0,25}{5,515} = 0,02.$$

Der P-Wert ist $\mathrm{P}(\mathrm{F}_{PG} > \mathrm{F}_{pg}) = 0,98$. *Offensichtlich liegt ein additives Modell vor. Die Wechselwirkungen sind praktisch nicht vorhanden. Die unnötige Aufblähung des additiven Modells zum saturierten Modell und der zusätzliche Aufwand zur Schätzung der wirkungslosen Wechselwirkungsparameter, der sich im Verlust von Freiheitsgraden äußert, hatten unter anderem dazu geführt, daß im saturierten Modell bei einem Niveau von* $\alpha = 1\%$ *überhaupt kein Effekt mehr als signifikant nachgewiesen werden konnte.*

13.4.2 Test von Parameterhypothesen

Der Vorteil von Strukturhypothesen ist ihre Einfachheit, Klarheit und Eindeutigkeit. Aber nicht alle interessierenden Eigenschaften der verschiedenen Effekte lassen sich in natürlicher Weise als Strukturhypothesen formulieren.
Effekthypothesen sind dagegen anschaulich und inhaltlich leicht zu interpretieren. Sie hängen aber von der Definition der Effekte ab. Wir werden sehen, daß nur einige der eben betrachteten Strukturhypothesen in natürlicher Weise als Parameterhypothesen angesehen werden können und umgekehrt.
Dabei werden wir sowohl die Erwartungswert- als auch die Effektparametrisierung verwenden.

Unbereinigte Haupteffekte: Aus den Ausführungen im Abschnitt 13.2.5 über die unbereinigten Haupteffekte — speziell auch den Formeln (13.38) und (13.37) — folgt:

Satz 413 *Die Strukturhypothese:*

$$H_0 : \text{"}\boldsymbol{\mu} \perp \mathbf{A} \ominus \mathbf{1}\text{"}$$

ist äquivalent mit der μ-Hypothese:

$$H_0 : \text{"}\ \overline{\mu}_i^A - \overline{\mu} = 0 \quad \forall i\text{"}.$$

Werden für die α_i die unbereinigten Haupteffekte gewählt, so ist H_0 äquivalent mit der Effekthypothese:

$$H_0 : \text{"}\ \alpha_i = 0 \quad \forall i\text{"}\ .$$

Dabei ist

$$\mathrm{SS}\,(\mathbf{A} \mid \mathbf{1}) = \sum_i \widehat{\alpha}_i^2 n_i^A = \sum_i \left(\overline{y}_i^A - \overline{y}\right)^2 n_i^A.$$

Analoges gilt für den Faktor B.

Bereinigte Effekte: Im saturierten Modell ist $\boldsymbol{\mu} \in \mathbf{AB}$. Daher folgt aus $\boldsymbol{\mu} \perp (\mathbf{A}+\mathbf{B})\ominus\mathbf{B}$ nicht die Aussage $\boldsymbol{\mu} \in \mathbf{B}$, da eine Komponente von $\boldsymbol{\mu}$ auch in $\mathbf{AB}\ominus(\mathbf{A}+\mathbf{B})$ liegen kann. Die Strukturhypothese H_0 : " $\boldsymbol{\mu} \perp (\mathbf{A}+\mathbf{B}) \ominus \mathbf{B}$" läßt sich daher nur im additiven Modell als einfach interpretierbare Effekthypothese formulieren.

Satz 414 *Im additiven Modell ist die Hypothese:*

$$H_0 : \text{"}\ \boldsymbol{\mu} \perp (\mathbf{A}+\mathbf{B}) \ominus \mathbf{B}\text{"}$$

äquivalent mit der Effekthypothese:

$$H_0 : \text{"}\alpha_i = 0 \quad \forall i\text{"}.$$

Dabei ist die Definition von α beliebig. Im saturierten Modell ist H_0 äquivalent mit der Hypothese[7]*:*

$$H_0: \text{"}\,\overline{\mu}_i^A = \frac{1}{n_i^A}\sum_j \overline{\mu}_j^B n_{ij} \quad \forall i\text{"}.$$

Analoges gilt für den Faktor B.

Beweis:
Der Satz ist ein Spezialfall von Satz 323. Wir wollen ihn zur Übung noch einmal direkt beweisen. Im additiven Modell ist:

$$\boldsymbol{\mu} \perp (\mathbf{A}+\mathbf{B}) \ominus \mathbf{B} \quad \Leftrightarrow \quad \boldsymbol{\mu} \in \mathbf{B} \quad \Leftrightarrow \quad \mu_{ij} = \mu_0 + \beta_j \quad \Leftrightarrow \quad \alpha_i = 0\ \forall i.$$

Im saturierten Modell gilt:

$$\begin{array}{rclrl}
\boldsymbol{\mu} & \perp & (\mathbf{A}+\mathbf{B}) \ominus \mathbf{B} & & \Leftrightarrow \\
\boldsymbol{\mu} & \perp & \mathcal{L}\{\mathbf{1}_i^A - \mathbf{P_B}\mathbf{1}_i^A \ ; \ \forall i\} & & \Leftrightarrow \\
0 & = & \boldsymbol{\mu}'(\mathbf{1}_i^A - \mathbf{P_B}\mathbf{1}_i^A) & \forall i & \Leftrightarrow \\
\boldsymbol{\mu}'\mathbf{1}_i^A & = & \boldsymbol{\mu}'\mathbf{P_B}\mathbf{1}_i^A = (\mathbf{P_B}\boldsymbol{\mu})'\mathbf{1}_i^A = \left(\sum_j \overline{\mu}_j^B \mathbf{1}_j^B\right)'\mathbf{1}_i^A & \forall i & \Leftrightarrow \\
\overline{\mu}_i^A n_i^A & = & \sum_j \overline{\mu}_j^B n_{ij} & \forall i &
\end{array}$$

□

Wechselwirkungseffekte:

Satz 415 *Die Strukturhypothese:*

$$H_0: \text{"}\ \boldsymbol{\mu} \perp \mathbf{AB} \ominus (\mathbf{A}+\mathbf{B})\text{"}$$

läßt sich nur im saturierten Modell **AB** *testen. Sie ist dort äquivalent mit der Parameterhypothese:*

$$H_0: \text{"}\mu_{ij} - \mu_{ik} + \mu_{lk} - \mu_{lj} = 0 \quad \forall i, j, k, l\text{"}.$$

H_0 ist weiter äquivalent mit der Additivitätshypothese:

$$H_0: \text{"}\mu_{ij} = a_i + b_j \quad \forall i \text{ und } j\text{"}$$

mit geeigneten a_i und b_j. Für alle Effekte, die über identifizierende Nebenbedingungen definiert sind, ist:

$$H_0: \text{"}\gamma_{ij} = 0 \quad \forall i \text{ und } j\text{"}.$$

die Hypothese der fehlenden Wechselwirkungseffekte.

[7] Die Umsetzung dieser $\mu-$Hypothese in eine Hypothese über α_i, β_j und γ_{ij} sei als Übungaufgabe empfohlen.

Beweis:
Für jedes $\boldsymbol{\mu} \in \mathbf{AB}$ gilt:

$$\begin{aligned} \boldsymbol{\mu} &\perp \mathbf{AB} \ominus (\mathbf{A}+\mathbf{B}) \Leftrightarrow \\ \boldsymbol{\mu} &\in (\mathbf{A}+\mathbf{B}) \Leftrightarrow \mu_{ij} = a_i + b_j \Leftrightarrow \mu_{ij} - \mu_{ik} + \mu_{lk} - \mu_{lj} = 0. \end{aligned}$$

Der Rest folgt aus dem Abschnitt 13.3.4 und speziell Satz 408.
□

13.4.3 Allgemeine Haupteffekte im saturierten Modell

Im vorangehenden Abschnitt haben wir Strukturhypothesen in Parameterhypothesen übersetzt. Nun gehen wir den entgegengesetzten Weg. Dabei wollen wir bereinigte und unbereinigte Parameter gemeinsam behandeln. Betrachten wir einmal den $\alpha-$Effekt des Faktors A. Werden die Effekte über Faktorgewichte g_j^B und g_i^A definiert, so gilt definitionsgemäß nach Formel (13.25):

$$\alpha_i = 0 \quad \forall i \quad \Leftrightarrow \quad \underline{\mu}_i^A = \sum_j \mu_{ij} g_j^B = konstant \quad \forall i.$$

Werden die unbereinigten Effekte mit den Besetzungszahlen n_{ij} als Zellengewichten definiert, so gilt:

$$\alpha_i = 0 \quad \forall i \Leftrightarrow \overline{\mu}_i^A = \frac{1}{n_i^A} \sum_j \mu_{ij} n_{ij} = konstant \quad \forall i.$$

In beiden Fällen behauptet die Hypothese H_0 : " $\alpha_i = 0 \; \forall i$ " die Konstanz gewisser Zeilenmittelwerte. Beide Fälle lassen sich verallgemeinern und zusammenfassen. Dazu betrachten wir Parameter der folgenden Bauart:

$$\phi_i := \sum_{j \in \mathbf{J}} \varkappa_{ij} \mu_{ij} \quad i \in \mathbf{I}. \tag{13.59}$$

Dabei sind die $\varkappa_{ij}$ fest vorgegebenen Zahlen. $\mathbf{I} \subseteq \{1, \cdots, s_A\}$ und $\mathbf{J} \subseteq \{1, \cdots, s_B\}$ sind Teilmengen der Faktorstufen von A bzw. von B. Es ist also zulässig, daß die ϕ_i nicht für alle Stufen von A definiert sind.
Nun wollen wir die Hypothese testen, daß die ϕ_i unabhängig vom Zeilenindex sind.

Satz 416 *Für die in* (13.59) *definierten Parameter* ϕ_i *gilt:*

$$\widehat{\phi}_i = \sum_{j \in \mathbf{J}} \varkappa_{ij} \overline{y}_{ij} \; ; \qquad \operatorname{Var} \widehat{\phi}_i = \frac{\sigma^2}{\omega_i}; \qquad \operatorname{Cov}\left(\widehat{\phi}_i ; \widehat{\phi}_{i^*}\right) = 0 \text{ für } i \neq i^*.$$

Dabei ist:

$$\omega_i = \left(\sum_{j \in \mathbf{J}} \frac{\varkappa_{ij}^2}{n_{ij}} \right)^{-1}.$$

Das Testkriterium SS $\left(H_0^\phi\right)$ *der Hypothese:*

$$H_0^\phi : \text{"} \phi_i \textit{ ist konstant für alle } i \in \mathbf{I}\text{"}$$

ist:

$$\text{SS}\left(H_0^\phi\right) = \sum_i \omega_i \left(\widehat{\phi}_i - \widehat{\phi}_0\right)^2 = \sum_i \widehat{\phi}_i^2 \omega_i - \widehat{\phi}_0^2 \sum_i \omega_i.$$

SS $\left(H_0^\phi\right)$ *ist* $\sigma^2\chi^2\left(|I| - 1; \delta\right)$ *verteilt. Dabei ist:*

$$\widehat{\phi}_0 = \frac{\sum_i \widehat{\phi}_i \omega_i}{\sum_i \omega_i} \qquad \phi_0 = \frac{\sum_i \omega_i \phi_i}{\sum_i \omega_i} \qquad \delta = \frac{1}{\sigma^2} \sum_i \omega_i \left(\phi_i - \phi_0\right)^2.$$

Beweis:
Da bei der Definition von ϕ_i nur Zellen aus der i-ten Zeile benutzt werden, sind die Parameter ϕ_i orthogonal: Für $i \neq i^*$ ist:

$$\text{Cov}\left(\widehat{\phi}_i; \widehat{\phi}_{i^*}\right) = \sum_{j \in \mathbf{J}} \varkappa_{ij} \varkappa_{i^*j} \text{ Cov}\left(\overline{y}_{ij}; \overline{y}_{i^*j}\right) = 0.$$

Dann folgt die Behauptung des Satzes sofort aus Satz 322.
□

Wenden wir diesen Satz auf die verschiedenen Definitionen der α-Haupteffekte an, erhalten wir für die unbereinigten Effekte nichts Neues: Für $\phi_i = \overline{\mu}_i^A$ ergibt sich SS $\left(H_0^\phi\right) = \sum_i \left(\overline{y}_i^A - \overline{y}\right)^2 n_i^A = \text{SS}\left(\mathbf{A} \mid \mathbf{1}\right)$. Sind die Effekte über Faktorgewichten definiert, erhalten wir das folgende Ergebnis:

Satz 417 *Die Effekte* ϕ_i *seien über Faktorgewichten* g_j^B *definiert:*

$$\phi_i := \underline{\mu}_i^A = \sum_j \mu_{ij} g_j^B.$$

Getestet wird die Hypothese H_0^ϕ : " $\underline{\mu}_i^A$ *ist konstant für alle* $i \in I$". *Dann ist das Testkriterium:*

$$\text{SS}\left(H_0^\phi\right) = \sum_i \left(\widehat{\phi}_i - \widehat{\phi}_0\right)^2 \left(\sum_j \frac{\left(g_j^B\right)^2}{n_{ij}}\right)^{-1}.$$

Speziell gilt für die Dummy- bzw. die Effekt-Kodierung:

1. *Dummy-Kodierung:*

   Sind die Gewichte durch $g_k^B = 1$ *und* $g_i^B = 0 \quad \forall i \neq k$ *bestimmt, so ist:*

   $$\phi_i = \mu_{ik} \quad i = 1, \cdots s_A.$$

H_0^ϕ : " μ_{ik} ist konstant für alle $i = 1, \cdots s_A$". Dann ist SS $\left(H_0^\phi\right)$ bis auf den Faktor $1/n_k^B$ die empirische Varianz der Zellenmittelwerte in der k-ten Spalte:

$$\mathrm{SS}\left(H_0^\phi\right) = \sum_i \left(\overline{y}_{ik} - \overline{y}_k^B\right)^2 n_{ik}.$$

2. *Effektkodierung:*
Sind die Gewichte durch $g_j^B = \frac{1}{s_B}$ konstant gewählt, so ist:

$$\phi_i = \underline{\mu}_i^A = \frac{1}{s_B} \sum_j \mu_{ij}.$$

H_0^ϕ : " $\underline{\mu}_i^A$ ist konstant für alle $i = 1, \cdots s_A$" wird geprüft mit:

$$\begin{aligned}\mathrm{SS}\left(H_0^\phi\right) &= s_B^2 \sum_i \left(\underline{y}_i^A - \underline{y}_0^A\right)^2 \left(\sum_j \frac{1}{n_{ij}}\right)^{-1} \\ &= s_B^2 \sum_i \left(\underline{y}_i^A\right)^2 \left(\sum_j \frac{1}{n_{ij}}\right)^{-1} - s_B^2 \left(\underline{y}_0^A\right)^2 \sum_i \left(\sum_j \frac{1}{n_{ij}}\right)^{-1}.\end{aligned}$$

Dabei ist:

$$\begin{aligned}\underline{y}_i^A &= \frac{1}{s_B} \sum_j \overline{y}_{ij}, \\ \underline{y}_0^A &= \frac{\sum_i \underline{y}_i^A \left(\sum_j \frac{1}{n_{ij}}\right)^{-1}}{\sum_i \left(\sum_j \frac{1}{n_{ij}}\right)^{-1}}.\end{aligned}$$

Beweis:
In der folgenden Tabelle sind zum Beweis die Gewichte $\varkappa_{ij}$ und ω_i zusammengestellt:

ϕ_i	$\varkappa_{ij}$	ω_i
$\frac{1}{n_i^A} \sum_j n_{ij}\mu_{ij}$	$\frac{n_{ij}}{n_i^A}$	$\left(\sum_j \frac{1}{n_{ij}} \left(\frac{n_{ij}}{n_i^A}\right)^2\right)^{-1} = n_i^A$
$\sum_j \mu_{ij} g_j^B$	g_j^B	$\left(\sum_j \frac{\left(g_j^B\right)^2}{n_{ij}}\right)^{-1}$
μ_{ik}	1 für $j = k$, 0 sonst	n_k
$\frac{1}{s_B} \sum_j \mu_{ij}$	$\frac{1}{s_B}$	$\left(\frac{1}{s_B^2} \sum_j \frac{1}{n_{ij}}\right)^{-1}$

□

Beispiel 418 *Als Beispiel testen wir im Baby-Brei-Datensatz die Hypothese konstanter Haupteffekte, die mit konstanten Faktorgewichten definiert sind. Dazu notieren wir noch einmal die Tabellen der Besetzungszahlen und der Zellenmittelwerte:*

n_{ij}	$j=1$	$j=2$	$j=3$
$i=1$	2	2	16
$i=2$	16	2	2

und:

$\overline{y}_{ij}^{AB}$	$j=1$	$j=2$	$j=3$	$\overline{y}_i^A$
$i=1$	5,045	7,182	8,972	7,066
$i=2$	8,994	10,818	13,227	11,013
$\overline{y}_j^B$	7,02	9,00	11,10	$\underline{y}=9,04$

Für den Faktor A gilt:

$$\begin{aligned}
\omega_1 = \omega_2 &= 3^2\left(\sum_j \frac{1}{n_{1j}}\right)^{-1} = 9\left(\frac{1}{2}+\frac{1}{2}+\frac{1}{16}\right)^{-1} = 8,471\,,\\
\underline{y}_0^A &= \frac{\sum_i \underline{y}_i^A \omega_i}{\sum_i \omega_i} = \frac{\sum_i \underline{y}_i^A}{2} = \underline{y} = 9,04\,,\\
\mathrm{SS}\left(H_0^\alpha\right) &= \sum_i \left(\underline{y}_i^A - \underline{y}_0^A\right)^2 \omega_i\\
&= 8,471\left((7,066-9,04)^2 + (11,013-9,04)^2\right) = 65,98.
\end{aligned}$$

Im saturierten Modell wurde $\widehat{\sigma}^2$ mit 5,51 geschätzt. Also ist die Prüfgröße des F-Tests:

$$\mathrm{F}_{pg} = \frac{65,98}{2-1}\cdot\frac{1}{5,51} = 11,975 > F(1;34)_{0,99} = 7,4441.$$

Darum wird die Hypothese "Die Haupteffekte des Faktors A sind Null" bei einem Signifikanzniveau von $\alpha = 1\%$ abgelehnt.

Für den Faktor B gilt:

$$
\begin{aligned}
\omega_1 = \omega_3 &= 4\left(\sum_j \frac{1}{n_{i1}}\right)^{-1} = 4\left(\frac{1}{2}+\frac{1}{16}\right)^{-1} = 7,11,\\
\omega_2 &= 4\left(\sum_j \frac{1}{n_{i3}}\right)^{-1} = 4\left(\frac{1}{2}+\frac{1}{2}\right)^{-1} = 4,\\
\underline{y}_0^B &= \frac{\sum_i \underline{y}_i^A \omega_i}{\sum_i \omega_i} = \frac{7,02\cdot 7,11 + 9\cdot 4 + 11,1\cdot 7,11}{7,11+4+7,11} = 9.05,\\
\mathrm{SS}\left(H_0^\beta\right) &= \sum_j \omega_i \left(\underline{y}_j^B - \underline{y}_0^B\right)^2\\
&= 7,11\,(7,02-9,05)^2 + 4\,(9-9,05)^2 + 7,11\,(11,1-9,0468)^2\\
&= 59,20.
\end{aligned}
$$

Also ist die Prüfgröße des F-Tests:

$$
\mathrm{F}_{pg} = \frac{59,20}{3-1}\cdot\frac{1}{5,51} = 5,37 > F\,(2;34)_{0,99} = 5,29.
$$

Daher wird die Hypothese "Die Haupteffekte des Faktors B sind Null" ebenfalls bei einem Signifikanzniveau von $\alpha = 1\%$ abgelehnt.

13.5 Modelle mit proportionaler Besetzung

Beginnen wir mit einem Beispiel:

Beispiel 419 *Stellen wir uns vor, wir planen ein landwirtschaftliches Experiment mit einem Faktor A, der drei Stufen besitzt. Dabei sollten 20% der Parzellen mit Stufe A_1, 30% der Parzellen mit Stufe A_2 und 50% der Parzellen mit Stufe A_3 behandelt werden. Gleichzeitig soll bei diesem Experiment der Faktor B erprobt werden, bei dem 40% der Parzellen mit B_1 und 60% mit B_2 behandelt werden sollen. Die Experimente können nicht getrennt durchgeführt werden. Daher beschließt man jede A-Parzelle im Verhältnis 40 : 60 zu unterteilen und auf den Teilen die Stufen von B einzusetzen. Die Gesamtaufteilung in die Teilparzellen oder Einzelversuche läßt sich dann symbolisch als ein proportional geteiltes Raster angeben.*

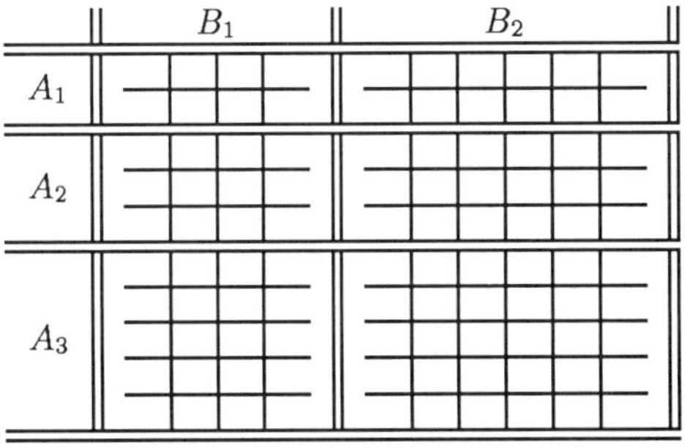

Bei $n = 100$ Einzelversuchen hat daraufhin die Besetzungsmatrix die folgende Gestalt:

n_{ij}	B_1	B_2	n_i^A
A_1	8	12	20
A_2	12	18	30
A_3	20	30	50
n_j^B	40	60	100

Ein Varianzanalysemodell, bei dem für jede Zelle ij die Besetzungszahl n_{ij} die Relation:

$$\frac{n_{ij}}{n} = \frac{n_i^A}{n} \cdot \frac{n_j^B}{n} \tag{13.60}$$

(13.60) oder gleichwertig[8]:

$$n_{ij} = a_i b_j \text{ mit } a_i \in \mathbb{N}; b_j \in \mathbb{N} \tag{13.61}$$

erfüllt, heißt **Modell mit proportionalen Besetzungszahlen**.
Die relative Häufigkeit, mit der die Kombination $(A_i; B_j)$ eingesetzt wird, ist das Produkt der relativen Häufigkeit von A_i mit der relativen Häufigkeit von B_j. Interpretieren wir relative Häufigkeiten als Wahrscheinlichkeit, mit der man bei einem Versuch eine bestimmte Faktorstufenkombination trifft, so sind die Ereignisse: *"Es wird ein Versuch mit Stufe A_i gemacht"* und *"Es wird ein Versuch mit Stufe B_i gemacht"* voneinander stochastisch unabhängig. Die Wahrscheinlichkeit, bei einer zufällig ausgewählten Parzelle auf die Stufe A_i zu stoßen, ist unabhängig von der Einstellung des Faktors B. Der wichtigste Spezialfall proportionaler Besetzungszahlen ist das **balanzierte Modell** mit:

$$\begin{aligned} n_{ij} &= r, \\ n_i^A &= r \cdot s_B, \\ n_j^B &= r \cdot s_A, \\ n &= r \cdot s_A \cdot s_B. \end{aligned}$$

Im Modell mit proportionalen Besetzungszahlen sind die Faktorräume **A** und **B** lotrecht, um einen Begriff aus dem Anhang von Kapitel 1 zu gebrauchen. Dies führt zu einer erheblichen theoretischen und praktischen Vereinfachung der Berechnung und der Interpretation der Ergebnisse.

---

[8]Zum Beweis der Richtung (13.60) $\Rightarrow$ (13.61) sei $\frac{n_j^B}{n} = \frac{Z_j}{N_j}$, wobei $Z_j \in \mathbb{N}$ und $N_j \in \mathbb{N}$ keine gemeinsamen Primfaktoren haben. Wegen $n_{ij} = \frac{n_i^A n_j^B}{n} = n_i^A \frac{Z_j}{N_j} = \left(\frac{n_i^A}{N_j}\right) Z_j \in \mathbb{N}$, ist $\frac{n_i^A}{N_j} \in \mathbb{N} \quad \forall j$. Ist γ das kleinste gemeinsame Vielfache der N_j, so ist $n_i^A = \gamma a_i$ mit $a_i \in \mathbb{N}$. Also ist $n_{ij} = a_i \frac{\gamma}{N_j} Z_j$, dabei ist $\frac{\gamma}{N_j} \in \mathbb{N}$, und $b_j = \frac{\gamma}{N_j} Z_j \in \mathbb{N}$.

Satz 420 *Im Modell mit proportionalen Besetzungszahlen läßt sich der Modellraum des additiven Modells in drei orthogonale Teilräume zerlegen:*

$$\mathbf{A}+\mathbf{B} \quad = \quad \mathbf{1} \quad \oplus \quad (\mathbf{A}\ominus\mathbf{1}) \quad \oplus \quad (\mathbf{B}\ominus\mathbf{1}). \tag{13.62}$$

Daher ist

$$\mathbf{P_{A+B}} \quad = \quad \mathbf{P_A}+\mathbf{P_B}-\mathbf{P_1}. \tag{13.63}$$

Beweis:
Nach Definition von $\mathbf{A}\ominus\mathbf{1}$ gilt für jeden Vektor $\mathbf{a}$:

$$\mathbf{a}\in\mathbf{A}\ominus\mathbf{1} \Leftrightarrow \mathbf{a}=\sum_i \alpha_i \mathbf{1}_i^A \quad \text{mit} \quad \mathbf{a}'\mathbf{1}=\sum_i \alpha_i n_i^A = 0.$$

Für ein beliebiges $\mathbf{b}\in\mathbf{B}$ mit $\mathbf{b}=\sum_j \beta_j \mathbf{1}_j^B$ folgt daher:

$$\mathbf{a}'\mathbf{b}=\left(\sum_i \alpha_i \mathbf{1}_i^A\right)'\left(\sum_j \beta_j \mathbf{1}_j^B\right)=\sum_{ij}\alpha_i\beta_j n_{ij}=\frac{1}{n}\underbrace{\sum_i \alpha_i n_i^A}_{0}\sum_j \beta_j n_j^B=0.$$

Daher ist $(\mathbf{A}\ominus\mathbf{1})\perp\mathbf{B}$ also erst recht $(\mathbf{A}\ominus\mathbf{1})\perp(\mathbf{B}\ominus\mathbf{1})$. Andererseits ist:

$$\mathbf{A}+\mathbf{B}=\mathcal{L}\{\mathbf{A};\mathbf{B}\}=\mathcal{L}\{\mathbf{1};\mathbf{A}\ominus\mathbf{1};\mathbf{B}\ominus\mathbf{1}\}.$$

Da die Komponenten orthogonal sind, folgt die Behauptung. Weiter ist:

$$\begin{aligned}\mathbf{P_{A+B}} &= \mathbf{P_1}+\mathbf{P_{A\ominus 1}}+\mathbf{P_{B\ominus 1}}=\mathbf{P_1}+(\mathbf{P_A}-\mathbf{P_1})+(\mathbf{P_B}-\mathbf{P_1})\\ &= \mathbf{P_A}+\mathbf{P_B}-\mathbf{P_1}.\end{aligned}$$

□

Wir fassen die Ergebnisse in einem Satz zusammen:

Satz 421 *Werden zur Definition der Effekte die Faktoren mit ihren Besetzungsanteilen* $g_i^A := \frac{n_i^A}{n}$ *und* $g_j^B := \frac{n_j^B}{n}$ *gewichtet, die Effekte also durch die folgenden Nebenbedingungen definiert:*

$$\begin{aligned}\sum_i \alpha_i n_i^A &= 0,\\ \sum_j \beta_j n_j^B &= 0,\\ \sum_i \gamma_{ij} n_i^A &= 0\forall j \quad \textit{und} = \sum_j \gamma_{ij} n_j^B = 0\forall i,\end{aligned}$$

dann gilt:

1. *Jedem Teilraum der Zerlegung ist eindeutig ein Effekt zugeordnet:*

$$\begin{array}{ccc} \mathbf{1} & \longleftrightarrow & \eta_0, \\ \mathbf{A}\ominus\mathbf{1} & \longleftrightarrow & \alpha, \\ \mathbf{B}\ominus\mathbf{1} & \longleftrightarrow & \beta, \\ \mathbf{AB}\ominus(\mathbf{A}+\mathbf{B}) & \longleftrightarrow & \gamma. \end{array}$$

Der Komponentenzerlegung in Effekte und Residuen entspricht die vollständige Zerlegung des $\mathbf{R}^n$ *in orthogonale Teilräume:*

$$\mathbb{R}^n = \underbrace{\underbrace{\underbrace{\mathbf{1}}_{\eta_0} \oplus \underbrace{(\mathbf{A}\ominus\mathbf{1})}_{\alpha} \oplus \underbrace{(\mathbf{B}\ominus\mathbf{1})}_{\beta}}_{\mathbf{A+B}} \oplus \underbrace{(\mathbf{AB}\ominus(\mathbf{A}+\mathbf{B}))}_{\gamma}}_{\mathbf{AB}} \oplus \underbrace{(\mathbb{R}^n\ominus\mathbf{A}\bullet\mathbf{B})}_{\varepsilon}$$

2. *Die Effekte und Residuen werden durch Projektionen in die zugehörigen Teilräume definiert und geschätzt.*

Basiseffekt η_0*:*

$$\mathbf{P_1 y} = \widehat{\eta}_0\mathbf{1} = \overline{y}\mathbf{1}.$$

α *- Effekte:*

$$\mathbf{P_{A\ominus1} y} = \sum_i \widehat{\alpha}_i \mathbf{1}_i^A = \sum_i \left(\overline{y}_i^A - \overline{y}\right)\mathbf{1}_i^A.$$

β *- Effekte:*

$$\mathbf{P_{B\ominus1} y} = \sum_j \widehat{\beta}_j \mathbf{1}_j^B = \sum_j \left(\overline{y}_j^B - \overline{y}\right)\mathbf{1}_j^B.$$

γ *Wechselwirkungseffekte:*

$$\mathbf{P_{AB\ominus(A+B)} y} = \sum_{ij} \widehat{\gamma}_{ij} \mathbf{1}_{ij}^{AB} = \sum_{ij} \left(\overline{y}_{ij} - \overline{y}_i^A - \overline{y}_j^B + \overline{y}\right)\mathbf{1}_{ij}^{AB}.$$

3. *Die Testkriterien der entsprechenden Hypothesen sind die quadrierten Normen dieser Projektionen bzw. die gewichtete Summe der quadrierten Effekte:*

$$\begin{aligned} \left\|\mathbf{P_{A\ominus1} y}\right\|^2 &= \sum_i (\widehat{\alpha}_i)^2 n_i^A, \\ \left\|\mathbf{P_B\ominus1 y}\right\|^2 &= \sum_j \left(\widehat{\beta}_j\right)^2 n_j^B, \\ \left\|\mathbf{P_{(A+B)\ominus1} y}\right\|^2 &= \sum_i (\widehat{\alpha}_i)^2 n_i^A + \sum_j \left(\widehat{\beta}_j\right)^2 n_j^B, \\ \left\|\mathbf{P_{AB\ominus(A+B)} y}\right\|^2 &= \sum_{ij} (\widehat{\gamma}_{ij})^2 n_{ij}. \end{aligned}$$

Struktur- und Effekthypothesen fallen zusammen.

4. *Wegen* $\mathbf{P_{A+B}} - \mathbf{P_A} = \mathbf{P_B} - \mathbf{P_1}$ *stimmt der um* α*–bereinigte* β*–Effekt mit dem unbereinigten* α*–Effekt überein:*

$$\mathrm{SS}\,(\mathbf{A} + \mathbf{B} \mid \mathbf{A}) = \mathrm{SS}\,(\mathbf{B} \mid \mathbf{1}).$$

5. *Aus der Orthogonalität der Teilräume folgt die Unabhängigkeit der jeweiligen Schätzer. Die Schätzer der Haupteffekte von A und B können wie in einer einfachen Varianzanalyse aus den jeweiligen Randverteilungen von A und B gewonnen werden.*

Aus diesen Gründen, der elementare Berechnung der Schätzer und ihre problemlose Interpretation, wird man stets bestrebt sein, Versuche mit balanzierten oder proportionalen Besetzungszahlen zu planen.
Balanzierte Modelle sind darüber hinaus unempfindlich gegen Verletzungen der Normalverteilungsannahme. Scheffé (1959) hat gezeigt, daß im balanzierten Modell die Prüfgrößen der varianzanalytischen F-Tests sich als Approximationen verteilungsunabhängiger Randomisierungstests ansehen lassen.

13.6 ANOVA mit SAS

Searles Symbol

Von Searle (1972) stammt eine Bezeichnung für die $\mathrm{SS}\,(\mathbf{M}_2|\,\mathbf{M}_1)$-Terme in parametrisierten Modellen, die vor allem von *SAS* und anderen Softwarepaketen übernommen wurde. Hat $\boldsymbol{\mu}$

im Untermodell $\mathbf{M}_1$	die Gestalt	$\boldsymbol{\mu} = \mathbf{X}_1\boldsymbol{\beta}_1$	und
im Obermodell $\mathbf{M}_2$	die Gestalt	$\boldsymbol{\mu} = \mathbf{X}_1\boldsymbol{\beta}_1 + \mathbf{X}_2\boldsymbol{\beta}_2$	

so bezeichnet Searle die Reduktion von SSE bei Aufnahme des Parametervektors $\boldsymbol{\beta}_2$ in das Modell $\mathbf{M}_1$, das bereits den Parametervektors $\boldsymbol{\beta}_1$ enthält, mit:

$$R\,(\boldsymbol{\beta}_2 \mid \boldsymbol{\beta}_1) := \mathrm{SS}\,(\mathbf{M}_2|\,\mathbf{M}_1).$$

Dabei kann $R\,(\boldsymbol{\beta}_2 \mid \boldsymbol{\beta}_1)$ sowohl die Modellkomponente $\left\|\mathbf{P}_{\mathbf{M}_2}\boldsymbol{\mu} - \mathbf{P}_{\mathbf{M}_1}\boldsymbol{\mu}\right\|^2$ als auch deren Schätzung $\left\|\mathbf{P}_{\mathbf{M}_2}\mathbf{y} - \mathbf{P}_{\mathbf{M}_1}\mathbf{y}\right\|^2$bezeichnen. Der Preis für die Verwendung der anschaulicheren Parameter anstelle der abstrakteren Räume ist hoch:

1. Die Invarianz von $\mathrm{SS}\,(\mathbf{M}_2|\,\mathbf{M}_1)$ bei Wechsel der Parametrisierung oder der Basen geht im Symbol $R\,(\boldsymbol{\beta}_2 \mid \boldsymbol{\beta}_1)$ verloren.

2. Bei nicht eindeutig bestimmten Parametern hängt $R\,(\boldsymbol{\beta}_2 \mid \boldsymbol{\beta}_1)$ entscheidend von den Nebenbedingungen der Parameter $\boldsymbol{\beta}_2$ und $\boldsymbol{\beta}_1$ ab. Diese Nebenbedingungen tauchen aber im Symbol $R\,(\boldsymbol{\beta}_2 \mid \boldsymbol{\beta}_1)$ nicht auf. Dies ist Quelle häufiger Mißverständisse und Unklarheiten.

Die Symbole $R(\beta_2 \mid \beta_1)$ und $\mathrm{SS}(\mathbf{M}_2 | \mathbf{M}_1)$ lassen sich in den folgenden Fällen eindeutig einander zuordnen:

$R(\alpha \mid \eta_0)$	$\mathrm{SS}(\mathbf{A} \mid \mathbf{1})$	der unbereinigte α–Effekt,
$R(\beta \mid \eta_0)$	$\mathrm{SS}(\mathbf{B} \mid \mathbf{1})$	der unbereinigte β–Effekt,
$R(\alpha \mid \eta_0, \beta)$	$\mathrm{SS}(\mathbf{A}+\mathbf{B} \mid \mathbf{B})$	der von β bereinigte α–Effekt,
$R(\beta \mid \eta_0, \alpha)$	$\mathrm{SS}(\mathbf{A}+\mathbf{B} \mid \mathbf{A})$	der von α bereinigte β–Effekt,
$R(\gamma \mid \eta_0, \alpha, \beta)$	$\mathrm{SS}(\mathbf{AB} \mid \mathbf{A}+\mathbf{B})$	der Wechselwirkungseffekt.

Dagegen kann $R(\alpha \mid \eta_0, \beta, \gamma)$ je nach Definition der Effekte das Testkriterium $\mathrm{SS}\left(H_0^\phi\right)$ unterschiedlicher Tests sein:

Definition des Effektes	Mit "$\mathrm{SS}\, H_0^\phi = R(\alpha \mid \eta_0, \beta, \gamma)$" getestete Hypothese H_0^ϕ
$\alpha_i = \frac{1}{s_A} \sum_j \mu_{ij} - \frac{1}{s_A s_b} \sum_{ij} \mu_{ij}$	$\underline{\mu}_1^A = \cdots = \underline{\mu}_{s_A}^A$
$\alpha_i = \frac{1}{n_i^A} \sum_j n_{ij}\mu_{ij} - \frac{1}{n} \sum_{ij} n_{ij}\mu_{ij}$	$\overline{\mu}_i^A = \cdots = \overline{\mu}_{s_A}^A$
$\alpha_i = \mu_{il} - \mu_{kl}$	$\mu_{1l} = \cdots = \mu_{s_a l}$

Effekttypen

SAS bietet vier Typen von Sum of Squares-Termen an, aus denen man die Prüfgrößen einzelner Hypothesen konstruieren kann. Dabei hängt die Definition des Typs von der Reihenfolge ab, in der die Faktoren in der Modelldefinition aufgeführt werden. Sind die Faktoren in der Modelldefinition in der Reihenfolge A; B; AB angegeben, so werden die folgenden Effekte berechnet:

Effekt	Typ I	Typ II	Typ III
A	$R(\alpha \mid \eta_0)$	$R(\alpha \mid \eta_0, \beta)$	$R(\alpha \mid \eta_0, \beta, \gamma)$
B	$R(\beta \mid \eta_0, \alpha)$	$R(\beta \mid \eta_0, \alpha)$	$R(\beta \mid \eta_0, \alpha, \gamma)$
AB	$R(\gamma \mid \eta_0, \alpha, \beta)$	$R(\gamma \mid \eta_0, \alpha, \beta)$	$R(\gamma \mid \eta_0, \alpha, \beta)$

Dabei werden bei Typ III Effekte bei konstanter Gewichtung verwendet. Alle Typen testen die Wechselwirkungseffekte. Sie unterscheiden sich aber im Test der Haupteffekte:

Typ I testet mit $\begin{cases} R(\alpha \mid \eta_0) \text{ den unbereinigte } \alpha\text{–Haupteffekt,} \\ R(\beta \mid \eta_0, \alpha) \text{ den um } \alpha \text{ bereinigten } \beta\text{– Haupteffekt.} \end{cases}$

Typ II testet mit $\begin{cases} R(\alpha \mid \eta_0, \beta) \text{ den um } \beta \text{ bereinigten } \alpha\text{– Haupteffekt,} \\ R(\beta \mid \eta_0, \alpha) \text{ den um } \alpha \text{ bereinigten } \beta\text{– Haupteffekt.} \end{cases}$

Typ III testet mit $\begin{cases} R(\alpha \mid \eta_0, \beta, \gamma) \text{ die Konstanz der Zeilenmittel } \sum_j \mu_{ij}, \\ R(\beta \mid \eta_0, \alpha, \gamma) \text{ die Konstanz der Spaltenmittel } \sum_i \mu_{ij}. \end{cases}$

Der vierte Typ IV unterscheidet sich nur dann von Typ III, wenn einige $n_{ij} = 0$ sind. Bei ANOVA-Modellen mit mehr als zwei Faktoren oder Modellen mit leeren Zellen sind die Bildungsregeln der SAS-Typen wesentlich komplizierter.

Beispiel 422 *Analysiert man den Baby-Brei-Datensatz in einem saturierten Modell mit SAS erhält man unter anderem den folgenden Output:*

1. *Der globale F-Test des Gesamtmodells:*

Source	DF	Sum of Squares	Mean Square
Model	5	80.25	16.05
Error	34	187.56	5.52
Corrected Total	39	267.82	

Modell F=2.91 Pr>F=0.027

2. *Die Sum of Squares der drei Typen, wobei Typ III und Typ IV identische Werte liefern*[9]*:*

Source	DF	Type I SS	F-Value	Pr > F
A	1	14.40	2.61	0.11
B	2	65.60	5.95	0.01
A*B	2	0.25	0.02	0.97
Source	**DF**	**Type II SS**	**F-Value**	**Pr > F**
A	1	72.88	13.21	0.00
B	2	65.60	5.95	0.01
A*B	2	0.25	0.02	0.98
Source	**DF**	**Type III SS**	**F-Value**	**Pr > F**
A	1	65.98	11.96	0.00
B	2	59.18	5.36	0.01
A*B	2	0.25	0.02	0.98

3. *Die Mittelwerte $\overline{y}_i^A$ und $\overline{y}_j^B$ erhält man unter der Option "Means" während man die Mittelwerte $\underline{y}_i^A$ und $\underline{y}_j^B$ unter der Option "L(east) S(quare) Means" erhält.*

[9] Als Übungsaufgabe überprüfe man diese Werte mit den von uns in den vorangegangenen Abschnitten errechneten Zahlen.

Schätzbare Funktionen

Zur Erläuterung seiner SS- Typen verwendet *SAS* das Konzept der **estimable functions**, der schätzbaren Funktionen. Betrachten wir zur Erläuterung die Hypothese:

$$H_0 : \text{"} \boldsymbol{\mu} \perp \mathbf{N} \text{"}.$$

Dabei sei $p = \dim(\mathbf{N})$. Aus den Spalten der Projektionsmatrix $\mathbf{P_N}$ wird eine Basis für den betrachteten Teilraum $\mathbf{N}$ gebildet:

$$\mathbf{N} = \mathcal{L}\{\mathbf{k}_1, \cdots, \mathbf{k}_p\}.$$

Dann ist:

$$\boldsymbol{\mu} \perp \mathbf{N} \quad \Leftrightarrow \boldsymbol{\mu}'\mathbf{k}_i = 0 \quad i = 1, \cdots, p.$$

Definieren wir p schätzbare Parameter:

$$\phi_i := \boldsymbol{\mu}'\mathbf{k}_i \qquad i = 1, \cdots, p,$$

dann ist die Hypothese H_0 äquivalent mit:

$$H_0 : \text{"} \phi_i = 0 \quad i = 1, \cdots, p \text{"}.$$

Zur Kennzeichnung von $\mathbf{N}$ und H_0 genügt daher die Angabe der p definierenden Parameter ϕ_i. Zur Erläuterung der einzelnen SS-Typen, die im Zähler der Prüfgrößen der jeweiligen F- Tests auftreten, werden nun die ϕ_i als Linearkombination der α_i, β_j und γ_{ij} explizit angegeben.

Kapitel 14

Varianzanalyse mit mehreren Faktoren

Die Varianzanalyse mit q Faktoren verläuft im Prinzip wie die mit zwei Faktoren: Die Effekte werden durch identifizierende Nebenbedingungen festgelegt und dann durch geeignete Mittelwerte geschätzt. Geschätzt und getestet wird durch Projektionen in geeignete Faktor und Effekträume. Alle Sätze und deren Beweise sind meist direkte Übertragung der entsprechenden Aussagen der zweifachen Varianzanalyse. Daher sind die Beweise im folgenden Text herausgenommen und an den Schluß des Kapitels verschoben worden, sofern sie nicht unmittelbar evident sind.
Eine wesentliche Schwierigkeit besteht darin, eine hinreichend einfache und allgemeine Schreibweise für Zellen, Mittelwerte, Faktoren, Effekte und Räume zu finden, mit der eine Zerlegung, wie zum Beispiel in (14.1) auch für beliebig viele Faktoren knapp und übersichtlich beschrieben werden kann. Daher werden wir der Erläuterung der Bezeichnungen breiteren Raum widmen.

14.1 Bezeichnungen und Begriffe

Betrachten wir zum Beispiel einen Versuch mit vier Faktoren A, B, C, D. Bei einem speziellen Einzelversuch stehe der Faktor A auf der Stufe A_i, der Faktor B auf B_j, der Faktor C auf C_k und der Faktor D auf der Stufe D_l . Den bei diesem Versuch beobachtete Wert bezeichnen wir mit:

$$y^{ABCD}_{i\,j\,kl}\,.$$

Dabei geben hochgestellte Indizes die Faktoren und tiefgestellte Indizes deren Stufen an. Bei mehreren Einzelversuch mit derselben Faktorstufenkombination werden die dabei beobachteten Werte zusätzlich mit dem Wiederholungsindex w durchnummeriert:

$$y^{ABCD}_{i\,j\,k\,l\,w}\,.$$

$y^{ABCD}_{i\,j\,k\,l\,w}$ wird in Erwartungswert und Restgröße zerlegt:

$$y^{ABCD}_{i\,j\,k\,l\,w} = \mu^{ABCD}_{i\,j\,k\,l} + \varepsilon^{ABCD}_{i\,j\,k\,l\,w} \quad .$$

Im saturierten Modell wird $\mu^{ABCD}_{i\,j\,k\,l}$ vollständig in Effekte zerlegt. Zur Notation der Effekte reichen die Buchstaben α, β, γ, usw. nicht aus. Wir verwenden statt dessen den Buchstaben θ, der über Zusatzindizes charakterisiert wird:

$$\begin{aligned} \mu^{ABCD}_{i\,j\,k\,l} &= \theta^{\varnothing} + \theta^{A}_{i} + \theta^{B}_{j} + \theta^{C}_{k} + \theta^{D}_{l} \\ &\quad + \theta^{AB}_{ij} + \theta^{AC}_{ik} + \theta^{AD}_{il} + \theta^{BC}_{jk} + \theta^{BD}_{jl} + \theta^{CD}_{kl} \\ &\quad + \theta^{ABC}_{ijk} + \theta^{ABD}_{ijl} + \theta^{ACD}_{ikl} + \theta^{BCD}_{jkl} \\ &\quad + \theta^{ABCD}_{ijkl}. \end{aligned} \tag{14.1}$$

Dabei ist zum Beispiel:

$\theta^{\varnothing}$	der keinem einzelnen Faktor zugeordnete **Basiseffekt**,
θ^{A}_{i}	der **Haupteffekt** der Stufe A_i von Faktor A,
θ^{AB}_{ij}	der **Wechselwirkungseffekt** zwischen den Stufen A_i und B_j .

Allen Faktorteilmengen sind hier Effekte zugeordnet worden, die dann jeweils mit den Faktorstufen indiziert wurden. Wir wollen nun dieses Konzept für beliebig viele Faktoren erweitern.

Faktoren: Es seien insgesamt q Faktoren $A, B, C, ...F, ...$ gegeben. Der Eindeutigkeit der Darstellung zuliebe seien die Faktoren in einer beliebigen aber festen Reihenfolge geordnet. Die Gesamtheit dieser Faktoren sei:[1]

$$\mathbb{T} := \{A; B; C; ...F; ...\}\,. \tag{14.2}$$

$F \in \mathbb{T}$ ist ein beliebiger einzelner Faktor mit s_F Stufen.

Zellen und Schichten: Jeder Versuch wird durch Angabe der Faktoren und ihrer Stufen bestimmt. Die Angabe: "Bei einem speziellen Einzelversuch steht der erste Faktor auf Stufe i_1, der zweite Faktor steht auf Stufe $i_2, \cdots$, der letzte Faktor steht auf Stufe i_q" wird im **Zellenindex**:

$$(i_1; i_2; \cdots; i_q)$$

zusammengefaßt. Innerhalb jeder einzelnen Zelle werden die Versuche mit dem **Wiederholungsindex** w durchnummeriert. Damit legt der **Versuchsindex:**

$$\mathbf{i} := (i_1; i_2; \cdots; i_{q,}; w)$$

[1] $\mathbb{T}$ wie Total

Zelle und Wiederholung d.h. den Einzelversuch im Detail fest. (Wir haben hier der Deutlichkeit zuliebe als Trennzeichen das Semikolon verwendet, werden es zukünftig weglassen, soweit dies ohne Mißverständnisse möglich ist.)
Meist werden wir nicht alle Faktoren auf einmal betrachten, sondern jeweils nur eine Auswahl von ihnen. Fixieren wir die Stufen dieser Auswahl und ignorieren die Stufen der nicht ausgewählten Faktoren, erhalten wir eine **Schicht** von Einzelversuchszellen:
Ist $\mathbf{V} \subseteq \mathbb{T}$ eine Teilmenge von Faktoren, so ist $\neg\mathbf{V} := \mathbf{T}\backslash\mathbf{V}$ die Menge, der in $\mathbf{V}$ *nicht* enthaltenen Faktoren. (Wir werden diese und die folgenden Bezeichnungen gleich an einem Beispiel erläutern.)
Ist $\mathbf{i}$ ein fester Index, dann ist:

$$\mathbf{i}\,|_{\mathbf{V}} \tag{14.3}$$

der Index, der aus $\mathbf{i}$ entsteht, wenn bei $\mathbf{i}$ der Wiederholungsindex und alle Subindizes, die zu Faktoren aus $\neg\mathbf{V}$ gehören, gelöscht werden.
$\mathbf{i}\,|_{\mathbf{V}}$ beschreibt die **Schicht** der Einzelversuche, bei denen die in $\mathbf{V}$ genannten Faktoren auf den in $\mathbf{i}$ genannten Stufen stehen.
Um die Konstante, die keinem einzelnen Faktor zugeordnet ist, in den Zerlegungsformeln nicht gesondert behandeln zu müssen, lassen wir zu, daß $\mathbf{V}$ auch die leere Menge $\varnothing$ sein kann. Die sich daraus ergebenden inhaltlichen oder definitorischen Konsequenzen werden wir jeweils gesondert angeben. So ist z.B. $\mathbf{i}\,|_{\varnothing}$ die Gesamtheit aller Versuche.

Beispiel 423 (Bezeichnungsbeispiel) *Nehmen wir zum Beispiel die eingangs betrachtete Menge:*

$$\mathbb{T} = \{A; B; C; D\}$$

mit dem Versuchindex:

$$\mathbf{i} = (i; j; k; l; w)\,.$$

Weiter seien

$$\mathbf{V} = \{A; B\} \quad \text{und } \mathbf{U} = \{A; B; C\}$$

festgewählte Teilmengen. Dann ist:

$$\neg\mathbf{V} = \{C; D\} \text{ und } \mathbf{i}\,|_{\mathbf{V}} = \mathbf{i}\,|_{A;B} = (i; j) \text{ und } \mathbf{i}\,|_{\mathbf{U}} = \mathbf{i}\,|_{A;B;C} = (i; j; k)\,.$$

Wenn wir im folgenden zur Erläuterung sagen: "Im Bezeichnungsbeispiel ist...", werden wir stets auf dieses Beispiel und diese Festlegung von $\mathbb{T}$, $\mathbf{U}$, $\mathbf{V}$ *und* $\mathbf{i}$ *zurückgreifen.*

Um Effekte wie in (14.1) kompakt zu beschreiben, brauchen wir eine Kürzungs- und eine entsprechende Summationsregel.

Kürzungsregel: Erscheint bei einem Symbol wie zum Beispiel $\theta_{\mathbf{i}}^{\mathbf{V}}$ eine Faktorteilmenge $\mathbf{V}$ als hochgestellter Index über einem tiefgestellten Index $\mathbf{i}$, so gelten alle Komponenten von $\mathbf{i}$, deren Faktoren in $\mathbf{V}$ nicht enthalten sind, als gelöscht. Speziell wird also auch der Wiederholungsindex w gestrichen. Positiv gesagt: Nur die Komponenten von $\mathbf{i}$, deren Faktoren in $\mathbf{V}$ auftreten, bleiben erhalten. Das Symbol $\theta_{\mathbf{i}}^{\mathbf{V}}$ ist nicht einer Zelle, sondern einer Schicht zugeordnet. Im Bezeichnungsbeispiel ist :

$$\theta_{\mathbf{i}}^{\mathbf{V}} = \theta_{ij}^{AB} \qquad \theta_{\mathbf{i}}^{\neg\mathbf{V}} = \theta_{kl}^{CD} \qquad \theta_{\mathbf{i}}^{\mathbf{U}} = \theta_{ijk}^{ABC}.$$

Für die leere Menge $\mathbf{V} = \varnothing$ ist $\theta_{\mathbf{i}}^{\varnothing} = \theta^{\varnothing}$ unabhängig von $\mathbf{i}$.

Summationsregel: Wir werden immer wieder über Elemente in Zellen und Schichten hinweg summieren müssen. Dazu vereinbaren wir folgende Schreibweisen: Sind $\mathbf{U}$ und $\mathbf{V}$ zwei beliebige Faktorteilmengen, so werden zuerst in der Summe:

$$\sum_{\mathbf{i}\in\mathbf{V}} a_{\mathbf{i}}^{\mathbf{U}}$$

alle nicht in $\mathbf{U}$ genannten Indizes gestrichen. Von den verbleibenden Indizes wird dann über diejenigen Subindizes summiert, deren Faktoren zusätzlich auch in $\mathbf{V}$ genannt sind. Es ist also $\sum_{\mathbf{i}\in\mathbf{V}} a_{\mathbf{i}}^{\mathbf{U}} = \sum_{\mathbf{i}\in\mathbf{V}\cap\mathbf{U}} a_{\mathbf{i}}^{\mathbf{U}}$. (Die Angabe "$\mathbf{i} \in \mathbf{V}$" ist losgelöst vom Summationszeichen sinnlos, sie darf nur als Abkürzung der oben genannten Summationsvorschrift verstanden werden.) Im Bezeichnungsbeispiel ist:

$$\begin{aligned}
\sum_{\mathbf{i}\in\mathbf{V}} a_{\mathbf{i}}^{\mathbb{T}} &= \sum_{ij} a_{ijkl}^{ABCD}, \\
\sum_{\mathbf{i}\in\mathbf{V}} a_{\mathbf{i}}^{\mathbf{U}} &= \sum_{ij} a_{ijk}^{ABC}, \\
\sum_{\mathbf{i}\in\neg\mathbf{V}} a_{\mathbf{i}}^{\mathbf{U}} &= \sum_{k} a_{ijk}^{ABC}, \\
\sum_{\mathbf{i}\in\mathbf{U}} a_{\mathbf{i}}^{\mathbf{U}} &= \sum_{ijk} a_{ijk}^{ABC}.
\end{aligned}$$

Besetzungszahlen: Die Besetzungszahlen der Zellen, Schichten und der Gesamtheit sind:

$$\begin{aligned}
n_{\mathbf{i}} &:= n_{\mathbf{i}}^{\mathbb{T}}, \\
n_{\mathbf{i}}^{\mathbf{V}} &:= \sum_{\mathbf{i}\in\neg\mathbf{V}} n_{\mathbf{i}}^{\mathbb{T}}, \\
n &:= n_{\mathbf{i}}^{\varnothing} = \sum_{\mathbf{i}} n_{\mathbf{i}}^{\mathbb{T}}.
\end{aligned} \tag{14.4}$$

Ist $\mathbf{V} \subset \mathbf{U}$, so ist $n_{\mathrm{i}}^{\mathbf{V}} = \sum_{\mathrm{i} \in \neg \mathbf{V}} n_{\mathrm{i}}^{\mathbf{U}}$. Im Bezeichnungsbeispiel ist:

$$n_{\mathrm{i}}^{\mathbf{V}} = n_{ij}^{AB} = \sum_{k} n_{ijk}^{ABC} = \sum_{kl} n_{ijkl}^{ABCD}.$$

Indikatorvektoren: Der Indikator der Schicht $\mathbf{i} \mid_{\mathbf{V}}$ ist $\mathbf{1}_{\mathrm{i}}^{\mathbf{V}}$. Für jeden Zellenindex $\mathbf{j}$ ist $\mathbf{1}_{\mathrm{i}}^{\mathbf{V}}(\mathbf{j})$ also genau dann 1, wenn $\mathbf{j}$ eine Zelle der Schicht $\mathbf{i} \mid_{\mathbf{V}}$ bezeichnet:

$$\mathbf{1}_{\mathrm{i}}^{\mathbf{V}}(\mathbf{j}) = \begin{cases} 1 & \text{falls } \mathbf{i} \mid_{\mathbf{V}} = \mathbf{j} \mid_{\mathbf{V}}, \\ 0 & \text{sonst.} \end{cases}.$$

Ist $\mathbf{V}$ die leere Menge, so ist:

$$\mathbf{1}_{\mathrm{i}}^{\varnothing} = \mathbf{1}.$$

Der Indikator einer Schicht ist die Summe ihrer Zellenindikatoren:

$$\mathbf{1}_{\mathrm{i}}^{\mathbf{V}} = \sum_{\mathrm{i} \in \neg \mathbf{V}} \mathbf{1}_{\mathrm{i}}^{\mathbb{T}}. \tag{14.5}$$

$(\mathbf{1}_{\mathrm{i}}^{\mathbf{V}})' \mathbf{1}_{\mathrm{j}}^{\mathbf{U}}$ ist die Anzahl der Versuche, die im Schnitt der Schichten $\mathbf{i} \mid_{\mathbf{V}}$ und $\mathbf{j} \mid_{\mathbf{U}}$ liegen. Es sind die Versuche, bei denen die in $\mathbf{U}$ und $\mathbf{V}$ genannten Faktoren auf den in $\mathbf{i}$ und $\mathbf{j}$ genannten Stufen stehen. Ist also $\mathbf{i} \mid_{\mathbf{V} \cap \mathbf{U}} \neq \mathbf{j} \mid_{\mathbf{V} \cap \mathbf{U}}$ so ist der Schnitt leer. Im Bezeichnungsbeispiel erhalten wir für eine konkrete Festlegung der Indizes :

$$(\mathbf{1}_{123}^{ABC})' \mathbf{1}_{24}^{AD} = 0 \text{ und } (\mathbf{1}_{123}^{ABC})' \mathbf{1}_{14}^{AD} = n_{1234}^{ABCD} \text{ sowie } (\mathbf{1}_{123}^{ABC})' \mathbf{1}^{\varnothing} = n_{123}^{ABC}.$$

Hält man die Faktorteilmenge $\mathbf{V}$ fest, so sind die Schichtindikatoren orthogonal:

$$\mathbf{1}_{\mathrm{i}}^{\mathbf{V}} \perp \mathbf{1}_{\mathrm{k}}^{\mathbf{V}} \Leftrightarrow \mathbf{k} \mid_{\mathbf{V}} \neq \mathbf{i} \mid_{\mathbf{V}}.$$

Betrachtet man zwei verschiedene Faktorteilmengen $\mathbf{U}$ und $\mathbf{V}$, so sind $\mathbf{1}_{\mathrm{i}}^{\mathbf{V}}$ und $\mathbf{1}_{\mathrm{j}}^{\mathbf{U}}$ genau dann orthogonal: $\mathbf{1}_{\mathrm{i}}^{\mathbf{U}} \perp \mathbf{1}_{\mathrm{k}}^{\mathbf{V}}$, wenn die gleichzeitig genannten Faktoren $\mathbf{U} \cap \mathbf{V}$ auf unterschiedlichen Stufen stehen.

14.2 Das saturierte Modell

Im saturierten Modell der multiplen Varianzanalyse gehört zu jeder Zelle ein eigener Parameter. Das allgemeine lineare Modell:

$$\mathbf{y} = \boldsymbol{\mu} + \boldsymbol{\varepsilon}, \qquad \boldsymbol{\varepsilon} \sim \mathrm{N}_n(\mathbf{0}; \sigma^2 \mathbf{I}) \qquad \boldsymbol{\mu} \in \mathbf{M},$$

lautet für eine Einzelbeobachtung in der Erwartungswertparametrisierung:

$$y_{\mathrm{i}} = \mu_{\mathrm{i}}^{\mathbb{T}} + \varepsilon_{\mathrm{i}}.$$

In der Effektparametrisierung wird $\mu_{\mathbf{i}}^{\mathbb{T}}$ vollständig in Effekte zerlegt:

$$\mu_{\mathbf{i}}^{\mathbb{T}} = \sum_{\mathbf{V} \subseteq \mathbb{T}} \theta_{\mathbf{i}}^{\mathbf{V}}. \tag{14.6}$$

Die $\theta_{\mathbf{i}}^{\mathbf{V}}$ werden zu Effektvektoren $\boldsymbol{\theta}^{\mathbf{V}}$ zusammengefaßt. Jeder Teilmenge $\mathbf{V} \subseteq \mathbb{T}$ wird so ein Effekt $\boldsymbol{\theta}^{\mathbf{V}}$ zugeordnet. Dabei werden wir vereinfachend mitunter auch $\mathbf{V}$ selbst als Effekt ansprechen. Bezeichnen wir die Menge der Effekte im Modell mit:

$$\mathbb{E} = \text{Menge der Effekte im Modell}, \tag{14.7}$$

so ist im *saturierten* Modell $\mathbb{E}$ die Potenzmenge von $\mathbb{T}$. In **hierarchischen** Modellen ist mit $\mathbf{V} \subseteq \mathbb{E}$ auch jede Teilmenge von $\mathbf{V}$ in $\mathbb{E}$. Dies gilt nicht in **genesteten** Modellen, hier können gewisse Faktoren nur im Zusammenhang mit anderen Faktoren erklärt werden.

Identifizierende Nebenbedingungen: Die Effekte müssen durch Nebenbedingungen festgelegt werden. Dazu sei $g_i^F \geq 0$ das Gewicht von Stufe i des Faktors F. Dabei muß für alle F gelten:

$$\sum_{i=1}^{s_F} g_i^F = 1. \tag{14.8}$$

Das Gewicht einer Faktorstufenkombination wird als Produkt der Einzelgewichte definiert:

$$g_{\mathbf{i}}^{\mathbf{V}} := \prod_{F \in \mathbf{V}} g_{\mathbf{i}}^F. \tag{14.9}$$

Die Effekte sind nun durch die folgenden identifizierenden Nebenbedingungen festgelegt:

$$\sum_{\mathbf{i} \in F} \theta_{\mathbf{i}}^{\mathbf{V}} g_{\mathbf{i}}^F = 0 \qquad \forall F \in \mathbf{V}. \tag{14.10}$$

Im Bezeichungsbeispiel etwa gilt:

$$\sum_{\mathbf{i} \in A} \theta_{\mathbf{i}}^{\mathbf{V}} g_{\mathbf{i}}^A = \sum_i \theta_{ij}^{AB} g_i^A = 0.$$

Schichtmittelwerte: Der Schichtmittelwert $\underline{\mu}_{\mathbf{i}}^{\mathbf{V}}$ aus den Erwartungswerten $\mu_{\mathbf{i}}^{\mathbb{T}}$ der Beobachtungen in einer Schicht $\mathbf{i}\,|_{\mathbf{V}}$ ist definiert durch:

$$\underline{\mu}_{\mathbf{i}}^{\mathbf{V}} := \sum_{\mathbf{i} \in \neg \mathbf{V}} \mu_{\mathbf{i}}^{\mathbb{T}} g_{\mathbf{i}}^{\neg \mathbf{V}}. \tag{14.11}$$

$\underline{\mu}_{\mathbf{i}}^{\mathbf{V}}$ ist die gewichtete Summe der Erwartungswerte in allen Zellen, deren Indizes in der Bezeichnung der Schicht nicht explizit genannt sind. Der Vollständigkeit halber notieren wir noch die feinste und die gröbste Summe:

$$\underline{\mu}_{\mathbf{i}}^{\mathbb{T}} = \mu_{\mathbf{i}}^{\mathbb{T}}, \tag{14.12}$$

$$\underline{\mu}_{\mathbf{i}}^{\varnothing} = \sum_{\mathbf{i}} \mu_{\mathbf{i}}^{\mathbb{T}} g_{\mathbf{i}}^{\mathbb{T}} = \underline{\mu}^{\varnothing}. \tag{14.13}$$

Im Bezeichnungsbeispiel ist:

$$\underline{\mu}_{\mathbf{i}}^{\mathbf{V}} = \underline{\mu}_{ij}^{AB} = \sum_{kl} \mu_{ijkl}^{ABCD} g_{kl}^{CD}.$$

Um analog Schichtmittelwerte aus den Beobachtungen zu bilden, definieren wir zuerst den **Zellenmittelwert** $\overline{y}_{\mathbf{i}}^{\mathbb{T}}$ als das ungewogene Mittel der Beobachtungen aus Zelle **i**:

$$\overline{y}_{\mathbf{i}} := \overline{y}_{\mathbf{i}}^{\mathbb{T}} := \frac{1}{n_{\mathbf{i}}} \sum_{w=1}^{n_{\mathbf{i}}} y_{i_1 i_2 \cdots i_q w} .$$

Aus diesen ungewogenen $\overline{y}_{\mathbf{i}}^{\mathbb{T}}$ wird dann der gewichtete Schichtmittelwerte $\underline{y}_{\mathbf{i}}^{\mathbf{V}}$ analog zu $\underline{\mu}_{\mathbf{i}}^{\mathbf{V}}$ berechnet:

$$\underline{y}_{\mathbf{i}}^{\mathbf{V}} := \sum_{\mathbf{i} \in \neg \mathbf{V}} \overline{y}_{\mathbf{i}}^{\mathbb{T}} g_{\mathbf{i}}^{\neg \mathbf{V}}. \tag{14.14}$$

Im saturierten Modell sind die $\overline{y}_{\mathbf{i}}^{\mathbb{T}}$ die KQ-Schätzer der $\underline{\mu}_{\mathbf{i}}^{\mathbb{T}}$ und die $\underline{y}_{\mathbf{i}}^{\mathbf{V}}$ die KQ-Schätzer der $\underline{\mu}_{\mathbf{i}}^{\mathbf{V}}$.

Rekursive Bestimmung der Effekte[2]:

Aus den Nebenbedingungen (14.10) an die Effekte und der Definition der Faktorstufenmittel (14.11) folgt, daß die Zerlegung (14.6) sich auch auf alle Faktorteilmengen **V** überträgt:

$$\underline{\mu}_{\mathbf{i}}^{\mathbf{V}} = \sum_{\mathbf{U} \subseteq \mathbf{V}} \theta_{\mathbf{i}}^{\mathbf{U}}. \tag{14.15}$$

Dabei läuft die Summation auch über die leere Menge $\mathbf{U} = \varnothing$. Für die leere Menge $\mathbf{V} = \emptyset$ ergibt sich aus (14.13) der Basiseffekt $\theta^{\varnothing}$ als das gewogene Mittel der Erwartungswerte aller Zellen:

$$\theta^{\varnothing} = \underline{\mu}^{\varnothing} = \sum_{\mathbf{i}} \mu_{\mathbf{i}}^{\mathbb{T}} g_{\mathbf{i}}^{\mathbb{T}}.$$

[2] Um den Gesamtzusammenhang nicht aus dem Auge zu verlieren, sind die Beweise der folgenden Aussagen in einen eigenen Abschnitt ab Seite 642 verschoben.

Die anderen Effekte lassen sich danach rekursiv berechnen:

$$\theta_{\mathrm{i}}^{\mathbf{V}} = \underline{\mu}_{\mathrm{i}}^{\mathbf{V}} - \sum_{\mathbf{U} \subset \mathbf{V}} \theta_{\mathrm{i}}^{\mathbf{U}}. \tag{14.16}$$

Der Effekt $\theta_{\mathrm{i}}^{\mathbf{V}}$ ist das gewogenen Mittel $\underline{\mu}_{\mathrm{i}}^{\mathbf{V}}$ der Faktorstufenkombination, vom dem alle in $\mathbf{V}$ echt enthaltenen Effekte subtrahiert worden sind. Im Bezeichungsbeispiel ist:

$$\theta_{\mathrm{i}}^{\mathbf{V}} = \theta_{ij}^{AB} = \underline{\mu}_{ij}^{AB} - \theta_i^A - \theta_j^B - \theta^{\varnothing}.$$

Faktor- und Effekträume

Vektordarstellung von μ im saturierten Modell: Mit den Indikatoren läßt sich $\boldsymbol{\mu}$ im saturierten Modell auf Grund der Zerlegung (14.15) vektoriell schreiben als:

$$\boldsymbol{\mu} = \sum_{\mathrm{i}} \mu_{\mathrm{i}}^{\mathbb{T}} \mathbf{1}_{\mathrm{i}}^{\mathbb{T}} = \sum_{\mathbf{V} \subseteq \mathbb{T}} \sum_{\mathrm{i} \in \mathbf{V}} \theta_{\mathrm{i}}^{\mathbf{V}} \mathbf{1}_{\mathrm{i}}^{\mathbf{V}}. \tag{14.17}$$

Die Faktorräume: Der **Faktorraum** $\mathcal{L}\{\mathbf{V}\}$ wird von den orthogonalen Indikatorvektoren $\mathbf{1}_{\mathrm{i}}^{\mathbf{V}}$ erzeugt:

$$\mathcal{L}\{\mathbf{V}\} := \left\{ \sum_{\mathrm{i} \in \mathbf{V}} \theta_{\mathrm{i}}^{\mathbf{V}} \mathbf{1}_{\mathrm{i}}^{\mathbf{V}} \;\middle|\; \theta_{\mathrm{i}}^{\mathbf{V}} \in \mathbb{R}^1 \text{ beliebig} \right\}.$$

Die Dimension des Faktorraum $\mathcal{L}\{\mathbf{V}\}$ ist:

$$\dim \mathcal{L}\{\mathbf{V}\} = \prod_{F \in \mathbf{V}} s_F =: d_{\mathbf{V}}. \tag{14.18}$$

Ist $\mathbf{V}$ die leere Menge, so ist $\mathcal{L}\{\varnothing\} := \mathcal{L}\{\mathbf{1}\}$ und $d_{\varnothing} = 1$.

Effekträume: Ist $\mathbf{V}$ nicht leer, so ist der **Effektraum** $\mathfrak{L}\{\mathbf{V}\} \subset \mathcal{L}\{\mathbf{V}\}$ definiert als der Teilraum von $\mathcal{L}\{\mathbf{V}\}$, in dem die Koeffizienten $\theta_{\mathrm{i}}^{\mathbf{V}}$ die Nebenbedingungen (14.10) erfüllen:

$$\mathfrak{L}\{\mathbf{V}\} := \left\{ \sum_{\mathrm{i} \in \mathbf{V}} \theta_{\mathrm{i}}^{\mathbf{V}} \mathbf{1}_{\mathrm{i}}^{\mathbf{V}} \;\middle|\; \sum_{\mathrm{i} \in \mathbf{V}} \theta_{\mathrm{i}}^{\mathbf{V}} g_{\mathrm{i}}^{F} = 0; \forall\, F \in \mathbf{V} \right\}. \tag{14.19}$$

Die Dimension des Effektraum $\mathcal{L}\{\mathbf{V}\}$ ist:

$$\dim \mathfrak{L}\{\mathbf{V}\} = \prod_{F \in \mathbf{V}} (s_F - 1) =: d_{\mathbf{V}}^{*}. \tag{14.20}$$

Effekträume, die zu unterschiedlichen Faktorteilmengen gehören, sind linear unabhängig:

$$\mathbf{U} \neq \mathbf{V} \quad \Leftrightarrow \quad \mathfrak{L}\{\mathbf{U}\} \text{ und } \mathfrak{L}\{\mathbf{V}\} \text{ sind linear unabhängig.} \tag{14.21}$$

Für die leere Menge definieren wir:

$$\mathfrak{L}\{\varnothing\} := \mathcal{L}\{\varnothing\} = \mathcal{L}\{\mathbf{1}\} \quad \text{und } d_\varnothing^* = d_\varnothing = 1.$$

Mit dieser Vereinbarung gilt: Jeder Faktorraum wird von seinen Effekträumen erzeugt:

$$\mathcal{L}\{\mathbf{V}\} = \sum_{\mathbf{U}\subseteq\mathbf{V}} \mathfrak{L}\{\mathbf{U}\}. \tag{14.22}$$

Projektionen in die Faktorräume: Da die Erzeugenden des Faktorraums die orthogonalen Indikatoren sind, lassen sich die Projektionen explizit angeben. Mit der Abkürzung $\mathbf{P_V} := \mathbf{P}_{\mathcal{L}\{\mathbf{V}\}}$ gilt:

$$\mathbf{P_V y} = \sum_{\mathrm{i}\in\mathbf{V}} \overline{y}_\mathrm{i}^\mathbf{V}\, \mathbf{1}_\mathrm{i}^\mathbf{V}. \tag{14.23}$$

Dabei ist $\overline{y}_\mathrm{i}^\mathbf{V}$ das ungewogene Mittel aus allen Beobachtungen in der Schicht $\mathbf{i}\,|_\mathbf{V}$:

$$\overline{y}_\mathrm{i}^\mathbf{V} = \frac{1}{n_\mathrm{i}^\mathbf{V}} \mathbf{y}'\mathbf{1}_\mathrm{i}^\mathbf{V}.$$

In dieser Summe wird innerhalb jeder Zelle auch über den Wiederholungsindex summiert. Für die leere Menge erhalten wir $\overline{y}$, das Gesamtmittel über alle Beobachtungen:

$$\overline{y} := \frac{1}{n} \sum_\mathrm{i} y_\mathrm{i} =: \overline{y}_\mathrm{i}^\varnothing.$$

$\overline{y}_\mathrm{i}^\mathbf{V}$ ist eine natürliche Rechengröße, aber ein statistisch schlecht interpretierbarer Schätzer, da der Erwartungswert von den willkürlichen Besetzungszahlen der Zellen abhängt:

$$\mathrm{E}\overline{y}_\mathrm{i}^\mathbf{V} := \frac{1}{n_\mathrm{i}^\mathbf{V}} \sum_{\mathrm{i}\in\neg\mathbf{V}} n_\mathrm{i}\mu_\mathrm{i}.$$

14.3 Modelle mit proportionaler Besetzung

Bei beliebig vorgegebenen Besetzungszahlen $n_\mathrm{i}^\mathbb{T}$ verläuft die Varianzanalyse entlang der Pfade, die bei der 2-fachen Varianzanalyse vorgezeichnet wurden.

Wir wollen diese generelle Betrachtung hier abbrechen und nur noch das Modell mit proportionalen Besetzungszahlen als wichtigsten Spezialfall betrachten:
Im Modell mit proportionalen Besetzungszahlen läßt sich $n_\mathrm{i}^\mathbb{T}$ vollständig als Produkt natürlicher Zahlen zerlegen:

$$n_\mathrm{i}^\mathbb{T} = \prod_{F\varepsilon\mathbb{T}} a_\mathrm{i}^F \qquad a_\mathrm{i}^F \in \mathbb{N}. \tag{14.24}$$

Diese Aussage ist äquivalent mit:

$$\frac{n_{\mathrm{i}}^{\mathbb{T}}}{n} = \prod_{F \epsilon \mathbb{T}} \frac{n_{\mathrm{i}}^{F}}{n}. \tag{14.25}$$

Der wichtigste Spezialfall des Modells mit proportionalen Besetzungszahlen ist das **balanzierte Modell** mit $n_{\mathrm{i}} = r$. Alle Schichten zu einer Faktormenge haben ebenfalls konstante Besetzungszahlen:

$$n_{\mathrm{i}}^{\mathbf{V}} = r \prod_{F \notin \mathbf{V}} s_F =: n^{\mathbf{V}}.$$

Wegen $n_{\mathrm{i}} = r$ und der Vereinbarung (14.28) sind im balanzierten Modell die Gewichte g_i^F konstant. Damit lauten die identifizierenden Nebenbedingungen (14.10):

$$\sum_{\mathrm{i} \in F} \theta_{\mathrm{i}}^{\mathbf{V}} = 0 \ \forall F \in \mathbf{V}. \tag{14.26}$$

Das heißt, die Summation über jeden in **V** enthaltenen Index ergibt Null. Weiter stimmen im balanzierten Modell gewichtete und ungewichtete Mittelwerte überein:

$$\begin{aligned} \overline{y}_{\mathrm{i}}^{\mathbf{V}} &= \underline{y}_{\mathrm{i}}^{\mathbf{V}}, \\ \overline{\mu}_{\mathrm{i}}^{\mathbf{V}} &= \underline{\mu}_{\mathrm{i}}^{\mathbf{V}}. \end{aligned}$$

Wie wir im folgenden sehen werden, zeichnet sich das Modell mit proportionalen Besetzungszahlen aus durch die Transparenz der Zerlegung in unabhängige, orthogonale Komponenten, die ein-eindeutig den einzelnen Effekten zugeordnet werden können. Wir finden eine vollständige Übereinstimmung von geometrischer Struktur und intuitiver, statistischer Interpretation.

Orthogonalität der Effekträume: In Modellen mit proportionalen Gewichten sind die Faktorräume lotrecht: Sind **U** und **V** zwei beliebige Faktormengen, so sind die Faktorräume bis auf den Schnittraum, der von den gemeinsamen Faktoren erzeugt wird, orthogonal:

$$\mathcal{L}\{\mathbf{V}\} \ominus \mathcal{L}\{\mathbf{V} \cap \mathbf{U}\} \qquad \perp \qquad \mathcal{L}\{\mathbf{U}\} \ominus \mathcal{L}\{\mathbf{V} \cap \mathbf{U}\}. \tag{14.27}$$

Bildet man sämtliche denkbaren Schnitte, zerfällt der Modellraum in orthogonale Unterräume . Diese lassen sich nun in eindeutiger Weise den einzelnen Effekten zuordnen, wenn bei der Festlegung der Effekte in (14.10) als Gewichte der Faktorstufen die relativen Häufigkeiten:

$$g_{\mathrm{i}}^{F} = \frac{n_{\mathrm{i}}^{F}}{n} \tag{14.28}$$

gewählt werden. Bei dieser Setzung sind die dazugehörigen Effekträume daher paarweise nicht nur linear unabhängig sondern sogar orthogonal:

$$\mathfrak{L}\{\mathbf{U}\} \perp \mathfrak{L}\{\mathbf{V}\} \Leftrightarrow \mathbf{U} \neq \mathbf{V}. \tag{14.29}$$

Darüber hinaus ist jeder Faktorraum die orthogonale Summe der in ihm enthaltenen Effekträume:

$$\mathcal{L}\{\mathbf{V}\} = \bigoplus_{\mathbf{U}\subseteq\mathbf{V}} \mathfrak{L}\{\mathbf{U}\}. \tag{14.30}$$

Speziell gilt für den gesamten Modellraum.

$$\mathcal{L}\{\mathbb{T}\} = \bigoplus_{\mathbf{U}\subseteq\mathbb{T}} \mathfrak{L}\{\mathbf{U}\}. \tag{14.31}$$

Werden zum Beispiel bei der zweifachen Varianzanalyse die Gewichte proportional zu den Besetzungszahlen gewählt: $g_{\mathrm{i}}^F \simeq n_{\mathrm{i}}^F$, so ist:

$$\begin{aligned}
\mathfrak{L}\{\mathbf{A}\} &= \mathbf{A} \ominus \mathbf{1}, \\
\mathfrak{L}\{\mathbf{B}\} &= \mathbf{B} \ominus \mathbf{1}, \\
\mathbf{A} &= \mathcal{L}\{\mathbf{1}\} \oplus \mathfrak{L}\{\mathbf{A}\}, \\
\mathbf{B} &= \mathcal{L}\{\mathbf{1}\} \oplus \mathfrak{L}\{\mathbf{B}\}, \\
\mathbf{AB} &= \mathcal{L}\{\mathbf{1}\} \oplus \mathfrak{L}\{\mathbf{A}\} \oplus \mathfrak{L}\{\mathbf{B}\} \oplus \mathfrak{L}\{\mathbf{AB}\}.
\end{aligned}$$

Rekursive Schätzung aller Effekte: Die Zerlegung des Modellraum in die orthogonalen Effekträume hat zahlreiche Konsequenzen:

1. Der Zerlegung des Modellraums entspricht der Zerlegung von $\boldsymbol{\mu}$ in seine Effekte:

$$\boldsymbol{\mu} = \sum_{\mathbf{V}\subseteq\mathbb{T}} \mathbf{P}_{\mathfrak{L}\{\mathbf{V}\}}\boldsymbol{\mu}.$$

Dabei ist:

$$\mathbf{P}_{\mathfrak{L}\{\mathbf{V}\}}\boldsymbol{\mu} = \sum_{\mathrm{i}\in\mathbf{V}} \theta_{\mathrm{i}}^{\mathbf{V}} \mathbf{1}_{\mathrm{i}}^{\mathbf{V}}.$$

Aus (14.30) folgt:

$$\mathbf{P}_{\mathbf{V}} = \sum_{\mathbf{U}\subseteq\mathbf{V}} \mathbf{P}_{\mathfrak{L}\{\mathbf{U}\}}. \tag{14.32}$$

Die Projektion $\mathbf{P}_{\mathfrak{L}\{\mathbf{V}\}}$ ist demnach rekursiv gegeben durch:

$$\mathbf{P}_{\mathfrak{L}\{\mathbf{V}\}} = \mathbf{P}_{\mathbf{V}} - \sum_{\mathbf{U}\subset\mathbf{V}} \mathbf{P}_{\mathfrak{L}\{\mathbf{U}\}}. \tag{14.33}$$

2. $\boldsymbol{\mu}$ wird geschätzt durch Projektion von $\mathbf{y}$ in den Modellraum:

$$\widehat{\boldsymbol{\mu}} = \sum_{\mathbf{V} \subseteq \mathbb{T}} \mathbf{P}_{\mathcal{L}\{\mathbf{V}\}} \mathbf{y}.$$

3. Der Effekt $\boldsymbol{\theta}^{\mathbf{V}}$ wird geschätzt durch Projektion von $\mathbf{y}$ in seinen Effektraum:

$$\mathbf{P}_{\mathcal{L}\{\mathbf{V}\}} \mathbf{y} = \sum_{\mathbf{i} \in \mathbf{V}} \widehat{\theta}_{\mathbf{i}}^{\mathbf{V}} \mathbf{1}_{\mathbf{i}}^{\mathbf{V}}. \qquad (14.34)$$

Wegen (14.33) und (14.23) ist daher jeder Schätzer rekursiv bestimmt:

$$\widehat{\theta}_{\mathbf{i}}^{\mathbf{V}} = \overline{y}_{\mathbf{i}}^{\mathbf{V}} - \sum_{\mathbf{U} \subset \mathbf{V}} \widehat{\theta}_{\mathbf{i}}^{\mathbf{U}} \qquad (14.35)$$

Der Effekt $\boldsymbol{\theta}_{\mathbf{i}}^{\mathbf{V}}$ einer Faktorstufenkombination wird demnach geschätzt durch den Mittelwert aus allen Beobachtungswerten zu dieser Kombination, der dann von allen in $\mathbf{V}$ bereits enthaltenen Effekten *bereinigt* wird. $\boldsymbol{\theta}_{\mathbf{i}}^{\mathbf{V}}$ wird geschätzt, als ob nur die in $\mathbf{V}$ genannten Faktoren im Modell enthalten sind.

4. Bereinigte und unbereinigte Effekte sind identisch.

5. Die Effektschätzer $\widehat{\theta}_{\mathbf{i}}^{\mathbf{V}}$ und $\widehat{\theta}_{\mathbf{i}}^{\mathbf{U}}$, die zu unterschiedlichen Faktormengen gehören, sind von einander stochastisch unabhängig, da ihre Effekträume orthogonal sind.

6. Effektschätzer, die zur gleichen Faktormenge gehören, sind korreliert. Ihre Kovarianzen sind rekursiv bestimmt durch:

$$\operatorname{cov}\left(\widehat{\theta}_{\mathbf{i}}^{\mathbf{V}}, \widehat{\theta}_{\mathbf{j}}^{\mathbf{V}}\right) = \sigma^2 \frac{\delta_{\mathbf{ij}|\mathbf{V}}}{n_{\mathbf{i}}^{\mathbf{V}}} - \sum_{\mathbf{U} \subset \mathbf{V}} \operatorname{cov}\left(\widehat{\theta}_{\mathbf{i}}^{\mathbf{U}}, \widehat{\theta}_{\mathbf{j}}^{\mathbf{U}}\right). \qquad (14.36)$$

Dabei ist $\delta_{\mathbf{ij}|\mathbf{V}} = 1$, falls $\mathbf{i}\,|_{\mathbf{V}} = \mathbf{j}\,|_{\mathbf{V}}$ (d.h. im Fall der Varianz) und $\delta_{\mathbf{ij}|\mathbf{V}} = 0$ sonst.

Testen im Modell mit proportionalen Besetzungszahlen

Die Zerlegung des Modellraums in seine orthogonalen Effekträume gestattet die explizite Bestimmung sämtlicher Prüfgrößen und ihrer Verteilung.

Test eines Effektes: Die Hypothese $H_0^{\mathbf{V}}$: " Alle $\mathbf{V}$−Effekte sind Null " oder formaler:

$$H_0^{\mathbf{V}} : \text{"}\ \theta_{\mathbf{i}}^{\mathbf{V}} = 0\ \forall \mathbf{i}\ \text{"}.$$

wird getestet durch die Prüfgröße:

$$\mathrm{F}_{\mathrm{PG}} = \frac{\mathrm{SS}\,(\mathbf{V})}{d_{\mathbf{V}}^{*} \widehat{\sigma}^2} = \frac{\left\|\mathbf{P}_{\mathcal{L}\{\mathbf{V}\}} \mathbf{y}\right\|^2}{d_{\mathbf{V}}^{*} \widehat{\sigma}^2}.$$

Aus (14.34) folgt einerseits:

$$\mathrm{SS}(\mathbf{V}) = \left\|\mathbf{P}_{\mathfrak{L}\{\mathbf{V}\}}\mathbf{y}\right\|^2 = n^{\mathbf{V}} \sum_{\mathrm{i}\in\mathbf{V}} \left(\widehat{\theta}_{\mathrm{i}}^{\mathbf{V}}\right)^2.$$

Aus (14.33) und (14.23) folgt andererseits:

$$\begin{aligned}\mathrm{SS}(\mathbf{V}) &= n^{\mathbf{V}} \sum_{\mathrm{i}\in\mathbf{V}} \left(\overline{y}_{\mathrm{i}}^{\mathbf{V}}\right)^2 - \sum_{\mathbf{U}\subset\mathbf{V}} \left\|\mathbf{P}_{\mathfrak{L}\{\mathbf{U}\}}\mathbf{y}\right\|^2 \\ &= n^{\mathbf{V}} \sum_{\mathrm{i}\in\mathbf{V}} \left(\overline{y}_{\mathrm{i}}^{\mathbf{V}}\right)^2 - \sum_{\mathbf{U}\subset\mathbf{V}} \mathrm{SS}(\mathbf{U}).\end{aligned}$$

Der für die Signifikanz des $\mathbf{V}$–Effektes verantwortliche Term $\mathrm{SS}(\mathbf{V})$ ist also der übriggebliebene Rest, wenn die Summe der quadrierten (unbereinigten) $\mathbf{V}$–Mittelwerte um die $\mathrm{SS}(\mathbf{U})$ –Terme der bereits erfaßten Effekte vermindert wird. $\mathrm{SS}(\mathbf{V})$ ist χ^2–verteilt und zwar gilt:

$$\mathrm{SS}(\mathbf{V}) \sim \sigma^2\chi^2\left(d_{\mathbf{V}}^*; \frac{1}{\sigma^2}\left\|\mathbf{P}_{\mathfrak{L}\{\mathbf{V}\}}\boldsymbol{\mu}\right\|^2\right). \tag{14.37}$$

Ist $H_0^{\mathbf{V}}$ falsch, so mißt der Nichtzentralitätsparameter wegen $\left\|\mathbf{P}_{\mathfrak{L}\{\mathbf{V}\}}\boldsymbol{\mu}\right\|^2 = n^{\mathbf{V}} \sum_{\mathrm{i}|\mathrm{V}} \left(\theta_{\mathrm{i}}^{\mathbf{V}}\right)^2$ und $\sum_{\mathrm{i}|\mathrm{V}} \theta_{\mathrm{i}}^{\mathbf{V}} = 0$ im wesentlichen die empirische Varianz des Effektes $\theta^{\mathbf{V}}$.

Test einer Modellerweiterung: Die Signifikanz einer Modellerweiterung vom Teilmodell $\mathbf{U}$ zum Teilmodell $\mathbf{V}$ mit $\mathbf{U} \subset \mathbf{V}$ wird mit der Hypothese:

$$H_0 : \text{"}\boldsymbol{\mu} \perp \mathbf{V} \ominus \mathbf{U}\text{"}$$

und der Prüfgröße:

$$\mathrm{SS}(\mathbf{V} \mid \mathbf{U}) = \|\mathbf{P}_{\mathbf{V}}\mathbf{y} - \mathbf{P}_{\mathbf{U}}\mathbf{y}\|^2 = \sum_{\mathbf{U}\subset\mathbf{W}\subseteq\mathbf{V}} \mathrm{SS}(\mathbf{W})$$

getestet. Ist die Hypothese H_0 wahr, so ist:

$$\mathrm{SS}(\mathbf{V} \mid \mathbf{U}) \sim \sigma^2\chi^2\left(d_{\mathbf{V}} - d_{\mathbf{U}}; \frac{1}{\sigma^2}\|\mathbf{P}_{\mathbf{V}}\boldsymbol{\mu} - \mathbf{P}_{\mathbf{U}}\boldsymbol{\mu}\|^2\right).$$

Für $\mathbf{U} = \mathbf{1}$ erhält man den Test der globalen Hypothese:

$$H_0 : \text{"}\boldsymbol{\mu} \perp \mathbf{V} \ominus \mathbf{1}\text{"}.$$

Inhaltlich bedeutet H_0 : *"Ein saturiertes Modell, das nur die in V genannten Faktoren enthält, ist nicht besser als das Nullmodell, das nur aus einer Konstanten besteht".* In diesem Fall läßt sich $\mathrm{SS}(\mathbf{V} \mid \mathbf{1})$ explizit angeben:

$$\mathrm{SS}(\mathbf{V} \mid \mathbf{1}) = \|\mathbf{P}_{\mathbf{V}}\mathbf{y} - \mathbf{P}_{\mathbf{1}}\mathbf{y}\|^2 = \sum_{\mathrm{i}\in\mathbf{V}} \left(\overline{y}_{\mathrm{i}}^{\mathbf{V}}\right)^2 n_{\mathrm{i}}^{\mathbf{V}} - (\overline{y})^2 n.$$

Testen im saturierten Modell: Betrachten wir nun ein Untermodell **M** des saturierten Modells, das nur noch die Effekte $\mathbf{U} \in \mathbb{E}$ enthält. Dabei ist $\mathbb{E}$ nicht mehr die Potenzmenge von $\mathbb{T}$. Der Modellraum ist nun:

$$\mathbf{M} := \bigoplus_{\mathbf{U} \in \mathbb{E}} \mathfrak{L}\{\mathbf{U}\}. \tag{14.38}$$

Vergleichen wir (14.38) mit dem Modell- und Fehlerraum des saturierten Modells:

$$\mathcal{L}\{\mathbb{T}\} = \bigoplus_{\mathbf{U} \subseteq \mathbb{T}} \mathfrak{L}\{\mathbf{U}\} = \bigoplus_{\mathbf{U} \in \mathbb{E}} \mathfrak{L}\{\mathbf{U}\} \quad \oplus \quad \bigoplus_{\mathbf{U} \notin \mathbb{E}} \mathfrak{L}\{\mathbf{U}\},$$

so erhalten wir die beiden Zerlegungen:

$$\mathbb{R}^n = \underbrace{\overbrace{\bigoplus_{\mathbf{U} \in \mathbb{E}} \mathfrak{L}\{\mathbf{U}\}}^{}}_{\textit{Modellraum } \mathbf{M}} \oplus \overbrace{\qquad}^{\textit{Modellraum } \mathcal{L}\{\mathbb{T}\}} \underbrace{\bigoplus_{\mathbf{U} \notin \mathbb{E}} \mathfrak{L}\{\mathbf{U}\} \oplus \overbrace{\left(\mathbb{R}^n \ominus \mathcal{L}\{\mathbb{T}\}\right)}^{\textit{Fehlerraum } \mathcal{L}\{\mathbb{T}\}}}_{\textit{Fehlerraum } \mathbf{M}}$$

Daher werden im Modell **M** die Effekte weiterhin durch Projektion in noch vorhandene Effekträume geschätzt. Während sich die Projektionen nicht ändern, wächst SSE an:

$$\begin{aligned} \mathrm{SSE}(\mathbf{M}) &= \sum_{\mathbf{U} \notin \mathbb{E}} \left\|\mathbf{P}_{\mathfrak{L}\{\mathbf{U}\}}\mathbf{y}\right\|^2 + \|\mathbf{y} - \mathbf{P}_{\mathbb{T}}\mathbf{y}\|^2 \\ &= \sum_{\mathbf{U} \notin \mathbb{E}} \mathrm{SS}(\mathbf{U}^*) + \mathrm{SSE}(\mathbb{T}). \end{aligned}$$

Die SS-Terme der nicht im Modell enthaltenen Effekte werden der Fehlerquadratsumme des saturierten Modells zugeschlagen. Wegen:

$$\dim \mathbf{M} = \sum_{\mathbf{U} \in \mathbb{E}} (s_{\mathbf{U}} - 1) < \dim \mathcal{L}\{\mathbb{T}\}$$

kann

$$\widehat{\sigma}^2(\mathbf{M}) = \frac{\mathrm{SSE}(\mathbf{M})}{\dim \mathbf{M}}$$

größer oder kleiner als $\widehat{\sigma}^2(\mathbb{T})$ sein.

Beispiel 424 *Gemeinsam auf einem Acker wachsende Pflanzen können sich gegenseitig behindern oder fördern. Diese Effekte werden unter anderem in den* *landwirtschaftlichen Versuchsanstalten systematisch erforscht. In einem "Deckfruchtversuch" des Instituts für Pflanzenbau an der ETH Zürich wurden in einem Feldversuch vier Deckfrüchte und drei Einsaaten kombiniert. Die Deckfrüchte und die Einsaaten waren:*[3]

Deckfrüchte		Einsaaten	
D_1	*Sommergerste*	E_1	*Italienische Reigras*
D_2	*Sommerweizen*	E_2	*Fromental*
D_3	*Hafer*	E_3	*Luzerne*
D_4	*keine Deckfrucht: Kontrolle*		

Die Versuche liefen auf vier Äckern (Block 1 bis Block 4), die jeweils in 12 Parzellen geteilt sind. Damit haben wir in diesem Modell drei Faktoren, nämlich die beiden kontrollierten Verfahrensfaktoren D und E , sowie den unbekannten Blockfaktor B. Auf jeder Parzelle wurde jeweils eine Deckfrucht D_i und eine Einsaat E_j gemeinsam angebaut. Am Ende der Wachstumsperiode wurde der Ertrag y_{ijk}^{BDE} für jede Parzelle gemessen. Für diesen Versuch gilt also:

Stufen: $s_B = 4\,;\ s_D = 4;\ s_E = 3$
Besetzungszahlen: $r = 1 = n^{BDE} = 1;\ n = 48$
$n^{BD} = 3;\ n^{BE} = 4;\ n^{DE} = 4;\ n^B = 12;$
$n^D = 12;\ n^E = 16.$

Tabelle 14.1 zeigt das Datenprotokoll.

y_{ijk}^{BED}	B	E	D	y_{ijk}^{BED}	B	E	D	y_{ijk}^{BED}	B	E	D
724	1	1	1	502	1	2	1	454	1	3	1
716	1	1	2	458	1	2	2	410	1	3	2
596	1	1	3	421	1	2	3	536	1	3	3
727	1	1	4	657	1	2	4	607	1	3	4
409	2	1	1	461	2	2	1	282	2	3	1
412	2	1	2	550	2	2	2	253	2	3	2
616	2	1	3	305	2	2	3	272	2	3	3
497	2	1	4	414	2	2	4	402	2	3	4
708	3	1	1	494	3	2	1	315	3	3	1
686	3	1	2	450	3	2	2	290	3	3	2
629	3	1	3	474	3	2	3	262	3	3	3
490	3	1	4	419	3	2	4	389	3	3	4
678	4	1	1	443	4	2	1	377	4	3	1
630	4	1	2	493	4	2	2	454	4	3	2
740	4	1	3	450	4	2	3	477	4	3	3
689	4	1	4	471	4	2	4	513	4	3	4

Tabelle 14.1: Datenprotokoll

[3] Das Beispiel stammt aus Linder (1969)

Sortiert und schichtet man die Daten nach den drei verschiedenen Stufen von E, erhält man die Tabelle 14.2. Dabei sind an den Rändern die Zeilen- bzw. Spaltensummen eingetragen. Die Schichtenmittelwerte ergeben sich durch Division mit den Besetzungszahlen.

	y_{ij1}^{BDE}	D_1	D_2	D_3	D_4	$\overline{y}_{i1}^{BE}\cdot 4$
E=1	B_1	724	716	596	727	2763
	B_2	409	412	616	497	1934
	B_3	708	686	629	490	2513
	B_4	678	630	740	689	2737
	$\overline{y}_{j1}^{DE}\cdot 4$	2519	2444	2581	2403	$9947=\overline{y}_1^{E}\cdot 16$
	y_{ij2}^{BDE}	D_1	D_2	D_3	D_4	$\overline{y}_{i2}^{BE}\cdot 4$
E=2	B_1	502	458	421	657	2038
	B_2	461	550	305	414	1730
	B_3	494	450	474	419	1837
	B_4	443	493	450	471	1857
	$\overline{y}_{j2}^{DE}\cdot 4$	1900	1951	1650	1961	$7462=\overline{y}_2^{E}\cdot 16$
	y_{ij3}^{BDE}	D_1	D_2	D_3	D_4	$\overline{y}_{i1}^{BE}\cdot 4$
E=3	B_1	454	410	536	607	2007
	B_2	282	253	272	402	1209
	B_3	315	290	262	389	1256
	B_4	377	454	477	513	1821
	$\overline{y}_{j3}^{DE}\cdot 4$	1428	1407	1547	1911	$6293=\overline{y}_3^{E}\cdot 16$

Tabelle 14.2: Nach den Einsaaten E sortierte Daten

Ignoriert man den Faktor E und summiert über seine Stufen erhält man Tabelle 14.3.

$3\cdot\overline{y}_{ij}^{BD}$	D_1	D_2	D_3	D	$\overline{y}_i^{B}\cdot 12$
B_1	1680	1584	1553	1991	6808
B_2	1152	1215	1193	1313	4873
B_3	1517	1426	1365	1298	5606
B_4	1498	1577	1667	1673	6415
$\overline{y}_j^{D}\cdot 12$	5847	5802	5778	6275	$23702=\overline{y}\cdot 48$

Tabelle 14.3: Nach B und D gruppierte Daten

Da der Versuch balanziert ist, können wir diesen Datensatz elementar auswerten. Wir stellen dazu in der nächsten Tabelle 14.4 die notwendigen Quadratsummen der Mittelwerte zusammen. Da in den Tabellen Summen aber keine

Mittelwerte angegeben sind, schreiben wir die Mittelwertsformel um:

$$\|\mathbf{P_V y}\|^2 = \sum_{i \in \mathbf{V}} \left(\overline{y}_{\mathrm{i}}^{\mathbf{V}}\right)^2 n^{\mathbf{V}} = \frac{1}{n^{\mathbf{V}}} \sum_{i \in \mathbf{V}} \left(n^{\mathbf{V}} \overline{y}_{\mathrm{i}}^{\mathbf{V}}\right)^2 .$$

Die Tabelle 14.4 gibt $\|\mathbf{P_V y}\|^2$ *und* $\mathrm{SS}(\mathbf{V}) = \|\mathbf{P_V y}\|^2 - \sum_{\mathbf{U} \subset \mathbf{V}} \mathrm{SS}(\mathbf{U})$ *an.*

$\mathbf{V}$	$d_{\mathbf{V}}^*$	$\|\mathbf{P_V y}\|^2$		$\mathrm{SS}(\mathbf{V})$
$\varnothing$	1	$23702^2/48$	=11703850	11703850
B	3	$(6808^2+4873^2+5606^2+6415^2)/12$	=11889538	185688
D	3	$(5847^2+5802^2+5778^2+6275^2)/12$	=11717627	13777
E	2	$(9947^2+7462^2+6293^2)/16$	=12139131	435281
B;D	9	$(1680^2+\cdots+1673^2)/3$	=11949813	46498
D;E	6	$(2763^2+1934^2+\cdots+1821^2)/4$	=12383383	47805
B;E	6	$(2519^2+2444^2+\cdots+1911^2)/4$	=12200713	58564
B;D;E	1	$(724^2+716^2+\cdots+513^2)/4$	=12582400	90937

Tabelle 14.4: Die Sum of Squares aller Effekte

Dabei ist $d_{\mathbf{V}}^* = \prod_{F \in \mathbf{V}} (s_F - 1)$ *die Anzahl der Freiheitsgrade zu einem Effekt. Zum Beispiel sind die Freiheitsgrade für BD gleich* $(4-1)(4-1) = 9$ *und* $\mathrm{SS}(\mathbf{B}) = \|\mathbf{P_B y}\|^2 - \mathrm{SS}(\varnothing) = 11889538 - 11703850 = 185688.$

Das saturierte Modell:

Im saturierten Modell ist $\mathbb{T} := \{B; D; E\}$ *und* $\mathbb{E} := \{B; D; E; BD; BE; DE; BDE\}$. *Das saturierte Modell mit allen Effekten ist ungeeignet zur Analyse der Daten. Wegen* $r = 1$ *ist* $\sum d_{\mathbf{V}}^* = 48 = n$ *und* $\bigoplus_{\mathbf{V}} \mathfrak{L}\{\mathbf{V}\} = \mathbb{R}^{48}$. *Der Modellraum schöpft den Beobachtungsraum voll aus:*

$$\begin{aligned} \mathrm{SSR} &= \sum_{V \in \mathbb{E}} \mathrm{SS}(\mathbf{V}) \\ &= 185688 + 13777 + 435281 + 46498 + 47805 + 58564 + 90937 \\ &= 878550 \\ \mathrm{SST} &= \|\mathbf{P_M y}\|^2 - \|\mathbf{P_1 y}\|^2 = 12582400 - 1170385 = 878550 \end{aligned}$$

SSE *ist* 0. *Die Anpassung des Modells an die erhobenen Daten ist vollständig, aber die Anpassung des Modells an potentielle Daten kann beliebig schlecht sein, denn das Modell ist überangepaßt. Es bleiben keine Freiheitsgrade zur Schätzung von* σ^2. *Es ist nicht möglich, die Genauigkeit der Schätzungen anzugeben.*

Das hierarchische Modell ohne den Wechselwirkungseffekt BDE

Wir verzichten daher auf den höchsten Wechselwirkungseffekt und definieren diesen als Fehlerterm. Nun ist $\mathbb{T} := \{B; D; E\}$ *und* $\mathbb{E} := \{B; D; E; BD; BE; DE\}$.

Damit erhalten wir die folgende ANOVA-Tafel, in der nicht weiter nach Effekten unterschieden wird:

	Betrag	*F.grad*	MS	F_{pg}
SSR	$= 878550 - 90937 = 787613$	29	27159	5,38
SST	$= 878550$	47		
SSE = SS (BDE)	$= 90937$	18	5052	

Der globale F-Test liefert:

$$F_{pg} = \frac{\text{MS}\,(Modell)}{\widehat{\sigma}^2} = \frac{27159}{5052} = 5,38 > F\,(29;18)_{0,95} = 2,11.$$

Daher ist das Gesamtmodell bei einem $\alpha = 5\%$ signifikant. Die Tests der einzelnen Effekte zeigt Tabelle 14.5.

Effekt	*F.Grad*	SS	MS	F_{pg}	$F_{0,95}$
B	3	185688	61896	12,25	3,16
D	3	13777	4592	0,91	3,16
E	2	435281	217641	43,08	2,11
DE	6	47805	7968	1,58	2,66
BE	6	58564	9761	1,93	2,66
BD	9	46498	5166	1,02	2,46

Tabelle 14.5: Test der verbleibenden Effekte im Modell ohne den Effekt BDE

Beispiel 425 *Nur der Blockeffekt und der Effekt der Einsaaten E sind signifikant. Die Gesamtheit aller Wechselwirkungseffekte zwischen Verfahren und Blöcken sind nicht signifikant. Wir vereinfachen daher das Modell und schlagen alle Wechselwirkungen zwischen Blöcken und Verfahren dem Fehlerterm zu.*

Ein hierarchisches Modell ohne Wechselwirkungseffekte

Nun ist $\mathbb{T} := \{B; D; E\}$ *und* $\mathbb{E} := \{B; D; E; DE\}$. SSE *wird berechnet als:*

	F.grad	SS	MS
$\sum$ *BDE*	18	90937	
$\sum$ *BE*	6	58564	
$\sum$ *BD*	9	46498	
=: SSE	33	195999	5939

σ^2 wird nun mit $\widehat{\sigma}^2 = 5939$ geringfügig größer geschätzt als vorher mit $\widehat{\sigma}^2 =$ 5059. Dafür hat die Zahl der Freiheitsgrade erheblich zugenommen. Die neue ANOVA-Tafel hat sich nur im SSE-*Term und den Prüfgrößen des F-Tests geändert, die Aussagen der Tests sind aber dieselben geblieben. Siehe Tabelle 14.6.*

Effekt	*F.Grad*	SS	MS	F_{pg}	$F_{0,95}$
SSR	14	682551	48753	8,21	1,81
Blöcke B	3	185688	61896	10,42	3,16
Verfahren D; E; DE	11	496863	45169	7,60	2,09
davon D	3	13777	4592	0,77	2,89
davon E	2	435281	217641	36,65	3,28
davon DE	6	47805	7968	1,34	2,39
SSE	33	195999	5939		
SST	47	878550			

Tabelle 14.6: Test der verbleibenden Effekte im Modell ohne Block-Wechselwirkungen

In dieser Tabelle berechnet sich zum Beispiel:

$$\begin{aligned} \text{SS}\,(\textit{Verfahren}) &= \text{SS}\,(D) + \text{SS}\,(E) + \text{SS}\,(DE) \\ &= 13777 + 435281 + 47805 = 496863\,, \\ \text{SSR} &= \text{SS}\,(\textit{Blöcke}) + \text{SS}\,(\textit{Verfahren}) \\ &= 185688 + 496862 = 682551. \end{aligned}$$

Nur Blöcke und Einsaaten haben einen signifikanten Effekt. Verzichten wir auf alle nicht signifikanten Größen erhalten wir ein einfaches additives Modell, das nur diese beiden Effekte enthält:

$$y_{ik}^{BE} = \theta_0 + \theta_k^E + \theta_i^B + \varepsilon_{ijk}.$$

14.4 Anhang: Beweise zu Abschnitt 14.2 und 14.3

Beweis von (14.15), (14.16)

Die Nebenbedingung (14.10) ist äquivalent mit:

$$\sum_{\mathrm{i}\in\mathbf{V}} \theta_{\mathrm{i}}^{\mathbf{U}} g_{\mathrm{i}}^{\mathbf{V}} = \begin{cases} \theta_{\mathrm{i}}^{\mathbf{U}} & \text{falls} \quad \mathbf{U}\cap\mathbf{V}=\emptyset \\ 0 & \text{sonst.} \end{cases} \tag{14.39}$$

Diese ergibt sich sofort aus (14.10) mit Hilfe von (14.8) und (14.9). Nun gilt:

$$\underline{\mu}_{\mathrm{i}}^{\mathbf{V}} \underset{(14.11)}{=} \sum_{\mathrm{i}\in\neg\mathbf{V}} \mu_{\mathrm{i}}^{\mathbb{T}} g_{\mathrm{i}}^{\neg\mathbf{V}} \underset{(14.6)}{=} \sum_{\mathrm{i}\in\neg\mathbf{V}} \sum_{\mathbf{U}\subseteq\mathbb{T}} \theta_{\mathrm{i}}^{\mathbf{U}} g_{\mathrm{i}}^{\neg\mathbf{V}} = \sum_{\mathbf{U}\subseteq\mathbb{T}} \sum_{\mathrm{i}\in\neg\mathbf{V}} \theta_{\mathrm{i}}^{\mathbf{U}} g_{\mathrm{i}}^{\neg\mathbf{V}} \underset{(14.39)}{=} \sum_{\mathbf{U}\subseteq\mathbf{V}} \theta_{\mathrm{i}}^{\mathbf{U}}.$$

Damit ist (14.15) gezeigt. Für $\mathbf{V}=\emptyset$ folgt $\underline{\mu}_{\mathrm{i}}^{\varnothing} := \theta^{\varnothing}$ und rekursiv folgen alle anderen Effekte.

Nachweis der Identifikationseigenschaft der Nebenbedingung (14.10)**:**

Definiert man die Effekt explizit durch (14.16), so erfüllen sie definitionsgemäß (14.15). Andererseits erfüllen sie die Nebenbedingungen. Wir zeigen dies durch Induktion nach der Anzahl der Faktoren: Für $\mathbf{V}=\emptyset$ ist nichts zu zeigen. Sei nun $F\varepsilon\mathbf{V}$ und die Behauptung für alle $\mathbf{U}\subset\mathbf{V}$ bewiesen, dann ist:

$$\begin{aligned}
\sum_{\mathrm{i}\in F} \theta_{\mathrm{i}}^{\mathbf{V}} g_{\mathrm{i}}^{F} &= \sum_{\mathrm{i}\in F} \left(\underline{\mu}_{\mathrm{i}}^{\mathbf{V}} - \sum_{\mathbf{U}\subset\mathbf{V}} \theta_{\mathrm{i}}^{\mathbf{U}}\right) g_{\mathrm{i}}^{F} &&= \sum_{\mathrm{i}\in F} \underline{\mu}_{\mathrm{i}}^{\mathbf{V}} g_{\mathrm{i}}^{F} - \sum_{\mathbf{U}\subset\mathbf{V}} \sum_{\mathrm{i}\in F} \theta_{\mathrm{i}}^{\mathbf{U}} g_{\mathrm{i}}^{F}. \\
&\underset{(a)}{=} \underline{\mu}_{\mathrm{i}}^{\mathbf{V}\setminus F} - \sum_{\mathbf{U}\subset\mathbf{V}} \sum_{\mathrm{i}\in F} \theta_{\mathrm{i}}^{\mathbf{U}} g_{\mathrm{i}}^{F} &&\underset{(b)}{=} \underline{\mu}_{\mathrm{i}}^{\mathbf{V}\setminus F} - \sum_{\mathbf{U}\subset\mathbf{V}\setminus F} \sum_{\mathrm{i}\in F} \theta_{\mathrm{i}}^{\mathbf{U}} g_{\mathrm{i}}^{F} \\
&\underset{(c)}{=} \underline{\mu}_{\mathrm{i}}^{\mathbf{V}\setminus F} - \sum_{\mathbf{U}\subset\mathbf{V}\setminus F} \theta_{\mathrm{i}}^{\mathbf{U}} &&\underset{(d)}{=} \underline{\mu}_{\mathrm{i}}^{\mathbf{V}\setminus F} - \underline{\mu}_{\mathrm{i}}^{\mathbf{V}\setminus F} = 0.
\end{aligned}$$

(a) gilt wegen (14.11), (b) gilt nach Induktionsvoraussetzung, (c) gilt wegen $\sum_{\mathrm{i}\in F} \theta_{\mathrm{i}}^{\mathbf{U}} g_{\mathrm{i}}^{F} = \theta_{\mathrm{i}}^{\mathbf{U}}$ für $F \notin \mathbf{U}$. Schließlich gilt (c) wegen der Definition (14.16) der Effekte.

Beweis der zweiten Gleichung von (14.17)

$$\begin{aligned}
\mu &= \sum_{\mathrm{i}} \mu_{\mathrm{i}}^{\mathbb{T}} \mathbf{1}_{\mathrm{i}}^{\mathbb{T}} = \sum_{\mathrm{i}} \sum_{\mathbf{V}\subseteq\mathbb{T}} \theta_{\mathrm{i}}^{\mathbf{V}} \mathbf{1}_{\mathrm{i}}^{\mathbb{T}} = \sum_{\mathbf{V}\subseteq\mathbb{T}} \sum_{\mathrm{i}\in\mathbf{V}} \sum_{\mathrm{i}\in\neg\mathbf{V}} \theta_{\mathrm{i}}^{\mathbf{V}} \mathbf{1}_{\mathrm{i}}^{\mathbb{T}} \\
&= \sum_{\mathbf{V}\subseteq\mathbb{T}} \sum_{\mathrm{i}\in\mathbf{V}} \theta_{\mathrm{i}}^{\mathbf{V}} \sum_{\mathrm{i}\in\neg\mathbf{V}} \mathbf{1}_{\mathrm{i}}^{\mathbb{T}} = \sum_{\mathbf{V}\subseteq\mathbb{T}} \sum_{\mathrm{i}\in\mathbf{V}} \theta_{\mathrm{i}}^{\mathbf{V}} \mathbf{1}_{\mathrm{i}}^{\mathbf{V}}.
\end{aligned}$$

Beweis von (14.21)

Es sei $\mathbf{u} \in \mathfrak{L}\{\mathbf{U}\}$ und $\mathbf{v} \in \mathfrak{L}\{\mathbf{V}\}$ und $\mathbf{u} = \mathbf{v}$, dann ist:

$$\begin{aligned} \mathbf{u} &= \sum_{\mathrm{i}\in\mathbf{U}} \theta_{\mathrm{i}}^{\mathbf{U}} \mathbf{1}_{\mathrm{i}}^{\mathbf{U}} = \sum_{\mathrm{i}} \theta_{\mathrm{i}}^{\mathbf{U}} \mathbf{1}_{\mathrm{i}}^{\mathbb{T}}, \\ \mathbf{v} &= \sum_{\mathrm{i}\in\mathbf{V}} \vartheta_{\mathrm{i}}^{\mathbf{V}} \mathbf{1}_{\mathrm{i}}^{\mathbf{V}} = \sum_{\mathrm{i}} \vartheta_{\mathrm{i}}^{\mathbf{V}} \mathbf{1}_{\mathrm{i}}^{\mathbb{T}}. \end{aligned}$$

Daher ist:

$$\mathbf{u} - \mathbf{v} = \sum_{\mathrm{i}} \left(\theta_{\mathrm{i}}^{\mathbf{U}} - \vartheta_{\mathrm{i}}^{\mathbf{V}} \right) \mathbf{1}_{\mathrm{i}}^{\mathbb{T}} = 0.$$

Da die $\mathbf{1}_{\mathrm{i}}^{\mathbb{T}}$ linear unabhängig sind, folgt $\theta_{\mathrm{i}}^{\mathbf{U}} = \vartheta_{\mathrm{i}}^{\mathbf{V}}$. Wegen $\mathbf{U} \neq \mathbf{V}$ existiert ohne Beschränkung der Allgemeinheit ein $F \in \mathbf{U}$ und $F \notin \mathbf{V}$. Dann folgt wegen (14.10):

$$0 = \sum_{\mathrm{i}\in F} \theta_{\mathrm{i}}^{\mathbf{U}} g_{\mathrm{i}}^{F} = \sum_{\mathrm{i}\in F} \vartheta_{\mathrm{i}}^{\mathbf{V}} g_{\mathrm{i}}^{F} = \vartheta_{\mathrm{i}}^{\mathbf{V}}.$$

Folglich ist auch $\theta_{\mathrm{i}}^{\mathbf{U}} = 0$. Daher ist $\mathbf{U} \cap \mathbf{V} = \mathbf{0}$ und $\mathbf{U}$ und $\mathbf{V}$ sind linear unabhängig.

Beweis von (14.22)

Einerseits ist $\sum_{\mathbf{U}\subseteq\mathbf{V}} \mathfrak{L}\{\mathbf{U}\} \subseteq \mathcal{L}\{\mathbf{V}\}$. Da die Nebenbedingungen den Modellraum nicht verändern, läßt sich jedes $\boldsymbol{\mu} \in \mathcal{L}\{\mathbf{V}\}$ darstellen als $\boldsymbol{\mu} = \sum_{\mathbf{U}\subseteq\mathbf{V}} \sum_{\mathrm{i}\in\mathbf{U}} \theta_{\mathrm{i}}^{\mathbf{U}} \mathbf{1}_{\mathrm{i}}^{\mathbf{U}}$, wobei die $\theta_{\mathrm{i}}^{\mathbf{U}}$ gerade die Nebenbedingungen erfüllen. Das heißt $\sum_{\mathrm{i}\in\mathbf{U}} \theta_{\mathrm{i}}^{\mathbf{U}} \mathbf{1}_{\mathrm{i}}^{\mathbf{U}} \in \mathfrak{L}\{\mathbf{U}\}$. Damit ist $\boldsymbol{\mu} \in \sum_{\mathbf{U}\subseteq\mathbf{V}} \mathfrak{L}\{\mathbf{U}\}$.

Beweis von (14.18) **und** (14.20)

Da jeder Faktor $F \in \mathbf{V}$ auf s_F verschiedenen Stufen stehen kann, gibt es zu jeder Faktormenge $\mathbf{V}$

$$d_{\mathbf{V}} := \prod_{F\in\mathbf{V}} s_F$$

verschieden Faktorstufenkombinationen, damit auch $d_{\mathbf{V}}$ verschiedene orthogonale Indikatoren $\mathbf{1}_{\mathrm{i}}^{\mathbf{V}}$. Daraus folgt (14.18). Formel (14.20) beweisen wir durch Induktion nach der Anzahl $|\mathbf{V}|$ der Faktoren in der Menge $\mathbf{V}$.
Für $|\mathbf{V}| = 1$ mit $\mathbf{V} = \{F\}$ ist die Behauptung wegen $d_{\mathbf{V}}^{*} = s_F - 1$ richtig. (Einfache Varianzanalyse!) Die Aussage sei nun richtig für alle $\mathbf{U}$ mit $|\mathbf{U}| < |\mathbf{V}|$.

Nun folgt aus $\mathcal{L}\{\mathbf{V}\} = \sum_{\mathbf{U}\subseteq\mathbf{V}} \mathfrak{L}\{\mathbf{U}\}$ und der linearen Unabhängigkeit der $\mathfrak{L}\{\mathbf{U}\}$ die Aussage:

$$d_{\mathbf{V}} = \sum_{\mathbf{U}\subseteq\mathbf{V}} d^*_{\mathbf{U}} = \sum_{\mathbf{U}\subset\mathbf{V}} d^*_{\mathbf{U}} + d^*_{\mathbf{V}}.$$

Nach Induktionsvoraussetzung gilt nun:

$$d_{\mathbf{V}} = \sum_{\mathbf{U}\subset\mathbf{V}} \prod_{F\in\mathbf{U}} (s_F - 1) + d^*_{\mathbf{V}}. \tag{14.40}$$

Andererseits ist

$$d_{\mathbf{V}} = \prod_{F\in\mathbf{V}} s_F. \tag{14.41}$$

Setzt man $s_F = (s_F - 1 + 1)$ und multipliziert (14.41) aus, erhält man:

$$d_{\mathbf{V}} = \prod_{F\in\mathbf{V}} (s_F - 1 + 1) = \sum_{\mathbf{U}\subset\mathbf{V}} \prod_{F\in\mathbf{U}} (s_F - 1) + \prod_{F\in\mathbf{V}} (s_F - 1)\,. \tag{14.42}$$

Aus der Differenz von (14.40) und (14.42) folgt $d^*_{\mathbf{V}} = \prod_{F\in\mathbf{V}} (s_F - 1)\,.$

Beweis von (14.29)

Es sei

$$\begin{aligned} \mathbf{s} &= \sum_{\mathrm{i}\in\mathbf{U}} \theta^{\mathbf{U}}_{\mathrm{i}} \mathbf{1}^{\mathbf{U}}_{\mathrm{i}} = \sum_{\mathrm{i}} \theta^{\mathbf{U}}_{\mathrm{i}} \mathbf{1}^{\mathbb{T}}_{\mathrm{i}} \in \mathfrak{L}\{\mathbf{U}\} \quad \text{und} \\ \mathbf{t} &= \sum_{\mathrm{i}\in\mathbf{V}} \vartheta^{\mathbf{V}}_{\mathrm{i}} \mathbf{1}^{\mathbf{V}}_{\mathrm{i}} = \sum_{\mathrm{i}} \vartheta^{\mathbf{V}}_{\mathrm{i}} \mathbf{1}^{\mathbb{T}}_{\mathrm{i}} \in \mathfrak{L}\{\mathbf{V}\}. \end{aligned}$$

Wegen der Orthogonalität der $\mathbf{1}^{\mathbb{T}}_{\mathrm{i}}$ und wegen $\left(\mathbf{1}^{\mathbb{T}}_{\mathrm{i}}\right)' \mathbf{1}^{\mathbb{T}}_{\mathrm{i}} = n^{\mathbb{T}}_{\mathrm{i}}$ folgt dann:

$$\mathbf{s}'\mathbf{t} = \sum_{\mathrm{i}} \theta^{\mathbf{U}}_{\mathrm{i}} \vartheta^{\mathbf{V}}_{\mathrm{i}} n^{\mathbb{T}}_{\mathrm{i}}.$$

Sei nun F ein beliebiger Faktor, der nicht in $\mathbf{U}$ und $\mathbf{V}$ gemeinsam vorkommt. $F \in \mathbf{U}$; $F \notin \mathbf{V}$ und $\mathbf{W} := \mathbb{T}\backslash F$. Aus der Proportionalität der Besetzungszahlen (14.25) folgt:

$$n^{\mathbb{T}}_{\mathrm{i}} = \frac{1}{n} n^F_{\mathrm{i}} n^{\mathbf{W}}_{\mathrm{i}}\,.$$

Damit ist:

$$\mathbf{s}'\mathbf{t} = \frac{1}{n} \sum_{\mathrm{i}\in\mathbf{W}} \left(\sum_{\mathrm{i}\in F} \theta^{\mathbf{U}}_{\mathrm{i}} n^F_{\mathrm{i}} \right) \vartheta^{\mathbf{V}}_{\mathrm{i}} n^{\mathbf{W}}_{\mathrm{i}} = \sum_{\mathrm{i}\in\mathbf{W}} \underbrace{\left(\sum_{\mathrm{i}\in F} \theta^{\mathbf{U}}_{\mathrm{i}} g^F_{\mathrm{i}} \right)}_{0} \vartheta^{\mathbf{V}}_{\mathrm{i}} n^{\mathbf{W}}_{\mathrm{i}} = 0.$$

Daher sind $\mathfrak{L}\{\mathbf{U}\}$ und $\mathfrak{L}\{\mathbf{V}\}$ orthogonal.

Beweis von (14.30) **und** (14.27)

Der Beweis von (14.30) folgt aus (14.22) und der eben gezeigten Orthogonalität. (14.27) folgt aus (14.30) und (14.29).

Beweis von (14.36)

Aus (14.35) folgt $\overline{y}_{\mathrm{i}}^{\mathbf{V}} = \sum_{\mathbf{U}\subseteq\mathbf{V}} \widehat{\theta}_{\mathrm{i}}^{\mathbf{U}}$. Aus der Unabhängigkeit der Effektschätzer $\widehat{\theta}_{\mathrm{i}}^{\mathbf{U}}$ und $\widehat{\theta}_{\mathrm{i}}^{\mathbf{V}}$ für verschiedene **U** und **V** folgt dann:

$$\operatorname{cov}\left(\overline{y}_{\mathrm{i}}^{\mathbf{V}}, \overline{y}_{\mathrm{j}}^{\mathbf{V}}\right) = \sum_{\mathbf{U}\subseteq\mathbf{V}} \operatorname{cov}\left(\widehat{\theta}_{\mathrm{i}}^{\mathbf{U}}, \widehat{\theta}_{\mathrm{j}}^{\mathbf{U}}\right).$$

Separiert man $\widehat{\theta}_{\mathrm{i}}^{\mathbf{V}}$ in der Summe erhält man (14.36).

14.5 Parametrisierungsformeln

Bei der Festlegung eines Modells und seiner numerischen Auswertung sind drei Dinge zu unterscheiden:

- der Modellraum $\mathbf{M}$,
- die erzeugenden Regressoren,
- die Festlegung der Parameter durch Nebenbedingungen.

Zwar erzeugen die Regressoren den Modellraum und bestimmen die Gestalt der Designmatrix $\mathbf{X}$, umgekehrt legt aber der Modellraum weder die ihn erzeugenden Regressoren noch die zugehörigen Parameter fest. Zur gleichzeitigen Kennzeichnung von Modellraum und Parametrisierung werden in einer Parametrisierungsformel symbolisch die Regressoren angegeben, die $\boldsymbol{\mu}$ aufspannen. Zum Beispiel sind für das saturierte Modell der zweifachen Varianzanalyse folgende Parametrisierung möglich:

Regressoren				Effektdarstellung von μ_{ij}				Parametrisierungsformel
$\mathbf{1}$	$\mathbf{1}_i^A$	$\mathbf{1}_j^B$	$\mathbf{1}_{ij}^{AB}$	θ_0	$+\theta_i^A$	$+\theta_j^B$	$+\theta_{ij}^{AB}$	$\mathbf{A}+\mathbf{B}+\mathbf{A}\cdot\mathbf{B}$
$\mathbf{1}$		$\mathbf{1}_j^B$	$\mathbf{1}_{ij}^{AB}$	θ_0		$+\theta_j^B$	$+\theta_{ij}^{AB}$	$\mathbf{B}+\mathbf{A}\cdot\mathbf{B}$
$\mathbf{1}$	$\mathbf{1}_i^A$		$\mathbf{1}_{ij}^{AB}$	θ_0	$+\theta_i^A$		$+\theta_{ij}^{AB}$	$\mathbf{A}\cdot\mathbf{B}$
			$\mathbf{1}_{ij}^{AB}$				θ_{ij}^{AB}	$\mathbf{A}\cdot\mathbf{B}-\mathbf{1}$

Das Symbol $\mathbf{A}\cdot\mathbf{B}$ ist sehr anschaulich, wenn man die Verknüpfung „ $\cdot$ " als elementweise Multiplikation von Vektoren gleicher Dimension ansieht. Dann ist nämlich:

$$\mathbf{1}_{ij}^{AB} = \mathbf{1}_j^B \cdot \mathbf{1}_i^A.$$

Soll ein Regressor in der Darstellung von $\boldsymbol{\mu}$ nicht auftreten, kann er durch symbolische Subtraktion aus der Modellformel eliminiert werden. So ist zum Beispiel $\mathbf{A}\cdot\mathbf{B}-\mathbf{1}$ ein Modell ohne explizites Absolutglied in der Parametrisierung, auch wenn im Modellraum die $\mathbf{1}$ enthalten ist.
Zur kompakteren Beschreibung verwendet man auch die folgenden Kurzformeln:

$$\begin{aligned}
\mathbf{A}+\mathbf{B}+\mathbf{A}\cdot\mathbf{B} &=: \mathbf{A}*\mathbf{B}, \\
\mathbf{A}+\mathbf{A}\cdot\mathbf{B} &=: \mathbf{A}*\mathbf{B}-\mathbf{B} &&=: \mathbf{A}/\mathbf{B}, \\
\mathbf{B}+\mathbf{A}\cdot\mathbf{B} &=: \mathbf{A}*\mathbf{B}-\mathbf{A} &&=: \mathbf{B}/\mathbf{A}.
\end{aligned}$$

Die Symbole $\mathbf{A}/\mathbf{B}$ und $\mathbf{B}/\mathbf{A}$ beschreiben genestete Modelle, die wir anschließend betrachten. Bei drei Faktoren $\mathbf{A}$, $\mathbf{B}$ und $\mathbf{C}$ wird zum Beispiel die vollständige Zerlegung im saturierten Modell durch die beiden äquivalenten Parametrisierungsformeln beschrieben:

$$\mathbf{A}*\mathbf{B}*\mathbf{C} = \mathbf{A}+\mathbf{B}+\mathbf{C}+\mathbf{A}\cdot\mathbf{B}+\mathbf{A}\cdot\mathbf{C}+\mathbf{B}\cdot\mathbf{C}+\mathbf{A}\cdot\mathbf{B}\cdot\mathbf{C}$$

Letztere kann man auch erhalten, indem man das Produkt

$$(A+1)\,(B+1)\,(C+1)$$

formal ausmultipliziert und im Ergebnis die Eins wegläßt. Analog werden die Parametrisierungsformeln auch auf quantitative Variable erweitert. Wir werden sie im nächsten Kapitel, bei der **Kovarianzanalyse** kennenlernen.

14.6 Genestete Modelle

Betrachten wir zur Einführung ein fiktives Beispiel:

Beispiel 426 *In drei Städten Berlin, Frankfurt a.M. und München sollen die Mieten verglichen werden. Dazu werden in ausgewählten Stadtbezirken die Mieten von zufällig gezogenen Wohnungen ermittelt. Die ausgewählten Bezirke seien :*

		Städte		
		A_1 *Berlin*	A_2 *Frankfurt a.M.*	A_3 *München*
Bezirke	B_1	*Dahlem*	*Sachsenhausen*	*Perlach*
	B_2	*Pankow*	*Nordstadt*	*Solln*
	B_3	*Wedding*		*Schwabing*
	B_4	*Kreuzberg*		

n_{ij}^{AB} *ist die Anzahl der im Bezirk* B_j *der Stadt* A_i *erhobenen Wohnungen und* y_{ijw}^{AB} *die dort in der* w*-ten Wohnung erhobene Miete pro* m^2*. Wir haben* A *und* B *als Faktoren aufgefaßt.* A *hat drei Stufen,* B *hat in Berlin 4, in Frankfurt 2 und in München 3 Stufen.*
Bereits bei der Stufenzahl wird deutlich: Wenn man schon die Bezirksnamen mit B_j *abkürzen will, dann muß zu jedem* B_j *unbedingt dazu gesagt werden, in welcher Stadt den* B_j *liegen soll. Die Bezeichnung* B_j *allein ist ohne Inhalt. Was soll die Stufe* B_4 *eigentlich bedeuten? Kann es denn einen* Kreuzbergeffekt *außerhalb von Berlin geben?*

Wir definieren:
Der Faktor B ist in A **genestet**, wenn jede Stufe von B nur innerhalb einer Stufe von A erklärt ist. Die Unterordnung von B unter A wird in der Schreibweise:

$$\mathbf{A/B}$$

deutlich. Dabei läßt sich **A/B** wie die Pfadangabe in einem Rechner lesen: Das Verzeichnis B ist nur über das Verzeichnis A zu erreichen. Mitunter ist auch die Bezeichnung:

$$\mathbf{B\,(A)}$$

üblich, hier erscheint B als eine Funktion von A. Der Unterschied zwischen gekreuzten und genesteten Faktoren wird deutlich, wenn man den zweiten Faktor B als einen Faktor mit $s_B = \sum s_{B_j}$ Stufen auffaßt und das Design als eine unvollständige Kreuzklassifikation beschreibt.

Beispiel 427 *Im Mietenbeispiel läßt sich das Erhebungsschema folgendermaßen schreiben:*

	A_1 *Berlin*	A_2 *Frankfurt a.M.*	A_3 *München*
B_1	*Dahlem*		
B_2	*Pankow*		
B_3	*Wedding*		
B_4	*Kreuzberg*		
B_5		*Sachsenhausen*	
B_6		*Nordstadt*	
B_7			*Perlach*
B_8			*Solln*
B_9			*Schwabing*

Bei der vollständigen Kreuzklassifikation zweier Faktoren A und B wird jede Stufe von A mit jeder Stufe von B kombiniert. Ein genestetes Modell läßt sich als eine unvollständige Kreuzklassifikation auffassen, bei der jede Stufe von B nur in einer Stufe von A vorkommt. Setzen wir

$$y_{ijw}^{AB} = \mu_{ij}^{AB} + \varepsilon_{ijw}^{AB}$$

mit den üblichen Annahmen an ε_{ijw}^{AB}, so läßt sich der Datensatz mit den bereits vorgestellten Verfahren der Varianzanalyse auswerten, wenn man die Unterordnung von B unter A bei der Zerlegung der μ_{ij}^{AB} in Einzeleffekte beachtet. Die genestete Struktur verbietet zum Beispiel die Summation über die Stufen von A bei festem B.

Beispiel 428 *Die Mittelwerte:*

$\overline{y}_{11}^{AB}$ *Durchschnittsmiete in Berlin Dahlem,*
$\overline{y}_{1}^{A}$ *Durchschnittsmiete in Berlin,*
$\overline{y}$ *Durchschnittsmiete in den drei Städten.*

sind inhaltlich sinnvolle Größen, während:

$\overline{y}_{1}^{B}$ *Durchschnittsmiete der Bezirke Dahlem, Sachsenhausen und Perlach*

inhaltlich kaum sinnvoll zu interpretieren ist.

Auch hier ist die Analogie zu Verzeichnissen auf dem Rechner naheliegend: Das Verzeichnis A darf nur gelöscht werden, wenn zuvor B gelöscht wurde. Dabei

entspricht dem Löschen eines Verzeichnisses die Entfernung eines Parameters durch Mittelbildung.
Zur interpretierbaren Darstellung von μ_{ij}^{AB} stehen folgende Parametrisierungen zur Verfügung:

$$\begin{array}{lll} \mathbf{A \cdot B} & \mu_{ij} & = \theta_0 + \theta_{ij}^{AB}, \\ \mathbf{A/B} & \mu_{ij} & = \theta_0 + \theta_i^A + \theta_j^{A_i/B}. \end{array}$$

Im ersten Fall tritt nur der Basiseffekt und der Effekt der A_iB_j-Stufenkombination auf, im zweiten Fall wird zusätzlich noch ein A-Haupteffekt ausgewiesen. θ_{ij}^{AB} ist nicht als Wechselwirkungseffekt zu interpretieren. Im genesteten Modell kann eine Wechselbeziehung zwischen A und B nicht geschätzt werden, da jedes B nur in einem A erklärt ist.
Auch im genesteten Modell müssen die Parameter durch Nebenbedingungen eindeutig festgelegt werden. Dazu seien $g_i^A \geq 0$ und $g_j^{A_i/B} \geq 0$ zwei Gewichtssysteme mit $\sum_i g_i^A = \sum_j g_j^{A_i/B} = 1$. An die θ_i^A und die $\theta_j^{A_i/B}$ werden die folgenden Nebenbedingungen gestellt:

$$\begin{aligned} \sum_i \theta_i^A g_i^A &= 0, \\ \sum_j \theta_j^{A_i/B} g_j^{A_i/B} &= 0. \end{aligned}$$

Definieren wir die gewogenen Mittelwerte durch:

$$\begin{aligned} \underline{\mu} &:= \sum_{ij} g_i^A g_j^{A_i/B} \mu_{ij}, \\ \underline{\mu}_i^A &:= \sum_j g_j^{A_i/B} \mu_{ij}, \end{aligned}$$

dann folgt durch Mittelbildung aus $\mu_{ij} = \theta_0 + \theta_i^A + \theta_j^{A_i/B}$:

$$\begin{aligned} \theta_0 &= \underline{\mu}, \\ \theta_i^A &= \underline{\mu}_i^A - \theta_0, \\ \theta_j^{A_i/B} &= \mu_{ij} - \theta_i^A - \theta_0. \end{aligned}$$

Auch hier gilt: jeder Effekt ist das Mittel der Faktorstufenkombination verringert um alle in der Indexkombination enthaltenen Effekte.

Das Hierarchieprinzip

Die Struktur genesteter Modelle läßt sich durch ein einfaches Hierarchieprinzip beschreiben:

- Die Nestung erzeugt eine Hierarchie unter - und übergeordnete Faktoren und Indizes. Ist B in A genestet, so ist jeder Index j, der zu einer Stufe von B_j gehört, jedem Index i von A_i untergeordnet.

- Eine Faktorstufenkombination ist genau dann zulässig, wenn sie mit jedem untergeordneten Faktor alle Faktoren enthält, die diesem übergeordnet sind. Ein untergeordneter Index ist ohne seine übergeordneten Indexbezüge nicht *lebensfähig.*

- Die Parametrisierung des saturierten genesteten Modells ergibt sich aus der des saturierten Modells, wenn alle unzulässigen Parameter gestrichen werden.

- Effektparameter werden rekursiv durch Nebenbedingungen und Faktorgewichte definiert. Dabei darf nur dann eine gewichtete Summe über einen übergeordneten Index gebildet werden, wenn bereits über alle untergeordneten Indizes summiert wurde. Ist der Faktor C in der Faktormenge $\mathbf{U} = (F_1; \cdots ; F_k)$ genestet und ist $\mathbf{i} = (i_1; \cdots , i_k, w)$, dann hängen die Faktorgewichte zum Faktor C von den Stufen der übergeordneten Faktoren ab.

Mit dieser Vereinbarung läßt sich die allgemeine Gestalt der Nebenbedingungen und die Definition der Faktorstufenmittel übernehmen. Dann gilt wieder:

$$\begin{aligned}\underline{\mu}_{\mathbf{i}}^{\mathbb{T}} &= \sum_{\substack{\mathbb{S}\subseteq\mathbb{T}\\ \mathbb{S}\ zul\ddot{a}ssig}} \theta_{\mathbf{i}}^{\mathbb{S}},\\ \theta_{\mathbf{i}}^{\mathbb{T}} &= \underline{\mu}_{\mathbf{i}}^{\mathbb{T}} - \sum_{\substack{\mathbb{S}\subset\mathbb{T}\\ \mathbb{S}\ zul\ddot{a}ssig}} \theta_{\mathbf{i}}^{\mathbb{S}}.\end{aligned}$$

Formal unterscheidet sich mit diesen Vereinbarungen das genestete Modell dann nicht mehr vom nicht genesteten Modell. Wir können daher die Schreibweise der Parametrisierung vereinfachen und auf die Angabe der genauen Pfadstruktur in den Indizes verzichten. Damit schreiben wir zum Beispiel:

$$\begin{aligned}\theta_{ij}^{AB} &:= \theta_{j}^{A_i/B},\\ g_{ij}^{AB} &:= g_{j}^{A_i/B}.\end{aligned}$$

Die inhaltliche Festlegung der Effekte geschieht dann über die Nebenbedingungen. Wir erläutern dies an drei Beispielen.

Beispiele genesteter Modelle

Beispiel 429 ***(Das Modell A/B/C : Zweifach genestete Faktoren.)*** *Wir erweitern das vorangehende Mieten-Beispiel um die Kennzeichnung der Straßen. Dann bezeichnet der Faktor A die Stadt, B den Bezirk und C die Straße. Zu jeder Stadt A_i gibt es $s_{A_i/B}$ verschiedene Bezirke; in jedem Bezirk A_i/B_j gibt es $s_{A_i/B_j/C} =: s_{ijk}^{ABC}$ verschiedene Straßen. Zur Übung verwenden wir parallel die ausführlichere und die vereinfachte Schreibweise. Das saturierte Modell für μ_{ijk} ist dann:*

$$\mu_{ijk} = \theta_0 + \theta_i^A + \theta_j^{A_i/B} + \theta_k^{A_i/B_j/C} =: \theta_0 + \theta_i^A + \theta_{ij}^{AB} + \theta_{ijk}^{ABC}.$$

Die gewogenen Mittel sind:

$$\begin{array}{lclcl}
\underline{\mu}_{ij}^{AB} & = & \sum_k g_k^{A_i/B_j/C} \mu_{ijk} & =: & \sum_k g_{ijk}^{ABC} \mu_{ijk}, \\
\underline{\mu}_i^{A} & = & \sum_j g_j^{A_i/B} \underline{\mu}_{ij}^{AB} & =: & \sum_j g_{ij}^{AB} \underline{\mu}_{ij}^{AB}, \\
\underline{\mu} & = & \sum_{ijk} g_i^A g_j^{A_i/B} g_k^{A_i/B_j/C} \mu_{ijk} & =: & \sum_{ijk} g_i^A g_{ij}^{AB} g_{ijk}^{ABC} \mu.
\end{array}$$

Daraus ergeben sich die folgenden Effekte:

$$\begin{array}{llll}
\theta_i^A & & = \underline{\mu}_i^A - \theta_0, & \\
\theta_{ij}^{AB} & = \theta_j^{A_i/B} & = \underline{\mu}_{ij}^{AB} - \theta_i^A - \theta_0, & \\
\theta_{ijk}^{ABC} & = \theta_k^{A_i/B_j/C} & = \mu_{ijk} - \theta_j^{A_i/B} - \theta_i^A - \theta_0 & = \mu_{ijk} - \theta_{ij}^{AB} - \theta_i^A - \theta_0.
\end{array}$$

Diese gehorchen den folgenden Nebenbedingungen:

$$\begin{array}{lllll}
0 = \sum_i g_i^A \theta_i^A, & & & & \\
0 = \sum_j g_j^{A_i/B} \theta_j^{A_i/B} & \Longleftrightarrow & 0 = \sum_j g_{ij}^{AB} \theta_{ij}^{AB} & & \forall i, \\
0 = \sum_k g_k^{A_i/B_j/C} \theta_k^{A_i/B_j/C} & \Longleftrightarrow & 0 = \sum_k g_{ijk}^{ABC} \theta_{ijk}^{ABC} & & \forall i, j
\end{array}$$

Beispiel 430 ***(Das Modell D+A/B: Gekreuzte und genestete Faktoren.)*** *Wie setzen das Beispiel fort, verzichten aber auf den Straßennamen C und berücksichtigen statt dessen als Faktor D den Haustyp mit den Stufen D_1 = Einfamilien-Einzelhaus, D_2 = Zweifamilienfamilienhaus, D_3 = Reihenhaus, D_4 = Mehrfamilienhaus. In jedem Bezirk werden alle Haustypen einbezogen. Dann ist B genestet in A und beide gekreuzt mit D. Die Modellformel* $\mathbf{D} + \mathbf{A}/\mathbf{B}$ *führt dann — in der vereinfachten Schreibweise — auf die folgende Effektgliederung:*

$$\mu_{ijk}^{ABD} = \theta_0 + \theta_i^A + \theta_{ij}^{AB} + \theta_k^D + \theta_{ik}^{AD} + \theta_{ijk}^{ABD}.$$

Unzulässig sind alle Indexkombinationen, bei denen der Index j ohne den übergeordneten Index i auftaucht. Die Mittelwerte sind:

$$\begin{array}{lcllcl}
\underline{\mu}_{ij}^{AB} & := & \sum_k g_k^D \mu_{ijk}, & \underline{\mu}_i^A & := & \sum_{kj} g_k^D g_{ij}^{AB} \mu_{ijk}, \\
\underline{\mu}_{ik}^{AD} & := & \sum_j g_{ij}^{AB} \mu_{ijk}, & \underline{\mu}_k^D & := & \sum_{ij} g_i^A g_{ij}^{AB} \mu_{ijk}^{ABD}, \\
\underline{\mu} & := & \sum_{ijk} g_k^D g_i^A g_{ij}^{AB} \mu_{ijk}. & & &
\end{array}$$

Die Nebenbedingungen lauten:

$$\begin{aligned}
\sum_k g_k^D \theta_{ijk}^{ABD} &= \sum_j g_{ij}^{AB} \theta_{ijk}^{ABD} = 0, \\
\sum_j g_{ij}^{AB} \theta_{ij}^{AB} &= \sum_k g_k^D \theta_{ik}^{AD} = \sum_i g_i^A \theta_{ik}^{AD} = 0, \\
\sum g_k^D \theta_k^D &= \sum g_i^A \theta_i^A = 0.
\end{aligned}$$

Durch sukzessive Mittelung über die Subindizes liefern die Nebenbedingungen die explizite Gestalt der Effekte:

$$\begin{array}{llll}
\theta_{ij}^{AB} := \underline{\mu}_{ij}^{AB} - \theta_i^A - \theta_0 & & \theta_{ik}^{AD} := \underline{\mu}_{ik}^{AD} - \theta_i^A - \theta_j^K - \theta_0 \\
\theta_i^A := \underline{\mu}_i^A - \theta_0 & & \theta_j^K := \underline{\mu}_j^K - \theta_0 \\
\theta_0 := \underline{\mu} & &
\end{array}$$

Beispiel 431 ***(Das Modell*** $((\mathbf{B} * \mathbf{T}) / \mathbf{R}) * \mathbf{Z}$ ***: Gekreuzte und genestete Faktoren.)*** *In einer Ziegelei werden in mehreren Ziegelöfen verschieden Tonmischungen bei unterschiedlichen Temperaturen gebrannt. Dabei ist die Temperaturverteilung im Ofen unterschiedlich, zum Beispiel ist die Randzone kälter als die Kernzone des Ofen. Gemessen wird schließlich die Härte des gebrannten Ziegels. In diesem Beispiel haben wir vier Faktoren:*

B	*Brennofen,*
T	*Temperatur,*
R	*Rohstoff, die Tonmischung,*
Z	*Zone im Ofen.*

In einem Versuch reicht jede Tonmischung R für genau eine Ofenfüllung. Diese Mischung wird bei genau einer Temperatur in genau einem Brennofen gebrannt. Daher ist R genestet in B und T. Da bei jeder Mischung alle Zonen beschickt werden, ist Z mit den andern Faktoren gekreuzt. Die Modellformel:

$$((\mathbf{B} * \mathbf{T}) / \mathbf{R}) * \mathbf{Z}$$

führt zu folgender Effektzerlegung:

$$\mu_{ijkl}^{BTRZ} = \underbrace{\underbrace{\underbrace{\underbrace{\theta_0 + \theta_i^B}_{B} + \theta_j^T + \theta_{ij}^{BT}}_{B*T} + \theta_{ijk}^{BTR}}_{(B*T)/R} + \theta_l^Z + \theta_{il}^{BZ} + \theta_{jl}^{TZ} + \theta_{ijl}^{BTZ} + \theta_{ijkl}^{BTRZ}}_{(B*T)/R*Z}$$

Kapitel 15

Kovarianzanalyse

Die Kovarianzanalyse behandelt lineare Modelle mit quantitativen und qualitativen Variablen. Sie umfaßt so die Regressions- und die Varianzanalyse. Wir lesen den Namen Kovarianzanalyse als Varianzanalyse mit einer Ko-Variablen oder einer *concomitanten*[1] Variablen. Die Kovarianzanalyse wird unter anderem angewendet, wenn bei einer Varianzanalyse die Effekte qualitativer Behandlungsfaktoren durch a-priori nicht kontrollierbare, aber a-posteriori meßbare quantitative Störgrößen verzerrt werden. Diese *Störfaktoren* können zum Beispiel bei der Wirksamkeit eines Medikamentes Alter, Größe, Gewicht oder Blutdruck von Patienten sein.
Wie in der Varianzanalyse werden wir die qualitativen Faktoren binär kodieren und ihre Indikatorvektoren wie quantitative Regressoren behandeln. Dabei verabreden wir folgende Schreibweisen:
Quantitative Variable werden mit Buchstaben vom Ende des Alphabets, qualitative Variable mit Buchstaben vom Anfang des Alphabets bezeichnet. Koeffizienten quantitativer Regressoren werden mit β, Koeffizienten qualitativer Regressoren mit θ bezeichnet. In den Modellformeln werden wir auch bei quantitativen Regressoren " $\cdot$ " als komponentenweise Multiplikation von Vektoren auffassen. Die wesentlichen Themen der Kovarianzanalyse lassen sich bereits erklären, wenn nur ein qualitativer Faktor im Modell enthalten ist.

15.1 Grundmodelle

Modelle mit einem Faktor und einem Regressor

Wir erläutern die Fragestellungen an einem einfachen Beispiel. Die Wirkung einer Substanz A auf die Gewichtszunahme y von Versuchstieren soll untersucht werden. Dazu wird eine Gruppe der Tiere mit dem Wirkstoff A behandelt, während eine zweite Kontrollgruppe ein Placebo erhält. A wird als qualitativer Faktor mit zwei Stufen modelliert, dabei ist A_1 das Placebo und A_2 der

[1] Lateinisch: cum comite = mit Begleiter

Wirkstoff. Nun stellt sich heraus, daß einige Tiere leichter als die anderen sind. Daher kann die Gewichtsveränderung der Tiere eine Folge des Medikamentes A oder des unterschiedlichen Anfangsgewichtes x sein.

Schauen wir uns sechs einfache Modelle und die Prototypen der entsprechenden y-x-Plots an. Dabei ist y_{iw} die Gewichtszunahme und ε_{iw} die zufällige Komponente des w-ten Tiers in der Behandlungsgruppe A_i. In den Plots von y_{iw} gegen x_{iw} sind die Werte aus der Kontrollgruppe A_1 mit Kreisen, die aus der Gruppe A_2 mit Kreuzen markiert. (Die Identifikationsbedingungen, denen die auftretenden Effektparameter unterworfen sind, sollen hier ignoriert werden)

Wir unterscheiden die Modelle an ihren Modellformeln und an der Darstellung des Erwartungswertes. Dazu bezeichnen wir den Erwartungswert einer Beobachtung y aus einer Zelle in dem der Faktor A auf Stufe i steht und die quantitative Variable den Wert x annimmt mit:

$$Ey = \mu_{ix}^{AX}$$

Das Nullmodell: $\mu_{ix}^{AX} = \eta_0 \quad \Leftrightarrow$ Weder A noch x haben einen Einfluß, die Streuung der y-Werte ist rein zufällig:

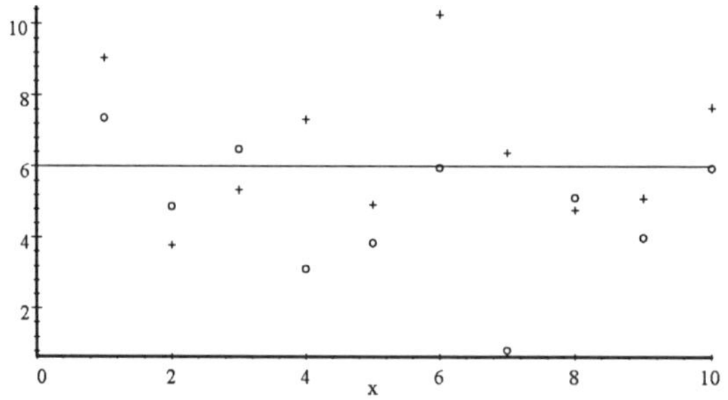

$$y_{iw} = \eta_0 + \varepsilon_{iw}$$

Das Modell A: $\mu_{ix}^{AX} = \theta_0 + \theta_i^A \quad \Leftrightarrow$ Im Schnitt sind die Tiere der Medikamentgruppe um einen konstanten Betrag schwerer als die der Kontrollgruppe. Das Anfangsgewicht spielt dagegen keine Rolle. Der Regressor x wird ignoriert.

Das Modell beschreibt eine einfache Varianzanalyse.

$$\boldsymbol{\mu} = \theta_0 \mathbf{1} + \sum_{i=1}^{s_A} \theta_i^A \mathbf{1}_i^A.$$

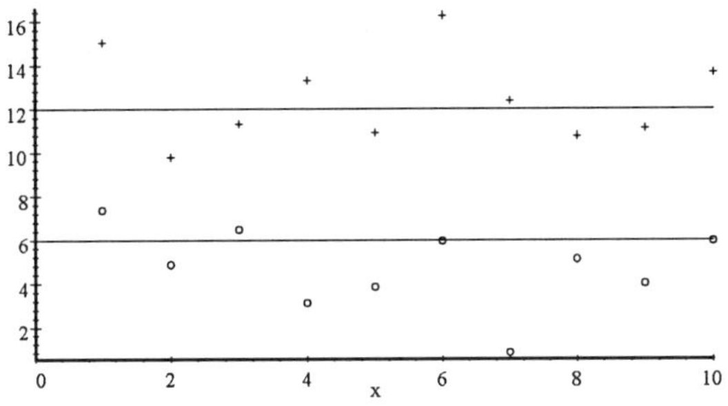

$$y_{ij} = \theta_0 + \theta_i^A + \varepsilon_{ij}$$

Das Modell X: $\mu_{ix}^{AX} = \theta_0 + \beta x \quad \Leftrightarrow$ Es gibt keinen A-Effekt. Dagegen hängt die Gewichtszunahme linear vom Startgewicht x_{iw} ab.

Das Modell beschreibt eine einfache Regression.

$$\boldsymbol{\mu} = \theta_0 \mathbf{1} + \beta \mathbf{x}.$$

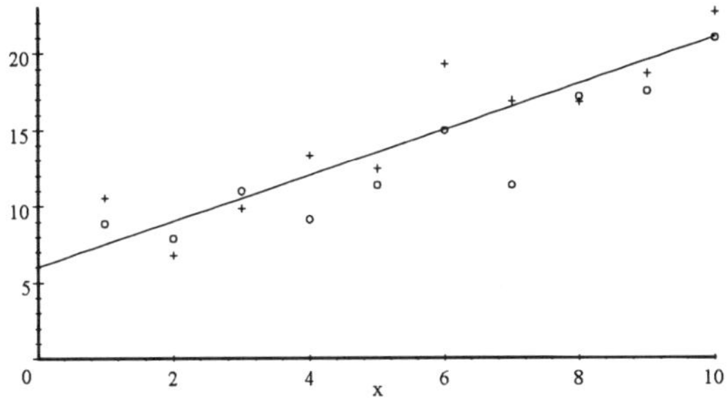

$$y_{iw} = \theta_0 + \beta x_{iw} + \varepsilon_{iw}$$

Das Modell A · X: $\mu_{ix}^{AX} = \theta_0 + \beta_i^A x \quad \Leftrightarrow$ Die Zunahme hängt bei konstantem Absolutglied linear von A und x ab, dabei besitzt jede Teilgruppe A_i einen eigenen Proportionalitätsfaktor β_i^A. Ist zum Beispiel $\beta_1^A < \beta_2^A$, dann wachsen die Tiere der Kontrollgruppe A_1 langsamer als die der Medikamentengruppe A_2.

Wir erhalten eine Familie von Regressionsgeraden mit gemeinsamem Absolutglied und unterschiedlichen Anstiegen.

$$\boldsymbol{\mu} = \theta_0 \mathbf{1} + \sum_{i=1}^{s_A} \beta_i^A \left(\mathbf{1}_i^A \cdot \mathbf{x} \right).$$

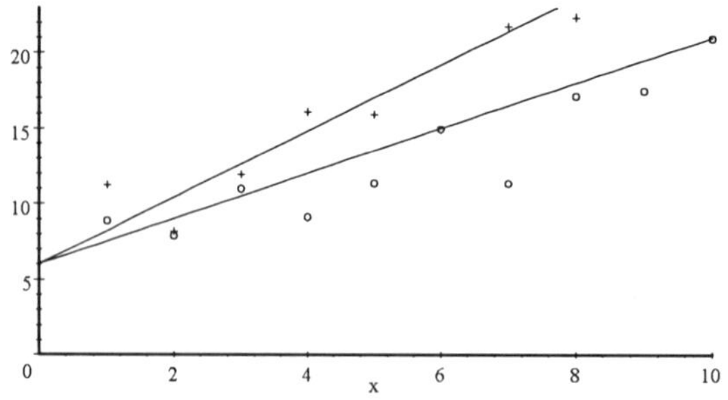

$$y_{iw} = \theta_0 + \beta_i^A x_{iw} + \varepsilon_{iw}$$

Die Modelle $\mathbf{X} + \mathbf{A} \cdot \mathbf{X}$ und $\mathbf{X}/\mathbf{A}$: Die Modellformeln $\mathbf{X} + \mathbf{A} \cdot \mathbf{X}$ und $\mathbf{A} \cdot \mathbf{X}$ beschreiben wegen $\sum_{i=1}^{s_A} \left(\mathbf{1}_i^A \cdot \mathbf{x}\right) = \mathbf{x}$ zwei unterschiedliche Parametrisierungen desselben Modellraums: In $\mathbf{X} + \mathbf{A} \cdot \mathbf{X}$ hat μ_{ix}^{AX} die Darstellung:

$$\mu_{ix}^{AX} = \theta_0 + \beta x + \beta_i^A x.$$

In dieser Darstellung werden Abweichungen von einem gemeinsamen Anstieg β hervorgehoben. Da in der Parametrisierung $\mathbf{X} + \mathbf{A} \cdot \mathbf{X}$ der Faktor $\mathbf{X}$ allein, $\mathbf{A}$ aber nur an $\mathbf{X}$ gebunden erscheint, schreiben wir in Übereinstimmung mit der Bezeichnungsweise genester Modelle auch $\mathbf{X} + \mathbf{A} \cdot \mathbf{X} = \mathbf{X}/\mathbf{A}$.

Das Modell A+X: $\mu_{ix}^{AX} = \theta_0 + \theta_i^A + \beta x \quad \Leftrightarrow$ Der Wirkstoff A bestimmt das Startniveau, die anschließende Gewichtszunahme ist für beide Gruppen gleich und zwar linear in x. War also ein Tier zu Beginn um eine Einheit schwerer als ein anderes aus derselben Gruppe, so ist es nachher um β Einheiten schwerer, gleichgültig aus welcher Gruppe beide Tiere stammen. Dabei sind die Tiere aus der Behandlungsgruppe im Schnitt um eine konstanten Betrag schwerer als die aus der Kontrollgruppe.

Wir erhalten eine Familie von Regressionsgeraden mit gemeinsamem Anstieg und unterschiedlichen Absolutgliedern.

$$\boldsymbol{\mu} = \theta_0 \mathbf{1} + \sum_{i=1}^{s_A} \theta_i^A \mathbf{1}_i^A + \beta \mathbf{x}.$$

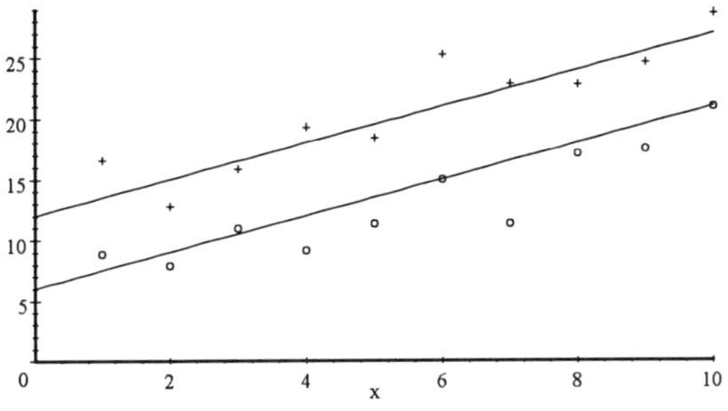

$$y_{iw} = \theta_0 + \theta_i^A + \beta x_{iw} + \varepsilon_{iw}$$

Das Modell A + A · X: $\mu_{ix}^{AX} = \theta_0 + \theta_i^A + \beta_i^A x \quad \Leftrightarrow$ Die Gruppen unterscheiden sich sowohl im Niveau als auch im Anstieg.
Wir finden eine Familie von Regressionsgeraden mit unterschiedlichen Absolutgliedern und unterschiedlichen Anstiegen.

$$\boldsymbol{\mu} = \theta_0 \mathbf{1} + \sum_{i=1}^{s_A} \theta_i^A \mathbf{1}_i^A + \sum_{i=1}^{s_A} \beta_i \left(\mathbf{1}_i^A \cdot \mathbf{x}\right)$$

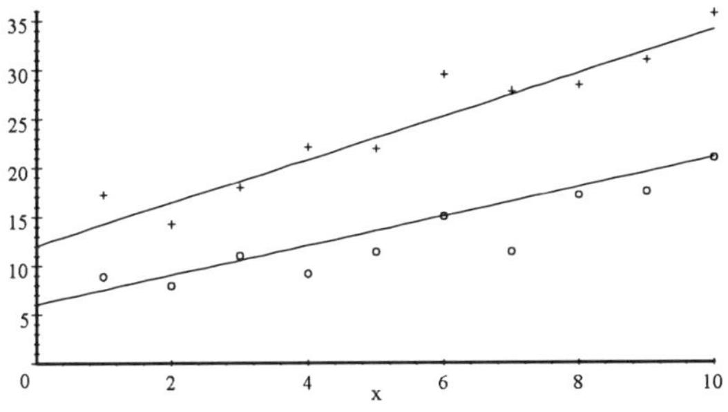

$$y_{iw} = \theta_0 + \theta_i^A + \beta_i^A x_{iw} + \varepsilon_{iw}$$

Da in der Parametrisierung **A** + **A** · **X** der Faktor **A** allein, **X** aber nur an **A** gebunden erscheint, schreiben wir in Übereinstimmung mit der Bezeichnungsweise genester Modelle auch **A** + **A** · **X** = **A**/**X**.

Tests

Wir behandeln exemplarisch nur die beiden wichtigsten Testprobleme. Weitere Beispiele werden ausführlich im Abschnitt 15.2 und im Beispiel 432 behandelt.

Test der Hypothese eines gemeinsamen Anstiegs für alle Regressionsgeraden: Der Modellraum **A**/**X** = **A** + **A** · **X** ist Oberraum von **A** · **X** wie von **A** + **X**. Der Wechsel von **A** + **A** · **X** zu **A** + **X** vereinfacht:

$$\mu_{ix}^{AX} = \theta_0 + \theta_i^A + \beta_i^A x \tag{15.1}$$

zu:

$$\mu_{ix}^{AX} = \theta_0 + \theta_i^A + \beta x.$$

Daher wird die Hypothese eines konstanten Anstiegs für alle Regressionsgeraden:

$$H_0^\beta : "\beta_i^A = \beta \quad \forall i"$$

mit dem folgenden Testkriterium getestet:

$$\mathrm{SS}\left(H_0^\beta\right) := \mathrm{SS}\left(\mathbf{A} + \mathbf{A} \cdot \mathbf{X} \,|\mathbf{A} + \mathbf{X}\right).$$

Tests der Hypothese eines gemeinsamen Absolutgliedes für alle Regressionsgeraden: Der Wechsel vom Oberraum $\mathbf{A} + \mathbf{A} \cdot \mathbf{X}$ zum Unterraum $\mathbf{A} \cdot \mathbf{X}$ vereinfacht die Darstellung (15.1) zu:

$$\mu_{ix}^{AX} = \theta_0 + \beta_i^A x.$$

Daher wird die Hypothese eines konstanten Absolutgliedes für alle Regressionsgeraden:

$$H_0^\alpha : "\theta_i^A = 0 \quad \forall i"$$

mit dem Testkriterium:

$$\mathrm{SS}\left(H_0^\alpha\right) := \mathrm{SS}\left(\mathbf{A} + \mathbf{A} \cdot \mathbf{X} \,|\mathbf{A} \cdot \mathbf{X}\right)$$

getestet.

Mögliche Fehlschlüsse bei der Kovarianzanalyse

Mit der Festlegung der Modellräume ist die Theorie der linearen Modelle uneingeschränkt übertragbar. Dennoch gibt es auch hier gefährliche Fallstricke bei der Deutung der Ergebnisse, vor allem wenn man zu leichtfertig Regressionskoeffizienten kausal interpretiert.

Betrachten wir als fiktives Beispiel die Leistungen von Schülern zweier vergleichbarer Klassen A und B, die jeweils von einem pädagogisch schlechten und einem pädagogisch guten Lehrer unterrichtet werden. Beim Vergleich der Abschlußnoten (Punktwertung) steht die Klasse B des guten Lehrers als Sieger da. Nun wird zusätzlich nach der Zeit T gefragt, die die Schüler außerhalb der Schulstunden dem Lehrstoff widmen. Nehmen wir an, die gut motivierten Schüler aus Klasse B befassen sich auch außerhalb der Schule mit dem Thema, während die Schüler aus Klasse A nur das allernötigste tun. Stellen wir die Daten grafisch dar, so könnten die Plots aussehen wie in Abbildung 15.1.

Beim Plot der erzielten Punkte gegen die Klassen ist der Unterschied deutlich, beim Plot der Punkte gegen die Zeit erscheinen die Noten allein eine Funktion der Zeit zu sein: Die Leistung des Lehrers ist nicht mehr erkennbar. Eine reine Varianzanalyse würde den Niveausprung bloßlegen, eine Kovarianzanalyse mit den Variablen *Zeit* T und Faktor *Klasse* $K := \{A; B\}$ und den Modellen $\mathbf{K} \cdot \mathbf{T}$, $\mathbf{K} + \mathbf{T}$ oder $\mathbf{K}/\mathbf{T}$ würde ein $\theta^K = 0$ errechnen und einen Lehrereffekt verneinen. Ähnliche Interpretationsfehler können immer dort auftreten, in denen die quantitativen und die qualitativen Variablen sich gegenseitig beeinflussen.

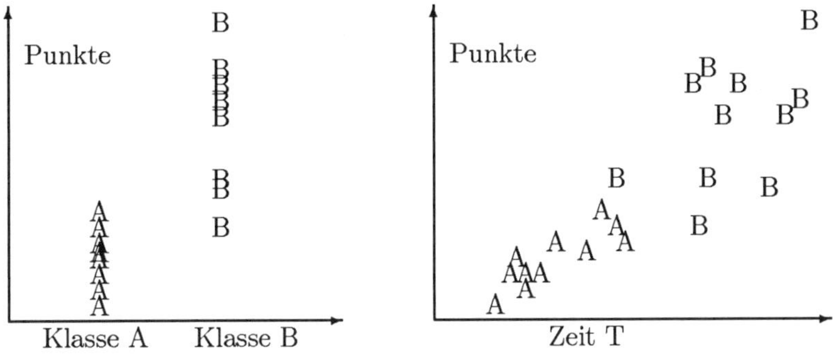

Abbildung 15.1: Plot der Noten gegen die Klassen und gegen die Zeit

15.2 Allgemeine Modelle

Kovarianzanalyse als zweistufige Regression

Der numerische Vorteil der Kovarianzanalyse liegt darin, daß sich die Aufgabe durch eine einfache Orthogonalisierung in einen reinen *Regressionsteil* und einen reinen *Varianzanalyseteil* zerlegen läßt. Dies ist numerisch vor allem dann sinnvoll, wenn das Modell balanziert ist und so die Varianzanalyse ohne Matrizeninversion berechnet werden kann.
Wir greifen dazu auf den Abschnitt 10.2.1 über die zweistufigen Regression zurück. Dort haben wir ein lineares Modell behandelt, bei dem sich die Regressoren in zwei disjunkte Gruppen $(\mathbf{X}_1; \mathbf{X}_2)$ zerlegen lassen. Bei der Kovarianzanalyse bilden die qualitativen Variablen, genauer gesagt, die Indikatoren der Faktorenteilmengen, die erste Gruppe $\mathbf{X}_1$ und die quantitativen Regressoren die zweite Gruppe $\mathbf{X}_2$. Um bei der Anwendung der Sätze 354 und 355 qualitative Faktoren und quantitative Variable optisch besser zu unterscheiden, ersetzen wir $\mathbf{X}_1$ durch $\mathbf{F}$ und vereinfachen $\mathbf{X}_2$ zu $\mathbf{X}$. Für die Effekte der qualitativen Faktoren schreiben wir generell $\boldsymbol{\theta}$ und verwenden $\boldsymbol{\beta}$ für die quantitativen Regressionskoeffizienten. Dann hat $\boldsymbol{\mu}$ die Gestalt:

$$\boldsymbol{\mu} = \mathbf{F}\boldsymbol{\theta} + \mathbf{X}\boldsymbol{\beta}. \tag{15.2}$$

Um die Eindeutigkeit der Zerlegung zu sichern, ordnen wir die Konstante $\mathbf{1}$ in die Gruppe der qualitativen Regressoren zu. Nun lassen sich die Ergebnisse aus dem Abschnitt über die zweistufige Regression übertragen. Wir orthogonalisieren die beiden Regressorgruppen:

$$\boldsymbol{\mu} = \mathbf{F}\boldsymbol{\theta}_{\bullet\mathbf{X}} + \mathbf{X}_{\bullet\mathbf{F}}\boldsymbol{\beta}. \tag{15.3}$$

Dabei ist:

$$\begin{aligned} \mathbf{F}\boldsymbol{\theta}_{\bullet\mathbf{X}} &= \mathbf{F}\boldsymbol{\theta} + \mathbf{P}_{\mathbf{F}}\mathbf{X}\boldsymbol{\beta}, \\ \mathbf{F}\widehat{\boldsymbol{\theta}}_{\bullet\mathbf{X}} &= \mathbf{F}\widehat{\boldsymbol{\theta}} + \mathbf{P}_{\mathbf{F}}\mathbf{X}\widehat{\boldsymbol{\beta}}. \end{aligned} \tag{15.4}$$

Wegen der Orthogonalität von $\mathbf{F}$ und $\mathbf{X}_{\bullet\mathbf{F}}$ können in (15.3) beide Komponenten separat geschätzt werden:

$$\begin{aligned} \mathbf{X}_{\bullet\mathbf{F}}\widehat{\beta} &= \mathbf{P}_{\mathbf{X}_{\bullet\mathbf{F}}}\mathbf{y}, \\ \mathbf{F}\widehat{\theta}_{\bullet\mathbf{X}} &= \mathbf{P}_{\mathbf{F}}\mathbf{y}. \end{aligned} \tag{15.5}$$

Setzt man (15.5) in (15.4) ein, erhält man:

$$\mathbf{F}\widehat{\theta} = \mathbf{P}_{\mathbf{F}}\left(\mathbf{y} - \mathbf{X}\widehat{\beta}\right).$$

Die einzelne Schritte lassen sich anschaulich interpretieren:

1. Berechnung von $\mathbf{X}_{\bullet\mathbf{F}}$: Die Spalten der Matrix $\mathbf{X}_{\bullet\mathbf{F}} = \mathbf{X} - \mathbf{P}_{\mathbf{F}}\mathbf{X}$ sind die Residuen einer Familien von Varianzanalysen, bei denen das Modell durch F definiert ist und die Spalten der Matrix $\mathbf{X}$ jeweils die abhängigen Regressanden bilden.

2. Schätzung von β im **reduzierten** Regressionsmodell:
$$\mathbf{y} = \mathbf{X}_{\bullet\mathbf{F}}\beta + \varepsilon.$$

3. Schätzung von θ im **bereinigten** Modell der Varianzanalyse:
$$\mathbf{y} - \mathbf{X}\widehat{\beta} = \mathbf{F}\theta + \varepsilon.$$

4. Haben $\mathbf{F}$ und $\mathbf{X}_{\bullet\mathbf{F}}$ vollen Rang, so ist:
$$\begin{aligned} \operatorname{Cov}\widehat{\theta} &= \sigma^2\left(\mathbf{F}'\mathbf{F} - \mathbf{F}'\mathbf{P}_{\mathbf{X}}'\mathbf{F}\right)^{-1}, \\ \operatorname{Cov}\widehat{\beta} &= \sigma^2\left(\mathbf{X}'\mathbf{X} - \mathbf{X}'\mathbf{P}_{\mathbf{F}}\mathbf{X}\right)^{-1}. \end{aligned}$$

5. Der SSE-Term des Gesamtmodells ist einerseits der SSE-Term des bereinigten Modells:
$$\text{SSE} = \left\|\mathbf{y} - \mathbf{X}\widehat{\beta}\right\|^2 - \left\|\mathbf{F}\widehat{\theta}\right\|^2, \tag{15.6}$$
andererseits folgt aus der Orthogonalität von $\mathbf{F}$ und $\mathbf{X}_{\bullet\mathbf{F}}$:
$$\text{SSE} = \|\mathbf{y}\|^2 - \|\mathbf{P}_{\mathbf{F}}\mathbf{y}\|^2 - \left\|\mathbf{X}_{\bullet\mathbf{F}}\widehat{\beta}\right\|^2. \tag{15.7}$$

Die Schätzformeln bei einem quantitativen Regressor

Als Beispiel berechnen wir die expliziten Schätzformeln für die beiden einfachsten Modelle der Kovarianzanalyse. Dazu betrachten wir zwei qualitative Faktoren A und B sowie einen einzigen quantitativen Regressor x.

Schätzungen im Modell $\mathbf{A}+\mathbf{X}$: Dieses Modell beschreibt eine Familie von Regressionsgeraden mit konstantem Anstieg. Die Parametrisierung ist:

$$\mu_{ix}^{AX} = \underbrace{\theta_0 + \theta_i^A}_{\text{qualitative Komponente } \mathbf{F}\Theta} + \underbrace{\beta x}_{\text{quantitative Komponente } \mathbf{X}\beta} .$$

Mit $\mathbf{X} = \mathbf{x}$ und $\mathcal{L}\{\mathbf{F}\} = \mathcal{L}\{\mathbf{1}_1^A, \cdots, \mathbf{1}_{s_A}^A\} =: \mathbf{A}$ folgt:

$$\begin{aligned} \mathbf{P_A x} &= \sum_i \overline{x}_i^A \mathbf{1}_i^A, \\ \mathbf{x}_{\bullet A} &= \mathbf{x} - \sum_i \overline{x}_i^A \mathbf{1}_i^A, \\ \|\mathbf{x}_{\bullet A}\|^2 &= \|\mathbf{x}\|^2 - \sum_i \left(\overline{x}_i^A\right)^2 n_i^A. \end{aligned}$$

Das **reduzierte** Modell führt auf eine lineare Regression ohne Absolutglied:

$$\begin{aligned} \mathbf{y} &= \beta \mathbf{x}_{\bullet A} + \varepsilon, \\ \widehat{\beta} &= \frac{\mathbf{y}'\mathbf{x}_{\bullet A}}{\|\mathbf{x}_{\bullet A}\|^2} = \frac{\mathbf{y}'\mathbf{x} - \sum \overline{x}_i^A \overline{y}_i^A n_i^A}{\|\mathbf{x}\|^2 - \sum \left(\overline{x}_i^A\right)^2 n_i^A}. \end{aligned}$$

Das **bereinigte** Modell führt auf eine einfache Varianzanalyse:

$$\mathbf{P_A}\left(\mathbf{y} - \widehat{\beta}\mathbf{x}\right) = \sum_i \left(\overline{y}_i^A - \widehat{\beta}\overline{x}_i^A\right) \mathbf{1}_i^A = \sum_i \left(\widehat{\theta}_0^A + \widehat{\theta}_i^A\right) \mathbf{1}_i^A.$$

Also ist:

$$\widehat{\theta}_0 + \widehat{\theta}_i^A = \overline{y}_i^A - \widehat{\beta}\overline{x}_i^A.$$

Hieraus lassen sich je nach der Definition der Effekte $\widehat{\theta}_0$ und $\widehat{\theta}_i^A$ separat bestimmen. Gehen wir zur Bestimmung von SSE von (15.6) aus, erhalten wir:

$$\text{SSE} = \left\|\mathbf{y} - \widehat{\beta}\mathbf{x}\right\|^2 - \sum \left(\overline{y}_i^A - \widehat{\beta}\overline{x}_i^A\right)^2 n_i^A.$$

Aus (15.7) folgt:

$$\text{SSE} = \|\mathbf{y}\|^2 - \sum \left(\overline{y}_i^A\right)^2 n_i^A - \widehat{\beta}^2 \|\mathbf{x}_{\bullet A}\|^2.$$

Schätzungen im Modell $\mathbf{A}+\mathbf{B}+\mathbf{X}$: In diesem Modell $\mathbf{A}+\mathbf{B}+\mathbf{X}$ hat μ die Parametrisierung:

$$\mu_{ix}^{AX} = \underbrace{\theta_0 + \theta_i^A + \theta_j^B}_{\text{qualitative Komponente } \mathbf{F}\Theta} + \underbrace{\beta x}_{\text{quantitative Komponente } \mathbf{X}\beta}$$

Wir wählen $\mathcal{L}\{\mathbf{F}\} = \mathbf{A}+\mathbf{B}$ und $\mathcal{L}\{\mathbf{X}\} = \mathcal{L}\{\mathbf{x}\}$. Im balanzierten Modell läßt sich $\mathbf{x}_{\bullet\mathbf{A}+\mathbf{B}}$ leicht als Residuum einer Varianzanalyse mit zwei Faktoren **A** und **B** erhalten:

$$\begin{aligned}\mathbf{P}_{\mathbf{A}+\mathbf{B}}\mathbf{x} &= \sum_{i,j}\left(\overline{x}_i^A + \overline{x}_j^B - \overline{x}\right)\mathbf{1}_{ij}^{AB},\\ \mathbf{x}_{\bullet\mathbf{A}+\mathbf{B}} &= \mathbf{x}-\sum_{i,j}\left(\overline{x}_i^A + \overline{x}_j^B - \overline{x}\right)\mathbf{1}_{ij}^{AB}.\end{aligned}$$

Damit können wir nun $\widehat{\beta}$ und $\operatorname{var}\widehat{\beta}$ im reduzierten Modell bestimmen:

$$\begin{aligned}\mathbf{P}_{\mathbf{x}_{\bullet\mathbf{A}+\mathbf{B}}}\mathbf{y} &= \widehat{\beta}\mathbf{x}_{\bullet\mathbf{A}+\mathbf{B}},\\ \widehat{\beta} &= \frac{\mathbf{y}'\mathbf{x}_{\bullet\mathbf{A}+\mathbf{B}}}{\|\mathbf{x}_{\bullet\mathbf{A}+\mathbf{B}}\|^2} = \frac{\mathbf{y}'\mathbf{x}-\sum_{ij}\left(\overline{x}_i^A + \overline{x}_j^B - \overline{x}\right)\overline{y}_{ij}^{AB}n_{ij}^{AB}}{\|\mathbf{x}\|^2-\sum_{ij}\left(\overline{x}_i^A + \overline{x}_j^B - \overline{x}\right)^2 n_{ij}^{AB}},\\ \operatorname{var}\widehat{\beta} &= \frac{\sigma^2}{\|\mathbf{x}_{\bullet\mathbf{A}+\mathbf{B}}\|^2} = \sigma^2\left(\|\mathbf{x}\|^2-\sum_{ij}\left(\overline{x}_i^A + \overline{x}_j^B - \overline{x}\right)^2 n_{ij}^{AB}\right)^{-1}.\end{aligned}$$

Um $\widehat{\boldsymbol{\theta}}$ im bereinigten Modell zu bestimmen, kürzen wir $\mathbf{y}-\widehat{\beta}\mathbf{x} =: \mathbf{z}$ ab. Dann gilt:

$$\mathbf{P}_{\mathbf{A}+\mathbf{B}}\left(\mathbf{y}-\widehat{\beta}\mathbf{x}\right) = \mathbf{P}_{\mathbf{A}+\mathbf{B}}\mathbf{z} = \sum_{ij}\underbrace{\left(\overline{z}_i^A + \overline{z}_j^B - \overline{z}\right)}_{\widehat{\theta}_{ij}^{AB}}\mathbf{1}_{ij}^{AB}.$$

Also ist:

$$\begin{aligned}\widehat{\theta}_0 + \widehat{\theta}_j^A + \widehat{\theta}_j^B &= \widehat{\theta}_{ij}^{AB}\\ &= \overline{z}_i^A + \overline{z}_j^B - \overline{z}\\ &= \overline{y}_i^A - \widehat{\beta}\overline{x}_i^A + \overline{y}_j^B - \widehat{\beta}\overline{x}_j^B - \overline{y} - \widehat{\beta}\overline{x}. \qquad (15.8)\end{aligned}$$

Je nach Wahl der Nebenbedingung lassen sich aus (15.8) $\widehat{\theta}_0$, $\widehat{\theta}_i^A$ und $\widehat{\theta}_j^B$ separieren. Weiter folgt aus (15.6):

$$\text{SSE} = \left\|\mathbf{y}-\widehat{\beta}\mathbf{x}\right\|^2 - \sum_{ij}\left(\overline{z}_i^A + \overline{z}_j^B - \overline{z}\right)^2 n_{ij}^{AB}.$$

Test von Kontrasthypothesen im Modell A + B + X: Es seien $c_1, \cdots, c_{s_B}$ fest vorgegebene Gewichte mit $\sum c_j = 0$ und:

$$\phi := \sum c_j \theta_j^B$$

ein Kontrast in den $B-$ Effekten. Dann folgt aus (15.8):

$$\widehat{\phi} = \sum c_j \widehat{\theta}_j^B = \sum c_j\left(\overline{y}_j^B - \widehat{\beta}\overline{x}_j^B\right) = \sum c_j\overline{y}_j^B - \widehat{\beta}\sum c_j\overline{x}_j^B.$$

Wegen $\sum c_j = 0$, fallen alle anderen Terme heraus. Im bereinigten additiven Modell sind B-Kontraste schätzbar. Also sind B–Kontraste auch im ursprünglichen Modell schätzbar. Vgl. auch Satz 356 aus Kapitel 10. Da $\overline{y}_j^B$ mit Hilfe von $\mathbf{P_B y}$ und $\widehat{\beta}$ mit Hilfe von $\mathbf{P}_{\mathbf{x}_{\bullet\mathbf{A}+\mathbf{B}}}\mathbf{y}$ berechnet werden und $\mathbf{B} \perp \mathbf{x}_{\bullet\mathbf{A}+\mathbf{B}}$ steht, sind $\widehat{\beta}$ und $\overline{y}_j^B$ unabhängig. Also ist:

$$\begin{aligned}\operatorname{var}\widehat{\phi} &= \sigma^2 \sum \frac{c_j^2}{n_j^B} + \left(\sum c_j \overline{x}_j^B\right)^2 \operatorname{var}\widehat{\beta} \\ &= \sigma^2 \left(\sum \frac{c_j^2}{n_j^B} + \frac{\widehat{\beta}\left(\sum c_j \overline{x}_j^B\right)^2}{\|\mathbf{x}\|^2 - \sum_{ij}\left(\overline{x}_i^B + \overline{x}_j^B - \overline{x}\right)^2 n_{ij}^{\mathbf{A}B}} \right) =: \sigma^2 K^2.\end{aligned}$$

Nach Scheffé erhält man dann ein für alle β–Kontraste gültiges simultanes Konfidenzintervall zum Signifikanzniveau α:

$$\left|\phi - \widehat{\phi}\right| \leq \widehat{\sigma} K \sqrt{(s_{B-1})\, F\left(s_B - 1; n - s_{\mathbf{A}} - s_B\right)_{1-\alpha}}.$$

Beispiel 432 *Die Behandlung allgemeinerer Modelle ist jetzt im Prinzip vorgezeichnet und unproblematisch. Wir betrachten dazu nur noch beispielhaft einen Datensatz aus dem Buch " Statistical Methods" von G.W. Snedecor* (1956), *der bei Scheffé* (1959) *zitiert wird.*

In den Jahren 1933 bis 1935 wurde in den 6 englischen landwirtschaftlichen Versuchsanstalten Seale-Hayne, Rothamsted, Newport, Boghall, Sprowston und Plumpton auf Versuchsfeldern der Weizenertrag y pro acre gemessen. Dabei wurde neben der Saatdichte x, mit der das Saatkorn ausgebracht wurde, auch die Wuchshöhe z des Getreidehalms beim Erscheinen der Ähre notiert. Die Daten sind:

A		B_1	B_2	B_3	B_4	B_5	B_6
	y	19,0	22,2	35,3	32,8	25,3	35,8
1933	z	25,6	25,4	30,8	33,0	28,5	28,0
	x	14,9	13,3	4,6	14,7	12,8	7,5
	y	32,4	32,2	43,7	35,7	28,3	35,2
1934	z	25,4	28,3	35,3	32,4	25,9	24,2
	x	7,2	9,5	6,8	9,7	9,2	7,5
	y	26,2	34,7	40,0	29,6	20,6	47,2
1935	z	27,9	34,4	32,5	27,5	23,7	32,9
	x	18,6	22,2	10,0	17,6	14,4	7,9

Dabei ist:

- y *der jährliche Getreideertrag (pro acre) in Zentner,*
- z *die Wuchshöhe des Getreidehalms beim Erscheinen der Ähre,*
- x *die Pflanzdichte (pro square foot),*
- B *der Name der landwirtschaftlichen Versuchsanstalt (**B**etrieb),*
- A *das Jahr des Versuchs (**A**nnalen).*

Die abhängige Variable ist y, die quantitativen Regressoren sind z und x. B ist ein qualitativer Faktor mit 6 Stufen. Der Jahrgang A könnte als quantitative oder als qualitative Variable behandelt werden. Wir modellieren hier A als qualitativen Faktor mit drei Stufen. Betrachten wir nur lineare Funktionen von z und x, dann führt die Modellformel:

$$(A+B)\cdot(1+X+Z) = A+B+A\cdot X+B\cdot X+A\cdot Z+B\cdot Z$$

auf das saturierte Modell in der Parametrisierung:

$$\mu_{ijxz}^{ABXZ} = \theta_0 + \theta_i^A + \theta_j^B + \beta_i^A x + \beta_j^B x + \gamma_i^A z + \gamma_j^B z.$$

Ein Wechselwirkungseffekt θ_{ij}^{AB} zwischen der Faktoren A und B kann im Modell nicht erfaßt werden. Aus diesem saturierten Obermodell lassen sich durch Elimination von Parametern eine Fülle von Untermodellen konstruieren, die auch noch zusätzlich in der Parametrisierung differenziert werden können. Wir wollen einige Modelle exemplarisch und stichwortartig vorstellen.

***Die Modellformel* $\mathbf{X}+\mathbf{Z}$:** *Sie führt zum reinen Regressionsmodell mit den Regressoren Halmhöhe* $\mathbf{z}$ *und Pflanzdichte* $\mathbf{x}$. *Der Modellraum ist* $\mathbf{M} = \mathcal{L}\{\mathbf{1},\mathbf{x},\mathbf{z}\}$ *mit* dim $\mathbf{M}$ =3. *Die Parametrisierung ist:*

$$\mu_{xz}^{XZ} = \theta_0 + \beta x + \gamma z.$$

Bei einem SSE = 243,74 *erhalten wir die folgenden Parameterschätzungen:*

Parameter θ	*Schätzwert* $\widehat{\theta}$	*geschätzte Standardabweichung* $\widehat{\sigma_{\widehat{\theta}}}$
$\widehat{\theta}_0$	−1,817	8,115
$\widehat{\beta}$	−0,779	0,205
$\widehat{\gamma}$	1,478	0,266

Die Höhe z des Halms hat einen deutlichen positiven, die Saatdichte x eine schwächeren negativen Einfluß auf den Ertrag.

***Die Modellformel* $\mathbf{A}+\mathbf{B}$:** *Sie führt zu einer balanzierten Varianzanalyse mit den Faktoren Jahr* $\mathbf{A}$ *und Betrieb* $\mathbf{B}$. *Der Modellraum ist* $\mathbf{M} = \mathcal{L}\{\mathbf{1}_i^A, \mathbf{1}_j^B,$ $i = 1,2,3;\ j = 1,\cdots 6\ \}$ *mit* dim $\mathbf{M} = 8$. *Die Parametrisierung ist*

$$\mu_{ij}^{AB} = \theta_0 + \theta_i^A + \theta_j^B$$

Bei einem SSE = 228, 67 *erhalten wir die folgenden Parameterschätzungen:*[2]

Parameter θ	*Wert*	$\widehat{\sigma}_{\widehat{\theta}}$
$\widehat{\theta}_0$	22,26	3,188
$\widehat{\theta}_2^A$	6,18	2,761
$\widehat{\theta}_3^A$	4,65	2,761
$\widehat{\theta}_2^B$	3,83	3,904
$\widehat{\theta}_3^B$	13,80	3,904
$\widehat{\theta}_4^B$	6,83	3,904
$\widehat{\theta}_5^B$	−1,13	3,904
$\widehat{\theta}_6^B$	13,53	3,904

Offensichtlich unterscheiden sich sowohl die Jahrgänge als auch einige Betriebe deutlich von einander.

Die Modellformel **B + Z*:*** *Sie beschreibt μ als lineare Funktion von Betriebe* **B** *und Halmhöhe* **z**. *Dabei wirkt* **B** *allein auf das Niveau. Der Modellraum ist* $\mathbf{M} = \mathcal{L}\left\{\mathbf{z}, \mathbf{1}_j^B \;\; ; j = 1, \cdots 6\right\}$ *mit* dim $\mathbf{M} = 7$. *Die Parametrisierung ist:*

$$\mu_{jz}^{BZ} = \theta_0 + \theta_j^B + \gamma z.$$

Bei einem SSE = 170,89 *erhalten wir die folgenden Parameterschätzungen:*

Parameter θ	*Wert*	$\widehat{\sigma}_{\widehat{\theta}}$
$\widehat{\theta}_0$	−5,99	9,576
$\widehat{\theta}_2^B$	0,19	3,396
$\widehat{\theta}_3^B$	5,85	3,969
$\widehat{\theta}_4^B$	1,18	3,617
$\widehat{\theta}_5^B$	−0,81	3,220
$\widehat{\theta}_6^B$	11,03	3,300
$\widehat{\gamma}$	1,21	0,354

Die Modellformel **B · Z + Z*:*** *Hier wirkt B allein auf den Anstieg der Regressionsgeraden. Der Modellraum ist* $\mathbf{M} = \mathcal{L}\left\{\mathbf{1}, \mathbf{1}_j^B \cdot \mathbf{z};\ j = 1, \cdots 6\right\}$ *mit* dim $\mathbf{M} = 7$. *Die Parametrisierung ist:*

$$\mu_{jz}^{BZ} = \theta_0 + \gamma z + \gamma_j^B z$$

[2] Die Schätzungen wurden mit dem Paket *GLIM* gemacht. Nicht explizit aufgeführte Parameter, hier $\widehat{\theta}_1^A$ und $\widehat{\theta}_1^B$, wurden per Definition Null gesetzt.

Hier ist γ_j^B die Abweichung[3] *des Anstiegs in der Gruppe B_j vom Anstieg in der Gruppe B_1. Bei einem* SSE $= 166,07$ *erhalten wir die folgenden Schätzungen:*

Parameter θ	*Wert*	$\widehat{\sigma}_{\widehat{\theta}}$
$\widehat{\theta}_0$	−1,71	10,18
$\widehat{\gamma}_2^B$	0,02	0,123
$\widehat{\gamma}_3^B$	0,21	0,134
$\widehat{\gamma}_4^B$	0,06	0,127
$\widehat{\gamma}_5^B$	−0,03	0,121
$\widehat{\gamma}_6^B$	0,40	0,121
$\widehat{\gamma}$	1,05	0,396

***Die Modellformel* B/Z :** *In der Modellformel* **B/Z** *wirkt* **B** *auf Niveau und Anstieg. Der Modellraum ist* $\mathbf{M} = \mathcal{L}\left\{\mathbf{1}_j^B;\ \mathbf{1}_j^B \cdot \mathbf{z};\ j = 1, \cdots 6\right\}$ *mit* dim $\mathbf{M} = 12$. *Die Parametrisierung ist:*

$$\mu_{jz}^{BZ} = \theta_0 + \theta_j^B + \gamma_j^B z.$$

Bei einem SSE $= 154{,}80$ *erhalten wir die folgenden Parameterschätzungen:*

Parameter θ	*Wert*	$\widehat{\sigma}_{\widehat{\theta}}$	*Parameter* θ	*Wert*	$\widehat{\sigma}_{\widehat{\theta}}$
$\widehat{\theta}_0$	29,55	68,06	$\widehat{\gamma_1^B}$	−0,14	2,585
$\widehat{\theta}_2^B$	−36,20	71,89	$\widehat{\gamma_2^B}$	1,24	0,781
$\widehat{\theta}_3^B$	−49,45	85,67	$\widehat{\gamma_3^B}$	1,81	1,581
$\widehat{\theta}_4^B$	−22,78	77,46	$\widehat{\gamma_4^B}$	0,84	1,190
$\widehat{\theta}_5^B$	−28,64	78,45	$\widehat{\gamma_5^B}$	0,94	1,495
$\widehat{\theta}_6^B$	−30,54	72,01	$\widehat{\gamma_6^B}$	1,42	0,824

Für die folgenden Modelle geben wir nur noch Modellraum und -formel an.

***Die Modellformel* A + Z :** *Sie führt zu:*

$$\begin{aligned} \mathbf{M} &= \mathcal{L}\left\{\mathbf{1}_i^{\mathbf{A}}, \mathbf{z}, i = 1, \cdots, 3\right\}, \\ \dim \mathbf{M} &= 4, \\ \mu_{iz}^{AZ} &= \theta_0 + \theta_i^A + \gamma z. \end{aligned}$$

***Die Modellformeln* A + B + Z + Z · B, A + Z + B/Z *und* A + B/Z:**

[3] *GLIM* wählt jeweils die erste Stufe eines Faktors als Vergleichsstufe!

Sie führen auf unterschiedliche Parametrisierungen des gleichen Modellraums. Für $\mathbf{A} + \mathbf{B}/\mathbf{Z}$ *erhalten wir zum Beispiel:*

$$\begin{aligned}
\mathbf{M} &= \mathcal{L}\left\{\mathbf{1}_i^A,\ \mathbf{1}_j^B,\ \mathbf{1}_j^B \cdot \mathbf{z},\ i = 1, \cdots, 3;\ j = 1, \cdots, 6\right\}, \\
\dim \mathbf{M} &= 14, \\
\mu_{ijz}^{ABZ} &= \theta_0 + \theta_i^A + \theta_j^B + \gamma_j^B z.
\end{aligned}$$

Die Modellformeln $\mathbf{A}/\mathbf{Z}$**,** $\mathbf{A} + \mathbf{Z} + \mathbf{Z} \cdot \mathbf{A}$ *und* $\mathbf{A} + \mathbf{A} \cdot \mathbf{Z}$ **:** *Sie führen auf unterschiedliche Parametrisierungen des gleichen Modellraums. Für* $\mathbf{A}/\mathbf{Z}$ *erhalten wir zum Beispiel:*

$$\begin{aligned}
\mathbf{M} &= \mathcal{L}\left\{\mathbf{1}_i^{\mathbf{A}},\ \mathbf{1}_i^{\mathbf{A}} \cdot \mathbf{z}, i = 1, \cdots, 3\right\}, \\
\dim \mathbf{M} &= 6, \\
\mu_{iz}^{AZ} &= \theta_0 + \theta_i^A + \gamma_i^A z.
\end{aligned}$$

Die folgende Tabelle enthält die SSE-*Werte einer Auswahl dieser Modelle sowie die Werte der Modellbewertungskriterien* AIC, BIC *und* MSE. *Die Modelle sind nach Occams Prinzip in dominierte und zulässige geteilt. Dabei dominiert ein Modell ein anderes, wenn es mit weniger Parametern eine gleich gute oder bessere Modellanpassung (gemessen in* SSE*) erreicht. Nicht dominierte Modelle bezeichnen wir als zulässig. Die erste Tabelle zeigt die zulässigen unter den betrachteten Modellen:*

Modell	*d*	SSE	MSE	AIC	BIC
1	1	982	58	57	130
$\mathbf{Z}$	2	477	30	53	123
$\mathbf{X} + \mathbf{Z}$	3	244	16	50	116
$\mathbf{B} \cdot \mathbf{Z}$	7	166	15	55	132
$\mathbf{A} + \mathbf{B} + \mathbf{Z}$	9	58	6	50	125
$\mathbf{A} + \mathbf{B} + \mathbf{X} + \mathbf{Z}$	10	28	4	47	118
$\mathbf{A} + \mathbf{B} \cdot \mathbf{Z}$	14	27	7	54	140
$\mathbf{A} + \mathbf{B} \cdot \mathbf{X} + \mathbf{Z}$	15	5	2	43	116

Das reine Regressionsmodell $\mathbf{X} + \mathbf{Z}$ *mit nur drei Parametern wird von* BIC *als bestes ausgewählt, es reduziert* SSE *mit nur drei Parametern auf ein Viertel von* SST. *Dagegen bevorzugen* MSE *und* AIC *das Kovarianzmodell* $\mathbf{A} + \mathbf{B} \cdot \mathbf{X} + \mathbf{Z}$. *Es reduziert die Reststreuung* SSE *auf 0,5% des Ausgangswertes* SST, *benötigt dafür aber auch 15 Parameter. Dominierte Modelle sind zum Beispiel:*

Modell	*d*	SSE	MSE	AIC	BIC
X	2	747	47	123	131
A	3	858	57	128	139
A + Z	4	364	26	114	129
A · Z	4	380	27	115	130
A + X	4	542	39	121	136
A/Z	6	306	26	115	138
B	6	353	29	118	140
A/X	6	529	44	125	148
B + Z	7	171	16	107	133
B + X	7	344	31	119	146
A + B	8	229	23	114	144
A + B + X	9	223	25	115	149
A/Z + B	11	43	6	90	131
B/Z	12	155	26	115	160
B/X	12	159	27	115	161
A + B/Z + X	15	18	6	82	139
A/X + B/Z	16	31	16	94	154
A/Z + B/Z	16	10	5	73	134

Bei diesen Modelle variieren die Rangfolgen, die durch die Kritererien SSE, *AIC, BIC und* MSE *vermittelt werden erheblich.*

Kapitel 16

Modelle mit zufälligen Effekten

Beginnen wir mit einem Beispiel: Ein Pharmazeut untersucht, wie sich bei einem Tierversuch unterschiedliche Dosierungen eines Medikaments A auf das Gewicht y der Tiere auswirken. Dabei seien die Versuchstiere zufällig aus einer Gesamtheit vergleichbarer Tiere gezogen worden. Das Gewicht der Tiere wird aber nicht nur vom Medikament A, sondern vor allem von den Versuchstieren selbst und vermutlich auch von den Tierpflegern oder Laboranten beeinflußt. Ist α_i^A der Arzneieffekt, τ_j^T der Tiereffekt und π_k^P der Effekt des behandelnden Pflegers oder Laboranten, so könnte das Modell lauten:

$$y_{ijkl} = \eta_0 + \alpha_i^A + \tau_j^T + \pi_k^P + \varepsilon_{ijkl}.$$

Die genannten Einflußfaktoren haben aber ganz unterschiedliche Bedeutung:

- Die vorgegebenen Dosierungen der Arznei sind wohldefinierte Stufen eines festen Behandlungsfaktors A.

- Die einzelnen Tiere dagegen sind nur die zufälligen Repräsentanten der Gesamtheit aller vergleichbaren Tiere, für die das Medikament bestimmt ist. Schlüsse sollen über diese Gesamtheit, aber nicht über die zufällig ausgewählten Versuchstiere gezogen werden. Das individuelle Verhalten des einzelnen Tieres ist nur eines von vielen möglichen Realisationen eines allgemeineren Musters. Im Gegensatz zu den Dosierungen des Medikaments, sind die individuellen Unterschiede zwischen den ausgewählten Tieren von untergeordnetem Interesse. Sie sind nur Indikatoren für die Variationsbreite in der Gesamtheit der Tiere, aus der sie ausgewählt wurden.

Der Einfluß der Tiere wird daher als zufälliger Effekt modelliert. Ob aber auch der Einfluß der Pfleger als zufälliger oder als fester Effekt modelliert werden soll, hängt von den Umständen ab. Arbeiten etwa nur zwei festangestellte Pfleger in der Firma, so kann es sehr wohl von Interesse sein, die Unterschiede zwischen

Pfleger 1 und Pfleger 2 festzustellen, um diese dann ihren Fähigkeiten entsprechend optimal einzusetzen. In diesem Fall sollte der *Pflegereffekt* π_k^P als fester Effekt modelliert werden. Wechseln sich aber in einem Großlabor Hunderte von Laboranten in den einzelnen Versuchen ab, so interessieren wiederum nur Aussagen über die Gesamtheit der Pfleger und nicht über einzelne Individuen. Jetzt sollte π_k^P besser als zufälliger Effekt modelliert werden.
Nicht immer ist es offensichtlich, ob ein Effekt als zufällig oder fest angesehen werden sollte. Nach Searle et al. (1992) ist die Schlüsselfrage:

> *"Sind die Stufen des betrachteten Faktors eine zufällige Auswahl aus einer größeren Gesamtheit möglicher Werte oder soll ausschließlich über die betrachteten Stufen eine Aussage gemacht werden?"*

Im ersten Fall sollte man ein **Modell mit zufälligen**, im zweiten Fall mit **festen Effekten** wählen.[1] Eingehender wird diese Frage bei Eisenhart (1947), Kempthorne (1975) oder Searle (1971) behandelt. Zufällige Effekte zerstören in der Regel die vertraute, transparente Struktur des linearen Modells. Die Modelle fasern in Varianten auf, die sich zusätzlich noch in ihren Optimalitätskriterien und Inferenzverfahren unterscheiden. Zudem ist die numerische Behandlung der Modell meist nur mit leistungsfähigen Rechner möglich. Eine eingehende Darstellung des linearen Modells mit zufälligen Effekten ist hier aus Platz- und Zeitgründen ausgeschlossen.
Wir werden daher nur das balanzierte Modell als wichtigsten Spezialfall etwas ausführlicher behandeln und im übrigen vor allem auf die Monografien von Searle et al. (1992), von Rao und Kleffe (1988) und von Khuri et al. (1998) verweisen. Diese drei Bücher ergänzen sich ideal, da die ersten beiden Bücher vor allem das Schätzen und das letztere das Testen behandeln. Im Zentrum bei Searle et al. steht der Likelihoodansatz, dagegen bei Rao und Kleffe der geometrischen Ansatz, der zur Minimierung von Normen und Varianzen führt.
In allen drei Büchern finden sich auch ausführliche weitere Literaturhinweise. Der Hypothesentest steht auch im Mittelpunkt der Monografie von Hartung und Voet (1985). Sie geben eine knappe Einführung in die Theorie der Varianzkomponenten und bieten einen enzyklopädischen Überblick über balanzierte Varianzkomponentenmodelle.

16.1 Grundbegriffe

In der Literatur unterscheidet man lineare Modelle danach, ob in ihnen ausschließlich zufällige oder zusätzlich auch noch deterministische[2] Effekte enthalten sind. Die letztgenannten Modelle werden auch **gemischte Modelle** (**mixed models**) genannt. Wir werden von vornherein gemischte Modelle betrachten.

---

[1] Zum Beispiel könnte es plausibel sein, Jahreseffekte bei Rotwein als feste und bei Kartoffeln als zufällige Effekte zu behandeln.

[2] Man spricht auch von festen oder fixen Faktoren bzw. Effekten.

Die Bezeichnungen: Bei der Darstellung des Modells knüpfen wir an die Bezeichnungen von Kapitel 14 an: $\mathbb{T}$ ist die Gesamtheit aller Faktoren und $\mathbb{E}$ die Gesamtheit aller Faktorteilmengen, deren Effekte im Modell aufgenommen sind. $\mathbb{E}$ zerlegen wir in:

$$\mathbb{E} = \mathbb{D} \cup \mathbb{Z}. \tag{16.1}$$

$\mathbb{D}$ ist die Gesamtheit aller Faktorteilmengen $\mathbf{V} \subseteq \mathbb{T}$ mit deterministischen Effekten und $\mathbb{Z}$ diejenige mit zufälligen Effekten.
Ist $\mathbf{V} \in \mathbb{E}$, bezeichnet $\vartheta_{\mathrm{i}}^{\mathbf{V}}$ den zufälligen Effekt der Faktormenge $\mathbf{V}$ in der Schicht $\mathbf{i}\,|_{\mathbf{V}}$. Dabei ist:

$$\mathrm{E}\,\vartheta_{\mathrm{i}}^{\mathbf{V}} = \theta_{\mathrm{i}}^{\mathbf{V}} \text{ und } \mathrm{Var}\,\vartheta_{\mathrm{i}}^{\mathbf{V}} = \sigma_{\mathbf{V}}^{2}\,. \tag{16.2}$$

Die Varianzen hängen nur von $\mathbf{V}$ aber nicht mehr von der Schicht $\mathbf{i}\,|_{\mathbf{V}}$ ab. Deterministische Effekte werden einerseits wie gewohnt mit $\theta_{\mathrm{i}}^{\mathbf{V}}$ bezeichnet. Andererseits werden wir, einer formal geschlossenen Darstellung des Modells zuliebe, auch deterministische Effekte als zufällige Effekte mit der Varianz Null auffassen und so für deterministische und zufällige Effekte gemeinsam das Symbol $\vartheta_{\mathrm{i}}^{\mathbf{V}}$ verwenden. $\vartheta_{\mathrm{i}}^{\mathbf{V}}$ wird demnach genau dann als deterministischer Effekt identifiziert, wenn seine Varianz Null ist:

$$\mathbf{V} \in \mathbb{D} \quad \Leftrightarrow \quad \sigma_{\mathbf{V}}^{2} = 0 \quad \Leftrightarrow \quad \vartheta_{\mathrm{i}}^{\mathbf{V}} \equiv \theta_{\mathrm{i}}^{\mathbf{V}}.$$

Die einzelnen Stufeneffekte $\vartheta_{\mathrm{i}}^{\mathbf{V}}$ bzw. $\theta_{\mathrm{i}}^{\mathbf{V}}$ werden weiterhin vektoriell zu $\boldsymbol{\vartheta}^{\mathbf{V}}$ bzw. $\boldsymbol{\theta}^{\mathbf{V}}$ zusammengefaßt.
Abkürzend und übertragend werden wir die Faktorteilmengen $\mathbf{V}$ selbst als Effekte bezeichen und nennen ein $\mathbf{V} \in \mathbb{D}$ auch einen deterministischen Effekt bzw. ein $\mathbf{V} \in \mathbb{Z}$ einen zufälligen Effekt sowie $\mathbb{E}$ die Gesamtheit aller Effekte, soweit dies kein Mißverständnis verursacht.

Das Modell: Mit der obigen Vereinbarungen lautet das Modell:

$$y_{\mathrm{i}} = \sum_{\mathbf{V} \in \mathbb{E}} \vartheta_{\mathrm{i}}^{\mathbf{V}} + \varepsilon_{\mathrm{i}}. \tag{16.3}$$

Dabei sind alle Effekte und Störgrößen gemeinsam normalverteilt:

$$\vartheta_{\mathrm{i}}^{\mathbf{V}} \sim \mathrm{N}\left(\theta_{\mathrm{i}}^{\mathbf{V}}; \sigma_{\mathbf{V}}^{2}\right), \tag{16.4}$$

$$\varepsilon \sim \mathrm{N}\left(0; \sigma^{2}\right). \tag{16.5}$$

Die Störgrößen ε_{i} und Effekte $\vartheta_{\mathrm{i}}^{\mathbf{V}}$ sind untereinander unkorreliert:

$$\mathrm{Cov}\left(\varepsilon_{\mathrm{i}}, \varepsilon_{\mathrm{j}}\right) = 0 \quad \text{für} \quad \forall\, \mathbf{i} \neq \mathbf{j}, \tag{16.6}$$

$$\mathrm{Cov}\left(\vartheta_{\mathrm{i}}^{\mathbf{V}}, \varepsilon_{\mathrm{j}}\right) = 0 \quad \text{für} \quad \forall\, \mathbf{i}; \mathbf{j}, \tag{16.7}$$

$$\mathrm{Cov}\left(\vartheta_{\mathrm{i}}^{\mathbf{V}}, \vartheta_{\mathrm{j}}^{\mathbf{U}}\right) = 0 \quad \text{für} \quad (\mathbf{V}; \mathbf{i}\,|_{\mathbf{V}}) \neq (\mathbf{U}; \mathbf{j}\,|_{\mathbf{V}})\,. \tag{16.8}$$

Wie im Modell mit ausschließlich festen Effekten können wir nun das Modell (16.3) mit den Faktorstufenindikatoren $\mathbf{1}_{\mathrm{i}}^{\mathbf{V}}$ vektoriell darstellen:

$$\mathbf{y} = \sum_{\mathbf{V}\in\mathbb{E}} \sum_{\mathrm{i}\in\mathbf{V}} \vartheta_{\mathrm{i}}^{\mathbf{V}} \mathbf{1}_{\mathrm{i}}^{\mathbf{V}} + \boldsymbol{\varepsilon}. \tag{16.9}$$

Die Bedingungen an die $\theta_{\mathrm{i}}^{\mathbf{V}}$: Die deterministischen Effekte $\theta_{\mathrm{i}}^{\mathbf{V}}$ sind wie in Kapitel 14 definiert und gehorchen den Nebenbedingungen aus (14.10) nämlich:

$$\sum_{\mathrm{i}\in F} \theta_{\mathrm{i}}^{\mathbf{V}} g_{\mathrm{i}}^{F} = 0 \quad \forall F \in \mathbf{V}. \tag{16.10}$$

In einer Modellvariante müssen auch die zufälligen Effekte $\vartheta_{\mathrm{i}}^{\mathbf{V}}$ selbst Nebenbedingungen analog zu (16.10) erfüllen. In diesem Fall wären die $\vartheta_{\mathrm{i}}^{\mathbf{V}}$ untereinander korreliert. Wir werden diese Variante hier nicht behandeln.

Die beiden Modellräume: In der Darstellung (16.9) sind allein die $\vartheta_{\mathrm{i}}^{\mathbf{V}}$ zufällig, die $\mathbf{1}_{\mathrm{i}}^{\mathbf{V}}$ sind dagegen deterministische Vektoren. Daher können wir die gesamte geometrische Struktur aus Kapitel 14 ungeändert übernehmen:

- $\mathcal{L}\{\mathbf{V}\}$ ist der Faktorstufenraum mit $\dim \mathcal{L}\{\mathbf{V}\} =: d_{\mathbf{V}}$.
- $\mathfrak{L}\{\mathbf{V}\}$ der dazu gehörige Effektraum mit $\dim \mathfrak{L}\{\mathbf{V}\} =: d_{\mathbf{V}}^{*}$.

Nur der Begriff des Modellraums muß präzisiert werden. Wir müssen zwei Modellräume unterscheiden: Erstens den **erweiterten Modellraum** $\mathbf{M}'$, der von den Regressoren, d.h. allen Indikatoren $\mathbf{1}_{\mathrm{i}}^{\mathbf{V}}$ erzeugt wird. Zweitens den **Modellraum im engeren Sinne**, der durch $\mathrm{E}\,\mathbf{y} = \boldsymbol{\mu} \in \mathbf{M}$ charakterisiert ist. Der Erwartungswert von $\mathbf{y}$ ist wegen (16.9):

$$\boldsymbol{\mu} = \sum_{\mathbf{V}\in\mathbb{E}} \sum_{\mathrm{i}\in\mathbf{V}} \theta_{\mathrm{i}}^{\mathbf{V}} \mathbf{1}_{\mathrm{i}}^{\mathbf{V}} = \sum_{\mathbf{V}\in\mathbb{D}_{\theta}} \sum_{\mathrm{i}\in\mathbf{V}} \theta_{\mathrm{i}}^{\mathbf{V}} \mathbf{1}_{\mathrm{i}}^{\mathbf{V}}. \tag{16.11}$$

Dabei ist $\mathbb{D}_{\theta}$ die Menge der Effekte mit von Null verschiedenem Erwartungswert:

$$\mathbb{D}_{\theta} := \left\{ \mathbf{V} \in \mathbb{E} \,|\, \text{mit } \theta^{\mathbf{V}} \neq \mathbf{0} \right\} \supseteq \mathbb{D}. \tag{16.12}$$

Damit erhalten wir die beiden Modellräume $\mathbf{M} \subseteq \mathbf{M}'$:

$$\mathbf{M}' = \mathcal{L}\{\mathbf{1}_{\mathrm{i}}^{\mathbf{V}} \mid \mathbf{i};\ \mathbf{V} \in \mathbb{E}\}, \tag{16.13}$$

$$\mathbf{M} = \mathcal{L}\{\mathbf{1}_{\mathrm{i}}^{\mathbf{V}} \mid \mathbf{i};\ \mathbf{V} \in \mathbb{D}_{\theta}\} \tag{16.14}$$

Die Erwartungswert - Varianz - Dichotomie: Wir werden später im Abschnitt 16.2.4 zeigen, daß wir nur dann alle Parameter eindeutig schätzen können, wenn die Erwartungswerte der zufälligen Effekte Null sind. Dann ist $\mathbb{D}_{\theta} = \mathbb{D}$ und wir erhalten die Dichotomie :

$$\begin{array}{lclcl} \mathbf{V} \in \mathbb{Z} & \Leftrightarrow & \mathrm{E}\,\boldsymbol{\vartheta}^{\mathbf{V}} = \mathbf{0} & \text{und} & \sigma_{\mathbf{V}}^{2} \neq 0, \\ \mathbf{V} \in \mathbb{D} & \Leftrightarrow & \mathrm{E}\,\boldsymbol{\vartheta}^{\mathbf{V}} \neq \mathbf{0} & \text{und} & \sigma_{\mathbf{V}}^{2} = 0. \end{array} \tag{16.15}$$

Vorläufig werden wir aber auf die Forderung (16.15) verzichten und erst im Abschnitt 16.2.4 darauf zurückkommen.

Die Intraklassenkorrelation: Im Modell mit ausschließlich deterministischen Faktoren sind alle Beobachtungen $y_{\mathbf{i}}$ von einander stochastisch unabhängig, denn auf die verschiedenen Beobachtungen wirken nur die voneinander unabhängigen Störungen $\varepsilon_{\mathbf{i}}$. Im Gegensatz dazu können im Modell mit zufälligen Faktoren auf verschiedene Beobachtungen dieselben zufälligen Faktorstufeneffekte einwirken. Daher sind die $y_{\mathbf{i}}$ untereinander korreliert.

Satz 433 *Die Kovarianzmatrix von* $\mathbf{y}$ *im Modell mit zufälligen Effekten ist:*

$$\mathbf{C} := \operatorname{Cov}(\mathbf{y}) = \sum_{\mathbf{V}\in\mathbb{Z}} \sigma^2_{\mathbf{V}} \left[\sum_{\mathbf{i}\in\mathbf{V}} \mathbf{1}_{\mathbf{i}}^{\mathbf{V}} \left(\mathbf{1}_{\mathbf{i}}^{\mathbf{V}}\right)'\right] + \sigma^2\mathbf{I}. \tag{16.16}$$

Speziell folgt daraus:

$$\operatorname{Var} y_{\mathbf{i}} = \sum_{\mathbf{V}\in\mathbb{Z}} \sigma^2_{\mathbf{V}} + \sigma^2, \tag{16.17}$$

$$\operatorname{Cov}(y_{\mathbf{i}}, y_{\mathbf{j}}) = \sum_{\mathbf{V}\in\mathbb{Z};\mathbf{V}\subseteq\{\mathbf{i}\cap\mathbf{j}\}} \sigma^2_{\mathbf{V}} \quad \textit{für } \mathbf{i}\neq\mathbf{j}. \tag{16.18}$$

Dabei bezeichnet $\{\mathbf{i}\cap\mathbf{j}\}$ *die Teilmenge der Faktoren, deren in* $\mathbf{i}$ *und* $\mathbf{j}$ *genannten Stufen übereinstimmen.*[3] *Die Korrelation zwischen zwei Beobachtungen ist:*

$$\rho(y_{\mathbf{i}}, y_{\mathbf{j}}) = \frac{\sum_{\mathbf{V}\subseteq\{\mathbf{i}\cap\mathbf{j}\}} \sigma^2_{\mathbf{V}}}{\sum_{\mathbf{V}\in\mathbb{Z}} \sigma^2_{\mathbf{V}} + \sigma^2}. \tag{16.19}$$

Beweis:
Aus (16.6) bis (16.8) folgt:

$$\begin{aligned}
\mathbf{C} &= \mathrm{E}\left[\left(\sum_{\mathbf{V}}\sum_{\mathbf{i}\in\mathbf{V}} \vartheta_{\mathbf{i}}^{\mathbf{V}} \mathbf{1}_{\mathbf{i}}^{\mathbf{V}} + \boldsymbol{\varepsilon}\right)\left(\sum_{\mathbf{V}}\sum_{\mathbf{i}\in\mathbf{V}} \vartheta_{\mathbf{i}}^{\mathbf{V}} \mathbf{1}_{\mathbf{i}}^{\mathbf{V}} + \boldsymbol{\varepsilon}\right)'\right] \\
&= \sum_{\mathbf{V}} \sigma^2_{\mathbf{V}} \sum_{\mathbf{i}\in\mathbf{V}} \mathbf{1}_{\mathbf{i}}^{\mathbf{V}} \left(\mathbf{1}_{\mathbf{i}}^{\mathbf{V}}\right)' + \sigma^2\mathbf{I}. \\
\mathbf{C}_{[\mathbf{s},\mathbf{t}]} &= \sum_{\mathbf{V}} \sigma^2_{\mathbf{V}} \left(\sum_{\mathbf{i}\in\mathbf{V}} \mathbf{1}_{\mathbf{i}}^{\mathbf{V}} \left(\mathbf{1}_{\mathbf{i}}^{\mathbf{V}}\right)'\right)_{[\mathbf{s},\mathbf{t}]} + \sigma^2\mathbf{I}_{[\mathbf{s},\mathbf{t}]}.
\end{aligned}$$

Dabei ist:

$$\mathbf{1}_{\mathbf{i}}^{\mathbf{V}} \left(\mathbf{1}_{\mathbf{i}}^{\mathbf{V}}\right)'_{[\mathbf{s},\mathbf{t}]} = \begin{cases} 1, \text{ falls } \mathbf{i}, \mathbf{s} \text{ und } \mathbf{t} \text{ auf } \mathbf{V} \text{ übereinstimmen,} \\ 0 \text{ sonst.} \end{cases}$$

$$\sum_{\mathbf{i}\in\mathbf{V}} \mathbf{1}_{\mathbf{i}}^{\mathbf{V}} \left(\mathbf{1}_{\mathbf{i}}^{\mathbf{V}}\right)'_{[\mathbf{s},\mathbf{t}]} = \begin{cases} 1, \text{ falls } \mathbf{s} \text{ und } \mathbf{t} \text{ auf } \mathbf{V} \text{ übereinstimmen,} \\ 0 \text{ sonst.} \end{cases}$$

[3] Ist zum Beispiel $\mathbb{T} = \{A; B; C; D\}$, $\mathbf{i} = (3;4;1;2)$, $\mathbf{j} = (1;4;1;3)$, so ist $\{\mathbf{i}\cap\mathbf{j}\} = \{B; C\}$.

□

y_{i} und y_{j} sind also nur dann voneinander unabhängig, wenn alle zufälligen Faktoren auf verschiedenen Stufen stehen. Speziell sind also Beobachtungen aus derselben Zelle untereinander korreliert. Aus (16.19) folgt daher:

Satz 434 *Die Korrelation zweier Beobachtungen y_{i} und y_{j} aus derselben Zelle ist:*

$$\rho\left(y_{\mathrm{i}}, y_{\mathrm{j}}\right)=\frac{\sum_{\mathbf{V} \in \mathbb{Z}} \sigma_{\mathbf{V}}^{2}}{\sum_{\mathbf{V} \in \mathbb{Z}} \sigma_{\mathbf{V}}^{2}+\sigma^{2}} . \tag{16.20}$$

Diese Korrelation (16.20) heißt die **Intraklassenkorrelation**.

16.2 Saturierte balanzierte Modelle

Wir befassen uns im weiteren nur noch mit **balanzierten** Modellen. Bei den Nebenbedingungen an die $\theta_{\mathrm{i}}^{\mathbf{V}}$ gemäß (16.10) verwenden wir konstante Gewichte und fordern für jeden Faktor F:

$$\sum_{\mathrm{i} \in F} \theta_{\mathrm{i}}^{\mathbf{V}}=0 \quad .$$

Im balanzierten Modell ist die Besetzungszahl $n_{\mathrm{i}}^{\mathbf{V}}=n^{\mathbf{V}}$ jeder Faktorteilklasse unabhängig von $\mathbf{i}$. Wie im Modell mit festen Effekten gezeigt wurde, sind dann die Effekträume $\mathfrak{L}\{\mathbf{V}\}$ orthogonal. Sie sind auch hier die wesentlichen Bausteine der Modelle. Sie werden sich als die Eigenräume der Kovarianzmatrix herausstellen. Daraus werden wir schließen können, daß die gewöhnlichen Kleinst-Quadrat-Schätzer trotz der wesentlich reicher strukturierten Kovarianzmatrix $\mathbf{C}$ weiterhin effiziente Schätzer sind. Dies bedeutet praktisch, daß wir im balanzierten Modell beim Schätzen der festen Effektparameter die Gegenwart der zufälligen Effekte ignorieren können. Nur beim Testen werden wir auf neue Probleme stoßen.

16.2.1 Zerlegung des $\mathbb{R}^n$ in orthogonale Effekträume

Aus der Orthogonalität der Effekträume $\mathcal{L}\{\mathbf{V}^*\}$ folgt wie im Modell mit festen Effekten:

$$\mathbf{M}' = \bigoplus_{\mathbf{U} \in \mathbb{E}} \mathfrak{L}\{\mathbf{U}\}, \tag{16.21}$$

$$\mathbf{M} = \bigoplus_{\mathbf{U} \in \mathbb{D}_{\theta}} \mathfrak{L}\{\mathbf{U}\}, \tag{16.22}$$

$$\mathcal{L}\{\mathbf{V}\} = \bigoplus_{\mathbf{U} \subseteq \mathbf{V}} \mathfrak{L}\{\mathbf{U}\}, \tag{16.23}$$

$$\mathbf{P}_{\mathbf{V}} = \sum_{\mathbf{U} \subseteq \mathbf{V}} \mathbf{P}_{\mathfrak{L}\{\mathbf{U}\}}. \tag{16.24}$$

Wegen (16.21) läßt sich der $\mathbb{R}^n$ vollständig in orthogonale Teilräume zerlegen:

$$\mathbb{R}^n = \mathbf{M}' \oplus (\mathbb{R}^n \ominus \mathbf{M}') = \bigoplus_{\mathbf{U}\in\mathbb{E}} \mathfrak{L}\{\mathbf{U}\} \oplus (\mathbb{R}^n \ominus \mathbf{M}'). \tag{16.25}$$

Wir können (16.25) noch kompakter schreiben, wenn wir auch den Restraum $\mathbb{R}^n \ominus \mathbf{M}'$ formal wie einen Effektraum behandeln, der von einem fiktiven Faktor $\mathcal{F}$ erzeugt wird und die Menge der Effekte $\mathbb{E}$ zu $\mathbb{E}'$ erweitern:[4]

$$\begin{aligned} \mathbb{R}^n \ominus \mathbf{M}' &=: \mathfrak{L}\{\mathcal{F}\}, \\ \mathbb{E} \cup \mathcal{F} &=: \mathbb{E}', \\ \mathbb{Z} \cup \mathcal{F} &=: \mathbb{Z}'. \end{aligned} \tag{16.26}$$

Mit diesem Vereinbarung läßt sich (16.25) kompakt und übersichtlich schreiben als:

$$\mathbb{R}^n = \bigoplus_{\mathbf{U}\in\mathbb{E}'} \mathfrak{L}\{\mathbf{U}\}. \tag{16.27}$$

Für die Projektionen in die Effekträume gilt nun:

$$\mathbf{I} = \sum_{\mathbf{U}\in\mathbb{E}'} \mathbf{P}_{\mathfrak{L}\{\mathbf{U}\}}. \tag{16.28}$$

Um im folgenden alle Formeln widerspruchsfrei schreiben zu können, definieren wir noch:

$$\begin{aligned} \mathcal{L}\{\mathcal{F}\} &= \mathfrak{L}\{\mathcal{F}\} = \mathbb{R}^n \ominus \mathbf{M}', \\ d^*_{\mathcal{F}} &= \dim \mathfrak{L}\{\mathcal{F}\} = d_{\mathcal{F}} = n - \dim \mathbf{M}', \\ \theta^{\mathcal{F}} &= 0, \\ \sigma^2_{\mathcal{F}} &= \sigma^2, \\ n^{\mathcal{F}} &= 1. \end{aligned}$$

$\mathcal{F}$ soll also in keiner anderen Faktorteilmenge liegen und mit keinem anderen Faktor zusammengefaßt werden.

16.2.2 Struktur der Kovarianzmatrix

Satz 435 *Im balanzierten Modell hat die Kovarianzmatrix* $\mathbf{C} = \operatorname{Cov} \mathbf{y}$ *die Gestalt:*

$$\mathbf{C} = \sum_{\mathbf{V}\in\mathbb{Z}} \sigma^2_{\mathbf{V}} n^{\mathbf{V}} \mathbf{P}_{\mathbf{V}} + \sigma^2 \mathbf{I}. \tag{16.29}$$

[4] Im Schriftbild unterscheiden sich leider die Buchstaben F als Zeichen für einen einzelnen Faktor, und $\mathcal{F}$ für den soeben eingeführten fiktiven Faktor wenig.

$\mathbf{C}$ *besitzt die folgende Eigenwertzerlegung:*

$$\mathbf{C} = \sum_{\mathbf{U}\in\mathbb{E}'} \xi_{\mathbf{U}}^2 \mathbf{P}_{\mathfrak{L}\{\mathbf{U}\}}. \tag{16.30}$$

Dabei sind die Eigenwerte $\xi_{\mathbf{U}}^2$ *definiert durch:*

$$\xi_{\mathbf{U}}^2 = \sum_{\mathbf{U}\subseteq\mathbf{V}} \sigma_{\mathbf{V}}^2 n^{\mathbf{V}} + \sigma^2. \tag{16.31}$$

Speziell ist:

$$\xi_{\varnothing}^2 = \sum_{\mathbf{V}} \sigma_{\mathbf{V}}^2 n^{\mathbf{V}} + \sigma^2. \tag{16.32}$$

$$\xi_F^2 = \sigma^2. \tag{16.33}$$

Der zu $\xi_{\mathbf{U}}^2$ *gehörige Eigenraum ist der Effektraum* $\mathfrak{L}\{\mathbf{U}\}$.
Daher hat $\xi_{\mathbf{U}}^2$ *die Vielfachheit* $d_{\mathbf{U}} = dim\mathfrak{L}\{\mathbf{U}\}$. *Weiter folgt:*

$$\mathbf{C}^{-1} = \sum_{\mathbf{U}\in\mathbb{E}'} \frac{1}{\xi_{\mathbf{U}}^2} \mathbf{P}_{\mathfrak{L}\{\mathbf{U}\}} \tag{16.34}$$

$$|\mathbf{C}| = \prod_{\mathbf{U}\in\mathbb{E}'} \left(\xi_{\mathbf{U}}^2\right)^{d_{\mathbf{U}}^*} \tag{16.35}$$

Beweis: Aus $\left\|\mathbf{1}_{\mathrm{i}}^{\mathbf{V}}\right\|^2 = n^{\mathbf{V}}$ folgt:

$$\sum_{\mathrm{i}\in\mathbf{V}} \mathbf{1}_{\mathrm{i}}^{\mathbf{V}} \left(\mathbf{1}_{\mathrm{i}}^{\mathbf{V}}\right)' = n^{\mathbf{V}} \sum_{\mathrm{i}\in\mathbf{V}} \frac{\mathbf{1}_{\mathrm{i}}^{\mathbf{V}} \left(\mathbf{1}_{\mathrm{i}}^{\mathbf{V}}\right)'}{\left\|\mathbf{1}_{\mathrm{i}}^{\mathbf{V}}\right\|^2} = n^{\mathbf{V}} \mathbf{P}_{\mathbf{V}}.$$

Wegen (16.16), (16.24) und (16.25) folgt :

$$\begin{aligned}
\mathbf{C} &= \sum_{\mathbf{V}\in\mathbb{E}} \sigma_{\mathbf{V}}^2 n^{\mathbf{V}} \mathbf{P}_{\mathbf{V}} + \sigma^2 \mathbf{I} \\
&= \sum_{\mathbf{V}\in\mathbb{E}} \sigma_{\mathbf{V}}^2 n^{\mathbf{V}} \sum_{\mathbf{U}\subseteq\mathbf{V}} \mathbf{P}_{\mathfrak{L}\{\mathbf{U}\}} + \sigma^2 \mathbf{I} \\
&= \sum_{\mathbf{U}\in\mathbb{E}} \left(\sum_{\mathbf{U}\subseteq\mathbf{V}} \sigma_{\mathbf{V}}^2 n^{\mathbf{V}} \right) \mathbf{P}_{\mathfrak{L}\{\mathbf{U}\}} + \sigma^2 \left(\sum_{\mathbf{U}\in\mathbb{E}} \mathbf{P}_{\mathfrak{L}\{\mathbf{U}\}} + \mathbf{P}_F \right) \\
&= \sum_{\mathbf{U}\in\mathbb{E}} \left(\sum_{\mathbf{U}\subseteq\mathbf{V}} \sigma_{\mathbf{V}}^2 n^{\mathbf{V}} + \sigma^2 \right) \mathbf{P}_{\mathfrak{L}\{\mathbf{U}\}} + \sigma^2 \mathbf{P}_F \\
&= \sum_{\mathbf{U}\in\mathbb{E}} \xi_{\mathbf{U}}^2 \mathbf{P}_{\mathfrak{L}\{\mathbf{U}\}} + \sigma^2 \mathbf{P}_F = \sum_{\mathbf{U}\in\mathbb{E}'} \xi_{\mathbf{U}}^2 \mathbf{P}_{\mathfrak{L}\{\mathbf{U}\}}.
\end{aligned}$$

Da die Effekträume paarweise orthogonal sind, ist (16.30) die Spektral- oder Eigenwertzerlegung von $\mathbf{C}$. Die Aussagen über Inverse und Determinante von $\mathbf{C}$ folgen aus der Aufgabe 109 im Abschnitt 1.4.2, Spektralzerlegung von Matrizen, im Anhang von Kapitel 1.

□

Bemerkungen: Die Eigenwerte $\xi_{\mathbf{U}}^2$ lassen sich über ihre formale Bedeutung auch noch inhaltlich erklären:

- $\xi_{\mathbf{U}}^2$ ist die mit den Besetzungszahlen gewichtete Summe aller Varianzen, die zu Faktorteilmengen gehören, welche $\mathbf{U}$ umfassen.
- $\xi_{\mathbf{U}}^2$ ist die Varianz eines jeden normierten $\mathbf{U}$-Kontrast $\mathbf{k}'\mathbf{y}$ mit $\|\mathbf{k}\| = 1$ und $\mathbf{k} \in \mathfrak{L}\{\mathbf{U}\}$:

$$\operatorname{Var} \mathbf{k}'\mathbf{y} = \mathbf{k}'\mathbf{C}\mathbf{k} = \mathbf{k}' \sum_{\mathbf{U} \in \mathbb{E}'} \xi_{\mathbf{U}}^2 \mathbf{P}_{\mathfrak{L}\{\mathbf{U}\}} \mathbf{k} = \xi_{\mathbf{U}}^2.$$

  Dagegen haben im Modell mit ausschließlich festen Effekten alle normierten Kontraste die Varianz σ^2.

16.2.3 Schätzung der Effekte

Satz 436 *Im balanzierten Modell gilt:*

1. *Der gewöhnliche Kleinstquadratschätzer* $\mathbf{P_M y} = \widehat{\boldsymbol{\mu}}$ *ist bester linearer unverzerrter Schätzer (BLUE) von* $\boldsymbol{\mu}$.

2. *Die gewöhnlichen Kleinstquadratschätzer* $\widehat{\theta}_{\mathrm{i}}^{\mathbf{V}}$ *der deterministischen Effekte* $\theta_{\mathrm{i}}^{\mathbf{V}}$ *sind beste lineare unverzerrte Schätzer (BLUE):*

$$\widehat{\theta}_{\mathrm{i}}^{\mathbf{V}} = \frac{1}{n^{\mathbf{V}}} \left(\mathbf{1}_{\mathrm{i}}^{\mathbf{V}}\right)' \mathbf{P}_{\mathfrak{L}\{\mathbf{V}\}} \mathbf{y} \sim \mathrm{N}\left(\theta_{\mathrm{i}}^{\mathbf{V}}; \frac{\xi_{\mathbf{V}}^2}{\left(n^{\mathbf{V}}\right)^2} \left\|\mathbf{P}_{\mathfrak{L}\{\mathbf{V}\}} \mathbf{1}_{\mathrm{i}}^{\mathbf{V}}\right\|^2\right). \tag{16.36}$$

3. *Die Kovarianz zweier Schätzer, die zur selben Faktorteilmenge* $\mathbf{V}$ *gehören, ist:*

$$\operatorname{Cov}\left(\widehat{\theta}_{\mathrm{i}}^{\mathbf{V}}; \widehat{\theta}_{\mathrm{j}}^{\mathbf{V}}\right) = \frac{\xi_{\mathbf{V}}^2}{\left(n^{\mathbf{V}}\right)^2} \left(\mathbf{1}_{\mathrm{i}}^{\mathbf{V}}\right)' \mathbf{P}_{\mathfrak{L}\{\mathbf{V}\}} \mathbf{1}_{\mathrm{j}}^{\mathbf{V}}. \tag{16.37}$$

4. *Sind* $\mathbf{U} \neq \mathbf{V}$, *so sind die Schätzer* $\widehat{\theta}_{\mathrm{i}}^{\mathbf{V}}$ *und* $\widehat{\theta}_{\mathrm{i}}^{\mathbf{U}}$ *von einander stochastisch unabhängig.*

Beweis:
1. Aus der Eigenwertzerlegung (16.30) folgt für alle $\mathbf{U}$:

$$\mathbf{C}\mathbf{P}_{\mathfrak{L}\{\mathbf{U}\}} = \xi_{\mathbf{U}}^2 \mathbf{P}_{\mathfrak{L}\{\mathbf{U}\}} = \mathbf{P}_{\mathfrak{L}\{\mathbf{U}\}} \mathbf{C}. \tag{16.38}$$

Darum gilt:

$$\mathbf{C}\mathbf{P_M} = \mathbf{C} \sum_{\mathbf{U}} \mathbf{P}_{\mathfrak{L}\{\mathbf{U}\}} = \sum_{\mathbf{U}} \xi_{\mathbf{U}}^2 \mathbf{P}_{\mathfrak{L}\{\mathbf{U}\}} = \mathbf{P_M C}.$$

$\mathbf{CP_M} = \mathbf{P_M C}$ ist aber, wie in Satz 296 gezeigt, notwendig und hinreichend dafür, daß der Kleinst-Quadrat-Schätzer $\mathbf{P_M y}$ *BLUE* ist für $\mathrm{E}\,\mathbf{P_M y}$.
2. Wegen 1. ist $\mathbf{P}_{\mathfrak{L}\{\mathbf{V}\}}\widehat{\boldsymbol{\mu}} = \mathbf{P}_{\mathfrak{L}\{\mathbf{V}\}}\mathbf{P_M y} = \mathbf{P}_{\mathfrak{L}\{\mathbf{V}\}}\mathbf{y}$ *BLUE* für $\mathbf{P}_{\mathfrak{L}\{\mathbf{V}\}}\boldsymbol{\mu} = \sum_{\mathrm{i}\in\mathbf{V}}\theta_{\mathrm{i}}^{\mathbf{V}}\mathbf{1}_{\mathrm{i}}^{\mathbf{V}}$. Aus (16.38) folgt $\mathbf{P}_{\mathfrak{L}\{\mathbf{V}\}}\mathbf{C}\mathbf{P}_{\mathfrak{L}\{\mathbf{V}\}} = \xi_{\mathbf{V}}^2\mathbf{P}_{\mathfrak{L}\{\mathbf{V}\}}$. Mit $\mathbf{y} \sim \mathrm{N}_n(\boldsymbol{\mu}; \mathbf{C})$ erhalten wir daraus:

$$\mathbf{P}_{\mathfrak{L}\{\mathbf{V}\}}\mathbf{y} = \sum_{\mathrm{i}\in\mathbf{V}} \widehat{\theta}_{\mathrm{i}}^{\mathbf{V}}\,\mathbf{1}_{\mathrm{i}}^{\mathbf{V}} \sim \mathrm{N}_n\left(\mathbf{P}_{\mathfrak{L}\{\mathbf{V}\}}\boldsymbol{\mu}; \xi_{\mathbf{V}}^2\mathbf{P}_{\mathfrak{L}\{\mathbf{V}\}}\right). \tag{16.39}$$

Skalare Multiplikation von (16.39) mit $\mathbf{1}_{\mathrm{i}}^{\mathbf{V}}$ liefert:

$$\left(\mathbf{1}_{\mathrm{i}}^{\mathbf{V}}\right)'\mathbf{P}_{\mathfrak{L}\{\mathbf{V}\}}\mathbf{y} = \widehat{\theta}_{\mathrm{i}}^{\mathbf{V}}\left(\mathbf{1}_{\mathrm{i}}^{\mathbf{V}}\right)'\mathbf{1}_{\mathrm{i}}^{\mathbf{V}} = \widehat{\theta}_{\mathrm{i}}^{\mathbf{V}}n^{\mathbf{V}} \sim \mathrm{N}\left(\theta_{\mathrm{i}}^{\mathbf{V}}n^{\mathbf{V}}; \xi_{\mathbf{V}}^2\left(\mathbf{1}_{\mathrm{i}}^{\mathbf{V}}\right)'\mathbf{P}_{\mathfrak{L}\{\mathbf{V}\}}\mathbf{1}_{\mathrm{i}}^{\mathbf{V}}\right).$$

3. folgt aus (16.36) wegen:

$$\mathrm{Cov}\left(\widehat{\theta}_{\mathrm{i}}^{\mathbf{V}}; \widehat{\theta}_{\mathrm{j}}^{\mathbf{V}}\right) = \frac{1}{\left(n^{\mathbf{V}}\right)^2}\left(\mathbf{1}_{\mathrm{i}}^{\mathbf{V}}\right)'\left(\mathrm{Cov}\,\mathbf{P}_{\mathfrak{L}\{\mathbf{V}\}}\mathbf{y}\right)\mathbf{1}_{\mathrm{j}}^{\mathbf{V}} = \frac{\xi_{\mathbf{V}}^2}{\left(n^{\mathbf{V}}\right)^2}\left(\mathbf{1}_{\mathrm{i}}^{\mathbf{V}}\right)'\mathbf{P}_{\mathfrak{L}\{\mathbf{V}\}}\mathbf{1}_{\mathrm{j}}^{\mathbf{V}}.$$

4. Folgt, da $\mathbf{P}_{\mathfrak{L}\{\mathbf{V}\}} \perp \mathbf{P}_{\mathfrak{L}\{\mathbf{U}\}}$.
□

16.2.4 ANOVA-Schätzung der Varianzen

Wie in der Varianzanalyse mit festen Effekten lassen sich im balanzierten Modell für alle $\mathbf{U} \in \mathbb{E}'$ den einzelnen Effekten SS-Terme zuordnen, die als quadrierte Normen der Projektionen in die Effekträume definiert sind:

$$\mathrm{SS}(\mathbf{U}) \quad : \quad = \left\|\mathbf{P}_{\mathfrak{L}\{\mathbf{U}\}}\mathbf{y}\right\|^2, \tag{16.40}$$

$$\mathrm{SS}(F) \quad = \quad : \left\|\mathbf{P}_{\mathbb{R}^n\ominus\mathbf{M}'}\mathbf{y}\right\|^2 = \mathrm{SSE}. \tag{16.41}$$

Satz 437 *Für jede Faktorstufenkombination* $\mathbf{U} \in \mathbb{E}\,'$ *gilt:*

$$\mathrm{SS}(\mathbf{U}) \sim \xi_{\mathbf{U}}^2\chi^2\left(d_U^*; \delta_U\right). \tag{16.42}$$

Dabei ist $d_{\mathbf{U}}^* = \dim\,\mathfrak{L}(U)$ *die Anzahl der Freiheitsgrade. Für* $\mathbf{U} \in \mathbb{E}$ *ist*

$$d_{\mathbf{U}}^* = \prod_{F\in\mathbf{U}}(s_F - 1). \tag{16.43}$$

Der Nichtzentralitätsparameter ist $\delta_{\mathbf{U}}$:

$$\delta_{\mathbf{U}} = \frac{1}{\xi_{\mathbf{U}}^2}\left\|\mathbf{P}_{\mathfrak{L}\{\mathbf{U}\}}\boldsymbol{\mu}\right\|^2 = \frac{n^{\mathbf{U}}}{\xi_{\mathbf{U}}^2}\sum_{\mathrm{i}\in\mathbf{U}}\left(\theta_{\mathrm{i}}^{\mathbf{U}}\right)^2. \tag{16.44}$$

Speziell für den fiktiven Faktor F erhalten wir:

$$\mathrm{SSE} \sim \sigma^2 \chi^2 \left(n - \dim \mathbf{M}'\right).$$

Damit ist

$$\widehat{\sigma}^2 = \mathrm{MSE} = \frac{\left\| \mathbf{y} - \mathbf{P}_{\mathbf{M}'} \mathbf{y} \right\|^2}{n - \dim \left(\mathbf{M}'\right)}$$

ein erwartungstreuer Schätzer für σ^2.

Beweis:
Für alle $\mathbf{U} \in \mathbb{E}'$ ist $\mathbf{P}_{\mathfrak{L}\{\mathbf{U}\}} \frac{\mathbf{y}}{\xi_{\mathbf{U}}}$ wegen (16.39) verteilt wie ein $\mathbf{P}_{\mathfrak{L}\{\mathbf{U}\}} \mathbf{z}$, wenn $\mathbf{z} \sim \mathrm{N}_n \left(\frac{1}{\xi_{\mathbf{U}}} \boldsymbol{\mu}; \mathbf{I} \right)$ verteilt ist. Der Rest folgt aus den Eigenschaften der χ^2-Verteilung.
□

Definieren wir die **empirische** Varianz eines deterministischen Effektes (oder des Erwartungswertes eines zufälligen Effektes) durch:

$$\operatorname{var} \boldsymbol{\theta}^{\mathbf{U}} := \frac{1}{d_{\mathbf{U}}^*} \sum_{\mathrm{i} \in \mathbf{U}} \left(\theta_{\mathrm{i}}^{\mathbf{U}} \right)^2, \tag{16.45}$$

so können wir wegen (16.42) und (16.44) für den Erwartungswert von $\mathrm{SS}(\mathbf{U})$ schreiben:

$$\begin{aligned} \mathrm{E}\,\mathrm{SS}(\mathbf{U}) &= \xi_{\mathbf{U}}^2 \left(d_{\mathbf{U}}^* + \delta_{\mathbf{U}} \right) \\ &= \xi_{\mathbf{U}}^2 d_{\mathbf{U}}^* + \left\| \mathbf{P}_{\mathfrak{L}\{\mathbf{U}\}} \boldsymbol{\mu} \right\|^2 \\ &= \xi_{\mathbf{U}}^2 d_{\mathbf{U}}^* + n^{\mathbf{U}} \sum_{\mathrm{i} \in \mathbf{U}} \left(\theta_{\mathrm{i}}^{\mathbf{U}} \right)^2 \\ &= \left(\xi_{\mathbf{U}}^2 + n^{\mathbf{U}} \operatorname{var} \boldsymbol{\theta}^{\mathbf{U}} \right) d_{\mathbf{U}}^*. \end{aligned}$$

Daher ist:

$$\mathrm{MS}(\mathbf{U}) := \frac{\mathrm{SS}(\mathbf{U})}{d_{\mathbf{U}}^*} \tag{16.46}$$

ein erwartungstreuer Schätzer von $\xi_{\mathbf{U}}^2 + n^{\mathbf{U}} \operatorname{var} \theta^{\mathbf{U}}$.

Die Forderung der Erwartungswert-Varianz-Dichotomie

In $\sigma_{\mathbf{U}}^2 + n^{\mathbf{U}} \operatorname{var} \boldsymbol{\theta}^{\mathbf{U}}$ überlagern sich zwei Informationen:

- $\operatorname{var} \boldsymbol{\theta}^{\mathbf{U}}$: Wie stark streuen die deterministischen Erwartungswerte $\theta_{\mathrm{i}}^{\mathbf{U}}$ der Stufen des zufällige Effektes der Faktorteilmenge $\mathbf{U}$
- $\sigma_{\mathbf{U}}^2$: Wie stark streuen die zufälligen Effekte selbst.

MS (**U**) können wir beobachten. Damit können wir die Summe $\xi^2_{\mathbf{U}} + n^{\mathbf{U}} \operatorname{var} \theta^{\mathbf{U}}$, nicht aber die einzelnen Summanden schätzen. Beide Einflüsse sind miteinander **vermengt**. Nur wenn entweder $\sigma^2_{\mathbf{U}} = 0$ oder $\operatorname{var} \boldsymbol{\theta}^{\mathbf{U}} = 0$ ist, erhalten wir erwartungstreue Schätzer für die jeweils andere Komponente.
Dies ist Rechtfertigung für die Forderung (16.15):

$$\begin{array}{llll} \mathbf{U} \in \mathbb{Z} & \Leftrightarrow & \mathrm{E}\boldsymbol{\vartheta}^{\mathbf{U}} = \mathbf{0} & \text{und} \quad \sigma^2_{\mathbf{U}} \neq 0, \\ \mathbf{U} \in \mathbb{D} & \Leftrightarrow & \mathrm{E}\boldsymbol{\vartheta}^{\mathbf{U}} \neq \mathbf{0} & \text{und} \quad \sigma^2_{\mathbf{U}} = 0, \end{array}$$

die wir nun im weiteren als erfüllt voraussetzen. Bei deterministischen Effekten ist definitionsgemäß $\sigma^2_{\mathbf{U}} = 0$. Bei zufälligen Effekten bedeutet $\mathrm{E}\boldsymbol{\vartheta}^{\mathbf{U}} = \mathbf{0}$, daß der *mittlere Effekt* eines zufälligen Faktors im Basiseffekt *aufgehoben* wird. Unter dieser Voraussetzung schätzt MS (**U**) erwartungstreu bei einem deterministischen Effekt den empirischen Varianzterm $n^{\mathbf{U}} \operatorname{var} \boldsymbol{\theta}^{\mathbf{U}}$ und bei einem zufälligen Effekt den Eigenwert $\xi^2_{\mathbf{U}}$:

$$\mathrm{E\,MS}(\mathbf{U}) = \begin{cases} n^{\mathbf{U}} \operatorname{var} \boldsymbol{\theta}^{\mathbf{U}} & \text{für } \mathbf{U} \in \mathbb{D}, \\ \xi^2_{\mathbf{U}} & \text{für } \mathbf{U} \in \mathbb{Z} \cup F. \end{cases} \tag{16.47}$$

Setzen wir weiter voraus, daß mit jedem zufälligen Effekt $\mathbf{U} \in \mathbb{Z}$ auch jeder $\mathbf{U}$ umfassende Effekt $\mathbf{V} \supset \mathbf{U}$ ebenfalls zufällig ist, dann gilt für einen zufälligen Effekt:

$$\mathrm{E\,MS}(\mathbf{U}) = \xi^2_{\mathbf{U}} = \sigma^2_{\mathbf{U}} n^{\mathbf{U}} + \sum_{\mathbf{U} \subset \mathbf{V}} \sigma^2_{\mathbf{V}} n^{\mathbf{V}} + \sigma^2. \tag{16.48}$$

Für jede maximale Faktorteilmenge **V**, die in keiner anderen Teilmenge enthalten ist, ist daher:

$$\widehat{\sigma}^2_{\mathbf{V}} := \frac{1}{n^{\mathbf{V}}} \left(\mathrm{MS}(\mathbf{V}) - \widehat{\sigma}^2 \right)$$

ein erwartungstreuer Schätzer für $\sigma^2_{\mathbf{V}}$. Beginnt man nun bei der maximalen Teilmenge, erhält man rekursiv von oben nach unten wandernd, erwartungstreue Schätzer für alle Varianzen $\sigma^2_{\mathbf{U}}$:

$$\widehat{\sigma}^2_{\mathbf{U}} := \frac{1}{n^{\mathbf{U}}} \left(\mathrm{MS}(\mathbf{U}) - \sum_{\mathbf{U} \subset \mathbf{V}} \widehat{\sigma}^2_{\mathbf{V}} n^{\mathbf{V}} - \widehat{\sigma}^2 \right). \tag{16.49}$$

Negative Varianzschätzer

Bei der Bestimmung von $\widehat{\sigma}^2_{\mathbf{U}}$ aus (16.49) tritt aber folgendes prinzipielles Problem auf:

- Während die nicht-negativen Kontrastvarianzen $\xi^2_{\mathbf{U}}$ unmittelbar durch die nicht-negativen MS (**U**) geschätzt werden, können die $\widehat{\sigma}^2_{\mathbf{U}}$ auch negativ sein. Dann lassen sich aber die $\widehat{\sigma}^2_{\mathbf{U}}$ inhaltlich nicht mehr als Varianzschätzer rechtfertigen.

- Bei jedem Datensatz ist die Wahrscheinlichkeit, daß die $\widehat{\sigma}_{\mathrm{U}}^2$ negativ sind, größer als Null.

Die Suche nach anderen, mit Sicherheit nicht-negativen, erwartungstreuen Varianzschätzern ist vergeblich, wie der folgende Satz zeigt.

Satz 438 *Es gibt keine erwartungstreuen, nicht-negativen Schätzer von* σ_{U}^2.

Beweis:
Wir halten σ_{U}^2 fest und fassen alle anderen Parameter wie $\theta_{\mathrm{i}}^{\mathbf{V}}$, $\sigma_{\mathbf{V}}^2, \cdots$ in einem Parametervektor $\boldsymbol{\lambda}$ zusammen. Dann ist die Verteilung von $\mathbf{y}$ durch $\left(\sigma_{\mathrm{U}}^2; \boldsymbol{\lambda}\right)$ bestimmt. Es sei $\Psi(\mathbf{y})$ ein erwartungstreuer nichtnegativer Schätzer für σ_{U}^2 :

$$\begin{aligned} \Psi(\mathbf{y}) &\geq 0, \\ \mathrm{E}\,\Psi(\mathbf{y}) &= \sigma_{\mathrm{U}}^2; \qquad \forall \left(\sigma_{\mathrm{U}}^2; \boldsymbol{\lambda}\right). \end{aligned}$$

Da $\Psi(\mathbf{y})$ auch für den Grenzfall $\sigma_{\mathrm{U}}^2 = 0$ erwartungstreu ist, muß im Fall $\sigma_{\mathrm{U}}^2 = 0$ gelten:

$$\mathrm{E}\,\Psi(\mathbf{y}) = 0; \qquad \text{für } \sigma_{\mathrm{U}}^2 = 0 \text{ und alle } \boldsymbol{\lambda}.$$

Aus $\Psi(\mathbf{y}) \geq 0$ und $\mathrm{E}\,\Psi(\mathbf{y}) = 0$ folgt aber:

$$\mathrm{P}\left\{\Psi(\mathbf{y}) = 0 \,\middle\|\, \sigma_{\mathrm{U}}^2 = 0; \boldsymbol{\lambda}\right\} = 1.$$

Auf jeder (Borel)-Menge des $\mathbb{R}^n$, in die $\mathbf{y}$ mit positiver Wahrscheinlichkeit fällt, muß $\Psi(\mathbf{y}) = 0$ sein. Da aber in der Darstellung von $\mathbf{y} = \sum_{\mathbf{V}} \sum_{\mathrm{i} \in \mathbf{V}} \vartheta_{\mathrm{i}}^{\mathbf{V}} \mathbf{1}_{\mathrm{i}}^{\mathbf{V}} + \boldsymbol{\varepsilon}$ das von den anderen $\vartheta_{\mathrm{i}}^{\mathbf{V}}$ unabhängige normalverteilte $\boldsymbol{\varepsilon}$ enthalten ist, ist der Träger von $\mathbf{y}$ der gesamte $\mathbb{R}^n$. Gibt es daher mindestens einen von Null verschiedenen Wert von σ_{U}^2, kann $\Psi(\mathbf{y})$ nicht erwartungstreu σ_{U}^2 schätzen.
□

Der Satz 438 ist ein Spezialfall eines wesentlich allgemeineren Satzes von Berger (1990), der bei nicht-ausgearteten Verteilungen und Parameterräumen mit Extremalpunkten die Existenz von erwartungstreuen Schätzer ausschließt. Daß σ^2 und ξ_U^2 erwartungstreu geschätzt werden können, ist dazu kein Widerspruch. Denn im Fall $\sigma^2 = 0$ oder $\xi_{\mathrm{U}}^2 = 0$ ist die Verteilung von $\mathbf{y}$ **ausgeartet**!
Es bietet sich daher an, entweder ganz auf die Forderung der Erwartungstreue zu verzichten und nichtnegative Varianzschätzer zu suchen, die anderen Gütekriterien genügen.
Oder aber man bleibt bei den vertrauten ANOVA-Schätzern, tröstet sich damit, daß mit Sicherheit die wesentlichen Kontrastvarianzen ξ_{U}^2 nicht negativ geschätzt werden und hofft im übrigen auf nichtnegative Varianzschätzer.
Was aber ist zu tun, wenn wirklich negative Varianzschätzer auftreten? Searle et al. (1992) zählen verschiedene Lösungsvorschläge in wachsender Radikalität auf:

1. Akzeptiere den negativen Wert. Interpretiere ihn als Hinweise, daß die wahre Varianz $\sigma_{\mathbf{U}}^2$ Null ist. Nutze aber die Erwartungstreue aus, um mit dem Zahlenwerte $\widehat{\sigma}_{\mathbf{U}}^2$ andere Parameter zu schätzen. Die Erwartungstreue der anderen Schätzer bleibt so erhalten.

2. Wie 1. Ersetze aber $\widehat{\sigma}_{\mathbf{U}}^2$ durch 0. Dies mag zwar inhaltlich sinnvoll sein, aber auf $\widehat{\sigma}_{\mathbf{U}}^2$ aufbauende Schätzer sind nicht mehr erwartungstreu.

3. Eliminiere die Faktorkombination $\mathbf{U} \in \mathbb{E}$ und schätze das Modell neu.

4. Suche überhaupt ein neues Modell.

5. Suche eine neue Methode zur Schätzung.

6. Besorge neue Daten.

16.2.5 Rekursionsformeln

Wie im balanzierten Modell mit festen Effekten lassen sich für jede Faktorstufenkombination $\mathbf{V}$ die Projektion in den zugeordneten Effektraum $\mathfrak{L}\{\mathbf{V}\}$ und alle damit zusammenhängenden Größen rekursiv berechnen.

Satz 439 *Für alle* $\mathbf{V} \in \mathbb{E}$ *gilt:*

$$\mathrm{SS}(\mathbf{V}) = n^{\mathbf{V}} \sum_{\mathrm{i} \in \mathbf{V}} \left(\overline{y}_{\mathrm{i}}^{\mathbf{V}}\right)^2 - \sum_{\mathbf{U} \subset \mathbf{V}} \mathrm{SS}(\mathbf{U}) . \tag{16.50}$$

Für die Schätzer der Effekte gilt:

$$\widehat{\theta}_{\mathrm{i}}^{\mathbf{V}} = \overline{y}_{\mathrm{i}}^{\mathbf{V}} - \sum_{\mathbf{U} \subset \mathbf{V}} \widehat{\theta}_{\mathrm{i}}^{\mathbf{U}} , \tag{16.51}$$

$$\mathrm{Cov}\left(\widehat{\theta}_{\mathrm{i}}^{\mathbf{V}} ; \widehat{\theta}_{\mathrm{j}}^{\mathbf{V}}\right) = \xi_{\mathbf{V}}^2 \left[\frac{\delta_{\mathrm{ij}|\mathrm{V}}}{n^{\mathbf{V}}} - \sum_{\mathbf{U} \subset \mathbf{V}} \frac{1}{\xi_{\mathbf{U}}^2} \mathrm{Cov}\left(\widehat{\theta}_{\mathrm{i}}^{\mathbf{U}} ; \widehat{\theta}_{\mathrm{j}}^{\mathbf{U}}\right)\right] . \tag{16.52}$$

Dabei ist $\delta_{\mathrm{ij}|\mathrm{V}} = 1$ *, falls* $\mathbf{i}\,|_{\mathbf{V}} = \mathbf{j}\,|_{\mathbf{V}}$ *(d.h. im Fall der Varianz) und* $\delta_{\mathrm{ij}|\mathrm{V}} = 0$ *sonst. Speziell gilt für den Schätzer* $\widehat{\theta}^{\varnothing} = \overline{y}$ *des deterministischen Basiseffekts* $\theta^{\varnothing}$ *:*

$$\mathrm{Var}\,\widehat{\theta}^{\varnothing} = \mathrm{Var}\,\overline{y} = \frac{1}{n}\left(\sum_{\mathbf{V}} \sigma_{\mathbf{V}}^2 n^{\mathbf{V}} + \sigma^2\right) . \tag{16.53}$$

Für die Schätzer $\widehat{\theta}_i^A$ *der deterministischen Haupteffekte eines Faktors A gilt:*

$$\mathrm{Cov}\left(\widehat{\theta}^A\right) = \frac{\xi_A^2}{n}\left(s_A \mathbf{I} - \mathbf{1}\mathbf{1}'\right) = \frac{1}{n}\left(\sum_{A \subseteq \mathbf{V}} \sigma_{\mathbf{V}}^2 n^{\mathbf{V}} + \sigma^2\right)\left(s_A \mathbf{I} - \mathbf{1}\mathbf{1}'\right) . \tag{16.54}$$

Dabei ist $\mathbf{I}$ *die* s_A*–dimensionale Einheitsmatrix. Die Kovarianzen der Schätzer* $\widehat{\theta}_{ij}^{AB}$ *der deterministischen Wechselwirkungseffekte zweier Faktoren* A *und* B *hängen davon ab, welche Faktorstufen von* A *bzw.* B *übereinstimmen:*

$$\operatorname{Cov}\left(\widehat{\theta}_{ik}^{AB};\widehat{\theta}_{jl}^{AB}\right)=\frac{\xi_{AB}^2}{n}\begin{cases}(s_A-1)(s_B-1) & \textit{für} \quad i=j;k=l\\ -(s_A-1) & \textit{für} \quad i=j;k\neq l\\ -(s_B-1) & \textit{für} \quad i\neq j;k=l\\ 1 & \textit{für} \quad i=j;k\neq l.\end{cases}$$

Beweis:
Zum Beweis brauchen wir noch die Hilfsformel:

$$\mathbf{U}\subseteq\mathbf{V}\Rightarrow\mathbf{P}_{\mathfrak{L}\{\mathbf{U}\}}\mathbf{1}_{\mathrm{i}}^{\mathbf{V}}=\frac{n^{\mathbf{V}}}{n^{\mathbf{U}}}\mathbf{P}_{\mathfrak{L}\{\mathbf{U}\}}\mathbf{1}_{\mathrm{i}}^{\mathbf{U}}. \tag{16.55}$$

Sie ergibt sich für $\mathbf{U}\subseteq\mathbf{V}$ aus:

$$\begin{aligned}\mathbf{P}_{\mathbf{U}}\mathbf{1}_{\mathrm{i}}^{\mathbf{V}} &= \frac{1}{n^{\mathbf{U}}}\sum_{\mathrm{k}}\mathbf{1}_{\mathrm{k}}^{\mathbf{U}}\left(\mathbf{1}_{\mathrm{k}}^{\mathbf{U}\prime}\mathbf{1}_{\mathrm{i}}^{\mathbf{V}}\right)=\frac{n^{\mathbf{V}}}{n^{\mathbf{U}}}\mathbf{1}_{\mathrm{i}}^{\mathbf{U}},\\ \mathbf{P}_{\mathfrak{L}\{\mathbf{U}\}}\mathbf{1}_{\mathrm{i}}^{\mathbf{V}} &= \mathbf{P}_{\mathfrak{L}\{\mathbf{U}\}}\mathbf{P}_{\mathbf{U}}\mathbf{1}_{\mathrm{i}}^{\mathbf{V}}=\frac{n^{\mathbf{V}}}{n^{\mathbf{U}}}\mathbf{P}_{\mathfrak{L}\{\mathbf{U}\}}\mathbf{1}_{\mathrm{i}}^{\mathbf{U}}.\end{aligned}$$

Aus

$$\mathbf{P}_{\mathbf{V}}\mathbf{y}=\sum_{\mathbf{U}\subseteq\mathbf{V}}\mathbf{P}_{\mathfrak{L}\{\mathbf{U}\}}\mathbf{y}=\mathbf{P}_{\mathfrak{L}\{\mathbf{V}\}}\mathbf{y}+\sum_{\mathbf{U}\subset\mathbf{V}}\mathbf{P}_{\mathfrak{L}\{\mathbf{U}\}}\mathbf{y} \tag{16.56}$$

folgt (16.50) wegen der Orthogonalität der Summanden durch Bildung der quadrierten Normen. Multiplikation von (16.56) mit $\left(\mathbf{1}_{\mathrm{i}}^{\mathbf{V}}\right)'$ liefert wegen (16.55) :

$$\begin{aligned}\left(\mathbf{1}_{\mathrm{i}}^{\mathbf{V}}\right)'\mathbf{P}_{\mathbf{V}}\mathbf{y} &= \left(\mathbf{1}_{\mathrm{i}}^{\mathbf{V}}\right)'\mathbf{P}_{\mathfrak{L}\{\mathbf{V}\}}\mathbf{y}+\sum_{\mathbf{U}\subset\mathbf{V}}\left(\mathbf{1}_{\mathrm{i}}^{\mathbf{V}}\right)'\mathbf{P}_{\mathfrak{L}\{\mathbf{U}\}}\mathbf{y}\\ &= \left(\mathbf{1}_{\mathrm{i}}^{\mathbf{V}}\right)'\mathbf{P}_{\mathfrak{L}\{\mathbf{V}\}}\mathbf{y}+\sum_{\mathbf{U}\subset\mathbf{V}}\frac{n^{\mathbf{V}}}{n^{\mathbf{U}}}\left(\mathbf{1}_{\mathrm{i}}^{\mathbf{U}}\right)'\mathbf{P}_{\mathfrak{L}\{\mathbf{U}\}}\mathbf{y}\\ &= n^{\mathbf{V}}\widehat{\theta}_{\mathrm{i}}^{\mathbf{V}}+n^{\mathbf{V}}\sum_{\mathbf{U}\subset\mathbf{V}}\widehat{\theta}_{\mathrm{i}}^{\mathbf{U}}.\end{aligned}$$

Andererseits ist:

$$\left(\mathbf{1}_{\mathrm{i}}^{\mathbf{V}}\right)'\mathbf{P}_{\mathbf{V}}\mathbf{y}=n^{\mathbf{V}}\overline{y}_{\mathrm{i}}^{\mathbf{V}}.$$

Für die Kovarianzmatrizen gilt wegen (16.36) und (16.55) einerseits:

$$\begin{aligned}\left(\mathbf{1}_{\mathrm{i}}^{\mathbf{V}}\right)'\mathbf{P}_{\mathbf{V}}\mathbf{1}_{\mathrm{j}}^{\mathbf{V}} &= \left(\mathbf{1}_{\mathrm{i}}^{\mathbf{V}}\right)'\left(\sum_{\mathbf{U}\subseteq\mathbf{V}}\mathbf{P}_{\mathfrak{L}\{\mathbf{U}\}}\right)\mathbf{1}_{\mathrm{j}}^{\mathbf{V}}\\ &= \left(n^{\mathbf{V}}\right)^2\sum_{\mathbf{U}\subseteq\mathbf{V}}\frac{1}{n^{\mathbf{U}}}\left(\mathbf{1}_{\mathrm{i}}^{\mathbf{U}}\right)'\mathbf{P}_{\mathfrak{L}\{\mathbf{U}\}}\mathbf{1}_{\mathrm{j}}^{\mathbf{U}}\\ &= \left(n^{\mathbf{V}}\right)^2\sum_{\mathbf{U}\subseteq\mathbf{V}}\frac{1}{\xi_{\mathbf{U}}^2}\operatorname{Cov}\left(\widehat{\theta}_{\mathrm{i}}^{\mathbf{U}};\widehat{\theta}_{\mathrm{j}}^{\mathbf{U}}\right).\end{aligned}$$

Andererseits ist $\left(\mathbf{1}_{\mathrm{i}}^{\mathbf{V}}\right)' \mathbf{P}_{\mathbf{V}} \mathbf{1}_{\mathrm{j}}^{\mathbf{V}} = \left(\mathbf{1}_{\mathrm{i}}^{\mathbf{V}}\right)' \mathbf{1}_{\mathrm{j}}^{\mathbf{V}} = n^{\mathbf{V}} \delta_{\mathrm{ij}|\mathrm{V}}$. Also folgt (16.52) aus:

$$\begin{aligned} \frac{1}{n^{\mathbf{V}}}\delta_{\mathrm{ij}|\mathrm{V}} &= \sum_{\mathbf{U}\subseteq\mathbf{V}} \frac{1}{\xi_{\mathbf{U}}^2} \operatorname{Cov}\left(\widehat{\theta}_{\mathrm{i}}^{\mathbf{U}};\widehat{\theta}_{\mathrm{j}}^{\mathbf{U}}\right) \\ &= \frac{1}{\xi_{\mathbf{V}}^2} \operatorname{Cov}\left(\widehat{\theta}_{\mathrm{i}}^{\mathbf{V}};\widehat{\theta}_{\mathrm{j}}^{\mathbf{V}}\right) + \sum_{\mathbf{U}\subset\mathbf{V}} \frac{1}{\xi_{\mathbf{U}}^2} \operatorname{Cov}\left(\widehat{\theta}_{\mathrm{i}}^{\mathbf{U}};\widehat{\theta}_{\mathrm{j}}^{\mathbf{U}}\right). \end{aligned}$$

Der Basiseffekt $\theta^{\varnothing}$ ist definiert durch die leere Faktorteilmenge $\varnothing$. Daher ist $\widehat{\theta}^{\varnothing} = \overline{y}^{\varnothing} - \sum_{\mathbf{U}\subset\emptyset} \widehat{\theta}_{\mathrm{i}}^{\mathbf{U}} = \overline{y}$ und $\operatorname{Var}\frac{\widehat{\theta}^{\varnothing}}{\xi_{\varnothing}} = \frac{1}{n}$. Für die Haupteffekte $\widehat{\theta}_{\mathrm{i}}^{A}$ folgt aus (16.52):

$$\begin{aligned} \operatorname{Var}\frac{\widehat{\theta}_{\mathrm{i}}^{A}}{\xi_A} &= \frac{1}{n^A} - \operatorname{Var}\frac{\widehat{\theta}^{\varnothing}}{\xi_{\emptyset}} = \frac{1}{n^A} - \frac{1}{n} = \frac{1}{n}(s_A - 1), \\ \operatorname{Cov}\left(\frac{\widehat{\theta}_{\mathrm{i}}^{A}}{\xi_A};\frac{\widehat{\theta}_{\mathrm{j}}^{A}}{\xi_A}\right) &= -\operatorname{Var}\left(\frac{\widehat{\theta}^{\varnothing}}{\xi_{\varnothing}};\frac{\widehat{\theta}^{\varnothing}}{\xi_{\varnothing}}\right) = -\frac{1}{n}. \end{aligned}$$

Für die Wechselwirkungseffekte folgt aus (16.52) :

$$\begin{aligned} \operatorname{Var}\frac{\widehat{\theta\theta}_{\mathrm{i}}^{AB}}{\xi_{AB}} &= \frac{1}{n^{AB}} - \operatorname{Var}\left(\frac{\widehat{\theta}_{\mathrm{i}}^{A}}{\xi_A}\right) - \operatorname{Var}\left(\frac{\widehat{\theta}_{\mathrm{i}}^{B}}{\xi_B}\right) - \operatorname{Var}\frac{\widehat{\theta}^{\varnothing}}{\xi_{\varnothing}} \\ &= \frac{1}{n^{AB}} - \frac{1}{n}(s_A - 1) - \frac{1}{n}(s_B - 1) - \frac{1}{n} \\ &= \frac{1}{n}(s_A - 1)(s_B - 1). \end{aligned}$$

Im Fall $i = j$ und $k \neq l$ folgt:

$$\begin{aligned} \operatorname{Cov}\left(\frac{\widehat{\theta}_{ik}^{AB}}{\xi_{AB}};\frac{\widehat{\theta}_{il}^{AB}}{\xi_{AB}}\right) &= -\operatorname{Cov}\left(\frac{\widehat{\theta}_{\mathrm{i}}^{A}}{\xi_A};\frac{\widehat{\theta}_{\mathrm{i}}^{A}}{\xi_A}\right) - \operatorname{Cov}\left(\frac{\widehat{\theta}_{k}^{B}}{\xi_B};\frac{\widehat{\theta}_{l}^{B}}{\xi_B}\right) - \operatorname{Cov}\left(\frac{\widehat{\theta}^{\varnothing}}{\xi_{\emptyset}};\frac{\widehat{\theta}^{\varnothing}}{\xi_{\emptyset}}\right) \\ &= -\frac{1}{n}(s_A - 1) + \frac{1}{n} - \frac{1}{n} = -\frac{1}{n}(s_A - 1). \end{aligned}$$

Analog werden die beiden anderen Fälle bestimmt.

16.2.6 ANOVA-Tests im balanzierten Modell

Die Signifikanz eines zufälligen Effektes $\mathbf{V} \in \mathbb{Z}$ testen wir mit der Hypothese:

$$H_0^{\mathbf{V}} : \text{"}\sigma_{\mathbf{V}}^2 = 0\text{"}.$$

Die Signifikanz eines deterministischen Effektes $\mathbf{V} \in \mathbb{D}$ testen wir mit der Hypothese:

$$H_0^{\mathbf{V}} : \text{"}\theta_{\mathrm{i}}^{\mathbf{V}} = 0 \qquad \forall \mathbf{i}\text{"}.$$

Mit der Bezeichnung von (16.45) können wir diese Hypothese auch schreiben:

$$H_0^{\mathbf{V}} : \text{" var } \boldsymbol{\theta}^{\mathbf{V}} = 0\text{"}.$$

In beiden Fällen liefert MS $(\mathbf{V})$ das Entscheidungskriterium. Ob MS $(\mathbf{V})$ *zu groß* ist, beurteilen wir im Vergleich mit einem geeigneten anderen Effekt $\mathbf{U} \neq \mathbf{V}$. Ist $\delta_{\mathbf{U}} = 0$, so ist:

$$\mathrm{F_{PG}} := \frac{\xi_{\mathbf{U}}^2}{\xi_{\mathbf{V}}^2} \frac{\mathrm{MS}(\mathbf{V})}{\mathrm{MS}(\mathbf{U})} \sim F(d_{\mathbf{V}}^*; d_{\mathbf{U}}^*; \delta_{\mathbf{V}}), \tag{16.57}$$

denn $\frac{1}{\xi_{\mathbf{V}}^2}$ MS $(\mathbf{V})$ und $\frac{1}{\xi_{\mathbf{U}}^2}$ MS $(\mathbf{U})$ sind voneinander unabhängig χ^2−verteilt. Nach der Vereinbarung (16.48) ist zum Beispiel $\delta_{\mathbf{U}} = 0$ immer dann, wenn $\mathbf{U}$ ein zufälliger Effekt ist. Kennt man nun unter der Gültigkeit der Hypothese den Quotient $\frac{\xi_{\mathbf{U}}^2}{\xi_{\mathbf{V}}^2}$ und den Nichtzentralitätsparameter $\delta_{\mathbf{V}}$, so ist die Verteilung von $\mathrm{F_{PG}}$ unter H_0 bekannt und $\mathrm{F_{PG}}$ läßt sich als F-verteilte Prüfgröße eines Test verwenden.
Leider existiert zu gegebenem $\mathbf{V}$ nicht immer ein passendes $\mathbf{U}$ und wenn, ist es nicht immer eindeutig. Wir zeigen dies an zwei formalen Beispielen:

Beispiel 440 *Gegeben sei ein balanziertes saturiertes Modell ohne feste Effekte mit zwei zufälligen Faktoren A und B. Die Hypothese:*

$$H_0^A : \text{"}\sigma_{\mathbf{A}}^2 = 0\text{"}$$

ist zu testen. Wir wählen $\mathbf{V} = A$ *und* $\mathbf{U} = AB$. *Dann ist* $\delta_A = \delta_{AB} = 0$. *Weiter ist:*

$$\begin{aligned} \xi_A^2 &= n^A\sigma_A^2 + n^{AB}\sigma_{AB}^2 + \sigma^2, \\ \xi_{AB}^2 &= \qquad\quad\;\; n^{AB}\sigma_{AB}^2 + \sigma^2. \end{aligned}$$

Im Fall $\sigma_{\mathbf{A}}^2 = 0$ *ist* $\xi_A^2 = \xi_{AB}^2$. *Die Prüfgröße des F-Test ist demnach unter* H_0 :

$$\mathrm{F}_{PG} = \frac{\mathrm{MS}(A)}{\mathrm{MS}(AB)} \sim F(s_A - 1; (s_A - 1)(s_B - 1)).$$

Ist H_0^A *falsch, so ist* $\frac{\xi_A^2}{\xi_{AB}^2} > 1$. *Wir werden daher die großen Werte von* F_{PG} *zur kritischen Region erklären.*

Beispiel 441 *Gegeben sei ein balanziertes saturiertes Modell ohne feste Effekte mit drei zufälligen Faktoren A, B und C. Die Hypothese* H_0^A : "$\sigma_A^2 = 0$" *ist zu testen. Aus der Tabelle der* $\xi_{\mathbf{U}}^2$ *folgt, daß im Fall* "$\sigma_A^2 = 0$" *kein* $\xi_{\mathbf{U}}^2$ *existiert mit* $\xi_{\mathbf{U}}^2 = \xi_A^2$.

$\mathbf{U}$	$\xi^2_{\mathbf{U}} = \sum_{\mathbf{U} \subseteq \mathbf{V}} \sigma^2_{\mathbf{V}} n^{\mathbf{V}} + \sigma^2$
A	$n^A\sigma^2_A + n^{AB}\sigma^2_{AB} + n^{AC}\sigma^2_{AC} + n^{ABC}\sigma^2_{ABC} + \sigma^2$
B	$n^B\sigma^2_B + n^{AB}\sigma^2_{AB} + n^{BC}\sigma^2_{BC} + n^{ABC}\sigma^2_{ABC} + \sigma^2$
C	$n^C\sigma^2_C + n^{AC}\sigma^2_{AC} + n^{BC}\sigma^2_{BC} + n^{ABC}\sigma^2_{ABC} + \sigma^2$
AB	$n^{AB}\sigma^2_{AB} + n^{ABC}\sigma^2_{ABC} + \sigma^2$
AC	$n^{AC}\sigma^2_{AC} + n^{ABC}\sigma^2_{ABC} + \sigma^2$
BC	$n^{BC}\sigma^2_{BC} + n^{ABC}\sigma^2_{ABC} + \sigma^2$
ABC	$n^{ABC}\sigma^2_{ABC} + \sigma^2$

Ist aber im Obermodell bereits $\sigma^2_{AB} = 0$ gesetzt, dann sind unter H_0^A die Eigenwerte ξ^2_A und ξ^2_{AC} identisch. H_0^A läßt sich dann testen mit:

$$\mathrm{F}_{PG} := \frac{\xi^2_{AC}}{\xi^2_A} \frac{\mathrm{MS}\,(A)}{\mathrm{MS}\,(AC)} = \frac{\mathrm{MS}\,(A)}{\mathrm{MS}\,(AC)} \sim F\,(s_A - 1; (s_A - 1)\,(s_C - 1))\,.$$

Ist im Obermodell außer $\sigma^2_{AB} = 0$ auch noch $\sigma^2_{AC} = 0$ gesetzt, so wären $\xi^2_A = \xi^2_{AC} = \xi^2_{AB}$. In diesem Fall könnte H_0^A auch mit:

$$\mathrm{F}_{PG} := \frac{\xi^2_{AB}}{\xi^2_A} \frac{\mathrm{MS}\,(A)}{\mathrm{MS}\,(AB)} = \frac{\mathrm{MS}\,(A)}{\mathrm{MS}\,(AB)} \sim F\,(s_A - 1; (s_A - 1)\,(s_B - 1))$$

getestet werden.

Wir betrachten zum Schluß einen realen Datensatz:

Beispiel 442 *Ein Hersteller von Rasierklingen möchte drei Klingentypen vergleichen. Dazu wird die tägliche Rasur bei 15 Versuchspersonen beurteilt, die sich mit jedem Klingentyp jeweils 4 Tage lang rasieren. Bei jedem Probanden wird nach 24 Stunden an Hals, Kinn und Wange die Länge (in Mikron) von jeweils 20 zufällig ausgewählten Bartstoppeln mit dem Stereomikroskop optisch gemessen. Als Meßwert wurde der Mittelwert dieser 20 Einzelwerte notiert. Die Faktoren des Modells sind:*

Faktor	*Stufen*
P :=*Proband*	$s_P = 15$
K :=*Klinge*	$s_K = 3$
G :=*Gesichtzone*	$s_G = 3$
T :=*Tag*	$s_T = 4$

Dabei wurde P und alle Kombinationen mit P als zufällig, alle anderen als deterministisch behandelt. An jeder $PKGT$-Stelle lag genau eine Beobachtung

V	$d^*_{\mathbf{V}}$	SS (**V**)	MS (**V**)	F_{pg}	$P\{F_{PG} > F_{pg}\}$
P	14	4510832	322202		
K	2	644222	322111	27,73	$2,3 \times 10^{-7}$
KP	28	325291	11618		
G	2	354273	177136	4,25	$2,4 \times 10^{-2}$
GP	28	1167642	41702		
T	3	20375	6792	1,35	0,27
TP	42	211219	5029		
KZ	4	30690	7672	1,31	0.28
KZP	56	328395	5864		
KT	6	3747	625	0,11	0.99
KTP	84	470076	5596		
GT	6	22058	3676	0,87	0,52
GTP	84	355226	4229		
KGT	12	33290	2774		
Rest	168	419454	2497		
Gesamt	539	8896 789			

Tabelle 16.1: Anovatafel der Rasierklingen-Daten

vor, nämlich der Mittelwert $\overline{y}^{PKGT}$. *Also ist der Versuch mit* $r = 1$ *balanziert. Tabelle 16.1 zeigt die Auswertung der Daten,*[5] *und die ins Modell aufgenommenen Faktorkombinationen:*
Insgesamt ist $n = 15 \times 3 \times 3 \times 4 = 540$. *Die Dimension des Modellraums ist* $1 + 14 + 2 + 28 + 2 + 28 + 3 + 42 + 4 + 56 + 6 + 84 + 6 + 84 + 12 = 372$. *Die Dimension des Restraums ist* $540 - 372 = 168$.

Schätzung der Varianzen: *Die Varianzen schätzen wir nach der Formel* (16.49) : $n^{\mathbf{U}}\widehat{\sigma}^2_{\mathbf{U}} := \mathrm{MS}(\mathbf{U}) - \sum_{\mathbf{U} \subset \mathbf{V}} \widehat{\sigma}^2_{\mathbf{V}} n^{\mathbf{V}} - \widehat{\sigma}^2$. *Die Ergebnisse der Nebenrechnungen sind in der Tabelle 16.2 zusammengefaßt:*
Zum Beispiel ergibt sich der negative Schätzwert für $\widehat{\sigma}^2_{TP}$ *aus:*

$$n^{TP}\widehat{\sigma}^2_{TP} = \mathrm{MS}(TP^*) - n^{KTP}\widehat{\sigma}^2_{KTP} - \widehat{\sigma}^2 = 5029 - 3099 - 2497 = -567$$

und der Schätzwert für $n^P\widehat{\sigma}^2_P$ *aus:*

$$\begin{aligned} n^P\widehat{\sigma}^2_P &= 322202 - 3525 - 33341 - (-567) - 3367 - 3099 - 1732 - 2497 \\ &= 275208. \end{aligned}$$

Test der Klingeneffekte: *Die entscheidende Frage ist, ob sich die Klin-*

[5] Da es sich hier um einen umfangreichen realen Datensatz handelt, müssen wir auf die Angabe der Originaldaten verzichten und beschränken uns auf die SS- Terme.

$\mathbf{V}$	$n^{\mathbf{V}} = \frac{n}{s^{\mathbf{V}}}$	MS ($\mathbf{V}$)	$n^{\mathbf{V}}\widehat{\sigma}^2_{\mathbf{V}}$	$\widehat{\sigma}^2_{\mathbf{V}}$
P	36	322202	275208	7645
KP	12	11618	3525	294
ZP	12	41702	33341	2778
TP	9	5029	−567	−63
KZP	4	5864	3367	842
KTP	3	5596	3099	10332
ZTP	3	4229	1732	5772
Rest	1	2497		2497

Tabelle 16.2: Schätzung der Varianzen

gentypen unterscheiden. Dazu soll die Hypothese H_0^K : "$\boldsymbol{\theta}^K = \mathbf{0}$" *bei einem Niveau von* $\alpha = 5\%$ *getestet werden. Da P der einzige zufällige Faktor ist, ist* $\xi_K^2 = \xi_{KP}^2$. *Daher ist:*

$$\mathrm{F}_{PG} = \frac{\mathrm{MS}\,(K)}{\mathrm{MS}\,(KP)} \sim F\left(s_K - 1; (s_K - 1)\,(s_P - 1)\,; \delta_{_K}\right).$$

Dabei ist $\delta_{\mathbf{K}}$ *genau dann Null, wenn kein Klingeneffekt vorliegt. Bei Gültigkeit von* H_0^K *ist also* $\mathrm{F}_{PG} \sim F\,(2;28)$ *verteilt. Der Schwellenwert der F-Verteilung ist* $F(2;28)_{0{,}95} = 3{,}34$. *Die Klingen unterscheiden sich also signifikant bei einem Niveau von* $\alpha = 5\%$. *Weiter ist der Unterschied zwischen der Rasur bei Kinn, Hals und Wange signifikant. Ein Tageseffekt liegt nicht vor. Ebenso sind alle höheren Wechselwirkungseffekte bei einem Niveau von* $\alpha = 5\%$ *nicht signifikant. Die P-Werte der relevanten Tests sind in der letzten Spalte der Tabelle 16.1 aufgeführt, dabei wurden die jeweils passenden Faktorkombinationen durch zwei Doppellinien eingerahmt und zusammengefaßt.*

Test eines Klingenkontrastes: *Der F-Test sichert, daß die Unterschiede zwischen den Klingen nicht zufällig sind. Nun fragen wir, welche Klingen sich unterscheiden. Die Mittelwerte der Bartlängen bei den drei verschiedenen Klingen ergaben sich als:*

	Klinge K_1	*Klinge* K_2	*Klinge* K_3
$\widehat{\theta}_i^K + \overline{y} = \overline{y}_i^K$	*308,36*	*375,93*	*386,24*

Dazu betrachten wir Kontraste zwischen den Klingen z.B. $\theta_1^K - \theta_2^K$ *oder allgemein* $\varphi = \mathbf{k}'\boldsymbol{\theta}^K$. *Die Varianz des Schätzers* $\widehat{\varphi} = \mathbf{k}'\boldsymbol{\theta}^K$ *ist nach* (16.54) *wegen* $\mathbf{k}'\mathbf{1} = 0$:

$$\mathrm{Var}\,(\widehat{\varphi}) = \mathbf{k}'\,\mathrm{Cov}\left(\widehat{\theta}^A\right)\mathbf{k} = \mathbf{k}'\frac{\xi_K^2}{n}\left(s_K\mathbf{I} - \mathbf{1}\mathbf{1}'\right)\mathbf{k} = \|\mathbf{k}\|^2\,\frac{\xi_K^2}{n}s_K.$$

Nach (16.49) *wird* $\xi_{\mathbf{U}}^2$ *bei einem zufälligen Effekt* $\mathbf{U}$ *durch* MS ($\mathbf{U}$) *erwartungstreu geschätzt. Da* $\xi_K^2 = \xi_{KP}^2$ *ist, können wir* ξ_K^2 *durch:*

$$\widehat{\xi}_K^2 = \widehat{\xi}_{KP}^2 = \mathrm{MS}\,(KP) = 11618$$

schätzen. Damit ist

$$\widehat{\operatorname{Var}}(\widehat{\varphi}) = \|\mathbf{k}\|^2 \frac{11618}{540} 3 = \|\mathbf{k}\|^2 \cdot 64,544.$$

Für jeden Elementarkontrast $\widehat{\varphi}_{ij} = \widehat{\theta}_i^K - \widehat{\theta}_j^K$ *ist* $\|\mathbf{k}\|^2 = 2$. *Also ist* $\widehat{\sigma}_{\widehat{\varphi}_{ij}} = \sqrt{2 \cdot 64,544} = 11,362$. *Bei einem Niveau von* $\alpha = 5\%$ *ist demnach* θ_1^K *signifikant größer als die beiden anderen, während der Unterschied zwischen* θ_2^K *und* θ_3^K *nicht gesichert ist.*

16.2.7 Approximative Tests

Wenn keine geeignete Vergleichskomponente **U** zum Test einer Hypothese "$\sigma_{\mathbf{V}}^2 = 0$" zur Verfügung steht, schlägt Scheffé einen approximativen Test vor. Wir erläutern den Test an einer Fortsetzung von Beispiel 441 auf Seite 685.
Für den Test der Hypothese H_0^A : "$\sigma_A^2 = 0$" existierte keine geeignete Vergleichsmenge **U**. Aus der Tabelle der $\xi_{\mathbf{U}}^2$ folgt in diesem Fall:

$$\xi_A^2 = \sigma_A^2 + \xi_{AB}^2 + \xi_{AC}^2 - \xi_{ABC}^2.$$

Bei Gültigkeit der Hypothese ist $\xi_A^2 = \xi_{AB}^2 + \xi_{AC}^2 - \xi_{ABC}^2$. Daher kann $\widehat{\xi}_A^2$ geschätzt werden durch:

$$\begin{aligned} \widehat{\xi}_A^2 &= \widehat{\xi}_{AB}^2 + \widehat{\xi}_{AC}^2 - \widehat{\xi}_{ABC}^2 \\ &= \operatorname{MS}(AB) + \operatorname{MS}(AC) - \operatorname{MS}(ABC) \\ &\sim \xi_{AB}^2 \frac{\chi^2(d_{AB}^*)}{d_{AB}^*} + \xi_{AC}^2 \frac{\chi^2(d_{AC}^*)}{d_{AC}^*} - \xi_{ABC}^2 \frac{\chi^2(d_{ABC}^*)}{d_{ABC}^*}. \end{aligned}$$

$\widehat{\xi}_A^2$ ist Linearkombination χ^2−verteilter Variablen, die alle von MS (A) unabhängig sind, selbst von MS (A) unabhängig, aber nicht mehr χ^2−verteilt. Scheffé schlägt vor, die Verteilung von $\widehat{\xi}_A^2$ durch eine $\frac{\xi_A^2}{\nu}\chi^2(\nu)$ −Verteilung zu approximieren:

$$\widehat{\xi}_A^2 \approx \frac{\xi_A^2}{\nu}\chi^2(\nu)$$

wobei $\frac{\xi_A^2}{\nu}\chi^2(\nu)$ denselben Erwartungswert und die gleiche Varianz besitzen soll wie $\widehat{\xi}_A^2$. Wegen der Unabhängigkeit der Summanden ist:

$$\begin{aligned} \operatorname{E}\widehat{\xi}_A^2 &= \xi_A^2, \\ \operatorname{Var}\widehat{\xi}_A^2 &= 2\left(\frac{1}{d_{AB}^*}\xi_{AB}^4 + \frac{1}{d_{AC}^*}\xi_{AB}^4 + \frac{1}{d_{ABC}^*}\xi_{AB}^4\right). \end{aligned}$$

Daher stimmen für:

$$\nu = \frac{\xi_A^4}{\frac{1}{d_{AB}^*}\xi_{AB}^4 + \frac{1}{d_{AC}^*}\xi_{AC}^4 + \frac{1}{d_{ABC}^*}\xi_{ABC}^4},$$

Erwartungswerte und Varianzen überein. Dabei wird ν geschätzt durch:

$$\widehat{\nu} = \frac{\mathrm{MS}\,(A)^2}{\frac{1}{d^*_{AB}}\,\mathrm{MS}\,(AB)^2 + \frac{1}{d^*_{AC}}\,\mathrm{MS}\,(AC)^2 + \frac{1}{d^*_{ABC}}\,\mathrm{MS}\,(ABC)^2}.$$

Die Verteilung der Prüfgröße:

$$\mathrm{F_{PG}} = \frac{\mathrm{MS}\,(A)}{\widehat{\xi}^2_A}$$

unter H_0^A wird nun durch die $F\,(s_A - 1; \nu)$ approximiert, denn

$$\frac{\mathrm{MS}\,(A)}{\widehat{\xi}^2_A} \approx \frac{\xi^2_A \frac{1}{s_A - 1}\chi^2\,(s_{A-1})}{\xi^2_A \frac{1}{\nu}\chi^2\,(\nu)} \sim F\,(s_A - 1; \nu)\,.$$

Bemerkung:

Fragen nach Existenz und Konstruktion exakter Tests vor allem auch im unbalanzierten Modell werden ausführlich in dem bereits erwähnten Buch von Khuri et al. (1998) behandelt.

16.3 Likelihoodschätzer im balanzierten Modell.

Im linearen Modell kennen wir die Gestalt der Wahrscheinlichkeitsverteilung von $\mathbf{y}$:

$$\mathbf{y} \sim \mathrm{N}_n\,(\boldsymbol{\mu}; \mathbf{C})\,.$$

Nur die Parameter $\boldsymbol{\mu}$ und $\mathbf{C}$ sind unbekannt. Daher liegt es nahe, diese Parameter mit der Maximum-Likelihood-Methode zu schätzen. Die Likelihood von $\boldsymbol{\mu}$ und $\mathbf{C}$ ist:

$$L\,(\mathbf{C}; \boldsymbol{\mu}\,|\mathbf{y}\,) = \left(\frac{1}{\sqrt{2\pi}}\right)^n |\mathbf{C}|^{-\frac{1}{2}} \exp\left\{-\frac{1}{2}\,(\mathbf{y} - \boldsymbol{\mu})'\,\mathbf{C}^{-1}\,(\mathbf{y} - \boldsymbol{\mu})\right\}. \qquad (16.58)$$

Im balanzierten Modell können wir $\mathbf{C}^{-1}$ und $|\mathbf{C}|$ aus der Spektralzerlegung von $\mathbf{C}$ bestimmen. Wegen (16.34) und (16.35) gilt:

$$\begin{aligned}
\mathbf{C} &= \sum_{\mathbf{U}\in\mathbb{E}'} \xi^2_{\mathbf{U}} \mathbf{P}_{\mathfrak{L}\{\mathbf{U}\}}, \\
\mathbf{C}^{-1} &= \sum_{\mathbf{U}\in\mathbb{E}'} \xi^{-2}_{\mathbf{U}} \mathbf{P}_{\mathfrak{L}\{\mathbf{U}\}}, \\
|\mathbf{C}| &= \prod_{\mathbf{U}\in\mathbb{E}'} \left(\xi^2_{\mathbf{U}}\right)^{d^*_{\mathbf{U}}}.
\end{aligned}$$

Setzen wir diese Werte in die Likelihood ein, erhalten wir:

$$L(\mathbf{C};\boldsymbol{\mu}\,|\mathbf{y}) = \prod_{\mathbf{U}\in\mathbb{E}'} \left(\frac{1}{\sqrt{2\pi}\xi_U}\right)^{d^*_{\mathbf{U}}} \exp\left\{-\frac{\left\|\mathbf{P}_{\mathfrak{L}\{\mathbf{U}\}}(\mathbf{y}-\boldsymbol{\mu})\right\|^2}{2\xi^2_{\mathbf{U}}}\right\}. \tag{16.59}$$

Wir können nun die Fälle $\mathbf{U} \in \mathbb{D}$ und $\mathbf{U} \in \mathbb{Z} \cup F = \mathbb{Z}'$ trennen:

$$L(\mathbf{C};\boldsymbol{\mu}\,|\mathbf{y}) = \prod_{\mathbf{U}\in\mathbb{E}'} = \prod_{\mathbf{U}\in\mathbb{D}} \prod_{\mathbf{U}\in\mathbb{Z}'} =: L_{\mathbb{D}} \cdot L_{REML}.$$

Dabei steht der Index REML für **Re**stricted **M**aximum **L**ikelihood. Im einzelnen ist:

$$L_{\mathbb{D}} = \prod_{\mathbf{U}\in\mathbb{D}} \left(\frac{1}{\sqrt{2\pi\xi^2_{\mathbf{U}}}}\right)^{d^*_{\mathbf{U}}} \exp\left\{-\frac{\left\|\mathbf{P}_{\mathfrak{L}\{\mathbf{U}\}}(\mathbf{y}-\boldsymbol{\mu})\right\|^2}{2\xi^2_{\mathbf{U}}}\right\}, \tag{16.60}$$

$$L_{REML} = \prod_{\mathbf{U}\in\mathbb{Z}'} \left(\frac{1}{\sqrt{2\pi\xi^2_{\mathbf{U}}}}\right)^{d^*_{\mathbf{U}}} \exp\left\{-\frac{\left\|\mathbf{P}_{\mathfrak{L}\{\mathbf{U}\}}\mathbf{y}\right\|^2}{2\xi^2_{\mathbf{U}}}\right\}. \tag{16.61}$$

Die letzte Gleichung gilt, denn für alle $\mathbf{U} \in \mathbb{Z}'$ ist $\mathbf{P}_{\mathfrak{L}\{\mathbf{U}\}}\boldsymbol{\mu} = \sum \theta^{\mathbf{U}}_{\mathrm{i}} \mathbf{1}^{\mathbf{U}}_{\mathrm{i}} = \mathbf{0}$.
In (16.60) und (16.61) treten die Varianzen $\sigma^2_{\mathbf{V}}$ nicht mehr explizit auf. An ihre Stelle sind die Kontrastvarianzen $\xi^2_{\mathbf{V}}$ als *natürliche* Parameter des balanzierten Modells getreten. Die Information der Stichprobe über die $\xi^2_{\mathbf{U}}$ ist in der minimal suffizienten Statistik $\left\{\mathbf{P}_{\mathfrak{L}\{\mathbf{U}\}}\mathbf{y} \mid \mathbf{U} \in \mathbb{E}'\right\}$ enthalten. Die Likelihood ist vollständig faktorisiert ist, wobei $\xi^2_{\mathbf{U}}$ bzw. der Parametervektor $\mathbf{P}_{\mathfrak{L}\{\mathbf{U}\}}\boldsymbol{\mu}$ nur noch in jeweils einem einzigen Faktor vorkommt.
Wir können die Likelihood nach jedem einzelnen Faktor separat maximieren und erhalten:

Satz 443 *Im balanzierten Modell stimmen die ML-Schätzer der Komponenten* $\mathbf{P}_{\mathfrak{L}\{\mathbf{U}\}}\boldsymbol{\mu}$ *und der Parameter* $\xi^2_{\mathbf{U}}$ *mit den ANOVA-Schätzer überein.*
Für alle $\mathbf{U} \in \mathbb{D}$ *ist:*

$$\widehat{\mathbf{P}_{\mathfrak{L}\{\mathbf{U}\}}\boldsymbol{\mu}} = \mathbf{P}_{\mathfrak{L}\{\mathbf{U}\}}\mathbf{y}. \tag{16.62}$$

Für alle $\mathbf{U} \in \mathbb{Z}'$ *ist:*

$$\widehat{\xi}^2_{\mathbf{U}} = \frac{\left\|\mathbf{P}_{\mathfrak{L}\{\mathbf{U}\}}\mathbf{y}\right\|^2}{d^*_{\mathbf{U}}} = \mathrm{MS}\left(\mathbf{U}\right). \tag{16.63}$$

Bemerkungen:

1. Auch an dieser Stelle wird die Bedeutung der Varianz-Erwartungswert-Dichotomie deutlich. Ohne diese Vereinbarung $\mathbb{D} = \mathbb{D}_\theta$ hätten wir in der Produktdarstellung der Likelihood (16.59) nach den Fällen $\theta^{\mathbf{U}}_{\mathrm{i}} \neq 0$ und

$\theta_{\mathrm{i}}^{\mathbf{U}} = 0$, das heißt $\mathbf{U} \in \mathbb{D}_\theta$ und $\mathbf{U} \notin \mathbb{D}_\theta$ sortieren müssen. Die Schätzungen (16.62) für $\mathbf{U} \in \mathbb{D}_\theta$ und (16.63) für $\mathbf{U} \notin \mathbb{D}_\theta$ wären zwar dieselben geblieben. Um aber ξ_{U}^2 für einen nichtzentrierten zufälligen Effekt zu schätzen, müssten wir $\widehat{\xi}_{\mathrm{U}}^2$ für $\mathbf{U} \in \mathbb{D}_\theta$ bestimmen. Setzt man nun das geschätzte $\widehat{\boldsymbol{\mu}}$ in $L_{\mathbb{D}_\theta}(\mathbf{C}; \boldsymbol{\mu}\,|\mathbf{y})$ ein, erhielte man die in den ξ_{U}^2 unbeschränkte Likelihoodkomponente $L_{\mathbb{D}_\theta}(\mathbf{C}; \widehat{\boldsymbol{\mu}}\,|\mathbf{y}) = \prod_{\mathbf{U}\in\mathbb{D}_\theta} \left(\frac{1}{\xi_{\mathrm{U}}^2}\right)^{d_{\mathrm{U}}^*}$. Für alle $\mathbf{U} \in \mathbb{D}_\theta$ existiert der ML-Schätzer für die ξ_{U}^2 nicht. Damit stoßen wir wiederum auf das gleiche Dilemma wie bei der ANOVA-Schätzung der Varianzen: Bei zufälligen Effekten lassen sich nicht sowohl Erwartungswert als auch Varianz getrennt von einander schätzen.

Mit unserer Vereinbarung $\mathbb{D} = \mathbb{D}_\theta$ reicht die Likelihood zur Schätzung aller Parameter aus: Die deterministischen Effekte $\boldsymbol{\theta}^{\mathbf{V}}$ werden aus $L_{\mathbb{D}}$, die Varianzen σ_{U}^2 der zufälligen Effekte werden aus L_{REML} errechnet.

2. Wir haben hier zuerst die ξ_{U}^2 als die natürlichen Parameter der Likelihood L_{REML} geschätzt. Aus den $\widehat{\xi}_{\mathrm{U}}^2$ wurden in einem zweiten Schritt die σ_{U}^2 geschätzt. Wir erhalten jedoch andere Schätzwerte der σ_{U}^2, wenn sie als primäre Parameter in einem Schritt aus der Likelihood geschätzt werden:

   Den Unterschied zwisschen beiden Schätzern erkennt man am einfachsten in einem Modell mit n unabhängigen $\mathrm{N}(\mu; \sigma^2)$ verteilten Variablen $y_1, \cdots, y_n$. Der ML-Schätzer der Varianz ist $\widehat{\sigma}_{ML}^2 = \frac{1}{n}\sum (y_i - \overline{y})^2$, der Schätzer aus L_{REML} ist $\widehat{\sigma}_{REML}^2 = \frac{1}{n-1}\sum (y_i - \overline{y})^2$. Im linearen Modell mit festen Effekten ist $\widehat{\sigma}_{ML}^2 = \frac{1}{n}\mathrm{SSE}$, dagegen ist $\widehat{\sigma}_{REML}^2 = \frac{1}{n-d^*}\mathrm{SSE} = \widehat{\sigma}_{ANOVA}^2$.

   Die nichterwartungstreuen ML-Schätzer berücksichtigen nicht die Dimensionen der Modellräume oder anders gesagt, die Verluste an Freiheitsgraden, die für die Schätzung der übrigen Parameter aufgewendeten werden müssen.

3. Das Problem negativer Varianzschätzer kann durch numerischen Mehraufwand vollständig gelöst werden. Dazu muß L_{REML} als Funktion der σ_{U}^2 über dem positiven Quadranten maximiert werden. Dies leisten entsprechende Softwarepakete.

16.4 Nichtbalanzierte Modelle

Zur Einstimmung in die Problematik nichtbalanzierter Modelle mag ein Zitat von Scheffé (1959, Seite 224) dienen:

> *At the present writing, the "best" tests and estimates in the unbalanced cases of random-effects models and mixed models are not known, even in a rough intuitive sense. The basic trouble is, that the distribution theory gets so much more complicated.*

Wir wollen hier nur einige Lösungsansätze kurz skizzieren und dazu das Modell so allgemein und so einfach wie möglich darstellen. Das bis jetzt behandelte balanzierte Modell hatte die Gestalt:

$$\mathbf{y} \sim \mathrm{N}_n(\mathbf{X}\boldsymbol{\beta}; \mathbf{C}), \tag{16.64}$$

$$\mathbf{X}\boldsymbol{\beta} = \sum_{\mathbf{V}\in\mathbb{D}} \sum_{\mathrm{i}\in\mathbf{V}} \theta_{\mathrm{i}}^{\mathbf{V}} \mathbf{1}_{\mathrm{i}}^{\mathbf{V}}, \tag{16.65}$$

$$\mathbf{C} = \sum_{\mathbf{U}\in\mathbb{E}'} \xi_{\mathbf{U}}^2 \mathbf{P}_{\mathfrak{L}\{\mathbf{U}\}}. \tag{16.66}$$

Nun verzichten wir auf die spezielle Festlegung der Strukturen von $\mathbf{X}\boldsymbol{\beta}$ sowie von $\mathbf{C}$ und betrachten das allgemeinere Problem:

$$\mathbf{y} \sim \mathrm{N}_n(\mathbf{X}\boldsymbol{\beta}; \mathbf{C}); \qquad \mathbf{C} = \sum_{j=1}^{k} \sigma_j^2 \mathbf{C}_j. \tag{16.67}$$

Dabei sollen die $\mathbf{C}_j$ bekannt sein. Unbekannt und aus den Beobachtungen zu schätzen sind $\boldsymbol{\beta}$ und $\boldsymbol{\sigma}^2 := (\sigma_1^2, \cdots, \sigma_k^2)$.

Die Methoden von Henderson

Henderson (1953) konstruiert in Anlehnung an die ANOVA-Formeln des balanzierten Modells approximative Varianzschätzer für das unbalanzierte Modell. Dazu werden geeignete Quadratsummen in $\mathbf{y}$ — MS (∗)-Terme — gesucht, deren Erwartungswerte explizit bestimmbar sind. Diese MS (∗)-Terme werden mit ihren Erwartungswerten gleichgesetzt. In den resultierenden Gleichungen werden die unbekannten σ_j^2 durch $\widehat{\sigma}_j^2$ ersetzt. Die entstehenden Gleichungen werden dann nach $\widehat{\sigma}_j^2$ aufgelöst. Ausführlich werden diese Methoden in Searle et al. (1992) behandelt.

ML-Schätzer

Erst mit leistungsfähigen Rechnern konnten Maximum-Likelihood-Schätzer numerisch bestimmt werden. Unter der Voraussetzung einer invertierbaren Kovarianzmatrix $\mathbf{C}$ ist die Likelihood im Modell (16.67) gegeben durch (16.58). Die Loglikelihood $l(\boldsymbol{\beta}; \boldsymbol{\sigma}^2 | \mathbf{y})$ ist

$$l(\boldsymbol{\beta}; \boldsymbol{\sigma}^2 | \mathbf{y}) = -\frac{n}{2} \ln 2\pi - \frac{1}{2} \ln |\mathbf{C}| - \frac{1}{2} (\mathbf{y} - \mathbf{X}\boldsymbol{\beta})' \mathbf{C}^{-1} (\mathbf{y} - \mathbf{X}\boldsymbol{\beta}). \tag{16.68}$$

Zur Maximierung wird $l(\boldsymbol{\beta}; \boldsymbol{\sigma}^2 | \mathbf{y})$ nach $\boldsymbol{\beta}$ und den σ_i^2 differenziert. Aus (16.68) und den für eine symmetrische Matrix $\mathbf{A}$ gültigen Differenziationsregeln[6] folgen

[6] Siehe z.B. Searle et al. (1992):

$$\frac{\partial}{\partial t} \ln |\mathbf{A}| = \mathrm{Spur}\left(\mathbf{A}^{-1} \frac{\partial \mathbf{A}}{\partial t}\right),$$

$$\frac{\partial}{\partial t} \mathbf{A}^{-1} = -\mathbf{A}^{-1} \frac{\partial \mathbf{A}}{\partial t} \mathbf{A}^{-1},$$

die ML-Gleichungen für β und die σ_j^2:

$$\frac{\partial}{\partial \beta} l\left(\boldsymbol{\beta}; \boldsymbol{\sigma}^2 \left|\mathbf{y}\right.\right) = \mathbf{X}'\mathbf{C}^{-1}\left(\mathbf{y} - \mathbf{X}\boldsymbol{\beta}\right) \stackrel{!}{=} 0, \tag{16.69}$$

$$\begin{aligned}\frac{\partial}{\partial \sigma_j^2} l\left(\boldsymbol{\beta}; \boldsymbol{\sigma}^2 \left|\mathbf{y}\right.\right) &= -\frac{1}{2}\operatorname{Spur}\left(\mathbf{C}^{-1}\mathbf{C}_j\right) \\ &+\frac{1}{2}\left(\mathbf{y} - \mathbf{X}\boldsymbol{\beta}\right)'\mathbf{C}^{-1}\mathbf{C}_j\mathbf{C}^{-1}\left(\mathbf{y} - \mathbf{X}\boldsymbol{\beta}\right) \stackrel{!}{=} 0.\end{aligned} \tag{16.70}$$

Die Gleichungen werden wie folgt iterativ gelöst: Angenommen, eine Schätzung $\widehat{\sigma}_j^2$ liegt vor, dann ist $\widehat{\mathbf{C}} = \sum \widehat{\sigma}_j^2 \mathbf{C}_j$. Ist nun $\widehat{\mathbf{C}}$ eine positiv definite Matrix und ist auch noch $\mathbf{X}'\widehat{\mathbf{C}}^{-1}\mathbf{X}$ invertierbar, so folgt aus (16.69) :

$$\widehat{\boldsymbol{\beta}} = \left(\mathbf{X}'\widehat{\mathbf{C}}^{-1}\mathbf{X}\right)^{-1}\mathbf{X}'\widehat{\mathbf{C}}^{-1}\mathbf{y}. \tag{16.71}$$

Diesen Wert setzt man in (16.70) ein und bestimmt neue Schätzer für $\widehat{\sigma}_j^2$. Nach einem geeigneten Abbruchkriterium wird dann das Verfahren beendet.

Bemerkung : Die Lösungen der ML-Gleichungen können auch negativ sein. Da der ML-Schätzer per Definition einen Wert des nichtnegativen Parametersraum angibt, muß zwischen ML-Schätzern und den Nullstellen der ML-Gleichungen unterschieden werden. Im Algorithmus zur Bestimmung des Maximums der Loglikelihood können aber Restriktionen eingebaut werden, die das Verlassen des Parameterraums verhindern.
Ein ausführliche Diskussion der ML-Schätzer findet man bei Searle et al. (1992).

Der Restricted Maximum Likelihoodschätzer

Die ML-Schätzer der Varianzen haben — abgesehen von der fehlenden Erwartungstreue — den Nachteil, daß sie die Anzahl der im Modell enthaltenen Parameter nicht genügend berücksichtigen. Dies vermeidet der REML-Ansatz, den wir bereits im balanzierten Modell kennengelernt haben. Zudem ist die numerische Berechnung wesentlich einfacher.
Die Grundidee läßt sich von dort leicht auf das allgemeinere Modell übertragen. Bloß zerlegen wir hier den $\mathbb{R}^n$ nur in zwei orthogonale Teilräume, den Modellraum $\mathbf{M}$ und sein orthogonales Komplement $\mathbb{R}^n \ominus \mathbf{M}$. In $\mathbb{R}^n \ominus \mathbf{M}$ schätzen wir die σ_j^2 an Stelle der $\xi_{\mathbf{V}}^2$. Es sei $d = \dim \mathbf{M}$ und $\mathbf{k}_1, \cdots, \mathbf{k}_{n-d}$ orthonormale Vektoren, die den $\mathbb{R}^n \ominus \mathbf{M}$ aufspannen und $\mathbf{K}$ die Matrix $\mathbf{K} = (\mathbf{k}_1; \cdots, ; \mathbf{k}_{n-d})$. Dann ist $\mathbf{KK}'$ die Projektion nach $\mathbb{R}^n \ominus \mathbf{M}$. Aus $\mathbf{y} = \mathbf{X}\boldsymbol{\beta} + \boldsymbol{\varepsilon}$ folgt durch Multiplikation mit $\mathbf{K}'$:

$$\mathbf{K}'\mathbf{y} = \mathbf{K}'\boldsymbol{\mu} + \mathbf{K}'\boldsymbol{\epsilon} = \mathbf{K}'\boldsymbol{\epsilon} \sim \mathrm{N}_{n-d}\left(0; \sum \sigma_j^2 \mathbf{K}'\mathbf{C}_j\mathbf{K}\right).$$

Der $(n-d)$ –dimensionale transformierte Beobachtungsvektor $\mathbf{K}'\mathbf{y}$ ist nun die Basis zur Schätzung der σ_j^2. Ersetzen wir in (16.70) $\mathbf{y}$ durch $\mathbf{K}'\mathbf{y}$, $\mathbf{X}\boldsymbol{\beta}$ durch $\mathbf{0}$ und $\mathbf{C}_j$ durch $\mathbf{K}'\mathbf{C}_j\mathbf{K}$ erhalten wir die REML-Gleichungen:

$$\text{Spur}\left((\mathbf{K}'\mathbf{C}\mathbf{K})^{-1}\mathbf{K}'\mathbf{C}_j\mathbf{K}\right) = \mathbf{y}'\mathbf{K}(\mathbf{K}'\mathbf{C}\mathbf{K})^{-1}\mathbf{K}'\mathbf{C}_j\mathbf{K}(\mathbf{K}'\mathbf{C}\mathbf{K})^{-1}\mathbf{K}'\mathbf{y}. \quad (16.72)$$

Berücksichtigen wir Spur $\mathbf{AB}$ = Spur $\mathbf{BA}$ und führen die Abkürzung:

$$\mathbb{C} := \mathbf{K}(\mathbf{K}'\mathbf{C}\mathbf{K})^{-1}\mathbf{K}' = \mathbf{K}\left(\mathbf{K}'\sum_{j=1}^{k}\sigma_j^2\mathbf{C}_j\mathbf{K}\right)^{-1}\mathbf{K}'$$

ein, so läßt sich (16.72) auch schreiben als:

$$\text{Spur}\ \mathbb{C}'\mathbf{C}_j = \mathbf{y}'\mathbb{C}\mathbf{C}_j\mathbb{C}\mathbf{y} \quad j = 1, \cdots, k. \quad (16.73)$$

Dieses Gleichungssystem muß iterativ nach den $\widehat{\sigma}_j^2$ gelöst werden. Damit wird dann $\widehat{\mathbf{C}}$ berechnet und schließlich $\widehat{\boldsymbol{\beta}}$ aus (16.71) bestimmt.
REML-Schätzer wurden von Patterson und Thompson (1971) und (1975) vorgestellt und entwickelt. Einen allgemeinen Überblick gibt Robinson (1987). Numerische Aspekte diskutiert Harville (1977). Ausführlich werden REML-Schätzer unter anderem bei Smith und Murray (1984), Hocking et al. (1989), Green (1988) sowie Searle et al. (1992) diskutiert.

Die Schätzung mit minimaler quadratischer Norm

1970 schlug Rao ein vom Likelihoodprinzip völlig abweichendes Schätzverfahren vor, die Schätzung mit minimaler quadratischer Norm *MINQE*[7]. Wir skizzieren nur den einfachsten Fall. Ausgangspunkt ist das Modell:

$$\begin{aligned}
\mathbf{y} &= \mathbf{X}\boldsymbol{\beta} + \sum_{j=1}^{k}\mathbf{Z}_j\boldsymbol{\vartheta}_j =: \mathbf{X}\boldsymbol{\beta} + \mathbf{Z}\boldsymbol{\vartheta}, \quad (16.74)\\
E\boldsymbol{\vartheta}_j &= 0 \quad ; \quad \text{Cov}\ \boldsymbol{\vartheta}_j = \sigma_j^2\mathbf{I}_{s_j}; \quad \text{Cov}\,(\boldsymbol{\vartheta}_j; \boldsymbol{\vartheta}_k) = 0 \;\; j \neq k\,,\\
\text{Cov}\ \mathbf{y} &= \sum_{i=1}^{k}\sigma_j^2\mathbf{Z}_j\mathbf{Z}_j' =: \sum_{i=1}^{k}\sigma_j^2\mathbf{C}_j.
\end{aligned}$$

$\boldsymbol{\beta}$ ist deterministisch und die s_j-dimensionalen Vektoren $\boldsymbol{\vartheta}_j$ sind zufällig. $\mathbf{X}$ und die $\mathbf{C}_j$ sind bekannt. Rao stellte sich die Aufgabe, eine Linearkombination der unbekannten Varianzen mit bekannten Koeffizienten p_j:

$$\gamma := \sum_{j=1}^{k}\sigma_j^2 p_j,$$

[7]**MI**nimum **N**orm **Q**uadratic **E**stimator

durch eine quadratische Funktion der Beobachtungen:

$$\widehat{\gamma} = \mathbf{y}'\mathbf{A}\mathbf{y}$$

zu schätzen. Dabei lassen sich an **A** noch zusätzliche Anforderungen stellen, die einzeln oder alle erfüllt sein müssen. Zum Beispiel:

I: Invarianz bei Verschiebung von $\boldsymbol{\beta}$: Wird $\boldsymbol{\beta}$ durch $\boldsymbol{\beta}_0$ ersetzt und statt (16.74) das Modell:

$$\mathbf{y} - \mathbf{X}\boldsymbol{\beta}_0 = \mathbf{X}(\boldsymbol{\beta} - \boldsymbol{\beta}_0) + \mathbf{Z}\boldsymbol{\vartheta}$$

betrachtet, soll der Varianzschätzer $\widehat{\gamma}$ invariant bleiben. Notwendig und hinreichend für Invarianz ist:

$$\mathbf{AX} = 0.$$

U: Unbiasedness; Erwartungstreue: Die Suche nach nichtnegativen und zugleich erwartungstreuen Schätzern ist hier — wegen der allgemeineren Kovarianzstruktur — trotz des Satzes 438 nicht vergeblich. Die zufälligenVariable $\boldsymbol{\vartheta}_j$ sind faktorspezifisch. Ein global wirkender Störterm $\boldsymbol{\varepsilon}$, dessen Träger der ganze $\mathbb{R}^n$ ist, tritt hier nicht notwendigerweise auf. Daher greift der Beweis von Satz 438 nicht.
$\widehat{\gamma}$ ist erwartungstreu, wenn für alle $\boldsymbol{\beta}$ und σ_j^2 gilt:

$$\mathrm{E}\,\widehat{\gamma} = \boldsymbol{\mu}'\mathbf{A}\boldsymbol{\mu} + \operatorname{Spur}\mathbf{A}\operatorname{Cov}\mathbf{y} = \boldsymbol{\mu}'\mathbf{A}\boldsymbol{\mu} + \sum_{j=1}^{k}\sigma_j^2 \operatorname{Spur}\mathbf{AC}_j = \sum_{j=1}^{k}\sigma_j^2 p_j = \gamma.$$

Notwendig und hinreichend für Erwartungstreue ist demnach:

$$\mathbf{X}'\mathbf{AX} = 0 \text{ und } \operatorname{Spur}\mathbf{AC}_j = p_j.$$

P: Positivität: Für $\widehat{\gamma} \geq 0$ ist hinreichend, wenn **A** ein nicht-negativ-definite Matrix ist: $\mathbf{A} \geq 0$.
Durch diese Bedingungen **I**, **P** oder **U** ist **A** aber noch nicht festgelegt. Die entscheidende Forderung an **A** ist die Minimierung einer Norm. Dazu überlegt Rao: Könnten nicht nur **y** sondern auch Realisierungen der $\boldsymbol{\vartheta}_i$ selbst beobachtet werden, so wäre deren empirische Varianz:

$$\widehat{\sigma}_j^2 = \frac{1}{s_j}\boldsymbol{\vartheta}_j'\boldsymbol{\vartheta}_j$$

ein natürlicher Schätzer für σ_j^2. Damit wäre der ideale, natürliche Schätzer für γ bei beobachtbaren $\boldsymbol{\vartheta}_j$:

$$\widehat{\gamma^*} = \sum_j p_j\widehat{\sigma}_j^2 = \sum_j \frac{p_j}{c_j}\boldsymbol{\vartheta}_j'\boldsymbol{\vartheta}_j = \boldsymbol{\vartheta}' \operatorname{Diag}\left(\frac{p_j}{c_j}\right)\boldsymbol{\vartheta} =: \boldsymbol{\vartheta}'\Delta\boldsymbol{\vartheta}.$$

Vorgeschlagen wird aber der quadratische Schätzer:

$$\widehat{\gamma} = \mathbf{y}'\mathbf{A}\mathbf{y} = (\mathbf{X}\boldsymbol{\beta} + \mathbf{Z}\boldsymbol{\vartheta})'\,\mathbf{A}\,(\mathbf{X}\boldsymbol{\beta} + \mathbf{Z}\boldsymbol{\vartheta})\,.$$

Die Differenz zwischen idealem und realem Schätzer ist:

$$\widehat{\gamma} - \widehat{\gamma^*} = \widehat{\gamma} - \boldsymbol{\vartheta}'\Delta\boldsymbol{\vartheta} = \begin{pmatrix} \boldsymbol{\beta}; & \boldsymbol{\vartheta} \end{pmatrix} \begin{pmatrix} \mathbf{X}'\mathbf{A}\mathbf{X} & \mathbf{X}'\mathbf{A}\mathbf{Z} \\ \mathbf{Z}'\mathbf{A}\mathbf{X} & \mathbf{Z}'\mathbf{A}\mathbf{Z} - \Delta \end{pmatrix} \begin{pmatrix} \boldsymbol{\beta} \\ \boldsymbol{\vartheta} \end{pmatrix}.$$

Ein von $\boldsymbol{\beta}$ und $\boldsymbol{\vartheta}$ unabhängiges Maß für die Größe dieser Differenz ist:

$$\left\| \begin{pmatrix} \mathbf{X}'\mathbf{A}\mathbf{X} & \mathbf{X}'\mathbf{A}\mathbf{Z} \\ \mathbf{Z}'\mathbf{A}\mathbf{X} & \mathbf{Z}'\mathbf{A}\mathbf{Z} - \Delta \end{pmatrix} \right\|,$$

mit einer geeigneten Matrizennorm $\|(*)\|$. Gesucht wird die Matrix $\mathbf{A}$, die diese Norm minimiert. Je nach dem, welche der oben genannten Zusatzforderungen von $\mathbf{A}$ erfüllt werden, erhält man andere MINQE Schätzer. Zum Beispiel sind die MINQUE Schätzer unverfälscht. In einer erweiterten Fassung des MINQE-Prinzips wird die Kovarianzstruktur von $\boldsymbol{\vartheta}$ verallgemeinert. Außerdem geht Rao davon aus, daß für die σ_j^2 a-priori Schätzwerte τ_j^2 im Bayesianischen Sinne vorliegen. Sie sind daher von a-priori Werten τ_j^2 für die σ_j^2 abhängig.
MINQE-Schätzer setzen aber keine Verteilungsannahmen an $\mathbf{y}$ oder $\boldsymbol{\vartheta}$ voraus. Die Schätzer lassen sich numerisch ohne Iterationen bestimmen.
Bei einer iterativen Variante des MINQE werden die MINQE -Schätzer einer Runde als a-priori Startwerte der nächsten Runde eingesetzt und so fort. Konvergiert der iterative MINQE, so stimmt er asymptotisch mit dem REML-Schätzer überein. Ausführlich wird die Theorie bei Rao und Kleffe (1988) behandelt.
Zum Schluß soll noch ein geometrischer Aspekt erwähnt werden, der ausführlich in den Arbeiten von Pukelsheim (1976 bis 1981) herausgearbeitet wurde. Pukelsheim geht vom Modell (16.74) aus und eliminiert zuerst durch Projektion $\mathbf{I} - \mathbf{P_M}$ orthogonal zum Modellraum die deterministische Modellkomponente. Im weiteren sei daher gleich $\mathrm{E}\,\mathbf{y} = \mathbf{0}$ vorausgesetzt. Zu schätzen sind die Komponenten σ_j^2 von Cov $\mathbf{y}$. Einerseits ist:

$$(\mathrm{Cov}\ \mathbf{y})_{[s,t]} = \sum_j c_{stj}\,\sigma_j^2,$$

wobei die c_{stj} bekannte Koeffizienten sind, die sich aus der Struktur der Kovarianzmatrix ergeben. Andererseits ist:

$$(\mathrm{Cov}\ \mathbf{y})_{[i,j]} = \mathrm{E}\,y_i y_j\,.$$

Verknüpft man beides erhält man ein lineares Modell:

$$y_i y_j = \sum_j c_{stj}\sigma_j^2 + \mathit{Fehlerterm}_{ij}$$

für die gesuchten Varianzen σ_j^2, wobei der Beobachtungsvektor $\mathbf{y}$ durch den Vektor aller paarweisen Produkte ersetzt wird. Um nun die Theorie der linearen Modelle anzuwenden, müssen sowohl Annahmen über die Verteilung des Fehlerterms gemacht werden, das heißt aber Annahmen über die dritten und vierten Momente von $\mathbf{y}$, als auch Annahmen über die Struktur des Modellraums, der sich in diesem Modell nicht als linearer Raum sondern als konvexer Kegel herausstellt.

Von den zahlreichen Autoren, die auf dem Gebiet des MINQE-Prinzips und seiner Varianten wie dem des MINQUE-Ansatz arbeiten oder gearbeitet haben, seien abschließend hier — pars pro toto — nur H. Drygas, J. Hartung, J. Kleffe, F. Pukelsheim, C. R. Rao und J. Seely zitiert und auf ihre Arbeiten im Literaturverzeichnis verwiesen.

Literaturverzeichnis

Ahner C.; Passing, H. (1983) Berechnung der multivariaten t-Verteilung und simultane Vergleiche gegen Kontrolle bei ungleichen Gruppenbesetzungen. EDV in Medizin und Biologie 14, 113-120

Ahrens, H. (1978) Minque and ANOVA estimators for one way classification - A risk comparison, Biometrical J. 20, 535-556

Ahrens, H.; Läuter, J. (1974) Mehrdimensionale Varianzanalyse, Berlin: Akademieverlag

Aitkin, M. (1978) The analysis of unbalanced cross-classifications (with discussion), J.R.Statist.Soc. A, 195-223

Aitkin, M.; Anderson, D.; Francis, B. ; Hinde, J. (1989) Statistical Modelling in GLIM. Oxford: Clarendon Press

Akaike, H. (1973) New Look at the Statistical Model Identification. IEEE Transactions on automatic control, AC-19, No. 6

Akaike, H. (1973) Information Theory and an Extension of the Maximum Likelihood Principle. In 2. International Symposium on Inf. Theory, Budapest,

Alalouf, I.S. ; Styan, G.P. (1979). Characterizations of Estimability in the General Linear Model. The Annals of Statistics, Vol. 7, 194-200

Alalouf, I.S. ; Styan, G.P. (1979) Estimability and Testability in Restricted Linear Models, Math. Operationsforschung u. Stat. Vol. 10, 189-201

Ali, M.M.; Giacotto, C. (1984) A Study of Several New and Existing Tests for Heteroscedasticity in the General Linear Model. Journal of Econometrics, Vol. 26, 355-374

Allan, F.E. (1930) The general Form of the Orthogonal Polynomial for simple Series, with Proofs of their simple Properties. Proc.Roy.Soc. Edin. Vol. 1, 310-320

Allen, D.M. (1971) Mean Square Error of Prediction as a Criterion for Selecting Variables. Technometrics, Vol. 13, 469-475.

Andrews, D.F., Pregibon, D. (1978) Finding outliers that matter, Journal of the Royal Statistical Society, Series B 40, 85-93

Anscombe, F.J. (1973) Graphs in Statistical Analysis. The American Statistician, Vol. 27, 17-21

Arminger, G. (1995) Specification and estimation of mean structures: regression models. In: Arminger, G., Clogg, C., Sobel, M. (eds.), Handbook of statistical modelling for the social and behavioral sciences. Plenum Press, New York

Arminger, G. ; Clogg, C. (1995) Handbook of Statistical Modelling for the Social and Behavioral Sciences. New York [usw.]: Plenum Press

Atiqullah, M. (1964) The robustness of the analysis of covariance analysis of a one-way classification, Biometrika 51, 365-372

Atkinson, A.C. (1986) Masking Unmasked. Biometrika, Vol. 73, 553-541

Atkinson, A.C. (1985) Plots, Transformations and Regressions. Oxford: Clarendon Press

Baksalary, J.K. ; Kala, R. (1979) Best Linear Unbiased Estimation in the Restricted General Linear Model. Math. Operationsforschung u. Stat. Vol. 10, 27-35

Bartlett, M. S. (1947) The General Canonical Distribution. Annals of Math. Stat., Vol.18, 1-17

Bates, D., Watts, D. (1988) Nonlinear regression analysis and is applications, Wiley, New York

Bauer, P. (1987) On the Assesment of the Performance of Multiple Procedures. Biometrical Journal, Vol. 29, 895-906

Baur, F. (1984) Einige lineare und nichtlineare Alternativen zum Kleinst-Quadrate-Schätzer im verallgemeinerten linearen Modell. Hain Hanstein: Verlagsgruppe Athenäum

Bechhofer, R.E.; Dunnett, C.W. (1988) Tables of the percentage points of multivariate Students t distribution. In: Selected Tables in mathematical Statistics, Vol. 11, 1-371

Beckman, R.J. ; Cook, R.D. (1983) Outlier. Technometrics, Vol. 25, 119-149

Belsley, D. (1991) Conditioning Diagnostics. New York [*usw.*]: Wiley

Belsley, D. ; Kuh, E. ; Welsch, R. (1980) Regression Diagnostics Identifying Influential Data and Sources of Collinearity. New York [usw.]: Wiley 1980

Bhapkar, V.P. (1980) ANOVA and MANOVA: Models for categorical data. In: Krishnaiah, P.R. (ed): Handbook of Statistics 1, Analysis of Variance, North-Holland, Amsterdam

Blalock, H.M. (1972). Causal Inferences in Nonexperimental Research. Chapel Hill, N.C.: University of North Carolina Press

Blokland-Vogelesang, Rian, v. (1992) Nature Versus Nurture: Methodological Question and Fisherian Answer. University of Leiden

Bozdogan, H. (1987) Model selection and Akaike' s information criteria (AIC), Psychometrika 52, 345-370

Box, G. ; Tiao, G. (1973) Bayesian Inference in Statistical Analysis. Reading, Massachusetts: Addison-Wesley Publishing Company

Breiman, L. (1992) The Little Bootstrap and Other Methods for Dimensionality Selection in Regression: X-Fixed Prediction Error. JASA, Vol. 87, 738-754

Breusch, T.S. ; Pagan, A.R. (1979) A Simple Test for Heteroscedasticity and Random Coefficient Variation. Econometrica, Vol. 47, 1287-1294

Brooks, D. ; Carroll, S. ;Verdini, W. (1988) Characterizing the Domain of a Regression Model. The American Statistician, Vol. 42, 187-190

Buckley, J.; James, I. (1979) Linear regression with censored data, Biometrica 66, 429-436

Büning, H. ; Trenkler, G. (1994) Nichtparametrische statistische Methoden. 2. Aufl. Berlin: De Gruyter

Büttner, P. (1994) Intra-Klassenkorrelation in Genetik, Psychometrie u. medizinischer Statistik. Dissertation am Institut für medizinische Statistik u. Informationsverarbeitung der FU Berlin

Campbell, S.K. (1974) Flaws and Fallacies in Statistical Thinking. Englewood Cliffs, N.J.: Prentice-Hall

Carroll, R.J., Ruppert, D. (1988) Transformation and weighting in regression. Chapman and Hall, London

Chatterjee, S. ; Hadi, A. (1986) Influential Observations, High Leverage Points, and Outliers in Linear Regression. Statistical Science, Vol. 1, 379-416

Chatterjee, S. ; Hadi, A. (1988) Sensitivity Analysis in Linear Regression. New York [usw.]: Wiley 1988

Chipman, J.S. ; Rao, M.M. (1964) The Treatment of Linear Restrictions in Regression Analysis. Econometrica, Vol. 32, 198-208

Christensen, R. (1987) Plane Answers to Complex Questions. The Theory of Linear Models. New York [usw.]: Springer

Christensen, R. (1996*a*) Analysis of Variance, Design and Regression. London: Chapman & Hall.

Christensen, R. (1996*b*) Exact Tests for Variance Components, Biometrics 52, 309-314

Christianini, N. ; Shawe-Taylor, J. (1999) An Introduction to Support Vector Machines and other Kernel-based Learning Methods. Cambridge: Cambridge University Press

Chipman, J.S. ; Rao, M.M. (1964) The Treatment of Linear Restrictions in Regression Analysis. Econometrica, Vol. 32, 198-208

Cochran, W. ; Cox, G. (1992) Experimental Design. 2. Aufl., New York [usw.]: Wiley

Cohen, J., Cohen, P. (1975) Applied multiple regression/correlation analysis for the behavioral sciences, Wiley, New York

Cook, R.D. (1977) Detection of Influential Observations in Linear Regression. Technometrics, Vol. 19, 15-18

Cook, D.R. (1979) Influential observations in linear regression, JASA 74, 169-174

Cook, R.D. (1994) On the Interpretation of Regression Plots. JASA, Vol. 89, 177-189

Cook, R.D. ; Weisberg, S. (1982) Residuals and Influence in Regression. New York: Chapman and Hall

Cook, R.D. ; Weisberg, S. (1983) Diagnostics for Heteroskedasticity in Regression. Biometrika 70, 1-10

Cox, D.R. ; Wermuth, N. (1993) Linear Dependencies Represented by Chain Graphs (with discussions). Statistical Science, Vol. 8, 204-218, 247-277

Crocker, D.C. (1972) Some Interpretations of the Multiple Correlation Coefficient, The American Statistician Vol. 26, 31-33

Darroch, J.N. ; Lauritzen, S.L. ; Speed, T.P. (1980) Markov Fields and Log Linear Models for Contingency Tables. Ann.Statist., Vol. 8, 552-539

DeLeeuw, J. (1983) Models and Methods for the Analysis of Correlation Coefficients. Journal of Econometrics, Vol. 22, 113-138

DeLeeuw, J. (1992) Introduction to Akaike (1973): Information Theory and an Extension of the Maximum Likelihood Principle . In Kotz, S. und Johnson, N. eds: Breakthroughs in Statistics. Vol. I, New York [usw.]: Springer

Devroye L. ; Gyorfi,L. ; Lugosi, G. (1996) A Probabilistic Theory of Pattern Recognition. New York: Springer

Draper, N.R.; H. Smith (1966) Applied Regression Analysis. New York: Wiley

Drygas, H. (1981) Nonnegativeness of the best quadratic unbiased estimator of the variance in the linear regression model. Math. Operationsforsch. Statist.Ser.Statistics.12, 3-5

Drygas, H. (1985) Estimation without invariance and Hsu' s theorem in variance component models. Contributions to Econometrics and Statistics Today (Eds. Schneeweiss and H. Strecker). Springer-Verlag, Berlin, Heidelberg

Drygas, H. (1988) MINQUE-Theory and the Estimation of Residual Variance in Regression Analysis, statistics 19, 3, 341-347

Dudewicz,E. (1983) Heteroscedasticity. In: Kotz,S.; Johnson, N.L. (eds), Encyclopedia of statistical sciences , John Wiley, New York

Duncan, D.B. (1955) Multiple Range and Multiple F-test. Biometrics 11, 1-42

Duncan, O.D. (1975) Introduction to Structural Equation Models. New York: Academic Press

Dunnett, C.W. (1955) A Multiple Comparison Procedure for Comparing Several Treatments with a Control. JASA 50, 1096-1121.

Dunnett, C.W.; A.C. Tamhane (1992) A Step-up Multiple Test Procedure. JASA 87, 162-170.

Durbin, J. ; Watson, G.S. (1950) Testing for Serial correlation in Least Squares Regression I . Biometrika, Vol. 37, 409-428

(1951) Testing for Serial correlation in Least Squares Regression II. Biometrika, Vol. 38, 159-178,

(1971) Testing for Serial correlation in Least Squares Regression III. Biometrika, Vol. 58, 159-178

Eaton, M. (1983) Multivariate Statistics: A Vector Space Approach. New York[usw.]: Wiley

Eaton, M. (1985) The Gauss-Markov Theorem in Multivariate Analysis. In Krishnaiah P.R, Herausg. Multivariate Analysis VI , 177-201, Elsevier Science Publishers B.V.

Edwards, A.W.F. (1994) Biometry from Galton to Fisher. Vortrag bei der DStG in Dortmund

Edwards, D. (1995) Introduction to Graphical Modelling. New York: Springer-Verlag,

Efron, B. (1982) The Jackknife, the Bootstrap and Other Resampling Plans. CBMS-NSF Regional Conference Series in Applied Mathematics, Philadelphia

Eisenhart, C. (1947) The Assumptions Underlying the Analysis of Variance. Biometrics, 3, 1-21

Eisenhart, C. (1979) On the Transition from "Student's" z to "Student's" t. The American Statistician, Vol. 33, 6-10

Epps, T.W. ; Epps, M.L. (1977) . The Robustness of some Standard Tests for Autocorrelation and Heteroskedasticity when both Problems are Present. Econometrica, Vol. 62, 745-753

Fahrmeir, L. (1992) Posterior Mode Estimation by Extended Kalman Filtering for Mulitivariate Dynamic Generalized Linear Models. JASA, Vol. 87, 501-509.

Fahrmeir, L.; Hamerle, A. ; Tutz, G. Hrsg. (1996) Multivariate statistische Verfahren. 2. Aufl. Berlin [usw.]: De Gruyter,

Fahrmeir, L. ; Kaufmann, H. (1991) On Kalman Filtering, Posterior Mode Estimation and Fisher Scoring in Dynamic Exponential Family Regression. Metrika, Vol. 38, 37-60

Fahrmeir, L. ; Tutz, G. (1994) Multivariate Statistical Modelling Based on Generalized Linear Models. Berlin [usw.]: Springer

Fayyad, R.; Graybill, F.A.; Burdick, R.K. (1996) A Note on Exact Tests for Variance Components in Unbalanced Random and Mixed Linear Models, Biometrics 52, 306-308

Filliben, J.J. (1975) The Probability Plot Correlation Test for Normality. Technometrics, Vol. 17, 111-117

Fisher, R.A.(1921) On the "Probable Error" of a Coefficient of Correlation Deduced from a Small Sample. Metron Vol. 1, 3-32

Fisher, R.A. (1928) The General Sampling Distribution of the Multiple Correlation Coefficient. Proceedings of the Royal Society of London, Series A, Vol. 121, 654-673

Fisher, R.A. (1925) Statistical Methods for Research Workers, 14.ed 1970 New York: Hafner Press.

Fisher, R.A. (1935). The Design of Experiments. Oliver & Boyd, Edingburgh, London

Flury, B.W. (1989) Understanding Partial Statistics and Redundancy of Variables in Regression and Discriminant Analysis. JASA Vol. 43, 27-31.

Fox, J. ; Monette, G. (1992) Generalized Collinearity Diagnostics. JASA, Vol. 87, 178-183.

Freedman, D.A. (1981) Bootstrapping Regression Models. The Annals of Statistics, Vol. 9, 1218-1228

Funk, W. Damman,V. et al., (1985) Hrsg.: Statistische Methoden in der Wasseranalytik. Weinheim, VCH

Furnival, G.M. ; Wilson, R.W. (1974) Regression by Leaps and Bounds. Technometrics, Vol. 16, 499-512

Gabriel, K.R (1969) Simultaneous Test Procedures - Some Theory of Multiple Comparisons. Ann.Math.Stat. Vol. 40, 224-250

Gabriel, K.R.(1978) A Simple Method of Multiple Comparisons of Means. JASA Vol. 73, 724-729

Gather, U.; Pawlitschko, J.; Pigeot, I. (1996) Unbiasedness of Multiple Tests. Scandinavian Journal of Statistics, Vol 23, 117-127
Geary, R.C. (1970) Relative Efficiency of Count of Sign Changes for Assessing Residual Autoregression in Least Squares Regression. Biometrica, Vol. 57, 123-127
Gittins, R. (1985) Canonical Analysis. Biomathematics 12, New York [usw.]: Springer
Goodman, L.A. ; Kruskal, W.H. (1954) Measures of Association for Cross-classifications. JASA, Vol. 49, 732-763
Gorman, J.W. ; Toman, R.J. (1966) Selection of Variables for Fitting Equations to Data. Technometrics, Vol. 8, 27-51.
Graham, A. (1981) Kronecker Products and Matrix Calculus with Applications. Chichester: Horwood [usw.]
Graybill, F.A. (1954) On quadratic estimates of variance components. Ann. Math. Stat. 25, 367-372
Graybill, F.A. (1969) Introduction to matrices with applications in statistics, Wadsworth, Belmont, Cal.
Graybill, F.A. (1976) Theory and Application of the Linear Modell. Duxbury Press, North Scituate, Mass.
Graybill, F.A. (1988) Best linear unbiased estimation in mixed models of the analysis of variance, Probability and statistics, 233-241
Green, J.W. (1988) Diagnostic methods for repeated measures experiments with missing cells. Technical Report, Department of Mathematical Sciences, University of Delaware, Newark, Delaware
Green, J.W.; Silverman, B.W. (1994) Nonparametric regression and generalized linear models. Chapman and Hall, London
Griffiths, W.E.; Surekha, K. (1986) A Monte Carlo Evaluation of the Power of some Tests for Heteroscedasticity. Journal of Econometrics, Vol. 31, 219-231
Guttman, I. ; Peña, D. (1985) Robust Kalman Filtering and its Applications. Tech. Rept. No. 85-1, Dept. of Statist., Univ.of Toronto

Haberland, J. (1992) Modellauswahlverfahren in ökonometrischen Modellen mit rationalen Erwartungen. Göttingen: Unitext Verlag
Haitovsky, J. (1968) Missing Data in Regression Analysis. Journal of the Royal Statistical Society, Vol. 30 (B), 67-82
Hald, A. (1998) A History of Mathematical Statistics. From 1750 to 1930. New York: Wiley
Hampel, F.R. ; Ronchetti, E.M. ; Rousseeuw, P.J. ; Stahel, W.A. (1986) Robust Statistics: The Approach Based on Influence Functions. New York [usw.]: Wiley
Härdle, W. (1990) Applied Nonparametric Regression. Cambridge [usw.]: Cambridge Uni. Press
Härdle, W. (1991) Smoothing Techniques. New York: Springer
Harrison, M.J. ; McCabe, D.P.M. (1975) Autocorrelation with Heteroscedasticity : A note on the robustness of the Durbin Watson, Geary and Henshaw Tests. Biometrica, Vol. 62, 214-216

Hartley, H.O. & Rao, J.N.K. (1967) Maximum likelihood estimation for the mixed analyses of variance model. Biometrika, 54, 93-108

Hartung, J. (1981) Nonnegative minimum biased invariant estimation in variance component models. Ann.Statist. 9, 278-292

Hartung, J.; Klösner, K.H.; Elpelt, B. (1989) Statistik: Lehr- und Handbuch der angewandten Statistik, 6. Aufl., München [usw.]: Oldenbourg

Hartung, J. ; Elpelt, B. (1992) Multivariate Statistik. München [usw.]: Oldenbourg

Hartung, J. ; Voet, B. (1985) Modellkatalog Varianzkomponenten, Dortmund: Universität, Fachbereich Statistik

Harville, D.A. (1976) Extension of the Gauss-Markoff theorem to include the estimation of random effects. Ann.Stat.4, 384-395

Harville, D.A. (1977) Maximum-likelihood approaches to variance component estimation and to related problems. JASA 72, 320-340

Harville, D.A. (1997) Matrix Algebra from a Statisticians Perspective. New York [usw.]: Springer

Hastie, T. ; Tibshirani, R. (1990) Generalized Additive Models, London: Chapmann & Hall

Hawkins, D.M. ; Bradu, D. ; Kass, G.V. (1984) Location of Several Outliers in Multiple-Regression Data Using Elemental Sets. Technometrics, Vol. 26, 197-208

Hayter, A.J. (1984) A Proof of the Conjecture that the Tukey-Kramer Multiple Comparison Procedure is Conservative. Annals of Statistics, Vol. 12, 61-75

Heiler, S. ; Michels, P. (1994) Deskriptive und explorative Datenanalyse. München [usw.]: Oldenbourg

Helland, I.S. ; Almoy, T. (1994) Comparison of Prediction Methods when only a few Components are relevant. JASA Vol. 89, 583-591.

Henderson, C.R. (1953) Estimation of variance and covariance components. Biometrics 9, 226-310

Hoaglin, D.C. ; Welsch, R.E. (1978) The Hat Matrix in Regression and ANOVA. The American Statistician, Vol. 32, 17-22 und Korrektur 146

Hochberg, Y. (1974) Some Generalizations of the T-method in Simultaneous Inference. J. Multivariate Analysis. 4, 224-234.

Hochberg, Y. ; Tamhane, A.C. (1987) Multiple Comparison Procedures. New York: Wiley

Hocking, R.R. (1973) A Discussion of the Two-Way Mixed Model, The American Statistician, Vol. 27, No. 4, 148-152

Hocking, R.R. (1976) The Analysis and Selection of Variables in Linear Regression. Biometrics, Vol. 32, 1-49

Hocking, R.R., Green, J.W. and Bremer, R.H. (1989) Variance component estimation with model-based diagnostics. Technometrics 31, 227-240

Hoerl, A.E., Kennard, R.W. (1970 a) Ridge regression. Biased estimation for nonorthogonal problem, Technometrics 12, 55-67

Hoerl, A.E., Kennard, R.W. (1970 b) Ridge regression. Applications to non orthogonal problem, Technometrics 12, 69-82

Holm, S. (1979) A Simple Sequentially Rejective Multiple Test Procedure. Scandinavian Journal of Statistics 6, 65-70.
Hommel, G. ; Hoffmann, T. (1988) Controlled Uncertainity. In: Bauer, P.; Hommel, G. ; Sonnemann, E. (Eds.): Multiple Hypotheses Testing. Berlin [*usw.*] : Springer
Hossain, A. ; Naik, D.N. (1991) A Comparative Study on Detection of Influential Observations in Linear Regression. Stat.Hefte, Vol. 32, 55-69
Hox, J.J. (1994) Hierarchical regression models for interviewer and respondent effects. Sociological Methods & Research 22, 283-299
Hsu, J.C. (1996) Multiple Comparisons. Theory and Methods. London: Chapman&Hall
Huber, P.J. (1973) Robust Regression: Asymptotics, Conjectures and Monte Carlo. Annals of Statistics, Vol. 1, 799-821
Huber, P.J. (1981) Robust Statistics. New York: Wiley
Humak, K.M.S. (1984) Statistische Methoden der Modellbildung III. Akademie-Verlag, Berlin
Hurwich, C.H. ; Tsai, C.L. (1990) The Impact of Model Selection on Inference in Linear regression. The American Statistician. Vol. 44, 214-216

Jobson, J.D. (1991) Applied multivariate data analysis, Vol. I: Regression and experimental design. Springer, New York
Jöreskog, K.G. (1985) LISREL. In: Kotz,S.; Johnson, N.L. (eds), Encyclopedia of statistical sciences 5, John Wiley, New York
Joerreskog, K. (1986) Lisrel 6. Analysis of Linear Structural Relationship Models by Maximum Likelihood, Instrumental Variables and Least Square Methods, Users Guide. Mooresville: Scientifique Software
Jöreskog, K.G.; Sörbom, D. (1993) LISREL 8: Structural Equation Modeling with the SIMPLIS Command Language, Lawrence Erlbaum, Hillsdale, N.J.
John, P.W.M. (1971) Statistical Design and Analysis of Experiments. New York: Maxmillan
Johnson, N.L. ; Kotz, S. (1994) Distributions in Statistics: Continuous Univariate Distributions, Sec. Ed. Vol. 1, New York [usw.]: Wiley
Johnson, N.L. ; Kotz, S. (1970) Distributions in Statistics: Continuous Univariate Distributions, Vol. 2, New York [usw.]: Wiley
Johnson, N.L. ; Kotz, S. (1972) Distributions in Statistics: Continuous Multivariate Distributions, New York [usw.]: Wiley
Judge, G. ; Hill, R.C. ; Griffiths, W.E. ; Lütkepohl, H. ; Lee, T.C. (1988) Introduction to the Theory and Practice of Econometrics. New York [usw.]: Wiley

Kalman, R.E. (1960) A new Approach to Linear Filtering and Prediction Problems. Journal of Basic Engineering, Vol. 82, 35-45
Kempthorne, O. (1967) Design and Analysis of Experiments. New York [usw.]: Wiley
Kempthorne, O. (1975) Fixed and mixed models in the analysis of variance. Biometrics 31, 473-486

Kendall, **M.G.** (1970) Rank Correlation Methods. London: 4th ed. Charles Griffin,

Kendall, **M.G.** (1938) A new measure of rank correlation. Biometrika, Vol. 30, 81-93

Kendall, **M.G.** ; **Stuart**, **A**. (1987) The Advanced Theory of Statistics. 5. Aufl., London: Griffin

Keuls, M. (1952) The Use of the ' Studentized Range in Connection with an Analysis of Variance. Euphytica 1, 112-122.

Kleffe J. (1975 b) Best quadratic unbiased estimators for variance components in the balanced two-way classification model. Math. Operationsforsch. Statist. 6, 189-196

Kleffe, J. (1977 a) Best unbiased estimators for variance components with application to the unbalanced one-way classification. Biometrical J. 19, 313-328

Khuri, A.; Mathew, R.; Sinha,B. (1998) Statistical Tests for Mixed Linear Models. New York [usw.]: Wiley

Klir, G. ; Folger, T.A. (1988) Fuzzy sets, uncertainty and information. State University of New York, Binghamton

Kmenta, J. (1986) Elements of Econometrics. NewYork: Macmillan Publishing Company

Koerts, **J** ; **Abrahamse**, **A.P.J.** (1969) On the Theory and Application of the General Linear Model . Rotterdam: Rotterdam University Press

Kotz, **S.** ; **Johnson**, **N.L.** ; **Read**, **C.B.** (1983) eds. Encyclopedia of statistical sciences. Wiley-Interscience Publication, John Wiley and Sons

Kotz, **S.** (1970) Distributions in Statistics. Continous univariate distributions. Boston [usw.]: Mifflin

Kotz, **S.**; **Johnson**, **N.L.**; eds. (1991) Breakthroughs in Statistics. Vol.I, Foundations and Basic Theory. New York [usw.]: Springer [usw.]

Kramer, C.Y. (1956) Extension of Multiple Range Test to Group Means with Unequal Numbers of Replications. Biometrics, Vol. 12, 307-310

Kraemer, **H.C.**(1973) Improved Approximation to the Non-null Distribution of the Correlation Coefficient. JASA , Vol. 68, 1004-1008

Kraemer, **H.C**. (1975) On Estimation and Hypothesis Testing Problems for Correlation Coefficients. Psychometrika, Vol. 40, 473-485

Krämer W. ; **Sonnberger H.** (1986) The Linear Model Under Test. Heidelberg Wien: Physica Verlag

Krafft, **O**. (1978) Lineare statistische Modelle und optimale Versuchspläne. Göttingen: Vandenhoeck & Rupprecht

Kronmal, **R.A**. (1993) Spurious Correlation and the Fallacy of the Ratio Standard Revisited. J.R.Statist.Soc.A, Vol. 156, 379-392

Kruskal, W. (1968) When are Gauss-Markov and Least Square Estimation identical? A Coordinate-free Approach. Ann. Math. Stat, Vol . 39 , 70-75

Krutchkoff, R.G. (1988) One-way Fixed Effects Analysis of Variances when the Error Variance may be Unequal. Journal of Statistical and Computational Simulations 30, 259-271.

Kullback, **S.** (1959) Information Theory and Statistics, New York[usw.]: Wiley

Lauritzen, S. (1996) Graphical Models. Oxford: Clarendon Press

Lauritzen, S.L.; Spiegelhalter (1988) Local Computation with Probabilities on Graphical Structures and their Application to Expert Systems (with discussion). J.Roy. Statist.Soc., B, Vol. 50, 157-224

Lawrance, A.J. (1976) On Conditional and Partial Correlation. The American Statistician, Vol. 30, 146-149

Lebart, L. ; Morineau, A. ; Fènelon, J.-P. (1984) Statistische Datenanalyse. Berlin: Akademie-Verlag

Lebart, L. ; Morineau, A. ; Warwick, K. (1984) Multivariate Descriptive Statistical Analysis. NewYork [*usw.*]:Wiley

Lenz, H.J. (1976) Dualitäten in linearen Modellen: Parameterschätzung versus Kalmanscher Zustandsschätzung. In : Beiträge zur Zeitreihenanalyse. Hrsg. K.A. Schäffer. Göttingen: Vandenhoeck& Ruprecht

L'Esperance, W.L. ; Taylor, D. (1975) The Power of Four Tests of Autocorrelation in the Linear Regression Model. J.of Econometrics, Vol. 3, 1-21

Liew, C. (1976) Inequality Constrained Least-Squares Estimation. JASA, Vol. 71, 746-751

Lin, D.K.J. ; Guttman, I. (1993) Handling Spuriosity in the Kalman Filter. Statistics & Probability Letters, Vol. 16, 259-268

Linder, A. (1969) Planen und Auswerten von Versuchen. Birkhäuser Verlag Basel und Stuttgart

Lindstrom, M. ; Bates, D.M. (1988) Newton-Raphson and EM-Algorithms for Linear Mixed Models for Repeated -Measures Data. Jasa. Vol. 83, 1014-1022.

Linhart, H. ; Zucchini, W. (1986) Model Selection. New York [usw.]: Wiley

Looney, S.W. ; Gulledge, T.R. (1985) Use of the Correlation Coefficient with Normal Probability Plots . The American Statistician, Vol. 39, 75-79

Looney, S.W. ; Gulledge, T.R. (1985) Probability Plotting Positions and Goodness of Fit for the Normal Distribution. The Statistician, Vol. 34, 297-303.

Lütkepohl, H. (1996) Handbook of Matrices. Chichester [usw.]: Wiley&Sons

Mallows, C.L. (1973) Some Comments on C_p. Technometrics, Vol. 15, 591-612

Mansfield, E.R.; Conerly, M.D. (1987) Diagnostic Value of Residual and Partial Residual Plots. The American Statistician, Vol. 41,

Mantell, E. (1973) Exact Linear Restrictions on Parameters in the Classical Linear Regression Model. The American Statistician, Vol. 27, 86-87

Marcus, R.; Peritz, E.; Gabriel, K.R.(1976) On Closed Testing Procedures with Special Reference to Ordered Analysis of Variance. Biometrika 63, 655-660.

Mardia, K.V.; Kent, J.T.; Bibby, J.M. (1979) Multivariate Analysis. London ,New York: Akademic Press

Mathai,A. M. ; Provost, S. B. (1992) Quadratic Forms in Random Variables. Theory and Applications. New York, Basel , HongKong: Marcel Dekker

Maurer, W. ; Mellein, B. (1988) On New Multiple Tests Based on Independent P-values and the Assessment of their Power. In: P. Bauer, G. Hommel, E. Sonnemann Hrsg.: Multiple Hypothesis Testing, Berlin: Springer

McAllester, D. (1998) Some PAC Bayesian Theorems. Proceedings of the Eleventh Annual Conference on Computational Learning Theory. Madison, Wisconsin, 230-234

McCullagh, P. ; Nelder, J.A. (1983) Generalized Linear Models. London, New York : Chapman and Hall

Meinhold, R. ; Singpurwalla, N. (1983) Understanding the Kalman Filter. The American Statistician, Vol. 37, 123-127

Meinhold, R.J. ; Singpurwalla, N.D. (1989) Robustification of Kalman Filter Models . JASA ,Vol 84, 479-486

Mendenhall, W. (1968) Introduction to linear models and the design and analysis of experiments, Wadsworth, Belmont

Miller, A.J. (1984) Selection of Subsets of Regression Variables (with discussion). Journal of the Royal Statistical Society, Ser. A, Vol 147, 398-425

Miller, A.J. (1990) Subset Selection in Regression. London: Chapman and Hall

Miller, R.G., Jr (1981) Simultaneous Statistical Inference. 2.Ed. New York [usw.]: Springer Verlag

Miller, R.G., Jr (1985) Multiple Comparisons. In: Encyclopedia of Statistical Sciences, (S. Kotz and N.L. Johnson, Eds.) Vol. 5, New York [usw.]: Wiley

Miller, R.G., Jr (1996) Grundlagen der angewandten Statistik. München, Wien: Oldenbourg

Milliken, G.A. ; Johnson , D.E. (1984) Analysis of Messy Data. New York: Van Nostrand Reinhold Company

Mitra, S.K. (1973) Unified least squares approach to linear estimation in a general Gauss-Markov Model, SIAM J.Appl.Math., Vol 25, No. 4, 671-680

Mosteller, F. ; Tukey, J.W. (1977) Data Analysis and Regression. Reading, Mass: Addison Wesley,

Müller, M. (1992) Konvergenzeigenschaften von Modellwahlverfahren. Diss. Berlin: Humboldt-Universität Berlin

Müller, M. (1992), Consistency Properties of Model Selection Criteria in Multiple Linear Regression. (Discussion Paper 7), Berlin: Humboldt-Universität Berlin/Fachbereich Wirtschaftswissenschaften

Nelder, J.A.; Wedderburn, R.W.M. (1972) Generalized linear models. Journal of Royal Statistical Society, A 135, 370-384

Neter, J. ; Wasserman, M. (1985) Applied Linear Statistical Models. 2.ed., Homewood Ill.: Irwin

Newman, D. (1939) The distribution of the range in samples from a normal population, expressed in terms of an independent estimate of the standard deviation. Biometrika 31, 20-30.

Nishii, R. (1984) Asymptotic Properties of Criteria for Selection of Variables in Multiple Regression. The Annals of Statistics, Vol. 12, 758-765

Olkin, I. ; Pratt, J.W. (1958) Unbiased estimation of certain correlation coefficients. Annals of Math. Stat., Vol. 29, 201-211

Ozer, D.J. (1985) Correlation and the Coefficient of Determination. Psychol. Bulletin, Vol. 97, 307-315

Patterson, H.D. ; Thompson, R. (1971) Recovery of inter-block information when block sizes are unequal. Biometrika 58, 545-554

Patterson, H.D.; Thompson, R. (1975) Maximum likelihood estimation of components of variance. Proceedings of the 8th International Biometric Conference, 197-207

Peña, D. ; Guttman, I. (1989) Optimal Collapsing of Mixture Distributions in Robust Recursive Rstimation. Comm. Statistis, Vol. 18, 817-833

Pearson, K. (1920) Notes on the History of Correlation. Biometrika, Vol. 13, 25-45

Pearson, E.S. (1961) Tests for rank correlation coefficients II. Biometrika, Vol. 48

Pearson, E.S. ; Hartley, H.O. (1970/72) Biometrika Tables for Statisticians. Vol. I and II, (3. Ed.), Cambridge: University Press

Pigeot, I. (1994) Multiple Entscheidungen. München: Unveröffentlichtes Vorlesungsmanuskript

Pukelsheim, F. (1976) Estimating variance components in linear models. J. Multivariate Analysis 6, 626-629

Pukelsheim, F. (1977 a) Linear models and convex programs: unbiased nonnegative estimation in variance component models. Tech. Rept. No. 104, Dept. of Statist., Stanford University

Pukelsheim, F. (1977 b)Estimating variance components in linear models. J. Mult.Anal. 6, 626-629

Pukelsheim, F. (1978 b) On the geometry of unbiased nonnegative definite quadratic estimation in variance component models. In: Proc. VI-th Int.Conf. on Math. Statist. Wisla (Polen)

Pukelsheim, F. (1979) Classes of linear models. Proceedings of Variance Components and Animal Breeding: A Conference in Honor of C.R.Henderson, (L.D.Van Vleck and S.R.Searle, eds.), 69-83. Animal Science Department, Cornell University, Ithaca, New York.

Pukelsheim, F. (1981 a) Linear models and convex geometry: Aspects of nonnegative variance estimation. Math. Operationsforsch.Statist.Ser. Statistics 12, 271-286

Pukelsheim, F. (1981 b) On the existence of unbiased nonnegative estimates of variance covariance components. Ann. Statist. 9, 293-299

Pukelsheim, F. (1981 b) Linear models and convex geometry: aspects of nonnegative variance estimation. Math. Operationsforsch.Stat.Ser.Stat. 12, 271-286

Rao, C.R. (1981) Matrix Derivatives: Applications in Statistics. In : Encyclopedia of statistical sciences 5, John Wiley, New York. 320-325

Rao, C.R. (1971*a*) Estimation of Variance and Covariance Components-MINQUE Theory, Journal of Multivariate Analysis 1, 257-275

Rao, C.R. (1971*b*) Estimation of Variance and Covariance Components in Linear Models. JASA Vol. 67, 112-115

Rao, C.R. (1972) Estimation of variance and covariance components in linear models, JASA 67, 12-115

Rao, C.R. (1973) Linear Statistical Inference and its Application. New York [usw:] Wiley

Rao, P.; **Chaubey, Y.P**. (1978) Three Modifications of the Principle of the Minque. Communications in Statistics-.Theory and Methods A Vol. 7, 767-778

Rao, C.R.; Kleffe, J. (1981) MINQE - Mixed linear models in: In : Encyclopedia of statistical sciences 5, John Wiley, New York, 542-549

Rao, C.R. ; Kleffe, J. (1988) Estimation of Variance Components and Applications. Amsterdam: North-Holland

Rao, C. ; Toutenburg, H. (1995) Linear Models, Least Squares and Alternatives. New York [*usw.*] : Springer

Rényi, **A.** (1971) Wahrscheinlichkeitsrechnung mit einem Anhang über Informationstheorie. 3. Aufl., Berlin, Deutscher Verlag der Wissenschaften

Richter, H. ; Mammitzsch, V. (1973) Methode der kleinsten Quadrate. Stuttgart [*usw.*]: Verlag Berliner Union GmbH

Ritov, Y. (1990) Estimating in a linear regression model with censored data. Ann. Statist. 18, 303-328

Robinson, D.L. (1987) Estimation and use of variance components. The Statistician, 36, 3-14

Rodgers, **J.L. ; Nicewander**, **W.A.** (1988) Thirteen Ways to Look at the Correlation Coefficient. The American Statistician, Vol. 42, 59-66

Rönz, B. ; Förster, E. (1992) Regressions- und Korrelationsanalyse , Wiesbaden: Gabler Verlag

Rousseeuw, **P.J.** (1984) Least Median of Squares Regression. JASA, Vol. 79, 871-880

Rousseeuw, **P.J**. (1991) A Diagnostic Plot for Regression Outliers and Leverage Points. Computational Statistics and Data Analysis, Vol. 11, 127-129

Rousseeuw, **P.J. ; Leroy**, **A.** (1987) Robust Regression and Outlier Detection. New York: Wiley

Rousseeuw, **P.J. ; Zomeren**, **B.C. van** (1990) Unmasking Multivariate Outliers and Leverage Points. Journal of the American Statistical Association, Vol. 85, 633-639

Roy, S.N. (1953) On the Heuristic Method of Test Construction and its Use in Multivariate Analysis. Ann. Math. Statisti. Vol. 24., 220-238

Savin, **N.E.; White**, **K.S.** (1978) Testing for Autocorrelation with Missing Observations. Econometrica, Vol. 46, 59-67

Saville, D.J. (1990) Multiple Comparison Procedures: The Practical Solution. The American Statistician, Vol. 44, 174-180

Schach, S.; Schäfer, T. (1978) Regressions- und Varianzanalyse, Springer, Berlin

Scheffé, H. (1959) The Analysis of Variance. NewYork [usw.]: Wiley

Schlittgen, R. ; Streitberg, B. (1994) Zeitreihenanalyse. 5. Aufl. München, Wien : Oldenbourg

Schmid, F. (1983) Kleinste-Quadrat-Schätzung in nichtlinearen Regressionsmodellen. Göttingen: Vandenhoeck&Ruprecht

Schneeweiß, H.; Mittag, H.J. (1986) Lineare Modelle mit fehlerbehafteten Daten. Heidelberg,Wien : Physica Verlag

Schneeweiß, H. (1990) Ökonometrie, 4.ed., Heidelberg,Wien : Physica Verlag

Schneider, W. (1986) Der Kalmanfilter als Instrument zur Diagnose und Schätzung variabler Parameter in ökonometrischen Modellen. Heidelberg: Physika Verlag

Schwarz, G. (1978) Estimating the Dimension of a Model. Ann.Statist., Vol. 6, 461-464

Schwarz, C.J. (1993) The mixed-model ANOVA: The truth, the computer packages, the books, The American Statistician, 47, No.1, 48-58

Seal, H.L. (1967) Studies in the History of Probability and Statistics XV: The Historical Development of the Gauss Linear Modell. Biometrika, Vol. 54, 1-24

Searle, S.R. (1966) Matrix algebra for the biological sciences (including applications in statistics), Wiley, New York

Searle, S.R. (1971) Linear Models. NewYork [usw.]: Wiley

Searle, S.R. (1987) Linear Models für Unbalanced Data. NewYork [usw.]: Wiley

Searle, S.R. (1988) Mixed Models and Unbalanced Data: Wherefrom,Whereat and Whereto. Commun. Statist-Theor. Meth. Vol. 17, 935-968

Searle, S.R.; Casella, S.R.G.; McCulloch, C.E. (1992) Variance components, New York [usw.]: Wiley

Seber, G.A.F. (1977) Linear regression analysis, New York [usw.]: Wiley

Seber, G.A.F. ; Wild, C.J. (1989) Nonlinear Regression, New York [usw.]: Wiley

Seely, J. (1970) Linear spaces and unbiased estimators - Application to a mixed linear model. Ann. Meth.Statist. 41, 1735-1745

Seely, J. (1971) Quadratic subspaces and completeness, Ann. Math.Statist. 42, 710-721

Seely, J. (1977) Estimability and Linear Hypotheses. The American Statistician, Vol. 31, 121-123

Seely, J. ; Birkes, D. (1980) Estimability in Partitioned Linear Models. Annals of Statistics, Vol. 8, 399-406

Shannon, C.E. ; Weaver, W. (1959) The Mathematical Theory of Communication. University of Illinois Press, Champaign, III. (Reprint of the 1948 article by Shannon with an added commentary by W.Weaver.)

Shao, J. ; Tu, D. (1995) The Jackknife and Bootstrap. Springer Series in Statistics. New York [usw.]: Springer

Shapiro, S.S. ; Francia, R.S. (1972) An Approximate Analysis of Variance Test for Normality. JASA, Vol. 62 , 215-216

Shapiro, S.S. ; Wilk, M.B. (1965) An Analysis of Variance Test for Normality. (Complete Samples). Biometrika, Vol. 52, 591-611

Shibata, R. (1981) An Optimal Selection of Regression Variables. Biometrika, Vol. 68, 45-54

Shibata, R. (1989) Statistical Aspects of Model Selection. In Willems (Ed.) (1989)

Siam, J. (1969) On best linear estimation and a general Gauss-Markov Theorem in linear models with arbitrary nonnegative covariance structure, Appl.Math. Vol. 17, No. 6, 1190-1203

Silverman, B. ; Green, P. (1994) Nonparametric Regression and Generalized Linear Models. London: Chapmann &Hall

Smith, D.W. ; Murray, L.W. (1984) An alternative to Eisenhart' s Modell II and mixed model in the case of negative variance estimates, JASA 79, 145-151

Sonnemann, E. (1982) Allgemeine Lösungen multipler Testprobleme. EDV in Medizin und Biologie, Vol. 13, 120-128

Spjøtvoll, E. (1972) On the Optimality of some Multiple Comparison Procedures, Annals of Mathematical Statistics, 43, 120-128

Spjøtvoll, E. ; Stoline, M. (1973) An Extension of the T-method of Multiple Comparisons to Include the Cases with Unequal Sample Sizes. JASA. Vol. 68, 975-978

Steiger, J.H. ; Hakstian, A.R. (1982) The Asymptotic Distribution of Elements of a Correlation Matrix: Theory and Application. British Journal of Mathematical and Statistical Psychology, Vol. 35, 208-215

Stigler, S.M. (1981) Gauss and the Invention of Least Squares. Annals of Statistics, Vol. 9, 465-474

Stoline, M.R. (1978) Tables of the Studentized Augmented Range and Applications to Problems of Multiple Comparison. JASA. Vol. 73 , 656-660

Stoline, M.R.; Ury, H.K. (1979) Tables of the Studentized Maximum Modulus. Distribution and an Application to Multiple Comparisons among Means. Technometrics, 21, 87-93

Stone, M. (1974) Cross-validatory Choice and Assessment of Statistical Predictions. Journal of the Royal Statistical Society B; Vol. 36, 111-147.

Stone, R. (1993) The Assumption on which Causal Inference Rests. J.Roy. Stat. Soc., B, Vol. 55, 455-466

Szroeter,J. (1978) A Class of Parametric Tests for Heteroscedasticity in Linear Econometric Models. Econometrica, Vol. 46, 1311-1327

Takeuchi. K. ; Yanai, H. ; Mukherjee, B.N. (1982) The Foundations of Multivariate Analyis. A Unified Approach by Means of Projektion onto Linear Subspaces. New Delhi [*usw.*] : Wiley Eastern limited

Tamhane, A. (1996) Multiple Comparisons. In Handbook of Statistics, 13, Design and Analysis of Experiments, Ed. By Ghosh, S. ; Rao, C.R.

Tate, R.F. (1955) The Theory of Correlation between two Continuous Variables when one is Dichotomized. Biometrika, Vol. 42, 205-215

Theil, H. ; Chung, C.-F. (1988) Information-Theoretic Measures of Fit for Univariate and Multivariate Linear Regressions. The American Statistician, Vol. 42, 249

Thompson, M.L. (1978) Selection of Variables in Multiple Regression Part I,II. Internat.Statist.Revue. Vol. 46, 1-19, 129-146

Tibshirani, R. (1996) Regression Shrinkage and Selection via the Lasso. J.R.St. Soc. B, Vol. 58, 267-288

Toutenburg, H. (1992) Lineare Modelle. Physica, Heidelberg

Trenkler, G. (1981) Biased Estimators in the Linear Regression Modell. Königstein : Anton Hain

Tukey, J.W. (1949) One Degree of Freedom for Nonadditivity. Biometrics, Vol. 6, 232-242

Tukey, J.W.(1949) Comparing Individual Means in the Analysis of Variance. Biometrics 5, 99-114.

Tukey, J.W. (1953) The Problem of Multiple Comparisons. Unpublished manuscript

Ury, H. K. (1976) A Comparison of Four Procedures for Multiple Comparisons Among Means (Pairwise Contrasts) for Arbitrary Sample Sizes. Technometrics,Vol. 18, 80-97

Ury, H. K. ; Wiggins, (1975) A Comparison of Three Procedures for Multiple Comparisons Among Means. British Journal of Mathematical and Statistical Psychology. Vol. 28, 88-102

Van Praag, B.M.S. ; Dijkstra, T.K. ; Van Velzen, I. (1985) Least-squares Theory Based on General Distributional Assumptions with an Application to the Incomplete Observations Problem. Psychometrika, Vol. 50, 25-36

Vapnik,V.N. ; Chervonenkis, A. Ja; (1968) On the Uniform Convergence of Relative Frequencies of Events to their Probabilities. Doklady Akademii Nauk USSR ,181 (4) (English Trans. Sov. Math. Dokl)

Vapnik,V.N. (1995) The Nature of Statistical Learning Theory. New York: Springer

Vapnik,V.N. (1998) Statistical Learning Theory. New York [usw.]: Wiley

Velleman, P. ; Welsch, R.E. (1981) Efficient Computing of Regression Diagnostics. The American Statistician, Vol. 35, 234-241

Verrill S. ; Johnson, R.A. (1981) The Asymptotic Equivalence of some Modified Shapiro-Wilk Statistics - Complete and Censored Sample Cases. Annals of Statistics , Vol. 15, 413-419

Watson, G.S. (1967) Linear Least Square Regression. Annals of Mathematical Statistics, Vol. 38, 1679-1699

Watson, P.K. (1983) Kalman Filtering as an Alternative to Ordinary Least Squares. Empirical Economics, Vol. 8, 71-85

Weerahandi, S. (1995) ANOVA under Unequal Error Variances. Biometrics, Vol. 51, 589-599

Weisberg, S. (1985) Applied Linear Regression. 2ed. New York [usw.]: Wiley

White, H. (1980) A Heteroskedasticity-consistent Covariance Matrix Estimator and a Direct Test for Heteroskedasticity. Econometrica, Vol. 48, 817-838

White, H. (1981) Consequences and Detection of Misspecified Nonlinear Regression Models. JASA, Vol. 76, 419-433

White, H. (1982) Maximum Likelihood Estimation of Misspecified Models. Econometrica, Vol. 50, 1-25

White, H. (1994) Estimation, Inference and Specification Analysis. Cambridge [usw.]: University Press

Whittaker, J. (1990) Graphical Models in Applied Multivariate Statistics. Wiley: Chichester

Winer, B. (1971) Statistical Principles in Experimental Design. Tokyo [usw.], Mc Graw Hill

Willems, J.C. (Ed.) (1989) From Data to Model. Berlin [usw.]: Springer

Zellner, A. (1962) An efficient method of estimating seemingly unrelated regressions und tests for aggregation bias. JASA 57, 348-368

Zhang, J. (1992) On the distributional properties of model selection criteria. JASA, Vol. 87 , 732-737.

Zyskind, G. (1967) Canonical Forms, Non-negative Covariance Matrices and Best and Simple Least Squares Linear Estimators in Linear models. Ann. Math. Statist. Vol. 38, 1092-1109

Verzeichnis der Symbole und Abkürzungen

Symbol	Bedeutung	Seite
α	Signifikanzniveau, Effekt	163, 532
$\boldsymbol{\beta}$	Regressionskoeffizient, Effekt	273, 585
$\widehat{\boldsymbol{\beta}}_{(\setminus i)}$	$\boldsymbol{\beta}$ ohne i-te Beobachtung geschätzt	416
$\boldsymbol{\beta}_{\mathbf{1 \bullet 2}}$	Parameter bei $\mathbf{X}_1$ bei Darstellung von $\mathbf{y}$ ohne $\mathbf{X}_2$	493
$\widehat{\boldsymbol{\beta}}_{1\|0}$	bedingte Schätzung von β_1	504
γ_{ij}	Wechselwirkungseffekt	585
δ	Nichtzentralitätsparameter	147
$\boldsymbol{\varepsilon}$	Störgröße	273
η_0	Basiseffekt	585
θ	deterministischer Effekt	624
ϑ	zufälliger Effekt	671
$\vartheta_{\mathrm{i}}^{\mathbf{V}}$	zufälliger Effekt der Faktoren $\mathbf{V}$ in Schicht $\mathbf{i}\,\|_{\mathbf{V}}$	671
λ	Lagrange-Multiplikator; Box-Cox Exponent	254, 471
$\boldsymbol{\mu}$	Erwartungswert	273
$\widehat{\boldsymbol{\mu}}_{1\rightarrow 2}$	Schätzer bei naiver zweistufiger Regression	496
$\underline{\mu}_{\mathrm{i}}^{\mathbf{V}}$	$\sum_{\mathrm{i}\in\neg\mathbf{V}} \mu_{\mathrm{i}}^{\mathbb{T}} g_{\mathrm{i}}^{\neg\mathbf{V}}$ Schichtmittelwert	628
ξ	Kontrast-Varianz	676
ρ	Korrelationskoeffizient	133
$\rho(X,Y\|Z=z)$	bedingte Korrelation	218
$\rho(Y,\mathbf{M})$	multiple Korrelation	231
$\rho(X,Y)_{\bullet\mathbf{M}}$	partielle Korrelation	236
σ^2	Varianz	
$\widehat{\sigma}^2_{(\setminus i)}$	ohne i-te Beobachtung berechnet	416
ϕ	$\mathbf{b}'\boldsymbol{\beta} = \mathbf{k}'\boldsymbol{\mu}$ eindim. Parameter	287
Φ	$\mathbf{B}'\boldsymbol{\beta} = \mathbf{K}'\boldsymbol{\mu}$ mehrdim. Parameter	293
$\chi^2\,(n;\delta)$	Chi-Quadrat-Verteilung	148
ω_i	Störung im autoreg. Prozess	226

$+$	$\mathbf{A} + \mathbf{B}$ Bei linear unabhängigen Räumen	37
$\oplus$	$\mathbf{A} \oplus \mathbf{B}$ Orthogonale Summe	43
$\bigoplus$	$\bigoplus \mathbf{A}_i = \mathbf{A}_1 \oplus \mathbf{A}_2 \oplus \cdots \oplus \mathbf{A}_n$	43
$\ominus$	$\mathbf{C} \ominus \mathbf{A}$: Orthogonale Ergänzung	44
$\perp$	$\mathbf{v} \perp \mathbf{w}$: Orthogonale Vektoren	42
$\perp$	$\mathbf{A} \perp \mathbf{B}$: Orthogonale Räume	43
$\underline{\perp}$	$\mathbf{a}\underline{\perp}\mathbf{b}$ Verallgem. euklid. Metrik	179
$\mathbf{A}^{\perp}$	Orthogonales Komplement	43
$\mathbf{A}^{+}$	Moore-Penrose-Inverse	64
$\langle \mathbf{v}, \mathbf{w} \rangle$	Skalarprodukt: $\sum v_i w_i$	41
$\langle \mathbf{a}, \mathbf{b} \rangle_{\mathbf{K}}$	$\mathbf{a}'\mathbf{K}\mathbf{b}$ Verallgem. euklid. Metrik	179
$\langle \mathbf{X}; \mathbf{Y} \rangle$	Skalarproduktmatrix	70
$\{\mathbf{x}_1; \ldots; \mathbf{x}_n\}$	Verallgemeinerter Vektor	70
$\mathbf{X} * \mathbf{a}$	$\sum \mathbf{x}_i \alpha_i$:	70
$\mathbf{X} * \mathbf{A}$	$\{\mathbf{X} * \mathbf{a}_1; \cdots; \mathbf{X} * \mathbf{a}_m\}$	70
$\Vert\mathbf{a}\Vert^2$	Norm	38
$\Vert\mathbf{a}\Vert^2_{\mathbf{K}}$	$\mathbf{a}'\mathbf{K}\mathbf{a}$ Verallgem. euklid. Metrik	179
$X \preceq Y$	X nach Verteilung kleiner-gleich Y	177
$\sim$	verteilt nach; z.B. : $Y \sim N\left(\mu; \sigma^2\right)$	147
$\mathbf{Y} \sim {}_n(\boldsymbol{\mu}; \mathbf{C})$	$\mathrm{E}\,\mathbf{Y} = \boldsymbol{\mu}$ und $\mathrm{Cov}\,\mathbf{Y} = \mathbf{C}$	136
$\approx$	etwa	169
$\simeq$	proportional	145
$\forall \backslash j$	alle ohne j $\mathcal{L}\{X_0, \ldots, X_{j-1}, X_{j+1}, \ldots, X_m\}$	243
$\mathbf{1} = \mathbf{1}^{\varnothing}$	Einservektor	20
$\mathbf{1}^i$	i-ter Einheitsvektor	56
$\mathbf{1}^A$	Indikatorvektor der Klasse A	21
$\mathbf{1}^A_i$	Indikatorvektor von Faktor A Stufe i	582
$\mathbf{A}_{[,j]}$ $\mathbf{A}_{[i,]}$	Spaltenvektor, Zeilenvektor	55
$\mathrm{Cov}(\mathbf{X}; \mathbf{Y})$	$\langle \mathbf{X} - \mathrm{E}\,\mathbf{X}, \mathbf{Y} - \mathrm{E}\,\mathbf{Y} \rangle$	134
$\mathrm{Cov}(X, Y)_{\bullet \mathbf{M}}$	partielle Kovarianz	236
$\mathrm{Corr}\,\mathbf{Y}$	Korrelationsmatrix	136

d	Dimension	630
d^*	Dimension eines Effektraums	630
$\mathbb{D}$	Menge der deterministischen Effekte	671
$\mathbb{D}_\theta$	$\left\{\mathbf{V} \in \mathbb{E} \,\vert\, \text{mit } \theta^{\mathbf{V}} \neq \mathbf{0}\right\}$	672
$\mathbf{e}$	Erneuerungsresiduum	507
E	Erwartungswert	130
$\mathbb{E}$	Menge der Effekte im Modell	628
$\mathbb{E}'$	$\mathbb{E} \cup \mathcal{F}$	675
$f(x;\theta)$	gemeinsame Dichte	130
$f(x \mid \theta)$	bedingte Dichte	130
$f(x \parallel \theta)$	parametrisierte Dichte	130
$\mathrm{F}(m;n;\delta)$	F-Verteilung	154
F_{PG}	$\frac{1}{\widehat{\sigma}^2}\,\mathrm{MS}\,(\mathbf{M} \,\vert\, \mathbf{H})$ Prüfgröße des F-tests	356
F_{pg}	realisierter Wert der Prüfgröße F_{PG}	356
$\mathcal{F}$	fiktiver Faktor	675
H_0	Hypothese	163
H_0^G	Global-Hypothese	546
$\mathfrak{H}$	multiple Hypothesemenge	547
$\mathbf{i}$	Zellenindex	624
$\mathbf{i}\,\vert_{\mathbf{V}}$	Schichtindex	625
$\mathbb{I}(\theta \vert \mathbf{y})$	$\frac{\partial^2}{\partial\theta^2}\,\mathrm{l}(\theta \vert \mathbf{y})$ Informationsfunktion	183
$\mathbb{I}(\widehat{\theta} \vert \mathbf{y})$	beobachtete Fisher-Information	184
$\mathbb{I}_{\mathbf{Y}}(\theta)$	$\mathrm{E}\,\mathbb{I}\,(\theta \vert \mathbf{Y})$ Fisher-Information	184
$\mathcal{I}$	Indexmenge multipler Tests	547
$\mathbf{K}$	Konzentrationsmatrix: $(\mathrm{Cov}\,\mathbf{X})^{-1}$	134
KLIK	Kullback-Leibler-Informationskriterium	265
$\mathrm{L}(\boldsymbol{\theta} \,\vert\, A)$	Likelihood	169
$\mathrm{l}(\boldsymbol{\theta} \vert \mathbf{y})$	Log-Likelihood-Funktion	183
$\mathcal{L}\{\mathbf{W}\}$	der von W erzeugte Unterraum	32
$\mathfrak{L}\{\mathbf{V}\}$	Effektraum $\subseteq$ Faktorraum $\mathcal{L}\{\mathbf{V}\}$	630
mqA	mittlere quadrat. Abweichung $\mathrm{E}(\boldsymbol{\theta} - \widehat{\boldsymbol{\theta}})(\boldsymbol{\theta} - \widehat{\boldsymbol{\theta}})'$	167
mqA	$\mathrm{E} \parallel \boldsymbol{\theta} - \widehat{\boldsymbol{\theta}} \parallel^2 = \mathrm{Spur}\ \mathbf{mqA}$	167
$\mathbb{M}$	$\mathcal{L}\{V := V(\mathbf{X}) \mid \mathrm{Var}\ V < \infty\}$	221

$\mathbf{M}_{neb}$	$\{\boldsymbol{\mu} = \mathbf{X}\boldsymbol{\beta} \mid \boldsymbol{\beta} \in \mathbf{N}_{neb}\}$	337
$\mathrm{MS}(\mathbf{A})$	Mean-Sum-of-Squares: $\frac{\mathrm{SS}(\mathbf{A})}{\dim \mathbf{A}}$	158
$\mathrm{MS}(\mathbf{M}_j \mid \mathbf{M}_i)$	Mean-Sum-of-Squares: $\frac{\mathrm{SS}(\mathbf{M}_j \mid \mathbf{M}_i)}{\dim \mathbf{M}_j - \dim \mathbf{M}_i}$	302
$\mathrm{N}(\mu; \sigma^2)$	eindim. Normalverteilung	144
$\mathrm{N}_n(\boldsymbol{\mu}; \mathbf{C})$	n-dim. Normalverteilung	139
$\mathbf{N}_{neb}$	Einschränkungen an β	337
$\mathrm{P}\{U\}$	Wahrscheinlichkeit von U	128
$\mathrm{P}\{U \mid V\}$	Bedingte Wahrscheinlichkeit	130
$\mathrm{P}\{U \Vert \theta\}$	parametrisierte Wahrscheinlichkeit	130
$\mathbf{P_A y}$	Projektion auf $\mathcal{L}\{\mathbf{A}\}$	47
$\mathbb{P}_{\mathbf{A}}\mathbf{y}$	Projektionen in verall. euklid. Metrik	113
$\mathbf{P}_{\mathbf{A} \Vert \mathbf{B}}$	Projektion auf $\mathbf{A}$ parallel zu $\mathbf{B}$	112
$\mathcal{P}_{\mathbf{M}_{neb}}\mathbf{y}$	$\arg\min_{\boldsymbol{\mu} \in \mathbf{M}_{neb}} \Vert \mathbf{y} - \boldsymbol{\mu} \Vert^2$	337
$\mathbb{P}_W \mathbf{u}$	$\{\mathbf{P}_W u_1; \cdots; \mathbf{P}_W u_n\}$	501
p_{ii}	$\mathbf{P}_{[i,i]}$, Diagonalelement der Projektionsmatrix $\mathbf{P}$	409
$r(\mathbf{x}; \mathbf{y})$	Korrelationskoeffizient	81
$R(X; Y)$	Korrelationskoeffizient	208
r^2	Bestimmtheitsmaß	232
r^2_{adj}	adjustiertes Bestimmtheitsmaß	450
r^2_{mod}	modifiziertes Bestimmtheitsmaß	296
$R(\boldsymbol{\beta}_2 \mid \boldsymbol{\beta}_1)$	Searles Symbol für $\mathrm{SS}(\mathbf{M}_2 \mid \mathbf{M}_1)$	619
$S(\theta \mid \mathbf{y})$	$\frac{\partial}{\partial \theta} \mathrm{l}(\theta \mid \mathbf{y})$ Scorefunktion	183
$\mathrm{SS}(\mathbf{A})$	$\Vert \mathbf{P_A y} \Vert^2$	158
$\mathrm{SS}(\mathbf{B} \mid \mathbf{A})$	$\mathrm{SS}(\mathbf{B}) - \mathrm{SS}(\mathbf{A}) = \mathrm{SS}(\mathbf{B} \ominus \mathbf{A})$	158
SSE	$\Vert \mathbf{y} - \widehat{\mathbf{y}} \Vert^2$ **S**um of **S**quare **E**rror	298
$\mathrm{SSE}_{(\setminus i)}$	ohne i-te Beobachtung berechnet	416
$\mathrm{SS}(H_0)$	$\mathrm{SS}(\mathbf{M} \mid \mathbf{H})$ Testkriterium der Hypothese H_0	358
$\mathrm{SS}(H_0^{\mu})$	$(\widehat{\boldsymbol{\mu}} - \boldsymbol{\mu}_0)' \mathbf{K} (\mathbf{K}' \mathbf{P_M} \mathbf{K})^- \mathbf{K}' (\widehat{\boldsymbol{\mu}} - \boldsymbol{\mu}_0)$	361
$\mathrm{SS}\left(H_0^{\beta}\right)$	$(\widehat{\boldsymbol{\beta}} - \boldsymbol{\beta}_0)' \mathbf{B} \left(\mathbf{B}' (\mathbf{X}'\mathbf{X})^- \mathbf{B}\right)^- \mathbf{B}' (\widehat{\boldsymbol{\beta}} - \boldsymbol{\beta}_0)$	361
$\mathrm{SS}(H_0^{\Phi})$	$(\widehat{\Phi} - \Phi_0)' \mathbf{C}^- (\widehat{\Phi} - \Phi_0)$	361
SSR	$\Vert \widehat{\mathbf{y}} - \overline{y}\mathbf{1} \Vert^2$ **S**um of **S**quare **R**egression	298
SST	$\Vert \mathbf{y} - \overline{y}\mathbf{1} \Vert^2$ **S**um of **S**quare **T**otal	298

$\mathrm{t}(n)$	t-Verteilung mit n Freiheitsgraden	155
$\mathrm{t}(s;n;\mathbf{R})$	multiple t-Verteilung	561
t_{Pg}	Prüfgröße des t-Tests	362
$\mathbb{T}$	Gesamtheit der Faktoren$\{A;B;C;...F;...\}$	624
$\mathfrak{T}$	multiple Tests: Test-, Hypoth.- und Indexmenge	547
$\mathbf{V}$	$\langle\mathbf{X};\mathbf{X}\rangle^{-1}$ Inverse der Momentenmatrix	245
$\mathbf{V}_0;\ \mathbf{V}_{1\|0};\ \mathbf{V}_1$	Kovarianzmatrizen des Kalmanschätzers	505
$\mathcal{W}$	multiple Tests: Menge der wahren Hypothesen	547
$\mathbf{x}_j = \mathbf{X}_{[,j]}$	j-te Spalte der Designmatrix	277
$\mathbf{X}$	Designmatrix	277
$\mathbf{X}_{\backslash i}$	i-te-Zeile gestrichen	416
$\mathbf{y}$	Beobachtungsvektor	277
$\mathbf{y}_{\backslash i}$	i-te-Zeile gestrichen	416
$\mathbf{y}_{\mathbf{A}}$	$\mathbf{P_A y}$: A-Komponente	47
$\mathbf{y}_{\bullet\mathbf{A}}$	$\mathbf{y}-\mathbf{P_A y}$: Rest-Komponente	47
$\overline{y}_i^A$	$\frac{1}{n_i^A}\sum_{jw} y_{ijw}$ ungewogenes Mittel in Stufe A_i	581
$\underline{y}_i^A$	$\sum_{j=1}^{s_B} g_j^B \overline{y}_{ij}$ gewichteter Mittelwert	588
$\mathbf{Y}^*$	standardisierter Vektor $\mathrm{E}\,Y_i = 0$ $\mathrm{Var}\,Y_i = 1$	136
$\mathbf{Y}^o$	orthogonalisierten Vektor $Y^o \sim_n (0;I)$	136
$\mathbf{z}_i' = \mathbf{X}_{[i,]}$	i-te Zeile der Designmatrix, Beobachtungsstelle	277
$\mathbb{Z}$	Menge der zufälligen Effekte	671
$\mathbb{Z}'$	$\mathbb{Z} \cup F$	675
$z\,(R)$	Fisher-Transformation	208

Index